자동차정비

기능장

작업형 실기

GoldenBell ®
www.gbbook.co.kr

개정판의 특징

1. 시험장에 따라 차종이 달라도 대응할 수 있게 **분해 · 조립 → 점검 및 고장 진단** 등을 정리

2. **'정확한 측정값 판독'**을 위해 측정 전 준비조건을 기재

3. 센서별 또는 액추에이터 작동 시 출력값 측정 방법에 따라 **다양한 장비를 사용**하여 표기

4. 파형 측정을 통한 **'출력 파형 출력물'**에 감독관이 요구하는 분석 내용을 기재하는 방법 표기

5. **'특정 액추에이터 파형'**에 대한 측정 방법을 제시하여 논란의 여지를 축소

6. 파형 측정에 따른 답안 작성시 분석 항목에 대한 **'부분별 측정값을 제시'**

7. **'자동차 검사기준 변경'**에 따른 신규 장비를 활용한 측정 방법을 기재

새롭게 바뀐 출제 기준에 맞추었다 !!

　　한국산업인력공단 「자동차정비기능장」 출제기준을 보면 **직무내용**에서 "자동차 정비에 관한 **최상급의 숙련 기능**을 가지고, **현장지도** 및 감독을 수행하며, 경영층과 생산 계층을 유기적으로 결합시켜주는 현장의 관리자로서의 역할에 맞는 직무를 수행" 한다고 명시하고 있다.

　　그동안 변형된 출제기준에 맞춰 대폭 개편했다.
　　짬짬이 업무 후에 분해 → 측정 → 진단하여 촬영(2,000여 컷)을 곁들여 **규정**한다는 것은 결코 만만한 것이 아니었다.

　　이 책 구성의 주안점은 출제기준 '수행준거'에 충실하였다.

> ❶ 자동차 **일반적 사항**과 **실무**(엔진, 섀시, 전기·전자)에 관한 지식 및 안전작업 기준을 바탕으로 **성능**을 **분석**하고 **답안지**를 **작성**할 수 있도록 하였다.
>
> ❷ 자동차 정비용 장비 및 공구를 사용하여 자동차 **엔진, 섀시, 전기·전자** 등의 **분해 → 측정 → 검사**할 수 있도록 **규정**된 **성능상태**로 정비할 수 있도록 편성하였다.
>
> ❸ **자동차 정비**에 관한 실무지식으로 **수리작업** 내용을 **분석**하고 작업 및 지시할 수 있도록 보여주고 있다.

　　이 책으로 실기시험에 응시하는 수험생들에게 당황스럽지 않도록 정확한 팁이 될 수 있도록 노력했다. 곳곳에 미흡한 점이 많으리라 생각되며 차후 계속 보완해 나갈 것입니다. 이 책을 다시 전면 개편하고 물심양면으로 도와주신 김길현 사장님과 직원 여러분에게 진심으로 감사드립니다.

2026년 2월
지은이 일동

출제기준

직무분야	기계	중직무분야	자동차	자격종목	자동차정비기능장	적용기간	2025.01.01~2027.12.31

○ **직무내용** 자동차정비에 관한 최상급의 숙련기능을 가지고, 현장지도 및 감독을 수행하며, 경영층과 생산계층을 유기적으로 결합시켜주는 현장의 관리자로서의 역할에 대한 직무이다.

○ **수행준거**
1. 자동차 정비실무에 관한 지식 및 안전기준을 바탕으로 성능을 분석하고 시험성적서를 작성할 수 있다.
2. 자동차의 정비용 장비 및 공구를 사용해 자동차 엔진을 분해 측정하고 고장을 진단할 수 있고 규정된 엔진의 성능 상태로의 정비를 수행할 수 있다.
3. 자동차의 정비용 장비 및 공구를 사용해 자동차 섀시장치를 분해 측정 검사할 수 있고 규정된 섀시의 성능 상태로의 정비를 수행할 수 있다.
4. 자동차의 정비용 장비 및 공구를 사용해 자동차 전기전자장치를 분해 측정 검사할 수 있고 규정된 성능 상태로의 정비를 수행할 수 있다.
5. 자동차의 정비용 장비 및 공구를 사용해 친환경자동차를 측정 검사할 수 있고 규정된 성능 상태로의 정비를 수행할 수 있다.
6. 자동차 차체 및 보수도장에 관한 실무지식으로 수리작업 내용을 분석하고 작업 및 지시를 할 수 있다

실기검정방법	복합형	시험시간	7시간 30분 정도 (필답형 1시간 30분, 작업형 6시간 정도)

주요항목	세부항목	세세항목
1. 자동차 일반사항	1. 자동차 정비 안전 및 장비 관련사항 이해하기	1. 정비 공정 수립 및 안전사항을 적용할 수 있다. 2. 자동차 규칙을 준수할 수 있다. 3. 정비 관련 시험기와 장비 보수 및 유지 관리할 수 있다.
2. 자동차 실무에 관한사항	1. 엔진 실무에 관한사항 이해하기	1. 가솔린엔진을 이해할 수 있다. 2. 디젤 및 LPG엔진을 이해할 수 있다. 3. 엔진 전자제어장치를 이해할 수 있다. 4. 흡배기 및 과급장치를 이해할 수 있다. 5. 배출가스 제어장치를 이해할 수 있다.
	2. 섀시 실무에 관한사항 이해하기	1. 동력전달장치를 이해할 수 있다. 2. 현가 및 조향장치를 이해할 수 있다. 3. 제동장치를 이해할 수 있다. 4. 주행 및 종합 진단을 이해할 수 있다.
	3. 전기전자장치 실무에 관한 사항 이해하기	1. 전기전자에 관한 사항을 이해할 수 있다. 2. 각종 편의 및 보안장치를 이해할 수 있다. 3. 등화회로 및 계기장치를 이해할 수 있다.
	4. 차체수리 및 보수도장 실무에 관한 사항 이해하기	1. 차체수리에 대하여 이해할 수 있다. 2. 보수도장에 대하여 이해할 수 있다. 3. 도료에 대하여 이해할 수 있다.

주요항목	세부항목	세세항목
3. 엔진정비작업	1. 엔진 정비 · 검사하기	1. 가솔린엔진을 정비할 수 있다. 2. 디젤엔진을 정비할 수 있다. 3. LPG엔진을 정비할 수 있다.
	2. 연료장치 정비 · 검사하기	1. 가솔린 연료장치를 정비할 수 있다. 2. 디젤 연료장치를 정비할 수 있다. 3. LPG 연료장치를 정비할 수 있다.
	3. 배출가스장치 및 전자제어 장치 정비 · 검사하기	1. 가솔린 배출가스장치를 정비할 수 있다. 2. 디젤 배출가스장치를 정비할 수 있다. 3. LPG 배출가스장치를 정비할 수 있다. 4. 가솔린 전자제어장치를 정비할 수 있다. 5. 디젤 전자제어장치를 정비할 수 있다. 6. LPG 전자제어장치를 정비할 수 있다.
	4. 엔진 부수장치 정비하기	1. 윤활장치를 정비할 수 있다. 2. 냉각장치를 정비할 수 있다. 3. 과급장치를 정비할 수 있다. 4. 기타 장치를 정비할 수 있다.
4. 섀시정비작업	1. 동력전달 장치 정비 · 검사 하기	1. 클러치 및 수동변속기를 정비할 수 있다. 2. 자동변속기/무단변속기를 정비할 수 있다. 3. 드라이브 라인을 정비할 수 있다. 4. 동력배분장치를 정비할 수 있다.
	2. 조향 및 현가장치 정비 · 검사하기	1. 조향장치를 정비할 수 있다. 2. 현가장치를 정비할 수 있다.
	3. 제동 및 주행 장치 정비하기	1. 제동장치를 정비할 수 있다. 2. 주행장치 및 타이어를 정비할 수 있다. 3. 제동 및 주행장치에 대한 종합정비를 할 수 있다.
5. 전기전자장치정비 작업	1. 엔진 관련 전기전자장치 정비 · 검사하기	1. 시동장치를 정비할 수 있다. 2. 점화장치를 정비할 수 있다. 3. 충전장치를 정비할 수 있다.
	2. 차체 관련 전기장치 정비 · 검사하기	1. 등화회로 및 계기장치를 정비할 수 있다. 2. 공기조화장치를 정비할 수 있다. 3. 각종 편의 및 보안장치를 정비할 수 있다. 4. 통신라인을 정비할 수 있다.
	3. 친환경자동차 정비하기	1. 고전압배터리를 정비할 수 있다. 2. 구동장치를 정비할 수 있다. 3. 전력통합제어장치를 정비할 수 있다.

차 례

A안 | 자동차정비기능장

B안 | 자동차정비기능장

C안 | 자동차정비기능장

D안 | 자동차정비기능장

자동차정비 기능장

A안

국가기술자격검정 실기시험문제

1. 엔 진

1) 주어진 전자제어 디젤엔진에서 감독위원의 지시에 따라 타이밍벨트와 아이들(공전)베어링과 고압 펌프를 탈거하고 감독위원에게 확인 후, 다시 부착(부착)하여 엔진 및 시동 관련 회로를 점검한 후 시동작업과 기록표의 요구사항을 점검 및 측정하고 기록표에 기록하시오. (단, 시동되지 않는 경우 "2)"는 작업할 수 없음)

2) 주어진 엔진에서 감독위원의 지시에 따라 기록표 요구사항을 점검 및 측정하여 기록하시오.

3) 주어진 자동차에서 크랭킹은 가능하나 시동되지 않고, 시동된 후에도 부조가 발생합니다. 고장원 인을 찾아 수리 후 기록표에 기록하시오.

2. 섀 시

1) 주어진 자동차에서 감독위원의 지시에 따라 전륜(또는 후륜)의 한쪽 허브베어링을 탈거하고 감독 위원에게 확인 후, 다시 조립(부착)하여 작동상태를 확인하고, 기록표 요구사항을 점검 및 측정하 여 기록하시오.

2) 전자제어 차체 자동변속기 자동차에서 감독위원의 지시에 따라 인히비터 스위치를 탈거하고 감 독위원에게 확인 후, 다시 조립(부착)하여 작동상태를 확인하고, 기록표의 요구사항을 점검 및 측 정하여 기록하시오.

3. 전 기

1) 감독위원의 지시에 따라 자동차에서 라디에이터 팬을 탈거하고 감독위원에게 확인 후, 다시 조립 (부착)하여 작동상태를 확인하고, 기록표의 요구사항을 점검 및 측정하고 기록표에 기록하시오.

2) 주어진 자동차에서 정비지침서의 회로도를 이용하여 기록표에서 요구하는 회로를 점검하고, 이상 내용을 기록표에 기록한 후 정비하시오.

3) 주어진 자동차에서 감독위원의 지시에 따라 기록표의 요구사항을 점검 및 측정하여 기록하시오.

국가기술자격검정실기시험문제 A안

자 격 종 목	자동차정비 기능장	작 품 명	자동차 정비 작업

- 비 번호
- 시험시간 : 6시간 30분(기관 : 140분, 섀시 : 130분, 전기 : 120분)
  ※ 시험 안 및 요구사항 일부내용이 변경될 수 있음

정비기능장

1) 타이밍벨트와 가변 밸브 타이밍 장치 탈·부착

엔 진

주어진 전자제어 기관에서 감독위원의 지시에 따라 타이밍벨트와 가변 밸브 타이밍 장치(CVVT 또는 VVT)를 탈거하여 감독위원에게 확인 받은 후 다시 부착하시오.

부품 분해 조립 시 주의사항

① 분해·조립 작업은 반드시 대상 부품의 정면에서 한다.
② 분해한 부품에서 볼트 및 너트를 빼내지 말고 되도록 끼워진 상태로 부품을 탈거한다.
③ 분해하기 위해 볼트 및 너트를 풀 때는 바깥쪽에서 중앙을 향하며, 조일 때는 중앙에서 바깥쪽을 향하도록 하고, 특히 실린더 헤드 볼트의 경우는 풀고, 조이는 순서에 주의하여야 변형을 방지할 수 있다.
④ 분해한 부품의 접촉면이 바닥에 직접 닿지 않도록 주의한다.
⑤ 부품은 분해한 순서로 정리 정돈한 후 분해의 역순으로 조립한다.
⑥ 조립이 복잡한 부품은 표기를 한 후 분해한다.
⑦ 볼트 및 너트는 반드시 토크 렌치를 이용하여 규정 토크로 조이되 하나의 부품에 갯수가 여러 개일 경우 2~3회 정도 나누어 조인다.
⑧ 개스킷 및 오링은 반드시 신품으로 교환한다.
⑨ 부품 대를 사용하며 조립을 위하여 아래 칸부터 채워서 위로 올라오도록 정리한다.

정비기능장

A 1)_1 타이밍벨트와 가변 밸브 타이밍 장치 탈·부착

엔진

주어진 전자제어 기관에서 감독위원의 지시에 따라 타이밍벨트와 가변 밸브 타이밍 장치(CVVT 또는 VVT)를 탈거하여 감독위원에게 확인 받은 후 다시 부착하시오.

---

01 타이밍벨트와 가변 밸브 타이밍 장치(CVVT 또는 VVT) 탈·부착

01 엔진 전면 부속 부품 명칭

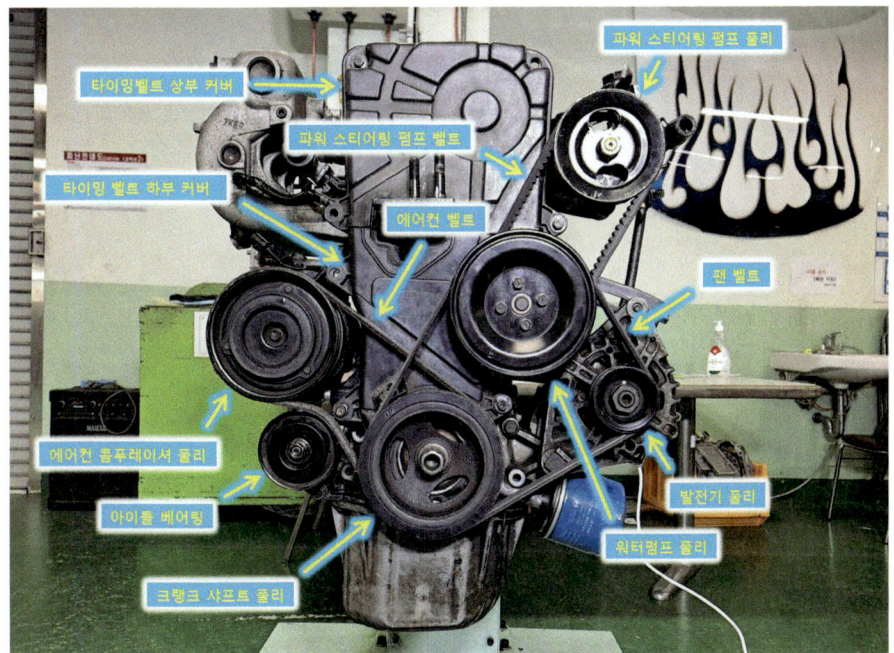

위 그림은 가솔린 엔진 전면이며 타이밍벨트 상부 커버, 파워 스티어링 펌프 벨트, 파워 스티어링 펌프 풀리, 팬 벨트, 발전기 풀리, 워터펌프 풀리, 크랭크 샤프트 풀리, 아이들 베어링, 에어컨 컴프레서 풀리, 타이밍벨트 하부 커버, 에어컨 벨트이다.

02 크랭크 샤프트 회전

위 그림과 같이 "타이밍 마크"를 맞추기 위하여 "시계 방향"으로 회전시킨다.

03 타이밍 마크 정렬

위 그림과 같이 타이밍벨트 하부(Low) 커버 하단에 있는 타이밍 고정 마크 상사점 "T"와 크랭크 샤프트 풀리에 표시된 이동 마크 "l" 모양을 크랭크 샤프트 풀리 고정 볼트(22mm)를 시계 방향으로 돌려 마크를 일치시킨다.

04 크랭크 샤프트 고정 볼트 유림

위 그림과 같이 크랭크 샤프트 풀리 고정 볼트(19mm)를 반시계 방향으로 돌려 유림 시킨다. [참고: 유림이란, 볼트 또는 너트를 "약 1~2회전" 푸는 것을 말한다.]

05 워터펌프 풀리 고정 볼트 유림

위 그림과 같이 워터펌프 풀리 고정 볼트(10mm) 4개를 반시계 방향으로 돌려 유림시킨다.

06 팬벨트 장력 이완

위 그림과 같이 발전기 커넥터를 탈거한 후 "고정 볼트와 고정너트(12mm)"를 유림한 다음 팬벨트 "유격 조정 볼트(12mm)"를 반시계 방향으로 돌려 "장력"을 이완한다.

07 팬벨트 탈거

위 그림과 같이 발전기 유격 조정 볼트(12mm)를 "위쪽"으로 올린 다음 발전기를 실린더 "블록 쪽"으로 밀어 "벨트"를 탈거한다.

08 에어컨 컴프레서 벨트 탈거

위 그림과 같이 에어컨 컴프레서 아이들 베어링 "고정너트 (14mm)"를 유림한 다음 "유격 조정 볼트(12mm)"를 반시계 방향으로 돌려 "장력 이완" 후 벨트를 탈거한다.

09 파워 스티어링 펌프 유격 조정 볼트

위 그림과 같이 파워 스티어링 펌프 풀리 고정 볼트(17mm)를 좌우로 돌려 "유격 조정 볼트" 위치를 정렬한다.

10 파워 펌프 스티어링 펌프 관통볼트

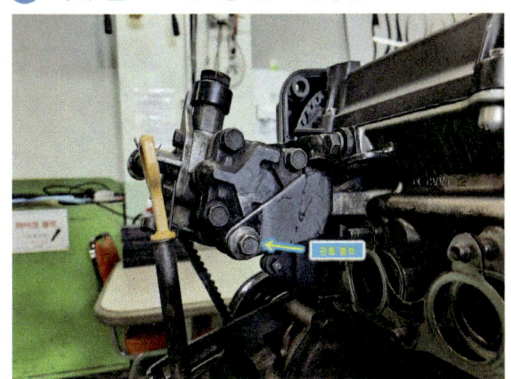

위 그림과 같이 파워 스티어링 펌프 "관통볼트(12mm)"를 반 시계 방향으로 돌려 유림한다.

11 파워 펌프 스티어링 펌프 벨트 탈거

위 그림과 같이 파워 스티어링 펌프 "유격 조정 볼트(12mm)" 를 반 시계 방향으로 돌려 "장력 이완" 후 벨트를 탈거한다.

12 워터펌프 풀리 탈거

위 그림과 같이 워터펌프 풀리 고정 볼트(10mm) 4개를 반 시계 방향으로 돌려 푼 다음 "풀리"를 탈거한다.

13 크랭크 샤프트 풀리 고정 볼트 탈거

위 그림과 같이 크랭크 샤프트 풀리 고정 볼트(22mm)를 반 시계 방향으로 돌려 푼 다음 탈거한다.

14 크랭크 샤프트 풀리 탈거

위 그림과 같이 크랭크 샤프트 풀리를 탈거한다. [참고: 고정 타이밍 마크 "T", 풀리의 이동 타이밍 마크이다.]

15 크랭크 샤프트 플레이트 탈거

위 그림과 같이 크랭크 샤프트 플레이트를 탈거한다.

16 타이밍벨트 상부(Upper) 커버 탈거

위 그림과 같이 타이밍벨트 상부 커버 고정 볼트(10mm) 4개를 반시계 방향으로 돌려 푼 다음 커버를 탈거한다.

17 타이밍벨트 하부(Low) 커버 탈거

위 그림과 같이 타이밍벨트 하부 커버 고정 볼트(10mm) 5개를 반시계 방향으로 돌려 푼 다음 커버를 탈거한다.

⑱ 타이밍벨트 관련 부속 부품 명칭

위 그림은 타이밍벨트이며 캠 샤프트 스프로킷, 아이들 베어링, 워터펌프, 타이밍벨트, 크랭크 샤프트 스프로킷, 타이밍벨트 텐션 스프링 고정 볼트, 텐션 스프링, 타이밍벨트 텐션 베어링이다.

⑲ 캠 샤프트 스프로킷 타이밍 마크 확인

위 그림과 같이 캠 샤프트 스프로킷의 "타이밍 마크"가 맞는지 확인한다. [참고: 스프로킷의 구멍과 배기 캠 샤프트 1번 저널의 중앙에 있는 사선 일치를 확인한다.]

⑳ 크랭크 샤프트 스프로킷 타이밍 마크 확인

위 그림과 같이 크랭크 샤프트 스프로킷의 "타이밍 마크"가 맞는지 확인한다. [참고: 스프로킷의 "△" (홈) 마크와 프런트 하우징에 있는 돌기 일치를 확인한다.]

21 텐션 베어링 고정 볼트 및 유격 조정 볼트 유림

위 그림과 같이 좌측의 타이밍벨트 텐션 베어링 고정 볼트(12mm)와 우측에 있는 유격 조정 볼트(12mm)를 반시계 방향으로 돌려 유림한다.

22 타이밍벨트 텐션 베어링 위치 조정과 벨트 탈거

위 그림과 같이 타이밍벨트 텐션 베어링 브래킷을 반시계 방향으로 민 후 유격 조정 볼트를 시계 방향으로 돌려 조인 다음 타이밍벨트를 탈거한다.

23 타이밍벨트 탈거 후와 텐션 베어링 위치

위 그림은 타이밍벨트를 탈거한 후 텐션 베어링 "브래킷의 위치"를 보여준다.

24 엔진 상부 부속 부품 명칭

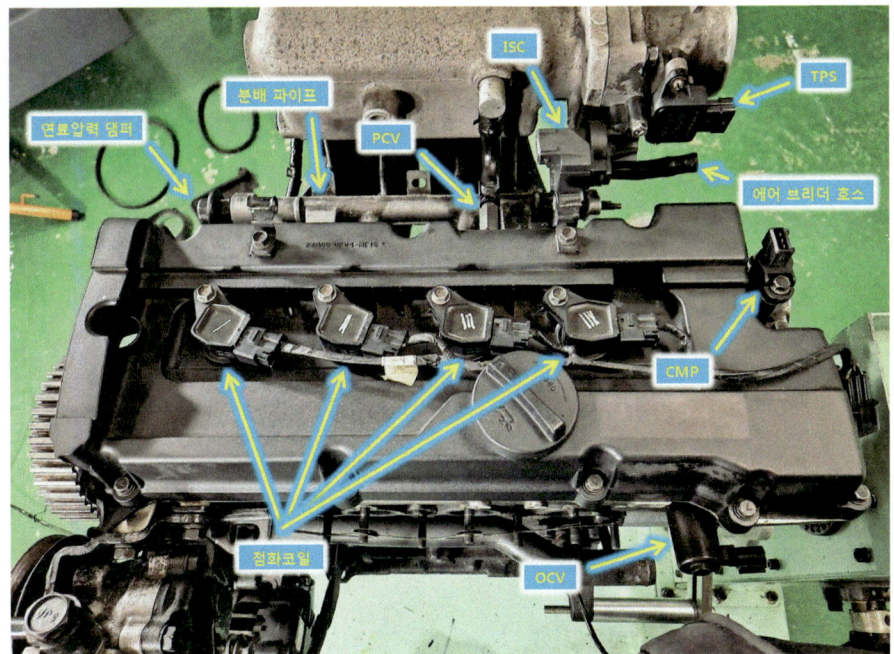

위 그림은 가솔린 엔진 상부이며 연료 압력 댐퍼(Fuel Pressure Damper), 분배 파이프(Distribution Pipe), PCV(Positive Crankcase Ventilation), ISC(Idle Speed Control), TPS(Throttle Position Sensor), 에어 브리더 호스(Air breather hose), CMP(Cam Position Sensor), OCV(Oil Control Valve), 점화코일 (Ignition Coil)이다.

25 점화코일 관련 부품 명칭

위 그림은 엔진 상단 모습으로 1번 점화코일, 점화코일 커 넥터, 점화코일 및 커넥터 고정 키이다.

26 점화코일 커넥터 고정키

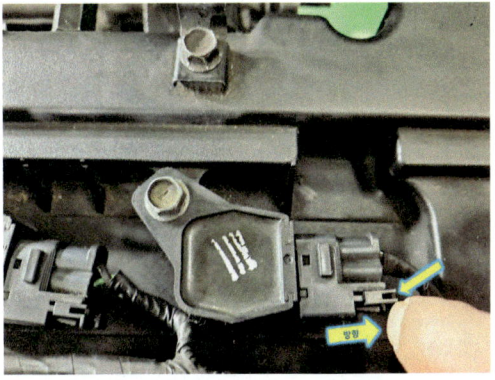

위 그림과 같이 점화코일 커넥터 "고정키"를 우측으로 당 겨 "물림을 해제"한다.

27 점화코일 커넥터 탈거

위 그림과 같이 4개의 점화코일 커넥터를 탈거한다.

28 점화코일 탈거

위 그림과 같이 점화코일 고정 볼트(10mm)를 반시계 방향으로 돌려 푼 다음 탈거한다.

29 점화코일

위 그림은 점화코일 4개를 탈거한 모습이다.

30 에어 브리더 호스 및 PCV 호스 고정 밴드

위 그림과 같이 에어 브리더 호스 및 PCV 호스를 고정하고 있는 "밴드"를 호스 방향으로 이동시킨다.

31 에어 브리더 호스 및 PCV 호스 탈거

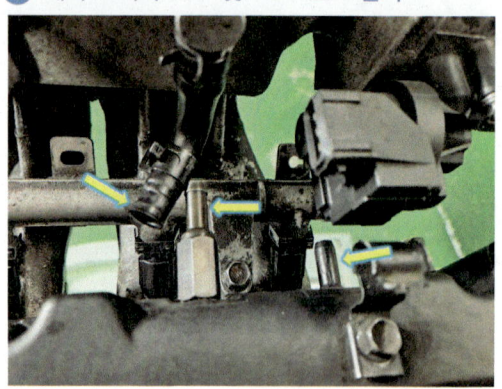

위 그림과 같이 에어 브리더 호스 및 PCV 호스를 탈거한다.

32 실린더 헤드커버 탈거

위 그림과 같이 실린더 헤드커버 고정 볼트(10mm)를 반 시계 방향으로 돌려 푼 다음 "커버"를 탈거한다.

③③ 캠 샤프트 관련 부품 명칭

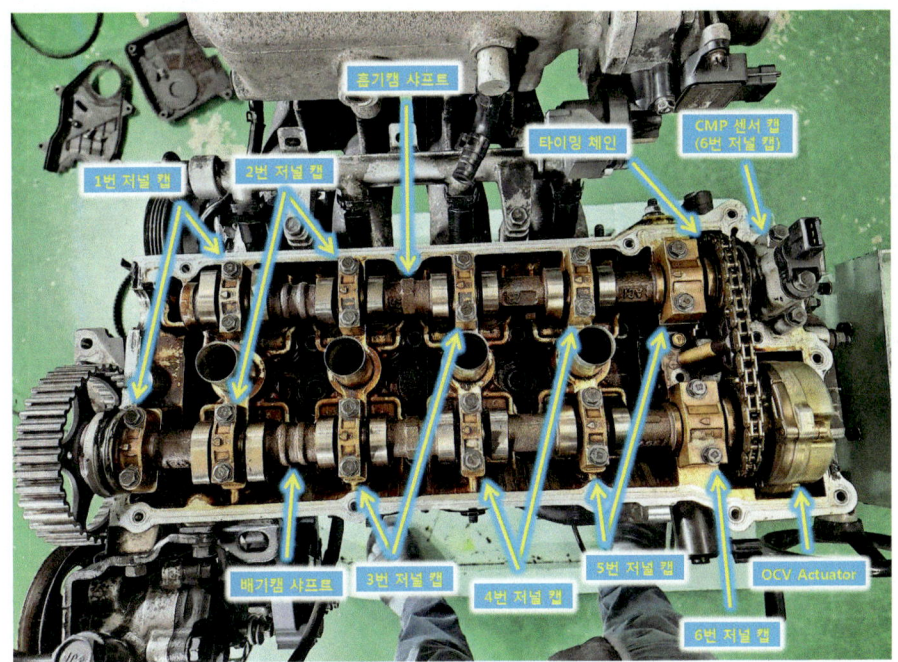

위 그림은 캠 샤프트이며 1번, 2번 저널 캡, 흡기 캠 샤프트, 타이밍 체인, CMP 센서 캡(6번 저널 캡), OCV Actuator, 6번, 5번, 4번, 3번 저널 캡, 배기 캠 샤프트이다.

③④ 캠 위상 확인_1번 실린더 폭발행정 상태

위 그림은 "1번 실린더" 배기 및 흡기 "캠의 위상"을 나타내며, "압축행정 말기(폭발행정 초기)"상태의 모습이다.

③⑤ 캠 위상 확인_4번 실린더 밸브 오버랩 상태

위 그림은 "4번 실린더" 배기 및 흡기 "캠의 위상"을 나타내며, "밸브 오버랩(배기행정 말기_흡기행정 초기)" 상태의 모습이다.

36 타이밍 체인 오토프리 텐셔너(Tensioner) 고정 볼트

위 그림과 같이 타이밍 체인 "오토프리 텐셔너" 고정 볼트 (10mm)를 반 시계 방향으로 돌려 유림한다.

37 흡기 캠 샤프트 저널 캡 탈거

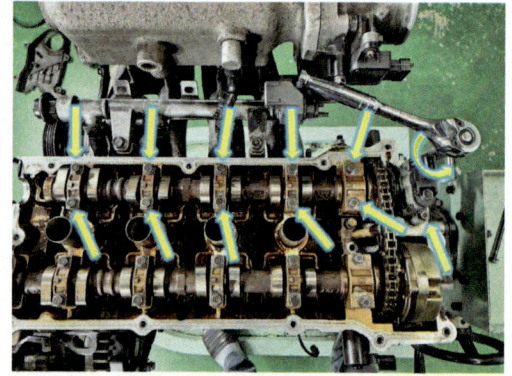

위 그림과 같이 흡기 캠 샤프트 "저널 캡" 고정 볼트(10mm) 를 반시계 방향으로 돌려 푼 다음 저널 캡을 탈거한다.

38 흡기 캠 샤프트 저널 캡

위 그림은 흡기 캠 샤프트 저널 캡 1번부터 CMP 센서 캡(6 번 저널 캡)의 모습이다.

39 타이밍 체인 오토프리 텐셔너(Tensioner) 탈거

위 그림과 같이 타이밍 체인 "오토프리 텐셔너" 고정 볼 트(10mm)를 반 시계 방향으로 돌려 푼 다음 텐셔너를 탈거 한다.

40 배기 캠 샤프트 저널 캡 탈거

위 그림과 같이 배기 캠 샤프트 "저널 캡" 고정 볼트(10mm) 를 반시계 방향으로 돌려 푼 다음 저널 캡을 탈거한다.

41 배기 캠 샤프트 저널 캡

위 그림은 배기 캠 샤프트 저널 캡 1번부터 6번 저널 캡의 모습이다.

42 배기 캠 샤프트 및 타이밍 체인 탈거

위 그림과 같이 배기 캠 샤프트와 타이밍 체인을 탈거한다.

43 흡기 캠 샤프트 어셈블리

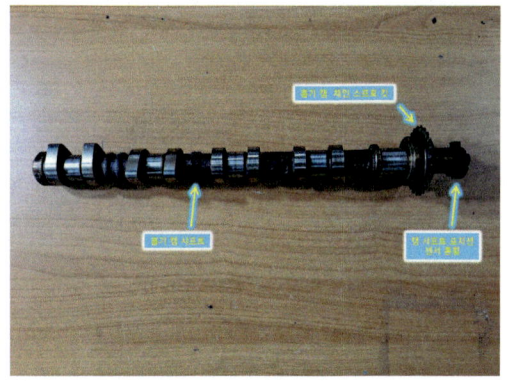

위 그림은 흡기 캠 샤프트 어셈블리이며, 흡기 캠 체인 스프로킷, 캠 샤프트 포지션 센서 톤휠, 흡기 캠 샤프트이다.

44 배기 캠 샤프트 어셈블리

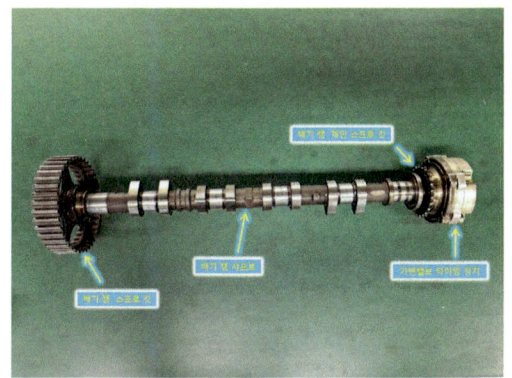

위 그림은 배기 캠 샤프트 어셈블리이며, 배기 캠 타이밍 체인 스프로킷, 가변밸브 타이밍 장치, 배기 캠 샤프트, 배기 캠 샤프트 스프로킷이다.

45 배기 캠 샤프트 스프로킷 위치

위 그림과 같이 배기 캠 샤프트 다월핀(스프로킷 타이밍 마크 구멍) 이 "12시 방향"으로 가도록 위치시킨다.

46 OCV Actuator 탈거

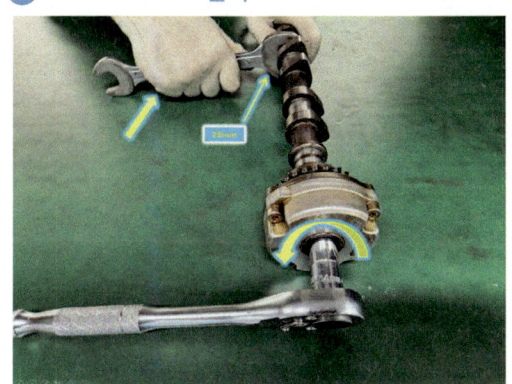

위 그림과 같이 공구(26㎜)로 캠축을 고정한 다음 Oil Control Valve 고정 볼트(14㎜)를 반시계 방향으로 돌려 푼 후 "액추에이터"를 탈거한다.

47 OCV Actuator 관련 부품

위 그림은 가변 밸브 타이밍 장치의 안쪽 다월핀 구멍과 배기 캠축의 다월핀, 고정 볼트 모습이다.

48 OCV Actuator 장착

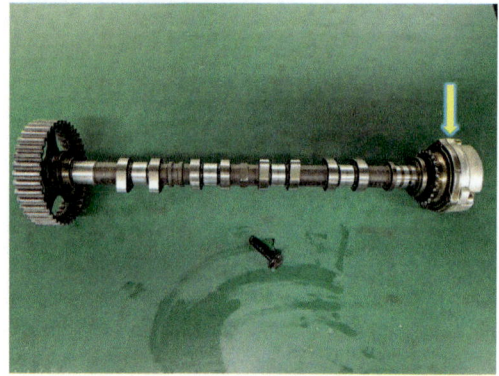

위 그림과 같이 가별 밸브 타이밍 장치의 "안쪽 다월핀 구멍과 배기 캠축의 다월핀"을 맞추어 장착한다.

49 OCV Actuator 조립

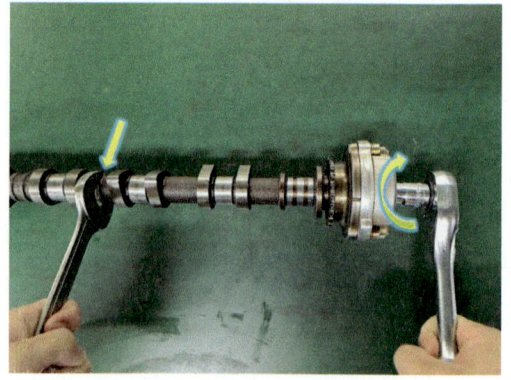

위 그림과 같이 공구(26㎜)로 캠축을 고정한 다음 OCV 고정 볼트(14㎜)를 시계 방향으로 돌려 규정 토크로 조인다.

50 캠 샤프트 타이밍 체인

위 그림은 타이밍 체인 모습이다. [참고: 타이밍 마크는 체인 "사이드 플레이트 7칸", "짙은 갈색"으로 표시되어 있다.]

51 배기 쪽 체인 타이밍 마크

위 그림과 같이 타이밍 체인의 "짙은 갈색" 사이드 플레이트 부분의 "중앙"을 OCV Actuator의 "I" 홈에 맞추어 건다.

52 흡기 캠 샤프트 스프로킷 타이밍 마크

위 그림은 흡기 캠 샤프트 체인 스프로킷 "타이밍 마크" 모습이다.

53 흡기 쪽 체인 타이밍 마크

위 그림은 흡기 캠 샤프트 체인 스프로킷에 타이밍 체인의 "짙은 갈색" 사이드 플레이트 부분의 "중앙"을 타이밍 마크에 맞추어 장착한 모습이다.

54 타이밍 체인 장착 모습_후면

위 그림과 같이 타이밍 체인을 흡, 배기 캠 샤프트 "체인 스프로킷의 타이밍 마크"에 맞추어 장착한다.

55 타이밍 체인 장착 모습_전면

위 그림은 타이밍 체인 장착 후 모습이다. [참고: 타이밍 마크, 체인 사이드 플레이트 "7칸", "짙은 갈색"으로 표시되어 있다.]

56 캠 샤프트 장착

위 그림과 같이 흡, 배기 캠 샤프트 어셈블리를 실린더 "헤드"에 장착한다.

57 오토프리 타이밍 체인 텐셔너 장착

위 그림과 같이 오토프리 타이밍 "체인 텐셔너" 고정 볼트 (10mm)를 시계 방향으로 돌려 장착한다.

58 타이밍 체인 장착 상태 확인

위 그림과 같이 타이밍 체인 장착 상태를 재확인한다. [참고: 타이밍 마크는 체인 사이드 플레이트 "7칸", 짙은 갈색이다.]

59 배기 캠 샤프트 저널 캡 장착

위 그림과 같이 배기 캠 샤프트 저널 캡을 "번호"에 맞게 장착한다.

15

60 배기 캠 샤프트 저널 캡 고정 볼트 조립

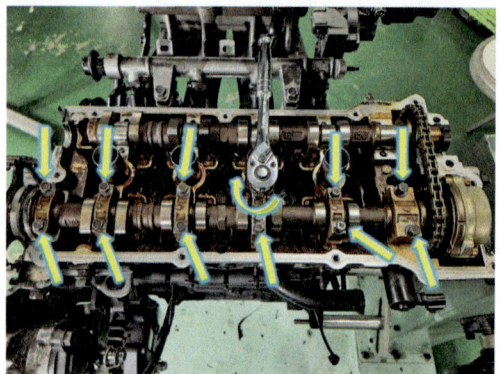

위 그림과 같이 저널 캡 고정 볼트 2개를 4번 저널 캡부터 좌 · 우측 저널 캡(3-5-2-6-1) 순으로 "3번에 나누어" 각각 조인 다음 마지막으로 규정 토크로 조인다.

61 흡기 캠 샤프트 저널 캡 장착

위 그림과 같이 흡기 캠 샤프트 저널 캡을 "번호"에 맞게 장착한다.

62 흡기 캠 샤프트 저널 캡 고정 볼트 조립

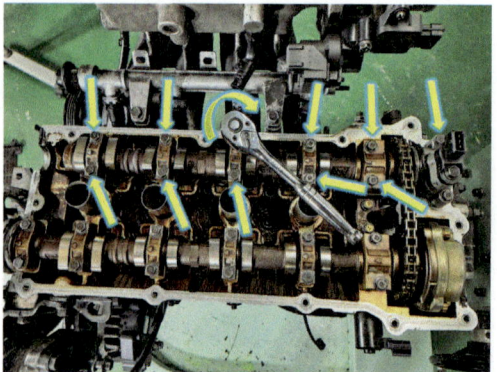

위 그림과 같이 저널 캡 고정 볼트 2개를 4번 저널 캡부터 좌 · 우측 저널 캡(3-5-2-6-1) 순으로 "3번"에 나누어 각각 조인 다음 마지막으로 규정 토크로 조인다.

63 체인 텐셔너 고정 볼트 조임

위 그림과 같이 오토프리 타이밍 "체인 텐셔너" 고정 볼트를 규정 토크로 조인다.

64 캠 샤프트 타이밍 마크 정렬

위 그림과 같이 캠 샤프트 스프로킷 "타이밍 마크"를 맞춘다. [참고: 수정 필요시 캠 샤프트 스프로킷 고정 볼트(17mm)를 "좌우"로 돌려 맞춘다.]

65 크랭크 샤프트 타이밍 마크 정렬

위 그림과 같이 크랭크 샤프트 스프로킷 "타이밍 마크"를 맞춘다. [참고: 수정 필요시 크랭크 샤프트 스프로킷 고정 볼트(19mm)를 "좌우"로 돌려 맞춘다.]

66 타이밍벨트 장착

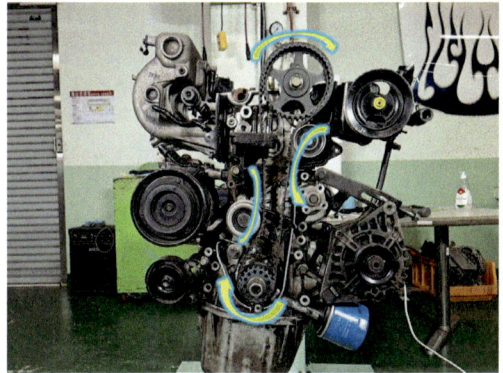

위 그림과 같이 타이밍벨트의 "화살표 방향"을 우측으로 향하게 한 다음 캠 샤프트 스프로킷부터 아이들 베어링 → 크랭크 샤프르 스프로킷 → 텐션 베어링 순으로 장착한다.

67 타이밍벨트 장력 조절

위 그림과 같이 타이밍벨트 텐션 베어링 "유격 조정 볼트"를 반시계 방향으로 돌려 유림한다. [참고: 장력 조절이 완료된다.]

68 타이밍벨트 텐션 베어링 고정

위 그림과 같이 타이밍벨트 텐션 베어링 "유격 조정 볼트와 고정 볼트"를 시계 방향으로 돌려 규정 토크로 조인다.

69 캠 샤프트 타이밍 마크 정렬 확인

위 그림과 같이 캠 샤프트 스프로킷 "타이밍 마크" 정렬 상태를 확인한다.

70 크랭크 샤프트 타이밍 마크 정렬 확인

위 그림과 같이 크랭크 샤프트 스프로킷 "타이밍 마크" 정렬 상태를 확인한다. [참고: 크랭크축 시계 방향으로 "2회전"한 다음 재확인한다.]

71 타이밍벨트 하부(Low) 커버 조립

위 그림과 같이 타이밍벨트 "하부 커버"를 장착한 다음 고정 볼트(10㎜) 5개를 시계 방향으로 돌려 규정 토크로 조인다.

72 실린더 헤드커버 조립

위 그림과 같이 실린더 "헤드커버"를 장착한 다음 고정 볼트(10mm)를 시계 방향으로 돌려 규정 토크로 조인다.

73 타이밍벨트 상부(Upper) 커버 조립

위 그림과 같이 타이밍벨트 "상부 커버"를 장착한 다음 고정 볼트(10mm) 4개를 시계 방향으로 돌려 규정 토크로 조인다.

74 에어 브리더 호스 및 PCV 호스 장착

위 그림과 같이 에어 브리더 호스 및 PCV 호스를 니블에 끼운 다음 "고정 밴드"를 장착한다.

75 점화코일 조립

위 그림과 같이 점화코일 4개를 "삽입"한 다음 고정 볼트(10mm)를 시계 방향으로 돌려 규정 토크로 조인다.

76 점화코일 커넥터 장착

위 그림과 같이 각 점화코일에 커넥터를 삽입한다.

77 점화코일 커넥터 고정

위 그림과 같이 각 점화코일의 커넥터 고정키를 좌측으로 눌러 커넥터를 고정한다.

⑦⑧ 크랭크 샤프트 플레이트 장착

위 그림과 같이 크랭크 샤프트 플레이트를 장착한다.

⑦⑨ 크랭크 샤프트 풀리 조립

위 그림과 같이 크랭크 샤프트 풀리를 장착한 다음 고정 볼트를 시계 방향으로 돌려 조인다. [참고: 타이밍 마크 일치된다.]

⑧⓪ 워터펌프 풀리

위 그림은 워터펌프 풀리이며, 아래쪽은 팬벨트 용이고 위쪽은 파워 스티어링 펌프용이다. [참고: 워터펌프 풀리는 앞 뒤 "방향성"이 있다.]

⑧① 워터펌프 풀리 조립

위 그림과 같이 워터펌프에 풀리를 장착한 다음 고정 볼트(10mm) 4개를 시계 방향으로 돌려 조인다.

⑧② 분할형 겉 벨트 장착

위 그림과 같이 에어컨 컴프레서, 파워 스티어링 펌프, 팬벨트를 장착한다.

⑧③ 파워 스티어링 펌프 벨트 장력 조정

위 그림과 같이 롱 드라이버를 이용하여 펌프 하우징을 우측으로 당긴 후 "유격 조정 볼트"를 규정 토크로 조인다.

84 파워 스티어링 펌프 고정

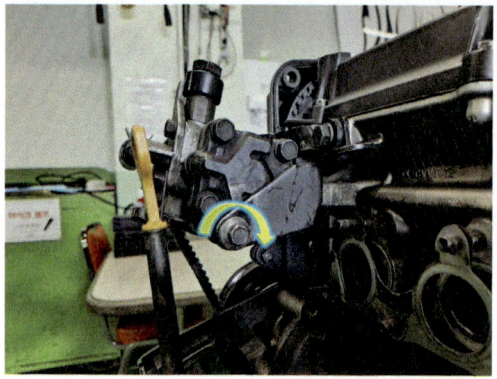

위 그림과 같이 파워 스티어링 펌프 "관통볼트"를 규정 토크로 조인다. [주의: 벨트 장력이 규정 값 이내인지 확인한다.]

85 팬벨트 장력 조정

위 그림과 같이 유격 조정 볼트를 시계 방향으로 돌려 "장력을 규정 값 이내"로 조정한 다음 고정 볼트와 관통볼트의 고정너트를 규정 토크로 조인다.

86 에어컨 컴프레서 벨트 장력 조정

위 그림과 같이 에어컨 컴프레서 유격 조정 볼트(12㎜)를 시계 방향으로 돌려 "장력을 규정 값 이내"로 조정한 다음 아이들 베어링 고정너트(14㎜)를 규정 토크로 조인다.

87 크랭크 샤프트 풀리와 워터펌프 풀리 토크 조정

위 그림과 같이 크랭크 샤프트 풀리(22㎜)와 워터펌프 풀리 고정 볼트(10㎜)를 규정 토크로 조인다.

정비기능장

A

엔 진

1)_2 엔진 및 시동 관련 회로 점검 후 시동 작업

엔진 및 시동 관련 회로를 점검한 후 시동 작업과 기록표의 요구사항을 점검 및 측정하고 기록표에 기록하시오. [단, 시동되지 않는 경우 "2)"는 작업할 수 없음]

01   현대 아반떼 1.5DOHC)

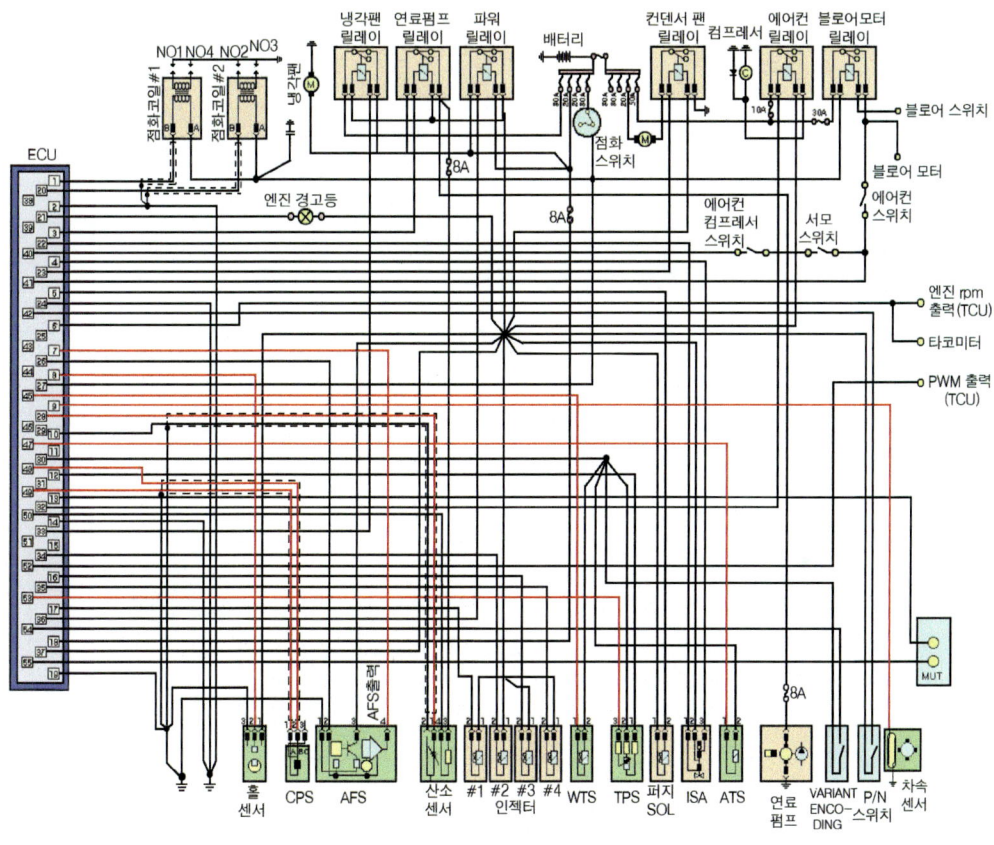

02 한국 GM 레간자

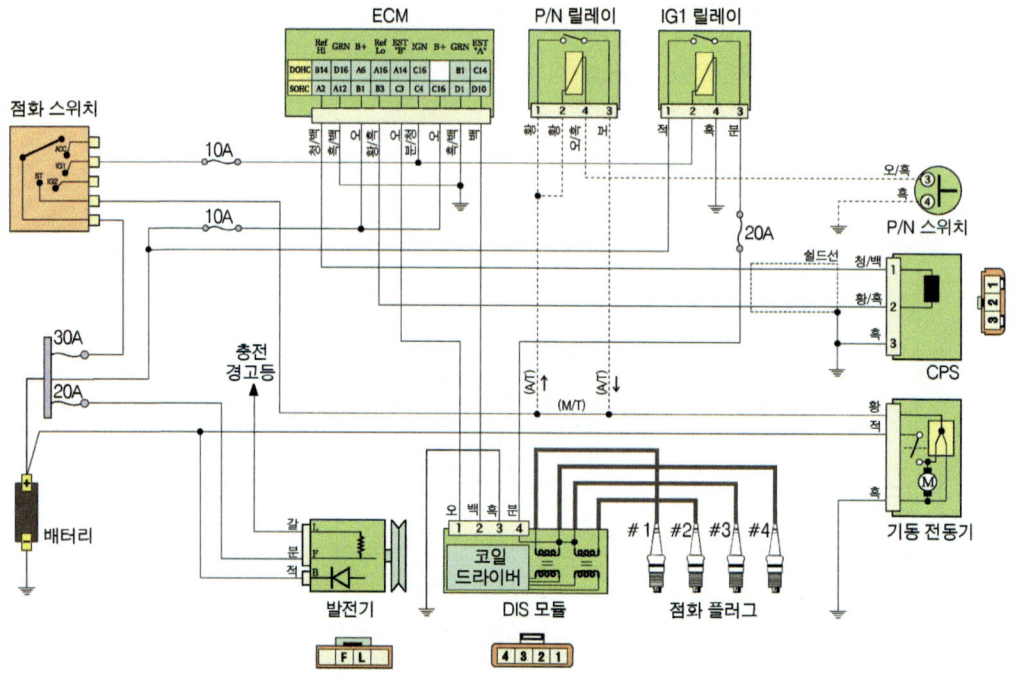

03 기아 스펙트라

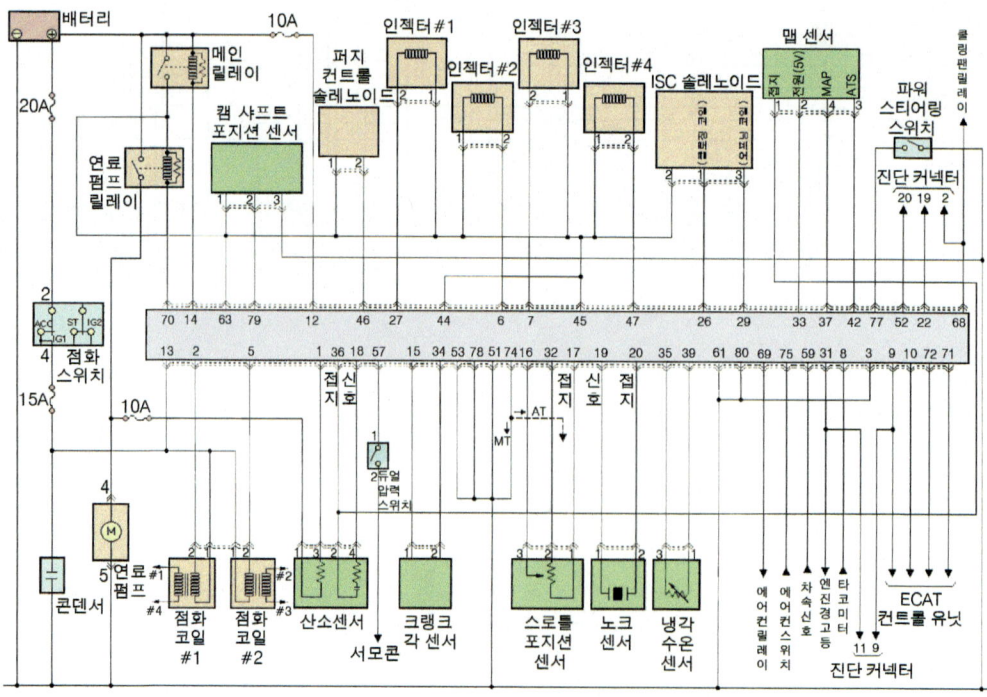

04 점검 부위

01 엔진 및 시동 관련 회로 부품 명칭

위 그림은 단발 시동을 위한 가솔린 엔진이며 키 박스, 정션박스, 메인 릴레이, ECU, 엔진룸 정션박스이다.

02 CKP 커넥터

위 그림은 CKP(크랭크 포지션 센서) "커넥터 탈거(빠짐)", "커넥터 단자 접촉 불량" 상태이다.

03 CKP 탈거

위 그림은 CKP "탈거" 또는 "센서 파손" 상태이다.

04 CKP 톤 휠 간극 조정

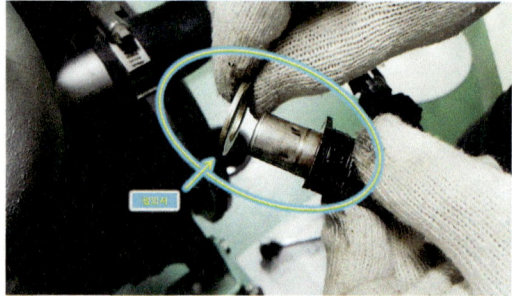

위 그림은 CKP 장착 시 두꺼운 와셔를 넣어 "톤휠 간극"을 "크게" 만든 경우이다.

05 기동전동기 명칭

위 그림은 기동전동기 뒷면으로 ST 단자, 마그네틱 스위치, 브러시 고정 스크루, M 단자, B 단자이다.

06 ST 단자

위 그림은 마그네틱 스위치 ST 단자 "커넥터를 탈거"한 상태이다.

07 M단지 접촉 상태

위 그림은 마그네틱 스위치 M 단자 "고정너트를 유림"하여 필요 전류가 흐르지 못하게 한 상태이다.

08 M 단자 분리

위 그림은 M 단자에서 계자코일 "전원 공급 선"을 탈거한 상태이다.

09 B 단자 접촉 상태

위 그림은 마그네틱 스위치 B 단자 "고정너트를 유림"하여 필요 전류가 흐르지 못하게 한 상태이다.

⑩ B 단자 분리

위 그림은 마그네틱 스위치 B 단자에서 "전원 공급선"을 탈거하여 케이블을 감춰놓은 상태이다.

⑪ 브러시 홀더 고정 스크루 접촉 상태

위 그림은 기동전동기 엔드 커버에서 한 개의 브러시 홀더 "고정 스크루"를 분리하고 다른 하나는 "풀어"놓아 충분한 전류가 흐르지 못하게 한 상태이다.

⑫ 브러시 홀더 고정 스크루 분리

위 그림은 두 개의 "고정 스크루를 분리"하여 전류가 흐르지 못하게 한 상태이다.

⑬ 마그네틱 스위치 탈거

위 그림은 마그네틱 스위치를 "탈거"한 상태이다.

⑭ 마그네틱 스위치 플런저 탈거

위 그림은 마그네틱 스위치 "플런저를 탈거"한 후 조립한 상태이다. [참고: 기동전동기 전기자만 회전한다.]

⑮ ISC 밸브의 유로 막힘

위 그림은 ISC 밸브의 "유로를 막고" 조립한 상태이다. [참고: 시동 시 필요한 흡입 공기 부족 상태이다.]

16 정션박스

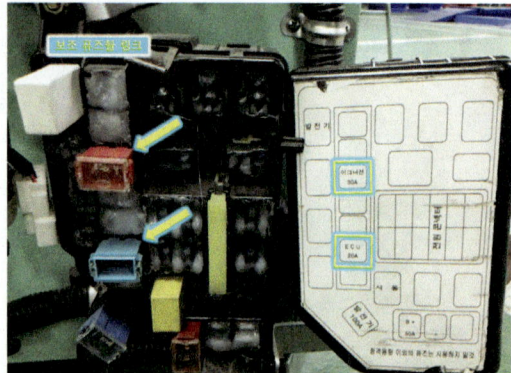

위 그림은 이그니션 30A, ECU 20A 보조 퓨즈블 링크이다.

17 점화코일 커넥터 탈거 및 접촉 불량

위 그림은 점화코일 "커넥터를 탈거"한 상태이다. [참고: 커넥터 단자 접촉 불량이다.]

18 점화코일 1차 단자 접촉 불량 및 탈거

위 그림은 점화코일 1차 단자 고정너트를 풀어 "접촉 불량"으로 만들거나 단자 일부를 "풀어놓은" 상태이다.

19 메인 릴레이 탈거

위 그림은 메인 릴레이를 "탈거"한 상태이다.

20 공전 속도 조정 나사 탈거

위 그림은 공전 속도 "조정 나사를 탈거"하여 스로틀밸브가 완전히 닫힌 상태로 유지시킨 경우이다.

21 공전 속도 조정 나사 조정

위 그림은 공전 속도 조정 나사를 조정하여 스로틀밸브가 "완전히 닫힌 상태"로 유지시킨 경우이다.

22 인젝터 커넥터 탈거

위 그림은 인젝터 커넥터를 전부 탈거하거나 2개 이상의 인젝터 커넥터를 탈거한 상태이다. [참고: 인젝터 커넥터 전부를 탈거하지 않으면 시동이 가능할 수도 있다.]

23 고압 분배 배선 탈거

위 그림은 고압 분배 배선 "전부 탈거" 및 "2개 이상 탈거"한 상태이다. [참고: 고압 분배 배선 전부를 탈거하지 않으면 시동이 가능할 수도 있다.]

24 고압 분배 배선 장착 순서 불량

위 그림은 고압 분배 배선 "1-4번"을 "2-3번" 점화코일에 장착하고 "2-3번" 고압 분배 배선을 "1-4번" 점화코일에 장착한 상태이다.

25 엔진 접지선 접촉 상태

위 그림은 엔진 접지선 "고정 볼트를 유림"하여 필요 전류가 흐르지 못하게 한 상태이다.

26 엔진 접지선 분리

위 그림은 전류가 흐르지 못하게 엔진 "접지선을 탈거"한 상태이다.

27 Key 하네스 커넥터 단자 접촉 불량

위 그림은 Key 박스 커넥터 "이그니션 단자 접촉 불량"으로 인한 크랭킹은 가능하나 시동은 불가능 상태이다.

28 연료펌프

위 그림은 연료펌프 커넥터 또는 단자 접촉 불량, 연료펌프
고착, 필터 막힘으로 인한 "연료공급 불가" 상태이다.

정비기능장

A 엔 진
1)_3 캠 높이와 양정 및 오일 컨트롤 밸브(OCV) 저항 측정

기록표의 요구사항을 점검 및 측정하고 기록표에 기록하시오. (단, 시동되지 않는 경우
"2)"는 작업할 수 없음)

---

01 점검 및 측정[캠축 높이 및 양정]

01 기초원 측정

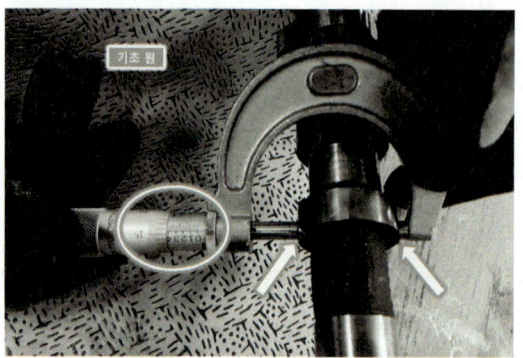

그림과 같이 외경 마이크로미터로 기초원을 측정한다. 측정
값은 "40.65㎜"이다.

02 캠 높이 측정

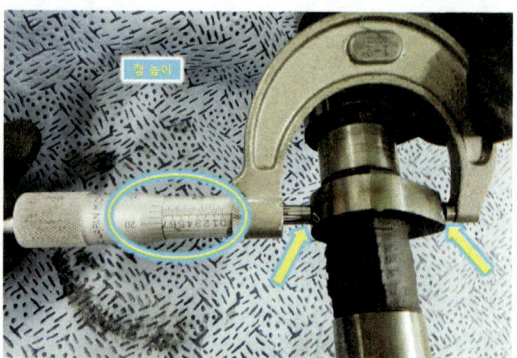

그림과 같이 외경 마이크로미터로 캠 높이를 측정한다. 측
정값은 "70.69㎜"이다.

03 규정 값

차종별 캠 높이 규정 값

【 차종별 캠 높이 규정 값(mm) 】

차 종		규정 값	한계 값	차 종			규정 값	한계 값
엑셀 FBC	흡기	38.909	38.409	세피아		흡기	36.4514	36.251
	배기	38.974	38.474			배기	36.451	36.251
아반떼 1.5D	흡기	43.2484	42.7484	크레도스		흡기	37.9593	–
	배기	43.8489	43.3489			배기	37.9617	–
EF 쏘나타	흡기	35.493±0.1	–	르 망		흡기	5.61	–
	배기	35.317±0.1	–			배기	6.12	–
쏘나타	흡기	44.525	42.7484	토스카	2.0 D	흡기	5.8106	
	배기	44.525	43.3489			배기	5.3303	
마티즈	흡기	35.156	35.124		2.5 D	흡기	5.931	
	배기	34.814	34.789			배기	5.3303	
옵티마2.0 D	흡기	35.439	35.993	누비라 1.5 S		흡기	40.445	
	배기	35.317	34.817			배기	40.501	

04 답안 작성_측정값 기준으로 답안 작성하기

[참고] 양정=캠 높이-기초원이므로, 70.69-40.65=30.04mm이다.

◈ **엔진 1. 기록표**

자동차 번호 :

비 번호		감독확인	

항 목		측정(또는 점검)		판정 및 정비(또는 조치)사항		득 점
		측 정 값	규정(기준) 값 (정비한계 값)	판정(□에 '✔' 표)	정비 및 조치 사항	
캠 ☑ 흡기 □ 배기	높이	70.69mm	70.80~70.00mm	☑ 양 호 □ 불 량	정비 및 조치사항 없음 또는 정상, 양호	
	양정	30.04mm	✕			
오일 컨트롤 밸브 (OCV) 저항				□ 양 호 □ 불 량		

[참고] 불량 시 정비 및 조치 사항: 캠축 교환 후 재측정으로 기재한다.

02 점검 및 측정_오일 컨트롤 밸브(OCV, Oil Control Valve) 저항

01 부품 명칭

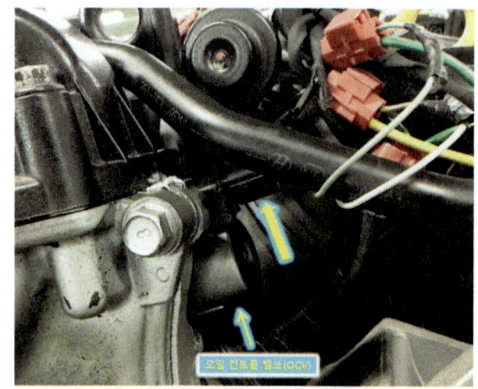

위 그림은 오일 컨트롤 밸브(OCV)와 커넥터이다.

02 커넥터 탈거

위 그림과 같이 오일 컨트롤 밸브 "커넥터"를 탈거한다.

03 측정기 설치 및 측정

위 그림과 같이 디지털 멀티미터의 선택 레버를 "저항"에 위치시킨 다음 오일 컨트롤 밸브 "두 개의 단자"에 리드선을 연결한 후 "저항값"을 측정한다.

04 답안 작성_측정값 기준으로 답안 작성하기

[참고] 냉간 시 오일 컨트롤 밸브 저항 측정값은 6.8Ω 이다.

◈ 엔진 1. 기록표

자동차 번호 :

비 번호		감독확인	

항 목		측정(또는 점검)		판정 및 정비(또는 조치)사항		득 점
		측 정 값	규정(기준) 값 (정비한계 값)	판정(□에 '✔'표)	정비 및 조치 사항	
캠 ☑ 흡기 □ 배기	높이	70.69mm	70.00~70.80mm	☑ 양 호 □ 불 량	정비 및 조치사항 없음 또는 정상	
	양정	30.04mm	✕			
오일 컨트롤 밸브 (OCV) 저항		6.8Ω	4.0~8.0Ω	☑ 양 호 □ 불 량	정비 및 조치사항 없음 또는 정상	

[참고] 불량 시 정비 및 조치 사항: 오일 컨트롤 밸브 교환 후 재측정으로 기재한다.

정비기능장

A 엔진

2)_1 기록표 요구사항_디젤 인젝터 전압 및 전류 파형

주어진 엔진에서 감독위원의 지시에 따라 기록표 요구사항을 점검 및 측정하여 기록하시오.

01 디젤 인젝터 전압 및 전류 파형

01 장비 주요 시스템 구성

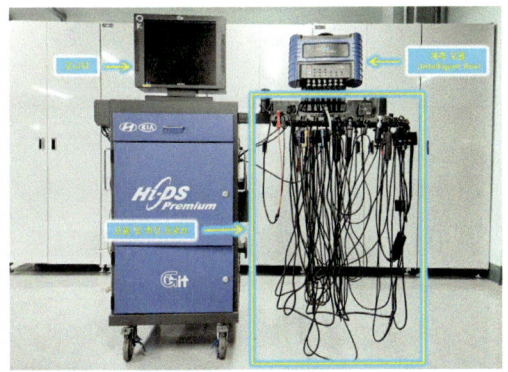

위 그림은 파형 측정을 위한 "자동차 종합 시험기(Hi-DS Premium)"이며 모니터, 계측 모듈, 모듈 및 각종 측정 프로브로 구성되어 있다.

02 장비 전원 ON

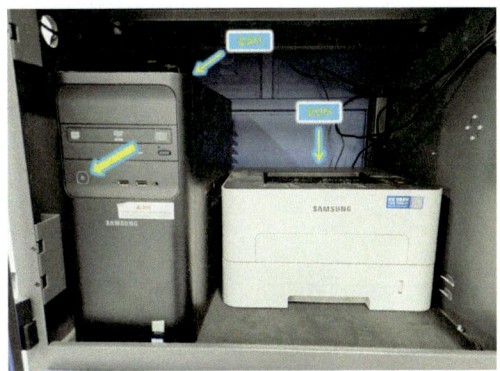

위 그림은 측정 장비 캐비닛 내부로 컴퓨터와 프린터로 구성되어 있다. 측정을 위하여 컴퓨터 "전원 버튼"을 누른다.

03 계측 모듈 전원 ON

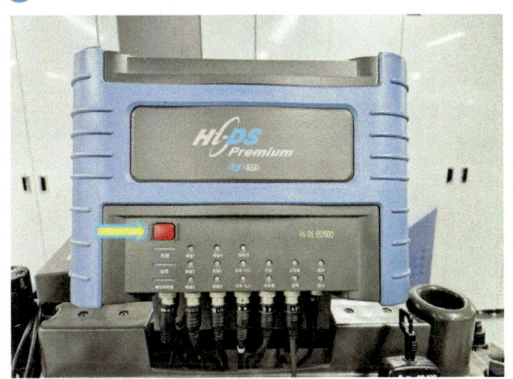

위 그림과 같이 계측 모듈 전원 버튼(적색)을 눌러 "ON" 한다.

04 Hi-DS 아이콘 클릭

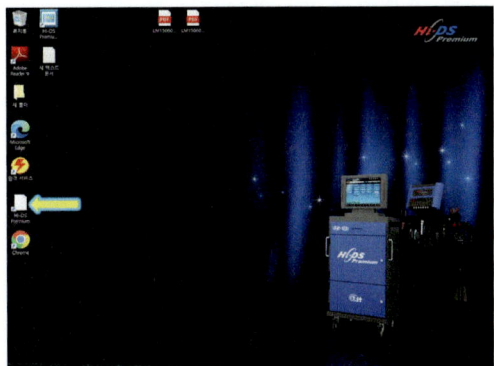

위 그림과 같이 모니터 화면에서 "Hi-DS Premium 아이콘"을 더블 클릭한다.

05 프로그램 로딩

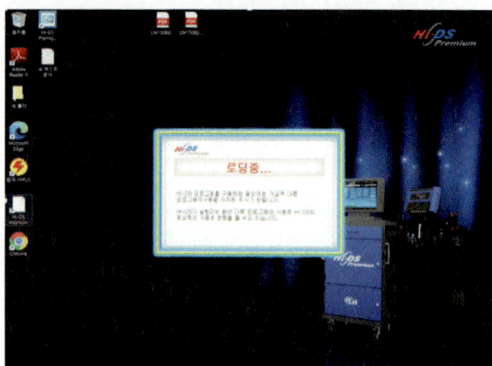

위 그림은 Hi-DS 프로그램을 구동하는 화면이다.

06 차종 선택

위 그림과 같이 좌측 상단에 있는 "차종선택"을 클릭한다.

07 측정 대상차종 세부 사항 선택

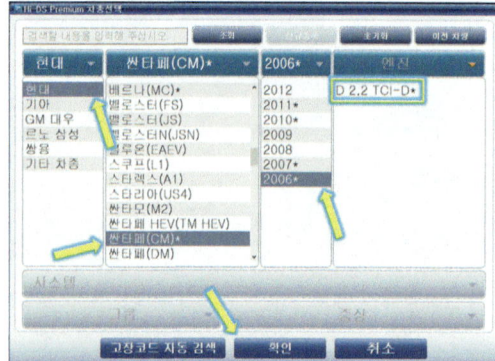

위 그림과 같이 "메이커", "차종", "연식", "엔진 종류"를 선택하고 "확인" 버튼을 누른다.

08 선택 대상 시스템 설정

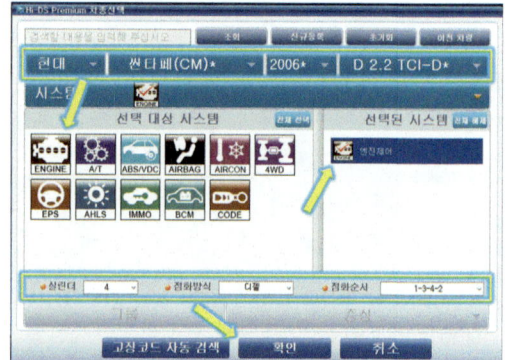

위 그림은 차종 선택 후 화면이며, 파형 측정을 위하여 선택 대상 시스템에서 "ENGINE" 아이콘을 클릭한 다음 우측의 "엔진제어" 클릭하고 "확인" 버튼을 누른다.

09 오실로스코프 선택

위 그림과 같이 "오실로스코프"를 클릭한다. [참고: 2개의 화살표 중 "하나"만 선택한다.]

10 오실로스코프 화면 설정

위 그림과 같이 "채널1"을 클릭한다. 좌측 상단에 전압 "+20V"와 "채널1"이 표시된다.

⑪ 오실로스코프 소 전류 설정

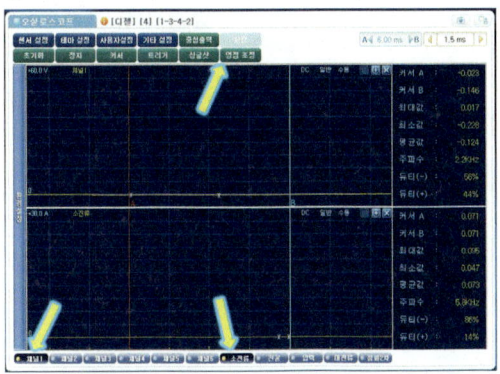

위 그림과 같이 "소 전류"를 선택한 다음 "영점조정"을 클릭한다.

⑫ 소 전류 영점조정 실시

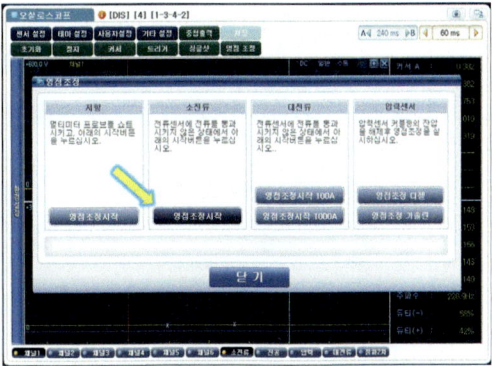

위 그림과 같이 소 전류 "영점조정시작"을 클릭한다.

⑬ 영조조정이 완료된 화면

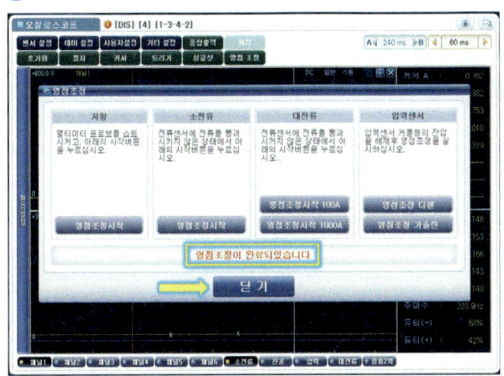

위 그림과 같이 소 전류 "영점조정이 완료되었습니다"라는 문구가 뜨면 "닫기"를 클릭한다.

⑭ 채널 1번 접지 프로브 설치

위 그림과 같이 "채널 1번" 접지 프로브를 차체에 "접지"한다.

⑮ 채널 1번과 소 전류계 설치

채널 1번 전원 프로브와 소 전류계를 "인젝터 제어 배선"에 설치한다. [주의: 전류계의 전류 흐름방향을 확인한다.]

⑯ 프로브 설치 완료

위 그림은 측정을 위하여 "채널 1번"과 "소 전류계"를 설치한 모습이다.

⑰ 파형 분석_공회전 시

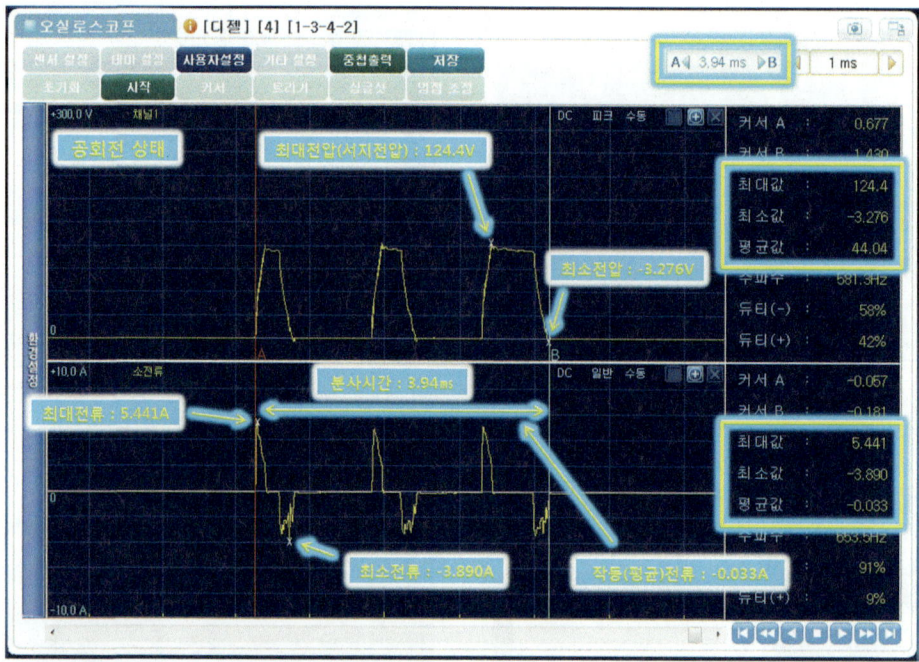

위 그림은 엔진 공회전 시 인젝터 연료분사 출력 파형이며 "커서 A"를 연료분사 시작 지점에 위치하고 "커서 B"는 연료분사 종료 부분에 위치시킨 다음 최대 전압 124.4V, 최소전압 -3.276V, 투 커서 간 시간차(연료분사 시간) 3.94㎳로 표기하였으며, "소 전류"는 최대 전류 5.441A, 최소 전류 -3.890A, 작동(평균)전류 -0.033A로 표기한 화면이다.

⑱ 출력 파형 출력물_파형 출력 및 분석 내용 표기하기

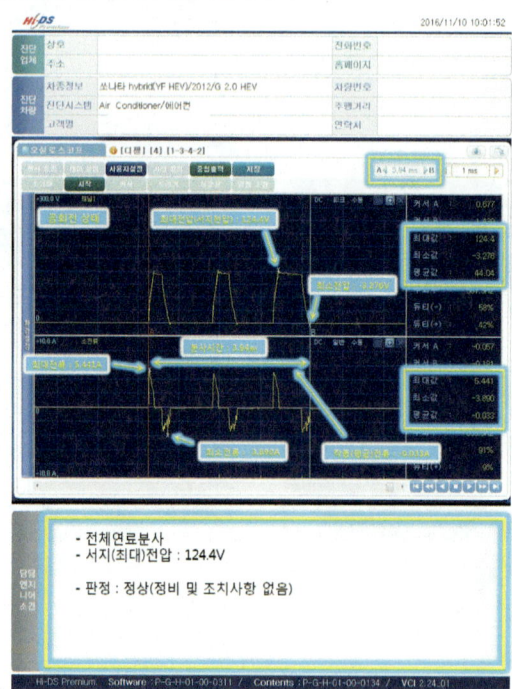

⑲ 답안 작성: 파형 출력 및 분석 내용 답안 작성하기

◆ **기관 2. 기록표**

1) 파형   자동차 번호 :

항 목	파형 분석 및 판정			득 점
	분석항목	분석내용	판정(□에 '✔' 표)	
디젤 인젝터 전압 및 전류 파형	주분사 작동전류: 서지전압: 124.4V 예비분사시간:	분석내용은 출력물에 표시하시오.	☑ 양 호 □ 불 량	

※주의 사항 : 분석 항목 및 내용은 출력물에 표기하며 관련 사항은 시험위원의 지시에 따른다.

⑳ 파형 분석_예비 분사 1

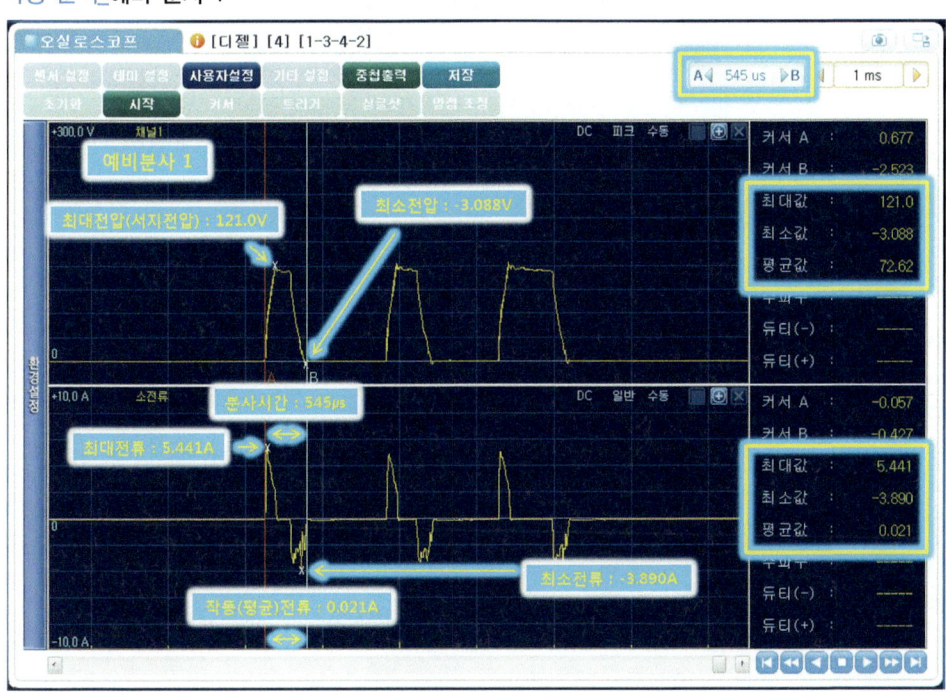

위 그림은 엔진 공회전 시 인젝터 연료분사 출력 파형이며 "커서 A"를 예비 분사 1 시작 지점에 위치하고 "커서 B"는 예비 분사 1 종료 부분에 위치시킨 다음 최대 전압 121.0V, 최소전압 -3.088V, 투 커서 간 시간차(연료분사 시간) 545μs로 표기하였으며, "소 전류"는 최대 전류 5.441A, 최소 전류 -3.890A, 작동(평균)전류 0.021A로 표기한 화면이다.

21 출력 파형 출력물_예비 분사 1에 대한 파형 출력 및 분석 내용 표기하기

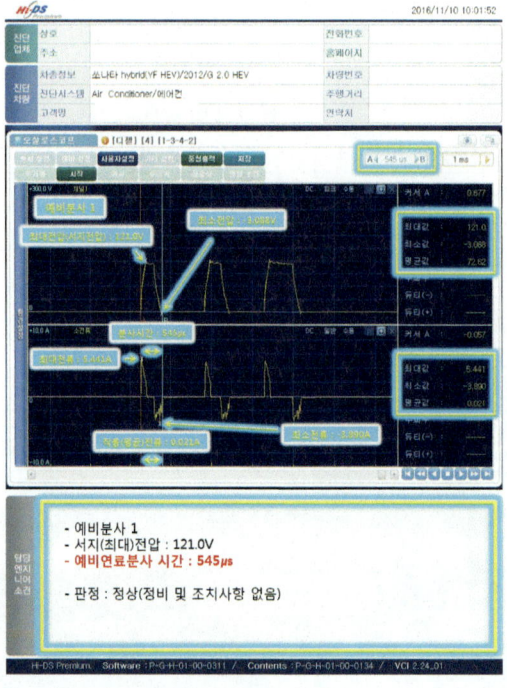

22 답안 작성_예비 분사 1에 대한 파형 출력 및 분석 내용 답안 작성하기

◈ 기관 2. 기록표

1) 파형   자동차 번호 :

비 번호		감독확인	

항 목	파형 분석 및 판정			득 점
	분석항목	분석내용	판정(□에 '✔'표)	
디젤 인젝터 전압 및 전류 파형	주분사 작동전류:	분석내용은 출력물에 표시하시오.	☑ 양 호 □ 불 량	
	서지전압: 121.0V			
	예비분사시간: 545㎲			

※주의 사항 : 분석 항목 및 내용은 출력물에 표기하며 관련 사항은 감독위원의 지시에 따릅니다.

㉓ 파형 분석_예비분서 2

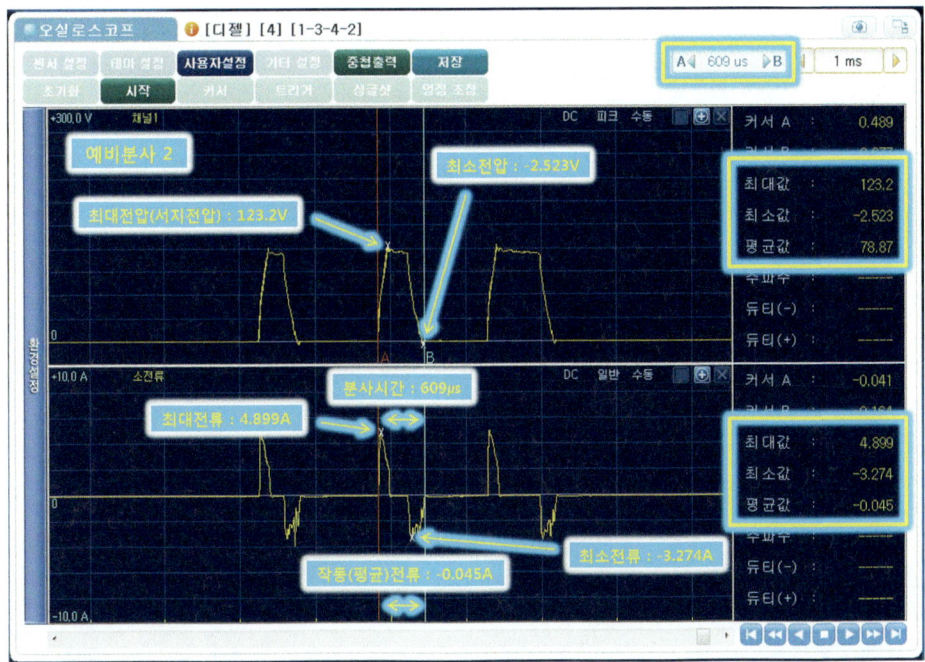

위 그림은 엔진 공회전 시 인젝터 연료분사 출력 파형이며 "커서 A"를 예비 분사 2 시작 지점에 위치하고 "커서 B"는 예비 분사 2 종료 부분에 위치시킨 다음 최대 전압 123.2V, 최소전압 -2.523V, 투 커서 간 시간차(연료분사 시간) 609㎲로 표기하였으며, "소 전류"는 최대 전류 4.899A, 최소 전류 -3.274A, 작동(평균)전류 -0.045A로 표기한 화면이다.

㉔ 출력 파형 출력물_예비 분사 2에 대한 파형 출력 및 분석 내용 표기하기

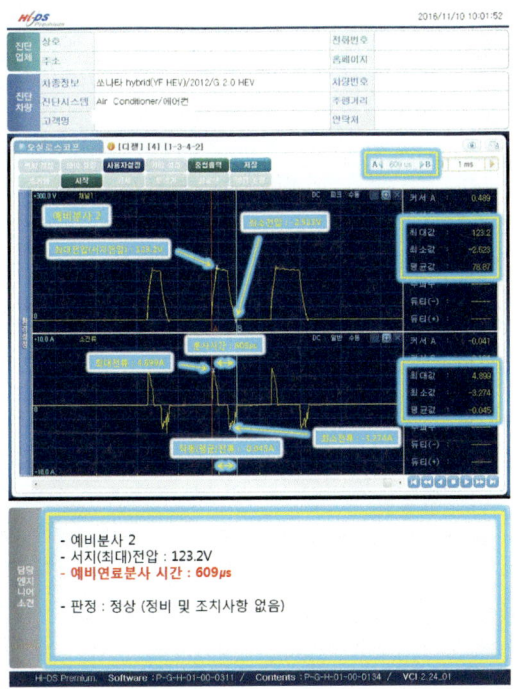

㉕ 답안 작성_예비 분사 2에 대한 파형 출력 및 분석 내용 답안 작성하기

◈ 기관 2. 기록표
   1) 파형   자동차 번호 :

	비 번호		감독확인	

항 목	파형 분석 및 판정			득 점
	분석항목	분석내용	판정(□에 '✔' 표)	
디젤 인젝터 전압 및 전류 파형	주분사 작동전류:	분석내용은 출력물에 표시하시오.	☑ 양 호 □ 불 량	
	서지전압: 123.2V			
	예비분사시간: 609μs			

※주의 사항 : 분석 항목 및 내용은 출력물에 표기하며 관련 사항은 감독위원의 지시에 따릅니다.

㉖ 파형 분석_예비 분사 1, 2

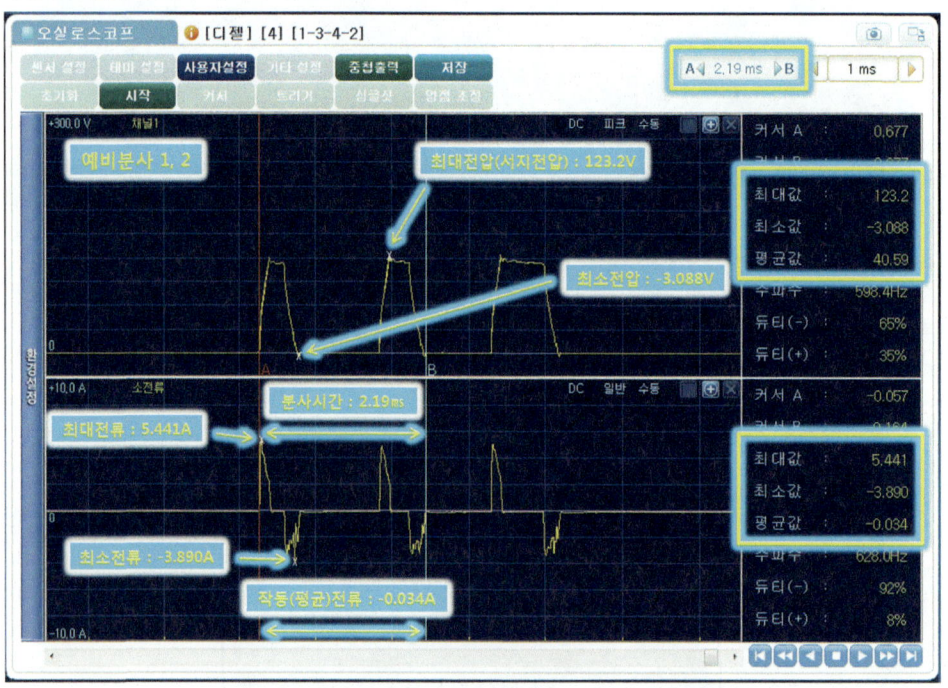

위 그림은 엔진 공회전 시 인젝터 연료분사 출력 파형이며 "커서 A"를 예비 분사 1 시작 지점에 위치하고 "커서 B"는 예비 분사 2 종료 부분에 위치시킨 다음 최대 전압 123.2V, 최소전압 -3.088V, 투 커서 간 시간차(연료분사 시간) 2.19ms로 표기하였으며, "소 전류"는 최대 전류 5.441A, 최소 전류 -3.890A, 작동(평균)전류 -0.034A로 표기한 화면이다.

㉗ 출력 파형 출력물_예비 분사 1과 2에 대한 파형 출력 및 분석 내용 표기하기

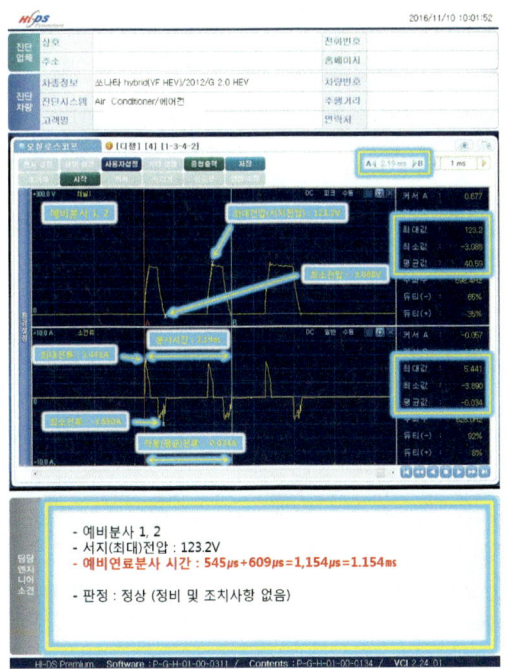

- 예비분사 1, 2
- 서지(최대)전압 : 123.2V
- 예비연료분사 시간 : 545μs+609μs=1,154μs=1.154ms
- 판정 : 정상 (정비 및 조치사항 없음)

㉘ 답안 작성_예비 분사 1과 2에 대한 파형 출력 및 분석 내용 답안 작성하기

[참고] 예비 연료분사 시간은 예비 분사 1과 예비 분사 2를 "더한 시간"을 기록한다.

◈ 기관 2. 기록표

1) 파형   자동차 번호 :

비 번호		감독확인	

항 목	파형 분석 및 판정			득 점
	분석항목	분석내용	판정(□에 '✔' 표)	
디젤 인젝터 전압 및 전류 파형	주분사 작동전류: 서지전압: 123.2V 예비분사시간: 1.154ms	분석내용은 출력물에 표시하시오.	☑ 양 호 □ 불 량	

※주의 사항 : 분석 항목 및 내용은 출력물에 표기하며 관련 사항은 감독위원의 지시에 따릅니다.

㉙ 파형 분석_주 분사

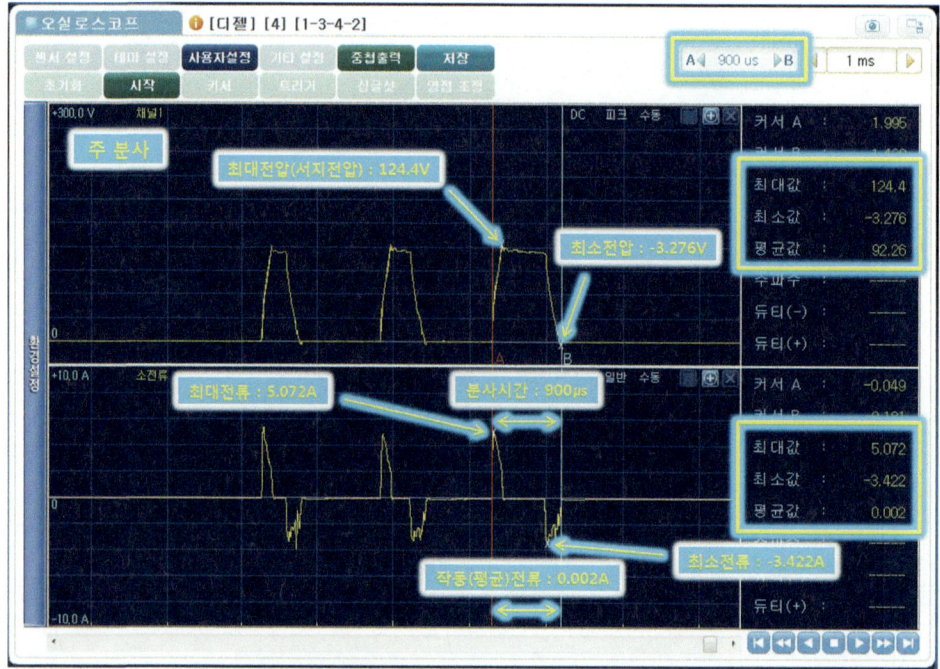

위 그림은 엔진 공회전 시 인젝터 연료분사 출력 파형이며 "커서 A"를 주 분사 시작 지점에 위치하고 "커서 B"는 주 분사 종료 부분에 위치시킨 다음 최대 전압 124.4V, 최소전압 -3.276V, 투 커서 간 시간차(연료분사 시간) 900㎲로 표기하였으며, "소 전류"는 최대 전류 5.072A, 최소 전류 -3.422A, 작동(평균)전류 0.002A로 표기한 화면이다.

㉚ 출력 파형 출력물: 주 분사에 대한 파형 출력 및 분석 내용 표기하기

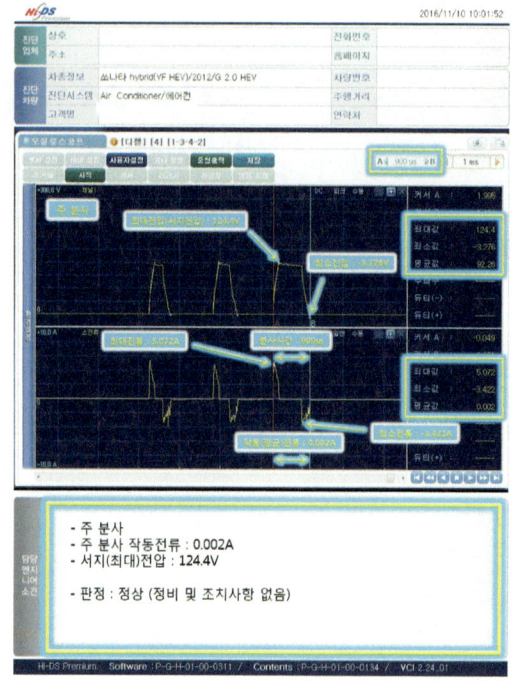

A
안

31 답안 작성_주 분사에 대한 파형 출력 및 분석 내용 답안 작성하기

[참고] 서지(최대)전압은 전체 파형에서 "최대값"을 기록한다.

◈ 기관 2. 기록표

		비 번호		감독확인	

1) 파형   자동차 번호 :

항 목	파형 분석 및 판정			득 점
	분석항목	분석 내용	판정(□에 '✔' 표)	
디젤 인젝터 전압 및 전류 파형	주분사 작동전류: 0.002A	분석내용은 출력물에 표시하시오.	☑ 양 호 ☐ 불 량	
	서지전압: 124.4V			
	예비분사시간: 1.154ms			

※주의 사항 : 분석 항목 및 내용은 출력물에 표기하며 관련 사항은 감독위원의 지시에 따릅니다.

정비기능장

A
엔 진

2)_2 기록표 요구사항_공기유량센서 출력전압(파형)_급가속 시

주어진 엔진에서 감독위원의 지시에 따라 기록표 요구사항을 점검 및 측정하여 기록하시오.

---

01   공기량 센서 파형 측정_Karman Voltex Type(카르만 와류식)

01 엔진 시동 ON

위 그림과 같이 엔진 시동을 "ON" 한 다음 엔진 rpm이 "정상적인 공회전" 상태가 될 때까지 기다린다.

02 채널 1번 프로브 설치

위 그림과 같이 "채널 1번" 프로브를 "출력단자"와 "접지단자"에 설치한다.

03 공 화전 시 AFS 출력 센서 파형_전폐

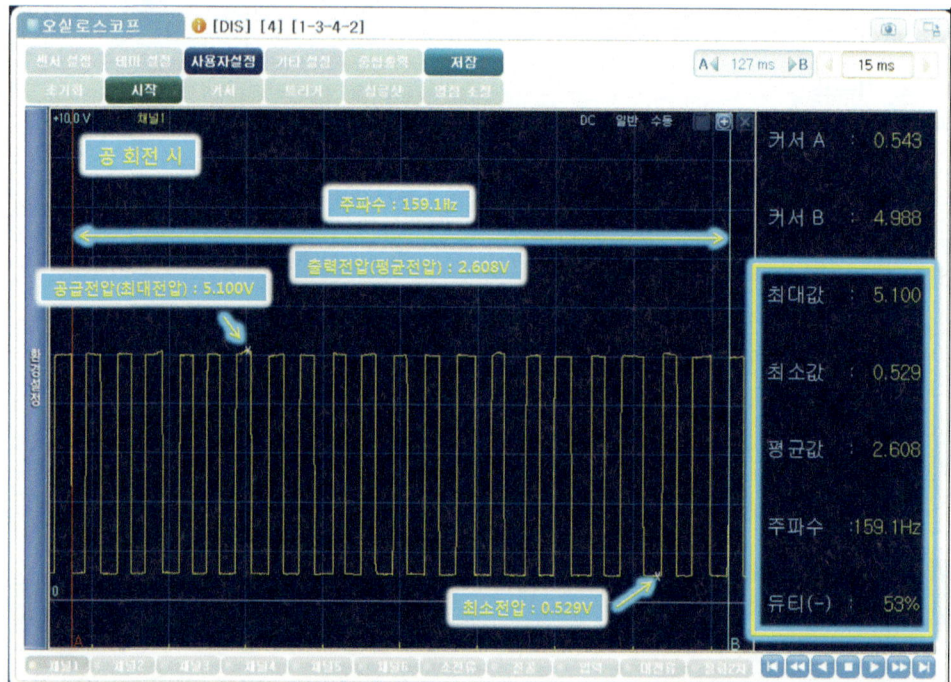

위 그림은 엔진 공회전 상태의 센서 출력 파형이며 "커서 A"를 파형이 시작되는 임의 지점에 위치하고 "커서 B"는 파형이 진행되는 임의 부분에 위치시킨 다음 주파수 159.1Hz, 최대(공급) 전압 5.100V, 평균(출력)전압 2.608V, 최소전압 0.529V로 표기한 화면이다.

04 출력 파형 출력물: 공회전 시 파형 출력 및 분석 내용 표기하기

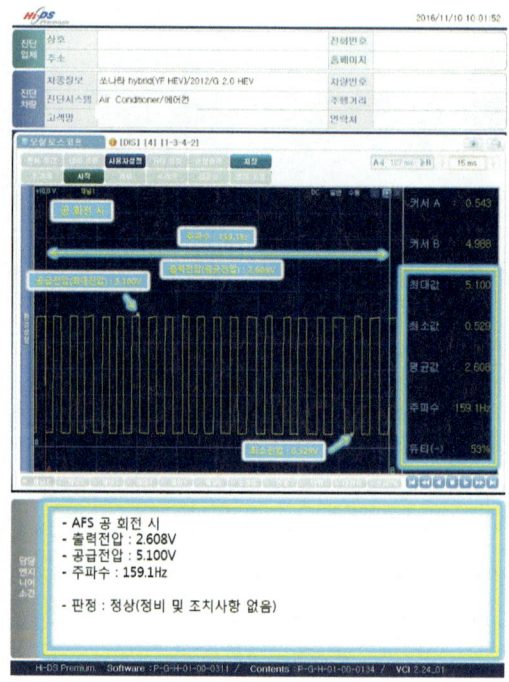

A안

05 답안 작성_공회전 시 파형 출력 및 분석 내용 답안 작성하기

[참고] 칼만 와류식으로 측정 시에는 엔진 공회전 상태와 급가속을 하더라도 출력(최대, 최소)전압은 변화가 적으므로 출력(평균)전압을 답안 "최대값"에 기재한다. (단, 감독위원이 현재 출력상태에서 답안 작성을 지시할 경우 최대 값과 최소 값을 기재한다.

■ 점검 및 측정
자동차 번호 :

| 비 번호 | | 감독확인 | |

항 목	측정(또는 점검)		판정 및 정비(또는 조치)사항		득 점
	측 정 값	규정(기준) 값 (정비한계 값)	판정(□에 '✔' 표)	정비 및 조치 사항	
공기량 센서 (MAP 또는 AFS) 출력전압(파형) (급가속 시)	최대값: 2.608V 최소값:	✕	☑ 양 호 □ 불 량	정비 및 조치사항 없음 또는 정상, 양호	
TPS1(또는 TPS2) 출력전압(파형) (급가속 시)	최대값: 최소값:		□ 양 호 □ 불 량		

※주의 사항 : 분석 항목 및 내용은 출력물에 표기하며 관련 사항은 감독위원의 지시에 따릅니다.

06 가속 시 AFS 출력 센서 파형_전계

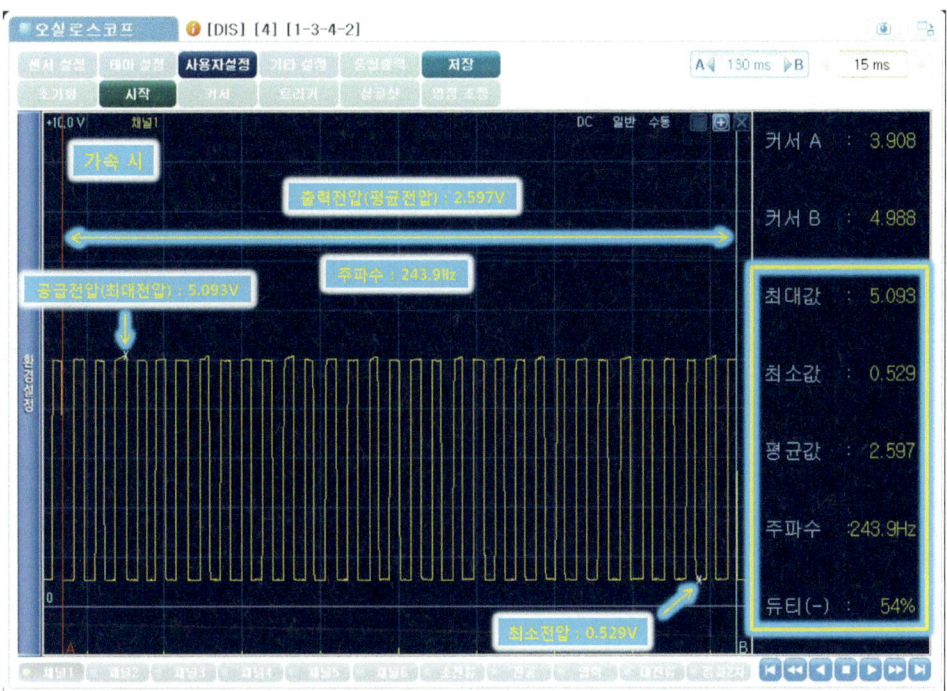

위 그림은 엔진 가속 상태의 센서 출력 파형이며 "커서 A"를 파형이 시작되는 임의 지점에 위치하고 "커서 B"는 파형이 진행되는 임의 부분에 위치시킨 다음 주파수 243.9Hz, 최대(공급) 전압 5.093V, 평균(출력)전압 2.597V, 최소전압 0.529V로 표기한 화면이다.

07 출력 파형 출력물: 급가속 시 파형 출력 및 분석 내용 표기하기

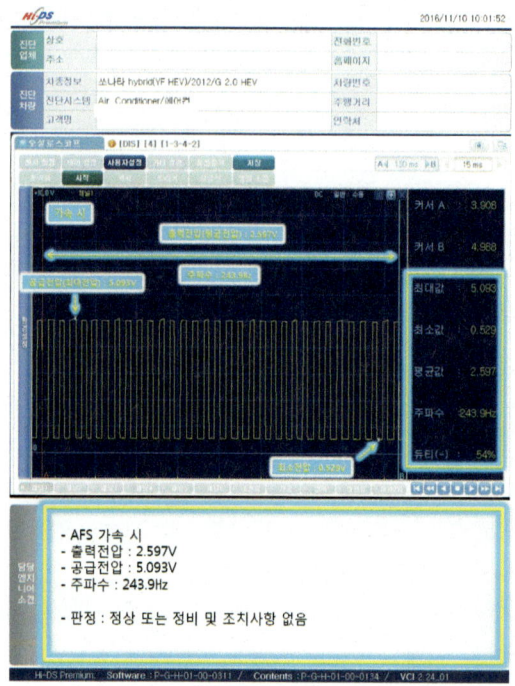

- AFS 가속 시
- 출력전압 : 2.597V
- 공급전압 : 5.093V
- 주파수 : 243.9Hz

- 판정 : 정상 또는 정비 및 조치사항 없음

06 답안 작성_급가속 시 파형 출력 및 분석 내용 답안 작성하기

[참고] 답안 최소 값에 출력(평균)전압을 기재한다.

■ 점검 및 측정

자동차 번호 :

			비 번호		감독확인	

항 목	측정(또는 점검)		판정 및 정비(또는 조치)사항			득 점
	측 정 값	규정(기준) 값 (정비한계 값)	판정(□에 '✔' 표)	정비 및 조치 사항		
공기량 센서 (MAP 또는 AFS) 출력전압(파형) (급가속 시)	최대값: 2.608V 최소값: 2.597V	✕	☑ 양 호 □ 불 량	정비 및 조치사항 없음 또는 정상, 양호		
TPS1(또는 TPS2) 출력전압(파형) (급가속 시)	최대값: 최소값:		□ 양 호 □ 불 량			

※주의 사항 : 분석 항목 및 내용은 출력물에 표기하며 관련 사항은 감독위원의 지시에 따릅니다.

[참고] 답안 최소값에 출력전압(평균전압)을 기재한다.

03 스로틀 위치 센서(TPS)와 공기량 센서 파형 측정_Hot Film-Mass Air Flow Type(열막식)

01 TPS 측정 프로브 설치_채널 2번

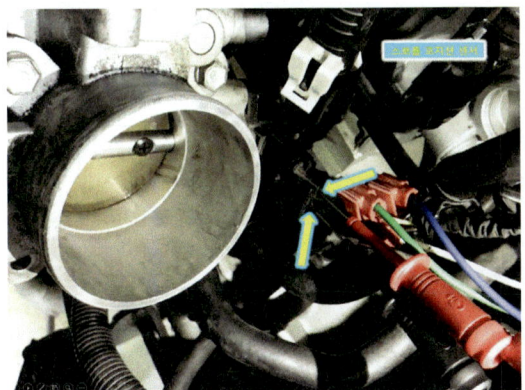

위 그림과 같이 TPS에 "채널 2번" 프로브를 설치한다.

02 AFS 측정 프로브 설치_채널 1번

위 그림과 같이 AFS에 "채널 1번" 프로브를 설치한다.

03 급가속 시 TPS 파형 기준

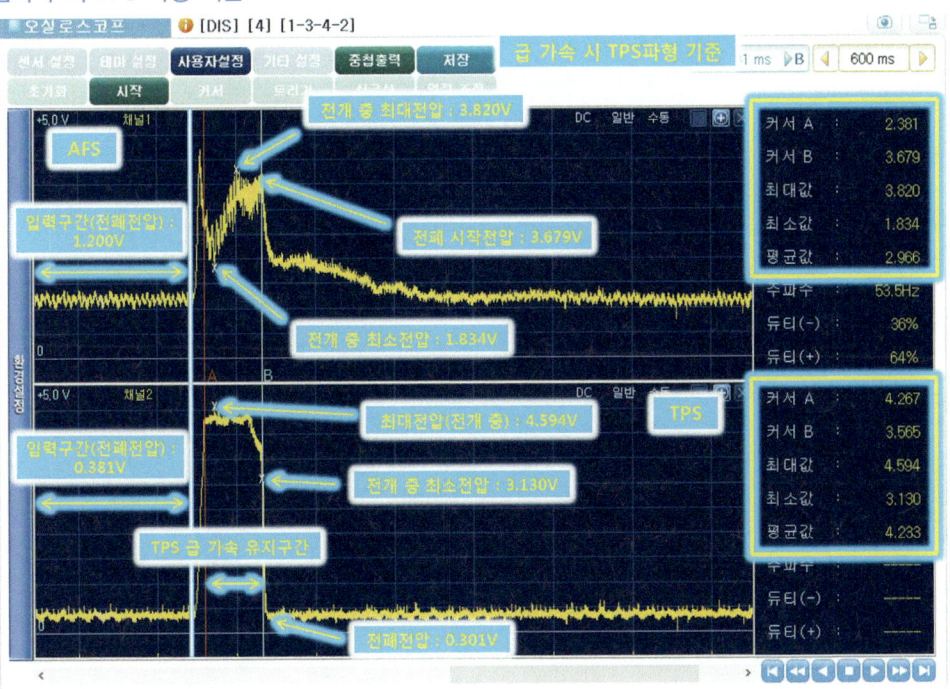

위 그림은 엔진 급가속 시 "TPS 기준" 출력 파형이며 "커서 A"를 급가속 유지 시작 지점에 위치하고 "커서 B"는 급가속 유지 종료 부분에 위치시킨 다음 "TPS"에 대한 최소전압 3.130V, 최대 전압(전개) 4.594V, 전폐 전압 0.381V이며, "AFS"에 대한 전개 중 최소전압 1.834V, 전개 중 최대 전압(전개) 3.820V, 입력 구간(전폐 전압) 1.200V로 표기한 화면이다.

04 출력 파형 출력물_급가속 시 TPS 및 AFS 파형 출력 및 분석 내용 표기하기

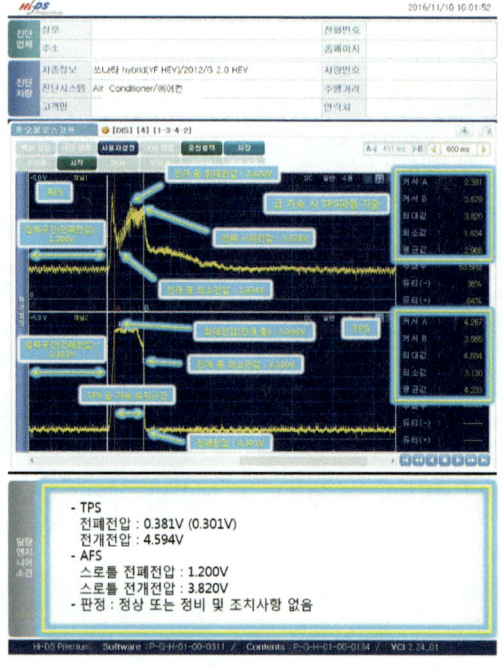

05 답안 작성_급가속 시 TPS 및 AFS 파형 출력 및 분석 내용 답안 작성하기

■ 점검 및 측정

자동차 번호 :

비 번호		감독확인	

항 목	측정(또는 점검)		판정 및 정비(또는 조치)사항		득 점
	측 정 값	규정(기준) 값 (정비한계 값)	판정(□에 '✔'표)	정비 및 조치 사항	
공기량 센서 (MAP 또는 AFS) 출력전압(파형) [급가속 시]	최대값: 3.820V 최소값: 1.200V	✕	☑ 양 호 □ 불 량	정비 및 조치 사항 없음 또는 정상, 양호	
TPS1(또는 TPS2) 출력전압(파형) [급가속 시]	최대값: 4.594V 최소값: 0.381V	최대값: 4.500~4.800V 최소값: 0.300~0.400V	☑ 양 호 □ 불 량	정비 및 조치 사항 없음 또는 정상, 양호	

※주의 사항 : 분석 항목 및 내용은 출력물에 표기하며 관련 사항은 감독위원의 지시에 따릅니다.

06 급가속 시 AFS 파형 기준

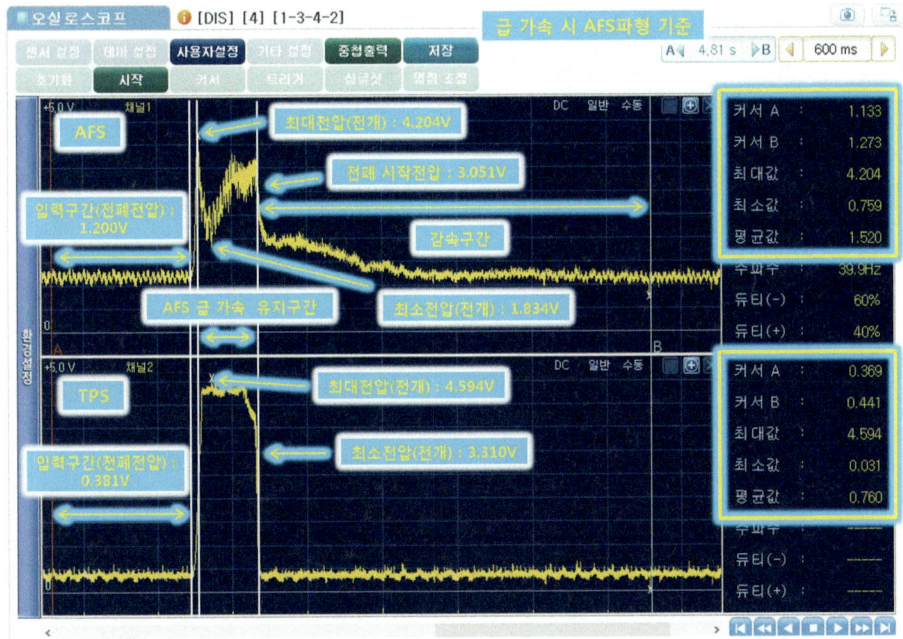

위 그림은 엔진 공회전 상태에서 급가속 시 "AFS 기준" 출력 파형이며 "커서 A"를 공회전이 진행되는 임의 지점에 위치하고 "커서 B"는 AFS 출력값이 입력전압으로 회복되는 부분에 위치시킨 다음 "TPS"에 대한 입력(전폐)전압 0.381V, 최대(전개)전압 4.594V, 전개 중 최소전압 3.310V이며, "AFS"에 대한 입력(전폐)전압 1.200V, 최대(전개)전압 4.204V, 전개 중 최소전압 1.834V로 표기한 화면이다.

07 출력 파형 출력물_급가속 시 TPS 및 AFS 파형 출력 및 분석 내용 표기하기

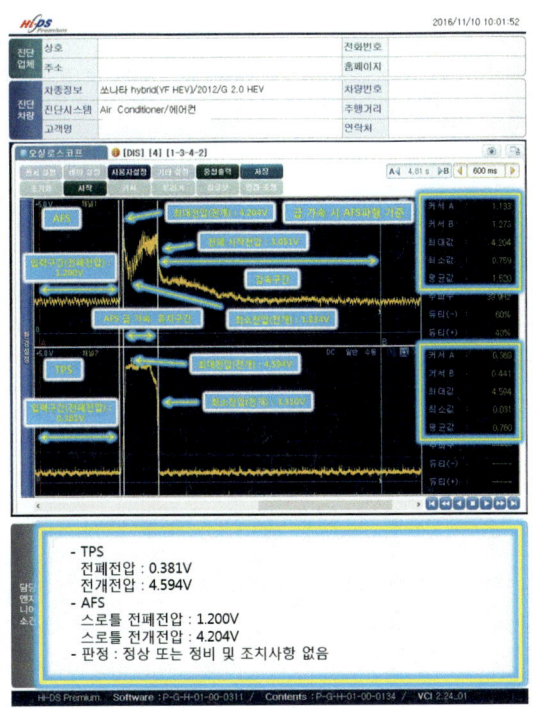

08 답안 작성_급가속 시 TPS 및 AFS 파형 출력 및 분석 내용 답안 작성하기

■ 점검 및 측정

자동차 번호 :

항 목	측정(또는 점검)		판정 및 정비(또는 조치)사항		득 점
	측 정 값	규정(기준) 값 (정비한계 값)	판정(□에 '✔' 표)	정비 및 조치 사항	
			비 번호		**감독확인**
공기량 센서 (MAP 또는 AFS) 출력전압(파형) [급가속 시]	최대값: 4.204V 최소값: 1.200V	╳	☑ 양 호 □ 불 량	정비 및 조치 사항 없음 또는 정상, 양호	
TPS1(또는 TPS2) 출력전압(파형) [급가속 시]	최대값: 4.594V 최소값: 0.381V	최대값: 4.500~4.800V 최소값: 0.300~0.400V	☑ 양 호 □ 불 량	정비 및 조치 사항 없음 또는 정상, 양호	

※주의 사항 : 분석 항목 및 내용은 출력물에 표기하며 관련 사항은 감독위원의 지시에 따릅니다.

02   스로틀 위치 센서(TPS)와 공기량 센서 파형 측정_MAP

01 장비 주요 시스템 구성

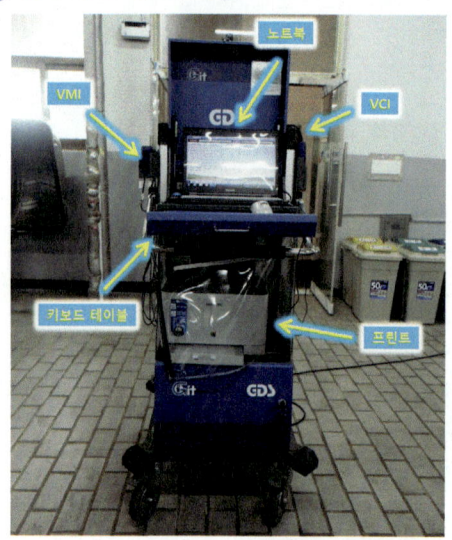

위 그림은 파형 측정을 위한 자동차 종합 시험기(GDS)이며 노트북, VIC, 프린터, 키보드 테이블, VMI이다.

02 GDS 아이콘 클릭

위 그림과 같이 모니터 화면에서 화살표가 가리키는 "GDS 아이콘"을 더블 클릭한다.

03 프로그램 로딩

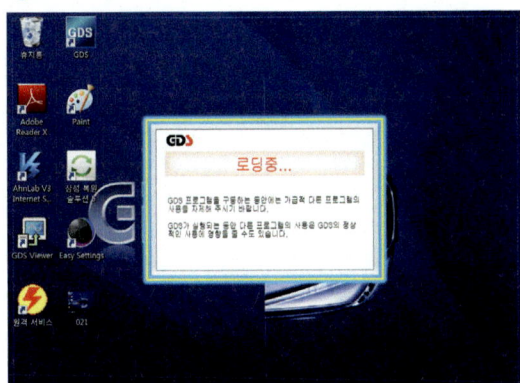

위 그림은 GDS 프로그램이 구동되는 화면이다.

04 차종 선택

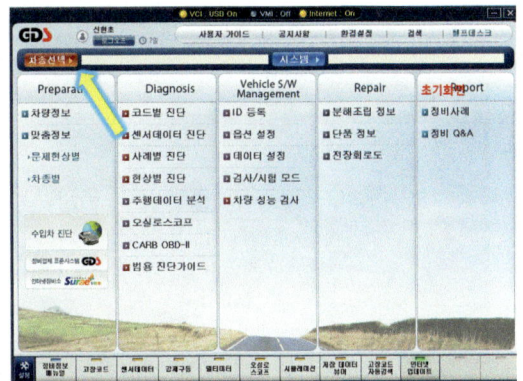

위 그림과 같이 좌측 상단에 있는 "차종선택"을 클릭한다.

05 측정 대상차종 세부 사항 선택

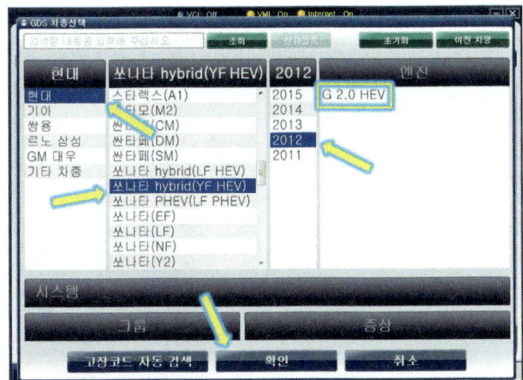

위 그림과 같이 "메이커", "차종", "연식", "엔진 종류"를 선택하고 "확인" 버튼을 클릭한다.

06 선택 대상 시스템 설정

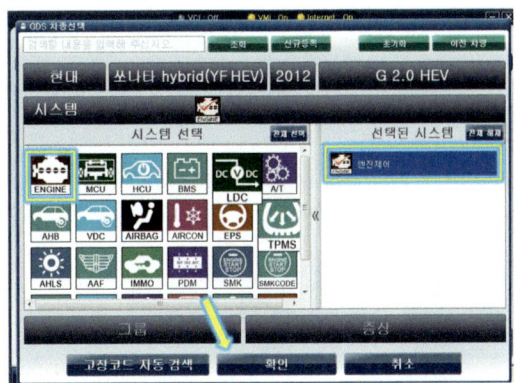

위 그림은 차종 선택 후 화면이며, 파형 측정을 위하여 선택 대상 시스템에서 "ENGINE 아이콘"을 클릭한 다음 우측의 "엔진제어"를 클릭하고 "확인" 버튼을 클릭한다.

07 VCI 진단커넥터 연결

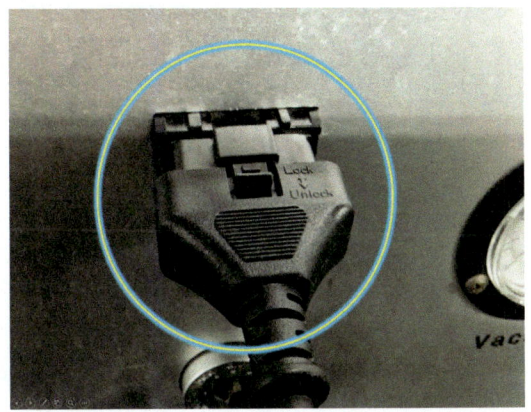

위 그림과 같이 "VCI" 진단커넥터를 "차량 DLC"에 연결한다.

08 VCI 전원 ON

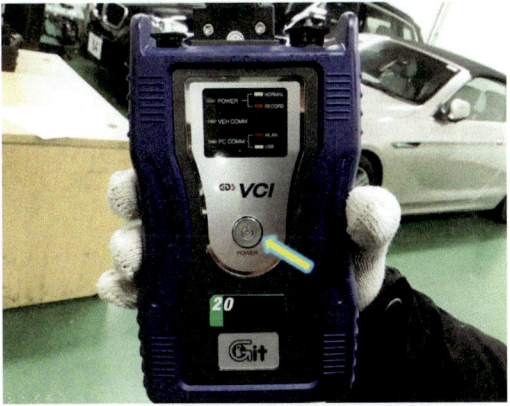

위 그림과 같이 "VCI" 전원 버튼을 눌러 "ON" 한다.

09 차량 엔진 시동 ON

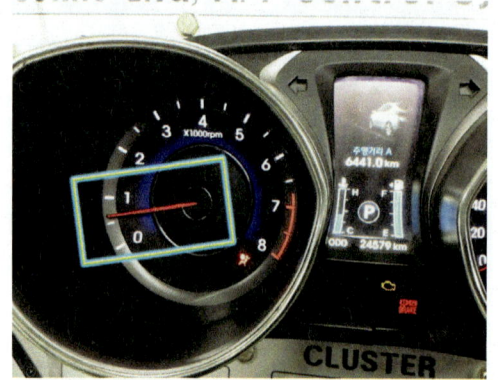

위 그림과 같이 차량 엔진 시동을 "ON"한 다음 정상적인 공전 rpm이 되도록 기다린다.

10 센서 데이터 선택

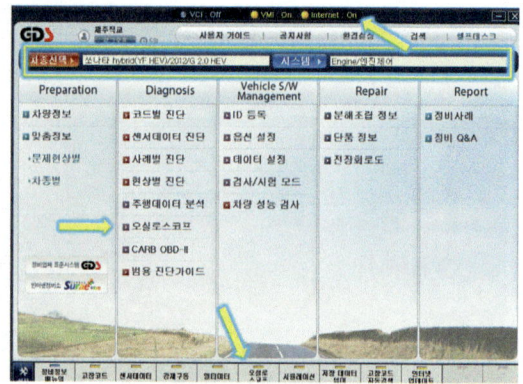

위 그림과 같이 "센서데이터"를 클릭한다. [참고: 화살표가 가리키는 2곳 중 "하나"만 선택한다.]

11 차량 통신

위 그림은 차량과 통신 초기화 중인 화면이다.

12 VCI 통신연결 화면

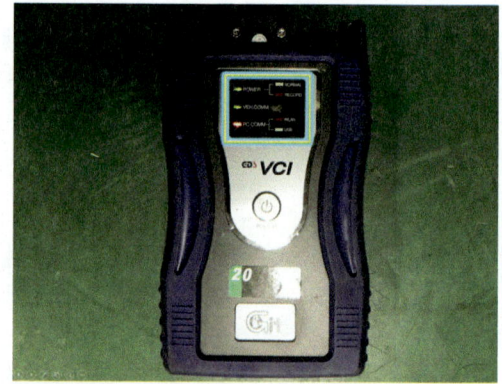

위 그림과 같이 차량과 통신이 연결되면 "VCI 통신 램프"가 점등된다.

13 측정 대상 센서 선택 및 판독_공전 시

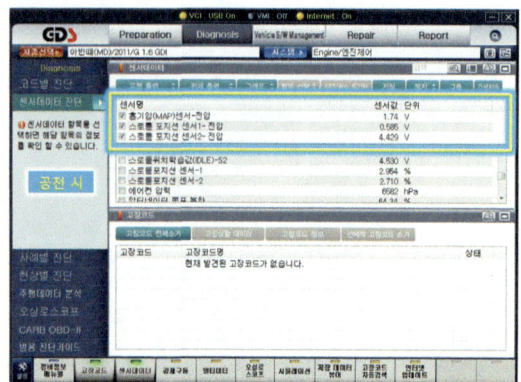

위 그림과 같이 "흡기압(MAP)센서"와 "스로틀 포지션 센서 1", "스로틀 포지션 센서 2"를 선택하여 고정한 다음 공전 시 출력값을 판독한다.

14 센서 출력값 판독_급가속 시

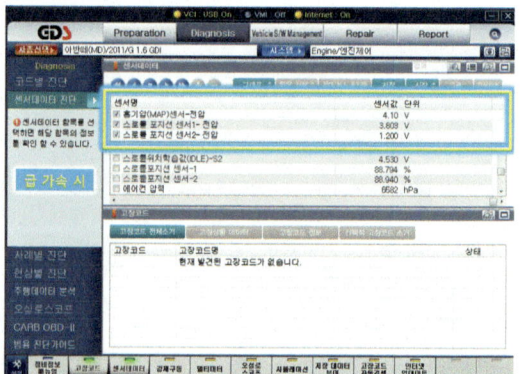

위 그림과 같이 급가속 시 흡기압(MAP)센서와 스로틀 포지션 센서 1, 스로틀 포지션 센서 2의 "출력값"을 판독한다.

⑮ 텍스트 변환_공회전 상태에서 순간 급가속 시 텍스트 파형으로 출력값 확인하기

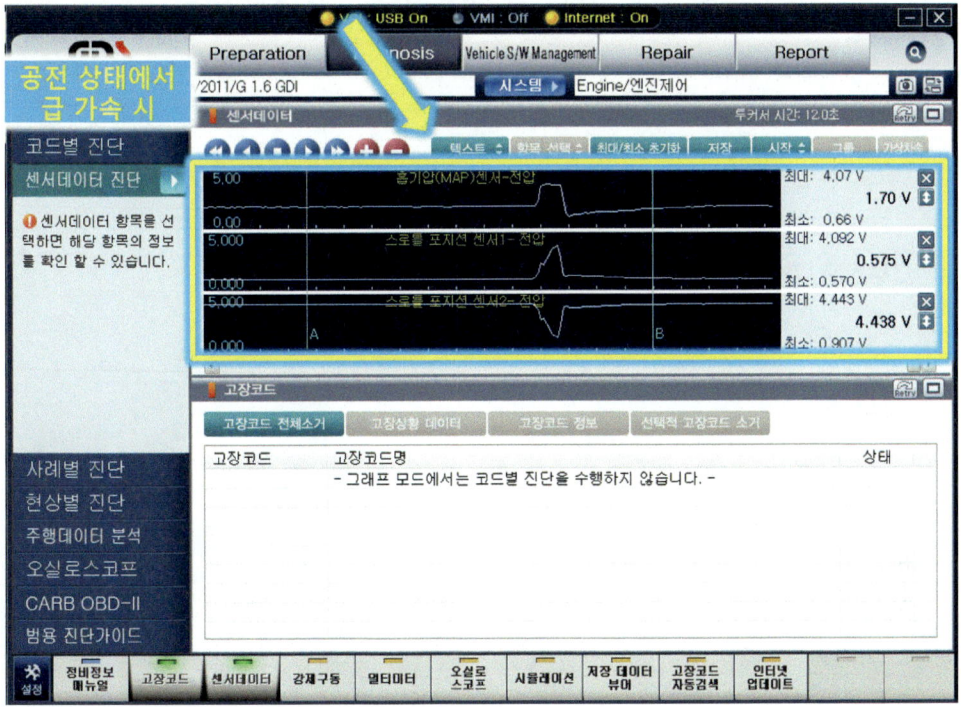

⑯ 답안 작성_공회전 상태에서 순간 급가속 시 텍스트 파형으로 출력값 답안 작성하기

[참고] 감독위원의 특별한 지시가 없을 시 "스로틀 포지션 센서 1" 기준으로 답안을 작성한다.

■ 점검 및 측정

자동차 번호 :

항 목	측정(또는 점검)		판정 및 정비(또는 조치)사항		득 점
	측 정 값	규정(기준) 값 (정비한계 값)	판정(□에 '✔' 표)	정비 및 조치 사항	
비 번호			감독확인		
공기량 센서 (MAP 또는 AFS) 출력전압(파형) [급가속 시]	최대값: 4.07V 최소값: 0.66V		☑ 양 호 □ 불 량	정비 및 조치 사항 없음 또는 정상, 양호	
TPS1(또는 TPS2) 출력전압(파형) [급가속 시]	최대값: 4.092V 최소값: 0.570V	최대값: 4.100~4.500V 최소값: 0.300~0.800V	☑ 양 호 □ 불 량	정비 및 조치 사항 없음 또는 정상, 양호	

※주의 사항 : 분석 항목 및 내용은 출력물에 표기하며 관련 사항은 감독위원의 지시에 따릅니다.

A 엔 진

3)_1 시동결함_크랭킹은 가능하나 시동되지 않음

주어진 엔진에서 크랭킹은 가능하나 시동되지 않고, 시동된 후에도 부조가 발생합니다. 고장원인을 찾아 수리 후 기록표에 기록하시오.

---

01 크랭킹은 가능하나 시동되지 않는 원인

01 ECU 커넥터 및 배선 상태 확인

위 그림과 같이 ECU "커넥터 탈거(빠짐)", 커넥터 "단자 접촉 불량," 배선 "단선 및 접지" 상태를 확인한다.

02 CKP 센서 커넥터 및 배선 상태 확인

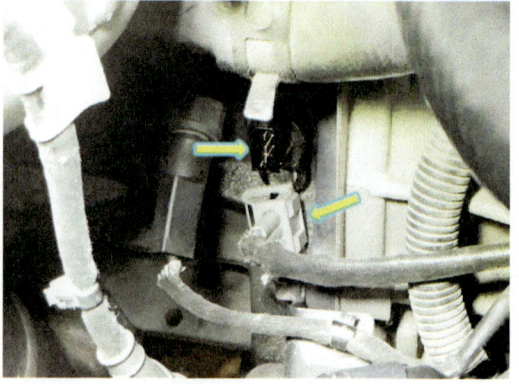

위 그림과 같이 CKP(크랭크 포지션 센서) "커넥터 탈거(빠짐)", 커넥터 "단자 접촉 불량", 배선 "단선 및 접지" 상태를 확인한다.

03 연료펌프 커넥터 및 배선 상태 확인

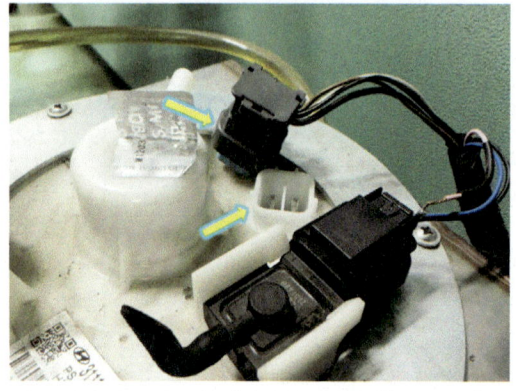

위 그림과 같이 연료펌프 "커넥터 탈거(빠짐)", 커넥터 "단자 접촉 불량", 배선 "단선 및 접지" 상태를 확인한다.

04 AFS 커넥터 및 배선 상태 확인

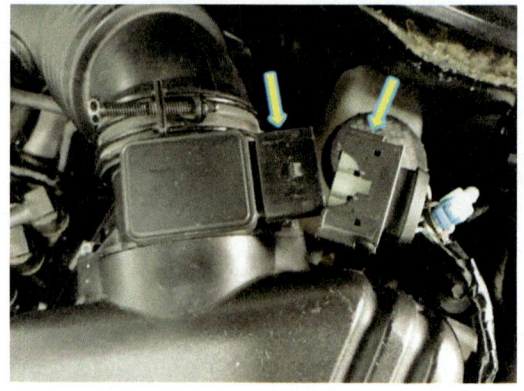

위 그림과 같이 AFS "커넥터 탈거(빠짐)", 커넥터 "단자 접촉 불량", 배선 "단선 및 접지" 상태를 확인한다.

05 점화코일 메인 커넥터 및 배선 상태 확인

위 그림과 같이 점화코일 메인 "커넥터 탈거(빠짐)", 커넥터 "단자 접촉 불량", 배선 "단선 및 접지" 상태를 확인한다.

06 인젝터 메인 커넥터 및 배선 상태 확인

위 그림과 같이 인젝터 메인 "커넥터 탈거(빠짐)", 커넥터 "단자 접촉 불량", 배선 "단선 및 접지" 상태를 확인한다.

07 엔진룸 정션박스 캡

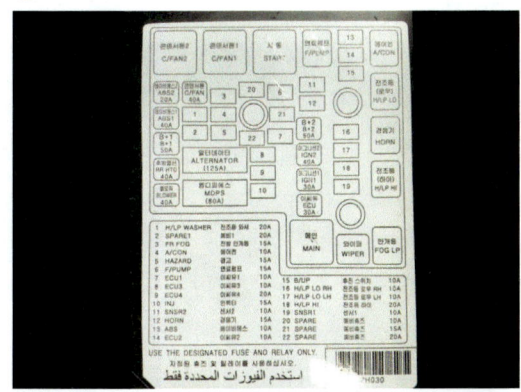

위 그림과 같이 엔진룸 정션박스 캡에서 각부 명칭 확인이 가능하다.

08 엔진룸 정션박스 내부

위 그림과 같이 엔진룸 정션박스 내 각종 퓨즈 및 릴레이, 퓨즈블링크 위치를 확인할 수 있다.

09 인젝터 퓨즈 상태 확인

위 그림과 같이 인젝터 퓨즈 "탈거, 단선, 단자 파손(절단)" 상태를 확인한다.

10 ECU 2 퓨즈 상태 확인

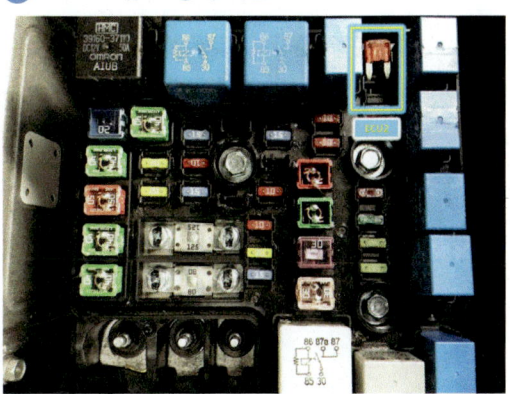

위 그림과 같이 ECU 퓨즈 "탈거, 단선, 단자 파손(절단)" 상태를 확인한다.

⑪ 센서 1 퓨즈 상태 확인

위 그림과 같이 센서 1 퓨즈 "탈거, 단선, 단자 파손(절단)" 상태를 확인한다.

⑫ 연료펌프 릴레이 상태 확인

위 그림과 같이 연료펌프 릴레이 "탈거(없음), 릴레이 단품 불량(솔레노이드 라인 및 파워라인 접점 단선)" 상태를 확인한다.

⑬ 메인 릴레이 상태 확인

위 그림과 같이 메인 릴레이 "탈거(없음), 릴레이 단품 불량 (솔레노이드 라인 및 파워라인 접점 단선)" 상태를 확인한다.

⑭ 이그니션 1 보조 퓨즈블링크 상태 확인

위 그림과 같이 이그니션 1 보조 퓨즈블링크 "탈거(없음), 단선, 단자 미접촉)" 상태를 확인한다.

⑮ ECU 30A 보조 퓨즈블링크 상태 확인

위 그림과 같이 ECU 30A 보조 퓨즈블링크 "탈거(없음), 단선, 단자 미접촉)" 상태를 확인한다.

⑯ 점화코일 커넥터 및 배선 상태 확인

위 그림과 같이 점화코일 커넥터 전체 "탈거" 및 커넥터 "단자 접촉 불량", 배선 "단선 및 접지" 상태를 확인한다.

⑰ Key 박스 커넥터 단자 접촉 불량

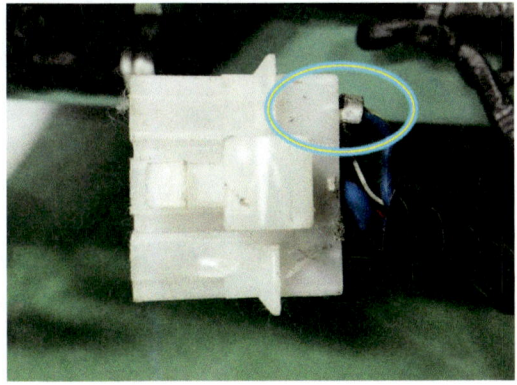

위 그림과 같이 Key 박스 커넥터 이그니션 단자 "접촉 불량" 상태를 확인한다.

⑱ 연료펌프 및 배선 상태 확인

위 그림과 같이 연료펌프 커넥터 및 단자 "접촉 불량", 배선 "단선 및 접지", 연료펌프 "고착", 필터 "막힘"으로 인한 "연료공급 불가" 상태를 확인한다.

정비기능장

A

엔 진

3)_2 부조 발생 원인

주어진 자동차에서 크랭킹은 가능하나 시동되지 않고 시동된 후에도 부조가 발생합니다. 고장 부위를 수리하고 기록표를 작성하시오.

01 부조 발생 원인

① CMP(EX) 커넥터 및 배선 상태 확인

위 그림과 같이 CMP(EX) 커넥터 "탈거(빠짐)", 커넥터 "단자 접촉 불량", 배선 "단선 및 접지" 상태를 확인한다.

② CMP(IN) 커넥터 및 배선 상태 확인

위 그림과 같이 CMP(IN) 커넥터 "탈거(빠짐)", 커넥터 "단자 접촉 불량", 배선 "단선 및 접지" 상태를 확인한다.

03 CMP(IN, EX) 커넥터 및 배선 상태 확인

위 그림과 같이 CMP(IN) 및 CMP(EX) 커넥터 "탈거(빠짐)", 커넥터 "단자 접촉 불량", 배선 "단선 및 접지" 상태를 확인한다.

04 공회전 시 AFS 커넥터 및 배선 상태 확인

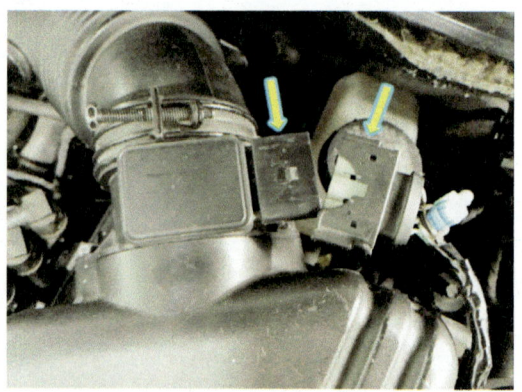

위 그림과 같이 공회전 상태에서 AFS 커넥터 "탈거(빠짐)", 커넥터 "단자 접촉 불량", 배선 "단선 및 접지" 상태를 확인한다.

05 점화코일 커넥터 및 배선 상태 확인

위 그림과 같이 2번 실린더 점화코일 커넥터 "탈거(빠짐)", 커넥터 "단자 접촉 불량", 배선 "단선 및 접지" 상태를 확인한다.

06 PCSV 진공호스 상태 확인

위 그림과 같이 PCSV 진공호스 "탈거(빠짐)", "호스파손 (균열, 구멍, 찢어짐)" 상태를 확인한다.

07 ETC 커넥터 및 배선 상태 확인

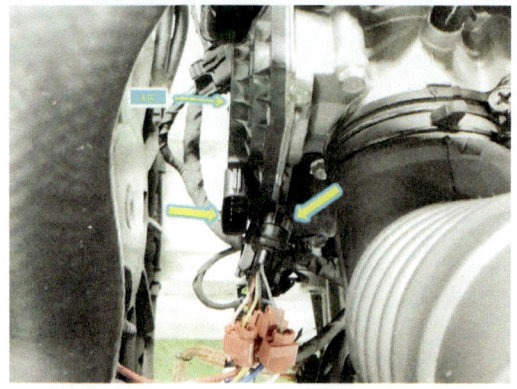

위 그림과 같이 ETC 커넥터 "탈거(빠짐)", 커넥터 "단자 접촉 불량", 배선 "단선 및 접지" 상태를 확인한다.

08 고압 펌프 커넥터 및 배선 상태 확인

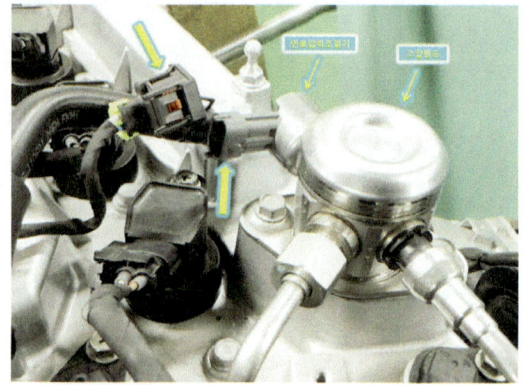

위 그림과 같이 고압 펌프 "연료 압력 조절기" 커넥터 "탈거(빠짐)", 커넥터 "단자 접촉 불량", 배선 "단선 및 접지" 상태를 확인한다.

09 점화플러그 간극 상태 확인_**과대**

위 그림의 위쪽 점화플러그 간극 상태 "정상", 아래쪽 점화플러그 간극 "과대" 상태를 확인한다.

10 점화플러그 간극 상태 확인_**과소**

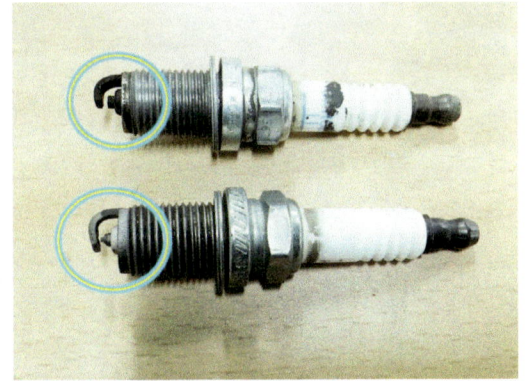

위 그림의 위쪽 점화플러그 간극 상태 "정상", 아래쪽 점화플러그 간극 "과소" 상태를 확인한다.

11 점화플러그 간극 상태 확인

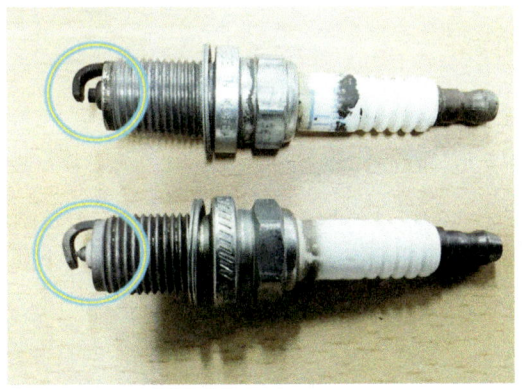

위 그림의 위쪽 점화플러그 간극 상태 "정상", 아래쪽 점화플러그 "간극이 없는" 상태이다.

12 CMP 커넥터 상태 확인

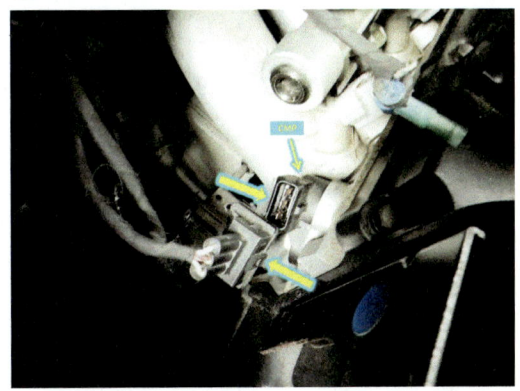

위 그림과 같이 CMP 커넥터 "탈거(빠짐)", 커넥터 "단자 접촉 불량", 배선 "단선 및 접지" 상태를 확인한다.

13 TPS 커넥터 및 배선 상태 확인

위 그림과 같이 TPS 커넥터 "탈거(빠짐)", 커넥터 "단자 접촉 불량", 배선 "단선 및 접지" 상태를 확인한다.

14 브레이크 부스터 진공호스 상태 확인

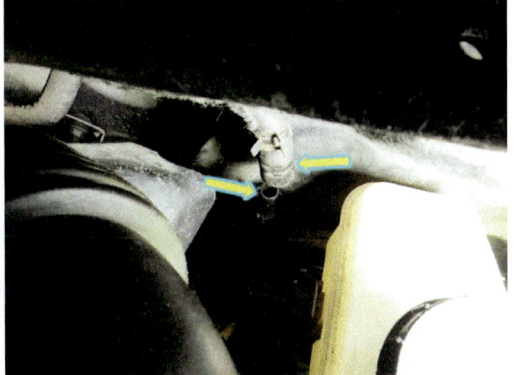

위 그림과 같이 브레이크 부스터 진공호스 "탈거(빠짐)", 호스 "파손(균열, 구멍, 찢어짐)" 상태를 확인한다.

⑮ PCV 진공호스 상태 확인

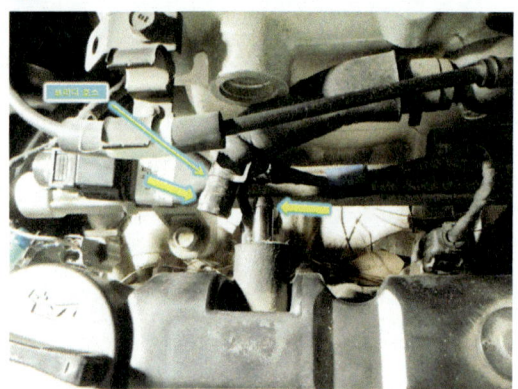

위 그림과 같이 PCV 진공호스 "탈거(빠짐)", 호스"파손(균열, 구멍, 찢어짐)" 상태를 확인한다.

⑯ 고전압 분배 배선 상태 확인

위 그림과 같이 고전압 분배 배선 일부 "탈거(빠짐), 균열, 찢어진" 상태를 확인한다.

02 시동결함 및 부조 발생 기록표 작성

01 답안 작성_1

[참고] 위 01(크랭킹은 가능하나 시동되지 않고)과 02(시동된 후에도 부조 발생) 그림을 참고하여 고장 부분 및 원인 내용 및 상태, 정비 및 조치 사항을 기재한다.

◈ 기관 3. 기록표
자동차 번호 :

항 목	고장부분 (이상부위)	내용 및 정비(또는 조치)사항		득 점
		비 번호	감독확인	
		원인 내용 및 상태	정비 및 조치 사항	
시동	엔진룸 정션박스 내 ECU 보조 퓨즈블링크(30A)	탈거	정격 퓨즈블링크 장착 후 재점검	
	ECU(엔진 ECU) 커넥터	빠짐	ECU 커넥터 연결 후 재점검	
부조	PCSV 진공호스	찢어짐, 진공 누설	신품 진공호스 교환 후 재점검	
	2번 점화 플러그	간극 과소	간극 규정 값(1.0~1.2mm) 내로 조정 장착 후 재점검	

A 안

02 답안 작성_2

[참고] 위 01(크랭킹은 가능하나 시동되지 않고)과 02(시동된 후에도 부조 발생) 그림을 참고하여 고장 부분 및 원인 내용 및 상태, 정비 및 조치 사항을 기재한다.

◆ 엔진 3. 기록표

자동차 번호 :

비 번호		감독확인	

항 목	고장부분 (이상부위)	내용 및 정비(또는 조치)사항		득 점
		원인 내용 및 상태	정비 및 조치 사항	
시동	엔진룸 정션박스 내 인젝터 퓨즈(15A)	단선	정격 퓨즈 장착 후 재점검	
	엔진룸 정션박스 내 ECU 보조 퓨즈블링크(30A)	단선	정격 퓨즈블링크 장착 후 재점검	
부조	1번 점화코일 입력 전원 배선	단선	배선 연결 후 재점검	
	점화코일 2번 고전압 분배 배선	빠짐	분배 배선 장착 후 재점검	

정비기능장

1) 브레이크 마스터 실린더 탈·부착 및 작동상태 확인

새 시

주어진 자동차에서 감독위원의 지시에 따라 브레이크 마스터 실린더를 탈거하고 감독위원에게 확인 후 다시 조립(부착)하여 작동상태를 확인하고 기록표의 요구사항을 점검 및 측정하여 기록하시오.

01 브레이크 마스터 실린더 탈·부착 및 작동상태

01 관련 부품 명칭

위 그림은 브레이크 마스터 실린더 탈거를 위한 자동차 엔진룸이며 리저브 탱크 캡, 브레이크 부스터, 리저브 탱크, 브레이크 마스터 실린더, 브레이크 파이프, 에어클리너, 에어호스이다.

02 흡기계통 탈거

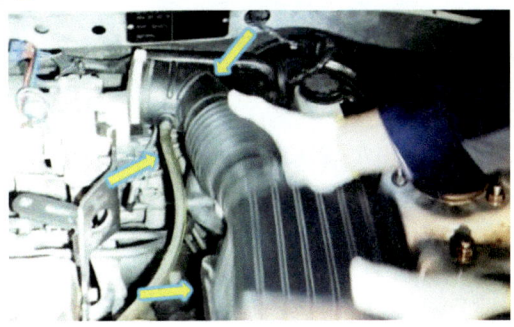

위 그림과 같이 에어 브리더 호스 및 에어호스, 에어클리너 캡을 탈거한다.

03 브레이크액 회수

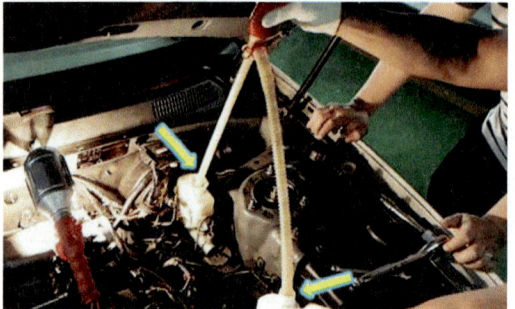

위 그림과 같이 브레이크 마스터 실린더 리저브 탱크 캡을 열고 "탱크 내"에 있는 브레이크액을 회수한다.

04 브레이크액 경고등 스위치

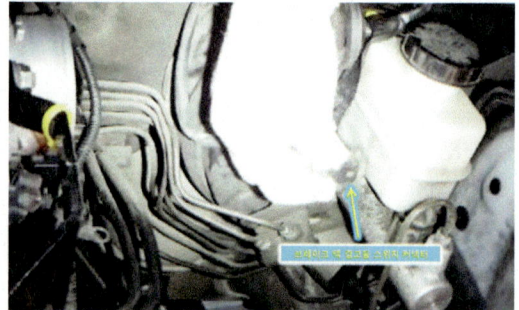

위 그림과 같이 브레이크액 "경고등 스위치" 커넥터를 탈거한다.

05 브레이크 파이프 및 마스터 실린더 고정너트

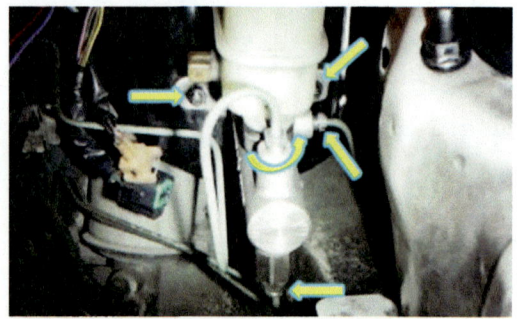

위 그림과 같이 브레이크 파이프 3개의 "플레어 너트(11mm)"를 풀어 탈거한 다음 "마스터 실린더" 고정너트(12mm) 2개를 푼다.

06 마스터 실린더 탈거

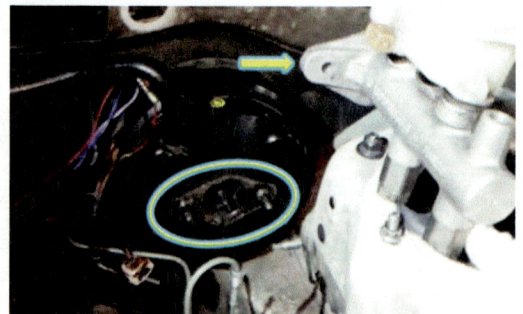

위 그림과 같이 마스터 실린더를 탈거한다.

07 브레이크 마스터 실린더 장착

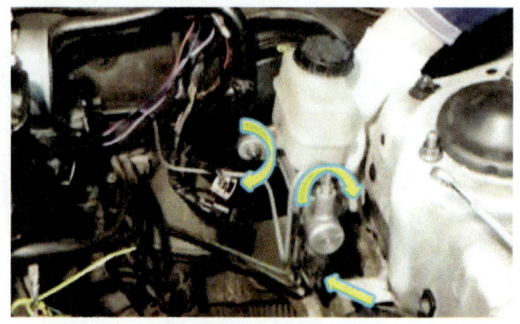

위 그림과 같이 브레이크 부스터에 마스터 실린더를 설치하고 고정너트를 조인 다음 브레이크 파이프 "플레어 너트"를 규정 토크를 조인다.

08 브레이크액 경고등 스위치 장착

위 그림과 같이 브레이크액 "경고등 스위치" 커넥터를 장착한다.

09 브레이크액 보충

위 그림과 같이 리저브에 신품의 "브레이크액"을 보충한다.

10 공기 빼기 작업_1

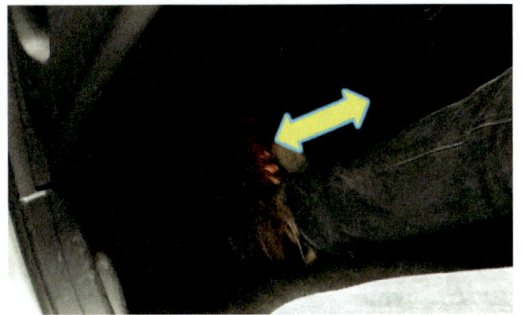

위 그림과 같이 브레이크 페달을 반복적으로 밟아 "유압이 상승"되는 시점에서 페달을 "꾹 밟고 있는 상태"에서 멈춘다.

11 공기 빼기 작업_2

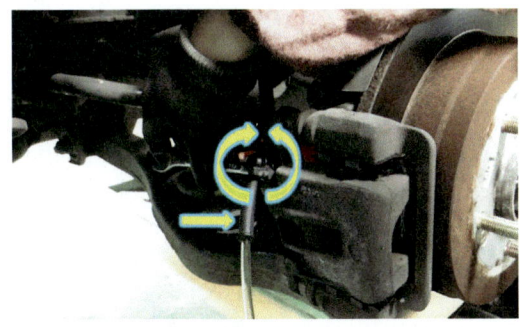

위 그림과 같이 폐유 브레이크액 통 "호스"를 브레이크 캘리퍼에 있는 "에어 브리더 스크루"에 장착한 다음 에어 브리더 스크루를 풀어 "에어가 빠지면" 다시 조인다. 같은 방법으로 반복하여 "순수한 오일"이 나올 때까지 "모든 브레이크 캘리퍼"에서 실시한다.

12 브레이크액 교환기

위 그림은 ABS & 일반 BRAKE OIL EXCHANGE이며 ON(오일 교환), ON(폐유흡입), OFF(정지), 리저브 탱크 캡 커플링, 오일 주입 캡, OFF(오일 보충), 오일 흡입 호스이다.

13 리저브 탱크 캡

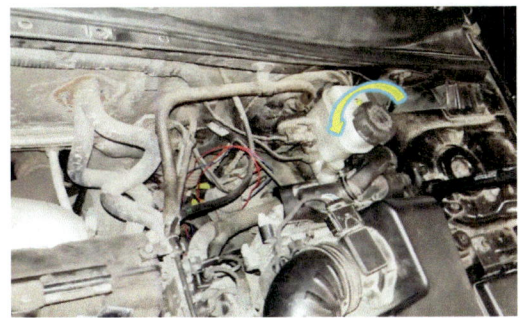

위 그림과 같이 리저브 탱크 "캡"을 연다.

14 어댑터 설치

위 그림과 같이 리저브 탱크에 "어댑터"를 설치한다.

15 커플링 연결

위 그림과 같이 어댑터에 오일 주입 "커플링"을 연결한다.

16 오일 교환기 작동

위 그림과 같이 오일 교환 다이얼과 폐유흡입 다이얼을 "ON"으로 한 다음 압력조절밸브를 "반시계 방향"으로 돌려 "규정압력"으로 조정한다.

17 브레이크 마스터 실린더 에어 빼기

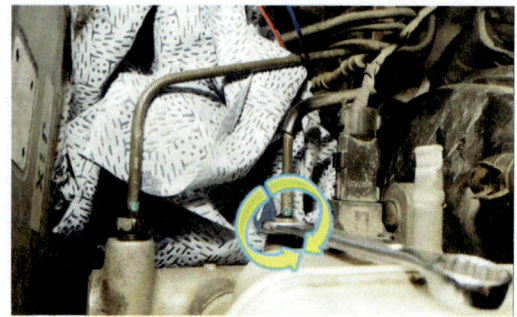

위 그림과 같이 브레이크 파이프 3개의 플레어 너트를 "풀고 조임"을 반복적으로 하여 "에어 빼기" 작업을 실시한다.

18 브레이크 캘리퍼 에어 빼기 작업

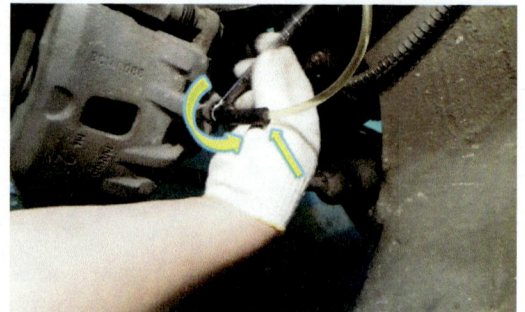

위 그림과 같이 폐유 브레이크액 "통 호스"를 브레이크 캘리퍼에 있는 "에어 브리더 스크루"에 장착한 다음 에어 브리더 스크루를 풀어 "에어가 빠지면" 다시 조인다. 같은 방법으로 반복하여 "순수한 오일"이 나올 때까지 "모든 브레이크 캘리퍼"에서 실시한다.

19 에어 브리더 스크루

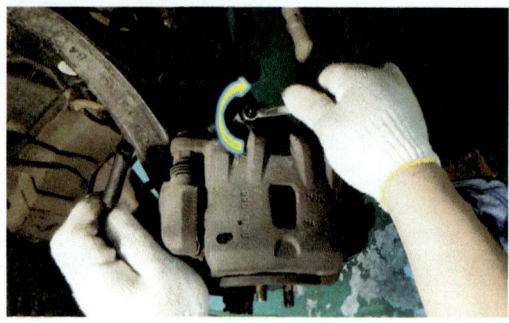

위 그림과 같이 에어 브리더 스크루에서 폐유 브레이크액 "통 호스"를 제거하고 규정 토크로 조인다.

20 에어 브리더 스크루 캡

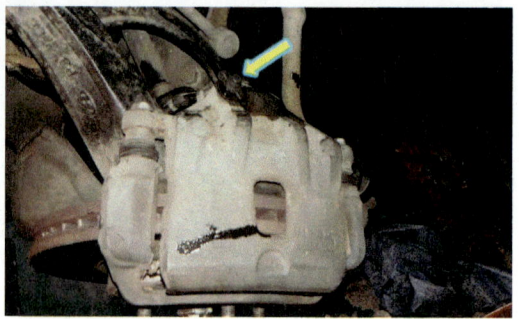

위 그림과 같이 에어 브리더 스크루 "캡"을 덮는다.

02 제동력 시험

01 장비 주요 시스템 구성

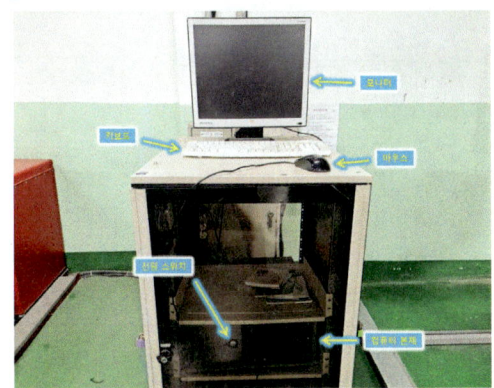

위 그림은 제동력 측정을 위한 자동차 검사 시험기이며 모니터, 마우스, 컴퓨터 본체, 컴퓨터 전원스위치, 키보드로 구성되어 있다.

03 테스트 옵션 선택

위 그림과 같이 "TEST 옵션" 선택 화면에서 "검사 시작" 버튼을 클릭한다.

05 차량 진입

위 그림과 같이 브레이크 테스터 리프트에 차량을 "수평으로 진입"시킨다.

02 장비 전원 ON 후 ABS AUTO 아이콘 클릭

위 그림과 같이 측정 장비 캐비닛 내부에 있는 컴퓨터 전원 버튼을 눌러 "ON"한 다음 "ABS AUTO 아이콘"을 더블클릭한다.

04 제동력 테스터 구성

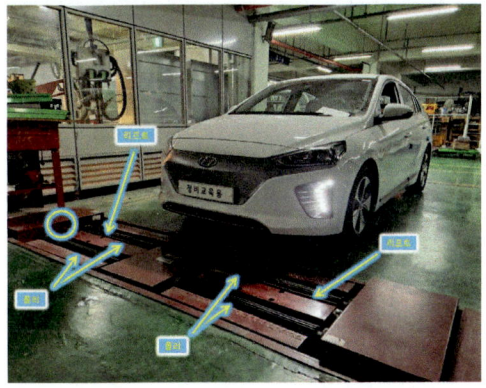

위 그림은 제동력 테스터를 위한 부속 장비이며 좌·우 리프트, 좌·우측 롤러, 포토센서로 구성되어 있다.

06 변속 위치 중립(N) 선택

위 그림과 같이 변속 위치를 "중립(N)"으로 선택한다.

07 차량 정보 입력 및 차량선택

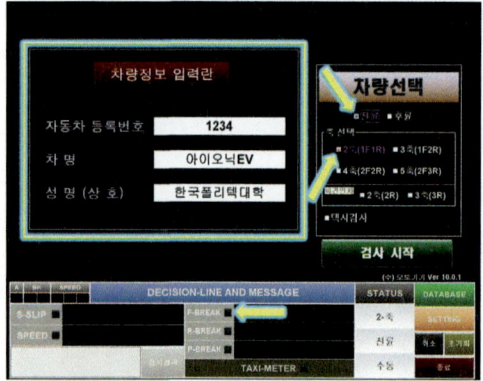

위 그림과 같이 차량 정보 입력란에 "자동차 등록번호", "차명", "성명(상호)"을 입력한 다음 차량 선택란에 "전륜 클릭", "2축 클릭", "F-BREAK(전륜 브레이크)" 클릭한다.

08 축중계 포토 감지 화면 전환

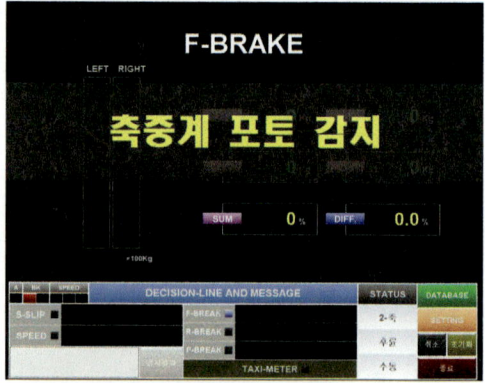

위 그림은 차량이 측정기에 진입한 다음 "차량 정보와 차량 선택"이 완료된 후 전환된 화면이다.

09 축중 측정

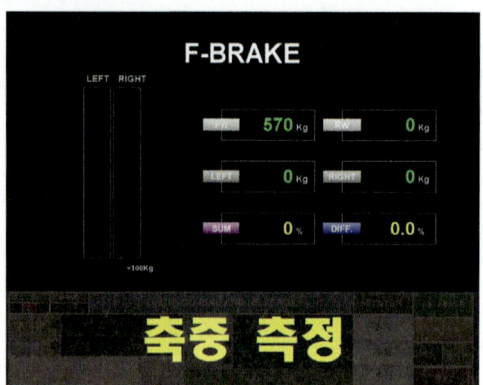

위 그림과 같이 차량의 "앞 축중"이 자동으로 측정된다.

10 리프트 하강

위 그림과 같이 "리프트 하강" 한다는 메시지가 나타난다.

11 리프트 하강 및 롤러 구동

위 그림과 같이 리프트가 "하강"한 다음 롤러가 자동으로 "구동"된다.

12 측정 진행 상황 안내

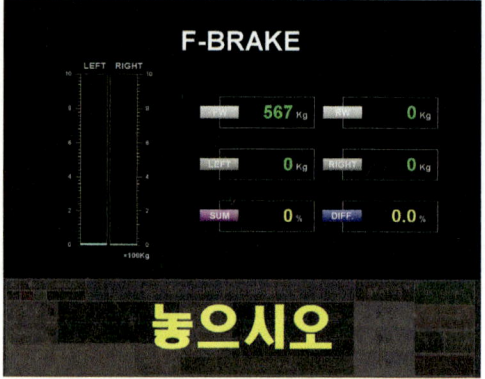

위 그림과 같이 화면에서 브레이크 페달을 "놓으시오"라는 메시지가 나타난다. [참고: 타이어와 롤러 슬립 상태를 확인 중이다.]

⑬ 측정 화면

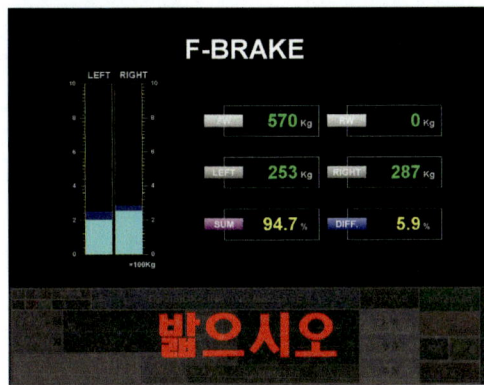

위 그림과 같이 화면에서 브레이크 페달을 "밟으시오"라는
메시지가 나타나면 브레이크 페달을 "힘껏 밟고" 화면에 나
타난 수치를 확인한다.

⑭ 계산 공식 및 규정 값

① 제동력 총합 $= \dfrac{\text{앞·뒤·좌·우 제동력의 합}}{\text{차량 총중량}} \times 100 =$ **50%** 이상 합격

② 앞바퀴 제동력 합 $= \dfrac{\text{앞, 좌·우 제동력의 합}}{\text{앞 축중}} \times 100 =$ **50%** 이상 합격

③ 뒷바퀴 제동력 합 $= \dfrac{\text{뒤, 좌·우 제동력의 합}}{\text{뒤 축중}} \times 100 =$ **20%** 이상 합격

④ 좌우 제동력 편차 $= \dfrac{\text{큰 쪽 제동력－작은 쪽 제동력}}{\text{당해 축중}} \times 100 =$ **8%** 이내 합격

⑤ 주차 브레이크 제동력 $= \dfrac{\text{뒤, 좌·우 제동력의 합}}{\text{차량 중량}} \times 100 =$ **20%** 이상 합격

⑮ 산출 근거_답안지 작성을 위한 산출 근거를 계산한다.

※ 앞바퀴 제동력 편차 $= \dfrac{287 - 253}{570} \times 100 = 5.9\%$ 양호

※ 앞바퀴 제동력 합 $= \dfrac{253 - 287}{570} \times 100 = 94.7\%$ 양호

16 답안 작성_측정 내용에 따른 답안 작성하기

◈ 섀시 1. 기록표

자동차 번호 :

비 번호		감독확인	

항 목	측정(또는 점검)			산출근거 및 판정			득 점
	구분	측정값	기준값 (□에 '✔' 표시)	산출근거		판정 (□에 '✔' 표)	
제동력위치 (□에 '✔' 표시) ☑앞 □뒤	좌	253kg	☑앞 축중의 □뒤	편 차	$\dfrac{287-253}{570} \times 100 = 5.9\%$	☑ 양 호 □ 불 량	
	우	287kg	제동력 편차 · 8% 이내	합	$\dfrac{253+287}{570} \times 100 = 94.7\%$		
			제동력 합 · 50% 이상				

※ 측정 위치는 감독위원이 지정하는 위치의 □에 "✔"표시합니다.
※ 자동차검사기준 및 방법에 의하여 기록·판정합니다.
※ 측정값의 단위는 시험장비 기준으로 기록합니다.
※ 산출근거에는 단위를 기록하지 않아도 됩니다.

A
안

정비기능장

A 새 시

2) 브레이크 캘리퍼 탈·부착 및 공기 빼기 작업 후 작동상태 확인

전자제어 차체 자세 제어장치 (VDC, ESP, ECS)가 설치된 자동차에서 감독위원의 지시에 따라 브레이크 캘리퍼를 탈거하고 감독위원에서 확인 후, 다시 조립(부착)하여 공기 빼기 작업을 실시하고, 브레이크 작동상태를 점검한 후 기록표의 요구사항을 점검 및 측정하여 기록하시오.

01 브레이크 캘리퍼 탈·부착 및 공기 빼기 작업 후 작동상태 확인

01 관련 부품

위 그림은 휠 및 타이어를 탈거한 상태의 모습이며 브레이크 캘리퍼 어셈블리와 브레이크 디스크이다.

02 브레이크 디스크 패드 탈거

위 그림과 같이 캘리퍼 하우징 아래 고정 볼트(14㎜)를 푼 다음 위로 실린더 하우징을 올린 후 "양쪽 브레이크 패드"를 탈거한다.

03 브레이크 캘리퍼 피스톤 압축

위 그림과 같이 브레이크 캘리퍼 "피스톤 압축기"를 이용하여 캘리퍼 피스톤을 압축하여 "피스톤"을 실린더 내로 최대한 삽입한다. [참고: 브레이크액을 최대한 브레이크 마스터 실린더 리저브 탱크로 되돌리기 위함이다.]

04 브레이크 호스와 브래킷 탈거

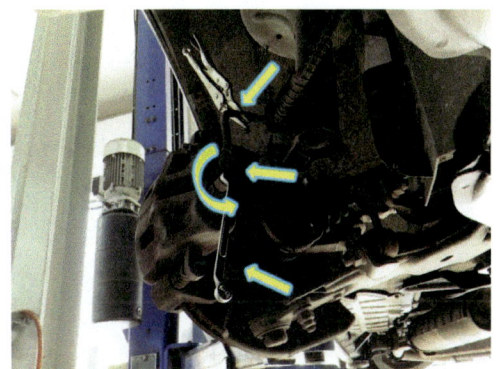

위 그림과 같이 브레이크 호스를 "바이스 플라이어"로 가볍게 수축한 후 호스 고정 볼트(12㎜)를 탈거한 다음 캘리퍼 브래킷 고정 볼트(17㎜) 2개를 풀고 "캘리퍼 어셈블리"를 탈거한다.

05 캘리퍼 어셈블리 탈거 후 모습

위 그림은 브레이크 캘리퍼 어셈블리를 탈거한 후의 모습이며, 두 개의 화살표가 가리키는 곳이 캘리퍼 "브래킷 고정 볼트" 자리이다.

06 브레이크 캘리퍼 어셈블리

위 그림은 "구품과 신품"의 브레이크 캘리퍼 어셈블리이다.

07 브레이크 캘리퍼 어셈블리 장착

위 그림과 같이 신품의 브레이크 "캘리퍼 어셈블리"를 설치한 다음 브래킷 고정 볼트(17㎜) 2개를 규정 토크로 조인다.

08 브레이크 디스크 패드 조립

위 그림과 같이 브레이크 "패드"를 정 위치에 조립한다. [참고: 인디케이터가 있는 패드를 안쪽으로 조립한다.]

09 브레이크 캘리퍼 하우징 조립

위 그림과 같이 브레이크 캘리퍼 "하우징"을 브래킷에 조립한 다음 고정 볼트(14㎜)를 규정 토크로 조인다.

10 브레이크 호스 조립

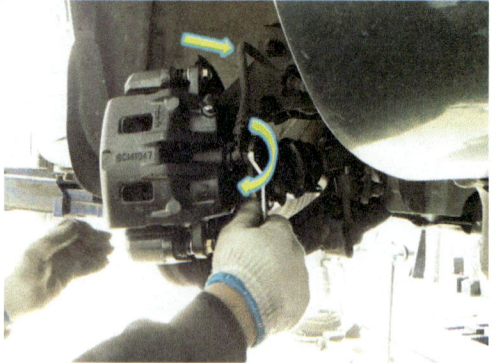

위 그림과 같이 브레이크 호스 고정 볼트(12㎜)를 규정 토크로 조인 다음 "바이스 플라이어"를 제거한다.

⑪ 공기 빼기 작업 준비

위 그림과 같이 브레이크 캘리퍼 "에어 브리더 스크루(11mm)"를 유림한 다음 스크루에 폐유 브레이크액 "통 호스 캡"을 설치한다.

⑫ 브레이크 페달

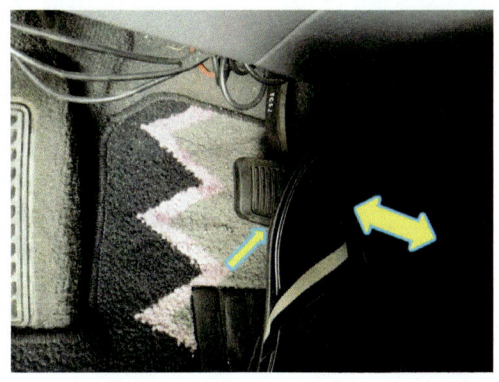

위 그림과 같이 에어 빼기 작업을 위하여 "브레이크 페달"을 여러 번 "반복"하여 밟는다. [주의: 브레이크 페달을 밟고 있는 상태로 유지한다.]

⑬ 공기 빼기 작업 실시

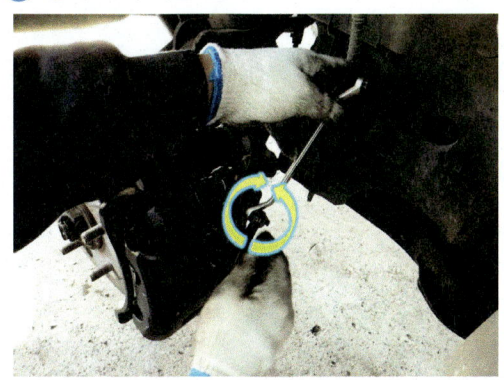

위 그림과 같이 "에어 브리더 스크루"를 충분히 풀어 에어가 빠진 다음 조인다. "에어가 완전히 빠질" 때까지 "⑫~⑬번" 작업을 반복하여 실시하며, 완료 후 에어 브리더 스크루를 규정 토크로 조인다.

⑭ 브레이크 마스터 실린더 리저브 탱크

위 그림과 같이 브레이크 마스터 실린더 리저브 탱크 캡을 연 다음 "상한선"까지 브레이크액을 보충한다. [참고: 에어 빼기 작업 중 수시로 브레이크 오일량을 확인한 다음 필요시 보충한다.]

⑮ 리저브 탱크 캡

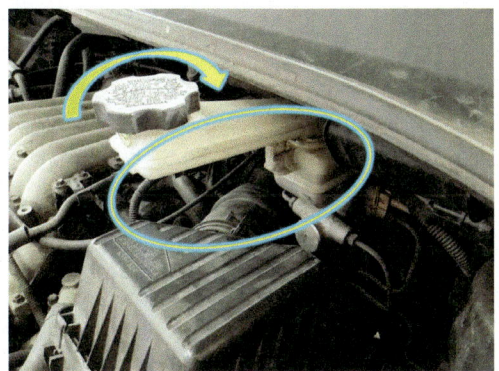

위 그림과 같이 "오일량"을 확인한 후 정상이면 "리저브 탱크 캡"을 닫는다.

정비기능장

A 새 시

2)_1 ABS 휠 스피드 센서 파형 분석

기록표 요구사항을 점검 및 측정하여 기록하시오.

---

01   ABS 휠 스피드 센서 파형(Magnetic Type)

01 오실로스코프 채널 1번 접지 프로브 설치

위 그림과 같이 "채널 1번" 접지 프로브를 차체에 "접지"한다.

02 오실로스코프 채널 1번 전원 프로브 설치

위 그림과 같이 "채널 1번" 전원 프로브를 휠 스피드 센서 "출력단자"에 설치한다.

03 측정 준비

위 그림과 같이 한쪽 휠 및 타이어를 "탈거"한 다음 리프트를 하강하여 반대쪽 타이어가 "리프트에 안착"되도록 한다.

04 변속기 선택 레버 "D" 위치

위 그림과 같이 엔진 시동을 "ON"한 다음 변속기 선택 레버를 "드라이브(D) 위치"로 변속한다.

05 좌측 휠 허브 구동

위 그림은 "좌측 휠 허브"가 공회전 드라이브 상태에서 "구동"되는 모습이다.

06 엔진 공회전 드라이브 상태 센서 출력 파형_시간 축 60㎳로 설정 시

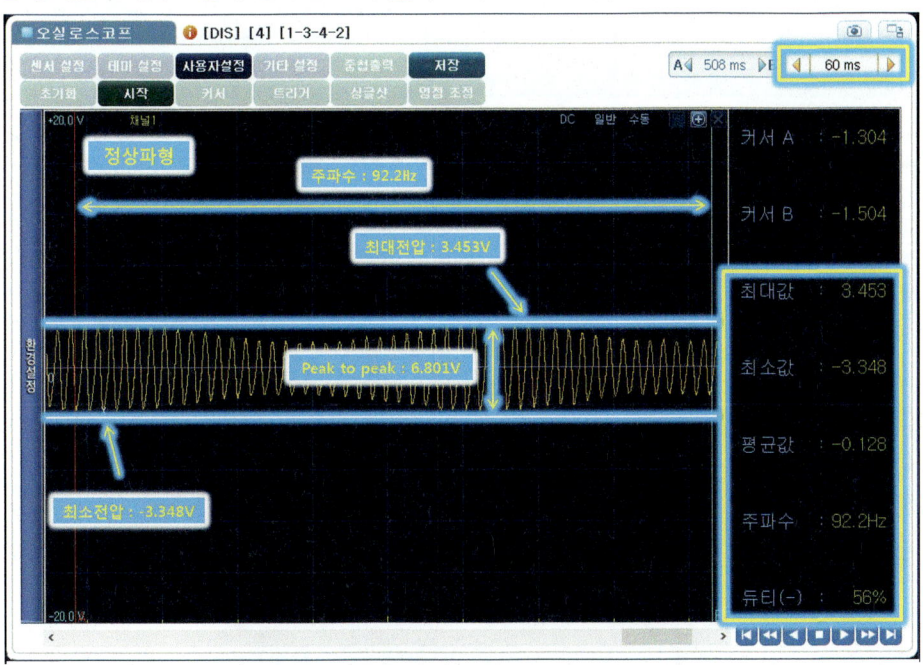

위 그림은 공회전 드라이브 상태의 센서 출력 파형이며 시간 축을 "60㎳"로 설정하고 "커서 A"를 파형이 시작되는 임의 지점에 위치하고 "커서 B"는 파형이 진행되는 임의 부분에 위치시킨 다음 주파수 92.2Hz, 최대 전압 3.453V, peak to peak 전압 6.801V, 최소전압 -3.348V로 표기한 화면이다.

07 엔진 정상 공회전 드라이브 상태 센서 출력 파형_시간 축 30㎳로 설정 시

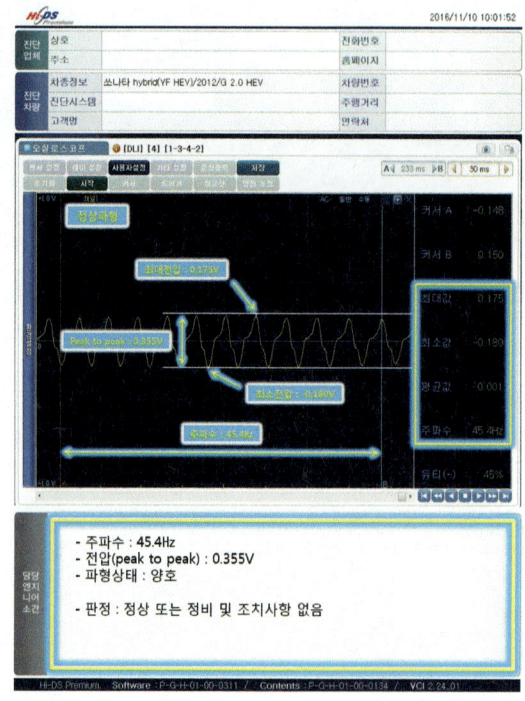

위 그림은 공회전 드라이브 상태의 센서 출력 파형이며 시간 축을 "30ms"로 설정하고 "커서 A"를 파형이 시작되는 임의 지점에 위치하고 "커서 B"는 파형이 진행되는 임의 부분에 위치시킨 다음 주파수 45.4Hz, 최대 전압 0.175V, peak to peak 전압 0.355V, 최소전압 −0.180V로 표기한 화면이다.

08 출력 파형 출력물_정상 공회전 드라이브 상태의 센서 출력 파형 및 분석내용표기

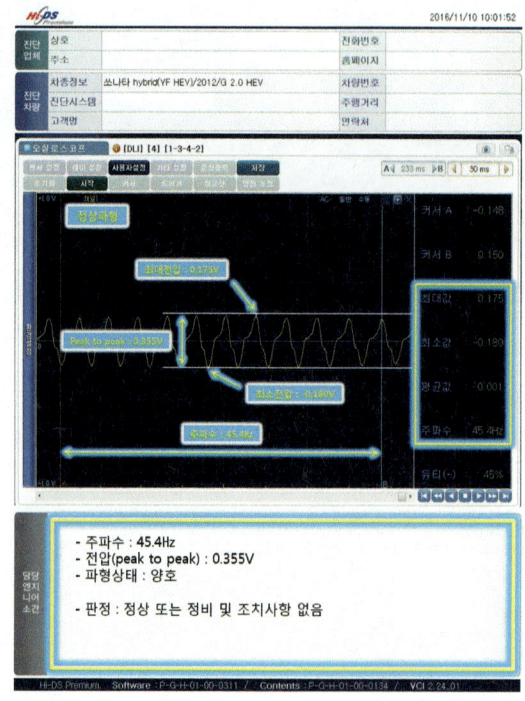

A
안

09 답안 작성_정상 공회전 드라이브 상태의 센서 출력 파형 분석 내용 및 답안 작성하기

[참고] peak to peak 전압=최대 전압−최소전압이므로, peak to peak 전압=0.175−(−0.180)=0.355V이다.

◈ 섀시 2. 기록표

1) 파형   자동차 번호 :

		비 번호		감독확인		

항 목	파형 분석 및 판정			득 점
	분석항목	분석내용	판정(□에 '✔'표)	
ABS 휠 스피드 센서	주파수: 45.4Hz	분석 내용은 출력물에 표시하시오.	☑ 양 호 □ 불 량	
	전압(peak to peak): 0.355V			
	파형 상태(양호, 불량): 양호			

*주의 사항 : 분석 항목 및 내용은 출력물에 표기하며 관련 사항은 감독위원의 지시에 따릅니다.

10 엔진 정상 공회전 드라이브 상태 센서 출력 파형(화면 확대)_시간 축 15㎳로 설정 시

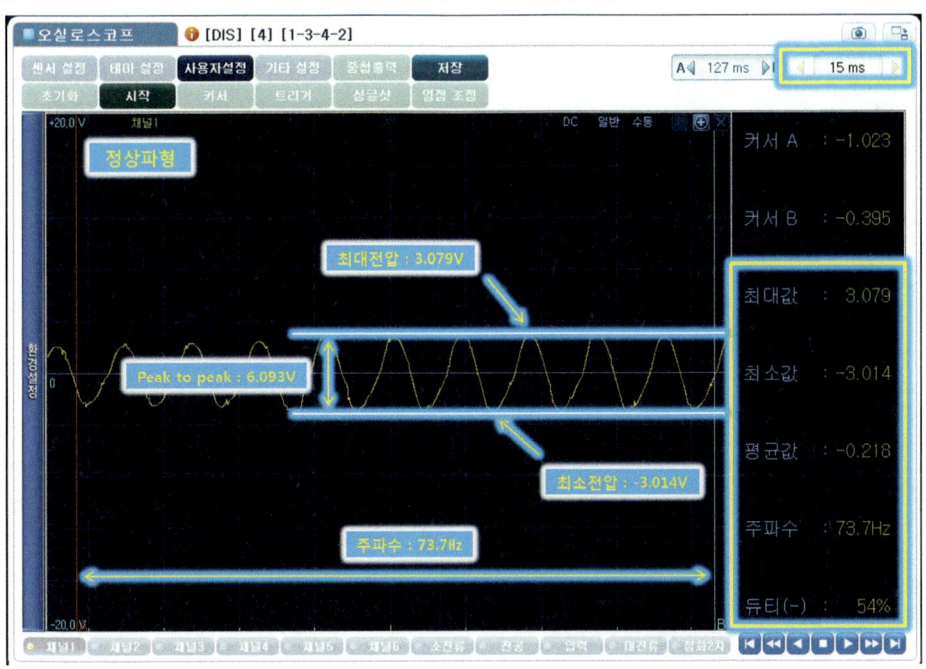

위 그림은 공회전 드라이브 상태의 센서 출력 파형이며 시간 축을 150㎳로 설정하고 "커서 A"를 파형이 시작되는 임의 지점에 위치하고 "커서 B"는 파형이 진행되는 임의 부분에 위치시킨 다음 주파수 73.7Hz, 최대 전압 3.079V, peak to peak 전압 6.093V, 최소전압 −3.014V로 표기한 화면이다.

⑪ 출력 파형 출력물_정상 공회전 드라이브 상태의 센서 출력 파형 및 분석내용표기

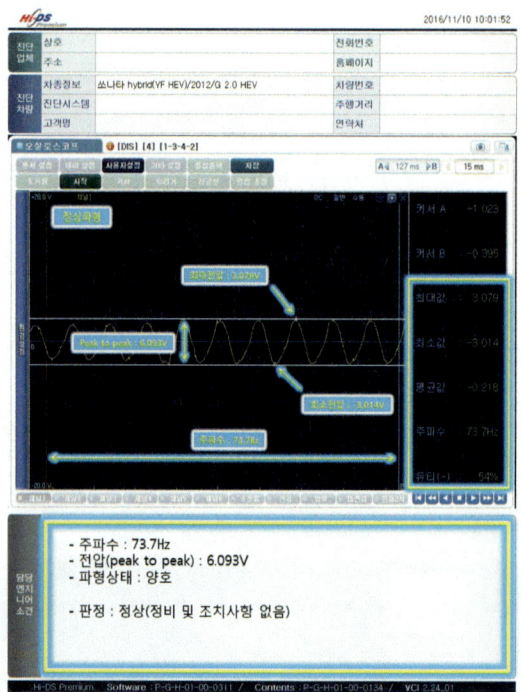

- 주파수 : 73.7Hz
- 전압(peak to peak) : 6.093V
- 파형상태 : 양호
- 판정 : 정상(정비 및 조치사항 없음)

⑫ 답안 작성_정상 공회전 드라이브 상태의 센서 출력 파형 분석 내용 및 답안 작성하기

[참고] peak to peak 전압=최대 전압−최소전압이므로, peak to peak 전압=3.079−(−3.014)=6.093V이다.

◈ 섀시 2. 기록표

| 1) 파형 | 자동차 번호 : | 비 번호 | | 감독확인 | |

항 목	파형 분석 및 판정			득 점
	분석항목	분석내용	판정(□에 '✔' 표)	
ABS 휠 스피드 센서	주파수: 73.7Hz	분석 내용은 출력물에 표시하시오.	☑ 양 호 □ 불 량	
	전압(peak to peak): 6.093V			
	파형 상태(양호, 불량): 양호			

*주의 사항 : 분석 항목 및 내용은 출력물에 표기하며 관련 사항은 감독위원의 지시에 따릅니다.

02   ABS 휠 스피드 센서 파형(Active Type)

01 휠 스피드 센서

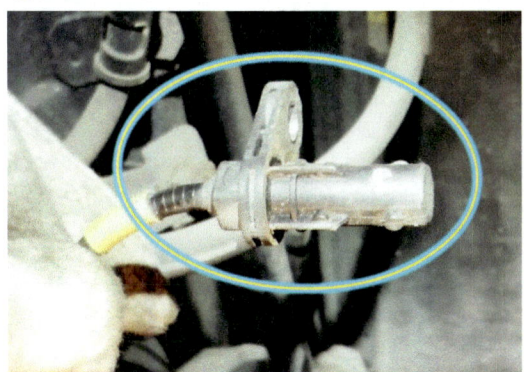

위 그림은 휠 스피드 센서를 "탈거"한 모습이다.

02 오실로스코프 채널 1번 프로브 설치

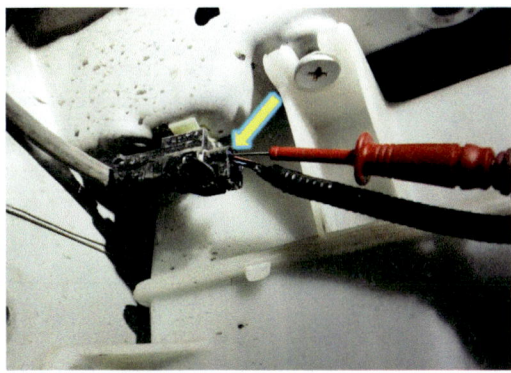

위 그림과 같이 휠 스피드 센서를 장착하고 "채널 1번" 전원 프로브를 "출력단자"에 접지 프로브를 차체에 "접지"한다.

[참고] 측정 준비: ABS 휠 스피드 센서 Magnetic Type의 ③번부터 ⑤번을 참고한다.

03 정상 공회전 드라이브 상태 센서 출력 파형_시간 축 60㎳로 설정 시

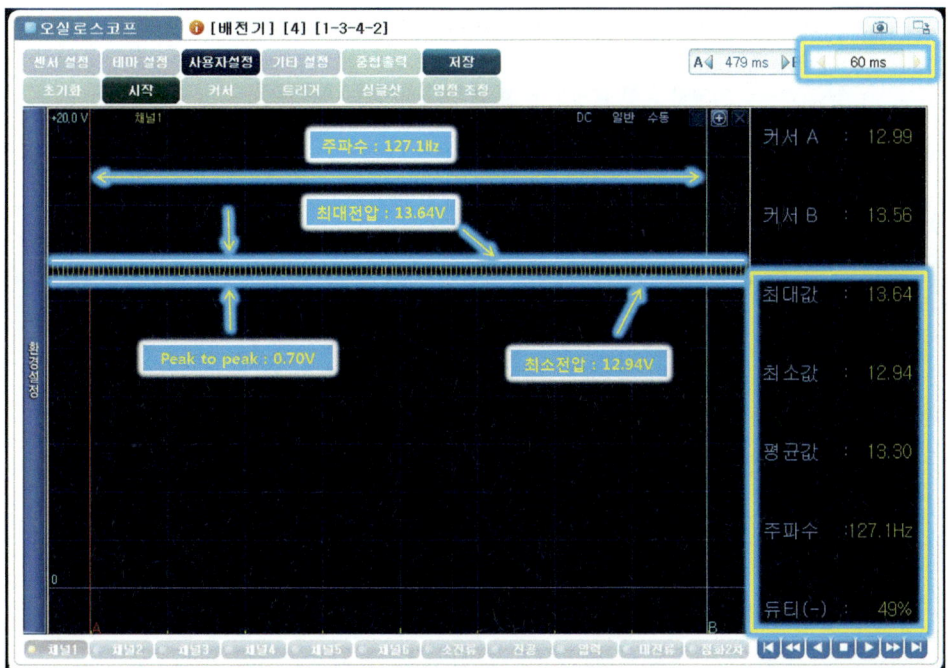

위 그림은 공회전 드라이브 상태의 센서 출력 파형이며 시간 축을 60㎳로 설정하고 "커서 A"를 파형이 시작되는 임의 지점에 위치하고 "커서 B"는 파형이 진행되는 임의 부분에 위치시킨 다음 주파수 127.1Hz, 최대 전압 13.64V, peak to peak 전압 0.70V, 최소전압 12.94V로 표기한 화면이다.

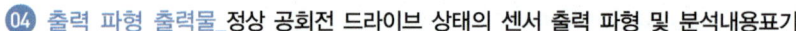

04 출력 파형 출력물_정상 공회전 드라이브 상태의 센서 출력 파형 및 분석내용표기

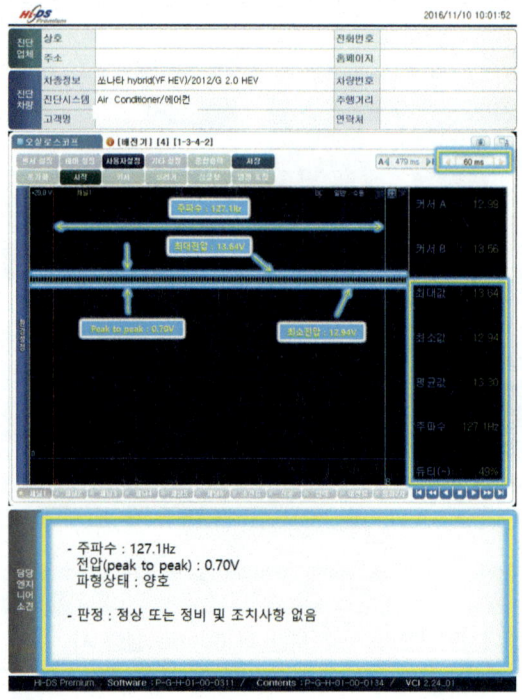

- 주파수 : 127.1Hz
  전압(peak to peak) : 0.70V
  파형상태 : 양호

- 판정 : 정상 또는 정비 및 조치사항 없음

05 답안 작성_정상 공회전 상태의 센서 출력 파형 분석 내용 및 답안 작성하기

[참고] peak to peak 전압=최대 전압−최소전압이므로, peak to peak 전압=13.64−12.94=0.70V이다.

◆ **섀시 2. 기록표**

1) 파형　　　　자동차 번호 :

비 번호		감독확인	

항 목	파형 분석 및 판정			득 점
	분석항목	분석내용	판정(□에 '✔' 표)	
ABS 휠 스피드 센서	주파수: 127.1Hz	분석내용은 출력물에 표시하시오	☑ 양 호 □ 불 량	
	전압(peak to peak): 0.70V			
	파형 상태(양호, 불량): 양호			

*주의 사항 : 분석 항목 및 내용은 출력물에 표기하며 관련 사항은 감독위원의 지시에 따릅니다.

06 공회전 드라이브 상태 센서 출력 파형_시간 축 15㎳로 설정 시

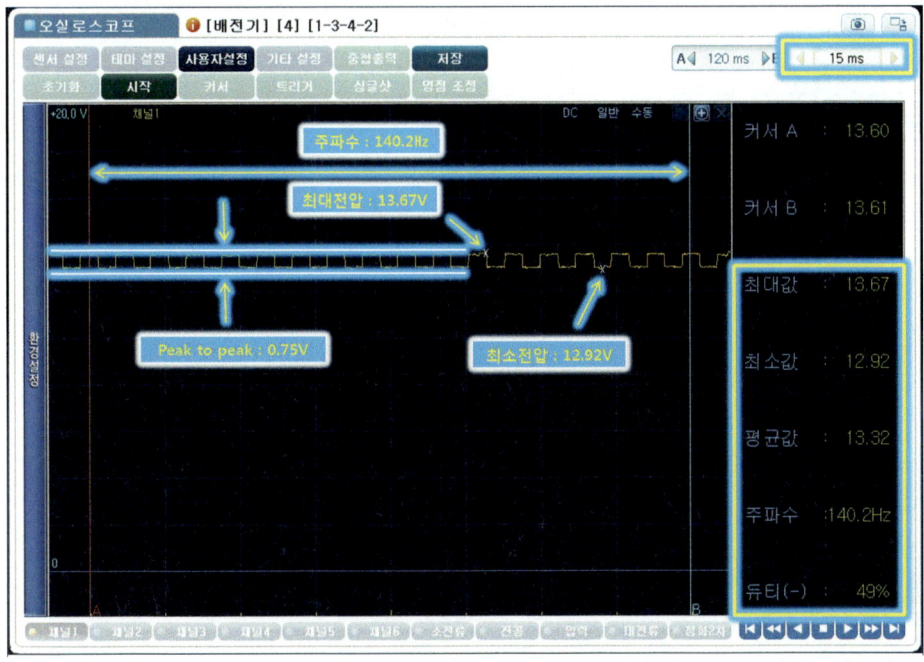

위 그림은 공회전 드라이브 상태의 센서 출력 파형이며 시간 축을 15ms로 설정하고 "커서 A"를 파형이 시작되는 임의 지점에 위치하고 "커서 B"는 파형이 진행되는 임의 부분에 위치시킨 다음 주파수 140.2Hz, 최대전압 13.67V, peak to peak 전압 0.75V, 최소전압 12.92V로 표기한 화면이다.

07 출력 파형 출력물_정상 공회전 드라이브 상태의 센서 출력 파형 및 분석내용표기

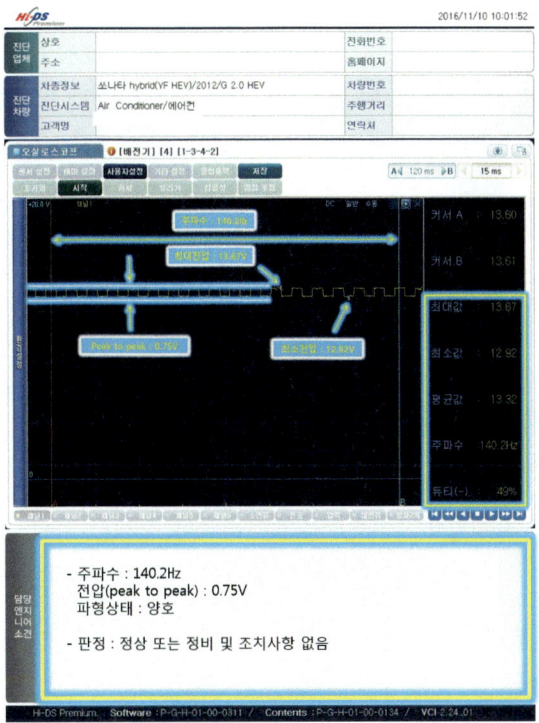

08 답안 작성_정상 공회전 드라이브 상태의 센서 출력 파형 분석 내용 및 답안 작성하기

[참고] peak to peak 전압=최대 전압-최소전압이므로, peak to peak 전압=13.67-12.92=0.75V이다.

◆ 섀시 2. 기록표

1) 파형

자동차 번호 :

항 목	파형 분석 및 판정			득 점
	분석항목	분석내용	판정(□에 '✔' 표)	
ABS 휠 스피드 센서	주파수: 140.23Hz	분석내용은 출력물에 표시하시오	☑ 양 호 □ 불 량	
	전압(peak to peak): 0.75V			
	파형 상태(양호, 불량): 양호			

비 번호 / 감독확인

*주의 사항 : 분석 항목 및 내용은 출력물에 표기하며 관련 사항은 감독위원의 지시에 따릅니다.

정비기능장

A

2)_2 브레이크 디스크 런 아웃 및 휠 스피드 센서 에어갭 측정·기록

섀 시

기록표 요구사항을 점검 및 측정하여 기록하시오.

---

01 브레이크 디스크 런 아웃

01 측정 준비

위 그림과 같이 다이얼게이지 마그네틱 스탠드를 "스트럿 암"에 설치한다.

02 측정 위치 조정

위 그림과 같이 다이얼게이지 "스핀들 측정자" 위치를 브레이크 디스크 "외측부"에 위치시킨다.

03 현재 눈금 확인

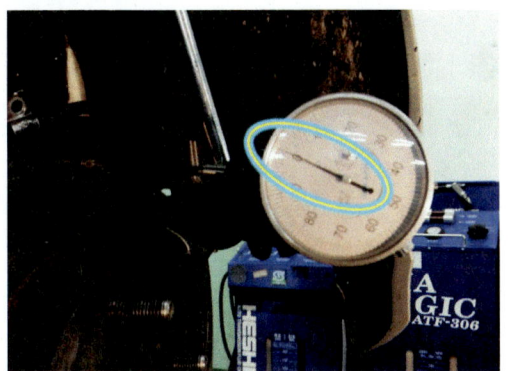

위 그림과 같이 다이얼게이지 측정 시작 "눈금 위치"를 확인한다. [참고: 다이얼게이지 눈금을 "0mm"로 조정하거나 또는 "현재 눈금"의 위치를 "0mm"로 보면 된다.]

04 브레이크 디스크 1회전

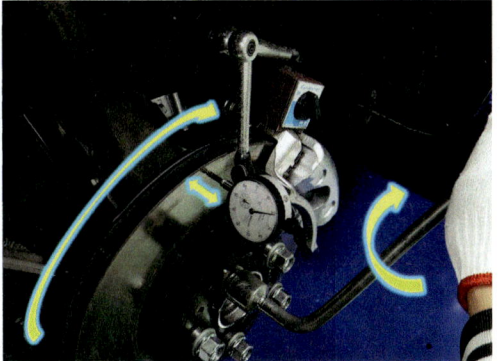

위 그림과 같이 브레이크 디스크를 천천히 "1회전" 시킨다.

05 측정값 판독_1

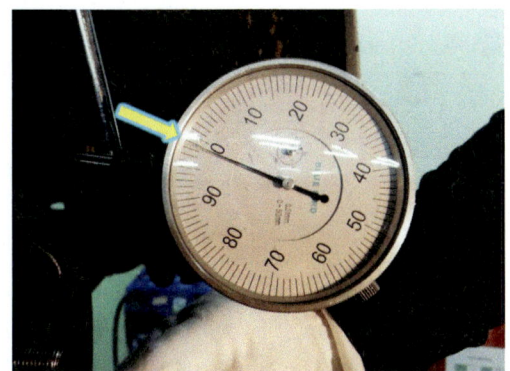

위 그림과 같이 디스크를 회전시키면서 눈금의 "이동 방향과 수치"를 파악한다. 반시계 방향으로 "0.01mm" 이동했다.

06 측정값 판독_2

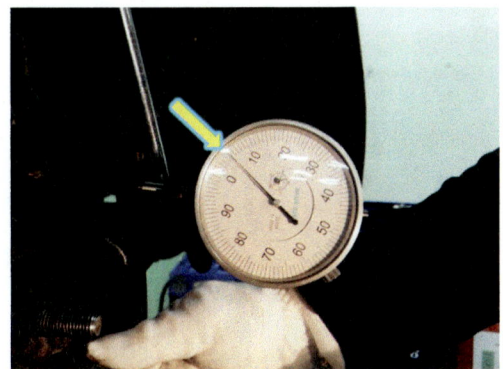

위 그림과 같이 디스크가 1회전 하는 동안 눈금의 "이동 방향과 수치"를 파악한다. 시계 방향으로 "0.05mm" 이동했다.

07 측정값 산출 근거 및 답안 작성

[참고] 측정값은 반시계 방향 이동량과 시계 방향 이동량의 합이므로, 측정값은 0.01+0.05=0.06mm이다.

■ **점검 및 측정**

항 목	측정(또는 점검)		판정 및 정비(또는 조치)사항		득 점
	측정값	규정값(정비한계값)	판정(□에 '✔' 표)	정비 및 조치 사항	
브레이크 디스크 런 아웃	0.06mm	0.01~0.10mm	☑ 양 호 □ 불 량	정비 및 조치사항 없음 또는 정상	
휠 스피드 센서 에어 갭					

[참고] 정비 및 조치 사항 작성 시 규정 값을 벗어나고 "한계 값 이내"일 경우는 브레이크 디스크 연마기로 규정 값 이내로 연마한 다음 조립 후 재측정.으로 기재하고 "한계 값 이상"일 경우는 브레이크 디스크 교환 후 재측정으로 기재한다.

02 휠 스피드 센서 에어 갭

01 관련 부품 명칭

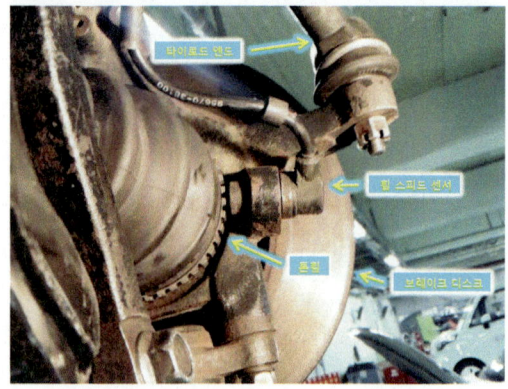

위 그림은 "휠 및 타이어"를 탈거한 상태의 모습이며 타이로드 엔드, 휠 스피드 센서, 브레이크 디스크, 톤휠을 나타낸다.

02 에어 갭

위 그림은 휠 스피드 센서 "에어 갭"을 나타낸다.

03 측정

위 그림과 같이 틈새 게이지를 이용하여 휠 스피드 센서 "에어 갭을 측정"한다.

04 측정값 판독

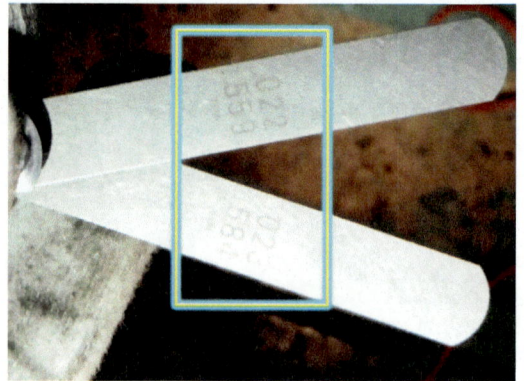

위 그림은 틈새 게이지 두 개를 이용하여 측정하였으며, 측정값은 "1.143mm"이다.

05 측정값 산출 근거 및 답안 작성

[참고] 측정값= 0.559+0.584=1.143mm이다. 또한 필러 게이지에 제시된 수치 중 위쪽은 인치 단위이고 아래는 밀리미터 단위의 눈금이므로 주의한다.

■ 점검 및 측정

항 목	측정(또는 점검)		판정 및 정비(또는 조치)사항		득 점
	측정값	규정값(정비한계값)	판정(□에 '✔'표)	정비 및 조치할 사항	
브레이크 디스크 런 아웃	0.06mm	0.01~0.10mm	☑ 양 호 □ 불 량	정비 및 조치사항 없음 또는 정상	
휠 스피드 센서 에어 갭	1.143mm	1.000~1.400mm			

[참고] 정비 및 조치 사항 작성 시 규정 값을 벗어날 경우는 휠 스피드 센서 교환 후 재측정으로 기재한다.

정비기능장

A

전 기

1) 실내 블로워 모터 탈 · 부착 및 작동상태 확인

감독위원의 지시에 따라 자동차에서 실내 블로워 모터를 탈거하고 감독위원에게 확인 후 다시 조립(부착)하여 작동상태를 확인하고 기록표의 요구사항을 점검 및 측정하고 기록표에 기록하시오.

01 블로워 모터 탈·부착 및 작동상태 확인

01 배터리 (−)터미널 탈거

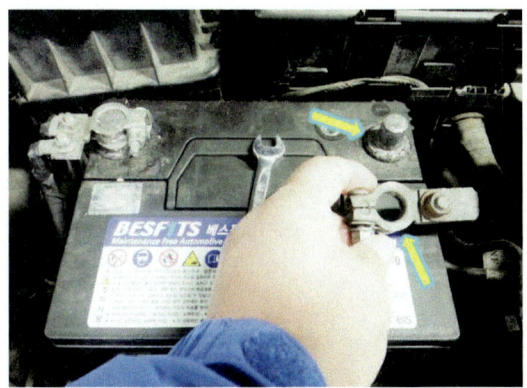

위 그림과 같이 배터리 (−)터미널 "고정너트(10㎜)"를 유림한 다음 "포스트"에서 탈거한다.

02 동승석 콘솔박스

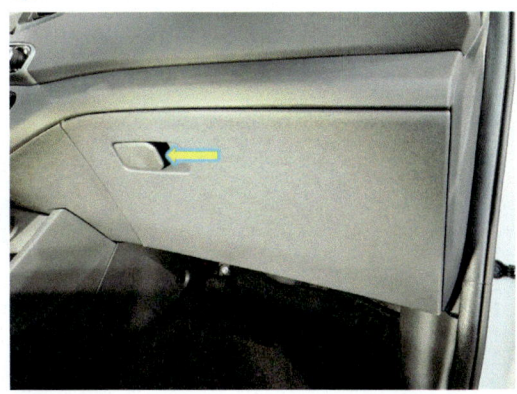

위 그림과 같이 "콘솔박스 레버"를 당겨 "박스"를 개방한다.

03 콘솔박스 사이드 회전 키

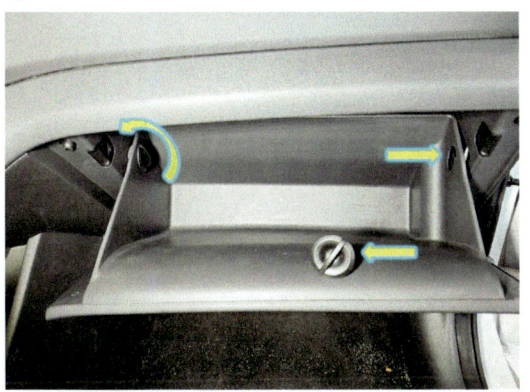

위 그림과 같이 콘솔박스 "사이드 회전 키" 2개를 반시계 방향으로 돌려 탈거한다.

04 콘솔박스 사이드 레버

위 그림과 같이 콘솔박스 우측에 고정 되어있는 "사이드 레버"를 분리한다.

05 콘솔박스 고정 키

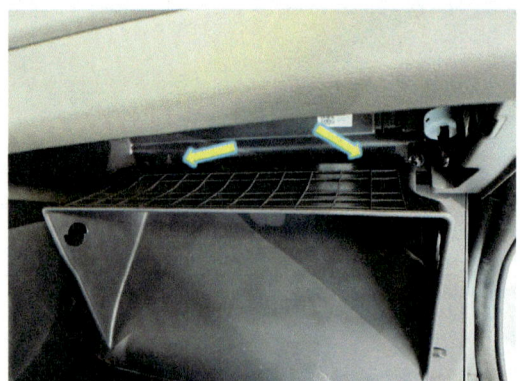

위 그림과 같이 콘솔박스 안쪽에 있는 경첩 형 "고정 키" 2개를 당겨 탈거한다.

06 콘솔박스 및 키

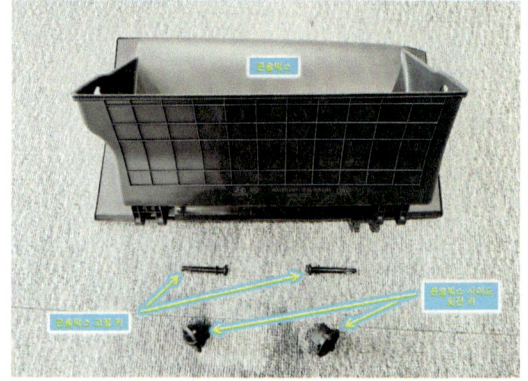

위 그림은 탈거한 콘솔박스, 사이드 회전 키, 고정 키 모습이다.

07 콘솔박스 분해 후 모습

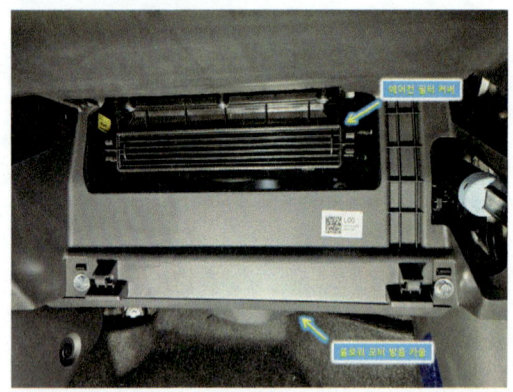

위 그림은 콘솔박스 분해 후 모습으로 에어컨 필터 커버, 블로워 모터 방음 카울이 보인다.

08 블로워 모터 방음 카울 분리

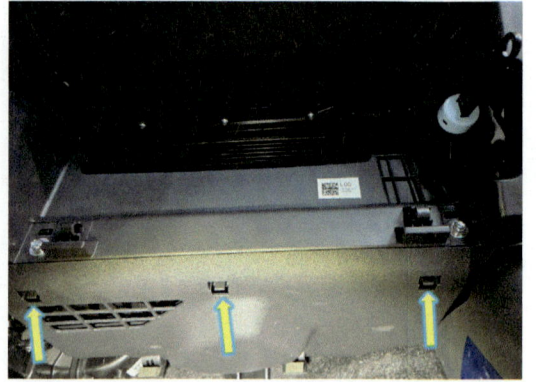

위 그림과 같이 블로워 모터 "방음 카울" 고정 키 3개를 앞쪽으로 당겨 카울의 앞쪽을 분리한다.

09 블로워 모터 방음 카울 분해

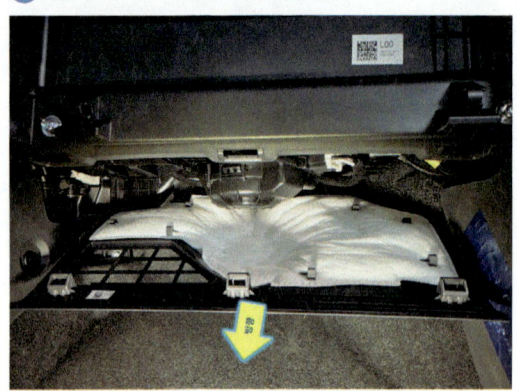

위 그림과 같이 블로워 모터 방음 카울을 "앞쪽"으로 당겨 카울을 탈거한다.

10 블로워 모터 방음 카울

위 그림은 탈거한 블로워 모터 방음 카울 안쪽의 모습이다.

⑪ 블로워 모터 및 커넥터

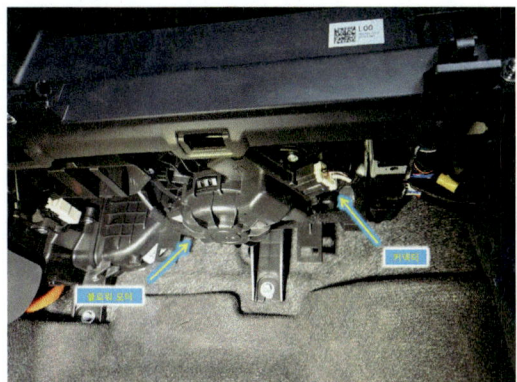

위 그림은 블로워 모터와 모터 커넥터의 위치를 표시한 것이다.

⑫ 블로워 모터 커넥터

위 그림과 같이 블로워 "모터 커넥터"를 탈거한다.

⑬ 블로워 모터 고정피스

위 그림과 같이 블로워 "모터 고정피스" 3개를 반 시계 방향으로 돌려 탈거한다.

⑭ 블로워 모터

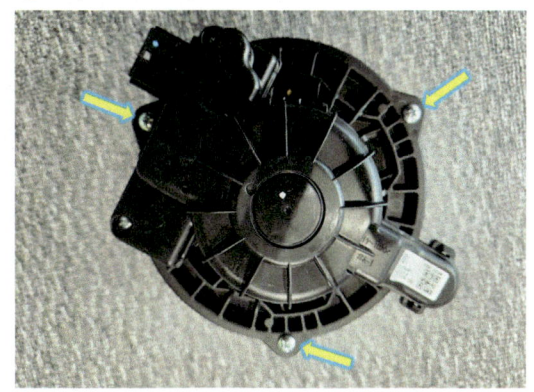

위 그림은 탈거한 블로워 모터와 3개의 고정피스 위치를 나타낸 모습이다.

⑮ 에어컨 필터 및 모터 하네스 커넥터

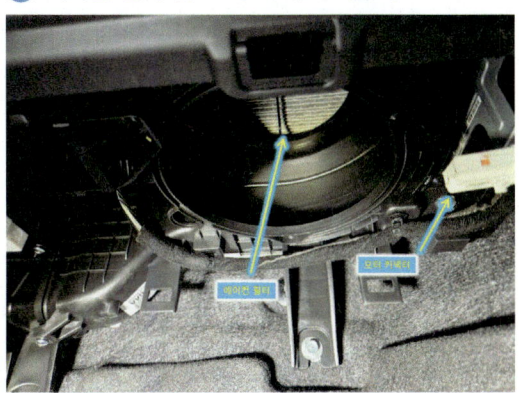

위 그림은 블로워 모터 탈거 후 에어컨 필터, 모터 하네스 커넥터의 모습이다.

⑯ 블로워 모터 장착

위 그림과 같이 블로워 모터를 덕트에 "고정피스 위치"가 맞도록 장착한다.

17 블로워 모터 고정피스와 커넥터 체결

위 그림과 같이 블로워 "모터 고정피스 3개"를 시계 방향으로 돌려 조인 다음 "모터 하네스" 커넥터를 체결한다.

18 블로워 모터 방음 카울 조립

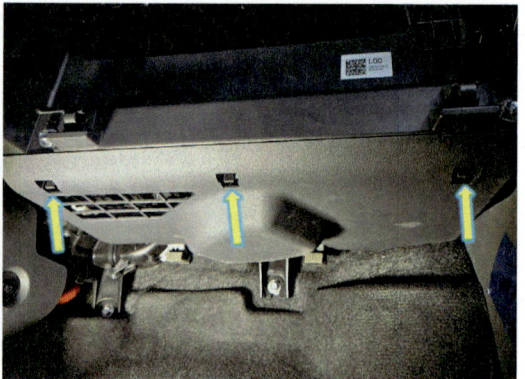

위 그림과 같이 블로워 모터 "방음 카울의 안쪽 두 곳"을 거치대에 맞게 끼우고 "카울의 앞쪽 3곳"을 눌러 조립한다.

19 콘솔박스 설치

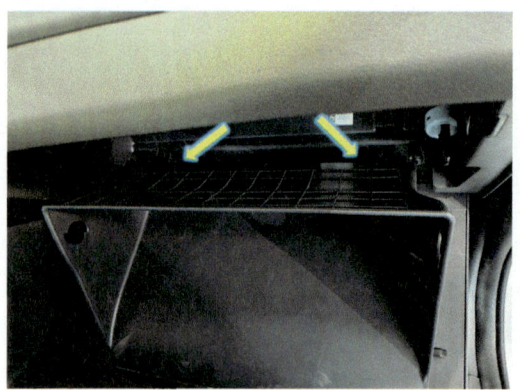

위 그림과 같이 콘솔박스를 "경첩 형 거치대"에 설치한 다음 고정 키 2개를 "안쪽에서 바깥쪽"으로 밀어 끼운다.

20 콘솔박스 사이드 레버 조립

위 그림과 같이 콘솔박스 우측 옆면에 있는 "사이드 레버"를 분할 키에 장착한다.

21 콘솔박스 사이드 회전 키 조립

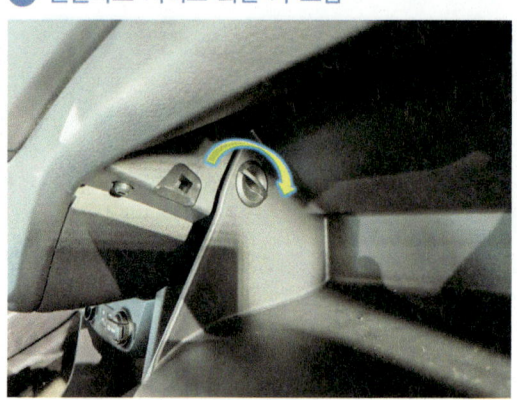

위 그림과 같이 콘솔박스 "사이드 회전 키" 2개를 시계 방향으로 돌려 조립한다.

22 설치 완료된 콘솔박스

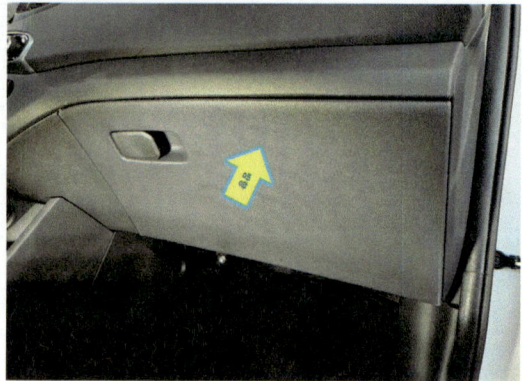

위 그림과 같이 콘솔박스를 밀어 닫는다.

㉓ 배터리 (-)터미널 장착

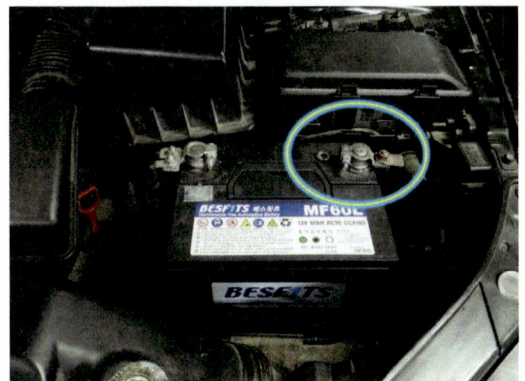

위 그림과 같이 배터리 (-)터미널을 "포스트"에 설치한 다음 고정너트(10mm)를 규정 토크로 조인다.

㉔ 자동차 Key ON

위 그림과 같이 블로워 모터 작동시험을 위하여 자동차 Key를 "ON" 한다.

㉕ 에어컨 ON

위 그림은 에어컨을 "AUTO로 작동"시킨 모습이며 "온도 조절" 다이얼, "풍량선택" 다이얼이 있다.

㉖ 에어컨 설정 온도 조정

위 그림과 같이 좌측에 위치한 온"도조절 다이얼"을 반 시계 방향으로 돌려 온도를 "최저 17℃"로 조정한다.

㉗ 블로워 모터 회전 단수 조정

위 그림과 같이 우측에 위치한 "블로워 모터 조절 다이얼"을 시계 방향으로 돌려 "최대 회전" 상태로 돌린다.

㉘ 블로워 모터 작동상태 확인

위 그림과 같이 "에어컨 또는 히터"를 작동시켜 블로워 모터 "작동상태와 풍량", 이상 "소음 발생" 여부를 확인한다.

02 블로워 모터 작동 전압과 전류 측정

01 시스템 선택

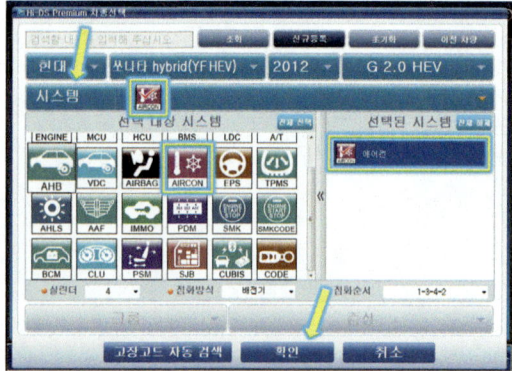

위 그림과 같이 종합 시험기의 시스템을 "에어컨"으로 선택한다.

02 VCI ON

위 그림과 같이 "VCI 진단커넥터"를 차량의 "DLC"에 삽입한 다음 전원을 "ON" 한다.

03 "강제구동" 선택

위 그림과 같이 측정 선택 화면에서 "강제구동"을 클릭한다.

04 통신 초기화

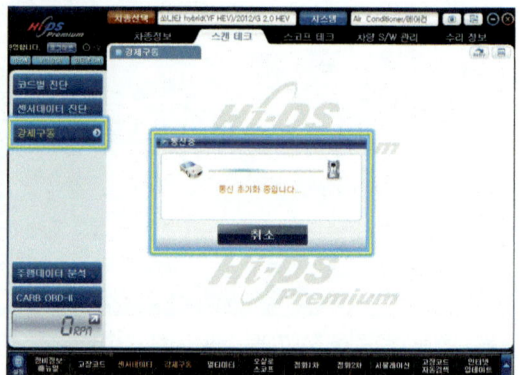

위 그림은 "강제구동" 선택에 따른 통신 초기화 중인 화면이다.

05 강제 구동 항목 선택

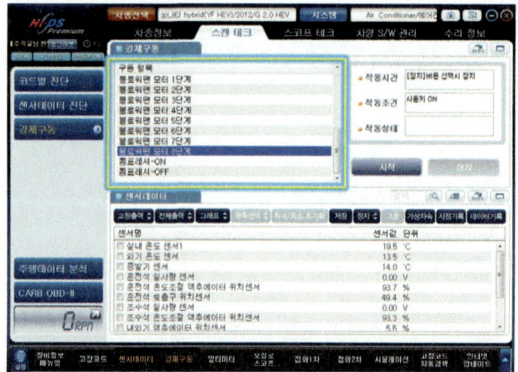

위 그림과 같이 강제 구동 화면에서 구동 항목을 "블로워 팬 모터"로 선택한다.

06 오실로스코프 선택

위 그림과 같이 측정 선택 화면에서 "오실로스코프"를 클릭한다.

07 채널 선택_채널 변경 가능

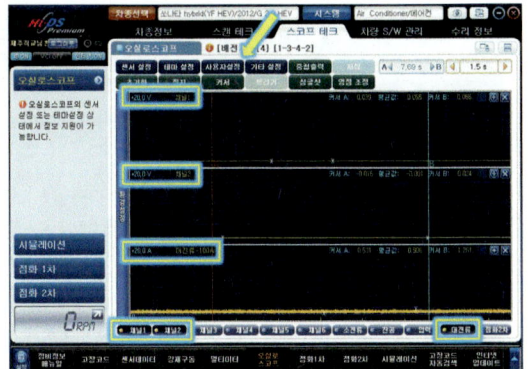

위 그림과 같이 전압과 전류를 측정하기 위하여 "채널 1", "채널 2", "대전류"를 선택한 다음 "사용자 설정"을 클릭한다.

08 사용자 설정입력

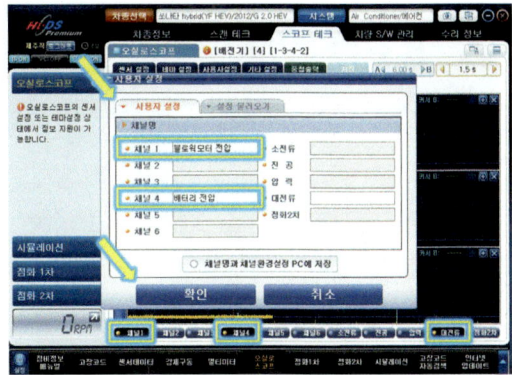

위 그림과 같이 "채널 1"에 블로워 모터 전압, "채널 4"에 배터리 전압을 입력한 다음 "확인"을 클릭한다.

09 대전류 프로브

위 그림은 대전류 프로브이며 "OFF", "1,000A", "100A"로 선택이 가능하다.

10 대전류 프로브 전류 선택

위 그림과 같이 대전류 프로브의 전류 선택 레인지를 "100A"로 선택한다.

11 대전류계 영점조정 실시

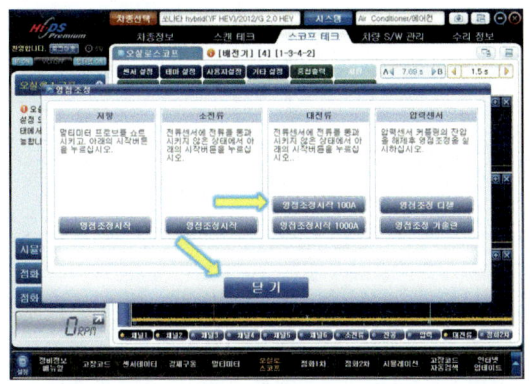

위 그림과 같이 "영점조정"을 클릭한 후 대전류 영점조정 시작 100A를 클릭한 다음 "영점조정이 완료되었다""는 문구가 나오면 "닫기" 클릭한다.

12 배터리 프로브 전원 연결

위 그림과 같이 배터리 전원 프로브 적색은 "(+)전원"에 흑색 프로브는 배터리 "(−) 또는 차체"에 연결한다.

⑬ 채널 4번 프로브 설치

위 그림과 같이 "채널 4번" 전원 프로브를 배터리 "적색 프로브"에, 접지 프로브를 배터리 "흑색 프로브"에 연결한 다.

⑭ 블로워 모터 커넥터 위치

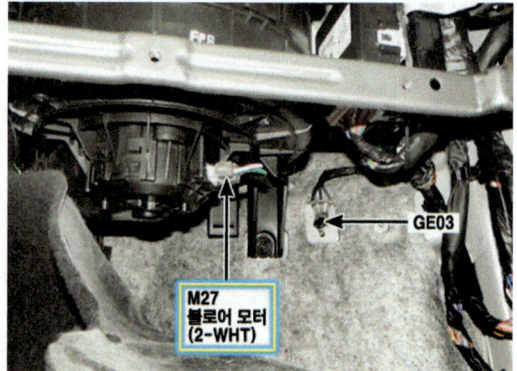

위 그림은 차량 실내의 블로워 모터 커넥터 위치를 나타낸 다.

⑮ 에어컨 컨트롤(모듈) 회로(1)

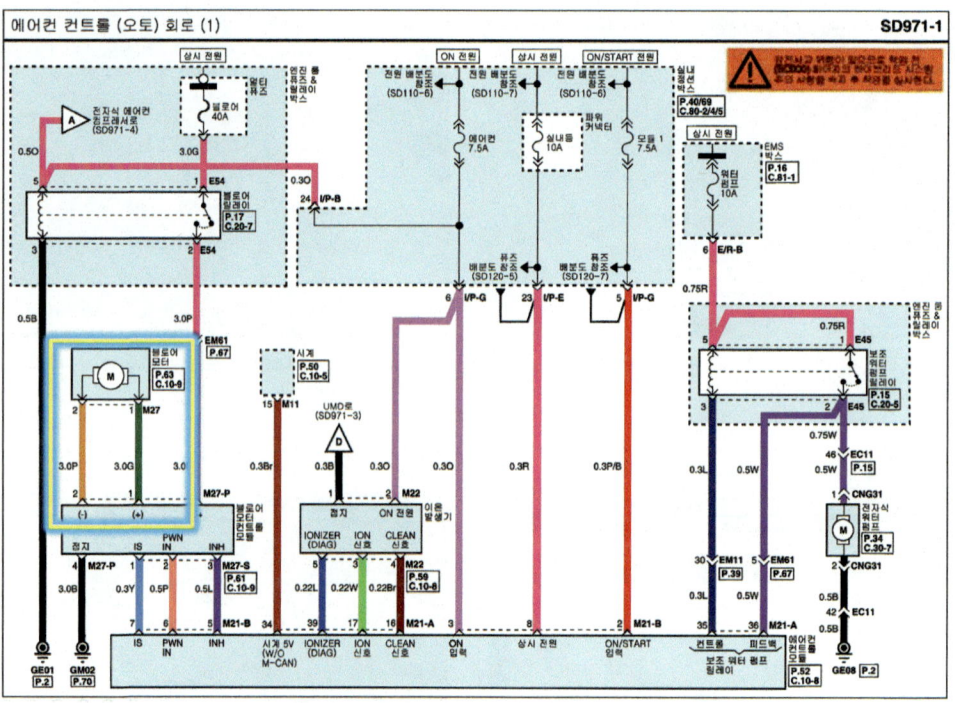

위 그림의 회로도에서 블로워 모터 및 블로워 모터 컨트롤 모듈 회로 구성을 확인할 수 있다.

⑯ 블로워 모터 전원

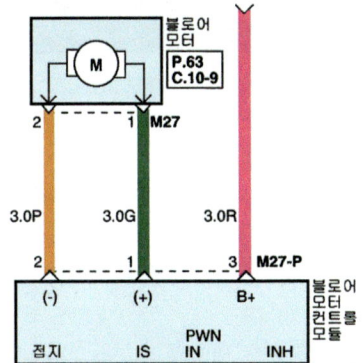

위 그림의 회로에서 블로워 모터 및 블로워 모터 컨트롤 모듈 "전원 단자"를 확인할 수 있다.

⑰ 블로워 모터 커넥터 단자

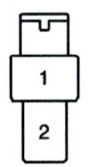

M27 블로워 모터

1. G 블로워 모터 컨트롤 모듈(+)
2. P 블로워 모터 컨트롤 모듈(–)

위 그림은 블로워 모터 커넥터 "단자의 극성"을 나타낸다.

⑱ 채널 1번 전원 프로브 설치

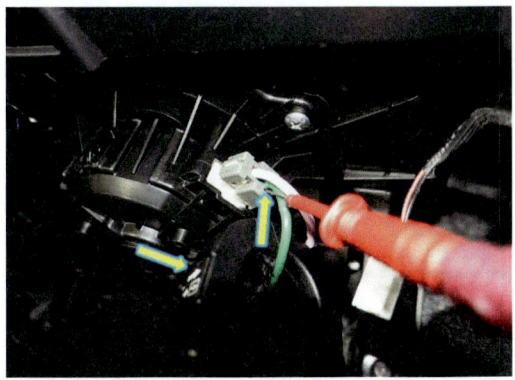

위 그림과 같이 "채널 1번" 전원 프로브를 블로워 모터 컨트롤 "모듈(+) 1번 단자"에 설치한다.

⑲ 채널 1번 접지 프로브 설치

위 그림과 같이 "채널 1번" 접지 프로브를 차체에 "접지"한다.

⑳ 블로워 모터 작동

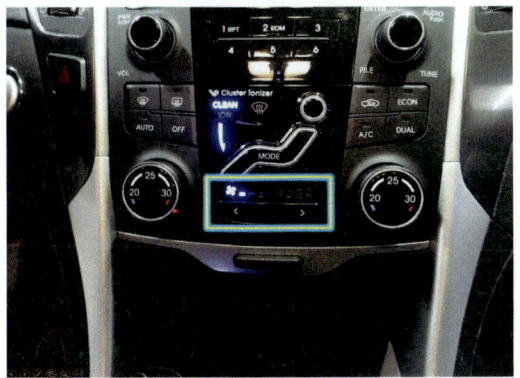

위 그림과 같이 블로워 모터 작동상태를 "1단계"로 설정한다.

㉑ 측정 준비 상태 화면

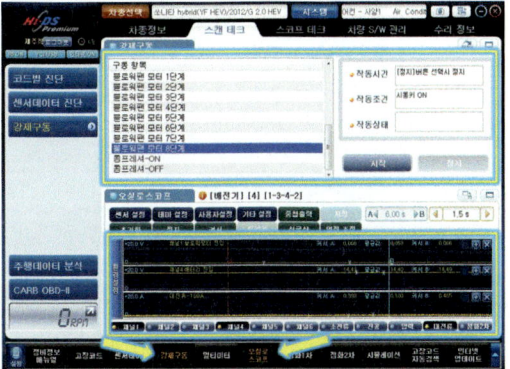

위 그림은 강제 구동과 "채널 1" 블로워 모터 전압, "채널 4" 배터리 전압, "대전류 측정"으로 선택된 화면이다.

㉒ 강제 구동 실행 및 파형 측정

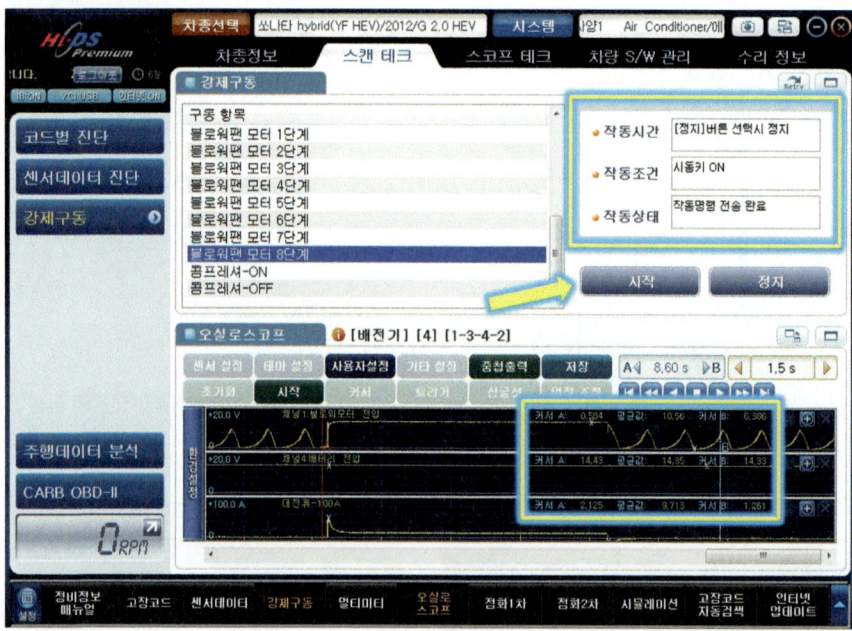

위 그림과 같이 강제 구동 항목에서 "블로워팬 모터 8단계"를 선택하고 "시동키를 ON"한 다음 우측 중앙의 "시작" 버튼을 클릭하면 모터가 구동되며 "채널 1"에서 블로워 모터 작동 시 전압 파형, "채널 4"에서는 배터리 전압 파형, "대 전류"는 모터 작동 시 전류 파형이 나타난다.

㉓ 블로워 모터 작동 시 출력 파형

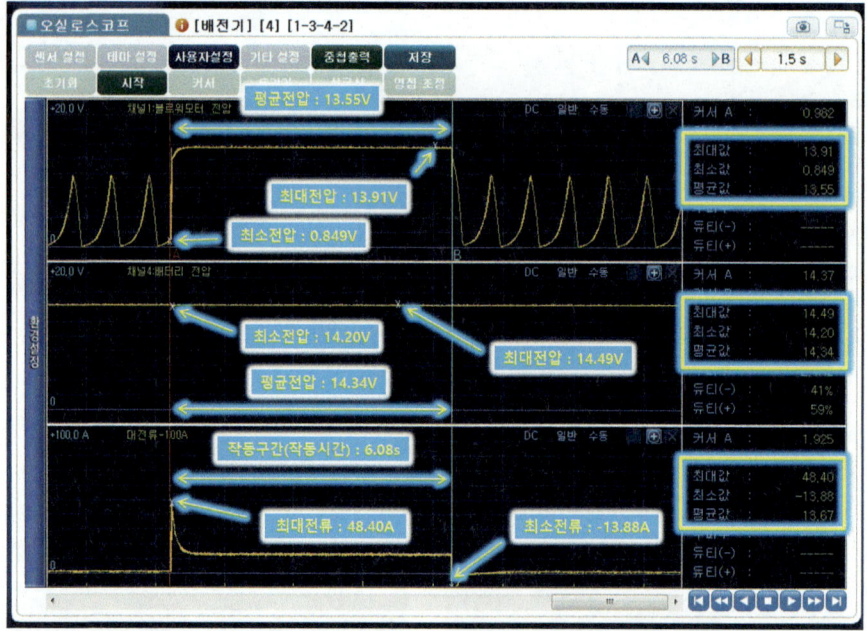

위 그림은 블로워 모터 작동 시 출력 파형이며 "커서 A"를 모터 작동 시작 지점에 위치하고 "커서 B"는 모터 멈춤 부분에 위치시킨 다음 "블로워 모터" 평균전압 13.55V, 최대전압 13.91V, 최소전압 0.849V와 "배터리" 최대전압 14.49V, 최소전압 14.20V, 평균전압 14.34V, "대전류"에 대한 최대 전류 48.40A, 최소 전류 -13.88A, 작동 구간(작동시간) 6.08s로 표기한 화면이다.

㉔ 출력 파형 출력물_파형 출력 및 분석내용표기

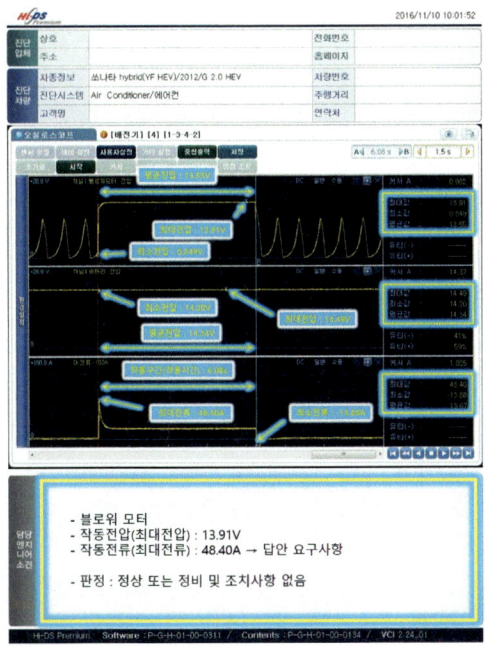

㉕ 규정 값_블로워 모터 팬 작동 시 전압

팬	전압(V)	
	수동	자동
1단	3.4	Auto Low(4.5V)
2단	4.6	4.5~5.5
3단	5.9	5.6~6.7
4단	7.2	6.8~7.7
5단	8.3	7.8~8.9
6단	9.5	9.0~10.1
7단	11.3	10.2~11.3
8단	배터리(+)	

26 답안 작성

[참고] 블로워 모터를 "최대(8단)"로 작동하는 상태에서 전압과 전류를 측정하였으며, 답안 요구사항이 "최대 전류"이므로 작동 전압 또한 "최대전압"을 기재한다. 그러나 "작동 전압"은 모터 작동 구간에 대한값으로 판단할 수 있으므로 "평균전압" 으로 기재하여도 된다.

◈ 전기 1. 기록표

자동차 번호 :

비 번호		감독확인	

항 목		측정(또는 점검)		판정 및 정비(또는 조치)사항		득 점
		측정값	규정값	판정(□에 '✔' 표)	정비 및 조치할 사항	
블로워 모터	작동 전압	13.91V (평균전압: 13.55V)	13.00~14.00 V	☑ 양 호 □ 불 량	정비 및 조치사항 없음 또는 정상	
	작동전류 (최대전류)	48.40A	40.00~50.00 A			

[주의] 규정 값은 "Key ON" 상태에서는 "배터리 전압"이 적용되어야 하며, "엔진 시동 ON" 상태에서는 발전기 "충전 전압"으로 기재 되어야 한다.

정비기능장

2) 회로점검 및 기록표 작성

전 기

주어진 자동차에서 정비지침서의 회로도를 이용하여 기록표에서 요구하는 회로를 점검하고, 이상내용을 기록표에 기록한 후 정비하시오.

01 에어컨 및 공조회로 점검

01 전원 배분도(1)_ALT 퓨즈블링크 150A → 에어컨 10A → 에어컨 릴레이

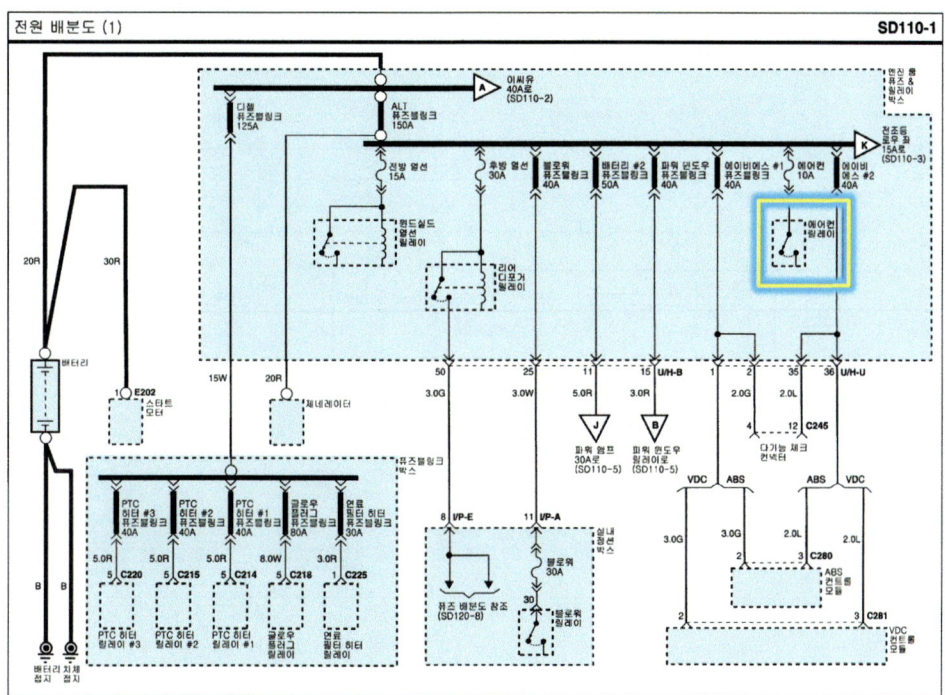

02 전원 배분도(2)_엔진 룸 퓨즈 & 릴레이 박스, 에어컨 릴레이, 퓨즈블링크 박스

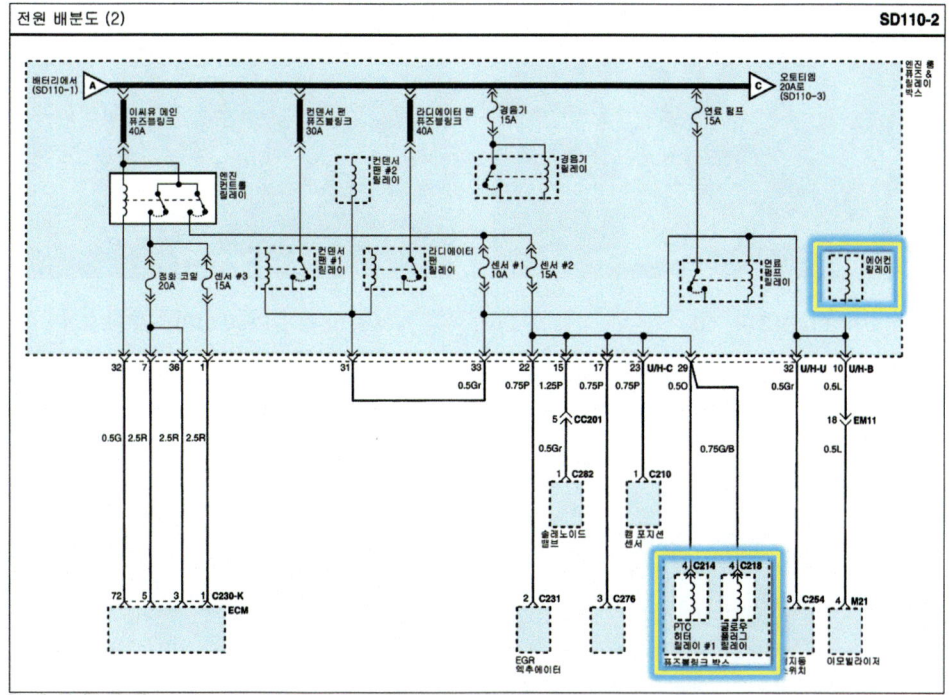

03 전원 배분도(4)_실내정션박스, 블로워 30A, 블로워 릴레이, 에어컨 스위치, 블로워 모터, 에어컨 컨트롤 모듈

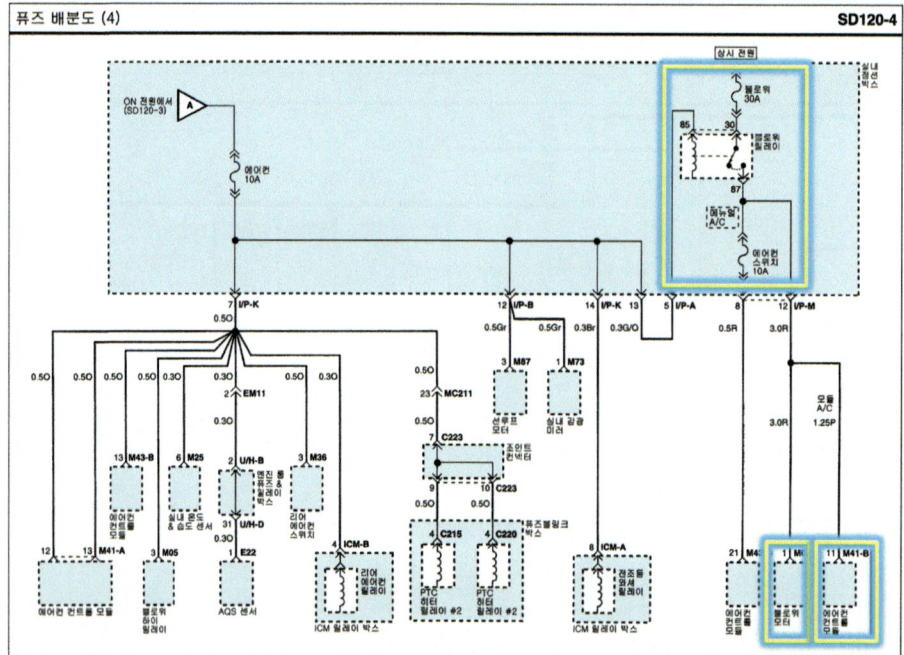

04 I/P-A(14P)

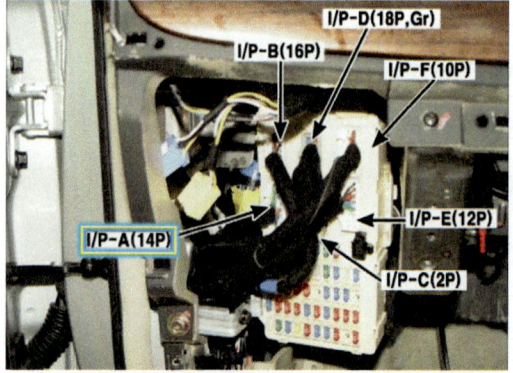

05 좌측 카울 크로스 멤버_I/P-K(14P), I/P-M(16P)

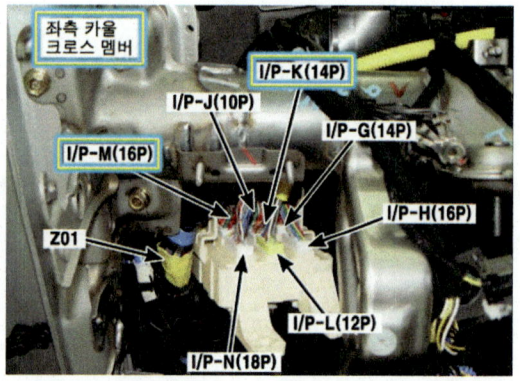

06 블로워 모터_EM11(24P, G)

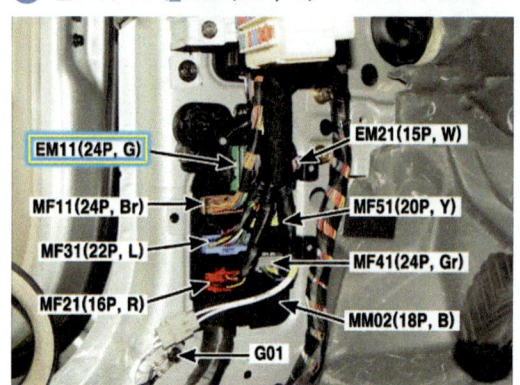

07 블로워 모터_I/P-A(14P), I/P-E(12P)

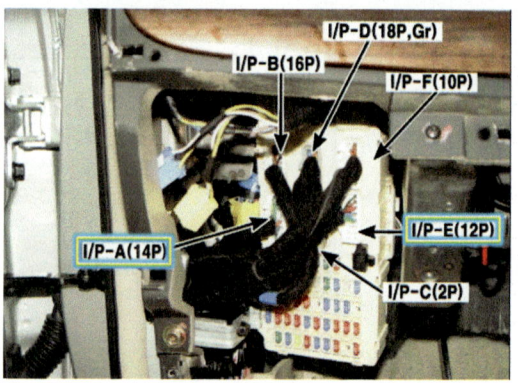

A
안

08 블로워 모터 PTC 컨트롤_MC211(24P, L)

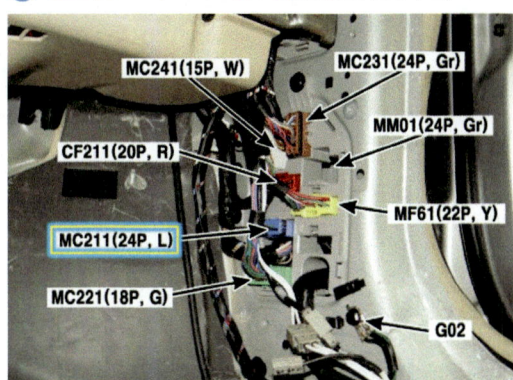

09 G36 블로워 모터 접지

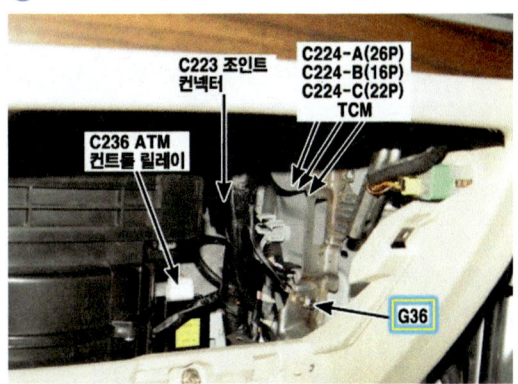

10 블로워 모터 M34 파워 트랜지스터

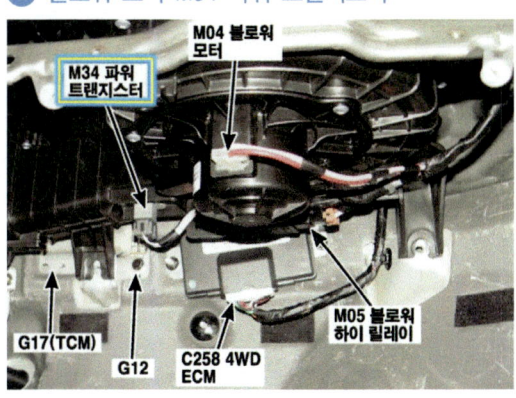

11 M04 블로워 모터

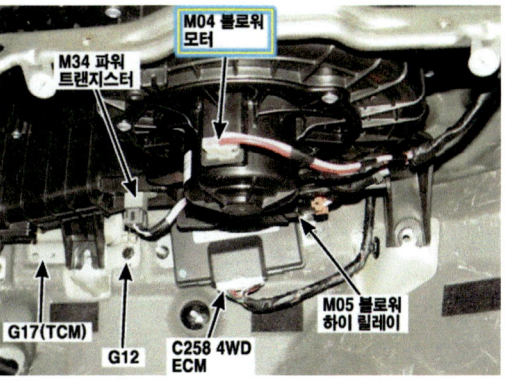

12 에어컨 릴레이 점검 방법

1. 엔진룸 릴레이 박스에서 에어컨 릴레이(A)를 분리한다.

2. 파워 릴레이 단자 85번과 86번 사이에 전원을 인가했을 때 단자 87번과 30번 사이에 통전이 되는지 점검한다.

2. 파워 릴레이 단자 85번과 86번 사이에 전원을 해지했을 때 단자 87번과 30번 사이에 통전이 되지 않는지 점검한다.

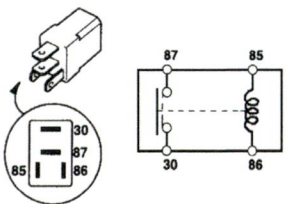

위치 \ 단자	30	87	85	86
전원 해지시			◯—	—◯
전원 인가시	◯—	—◯	⊖—	—⊕

⑬ M26 인테이크 액추에이터 & M03 에어컨 수온 센서

⑭ M25 실내온도 & 습도센서

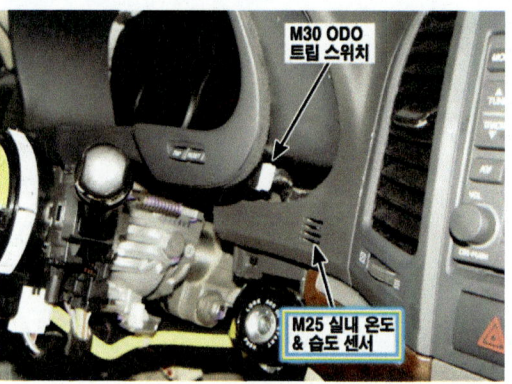

⑮ 에어컨 관련 퓨즈 연결 회로

표기	용량(A)	연결회로
시동	10A	도난 방지 릴레이
파워 윈도우 좌측	30A	파워 윈도우 메인 스위치, 좌측 뒤 파워 윈도우 스위치
파워 윈도우 우측	30A	파워 윈도우 메인 스위치, 우측 앞/뒤 파워 윈도우 스위치
선루프	20A	선루프 모터
전동 시트	30A	IMS컨트롤 모듈
안전파워 윈도우	30A	세이프티 파워 윈도우 ECM
열선 미러	10A	리어 디포거 스위치, 좌/우측 파워 아웃사이드 미러 & 미러 폴딩 모터
에어백 #1	15A	에어백 컨트롤 모듈#1
실내등	10A	핸즈프리 모듈, 계기판, 좌측 앞 도어 램프, 카고 램프, 리어 퍼스널 램프 LH/고, 맵램프, 실내등, 운전석/조수석 화장 등 스위치
에어컨	10A	에어컨 컨트롤 모듈, 블로워 하이 릴레이, AQS센서, 실내온도 & 습도센서, 리어 에어컨 스위치, 선루프 모터, 리어 에어컨 릴레이, PTC히터 릴레이#2,#3, 실내 감광 미러, 전조등 와셔 릴레이, 블로워 릴레이
열선 좌석	25A	운전석. 조수석 시트 히터 컨트롤 모듈
파워 앰프	30A	DELPHI 앰프, 오디오 앰프
파워 아웃렛 센터	15A	리어 파워 아웃렛 #2
파워 아웃렛	25A	프런트 파워 아웃렛, 리어 파워 아웃렛#1
시가라이터	15A	프런트 파워 아웃렛
문 자동 잠금장치	20A	도어 록/언록 릴레이, BCM, 좌측 앞/뒤 도어 록, 액추에이터, 우측 앞/뒤 도어 록 액추에이터, 테일 게이트 록 액추에이터
에어백 경고등	10A	계기판
오토티엠 잠금장치	10A	ATM키 록 모듈, VDC스위치, 운전석/조수석 시트히터 컨트롤 모듈
방향지시등	10A	비상등 스위치
조정식 페달	15A	어드저스트 페달 릴레이
비상등	15A	비상등 릴레이, 비상등 스위치
후방 와이퍼	15A	리어 간헐 와이퍼 모듈, 다기능 스위치

표기	용량(A)	연결회로
에어컨 스위치	10A	에어컨 컨트롤 모듈
계기판	10A	핸즈프리 모듈, MTS잭, 계기판, BCM, 제너레이터
비씨엠 #1	10A	BCM
연료통 주입구 열림	15A	연료 주입구 스위치
경보기	10A	도난 방지 경음기 릴레이, BCM, 도난 방지 경음기
3열 에어컨	15A	리어 에어컨 릴레이
후진 경고	10A	후진 경고 부저
아이엠에스	10A	IMS 컨트롤 모듈, 레인 센서
오디오 #2	10A	파워 윈도우 메인 스위치, DELPHI 오디오, 오디오, 파워 아웃사이드 미러 & 미러 폴딩 모터, BCM, MTS 모듈, ATM키 록 모듈, A/V헤드 모듈, 시계, 핸즈프리 모듈, 튜너 모듈
블로워	30A	블로워 릴레이, 에어컨 스위치 10A, 블로워 모터
정지등	15A	정지등 스위치
전조등 와셔	20A	전조등 와셔 릴레이
비씨엠 #3	10A	도어 워닝 스위치, IMS컨트롤 모듈, 파워 아웃사이드 미러 & 미러 폴딩 모터, 세큐리티 인디게이터, BCM, 파워 윈도우 메인 스위치, 우측 앞 파워 윈도우 스위치
디지털시계	15A	시계, 자기진단점검단자, 에어컨 컨트롤 모듈
오디오 #1	15A	DELPHI 오디오, 오디오, MRS 모듈, A/V헤드 모듈, 튜너 모듈, 내비게이션 모듈
오토티엠	10A	키 솔레노이드, 스포츠 모드 스위치
비씨엠#2	10A	레오스테트, BCM, EPS 모듈

16 M36 리어 에어컨 스위치

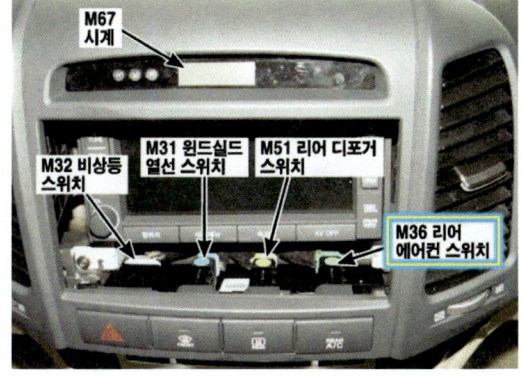

🅱 퓨즈블링크 및 퓨즈 연결 회로

구분	표기		용량(A)	연결회로
퓨즈블링크	ALT		150A	퓨즈블링크(전방 열선, 후방열선, 블로워, 에어컨, 배터리#2, 에이비에스#1, #2, 파워 윈도우, 전조등 로우 좌, 전조등 로우 우, 전방 안개등
	디젤		125A	퓨즈블링크 박스(PCT 히터#1, #2, #3, 연료 필터, 글로우 플러그)
	배터리 #1		50A	퓨즈(문자통 잠금장치, 정지등, 연료통 주입구 열림, 오토티엠, 전조등 와셔, 비상등, 파워 커넥터)
	배터리 #2		40A	퓨즈(파워 앰프, 열선 좌석, 전동 시트, 조정식 페달, 3열 에어컨, 후진 경고, 선루프, 경보기, 도난 방지 경음기 릴레이)
	이씨유 메인		40A	엔진 컨트롤 릴레이
	콘덴서 팬		30A	콘덴서 팬#1 릴레이
	이그니션 #1		40A	이그니션 스위치
	이그니션 #2		40A	이그니션 스위치, 퓨즈(시동)
	블로워		40A	퓨즈(블로워)
	파워 윈도우		40A	퓨즈(파워 윈도우 릴레이, 안전 파워 윈도우)
	라디에이터 팬		40A	라디에이터 팬 릴레이
퓨즈블링크	에이비에스#1		40A	다기능 체크 커넥터, ABS 컨트롤 모듈, VDC 컨트롤 모듈
	에이비에스#1		40A	다기능 체크 커넥터, ABS 컨트롤 모듈, VDC 컨트롤 모듈
퓨즈	1	전방 열선	15A	윈드 실드 열선 릴레이
	2	후방열선	30A	리어 디포거 릴레이
	3	–	–	–
	4	전조등 로우 우	15A	우측 전조등 로우 릴레이
	5	경음기	15A	경음기 릴레이
	6	전조등 로우 좌	15A	좌측 전조등 로우 릴레이
	7	전조등 하이 표시등	10A	계기판
	8	알터네이터 디젤	10A	제너레이터
	9	에어컨	10A	에어컨 릴레이
	10	오토티엠	20A	4WD ECM, ATM 컨트롤 릴레이
	11	–	–	–
	12	미등 우	10A	우측 포지션 램프, 글러브 박스 램프, 우측 뒤 콤비 램프(OUT), 조명등
	13	전방 안개등	10A	앞 안개등 릴레이
	14	센서 #3	15A	ECM
	15	미등 좌	10A	좌측 포지션 램프, 좌측 뒤 콤비 램프(OUT)
	16	연료펌프	15A	연료펌프 릴레이
	17	전방 와이퍼	25A	다기능 스위치, 레인 센서 릴레이, 프런트 와이퍼 릴레이, 프런트 와이퍼 모터
	18	티씨유	15A	TCM
	19	에이비에스	10A	ABS 컨트롤 모듈, G-YAW 센서, VDC 컨트롤 모듈, 4WD ECM, 연료 필터 히터 릴레이, 연료 필터 수분 경고 센서, 다기능 체크 커넥터
	20	냉각팬	10A	–
	21	후진등	10A	입력/출력 속도 센서, 인히비터 스위치, TCM, 후진등 스위치
	22	전조등	10A	퓨즈(전방 와이퍼)
	21	후진등	10A	입력/출력 속도 센서, 인히비터 스위치, TCM, 후진등 스위치
	22	전조등	10A	퓨즈(전방 와이퍼)
	23	이씨유	10A	차속 센서, ECM, 에어 플로우 센서
	24	전조등 하이	20A	전조등 하이 릴레이
	25	센서#1	10A	연료펌프 릴레이, 정지등 스위치, 이모빌라이저, 에어컨 릴레이, 콘덴서 팬#1, #2 릴레이, 라디에이터 팬 릴레이
	26	센서#2	15A	EGR 액추에이터, 솔레노이드밸브, 스로틀 플랫 액추에이터, 캠 포지션 센서, PTC히터 릴레이#1
	27	점화코일	20A	ECM

구분	표기		용량(A)	연결회로
퓨즈	28	SPARE	10A	–
	29	SPARE	15A	–
	30	SPARE	20A	–
	31	SPARE	25A	–
	32	SPARE	30A	–

18 M57 운전석 온도 액추에이터 & M28 모드 액추에이터

19 M56 온도 액추에이터 & M12 이베퍼레이터 센서

20 블로워 & 에어컨 회로(오토) (1)_체크포인트

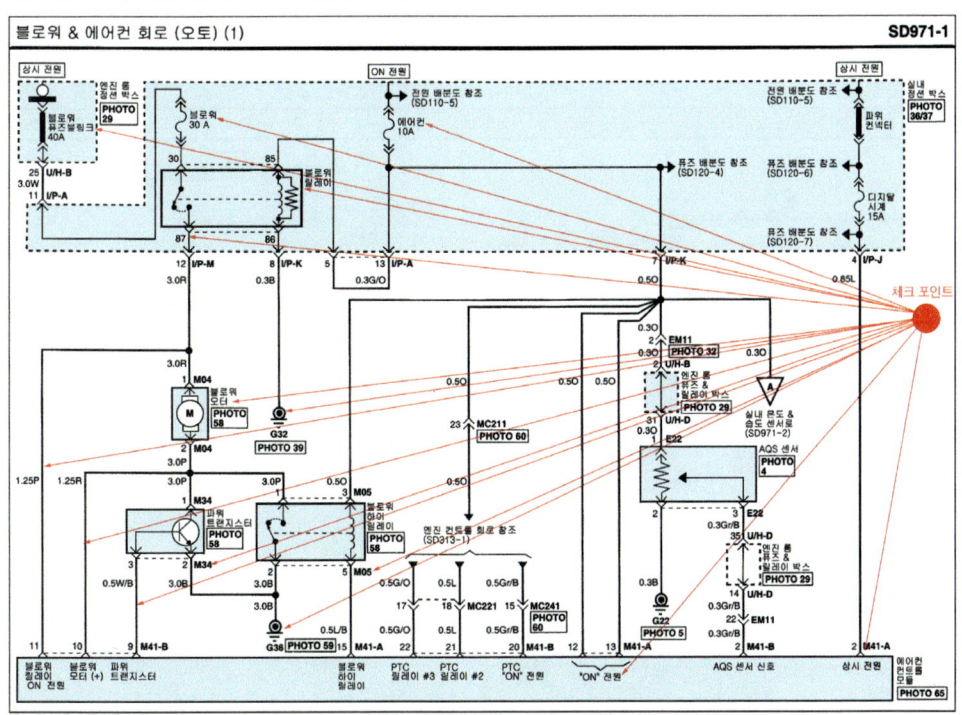

21 블로워 & 에어컨 회로(오토) (2)_체크포인트

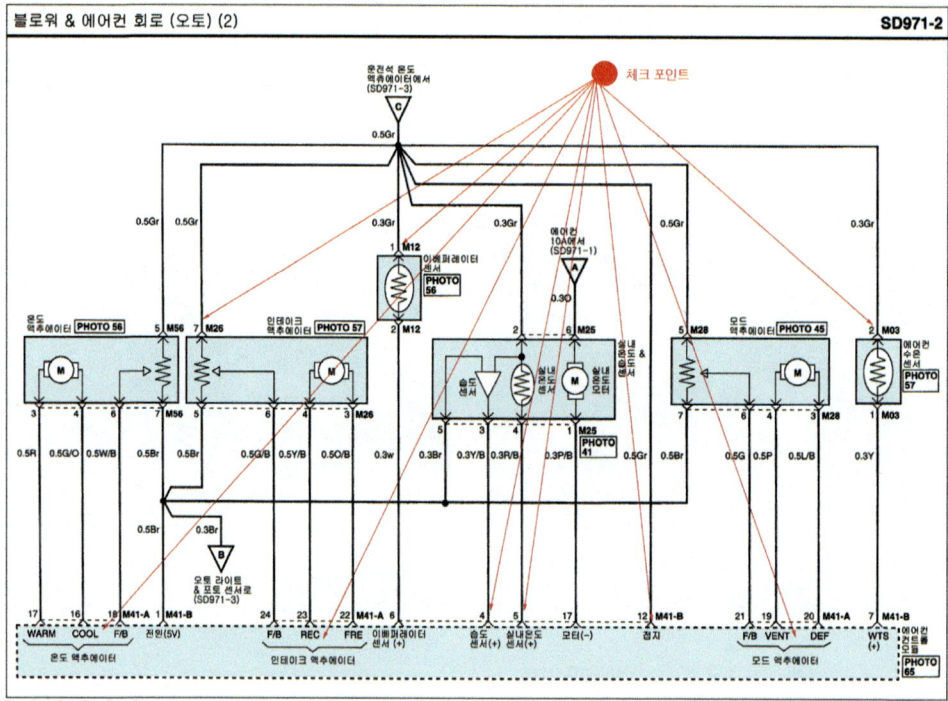

22 블로워 & 에어컨 회로(오토) (3)_체크포인트

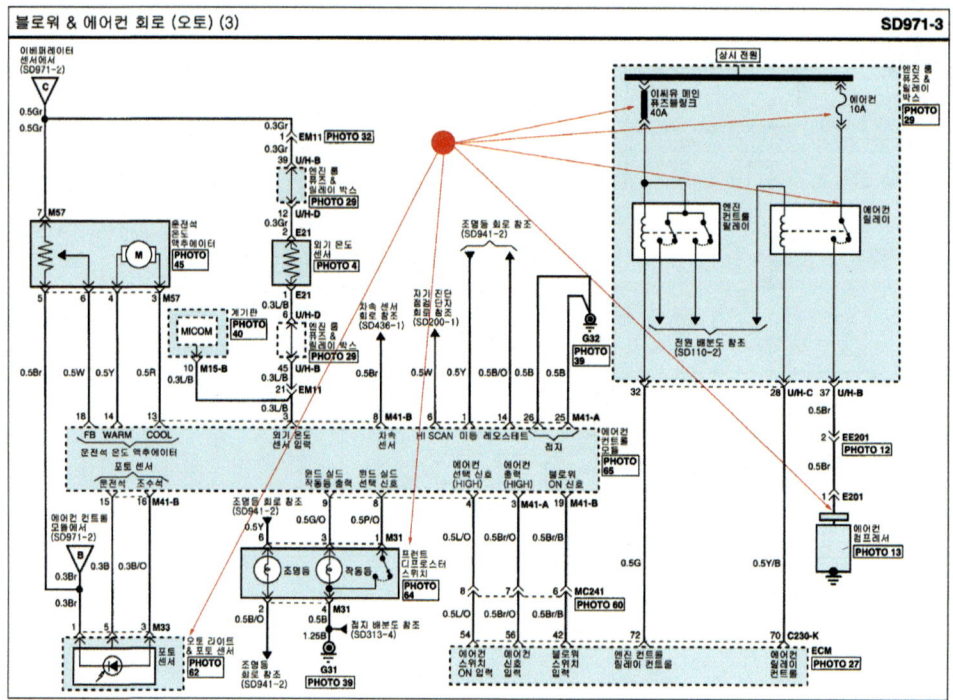

A
안

㉓ M41-A(오토 에어컨) & M41-B(오토 에어컨)

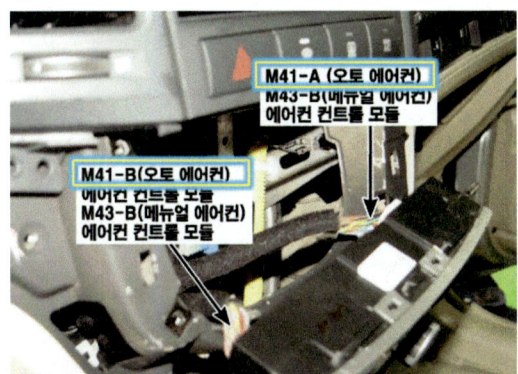

㉔ E201 에어컨 컴프레서

㉕ M33 오토라이트 & 포토 센서

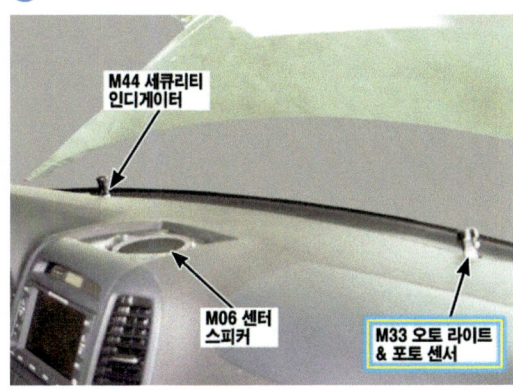

㉖ 엔진 룸 릴레이 박스_엔진 룸 릴레이 박스 내 에어컨 릴레이

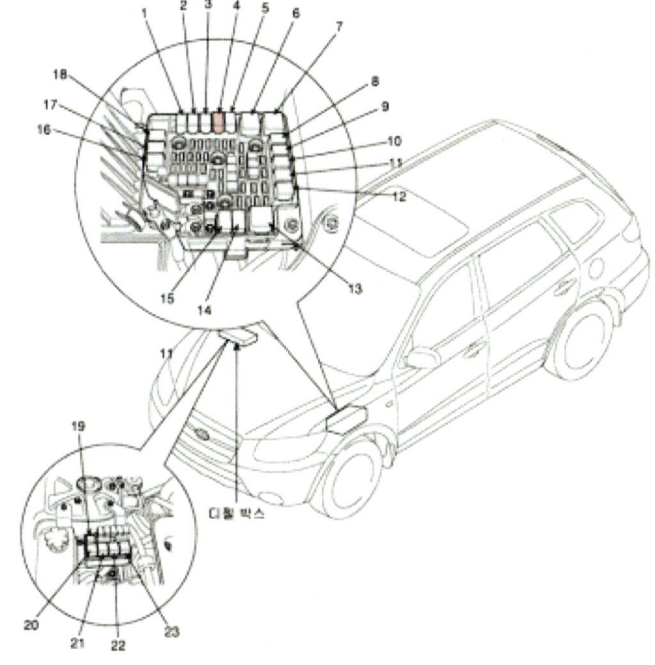

1. 자동변속기 릴레이
2. 냉각팬 릴레이
3. 프런트 안개등 릴레이
4. 에어컨 릴레이
5. 전조등(하이) 릴레이
6. 메인 릴레이
7. 시동 릴레이
8. 컨덴서 팬 2 릴레이
9. 컨덴서 팬 1 릴레이
10. 미등 릴레이
11. 전조등(로우 –좌측) 릴레이
12. 전조등(로우 –우측) 릴레이
13. 디포거 열선 릴레이
14. 윈드실드 열선 릴레이
15. 혼 릴레이
16. 와이퍼 릴레이
17. 레인센서 릴레이
18. 연료펌프 릴레이
19. 연료펌프 히터 릴레이
20. PTC 히터 릴레이 #2
21. 글로우 릴레이
22. PTC 히터 릴레이 #1
23. PTC 히터 릴레이 #3

㉗ 엔진 룸 퓨즈 & 릴레이 박스 위치

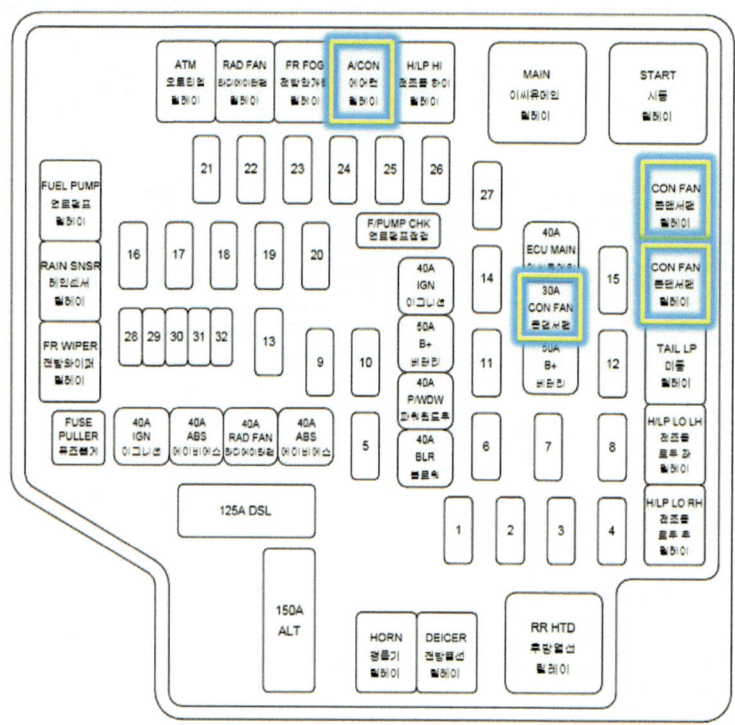

1. A/CON 에어컨 릴레이

2. 30A CON FAN 콘덴서 팬

3. CON FAN 콘덴서 팬 릴레이

4. CON FAN 콘덴서 릴레이

㉘ 회로 고장 부분과 내용 및 상태 참고 자료

고장부분	내용 및 상태	정비 및 조치할 사항
ECU 메인 엔진컨트롤 40A 퓨즈	단선	ECU 메인 엔진컨트롤 40A 퓨즈 교환 후 재점검
블로워 퓨즈블링크 40A	단선	블로워 퓨즈블링크 40A 교환 후 재점검
블로워 30A 퓨즈	단선	블로워 30A 퓨즈 교환 후 재점검
에어컨 10A 퓨즈	단선	에어컨 10A 퓨즈 교환 후 재점검
에어컨스위치 10A 퓨즈	단선	에어컨스위치 10A 퓨즈 교환 후 재점검
트리플 스위치	커넥터 탈거	트리플 스위치 커넥터 연결 후 재점검
에어컨 릴레이 1	솔레노이드 코일 단선	에어컨 릴레이 장착 후 재점검
에어컨 릴레이 2 포인트 접점	전원 인가 시 미 통전	에어컨 릴레이 교환 후 재점검
에어컨 컴프레서 마그네틱 스위치	탈거	에어컨 컴프레서 커넥터 연결 후 재점검
블로워 모터 커넥터	탈거	블로워 모터 커넥터 연결 후 재점검
파워 트랜지스터 커넥터	탈거	파워 트랜지스터 커넥터 연결 후 재점검
에어컨모듈 커넥터	탈거	에어컨모듈 커넥터 연결 후 재점검
포토센서 커넥터	탈거	포토센서 커넥터 연결 후 재점검
이베퍼레이터 센서 커넥터	탈거	이베퍼레이터 센서 커넥터 재점검

㉙ 답안 작성_분석 내용 및 답안 작성하기

[참고] 위에서 설명한 에어컨 회로 점검 방법을 참고하여 고장부분, 내용 및 상태, 정비 및 조치 사항을 기재한다.

◈ 전기 2. 기록표

자동차 번호 :

비 번호		감독확인	

항 목	점검(또는 측정)		정비 및 조치 사항	득 점
	고장 부분	내용 및 상태		
에어컨 회로	블로워 모터 커넥터	탈거	커넥터 연결 후 재점검	
사이드 미러 (폴딩포함)회로				
와이퍼 회로				

---

02 사이드미러 회로 점검

㉑ BCM 회로 및 연료 주입구 회로_앞, 뒷유리 & 아웃사이드 미러 디포그 회로 참고

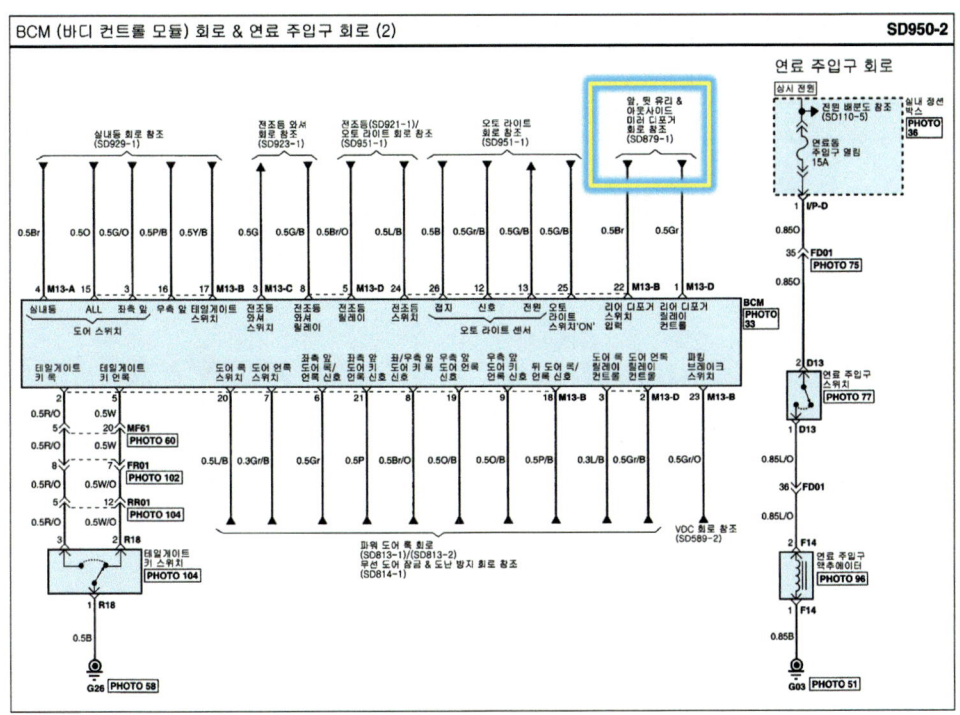

02 파워 아웃 사이드미러 폴딩 회로(2)_체크포인트

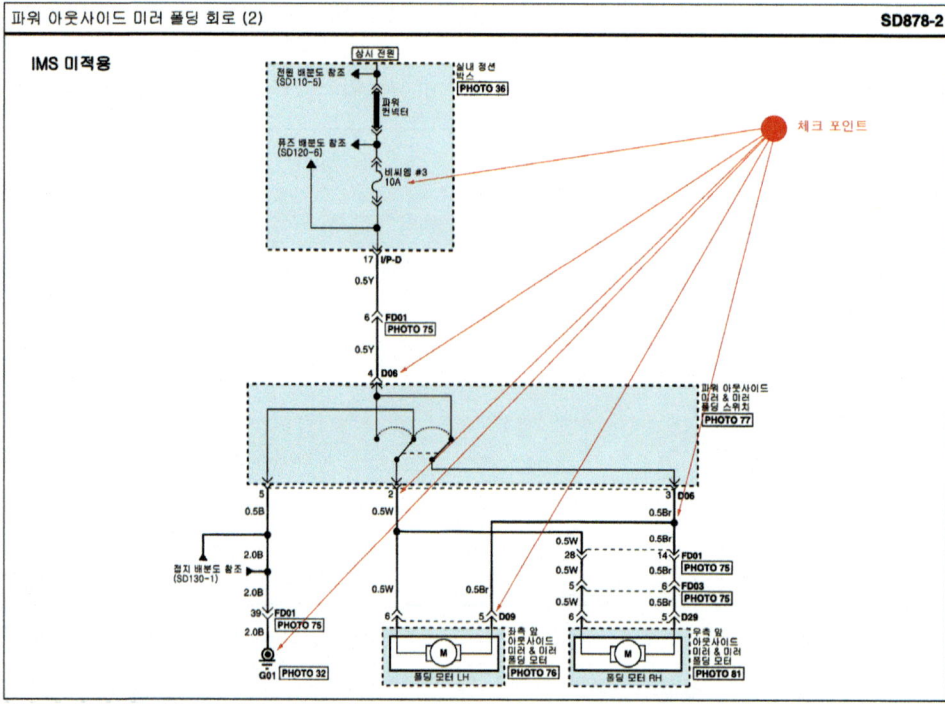

03 파워 아웃사이드 미러 폴딩 회로(1)_체크포인트

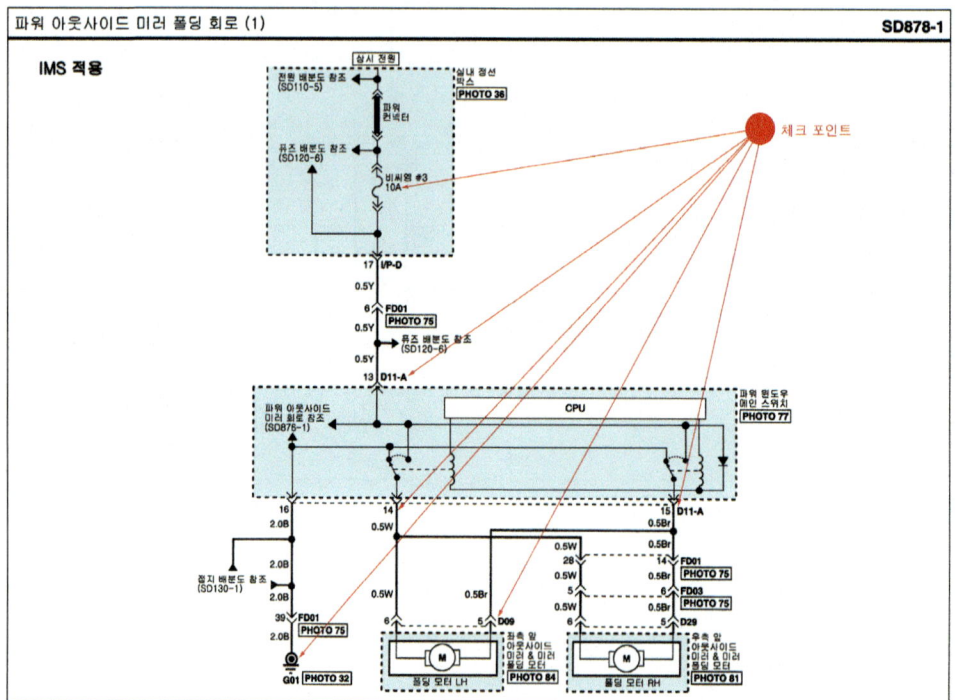

04 전원 배분도(5)_이그니션 #1 40A에서, 오디오 #2 10A

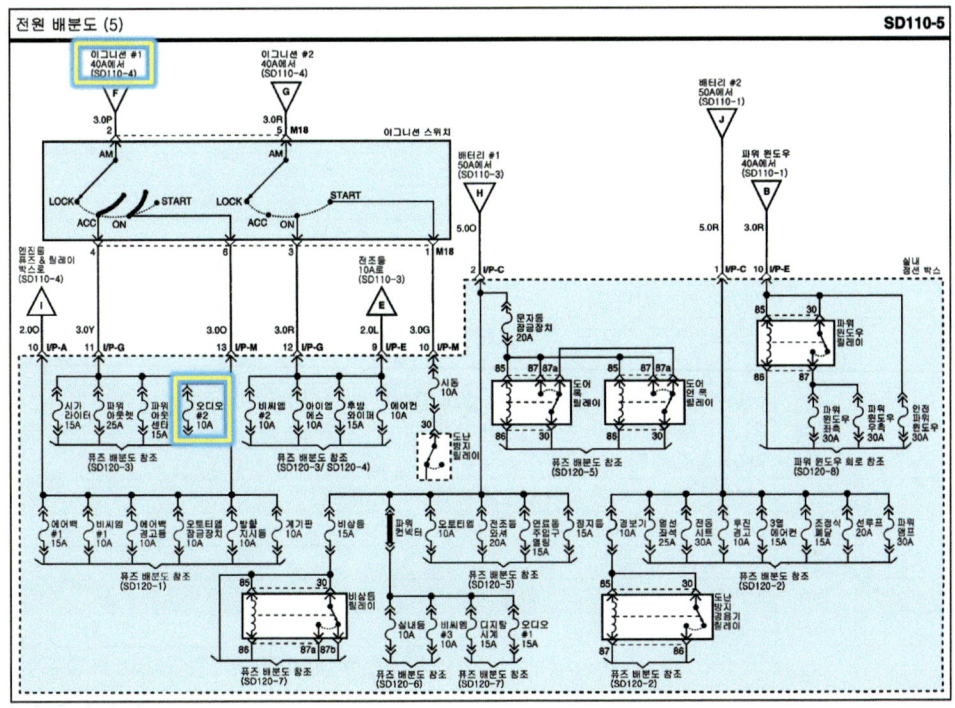

05 FD01(좌측), FD03(우측)

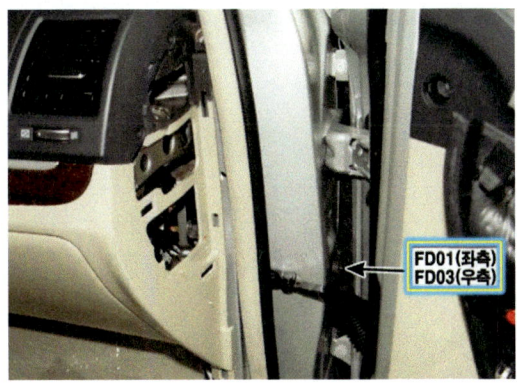

06 I/P-D(18P, Gr) 커넥터

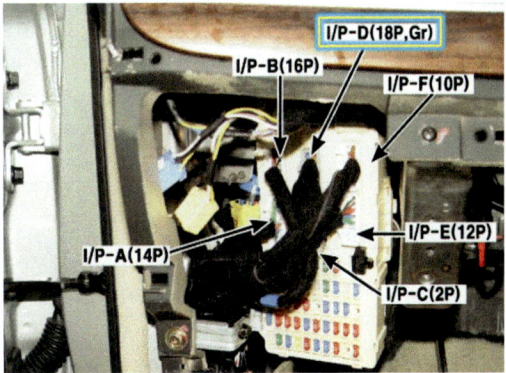

07 퓨즈 연결 회로_열선 미러 10A, 오디오 #2 10A, 비씨엠 #3 10A 연결 회로

표기	용량(A)	연결회로
시동	10A	도난 방지 릴레이
파워 윈도우 좌측	30A	파워 윈도우 메인 스위치, 좌측 뒤 파워 윈도우 스위치
파워 윈도우 우측	30A	파워 윈도우 메인 스위치, 우측 앞/뒤 파워 윈도우 스위치
선루프	20A	선루프 모터
전동 시트	30A	IMS컨트롤 모듈
안전파워 윈도우	30A	세이프티 파워 윈도우 ECM
열선 미러	10A	리어 디포거 스위치, 좌/우측 파워 아웃사이드 미러 & 미러 폴딩 모터
에어백 #1	15A	에어백 컨트롤 모듈#1
실내등	10A	핸즈프리 모듈, 계기판, 좌측 앞 도어 램프, 카고 램프, 리어 퍼스널 램프 LH/고, 맴램프, 실내등, 운전석/조수석 화장 등 스위치
에어컨	10A	에어컨 컨트롤 모듈, 블로워 하이 릴레이, AQS센서, 실내온도 & 습도센서, 리어 에어컨 스위치, 선루프 모터, 리어 에어컨 릴레이, PTC히터 릴레이#2,#3, 실내 감광 미러, 전조등 와셔 릴레이, 블로워 릴레이
열선 좌석	25A	운전석. 조수석 시트 히터 컨트롤 모듈
파워 앰프	30A	DELPHI 앰프, 오디오 앰프
파워 아웃렛 센터	15A	리어 파워 아웃렛 #2
파워 아웃렛	25A	프런트 파워 아웃렛, 리어 파워 아웃렛#1
시가라이터	15A	프런트 파워 아웃렛
문 자동 잠금장치	20A	도어 록/언록 릴레이, BCM, 좌측 앞/뒤 도어 록, 액추에이터, 우측 앞/뒤 도어 록 액추에이터, 테일 게이트 록 액추에이터
에어백 경고등	10A	계기판
오토티엠 잠금장치	10A	ATM키 록 모듈, VDC스위치, 운전석/조수석 시트히터 컨트롤 모듈
방향지시등	10A	비상등 스위치
조정식 페달	15A	어드저스트 페달 릴레이
비상등	15A	비상등 릴레이, 비상등 스위치
후방 와이퍼	15A	리어 간헐 와이퍼 모듈, 다기능 스위치
에어컨 스위치	10A	에어컨 컨트롤 모듈
계기판	10A	핸즈프리 모듈, MTS잭, 계기판, BCM, 제너레이터
비씨엠 #1	10A	BCM
연료통 주입구 열림	15A	연료 주입구 스위치
경보기	10A	도난 방지 경음기 릴레이, BCM, 도난 방지 경음기
3열 에어컨	15A	리어 에어컨 릴레이
후진 경고	10A	후진 경고 부저
아이엠에스	10A	IMS 컨트롤 모듈, 레인 센서
오디오 #2	10A	파워 윈도우 메인 스위치, DELPHI 오디오, 오디오, 파워 아웃사이드 미러 & 미러 폴딩 모터, BCM, MTS 모듈, ATM키 록 모듈, A/V헤드 모듈, 시계, 핸즈프리 모듈, 튜너 모듈
블로워	30A	블로워 릴레이, 에어컨 스위치 10A, 블로워 모터
정지등	15A	정지등 스위치
전조등 와셔	20A	전조등 와셔 릴레이
비씨엠 #3	10A	도어 워닝 스위치, IMS컨트롤 모듈, 파워 아웃사이드 미러 & 미러 폴딩 모터, 세큐리티 인디게이터, BCM, 파워 윈도우 메인 스위치, 우측 앞 파워 윈도우 스위치
디지털시계	15A	시계, 자기진단점검단자, 에어컨 컨트롤 모듈
오디오 #1	15A	DELPHI 오디오, 오디오, MRS 모듈, A/V헤드 모듈, 튜너 모듈, 내비게이션 모듈
오토티엠	10A	키 솔레노이드, 스포츠 모드 스위치
비씨엠#2	10A	레오스테트, BCM, EPS 모듈

08 퓨즈 연결 회로_**이그니션 #1 40A 연결 회로**

구분	표기		용량(A)	연결회로
퓨즈블링크		ALT	150A	퓨즈블링크(전방 열선, 후방열선, 블로워, 에어컨, 배터리#2, 에이비에스#1, #2, 파워 윈도우, 전조등 로우 좌, 전조등 로우 우, 전방 안개등
		디젤	125A	퓨즈블링크 박스(PCT 히터#1, #2, #3, 연료 필터, 글로우 플러그)
		배터리 #1	50A	퓨즈(문자통 잠금장치, 정지등, 연료통 주입구 열림, 오토티엠, 전조등 와셔, 비상등, 파워 커넥터)
		배터리 #2	40A	퓨즈(파워 앰프, 열선 좌석, 전동 시트, 조정식 페달, 3열 에어컨, 후진 경고, 선루프, 경보기, 도난 방지 경음기 릴레이)
		이씨유 메인	40A	엔진 컨트롤 릴레이
		콘덴서 팬	30A	콘덴서 팬#1 릴레이
		이그니션 #1	40A	이그니션 스위치
		이그니션 #2	40A	이그니션 스위치, 퓨즈(시동)
		블로워	40A	퓨즈(블로워)
		파워 윈도우	40A	퓨즈(파워 윈도우 릴레이, 안전 파워 윈도우)
		라디에이터 팬	40A	라디에이터 팬 릴레이
		에이비에스#1	40A	다기능 체크 커넥터, ABS 컨트롤 모듈, VDC 컨트롤 모듈
		에이비에스#1	40A	다기능 체크 커넥터, ABS 컨트롤 모듈, VDC 컨트롤 모듈
퓨즈	1	전방 열선	15A	윈드 실드 열선 릴레이
	2	후방열선	30A	리어 디포거 릴레이
	3	–	–	
	4	전조등 로우 우	15A	우측 전조등 로우 릴레이
	5	경음기	15A	경음기 릴레이
	6	전조등 로우 좌	15A	좌측 전조등 로우 릴레이
	7	전조등 하이 표시등	10A	계기판
	8	알터네이터 디젤	10A	제너레이터
	9	에어컨	10A	에어컨 릴레이
	10	오토티엠	20A	4WD ECM, ATM 컨트롤 릴레이
	11	–	–	
	12	미등 우	10A	우측 포지션 램프, 글로브 박스 램프, 우측 뒤 콤비 램프(OUT), 조명등
	13	전방 안개등	10A	앞 안개등 릴레이
	14	센서 #3	15A	ECM
	15	미등 좌	10A	좌측 포지션 램프, 좌측 뒤 콤비 램프(OUT)
	16	연료펌프	15A	연료펌프 릴레이
	17	전방 와이퍼	25A	다기능 스위치, 레인 센서 릴레이, 프런트 와이퍼 릴레이, 프런트 와이퍼 모터
	18	티씨유	15A	TCM
	19	에이비에스	10A	ABS 컨트롤 모듈, G-YAW 센서, VDC 컨트롤 모듈, 4WD ECM, 연료 필터 히터 릴레이, 연료 필터 수분 경고 센서, 다기능 체크 커넥터
	20	냉각팬	10A	–
	21	후진등	10A	입력/출력 속도 센서, 인히비터 스위치, TCM, 후진등 스위치
	22	전조등	10A	퓨즈(전방 와이퍼)
	23	이씨유	10A	차속 센서, ECM, 에어 플로우 센서

구분		표기	용량(A)	연결회로
퓨즈	24	전조등 하이	20A	전조등 하이 릴레이
	25	센서#1	10A	연료펌프 릴레이, 정지등 스위치, 이모빌라이저, 에어컨 릴레이, 콘덴서 팬#1, #2 릴레이, 라디에이터 팬 릴레이
	26	센서#2	15A	EGR 액추에이터, 솔레노이드밸브, 스로틀 플랩 액추에이터, 캠 포지션 센서, PTC히터 릴레이#1
	27	점화코일	20A	ECM
	28	SPARE	10A	–
	29	SPARE	15A	–
	30	SPARE	20A	–
	31	SPARE	25A	–
	32	SPARE	30A	–

09 D29 아웃사이드 미러 & 미러 폴딩 모터 배선

10 G01 접지

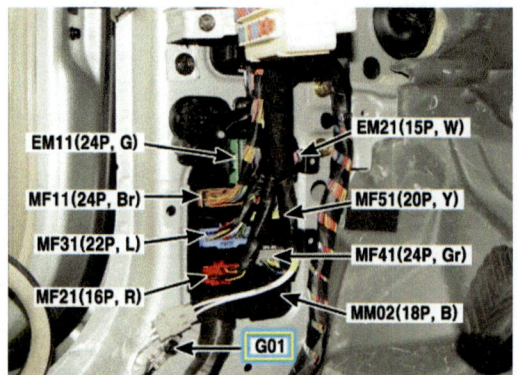

11 D11-A(IMS 적용) 파워 윈도우 메인 스위치

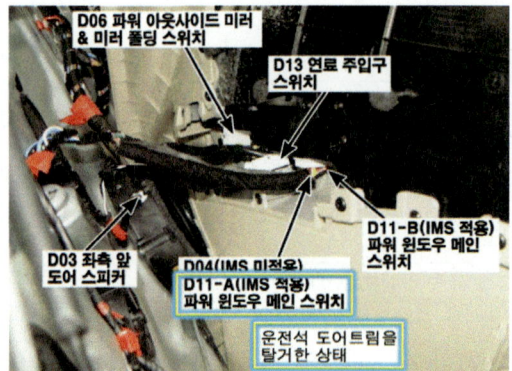

A
안

⑫ 엔진룸 퓨즈 & 릴레이 박스 위치_이그니션 1 40A

⑬ 회로 고장 부분과 내용 및 상태 참고 자료

고장부분	내용 및 상태	정비 및 조치할 사항
이그니션 1번 40A 퓨즈	단선	이그니션 1번 40A 퓨즈 교환 후 재점검
BCM 3번 10A 퓨즈	단선	BCM 3번 10A 퓨즈 교환 후 재점검
오디오 2번 10A 퓨즈	단선	오디오 2번 10A 퓨즈 교환 후 재점검
열선 미러 10A 퓨즈	단선	열선 미러 10A 퓨즈 교환 후 재점검
사이드미러 스위치 커넥터	탈거	사이드미러 스위치 커넥터 결합 후 재점검
좌측 앞 파워 아웃사이드, 폴딩 미러 커넥터	탈거	좌측 앞 파워 아웃사이드, 폴딩 미러 커넥터 결합 후 재점검
우측 앞 파워 아웃사이드, 폴딩 미러 커넥터	탈거	우측 앞 파워 아웃사이드, 폴딩 미러 커넥터 결합 후 재점검

⑭ 답안 작성

[참고] 위에서 설명한 에어컨, 사이드미러 회로 점검 방법을 참고하여 고장 부분, 내용 및 상태, 정비 및 조치 사항을 기재한다.

◆ **전기 2. 기록표**
자동차 번호 :

비 번호		감독확인	

항 목	점검(또는 측정)		정비 및 조치 사항	득 점
	고장 부분	내용 및 상태		
에어컨 회로	블로워 모터 커넥터	탈거	커넥터 연결 후 재점검	
사이드 미러 회로	운전석 앞 파워 아웃사이드 미러 & 미러 폴딩 스위치	커넥터 빠짐	커넥터 끼운 후 재점검	
와이퍼 회로				

03 와이퍼 회로 점검

01 전원 배분도(3)_엔진룸 퓨즈 및 릴레이 박스

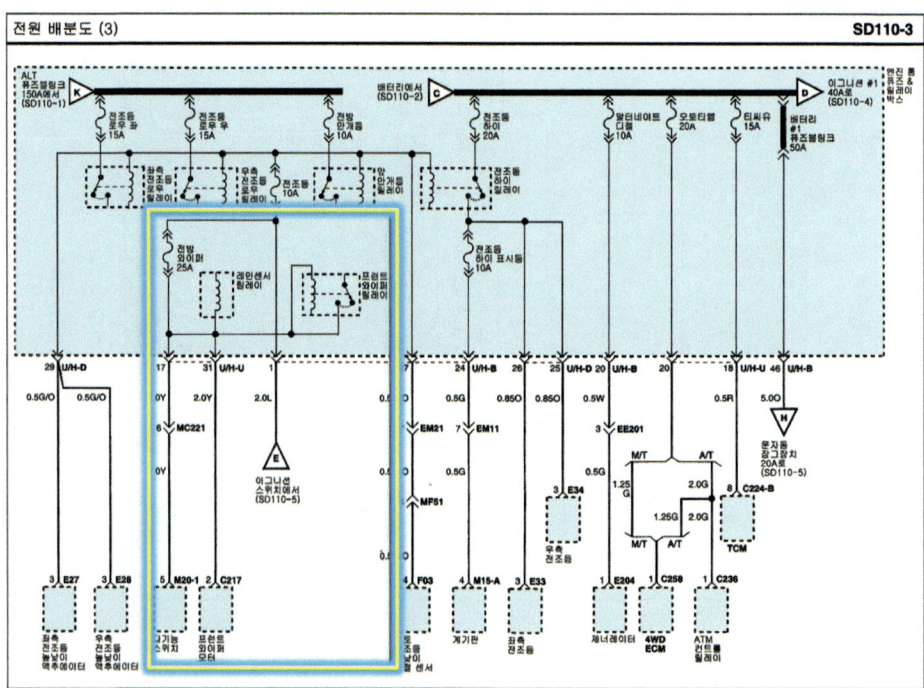

02 전원 배분도(5)_이그니션 #2 40A, 퓨즈 배분도

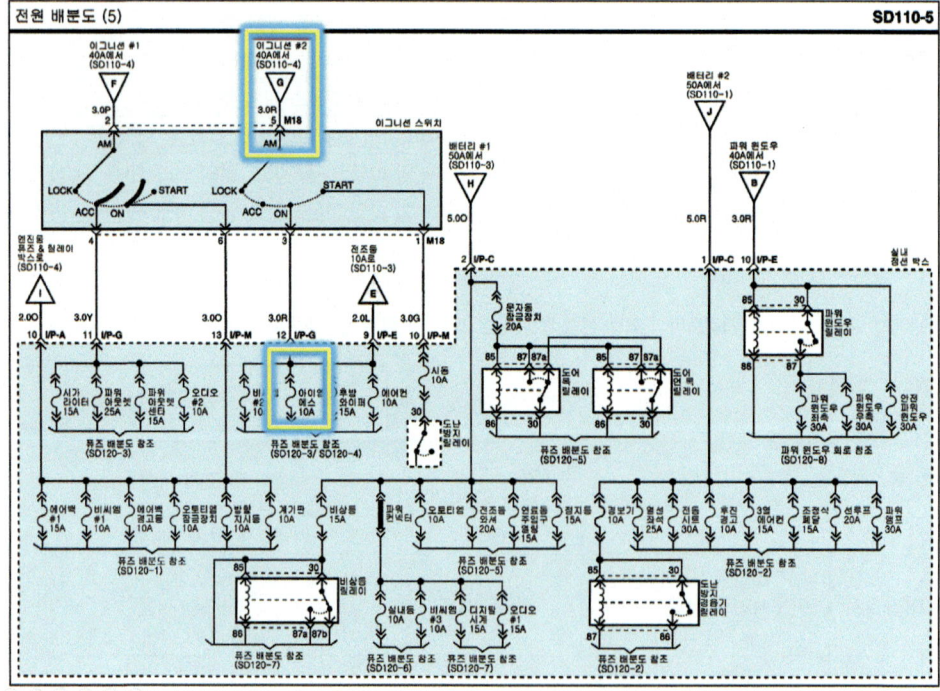

03 프런트 와이퍼 및 와셔 회로_**체크포인트**

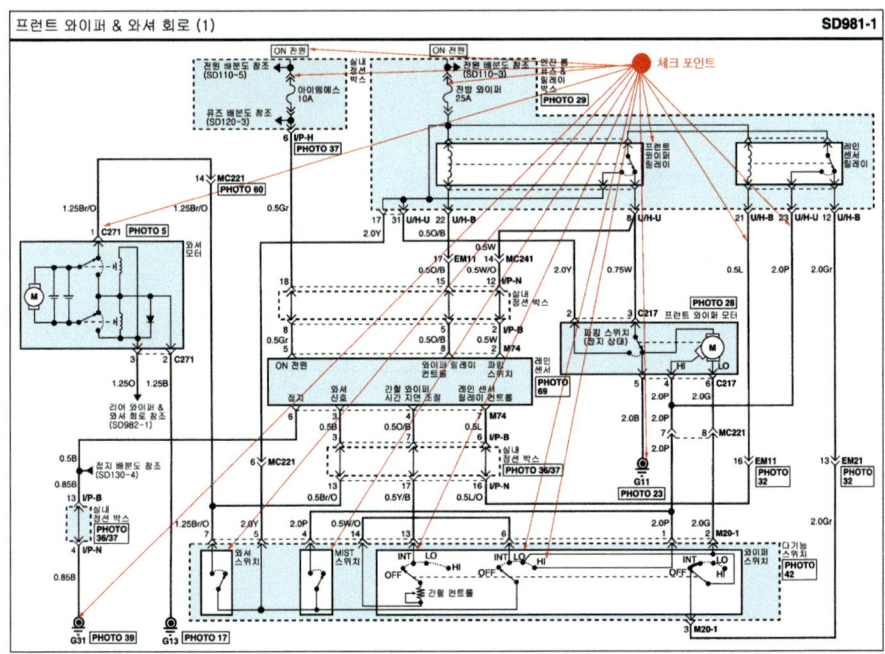

04 구성부품_방향지시등 스위치, 점등 스위치, 헤드램프 와셔 스위치, 단자배열

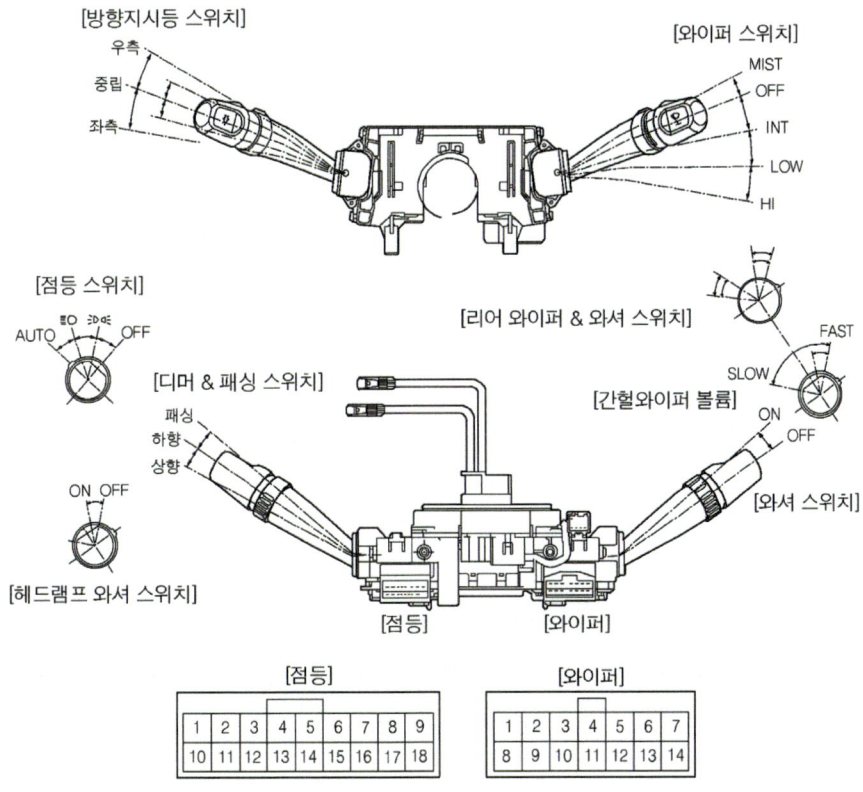

커넥터 명칭	핀번호	정비 및 조치할 사항	커넥터 명칭	핀번호	정비 및 조치할 사항
점등	1	헤드램프 패싱 스위치	와이퍼	1	와이퍼 하이 스피드
	2	헤드램프 하이빔 전원		2	와이퍼 로우 스피드
	7	우측 방향지시등 스위치		3	와이퍼 파킹
	8	플레셔 유닛 전원		4	미스트 스위치
	9	좌측 방향지시등 스위치		5	와이퍼 & 와셔 전원
	10	헤드램프 로빔 전원		6	간헐 와이퍼 (INT)
	11	디머 & 패싱 접지			
	12	헤드램프 와셔 스위치		8	–
	13	헤드램프 와셔 스위치 접지		9	리어 와이퍼 & 와셔 접지
	14	미등 스위치		10	
	15	헤드램프 스위치		11	리어 와이퍼
	16	리어 포그 램프 / 오토라이트 스위치		12	리어 와셔
	17	점등스위치 접지		13	간헐 와이퍼 볼륨(INT)
	18	–		14	간헐 와이퍼 접지

05 엔진룸 릴레이 박스_엔진룸 릴레이 박스 내 구성품

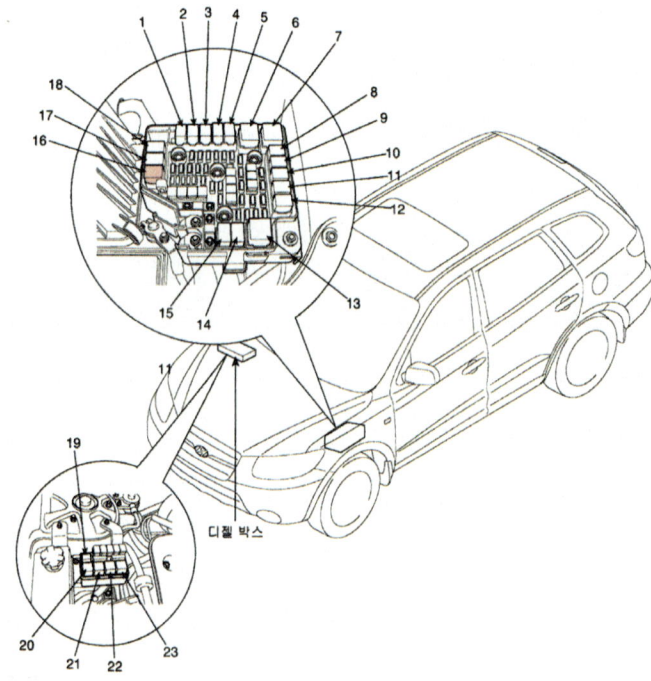

1. 자동변속기 릴레이
2. 냉각팬 릴레이
3. 프런트 안개등 릴레이
4. 에어컨 릴레이
5. 전조등(하이) 릴레이
6. 메인 릴레이
7. 시동 릴레이
8. 컨덴서 팬 2 릴레이
9. 컨덴서 팬 1 릴레이
10. 미등 릴레이
11. 전조등(로우 −좌측) 릴레이
12. 전조등(로우 −우측) 릴레이
13. 디포거 열선 릴레이
14. 윈드실드 열선 릴레이
15. 혼 릴레이
16. 와이퍼 릴레이
17. 레인센서 릴레이
18. 연료펌프 릴레이
19. 연료펌프 히터 릴레이
20. PTC 히터 릴레이 #2
21. 글로우 릴레이
22. PTC 히터 릴레이 #1
23. PTC 히터 릴레이 #3

06 엔진룸 퓨즈 및 릴레이, 퓨즈블링크 위치

07 M20-1(18P) 다기능 스위치 및 커넥터

08 M74 레인 센서 위치 및 커넥터 단자

09 M74 레인센서 커넥터 단자

M74

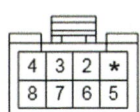

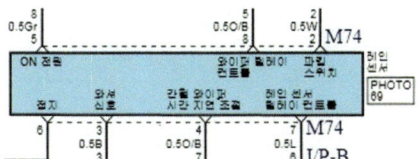

10 와이퍼 릴레이 점검 방법

1. 엔진룸 릴레이 박스에서 와이퍼 릴레이를 분리한다.
2. 미등 릴레이 단자 85번과 86번 사이에 전원을 인가했을 때 87번과 30번 단자 사이에 통전이 되는지 점검한다.
3. 미등 릴레이 단자 85번과 86번 사이에 전원을 해지했을 때 87번과 30번 단자 사이에 통전이 되는지 점검한다.

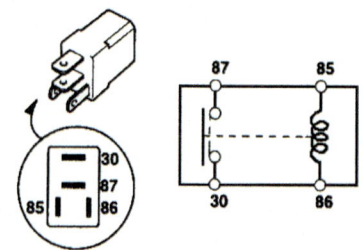

위치 \ 단자	30	87	85	86
전원 해지시			○———○	
전원 인가시	○———○		⊖	⊕

11 퓨즈블링크 & 퓨즈 연결 회로

구분	표기		용량(A)	연결회로
퓨즈블링크	ALT		150A	퓨즈블링크(전방 열선, 후방열선, 블로워, 에어컨, 배터리#2, 에이비에스#1, #2, 파워 윈도우, 전조등 로우 좌, 전조등 로우 우, 전방 안개등
	디젤		125A	퓨즈블링크 박스(PCT 히터#1, #2, #3, 연료 필터, 글로우 플러그)
	배터리 #1		50A	퓨즈(문자통 잠금장치, 정지등, 연료통 주입구 열림, 오토티엠, 전조등 와셔, 비상등, 파워 커넥터)
	배터리 #2		40A	퓨즈(파워 앰프, 열선 좌석, 전동 시트, 조정식 페달, 3열 에어컨, 후진 경고, 선루프, 경보기, 도난 방지 경음기 릴레이)
	이씨유 메인		40A	엔진 컨트롤 릴레이
	콘덴서 팬		30A	콘덴서 팬#1 릴레이
	이그니션 #1		40A	이그니션 스위치
	이그니션 #2		40A	이그니션 스위치, 퓨즈(시동)
	블로워		40A	퓨즈(블로워)
	파워 윈도우		40A	퓨즈(파워 윈도우 릴레이, 안전 파워 윈도우)
	라디에이터 팬		40A	라디에이터 팬 릴레이
	에이비에스#1		40A	다기능 체크 커넥터, ABS 컨트롤 모듈, VDC 컨트롤 모듈
	에이비에스#1		40A	다기능 체크 커넥터, ABS 컨트롤 모듈, VDC 컨트롤 모듈
퓨즈	1	전방 열선	15A	윈드 실드 열선 릴레이
	2	후방열선	30A	리어 디포거 릴레이
	3	–	–	–
	4	전조등 로우 우	15A	우측 전조등 로우 릴레이
	5	경음기	15A	경음기 릴레이
	6	전조등 로우 좌	15A	좌측 전조등 로우 릴레이
	7	전조등 하이 표시등	10A	계기판
	8	알터네이터 디젤	10A	제너레이터
	9	에어컨	10A	에어컨 릴레이
	10	오토티엠	20A	4WD ECM, ATM 컨트롤 릴레이

구분		표기	용량(A)	연결회로
퓨즈	11	–	–	–
	12	미등 우	10A	우측 포지션 램프, 글로브 박스 램프, 우측 뒤 콤비 램프(OUT), 조명등
	13	전방 안개등	10A	앞 안개등 릴레이
	14	센서 #3	15A	ECM
	15	미등 좌	10A	좌측 포지션 램프, 좌측 뒤 콤비 램프(OUT)
	16	연료펌프	15A	연료펌프 릴레이
	17	전방 와이퍼	25A	다기능 스위치, 레인 센서 릴레이, 프런트 와이퍼 릴레이, 프런트 와이퍼 모터
	18	티씨유	15A	TCM
	19	에이비에스	10A	ABS 컨트롤 모듈, G–YAW 센서, VDC 컨트롤 모듈, 4WD ECM, 연료 필터 히터 릴레이, 연료 필터 수분 경고 센서, 다기능 체크 커넥터
	20	냉각팬	10A	–
	21	후진등	10A	입력/출력 속도 센서, 인히비터 스위치, TCM, 후진등 스위치
	22	전조등	10A	퓨즈(전방 와이퍼)
	23	이씨유	10A	차속 센서, ECM, 에어 플로우 센서
	24	전조등 하이	20A	전조등 하이 릴레이
	25	센서#1	10A	연료펌프 릴레이, 정지등 스위치, 이모빌라이저, 에어컨 릴레이, 콘덴서 팬#1, #2 릴레이, 라디에이터 팬 릴레이
	26	센서#2	15A	EGR 액추에이터, 솔레노이드밸브, 스로틀 플랫 액추에이터, 캠 포지션 센서, PTC히터 릴레이#1
	27	점화코일	20A	ECM
	28	SPARE	10A	–
	29	SPARE	15A	–
	30	SPARE	20A	–
	31	SPARE	25A	–
	32	SPARE	30A	–

⑫ C271 와셔 모터 및 탱크 위치

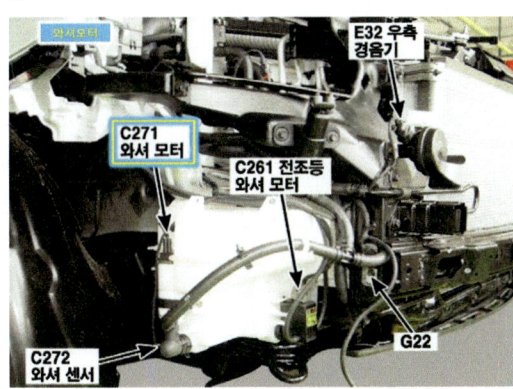

⑬ C217 프런트 와이퍼 모터 및 커넥터 단자

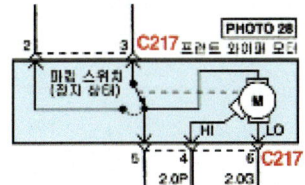

14 와이퍼 및 와셔 스위치 점검 및 조치 사항

1. 와이퍼 및 와셔 스위치의 각 위치에서 아래 터미널의 도금 상태를 확인한다.
2. 도금상태가 바르지 않으면 와이퍼 및 와셔 스위치를 교환한다.

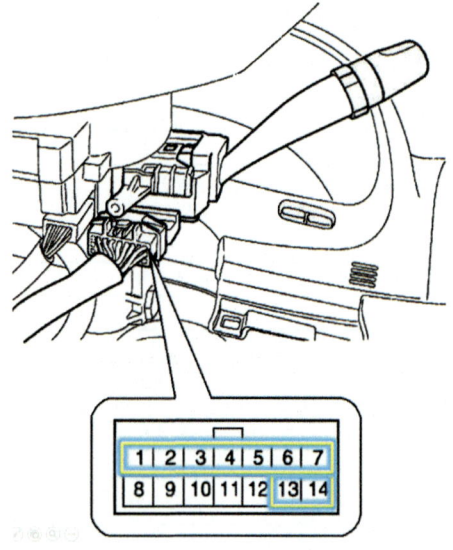

와이퍼 스위치

(레인센서 미적용)

위치 \ 단자	1	2	3	4	5	6	13	14
MIST				○─○				
OFF		○─○						
INT		○─○			○─○		○/\/\○	
LOW		○			○			
HI	○				○			

(레인센서 적용)

위치 \ 단자	1	2	3	4	5	6	13	14
MIST				○─○				
OFF		○─○						
AUTO		○─○			○─○		○/\/\○	
LOW		○			○			
HI	○				○			

와셔 스위치

위치 \ 단자	5	7
OFF		
ON	○───○	

15 회로 고장 부분과 내용 및 상태 참고 자료

고장부분	내용 및 상태	정비 및 조치할 사항
IG 2 40A 퓨즈	단선	IG 2 40A 퓨즈 교환 후 재점검
전방 와이퍼 25A 퓨즈	단선	전방 와이퍼 25A 퓨즈 교환 후 재점검
아이엠에스 10A 퓨즈	단선	아이엠에스 10A 퓨즈 교환 후 재점검
릴레이(프런트, 레인 센서)	솔레노이드 코일 단선	릴레이(프런트, 레인 센서) 장착 후 재점검
릴레이(프런트, 레인 센서) 포인트 접점	전원 인가 시 미 통전	릴레이(프런트, 레인 센서) 교환 후 재점검
다기능 스위치 커넥터	탈거	다기능 스위치 커넥터 결합 후 재점검
전방 와이퍼 모터 커넥터	빠짐	전방 와이퍼 모터 커넥터 결합 후 재점검
전방 와셔 모터 커넥터	이탈	전방 와셔 모터 커넥터 결합 후 재점검
레인 센서 커넥터	탈거	레인 센서 커넥터 결합 후 재점검

16 답안 작성_분석 내용 및 답안 작성하기

[참고] 위에서 설명한 에어컨, 사이드미러, 와이퍼 회로 점검 방법을 참고하여 고장부분, 내용 및 상태, 정비 및 조치 사항을 기재한다.

◈ 전기 2. 기록표
  자동차 번호 :

| 항 목 | 측정(또는 점검) | | 정비 및 조치 사항 | 득 점 |
	고장 부분	내용 및 상태		
	비 번호		감독위원	
에어컨 회로	블로워 모터 커넥터	탈거	커넥터 연결 후 재확인	
사이드미러 회로	운전석 앞 파워 아웃사이드 미러 & 미러 폴딩 스위치	커넥터 빠짐	커넥터 끼운 후 재확인	
와이퍼 회로	실내 퓨즈박스 내 전방와이퍼 25A 퓨즈	단선	25A 퓨즈 교환 후 재확인	

정비기능장

A

3) 파형측정

전 기

주어진 자동차에서 감독위원 지시에 따라 기록표의 요구사항을 점검 및 측정하여 기록하시오.

01 CAN 통신파형

01 GDS 아이콘

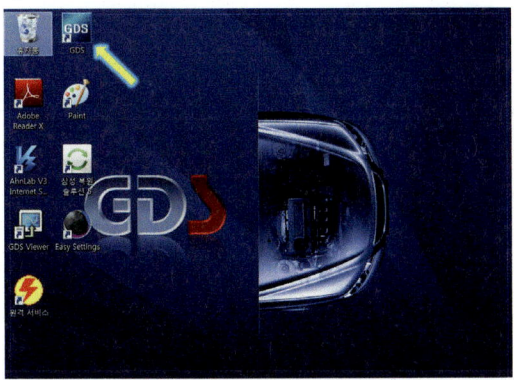

위 그림과 같이 "GDS 아이콘"을 더블 클릭한다.

02 프로그램 로딩

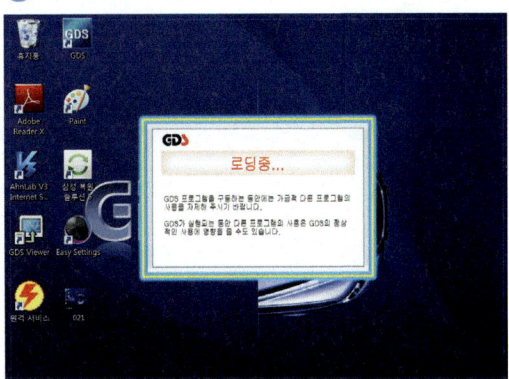

위 그림은 프로그램 로딩 중 화면이다.

03 VMI 전원 ON

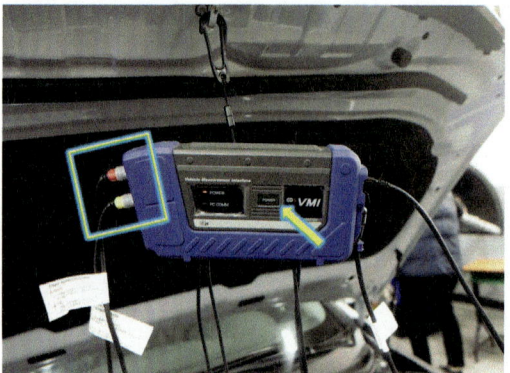

위 그림과 같이 "VMI"에 두 개의 채널 케이블을 연결하고
전원 버튼을 "ON" 한다.

04 초기화면

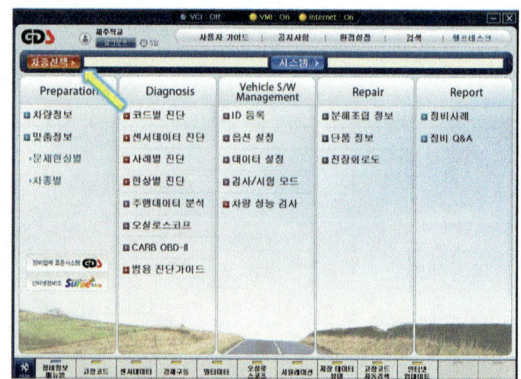

위 그림과 같이 "VMI"에 두 개의 채널 케이블을 연결하고
전원 버튼을 "ON" 한다.

05 메이커 및 시스템 선택

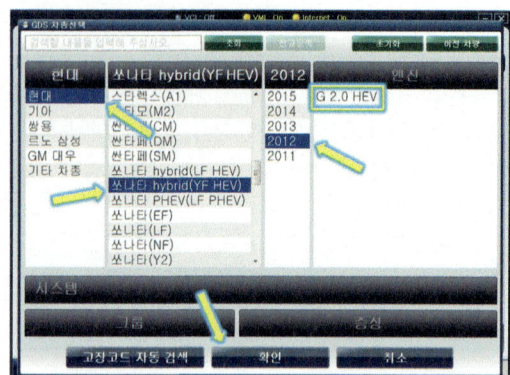

위 그림과 같이 "메이커", "차종", "연식", "엔진 시스템"을
선택한다.

06 엔진제어 선택

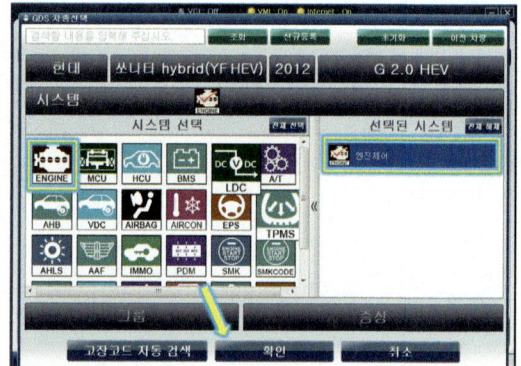

위 그림과 같이 좌측 Sky Blue 바탕에 Yellow로 표시된 "엔
진제어"를 클릭하고 "확인" 버튼을 클릭한다.

07 오실로스코프 선택

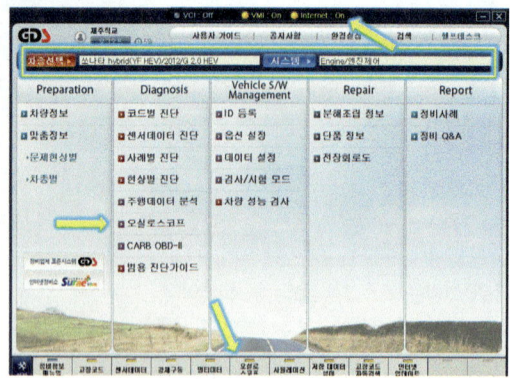

위 그림과 같이 "두 개의 화살표"가 가리키는 둘 중 하나의
"오실로스코프"를 클릭한다.

08 자기진단 점검 단자 회로_1

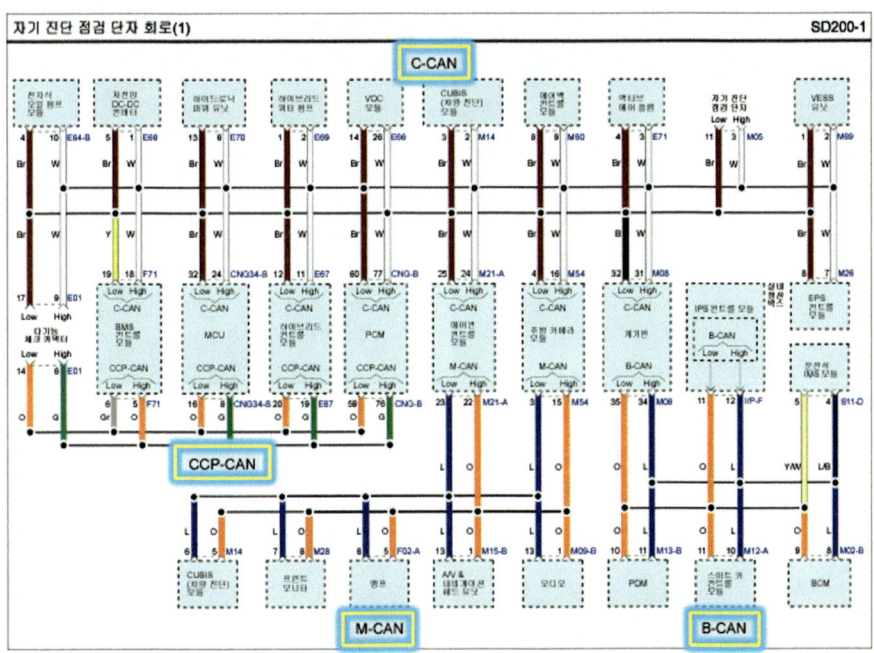

위 그림은 "C–CAN", "CCP–CAN", "M–CAN", "B–CAN" 위치를 나타낸다.

09 자기진단 점검 단자 회로_2

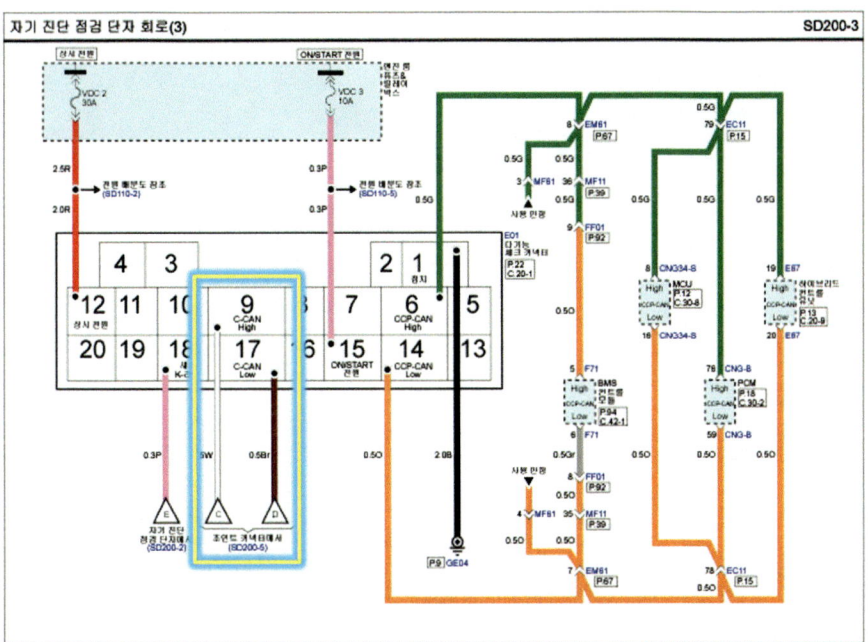

위 그림은 엔진룸 내 DLC에 대한 "C–CAN High(9번)"와 "C–CAN Low(17번)" 단자이다.

⑩ 채널 접지 프로브 설치

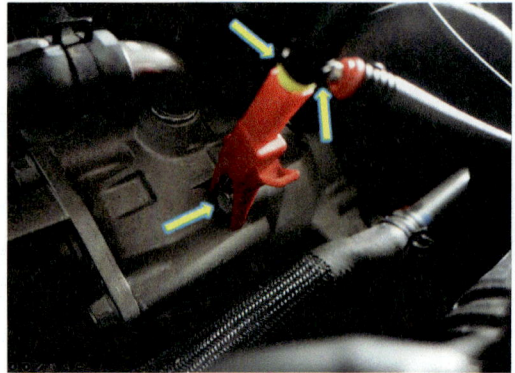

위 그림과 같이 "CH-A(채널 A)"와 "CH-B(채널 B)"의 접지 프로브를 차체에 접지한다.

⑪ 채널 전원 프로브 연결_1

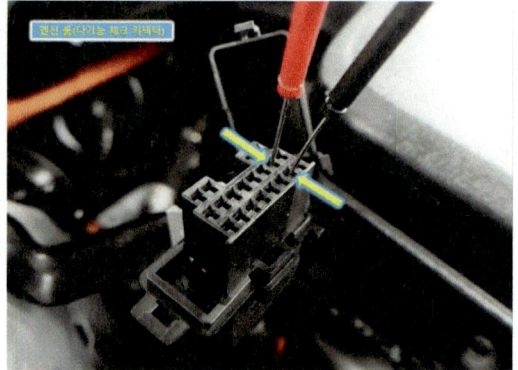

위 그림과 같이 엔진룸 진단커넥터에 "CH-A(채널 A)"와 "CH-B(채널 B)" 전원 프로브를 C-CAN High, C-CAN Low 단자에 연결한다.

⑫ 채널 전원 프로브 연결_2

위 그림은 타 차종 엔진룸 DLC에 "CH-A(채널 A)"와 "CH-B(채널 B)"를 C-CAN High(9번)와 C-CAN Low(17번)에 연결한 모습이다.

⑬ 채널 전원 프로브 연결_3

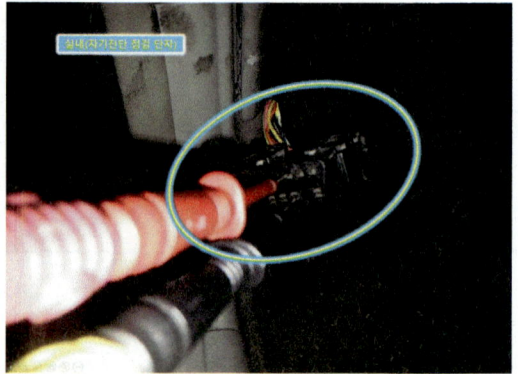

위 그림과 같이 실내 진단커넥터에 "CH-A(채널 A)"와 "CH-B(채널 B)" 전원 프로브를 C-CAN High(3번)와 C-CAN Low(11번)에 연결한다.

A
안

⑭ 파형 측정

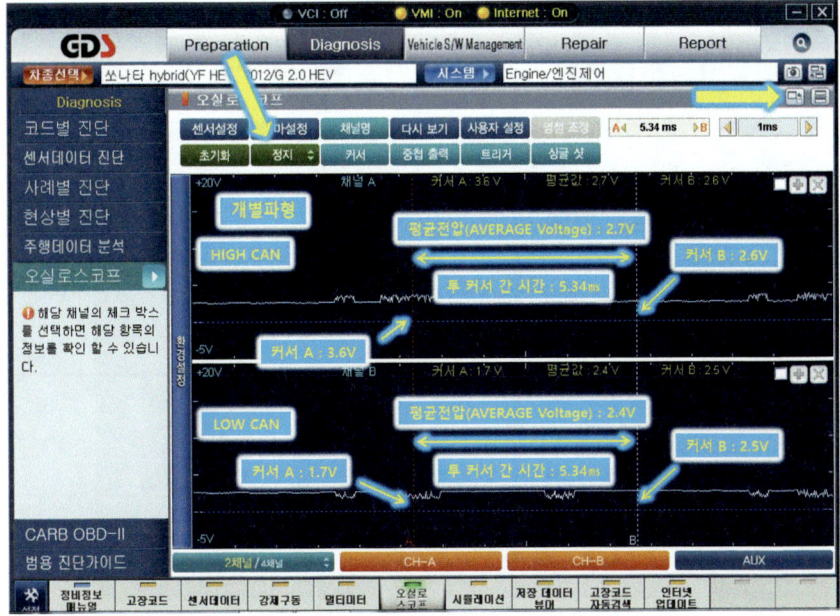

위 그림은 "Key ON" 상태의 C-CAN 개별 파형이며 "C-CAN High"에 대한 커서 A 전압, 커서 B 전압, 투 커서 간 시간차, 평균전압과 "C-CAN Low"에 대한 커서 A 전압, 커서 B 전압, 투 커서 간 시간차, 평균전압을 표기한 화면이다. 화면의 좌측상단 화살표가 가리키는 "정지" 버튼을 클릭한 다음 오른쪽 위에 있는 "화면전환" 버튼을 클릭한다.

⑮ 개별 파형 출력 화면표기

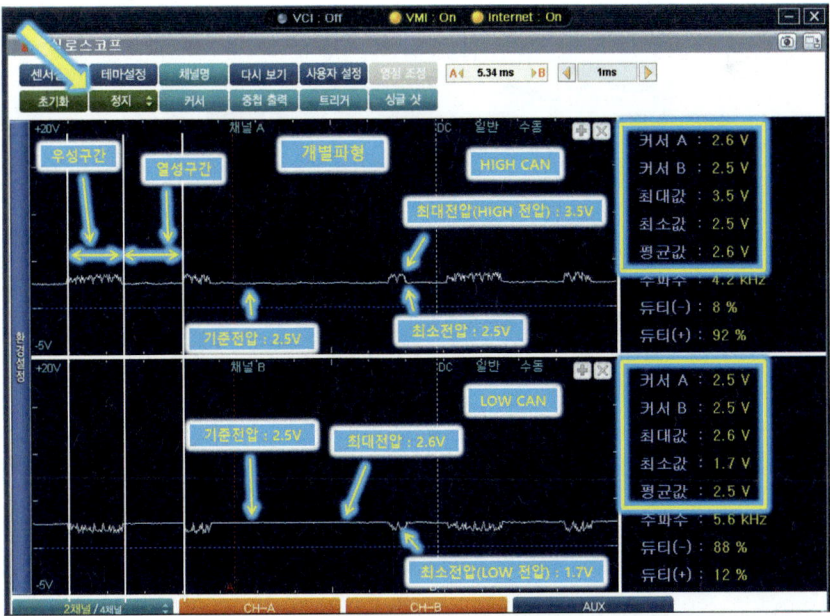

위 그림은 "Key ON" 상태의 C-CAN 개별 파형이며 우성 구간, 열성 구간 및 "CAN High"에 대한 기준전압 2.5V, 최대 전압 3.5V, 최소전압 2.5V와 "CAN Low"에 대한 기준전압 2.5V, 최대 전압 2.6V, 최소전압 1.7V를 표기한 화면이다.

16 화면 출력

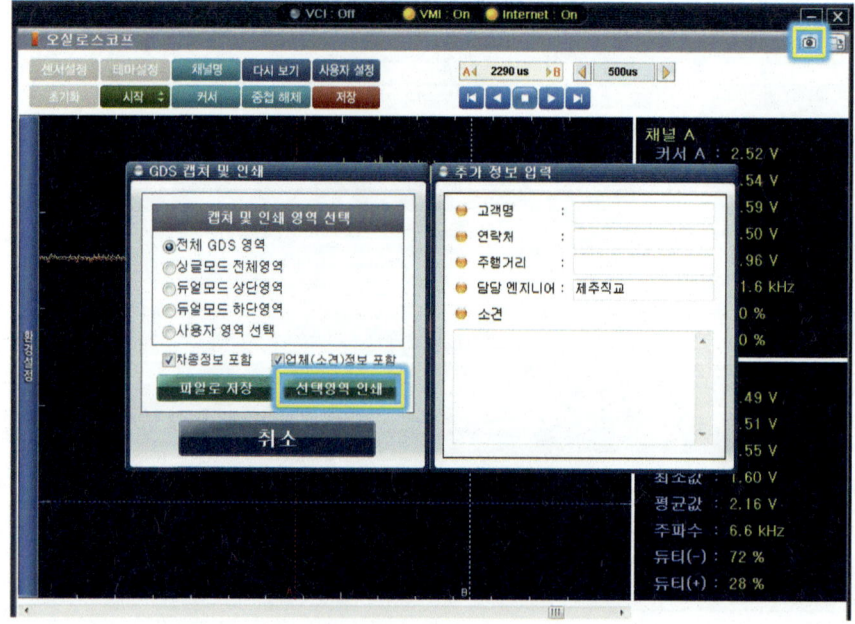

좌측 그림과 같이 오른쪽 상단에 위치한 "출력 버튼"을 클릭하면 GDS 화면캡처 및 인쇄 화면으로 전환되고 "선택영역" 인쇄를 클릭하면 프린터로 출력된다.

17 출력파형 출력물 1_파형 출력 및 분석내용 표기하기

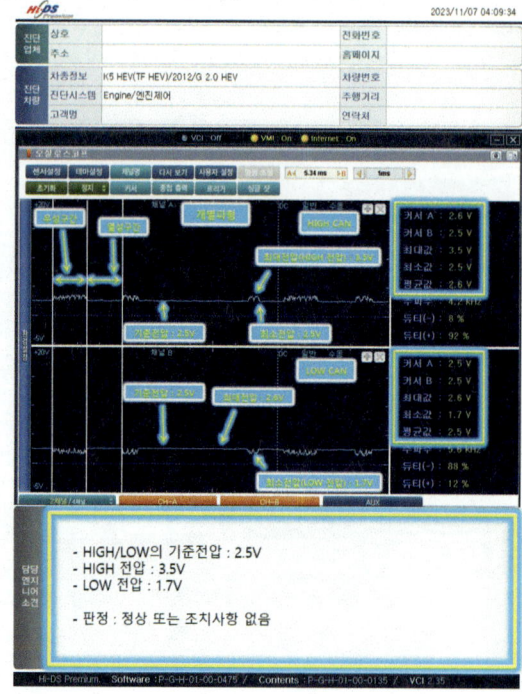

A안

18 답안 작성_파형 출력을 기준으로 답안 작성하기

[참고] "HIGH"는 최고전압, "LOW"는 최소전압을 기재한다.

◈ 전기 3. 기록표

1) 파형   자동차 번호 :

항 목	파형 분석 및 판정			득 점
	분석항목	분석내용	판정(□에 '✔' 표)	
	비 번호		감독확인	
CAN 통신 파형 측정	HIGH/LOW의 기준전압: 2.5V	분석 내용은 출력물에 표시하시오.	☑ 양 호 □ 불 량	
	HIGH 전압: 3.5V			
	LOW 전압: 1.7V			

※ 주의 사항 : 감독위원이 지정하는 CAN 통신 파형을 측정하여 분석하시오.
분석 항목 및 내용은 출력물에 표기하며 관련 사항은 감독위원의 지시에 따릅니다.

19 중첩 파형 출력화면 표기

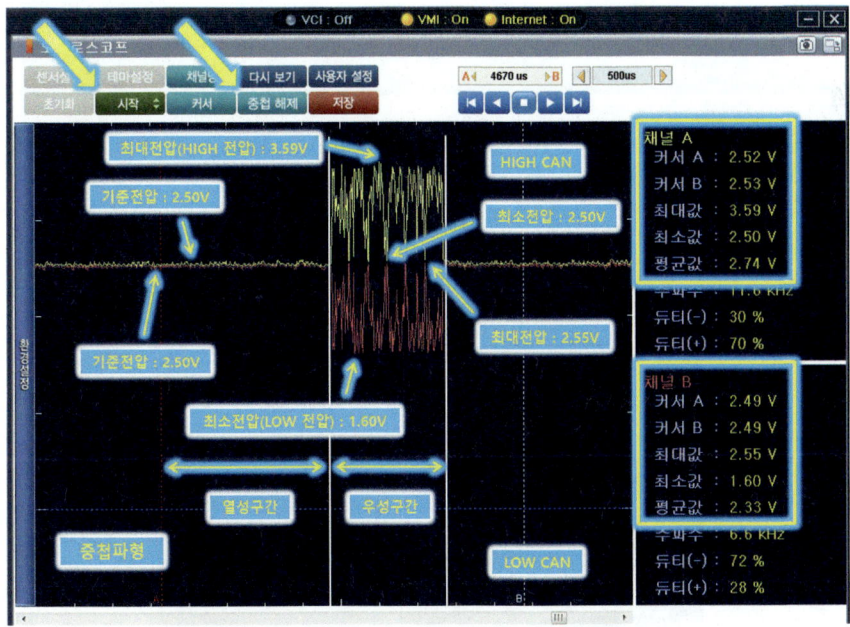

위 그림은 "Key ON" 상태의 C-CAN 중첩 파형으로 우성 구간, 열성 구간 및 "CAN High"에 대한 기준전압 2.50V, 최대 전압 3.59V, 최소전압 2.50V와 "CAN Low"에 대한 기준전압 2.50V, 최대 전압 2.55V, 최소전압 1.60V를 표기하였으며, 좌측 상단의 두 번째 노란색 화살표가 가리키는 "중첩 해제" 버튼을 클릭하면 개별 파형으로 전환된다.

20 중첩 파형 출력 화면의 커서 위치에 따른 표기

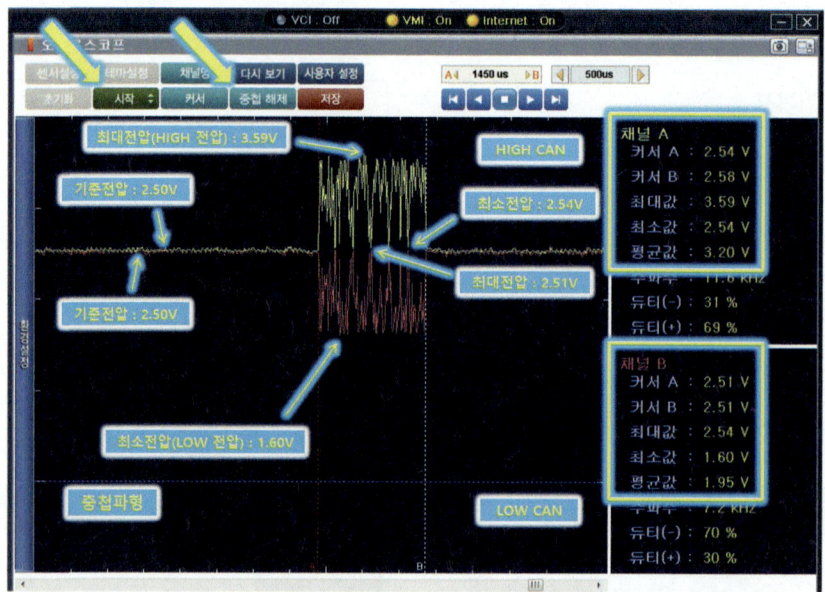

위 그림은 "Key ON" 상태의 C-CAN 중첩 파형이며 "커서 A"를 우성 구간의 파형 시작 지점에 위치하고 "커서 B"는 우성 구간의 파형이 끝나는 부분에 위치시킨 다음 "CAN High"에 대한 기준전압 2.50V, 최대 전압 3.59V, 최소전압 2.54V와 "CAN Low"에 대한 기준전압 2.50V, 최대 전압 2.51V, 최소전압 1.60V를 표기한 화면이다. [참고: 투 커서 간 시간차는 1,450㎳이다.]

21 출력파형 출력물 2_파형 출력 및 분석내용 표기하기

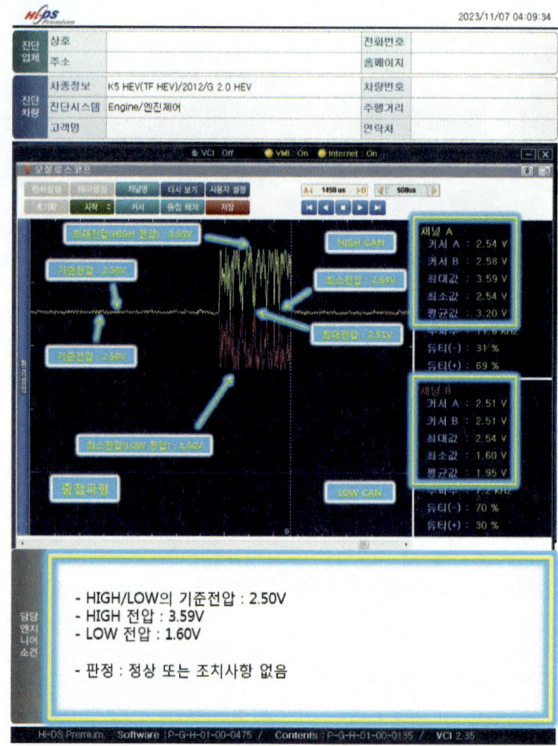

㉒ 답안 작성_파형 출력을 기준으로 답안 작성하기

[참고] "HIGH"는 최고전압, "LOW"는 최소전압을 기재한다.

◆ 전기 3. 기록표

1) 파형   자동차 번호 :

비 번호		감독확인	

항 목	파형 분석 및 판정			득 점
	분석항목	분석내용	판정(□에 '✔' 표)	
CAN 통신 파형	HIGH/LOW의 기준전압: 2.50V	분석 내용은 출력물에 표시하시오.	☑ 양 호 □ 불 량	
	HIGH 전압: 3.59V			
	LOW 전압: 1.60V			

※ 주의 사항 : 감독위원이 지정하는 CAN 통신 파형을 측정하여 분석하시오.
　　　　　　　분석 항목 및 내용은 출력물에 표기하며 관련 사항은 감독위원의 지시에 따릅니다.

02　점검 및 측정[CAN 라인 저항]_1

01 측정 화면에서 멀티미터 기능 클릭

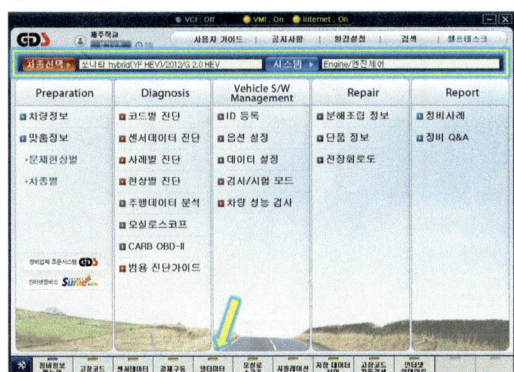

위 그림과 같이 "차종선택" 및 "시스템"을 선택한 후 "멀티
미터"를 클릭한다.

02 저항 선택 및 영점조정 선택

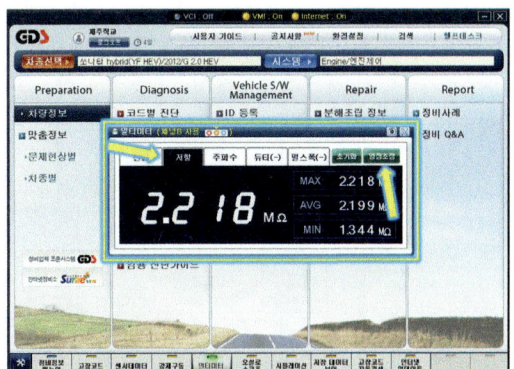

위 그림과 같이 멀티미터 항목에서 "저항"을 클릭한 다음
"영점조정" 버튼을 클릭한다.

03 영점조정 실시 방법 안내

위 그림과 같이 영점조정 하는 방법에 대한 안내 문구가
나온다. "시작" 버튼을 클릭한다.

04 저항 프로브를 접속

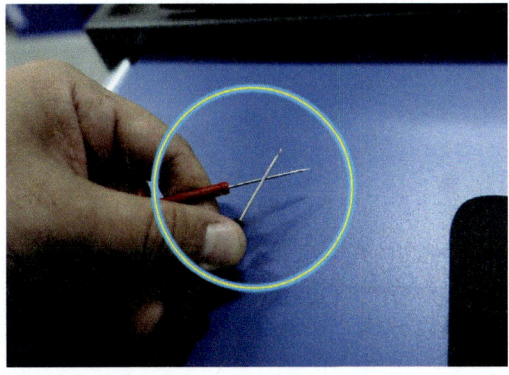

위 그림과 같이 멀티미터 측정 프로브를 접속(쇼트)한다.

05 영점조정 실시 중

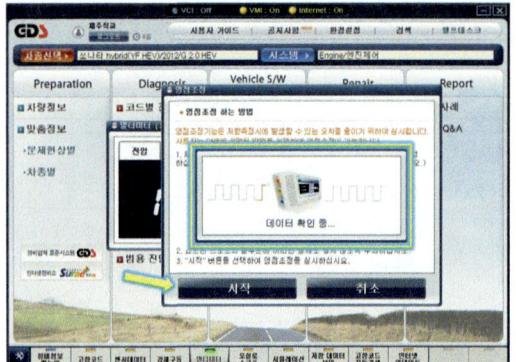

위 그림과 같이 "시작" 버튼을 클릭하면 "데이터 확인 중"
이라는 문구가 나온다.

06 영점조정 완료

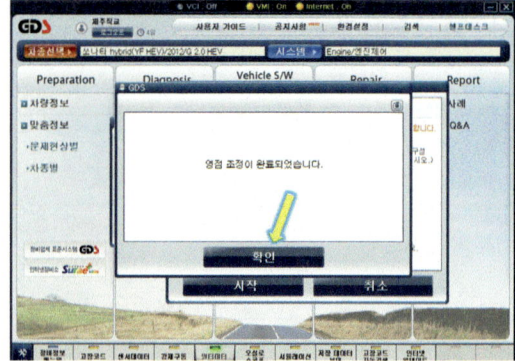

위 그림은 영점조정이 완료된 화면이다. "확인"을 클릭한
다.

07 자기진단 점검 단자 회로(1)_C-CAN, CCP-CAN, M-CAN, B-CAN 위치

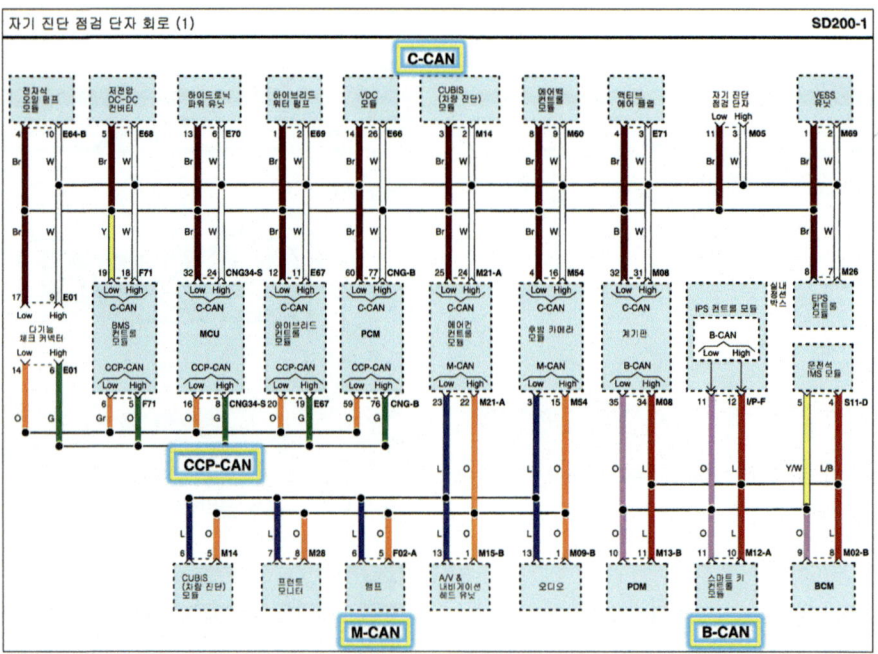

08 자기진단 점검 단자 회로(2)_실내 DLC에 대한 C-CAN High(3번)와 C-CAN Low(11번)

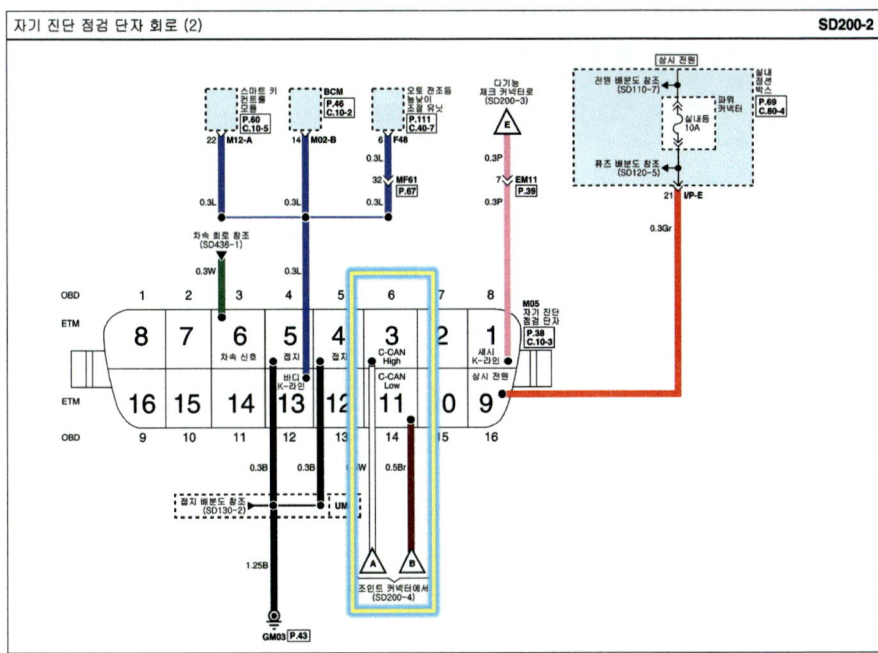

09 자기진단 점검 단자 회로(3)_엔진룸 내 DLC에 대한 C-CAN High(9번)와 C-CAN Low(17번)

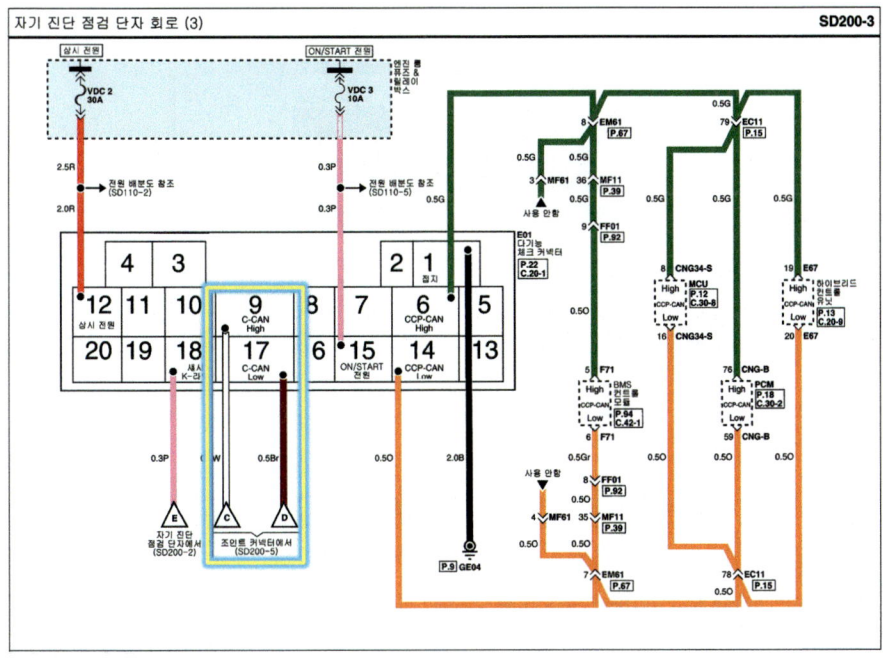

⑩ 멀티미터 프로브 설치

위 그림과 같이 "엔진룸 내 DLC"에 멀티미터 프로브를 "C-CAN High(9번)"와 "C-CAN Low(17번)"에 연결한다.

⑪ 측정값 판독

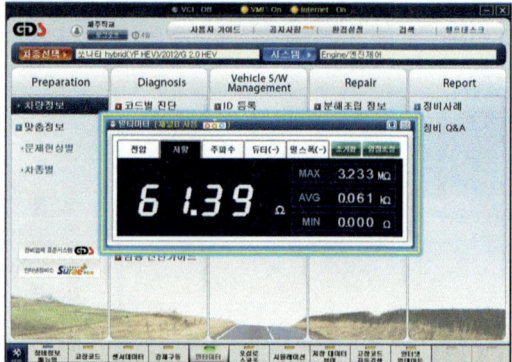

위 그림에서 나타난 저항값을 판독한다. 측정값은 "61.39 Ω"이다.

⑫ 출력 파형 출력물_파형 출력 및 분석 내용 표기하기

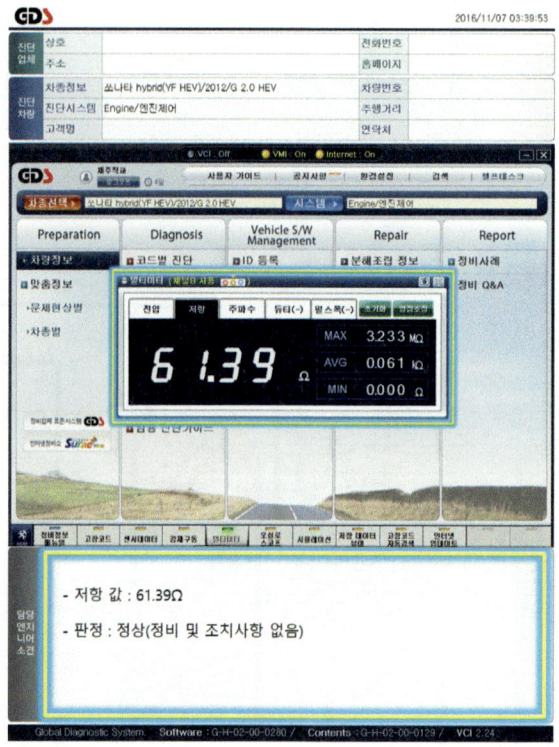

⑬ 답안 작성_측정값을 기준으로 분석하여 답안 작성하기

■ 점검 및 측정

항 목	측정(또는 점검)		판정 및 정비(또는 조치)사항		득 점
	측정값	규정(기준)값 (정비한계값)	판정 (□에 '✔' 표)	정비 및 조치할 사항	
CAN 라인 저항 (high-low 라인간)	61.39Ω	55.00~65.00Ω	☑ 양 호 □ 불 량	정비 및 조치사항 없음 또는 정상	
경음기(혼) 소음 측정			□ 양 호 □ 불 량		

※ 주의 사항 : 감독위원이 지정하는 CAN 라인의 저항 측정 및 경음기 소음을 측정하여 분석하시오.

03 점검 및 측정[CAN 라인 저항]_2

① 배터리(-) 터미널 탈거

위 그림과 같이 배터리(-) 포스트에서 "터미널"을 탈거한다.

② 엔진룸 DLC

위 그림과 같이 "엔진룸 내 DLC"에 디지털 멀티미터 프로브를 "C-CAN High(9번)"와 "C-CAN Low(17번)"에 연결한다.

③ 실내 DLC

위 그림과 같이 "실내 DLC"에 디지털 멀티미터 프로브를 "C-CAN High(3번)"와 "C-CAN Low(11번)"에 연결한다.

④ 측정값 판독

위 그림에서 나타난 저항값을 판독한다. 측정값은 "60.6Ω"이다.

05 답안 작성_측정값을 기준으로 분석하여 답안 작성하기

■ 점검 및 측정

항 목	측정(또는 점검)		판정 및 정비(또는 조치)사항		득 점
	측정값	규정(기준)값 (정비한계값)	판정 (□에 '✔' 표)	정비 및 조치할 사항	
CAN 라인 저항 (high-low 라인간)	60.6Ω	55.0~65.0Ω	☑ 양 호 □ 불 량	정비 및 조치사항 없음 또는 정상	
경음기(혼) 소음 측정			□ 양 호 □ 불 량		

※ 주의 사항 : 감독위원이 지정하는 CAN 라인의 저항 측정 및 경음기 소음을 측정하여 분석하시오.

04 점검 및 측정[경음기(혼) 소음 측정]

01 테스터 세부 명칭

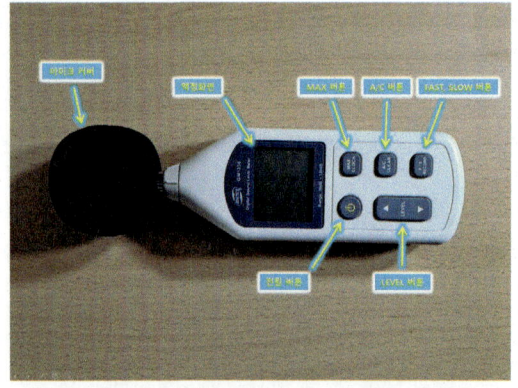

위 그림은 음량 시험기로 마이크 커버, 액정화면, 전원 버튼, MAX 버튼, A/C 버튼, LEVEL 버튼, FAST/SLOW 버튼이다.

02 시험기 설정_1

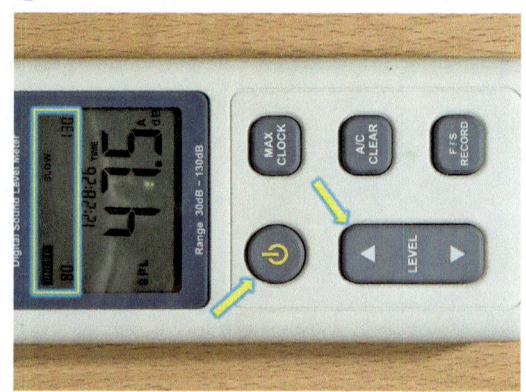

위 그림과 같이 전원을 "ON"하고 레벨 상승 버튼을 눌러 "80~130dB"로 설정한다.

03 시험기 설정_2

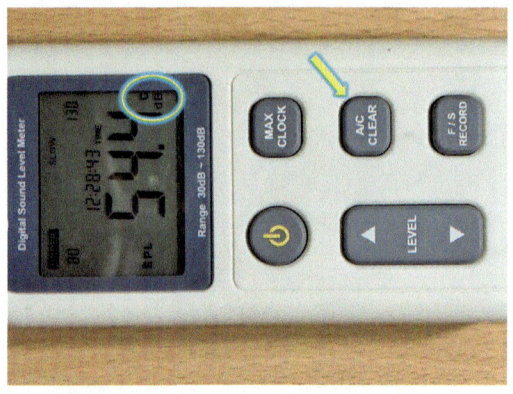

위 그림과 같이 "A/C CLEAR" 버튼을 클릭하여 "C 특성"으로 선택한다.

04 테스트 설정_3

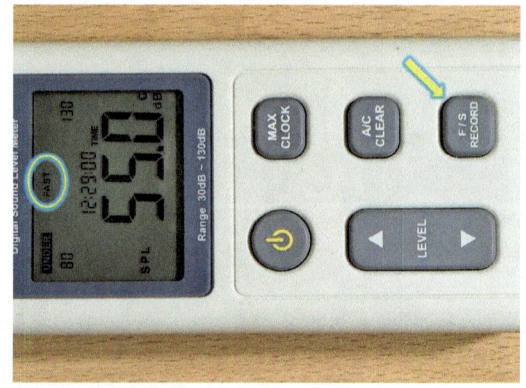

위 그림과 같이 "FAST/SLOW RECORD" 버튼을 클릭하여 "FAST"로 선택한다.

⑤ 테스트 설정_4

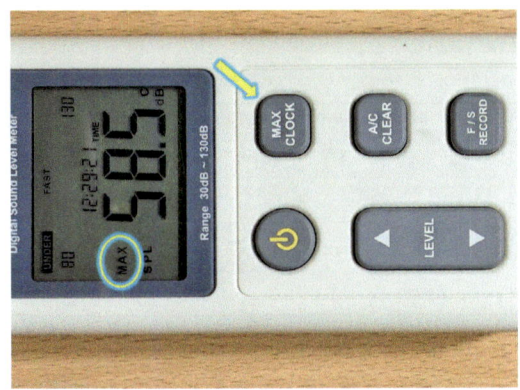

위 그림과 같이 "MAX CLOCK" 버튼을 클릭하여 "MAX"로 선택한다.

⑥ 측정 준비

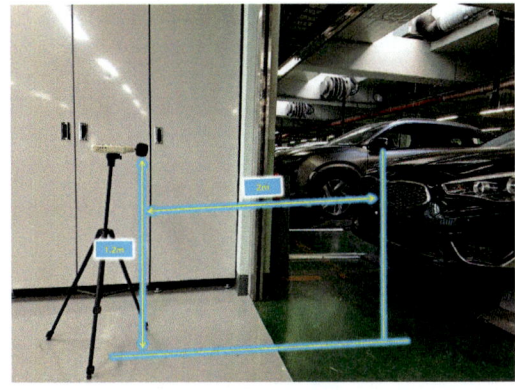

위 그림과 같이 측정 대상 차량 정면에서 "**측정 거리 2m**", "**측정 높이는 1.2m**"가 되도록 시험기를 위치한다.

⑦ 혼 스위치 ON

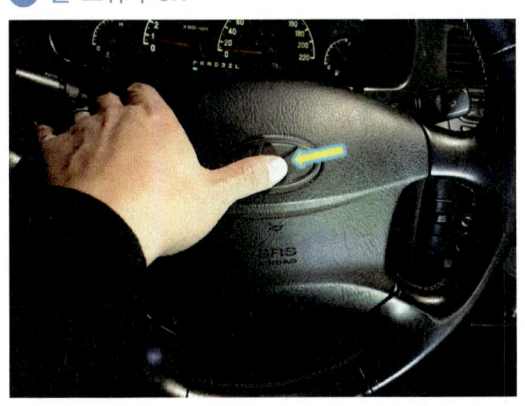

위 그림과 같이 혼 스위치를 "**약 3초**"동안 누른다.

⑧ 측정값 판독

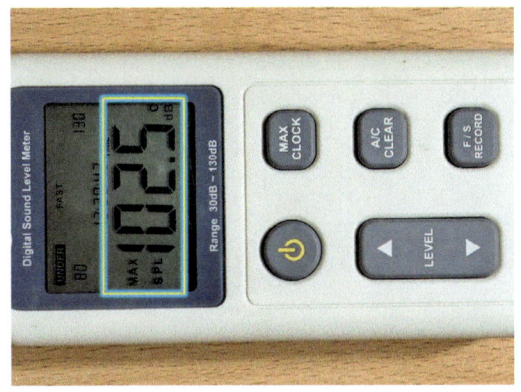

위 그림에서 나타난 측정값을 판독한다. 측정값은 "**102.5dB**"이다.

⑨ 경음기 음량에 대한 검사기준

【 경음기 음량 기준 값(2006년 1월 1일 이후) 】

자동차 종류	소음항목	경적소음[dB(C)]
경자동차		110 이하
승용 자동차	소형, 중형	110 이하
	중대형, 대형	112 이하
화물 자동차	소형, 중형	110 이하
	대형	112 이하

【 경음기 음량 기준 값(2000년 1월 1일 이후) 】

차량 종류	소음 항목	경적 소음[dB(C)]	비고
경자동차		110 이하	이륜 자동차 110 이하
승용 자동차	승용 1, 2	110 이하	
	승용 3, 4	112 이하	
화물 자동차	화물 1, 2	110 이하	
	화물 3	112 이하	

10 답안 작성_측정값을 기준으로 분석하여 답안 작성하기

[참고] (예) "2010년 중형 승용" 자동차이므로 측정값을 기준으로 분석하여 답안을 작성한다.

■ 점검 및 측정

항 목	점검(또는 측정)		판정 및 정비(또는 조치)사항		득 점
	측정값	규정값(정비한계값)	판정(□에 '✔' 표)	정비 및 조치할 사항	
CAN 라인 저항 (high-low 라인간)	60.6Ω	55.0∼65.0Ω	☑ 양 호 □ 불 량	정비 및 조치사항 없음 또는 정상	
경음기(혼) 소음 측정	102.5dB	110.0dB 이하	☑ 양 호 □ 불 량		

※ 주의 사항 : 시험위원이 지정하는 CAN 라인의 저항 측정 및 경음기 소음을 측정하여 분석하시오.

[참고] "측정값 불량 시", 음량 조정이 가능한 혼일 경우는 "조정 스크루로" 규정 값 이내로 조정 후 재확인으로 기재하고, "조정이 불가능"한 혼일 경우 혼 교환 후 재측정으로 기재한다.

자동차정비 기능장

B안

국가기술자격검정 실기시험문제

1. 엔 진

1) 주어진 전자제어 디젤엔진에서 감독위원의 지시에 따라 타이밍벨트와 아이들(공전)베어링과 고압 펌프를 탈거하고 감독위원에게 확인 후, 다시 부착(부착)하여 엔진 및 시동 관련 회로를 점검한 후 시동작업과 기록표의 요구사항을 점검 및 측정하고 기록표에 기록하시오. (단, 시동되지 않는 경우 "2)"는 작업할 수 없음)

2) 주어진 엔진에서 감독위원의 지시에 따라 기록표 요구사항을 점검 및 측정하여 기록하시오.

3) 주어진 자동차에서 크랭킹은 가능하나 시동되지 않고, 시동된 후에도 부조가 발생합니다. 고장원인을 찾아 수리 후 기록표에 기록하시오.

2. 섀 시

1) 주어진 자동차에서 감독위원의 지시에 따라 전륜(또는 후륜)의 한쪽 허브베어링을 탈거하고 감독위원에게 확인 후, 다시 조립(부착)하여 작동상태를 확인하고, 기록표 요구사항을 점검 및 측정하여 기록하시오.

2) 전자제어 차체 자동변속기 자동차에서 감독위원의 지시에 따라 인히비터 스위치를 탈거하고 감독위원에게 확인 후, 다시 조립(부착)하여 작동상태를 확인하고, 기록표의 요구사항을 점검 및 측정하여 기록하시오.

3. 전 기

1) 감독위원의 지시에 따라 자동차에서 라디에이터 팬을 탈거하고 감독위원에게 확인 후, 다시 조립(부착)하여 작동상태를 확인하고, 기록표의 요구사항을 점검 및 측정하고 기록표에 기록하시오.

2) 주어진 자동차에서 정비지침서의 회로도를 이용하여 기록표에서 요구하는 회로를 점검하고, 이상 내용을 기록표에 기록한 후 정비하시오.

3) 주어진 자동차에서 감독위원의 지시에 따라 기록표의 요구사항을 점검 및 측정하여 기록하시오.

국가기술자격검정실기시험문제 B안

자 격 종 목	자동차정비 기능장	작 품 명	자동차 정비 작업

- 비 번호
- 시험시간 : 6시간 30분(기관 : 140분, 섀시 : 130분, 전기 : 120분)
  ※ 시험 안 및 요구사항 일부내용이 변경될 수 있음

정비기능장

B

1)_1 디젤엔진 타이밍벨트의 아이들(공전)베어링과 고압펌프 탈·부착

엔진

주어진 전자제어 디젤엔진에서 감독위원의 지시에 따라 타이밍벨트의 아이들(공정)베어링과 고압펌프를 탈거하여 감독위원에게 확인 받은 후 다시 조립(부착)하시오.

부품 분해 조립 시 주의사항

① 분해·조립 작업은 반드시 대상 부품의 정면에서 한다.
② 분해한 부품에서 볼트 및 너트를 빼내지 말고 되도록 끼워진 상태로 부품을 탈거한다.
③ 분해하기 위해 볼트 및 너트를 풀 때는 바깥쪽에서 중앙을 향하며, 조일 때는 중앙에서 바깥쪽을 향하도록 하고, 특히 실린더 헤드 볼트의 경우는 풀고, 조이는 순서에 주의하여야 변형을 방지할 수 있다.
④ 분해한 부품의 접촉면이 바닥에 직접 닿지 않도록 주의한다.
⑤ 부품은 분해한 순서로 정리 정돈한 후 분해의 역순으로 조립한다.
⑥ 조립이 복잡한 부품은 표기를 한 후 분해한다.
⑦ 볼트 및 너트는 반드시 토크 렌치를 이용하여 규정 토크로 조이되 하나의 부품에 갯수가 여러 개일 경우 2~3회 정도 나누어 조인다.
⑧ 개스킷 및 오링은 반드시 신품으로 교환한다.
⑨ 부품 대를 사용하며 조립을 위하여 아래 칸부터 채워서 위로 올라오도록 정리한다.

정비기능장

B 엔 진

1)_1 디젤엔진 타이밍벨트의 아이들(공전)베어링과 고압펌프 탈 · 부착

주어진 전자제어 디젤엔진에서 감독위원의 지시에 따라 타이밍벨트의 아이들(공정)베어링과 고압펌프를 탈거하여 감독위원에게 확인 받은 후 다시 조립(부착)하시오.

01 디젤엔진 타이밍벨트의 아이들(공전) 베어링 탈·부착

01 엔진 부속 부품 명칭

위 그림은 디젤엔진의 전면부로 타이밍벨트 상부 커버, 엔진 브래킷, 발전기, 타이밍벨트 하부 커버, 크랭크축 풀리, 오토프리 텐션 베어링, 겉 벨트이다.

02 엔진 높이 조정

위 그림과 같이 가레지작기 등으로 "엔진 오일팬 사이드 부분"을 약간 들어 올린 다음 "작기를 고정"한다.

03 엔진 마운트미미 탈거

위 그림과 같이 상부 엔진 마운트"미미 고정 볼트(17mm) 2개
와 너트"를 푼 다음 "마운트미미와 지지대"를 탈거한다.

04 타이밍 마크 정렬

위 그림과 같이 타이밍벨트 하부(Low) 커버 하단에 있는
타이밍 고정 마크 상사점 "T"와 크랭크샤프트 풀리에 표시
된 타이밍 이동 마크 "ı" 모양을 크랭크샤프트 풀리 고정 볼
트(22mm)를 "시계 방향"으로 돌려 일치시킨다.

05 겉 벨트 오토프리 텐셔너(Tensioner)

위 그림과 같이 오토프리 "텐셔너 고정 볼트(17mm)"를 반시
계(또는 시계) 방향으로 돌려 겉 벨트 "장력을 이완"한다.

06 겉 벨트 탈거

위 그림과 같이 "겉 벨트"를 탈거한다.

07 오토프리 텐셔너 아이들 베어링 탈거

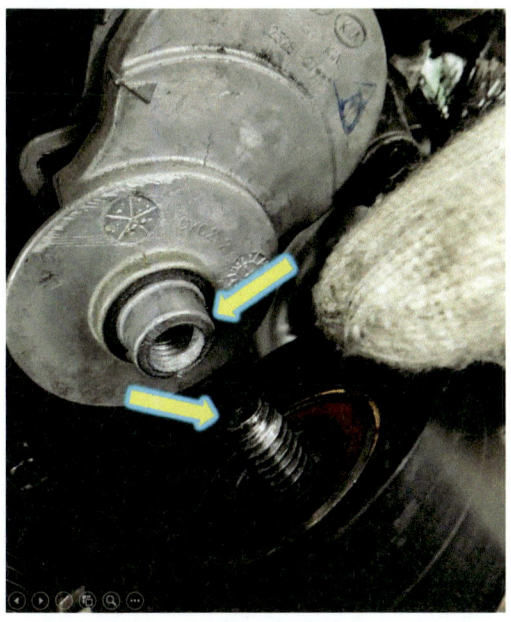

위 그림과 같이 걸 벨트 오토프리 "텐셔너 고정 볼트(17㎜)"를 푼 다음 "아이들 베어링"을 탈거한다.

08 오토프리 텐셔너

오토프리 텐써너

위 그림은 오토프리 텐셔너의 모습이다.

09 타이밍벨트 상부 커버 탈거

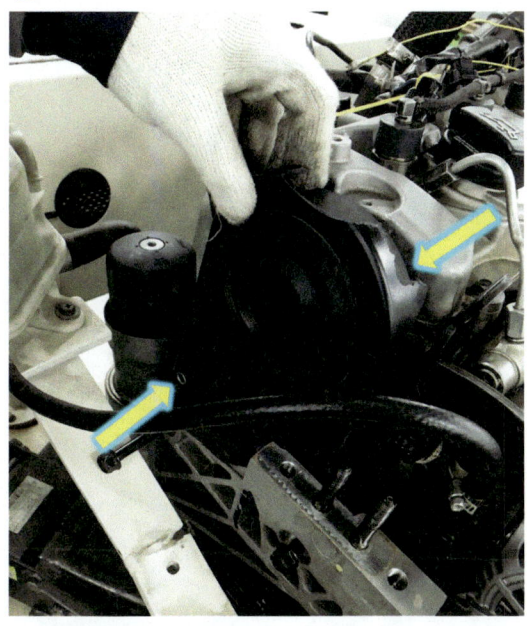

위 그림과 같이 타이밍벨트 "상부 커버와 하부커버" 고정 볼트(10㎜)를 푼 다음 탈거한다.

10 크랭크축 풀리 및 타이밍벨트 하부 커버 탈거

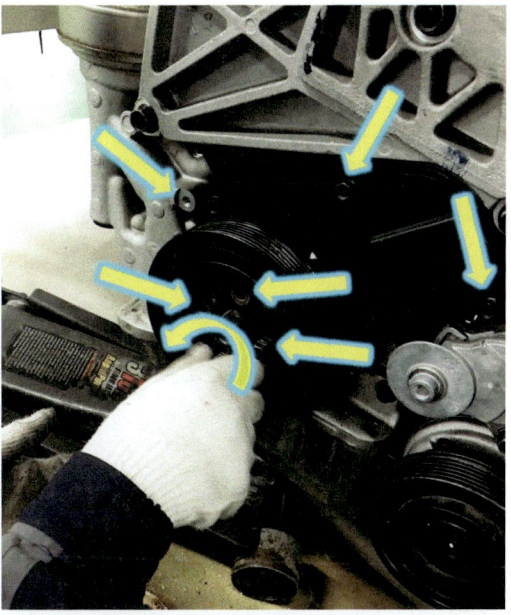

위 그림과 같이 크랭크축 고정 볼트(22㎜)를 푼 후 "크랭크축 풀리" 고정 볼트(12㎜) 4개를 풀어 탈거한 다음 타이밍벨트 "하부커버" 고정 볼트(10㎜)를 풀어 탈거한다.

11 엔진 브래킷 탈거

위 그림과 같이 "엔진 브래킷 고정 볼트"를 푼 다음 탈거한다.

12 타이밍벨트 및 관련 부품

캠 샤프트 스프로킷
오토프리 텐셔너
타이밍 벨트
아이들 베어링
워터펌프 스프로킷
크랭크 샤프트 스프로킷

위 그림은 타이밍벨트 탈거 전 상태로 위에서부터 캠축 스프로킷, 타이밍벨트, 아이들 베어링, 워터펌프 스프로킷, 크랭크축 스프로킷, 오토프리 텐셔너이다.

13 타이밍벨트 오토프리 텐셔너

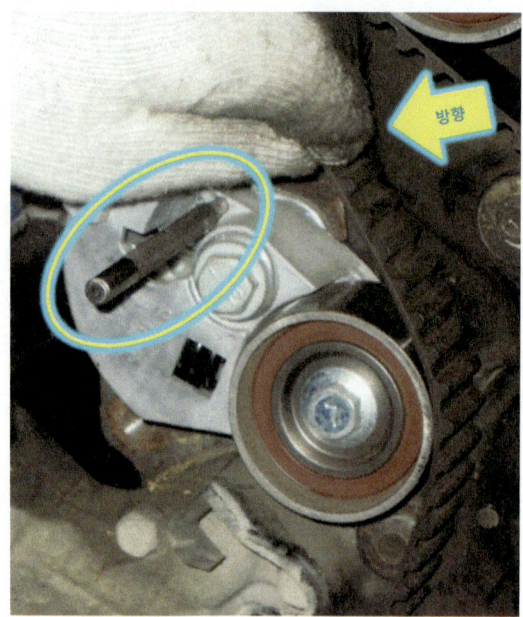

방향

위 그림과 같이 "타이밍벨트를 좌측"으로 당기면서 오토프리 텐셔너 "고정 핀"을 삽입하여 벨트 "장력을 이완"한다.

14 타이밍벨트 탈거

위 그림과 같이 타이밍벨트 오토프리 텐셔너 "육각 돌기"를 수공구를 이용하여 "반시계 방향"으로 돌려 "장력을 이완" 시킨 다음 "타이밍벨트"를 탈거한다.

138

15 아이들 베어링 탈거

위 그림과 같이 아이들 베어링 "고정 볼트(육각 8mm)"를 푼 다음 탈거한다.

16 아이들 베어링 관련 부품

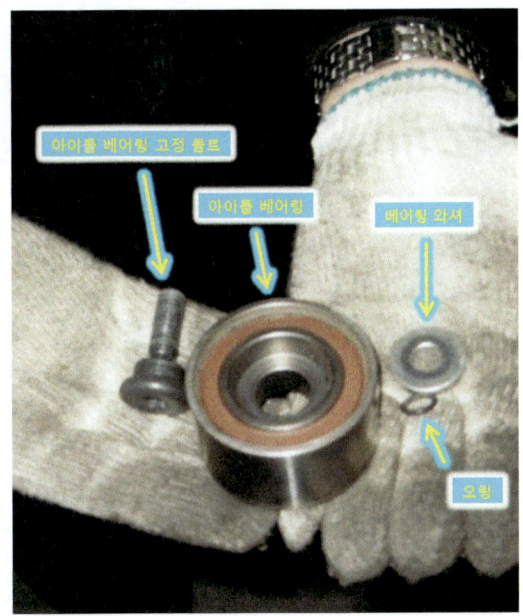

위 그림은 아이들 베어링과 고정 볼트, 베어링 와셔, 오링의 모습이다.

17 타이밍 마크 확인

위 그림과 같이 캠축 스프로킷과 크랭크축 스프로킷 "타이밍 마크가 일치"되었는지 확인한다.

18 캠축 스프로킷의 타이밍 마크

위 그림과 같이 그림 원 안 "백색 홈"과 실린더 "헤드 상부와 커버의 경계선"이 일치하면 된다.

19 크랭크축 스프로킷의 타이밍 마크

위 그림과 같이 그림 원 안 크랭크축 스프로킷의 "황색 홈"
과 프런트 커버의 "돌기"가 일치하면 된다.

20 아이들 베어링 장착

위 그림과 같이 "아이들 베어링"을 설치한 다음 "고정 볼
트"를 규정 토크로 조인다.

21 타이밍벨트 오토프리 텐셔너 고정핀

위 그림과 같이 오토프리 텐셔너 "고정 핀이 삽입"되어 있
는지 확인한다.

22 타이밍벨트 회전방향 확인

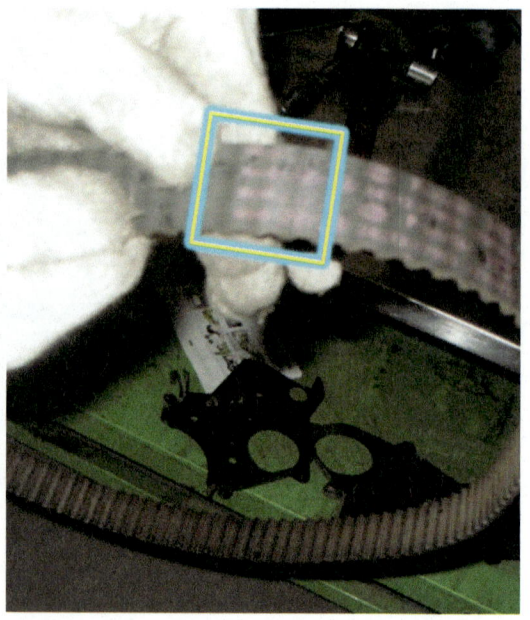

위 그림과 같이 타이밍벨트에는 "화살표"로 회전 방향이 표
시되어 있으므로 장착 시 "시계 방향"으로 향하게 장착한
다.

㉓ 타이밍벨트 장착

위 그림과 같이 "타이밍 마크 일치" 상태를 확인한 다음 크랭크축 스프로킷부터 워터펌프 스프로킷, 아이들 베어링, 캠축 스프로킷, 오토프리 텐셔너 순으로 타이밍벨트를 장착한다.

㉔ 오토프리 텐셔너 고정 볼트 조립

위 그림과 같이 "오토프리 텐셔너 고정 볼트"를 규정 토크로 조인 다음 "타이밍 마크 일치" 상태를 재확인한다.

㉕ 오토프리 텐셔너 고정핀 탈거 및 장력 확인

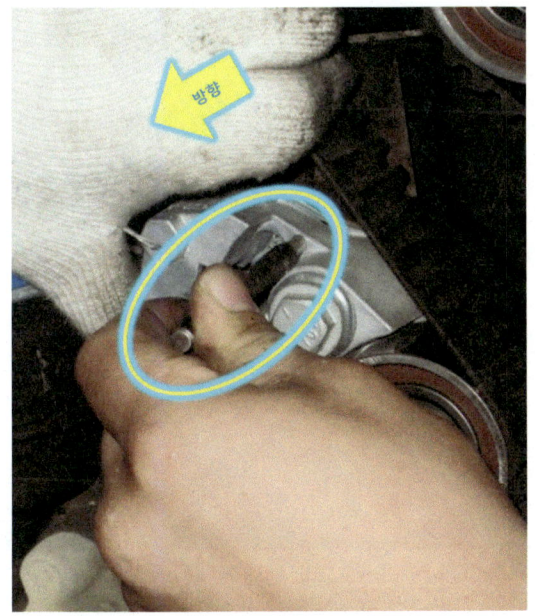

위 그림과 같이 "오토프리 텐셔너 고정 핀"을 탈거하고 타이밍 "벨트 장력"이 규정 값 이내로 조정되었는지 확인한다.

㉖ 엔진 브래킷 장착

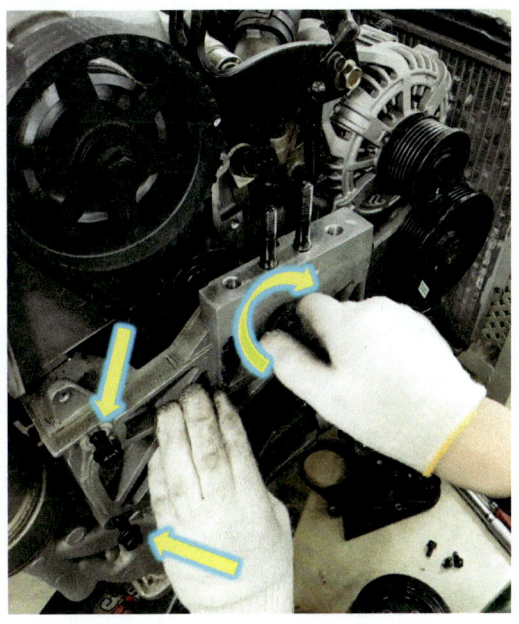

위 그림과 같이 "엔진 브래킷"을 설치한 다음 "고정 볼트"를 규정 토크로 조인다.

27 타이밍벨트 하부커버 장착

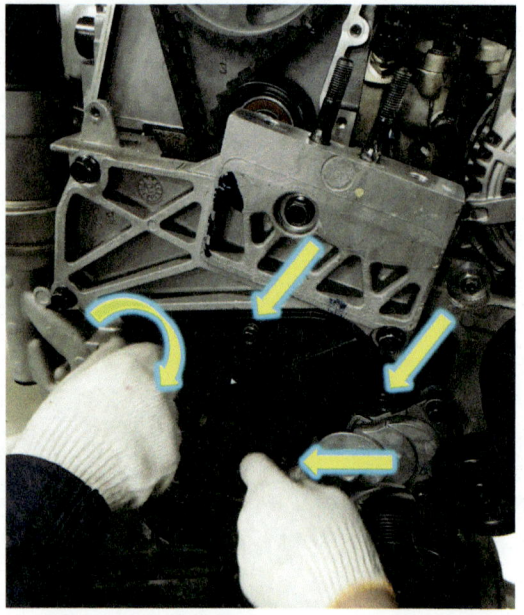

위 그림과 같이 타이밍벨트 "하부커버"를 설치한 다음 "고정 볼트"를 규정 토크로 조인다.

28 크랭크축 풀리 장착

위 그림과 같이 크랭크축 "풀리를 장착"한 다음 "고정 볼트와 풀리 고정 볼트"를 규정 토크로 조인다.

29 타이밍벨트, 상부 커버 장착

위 그림과 같이 타이밍벨트 상부 커버 설치 후 고정 볼트를 규정 토크로 조인다.

30 겉 벨트 장착

위 그림과 같이 오토프리 "텐셔너를 반시계 방향"으로 돌린 다음 "겉 벨트"를 장착한다.

31 엔진 마운트미미 장착

위 그림과 같이 엔진 "마운트미미"를 장착한 다음 관련 "볼트 및 너트"를 규정 토크로 조인다.

---

02 고압 펌프 탈·부착

01 관련 부품 명칭

위 그림은 디젤엔진의 후면부로 에어클리너, AFS(Air Flow Sensor) 커넥터, 터보 호스, AFS, 에어호스의 모습이다.

02 과압 에어호스 탈거

위 그림과 같이 스로틀 에어플랩 쪽 "과업 호스 밴드"를 유림한 다음 "에어호스"를 탈거한다.

03 AFS 커넥터 & 에어클리너 커버 탈거

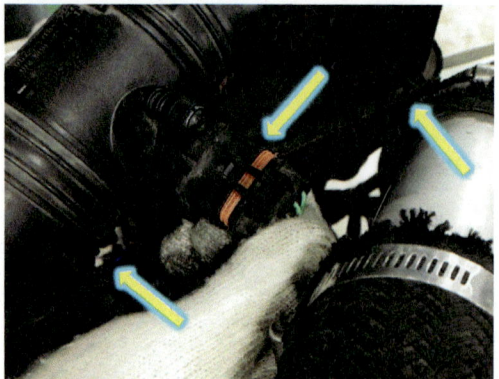

위 그림과 같이 "AFS 커넥터"를 탈거한 다음 "에어호스와 에어클리너 커버"를 탈거한다.

04 타이밍 마크 정렬

위 그림과 같이 타이밍벨트 커버의 타이밍 마크 "고정표시"와 크랭크축 풀리에 있는 타이밍 마크 "이동표시"를 일치 여부를 확인한다. [참고: 타이밍 "마크가 일치"되면 정상이다.]

05 에어클리너 하부 케이스 탈거

위 그림과 같이 에어클리너 "고정 볼트(12㎜) 3개"를 푼 다음 "하부 케이스"를 탈거한다.

06 메인 고압 파이프 탈거

위 그림과 같이 커먼레일과 고압펌프에 연결되어 있는 "메인 고압파이프"를 탈거한다.

07 연료호스 탈거

위 그림과 같이 연료호스를 고정하고 있는 "가이드"고정 볼트(12㎜)"를 푼 다음 "입, 출력 호스"를 탈거한다.

08 고압펌프 고정 볼트 탈거

위 그림과 같이 "고압펌프 고정 볼트(12㎜) 3개"를 푼다.

B
안

09 고압펌프 탈거

위 그림과 같이 "고압펌프"를 실린더 헤드에서 탈거한다.

10 고압펌프 장착 위치

위 그림과 같이 실린더 헤드 쪽 "캠축의 마크"를 확인한다.

11 고압펌프 장착

위 그림과 같이 고압펌프를 실린더 "헤드에 설치"한 다음 "고정 볼트"를 규정 토크로 조인다.

12 입, 출력 연료호스 장착

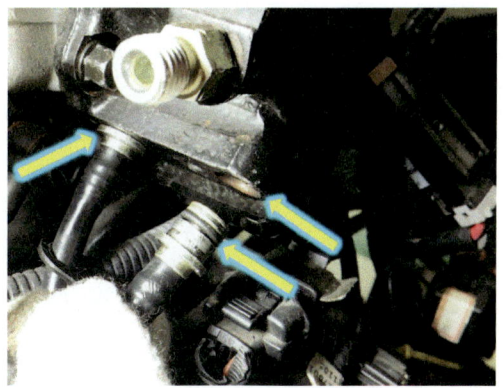

위 그림과 같이 "입, 출력" 연료호스를 장착한다.
[주의: 연료호스 설치 시 "오링"이 파손되지 않도록 "경유"를 바른 다음 설치한다.]

13 연료호스 고정 볼트

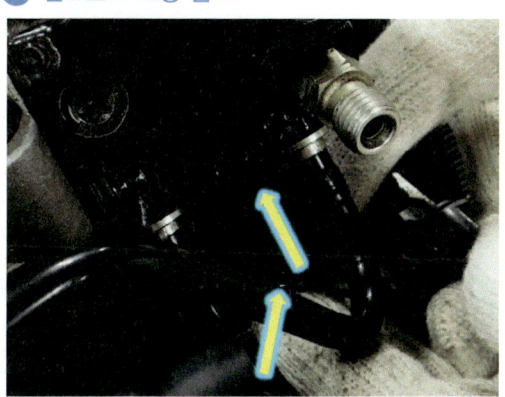

위 그림과 같이 "연료호스 가이드"를 설치한 다음 "고정 볼트"를 규정 토크로 조인다.

14 메인 고압파이프 장착

위 그림과 같이 커먼레일과 고압펌프에 연결되는 "메인 고압파이프"를 설치한 다음 규정 토크로 조인다.

⑮ 과압 에어호스 조립

위 그림과 같이 스로틀 에어플랩 쪽의 "과압 호스"를 설치한 다음 "밴드"를 조인다.

⑯ 에어클리너 하부 케이스 장착

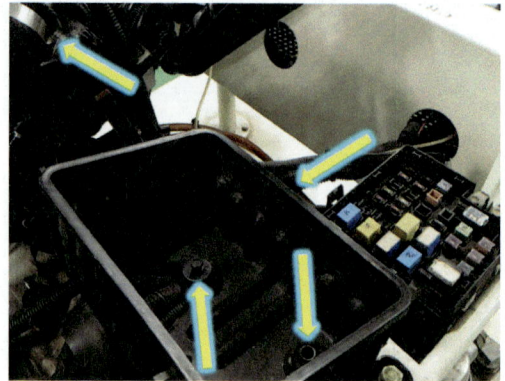

위 그림과 같이 에어클리너 "하부 케이스"를 설치한 다음 "고정 볼트"를 규정 토크로 조인다.

⑰ 에어호스 및 AFS 커넥터 조립

위 그림과 같이 "에어호스와 에어클리너 커버"를 조립한 다음 "AFS 커넥터"를 끼운다. [참고: 엔진 시동을 "ON"한 다음 정상적인 "작동상태"를 확인한다.]

정비기능장

B

엔 진

1)_2 엔진 및 시동 관련 회로 점검 후 시동 작업

엔진 및 시동 관련 회로를 점검한 후 시동 작업과 기록표의 요구사항을 점검 및 측정하고 기록표에 기록하시오. [단, 시동되지 않는 경우 "2)"는 작업할 수 없음] A안 참고]

B

정비기능장

엔진

1)_3 연료펌프 작동전류 및 공급압력 측정

기록표의 요구사항을 점검 및 측정하고 기록표에 기록하시오. (단, 시동되지 않는 경우 "2)"는 작업할 수 없음)

---

01 점검 및 측정_1 [연료펌프 작동전류 및 공급 압력]

---

01 엔진 시동 ON

위 그림과 같이 엔진 시동을 "ON" 한다.

02 연료 압력 판독

위 그림에서 보이는 것과 같이 연료 압력은 "약 3.2kg/㎠"이다. [주의: 규정 값과 같은 단위로 판독한다.]

03 연료펌프 커넥터 및 배선

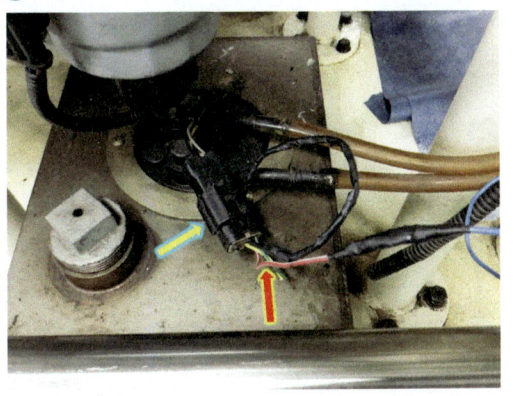

위 그림은 연료펌프 커넥터와 배선이며, "적색 화살표"가 가리키는 곳이 "(+)전원" 배선이다.

04 전류계 설치 및 측정

위 그림과 같이 클램프 타입의 전류계를 설치한 다음 "측정 값(5.1A)"을 판독한다. [주의: 측정기 설치전 선택 레버를 "DC A"로 위치한 다음 "제로 버튼"을 눌러 "0점" 조정을 한다.]

05 답안 작성_연료펌프 측정 내용 답안 작성하기

◆ 엔진 1. 기록표

		측정(또는 점검)		판정 및 정비(또는 조치) 사항		
항 목		측 정 값	규정(기준) 값 (정비한계치)	판정 (□에 '✔'표)	정비 및 조치 사항	득 점
연료 펌프	작동 전류	5.1A	2.0~6.0A	☑ 양 호 □ 불 량	정비 및 조치 사항 없음 또는 정상	
	공급 압력	3.2kg/㎠	2.5~4kg/㎠	☑ 양 호 □ 불 량	정비 및 조치 사항 없음 또는 정상	

자동차 번호 : 비 번호 감독확인

[참고] "측정값 불량 시", 작동전류가 규정 값 보다 높게 측정되거나, 공급압력이 규정 값보다 낮을 시 연료펌프 교환 후 재측정으로 기재한다.

02 점검 및 측정_1 [연료펌프 작동전류]

01 측정 항목 선택화면

위 그림과 같이 화살표가 가리키는 "멀티미터"를 클릭한다.

02 멀티미터 초기화면

위 그림은 멀티미터 초기화면이며, "전압"이 기본 화면이다.

03 소 전류 선택화면

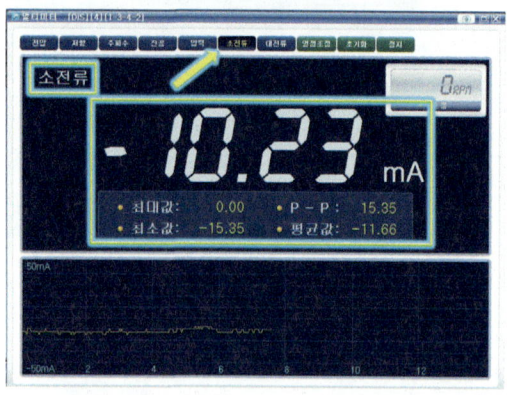

위 그림은 "소 전류"를 클릭한 다음 소 전류 화면으로 전환된 상태이다.

04 영점조정 초기화면

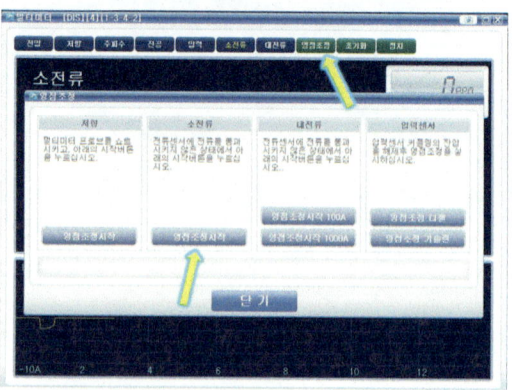

위 그림은 영점조정 초기화면으로 "영점조정" 시작을 클릭한다.

B
안

05 영점조정 중

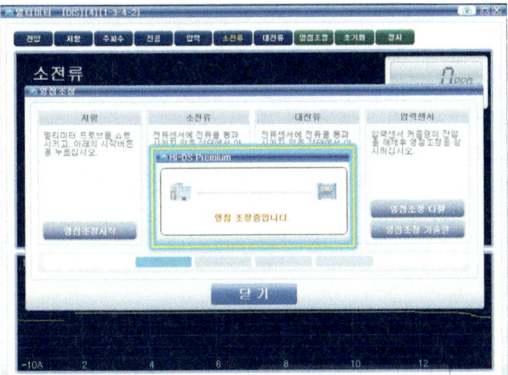

위 그림은 영점조정 진행 중인 화면이다.

06 영점조정 완료 화면

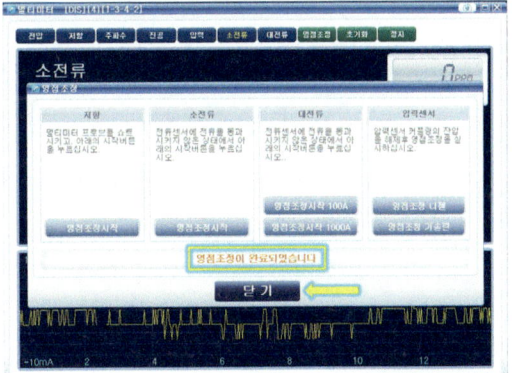

위 그림과 같이 영점조정이 완료되면 "영점조정이 완료되었습니다."라고 문구가 표시된다. "닫기"를 클릭한다.

07 영점조정 완료 후 화면

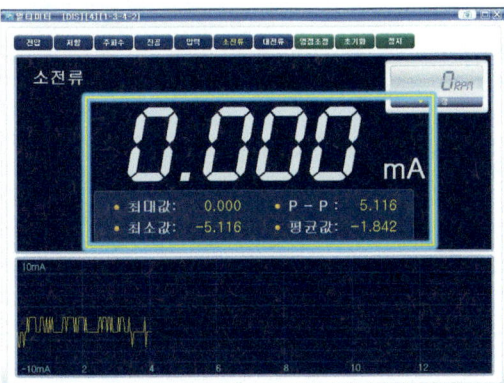

위 그림은 영점조정이 완료된 후 "0.000mA"라고 표시된 화면이다.

08 소 전류계 설치

위 그림과 같이 연료펌프 "전원 배선"에 소 전류계를 전류의 "흐름방향(화살표)"이 맡도록 설치한다.

09 측정

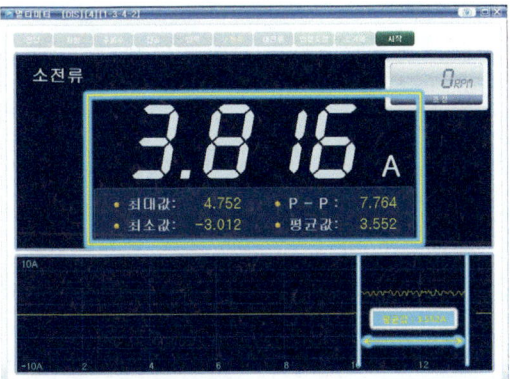

위 그림에서 보이는 것과 같이 "측정값(3.816A)"을 판독한다.

🔟 답안 작성_연료펌프 측정 내용 답안 작성하기

◈ 엔진 1. 기록표
    자동차 번호 :

항 목		측정(또는 점검)		판정 및 정비(또는 조치) 사항		득 점
		측 정 값	규정(기준) 값 (정비한계치)	판정 (□에 '✔' 표)	정비 및 조치 사항	
				비 번호	감독확인	
연료 펌프	작동 전류	3.816A	2.000~6.000A	☑ 양 호 □ 불 량	정비 및 조치 사항 없음 또는 정상	
	공급 압력	3.2kg/㎠	2.5~4.0kg/㎠	☑ 양 호 □ 불 량	정비 및 조치 사항 없음 또는 정상	

정비기능장

B 엔 진

2)_1 기록표 요구사항_디젤 인젝터 전압 및 전류 파형

주어진 엔진에서 감독위원의 지시에 따라 기록표 요구사항을 점검 및 측정하여 기록하시오. [A안 참고]

정비기능장

B 엔 진

2)_2 기록표 요구사항_배기가스 측정

주어진 엔진에서 감독위원의 지시에 따라 기록표 요구사항을 점검 및 측정하여 기록하시오.

---

01 가솔린 배기가스 측정

01 측정기 각부 명칭_전면

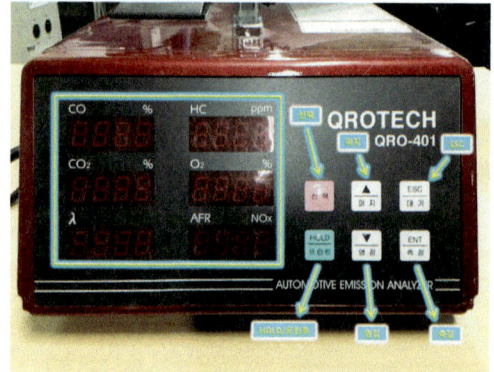

위 그림은 배기가스 측정기로 선택/퍼지/ESC(또는 대기)/측정(또는 ENT)/영점/HOLD(또는 프린트) 버튼이며, 액정화면에는 CO/HC/CO_2 /O_2 /λ /NOx 수치를 확인할 수 있다.

02 시험기 각부 명칭_후면

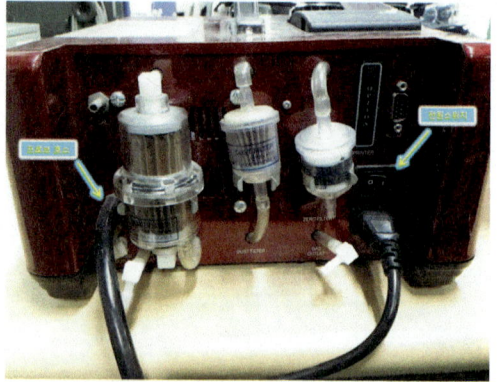

위 그림은 배기가스 측정기의 후면으로 프로브 호스, 전원 스위치, 필터 등으로 구성되어 있다.

03 전원스위치 ON 상태의 초기화면

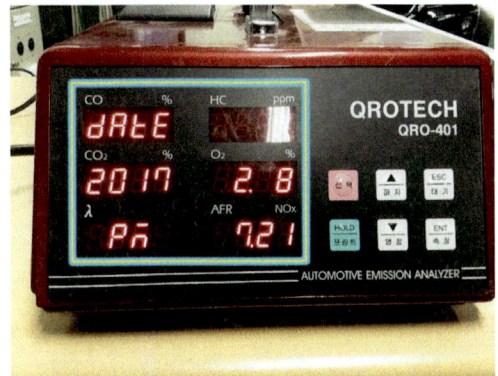

위 그림은 테스터 전원스위치 "ON" 상태의 초기화면이다.

04 퍼지 화면

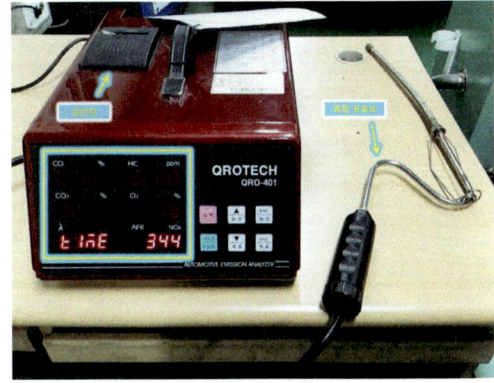

위 그림은 자동으로 "퍼지" 상태로 전환된 화면이다. [참고: "퍼지 시간 344초"로 나타나고 있으며, 측정 조건에 따라 퍼지 시간은 변동된다.]

05 엔진 초기시동_Fast Idle

위 그림은 최초 엔진 시동 "ON" 후 모습이며, "Fast Idle" 상태로 "1,300rpm"이고 냉각수 온도 게이지가 낮은 위치에 있다.

06 엔진 워밍업 후

위 그림과 같이 측정 준비를 위하여 엔진이 "정상 공회전" 상태인지 확인한다. [참고: 엔진 rpm 및 온도 게이지를 확인한다.]

07 퍼지 완료

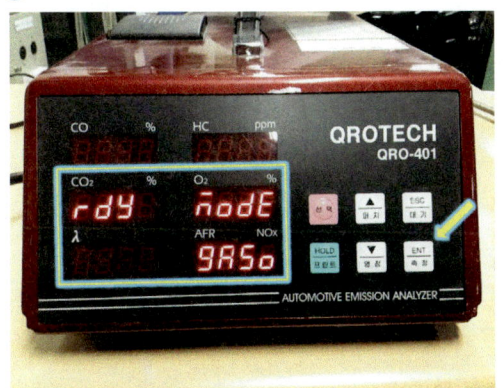

위 그림과 같이 퍼지 작동이 끝나면 "측정 준비 화면"으로 자동 변환된다. "측정" 버튼 누른다.

08 측정 프로브 삽입

위 그림과 같이 "배기 파이프"에 측정 프로브를 "약 30cm" 이상 삽입한다.

09 점화코일 커넥터 탈거

위 그림은 "엔진 부조"를 발생시키기 위하여 "2번 점화코일 커넥터"를 탈거한 모습이다.

10 측정값을 판독하기 위한 대기

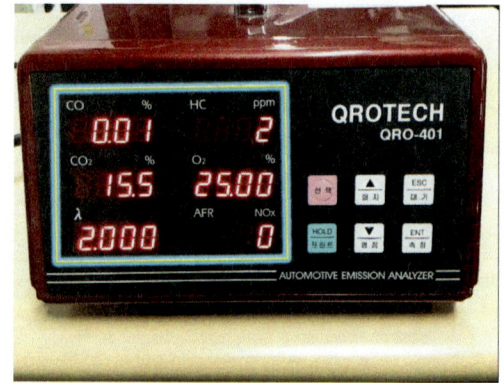

위 그림과 같이 "약 30초" 이상 시간이 흐른 다음 측정값이 "일정하게 유지"될 때까지 기다린다. 현재값은 "CO 0.01%", "HC 2ppm", "CO₂ 15.5%", "O₂ 25%", "λ 2", "NOx 0ppm"이다.

11 측정값 판독

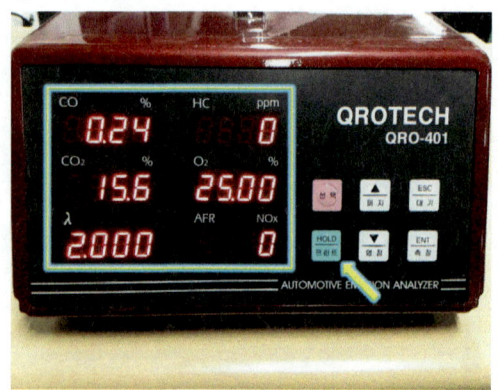

위 그림은 "엔진 부조"에 따른 변화된 수치이며, 측정값은 "CO 0.24%", "HC 0ppm", "CO₂ 15.5%", "O₂ 25%", "λ 2", "NOx 0ppm"이다.

12 답안 작성_측정 수치를 판독하고 답안지에 기록한다.

■ 점검 및 측정

항 목		측정(또는 점검)		판정 및 정비(또는 조치) 사항		득 점
		측정값	규정(기준) 값 (정비한계값)	판정(□에 '✔' 표)	정비 및 조치할 사항	
배기 가스	CO	0.24%	1.0% 이하	□ 양 호 ☑ 불 량	2번 점화코일 커넥터 결합 후 재측정	
	HC	0ppm	120ppm 이하			
	λ	2	1±0.1			

※ 주의 사항 : 감독위원은 해당 차량의 차대번호에 대한 정보를 제공합니다.
- CO는 소수점 둘째자리 이하는 버리고 0.1% 단위로 기록합니다.
- HC는 소수점 첫째자리 이하는 버리고 1ppm 단위로 기록합니다.

【 배기가스 배출 허용 기준(CO, HC) 】

차 종		제작 일자	일산화탄소	탄화수소	공기과잉률
경자동차		1997년 12월 31일 이전	4.5% 이하	1,200ppm 이하	1±0.1 이내 다만, 기화기식 연료공급 장치 부착　자동차는 1±0.15 이내 촉매 미부착 자동차는 1±0.20 이내
		1998년 1월 1일부터 2000년 12월 31일까지	2.5% 이하	400ppm 이하	
		2001년 1월 1일부터 2003년 12월 31일까지	1.2% 이하	220ppm 이하	
		2004년 1월 1일 이후	1.0% 이하	150ppm 이하	
승 용 자동차		1987년 12월 31일 이전	4.5% 이하	1,200ppm 이하	
		1988년 1월 1일부터 2000년 12월 31일까지	1.2% 이하	220ppm 이하(휘발유·알코올자동차) 400ppm 이하(가스자동차)	
		2001년 1월 1일부터 2005년 12월 31일까지	1.2% 이하	220ppm 이하	
		2006년 1월 1일 이후	1.0% 이하	120ppm 이하	
승합 · 화물 · 특수 · 자동차	소형	1989년 12월 31일 이전	4.5% 이하	1,200ppm 이하	
		1990년 1월 1일부터 2003년 12월 31일까지	2.5% 이하	400ppm 이하	
		2004년 1월 1일 이후	1.2% 이하	220ppm 이하	
	중형·대형	2003년 12월 31일 이전	4.5% 이하	1,200ppm 이하	
		2004년 1월 1일 이후	2.5% 이하	400ppm 이하	

※ 제작사별 차대번호 표기 방식

1. 현대 자동차 차대번호의 표기 부호(화물차)

※ 차대번호 형식(VIN : Vehicle Identification Number – 현대 아반떼 XD)

K	M	H	D	N	4	1	A	P	3	U	6	6	0	6	2	0
①	②	③	④	⑤	⑥	⑦	⑧	⑨	⑩	⑪	⑫	⑬	⑭	⑮	⑯	⑰

제작 회사군	자동차 특성군	제작 일련 번호군

① K : 국제 배정 국적 표시 – K : 한국, J : 일본, 1 : 미국,
② M : 제작사를 나타내는 표시 – M : 현대, L : 대우, N : 기아, P : 쌍용 자동차
③ H : 자동차 종별 표시 – H : 승용차, F : 화물트럭, J : 승합차량
④ D : 차종 – J : 엘란트라, E : 쏘나타 3, F : 마이티, D : 아반떼 XD
⑤ N : 세부 차종 및 등급 L : 스탠다드(STANDARD, L), M : 디럭스(DELUXE, GL),
　　 N : 슈퍼 디럭스(SUPER DELUXE, GLS)
⑥ 4 : 차체 형상 – 4도어 세단(4DR SEDAN)
⑦ 1 : 안전장치
　 1 　 : 액티브 벨트 (운전석 + 조수석), 2 : 패시브 벨트 (운전석 + 조수석)
　 3 　 : 운전석 – 액티브 벨트 + 에어백
　 4 　 : 운전석과 조수석 – 액티브 벨트 + 에어백, 조수석 – 액티브 벨트 또는 패시브 벨트
⑧ A : 엔진 형식 – N : 1,500cc 가솔린 차량, D : 2,000cc 가솔린 차량
⑨ P : 운전석 – P : 왼쪽 운전석, R : 오른쪽 운전석
⑩ 3 : 제작 연도 – M : 1991, N : 1992, P : 1993, R : 1994, S : 1995, T : 1996, V : 1997, W : 1998,
　　 X : 1999, Y : 2000, 1 : 2001, 2 : 2002, 3 : 2003 ……
⑪ U : 공장 기호 – C : 전주공장, U : 울산공장, M : 인도공장, Z : 터키공장
⑫~⑰ 660620 : 차량 생산 일련번호

2. 기아 자동차 차대번호의 표기 부호(쏘렌토)

K	N	A	J	C	5	2	1	8	2	A	0	5	4	1	5	8
①	②	③	④	⑤	⑥	⑦	⑧	⑨	⑩	⑪	⑫	⑬	⑭	⑮	⑯	⑰

제작 회사군	자동차 특성군	제작 일련 번호군

① **K** : 국제 배정 국적 표시 – K : 한국, J : 일본, 1 : 미국,

② **N** : 제작사를 나타내는 표시 – M; 현대, L : 대우, N : 기아, P : 쌍용 자동차

③ **A** : 자동차 종별 표시 – A : 승용차, C : 화물차, E : 전 차종(유럽 수출)

④⑤ **JC** : 차종 – JC : (쏘렌토), FE : 세라토, MA : 카니발, GD : 옵티마, FC : 카렌스

⑥⑦ **52** : 차체 형상 – 52 : 5도어 스테이션 웨곤, 22 : 4도어 세단, 24 : 5도어 해치백, 62 : 5도어 밴

⑧ **1** : 엔진 형식 – 1 : 쏘렌토 2,500cc 커먼레일 엔진

⑨ **8** : 확인란 – 8 : A/T+4륜 구동, 1 : 4단 구동, 2 : 5단 수동, 3 : A/T, 4 : 4단 수동+4륜 구동,
　　　　5 : 5단 수동+4륜 구동, 6 : 4단 수동+서브 T/M, 7 : 5단 수동+서브 T/M, 9 : CVT

⑩ **2** : 제작 연도 – M:1991, N:1992, P:1993, R:1994, S:1995, T:1996, V:1997, W:1998, X:1999,
　　　　Y:2000, 1:2001, 2:2002, 3:2003 ……

⑪ **A** : 공장 기호 – A : 화성(내수), S : 소하리(내수), K : 광주(내수), 6 : 소하리(수출), 5 : 화성(수출),
　　　　7 : 광주(수출)

⑫~⑰ **054158** : 차량 생산 일련번호

3. 대우 자동차 차대번호의 표기 부호(누비라)

K	L	A	J	F	6	9	V	D	V	K	0	9	1	4	3	5
①	②	③	④	⑤	⑥	⑦	⑧	⑨	⑩	⑪	⑫	⑬	⑭	⑮	⑯	⑰

제작 회사군	자동차 특성군	제작 일련 번호군

① **K** : 국제 배정 국적 표시 – K : 한국, J : 일본, 1 : 미국

② **L** : 제작사를 나타내는 표시 – M : 현대, L : 대우, N : 기아, P : 쌍용 자동차

③ **A** : 자동차 종별 표시 – A : 승용차 내수용

④ **J** : 차종 – J : 누비라, V : 레간자, T : 라노스

⑤ **F** : 변속기 형식 – F : 전륜구동 · 수동 변속기, A : 전륜구동 · 자동변속기

⑥⑦ **69** : 차체 형상 – 69 : 4도어 노치백, 35 : 웨건, 48 : 4도어 해치백

⑧ **V** : 원동기 형식 – Y : 1.5 SOHC · MPFI · FAN Ⅰ, V : 1.5 DOHC · MPFI · FAN Ⅰ,
　　　　3 : 1.8 DOHC · MPFI · FAN Ⅱ

⑨ **D** : 용도 구분 – D : 내수용

⑩ **V** : 제작 연도 – M : 1991, N : 1992, P : 1993, R : 1994, S : 1995, T : 1996, V : 1997,
　　　　W : 1998, X : 1999, Y : 2000, 1 : 2001, 2 : 200……

⑪ **K** : 공장 기호 – K : 군산 공장, B :부평공장

⑫~⑰ **091435** : 차량 생산 일련번호

4. 쌍용 자동차 차대번호의 표기 부호(체어맨)

K	P	B	N	E	2	A	9	1	2	P	0	3	1	2	9	9
①	②	③	④	⑤	⑥	⑦	⑧	⑨	⑩	⑪	⑫	⑬	⑭	⑮	⑯	⑰

제작 회사군 　　　　 자동차 특성군 　　　　 제작 일련 번호군

① K : 국제 배정 국적 표시 – K : 한국, J : 일본, 1 : 미국,
② P : 제작사를 나타내는 표시 – M : 현대, L : 대우, N : 기아, P : 쌍용 자동차
③ B : 자동차 종별 표시 – A : 소형 승용, B : 대형 승용, F : 중형 승용, K : 소형 승합,
　　　　　　 J : 중형 승합, H : 소형 화물, G : 중형 화물, C : 대형 화물
④ N : 차량 기본 형식
⑤ E : 차체 형상 – C : 캡 오버, B : 본닛, S : 세미 트레일러, E : 기타 형상, M : 단체구조, F : 프레임 구조
⑥ 2 : 세부 차종 – 2 : 승용
⑦ A : 기타 특성 – A : 일반, B : 승용 겸 화물, C : 지프, E : 기타, G : 밴, F : 덤프, K : 견인, J : 구난
⑧ 9 : 원동기 구분 – 엔진 배기량으로 영문 및 아라비아 숫자로 표기
⑨ 1 : 대조 번호 – 1 : 미정정,
⑩ 2 : 제작 연도 – M : 1991, N : 1992, P : 1993, R : 1994, S : 1995, T : 1996, V : 1997,
　　　　 W : 1998, X : 1999, Y : 2000, 1 : 2001, 2 : 2002, 3 : 2003 ……
⑪ P : 공장 기호 – P : 평택
⑫~⑰ 031299 : 차량 생산 일련번호

5. 자동차 등록증(쏘나타 NF –2005)

자 동 차 등 록 증

제2005-000060호　　　　　　　　　　　　　　　최초 등록일 : 2005년 05월 05일

① 자동차 등록 번호	02소 2885	② 차　　종	중형승용	③ 용도	자가용
④ 차　　명	NF 소나타(SONSTA)	⑤ 형식 및 년식	NF-20GL-A1		2005
⑥ 차 대 번 호	KMAHET41BP5A123456	⑦ 원동기 형식	G4KA		
⑧ 사 용 본 거 지					
소유자 ⑨ 성명(명칭)	○ ○ ○	⑩ 주민(사업자) 등 록 번 호	******-*******		
⑪ 주　　소					

자동차 관리법 제8조등의 규정에 의하여 위와 같이 등록하였음을 증명합니다.

- 위반하기 쉬운사항 -
※ 위반시 과태료 처분(뒷면 기재 참조)
o 주소 및 사업장 소재지 변경 15일 이내
o 정기검사 만료일 전후 15일 이내
o 책임 보험료 가입 만료일 이전 이내 가입(100만원 이하 과태료)
o 말소 등록폐차일로 부터 30일 이내(50만원 이하 과태료)

2005 년 05 월 00 일

○ ○ 시 장

정비기능장

B
엔 진

3)_1 시동결함_크랭킹은 가능하나 시동되지 않음

주어진 엔진에서 크랭킹은 가능하나 시동되지 않고, 시동된 후에도 부조가 발생합니다. 고장원인을 찾아 수리 후 기록표에 기록하시오. [A안 참고]

정비기능장

B
엔 진

3)_2 부조 발생 원인

주어진 자동차에서 크랭킹은 가능하나 시동되지 않고 시동된 후에도 부조가 발생합니다. 고장 부위를 수리하고 기록표를 작성하시오. [A안 참고]

정비기능장

B
섀 시

1) 허브 베어링 분해 · 조립 및 작동상태 확인

주어진 자동차에서 감독위원의 지시에 따라 전륜(또는 후륜)의 한쪽 허브 베어링을 탈거하고 감독위원에서 확인 후, 다시 조립(부착)하여 작동상태를 확인하고 기록표의 요구사항을 점검 및 측정하여 기록하시오.

---

01 허브 베어링 분해·조립 및 작동상태 확인

01 휠 및 타이어 탈거

위 그림과 같이 "휠 너트"를 푼 다음 "휠 및 타이어"를 탈거한다.

02 ABS 휠 스피드 센서 탈거

위 그림과 같이 ABS 휠 스피드 :센서 고정 볼트(10㎜)"를 푼 다음 "센서"를 탈거한다.

03 캘리퍼 어셈블리 탈거

위 그림과 같이 "캘리퍼 고정 볼트(17㎜) 2개"를 푼 다음 탈거한다.

04 컨트롤 암 탈거

위 그림과 같이 "컨트롤 암 고정 볼트(17㎜) 2개"를 푼 다음 탈거한다.

05 타이로드 엔드 분할 핀 탈거

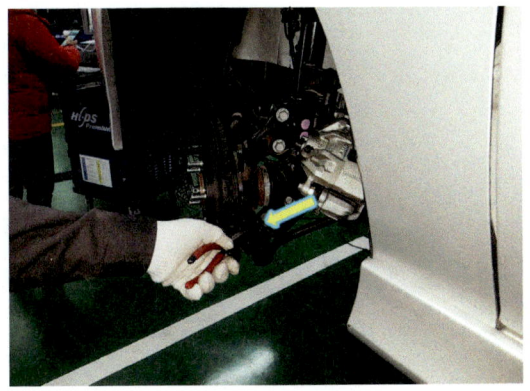

위 그림과 같이 타이로드 엔드 "분할 핀"을 탈거한다.

06 타이로드 엔드 고정너트

위 그림과 같이 타이로드 "엔드" 고정너트(14㎜)"를 푼다.

07 타이로드 엔드 탈거

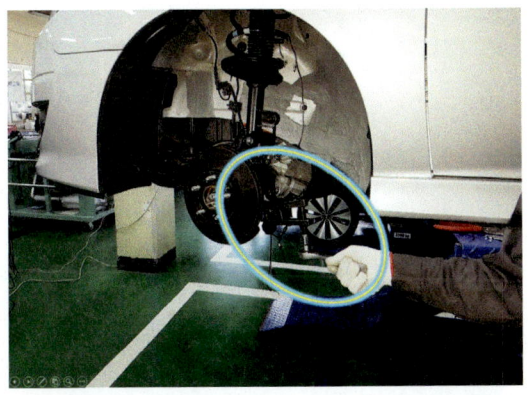

위 그림과 같이 "볼 조인트 플러그"를 이용하여 "타이로드 엔드"를 탈거한다.

08 허브너트

위 그림과 같이 허브너트 "분할 핀"을 뺀 다음 "너트(32 ㎜)"를 푼다.

09 브레이크 디스크 탈거

위 그림과 같이 브레이크 디스크 "고정 피스"를 푼 다음 "디스크"를 탈거한다.

10 쇽 업소버 고정 볼트 탈거

위 그림과 같이 쇽 업소버 "고정너트(17㎜)를 2개"를 푼 다음 "고정 볼트(17㎜) 2개"를 탈거한다.

11 허브 어셈블리 탈거

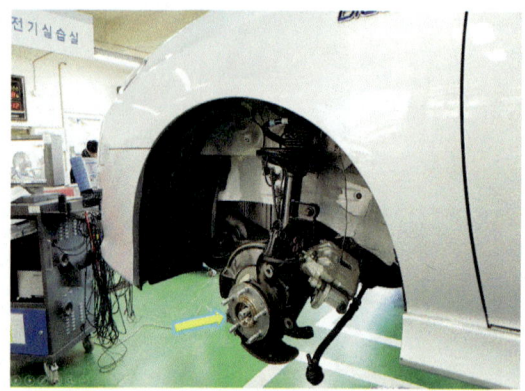

위 그림과 같이 "허브 어셈블리"를 탈거한다.

12 허브 어셈블리 탈거 후

위 그림은 허브 어셈블리를 탈거한 후 모습이며 휠 볼트, 디스크 커버, 허브이다.

13 베어링 스냅 링 탈거

위 그림과 같이 "키 플라이어"를 이용하여 베어링 "스냅 링"을 뺀다.

14 멀티프레스

위 그림과 같이 "허브 베어링"을 탈거하기 위하여 멀티프레스 정반에 "허브"를 올려놓는다.

⑮ 베어링 지그 설치

위 그림과 같이 "지그"를 베어링 위에 설치한다.

⑯ 허브 베어링 분리

위 그림과 같이 프레스 피스톤을 작동하여 "허브 베어링"을 분리한다. [참고: 프레스 피스톤 작동 시 무리한 입력이 가해지지 않도록 프레스 "압력계"를 확인하면서 작업한다.]

02 최소회전반경

① 축거 측정

위 그림과 같이 핸들 "직진상태"에서 줄자를 이용하여 "축거"를 측정한다.

② 측정 시작 부분_앞바퀴 휠

위 그림과 같이 앞바퀴 휠 "처음(앞쪽) 부분 중앙"에서부터 측정한다.

03 측정 끝부분 및 축거 판독_뒷바퀴 휠

위 그림과 같이 뒷바퀴 휠 "중앙 처음(앞쪽) 부분"까지 측정하며, 측정 축거는 "2.76m"이다.

05 턴테이블 위치 조정

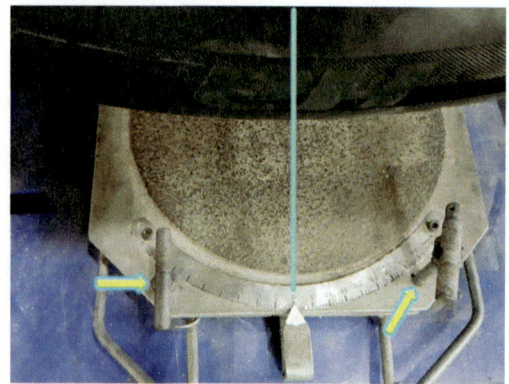

위 그림과 같이 턴테이블을 휠 및 타이어 "중심부"에 맞춘다음 "고정핀"을 탈거한다.

07 턴테이블 눈금 확인_좌측

위 그림과 같이 좌측 턴테이블의 현재 "눈금(0°)" 위치를확인한다. [참고: 턴테이블의 현재 눈금이 "0°"에 맞지 않을 때 현재 위치를 "0°로 간주"하여 측정하여도 된다.]

04 차량 상승 및 턴테이블 설치

위 그림과 같이 "1번과 2번 잭"을 상승시켜 차량을 올린 다음 "턴테이블"을 좌우 앞 타이어 "중심 부위"에 위치시킨다.

06 차량 하강

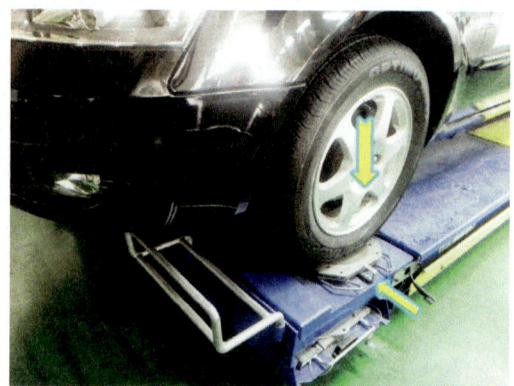

위 그림과 같이 "1번과 2번 잭"을 서서히 하강시켜 차량을턴테이블에 "안착"시킨다.

08 턴테이블 눈금 확인_우측

위 그림과 같이 우측 턴테이블의 현재 "눈금(0°)" 위치를확인한다. [참고: 턴테이블의 현재 눈금이 "0°"에 맞지 않을 때 현재 위치를 "0°로 간주"하여 측정하여도 된다.]

09 핸들 우회전

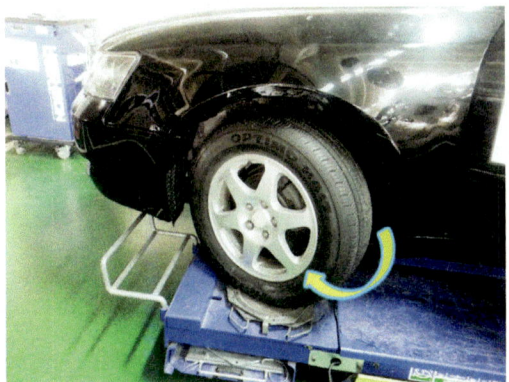

위 그림과 같이 핸들을 "우측"으로 최대한 돌린다.

10 측정값 판독_**좌측**

위 그림의 "좌측" 턴테이블의 눈금을 판독한다. 측정값은 "30°이므로 sin 30°"이다.

11 측정값 판독_**우측**

위 그림의 "우측" 턴테이블의 눈금을 판독한다. 측정값은 "32°이므로 sin 32°"이다.

12 답안 작성_(예시) 측정 조건 제시: r = 0.04m이며 우회전 시 측정, 분석 내용 및 답안 작성하기

[참고] 산출 근거: 최소회전반경 $= \dfrac{L}{\sin\alpha} + r$ 이므로, $\dfrac{2.76}{\sin 30°} + 0.04 = 5.56m$

$\sin\alpha$: 외측 앞바퀴 회전각, L : 축거

– "sin α" 값은 소수점 둘째 자리까지만 공식에 적용한다. (또는 감독위원 제시에 따릅니다.)

◈ **섀시 1. 기록표**

자동차 번호 :

항 목	측정(또는 점검) 및 기준값			기준값 (최소회전반경)	산출 근거 및 판정		득 점
	측정값				산출 근거	판정 (□에 '✔' 표)	
회전 방향 (□에 '✔'표시) □좌 ☑우	r		0.04m	12m 이내	$\dfrac{2.76}{\sin 30°} + 0.04 = 5.56m$	☑ 양 호 □ 불 량	
	축거		2.76m				
	최대조향시 각도	좌측 바퀴	sin 30°				
		우측 바퀴	sin 32°				
	최소회전반경		5.56m				

비 번호 | | 감독확인 | |

※ 회전 방향과 바퀴 접지면 중심과 킹핀 중심과의 거리(r) 값은 감독위원이 제시합니다.
※ 자동차 검사기준 및 방법에 의하여 기록·판정합니다.
※ '최대 조향 시 각도'항목은 좌측 바퀴와 우측 바퀴 모두 작성합니다.
※ 산출 근거에는 단위를 기록하지 않아도 됩니다.

정비기능장

B

2) 인히비터 스위치 탈·부착 및 작동상태 확인

섀 시

주어진 전자제어 자동변속기 자동차에서 감독위원의 지시에 따라 인히비터 스위치를 탈거하고 감독위원에서 확인 후, 다시 조립(부착)하여 작동상태를 확인하고, 기록표의 요구사항을 점검 및 측정하여 기록하시오.

01 인히비터 스위치 탈·부착 및 작동상태 확인

01 분해를 위한 관련 부품

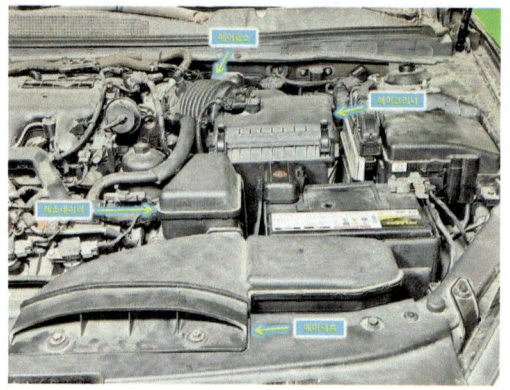

위 그림은 인히비터 스위치 탈거를 위한 관련 부품으로 에어호스, 에어클리너, 레조네이터이다.

02 변속 선택 레버 "N"(중립)

위 그림과 같이 Key를 "ON"한 다음 변속 선택 레버를 "N(중립)"으로 이동한다.

03 "N"(중립) 위치 확인

위 그림과 같이 Key를 "ON"한 다음 클러스터에서 "N(중립)"으로 선택되었는지 확인한 후 Key를 "Off" 한다.

04 배터리 터미널 탈거

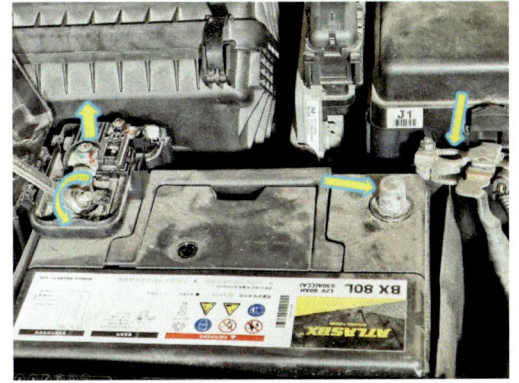

위 그림과 같이 배터리 (−)터미널과 (+)터미널 "고정너트 (10mm)"를 유림한 다음 포스트에서 탈거한다. [주의: 배터리 (−)터미널부터 탈거한다.]

05 에어 덕트 탈거

위 그림과 같이 에어 덕트 고정 볼트(10mm) 2개를 푼 다음 "덕트"를 앞쪽으로 당겨 탈거한다.

06 에어 덕트 탈거 후 모습

위 그림은 "에어 덕트"를 탈거한 후 모습이다.

07 배터리 고정 브래킷 및 배터리 탈거

위 그림과 같이 배터리 "고정 브래킷 고정 볼트(12mm)"를 탈거한 다음 "브래킷"을 탈거한 후 "배터리"를 탈거한다.

08 에어클리너 탈거

위 그림과 같이 "에어클리너" 어셈블리 고정 볼트(10mm) 2개를 푼 다음 탈거한다.

09 배터리 받침대 탈거

위 그림과 같이 배터리 "받침대 고정 볼트(12㎜) 4개"를 푼 다음 탈거한다.

10 인히비터 스위치 관련 부품 명칭

위 그림은 관련 부품으로 변속 케이블, 매뉴얼 레버, 인히비터 스위치, 인히비터 스위치 커넥터이다.

11 인히비터 스위치 커넥터 탈거

위 그림과 같이 인히비터 "스위치 커넥터"를 탈거한다.

12 매뉴얼 레버 고정너트 유림

위 그림과 같이 "매뉴얼 레버 고정너트(14㎜)"를 반시계 방향으로 돌려 "너트"를 유림한다.

13 변속 케이블 고정너트 유림

위 그림과 같이 "변속 케이블 고정너트(14㎜)"를 반시계 방향으로 돌려 유림한다.

14 매뉴얼 레버 고정너트 & 케이블 고정너트 탈거

위 그림과 같이 매뉴얼 레버 고정너트와 케이블 고정너트, 와셔를 탈거한 다음 "케이블"을 분리한다.

⑮ 인히비터 스위치 탈거

위 그림과 같이 "인히비터 스위치 고정 볼트(10㎜) 2개"를
푼 다음 "스위치"를 탈거한다.

⑯ 인히비터 스위치 탈거 후

위 그림은 "인히비터 스위치"를 탈거한 후 모습이다.

⑰ 분해 후 부품

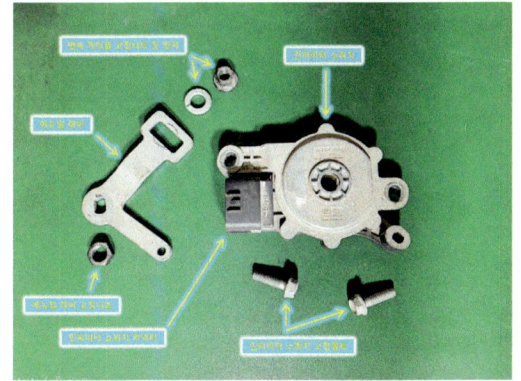

위 그림은 분해 후 관련 부품으로 인히비터 스위치, 인히비
터 스위치 고정 볼트, 인히비터 스위치 커넥터, 매뉴얼 레버
고정너트, 매뉴얼 레버, 변속 케이블 고정너트 및 와셔이다.

⑱ 인히비터 스위치 장착

위 그림과 같이 "인히비터 스위치"를 매뉴얼 밸브 샤프트
에 장착한 다음 "고정 볼트"를 조인다.

⑲ 매뉴얼 레버 장착

위 그림과 같이 매뉴얼 레버를 "매뉴얼 밸브 샤프트"에 설
치한 다음 "고정너트"를 규정 토크로 조인다.

⑳ 인히비터 스위치 중립 위치 조정

위 그림과 같이 "인히비터 스위치"를 좌우 방향으로 움직
여 "중립 위치(원 안의 구멍 일치)"로 조정한 다음 "고정 볼
트"를 규정 토크로 조인다.

165

21 변속 케이블 장착

위 그림과 같이 변속 케이블을 "매뉴얼 레버"에 설치한 다음 "고정너트"를 규정 토크로 조인다.

22 인히비터 스위치 커넥터 장착

위 그림과 같이 "인히비터 스위치 커넥터"를 끼운다.

23 배터리 받침대 조립

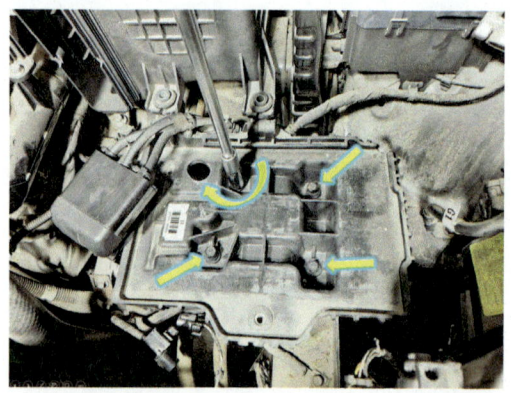

위 그림과 같이 배터리 "받침대"를 설치한 다음 "고정 볼트"를 규정 토크로 조인다.

24 에어클리너 조립

위 그림과 같이 "에어클리너 어셈블리"를 장착한 다음 "고정 볼트"를 규정 토크로 조인다.

25 배터리 장착

위 그림과 같이 배터리를 "받침대"에 설치한 다음 "고정 브래킷"을 정확한 위치에 맞추어 두고 "고정 볼트"를 규정 토크로 조인다.

26 에어 덕트 조립

위 그림과 같이 "에어 덕트"를 장착한 다음 "고정 볼트"를 규정 토크로 조인다.

27 배터리 (+)터미널 조립

위 그림과 같이 배터리 (+)터미널을 "포스트"에 장착한 다음 터미널 "고정너트"를 규정 토크로 조인다.

28 배터리 (−)터미널 조립

위 그림과 같이 배터리 (−)터미널을 "포스트"에 장착한 다음 터미널 "고정너트"를 규정 토크로 조인다.

29 배터리 (+)터미널 캡

위 그림과 같이 배터리 (+)터미널 "캡"을 닫는다.

30 변속레버 작동시험

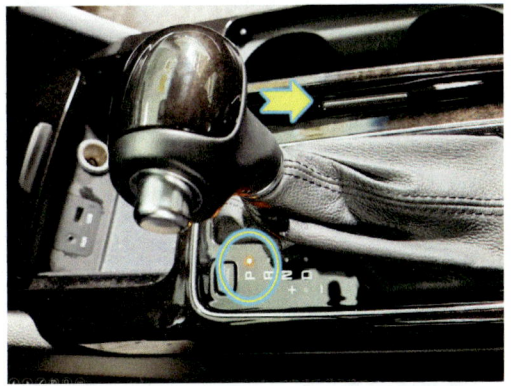

위 그림과 같이 Key를 "ON"한 다음 변속레버를 각 변속 단으로 이동할 때 "램프 점등" 여부와 "케이블 유격"이 있는지 확인한다.

31 주행시험을 통한 클러스터 확인

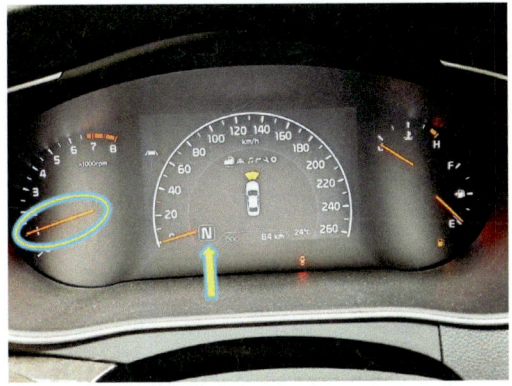

위 그림과 같이 "차량을 리프트"에 올려 P 레인지에서 시동을 "ON"한 다음 R, N, D 레인지에서 "주행시험"을 실시한다.

B

2)_1 기록표 요구사항 점검 · 측정 파형

섀 시

기록표 요구사항을 점검 및 측정하여 기록하시오.

---

01 레인지 변환 시(N→D) 유압 제어 솔레노이드 파형

01 회로도

[회로도]

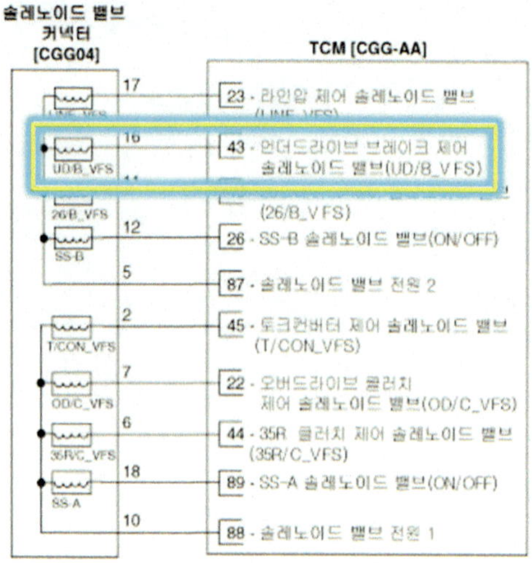

솔레노이드 밸브
커넥터
[CGG04]

TCM [CGG-AA]

[연결 정보]

단자	연결 부위	기 능
17	TCM CGG-AA(23)	라인압 제어 솔레노이드밸브 제어 (LINE_VFS)
16	TCM CGG-AA(43)	언더 드라이브 브레이크 제어 솔레노이드밸브 제어(UD/B_VFS)
11	TCM CGG-AA(46)	26 브레이크 제어 솔레노이드밸브 제어 (26/B_VFS)
12	TCM CGG-AA(26)	SS-B 솔레노이드밸브 제어(ON/OFF)
5	TCM CGG-AA(87)	솔레노이드밸브 전원 1
2	TCM CGG-AA(45)	토크컨버터 제어 솔레노이드밸브 제어 (T/CON_VFS)
7	TCM CGG-AA(22)	오버드라이브 클러치 제어 솔레노이드밸브제어(OD/C_VFS)
6	TCM CGG-AA(44)	35R 클러치 제어 솔레노이드밸브 제어 (35R/C_VFS)
18	TCM CGG-AA(89)	SS-A 솔레노이드밸브 제어(ON/OFF)
10	TCM CGG-AA(88)	솔레노이드밸브 전원 2

회로도 단자 내용:
- 17 · 23 - 라인압 제어 솔레노이드 밸브 (LINE_VFS)
- 16 · 43 - 언더드라이브 브레이크 제어 솔레노이드 밸브(UD/B_VFS)
- · 46 - (26/B_VFS)
- 12 · 26 - SS-B 솔레노이드 밸브(ON/OFF)
- 5 · 87 - 솔레노이드 밸브 전원 2
- 2 · 45 - 토크컨버터 제어 솔레노이드 밸브(T/CON_VFS)
- 7 · 22 - 오버드라이브 클러치 제어 솔레노이드 밸브(OD/C_VFS)
- 6 · 44 - 35R 클러치 제어 솔레노이드 밸브(35R/C_VFS)
- 18 · 89 - SS-A 솔레노이드 밸브(ON/OFF)
- 10 · 88 - 솔레노이드 밸브 전원 1

위 그림은 솔레노이드밸브 커넥터 단자별 명칭 및 연결 정보이다.

B
안

⑫ 솔레노이드 밸브 커넥터

[하네스 커넥터]

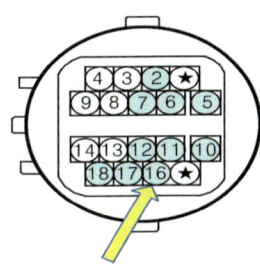

솔레노이드 밸브 커넥터(CGG04)

위 그림의 화살표의 "⑯번은" 언더 드라이브 브레이크 제어 솔레노이드밸브 "단자"이다.

⑬ ⑯번 단자

위 그림 "화살표가 가리키는 배선"은 언더 드라이브 브레이크 제어 솔레노이드밸브 "단자"이다.

⑭ 채널 1번 프로브 설치

위 그림과 같이 "채널 1번" 전원 프로브를 "⑯번 단자"에 접지 프로브는 차체에 "접지"한다.

⑮ 엔진 시동 ON

위 그림과 같이 엔진 시동을 "ON"하고 "정상적인 공전 상태"로 유지한다.

⑯ 변속 선택 레버 N

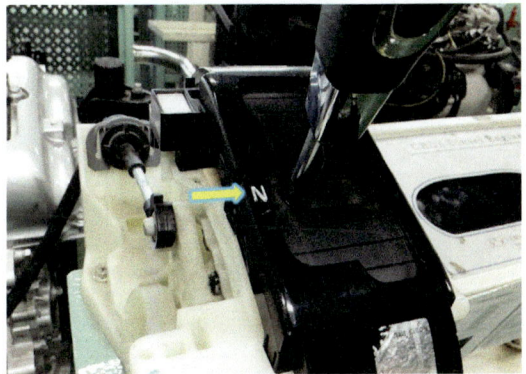

위 그림과 같이 변속 선택 레버를 "N" 레인지에 위치한다.

⑰ 변속 선택 레버 N → D 변속

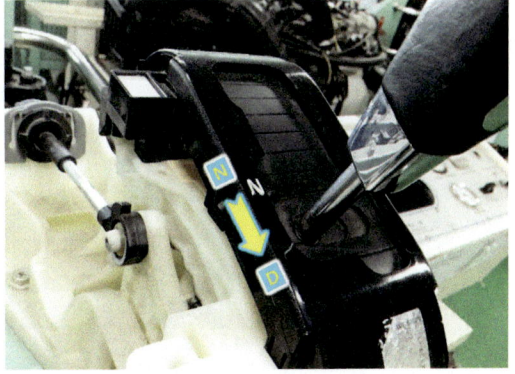

위 그림과 같이 변속 선택 레버를 "N" 레인지에서 "D" 레인지로 변환한다.

08 공회전 상태에서 변속 선택 레인지를 N → D로 변환 시 출력 파형_N 레인지(중립) 상태 유지 구간 분석

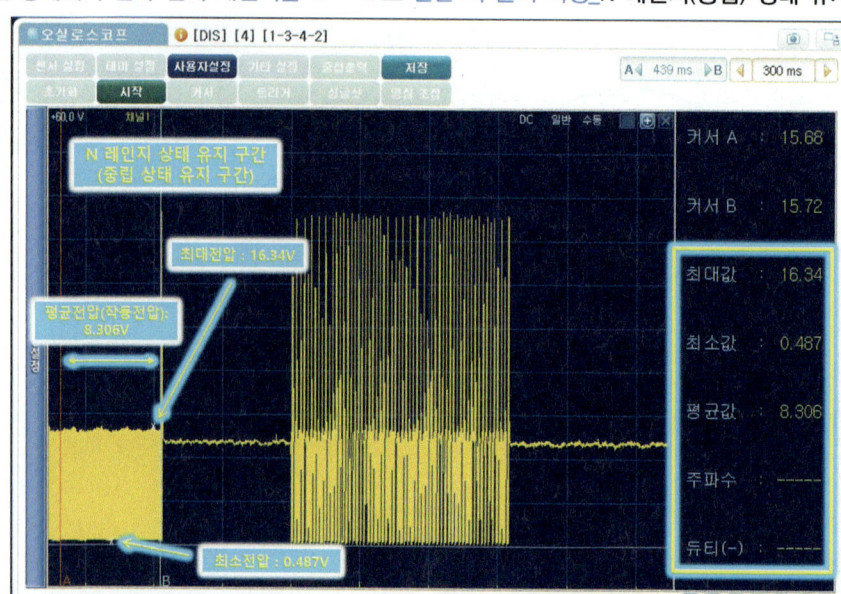

위 그림은 엔진 공회전 상태에서 변속 선택 레인지를 "N → D"로 변환 시 출력 파형이며 "커서 A"를 N 레인지 파형이 시작되는 임의 지점에 위치하고 "커서 B는 N 레인지 파형이 종료(D 레인지로 변환 지연 시작)되는 부분에 위치시킨 다음 "N 레인지 유지 구간"에 대한 최대 전압 16.34V, 평균(작동) 전압 8.306V, 최소전압 0.487V로 표기한 화면이다.

09 공회전 상태에서 변속 선택 레인지를 N → D로 변환 시 출력 파형_N → D로 변환 지연 구간 분석

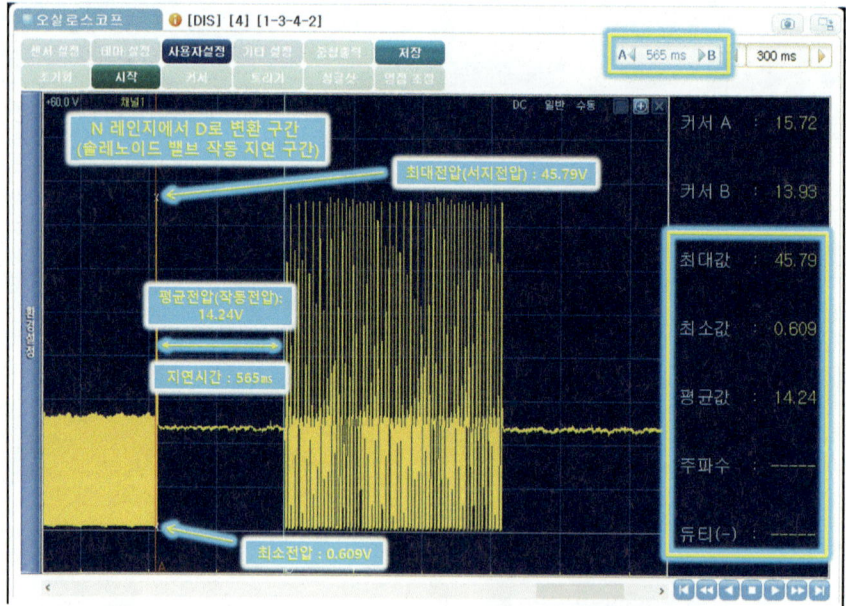

위 그림은 엔진 공회전 상태에서 변속 선택 레인지를 "N → D"로 변환 시 출력 파형이며 "커서 A"를 D 레인지로 변환 지연이 시작되는 임의 지점에 위치하고 "커서 B는 D 레인지로 변환 지연이 종료(D 레인지 변환제어 시작)되는 부분에 위치시킨 다음 "N → D로 변환 지연 구간(솔레노이드밸브 작동 지연 구간)"에 대한 최대 전압 45.79V, 평균(작동)전압 14.24V, 최소전압 0.609V, 지연시간 565㎳로 표기한 화면이다.

⑩ 공회전 상태에서 변속 선택 레인지를 N → D로 변환 시 출력 파형_D 레인지 변환제어 구간 분석

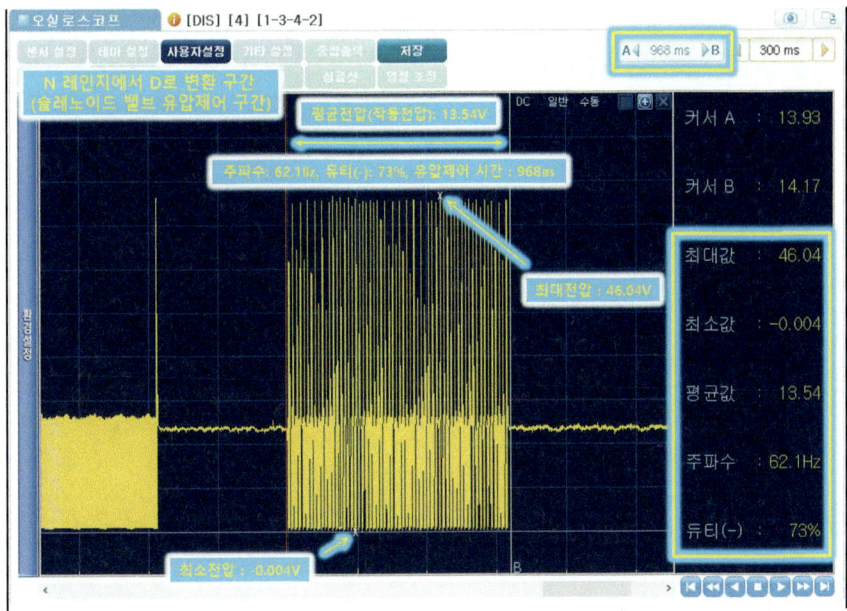

위 그림은 엔진 공회전 상태에서 변속 선택 레인지를 "N → D"로 변환 시 출력 파형이며 "커서 A"를 D 레인지
로 변환제어가 시작되는 임의 지점에 위치하고 "커서 B는 D 레인지로 변환제어 종료(D 레인지 유지 시작)되는
부분에 위치시킨 다음 "D 레인지 변환제어 구간(솔레노이드밸브 유압 제어 구간)"에 대한 최대 전압 46.04V, 평균
(작동)전압 13.54V, 최소전압 -0.004V, 주파수 62.1Hz, 듀티 -73%, 유압 제어 시간 968ms로 표기한 화면이다.

⑪ 공회전 상태에서 변속 선택 레인지를 N → D로 변환 시 출력 파형_D 레인지 유지 구간 분석

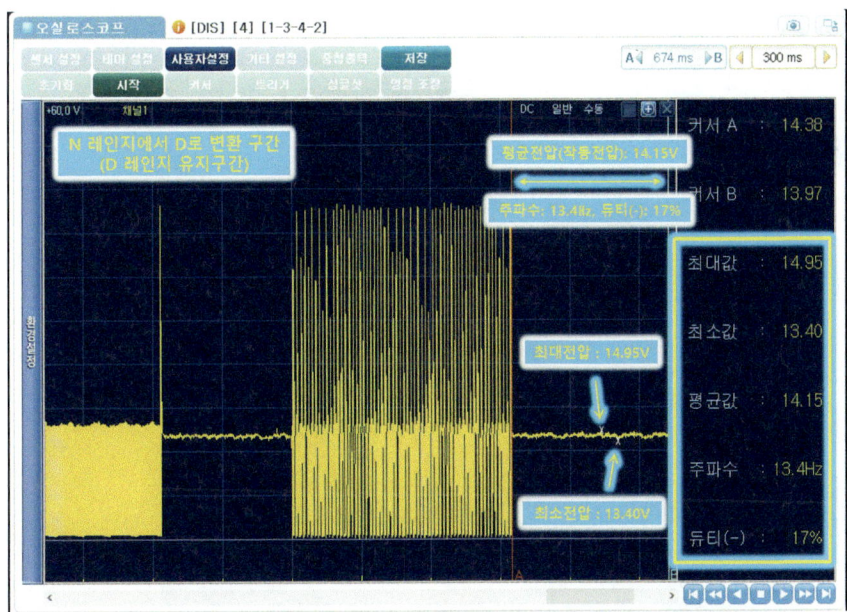

위 그림은 엔진 공회전 상태에서 변속 선택 레인지를 "N → D"로 변환 시 출력 파형이며 "커서
A"를 D 레인지 유지가 시작되는 임의 지점에 위치하고 "커서 B는 D 레인지 유지가 진행되는 임의
부분에 위치시킨 다음 "D 레인지 유지 구간"에 대한 최대 전압 14.95V, 평균(작동)전압 14.15V, 최소전
압 13.40V, 주파수 13.4Hz, 듀티 -17%로 표기한 화면이다.

⑫ 공회전 상태에서 변속 선택 레인지를 N → D로 변환 시 출력 파형_N → D로 변환 시 전체 구간 분석

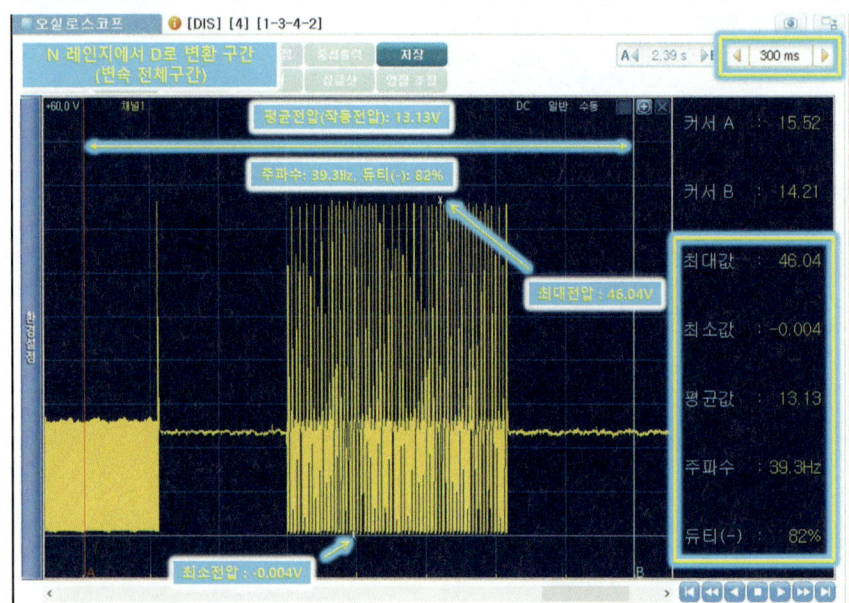

위 그림은 공회전 상태에서 시간 축을 "300ms"로 설정한 다음 변속 선택 레인지를 "N → D"로 변환 시 출력 파형이며 "커서 A"를 N 레인지 파형이 시작되는 임의 지점에 위치하고 "커서 B는 D 레인지 유지 구간 임의 부분에 위치시킨 다음 "전체 구간"에 대한 최대 전압 46.04V, 평균(작동)전압 13.13V, 최소전압 -0.004V, 주파수 39.3Hz, 듀티 -82%로 표기한 화면이다.

⑬ 출력 파형 출력물_정상 공회전 상태의 출력 파형 및 분석내용표기

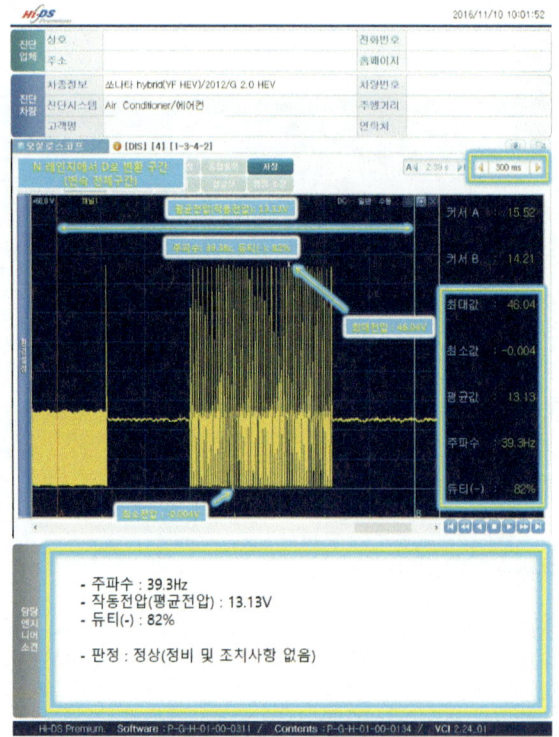

14 답안 작성_파형 측정 및 분석 내용 답안 작성하기

[참고] 엔진 정상적인 공회전 상태에서 변속 선택 레인지를 "N → D"로 변환 시 출력 파형에 대하여 "전체 구간"에 대한 분석 내용을 답안에 기재한다.

◈ **섀시 2. 기록표**
  1) 파형   자동차 번호 :

비 번호		감독확인	

항 목	파형 분석 및 판정			득 점
	분석 항목	분석 내용	판정(□에 '✔' 표)	
레인지 변환 때 (N → D) 유압 제어 솔레노이드 파형	주파수: 39.3Hz	분석 내용은 출력물에 표시하시오.	☑ 양 호 □ 불 량	
	전압: 13.13V			
	듀티: −82%			

※ 감독위원이 지시하는 유압 제어 솔레노이드밸브 파형의 주기를 측정 및 분석하시오.
  분석 항목 및 내용은 출력물에 표기하여 관련 사항은 감독위원의 지시에 따릅니다.

정비기능장

B

섀 시

2)_2 기록표 요구사항 점검 · 측정

기록표 요구사항을 점검 및 측정하여 기록하시오.

---

01   변속기 클러치 작동 시 오일 압력

01 P 레인지 위치

위 그림과 같이 엔진 "공전 상태(800rpm)"에서 변속 선택 레버를 "P 레인지"에 위치하고 각 압력을 판독한다.

02 Damper Release

위 그림의 측정 압력은 "2.5kg/㎠"이다.

03 Damper Apply

위 그림의 측정 압력은 "2.0kg/㎠"이다.

04 Low & Reverse Brake

위 그림의 측정 압력은 "2.4kg/㎠"이다.

05 Under Drive-C

위 그림의 측정 압력은 "0kg/㎠"이다.

06 Over Drive-C

위 그림의 측정 압력은 "0kg/㎠"이다.

07 Reverse-C

위 그림의 측정 압력은 "0kg/㎠"이다.

08 2ND-Brake

위 그림의 측정 압력은 "0kg/㎠"이다.

09 선택 레버 R

위 그림과 같이 선택 레버를 "R 레인지"로 이동한다.

10 R 레인지 위치

위 그림과 같이 엔진 "공전 상태(800rpm)"에서 변속 선택 레버를 "R 레인지"에 위치하고 각 압력을 판독한다.

11 Damper Release

위 그림의 측정 압력은 "4.5kg/㎠"이다.

12 Damper Apply

위 그림의 측정 압력은 "3kg/㎠"이다.

13 Low & Reverse Brake

위 그림의 측정 압력은 "15.8kg/㎠"이다.

14 Under Drive-C

위 그림의 측정 압력은 "0kg/㎠"이다.

15 Over Drive-C

위 그림의 측정 압력은 "0kg/㎠"이다.

16 Reverse-C

위 그림의 측정 압력은 "15.5kg/㎠"이다.

17 2ND-Brake

위 그림의 측정 압력은 "0kg/㎠"이다.

18 선택 레버 N

위 그림과 같이 "선택 레버를 N 레인지"로 이동한다.

19 N 레인지 위치

위 그림과 같이 엔진 "공전 상태(800rpm)"에서 변속 선택 레버를 "N 레인지"에 위치하고 각 압력을 판독한다.

20 Damper Release

위 그림의 측정 압력은 "0kg/㎠"이다.

21 Damper Apply

위 그림의 측정 압력은 "2.0kg/㎠"이다.

22 Low & Reverse Brake

위 그림의 측정 압력은 "2.6kg/㎠"이다.

23 Under Drive-C

위 그림의 측정 압력은 "0kg/㎠"이다.

24 Over Drive-C

위 그림의 측정 압력은 "0kg/㎠"이다.

25 Reverse-C

위 그림의 측정 압력은 "0kg/㎠"이다.

26 2ND-Brake

위 그림의 측정 압력은 "0kg/㎠이다.

27 D 레인지 위치

위 그림과 같이 엔진 "공전 상태(800rpm)"에서 변속 선택 레버를 "D 레인지"에 위치하고 각 압력을 판독한다.

28 Damper Release

위 그림의 측정 압력은 "5.0kg/㎠"이다.

29 Damper Apply

위 그림의 측정 압력은 "3.5kg/㎠"이다.

30 Low & Reverse Brake

위 그림의 측정 압력은 "0kg/㎠"이다.

31 Under Drive-C

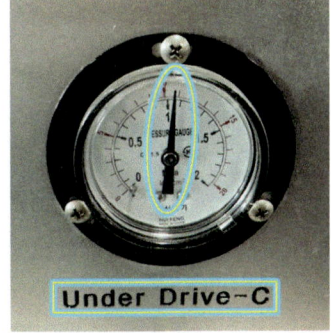

위 그림의 측정 압력은 "10.8kg/㎠"이다.

32 Over Drive-C

위 그림의 측정 압력은 "0kg/㎠"이다.

33 Reverse-C

위 그림의 측정 압력은 "0kg/㎠"이다.

34 2ND-Brake

위 그림의 측정 압력은 "10.1kg/㎠"이다.

35 선택 레버 D

위 그림과 같이 변속 선택 레버 "D 홀드" 위치에서 "−" 방향으로 선택 레버를 당겨 "1단" 상태로 한다.

36 D 레인지 1단 위치

위 그림과 같이 엔진 "공전 상태(800rpm)" "D 레인지 1단" 위치에서 차속은 "약 10km/h"로 유지되고 있다. 이 조건에서 각 압력을 판독한다.

37 Damper Release

위 그림의 측정 압력은 "4.2kg/㎠"이다.

38 Damper Apply

위 그림의 측정 압력은 "3.0kg/㎠"이다.

39 Low & Reverse Brake

위 그림의 측정 압력은 "10.2kg/㎠"이다.

40 Under Drive-C

위 그림의 측정 압력은 "10.8kg/㎠"이다.

41 Over Drive-C

위 그림의 측정 압력은 "0kg/㎠"이다.

42 Reverse-C

위 그림의 측정 압력은 "0kg/㎠"이다.

43 2ND-Brake

위 그림의 측정 압력은 "0kg/㎠"이다.

44 선택 레버 D

위 그림과 같이 선택 레버 "D 홀드" 위치에서 "+" 방향으로 선택 레버를 밀어 "2단" 상태로 한다.

45 D 레인지 2단 위치

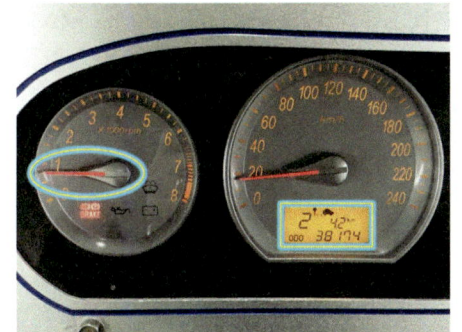

위 그림과 같이 엔진 "공전 상태(800rpm)" "D 레인지 2단" 위치에서 차속은 "18km/h"로 유지되고 있다. 이 조건에서 각 압력을 판독한다.

46 Damper Release

위 그림의 측정 압력은 "4.3kg/㎠"이다.

47 Damper Apply

위 그림의 측정 압력은 "3.0kg/㎠"이다.

48 Low & Reverse Brake

위 그림의 측정 압력은 "0kg/㎠"이다.

49 Under Drive-C

위 그림의 측정 압력은 "10.9kg/㎠"이다.

B
안

50 Over Drive−C

위 그림의 측정 압력은 "0kg/㎠"이다.

51 Reverse−C

위 그림의 측정 압력은 "0kg/㎠"이다.

52 2ND−Brake

위 그림의 측정 압력은 "10.1kg/㎠"이다.

53 답안 작성_측정 및 분석 내용 답안 작성하기

[참고] 측정 조건 제시(예): 정상 공전 상태(약 800±50rpm)에서 "D 레인지 2단" 위치로 선택한 다음 "Under Drive−C" 압력을 측정하시오. (단, 차속은 무시한다.)

■ 점검 및 측정

항 목	측정(또는 점검)		판정 및 정비(또는 조치) 사항		득 점
	측 정 값	규정값(정비한계값)	판정(□에 '✔' 표)	정비 및 조치 사항	
변속기 클러치 작동 시 압력	10.9kg/㎠	10.0~11.5kg/㎠	☑ 양 호 □ 불 량	정상 또는 정비 및 조치 사항 없음	
변속기 솔레노이드 저항					

※ 주의 사항: 측정 조건 및 측정 위치는 감독위원의 지시에 따릅니다.

02 변속기 솔레노이드 저항

01 관련 부품

위 그림은 측정 대상 자동 변속기이며 킥 다운 서보, 오일 온도 센서 커넥터, 유량조절 솔레노이드 커넥터, 킥 다운 서보 커넥터, 엔드 클러치 커버, 오일 팬이다.

02 오일 팬 탈거

위 그림과 같이 "오일 팬" 고정 볼트(10㎜)를 모두 푼 다음 탈거한다.

03 오일필터 탈거

위 그림과 같이 "오일필터 고정 볼트(10㎜) 4개를 푼 다음 탈거한다.

04 밸브바디 고정 볼트

위 그림과 같이 "밸브바디 고정 볼트(10㎜)를 모두 푼다.

05 밸브바디 탈거

위 그림과 같이 유량조절 솔레노이드 "배선 조인트"를 뺀 다음 "밸브바디"를 탈거한다.

06 유량조절 솔레노이드밸브

위 그림은 유량조절 솔레노이드 밸브이며 SCSV-B(Shift Control Solenoid Valve_B), SCSV-A(Shift Control Solenoid Valve_A), DCCSV(Damper Clutch Control Solenoid Valve), PCSV(Presser Control Solenoid Valve)이다.

07 유량조절 솔레노이드밸브 커넥터

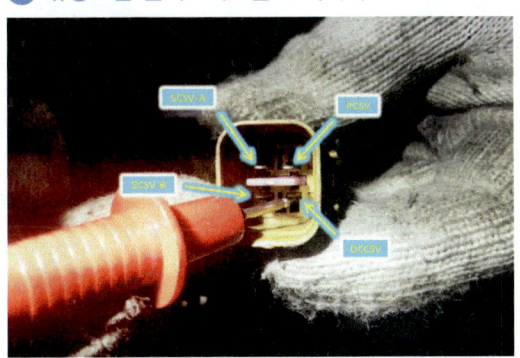

위 그림은 유량조절 솔레노이드 밸브 커넥터이며 SCSV-B, SCSV-A, DCCSV, PCSV 커넥터 단자이다.

08 측정 및 판독

위 그림과 같이 디지털 멀티미터의 선택 레버를 "저항"에 위치한 다음 센서 저항을 측정한다. 측정값은 "2.4Ω"이다.

09 답안 작성_측정 및 분석 내용 답안 작성하기

[참고] 측정 조건 제시(예): 댐퍼 클러치 컨트롤 솔레노이드밸브(DCCSV) 저항을 측정하시오.

■ 점검 및 측정

항 목	측정(또는 점검)		판정 및 정비(또는 조치) 사항		득 점
	측 정 값	규정값(정비한계값)	판정(□에 '✔' 표)	정비 및 조치 사항	
변속기 클러치 작동 시 압력	10.9kg/㎠	10.0~11.5kg/㎠	☑ 양 호 □ 불 량	정상 또는 정비 및 조치 사항 없음	
변속기 솔레노이드 저항	2.4Ω	2.0~3.0Ω			

※ 주의 사항: 측정 조건 및 측정 위치는 감독위원의 지시에 따릅니다.

정비기능장

B 전 기

1) 라디에이터 팬 탈·부착 및 작동상태 확인, 점검 및 측정

감독위원의 지시에 따라 자동차에서 라디에이터 팬을 탈거하고 감독위원에서 확인 후, 다시 조립(부착)하여 작동상태를 확인하고, 기록표의 요구사항을 점검 및 측정하고 기록표에 기록하시오.

01 라디에이터 팬 탈·부착 및 작동상태

01 배터리 탈거

위 그림과 같이 배터리 터미널을 "포스트"에서 분리한 다음 "배터리"를 탈거한다.

02 라디에이터 팬 모터 커넥터 탈거

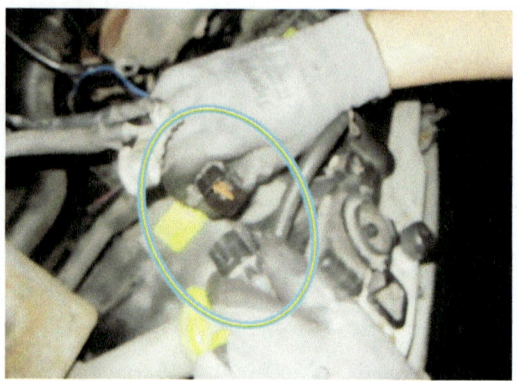

위 그림과 같이 라디에이터 팬 "모터 커넥터"를 탈거한다.

03 에어컨 콘덴서 팬 모터 커넥터 탈거

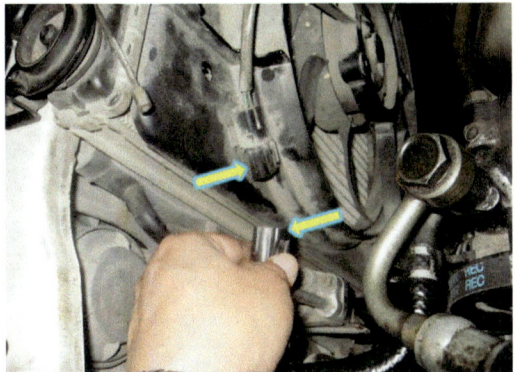

위 그림과 같이 에어컨 콘덴서 팬 "모터 커넥터"를 탈거한
다.

04 라디에이터 팬 스위치 커넥터 탈거

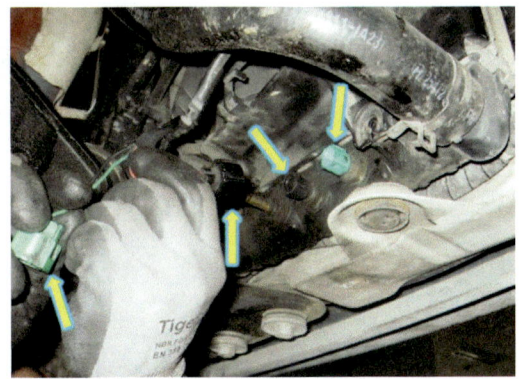

위 그림과 같이 라디에이터 "팬 스위치 커넥터 두 개"를
탈거한다.

05 라디에이터 팬 고정 볼트 탈거

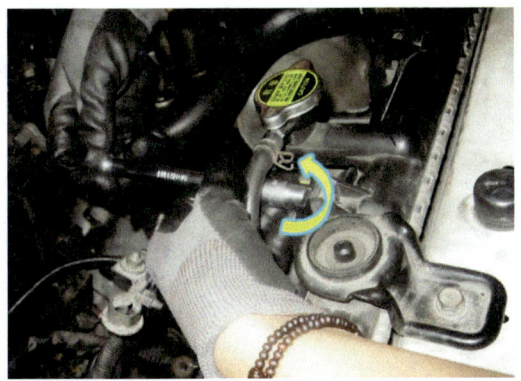

위 그림과 같이 라디에이터 팬 "고정 볼트(12㎜) 2개"를 푼
다.

06 라디에이터 팬 탈거

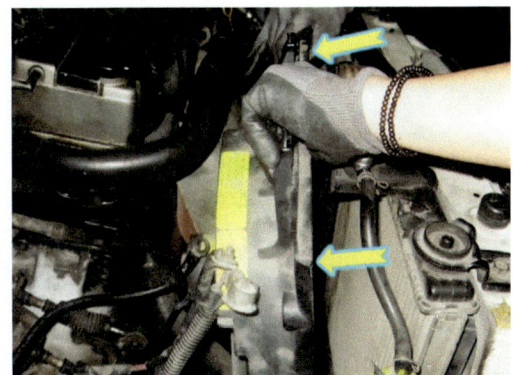

위 그림과 같이 라디에이터 "팬"을 탈거한다.
[주의: 라디에이터 코어와 냉간 핀이 손상되지 않도록 한다.]

07 라디에이터 팬 탈거 후

위 그림은 라디에이터 팬을 탈거한 후 모습으로 라디에이
터 캡, 라디에이터, 라디에이터 보조 탱크 캡, 라디에이터
하부호스, 라디에이터 상부 호스이다.

08 라디에이터 팬 단품

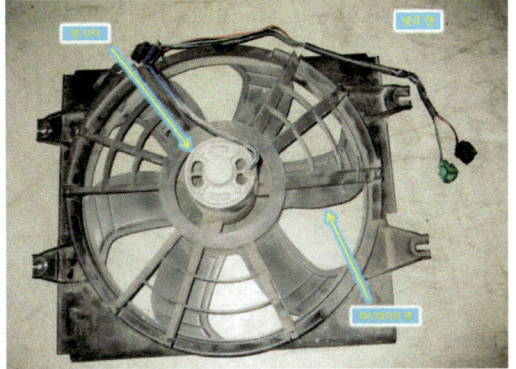

위 그림은 라디에이터 팬 단품으로 팬 모터와 라디에이터
팬 스위치 커넥터 두 개의 모습이다. [참고: 감독위원이 "라
디에이터 팬"까지만 탈거(분해)하라고 제시하면 여기까지 분해
하면 된다.]

09 에어컨 콘덴서 팬 상부 고정 볼트

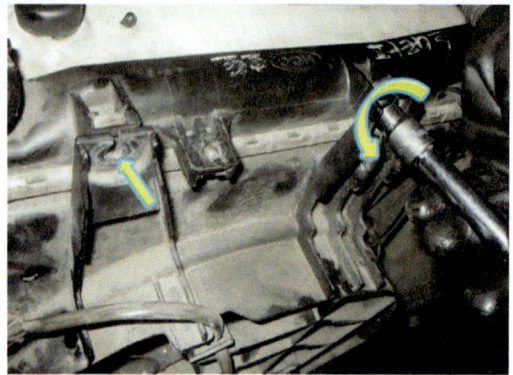

위 그림과 같이 에어컨 콘덴서 팬 "상부 고정 볼트(12㎜) 2개"를 푼다.

10 에어컨 콘덴서 팬 하부 고정 볼트 탈거

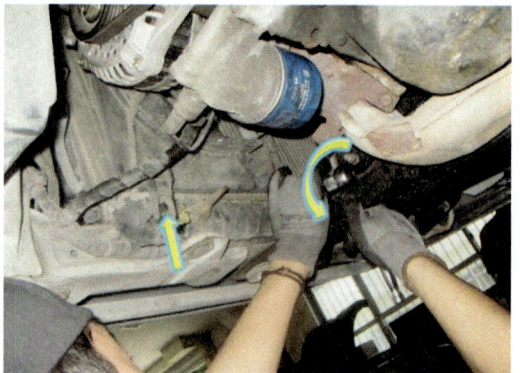

위 그림과 같이 에어컨 콘덴서 팬 "하부 고정 볼트(12㎜) 2개"를 푼다.

11 에어컨 콘덴서 팬 탈거

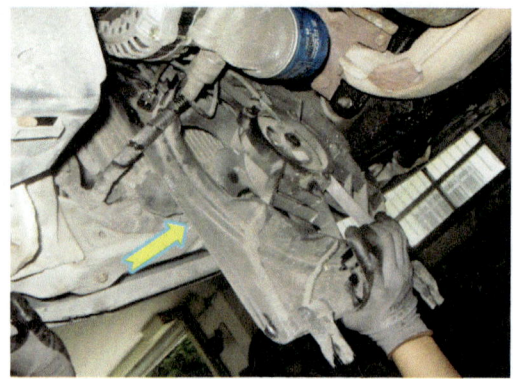

위 그림과 같이 에어컨 "콘덴서 팬"을 탈거한다. [참고: 이 차량의 경우 라디에이터 고속 회전시 에어컨 콘덴서 팬도 동시에 작동하므로 탈거한다.]

12 에어컨 콘덴서 팬 탈거 후

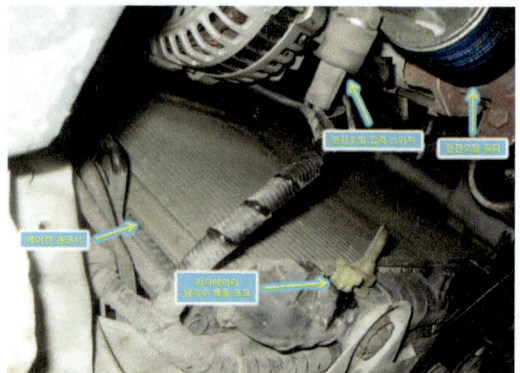

위 그림은 에어컨 콘덴서 팬 탈거 후 모습으로 엔진 오일 압력 스위치, 엔진 오일 필터, 라디에이터 냉각수 배출 코크, 에어컨 콘덴서이다.

13 에어컨 콘덴서 팬 단품

위 그림은 에어컨 콘덴서 팬 단품으로 "팬 모터"의 모습이다.

14 에어컨 콘덴서 팬 설치

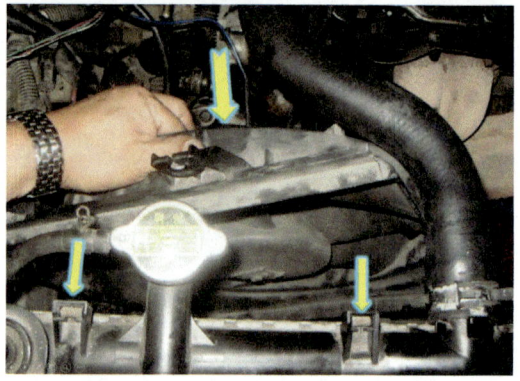

위 그림과 같이 에어컨 "콘덴서 팬"을 설치한다.

⑮ 에어컨 콘덴서 팬 조립

위 그림과 같이 에어컨 콘덴서 "팬 상부와 하부 고정 볼트"를 규정 토크로 조인다.

⑯ 라디에이터 팬 설치

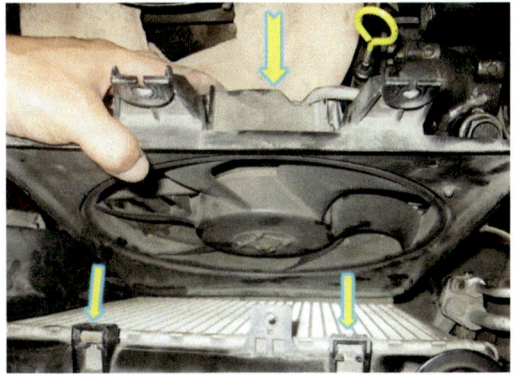

위 그림과 같이 "라디에이터 팬"을 설치"한다.

⑰ 라디에이터 팬 조립

위 그림과 같이 라디에이터 "팬 고정 볼트"를 규정 토크로 조인다.

⑱ 에어컨 콘덴서 팬 모터 커넥터 조립

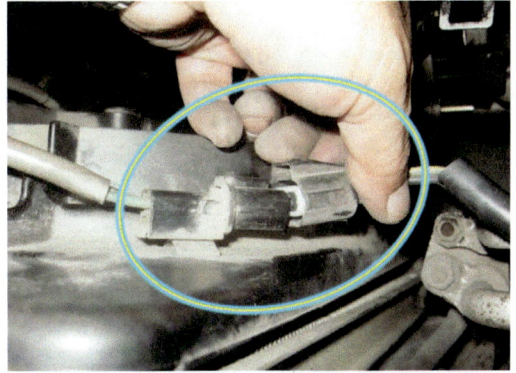

위 그림과 같이 에어컨 콘덴서 팬 "모터 커넥터"를 체결한다.

⑲ 라디에이터 팬 모터 커넥터 조립

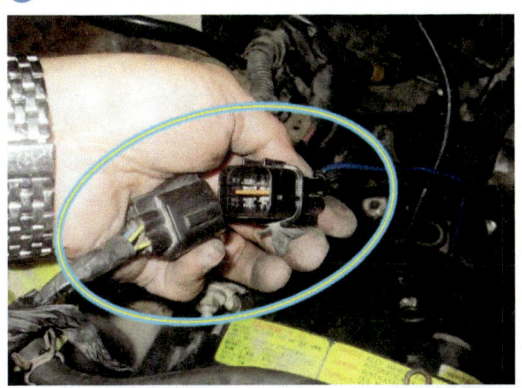

위 그림과 같이 라디에이터 팬 "모터 커넥터"를 체결한다.

⑳ 라디에이터 팬 스위치 커넥터 장착 및 작동시험

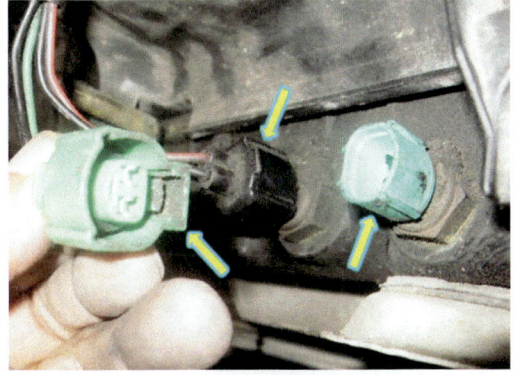

위 그림과 같이 라디에이터 "팬 스위치 커넥터를 2개"를 체결한 다음 "스캐너"를 이용하여 "작동시험"을 실시한다.

02 라디에이터 팬 모터 전압, 전류 측정

01 E71 냉각 팬 모터 위치

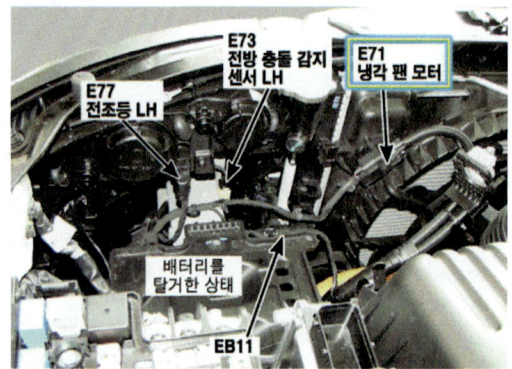

02 에어 덕트와 레조네이터 탈거

위 그림과 같이 "에어덕트"고정 볼트(10㎜) 2개"를 푼 다음 "레조네이터"를 탈거한다.

03 에어 덕트와 레조네이터 탈거 후

위 그림은 에어덕트와 레조네이터를 탈거한 후 모습이다.

04 냉각 팬 모터 커넥터

위 그림은 냉각 팬 모터 커넥터 모습이다.

05 자기진단 커넥터 연결

위 그림과 같이 "자기진단 커넥터"를 실내 "DLC"에 연결한다.

06 엔진 시동 ON

위 그림과 같이 엔진 시동을 "ON" 한다.

B
안

07 VCI ON

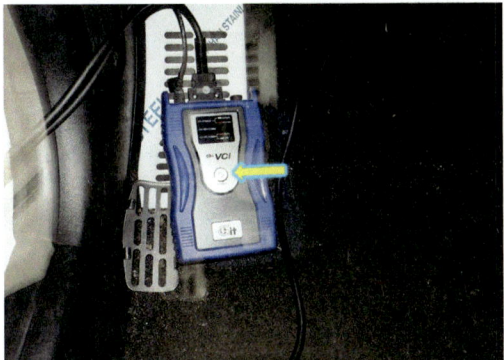

위 그림과 같이 "VCI" 전원 버튼을 눌러 "ON" 한다.

08 측정 항목 선택

위 그림과 같이 측정 화면에서 "강제 구동"을 클릭한다.
[참고: 두 개 중 하나만 클릭하면 된다.]

09 강제 구동 통신화면

위 그림은 강제 구동 실행을 위한 통신화면이다.

10 전류계 측정 레버 선택

위 그림과 같이 "대 전류계" 선택 레버를 "100A"로 위치한다.

11 대 전류 레인지 선택

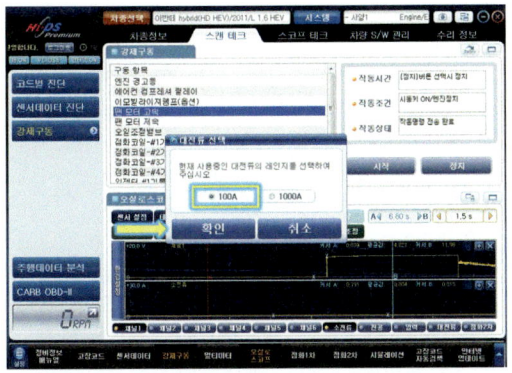

위 그림과 같이 대 전류 레인지를 "100A"로 클릭한 다음 "확인" 버튼을 클릭한다.

12 영점조정

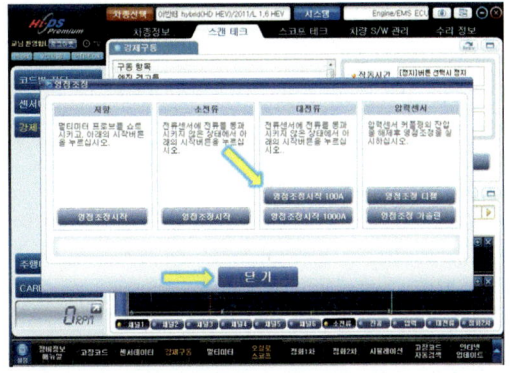

위 그림과 같이 "영점조정 시작 100A"를 클릭한 다음 영점조정이 완료되면 "닫기"를 클릭한다.

⑬ 냉각 회로(1)_냉각 회로의 냉각 팬 모터

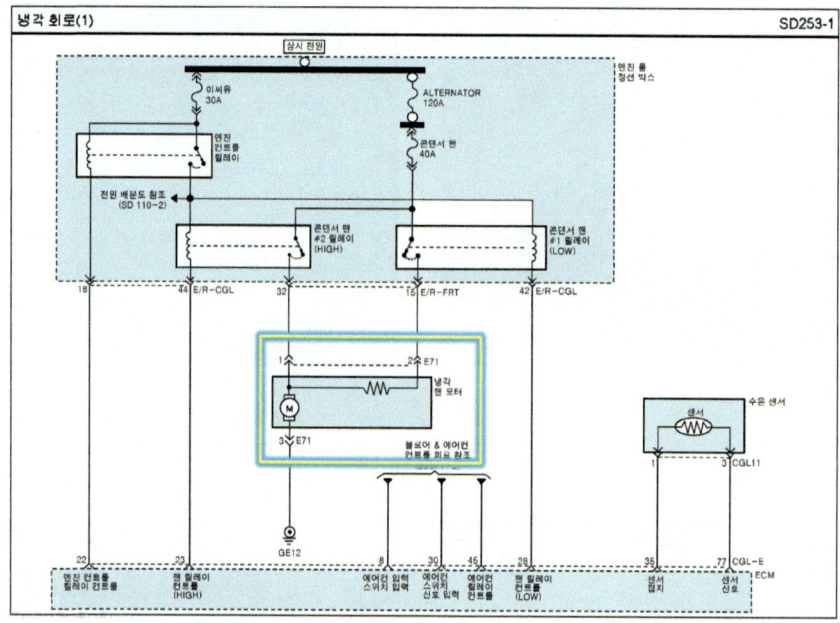

⑭ 냉각 팬 모터 회로

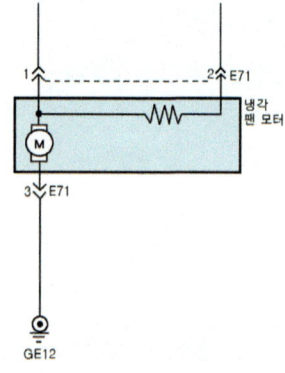

위 그림은 "냉각 팬 모터 단자"이다.

⑮ 냉각 팬 모터 커넥터

E71

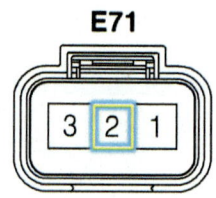

위 그림은 냉각 팬 모터 "커넥터 2번 단자"가 출력단자이다.

⑯ 채널 1번 접지 프로브 설치

위 그림과 같이 "채널 1번" 접지 프로브를 "배터리 (−)터미널 또는 차체"에 접지한다.

⑰ 채널 1번 전원 프로브 및 대 전류계 설치

위 그림과 같이 "채널 1번" 전원 프로브와 "대 전류계"를 "2번 단자" 및 "배선"에 설치한다.

⑱ 팬 모터 고속 강제 구동

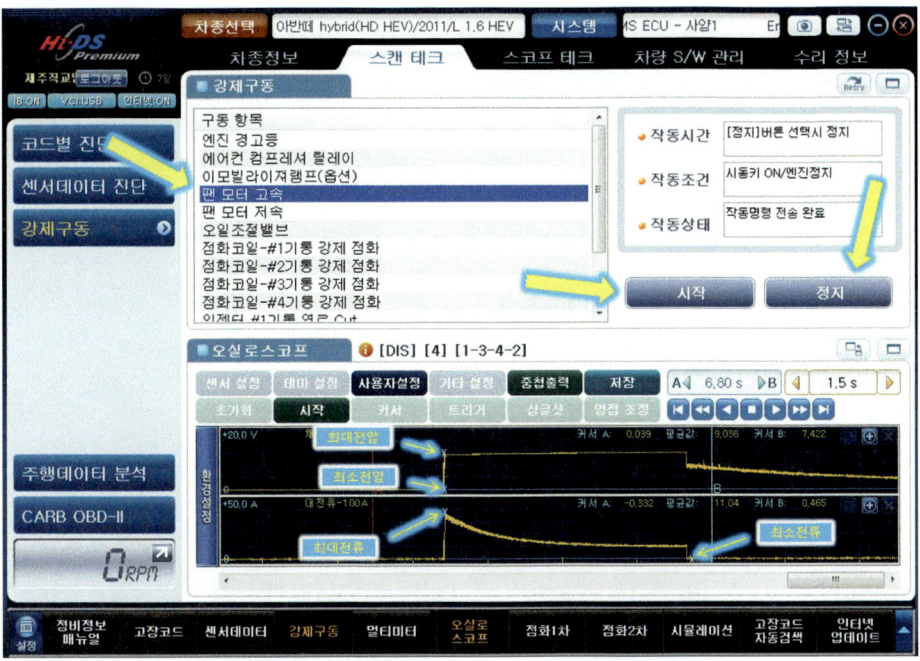

위 그림은 "강제 구동" 화면이며 "팬 모터 고속"을 선택한 다음 우측의 "시작" 버튼을 클릭한 후 측정이 완료되면 "정지" 버튼을 클릭한다.

⑲ 팬 모터 고속 강제 구동 시 출력 파형

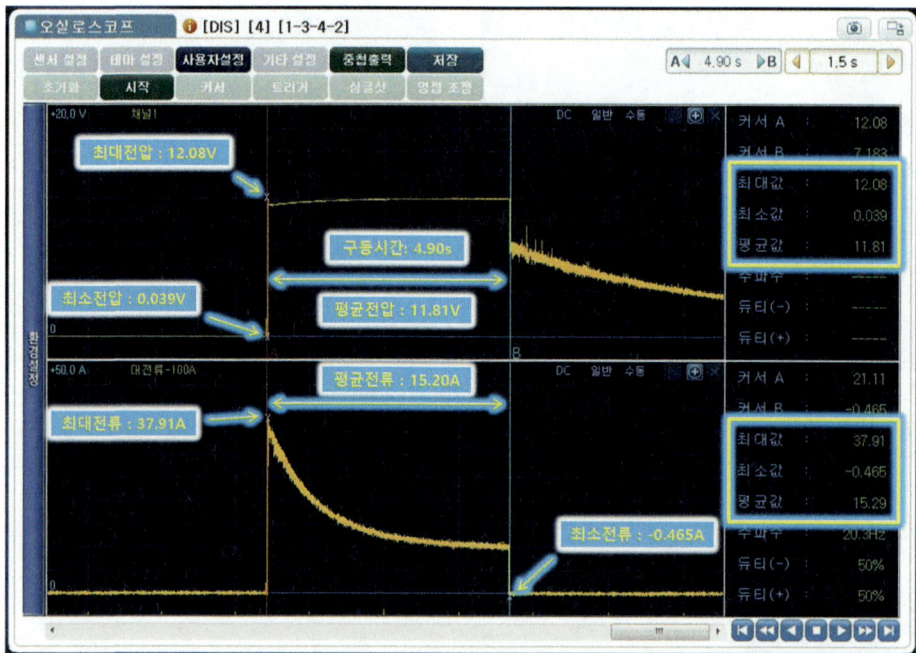

위 그림은 팬 모터 고속 "강제 구동" 시 출력 파형이며 "커서 A"를 모터 구동 시작 지점에 위치하고 "커서 B"는 모터 구동 종료 부분에 위치시킨 다음 구동 시간 4.90s, 평균전압 11.81V, 최대 전압 12.08V, 최소전압 0.039V와 평균 전류 15.29A, 최대 전류 37.91A, 최소 전류 -0.465A로 표기한 화면이다.

⑳ 출력 파형 출력물_파형 출력 및 분석내용표기

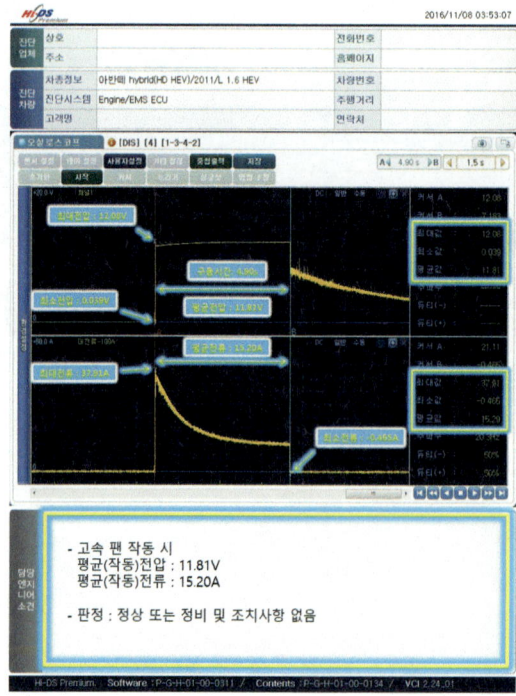

㉑ 답안 작성_측정 및 분석 내용 답안 작성하기

[참고] 측정 조건 제시(예): 스캐너 및 자동차 종합 시험기를 이용한 강제 구동 실행에 의하여 측정하시오. 또는 디지털 멀티미터와 클램프 타입 전류계를 이용하여 측정하시오.

◈ **전기 1. 기록표**

자동차 번호 :

비 번호		감독확인	

위 치	측정 항목	측정(또는 점검)		판정 및 정비(또는 조치) 사항		득 점
		측 정 값	규정값(정비한계값)	판정(□에 '✔' 표)	정비 및 조치 사항	
라디에이터 팬 모터 (구동 시)	작동 전압	11.81V	11.00~13.50V	☑ 양 호 □ 불 량	정비 및 조치 사항 없음 또는 정상	
	작동 전류	15.20A	10.00~20.00A			

[참고] 라디에이터 팬 모터 구동 시 작동전압과 작동전류 측정이므로 "평균전압과 평균 전류"를 기재하면 된다.

㉒ 팬 모터 저속 강제 구동

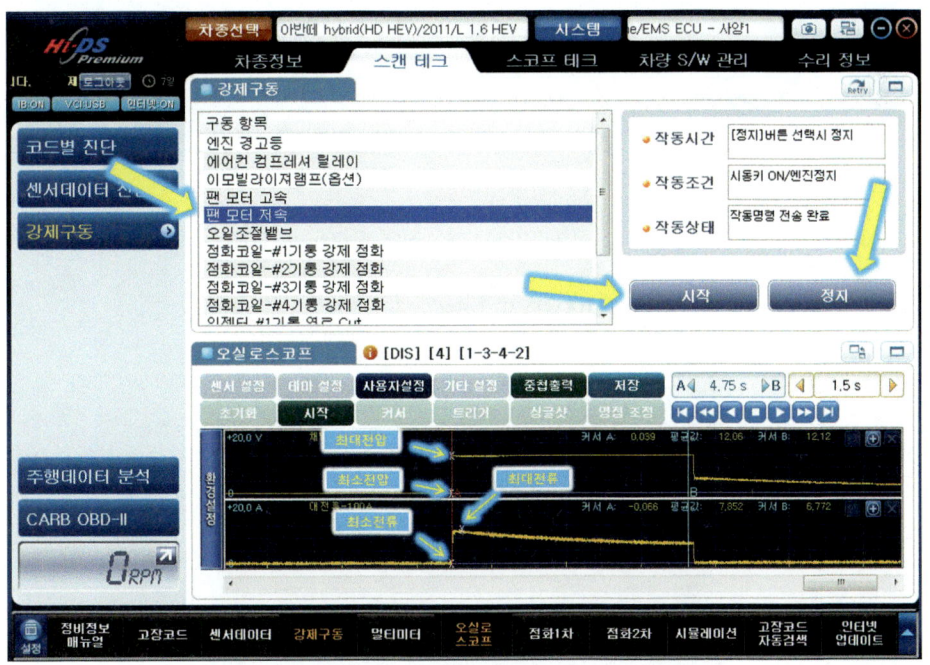

위 그림은 팬 모터 저속 "강제 구동" 화면이며 "팬 모터 저속"을 선택한 다음 우측의 "시작" 버튼을 클릭한 후 측정이 완료되면 "정지" 버튼을 클릭한다.

23 팬 모터 저속 강제 구동 시 출력 파형

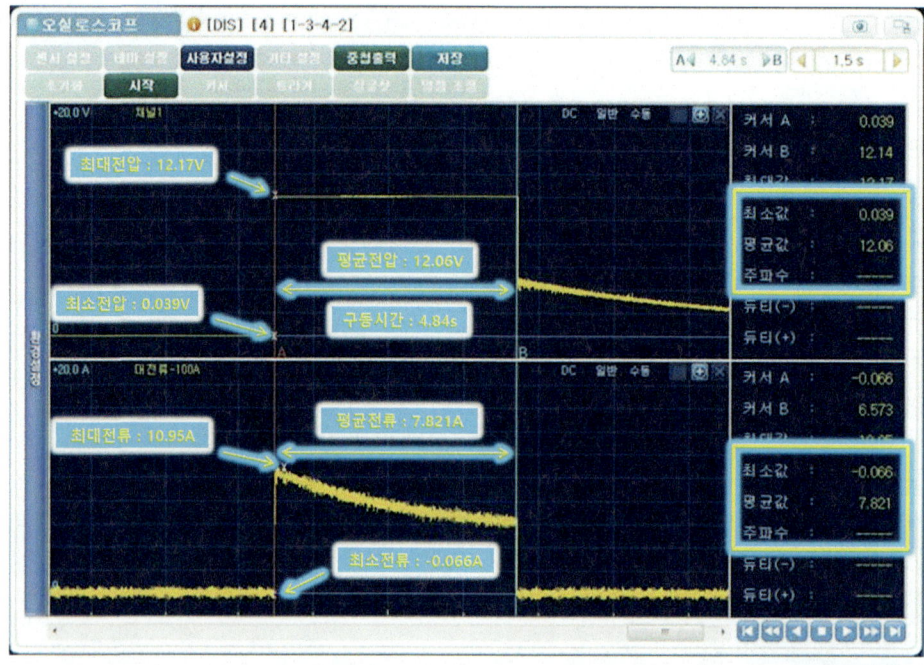

위 그림은 팬 모터 저속 "강제 구동" 시 출력 파형이며 커서 "커서 A"를 모터 구동 시작 지점에 위치하고 "커서 B"는 모터 구동 종료 부분에 위치시킨 다음 구동 시간 4.84s, 평균전압 12.06V, 최대 전압 12.17V, 최소전압 0.039V와 평균 전류 7.821A, 최대 전류 10.95A, 최소 전류 -0.066A로 표기한 화면이다.

24 출력 파형 출력물_파형 출력 및 분석내용표기

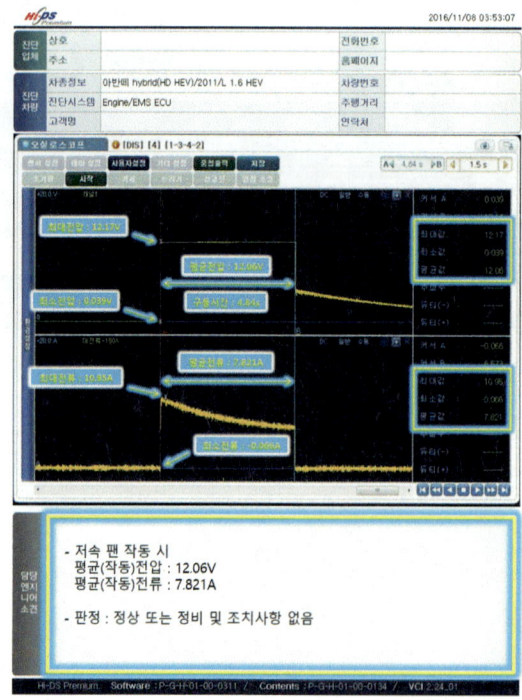

09 **퓨즈 연결 회로_방향지시등, 비상등**

표기	용량(A)	연결회로
시동	10A	도난 방지 릴레이
파워 윈도우 좌측	30A	파워 윈도우 메인 스위치, 좌측 뒤 파워 윈도우 스위치
파워 윈도우 우측	30A	파워 윈도우 메인 스위치, 우측 앞/뒤 파워 윈도우 스위치
선루프	20A	선루프 모터
전동 시트	30A	IMS컨트롤 모듈
안전파워 윈도우	30A	세이프티 파워 윈도우 ECM
열선 미러	10A	리어 디포거 스위치, 좌/우측 파워 아웃사이드 미러 & 미러 폴딩 모터
에어백 #1	15A	에어백 컨트롤 모듈#1
실내등	10A	핸즈프리 모듈, 계기판, 좌측 앞 도어 램프, 카고 램프, 리어 퍼스널 램프 LH/고, 맵 램프, 실내등, 운전석/조수석 화장 등 스위치
에어컨	10A	에어컨 컨트롤 모듈, 블로워 하이 릴레이, AQS센서, 실내 온도 & 습도센서, 리어 에어컨 스위치, 선루프 모터, 리어 에어컨 릴레이, PTC 히터 릴레이#2,#3, 실내 감광 미러, 전조등 와셔 릴레이, 블로워 릴레이
열선 좌석	25A	운전석 · 조수석 시트 히터 컨트롤 모듈
파워 앰프	30A	DELPHI 앰프, 오디오 앰프
파워 아웃렛 센터	15A	리어 파워 아웃렛 #2
파워 아웃렛	25A	프런트 파워 아웃렛, 리어 파워 아웃렛#1
시가라이터	15A	프런트 파워 아웃렛
문자동 잠금장치	20A	도어 록/언록 릴레이, BCM, 좌측 앞/뒤 도어 록, 액추에이터, 우측 앞/뒤 도어 록 액추에이터, 테일게이트 록 액추에이터
에어백 경고등	10A	계기판
오토티엠 잠금장치	10A	ATM 키 록 모듈, VDC 스위치, 운전석/조수석 시트 히터 컨트롤 모듈
방향지시등	10A	비상등 스위치
조정식 페달	15A	어드저스트 페달 릴레이
비상등	15A	비상등 릴레이, 비상등 스위치
후방 와이퍼	15A	리어 간헐 와이퍼 모듈, 다기능 스위치
에어컨 스위치	10A	에어컨 컨트롤 모듈
계기판	10A	핸즈프리 모듈, MTS 잭, 계기판, BCM, 제너레이터
비씨엠 #1	10A	BCM
연료통 주입구 열림	15A	연료 주입구 스위치
경보기	10A	도난 방지 경음기 릴레이, BCM, 도난 방지 경음기
3열 에어컨	15A	리어 에어컨 릴레이
후진 경고	10A	후진 경고 부저
아이엠에스	10A	IMS 컨트롤 모듈, 레인 센서
오디오 #2	10A	파워 윈도우 메인 스위치, DELPHI 오디오, 오디오, 파워 아웃사이드 미러 & 미러 폴딩 모터, BCM, MTS 모듈, ATM 키 록 모듈, A/V 헤드 모듈, 시계, 핸즈프리 모듈, 튜너 모듈
블로워	30A	블로워 릴레이, 에어컨 스위치 10A, 블로워 모터
정지등	15A	정지등 스위치
전조등 와셔	20A	전조등 와셔 릴레이
비씨엠 #3	10A	도어 워닝 스위치, IMS컨트롤 모듈, 파워 아웃사이드 미러 & 미러 폴딩 모터, 세큐리티 인디게이터, BCM, 파워 윈도우 메인 스위치, 우측 앞 파워 윈도우 스위치
디지털시계	15A	시계, 자기진단점검단자, 에어컨 컨트롤 모듈
오디오 #1	15A	DELPHI 오디오, 오디오, MRS 모듈, A/V 헤드 모듈, 튜너 모듈, 내비게이션 모듈
오토티엠	10A	키 솔레노이드, 스포츠 모드 스위치
비씨엠#2	10A	레오스테트, BCM, EPS 모듈

⑩ E34 우측 방향등

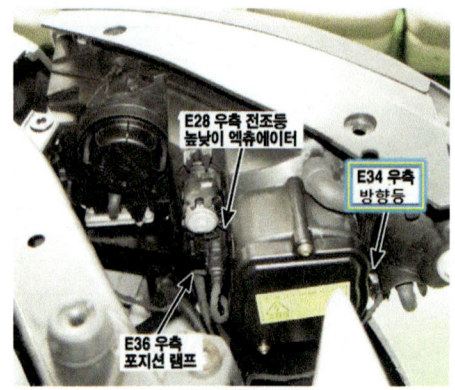

E28 우측 전조등
높낮이 엑츄에이터

E34 우측
방향등

E36 우측
포지션 램프

⑪ F40 우측 뒤 콤비 램프(OUT)

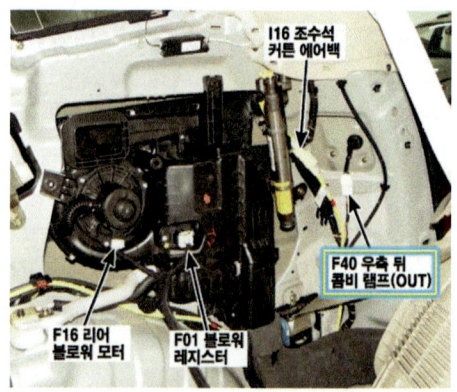

I16 조수석
커튼 에어백

F40 우측 뒤
콤비 램프(OUT)

F16 리어
블로워 모터

F01 블로워
레지스터

⑫ 계기판 안쪽 M15-A(20P)

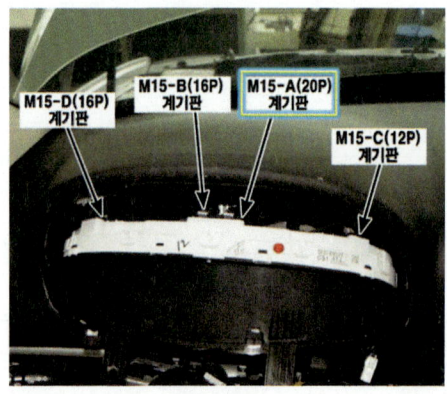

M15-D(16P)
계기판

M15-B(16P)
계기판

M15-A(20P)
계기판

M15-C(12P)
계기판

⑬ E01(좌측), C267(우측) 사이드 리피터 램프

E01(좌측)
C267(우측)
사이드 리피터 램프

⑭ F39 좌측 뒤 콤비 램프(OUT)

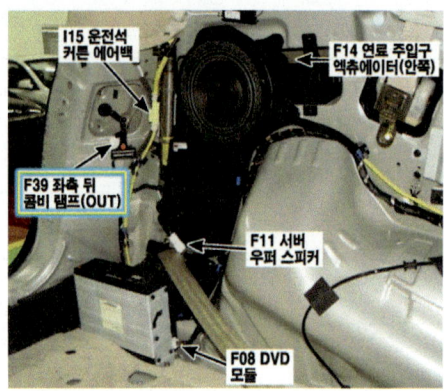

I15 운전석
커튼 에어백

F14 연료 주입구
엑츄에이터(안쪽)

F39 좌측 뒤
콤비 램프(OUT)

F11 서버
우퍼 스피커

F08 DVD
모듈

⑮ 좌측 펜더 E33 좌측 전조등

E27 좌측 전조등
높낮이 엑츄에이터

E35 좌측
포지션 램프

E33 좌측 전조등

좌측
펜더

⑯ 계기판 안쪽 M15–B(16P)

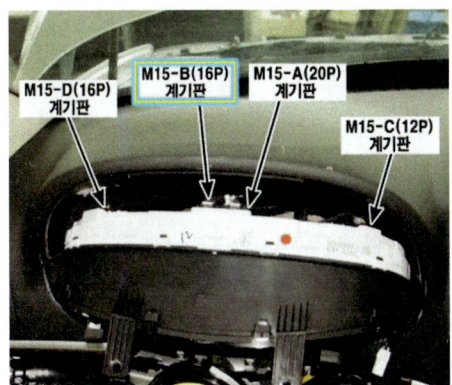

⑰ E01(좌측), C267(우측) 사이드 리피터 램프

⑱ 방향지시등 & 비상등 회로(1)_체크포인트

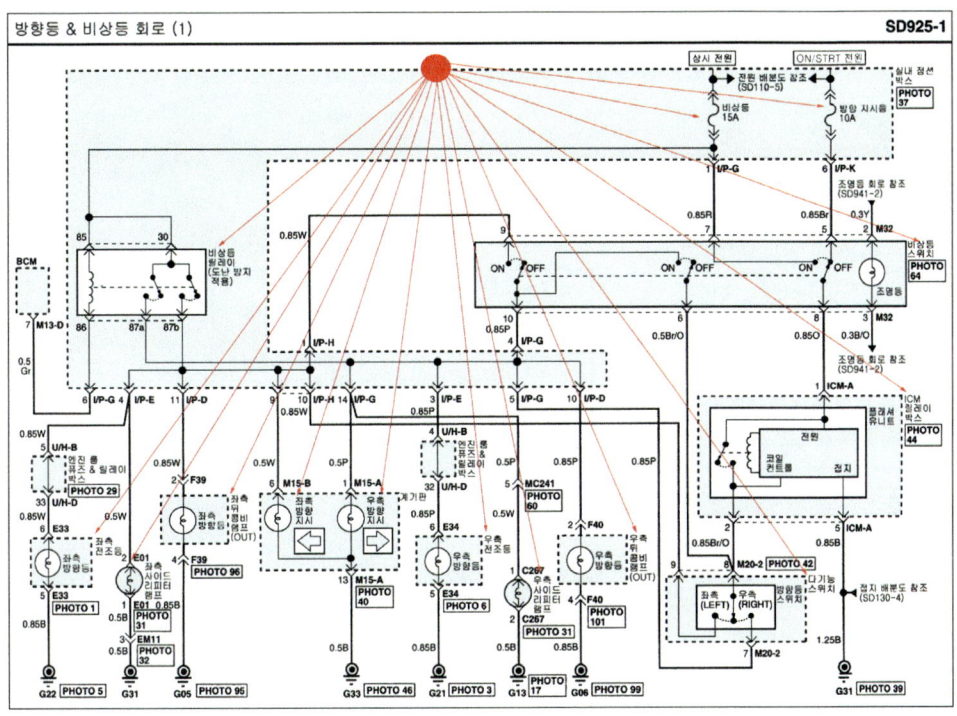

19 ICM-A ICM 릴레이 박스

20 M32 비상등 스위치

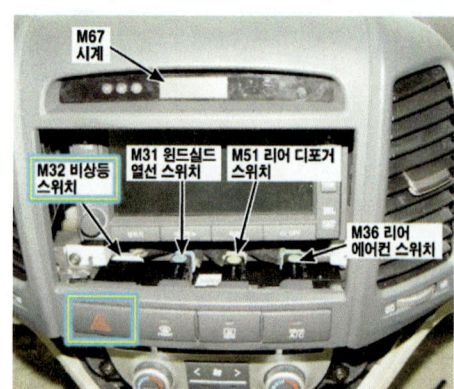

21 점등 스위치 및 방향 지시등 스위치 점검 방법

1. 점등 스위치 각 위치에서 아래 터미널의 도통 상태를 점검한다.
2. 도통 상태가 바르지 않으면 점등 스위치를 교환한다.

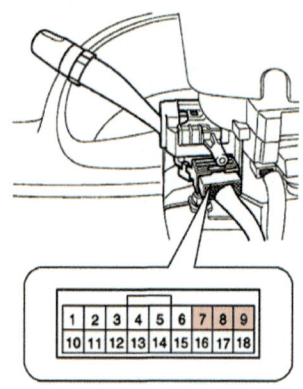

방향지시등 스위치

비상경고등 \ 방향지시등	단자 7	8	9
L		○──○	
N (OFF)			
R	○──○		

22 회로 고장 부분과 내용 및 상태 참고 자료

고장 부분	내용 및 상태	정비 및 조치할 사항
IG 1 40A 퓨즈	단선	IG 1 40A 퓨즈 교환 후 재점검
방향지시등 10A 퓨즈	단선	방향지시등 10A 퓨즈 교환 후 재점검
비상등 15A 퓨즈	단서	비상등 15A 퓨즈 교환 후 재점검
풀라셔 유니트	탈거	풀라셔 유니트 장착 후 재점검
점화스위치 커넥터	탈거	점화스위치 커넥터 결합 후 재점검
다기능 스위치 커넥터	탈거	다기능 스위치 배선 결합 후 재점검
다기능 스위치 커넥터 배선	단선	다기능 스위치 커넥터 배선(LH, RH) 결선 후 재점검
전, 후방 방향지시등(LH, RH) 램프	단선	전, 후방 방향지시등(LH, RH) 램프 교환 후 재점검
계기판, 사이드 방향지시등(LH, RH) 램프	단선	계기판, 사이드 방향지시등(LH, RH) 램프 교환 후 재점검

23 답안 작성

[참고] 위에서 설명한 에어컨 및 공조(A안 참고), 사이드미러(A안 참고), 방향지시등 회로 점검 방법을 참고하여 고장 부분, 내용 및 상태, 정비 및 조치 사항을 기재한다.

◈ 전기 2. 기록표

비 번호		감독위원	

자동차 번호 :

항 목	측정(또는 점검)		정비 및 조치 사항	득 점
	고장 부분	내용 및 상태		
에어컨 회로	블로워 모터 커넥터	탈거	커넥터 연결 후 재확인	
사이드미러 회로	운전석 파워 아웃사이드 미러 & 미러 폴딩 스위치	커넥터 빠짐	커넥터 끼운 후 재확인	
방향지시등 회로	비상등 스위치	커넥터 빠짐	커넥터 연결 후 재점검	

정비기능장

B

전 기

3) 파형 측정

주어진 자동차에서 시험위원 지시에 따라 기록표의 요구사항을 점검 및 측정하여 기록하시오.

01   LIN 통신 파형_후진기어 신호에 따른 LIN 통신

01 배터리 프로브 설치

위 그림과 같이 배터리 전원 프로브를 "(+)전원선"에 연결하고 접지 프로브는 "차체"에 설치한다.

02 VMI 전원 ON 및 채널 A 프로브 연결

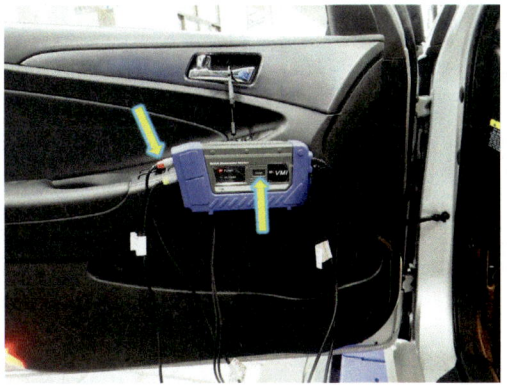

위 그림과 같이 VMI 전원 버튼을 눌러 "ON"한 다음 "채널 A" 프로브를 연결한다.

03 부품 구성도_LIN 통신 회로 구성도

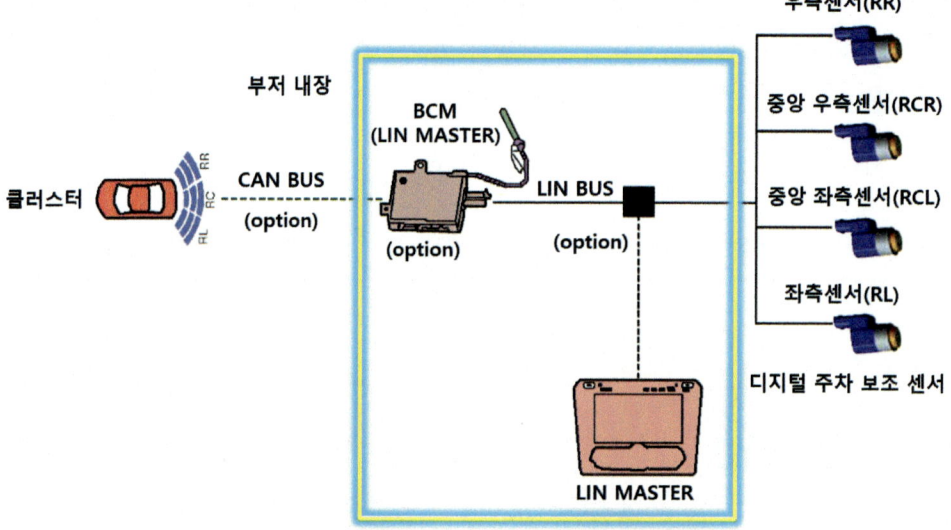

04 LIN 통신_후진기어 신호에 따른 LIN 통신과 센서

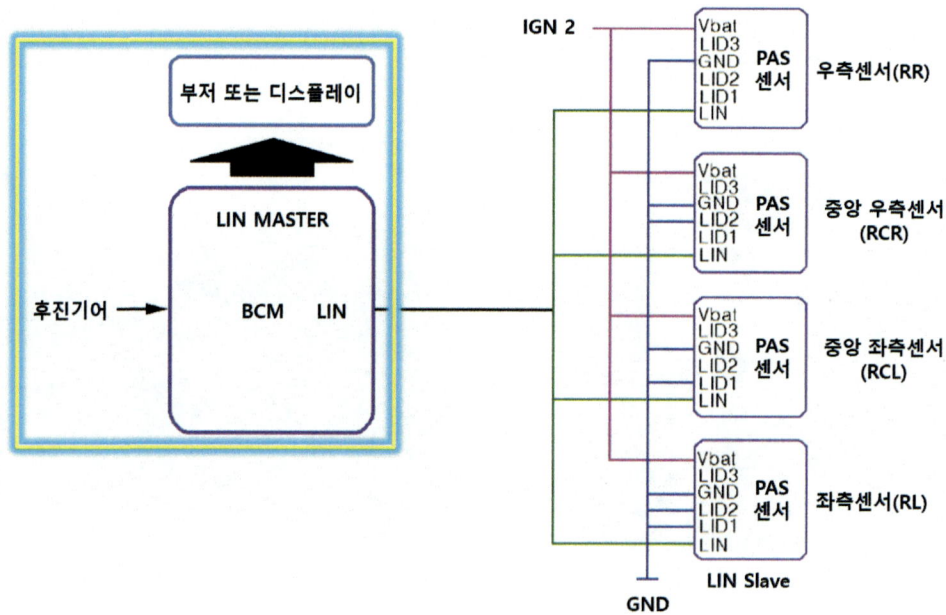

05 주차 보조 시스템 회로(2)_BCM 제어에 따른 LIN 통신과 센서

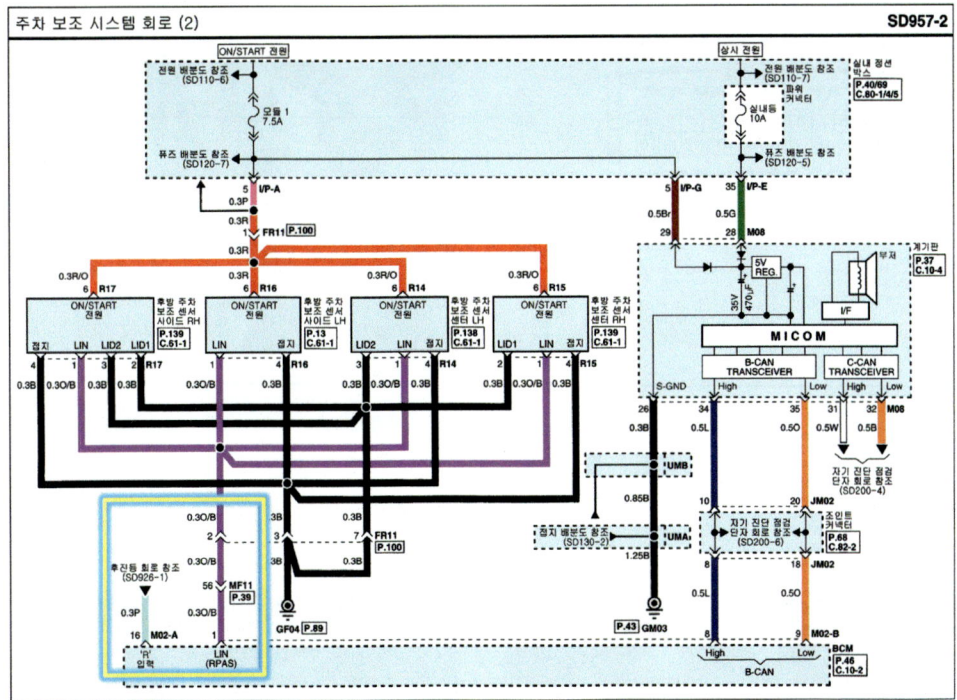

06 LIN 통신 단자

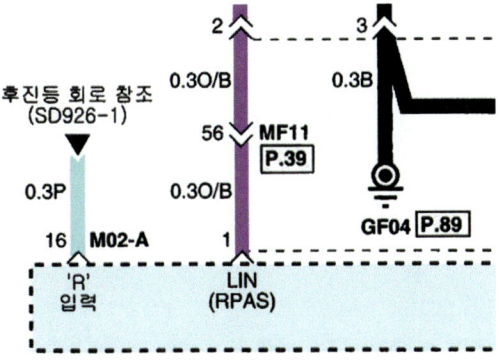

위 그림은 "LIN 통신 단자"를 나타낸다.

07 M02-C BCM(18-WHT) 위치

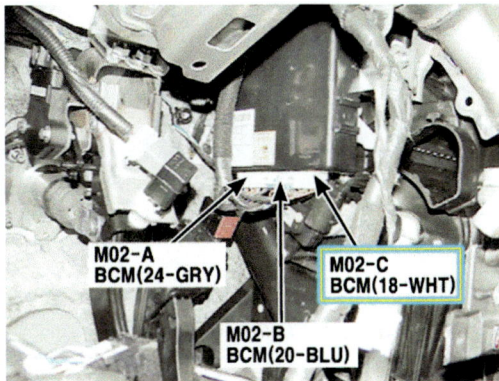

08 M02-B BCM 1번 단자

M02-B   BCM
- 20 Female / Blue (KET_040III_20F_L)

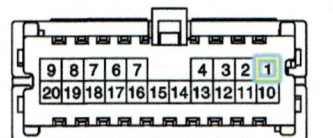

1. O/B	후방 주차 보조 센서(LIN)	
2. -	-	
3. W	다기능 스위치 (전방 안개등 스위치)	
4. O	파킹 브레이크 스위치	
5. -	-	
6. -	-	
7. L	A/V & 내비게이션 헤드 유닛 (Auto Light)	
8. L	B-CAN(High)	
9. O	B-CAN(Low)	
10. W	오토 라이트 센서(접지)	
11. L	오토 라이트 스위치(신호)	
12. Br	오토 라이트 센서(전원)	
13. G	다기능 스위치 라이트 스위치(AUTO)	
14. L	바디 K-Line	
15. Br	에어컨 컨트롤 모듈 (리어 디포거 스위치)	
16. -	-	
17. G	오토 라이트 & 포토 센서 시큐리티 인디케이터	
18. Gr	A/V 내비게이션 헤드 유닛 (Door Unlock.IN)	
19. Br	다기능 스위치 (딤머/패싱 스위치)	
20. -	-	

위 그림은 "1번" 후방 주차 보조 센서(LIN) 단자이다.

09 채널 A 프로브 접지

위 그림과 같이 "채널 A" 프로브를 "차체"에 접지한다.

10 채널 A 전원 프로브 연결

위 그림과 같이 "채널 A" 전원 프로브를 "1번 단자"에 연결한다.

11 Key ON

위 그림과 같이 Key를 "ON" 한다.

12 변속 선택 레버 R 레인지

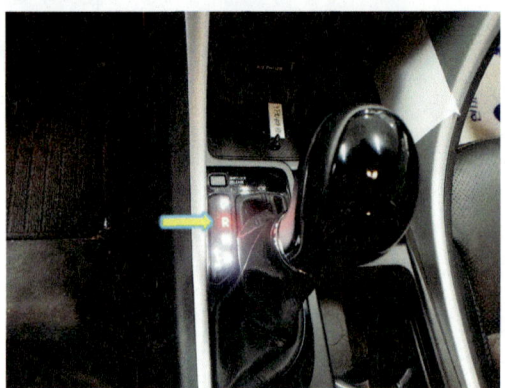

위 그림과 같이 변속 선택 레버를 "R 레인지"로 변속한다.

13 후진등 점등

위 그림은 R 레인지 변속에 따른 후진등 "점등" 상태이다.

⑭ LIN 통신 파형_1

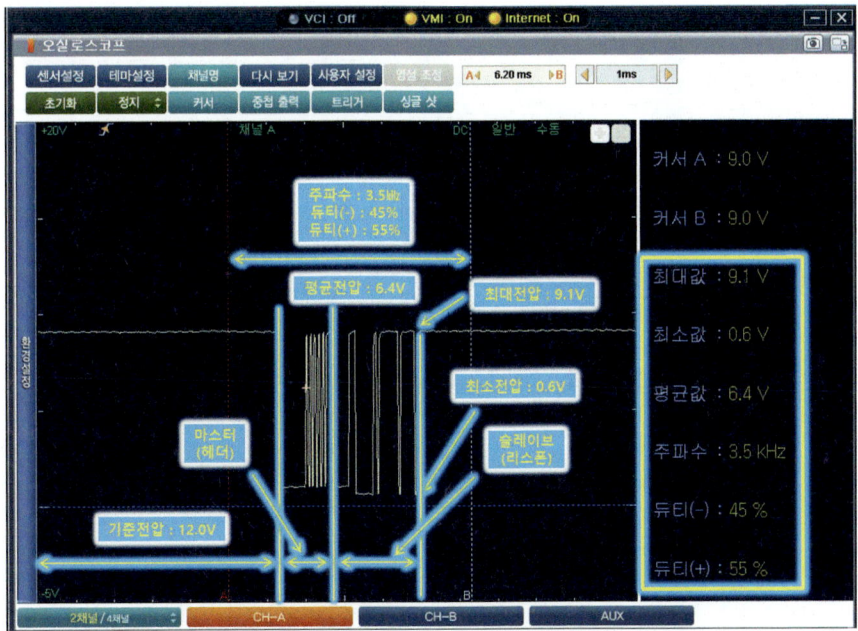

위 그림은 후진기어 신호에 따른 LIN 통신 파형이며 "커서 A"를 통신 신호 시작전 임의 지점에 위치하고 "커서 B"는 통신 신호 종료 후 임의 부분에 위치시킨 다음 평균전압 6.4V, 최대 전압 9.1V, 최소전압 0.6V, 주파수 3.5kHz, 듀티(-) 45%, 듀티(+) 55%로 표기한 화면이다.

⑮ LIN 통신 파형_2

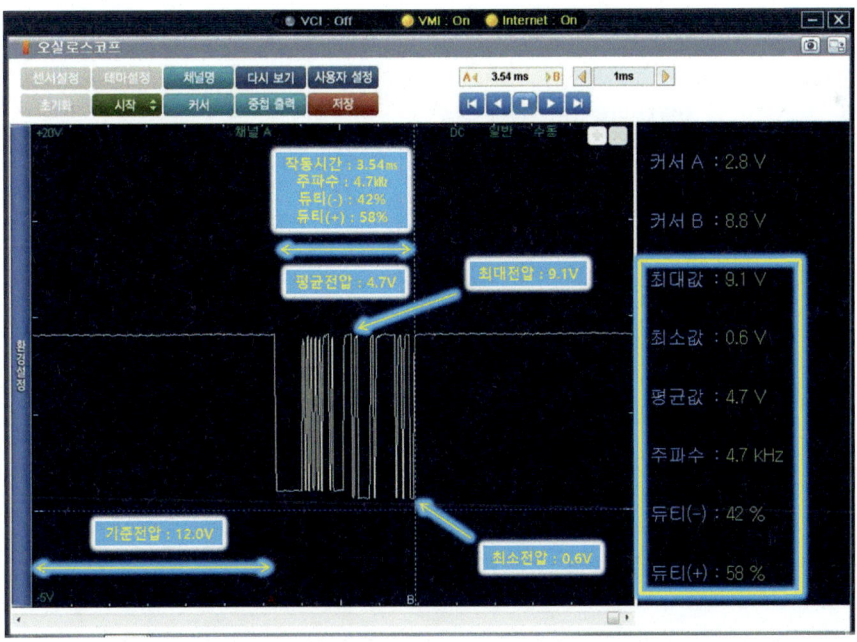

위 그림은 후진기어 신호에 따른 LIN 통신 파형이며 "커서 A"를 통신 신호 시작 지점에 위치하고 "커서 B"는 통신 신호 종료 부분에 위치시킨 다음 기준전압 12.0V, 평균전압 4.7V, 최대 전압 9.1V, 최소전압 0.6V, 주파수 4.7kHz, 듀티(-) 42%, 듀티(+) 58%로 표기한 화면이다.

⑯ 출력 파형 출력물_파형 출력 및 분석내용표기

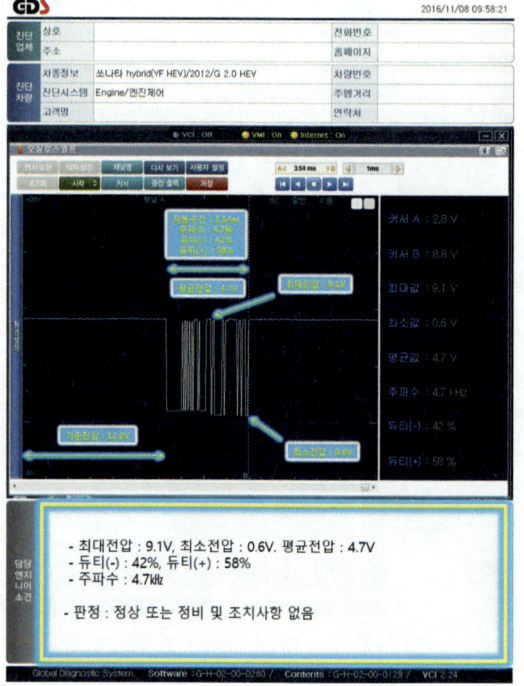

⑰ 답안 작성_측정 및 분석 내용 답안 작성하기

[참고] 측정 조건 제시(예): LIN 통신 파형의 1주기를 측정하시오.

◆ 전기 3. 기록표

| 1) 파형 | 자동차 번호 : | | 비 번 호 | | 감독확인 | |

항 목	파형 분석 및 판정			득 점
	분석 항목	분석 내용	판정(□에 '✔' 표)	
LIN 통신 파형 측정	전압: 4.7V	분석 내용은 출력물에 표시하시오.	☑ 양 호 □ 불 량	
	듀티: (−)42%, (+)58%			
	주파수: 4.7KHz			

※ 주의 사항 : 감독위원이 지정하는 LIN 통신 파형의 1주기를 측정하여 분석하시오.
　　　　　　분석 항목 및 내용은 출력물에 표기하며 관련 사항은 감독위원의 지시에 따릅니다.
[참고] 통신 파형 1주기에 대한 분석이므로 전압은 "평균(작동)전압"을 기재한다.

02 LIN 통신 파형_배터리 센서 LIN 통신

01 Key ON

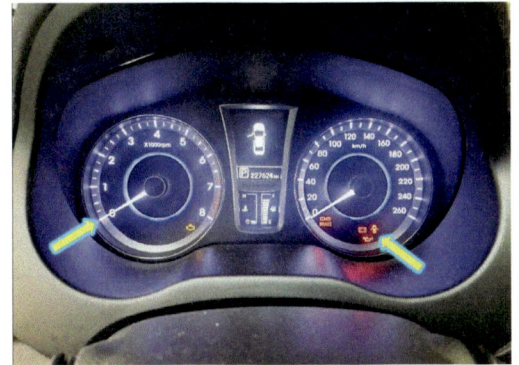

위 그림과 같이 Key를 "ON" 한다.

02 채널 프로브 연결

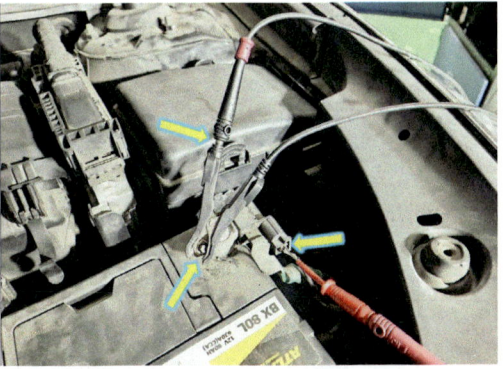

위 그림과 같이 "채널 1번" 전원 프로브를 배터리 센서 "출력단자"에 연결하고 접지 프로브는 배터리 "(−)터미널"에 연결한다.

03 LIN 통신 파형_1

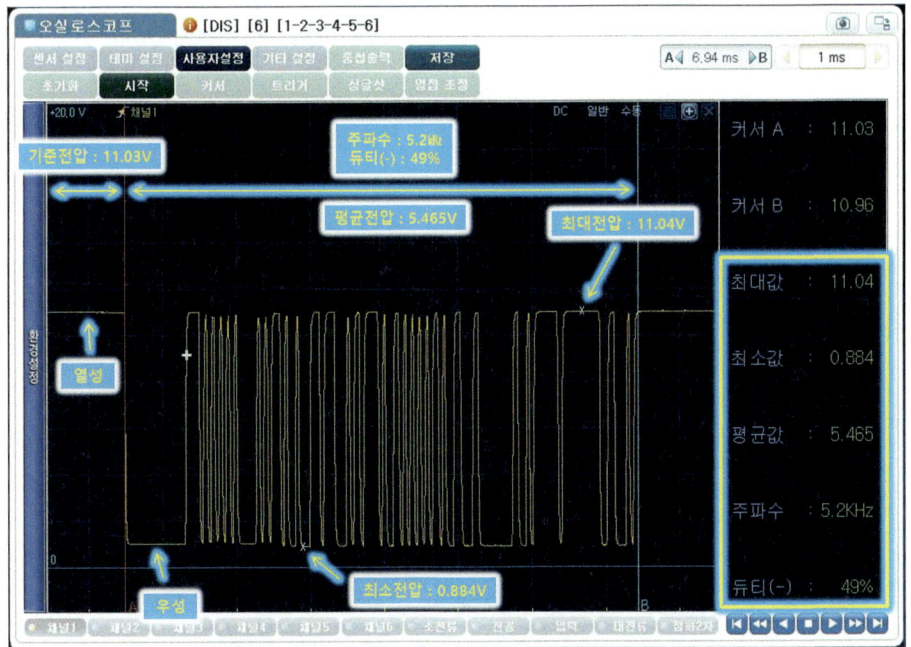

위 그림은 배터리 센서에 대한 LIN 통신 파형이며 "커서 A"를 통신 신호 시작 지점에 위치하고 "커서 B"는 통신 신호 종료 부분에 위치시킨 다음 기준전압 11.03V, 평균전압 5.465V, 최대 전압 11.04V, 최소전압 0.884V, 주파수 5.2㎑, 듀티(−) 49%로 표기한 화면이다.

04 LIN 통신 파형_2

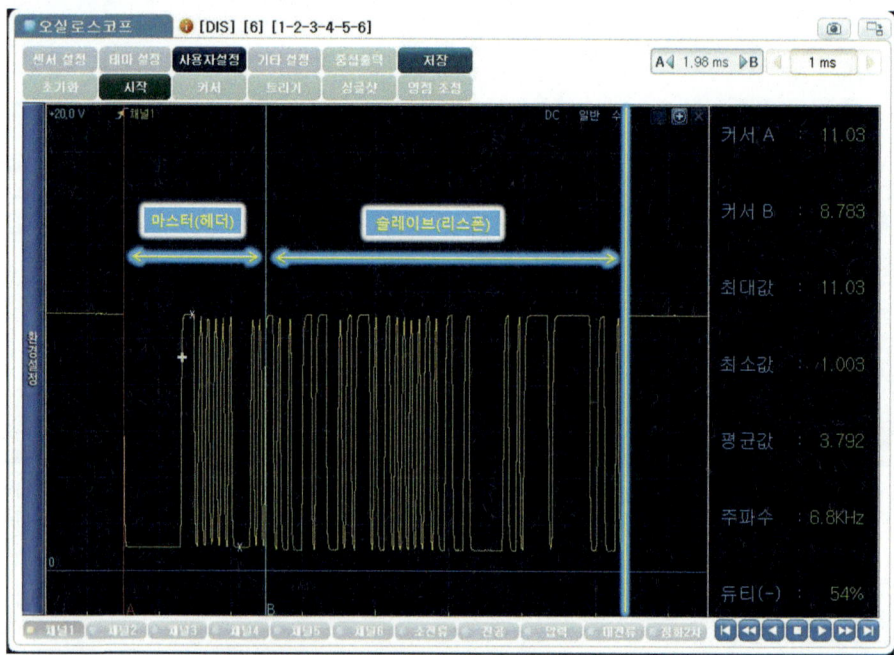

위 그림은 배터리 센서에 대한 LIN 통신 파형이며 "커서 A"를 통신(마스터) 신호 시작 지점에 위치하고 "커서 B"는 마스터 통신 신호 종료 부분에 위치시킨 다음 "마스터(헤더)"와 "슬레이브(리스폰)" 구간을 표기한 화면이다.

05 출력 파형 출력물_파형 출력 및 분석내용표기

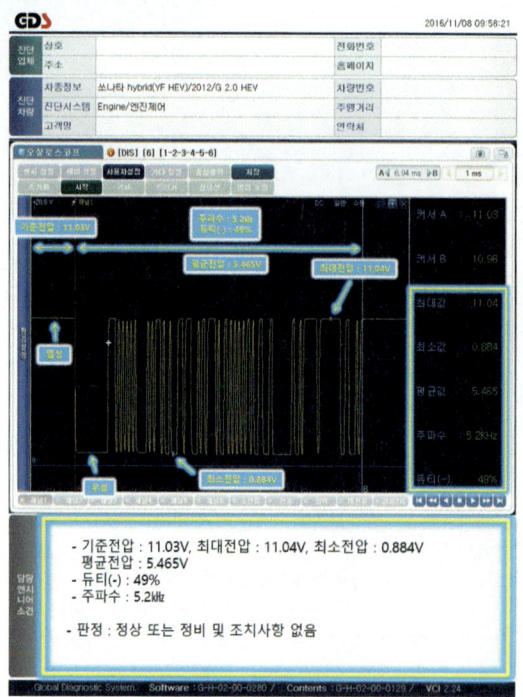

06 답안 작성_측정 및 분석 내용 답안 작성하기

[참고] 측정 조건 제시(예): LIN 통신 파형의 1주기를 측정하시오.

◈ 전기 3. 기록표

	비 번호		감독확인	

1) 파형   자동차 번호 :

항 목	파형 분석 및 판정			득 점
	분석 항목	분석 내용	판정(□에 '✔' 표)	
LIN 통신 파형 측정	전압: 5.465V	분석 내용은 출력물에 표시하시오.	☑ 양 호 □ 불 량	
	듀티: (−)49%, (+)51%			
	주파수: 5.2㎑			

※ 주의 사항: 감독위원이 지정하는 LIN 통신 파형의 1주기를 측정하여 분석하시오.
분석 항목 및 내용은 출력물에 표기하며 관련 사항은 감독위원의 지시에 따릅니다.
[참고] 통신 파형 1주기에 대한 분석이므로 전압은 "평균(작동)전압"을 기재하며, 듀티 (+)는 100−49=51%이다.

07 LIN 통신 파형_3_시간 축을 3㎳ 설정한 경우

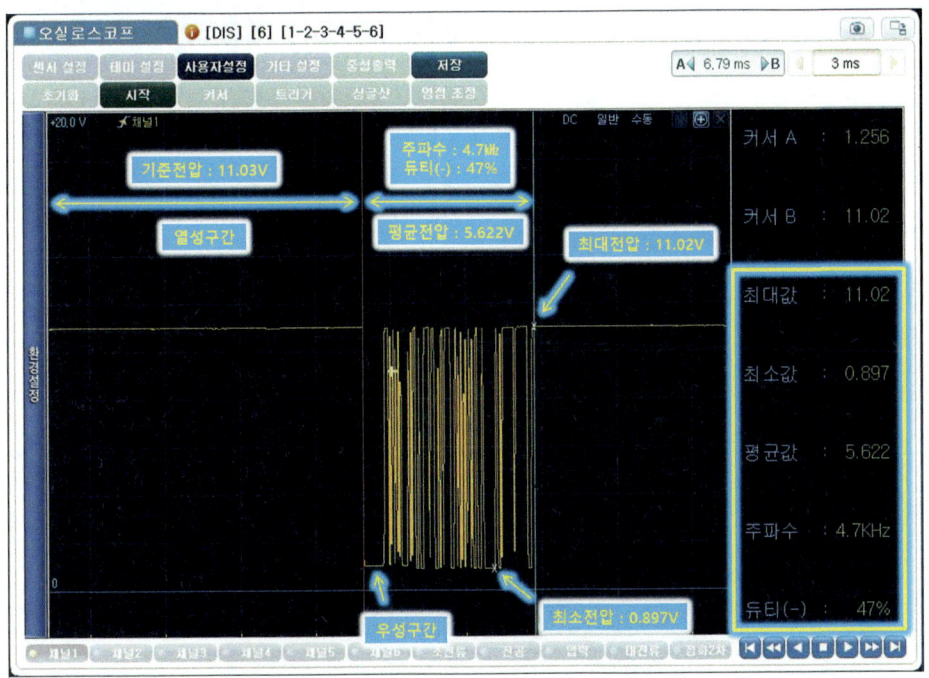

위 그림은 시간 축을 "3㎳"로 설정한 배터리 센서에 대한 LIN 통신 파형이며 "커서 A"를 통신 신호 시작 지점에 위치하고 "커서 B"는 통신 신호 종료 부분에 위치시킨 다음 기준전압 11.03V, 평균전압 5.622V, 최대 전압 11.02V, 최소전압 0.897V, 주파수 4.7㎑, 듀티(−) 47%로 표기한 화면이다.

08 LIN 통신 파형_4_시간 축을 3㎳ 설정한 경우

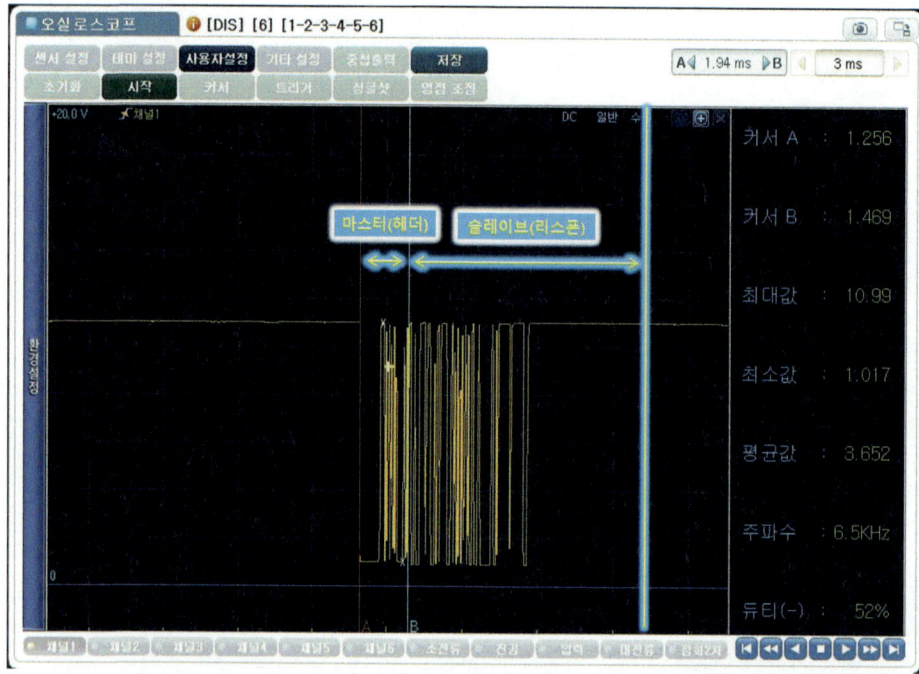

위 그림은 시간 축을 "3㎳"로 설정한 배터리 센서에 대한 LIN 통신 파형이며 "커서 A"를 통신(마스터) 신호 시작 지점에 위치하고 "커서 B"는 마스터 통신 신호 종료 부분에 위치시킨 다음 "마스터(헤더)"와 "슬레이브(리스폰)" 구간을 표기한 화면이다.

09 출력 파형 출력물_파형 출력 및 분석내용표기

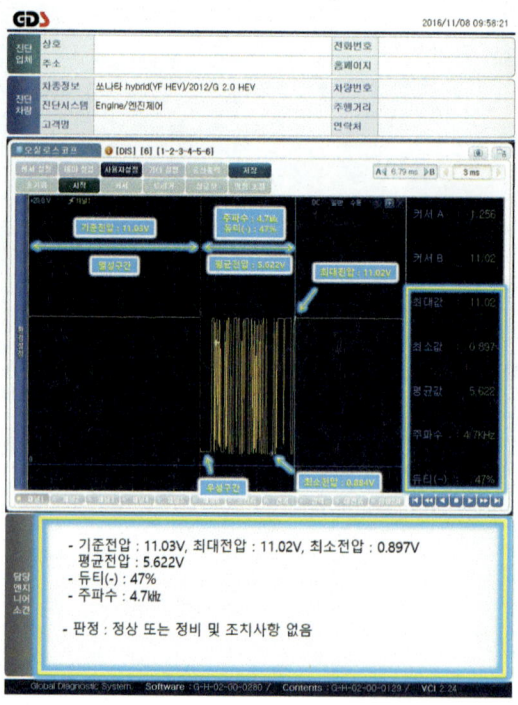

⑩ 답안 작성_측정 및 분석 내용 답안 작성하기

[참고] 측정 조건 제시(예): LIN 통신 파형의 1주기를 측정하시오.

◈ 전기 3. 기록표

1) 파형　　　　　자동차 번호 :

비 번호		감독확인	

항 목	파형 분석 및 판정			득 점
	분석 항목	분석 내용	판정(□에 '✔' 표)	
LIN 통신 파형 측정	전압: 5.622V	분석 내용은 출력물에 표시하시오.	☑ 양 호 □ 불 량	
	듀티: (−)47%, (+)53%			
	주파수: 4.7㎑			

※ 주의 사항: 감독위원이 지정하는 LIN 통신 파형의 1주기를 측정하여 분석하시오.
　　　　　　 분석 항목 및 내용은 출력물에 표기하며 관련 사항은 감독위원의 지시에 따릅니다.
[참고] 통신 파형 1주기에 대한 분석이므로 전압은 "평균(작동)전압"을 기재하며, 듀티 (+)는 100−47=53%이다.

⑪ 배터리 센서 커넥터 탈거

위 그림과 같이 배터리 센서 커넥터를 "탈거"한다.

⑫ LIN 통신 파형_5_배터리 센서 커넥터 탈거 시

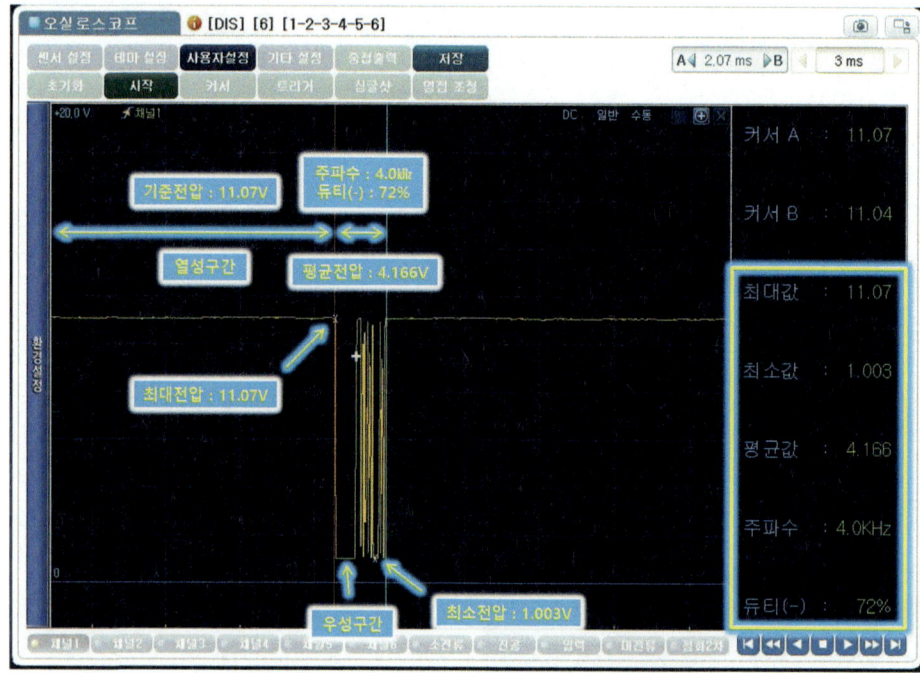

위 그림은 배터리 센서 커넥터를 "탈거"한 후 측정한 LIN 통신 파형이며 "커서 A"를 통신(마스터) 신호 시작 지점에 위치하고 "커서 B"는 마스터 통신 신호 종료 부분에 위치시킨 다음 기준전압 11.07V, 평균전압 4.166V, 최대 전압 11.07V, 최소전압 1.003V, 주파수 4.0KHz, 듀티(-) 72%로 표기한 화면이다.

⑬ 출력 파형 출력물_파형 출력 및 분석내용표기

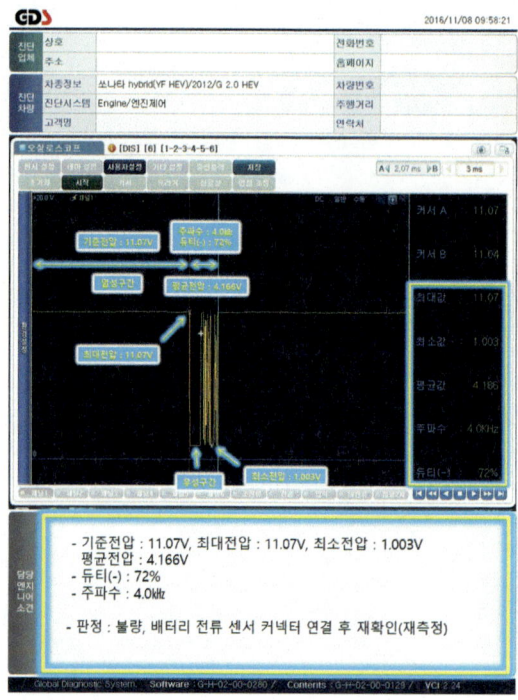

14 답안 작성_측정 및 분석 내용 답안 작성하기

[참고] 측정 조건 제시(예): LIN 통신 파형의 1주기를 측정하시오.

◈ 전기 3. 기록표
1) 파형   자동차 번호 :

비 번호		감독확인	

항 목	파형 분석 및 판정			득 점
	분석 항목	분석 내용	판정(□에 '✔' 표)	
LIN 통신 파형 측정	전압: 4.166V	분석 내용은 출력물에 표시하시오.	□ 양 호 ☑ 불 량	
	듀티: (−)72%, (+)28%			
	주파수: 4.0㎑			

※ 주의 사항: 감독위원이 지정하는 LIN 통신 파형의 1주기를 측정하여 분석하시오.
　　　　　　분석 항목 및 내용은 출력물에 표기하며 관련 사항은 감독위원의 지시에 따릅니다.
[참고] 통신 파형 1주기에 대한 분석이므로 전압은 "평균(작동)전압"을 기재하며, 듀티 (+)는 100−72=28%이다.

15 LIN 통신 파형_6_배터리 센서 커넥터 탈거한 후 시간 축을 500㎲ 설정한 경우

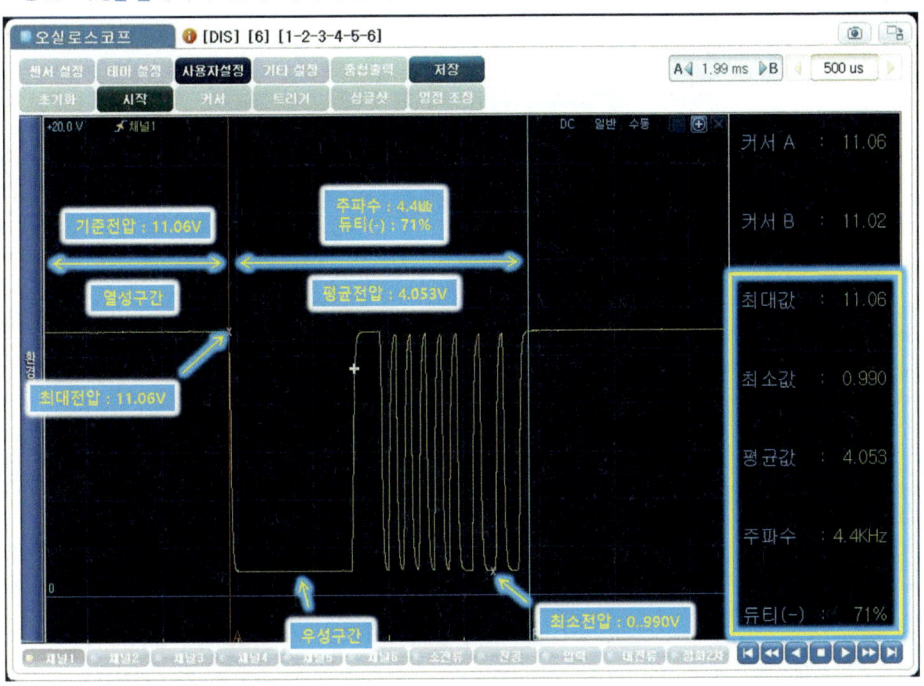

위 그림은 배터리 센서 커넥터를 "탈거"한 후 시간 축을 "500㎲"로 설정한 LIN 통신 파형이며 "커서 A"를 통신(마스터) 신호 시작 지점에 위치하고 "커서 B"는 마스터 통신 신호 종료 부분에 위치시킨 다음 기준전압 11.06V, 평균전압 4.053V, 최대 전압 11.06V, 최소전압 0.990V, 주파수 4.4㎑, 듀티(−) 71%로 표기한 화면이다.

⑯ 출력 파형 출력물_파형 출력 및 분석내용표기

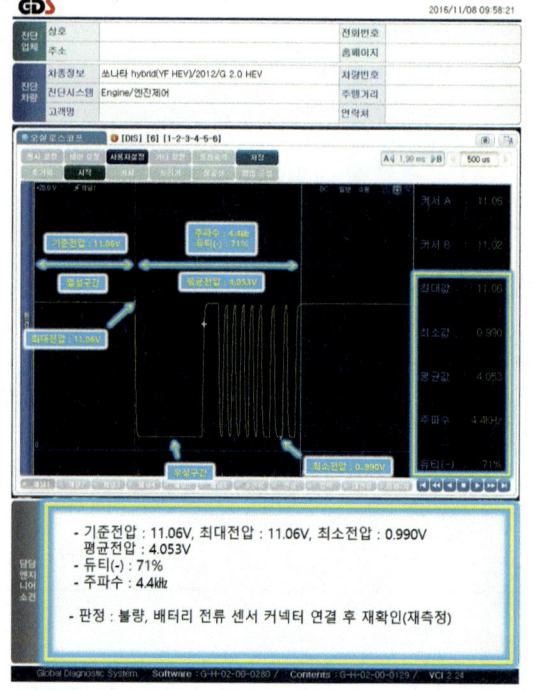

- 기준전압 : 11.06V, 최대전압 : 11.06V, 최소전압 : 0.990V
  평균전압 : 4.053V
- 듀티(-) : 71%
- 주파수 : 4.4㎑

- 판정 : 불량, 배터리 전류 센서 커넥터 연결 후 재확인(재측정)

⑰ 답안 작성_측정 및 분석 내용 답안 작성하기

[참고] 측정 조건 제시(예): LIN 통신 파형의 1주기를 측정하시오.

◈ 전기 3. 기록표

1) 파형 자동차 번호 :			비 번호		감독확인	
항 목	파형 분석 및 판정					득 점
	분석 항목	분석 내용	판정(□에 '✔'표)			
LIN 통신 파형 측정	전압: 4.053V	분석 내용은 출력물에 표시하시오.	□ 양 호 ☑ 불 량			
	듀티: (−)71%, (+)29%					
	주파수: 4.4㎑					

※ 주의 사항: 감독위원이 지정하는 LIN 통신 파형의 1주기를 측정하여 분석하시오.
 분석 항목 및 내용은 출력물에 표기하며 관련 사항은 감독위원의 지시에 따릅니다.
[참고] 통신 파형 1주기에 대한 분석이므로 전압은 "평균(작동)전압"을 기재하며, 듀티 (+)는 100−71=29%이다.

03 점검 및 측정[전조등]

01 전조등 테스터_정면

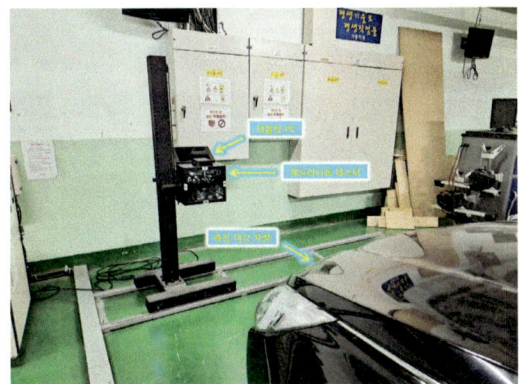

위 그림은 전조등 테스터로 태블릿 PC, 헤드라이트 테스터, 측정 대상 차량이다.

02 전조등 테스터_측면

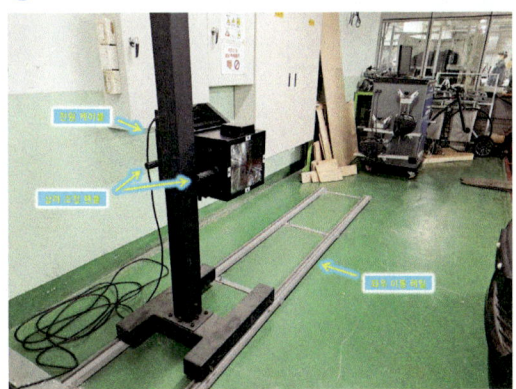

위 그림은 전조등 테스터 측면으로 전원 케이블, 상하 조정 핸들, 좌우 이동 레일이다.

03 차량 정렬

위 그림과 같이 "테스터 정면"으로 차량을 평행하게 진입한 후 "줄자"를 이용하여 측정 거리가 "1m" 되도록 맞춘다.

04 측정 준비

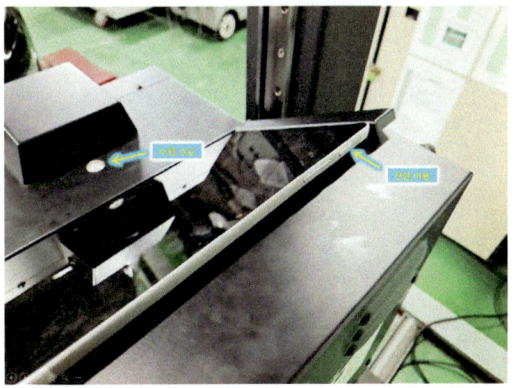

위 그림과 같이 태블릿 PC 전원 버튼을 눌러 "ON" 한다.

05 프로그램 초기 부팅

위 그림은 프로그램 초기 부팅 화면이다.

06 프로그램 부팅 진행

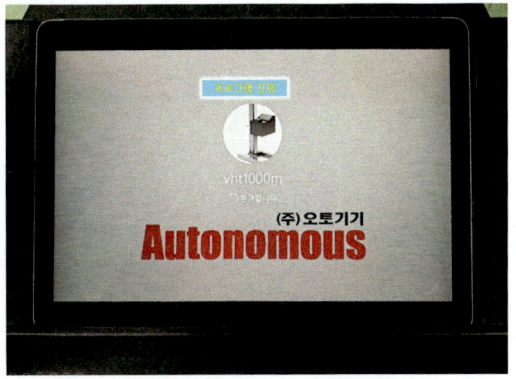

위 그림은 프로그램 부팅 진행 중인 화면이다.

07 측정 아이콘

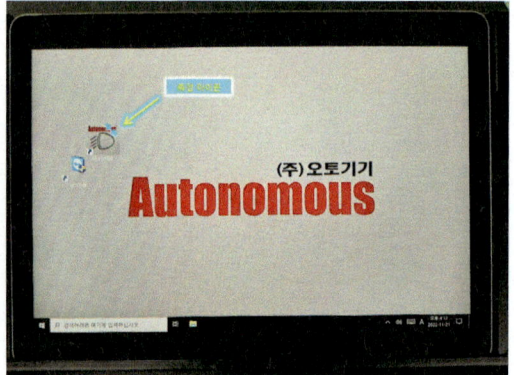

위 그림과 같이 "측정 아이콘"을 더블 클릭한다.

08 측정 버튼 클릭

위 그림과 같이 "측정" 버튼을 클릭한다.

09 차량 정보 선택

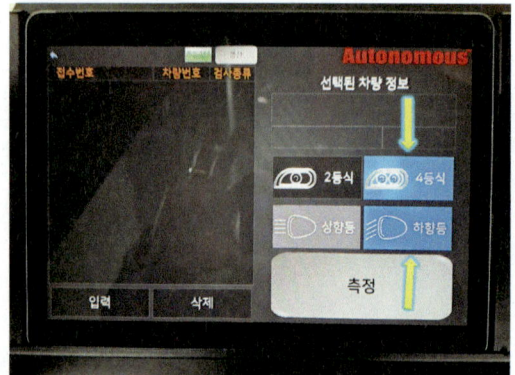

위 그림과 같이 차량 정보에서 "4등식"과 "하향등"을 클릭한다. [참고: 해당 차량 전조등은 "4등식"이다.]

10 상하 측정 다이얼 영점조정

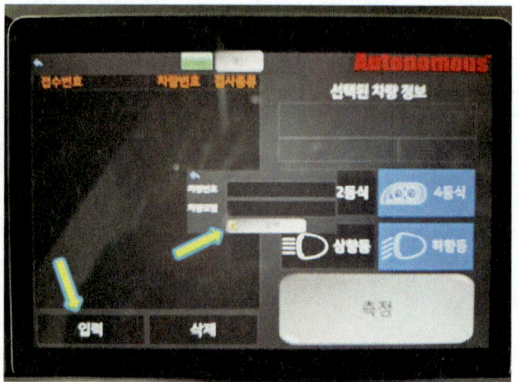

위 그림과 같이 "차량번호 및 차량 모델"을 선택하라는 창이 생성되면 "입력" 버튼을 클릭한다.

11 차량 정보 입력

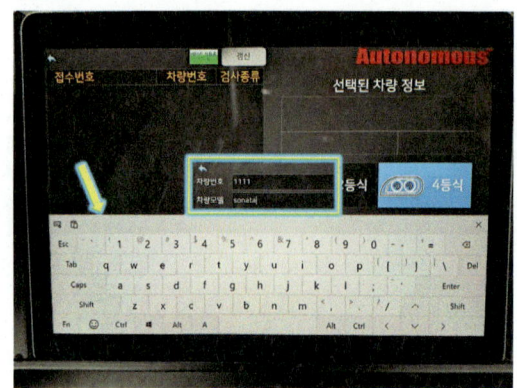

위 그림과 같이 "차량번호"와 "차량 모델"을 입력한다.

12 차량 정보 입력 후 화면

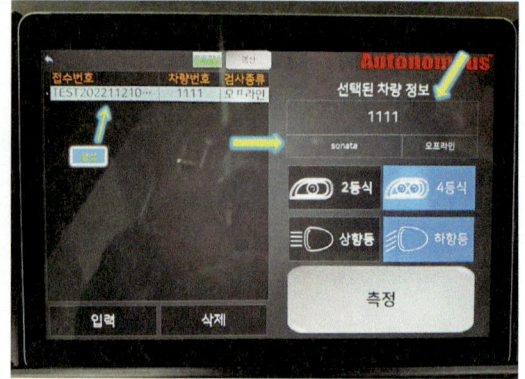

위 그림은 차량 정보 입력 후 생성된 화면이다.

B
안

⑬ 알림 문자

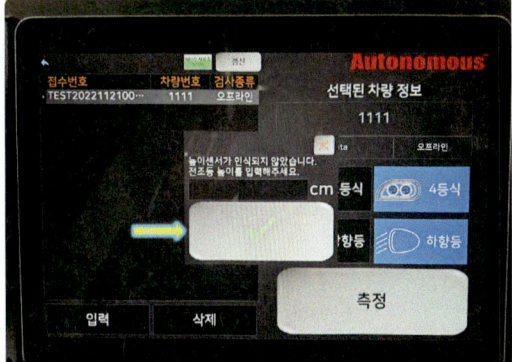

위 그림과 같이 "높이 센서가 인식되지 않았습니다. 전조등 높이를 입력해 주세요."라는 문구가 나오면 "✓" 클릭한다.

⑭ 영점조정 완료

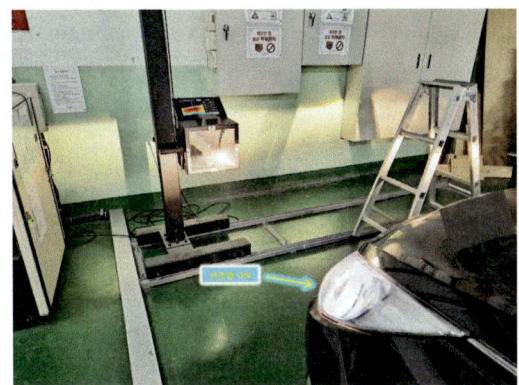

위 그림과 같이 전조등 스위치를 "ON"한 다음 차량의 전조등 스위치를 "하향등(변환빔)"으로 조정한다.

⑮ 좌측 정대

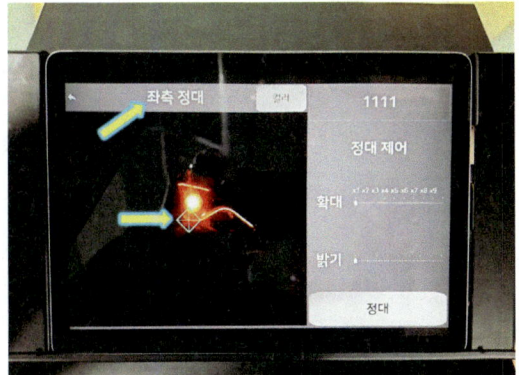

위 그림과 같이 "좌측 정대" 화면(좌측 전조등)이 나타난다.

⑯ 화면 확대

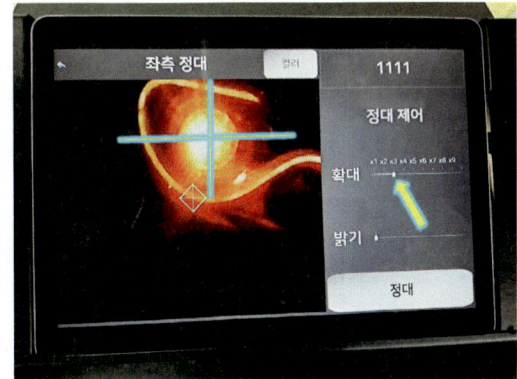

위 그림과 같이 좌측 정대 제어 중 "확대"를 클릭한 상태에서 화면 확대 바를 "우측"으로 이동한다.

⑰ 정대

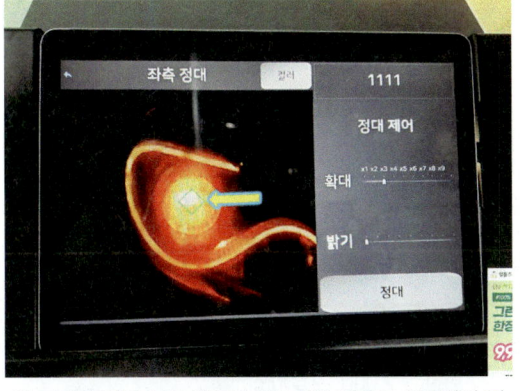

위 그림과 같이 상하 핸들과 테스터를 좌우로 이동하여 전조등 "불빛의 중심"과 "정대 마크(◇)"가 일치하도록 맞춘다.

⑱ 측정 완료 화면

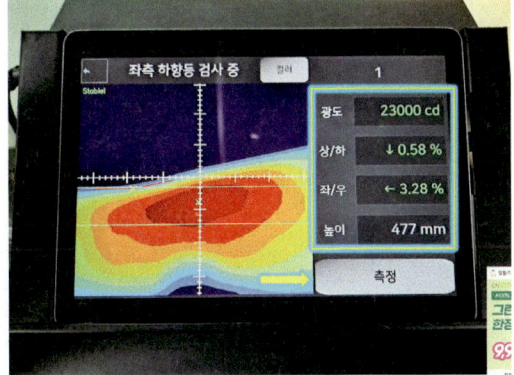

위 그림은 좌측 전조등 측정 완료 모습이며 "광도 2,3000cd", "하향(↓) 0.58%", "좌항(←) 3.28%", "높이 477 mm"이다.

⑲ 우측 전조등 측정 준비

위 그림과 같이 "우측 전조등 측정"을 위하여 테스터를 "우측"으로 이동한다.

⑳ 우측 정대

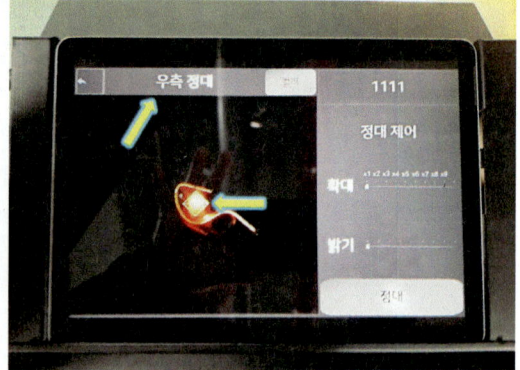

위 그림과 같이 "우측 정대" 화면(우측 전조등)이 나타난다.

㉑ 정대

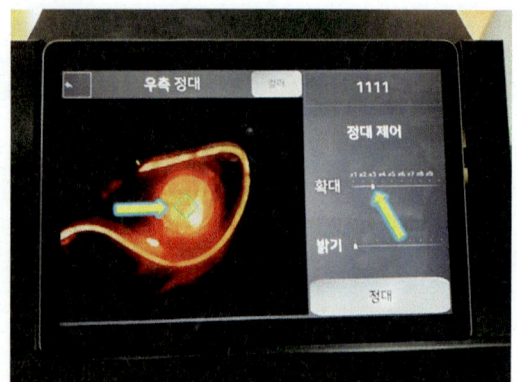

위 그림과 같이 우측 정대 제어 중 "확대"를 클릭한 상태에서 화면 확대 바를 "우측"으로 이동하여 화면을 확대하고 상하 핸들과 테스터를 좌우로 이동하여 전조등 "불빛의 중심"과 "정대 마크(◇)"가 일치하도록 맞춘다.

㉒ 측정 완료 화면

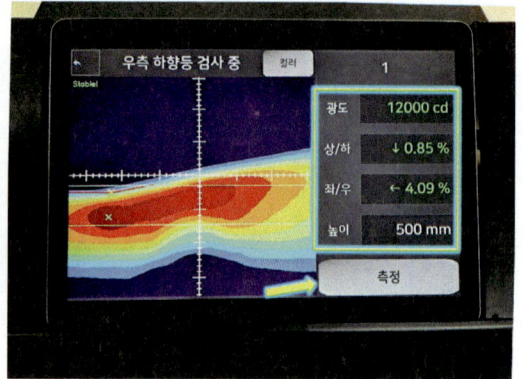

위 그림은 우측 전조등 측정 완료 모습이며 "광도 12,000cd", "하향(↓) 0.85%", "좌향(←) 4.09%", "높이 500 mm"이다.

㉓ 규정 값_자동차검사기준

【 전조등 광도, 광축 검사 기준값 】

항목		검사 기준값	비고
광도	2등식	3,000cd 이상	– 장비: Autonomous – 측정 방식: CMOS(Complementary Metal Oxide Semiconductor) 방식은 화소에 반사된 빛을 축적한 후 신호를 전압의 형태로 변환시켜 전송하는 방식
	4등식		
광축	1.0m 이하 (설치 높이≤1.0m)	−0.5 ~ −2.5%	– 하향등(변환빔) 측정 – 측정 거리: 1m – 2022년부터 상향 및 하향등 광도 3,000cd 이상 – 측정 엔진 회전수: 2,000~2,500rpm – 측정 조건: 운전자 1인 탑승상태, 차량 수평 상태 유지 및 타이어 공기압 체크
	1.0m 이상 (설치 높이 〉1.0m)	−1.0 ~ −3.0%	

24 답안 작성_측정 및 분석 내용 답안 작성하기

[참고 1] 측정 조건 제시(예): 좌측 전조등 측정 또는 우측 전조등 측정하시오.

[참고 2] 답안 작성: 좌측 시 "☑ 좌" 체크, 우측 시 "☑ 우" 체크, 좌측 전조등 높이 477㎜이므로 "☑ ≤ 1.0m" 체크, 우측 전조등 높이 500㎜이므로 ☑ ≤ 1.0m 체크, 측정값이 녹색이면 "☑ 양호", 적색이면 "☑ 불량"에 체크 또는 "규정 값"을 벗어나면 "☑ 불량"에 체크한다.

B 안

■ 점검 및 측정

자동차 번호 :

위치	측정 항목	측정(또는 점검)		판정 및 정비(또는 조치) 사항		득 점
		측 정 값	기 준 값	판정(□에 '✔' 표)	정비 및 조치 사항	
위치: ☑ 좌 □ 우 설치높이: ☑ ≤ 1.0m □ 〉1.0m	광도	23,000cd	3,000cd 이상	☑ 양 호 □ 불 량	정상 또는 정비 및 조치 사항 없음	
	진폭	하 0.58% (또는 ↓ 0.58%) 좌 3.28% (또는 ← 3.28%)	−0.5 ∼ −2.5%			

비 번호 / 감독확인

※ 측정 위치는 감독위원의 지정하는 위치의 □에 "✔"표시합니다.
※ 자동차검사기준 및 방법에 의하여 기록·판정합니다.

■ 점검 및 측정

자동차 번호 :

위치	측정 항목	측정(또는 점검)		판정 및 정비(또는 조치) 사항		득 점
		측 정 값	기 준 값	판정(□에 '✔' 표)	정비 및 조치 사항	
위치: □ 좌 ☑ 우 설치높이: ☑ ≤ 1.0m □ 〉1.0m	광도	12,000cd	3,000cd 이상	☑ 양 호 □ 불 량	정상 또는 정비 및 조치 사항 없음	
	진폭	하 0.85% (또는 ↓ 0.85%) 좌 4.09% (또는 ← 4.09%)	−0.5 ∼ −2.5%			

비 번호 / 감독확인

※ 측정 위치는 감독위원의 지정하는 위치의 □에 "✔"표시합니다.
※ 자동차검사기준 및 방법에 의하여 기록·판정합니다.

25 상하 조정 스크루

위 그림은 전조등 "상(Up), 하(Down)" 진폭 조정 스크루 위치를 가리킨다.

26 상하 조정

위 그림과 같이 상하 진폭 조정 스크루를 돌려 "상향이나 하향"으로 조정한다.

27 좌우 조정 스크루

위 그림은 전조등 "우(Right), 좌(Left)" 진폭 조정 스크루 위치를 가리킨다.

28 좌우 조정

위 그림과 같이 좌우 진폭 조정 스크루를 돌려 "좌향이나 우향"으로 조정한다.

[참고 1] 불량 시 정비 및 조치 사항: "전조등 상(Up) 또는 하(Down), 좌(Left) 또는 우(Right) 진폭 조정 스크루를 해당(상, 하, 좌, 우) 방향으로 돌려 규정 값 내로 조정 후 재측정"으로 기재한다.

[참고 2] "상향" 불량 시: 전조등 "상하 진폭" 조정 스크루를 "상향 또는 하향 방향"으로 돌려 규정 값 내로 조정 후 재측정으로 기재한다.

자동차정비 기능장

C안

국가기술자격검정 실기시험문제

1. 엔 진

1) 주어진 전자제어 엔진에서 감독위원의 지시에 따라 흡기캠축을 탈하여 오토래쉬(HLA)를 교환하고 감독위원에게 확인 받은 후, 다시 조립(부착)하여 엔진 및 시동 관련 회로를 점검한 후 시동작업과 기록표의 요구사항을 점검 및 측정하고 기록표에 기록하시오. (단, 시동되지 않는 경우 2과제는 작업할 수 없음)

2) 주어진 엔진에서 감독위원의 지시에 따라 기록표 요구사항을 점검 및 측정하여 기록하시오.

3) 주어진 자동차에서 크랭킹은 가능하나 시동되지 않고, 시동된 후에도 부조가 발생합니다. 고장원인을 찾아 수리 후 기록표에 기록하시오.

2. 섀 시

1) 주어진 자동차에서 감독위원의 지시에 따라 유압식 동력 조향장치 오일펌프를 탈거하고 감독위원에게 확인 후, 다시 조립(부착)하여 작동상태를 확인한 후 기록표 요구사항을 점검 및 측정하여 기록하시오.

2. 주어진 전자제어 유압식 동력 조향장치 자동차에서 감독위원의 지시에 따라 핸들 컬럼 샤프트를 교환(탈·부차)하여 작동상태를 확인하고, 기록표의 요구사항을 점검 및 측정 기록하시오.

3. 전 기

1) 감독위원의 지시에 따라 자동차에서 와이퍼 모터를 탈거하고 감독위원에게 확인 후, 다시 조립(부착)하여 작동상태를 확인하고, 기록표의 요구사항을 점검 및 측정하고 기록표에 기록하시오.

2) 주어진 자동차에서 정비지침서의 회로도를 이용하여 기록표에서 요구하는 회로를 점검하고, 이상내용을 기록표에 기록한 후 정비하시오.

3) 주어진 자동차에서 감독위원의 지시에 따라 기록표의 요구사항을 점검 및 측정하여 기록하시오.

국가기술자격검정실기시험문제 C안

자 격 종 목	자동차정비 기능장	작 품 명	자동차 정비 작업

- 비 번호
- 시험시간 : 6시간 30분(기관 : 140분, 섀시 : 130분, 전기 : 120분)
  ※ 시험 안 및 요구사항 일부내용이 변경될 수 있음

정비기능장

C

엔 진

1)_1 흡기캠축 및 오토래쉬(HLA) 탈·부착

주어진 전자제어 기관에서 감독위원의 지시에 따라 흡기캠축을 탈거하여 오토래쉬 (HLA)를 교환하고 감독위원에게 확인 후 다시 조립(부착)하시오.

부품 분해 조립 시 주의사항

① 분해·조립 작업은 반드시 대상 부품의 정면에서 한다.
② 분해한 부품에서 볼트 및 너트를 빼내지 말고 되도록 끼워진 상태로 부품을 탈거한다.
③ 분해하기 위해 볼트 및 너트를 풀 때는 바깥쪽에서 중앙을 향하며, 조일 때는 중앙에서 바깥쪽을 향하도록 하고, 특히 실린더 헤드 볼트의 경우는 풀고, 조이는 순서에 주의하여야 변형을 방지할 수 있다.
④ 분해한 부품의 접촉면이 바닥에 직접 닿지 않도록 주의한다.
⑤ 부품은 분해한 순서로 정리 정돈한 후 분해의 역순으로 조립한다.
⑥ 조립이 복잡한 부품은 표기를 한 후 분해한다.
⑦ 볼트 및 너트는 반드시 토크 렌치를 이용하여 규정 토크로 조이되 하나의 부품에 갯수가 여러 개일 경우 2~3회 정도 나누어 조인다.
⑧ 개스킷 및 오링은 반드시 신품으로 교환한다.
⑨ 부품 대를 사용하며 조립을 위하여 아래 칸부터 채워서 위로 올라오도록 정리한다.

정비기능장

C
엔 진

1)_1 흡·배기 캠축 및 오토래쉬(HLA) 탈·부착_

주어진 전자제어 기관에서 감독위원의 지시에 따라 흡기캠축을 탈거하여 오토래쉬 (HLA)를 교환하고 감독위원에게 확인 후 다시 조립(부착)하시오.

---

01   흡·배기캠축 및 오토래쉬(HLA) 탈·부착

01 엔진 전면 부속 부품 명칭

위 그림은 가솔린 엔진 전면이며 타이밍벨트 상부 커버, 파워 스티어링 펌프 벨트, 파워 스티어링 펌프 풀리, 팬 벨트, 발전기 풀리, 워터펌프 풀리, 크랭크 샤프트 풀리, 아이들 베어링, 에어컨 컴프레서 풀리, 타이밍벨트 하부 커버, 에어컨 벨트이다.

02 크랭크 샤프트 회전

위 그림과 같이 "타이밍 마크"를 맞추기 위하여 크랭크 샤프트를 "시계 방향"으로 회전시킨다.

03 타이밍 마크 정렬

위 그림과 같이 타이밍벨트 하부(Low) 커버 하단에 있는 타이밍 고정 마크 상사점 "T"와 크랭크 샤프트 풀리에 표시된 타이밍 이동 마크 "I" 모양을 크랭크 샤프트 풀리 고정 볼트(22mm)를 시계 방향으로 돌려 "일치"시킨다.

04 크랭크 샤프트 고정 볼트 유림

위 그림과 같이 크랭크 샤프트 "풀리 고정 볼트(19mm)"를 반 시계 방향으로 돌려 "유림(약 1~2회전 푼다.)" 시킨다.

05 워터펌프 풀리 고정 볼트 유림

위 그림과 같이 워터펌프 "풀리 고정 볼트(10mm) 4개"를 반시계 방향으로 돌려 "유림" 시킨다.

06 팬벨트 장력 이완

위 그림과 같이 발전기 커넥터를 탈거한 다음 "고정 볼트와 고정너트(12mm)"를 유림한 후 "유격 조정 볼트(12mm)"를 반시계 방향으로 돌려 "팬벨트 장력"을 이완한다.

07 팬벨트 탈거

위 그림과 같이 발전기 "유격 조정 볼트(12mm)"를 위쪽으로 올린 다음 "발전기"를 실린더 블록 쪽으로 밀어 "벨트"를 탈거한다.

08 에어컨 컴프레서 벨트 탈거

위 그림과 같이 에어컨 컴프레서 아이들 베어링 "고정너트 (14mm)"를 유림한 다음 "유격 조정 볼트(12mm)"를 반시계 방향으로 돌려 "장력 이완" 후 "벨트"를 탈거한다.

10 파워 스티어링 펌프 관통볼트

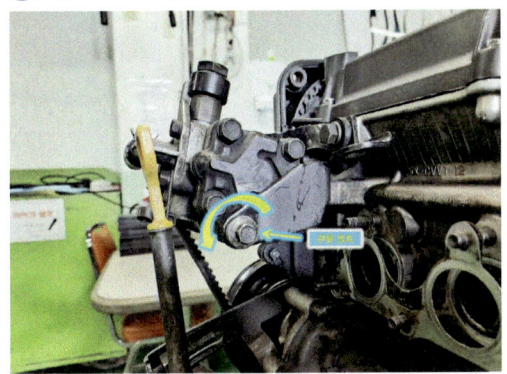

위 그림과 같이 파워 스티어링 "펌프 관통볼트(12mm)"를 반 시계 방향으로 돌려 유림한다.

12 워터펌프 풀리 탈거

위 그림과 같이 워터펌프 "풀리 고정 볼트(10mm) 4개"를 반시계 방향으로 돌려 푼 다음 탈거한다.

09 파워 스티어링 펌프 유격 조정 볼트

위 그림과 같이 파워 스티어링 펌프 "풀리 고정 볼트(17mm)"를 좌우로 돌려 "유격 조정 볼트"가 보일 수 있도록 "위치를 정렬"한다.

11 파워 스티어링 펌프 벨트 탈거

위 그림과 같이 파워 스티어링 "펌프 유격 조정 볼트(12mm)"를 반 시계 방향으로 돌려 "장력을 이완"한 다음 "벨트"를 탈거한다.

13 크랭크 샤프트 풀리 고정 볼트

위 그림과 같이 크랭크 샤프트 "풀리 고정 볼트(19mm)"를 반 시계 방향으로 돌려 푼다.

14 크랭크 샤프트 풀리 탈거

위 그림과 같이 크랭크 샤프트 "풀리"를 탈거한다. [참고: 타이밍 고정 마크 "T", 풀리의 타이밍 이동 마크 "I" 모양이다.]

15 크랭크 샤프트 플레이트 탈거

위 그림과 같이 크랭크 샤프트 "플레이트"를 탈거한다.

16 타이밍벨트 상부(Upper) 커버 탈거

위 그림과 같이 타이밍벨트 "상부 커버 고정 볼트(10mm) 4개"를 반시계 방향으로 돌려 푼 다음 "커버"를 탈거한다.

17 타이밍벨트 하부(Low) 커버 탈거

위 그림과 같이 타이밍벨트 "하부 커버 고정 볼트(10mm) 5개"를 반시계 방향으로 돌려 푼 다음 "커버"를 탈거한다.

C
안

⑱ 타이밍벨트 관련 부속 부품 명칭

캠 샤프트 스프로킷
아이들 베어링
워터펌프
타이밍 벨트 텐션 베어링
텐션 스프링
타이밍 벨트
텐션 스프링 고정 볼트
크랭크 샤프트 스프로킷

위 그림은 타이밍벨트 관련 부품이며 캠 샤프트 스프로킷, 아이들 베어링, 워터펌프, 타이밍벨트, 크랭크 샤프트 스프로킷, 타이밍벨트 텐션 스프링 고정 볼트, 텐션 스프링, 타이밍벨트 텐션 베어링이다.

⑲ 캠 샤프트 스프로킷 타이밍 마크 확인

위 그림과 같이 캠 샤프트 스프로킷의 "타이밍 마크"가 맞는지 확인한다. [참고: 배기 캠 샤프트 스프로킷의 "구멍"과 캠 샤프트 1번 저널의 중앙에 있는 "사선" 일치 여부를 확인한다.]

⑳ 크랭크 샤프트 스프로킷 타이밍 마크 확인

위 그림과 같이 크랭크 샤프트 스프로킷의 "타이밍 마크"가 맞는지 확인한다. [참고: 크랭크 샤프트 스프로킷의 "△" (홈) 마크와 프런트 하우징에 있는 "돌기" 일치 여부를 확인한다.]

21 텐션 베어링 고정 볼트 및 유격 조정 볼트 유림

위 그림과 같이 좌측의 타이밍벨트 "텐션 베어링 고정 볼트(12㎜)"와 우측에 있는 "유격 조정 볼트(12㎜)"를 반시계 방향으로 돌려 유림한다.

22 타이밍벨트 텐션 베어링 위치 조정과 벨트 탈거

위 그림과 같이 타이밍벨트 텐션 베어링 브래킷을 "반시계 방향"으로 민 다음 "유격 조정 볼트"를 시계 방향으로 돌려 "조인" 후 "타이밍벨트"를 탈거한다.

23 타이밍벨트 탈거 후와 텐션 베어링 위치

위 그림은 타이밍벨트를 탈거한 후 텐션 베어링 "브래킷의 위치"를 보여준다.

24 엔진 상부 부속 부품 명칭

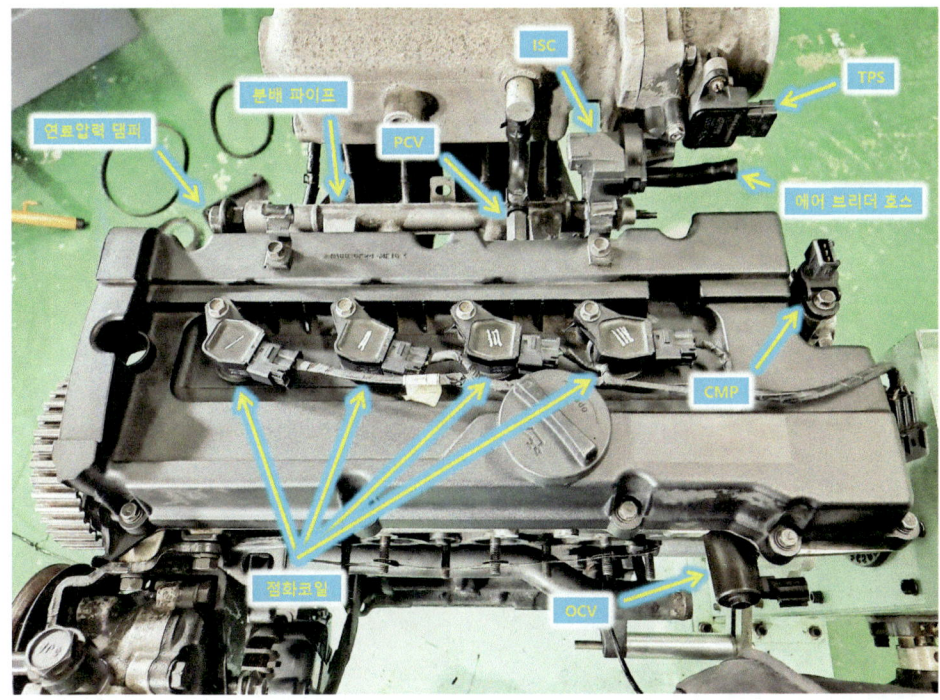

위 그림은 가솔린엔진 상부이며 연료 압력 댐퍼(Fuel Pressure Damper), 분배 파이프(Distribution Pipe),
PCV(Positive Crankcase Ventilation), ISC(Idle Speed Control), TPS(Throttle Position Sensor), 에어 브리더
호스(Air Breather Hose), CMP(Cam Position Sensor), OCV(Oil Control Valve), 점화코일(Ignition Coil)이다.

25 점화코일 관련 부품 명칭

위 그림은 점화코일 관련 부품 모습으로 1번 점화코일, 점화
코일 커넥터, 커넥터 고정 키이다.

26 점화코일 커넥터 고정키

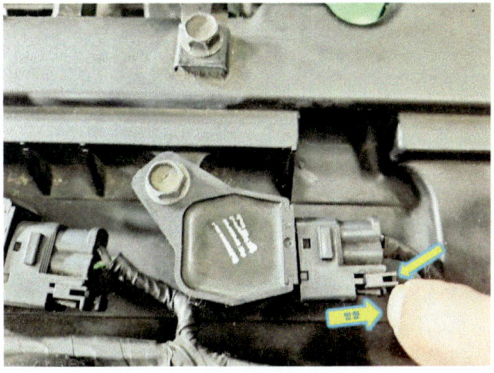

위 그림과 같이 점화코일 "커넥터 고정키"를 "우측"으로
당겨 "물림을 해제"한다. [참고: 1번부터 4번까지 모두 진행
한다.]

27 점화코일 커넥터 탈거

위 그림과 같이 4개의 "점화코일 커넥터"를 탈거한다.

28 점화코일 탈거

위 그림과 같이 "점화코일 고정 볼트(10mm)"를 반시계 방향으로 돌려 푼 다음 탈거한다.

29 점화코일

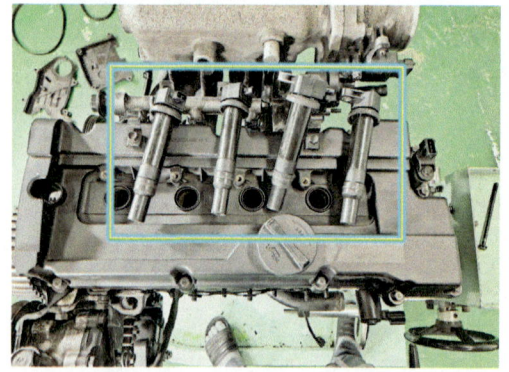

위 그림은 점화코일 4개를 탈거한 모습이다.

30 에어 브리더 호스 및 PCV 호스 고정 밴드

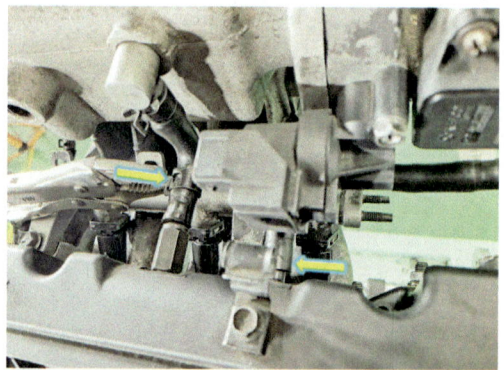

위 그림과 같이 "에어 브리더 호스 및 PCV 호스"를 고정하고 있는 "밴드"를 호스 방향으로 "이동"시킨다.

31 에어 브리더 호스 및 PCV 호스 탈거

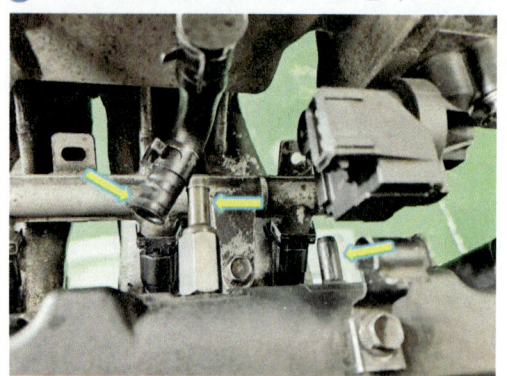

위 그림과 같이 "에어 브리더 호스 및 PCV 호스"를 탈거한다.

32 실린더 헤드커버 탈거

위 그림과 같이 실린더 "헤드커버 고정 볼트(10mm)"를 반시계 방향으로 돌려 모두 푼 다음 "커버"를 탈거한다.

㉝ 캠 샤프트 관련 부품 명칭

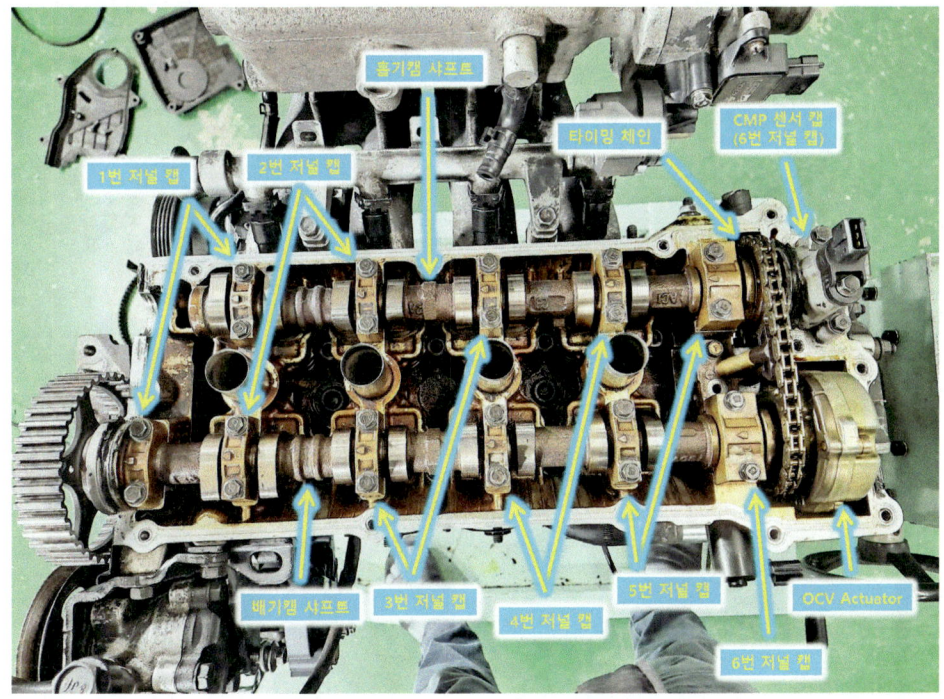

위 그림은 실린더 헤드 위쪽 모습으로 1번 저널 캡, 2번 저널 캡, 흡기 캠 샤프트, 타이밍 체인, CMP 센서 캡(6번 저널 캡), OCV Actuator, 6번 저널 캡, 5번 저널 캡, 4번 저널 캡, 3번 저널 캡, 배기 캠축이다.

㉞ 캠 위상 확인_1번 실린더 폭발행정 초기 상태

위 그림은 "1번 실린더" 배기 및 흡기 캠의 "위상"을 나타내며, "초기 점화(압축행정 말기, 폭발행정 초기)" 상태의 모습이다.

㉟ 캠 위상 확인_4번 실린더 밸브 오버랩 상태

위 그림은 "4번 실린더" 배기 및 흡기 캠의 "위상"을 나타내며, "밸브 오버랩(배기행정 말기, 흡기행정 초기)" 상태의 모습이다.

36 타이밍 체인 오토프리 텐셔너(Tensioner)

위 그림과 같이 타이밍 체인 "오토프리 텐셔너 고정 볼트(10mm)"를 반 시계 방향으로 돌려 "유림"한다.

38 흡기 캠 샤프트 저널 캡

위 그림은 흡기 캠 샤프트 저널 캡 "1번부터 CMP 센서 캡(6번 저널 캡)"의 모습이다.

40 흡기 캠 샤프트 탈거

위 그림과 같이 "타이밍 체인"에서 "흡기 캠 샤프트"를 탈거한다. [참고: 흡기 캠축까지만 탈거 시 "타이밍 체인 마크"가 틀어지지 않도록 주의한다.]

37 흡기 캠 샤프트 저널 캡 탈거

위 그림과 같이 흡기 캠 샤프트 "저널 캡 고정 볼트(10mm)"를 반시계 방향으로 돌려 푼 다음 "저널 캡"을 모두 탈거한다.

39 타이밍 체인 오토프리 텐셔너(Tensioner) 탈거

위 그림과 같이 타이밍 "체인 오토프리 텐셔너 고정 볼트(10mm)"를 반 시계 방향으로 돌려 푼 다음 "텐셔너"를 탈거한다.

41 흡기 캠 샤프트

위 그림은 "흡기 캠 샤프트"를 탈거한 후 모습이다.

C
안

㊷ 흡기 오토래시(HLA)

위 그림은 "1번부터 4번 실린더"의 흡기 "오토래시" 모습이다.

㊸ 1번 실린더 1번 흡기 오토래시(HLA)

위 그림은 1번 실린더용 "흡기 1번 오토래시(HLA)를" 탈거한 모습이다.

㊹ 1번 실린더 흡기 오토래시(HLA)

위 그림은 "1번 실린더용" 흡기 1번과 2번 "오토래시(HLA)"를 탈거한 모습이다.

㊺ 1번 실린더 흡기 오토래시(HLA) 장착

위 그림과 같이 "흡기 1번과 2번" 오토래시(HLA)를 장착한다. [참고: 흡기 캠 샤프트와 오토래시(HLA) 탈·부착 작업 시 여기까지만 분해하면 된다.]

㊻ 배기 캠 샤프트 저널 캡 탈거

위 그림과 같이 배기 캠 샤프트 "저널 캡 고정 볼트(10mm)"를 반시계 방향으로 돌려 푼 다음 "저널 캡"을 탈거한다.

㊼ 배기 캠 샤프트 저널 캡

위 그림은 배기 캠 샤프트 "저널 캡 1번부터 6번 저널 캡"의 모습이다.

48 배기 캠 샤프트 및 타이밍 체인 탈거

위 그림과 같이 "배기 캠 샤프트와 타이밍 체인"을 탈거한다.

49 배기 캠 샤프트 어셈블리

위 그림은 배기 캠 샤프트 어셈블리를 탈거한 후 모습이다.

50 배기 오토래시(HLA)

위 그림은 1번부터 4번의 "배기 오토래시" 모습이다.

51 1번 실린더 1번 배기 오토래시(HLA)

위 그림은 1번 실린더용 "배기 1번" 오토래시(HLA)를 탈거한 모습이다.

52 1번 실린더 배기 오토래시(HLA)

위 그림은 "1번 실린더용" 배기 1번과 2번 오토래시(HLA)를 탈거한 모습이다.

53 1번 실린더 배기 오토래시(HLA) 장착

위 그림과 같이 "배기 1번과 2번" 오토래시(HLA)를 장착한다.

54 캠 샤프트 타이밍 체인

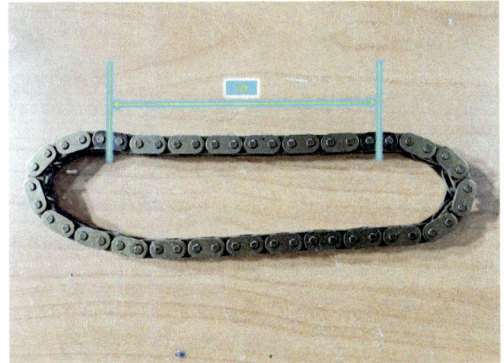

위 그림은 "타이밍 체인" 모습이다. [참고: 타이밍 마크는 체인 사이드 플레이트 "7칸", "짙은 갈색"으로 표시되어 있다.]

55 배기 쪽 체인 타이밍 마크

위 그림과 같이 타이밍 체인의 짙은 갈색 사이드 플레이트 부분의 "중앙"을 OCV Actuator의 "I" 홈에 맞추어 건다.

56 흡기 캠 샤프트 스프로킷 타이밍 마크

위 그림은 흡기 캠 샤프트 "체인 스프로킷 타이밍 마크" 모습이다.

57 흡기 쪽 체인 타이밍 마크

위 그림은 흡기 캠 샤프트 체인 스프로킷에 타이밍 체인의 "짙은 갈색" 사이드 플레이트 부분의 "중앙"을 타이밍 마크에 맞추어 장착한 모습이다.

58 타이밍 체인 장착 모습_후면

위 그림과 같이 "타이밍 체인"을 흡, 배기 캠 샤프트 체인 스프로킷의 "타이밍 마크"에 맞추어 장착한다.

59 타이밍 체인 장착 모습_전면

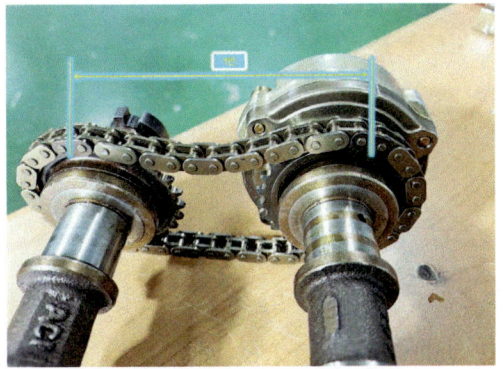

위 그림은 타이밍 체인 장착 후 모습이다. [참고: 타이밍 마크, 체인 사이드 플레이트 "7칸", "짙은 갈색"으로 표시되어 있다.]

60 캠 샤프트 어셈블리 장착

위 그림과 같이 "흡, 배기 캠 샤프트 어셈블리"를 실린더 헤드에 장착한다.

61 타이밍 체인 오토프리 텐셔너 장착

위 그림과 같이 타이밍 "체인 오토프리 텐셔너 고정 볼트 (10mm)"를 시계 방향으로 돌려 장착한다.

62 타이밍 체인 장착 상태 확인

위 그림과 같이 타이밍 "체인 장착 상태"를 재확인한다. [참고: 타이밍 마크, 체인 사이드 플레이트 "7칸", "짙은 갈색" 으로 표시되어 있다.]

63 배기 캠 샤프트 저널 캡 장착

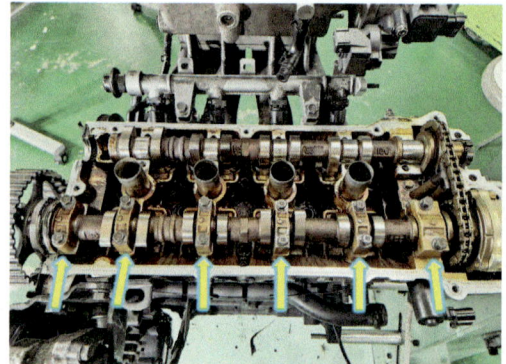

위 그림과 같이 배기 캠 샤프트 저널 캡을 "번호에 맞게" 장착한다.

64 배기 캠 샤프트 저널 캡 고정 볼트 조립

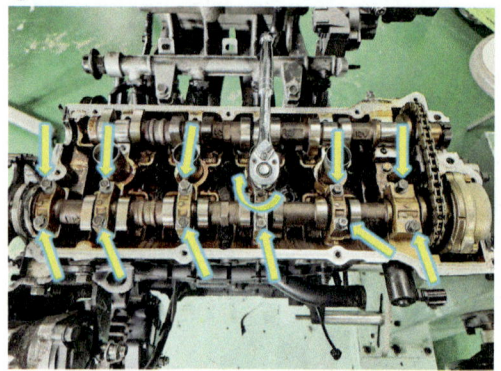

위 그림과 같이 저널 캡 고정 볼트 2개를 "4번 저널 캡"부 터 좌·우측 저널 캡(4 → 3 → 5 → 2 → 6 → 1) 순으로 "3번에 나누어" 각각 조인 다음 마지막으로 규정 토크로 조 인다.

65 흡기 캠 샤프트 저널 캡 장착

위 그림과 같이 흡기 캠 샤프트 저널 캡을 "번호에 맞게" 장착한다.

66 흡기 캠 샤프트 저널 캡 고정 볼트 조립

위 그림과 같이 저널 캡 고정 볼트 2개를 "4번 저널 캡"부터 좌·우측 저널 캡(4 → 3 → 5 → 2 → 6 → 1) 순으로 "3번에 나누어" 각각 조인 다음 마지막으로 규정 토크로 조인다.

67 타이밍 체인 오토프리 텐셔너 고정 볼트 조임

위 그림과 같이 타이밍 "체인 오토프리 텐셔너 고정 볼트"를 규정 토크로 조인다.

68 캠 샤프트 타이밍 마크 정렬

위 그림과 같이 캠 샤프트 스프로킷 "타이밍 마크"를 맞춘다. [참고: 수정 필요시 고정 볼트(17mm)를 좌우로 돌려 맞춘다.]

69 크랭크 샤프트 타이밍 마크 정렬

위 그림과 같이 크랭크 샤프트 스프로킷 "타이밍 마크"를 맞춘다. [참고: 수정 필요시 고정 볼트(19mm)를 좌우로 돌려 맞춘다.]

70 타이밍벨트 장착

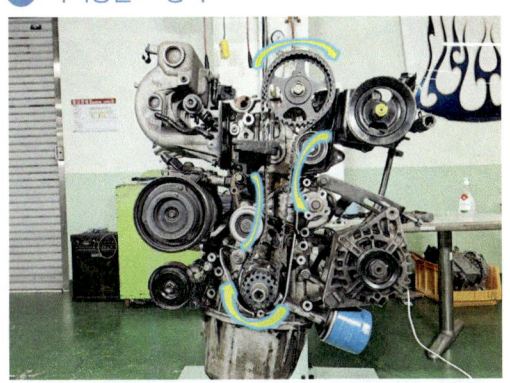

위 그림과 같이 타이밍벨트의 "화살표 방향"을 우측으로 향하게 한 다음 캠 샤프트 스프로킷부터 아이들 베어링 → 크랭크 샤프르 스프로킷 → 텐션 베어링 순으로 장착한다.

71 타이밍벨트 장력 조절

위 그림과 같이 타이밍벨트 텐션 베어링 "유격 조정 볼트"를 반시계 방향으로 돌려 유림한다. [참고: 타이밍벨트 장력 조절이 완료된다.]

72 타이밍벨트 텐션 베어링 고정

위 그림과 같이 타이밍벨트 텐션 베어링 "유격 조정 볼트와 고정 볼트"를 시계 방향으로 돌려 규정 토크로 조인다.

73 캠 샤프트 타이밍 마크 정렬 확인

위 그림과 같이 캠 샤프트 스프로킷 "타이밍 마크 정렬 상태"를 확인한다.

74 크랭크 샤프트 타이밍 마크 정렬 확인

위 그림과 같이 크랭크 샤프트 스프로킷 "타이밍 마크 정렬" 상태를 확인한다.

75 타이밍벨트 하부(Low) 커버 조립

위 그림과 같이 타이밍벨트 "하부 커버"를 장착한 다음 "고정 볼트(10mm)"를 시계 방향으로 돌려 규정 토크로 조인다.

76 실린더 헤드커버 조립

위 그림과 같이 실린더 "헤드커버"를 장착한 다음 "고정 볼트(10mm)"를 시계 방향으로 돌려 규정 토크로 조인다.

77 타이밍벨트 상부(Upper) 커버 조립

위 그림과 같이 타이밍벨트 "상부 커버"를 장착한 다음 "고정 볼트(10mm)"를 시계 방향으로 돌려 규정 토크로 조인다.

78 에어 브리더 호스 및 PCV 호스 장착

위 그림과 같이 "에어 브리더 호스 및 PCV 호스"를 니블에 끼운 다음 "밴드"를 기존 위치에 장착한다.

79 점화코일 조립

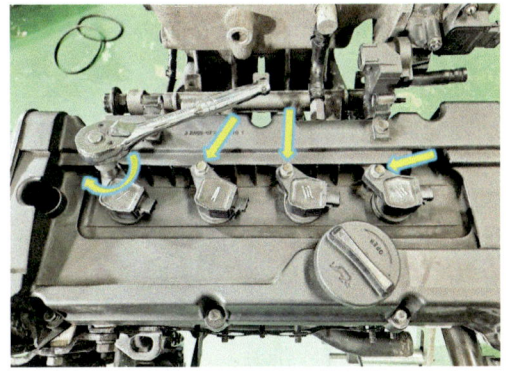

위 그림과 같이 점화코일 4개를 "삽입"한 다음 "고정 볼트(10mm)"를 시계 방향으로 돌려 규정 토크로 조인다.

80 점화코일 커넥터 장착

위 그림과 같이 각 점화코일에 "커넥터"를 삽입한다.

81 점화코일 커넥터 고정

위 그림과 같이 각 점화코일의 "커넥터 고정키"를 좌측으로 눌러 "커넥터"를 고정한다.

82 크랭크 샤프트 플레이트 장착

위 그림과 같이 크랭크 샤프트 "플레이트"를 장착한다.

83 크랭크 샤프트 풀리 조립

위 그림과 같이 크랭크 샤프트 "풀리"를 장착한 다음 고정 볼트를 시계 방향으로 돌려 조인다. [참고: 타이밍 마크 일치된다.]

84 워터펌프 풀리

위 그림은 워터펌프 풀리이며, 아래쪽은 "팬벨트 용"이고 위쪽은 "파워 스티어링 펌프용"이다. [주의: 풀리는 "앞뒤 방향"이 있으므로 주의하여 장착한다.]

85 워터펌프 풀리 조립

위 그림과 같이 워터펌프에 "풀리"를 장착한 다음 "고정 볼트(10mm) 4개"를 시계 방향으로 돌려 조인다.

86 분할형 겉 벨트 장착

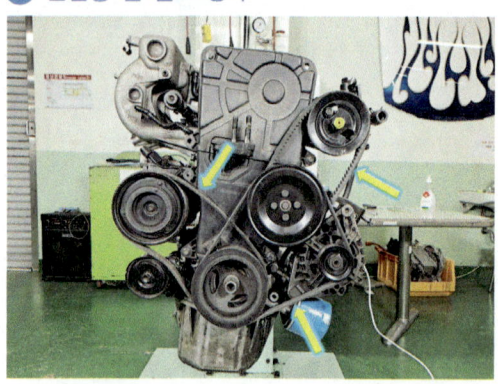

위 그림과 같이 에어컨 컴프레서, 파워 스티어링 펌프, 팬 "벨트"를 장착한다.

87 파워 스티어링 펌프 벨트 장력 조정

위 그림과 같이 롱 드라이버를 이용하여 펌프 하우징을 "우측으로 당긴" 상태에서 "유격 조정 볼트"를 규정 토크로 조인다.

88 파워 스티어링 펌프 고정

위 그림과 같이 파워 스티어링 펌프 "관통볼트"를 규정 토크로 조인다. [참고: 벨트 장력이 규정 값 이내인지 확인한다.]

89 팬벨트 장력 조정

위 그림과 같이 "유격 조정 볼트"를 시계 방향으로 돌려 "장력을 규정 값 이내로 조정"한 다음 "고정 볼트와 관통볼트의 고정너트"를 규정 토크로 조인다.

90 에어컨 컴프레서 벨트 장력 조정

위 그림과 같이 에어컨 컴프레서 "유격 조정 볼트(12㎜)"를 시계 방향으로 돌려 "장력을 규정 값 이내로 조정"한 다음 아이들 베어링 "고정너트(14㎜)"를 규정 토크로 조인다.

91 크랭크 샤프트 풀리와 워터펌프 풀리 토크 조정

위 그림과 같이 "크랭크 샤프트 풀리(19㎜)와 워터펌프 풀리 고정 볼트(10㎜)"를 규정 토크로 조인다.

정비기능장

C
엔 진

1)_2 엔진 및 시동 관련 회로 점검 후 시동 작업

엔진 및 시동 관련 회로를 점검한 후 시동 작업과 기록표의 요구사항을 점검 및 측정하고 기록표에 기록하시오. [단, 시동되지 않는 경우 "2)"는 작업할 수 없음]
[A안 참고]

정비기능장

C
엔 진

1)_3 연료펌프 작동전류 및 공급압력 측정

기록표의 요구사항을 점검 및 측정하고 기록표에 기록하시오. (단, 시동되지 않는 경우 "2)"는 작업할 수 없음) [B안 참고]

정비기능장

C 엔진

2)_1 기록표 요구사항_가솔린 인젝터 전압 및 전류 파형

주어진 엔진에서 감독위원의 지시에 따라 기록표 요구사항을 점검 및 측정하여 기록하시오.

01 가솔린 인젝터 파형 측정

01 오실로스코프 환경설정

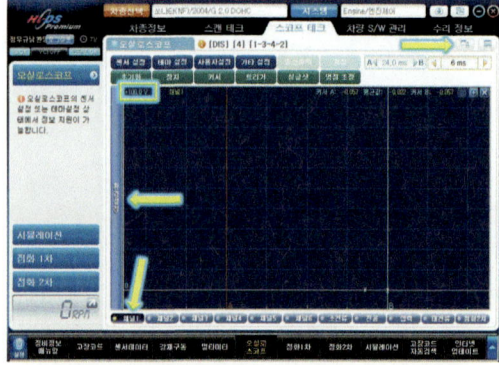

위 그림과 같이 "채널1"에서 화살표가 가리키는 "환경설정"을 클릭하여 전압을 "100.0V"로 선택한 다음 오실로스코프 "확대" 버튼을 클릭한다.

02 기본 설정 화면

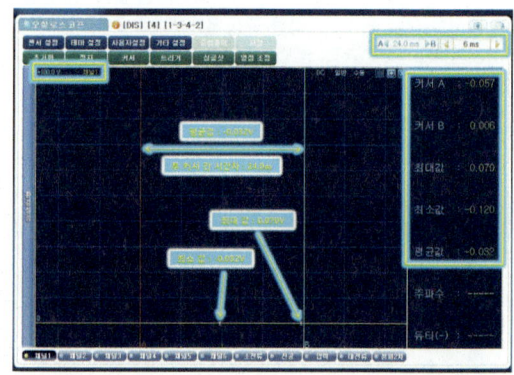

위 그림의 우측에서 "커서 A와 커서 B 전압", "투 커서 간 시간차", "최대값", "최소값", "평균값"을 확인할 수 있다.

03 채널 1번 접지 프로브 접지

위 그림과 같이 "채널 1번" 접지 프로브를 "접지"한다.

04 채널 1번 전원프로브 설치

위 그림과 같이 "채널 1번" 전원 프로브를 "인젝터 접지 배선"에 설치한다.

05 채널 1번 프로브 설치 모습

위 그림은 "채널 1번" 접지 프로브와 전원 프로브를 설치한 모습이다.

06 Key ON

위 그림과 같이 Key를 "ON" 한다.

07 Key ON 상태의 출력 화면

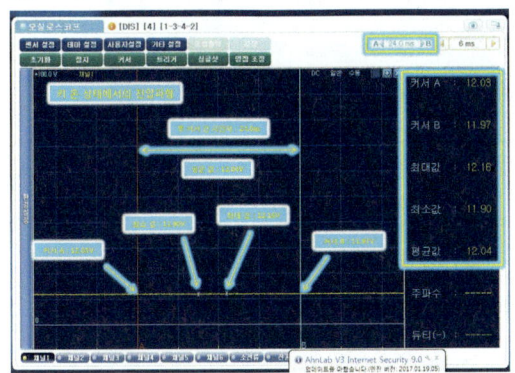

위 그림은 "Key ON" 상태의 전압 파형이며 "커서 A" 전압은 12.03V, 최소값 11.90V, 최대값 12.16V, "커서 B" 11.97V, 평균전압 12.04V와 투 커서 간 시간차 24.0ms를 나타낸다.

08 엔진 시동 ON

위 그림과 같이 엔진 시동을 "ON"한 다음 "정상적인 공전 rpm" 상태가 될 때까지 기다린다.

09 공전 시 인젝터 전압 파형

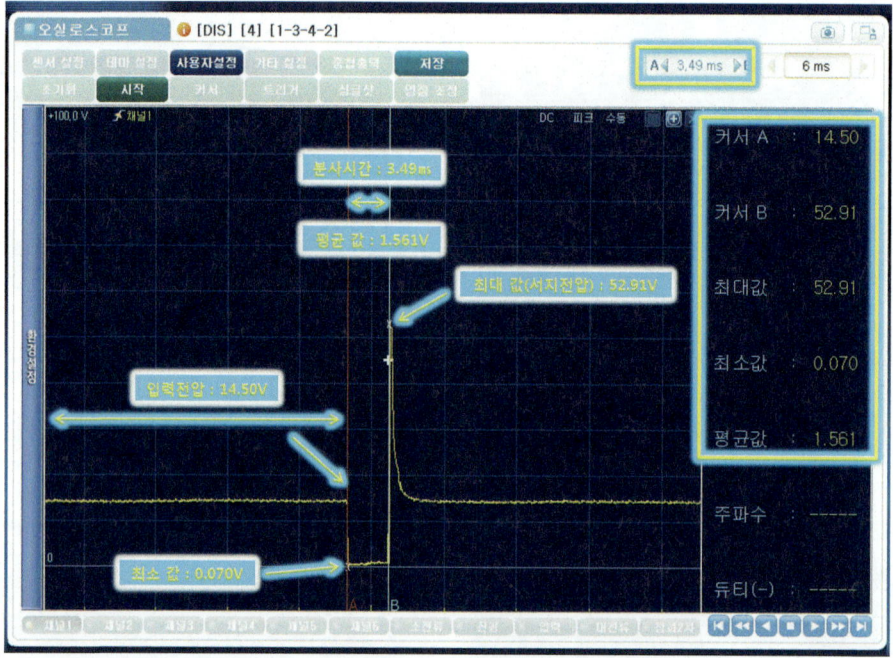

위 그림은 엔진 정상 공회전 시 인젝터 출력 파형이며 "커서 A"를 인젝터 연료분사 시작 지점에 위치하고 "커서 B"는 연료분사 종료 부분에 위치시킨 다음 입력전압 14.50V, 서지전압 52.91V, 분사 시간 3.49㎳, 평균(TR-ON: 작동)전압 1.561V, 최소전압 0.070V로 표기한 화면이다.

10 출력 파형 출력물_인젝터 전압 파형 출력 및 분석내용표기

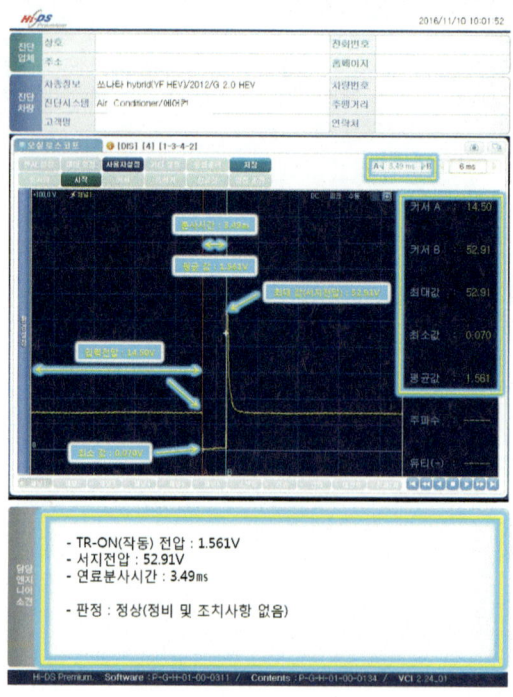

- TR-ON(작동) 전압 : 1.561V
- 서지전압 : 52.91V
- 연료분사시간 : 3.49㎳

- 판정 : 정상(정비 및 조치사항 없음)

11 답안 작성_인젝터 파형 출력 및 분석 내용 답안 작성하기

[참고] TR-ON(작동) 전압은 "평균전압"을 기재한다.

◈ 기관 2. 기록표
   1) 파형   자동차 번호 :

비 번호		감독확인	

항 목	파형 분석 및 판정			득 점
	분석 항목	분석 내용	판정(□에 '✔' 표)	
가솔린 인젝터 전압 및 전류 파형	TR-ON(작동)전압: 1.561V	분석 내용은 출력물에 표시하시오.	☑ 양 호 □ 불 량	
	서지전압: 52.91V			
	연료분사시간: 3.49ms			

※ 주의 사항: 분석 항목 및 내용은 출력물에 표기하며 관련 사항은 감독위원의 지시에 따릅니다.

12 인젝터 커넥터 1개 탈거

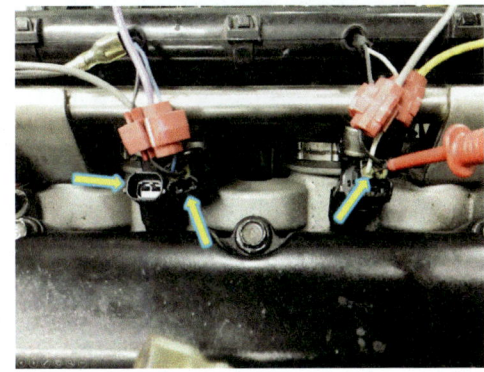

위 그림은 부조 발생을 위하여 "인젝터 커넥터 1개"를 탈거한 상태이다.

13 엔진 RPM

위 그림과 같이 "연료 보정"을 위하여 엔진 rpm이 "상승"한 상태를 확인할 수 있다. [참고: 약 1,050rpm이다.]

⑭ 엔진 부조 시 인젝터 잔압 파형

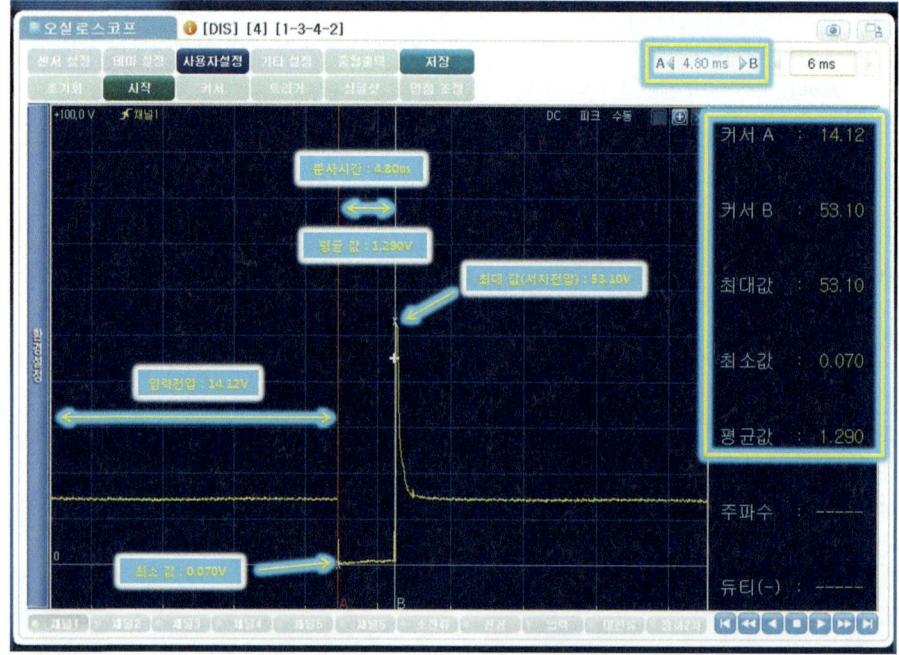

위 그림은 엔진 공회전 "부조 시(연료 보정)" 인젝터 출력 파형이며 "커서 A"를 인젝터 연료분사 시작 지점에 위치하고 "커서 B"는 연료분사 종료 부분에 위치시킨 다음 입력전압 14.12V, 서지전압 53.10V, 분사 시간 4.80㎳, 평균(TR-ON: 작동)전압 1.290V, 최소전압 0.070V로 표기한 화면이다. [참고: "연료분사 시간" 은 증가한다.]

⑮ 출력 파형 출력물_엔진 공회전 부조 시 전압 파형 출력 및 분석내용표기

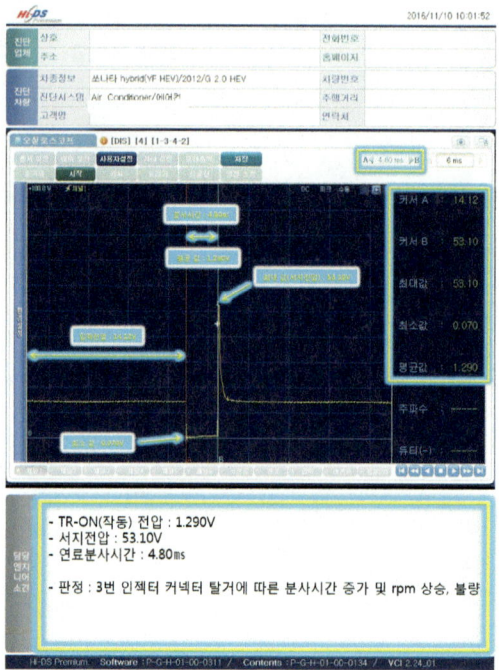

16 답안 작성_엔진 공회전 부조 시(연료 보정) 파형 출력 및 분석 내용 답안 작성하기

[참고] TR-ON(작동) 전압은 "평균전압"을 기재하고 엔진 공회전 부조에 따라 "연료분사 시간"이 증가되므로 판정은 "불량"이다.

◈ 기관 2. 기록표
   1) 파형   자동차 번호 :

비 번호		감독확인	

항 목	파형 분석 및 판정			득 점
	분석 항목	분석 내용	판정(□에 '✔' 표)	
가솔린 인젝터 전압 및 전류 파형	TR-ON(작동)전압: 1.290V	분석 내용은 출력물에 표시하시오.	□ 양 호 ☑ 불 량	
	서지전압: 53.10V			
	연료분사시간: 4.80ms			

※ 주의 사항: 분석 항목 및 내용은 출력물에 표기하며 관련 사항은 감독위원의 지시에 따릅니다.

17 전압과 전류 파형 화면

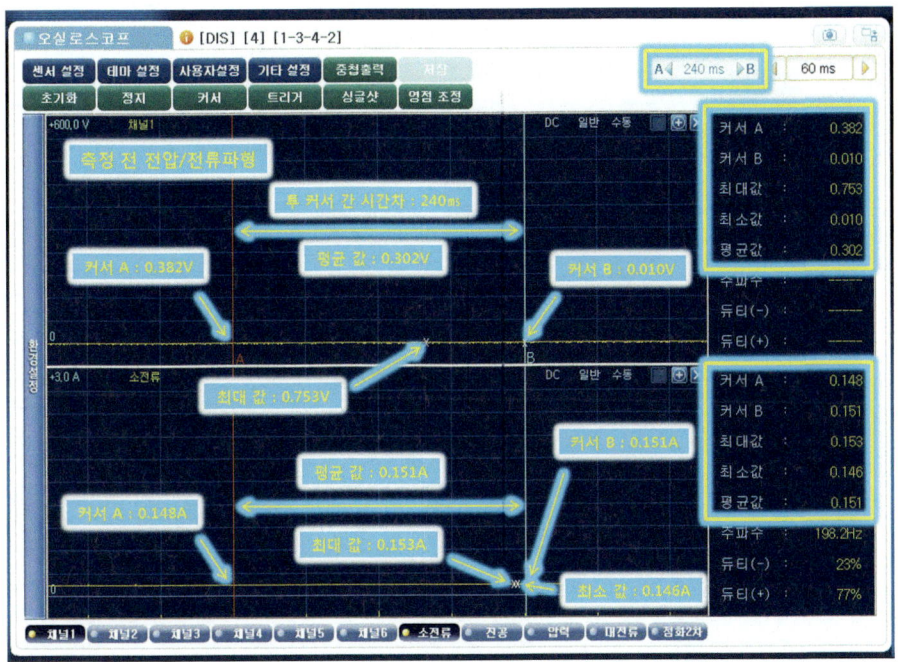

위 그림은 점화스위치 ON 상태의 전압과 전류 파형으로 커서 A는 0.382V/0.148A, 커서 B는 0.010V/0.151A, 투 커서 간 최소값 0.010V/0.146A, 최대값 0.753V/0.153A, 평균값 0.302V/0.151A, 시간 차 240ms를 나타낸다.

18 영점조정 완료 화면

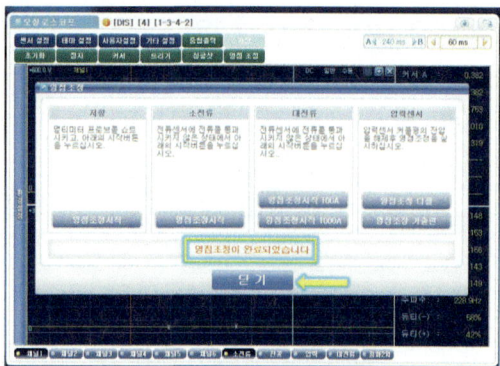

위 그림과 같이 영점조정이 완료되면 "영점조정이 완료되었습니다."라고 표시된다. "닫기"를 클릭한다.

19 소 전류계 설치

위 그림과 같이 인젝터 접지 배선에 "소 전류계"를 전류의 "흐름방향"이 맡도록 설치한다.

20 공전 시 인젝터 전압 전류 파형

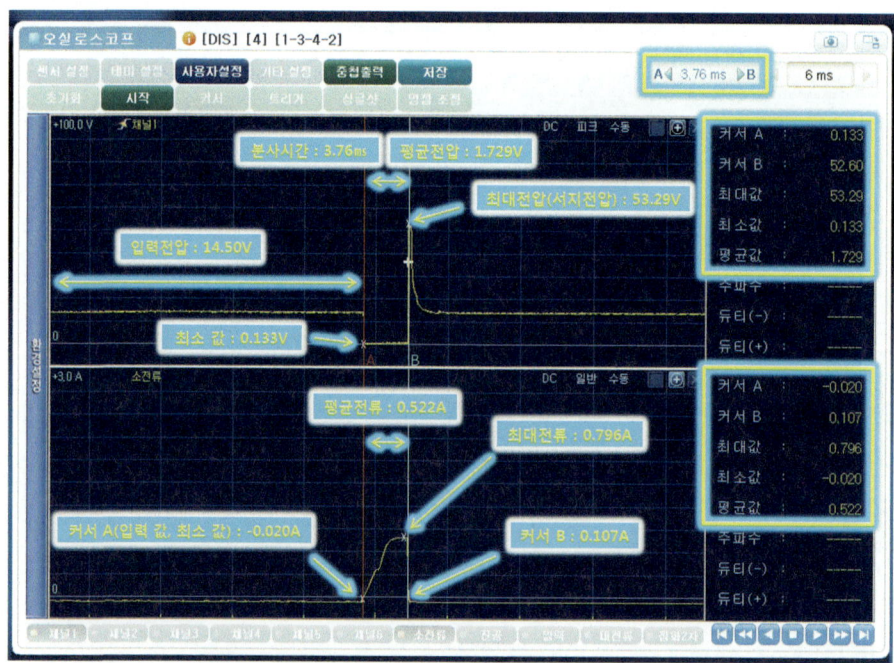

위 그림은 엔진 정상 공회전 시 인젝터 전압과 전류 파형이며 커서 A"를 인젝터 연료분사 시작 지점에 위치하고 "커서 B"는 연료분사 종료 부분에 위치시킨 다음 입력전압 14.50V, 서지전압 53.29V, 분사 시간 3.76ms, 평균전압 1.729V, 최소전압 0.133V이고 입력전류 -0.020A, 평균 전류 0.522A, 최대 전류 0.796A, 커서 B값 0.107A로 표기한 화면이다.

21 출력 파형 출력물_인젝터 전압 전류 파형 출력 및 분석내용표기

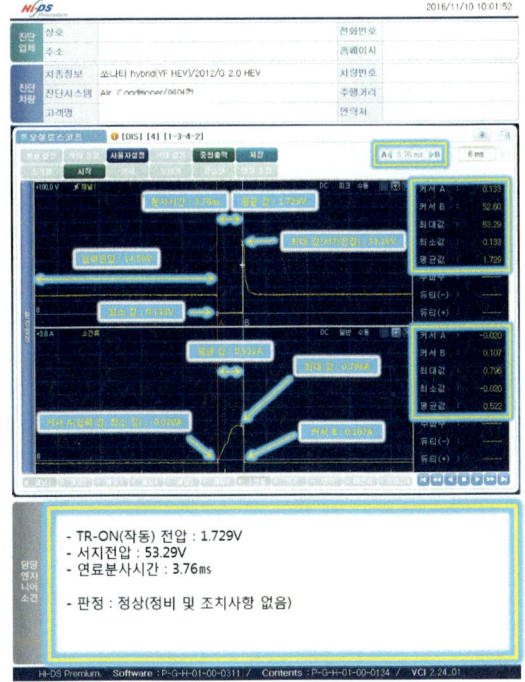

22 답안 작성_인젝터 파형 출력 및 분석 내용 답안 작성하기

[참고] TR-ON(작동) 전압은 "**평균전압**"을 기재한다.

◆ 기관 2. 기록표

		비 번호		감독확인	
1) 파형	자동차 번호 :				

항 목	파형 분석 및 판정			득 점
	분석 항목	분석 내용	판정(□에 '✔' 표)	
가솔린 인젝터 전압 및 전류 파형	TR-ON(작동)전압: 1.729V 서지전압: 53.29V 연료분사시간: 3.76ms	분석 내용은 출력물에 표시하시오.	☑ 양 호 □ 불 량	

※ 주의 사항: 분석 항목 및 내용은 출력물에 표기하며 관련 사항은 감독위원의 지시에 따릅니다.

02 스로틀 위치 센서(TPS)와 공기 유량 센서(AFS 또는 MAP) 1

01 채널 1번 프로브 설치

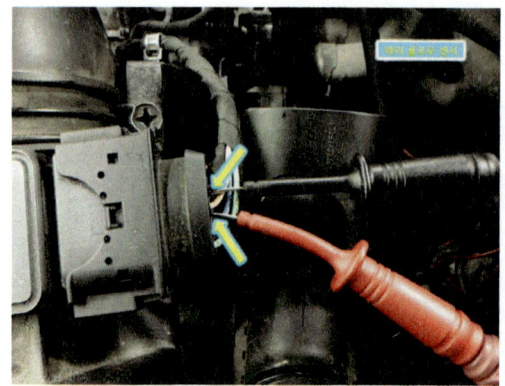

위 그림과 같이 "채널 1번" 프로브를 "AFS 출력과 접지단자"에 설치한다.

02 채널 2번 프로브 설치

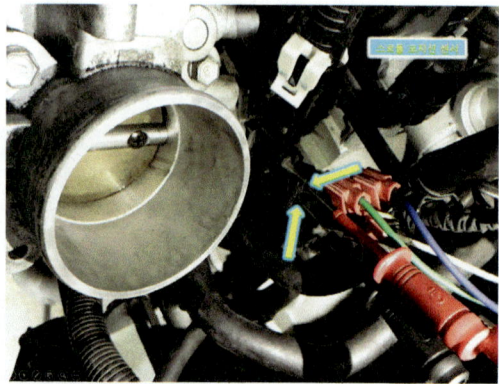

위 그림과 같이 "채널 2번" 프로브를 "TPS 출력과 접지단자"에 설치한다.

03 순간 급가속 시 AFS와 TPS 파형_TPS 기준

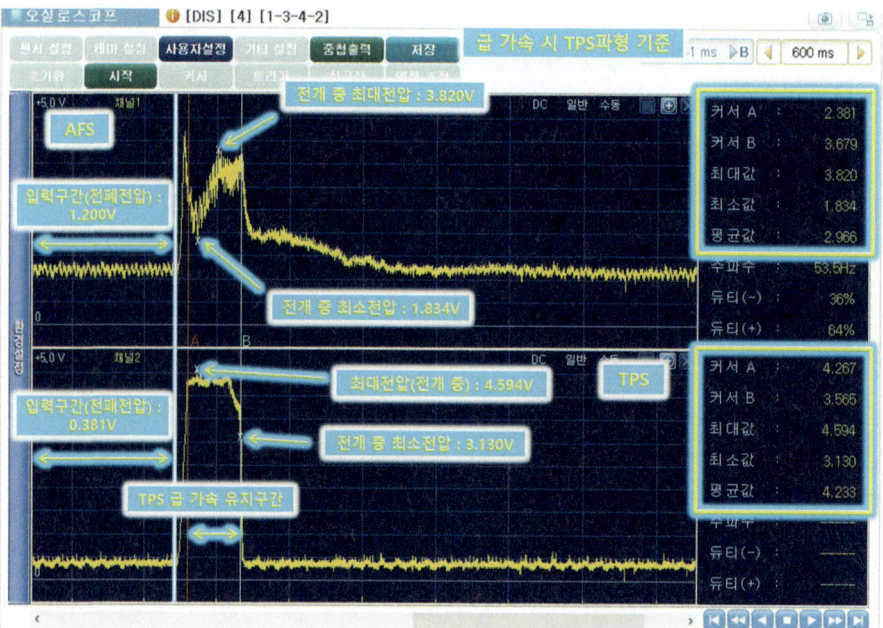

위 그림은 엔진 공회전 상태에서 순간 급가속 시 출력 파형이며 "TPS를 기준"으로 "커서 A"를 순간 급가속 시작 지점에 위치하고 "커서 B"는 급가속 종료 부분에 위치시킨 다음 "TPS" 입력(전폐)전압 0.381V, 전개 중 최대 전압 4.594V, 전개 중 최소전압 3.130V이고 "AFS" 입력(전폐)전압 1.200V, 전개 중 최대 전압 3.820V, 전개 중 최소전압 1.834V로 표기한 화면이다.

04 출력 파형 출력물_AFS와 TPS 파형 출력 및 분석내용표기

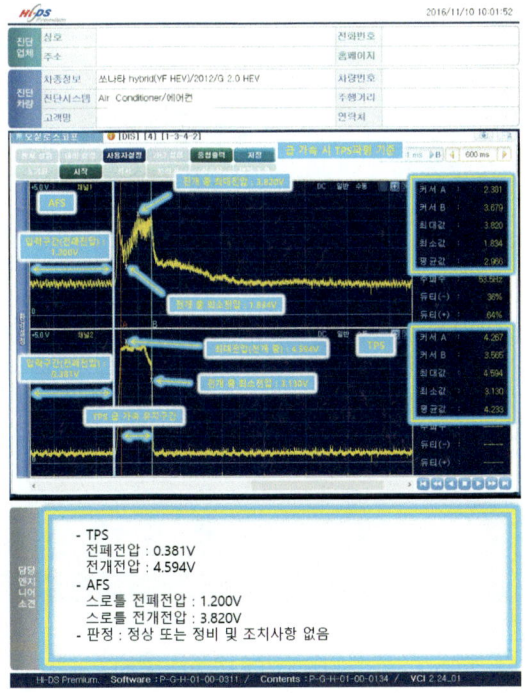

- TPS
  전폐전압 : 0.381V
  전개전압 : 4.594V
- AFS
  스로틀 전폐전압 : 1.200V
  스로틀 전개전압 : 3.820V
- 판정 : 정상 또는 정비 및 조치사항 없음

05 답안 작성_파형 출력 및 분석 내용 답안 작성하기_TPS 기준

[참고] 스로틀 포지션 센서와 공기 유량 센서 전폐(스로틀밸브 닫힘) 전압은 "평균전압"을 기재하고, 전개(스로틀밸브 최대 열림)
전압은 "최대 전압"을 기재한다.

■ 점검 및 측정

항 목	측정(또는 점검)		판정 및 정비(또는 조치) 사항		득 점
	측정값	규정(기준)값 (정비한계값)	판정 (□에 '✔' 표)	정비 및 조치 사항	
스로틀 위치 센서 (TPS1 또는 TPS2) 출력전압	전폐: 0.381V	0.300~0.800V	☑ 양 호 □ 불 량	정상 또는 정비 및 조치 사항 없음	
	전개: 4.594V	3.600~4.900V			
공기유량 센서 (AFS 또는 MAP) 출력전압	스로틀 전폐: 1.200V	0.500~1.900V	☑ 양 호 □ 불 량	정상 또는 정비 및 조치 사항 없음	
	스로틀 전개:3.820V	3.200~4.600V			

06 순간 급가속 시 AFS와 TPS 파형_AFS 기준

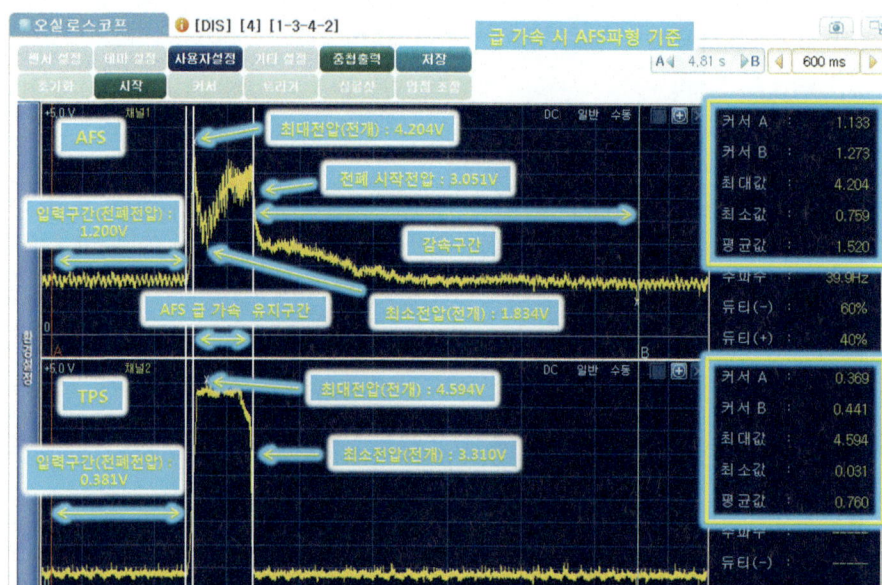

위 그림은 엔진 공회전 상태에서 순간 급가속 시 출력 파형이며 "AFS"를 기준으로 "커서 A"를 공전 임의 지점에 위치하고 "커서 B"는 급감속 후 임의 부분에 위치시킨 다음 "TPS" 입력(전폐)전압 0.381V, 전개 중 최대 전압 4.594V, 전개 중 최소전압 3.130V이고 "AFS" 입력(전폐)전압 1.200V, 전개 중 최대 전압 4.204V, 전개 중 최소전압 1.834V로 표기한 화면이다.

07 출력 파형 출력물_AFS와 TPS 파형 출력 및 분석내용표기

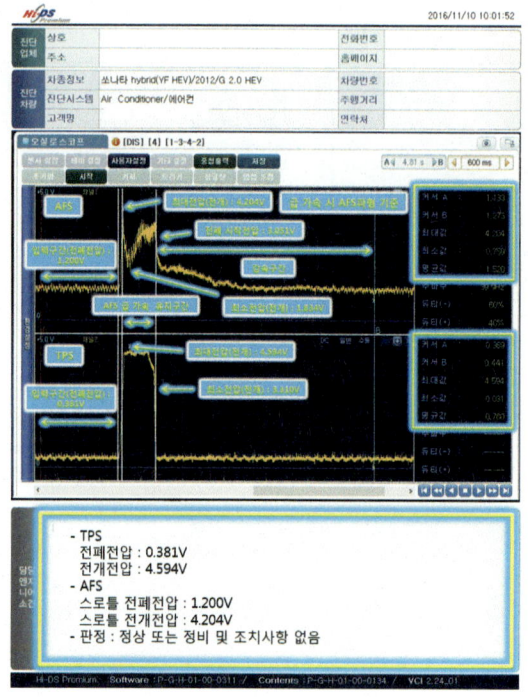

08 답안 작성_파형 출력 및 분석 내용 답안 작성하기_AFS 기준

[참고] 스로틀 포지션 센서와 공기 유량 센서 전폐(스로틀밸브 닫힘) 전압은 "평균전압"을 기재하고, 전개(스로틀밸브 최대 열림) 전압은 "최대 전압"을 기재한다.

■ 점검 및 측정

항 목	측정(또는 점검)		판정 및 정비(또는 조치) 사항		득 점
	측정값	규정(기준)값 (정비한계값)	판정 (□에 '✔' 표)	정비 및 조치 사항	
스로틀 위치 센서 (TPS1 또는 TPS2) 출력전압	전폐: 0.381V	0.300~0.800V	☑ 양 호 □ 불 량	정상 또는 정비 및 조치 사항 없음	
	전개: 4.594V	3.600~4.900V			
공기유량 센서 (AFS 또는 MAP) 출력전압	스로틀 전폐: 1.200V	0.500~1.900V	☑ 양 호 □ 불 량	정상 또는 정비 및 조치 사항 없음	
	스로틀 전개: 4.204V	3.200~4.600V			

03 스로틀 위치 센서(TPS)와 공기 유량 센서(AFS 또는 MAP) 2

01 차종 선택

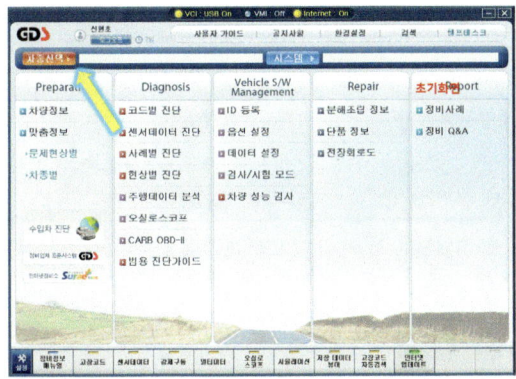

위 그림과 같이 GDS 초기화면에서 "차종 및 시스템"을 선택한다.

02 DLC

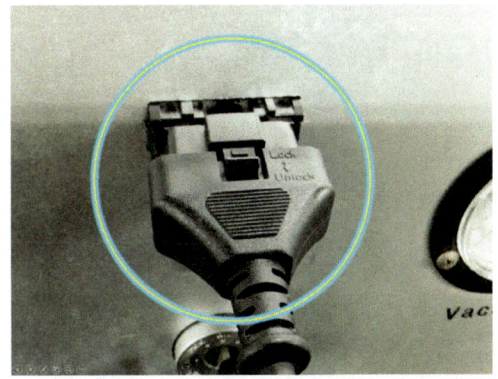

위 그림과 같이 "DLC"에 진단커넥터를 연결한다.

03 VCI 전원 ON

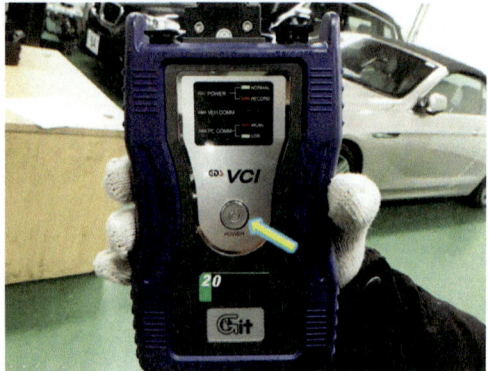

위 그림과 같이 "VCI" 전원 버튼을 눌러 "ON" 한다.

04 엔진 시동 ON

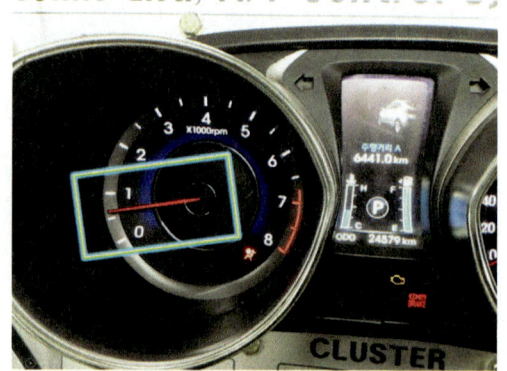

위 그림과 같이 엔진 시동을 "ON" 한다. [참고: 정상적인 공회전 rpm이 될 때까지 기다린다.]

05 엔진선택

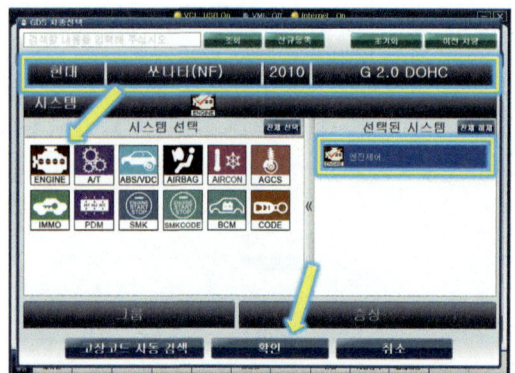

위 그림과 같이 시스템 선택 화면에서 "엔진제어"를 클릭한다.

06 센서 데이터 선택

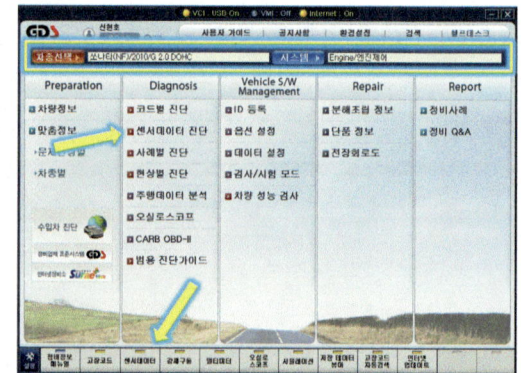

위 그림에서 "두 개의 화살표"가 가리키는 것 중 "센서 데이터 진단" 또는 "센서 데이터"를 클릭한다.

07 통신상태 화면

위 그림은 통신 초기화 중인 화면이며 아래에 있는 "고장코드"와 "센서데이터"를 클릭한다.

08 VCI 통신상태 확인

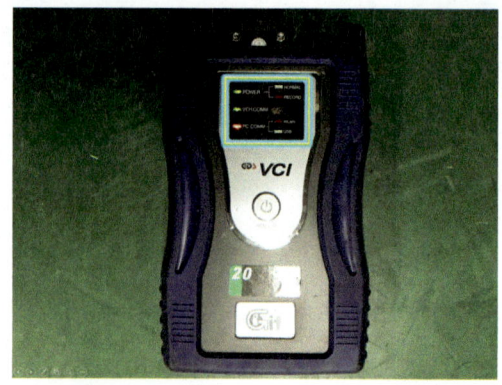

위 그림과 같이 "정상적인 통신상태"이면 네모 안에 램프들이 "점등"된다.

09 데이터 판독_엔진 공회전(전폐) 시

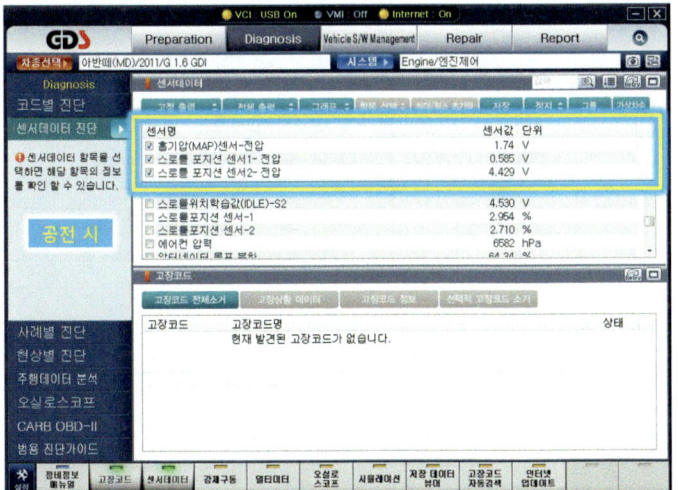

옆 그림은 엔진 "공회전(전폐)" 상태에서 측정에 필요한 센서 항목을 고정한 화면이며 흡기압(MAP)센서_1.74V, 스로틀 포지션 센서 1_0.585V, 스로틀 포지션 센서 2_4.429V이다.

10 데이터 판독_엔진 급가속(전계) 시

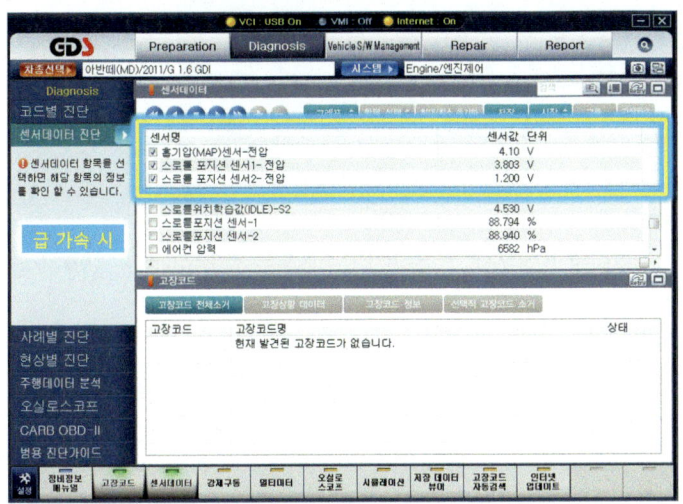

옆 그림은 엔진 "급가속(전계)" 상태의 측정에 필요한 센서 항목을 고정한 화면이며 흡기압(MAP)센서_4.10V, 스로틀 포지션 센서 1_3.803V, 스로틀 포지션 센서 2_1.200V이다.

11 답안 작성_파형 출력 및 분석 내용 답안 작성하기

■ 점검 및 측정   [스로틀 포지션 센서 1 기준]

항 목	측정(또는 점검)		판정 및 정비(또는 조치) 사항		득 점
	측정값	규정(기준)값 (정비한계값)	판정 (□에 '✔' 표)	정비 및 조치 사항	
스로틀 위치 센서 (TPS1 또는 TPS2) 출력전압	전폐: 0.585V	0.400~0.800V	☑ 양 호 □ 불 량	정상 또는 정비 및 조치 사항 없음	
	전개: 3.803V	3.600~4.200V			
공기유량 센서 (AFS 또는 MAP) 출력전압	스로틀 전폐: 1.74V	0.50~1.90V	☑ 양 호 □ 불 량	정상 또는 정비 및 조치 사항 없음	
	스로틀 전개: 4.10V	3.80~4.60V			

■ 점검 및 측정　　　[스로틀 포지션 센서 2 기준]

항 목	측정(또는 점검)		판정 및 정비(또는 조치) 사항		득 점
	측정값	규정(기준)값 (정비한계값)	판정 (□에 '✔' 표)	정비 및 조치 사항	
스로틀 위치 센서 (TPS1 또는 TPS2) 출력전압	전폐: 4.429V	4.200~4.700V	☑ 양 호 □ 불 량	정상 또는 정비 및 조치 사항 없음	
	전개: 1.200V	0.800~1.400V			
공기유량 센서 (AFS 또는 MAP) 출력전압	스로틀 전폐: 1.74V	0.50~1.90V	☑ 양 호 □ 불 량	정상 또는 정비 및 조치 사항 없음	
	스로틀 전개: 4.10V	3.80~4.60V			

12 데이터 판독_그래프

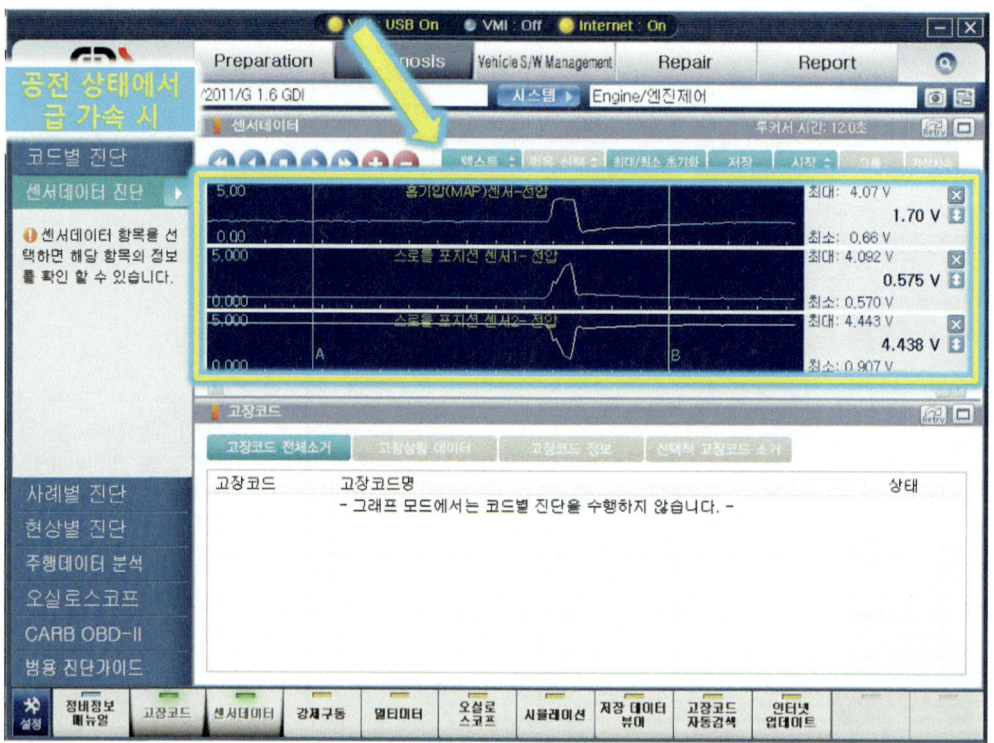

위 그림은 공회전에서부터 급가속 상태의 측정에 필요한 센서 항목을 고정한 화면이며 흡기압(MAP)센서, 스로틀 포지션 센서 1, 스로틀 포지션 센서 2의 출력값이다. [참고: 화살표가 가리키는 곳을 클릭하면 "그래프" 또는 "텍스트"로 변한다]

⑬ 답안 작성_파형 출력 및 분석 내용 답안 작성하기

[참고] 스로틀 포지션 센서와 공기 유량 센서 "전폐(스로틀밸브 닫힘)" 전압은 "최소전압"을 기재하고, "전개(스로틀밸브 최대 열림)" 전압은 "최대 전압"을 기재한다.

■ 점검 및 측정　　　　　[스로틀 포지션 센서 1 기준]

| 항 목 | 측정(또는 점검) | | 판정 및 정비(또는 조치) 사항 | | 득 점 |
	측정값	규정(기준)값 (정비한계값)	판정 (□에 '✔' 표)	정비 및 조치 사항	
스로틀 위치 센서 (TPS1 또는 TPS2) 출력전압	전폐: 0.570V	0.400~0.800V	☑ 양 호 □ 불 량	정상 또는 정비 및 조치 사항 없음	
	전개: 4.092V	3.600~4.200V			
공기유량 센서 (AFS 또는 MAP) 출력전압	스로틀 전폐: 0.66V	0.50~1.90V	☑ 양 호 □ 불 량	정상 또는 정비 및 조치 사항 없음	
	스로틀 전개: 4.07V	3.80~4.60V			

■ 점검 및 측정　　　　　[스로틀 포지션 센서 1 기준]

| 항 목 | 측정(또는 점검) | | 판정 및 정비(또는 조치) 사항 | | 득 점 |
	측정값	규정(기준)값 (정비한계값)	판정 (□에 '✔' 표)	정비 및 조치 사항	
스로틀 위치 센서 (TPS1 또는 TPS2) 출력전압	전폐: 4.443V	4.200~4.700V	☑ 양 호 □ 불 량	정상 또는 정비 및 조치 사항 없음	
	전개: 0.907V	0.800~1.400V			
공기유량 센서 (AFS 또는 MAP) 출력전압	스로틀 전폐: 0.66V	0.50~1.90V	☑ 양 호 □ 불 량	정상 또는 정비 및 조치 사항 없음	
	스로틀 전개: 4.07V	3.80~4.60V			

정비기능장

C 엔진 3)_1 시동결함_크랭킹은 가능하나 시동되지 않음

주어진 엔진에서 크랭킹은 가능하나 시동되지 않고, 시동된 후에도 부조가 발생합니다. 고장원인을 찾아 수리 후 기록표에 기록하시오. [A안 참고]

정비기능장

C 엔진 3)_2 부조 발생 원인

주어진 자동차에서 크랭킹은 가능하나 시동되지 않고 시동된 후에도 부조가 발생합니다. 고장 부위를 수리하고 기록표를 작성하시오. [A안 참고]

정비기능장

C 섀 시

1) 유압식 동력 조향장치 오일(파워 스티어링)펌프 탈·부착 및 작동상태 확인

주어진 자동차에서 감독위원의 지시에 따라 유압식 동력 조향장치 오일펌프를 탈거하고 감독위원에서 확인 후, 다시 조립(부착)하여 작동상태를 점검한 후 기록표의 요구사항을 점검 및 측정하여 기록하시오.

01 유압식 동력 조향장치 오일펌프 탈·부착 및 에어 빼기 작업

01 관련 부품 명칭

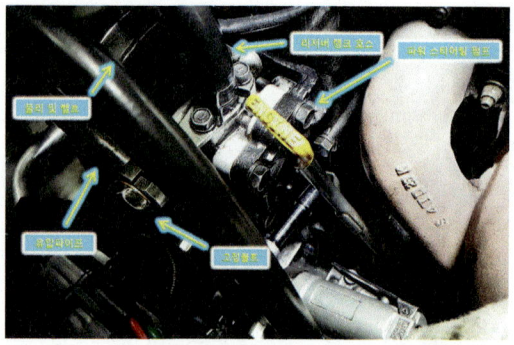

위 그림은 파워(오일) 스티어링 펌프 상부 모습이며 파워 펌프 풀리 및 벨트, 리저브 탱크 호스, 파워 스티어링 펌프, 고정 볼트, 유압 파이프이다.

02 리저브 탱크 호스 탈거

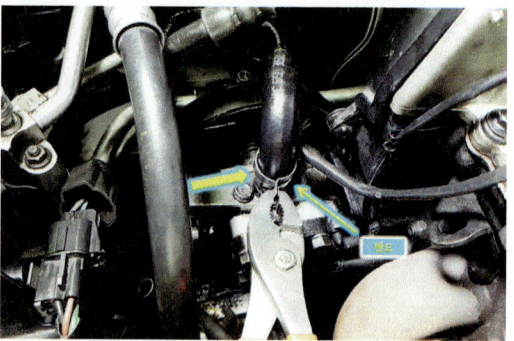

위 그림과 같이 리저브 탱크 호스 "고정 밴드 위치"를 호스 중앙 쪽으로 이동한 다음 "호스"를 탈거한다.

03 파워 스티어링 펌프 스위치 커넥터 탈거

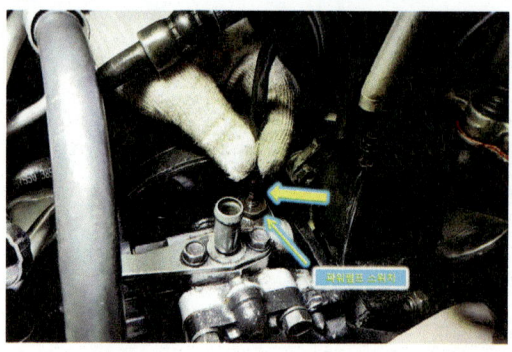

위 그림과 같이 파워 스티어링 펌프 상단에 있는 "펌프 스위치 단자"에서 "커넥터"를 탈거한다.

04 유압 파이프 고정 볼트

위 그림과 같이 "유압 파이프" 고정 볼트(24㎜)를 반 시계 방향으로 돌려 "볼트"를 풀어낸다.

C 안

05 고정 볼트 동 와셔

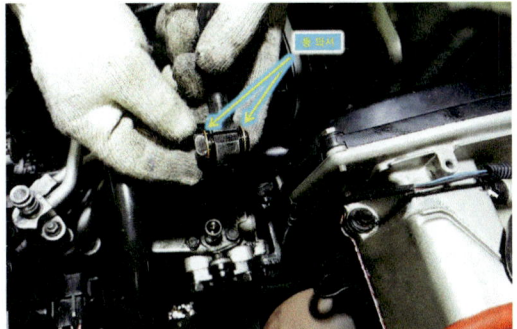

위 그림과 같이 "오일 누유 방지"를 위한 고정 볼트 양쪽에 "동 와셔"가 들어간다.

06 유격 조정 고정 볼트 유림

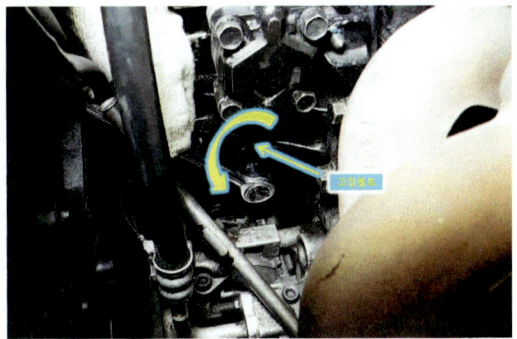

위 그림과 같이 파워 스티어링 펌프 "유격 조정 고정 볼트 (14mm)"를 반 시계 방향으로 돌려 유림한다.

07 유격 조정 볼트 유림

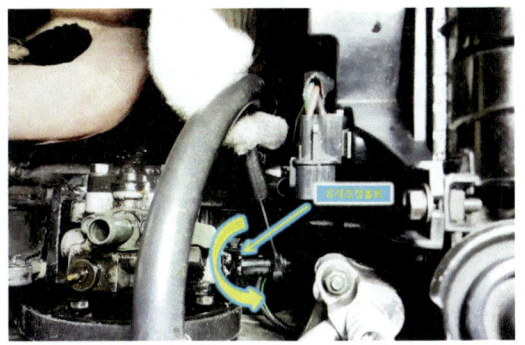

위 그림과 같이 "유격 조정 볼트(14mm)"를 반 시계 방향으로 돌려 "벨트 장력"이 최대한 "이완"되도록 유림한다.

08 파워 스티어링 펌프 벨트 탈거

위 그림과 같이 파워 스티어링 펌프 "벨트"를 풀리에서 탈 거한다.

09 고정 볼트 탈거

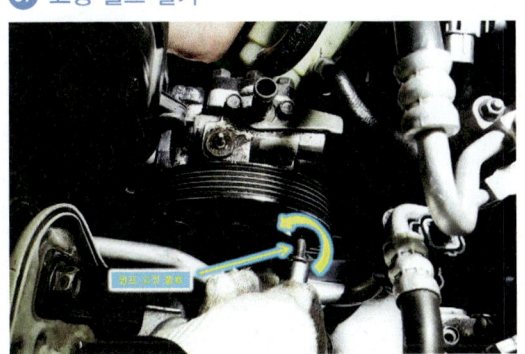

위 그림과 같이 파워 스티어링 펌프 "앞쪽" 고정 볼트(12mm) 를 탈거한다.

10 관통볼트 탈거

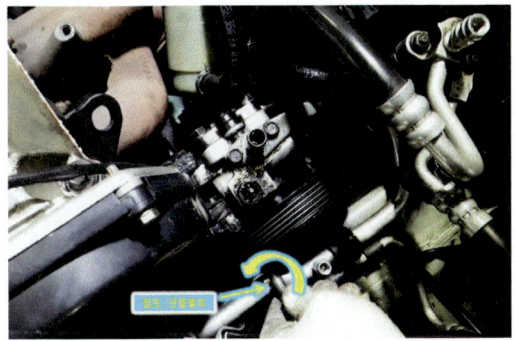

위 그림과 같이 파워 스티어링 펌프 "관통볼트(12mm)"를 탈 거한다.

⑪ 파워 스티어링 펌프 탈거

위 그림과 같이 파워 스티어링 펌프를 "브래킷"에서 탈거한다.

⑫ 파워 스티어링 펌프 단품

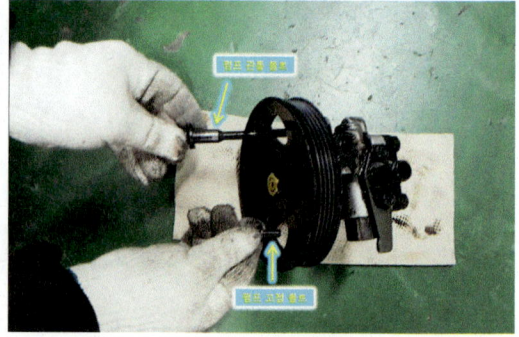

위 그림은 파워 스티어링 탈거 후 모습이며 펌프 관통볼트, 파워 스티어링 펌프, 펌프 고정 볼트이다.

⑬ 파워 스티어링 펌프 설치

위 그림과 같이 파워 스티어링 "펌프"를 브래킷에 설치한다.

⑭ 고정 볼트 및 관통볼트 장착

위 그림과 같이 파워 스티어링 펌프 "고정 볼트 및 관통볼트"를 장착한다.

⑮ 파워 스티어링 펌프 벨트 장착

위 그림과 같이 파워 스티어링 펌프 "벨트"를 "풀리에 장착"한다.

⑯ 유압 파이프 고정 볼트 장착

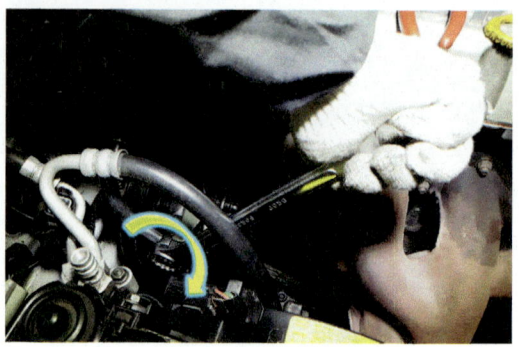

위 그림과 같이 "유압 파이프" 고정 볼트를 장착한다. [참고: 고정 볼트 양쪽에 동 와셔를 설치한다.]

⑰ 벨트 장력 조정

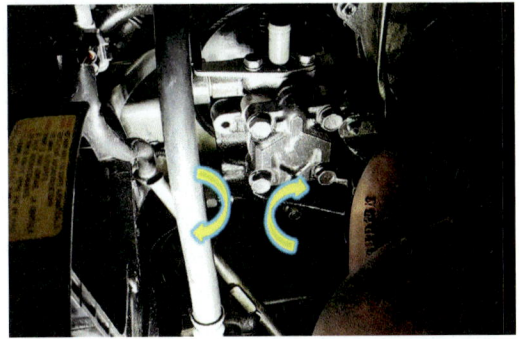

위 그림과 같이 "유격 조정 볼트"를 시계 방향으로 돌려 "장력을 규정 값 이내로 조정"한 다음 "유격 조정 고정 볼트와 앞쪽 고정 볼트, 관통볼트"를 규정 토크로 조인다.

⑱ 파워 스티어링 펌프 스위치 단자 커넥터 장착

위 그림과 같이 파워 스티어링 펌프 스위치 "단자에 커넥터"를 장착한다.

⑲ 리저브 탱크 호스 장착

위 그림과 같이 리저브 "탱크 호스"를 끼운 다음 "고정 밴드"를 기존 위치에 장착한다.

⑳ 파워 스티어링 펌프 오일 량 점검

위 그림과 같이 동력 조향장치 펌프 리저브 탱크 캡을 열어 "레벨게이지의 눈금"에 따른 "오일 량"을 점검한다.

㉑ 오일 량 보충

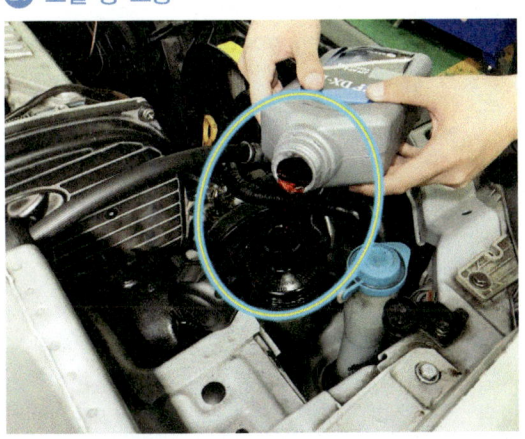

위 그림과 같이 리저브 탱크에 "오일 량 부족 시" 파워 스티어링 펌프 오일을 "레벨게이지 MAX"까지 보충한다.

㉒ 라인 에어 빼기 작업

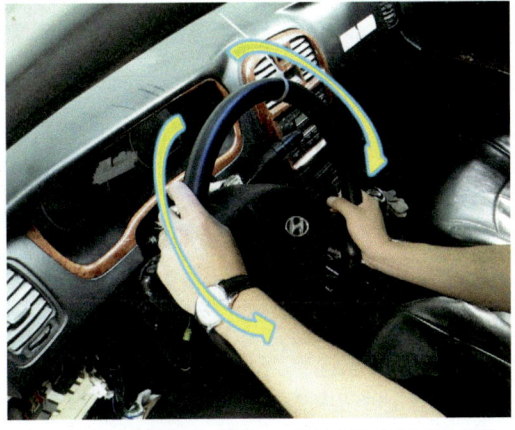

위 그림과 같이 "핸들을 좌우"로 여러 번 돌려 동력 조향장치 라인 "에어 빼기" 작업을 실시한다.

23 엔진 시동 후 라인 에어 빼기 작업

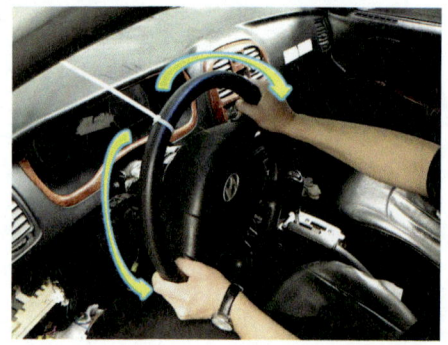

위 그림과 같이 "엔진 시동"을 걸고 "핸들을 좌우"로 여러 번 돌려 동력 조향장치 라인 "에어 빼기" 작업을 실시한다.

24 오일 량 점검 및 조정

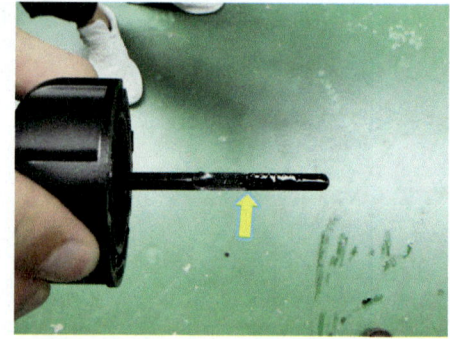

위 그림과 같이 동력 조향장치 펌프 "레벨게이지의 눈금"에 따른 오일 량을 점검한 다음 "부족 시 보충"한다.

정비기능장

C

섀 시

1)_1 기록표 요구사항 점검 · 측정_오일(파워 스티어링)펌프 배출 압력 및 조향핸들 유격

기록표 요구사항을 점검 및 측정하여 기록하시오.

---

01 오일펌프(파워 스티어링 펌프) 배출 압력

01 압력 호스 탈거

위 그림과 같이 "압력 호스 고정 볼트(24㎜)"를 탈거한다.

02 어댑터와 커플링 연결

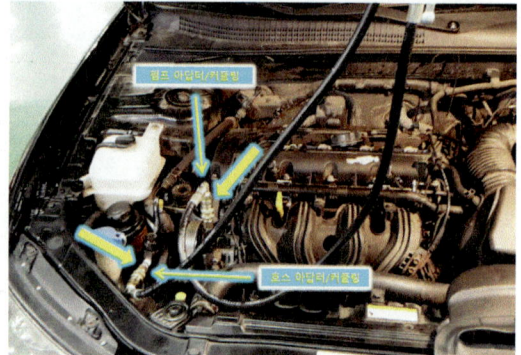

위 그림과 같이 펌프 및 호스 "어댑터와 커플링"을 압력라인에 연결한다.

03 압력 게이지 설치

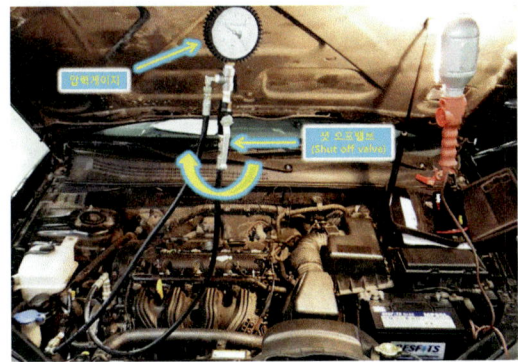

위 그림과 같이 "압력 게이지"를 설치하고 "라인 공기 빼기 작업"을 실시한 다음 "셧 오프밸브"를 닫는다.

04 핸들 정지 시 압력측정_엔진 공회전 시

위 그림은 정상적인 엔진 공회전 상태에서 "핸들 정지 시" 압력(10~ 15bar)이다.

05 핸들 회전 시 압력측정_엔진 공회전 시

위 그림은 정상적인 엔진 공회전 상태에서 "핸들 회전 시" 압력(약 35bar)이다.

06 핸들 최대회전 부하 시 압력측정_엔진 공회전 시

위 그림은 정상적인 엔진 공회전 상태에서 "핸들 최대회전 부하 시" 압력(80~90bar)이다.

07 답안 작성_위 3가지 측정 조건에 따라 분석 내용 및 답안 작성하기

항 목	측정(또는 점검)		판정 및 정비(또는 조치) 사항		득 점
	측정값	규정(기준)값 (정비한계값)	판정 (□에 '✔' 표)	정비 및 조치 사항	
파워 스티어링 펌프 최고압력	10~15bar	핸들 정지 시 8~20bar	☑ 양 호 □ 불 량	정상(정비 및 조치 사항 없음)	
조향핸들 유격			□ 양 호 □ 불 량		

※ 주의 사항: 조향핸들 유격은 정비지침서를 참고하여 측정·판정합니다.

항 목	측정(또는 점검)		판정 및 정비(또는 조치) 사항		득 점
	측정값	규정(기준)값 (정비한계값)	판정 (□에 '✔' 표)	정비 및 조치 사항	
파워 스티어링 펌프 최고압력	35bar	핸들 회전 시 25~40bar	☑ 양 호 □ 불 량	정상(정비 및 조치 사항 없음)	
조향핸들 유격			□ 양 호 □ 불 량		

※ 주의 사항: 조향핸들 유격은 정비지침서를 참고하여 측정·판정합니다.

항 목	측정(또는 점검)		판정 및 정비(또는 조치) 사항		득 점
	측정값	규정(기준)값 (정비한계값)	판정 (□에 '✔' 표)	정비 및 조치 사항	
파워 스티어링 펌프 최고압력	80~90bar	핸들 최대회전 부하 시 70~95bar	☑ 양 호 □ 불 량	정상(정비 및 조치 사항 없음)	
조향핸들 유격			□ 양 호 □ 불 량		

※ 주의 사항: 조향핸들 유격은 정비지침서를 참고하여 측정·판정합니다.

02 조향 핸들 유격

01 측정 준비

위 그림과 같이 엔진 시동 "ON"한 다음 "핸들에 마스킹 테이프"를 붙인 후 핸들을 "직진상태"로 하고 "자"를 직각이 되도록 설치한다.

02 최초 측정 위치표시

위 그림과 같이 핸들을 "좌측으로 돌리기 전" 최초 측정 "위치표시"를 한다.

03 좌, 우측 측정 위치표시

위 그림과 같이 "핸들을 좌우로" 가볍게 돌리면서 "좌·우
측"에 대하여 "측정 위치"를 표시한다.

04 핸들 유격 구간

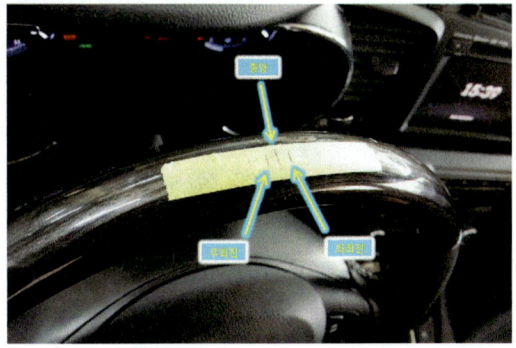

위 그림은 최초 "중앙위치", "좌측값", "우측"으로 움직인
"유격"을 표시한 모습이다.

05 측정값 판독

위 그림과 같이 "자"를 이용하여 "전체 움직인 양"에 대한
표시 구간을 "측정"한다. 측정값은 "20mm"이다.

06 핸들지름 측정

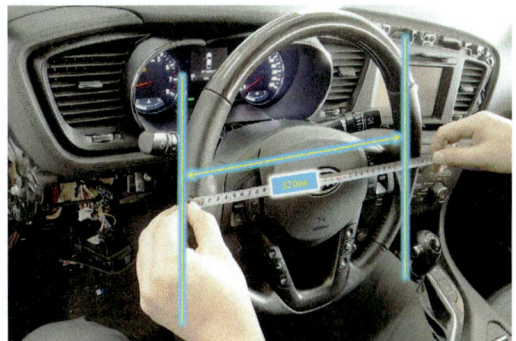

위 그림과 같이 줄자를 이용하여 "좌측 핸들 끝"에서 "우측
핸들 안쪽"까지의 거리를 "측정"한다. 측정값은 "320mm"이
다.

07 규정 값 산출 근거 및 답안 작성하기

[참고] 규정 값: 핸들지름의 12.5% 이하이므로 320×0.125=40mm, 따라서 40mm 이하이다.

◆ 섀시 1. 기록표
자동차 번호 :

항 목	측정(또는 점검)		판정 및 정비(또는 조치) 사항		득 점
	측정값	규정(기준)값 (정비한계값)	판정 (□에 '✔' 표)	정비 및 조치 사항	
		비 번호		감독확인	
파워 스티어링 펌프 최고압력	80~90bar	핸들 최대회전 부하 시 70~95bar	☑ 양 호 □ 불 량	정상 또는 정비 및 조치 사항 없음	
핸들 유격	20mm	40mm 이하			

※ 주의 사항: 조향핸들 유격은 정비지침서를 참고하여 측정·판정합니다.

C

섀 시

2) 전자제어 동력 조향장치 핸들 컬럼 샤프트 탈·부착 및 작동상태 확인

주어진 전자제어 유압식 동력 조향장치 자동차에서 시험위원의 지시에 따라 핸들 컬럼 샤프트를 교환(탈·부착)하여 작동상태를 확인하고, 기록표의 요구사항을 점검 및 측정하여 기록하시오.

---

01 전자제어 동력 조향장치 핸들 컬럼 샤프트 탈·부착 및 작동상태 확인

---

01 혼 스위치 탈거

위 그림과 같이 핸들이 "직진상태"인지 확인한 다음 "혼 스위치(핸들 커버)"를 탈거한다.

02 에어백 커넥터 탈거

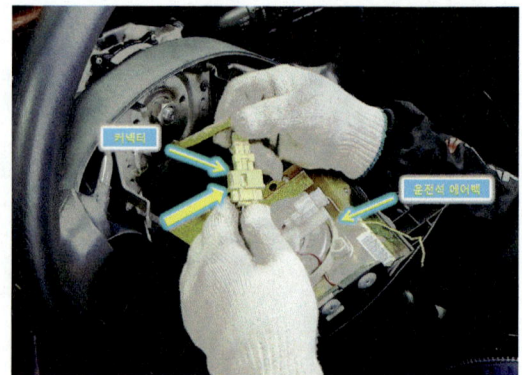

위 그림과 같이 운전석 "에어백 커넥터"를 탈거한다.

03 핸들 탈거

위 그림과 같이 "핸들 고정너트(22mm)"를 풀고 "핸들"을 탈거한다.

04 다기능 스위치 좌측 커넥터

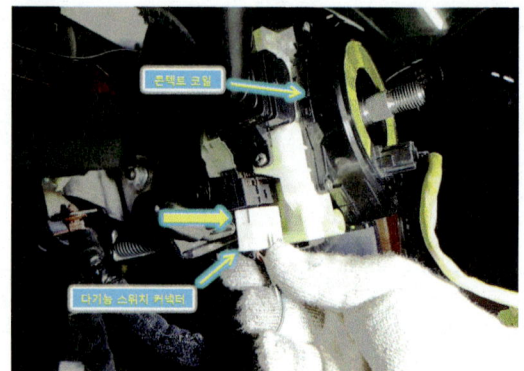

위 그림과 같이 핸들 "컬럼 카울"을 탈거한 다음 "좌측" 다기능 스위치 커넥터를 탈거한다.

05 다기능 스위치 우측 커넥터

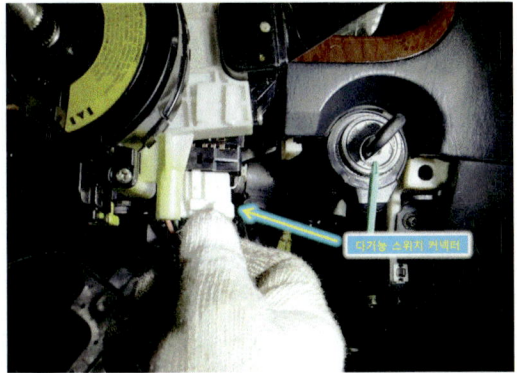

위 그림과 같이 "우측" 다기능 스위치 커넥터를 탈거한다.

06 다기능 스위치 고정 피스

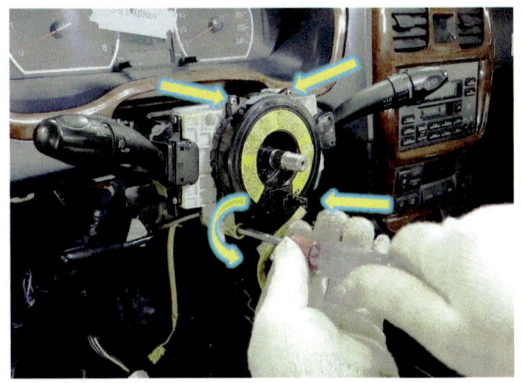

위 그림과 같이 다기능 스위치 "고정 피스 4개"를 푼다.

07 다기능 스위치 탈거

위 그림과 같이 "다기능 스위치 어셈블리"를 탈거한다.

08 핸들 컬럼 좌측 고정 볼트 탈거

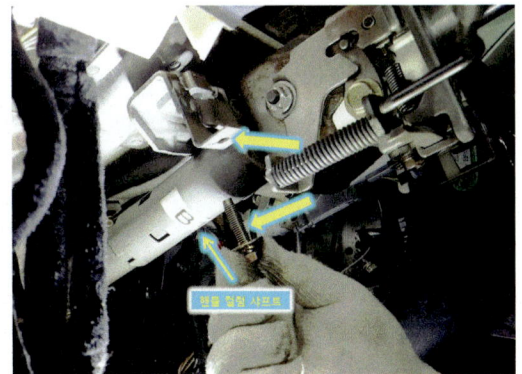

위 그림과 같이 핸들 컬럼 "상부 좌측 고정 볼트(12mm)"를 탈거한다.

09 핸들 컬럼 우측 고정 볼트

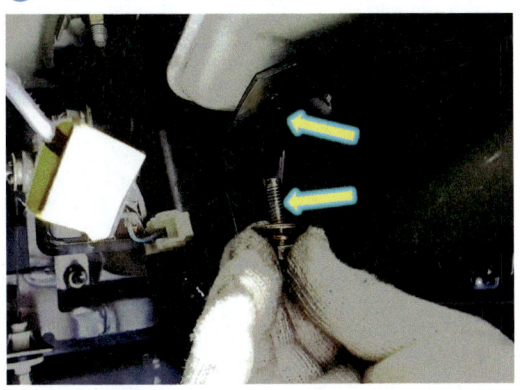

위 그림과 같이 핸들 컬럼 "상부 우측 고정 볼트(12mm)"를 푼다.

10 핸들 컬럼 하부 고정 볼트

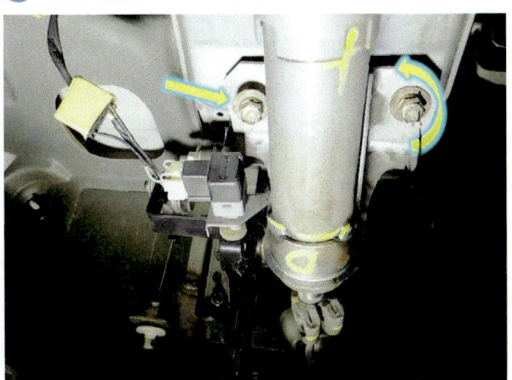

위 그림과 같이 핸들 컬럼 "하부 좌·우측 고정 볼트(12mm)"를 푼다.

⑪ 유니버설 조인트 탈거

위 그림과 같이 "키 박스 및 핸들 록" 스위치 커넥터를 탈거한 다음 "유니버설 고정 볼트(12㎜)"를 푼 후 "조인트"를 탈거한다.

⑫ 핸들 컬럼 어셈블리

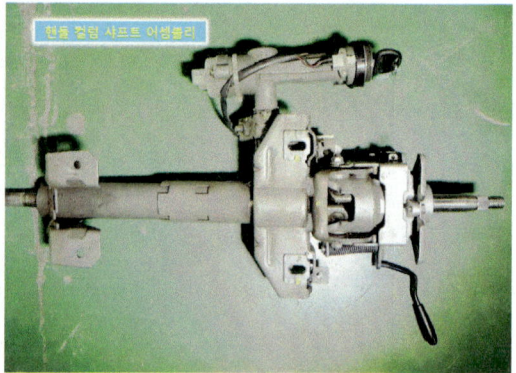

위 그림은 "핸들 컬럼 어셈블리"를 탈거한 후 모습이다.

⑬ 핸들 컬럼 어셈블리 설치

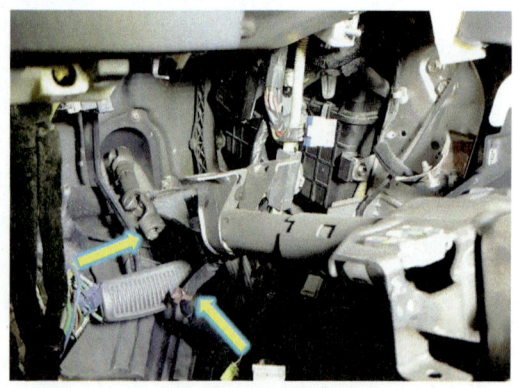

위 그림과 같이 "핸들 컬럼 어셈블리"를 설치한다.

⑭ 키 박스 커넥터 장착

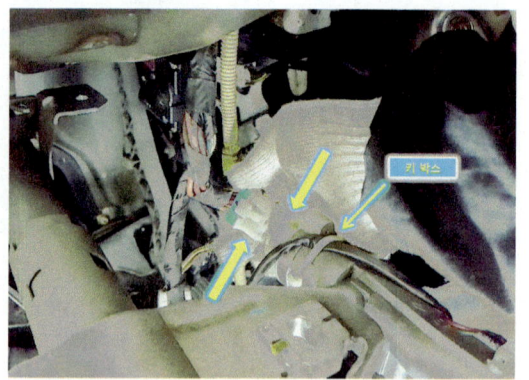

위 그림과 같이 "키 박스 커넥터"를 끼운다.

⑮ 핸들 록 스위치 커넥터 조립

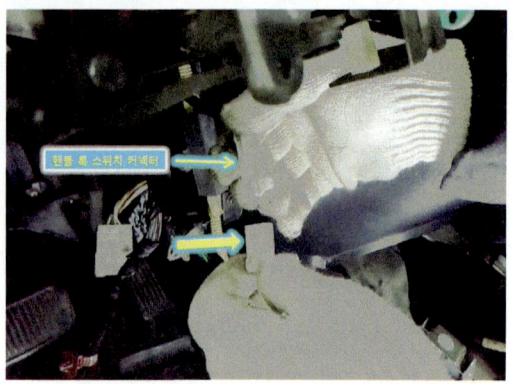

위 그림과 같이 "핸들 록 스위치 커넥터"를 장착한다.

⑯ 핸들 컬럼 상부 고정 볼트 조립

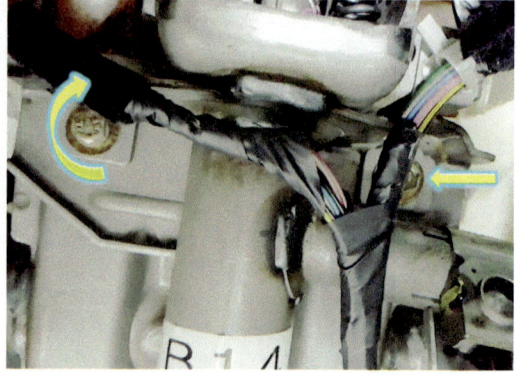

위 그림과 같이 핸들 컬럼 "하부" 고정 볼트와 "상부" 고정 볼트를 장착한 다음 "상부 고정 볼트 2개"를 규정 토크로 조인다.

⑰ 핸들 컬럼 하부 고정 볼트 조임

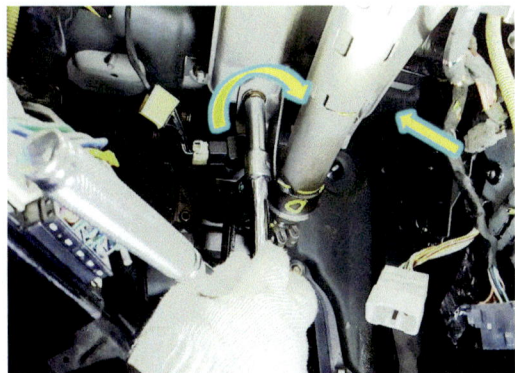

위 그림과 같이 핸들 컬럼 "하부 고정 볼트 2개"를 규정 토크로 조인다.

⑱ 유니버셜 조인트 조립

위 그림과 같이 "유니버셜 조인트"를 조립한 다음 "고정 볼트"를 규정 토크로 조인다.

⑲ 다기능 스위치 어셈블리 장착

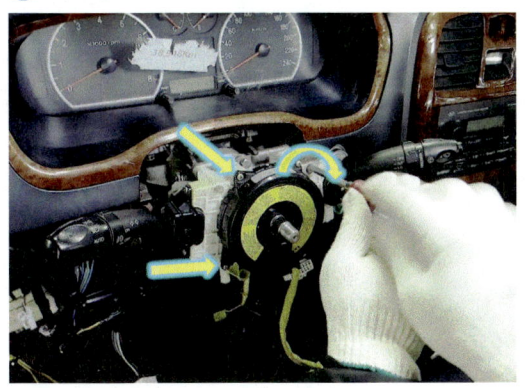

위 그림과 같이 "다기능 스위치 어셈블리"를 설치한 다음 "고정 피스 4개"를 조여 장착하고 "좌·우측 커넥터"를 끼운다.

⑳ 핸들 장착

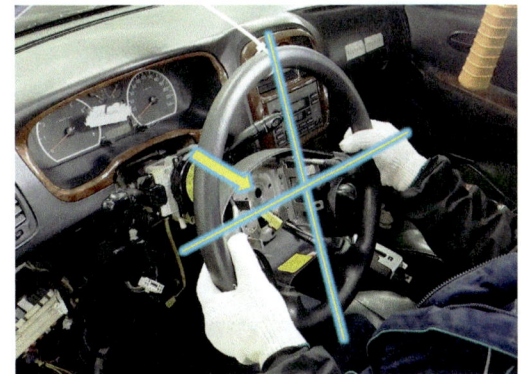

위 그림과 같이 앞바퀴가 "직진상태"인지 확인한 다음 핸들을 "직진상태"로 설치한다.

㉑ 핸들 조립

위 그림과 같이 "핸들 고정너트"를 규정 토크로 조인다.

㉒ 에어백 커넥터 정착

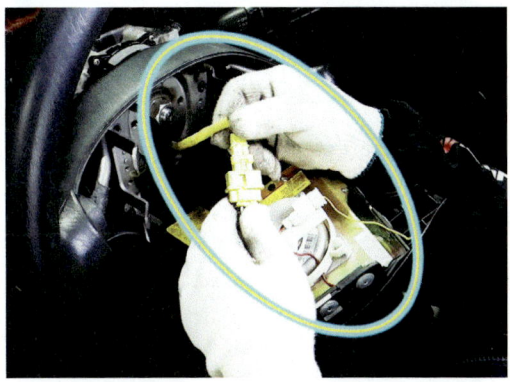

위 그림과 같이 "핸들 컬럼 카울"을 장착한 다음 "운전석 에어백 커넥터"를 끼운다.

23 혼 스위치 장착

위 그림과 같이 "혼 스위치(핸들 커버)"를 조립한다.

정비기능장

C 섀 시

2)_1 기록표 요구사항 점검·측정_자동변속기 입(출)력 센서 파형

기록표 요구사항을 점검 및 측정하여 기록하시오.

---

01 자동변속기 입(출)력 센서 파형

---

01 차종 선택 후 자동변속 시스템 선택

위 그림과 같이 "차종 선택" 후 선택 대상 시스템에서 "자동변속" 시스템을 선택한 다음 "확인" 클릭한다.

02 오실로스코프 선택

위 그림과 같이 "오실로스코프"를 클릭한다.

03 관련 부품 명칭

위 그림은 엔진룸이며 에어클리너 커버, 배터리(+), 스로틀 바디, 에어호스이다.

04 ATM 솔레노이드 커넥터 위치

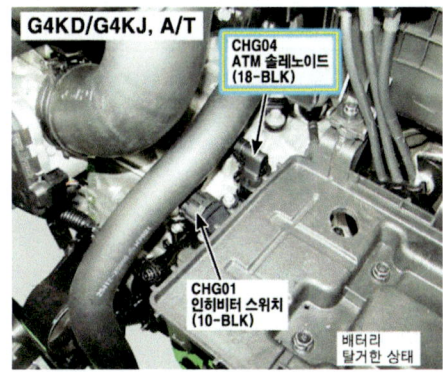

위 그림은 "ATM 솔레노이드" 위치 및 커넥터 모습이다.

05 관련 부품 분해

위 그림과 같이 에어클리너 "커버 클립"을 제거한 다음 스로틀 바디 쪽 "에어호스 밴드"를 분리하고 "에어클리너 어셈블리"를 탈거한다.

06 관련 부품 분해 후

위 그림은 분해한 후 모습으로 에어클리너 커버, 에어클리너, 에어클리너 엘리먼트이다.

07 ATM 솔레노이드 커넥터 캡

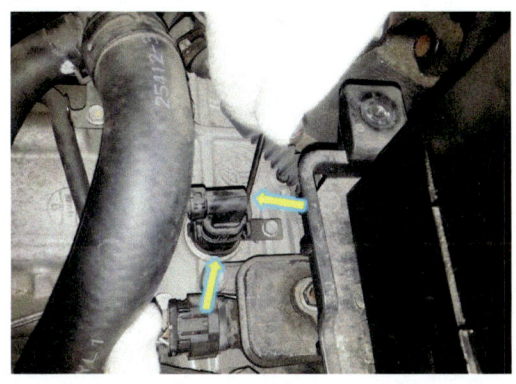

위 그림과 같이 ATM 솔레노이드 커넥터 캡의 "양쪽 고정키"를 이완한다.

08 ATM 솔레노이드 커넥터 탈거

위 그림과 같이 ATM 솔레노이드 "커넥터 캡"을 탈거한다.

09 자동변속기 컨트롤 회로_ATM 솔레노이드밸브에 대한 입력 스피드와 출력 스피드 위치

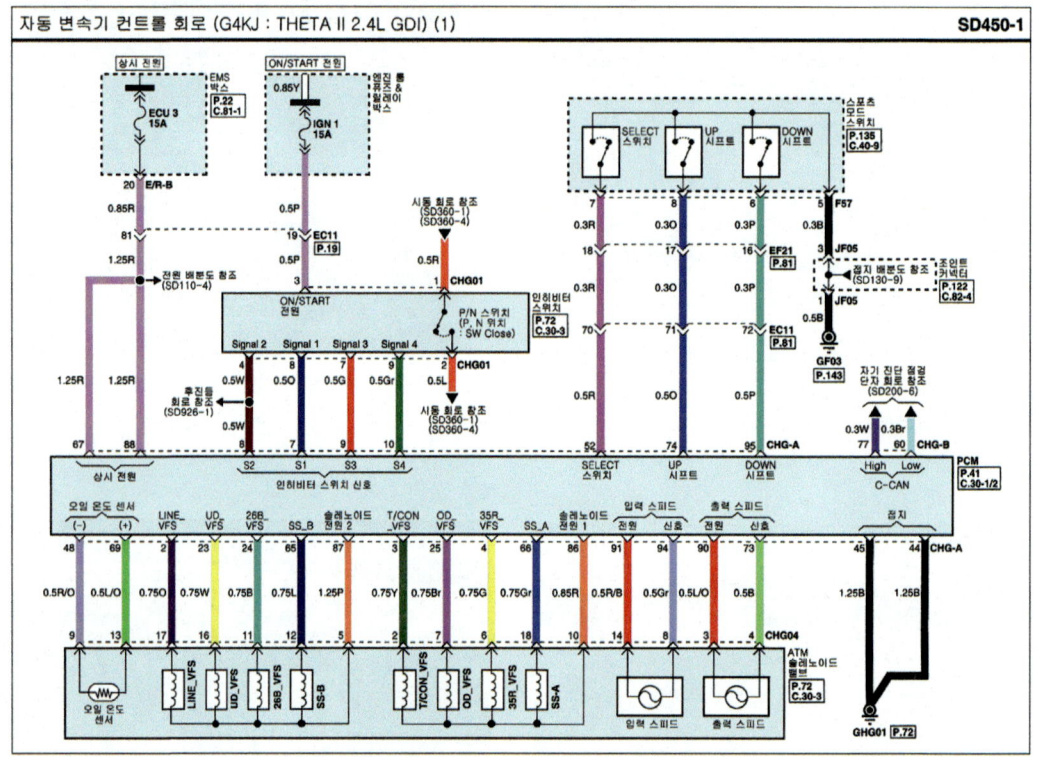

10 ATM 솔레노이드 커넥터 단자_출력 스피드 전원, 출력 스피드 신호 입력 스피드 신호, 입력 스피드 전원 단자

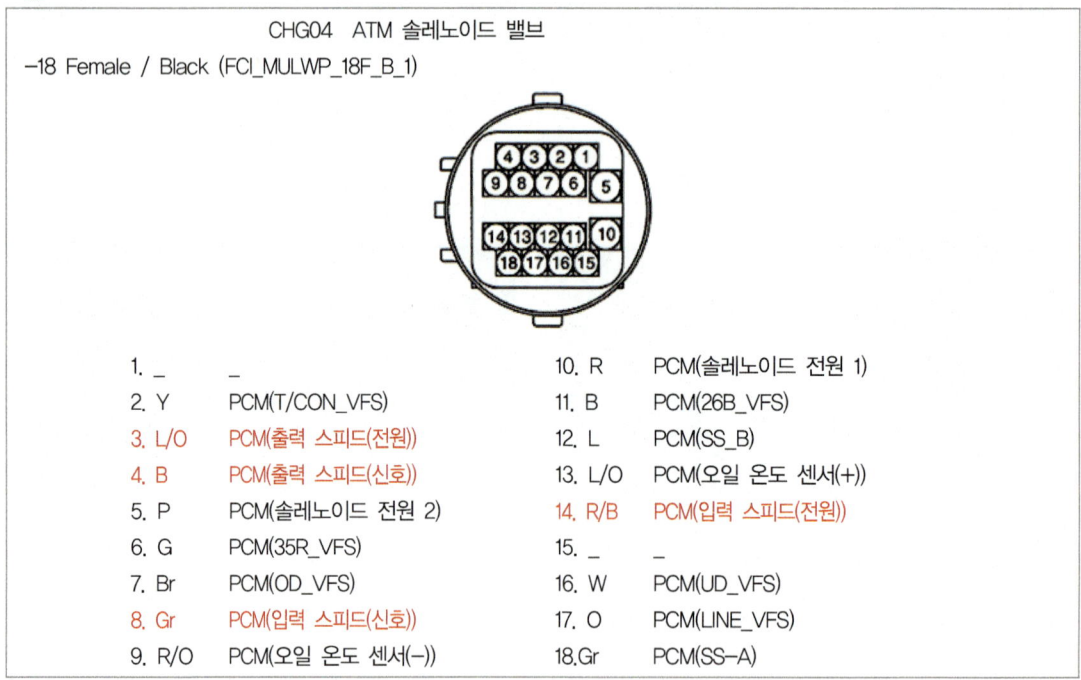

CHG04 ATM 솔레노이드 밸브

-18 Female / Black (FCI_MULWP_18F_B_1)

1. _	_	10. R	PCM(솔레노이드 전원 1)
2. Y	PCM(T/CON_VFS)	11. B	PCM(26B_VFS)
3. L/O	PCM(출력 스피드(전원))	12. L	PCM(SS_B)
4. B	PCM(출력 스피드(신호))	13. L/O	PCM(오일 온도 센서(+))
5. P	PCM(솔레노이드 전원 2)	14. R/B	PCM(입력 스피드(전원))
6. G	PCM(35R_VFS)	15. _	_
7. Br	PCM(OD_VFS)	16. W	PCM(UD_VFS)
8. Gr	PCM(입력 스피드(신호))	17. O	PCM(LINE_VFS)
9. R/O	PCM(오일 온도 센서(-))	18.Gr	PCM(SS-A)

⑪ 측정 프로브 설치

위 그림과 같이 "채널 1번" 전원 프로브를 "8번 단자"에 "채널 2번" 전원 프로브는 "4번 단자"에 설치한다.

⑫ 측정 프로브 설치 상태

위 그림은 "채널 1번과 채널 2번" 전원 프로브는 "신호(출력) 단자"에 연결하고 접지 프로브를 배터리 (−)포스트에 "접지"한 모습이다.

⑬ 엔진 시동 ON

위 그림과 같이 엔진 시동을 "ON" 한다.

⑭ 변속 선택 레버 "D"

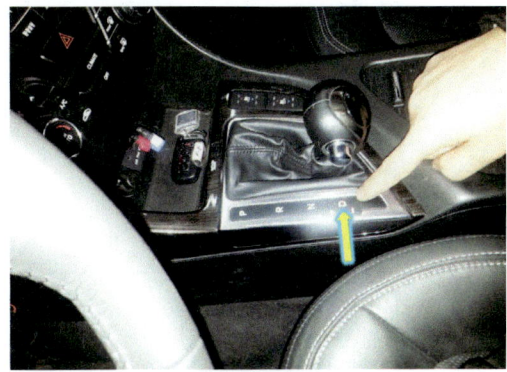

위 그림과 같이 변속 선택 레버를 "D 레인지"에 위치한다.
[참고: 차량이 움직이지 않도록 리프트 상승한다.]

15 Drive 위치 공회전 상태_입(출)력 센서 동시 파형

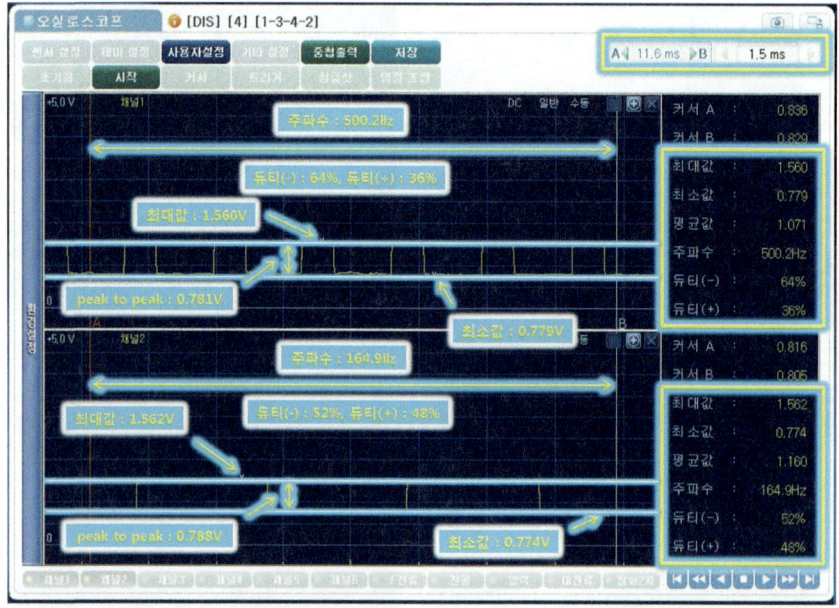

위 그림은 정상적인 엔진 "공회전" 상태에서 변속 선택 레버를 "Drive"에 위를 동시에 측정한 파형이
며 "커서 A"를 출력 파형이 시작되는 임의 지점에 위치하고 "커서 B"는 파형이 진행되는 임의 부분
에 위치시킨 다음 입력 센서와 출력 센서에 대한 주파수, 듀티(−), 듀티(+), 최대값, peak to peak,
최소값을 표기한 화면이다.

16 Drive 위치 공회전 상태_입력 센서 파형

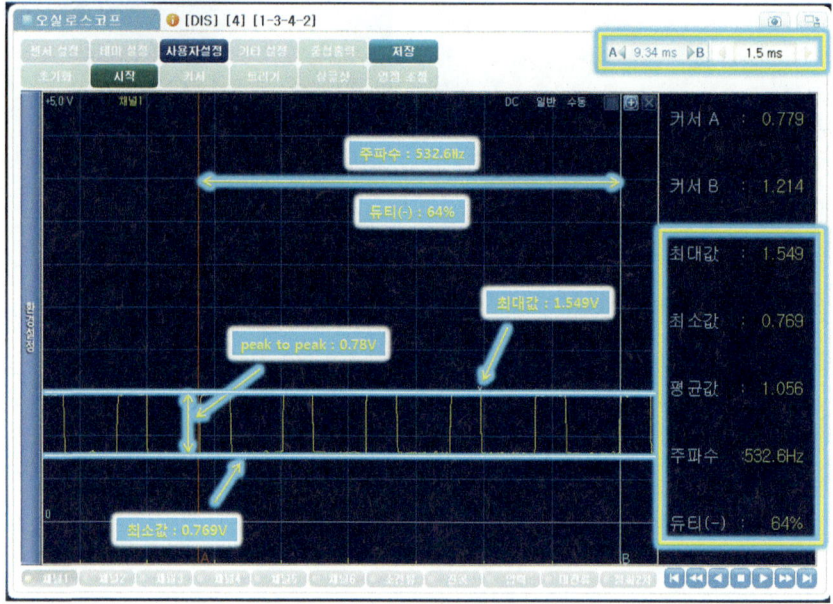

위 그림은 정상적인 엔진 "공회전" 상태에서 변속 선택 레버를 "Drive"에 위치한 후 "입력 센서"
파형이며 "커서 A"를 출력 파형이 시작되는 임의 지점에 위치하고 "커서 B"는 파형이 진행되는 임의
부분에 위치시킨 다음 주파수 532.6Hz, 듀티(−) 64%, 최대값 1.549V, peak to peak 0.780V, 최소값
0.769V로 표기한 화면이다.

⑰ 입력 센서 출력 파형 출력물_자동변속기 입력 센서 파형 출력 및 분석내용표기

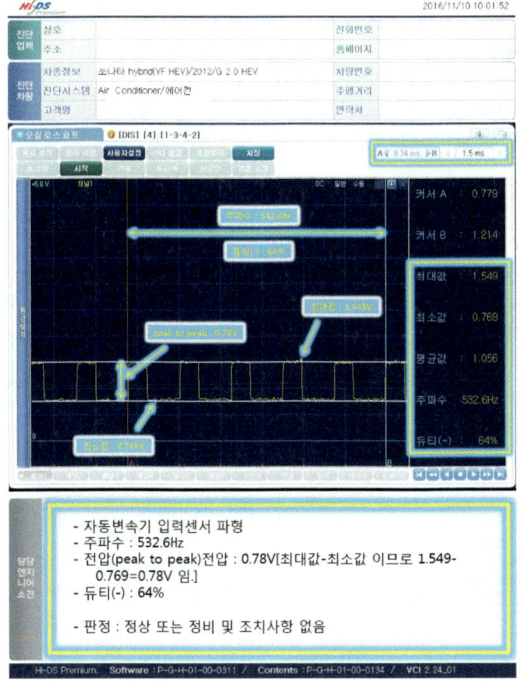

- 자동변속기 입력센서 파형
- 주파수 : 532.6Hz
- 전압(peak to peak)전압 : 0.78V[최대값-최소값 이므로 1.549-
  0.769=0.78V 임.]
- 듀티(-) : 64%

- 판정 : 정상 또는 정비 및 조치사항 없음

⑱ 답안 작성_자동변속기 "입력 센서" 출력 파형 분석 내용 표기 및 답안 작성하기

[참고] peak to peak 전압은 최대값–최소값(1.549–0.769) 이므로 0.780V이다.

◈ 섀시 2. 기록표
1) 파형   자동차 번호 :

비 번호		감독확인	

항 목	파형 분석 및 판정			득 점
	분석 항목	분석 내용	판정(□에 '✔' 표)	
자동변속기 입(출)력 센서 파형	주파수: 532.6Hz	분석 내용은 출력물에 표시하시오.	☑ 양 호 □ 불 량	
	전압(peak to peak): 0.780V			
	듀티: (−)64%			

※ 주의 사항: 감독위원은 입·출력 센서 중 1가지를 택일하여 수험자에게 알립니다.
　　　　　　분석 항목 및 내용은 출력물에 표기하며 관련 사항은 감독위원의 지시에 따릅니다.

⑲ Drive 위치 공회전 상태_출력 센서 파형

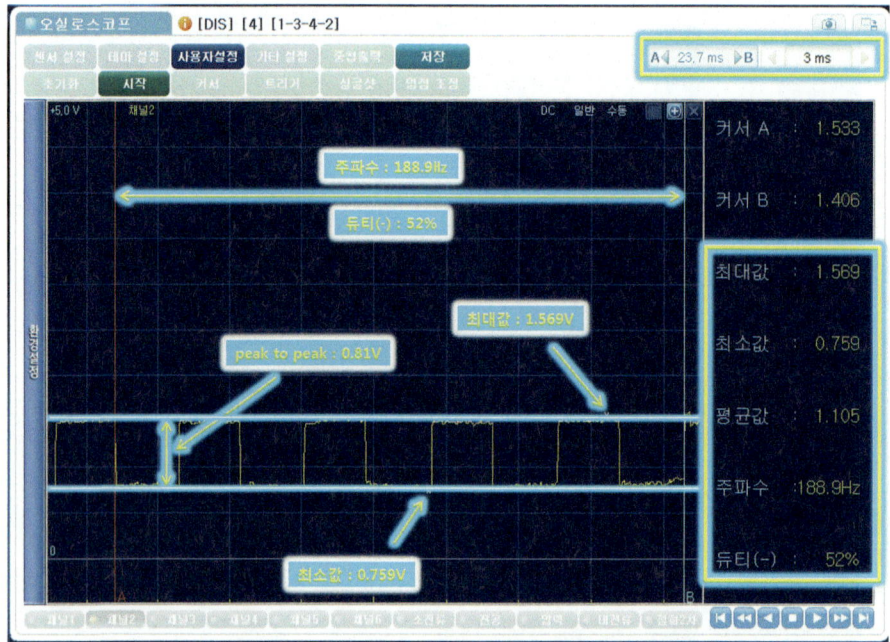

위 그림은 정상적인 엔진 "공회전" 상태에서 변속 선택 레버를 "Drive"에 위치한 후 "출력 센서" 파형이며 "커서 A"를 출력 파형이 시작되는 임의 지점에 위치하고 "커서 B"는 파형이 진행되는 임의 부분에 위치시 킨 다음 주파수 188.9Hz, 듀티(-) 52%, 최대값 1.569V, peak to peak 0.810V, 최소값 0.759V로 표기한 화면이다.

⑳ 출력 센서 출력 파형 출력물_자동변속기 출력 센서 파형 출력 및 분석내용표기

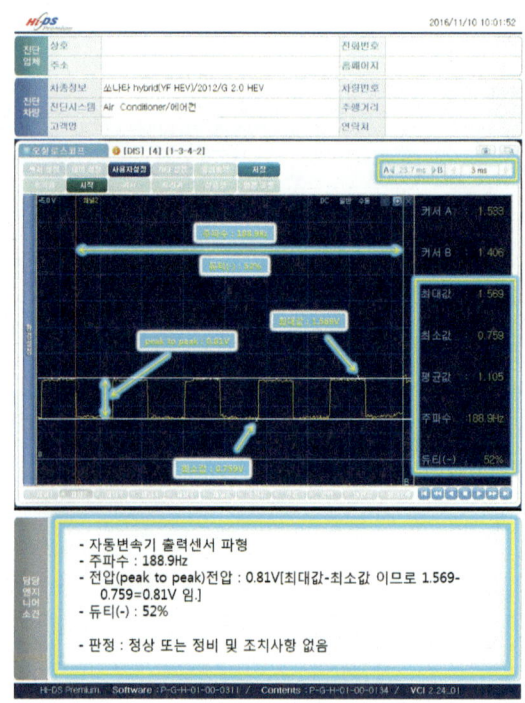

21 답안 작성_자동변속기 "출력 센서" 출력 파형 분석 내용 표기 및 답안 작성하기

[참고] peak to peak 전압은 최대값−최소값(1.569−0.759) 이므로 0.810V이다.

◈ 섀시 2. 기록표
  1) 파형

항 목	파형 분석 및 판정			득 점
	분석 항목	분석 내용	판정(□에 '✔'표)	
자동변속기 입(출)력 센서 파형	주파수: 188.9Hz	분석 내용은 출력물에 표시하시오.	☑ 양 호 □ 불 량	
	전압(peak to peak): 0.810V			
	듀티: (−)52%			

비 번호 / 감독확인 / 자동차 번호:

※ 주의 사항: 감독위원은 입·출력 센서 중 1가지를 택일하여 수험자에게 알립니다.
분석 항목 및 내용은 출력물에 표기하며 관련 사항은 감독위원의 지시에 따릅니다.

정비기능장

C

섀 시

2)_2 기록표 요구사항 점검 · 측정_전륜 캠버와 전륜 토우

기록표 요구사항을 점검 및 측정하여 기록하시오.

---

01 전륜 캠버와 전륜 토우_HESHBON

01 휠얼라이먼트 테스터

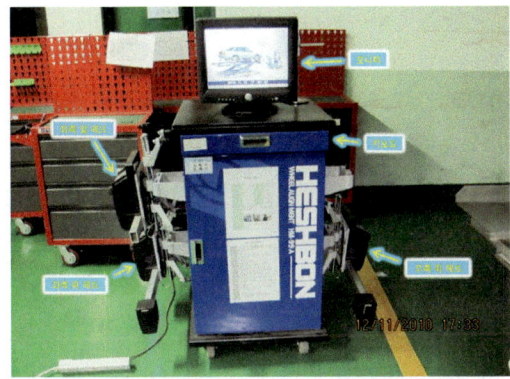

위 그림은 휠얼라이먼트 테스터로 모니터, 키보드, 우측 뒤 헤드, 좌측 뒤 헤드, 좌측 앞 헤드이며 현재 모니터에 나타난 것은 초기화면이다.

02 측정 초기화면

위 그림은 측정 초기화면으로 "F1" 작업시작, "F2" 차량제원, "F3" 작업관리, "F4" 정비지침, "F5" 환경설정, "F6" 작업종료를 나타낸 것이며 측정 준비 순서는 "메이커 선택", "차량선택", "제조연도 선택", "휠 크기 선택" 순이다.

277

03 센서 헤드 설치

위 그림과 같이 "센서 헤드"를 휠에 최대한 밀착시킨 상태에서 휠 클램프 "유격 조정 핸들"을 돌려 고정한 다음 "전원 케이블"을 연결한다.

04 안전 고리 설치

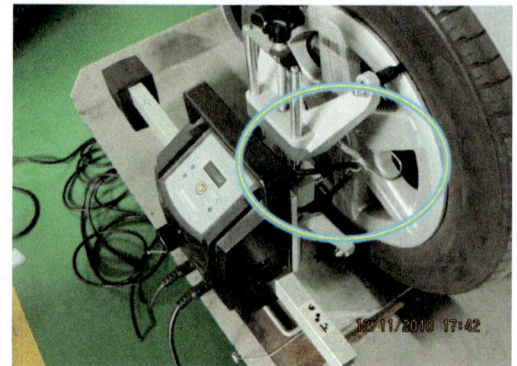

위 그림과 같이 측정 중 헤드가 탈거되어 바닥으로 떨어지는 것을 방지하기 위한 "안전 고리"를 설치한다. 나머지 휠에도 센서 헤드를 같은 방법으로 설치하고 전원을 "ON" 한다.

05 잭 설치 및 상승

위 그림과 같이 차량의 "앞과 뒤 멤버"에 잭을 위치시킨 다음 차량을 "상승"시킨다.

06 변속 선택 레버 및 주차브레이크

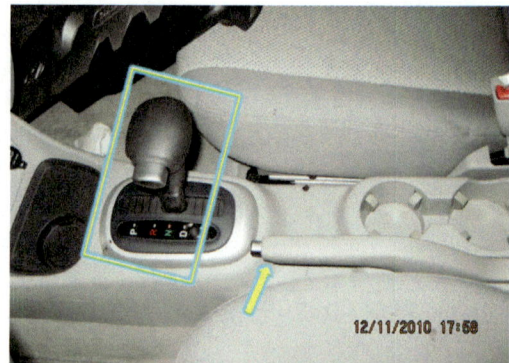

위 그림과 같이 변속 선택 레버를 "N 레인지"에 위치시키고 주차브레이크는 "OFF" 상태로 한다.

07 휠 런 아웃 측정_1

위 그림과 같이 헤드가 자유롭게 움직일 수 있도록 "고정 레버"를 푼 다음 타이어를 "전진 방향"으로 "180°" 회전시킨다.

08 헤드 수평 및 확인 버튼 ON

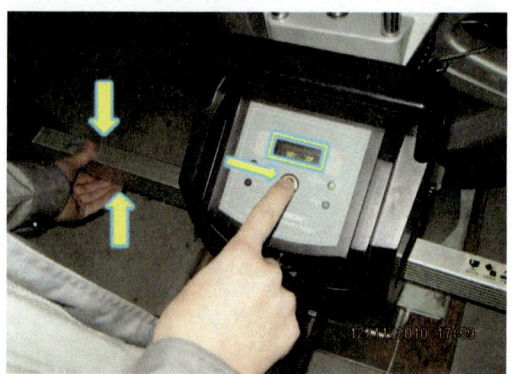

위 그림과 같이 "헤드를 상하"로 움직여 헤드 상단에 있는 "수평 수포"가 수평이 된 상태에서 "확인" 버튼을 누른다.

C
안

09 휠 런 아웃 측정_2

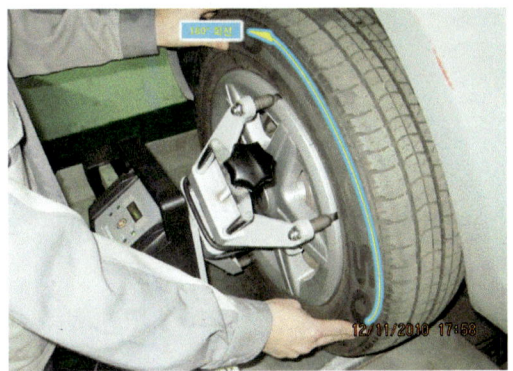

위 그림과 같이 타이어를 "전진 방향"으로 "180°" 회전시킨다. [참고: 휠 총 회전 각도는 360°이다.]

10 헤드 수평 및 확인 버튼 ON

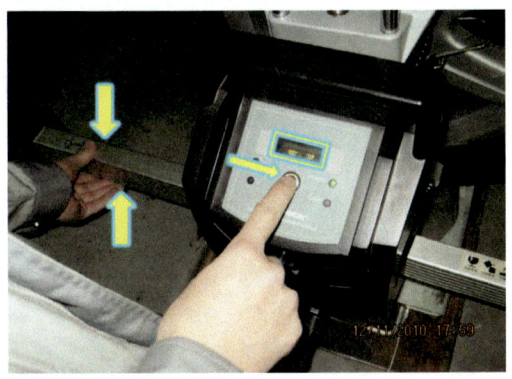

위 그림과 같이 다시 "헤드를 상하"로 움직여 헤드 상단에 있는 "수평 수포"가 수평이 된 상태에서 "확인" 버튼을 누른다.

11 휠 런 아웃 램프 확인

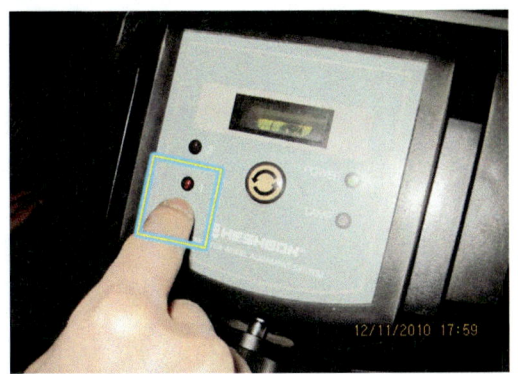

위 그림과 같이 휠 런 아웃 확인 램프가 "점등"되었는지 확인한 다음 "나머지 3개의 휠"도 같은 방법으로 "휠 런 아웃 측정"을 실시한다.

12 브레이크 페달 고정

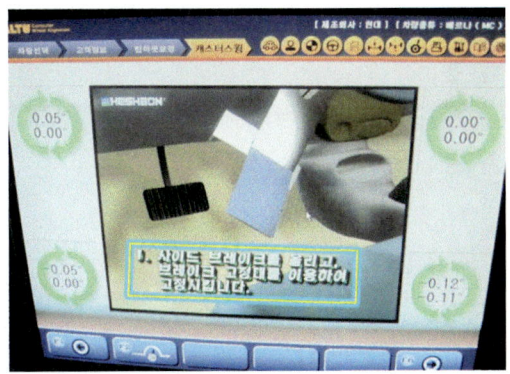

위 그림과 같이 좌우상하에 "런 아웃이 정상적으로 완료"된 모습이며 "녹색"으로 표기되어 있다. 화면의 지시대로 주차브레이크를 "ON"한 다음 "브레이크 고정대"를 이용하여 브레이크 페달을 "고정"한다.

13 차량 하강 및 헤드 수평

위 그림과 같이 좌·우측 턴테이블 "고정핀"을 빼고 리프트 잭을 내려 차량을 "턴테이블에 안착"시킨 다음 헤드 센서의 몸체를 좌우로 움직여 "수평 수포"가 수평이 되도록 한다.

14 헤드 고정

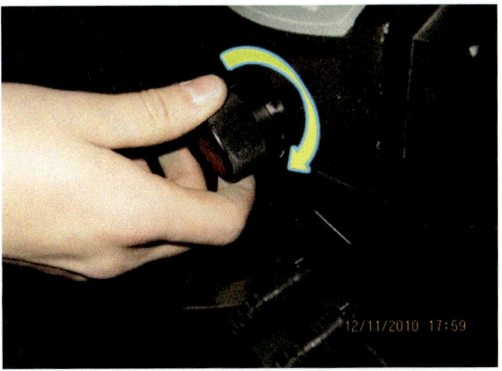

위 그림과 같이 수평 수포가 "수평이 완료"된 상태에서 헤드 고정 레버를 돌려 "고정"한다.

⑮ 화면표시

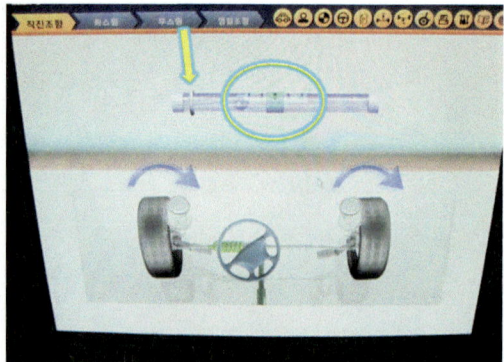

위 그림은 "앞 타이어를 우측"으로 돌리라고 표시한 화면
이다.

⑯ 타이어 우회전

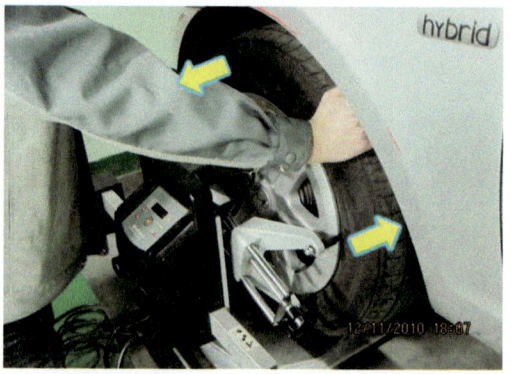

위 화면이 가리키는 원 안의 "정상범위"까지 타이어를 "우
측"으로 조금씩 돌려 노란색 화살표가 가리키는 "링"이 양
호 범위 내에 들어갈 때까지 돌린 다음 멈춘다. [주의: 센서
헤드는 "광 투과식"이므로 빛을 가리지 않도록 "타이어의 상
단"을 잡고 좌우로 회전시킨다.]

⑰ 타이어 좌측 회전

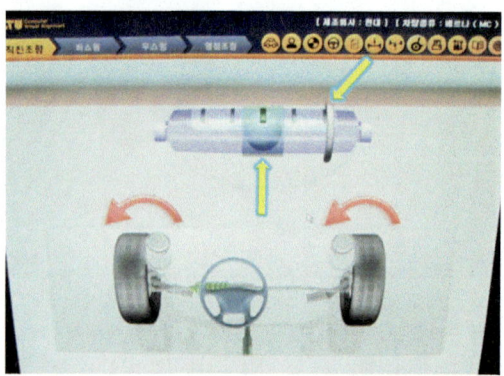

위 화면이 가리키는 "정상범위"까지 타이어를 "좌측"으로
조금씩 돌려 노란색 화살표가 가리키는 "링"이 양호 범위
내에 들어갈 때까지 돌린 다음 멈춘다.

⑱ 타이어 우측 회전

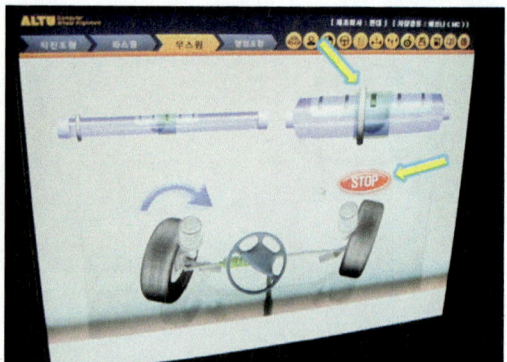

위 화면이 가리키는 "정상범위"까지 타이어를 "우측"으로
조금씩 돌려 노란색 화살표가 가리키는 "STOP"이라는 지
시가 나타나면 멈춘 상태를 유지한다. [참고: 측정이 완료된
다.]

19 측정값 판독

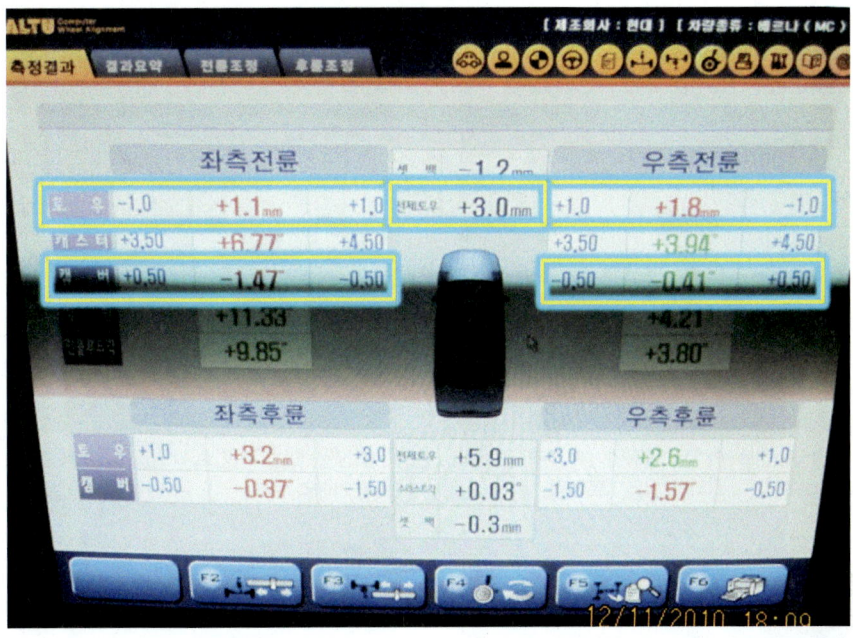

위 그림과 같이 좌측 전륜, 우측 전륜, 좌측 후륜, 우측 후륜에 대한 각 데이터 값과 "전륜에 대한"
셋백, 토우, 전체 토우, 캐스터, 캠버, 킹핀, 인크루드 각,과 "후륜에 대한" 토우, 전체 토우, 캠버,
스러스트 각, 셋백 값이 표기된다.

20 답안 작성 1_전륜 캠버와 전륜 토우 측정 및 답안 작성하기

[참고] 측정 차량은 맥퍼슨 타입의 현가장치이므로 토우값만 조정이 가능하다.

■ 점검 및 측정

항 목		측정(또는 점검)		판정 및 정비(또는 조치) 사항		득 점
		측정값	규정값(정비한계값)	판정(□에 '✔' 표)	정비 및 조치 사항	
전륜 캠버	좌측	−1.47°	0±0.50°	□ 양 호 ☑ 불 량	조정 불가 또는 토우값 조정 후 재측정	
	우측	−0.41°				
전륜 토우	좌측	1.1mm(+1.1mm)	0±1.0mm	□ 양 호 ☑ 불 량	좌측 및 우측 타이로드를 0mm가 되도록 조정 후 재측정	
	우측	1.8mm(+1.8mm)				

02 전륜 캠버와 전륜 토우_HOFMANN

01 휠얼라이먼트 테스터_1

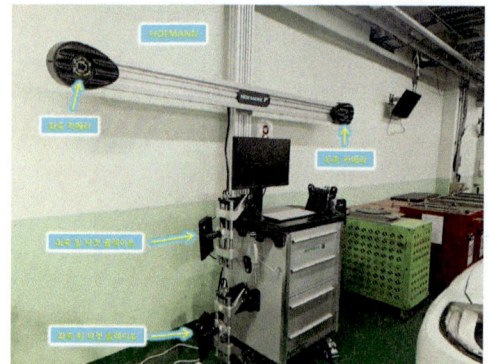

위 그림은 휠얼라이먼트 테스터 좌측면이며 좌측 카메라, 우측 카메라, 좌측 앞·뒤 타겟 플레이트이다.

02 휠얼라이먼트 테스터_2

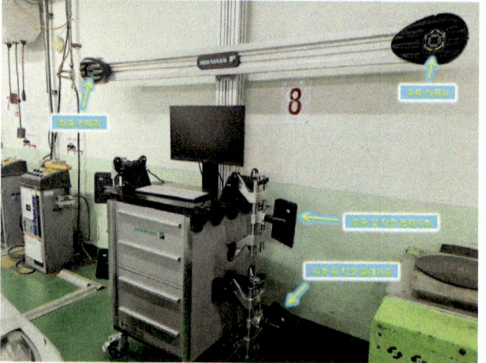

위 그림은 휠얼라이먼트 테스터 우측면이며 좌측 카메라, 우측 카메라, 우측 앞·뒤 타겟 플레이트이다.

03 측정 차량 진입

위 그림과 같이 "턴테이블"과 턴테이블 "가이드 바"를 설치한 다음 차량을 "턴테이블 중앙"으로 진입한다.

04 차량 진입상태 확인

위 그림과 같이 좌·우측 "턴테이블 중앙"에 타이어 진입상태를 확인한다. [참고: 턴테이블과 휠 중심, 턴테이블과 타이어 트래드 중심이 맞는지 확인한다.]

05 고임목 설치

위 그림과 같이 "좌측 또는 우측" 뒤 타이어에 "고임목"을 앞뒤로 설치한다.

06 림 클램프 설치

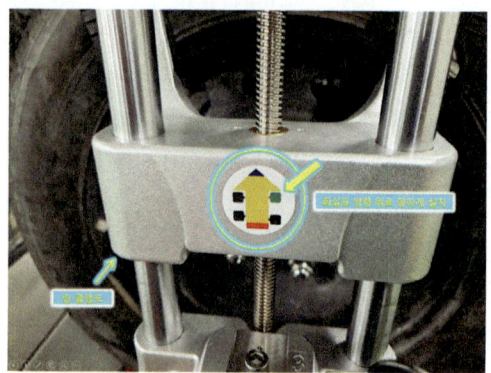

위 그림과 같이 좌·우측 앞 림 클램프의 화살표가 "12시 방향"으로 향하게 설치한다. [참고: 녹색은 휠의 위치를 나타낸다.]

07 좌측 림 클램프 장착

위 그림과 같이 "좌측 앞 림" 클램프의 고정 레버를 돌려 "휠에 장착"한다. [주의: 림 클램프와 휠 밀착 상태를 확인한다.]

08 우측 림 클램프 장착

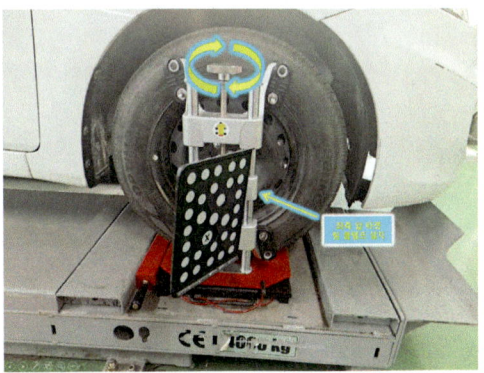

위 그림과 같이 "우측 앞 림" 클램프의 고정 레버를 돌려 "휠에 장착"한다.

09 우측 뒤 림 클램프 장착

위 그림과 같이 "우측 뒤 림" 클램프의 고정 레버를 돌려 "휠에 장착"한다.

10 좌측 뒤 림 클램프 장착

위 그림과 같이 "좌측 뒤 림" 클램프의 고정 레버를 돌려 "휠에 장착"한다.

11 림 클램프 앞뒤 설치 상태

위 그림은 "우측 앞 · 뒤 림" 클램프 설치 후 모습이다.

12 전원스위치 ON

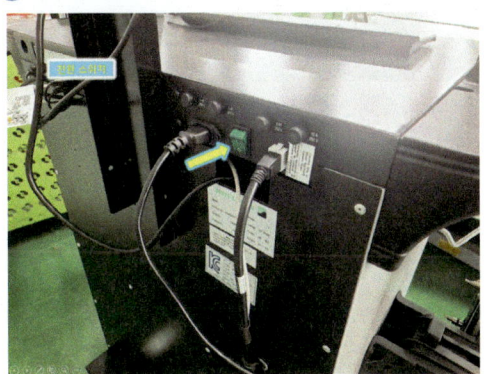

위 그림과 같이 테스터 뒷면에 있는 전원스위치를 "ON"한다.

⑬ 프로그램 아이콘

위 그림은 휠얼라이먼트 테스터 초기화면으로 측정을 위하여 "프로그램 아이콘"을 더블 클릭한다.

⑭ 프로그램 부팅

위 그림은 프로그램 부팅 중 화면이다.

⑮ Run Wizard 아이콘

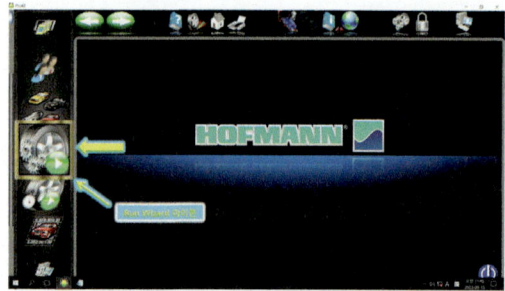

위 그림과 같이 "Run Wizard 아이콘"을 클릭한다.

⑯ Diagnostics 아이콘

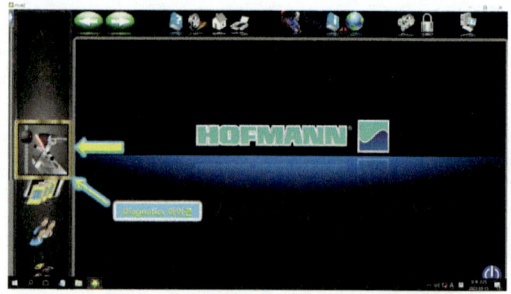

위 그림과 같이 "Diagnostics 아이콘"을 클릭한다.

⑰ 카메라와 타겟 위치 아이콘

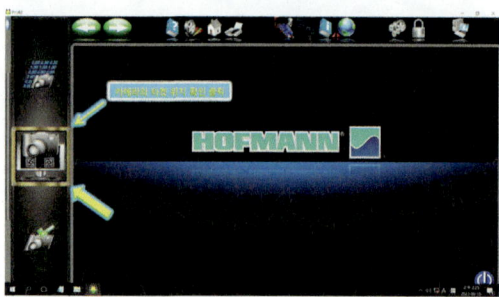

위 그림과 같이 "카메라와 타겟 위치 아이콘"을 클릭한다.

⑱ 카메라 상태

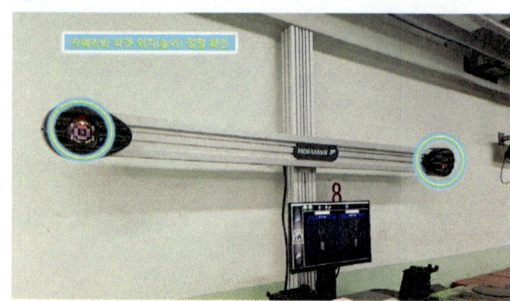

위 그림은 좌·우측 앞뒤 "카메라와 타겟 위치"가 맡지 않아 "적색 램프"가 점등된 모습이다.

⑲ 카메라와 타겟 위치 정렬

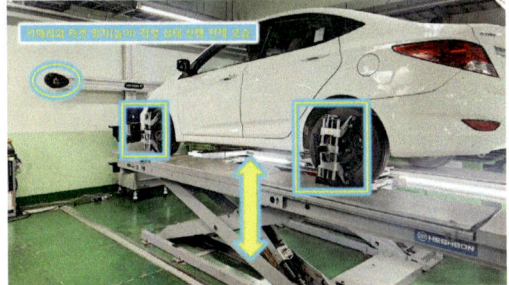

위 그림과 같이 리프트를 상승하여 카메라와 타겟의 "위치를 정렬"시킨다.

⑳ 카메라와 타겟 위치 정렬 완료

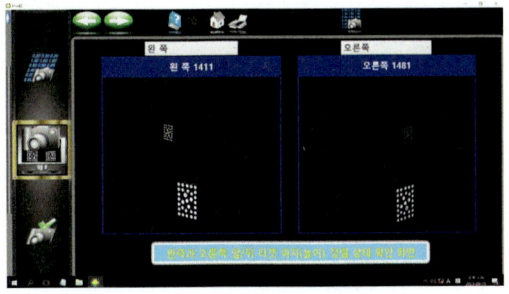

위 그림은 타겟의 위치(높이) 조정에 따른 왼쪽과 오른쪽 앞뒤 타겟이 "측정 범위" 내에 들어온 모습이다.

㉑ 카메라와 타겟 위치 정렬 완료 모습_좌측

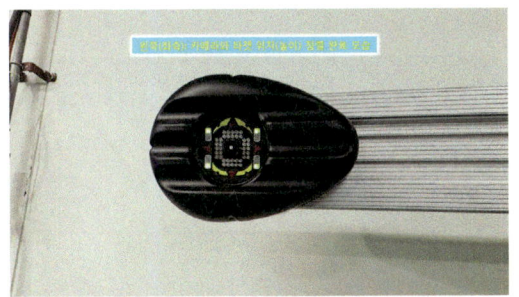

위 그림은 "좌측(왼쪽) 카메라" 모습으로 앞뒤 타겟이 "측정 범위" 내에 들어오면 "연두색 램프"가 점등된다.

㉒ 카메라와 타겟 위치 정렬 완료 모습_우측

위 그림은 "우측(오른쪽) 카메라" 모습으로 앞뒤 타겟이 "측정 범위" 내에 들어오면 "연두색 램프"가 점등된다.

㉓ 측정 화면 전환

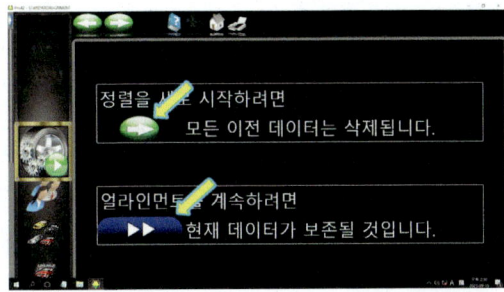

위 그림은 "카메라와 타겟 정렬"이 완료되면 측정 준비 진행 화면으로 전환된 모습이며 위 2개의 "화살표"가 가리키는 것 중 "하나"를 클릭하면 된다.

㉔ 고객정보

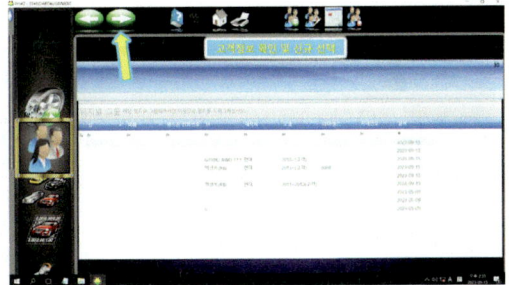

위 그림은 기존 고객정보 화면이다. 화살표가 가리키는 "다음" 버튼 클릭한다.

25 고객정보 입력

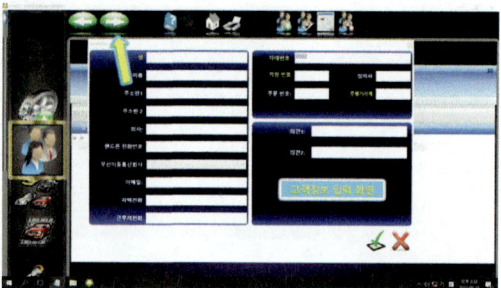

위 그림은 고객정보 입력 화면으로 필수항목인 "성", "차대번호", "차량번호", "주행거리계" 등을 입력한 다음 "☑" 클릭한 후 화살표가 가리키는 "다음" 버튼을 클릭한다.

26 메이커 선택_1

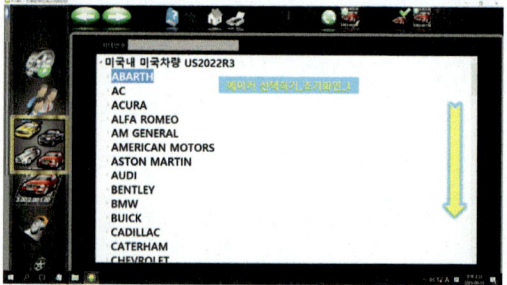

위 그림과 같이 측정 대상 차량 메이커 선택 초기화면이다. 마우스의 "휠 스크롤 버튼"을 이용하여 "아래"로 내린다.

27 메이커 선택_2

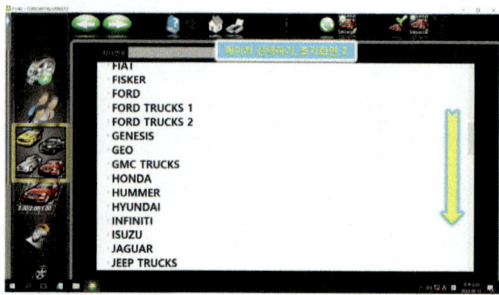

위 그림과 같이 측정 대상 차량 메이커 선택 2번째 화면이다. "아래"로 내린다.

28 메이커 선택_3

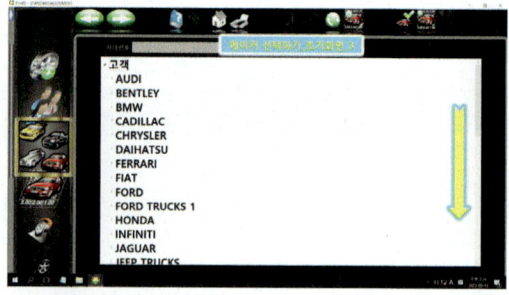

위 그림과 같이 측정 대상 차량 메이커 선택 3번째 화면이다. "아래"로 내린다.

29 메이커 선택_4

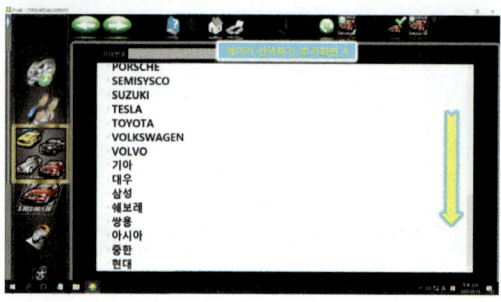

위 그림과 같이 측정 대상 차량 메이커 선택 4번째 화면이다. "아래"로 내린다.

30 메이커 선택하기

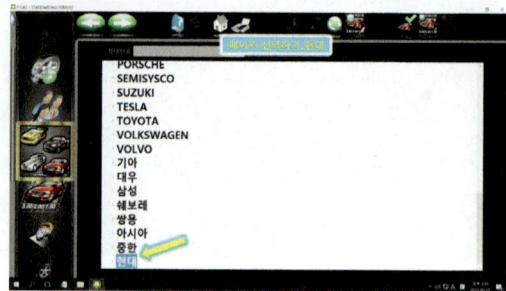

위 그림과 같이 "현대"를 클릭한다.

31 차종 선택하기

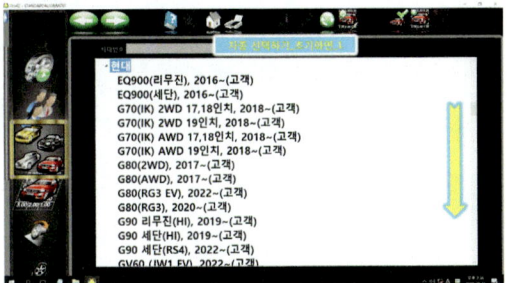

위 그림은 "차종 선택" 초기화면이다. "아래로 내린다."

32 차종과 연식 선택하기

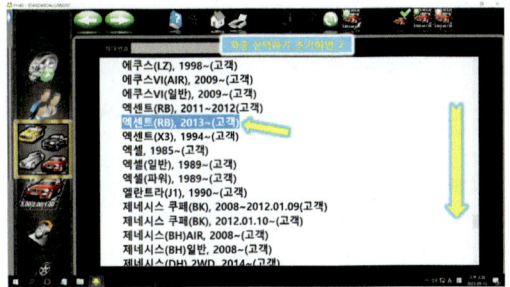

위 그림과 같이 측정 대상 차량의 "차종과 연식[엑센트 (RB), 2013~(고객)]"을 클릭한다.

33 중요 제원 값

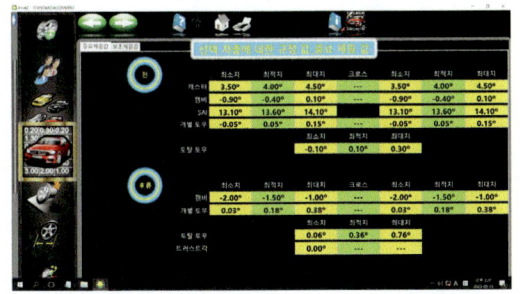

위 그림은 측정 대상 차량에 대한 전·후륜 "중요 제원 값" 모습이다.

34 보조 제원 값

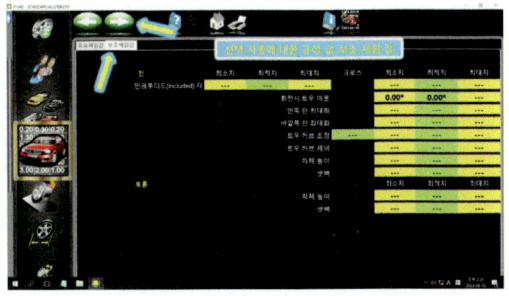

위 그림은 측정 대상 차량에 대한 "보조 제원 값" 모습이다.

35 타이어와 휠 상태측정

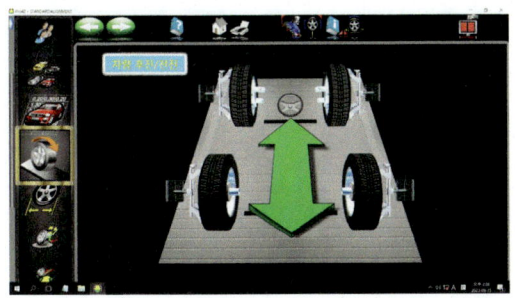

위 그림은 타이어와 휠 상태측정을 위하여 차량을 "전진 또는 후진" 하라는 화면으로 전환된 모습이다.

36 고임목 제거

위 그림과 같이 타이어 "뒤쪽"에 있는 "고임목"을 제거한 다. [참고: 변속 선택 레버를 "N 레인지"에 위치시키고 주차브 레이크는 "OFF" 상태로 한다.]

37 차량 후진 화면

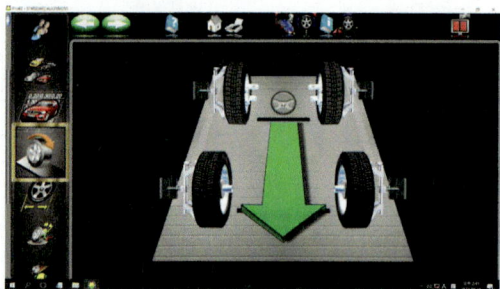

위 그림은 차량을 "후진"하라는 화면이다.

38 차량 후진

위 그림과 같이 테스터가 인식하는 곳까지 "차량을 밀어 후진"한다.

39 차량 전진 화면

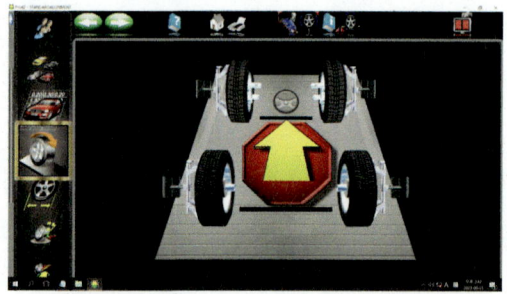

위 그림은 차량을 "전진"하라는 화면이다.

40 차량 전진

위 그림과 같이 테스터가 인식하는 곳까지 "차량을 밀어 전진"한다.

41 고임목 설치

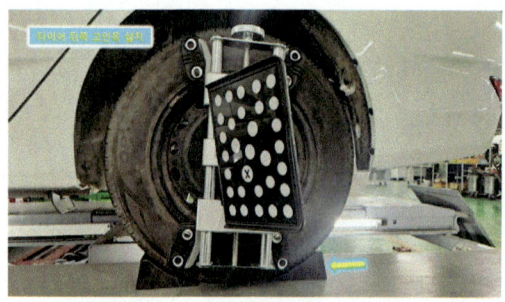

위 그림과 같이 타이어 "뒤쪽"에 "고임목"을 설치한다.

42 경고문구

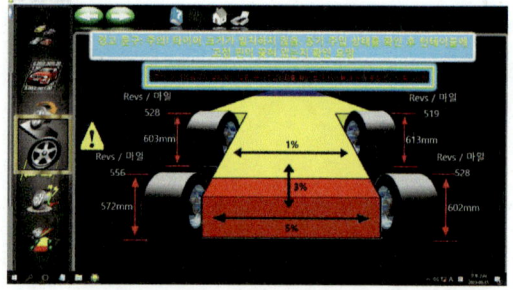

위 그림은 경고문구로 "주의: 타이어의 크기가 일치하지 않음. 공기 주입 상태를 확인 후 턴테이블에 고정핀이 꽂혀 있는지 확인 요망"이라는 문구가 발생 시 요청한 내용대로 확인한 다음 조치한다. [참고: 정상 시 다음 화면으로 전환된다.]

43 변속 선택 레버 및 주차브레이크, 브레이크 페달

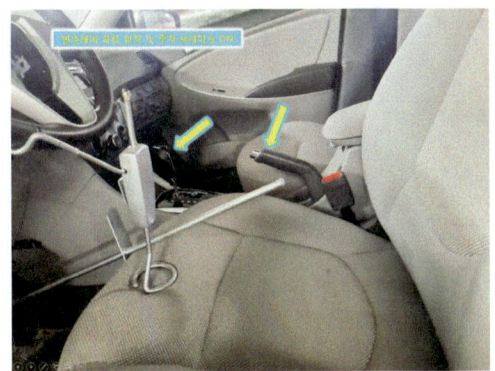

위 그림과 같이 변속 선택 레버를 "P 레인지"에 위치시키고 주차브레이크는 "ON", 브레이크 페달을 "고정 바"를 이용하여 고정한다.

44 턴테이블 고정핀 및 가이드 바_우측

위 그림과 같이 우측 턴테이블 "고정핀을 탈거"하고 가이드 바를 "제거"한다.

45 턴테이블 고정핀 및 가이드 바_좌측

위 그림과 같이 좌측 턴테이블 고정핀을 탈거"하고 가이드 바를 "제거"한다.

46 핸들 정렬 상태 확인

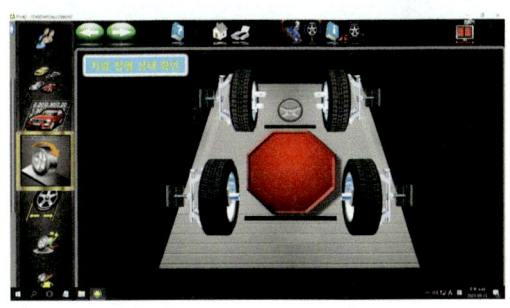

위 그림은 테스터가 핸들의 "정렬(직진)" 상태를 확인하는 화면이다.

47 타이어 좌측 정렬 요청

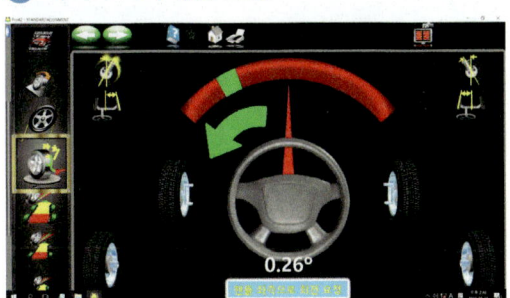

위 그림은 타이어 "좌측 정렬" 요청 화면이다.

48 핸들 좌측 정렬 완료

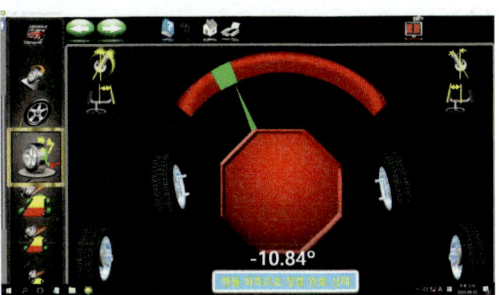

위 그림과 같이 "녹색 부분"에 화살표가 들어가도록 타이어를 "좌측"으로 돌린 다음 멈춘다.

49 핸들 좌측 정렬 보정 완료

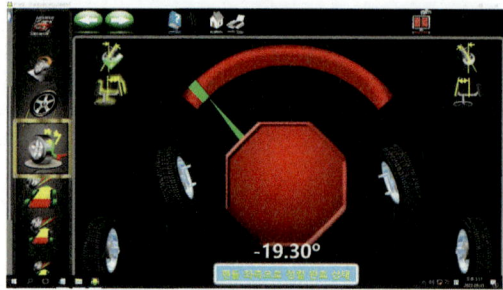

위 그림과 같이 "좌측 보정"화면이 나타나면 "녹색 부분"에 화살표가 들어가도록 타이어를 "좌측"으로 돌린 다음 멈춘다.

50 핸들 우측 정렬 요청

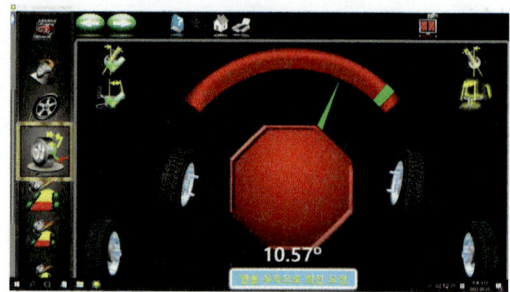

위 그림은 "우측 정렬" 요청 화면이다.

51 핸들 우측 정렬 완료

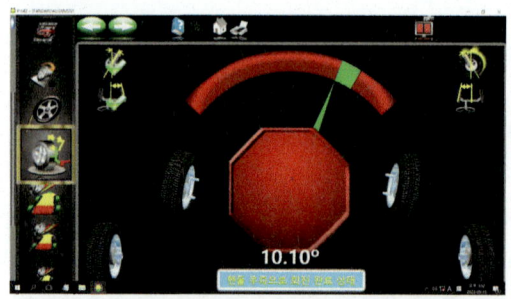

위 그림과 같이 '녹색 부분"에 화살표가 들어가도록 타이어를 "우측"으로 돌린 다음 멈춘다.

52 핸들 중앙(직진) 정렬 요청

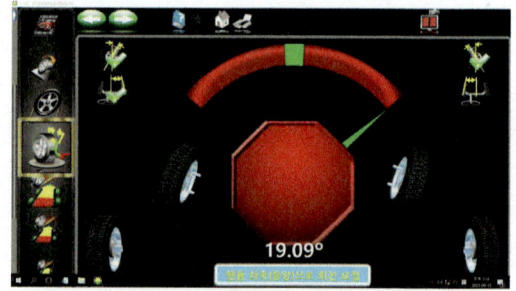

위 그림은 "중앙(직진) 정렬" 요청 화면이다.

53 핸들 좌측 회전 중앙(직진) 정렬 요청

위 그림은 타이어를 "좌측"으로 돌려 "중앙(직진)"으로 정렬하라는 요청 화면이다.

54 핸들 중앙(직진) 정렬 완료

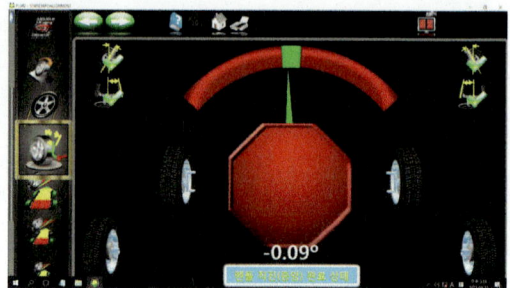

위 그림과 같이 핸들 중앙 "녹색 부분"에 화살표가 들어가도록 타이어를 "좌측"으로 돌린 다음 멈춘다.

55 핸들 중앙 정렬 상태측정

위 그림은 테스터가 핸들(타이어)이 "중앙"에 위치되어 있
는지 측정하는 화면이다.

56 측정값 판독_전체 측정값 표기

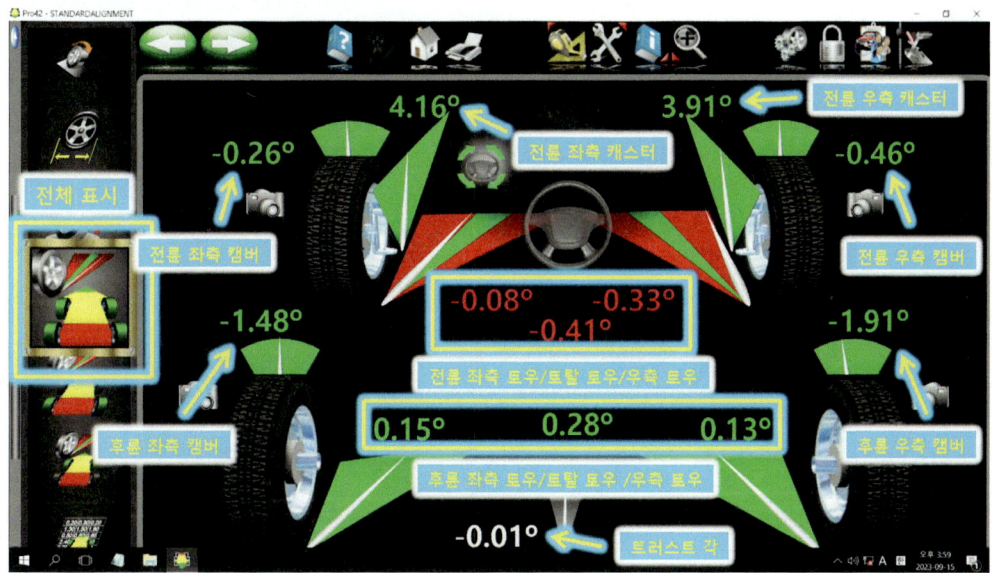

위 그림은 휠얼라이먼트 측정값 "전체" 표시 화면이며 좌측 전륜, 우측 전륜, 좌측 후륜, 우측 후륜에 대한 각 데이터
값과 전륜에 대한 캠버, 캐스터, 토우, 전체(토탈) 토우, 후륜에 대한 캠버, 토우, 전체(토탈) 토우, 트러스트 각이
표기된다.

57 측정값 판독_측정값 후륜 표기

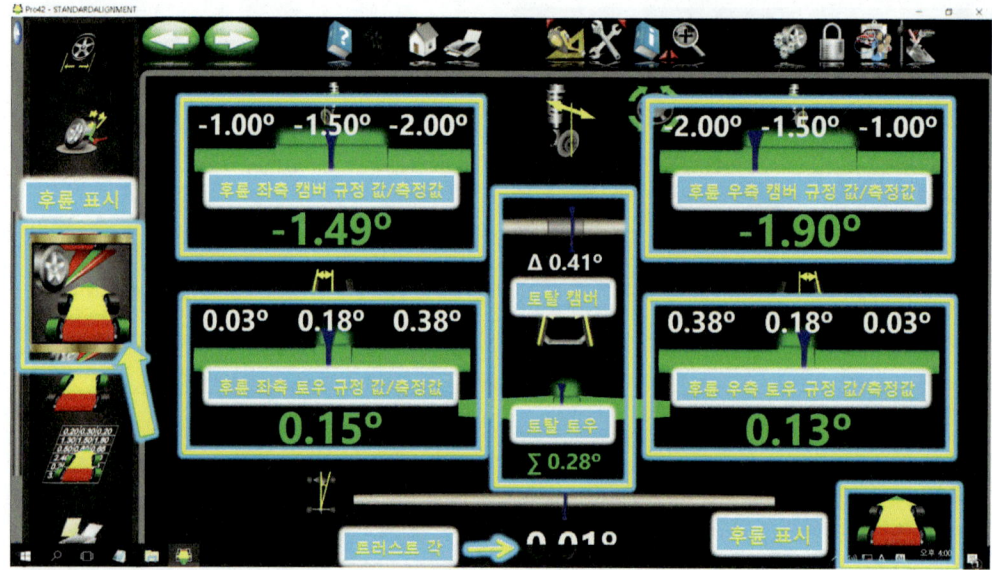

위 그림은 "후륜"에 대한 각 데이터 값을 표기한 화면이며 좌측 캠버 -1.49°, 좌측 토우 0.15°, 우측 캠버 -1.90°, 우측 토우 0.13°, 전체(토탈) 캠버 0.41°, 전체(토탈) 토우 0.28°, 트러스트 각 -0.01°를 표기한 화면이다.

58 답안 작성 1_후륜 캠버와 전륜 토우 측정 및 답안 작성하기

■ 점검 및 측정

항 목		측정(또는 점검)		판정 및 정비(또는 조치) 사항		득 점
		측정값	규정값(정비한계값)	판정(□에 '✔' 표)	정비 및 조치 사항	
후륜 캠버	좌측	-1.49°	-1.00° ~ -1.50° ~ -2.00° (-1.00 ~ -2.00°)	☑ 양 호 □ 불 량	정상 또는 정비 및 조치 사항 없음	
	우측	-1.90°				
후륜 토우	좌측	0.15°	0.03° ~ 0.18° ~ 0.38° (0.03 ~ 0.38°)	☑ 양 호 □ 불 량	정상 또는 정비 및 조치 사항 없음	
	우측	0.13°				

59 측정값 판독_측정값 전륜 표기_1

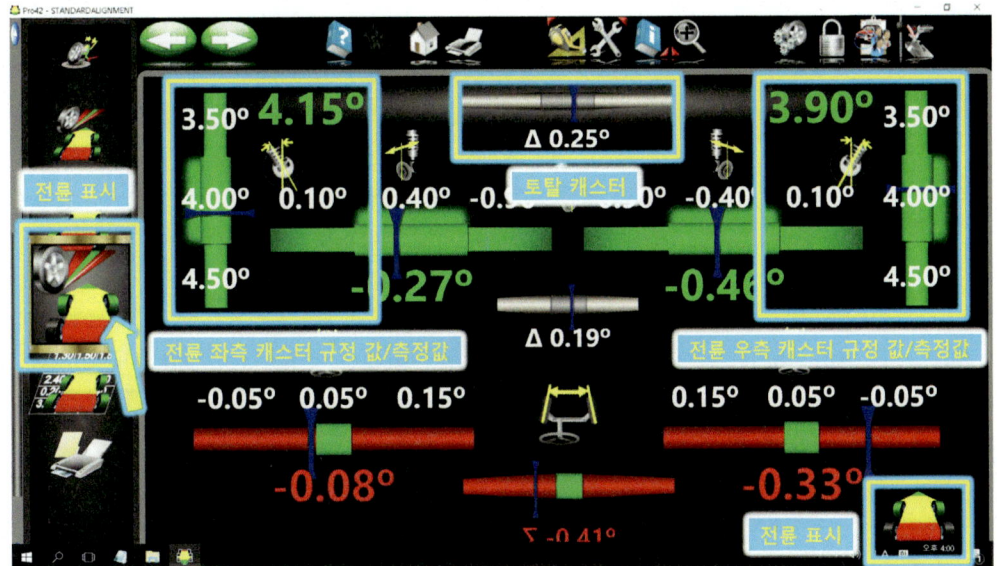

위 그림은 "전륜"에 대한 각 데이터 값을 표기한 화면이며 좌측 캐스터 4.15°, 우측 캐스터 3.90°, 전체(토탈) 캐스터 0.25°이고 캐스터 규정 값은 3.50°~4.00°~4.50°를 표시한 화면이다.

60 측정값 판독_측정값 전륜 표기_2

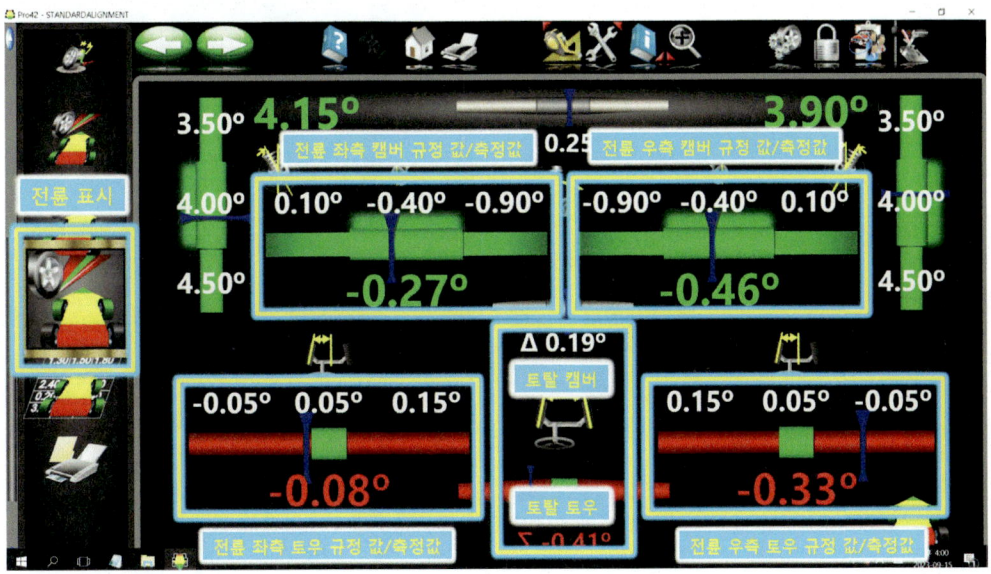

위 그림은 "전륜"에 대한 각 데이터 값을 표기한 화면이며 좌측 캠버 -0.27°, 좌측 토우 -0.08°, 우측 캠버 -0.46°, 우측 토우 -0.33°, 전체(토탈) 캠버 0.19°, 전체(토탈) 토우 0.41°를 표시한 화면이다.

61 답안 작성 1_후륜 캠버와 전륜 토우 측정 및 답안 작성하기

■ 점검 및 측정

항 목		측정(또는 점검)		판정 및 정비(또는 조치) 사항		득 점
		측정값	규정값(정비한계값)	판정(□에 '✔' 표)	정비 및 조치 사항	
전륜 캠버	좌측	−0.27°	−0.90° ~ −0.40° ~ 0.10° (−0.90 ~ 0.10°)	☑ 양 호 □ 불 량	정상 또는 정비 및 조치 사항 없음	
	우측	−0.46°				
전륜 토우	좌측	−0.08°	−0.05° ~ 0.05° ~ 0.15° (−0.05 ~ 0.15°)	□ 양 호 ☑ 불 량	좌측 및 우측 타이로드를 0.05° 가 되도록 조정 후 재측정	
	우측	−0.33°				

62 전체 측정값_화면변환

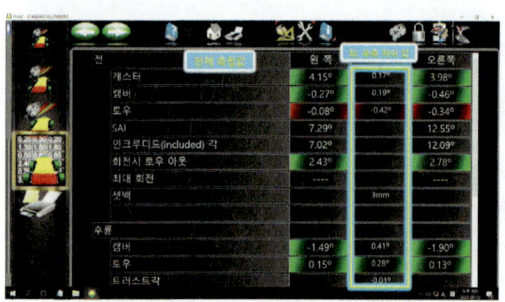

위 그림은 다른 화면으로 변환한 "전체 측정값"이다.

63 핸들 고정

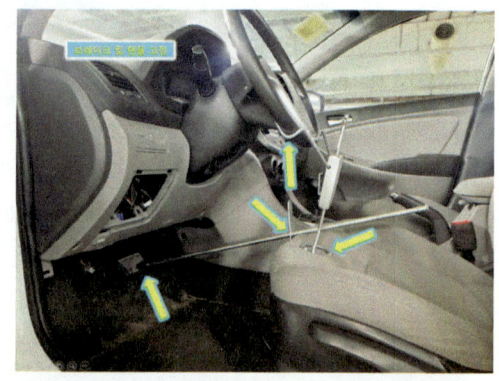

위 그림과 같이 추가로 "핸들이 중앙"에 위치하도록 한 다음 "핸들 고정 바"를 이용하여 고정한다. [참고: 토우를 조정하기 위함이다.]

64 좌측 토우 조정

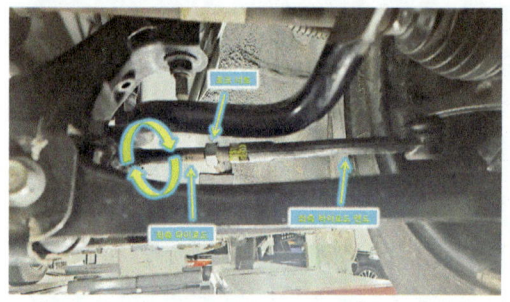

위 그림은 "좌측" 타이로드, 로크 너트, 타이로드 엔드이며 조정 시 "로크 너트"를 반시계 방향으로 돌려 충분히 "유림"하고 테스터의 측정값을 보면서 "타이로드"를 돌려 규정 값 이내로 조정한 다음 로크 너트를 시계 방향으로 돌려 규정 토크로 조인다. [참고: 시계 방향으로 돌리면 토우 아웃, 반시계 방향으로 돌리면 토우 인이 된다.]

65 우측 토우 조정

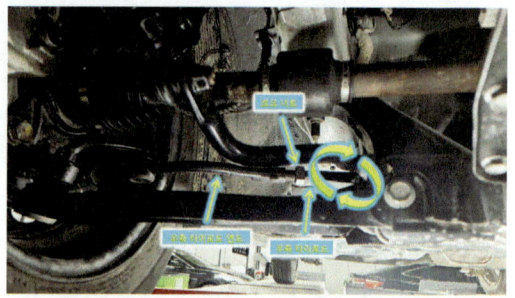

위 그림은 "우측" 타이로드, 로크 너트, 타이로드 엔드이며 조정 시 "로크 너트"를 반시계 방향으로 돌려 충분히 "유림"하고 테스터의 측정값을 보면서 "타이로드"를 돌려 규정 값 이내로 조정한 다음 로크 너트를 시계 방향으로 돌려 규정 토크로 조인다. [참고: 시계 방향으로 돌리면 토우 아웃, 반시계 방향으로 돌리면 토우 인이 된다.]

66 보고서 인쇄

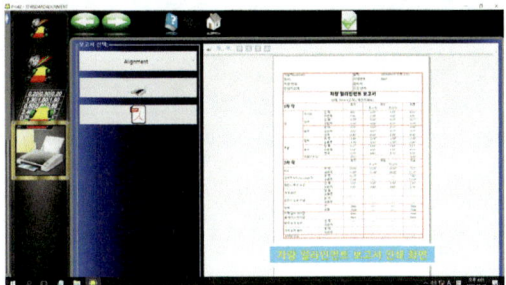

위 그림은 좌측의 "프린터 아이콘"을 클릭한 다음 "인쇄"를 진행하는 모습이다.

67 보고서 판독

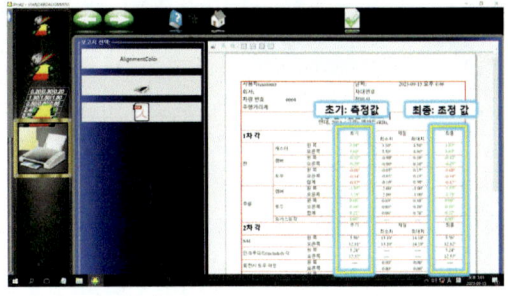

위 그림의 "좌측" 네모 상자의 수치는 "초기 측정값"이며 "우측" 상자 수치는 "조정 후 값"이다.

68 인쇄 데이터 전송

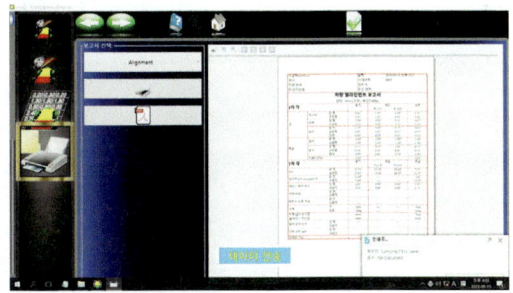

위 그림은 보고서 출력을 위하여 "데이터를 전송"하는 화면이다.

전 기

1) 와이퍼 모터 탈·부착 및 작동상태 확인, 점검 및 측정

감독위원의 지시에 따라 자동차에서 와이퍼 모터를 탈거하고 감독위원에게 확인 후, 다시 조립(부착)하여 작동상태를 확인하고, 기록표의 요구사항을 점검 및 측정하고 기록표에 기록하시오.

01 와이퍼 모터 탈·부착 및 작동상태 확인

01 관련 부품 명칭

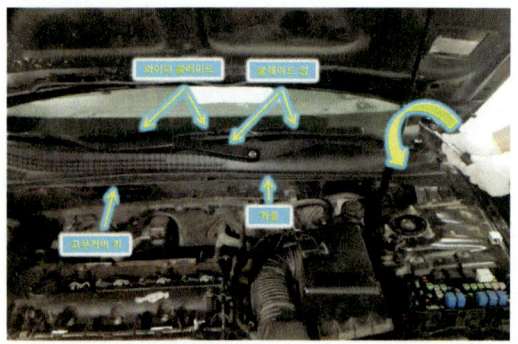

위 그림은 후드(보닛)를 연 모습이며 와이퍼 블레이드, 블레이드 암, 커버, 고무 커버 키이다.

02 와이퍼 블레이드 암 고정너트

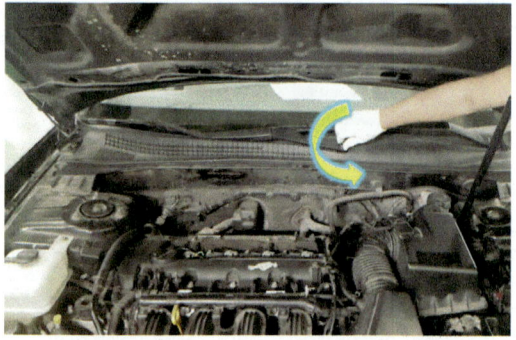

위 그림과 같이 운전석 및 동승석 와이퍼 "블레이드 암 고정너트(14mm)"를 푼다.

03 블레이드 암 탈거

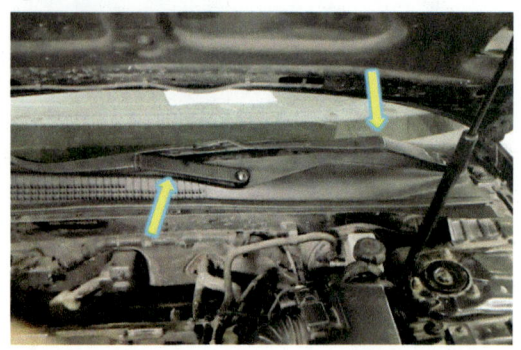

위 그림과 같이 "운전석 및 동승석" 와이퍼 블레이드 암 어셈블리를 탈거한다.

04 분해 후

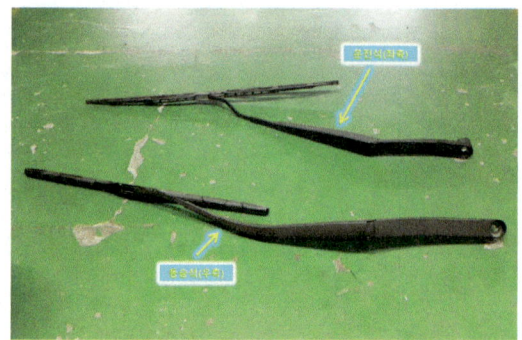

위 그림은 운전석 및 동승석 블레이드 암 어셈블리 모습이다.

05 프런트 글라스 그릴

위 그림과 같이 프런트 글라스 그릴 가이드 고무 및 그릴을
탈거한다.

06 와이퍼 모터 커넥터 탈거

위 그림과 같이 와이퍼 모터 커넥터를 탈거한다.

07 와이퍼 링크 고정너트 및 볼트

위 그림과 같이 "와이퍼 링 케이지 고정너트와 볼트(12mm)"
를 푼다.

08 와이퍼 모터 어셈블리 탈거

위 그림과 같이 "와이퍼 모터와 링 케이지"를 탈거한다.

09 와이퍼 모터 어셈블리

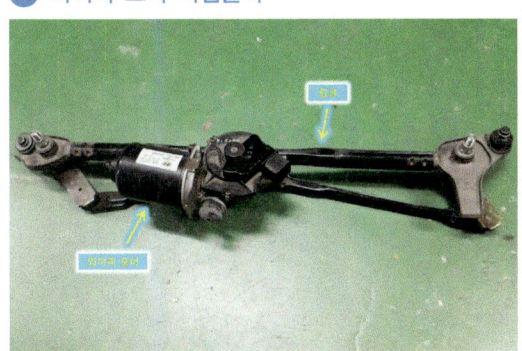

위 그림은 와이퍼 모터 어셈블리 모습으로 "와이퍼 링 케이
지(링크)와 모터"이다.

10 와이퍼 모터 어셈블리 설치

위 그림과 같이 와이퍼 "모터와 링 케이지"를 설치한다.

⑪ 와이퍼 링크 장착

위 그림과 같이 와이퍼 링 케이지 "고정너트와 볼트"를 규정 토크로 조인다.

⑫ 와이퍼 모터 커넥터 장착

위 그림과 같이 "와이퍼 모터 커넥터"를 장착한다.

⑬ 프런트 글라스 그릴 장착

위 그림과 같이 프런트 글라스 그릴 가이드 "고무 및 그릴"을 장착한다.

⑭ 블레이드 암 설치

위 그림과 같이 와이퍼 "블레이드 암"을 설치한다.

⑮ 와이퍼 블레이드 암 조립

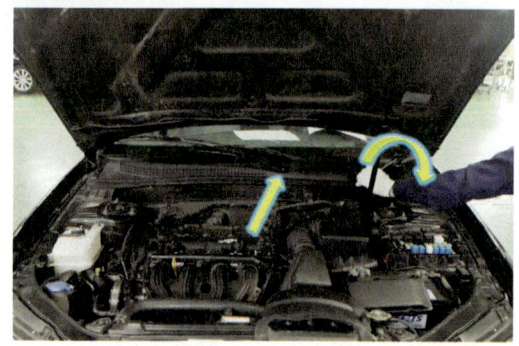

위 그림과 같이 와이퍼 블레이드 "암 고정너트"를 규정 토크로 조인 후 키를 "ON"한 다음 와이퍼가 "정상적으로 작동"하는지 확인한다.

02 와이퍼 Low 모드 시 전압

01 사용자 설정

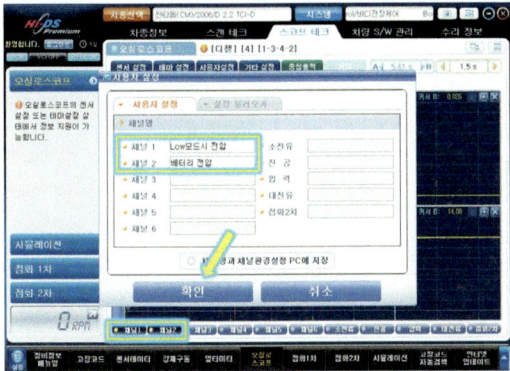

위 그림과 같이 "채널 1"은 Low 모드 시 전압으로 "채널 2"는 배터리 전압으로 설정한 다음 "확인"을 클릭한다.

02 환경설정 및 화면 전환

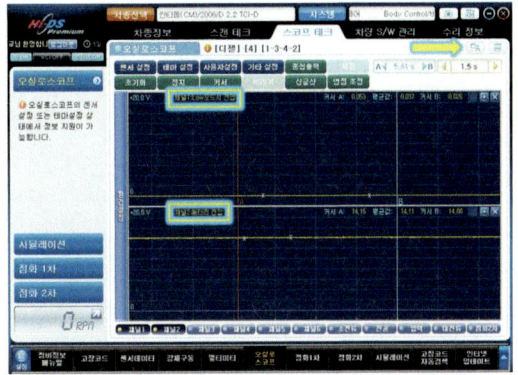

위 그림과 같이 "채널 1과 2번"을 측정이 용이하게 "환경 설정"을 한 다음 "화면 확대"를 클릭한다.

03 초기화면

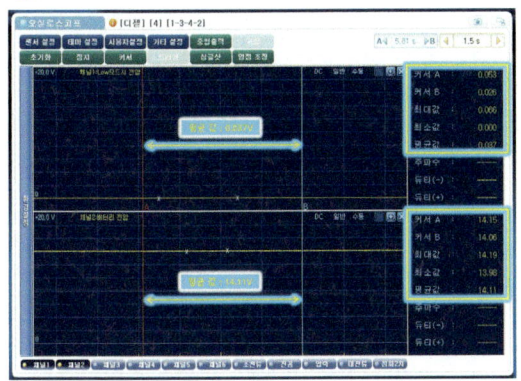

위 그림은 "채널 1"은 Low 모드 시 평균전압 0.037V, "채널 2"는 발전기 충전 평균전압 14.11V를 나타낸다.

04 다기능 스위치

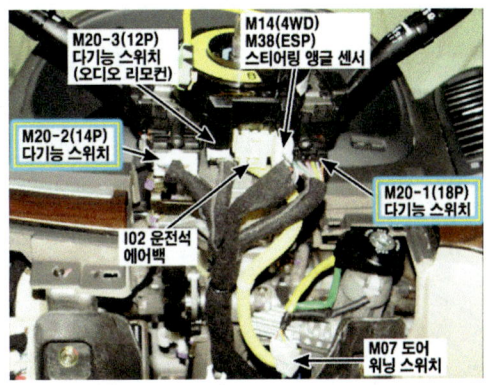

위 그림은 다기능 스위치 및 커넥터 "위치정보"를 나타낸다.

05 관련 부품 위치 및 명칭

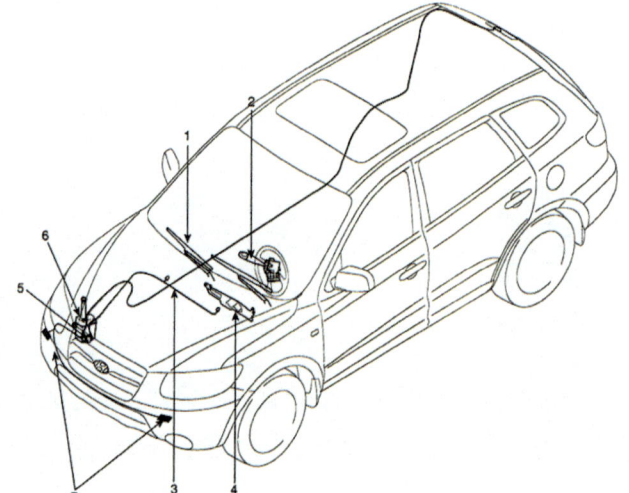

1. 윈드쉴드 와이퍼 암 & 블레이드
2. 와이퍼 & 와셔 스위치
3. 윈드쉴드 와셔호스
4. 윈드쉴드 와이퍼 모터 & 링 케이지
5. 와셔모터
6. 와셔 리저브
7. 헤드 램프 와셔 노즐

06 와이퍼 스위치 커넥터 단자

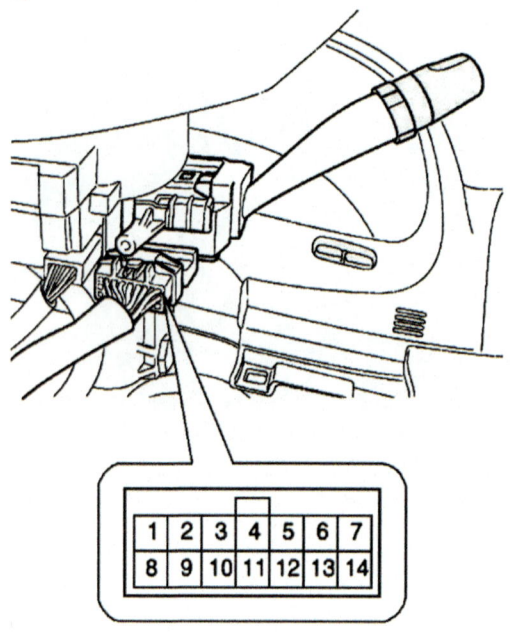

위 그림은 와이퍼 스위치 커넥터 "단자 번호"를 나타낸다.

07 와이퍼 스위치

와이퍼 스위치

(레인센서 미적용)

위치\단자	1	2	3	4	5	6	13	14
MIST				○—○				
OFF		○—○						
INT		○—○			○—○		○⌇⌇○	
LOW		○			○			
HI	○				○			

(레인센서 적용)

위치\단자	1	2	3	4	5	6	13	14
MIST				○—○				
OFF		○—○						
AUTO		○—○			○—○		○⌇⌇○	
LOW		○			○			
HI	○				○			

위 그림은 와이퍼 스위치 회로이며, "레인 센서 미적용과 센서를 적용"한 회로이다.

08 프런트 와이퍼 & 와셔 회로_프런트 와이퍼 모터 및 다기능 스위치(와셔 스위치, MIST 스위치, 와이퍼 스위치)

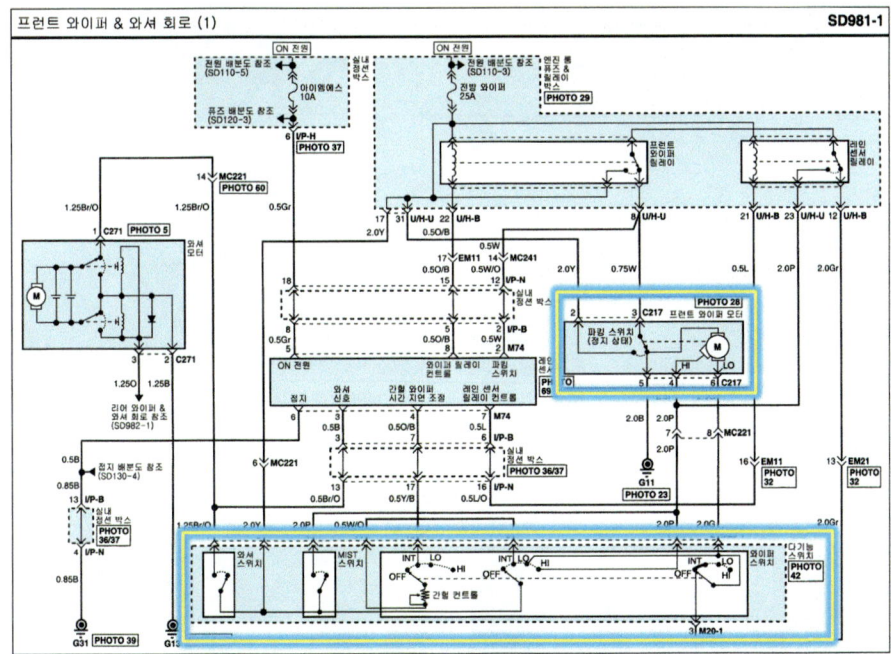

09 와이퍼 스위치 회로

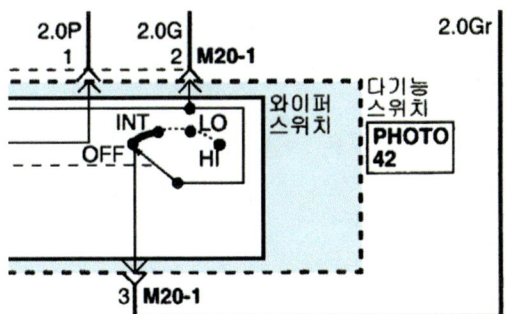

10 와이퍼 스위치 M20-1 커넥터 단자

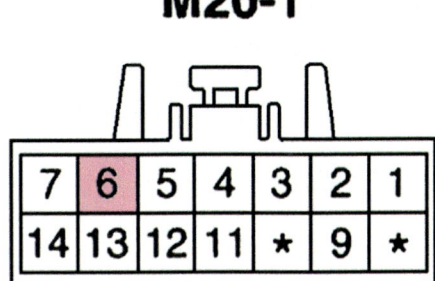

11 핸들 컬럼 커버(카울)

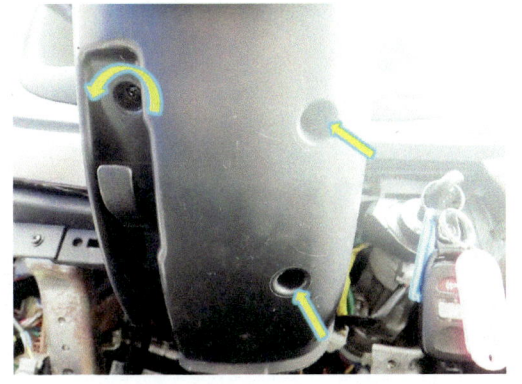

위 그림과 같이 핸들 컬럼 "하부 커버(카울) 피스"를 푼다.

12 핸들 컬럼 커버(카울) 상단 좌측

위 그림과 같이 핸들 컬럼 "상단 커버(카울) 좌측 피스"를 푼다.

301

⑬ 핸들 컬럼 커버(카울) 상단 우측

위 그림과 같이 핸들 컬럼 "상단 커버(카울) 우측 피스"를 푼다.

⑭ 와이퍼 스위치

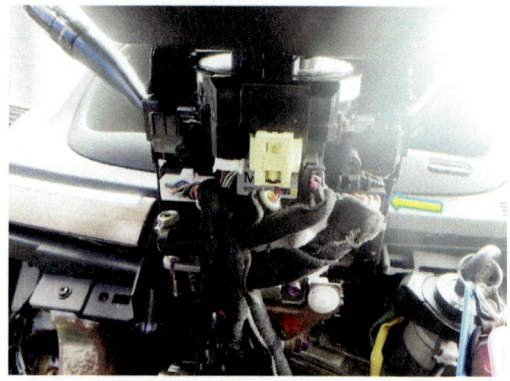

위 그림의 화살표가 가리키는 곳이 "와이퍼 스위치 커넥터"이다.

⑮ 접지 프로브 설치

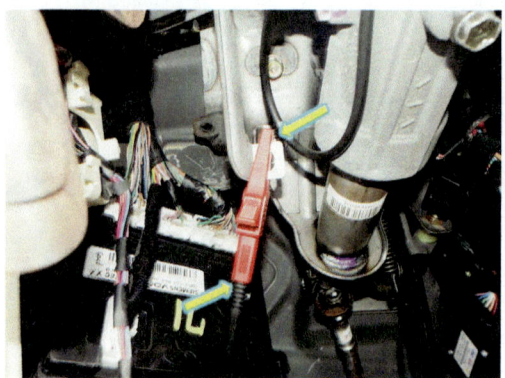

위 그림의 화살표가 가리키는 곳이 "와이퍼 스위치 커넥터"이다.

⑯ 전원 프로브 설치

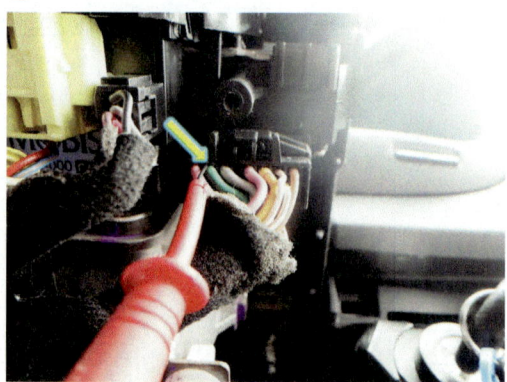

위 그림과 같이 "채널 1번" 전원 프로브를 M20-1 커넥터 "6번 단자"에 설치한다.

⑰ 채널 2번 설치

위 그림과 같이 "채널 2번" 전원 프로브는 배터리 "(+)터미널"에 접지 프로브는 "(-)터미널"에 접지한다.

⑱ 와이퍼 미 작동 및 작동 파형

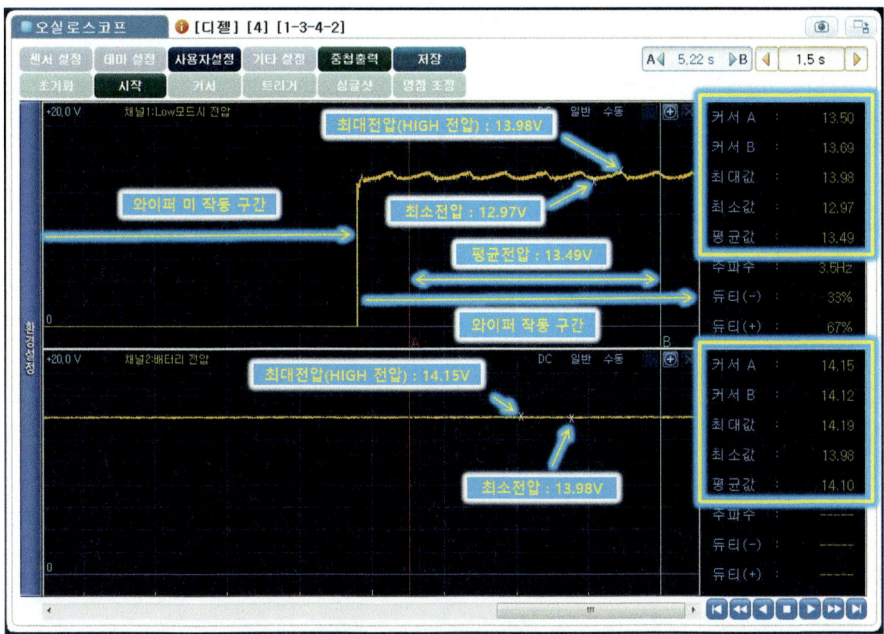

위 그림은 와이퍼 미작동 구간과 작동 구간에서의 출력 파형이며 "커서 A"를 와이퍼 작동 구간 내 임의
지점에 위치하고 "커서 B"는 와이퍼 작동이 진행되는 임의 부분에 위치시킨 다음 "와이퍼 작동 구간"에
대한 최대 전압 13.98V, 평균전압 13.49V, 최소전압 12.97V와 "배터리"에 대한 최대 전압 14.15V, 최소전압
13.98V를 표기한 화면이다.

⑲ 출력 파형 출력물_파형 출력 및 분석내용표기

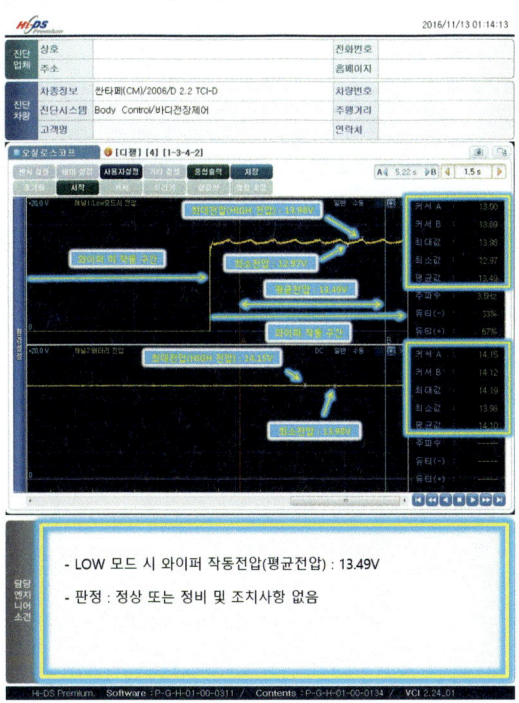

20 답안 작성_파형 측정 및 분석 내용 답안 작성하기

[참고] 와이퍼 작동 구간에서의 출력 파형으로 커서 A, B를 작동 구간 내 임의 부분에 위치시킨 경우이므로 "평균전압이 작동전압"에 해당한다.

◈ **전기 1. 기록표**

자동차 번호 :

비 번호		감독확인	

항 목		측정(또는 점검) 상태	판정 및 정비(또는 조치) 사항	득 점
			정비 및 조치 사항	
와이퍼	LOW 모드 시 와이퍼 작동전압	전압: 13.49V	정비 및 조치 사항 없음 또는 정상	
	와셔 모터 작동전압	전압:		

21 와이퍼 미 작동 및 작동 파형

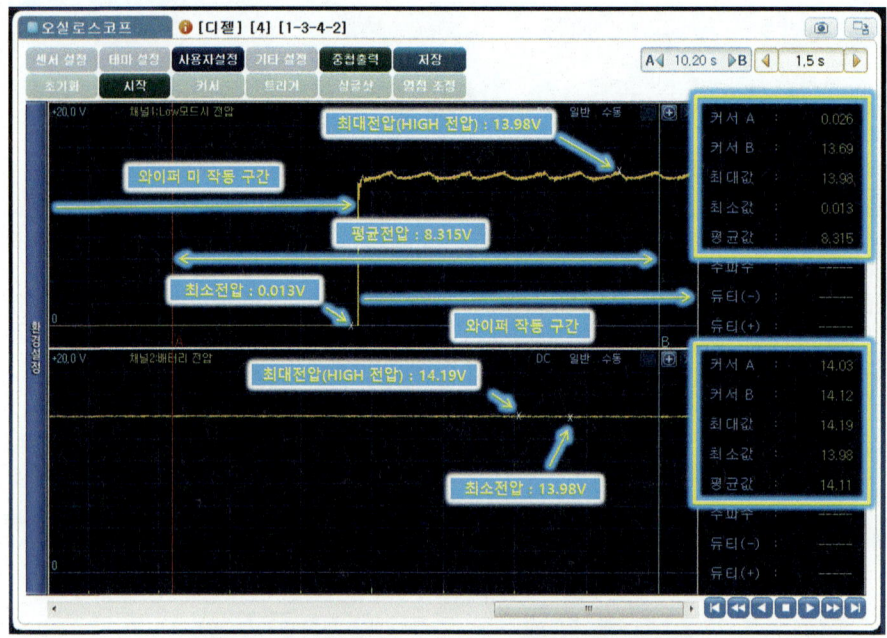

위 그림은 와이퍼 미작동 구간과 작동 구간에 대한 출력 파형이며 "커서 A"를 미작동 구간 내 임의 지점에 위치하고 "커서 B"는 작동 구간 내 임의 부분에 위치시킨 다음 "와이퍼 작동과 미작동 구간"에 대한 최대 전압 13.98V, 평균전압 8.315V, 최소전압 0.013V와 "배터리"에 대한 최대 전압 14.19V, 최소전압 13.98V를 표기한 화면이다.

㉒ 출력 파형 출력물_파형 출력 및 분석내용표기

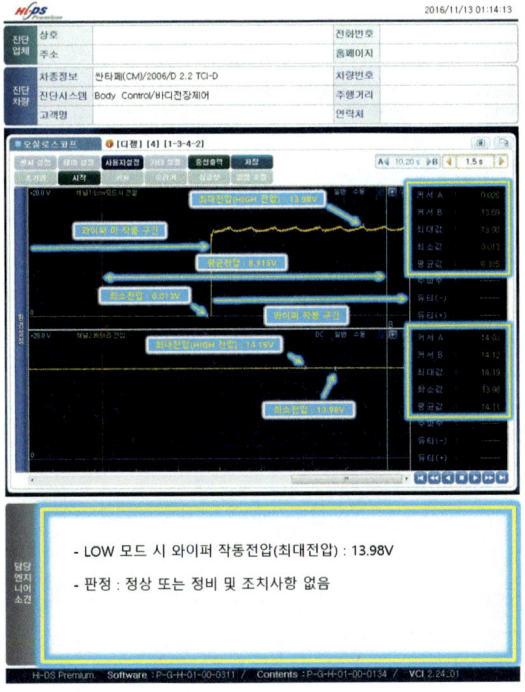

- LOW 모드 시 와이퍼 작동전압(최대전압) : 13.98V

- 판정 : 정상 또는 정비 및 조치사항 없음

㉓ 답안 작성_측정 및 분석 내용 답안 작성하기

[참고] 와이퍼 미작동 및 작동 구간에서의 출력 파형으로 "커서 A"를 미작동 구간 내 임의 지점에 위치하고 "커서 B"는 작동 구간 내 임의 부분에 위치시킨 경우이므로 "최대 전압이 작동전압"에 해당한다.

◆ 전기 1. 기록표
  자동차 번호 :

항 목		측정(또는 점검) 상태	판정 및 정비(또는 조치) 사항	득 점
			정비 및 조치 사항	
와이퍼	LOW 모드 시 와이퍼 작동전압	전압: 13.98V	정비 및 조치 사항 없음 또는 정상	
	와셔 모터 작동전압	전압:		

비 번호 / 감독확인

03 와셔 모터 작동전압

01 다기능 스위치

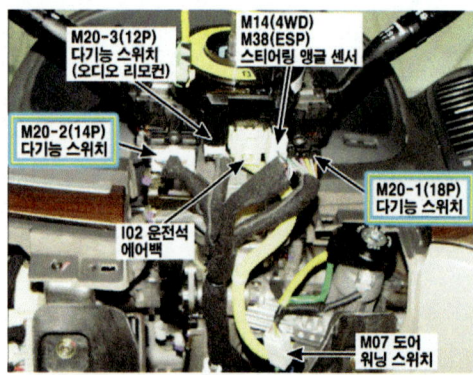

위 그림은 다기능 스위치 및 커넥터 위치정보(M20-2, M20-1)이다.

02 와이퍼 스위치 커넥터 단자 번호

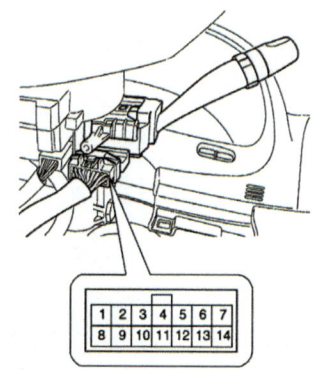

03 와셔 스위치 회로

와셔 스위치

위치 \ 단자	5	7
OFF		
ON	○────	────○

04 프런트 와이퍼 & 와셔 회로_다기능 스위치(와셔 스위치, MIST 스위치, 와이퍼 스위치)

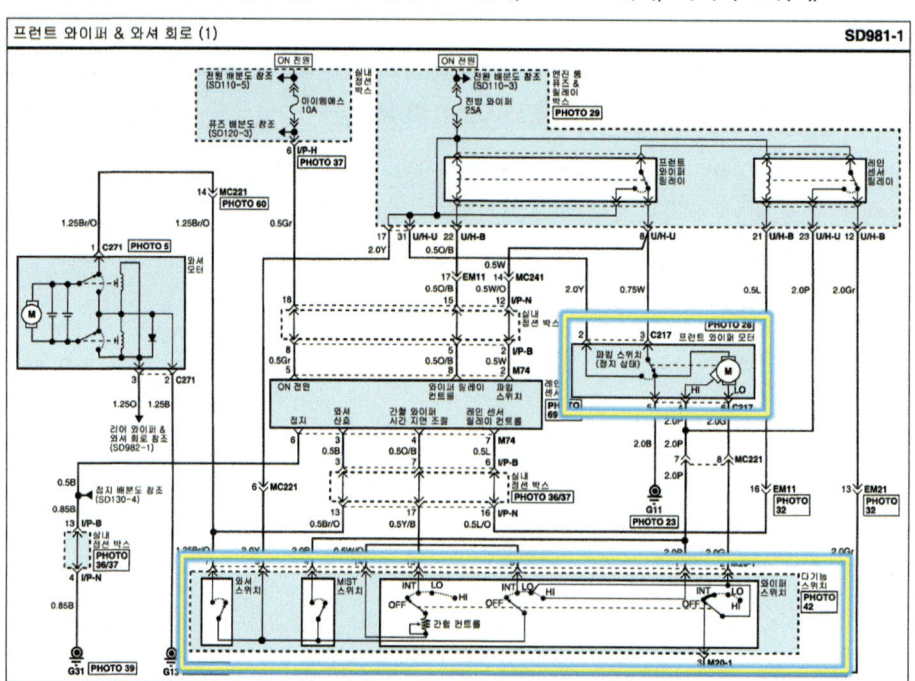

05 와셔 스위치 회로 단자

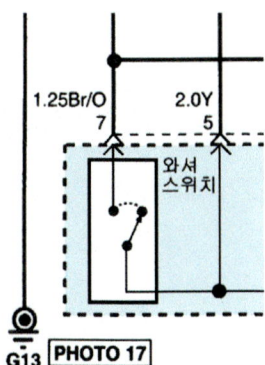

1.25Br/O   2.0Y
7   5

와셔
스위치

G13 PHOTO 17

06 와이퍼 스위치 M20-1 커넥터 단자

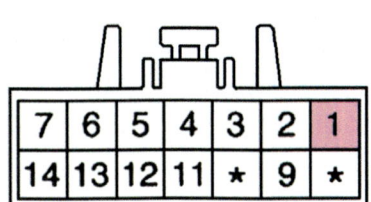

M20-1

7	6	5	4	3	2	1
14	13	12	11	★	9	★

07 M20-1 커넥터 1번 단자 위치

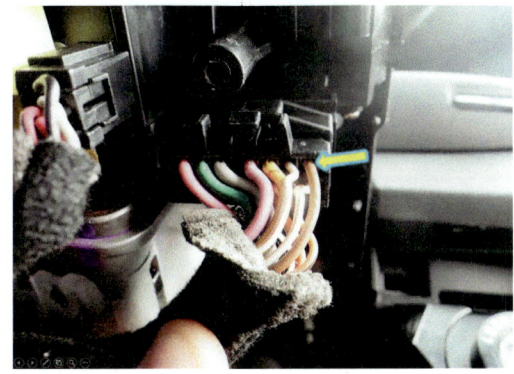

08 접지 프로브 설치

위 그림과 같이 "채널 1번" 접지 프로브를 차체에 "접지"한
다.

09 전원 프로브 설치

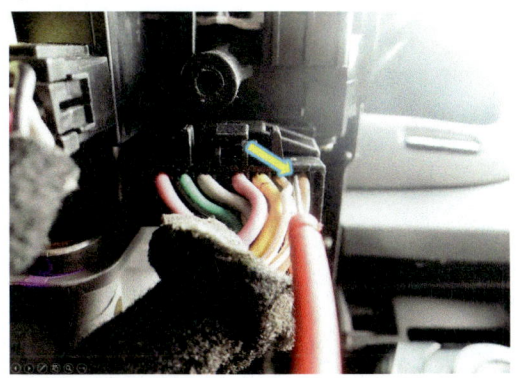

위 그림과 같이 "채널 1번" 전원 프로브를 M20-1 커넥터
"1번 단자"에 설치한다.

10 채널 2번 설치

위 그림과 같이 "채널 2번" 전원 프로브는 배터리 "(+)터
미널"에 접지 프로브는 "(-)터미널"에 설치한다.

⑪ 와셔 모터 미 작동 및 작동 파형

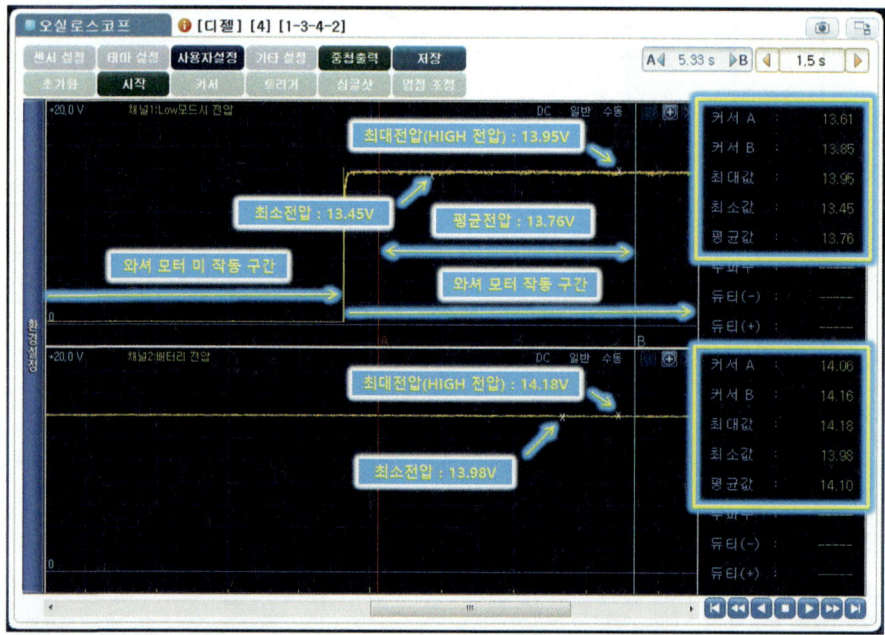

위 그림은 와셔 모터 미작동 구간과 작동 구간에서의 출력 파형이며 "커서 A"를 와셔 모터 작동 구간 내 임의 지점에 위치하고 "커서 B"는 와셔 모터 작동이 진행되는 임의 부분에 위치시킨 다음 "와셔 모터 작동 구간"에 대한 최대 전압 13.95V, 평균전압 13.76V, 최소전압 13.45V와 "배터리"에 대한 최대 전압 14.18V, 최소전압 13.98V를 표기한 화면이다.

⑫ 출력 파형 출력물_파형 출력 및 분석내용표기

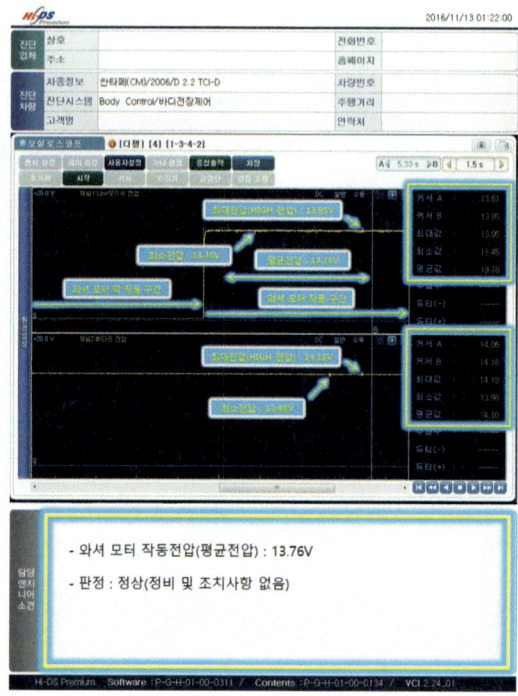

⑬ 답안 작성_측정 및 분석 내용 답안 작성하기

[참고] 와셔 모터 작동 구간에서의 출력 파형으로 커서 A, B를 작동 구간 내 임의 구간에 위치시킨 경우이므로 "평균전압이 작동전압"에 해당한다.

◈ **전기 1. 기록표**

자동차 번호 :

항 목		측정(또는 점검) 상태	비 번호	감독확인	

항 목		측정(또는 점검) 상태	판정 및 정비(또는 조치) 사항 / 정비 및 조치 사항	득 점
와이퍼	LOW 모드 시 와이퍼 작동전압	전압: 13.49V	정비 및 조치 사항 없음 또는 정상	
	와셔 모터 작동전압	전압: 13.76V		

⑭ 와셔 모터 미 작동 및 작동 파형

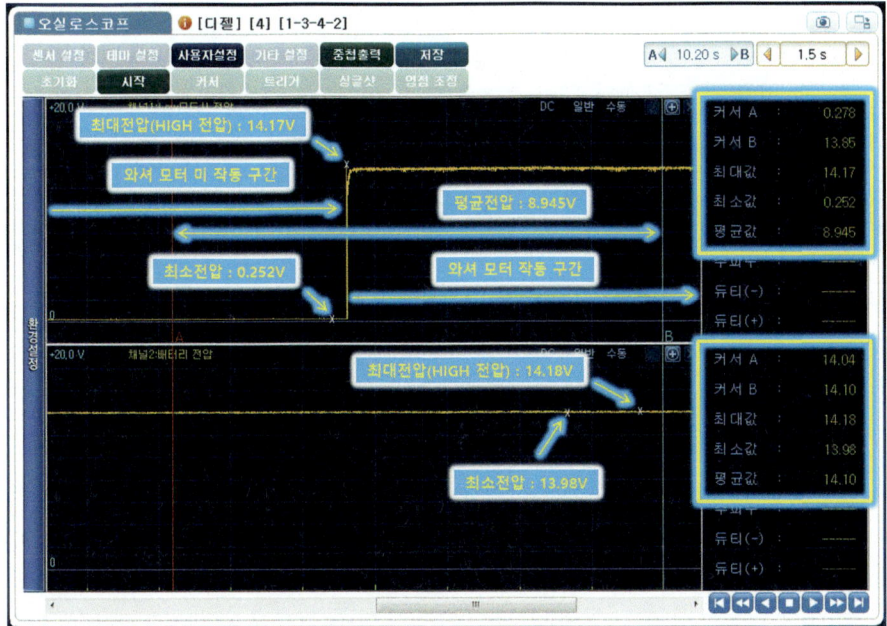

위 그림은 와셔 모터 미작동 구간과 작동 구간에 대한 출력 파형이며 "커서 A"를 미작동 구간 내 임의 지점에 위치하고 "커서 B"는 작동 구간 내 임의 부분에 위치시킨 다음 "와셔 모터 작동과 미작동 구간"에 대한 최대 전압 14.17V, 평균전압 8.945V, 최소전압 0.252V와 "배터리"에 대한 최대 전압 14.18V, 최소전압 13.98V를 표기한 화면이다.

⑮ 출력 파형 출력물_파형 출력 및 분석내용표기

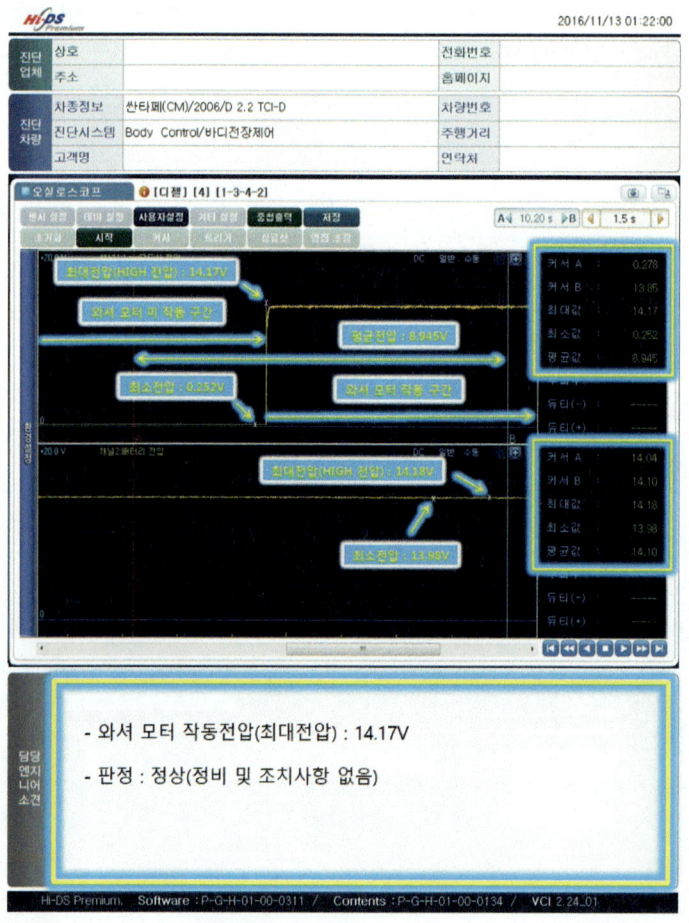

⑯ 답안 작성_측정 및 분석 내용 답안 작성하기

[참고] 와셔 모터 미작동 및 작동 구간에서의 출력 파형으로 "커서 A"를 미작동 구간 내 임의 부분에 위치하고 "커서 B"는 작동
구간 내 임의 부분에 위치시킨 경우이므로 "최대 전압이 작동전압"에 해당한다.

◆ 전기 1. 기록표
자동차 번호 :

| 비 번호 | | 감독확인 | |

항 목		측정(또는 점검) 상태	판정 및 정비(또는 조치) 사항	득 점
			정비 및 조치 사항	
와이퍼	LOW 모드 시 와이퍼 작동전압	전압: 13.98V	정비 및 조치 사항 없음 또는	
	와셔 모터 작동전압	전압: 14.17V	정상	

정비기능장

C

전 기

2) 회로 점검 및 기록표 작성

주어진 자동차에서 정비 지침서의 회로도를 이용하여 기록표에서 요구하는 회로를 점검하고, 이상 내용을 기록표에 기록한 후 정비하시오.

01 에어컨 회로 점검_A안 참고

02 전조등 회로 점검

C
안

01 BCM 회로 및 연료 주입구 회로_전조등 와셔 회로, 오토라이트 회로 참고

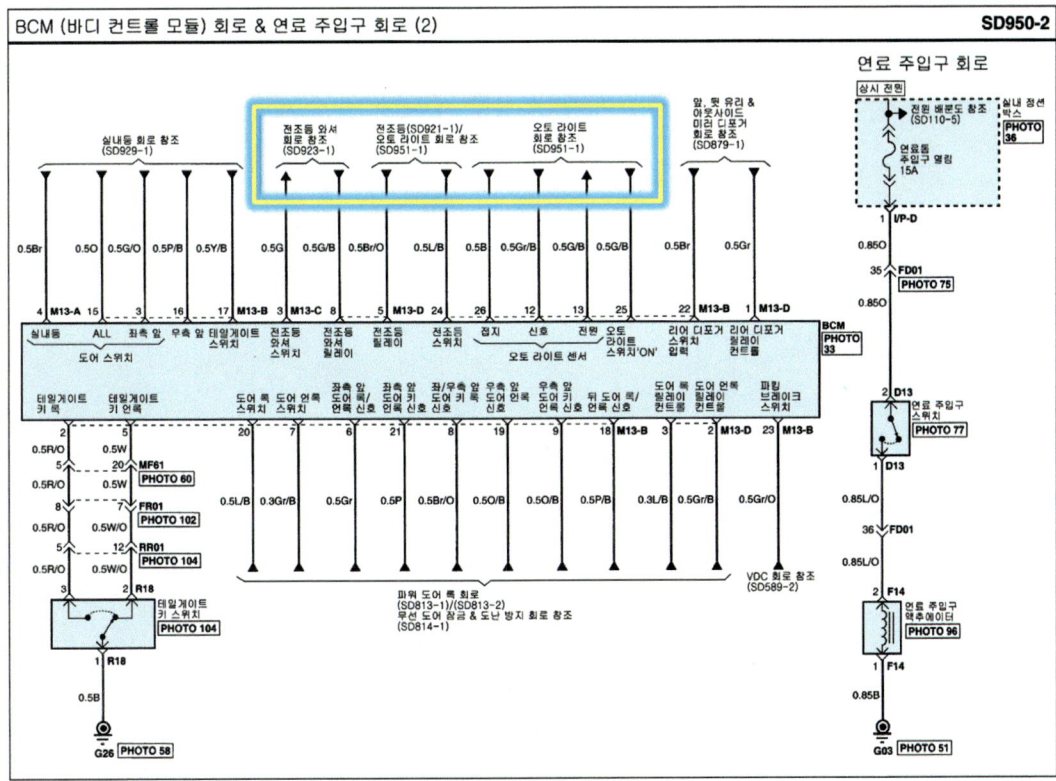

02 전원 배분도(1, 2, 3)_엔진 룸 퓨즈 & 릴레이 박스 내 전조등 좌, 우

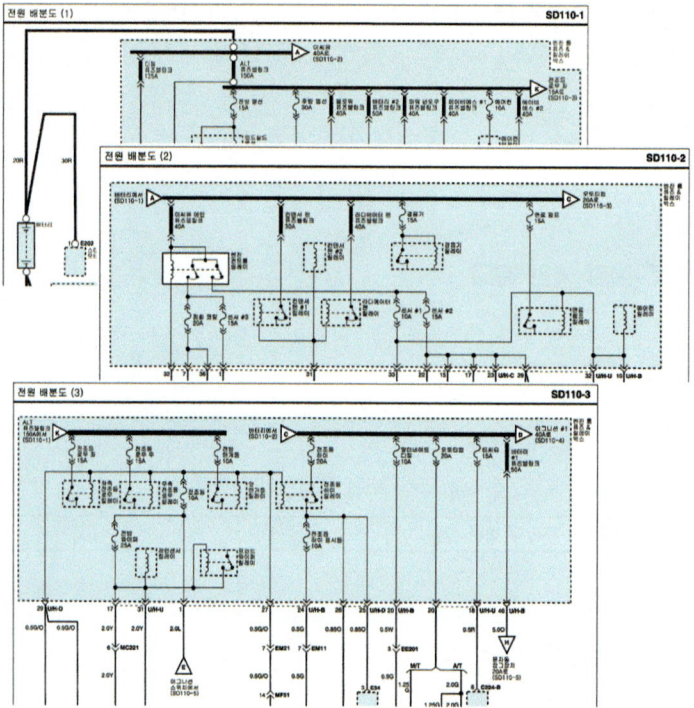

03 방향지시등 및 점등 스위치 커넥터 단자

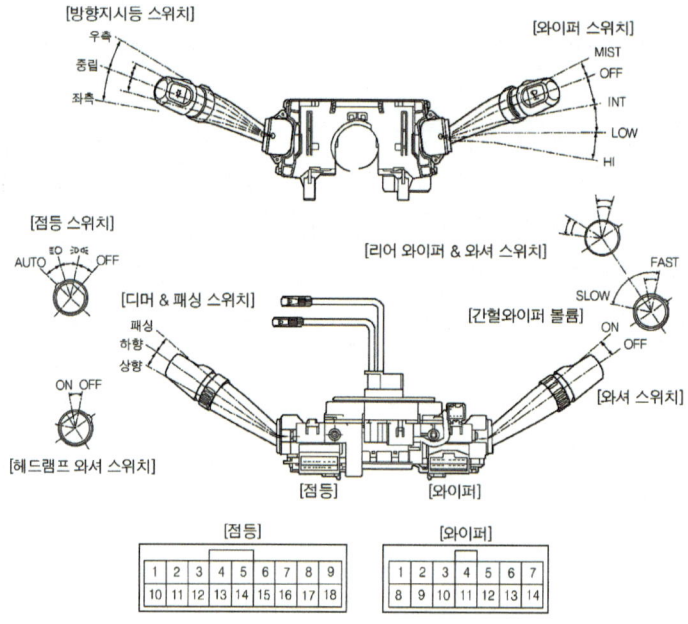

커넥터 멍칭	핀번호	정비 및 조치할 사항	커넥터 멍칭	핀번호	정비 및 조치할 사항
점등	1	헤드램프 패싱 스위치	와이퍼	1	와이퍼 하이 스피드
	2	헤드램프 하이빔 전원		2	와이퍼 로우 스피드
	7	우측 방향지시등 스위치		3	와이퍼 파킹
	8	플레셔 유닛 전원		4	미스트 스위치
	9	좌측 방향지시등 스위치		5	와이퍼 & 와셔 전원
	10	헤드램프 로빔 전원		6	간헐 와이퍼 (INT)
	11	디머 & 패싱 접지			
	12	헤드램프 와셔 스위치		8	–
	13	헤드램프 와셔 스위치 접지		9	리어 와이퍼 & 와셔 접지
	14	미등 스위치		10	
	15	헤드램프 스위치		11	리어 와이퍼
	16	리어 포그 램프 / 오토라이트 스위치		12	리어 와셔
	17	점등스위치 접지		13	간헐 와이퍼 볼륨(INT)
	18	–		14	간헐 와이퍼 접지

04 다기능 스위치_M20-2(14P)

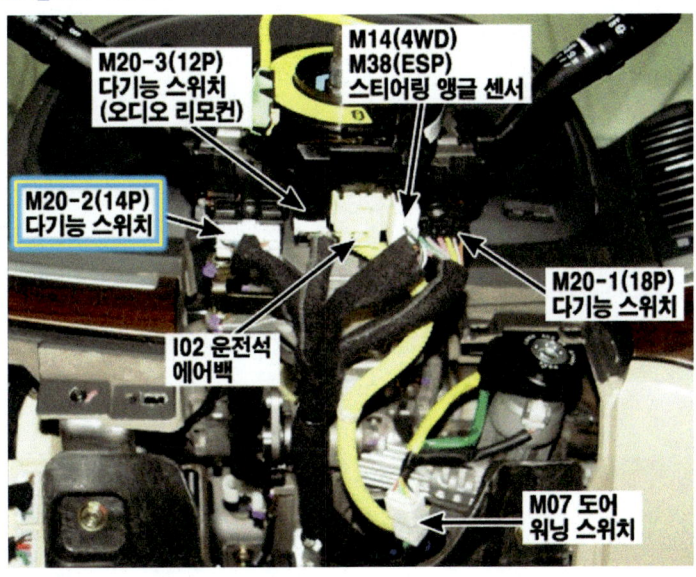

05 엔진 룸 릴레이 박스_전조등(하이) 릴레이, 전조등(로우-좌측) 릴레이, 전조등(로우-우측) 릴레이

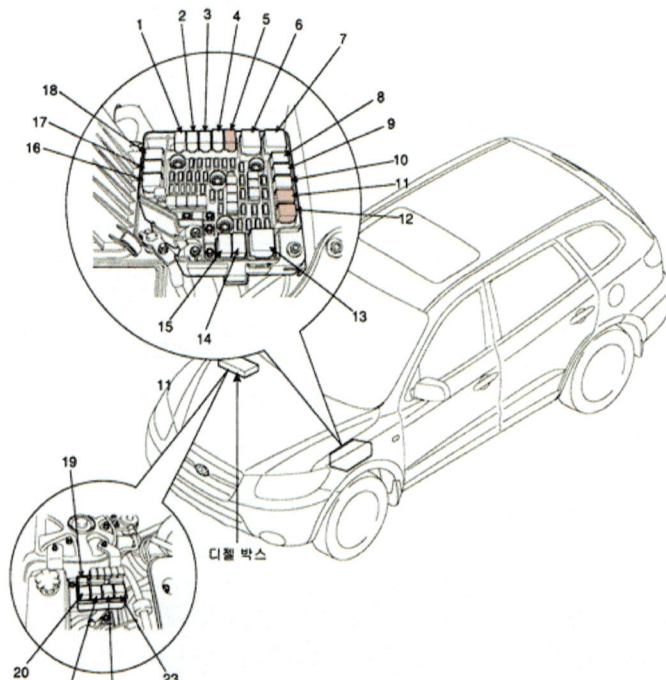

1. 자동변속기 릴레이
2. 냉각팬 릴레이
3. 프런트 안개등 릴레이
4. 에어컨 릴레이
5. 전조등(하이) 릴레이
6. 메인 릴레이
7. 시동 릴레이
8. 컨덴서 팬 2 릴레이
9. 컨덴서 팬 1 릴레이
10. 미등 릴레이
11. 전조등(로우 -좌측) 릴레이
12. 전조등(로우 -우측) 릴레이
13. 디포거 열선 릴레이
14. 윈드실드 열선 릴레이
15. 혼 릴레이
16. 와이퍼 릴레이
17. 레인센서 릴레이
18. 연료펌프 릴레이
19. 연료펌프 히터 릴레이
20. PTC 히터 릴레이 #2
21. 글로우 릴레이
22. PTC 히터 릴레이 #1
23. PTC 히터 릴레이 #3

06 엔진 룸 퓨즈 & 릴레이 박스 위치_H/LP HI 전조등 릴레이, H/LP LO LH 릴레이, H/LP LO RH 릴레이

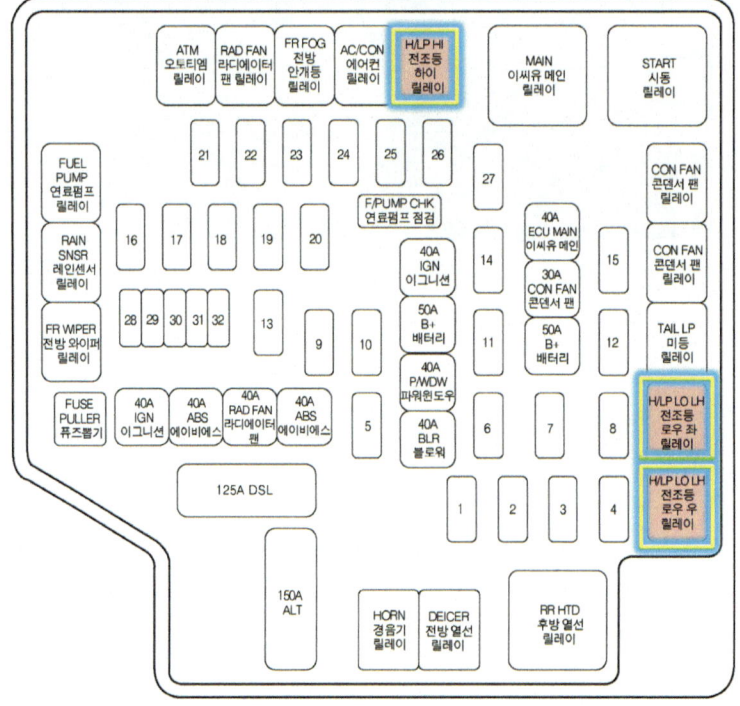

07 E34 우측 전조등

E28 우측 전조등
높낮이 엑츄에이터

E34 우측
전조등

E36 우측
포지션 램프

08 전조등 릴레이 점검 방법

1. 엔진룸 릴레이 박스에서 전조등 릴레이를 분리한다.

2. 미등 릴레이 단자 85번과 86번 사이에 전원을 인가했을
때 87번과 30번 단자 사이에 통전이 되는지 점검한다.

3. 미등 릴레이 단자 85번과 86번 사이에 전원을 해지했을
때 87번과 30번 단자 사이에 통전이 되는지 점검한다.

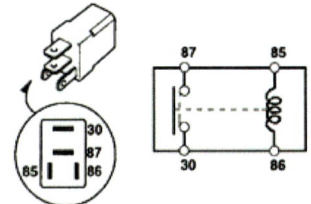

위치＼단자	30	87	85	86
전원 해지시			○————	——○
전원 인가시	○————	——○	⊖	⊕

09 퓨즈 및 퓨즈블링크 연결 회로_ALT, 전조등 로우 우, 전조등 로우 좌, 전조등 하이 표시등, 전조등, 이씨유, 전조등 하이

구분	표기		용량(A)	연결회로
퓨즈블링크	ALT		150A	퓨즈블링크(전방 열선, 후방열선, 블로워, 에어컨, 배터리#2, 에이비에스#1, #2, 파워 윈도우, 전조등 로우 좌, 전조등 로우 우, 전방 안개등
	디젤		125A	퓨즈블링크 박스(PCT 히터#1, #2, #3, 연료 필터, 글로우 플러그)
	배터리 #1		50A	퓨즈(문자통 잠금장치, 정지등, 연료통 주입구 열림, 오토티엠, 전조등 와셔, 비상등, 파워 커넥터)
	배터리 #2		40A	퓨즈(파워 앰프, 열선 좌석, 전동 시트, 조정식 페달, 3열 에어컨, 후진 경고, 선루프, 경보기, 도난 방지 경음기 릴레이)
	이씨유 메인		40A	엔진 컨트롤 릴레이
	콘덴서 팬		30A	콘덴서 팬#1 릴레이
	이그니션 #1		40A	이그니션 스위치
	이그니션 #2		40A	이그니션 스위치, 퓨즈(시동)
	블로워		40A	퓨즈(블로워)
	파워 윈도우		40A	퓨즈(파워 윈도우 릴레이, 안전 파워 윈도우)
	라디에이터 팬		40A	라디에이터 팬 릴레이
	에이비에스#1		40A	다기능 체크 커넥터, ABS 컨트롤 모듈, VDC 컨트롤 모듈
	에이비에스#1		40A	다기능 체크 커넥터, ABS 컨트롤 모듈, VDC 컨트롤 모듈
퓨즈	1	전방 열선	15A	윈드 실드 열선 릴레이
	2	후방열선	30A	리어 디포거 릴레이
	3	–	–	–
	4	전조등 로우 우	15A	우측 전조등 로우 릴레이
	5	경음기	15A	경음기 릴레이
	6	전조등 로우 좌	15A	좌측 전조등 로우 릴레이
	7	전조등 하이 표시등	10A	계기판

구분		표기	용량(A)	연결회로
퓨즈	8	알터네이터 디젤	10A	제너레이터
	9	에어컨	10A	에어컨 릴레이
	10	오토티엠	20A	4WD ECM, ATM 컨트롤 릴레이
	11	–	–	–
	12	미등 우	10A	우측 포지션 램프, 글로브 박스 램프, 우측 뒤 콤비 램프(OUT), 조명등
	13	전방 안개등	10A	앞 안개등 릴레이
	14	센서 #3	15A	ECM
	15	미등 좌	10A	좌측 포지션 램프, 좌측 뒤 콤비 램프(OUT)
	16	연료펌프	15A	연료펌프 릴레이
	17	전방 와이퍼	25A	다기능 스위치, 레인 센서 릴레이, 프런트 와이퍼 릴레이, 프런트 와이퍼 모터
	18	티씨유	15A	TCM
	19	에이비에스	10A	ABS 컨트롤 모듈, G–YAW 센서, VDC 컨트롤 모듈, 4WD ECM, 연료 필터 히터 릴레이, 연료 필터 수분 경고 센서, 다기능 체크 커넥터
	20	냉각팬	10A	–
	21	후진등	10A	입력/출력 속도 센서, 인히비터 스위치, TCM, 후진등 스위치
	22	전조등	10A	퓨즈(전방 와이퍼)
	23	이씨유	10A	차속 센서, ECM, 에어 플로우 센서
	24	전조등 하이	20A	전조등 하이 릴레이
	25	센서#1	10A	연료펌프 릴레이, 정지등 스위치, 이모빌라이저, 에어컨 릴레이, 콘덴서 팬#1, #2 릴레이, 라디에이터 팬 릴레이
	26	센서#2	15A	EGR 액추에이터, 솔레노이드밸브, 스로틀 플랫 액추에이터, 캠 포지션 센서, PTC히터 릴레이#1
	27	점화코일	20A	ECM
	28	SPARE	10A	–
	29	SPARE	15A	–
	30	SPARE	20A	–
	31	SPARE	25A	–
	32	SPARE	30A	–

⑩ 접지 1_계기판을 탈거한 상태 G31, G32

⑪ 접지 2_앞 범퍼를 탈거한 상태 G21

⑫ 커넥터

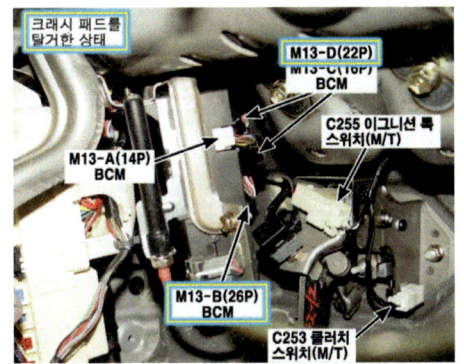

위 그림은 크래시 패드를 탈거한 상태 M13-B(26P) BCM, M13-D(22P)이다.

⑬ M15-A(20P) 계기판

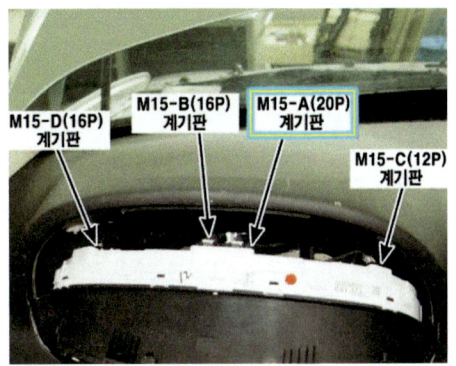

⑭ 점등 스위치 및 디머/패싱 스위치 점검 방법

1. 점등 스위치 각 위치에서 아래 터미널의 도통 상태를 점검한다.
2. 도통 상태가 바르지 않으면 점등 스위치를 교환한다.

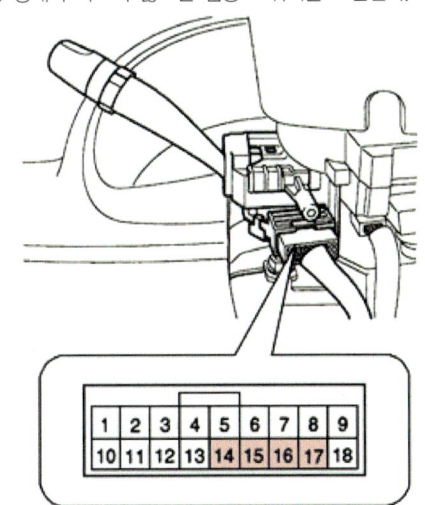

● 점등 스위치(오토라이트 차량)

위치 \ 단자	14	15	16	17
OFF				
I	○			○
II	○	○		○
AUTO			○	○

● 점등 스위치(일반 차량)

위치 \ 단자	14	15	16	17
OFF				
I	○			○
II	○	○	○	○

● 디머 및 패싱 스위치

위치 \ 단자	1	2	10	11
HU		○		○
HL			○	○
	○	○		

15 전조등 회로(1)_체크포인트

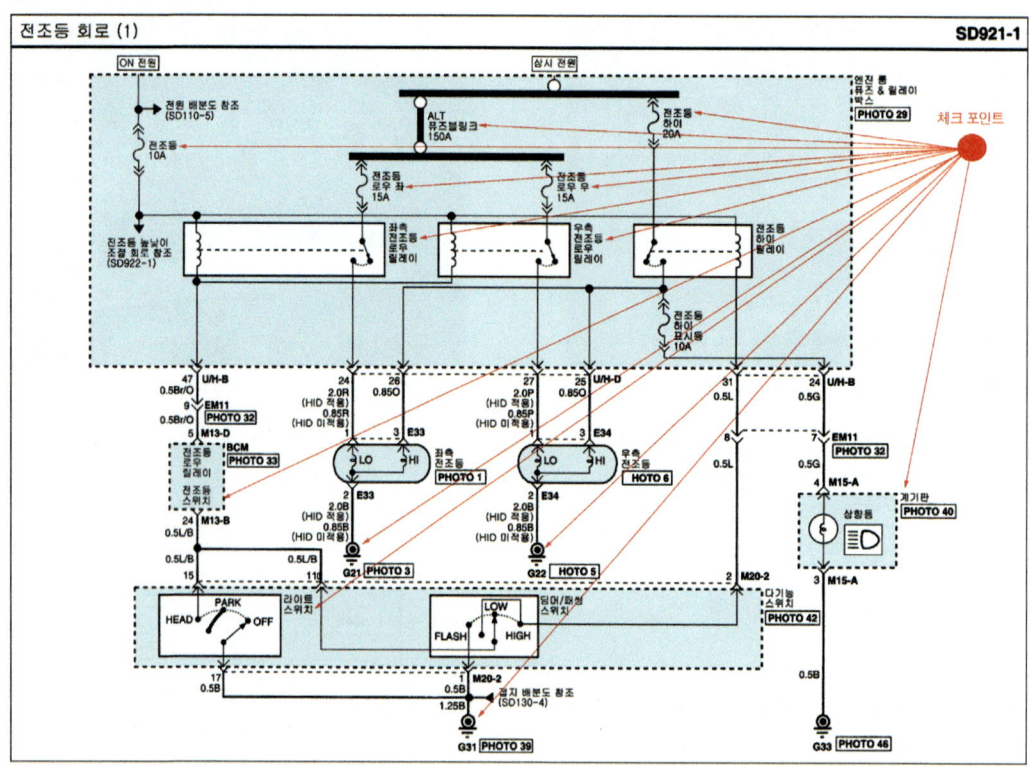

16 회로 고장 부분과 내용 및 상태 참고 자료

고장 부분	내용 및 상태	정비 및 조치 사항
ALT 150A 퓨즈블링크	단선	ALT 150A 퓨즈블링크 교환 후 재점검
전조등 하이 20A 퓨즈	단선	전조등 하이 20A 퓨즈 교환 후 재점검
전조등 하이 표시등 10A 퓨즈	단선	전조등 하이 표시등 10A 퓨즈 교환 후 재점검
전조등 로우 15A LH 퓨즈	단선	전조등 15A 로우 LH 퓨즈 교환 후 재점검
전조등 로우 15A RH 퓨즈	단선	전조등 15A 로우 RH 퓨즈 교환 후 재점검
릴레이(좌, 우, 하이)	솔레노이드 코일 단선	릴레이(좌, 우, 하이) 교환 후 재점검
릴레이(좌, 우, 하이) 포인트 접점	전원 인가 시 미 통전	릴레이(좌, 우, 하이) 교환 후 재점검
콤비네이션 스위치 커넥터	탈거	콤비네이션 스위치 커넥터 결합 후 재점검
전조등 LH (로우, 하이)램프	단선	전조등 LH (로우, 하이)램프 교환 후 재점검
전조등 RH (로우, 하이)램프	단선	전조등 RH (로우, 하이)램프 교환 후 재점검
다기능 스위치 커넥터	빠짐	다기능 스위치 커넥터 결합 후 재점검

⑰ 답안 작성_점검 및 분석 내용 답안 작성하기

[참고] 위에서 설명한 에어컨 및 공조 회로(A안), 전조등 회로, 방향지시등 회로(B안)의 점검 방법을 참고하여 고장 부분, 내용 및 상태, 정비 및 조치 사항을 기재한다.

◈ **전기 2. 기록표**

자동차 번호 :

항 목	측정(또는 점검)		정비 및 조치 사항	득 점
	고장 부분	내용 및 상태		
에어컨 회로	블로워 모터	커넥터 탈거	커넥터 연결 후 재확인	
전조등 회로	전조등 하이 20A 퓨즈	단선	20A 퓨즈 교환 후 재확인	
방향지시등 회로	비상등 스위치	커넥터 빠짐	커넥터 체결 후 재점검	

비 번호		감독위원	

03 ▶ 방향지시등 회로 점검_B안 참고

정비기능장

C

전 기

3) 파형 측정

주어진 자동차에서 시험위원 지시에 따라 기록표의 요구사항을 점검 및 측정하여 기록하시오.

01 ▶ CAN 통신 파형_A안 참고

02 ▶ 점검 및 측정_도어 스위치 신호 전압

01 사용자 설정

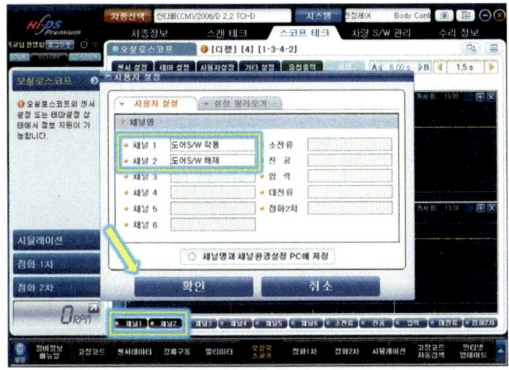

위 그림과 같이 "채널 1"은 도어 S/W 작동 시 전압, "채널 2"는 도어 S/W 해제 시 전압으로 입력한다.

02 파워 윈도우 메인 스위치

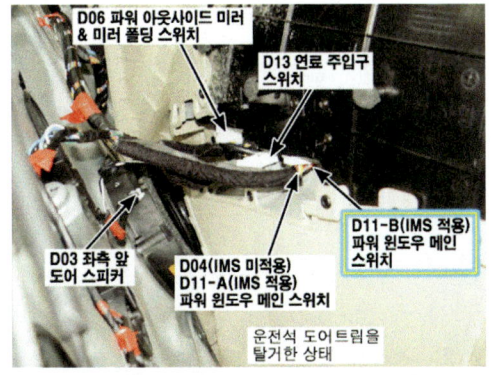

위 그림은 D11-B(IMS 적용) 파워 윈도우 "메인 스위치"이다.

03 파워 도어 록 회로(1)_좌측 도어 록 스위치, 우측 양 파워 윈도우 스위치

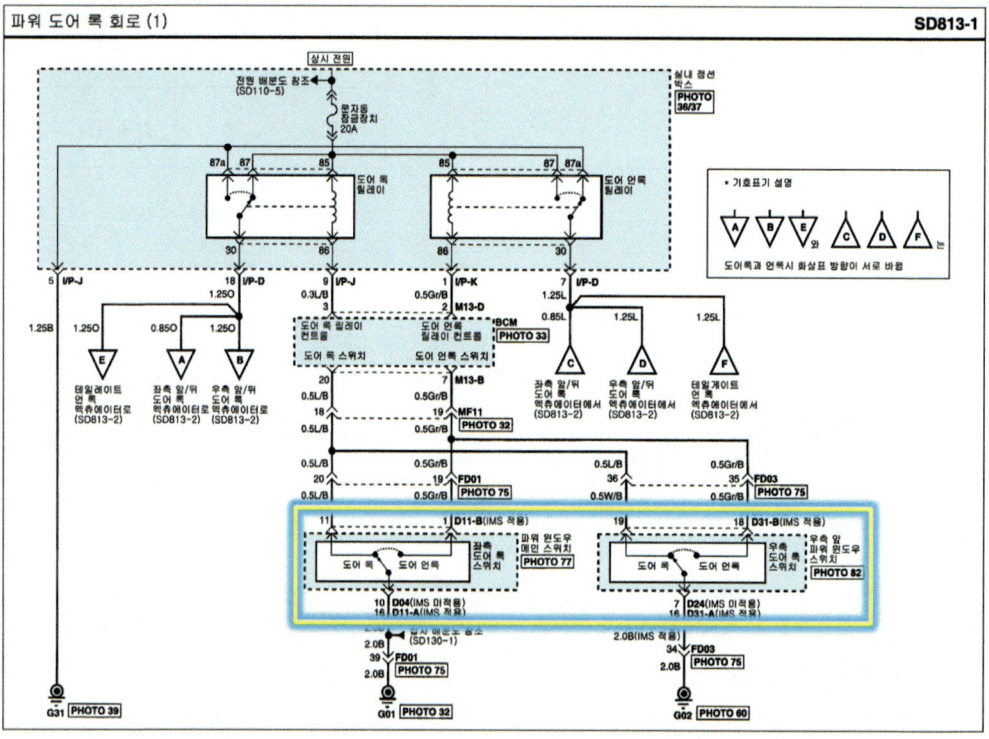

04 파워 윈도우 메인 스위치 회로도

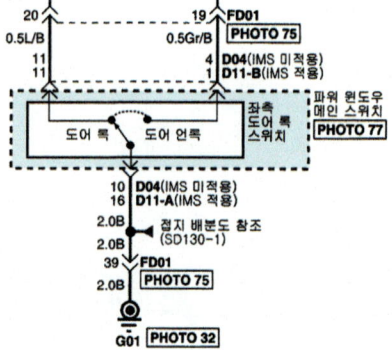

05 좌측 파워 윈도우 메인 스위치 커넥터

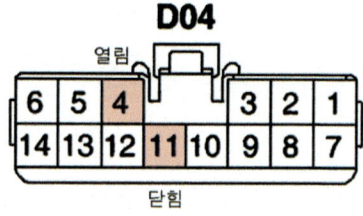

위 그림은 좌측 윈도우 "메인 스위치 커넥터" 단자(4번 단자 "열림", 11번 단자 "닫힘")이다.

06 채널 1번, 2번 프로브 접지

위 그림과 같이 "채널 1번"과 "채널 2번" 접지 프로브를 차체에 "접지"한다.

07 채널 1번 전원 프로브 설치

위 그림과 같이 "채널 1번" 전원 프로브를 "닫힘(11번) 단자"에 설치한다.

08 채널 2번 전원 프로브 설치

위 그림과 같이 "채널 2번" 전원 프로브를 "열림(4번) 단자"에 설치한다.

09 채널 1, 2번 프로브 설치 모습

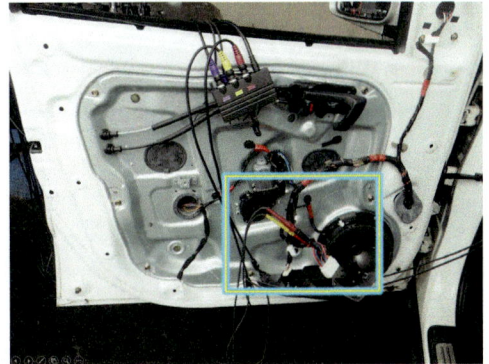

위 그림은 "채널 1번과 2번" 전원 프로브를 "닫힘 및 열림" 단자에 설치한 모습이다.

10 좌측 윈도우 메인 스위치의 도어 록 스위치

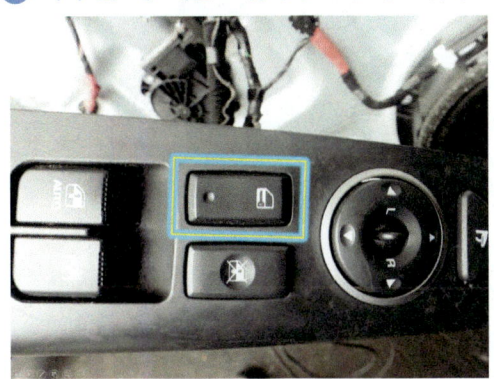

⑪ 파형분석_1

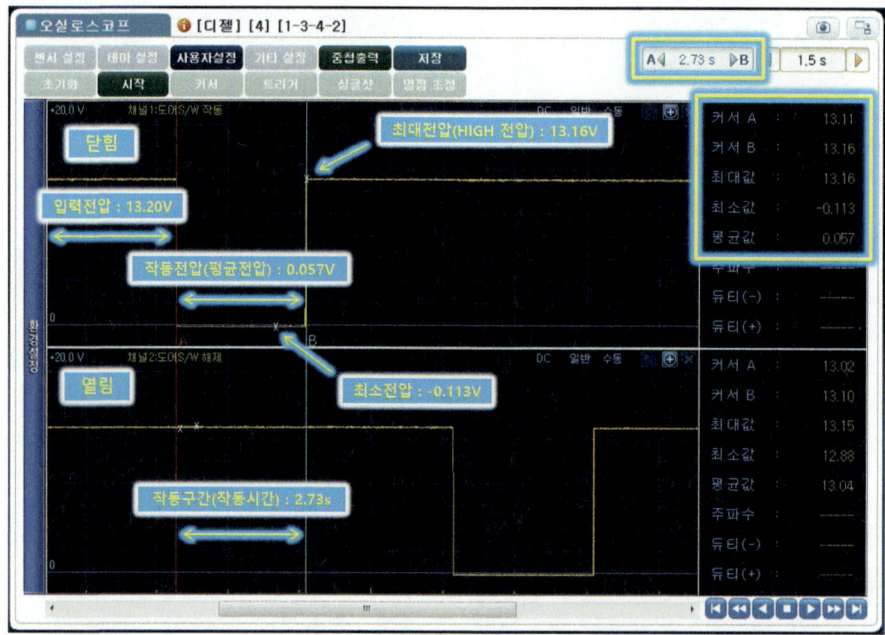

위 그림은 도어 닫힘과 열림 구간에서의 출력 파형이며 "커서 A"를 닫힘 시작 지점에 위치하고 "커서 B"는 닫힘 종료 부분에 위치시킨 다음 입력전압 13.20V, 작동전압(평균전압) 0.057V, 최소전압 -0.113V, 최대 전압 13.16V, 투 커서 간 시간차(작동시간) 2.73s로 표기한 화면이다.

⑫ 파형분석_2

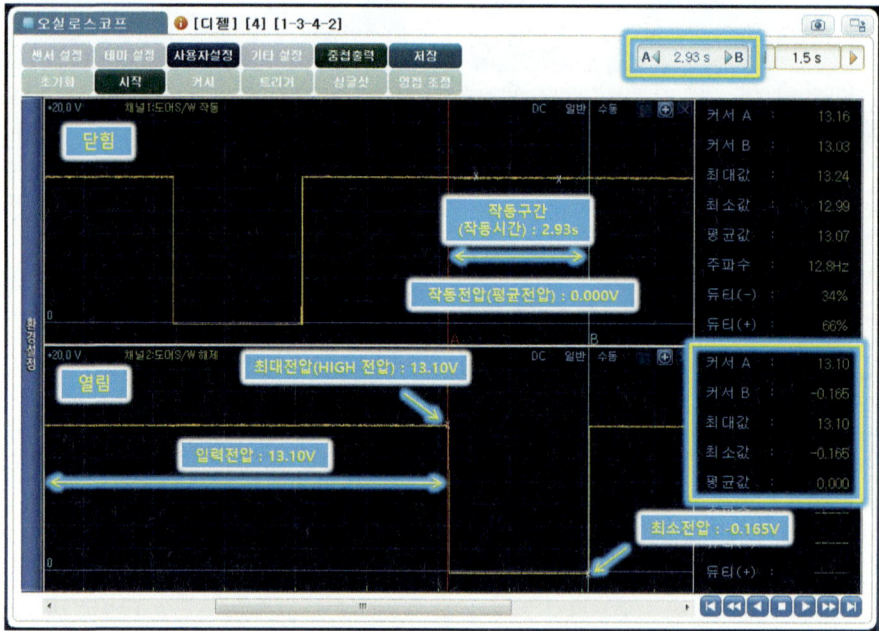

위 그림은 도어 닫힘과 열림 구간에서의 출력 파형이며 "커서 A"를 열림 시작 지점에 위치하고 "커서 B"는 열림 종료 부분에 위치시킨 다음 입력전압 13.10V, 작동전압(평균전압) 0.000V, 최소전압 -0.165V, 최대 전압 13.10V, 투 커서 간 시간차(작동시간) 2.93s로 표기한 화면이다.

⑬ 파형분석_3

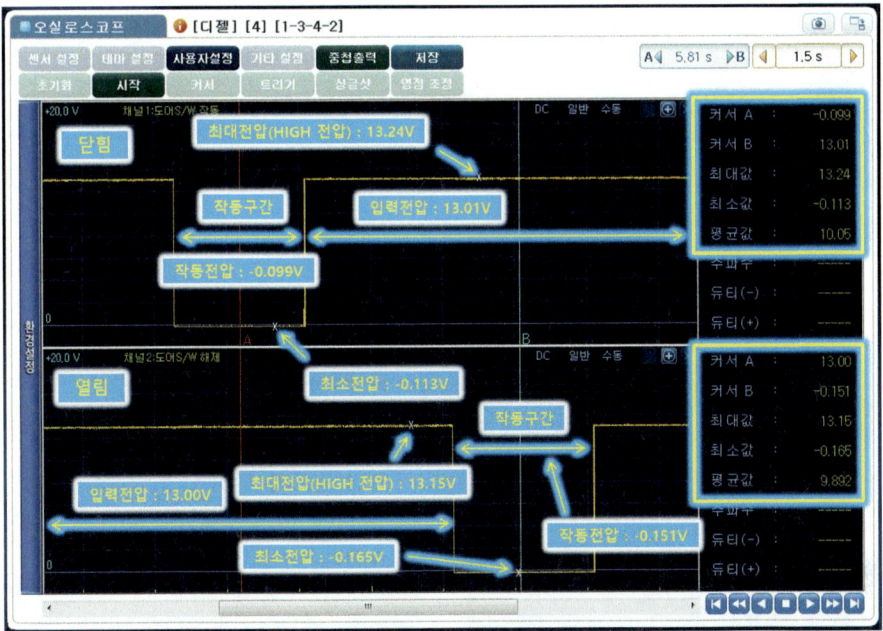

위 그림은 도어 닫힘과 열림 구간에서의 출력 파형이며 "커서 A"를 닫힘 작동 구간 내 중앙에 위치하고 "커서 B"는 열림 작동 구간 내 중앙에 위치시킨 다음 "닫힘"에 대한 작동전압(커서 A)은 -0.099V, "열림"에 대한 작동전압(커서 B)은 -0.151V로 표기한 화면이다.

⑭ 출력 파형 출력물_파형 출력 및 분석내용표기

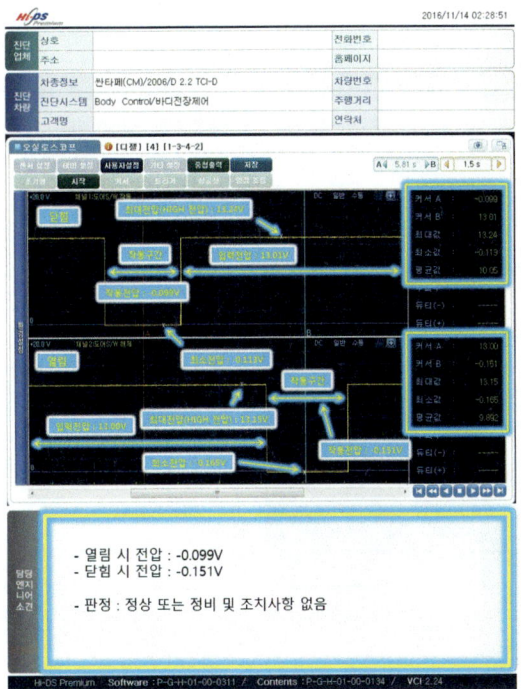

⑮ 답안 작성_측정 및 분석 내용 답안 작성하기

[참고] 도어 S/W 작동 시 "커서 A"는 닫힘 시 전압, "커서 B"는 열림 시 전압으로 기재한다.

■ 점검 및 측정

항 목	측정(또는 점검)		판정 및 정비(또는 조치) 사항		득 점
	측정값		판정(□에 '✔' 표)	정비 및 조치 사항	
도어 스위치 신호 전압	열림 시: −0.099V		☑ 양 호	정상 또는 정비 및 조치 사항 없음	
	닫힘 시: −0.151V		□ 불 량		
도어 록 액추에이터 작동 시	전압:		□ 양 호		
	전류:		□ 불 량		

---

03 점검 및 측정_도어 록 액추에이터 작동 시 전압, 전류

① 오실로스코프 선택

위 그림과 같이 "차종 선택 및 시스템"을 선택한 다음 "오실로스코프"를 클릭한다.

② 사용자 설정 입력

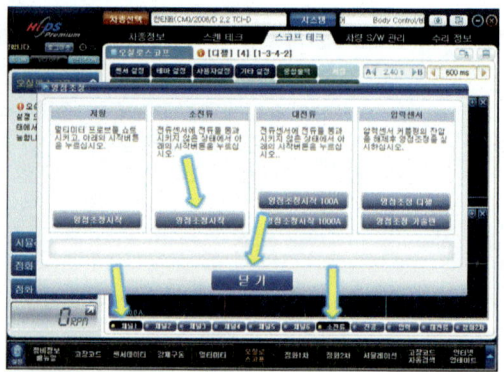

위 그림과 같이 "채널 1번"과 "소 전류" 선택한 다음 영점 조정을 실시한 후 "닫기"를 클릭한다.

③ D02(좌측), D22(우측) 앞 도어 록 액추에이터

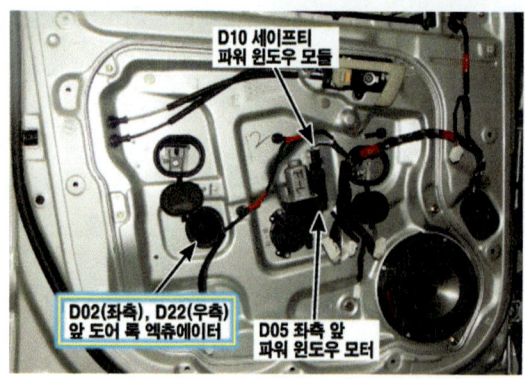

04 파워 도어 록 회로(2)_좌측 앞 도어 록 액추에이터

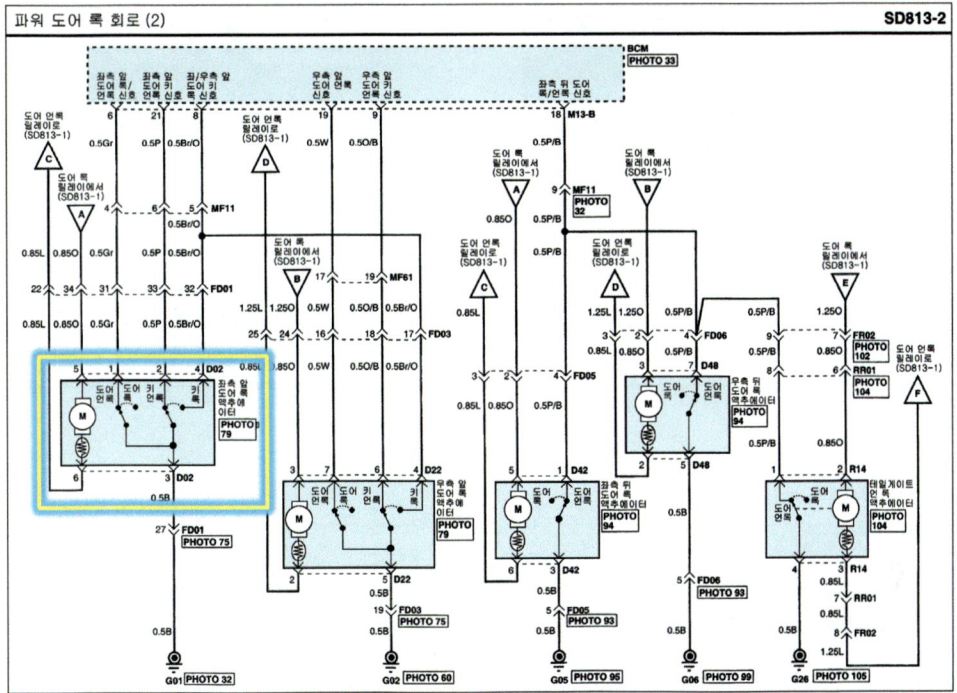

05 좌측 앞 도어 록 액추에이터 회로

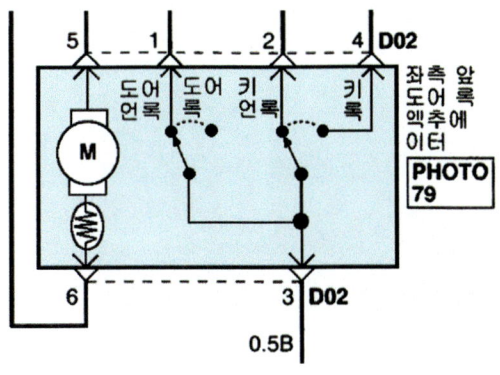

06 좌측 앞 도어 록 액추에이터 커넥터

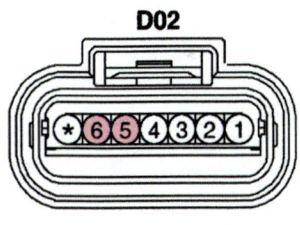

D02

위 그림은 "좌측 앞 도어 록 액추에이터" 커넥터 단자(5, 6번 단자 "모터")이다.

07 채널 1번과 소 전류계 설치

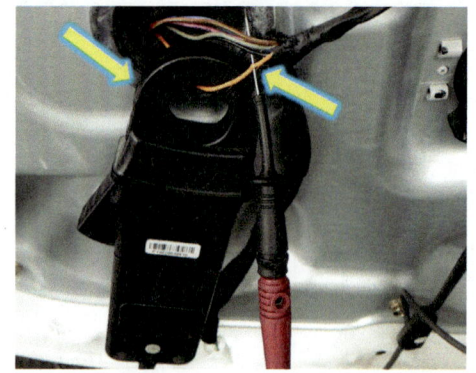

위 그림과 같이 "채널 1번과 소 전류계"를 "모터배선"에 설치한다.

08 도어 록 스위치

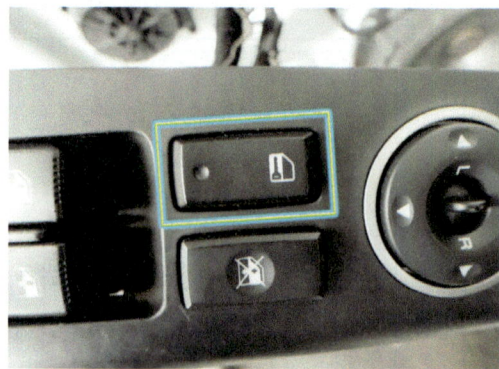

위 그림과 같이 도어 록 스위치를 "작동(록, 언록)"한다.

09 파형 측정_액추에이터 작동 시

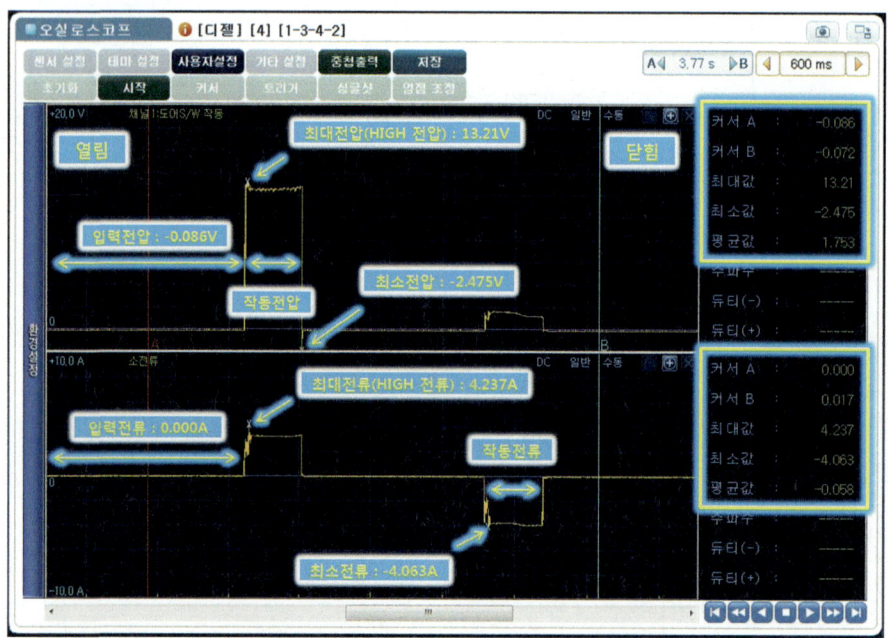

위 그림은 도어 록 액추에이터 작동 시 파형이며 "커서 A"를 파형 시작 임위 지점에 위치하고 "커서 B"는 액추에이터 작동 파형 감지 후 임의 부분에 위치시킨 다음 "도어 S/W" 작동 시 커서 A 전압(입력전압), 커서 B 전압, 최대 전압, 최소전압을 표기하였으며, 또한 "소 전류"에 대한 입력전류, 최대 전류, 최소 전류를 표기한 화면이다.

⑩ 파형분석_열림 신호에 따른 액추에이터 작동 시

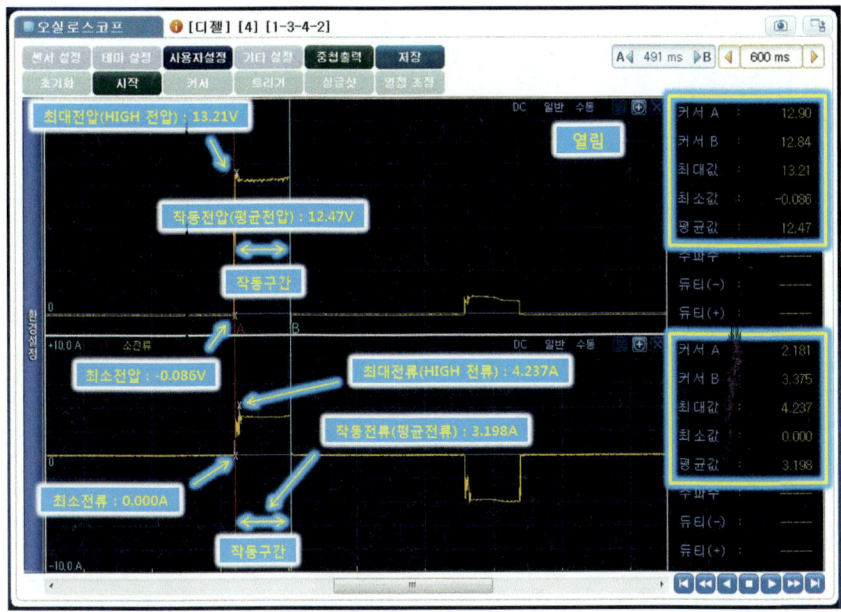

위 그림은 도어 록 액추에이터 "작동 시" 파형이며 "커서 A"를 열림 신호 시작 지점에 위치하고 "커서 B"는 열림 신호 종료 부분에 위치시킨 다음 최대 전압 13.21V, 작동전압(평균전압) 12.47V, 투 커서 간 시간차 491ms, 최소전압 -0.086V로 표기하였으며, "소 전류"는 최대 전류 4.237A, 최소 전류 0.000A, 작동전류(평균 전류) 3.198A로 표기한 화면이다.

⑪ 파형분석_닫힘 신호에 따른 액추에이터 작동 시

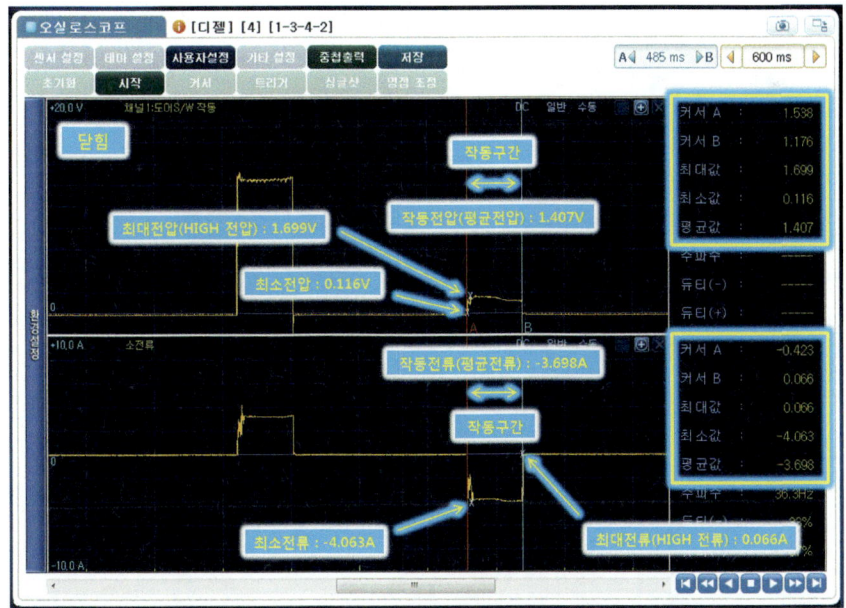

위 그림은 도어 록 액추에이터 "작동 시" 파형이며 "커서 A"를 닫힘 신호 시작 지점에 위치하고 "커서 B"는 닫힘 신호 종료 부분에 위치시킨 다음 최대 전압 1.699V, 작동전압(평균전압) 1.407V, 투 커서 간 시간차 485ms, 최소전압 0.116V로 표기하였으며, "소 전류"는 최대 전류 0.066A, 최소 전류 -4.063A, 작동전류(평균 전류) -3.698A로 표기한 화면이다.

⑫ **파형분석_열림/닫힘 신호에 따른 액추에이터 작동 시**

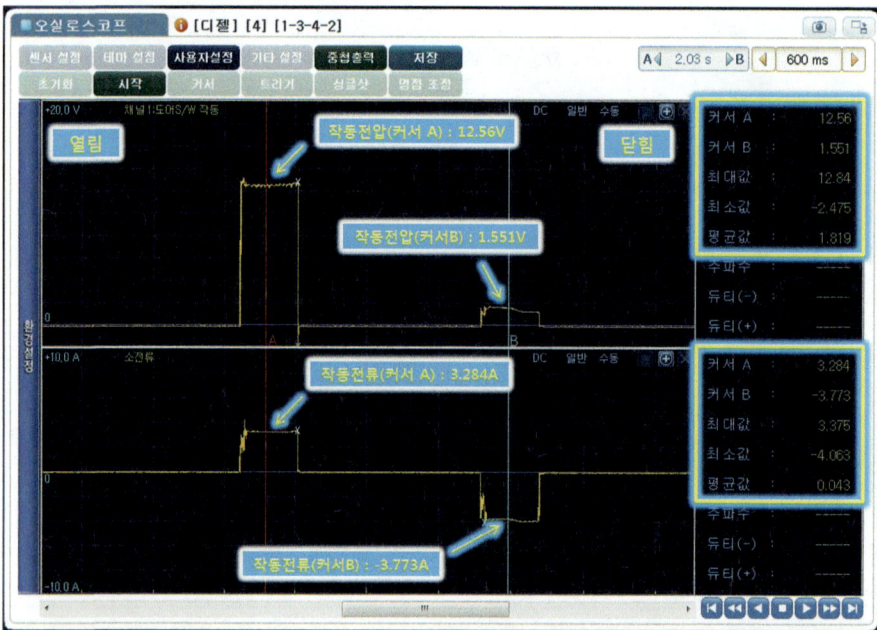

위 그림은 도어 록 액추에이터 "작동 시" 파형이며 "커서 A"를 열림 신호 작동 구간 내 중앙에 위치하고 "커서 B"는 닫힘 신호 작동 구간 내 중앙에 위치시킨 다음 "열림 시" 작동전압(커서 A) 12.56V, 작동전류 (커서 A) 3.284A, "닫힘 시" 작동전압(커서 B) 1.551V, 작동전류(커서 B) −3.773A로 표기한 화면이다.

⑬ **출력 파형 출력물_파형 출력 및 분석내용표기**

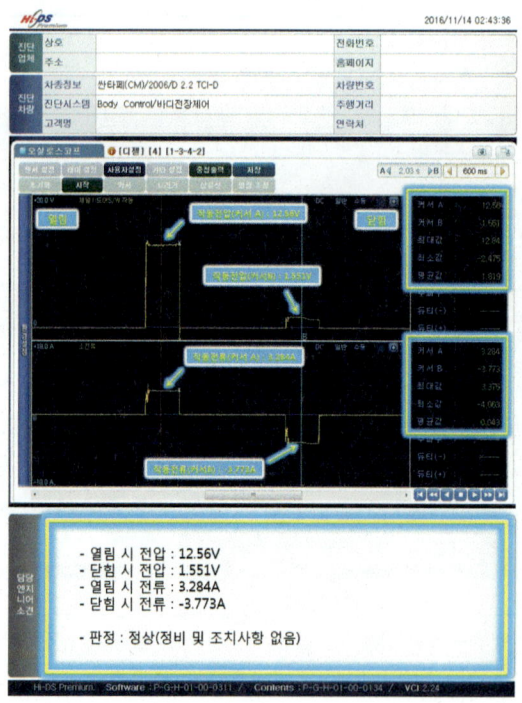

⑭ 답안 작성_**도어 록 액추에이터 "열림" 작동 시**

■ 점검 및 측정

항 목	측정(또는 점검)	판정 및 정비(또는 조치) 사항		득 점
	측정값	판정(□에 '✔' 표)	정비 및 조치 사항	
도어 스위치 신호 전압	열림 시: −0.099V	☑ 양 호 □ 불 량	정상 또는 정비 및 조치 사항 없음	
	닫힘 시: −0.151V			
도어 록 액추에이터 작동 시	전압: 12.56V	☑ 양 호 □ 불 량		
	전류: 3.284A			

⑮ 답안 작성_**도어 록 액추에이터 "닫힘" 작동 시**

■ 점검 및 측정

항 목	측정(또는 점검)	판정 및 정비(또는 조치) 사항		득 점
	측정값	판정(□에 '✔' 표)	정비 및 조치 사항	
도어 스위치 신호 전압	열림 시: −0.099V	☑ 양 호 □ 불 량	정상 또는 정비 및 조치 사항 없음	
	닫힘 시: −0.151V			
도어 록 액추에이터 작동 시	전압: 1.151V	☑ 양 호 □ 불 량		
	전류: −3.773A			

C
안

자동차정비 기능장

D안

국가기술자격검정 실기시험문제

1. 기 관

1) 주어진 전자제어 엔진에서 감독위원의 지시에 따라 배기캠축을 탈거하여 오토래쉬(HLA)를 교환하고 감독위원에게 확인 후, 다시 조립(부착)하여 엔진 및 시동 관련회로를 점검한 후 시동작업과 기록표의 요구사항을 점검 및 측정하고 기록표에 기록하시오.
   (단, 시동되지 않는 경우 "2" 과제는 작업할 수 없다)
2) 주어진 엔진에서 감독위원의 지시에 따라 기록표 요구사항을 점검 및 측정하여 기록하시오.
3) 주어진 자동차에서 크랭킹은 가능하나 시동되지 않고, 시동된 후에도 부조가 발생합니다. 고장원인을 찾아 수리후 기록표에 기록하시오.

2. 섀 시

1) 주어진 자동차에서 감독위원의 지시에 따라 전륜 현가장치의 로어암을 탈거하고 감독위원에게 확인 후, 다시 조립(부착)하여 조향장치 작동상태를 점검한 후 기록표의 요구사항을 점검 및 측정하여 기록하시오.
2) 주어진 자동차에서 감독위원의 지시에 따라 유압식 동력 조향장치 오일펌프를 탈거하고 감독위원에게 확인 후, 다시 조립(부착)하여 공기빼기 작업을 실시하고, 조향장치 작동상태를 확인하고, 기록표의 요구사항을 점검 및 측정하여 기록하시오.

3. 전 기

1) 감독위원의 지시에 따라 자동차에서 와이퍼모터를 탈거하고 감독위원에게 확인 후, 다시 조립(부착)하여 작동상태를 확인하고, 기록표의 요구사항을 점검 및 측정하고 기록표에 기록하시오.
2) 주어진 자동차에서 정비지침서의 회로도를 이용하여 기록표에서 요구하는 회로를 점검하고, 이상내용을 기록표에 기록한 후 정비하시오
3) 주어진 자동차에서 감독위원 지시에 따라 기록표의 요구사항을 점검 및 측정하여 기록하시오.

국가기술자격검정실기시험문제 D안

자 격 종 목	자동차정비 기능장	작 품 명	자동차 정비 작업

- 비 번호
- 시험시간 : 6시간 30분(기관 : 140분, 섀시 : 130분, 전기 : 120분)
  ※ 시험 안 및 요구사항 일부내용이 변경될 수 있음

정비기능장

D 엔 진

배기 캠축과 오토래쉬(HLA) 탈·부착

주어진 전자제어 엔진에서 감독위원의 지시에 따라 배기캠축과 오토래쉬(HLA) 탈거하고 감독위원에게 확인 후 다시 조립(부착)하시오.

부품 분해 조립 시 주의사항

① 분해·조립 작업은 반드시 대상 부품의 정면에서 한다.
② 분해한 부품에서 볼트 및 너트를 빼내지 말고 되도록 끼워진 상태로 부품을 탈거한다.
③ 분해하기 위해 볼트 및 너트를 풀 때는 바깥쪽에서 중앙을 향하며, 조일 때는 중앙에서 바깥쪽을 향하도록 하고, 특히 실린더 헤드 볼트의 경우는 풀고, 조이는 순서에 주의하여야 변형을 방지할 수 있다.
④ 분해한 부품의 접촉면이 바닥에 직접 닿지 않도록 주의한다.
⑤ 부품은 분해한 순서로 정리 정돈한 후 분해의 역순으로 조립한다.
⑥ 조립이 복잡한 부품은 표기를 한 후 분해한다.
⑦ 볼트 및 너트는 반드시 토크 렌치를 이용하여 규정 토크로 조이되 하나의 부품에 갯수가 여러 개일 경우 2~3회 정도 나누어 조인다.
⑧ 개스킷 및 오링은 반드시 신품으로 교환한다.
⑨ 부품 대를 사용하며 조립을 위하여 아래 칸부터 채워서 위로 올라오도록 정리한다.

정비기능장

D 엔 진

1)_1 배기 캠축과 오토래쉬(HLA) 탈·부착

주어진 전자제어 기관에서 감독위원의 지시에 따라 배기 캠축을 탈거하여 오토래쉬(HLA)를 교환하고 감독위원에게 확인 후 다시 조립(부착)하시오. [C안 참고]

정비기능장

D 엔 진

1)_2 엔진 및 시동 관련 회로 점검 후 시동 작업

엔진 및 시동 관련 회로를 점검한 후 시동 작업과 기록표의 요구사항을 점검 및 측정하고 기록표에 기록하시오. [단, 시동되지 않는 경우 "2)"는 작업할 수 없음]
[A안 참고]

정비기능장

D 엔 진

1)_3 캠 높이와 양정 및 오일 컨트롤 밸브(OCV) 저항 측정

기록표의 요구사항을 점검 및 측정하고 기록표에 기록하시오. (단, 시동되지 않는 경우 "2)"는 작업할 수 없음) [A안 참고]

정비기능장

D 엔 진

2)_1 기록표 요구사항_점화 파형

주어진 엔진에서 감독위원의 지시에 따라 기록표 요구사항을 점검 및 측정하여 기록하시오.

D 안

---

01 점화 파형 측정

01 측정 항목 선택화면

위 그림과 같이 "차종 선택" 및 "시스템"을 선택한 다음 화살표가 가리키는 "오실로스코프"를 클릭한다.

02 점화장치 부품 명칭

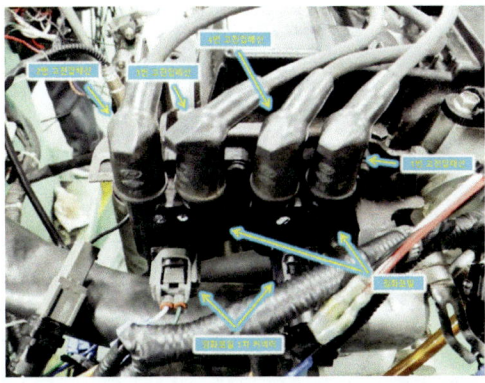

위 그림은 점화 관련 부품으로 2번, 3번, 4번, 1번 고전압 배선 및 점화코일, 점화코일 1차 커넥터의 모습이다.

03 트리거 픽업 센서 설치

위 그림과 같이 1번 고전압 배선에 "트리거 픽업 센서"를 설치한다.

04 채널 1번 (+)프로브 설치(DLI 경우) 방법

위 그림과 같이 "채널 1번" 전원 프로브를 "1~4번" 점화코일 "1차 (−)단자"에 설치한다.

05 채널 1번 전원 프로브 설치(DIS 경우) 방법

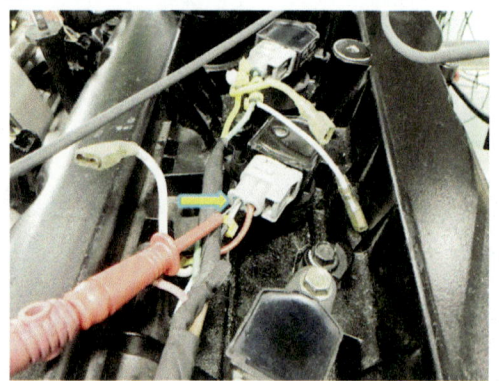

위 그림과 같이 "채널 1번" 전원 프로브를 "점화코일 1차 (−)단자"에 설치한다.

06 채널 1번 접지 프로브 설치(DIS 경우) 방법

위 그림과 "채널 1번" 접지 프로브는 "접지"한다.

07 채널 1번 프로브 설치(DIS 경우) 방법

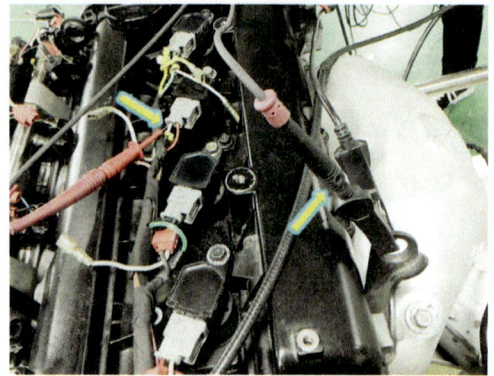

위 그림과 같이 "채널 1번" 전원 프로브를 점화코일 "1차 (−)단자"에 설치하고 접지 프로브는 "접지"한 모습이다.

08 2차 파형 프로브 설치(DLI 경우) 방법

위 그림과 같이 2차 점화 파형 프로브의 "흑색(역극성) 프로브"를 1번 고전압 배선에 설치하고 4번 고전압 배선에 "적색(정극성) 프로브"를 설치한다. [참고: 파형 측정 시 파형의 서지전압이 반대로 나오면 두 개의 프로브 위치를 바꾼다.]

334

09 공전 시 점화 1차 파형_**전체구간 표시**

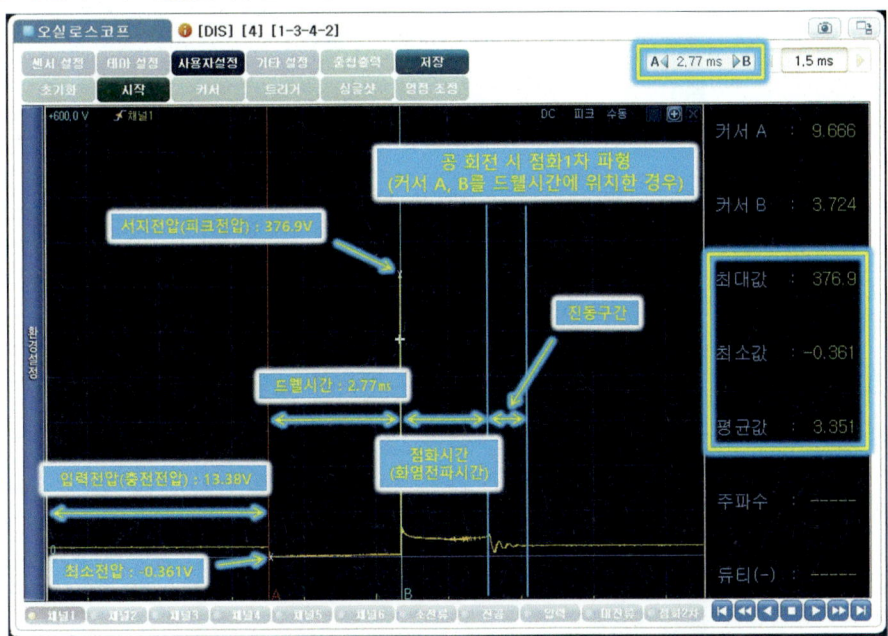

위 그림은 정상적인 엔진 공회전 시 "점화 1차" 출력 파형이며 "커서 A"를 드웰 시작 지점에 위치하고 "커서 B"는 드웰 종료 부분에 위치시킨 다음 입력전압(충전 전압), 서지전압, 드웰시간, 점화 시간(화염전파 구간), 진동 구간을 표기한 화면이다.

10 공전 시 점화 1차 파형_**드웰(캠각) 시간**

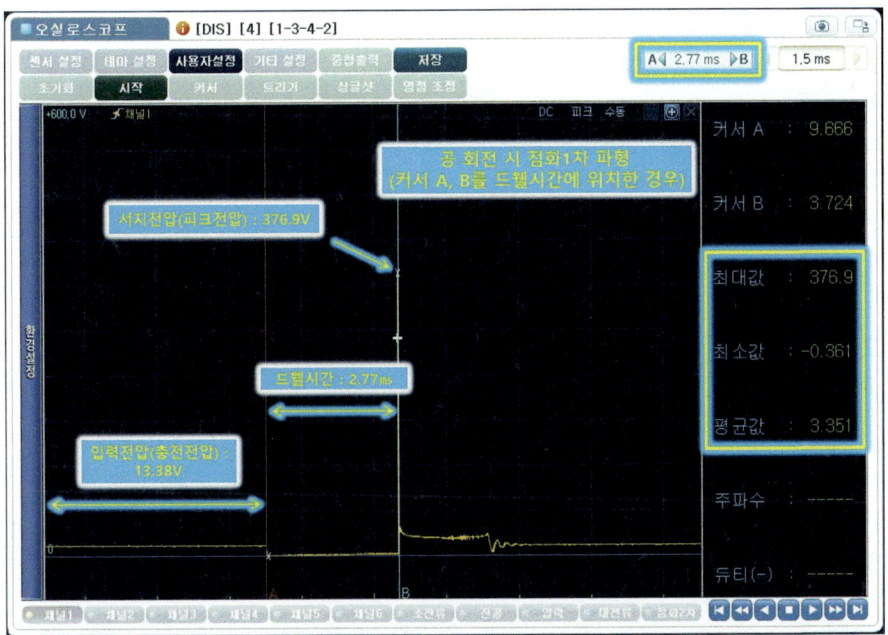

위 그림은 정상적인 엔진 공회전 시 "점화 1차" 출력 파형이며 "커서 A"를 드웰 시작 지점에 위치하고 "커서 B"는 드웰 종료 부분에 위치시킨 다음 입력전압 13.38V, 서지전압 376.9V, 드웰 시간 2.77ms로 표기한 화면이다.

⑪ **출력 파형 출력물**_파형 출력 및 분석내용표기

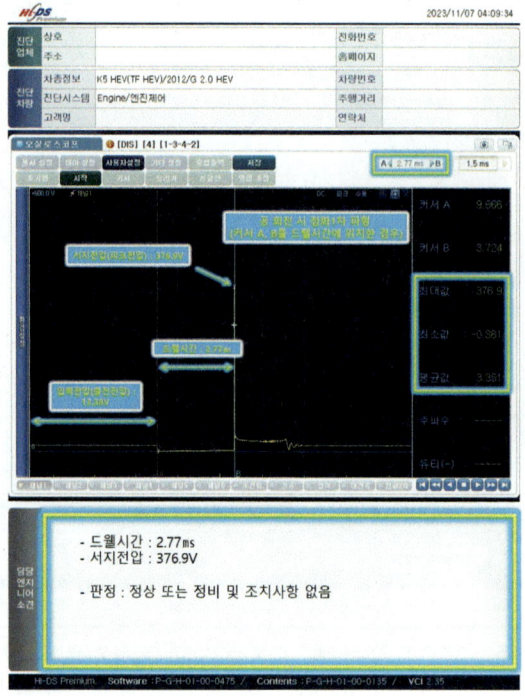

- 드웰시간 : 2.77ms
- 서지전압 : 376.9V

- 판정 : 정상 또는 정비 및 조치사항 없음

⑫ **답안 작성**_파형 출력 및 분석 내용 답안 작성

◆ 기관 2. 기록표

1) 파형   자동차 번호 :

비 번호		감독확인	

항 목	파형 분석 및 판정			득 점
	분석항목	분석 내용	판정(□에 '✔' 표)	
점화파형 측정	화염전파시간: 서지전압: 376.9V 드웰시간: 2.77ms	분석 내용은 출력물에 표시하시오.	☑ 양 호 □ 불 량	

※ 주의 사항 : 점화 파형 1, 2차 중 감독위원은 1가지를 택하여 측정하게 합니다.
　　　　　　　분석 항목 및 내용을 출력물에 표기하여 관련 사항은 감독위원의 지시에 따릅니다.

⑬ 공전 시 점화 1차 파형_점화 시간(구간)

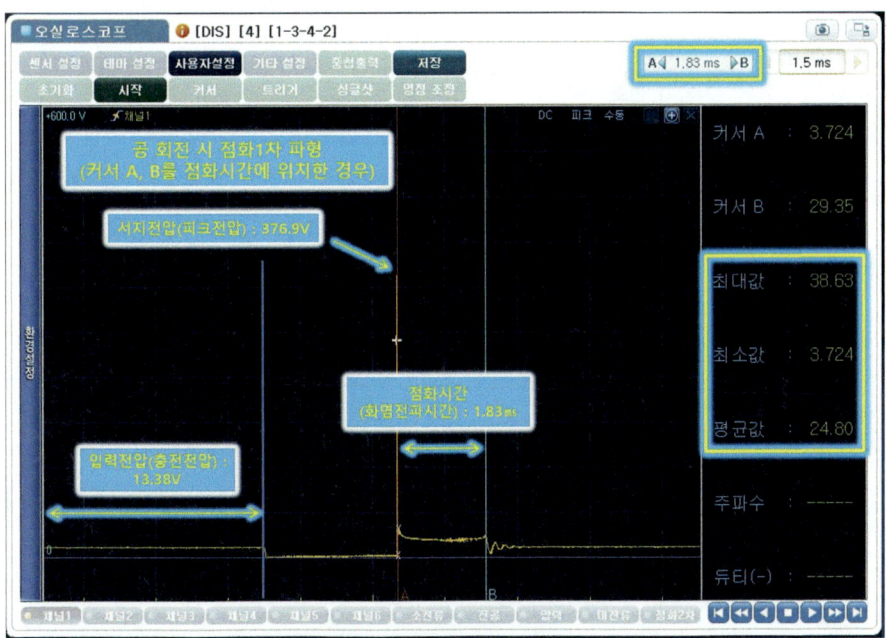

위 그림은 정상적인 엔진 공회전 시 "점화 1차" 출력 파형이며 "커서 A"를 점화 시작 지점에 위치하고 "커서 B"는 점화 종료 부분에 위치시킨 다음 입력전압 13.38V, 서지전압 376.9V, 점화(화염전파) 시간 1.83ms로 표기한 화면이다.

⑭ 출력 파형 출력물_파형 출력 및 분석내용표기

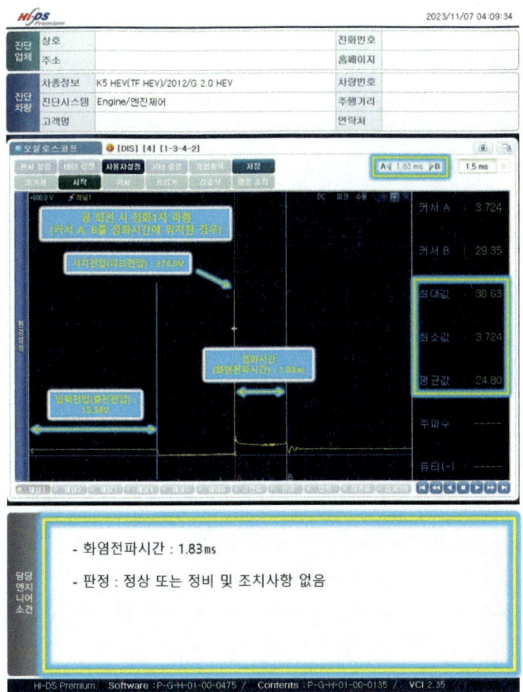

⑮ 답안 작성_파형 출력 및 분석 내용 답안 작성

◈ 기관 2. 기록표
1) 파형   자동차 번호 :

비 번호		감독확인	

항 목	파형 분석 및 판정			득 점
	분석항목	분석 내용	판정(□에 '✔' 표)	
점화파형 측정	화염전파시간: 1.83ms	분석 내용은 출력물에 표시하시오.	☑ 양 호 □ 불 량	
	서지전압: 376.9V			
	드웰시간: 2.77ms			

※ 주의 사항 : 점화 파형 1, 2차 중 감독위원은 1가지를 택하여 측정하게 합니다.
　　　　　　　분석 항목 및 내용을 출력물에 표기하여 관련 사항은 감독위원의 지시에 따릅니다.

⑯ 공전 시 점화 1차 파형_진동 시간(구간)

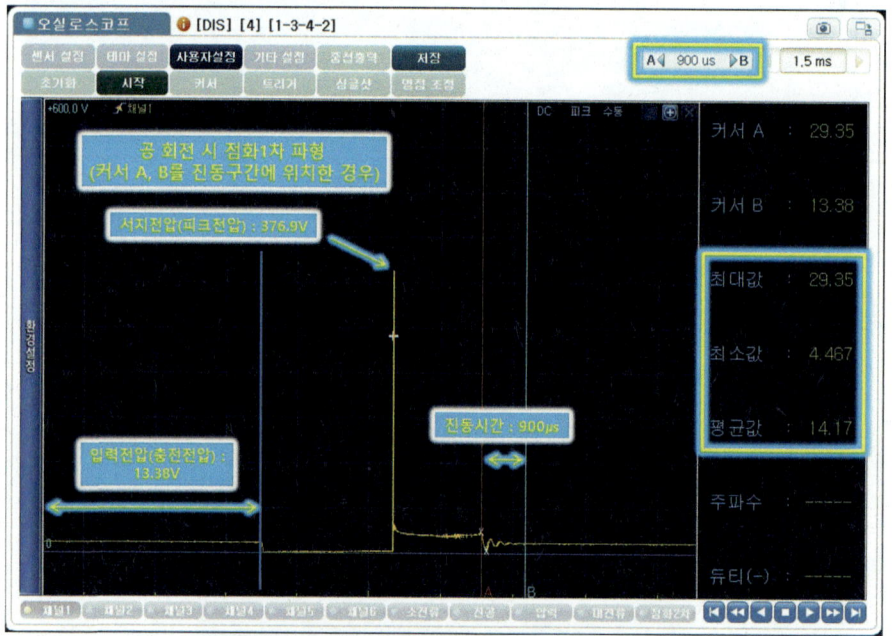

위 그림은 정상적인 엔진 공회전 시 "점화 1차" 출력 파형이며 "커서 A"를 진동 시작 지점에 위치하고 "커서 B"는 진동 종료 부분에 위치시킨 다음 입력전압 13.38V, 서지전압 376.9V, 진동(감쇄) 시간 900μs 로 표기한 화면이다.

⑰ 공전 시 점화 2차 파형_전체구간 표시

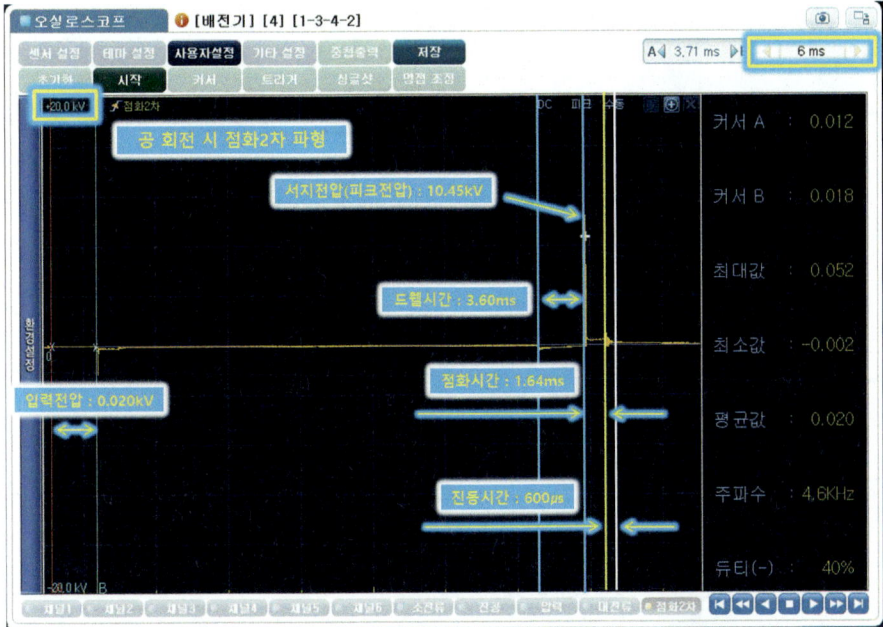

위 그림은 정상적인 엔진 공회전 시 "점화 2차" 출력 파형이며 커서 A, B를 입력전압에서부터 파형이 끝나는 부분에 위치시킨 다음 입력전압, 서지전압, 드웰 시간(구간), 점화 시간(구간), 진동 구간을 표기한 화면이다.

⑱ 공전 시 점화 2차 파형_드웰 시간(구간)

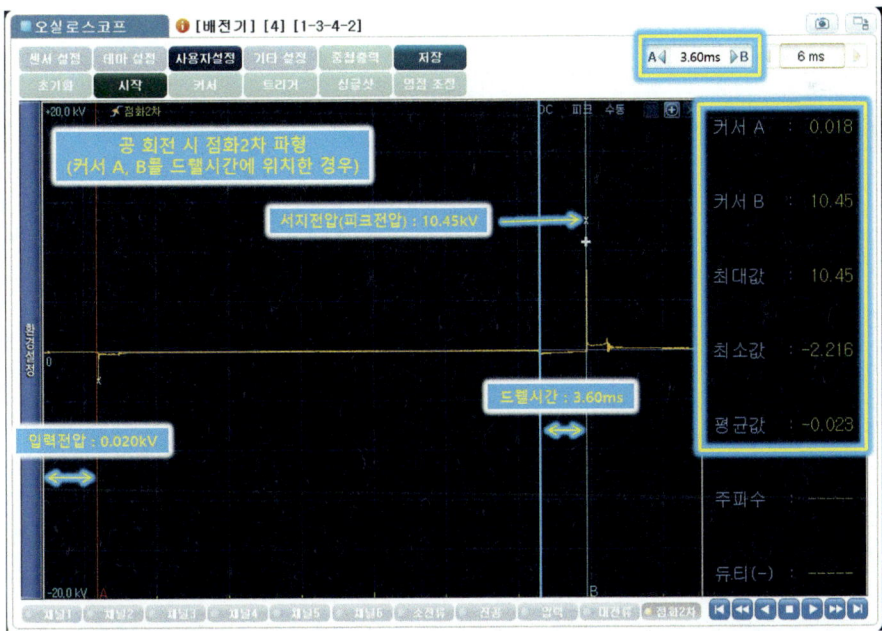

위 그림은 정상적인 엔진 공회전 시 "점화 2차" 출력 파형이며 "커서 A"를 드웰 시작 지점에 위치하고 "커서 B"는 드웰 종료 부분에 위치시킨 다음 입력전압 0.020kV, 서지전압 10.45kV, 드웰 시간 3.60㎳로 표기한 화면이다.

⑲ 출력 파형 출력물_파형 출력 및 분석내용표기

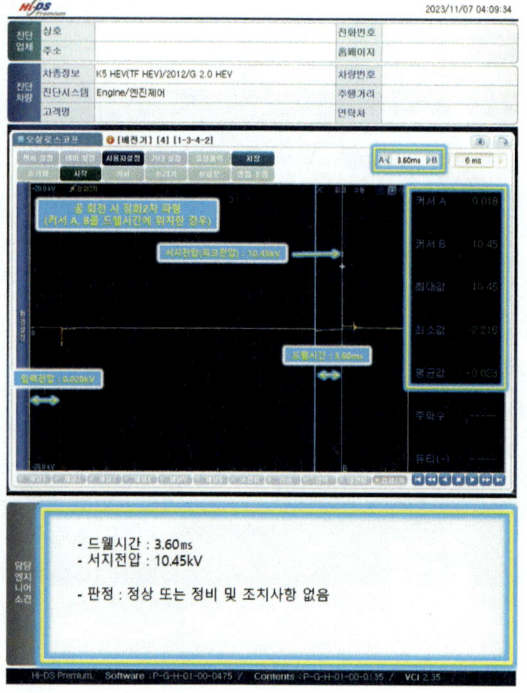

- 드웰시간 : 3.60ms
- 서지전압 : 10.45kV

- 판정 : 정상 또는 정비 및 조치사항 없음

⑳ 답안 작성_파형 출력 및 분석 내용 답안 작성

◈ 기관 2. 기록표
1) 파형   자동차 번호 :

| 비 번호 | | 감독확인 | |

항 목	파형 분석 및 판정			득 점
	분석항목	분석 내용	판정(□에 '✔'표)	
점화파형 측정	화염전파시간:	분석 내용은 출력물에 표시하시오.	☑ 양 호 □ 불 량	
	서지전압: 10.45kV			
	드웰시간: 3.60ms			

※ 주의 사항 : 점화 파형 1, 2차 중 감독위원은 1가지를 택하여 측정하게 합니다.
　　　　　　　분석 항목 및 내용을 출력물에 표기하여 관련 사항은 감독위원의 지시에 따릅니다.

㉑ 공전 시 점화 2차 파형_**점화 시간(구간)**

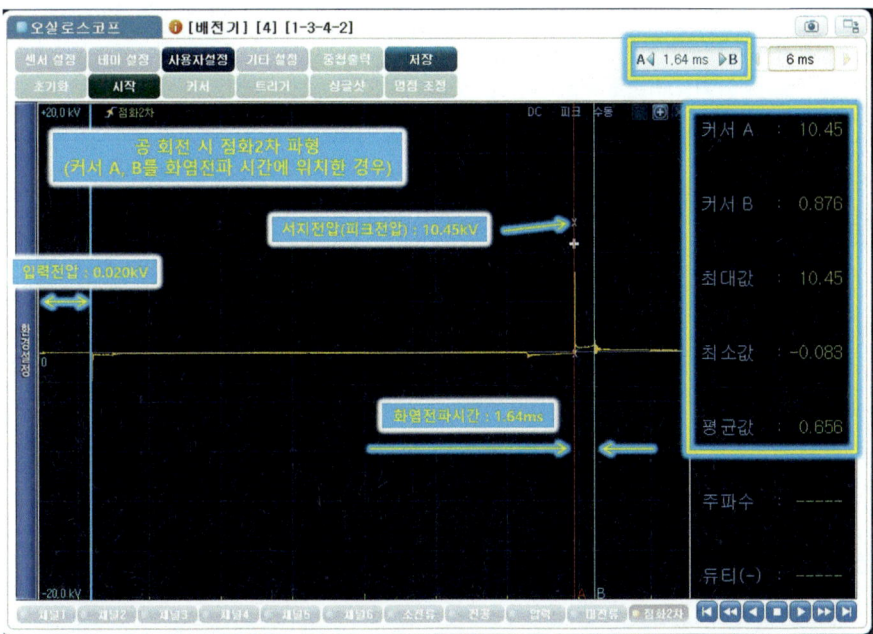

위 그림은 정상적인 엔진 공회전 시 "점화 2차" 출력 파형이며 "커서 A"를 점화 시작 지점에 위치하고
"커서 B"는 점화 종료 부분에 위치시킨 다음 입력전압 0.020㎸, 서지전압 10.45㎸, 점화(화염전파) 시간
1.64㎳로 표기한 화면이다.

㉒ 출력 파형 출력물_**파형 출력 및 분석내용표기**

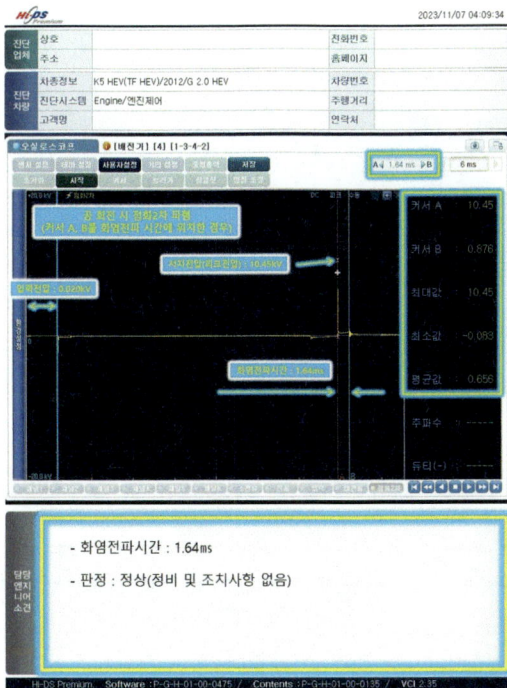

㉓ 답안 작성_파형 출력 및 분석내용 표기

◈ 기관 2. 기록표
   1) 파형   자동차 번호 :

비 번호		감독확인	

항 목	파형 분석 및 판정			득 점
	분석항목	분석 내용	판정(□에 '✔'표)	
점화파형 측정	화염전파시간: 1.64ms 서지전압: 10.45kV 드웰시간: 3.60ms	분석 내용은 출력물에 표시하시오.	☑ 양 호 □ 불 량	

※ 주의 사항 : 점화 파형 1, 2차 중 감독위원은 1가지를 택하여 측정하게 합니다.
         분석 항목 및 내용을 출력물에 표기하여 관련 사항은 감독위원의 지시에 따름

㉔ 공전 시 점화 1차 파형_진동 시간(구간)

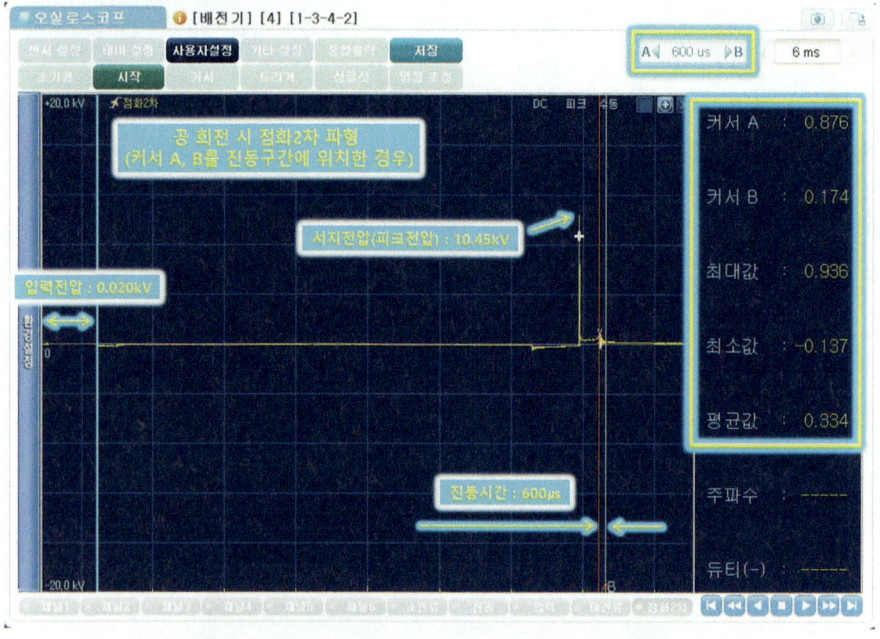

위 그림은 정상적인 엔진 공회전 시 "점화 2차" 출력 파형이며 "커서 A"를 진동 시작 지점에 위치하고
"커서 B"는 진동 종료 부분에 위치시킨 다음 입력전압 0.020kV, 서지전압 10.45kV, 진동(감쇄) 시간
600μs로 표기한 화면이다.

정비기능장

D

엔 진

2)_2 기록표 요구사항_공기유량센서 및 센 출력전압(급가속 시)

주어진 엔진에서 감독위원의 지시에 따라 기록표 요구사항을 점검 및 측정하여 기록하
시오. [A안 참고]

정비기능장

D | 엔진

3)_1 시동결함_크랭킹은 가능하나 시동되지 않음

주어진 엔진에서 크랭킹은 가능하나 시동되지 않고, 시동된 후에도 부조가 발생합니다. 고장원인을 찾아 수리 후 기록표에 기록하시오. [A안 참고]

정비기능장

D | 엔진

3)_2 부조 발생 원인

주어진 자동차에서 크랭킹은 가능하나 시동되지 않고 시동된 후에도 부조가 발생합니다. 고장 부위를 수리하고 기록표를 작성하시오. [A안 참고]

정비기능장

D | 섀시

1) 전륜 현가장치 로어암 탈·부착 및 작동상태 확인

주어진 자동차에서 감독위원의 지시에 따라 전륜 현가장치의 로어암을 탈거하고 감독위원에게 확인 후, 다시 조립(부착)하여 조향장치 작동상태를 점검한 후 기록표의 요구사항을 점검 및 측정하여 기록하시오.

01 전륜 현가장치 로어암 탈·부착 및 조향장치 작동상태 확인

01 휠 및 타이어 탈거

위 그림과 같이 "휠 너트"를 푼 다음 "휠 및 타이어"를 탈거한다.

02 언더커버 탈거

위 그림과 같이 변속기 "언더커버 고정 볼트(10㎜)"를 푼 다음 "커버"를 탈거한다.

03 주변 부품

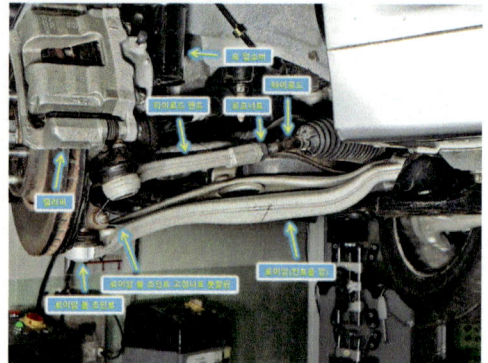

위 그림은 로어암 측면 주변 부품으로 쇽 업소버, 타이로드, 로크 너트, 타이로드 엔드, 로어암(컨트롤 암), 로어암 볼 조인트 고정너트 분할 핀, 로어암 볼 조인트, 캘리퍼이다.

04 관련 부품

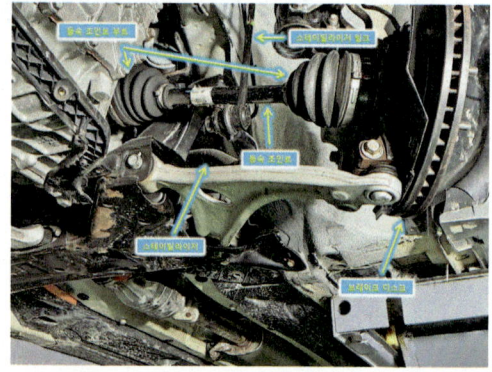

위 그림은 로어암 정면 관련 부품으로 스테이빌라이저 링크, 등속 조인트, 브레이크 디스크, 스테이빌라이저, 등속 조인트 부트이다.

05 로어암 볼 조인트 로크 너트 분할 핀 탈거

위 그림과 같이 로어암 볼 조인트 로크 너트 "분할 핀"을 탈거한다.

06 로어암 볼 조인트 로크 너트 및 고정 볼트 탈거

위 그림과 같이 로어암 볼 조인트 "고정 볼트(14㎜)"를 고정한 상태에서 "로크 너트(14㎜)"를 탈거한 다음 "고정 볼트"를 탈거한다.

07 로어암과 볼 조인트 이완

위 그림과 같이 로어암 "볼 조인트"를 분리한다.

08 로어암 프런트 고정 볼트

위 그림과 같이 "멤버 쪽 로어암" 프런트 "고정 볼트(14㎜)"를 푼다.

09 로어암 리어 로크 너트 및 고정 볼트 탈거

위 그림과 같이 "차체 쪽 로어암" 리어 고정 볼트(17㎜)를 고정한 후 "로크 너트(17㎜)"를 푼 다음 "고정 볼트"를 탈거한다.

10 로어암 탈거

위 그림과 같이 "로어암"을 탈거한다.

11 로어암

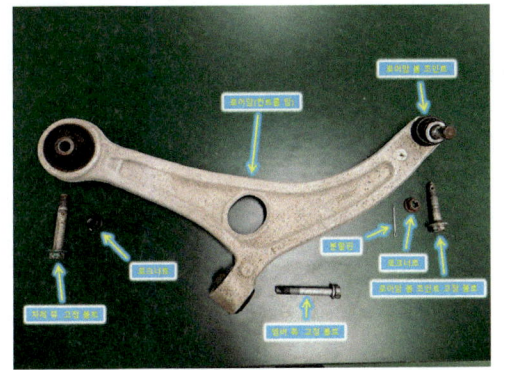

위 그림은 로어암 탈거 후 모습으로 로어암(컨트롤 암), 로어암 볼 조인트, 로어암 볼 조인트 고정 볼트, 로크 너트, 분할 핀, 멤버 쪽 프런트 고정 볼트, 차체 쪽 리어 고정 볼트, 로크 너트이다.

12 로어암 설치

위 그림과 같이 "로어암"을 "정확한 위치"에 설치한다.

13 로어암 리어 고정 볼트 및 로크 너트 장착

위 그림과 같이 로어암 "리어 고정 볼트(차체 쪽)와 로크 너트"를 장착한다.

14 로어암 프런트 고정 볼트 장착

위 그림과 같이 로어암 "프런트 고정 볼트(멤버 쪽)"를 장착한다.

345

🔵15 로어암 리어 고정 볼트 및 로크 너트 조임

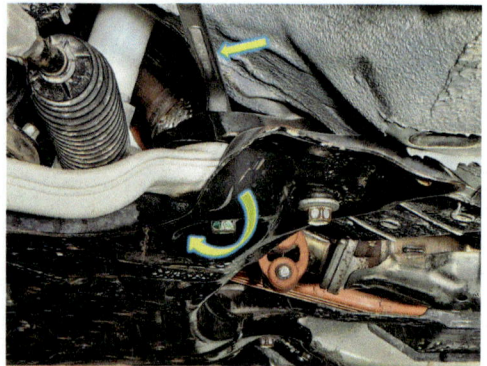

위 그림과 같이 로어암 "리어 고정 볼트(차체 쪽)"를 고정한 상태에서 "로크 너트"를 규정 토크로 조인다.

🔵16 로어암 프런트 고정 볼트 조임

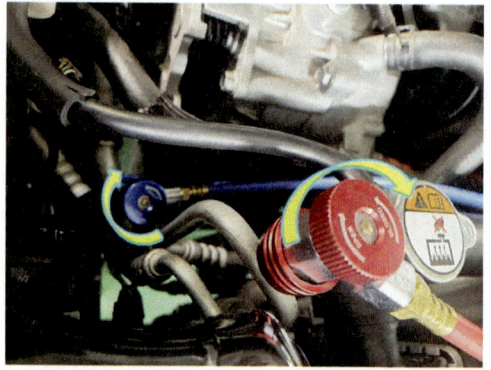

위 그림과 같이 로어암 "프런트 고정 볼트(멤버 쪽)"를 규정 토크로 조인다.

🔵17 로어암 볼 조인트 장착

위 그림과 같이 "브레이크 디스크"를 좌우로 움직이면서 "로어암 볼 조인트"를 장착한다.

🔵18 로어암 고정 볼트 및 로크 너트 장착

위 그림과 같이 로어암 볼 조인트 "고정 볼트와 로크 너트"를 장착한다.

🔵19 로어암 볼 조인트 로크 너트 조임

위 그림과 같이 로어암 볼 조인트 "고정 볼트"를 고정한 상태에서 "로크 너트"를 규정 토크로 조인다.

🔵20 로어암 볼 조인트 로크 너트 분할 핀 장착

위 그림과 같이 로어암 볼 조인트 "로크 너트 분할 핀"을 삽입한 다음 "끝단을 양쪽"으로 분할한다.

21 로어암 조립 후 모습

위 그림은 "로어암(컨트롤 암)"을 조립한 후 모습이다.

22 언더커버 조립

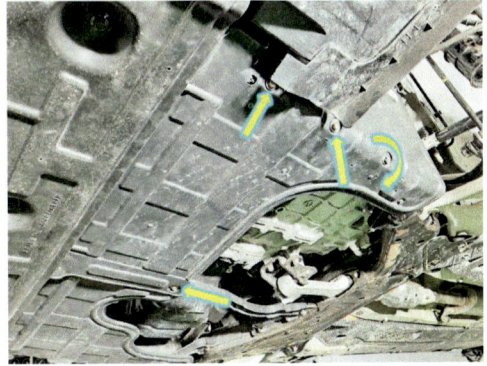

위 그림과 같이 변속기 "언더커버" 설치한 다음 고정 볼트를 규정 토크로 조인다.

23 휠 및 타이어 조립 후 조향장치 작동상태 확인

위 그림과 같이 휠 및 타이어를 설치한 후 "휠 너트"를 규정 토크로 조인 다음 핸들을 좌우로 돌리면서 "이상 소음" 발생 여부와 주행시험을 통한 원활한 "작동상태"를 확인한다.

정비기능장

D 섀시

1)_1 기록표 요구사항 점검 · 측정_파워 스티어링(오일)펌프 배출 압력 및 조향 핸들 유격

기록표 요구사항을 점검 및 측정하여 기록하시오.
[C안 참고]

정비기능장

D ▶ 섀 시

2) 유압식 동력 조향장치 오일펌프 탈 · 부착 및 공기빼기 작업 실시 후 작동상태 확인

주어진 자동차에서 감독위원의 지시에 따라 유압식 동력 조향장치 오일펌프를 탈거하고 감독위원에서 확인 후, 다시 조립(부착)하여 공기빼기 작업을 실시하고, 조향장치 작동상태를 확인하고, 기록표의 요구사항을 점검 및 측정하여 기록하시오. [C안 참고]

정비기능장

D ▶ 섀 시

2)_1 기록표 요구사항 점검 · 측정_EPS 솔레노이드 밸브(밸브 작동 시) 파형

기록표 요구사항을 점검 및 측정하여 기록하시오.

01 EPS 솔레노이드 밸브(밸브 작동 시) 전압, 전류, 듀티 파형

01 EPS 솔레노이드 밸브

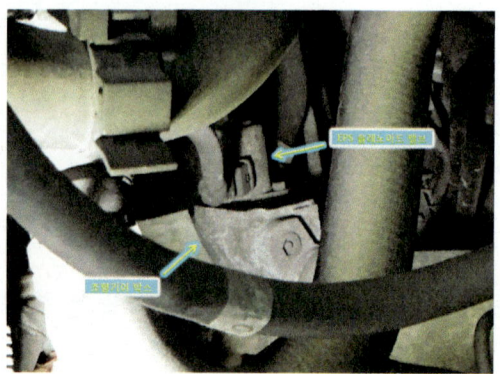

위 그림은 엔진룸 안의 EPS 솔레노이드 밸브, 조향기어 박스이다.

02 EPS 솔레노이드 밸브 커넥터 위치

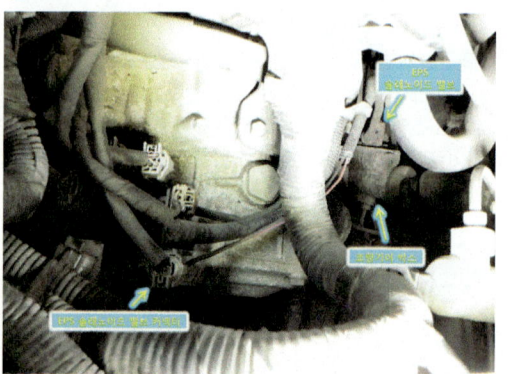

위 그림은 EPS 솔레노이드 밸브 "커넥터 위치"를 나타낸 모습이다.

03 오실로스코프 선택

위 그림과 같이 "차종선택"에서 이전 차량을 클릭한 다음 "오실로스코프"를 클릭한다.

04 채널 1번과 소 전류 선택

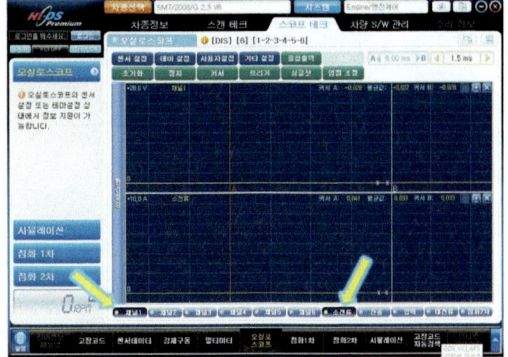

위 그림과 같이 "채널 1"과 "소 전류"를 선택한다.

05 사용자 설정

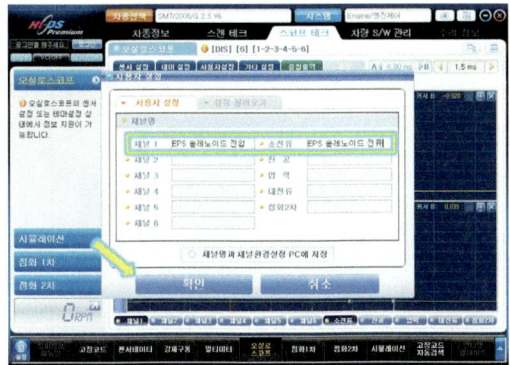

위 그림과 같이 "채널 1번"에 EPS 솔레노이드 전압과 "소 전류"에 EPS 솔레노이드 전류를 입력한 다음 "확인"을 클릭한다.

06 측정 대기 화면

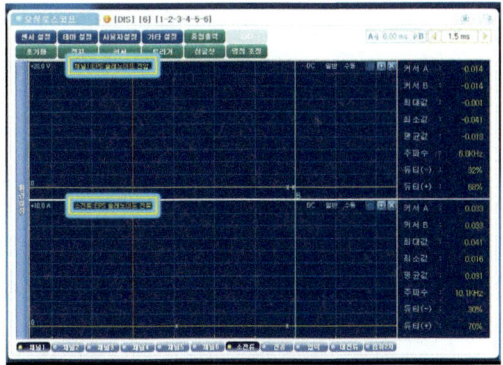

위 그림은 "채널 1번"에 EPS 솔레노이드 전압과 "소 전류"에 EPS 솔레노이드 전류가 표기된 화면 모습이다.

07 소 전류계

위 그림과 같이 "소 전류계"를 준비한다.

08 영점조정

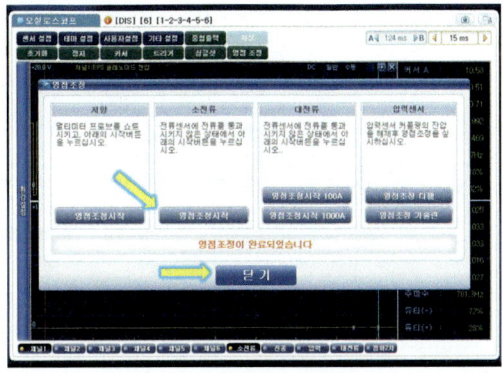

위 그림과 같이 "소 전류 영점조정 시작" 버튼을 클릭한 다음 영점조정이 완료되면 "닫기"를 클릭한다.

09 채널 1번 프로브와 소 전류계 설치

위 그림과 같이 "채널 1번 전원 프로브"를 EPS 솔레노이드 밸브 커넥터 "출력단자"에 설치하고 접지 프로브는 "접지" 시킨 다음 "소 전류계"를 EPS 솔레노이드 커넥터 출력단자 "배선(적색)"에 설치한다.

10 Key ON

위 그림과 같이 Key를 "ON" 한다.

11 Key ON 시 EPS 솔레노이드 밸브 출력 파형

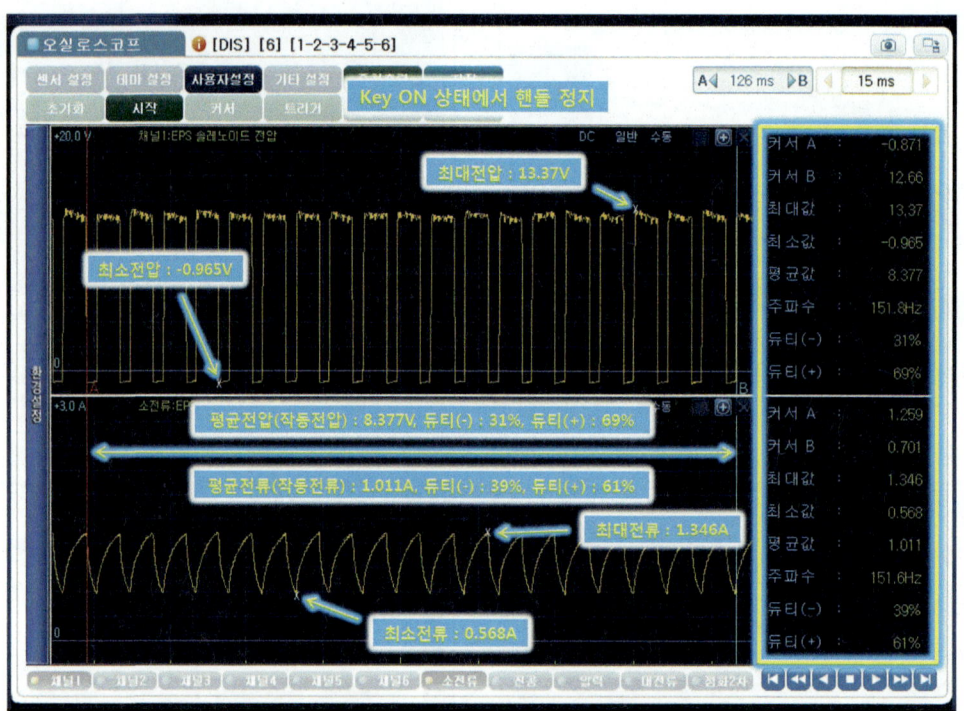

위 그림은 "Key ON" 시 EPS 솔레노이드 밸브 출력 파형이며 "커서 A"를 파형이 시작되는 임의 지점에 위치하고 "커서 B"는 파형이 진행되는 임의 구간에 위치시킨 다음 "전압 구간"에 대한 최대 전압 13.37V, 최소전압 -0.965V, 평균(작동)전압 8.377V, 듀티(-) 31%, 듀티(+) 69%이고 "전류 구간"에 대한 최대 전류 1.346A, 최소 전류 0.568A, 평균(작동) 전류 1.011A, 듀티(-) 39%, 듀티(+) 61%로 표기한 화면이다.

⑫ 핸들 좌회전

위 그림과 같이 "Key ON" 상태에서 핸들을 "좌측으로 회전"시킨다.

⑬ 핸들 우회전

위 그림과 같이 "Key ON" 상태에서 핸들을 "우측으로 회전"시킨다.

⑭ Key ON 상태에서 핸들 좌우 회전 시 EPS 솔레노이드 밸브 출력 파형

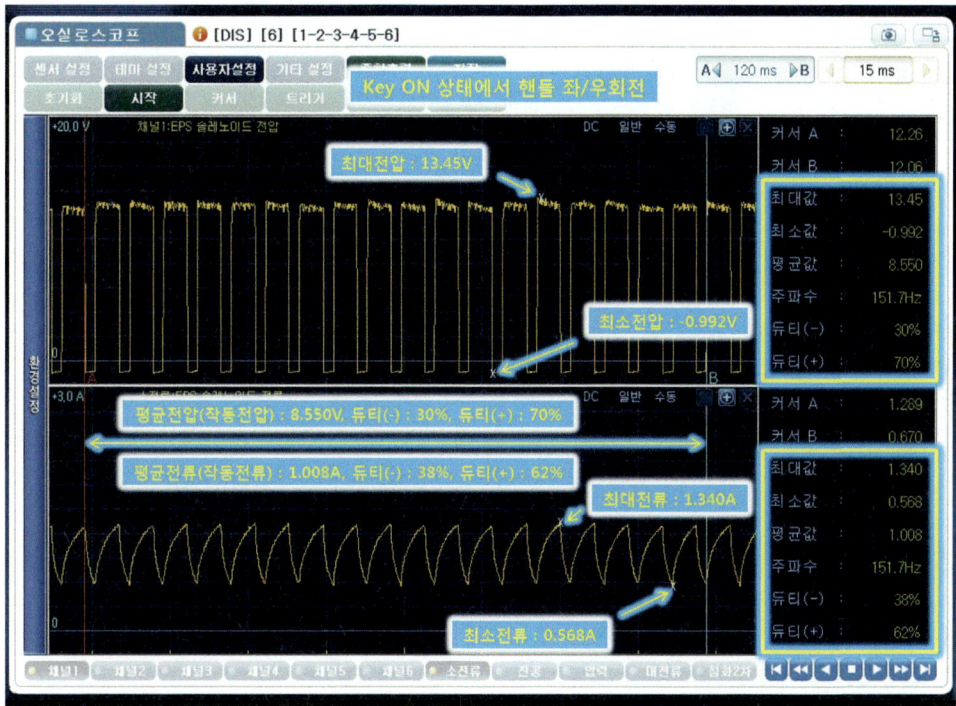

위 그림은 "Key ON" 상태에서 핸들 "좌우 회전 시" EPS 솔레노이드 밸브 출력 파형이며 "커서 A"를 파형이 시작되는 임의 지점에 위치하고 "커서 B"는 파형이 진행되는 임의 구간에 위치시킨 다음 "전압 구간"에 대한 최대 전압 13.45V, 최소전압 –0.992V, 평균(작동)전압 8.550V, 듀티(−) 30%, 듀티(+) 70%이고 "전류 구간"에 대한 최대 전류 1.340A, 최소 전류 0.568A, 평균(작동) 전류 1.008A, 듀티(−) 38%, 듀티(+) 62%로 표기한 화면이다.

⑮ 출력 파형 출력물_파형 출력 및 분석내용표기

[참고] Key ON 상태에서 핸들 "좌우 회전 시" EPS 솔레노이드 밸브 출력 파형에 "전압과 전류"에 대한값을 기재한다.

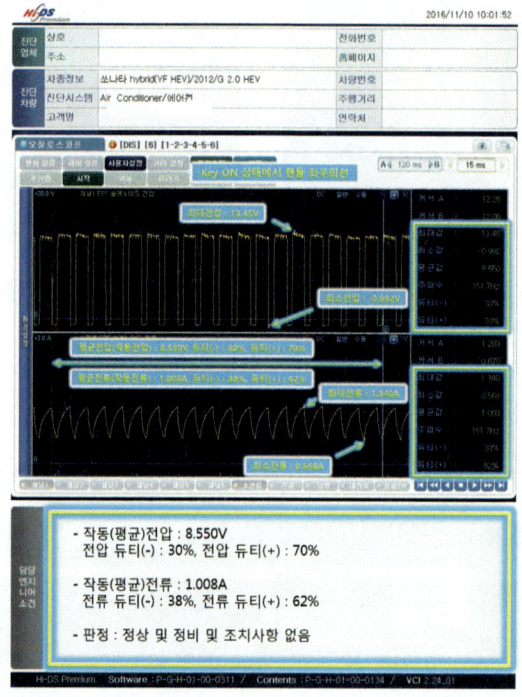

⑯ 답안 작성_Key ON 상태에서 핸들 "좌우 회전 시" EPS 솔레노이드 밸브 파형

[참고] Key ON 상태에서 핸들 "좌우 회전 시" EPS 솔레노이드 밸브 출력 파형으로 작동전압과 작동전류는 "평균값"을 기재하고 듀티 값은 "전압에 대한값"을 기재하면 된다.

◈ 섀시 2. 기록표

1) 파형　　　자동차 번호:

항　목	파형 분석 및 판정			득　점
	분석항목	분석 내용	판정(□에 '✔'표)	
EPS 솔레노이드 밸브 (밸브 작동 시)	작동전압: 8.550V	분석 내용은 출력물에 표시하시오.	☑ 양 호 □ 불 량	
	작동전류: 1.008A			
	듀티: 전압 듀티(−) 30%, 전압 듀티(+) 70%			

*주의 사항 : 분석 항목 및 내용은 출력물에 표기하며 관련 사항은 감독위원의 지시에 따릅니다.

⑰ 핸들 좌회전_공회전 상태

위 그림과 같이 엔진 시동 "ON" 상태에서 핸들을 "좌측으로 회전"시킨다.

⑱ 핸들 우회전_공회전 상태

위 그림과 같이 엔진 시동 "ON" 상태에서 핸들을 "우측으로 회전"시킨다.

⑲ 엔진 시동 ON 상태에서 핸들 좌우 회전 시 EPS 솔레노이드 밸브 출력 파형_공회전 상태

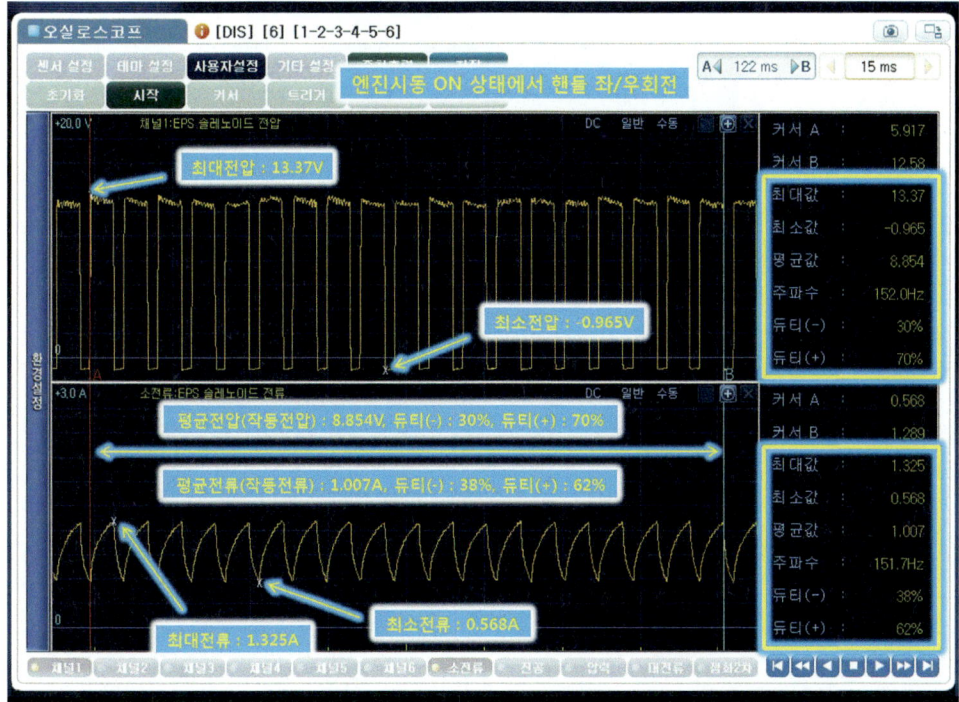

위 그림은 엔진 시동 "ON" 상태에서 핸들 "좌우 회전 시" EPS 솔레노이드 밸브 출력 파형이며 "커서 A"를 파형이 시작되는 임의 지점에 위치하고 "커서 B"는 파형이 진행되는 임의 구간에 위치시킨 다음 "전압 구간"에 대한 최대 전압 13.37V, 최소전압 −0.965V, 평균(작동)전압 8.854V, 듀티(−) 30%, 듀티(+) 70%이고 "전류 구간"에 대한 최대 전류 1.325A, 최소 전류 0.568A, 평균(작동) 전류 1.007A, 듀티(−) 38%, 듀티(+) 62%로 표기한 화면이다.

⑳ 출력 파형 출력물_파형 출력 및 분석내용표기

[참고] 엔진 시동 "ON" 상태에서 핸들 "좌우 회전 시" EPS 솔레노이드 밸브 출력 파형(공회전 상태)이며 전압과 전류에 대한값을 기재한다.

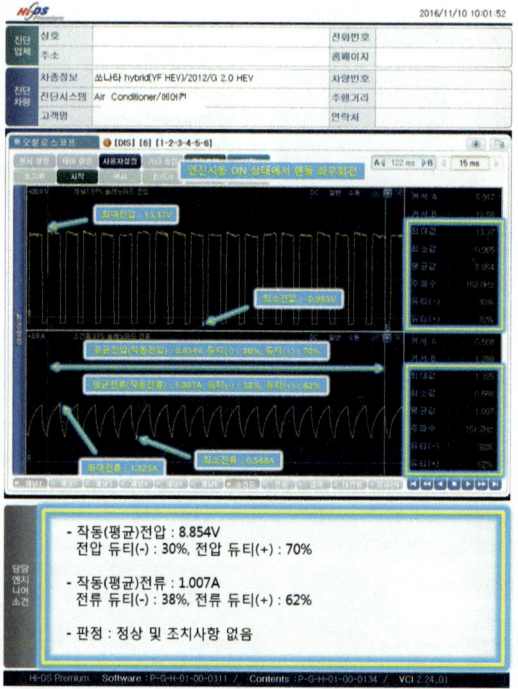

㉑ 답안 작성_엔진 시동 ON 상태에서 핸들 좌우 회전 시 EPS 솔레노이드 밸브 파형

[참고] Key ON 상태에서 핸들 "좌우 회전 시" EPS 솔레노이드 밸브 출력 파형으로 작동전압과 작동전류는 "평균값"을 기재하고 듀티 값은 "전압에 대한값"을 기재하면 된다.

◈ 섀시 2. 기록표

1) 파형　　　　자동차 번호 :

비 번호		감독확인	

항 목	파형 분석 및 판정			득 점
	분석항목	분석 내용	판정(□에 '✔'표)	
EPS 솔레노이드 밸브 (밸브 작동 시)	작동전압: 8.854V	분석 내용은 출력물에 표시하시오.	☑ 양 호 □ 불 량	
	작동전류: 1.007A			
	듀티: 전압 듀티(−) 30%, 전압 듀티(+) 70%			

*주의 사항 : 분석 항목 및 내용은 출력물에 표기하며 관련 사항은 감독위원의 지시에 따릅니다.

정비기능장

D

2)_2 기록표 요구사항 점검 · 측정_전륜 캠버와 전륜 토우

새 시

기록표 요구사항을 점검 및 측정하여 기록하시오. [C안 참고]

정비기능장

D

1) 와이퍼 모터 탈 · 부착 및 작동상태 확인, 점검 및 측정

전 기

감독위원의 지시에 따라 자동차에서 와이퍼 모터를 탈거하고 감독위원에서 확인 후, 다시 조립(부착)하여 작동상태를 확인하고, 기록표의 요구사항을 점검 및 측정하고 기록표에 기록하시오.

---

01   와이퍼 모터 탈·부착_C안 참고

02   와이퍼 Low 모드 시 와이퍼 작동전압_C안 참고

03   와셔 모터 작동전압: C안 참고

정비기능장

D

2) 회로 점검 및 기록표 작성

전 기

주어진 자동차에서 정비 지침서의 회로도를 이용하여 기록표에서 요구하는 회로를 점검하고, 이상 내용을 기록표에 기록한 후 정비하시오.

---

01   방향지시등 회로 점검_B안 참고

02 미등 회로 점검_1

01 BCM 및 연료 주입구 회로_BCM 체크포인트

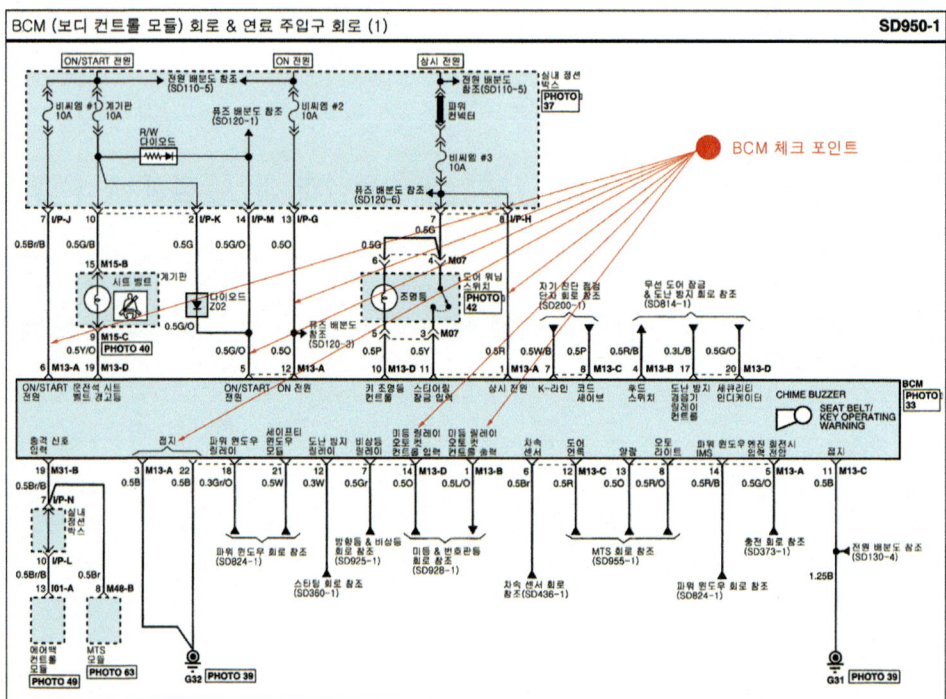

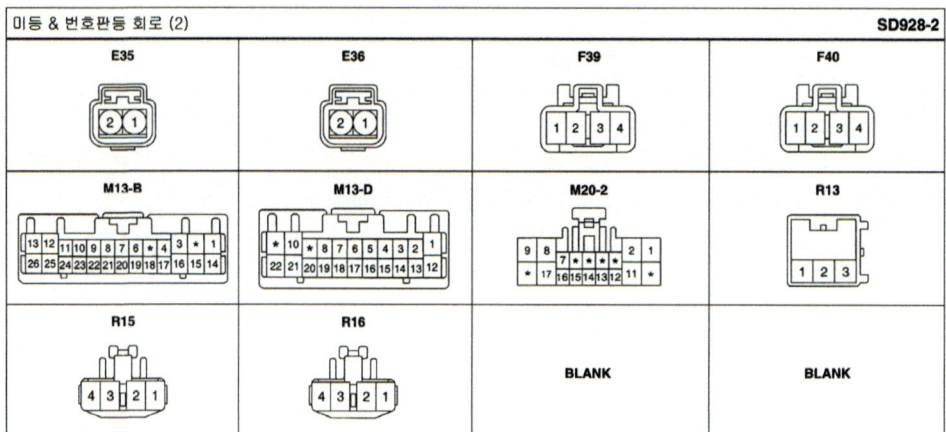

02 미등 및 번호판 등 회로_미등 및 번호판 등 커넥터와 단자 번호

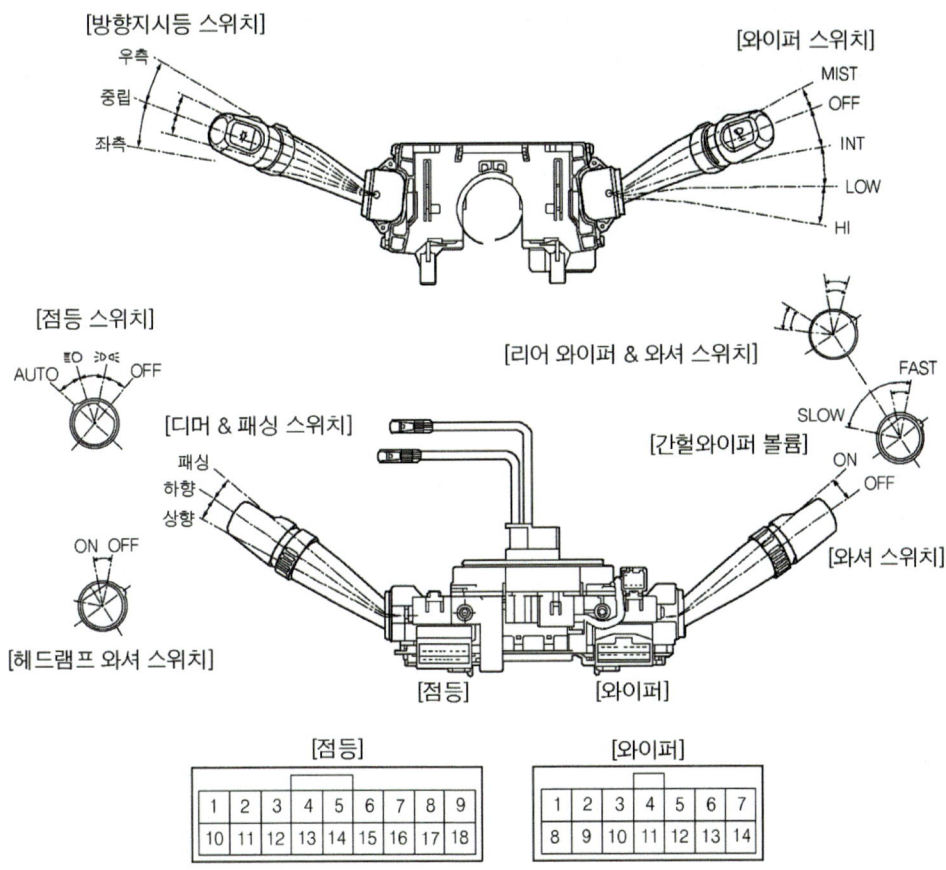

[점등]

1	2	3	4	5	6	7	8	9
10	11	12	13	14	15	16	17	18

[와이퍼]

1	2	3	4	5	6	7
8	9	10	11	12	13	14

03 구성부품_방향지시등 스위치 및 단자 배열

커넥터 명칭	핀번호	정비 및 조치할 사항	커넥터 명칭	핀번호	정비 및 조치할 사항
점등	1	헤드램프 패싱 스위치	와이퍼	1	와이퍼 하이 스피드
	2	헤드램프 하이빔 전원		2	와이퍼 로우 스피드
	7	우측 방향지시등 스위치		3	와이퍼 파킹
	8	플레셔 유닛 전원		4	미스트 스위치
	9	좌측 방향지시등 스위치		5	와이퍼 & 와셔 전원
	10	헤드램프 로빔 전원		6	간헐 와이퍼 (INT)
	11	디머 & 패싱 접지			
	12	헤드램프 와셔 스위치		8	–
	13	헤드램프 와셔 스위치 접지		9	리어 와이퍼 & 와셔 접지
	14	미등 스위치		10	–
	15	헤드램프 스위치		11	리어 와이퍼
	16	리어 포그 램프 / 오토라이트 스위치		12	리어 와셔
	17	점등스위치 접지		13	간헐 와이퍼 볼륨(INT)
	18	–		14	간헐 와이퍼 접지

04 다기능 스위치 및 각부 명칭

05 전원 배분도_엔진룸 퓨즈 및 릴레이 박스 내 전원 배분도

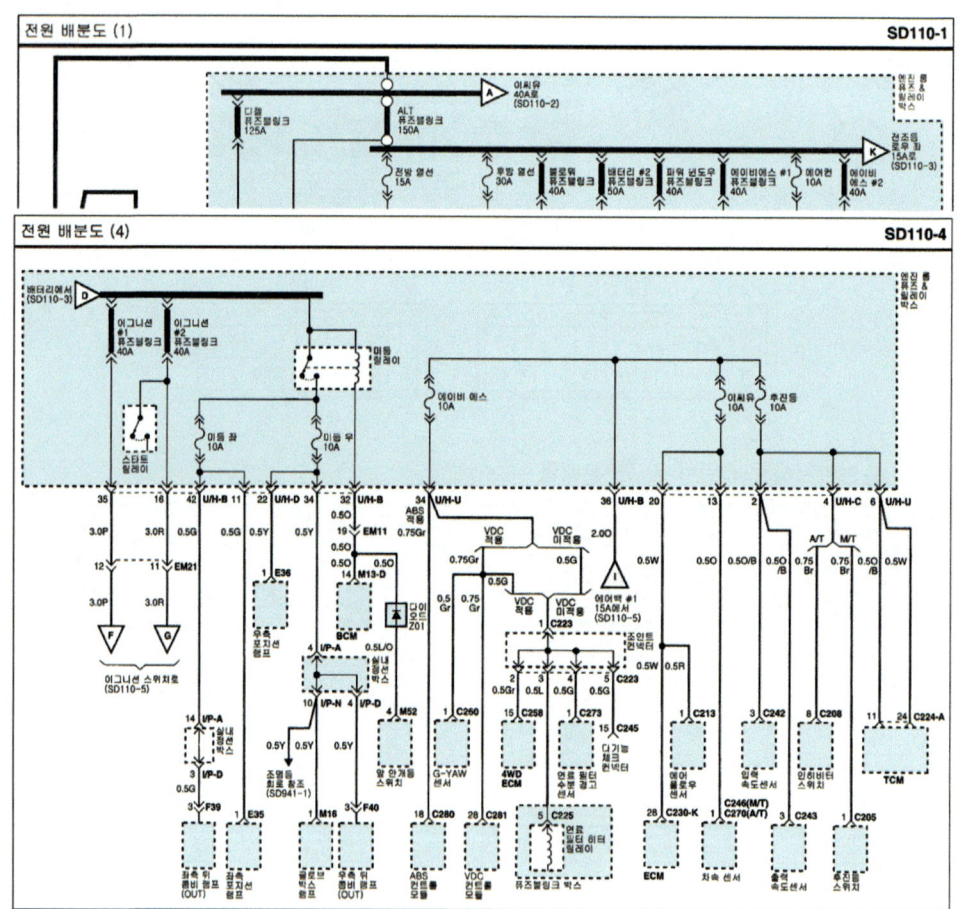

06 미등 및 번호판 등 회로_체크포인트 및 고장 부분

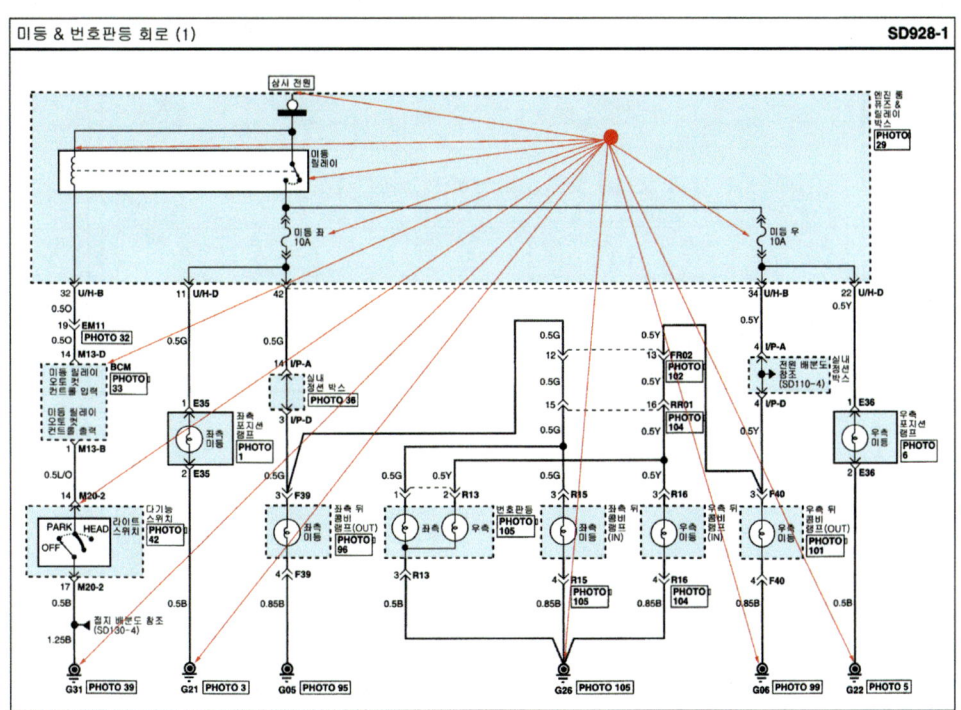

07 엔진룸 릴레이 박스_구성 릴레이 및 명칭

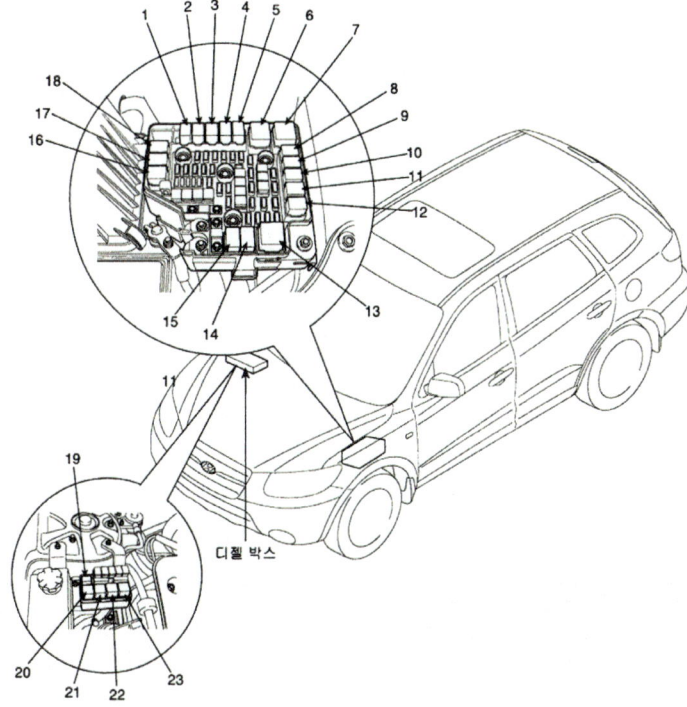

1. 자동변속기 릴레이
2. 냉각팬 릴레이
3. 프런트 안개등 릴레이
4. 에어컨 릴레이
5. 전조등(하이) 릴레이
6. 메인 릴레이
7. 시동 릴레이
8. 컨덴서 팬 2 릴레이
9. 컨덴서 팬 1 릴레이
10. 미등 릴레이
11. 전조등(로우 −좌측) 릴레이
12. 전조등(로우 −우측) 릴레이
13. 디포거 열선 릴레이
14. 윈드실드 열선 릴레이
15. 혼 릴레이
16. 와이퍼 릴레이
17. 레인센서 릴레이
18. 연료펌프 릴레이
19. 연료펌프 히터 릴레이
20. PTC 히터 릴레이 #2
21. 글로우 릴레이
22. PTC 히터 릴레이 #1
23. PTC 히터 릴레이 #3

359

D
안

08 엔진룸 정션박스_엔진룸 퓨즈 및 릴레이 위치

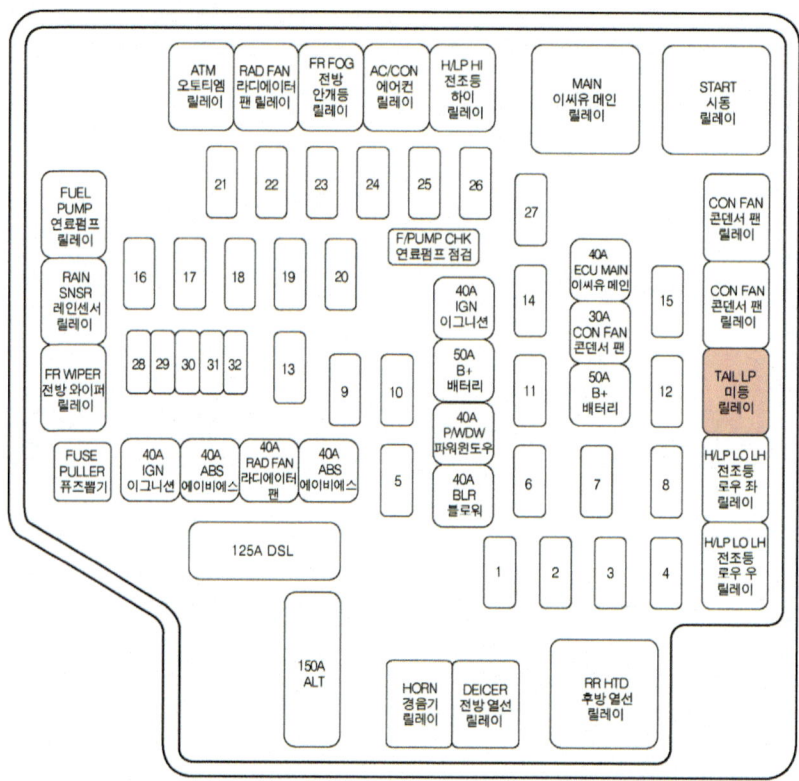

09 퓨즈 연결 회로_퓨즈블링크

구분	표기	용량(A)	연결회로
퓨즈블링크	ALT	150A	퓨즈블링크(전방 열선, 후방열선, 블로워, 에어컨, 배터리#2, 에이비에스#1, #2, 파워 윈도우, 전조등 로우 좌, 전조등 로우 우, 전방 안개등
	디젤	125A	퓨즈블링크 박스(PCT 히터#1, #2, #3, 연료 필터, 글로우 플러그)
	배터리 #1	50A	퓨즈(문자통 잠금장치, 정지등, 연료통 주입구 열림, 오토티엠, 전조등 와셔, 비상등, 파워 커넥터)
	배터리 #2	40A	퓨즈(파워 앰프, 열선 좌석, 전동 시트, 조정식 페달, 3열 에어컨, 후진 경고, 선루프, 경보기, 도난 방지 경음기 릴레이)
	이씨유 메인	40A	엔진 컨트롤 릴레이
	콘덴서 팬	30A	콘덴서 팬#1 릴레이
	이그니션 #1	40A	이그니션 스위치
	이그니션 #2	40A	이그니션 스위치, 퓨즈(시동)
	블로워	40A	퓨즈(블로워)
	파워 윈도우	40A	퓨즈(파워 윈도우 릴레이, 안전 파워 윈도우)
	라디에이터 팬	40A	라디에이터 팬 릴레이
	에이비에스#1	40A	다기능 체크 커넥터, ABS 컨트롤 모듈, VDC 컨트롤 모듈
	에이비에스#1	40A	다기능 체크 커넥터, ABS 컨트롤 모듈, VDC 컨트롤 모듈

구분		표기	용량(A)	연결회로
퓨즈	1	전방 열선	15A	윈드 실드 열선 릴레이
	2	후방열선	30A	리어 디포거 릴레이
	3	–	–	–
	4	전조등 로우 우	15A	우측 전조등 로우 릴레이
	5	경음기	15A	경음기 릴레이
	6	전조등 로우 좌	15A	좌측 전조등 로우 릴레이
	7	전조등 하이 표시등	10A	계기판
	8	알터네이터 디젤	10A	제너레이터
	9	에어컨	10A	에어컨 릴레이
	10	오토티엠	20A	4WD ECM, ATM 컨트롤 릴레이
	11	–	–	–
	12	미등 우	10A	우측 포지션 램프, 글로브 박스 램프, 우측 뒤 콤비 램프(OUT), 조명등
	13	전방 안개등	10A	앞 안개등 릴레이
	14	센서 #3	15A	ECM
	15	미등 좌	10A	좌측 포지션 램프, 좌측 뒤 콤비 램프(OUT)
	16	연료펌프	15A	연료펌프 릴레이
	17	전방 와이퍼	25A	다기능 스위치, 레인 센서 릴레이, 프런트 와이퍼 릴레이, 프런트 와이퍼 모터
	18	티씨유	15A	TCM
	19	에이비에스	10A	ABS 컨트롤 모듈, G-YAW 센서, VDC 컨트롤 모듈, 4WD ECM, 연료 필터 히터 릴레이, 연료 필터 수분 경고 센서, 다기능 체크 커넥터
	20	냉각팬	10A	–
	21	후진등	10A	입력/출력 속도 센서, 인히비터 스위치, TCM, 후진등 스위치
	22	전조등	10A	퓨즈(전방 와이퍼)
	23	이씨유	10A	차속 센서, ECM, 에어 플로우 센서
	24	전조등 하이	20A	전조등 하이 릴레이
	25	센서#1	10A	연료펌프 릴레이, 정지등 스위치, 이모빌라이저, 에어컨 릴레이, 콘덴서 팬#1, #2 릴레이, 라디에이터 팬 릴레이
	26	센서#2	15A	EGR 액추에이터, 솔레노이드밸브, 스로틀 플랫 액추에이터, 캠 포지션 센서, PTC히터 릴레이#1
	27	점화코일	20A	ECM
	28	SPARE	10A	–
	29	SPARE	15A	–
	30	SPARE	20A	–
	31	SPARE	25A	–
	32	SPARE	30A	–

⑩ 미등 릴레이 오토 컷 컨트롤 입, 출력

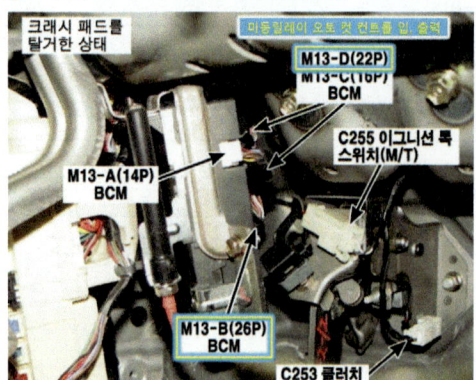

크래시 패드를
탈거한 상태

미등릴레이 오토 컷 컨트롤 입, 출력

M13-D(22P)
M13-C(16P)
BCM
C255 이그니션 록
스위치(M/T)
M13-A(14P)
BCM
M13-B(26P)
BCM
C253 클러치

⑪ 미등 릴레이 점검 방법

미등 릴레이 점검

1. 엔진룸 릴레이 박스에서 미등 릴레이를 분리한다.
2. 미등 릴레이 단자 85번과 86번 사이에 전원을 인가했을 때 87번과 30번 단자 사이에 통전이 되는지 점검한다.
3. 미등 릴레이 단자 85번과 86번 사이에 전원을 해지했을 때 87번과 30번 단자 사이에 통전이 되는지 점검한다.

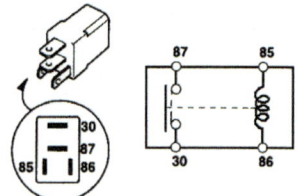

단자\n위치	30	87	85	86
전원 해지시			○——	——○
전원 인가시	○——	——○	○(−)	(+)○

미등릴레이 점검방법

⑫ 점등 스위치 점검 및 조치 사항

1. 점등 스위치 각 위치에서 아래 터미널의 도통 상태를 점검한다.
2. 도통 상태가 바르지 않으면 점등 스위치를 교환한다.

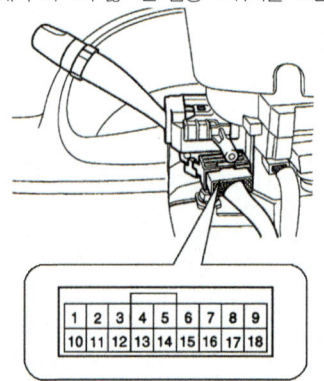

점등 스위치[오토 라이트 차량]

단자\n위치	14	15	16	17
OFF				
I	○——	——————	——————	——○
II	○——	——○		——○
AUTO			○——	——○

점등 스위치[일반 차량]

단자\n위치	14	15	16	17
OFF				
I	○——	——————	——————	——○
II	○——	——○	○——	——○

⑬ 우측 뒤 콤비 램프 및 커넥터

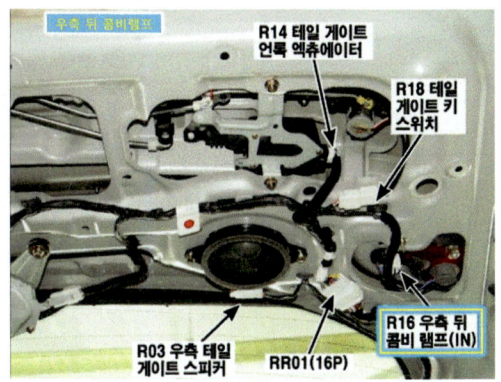

⑭ 좌측 뒤 콤비 램프 및 커넥터

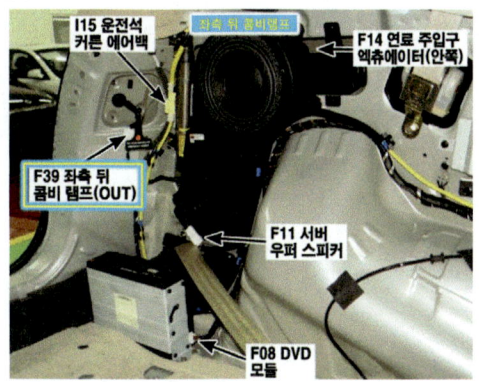

⑮ 좌측 뒤(테일게이트) 미등 램프 및 커넥터

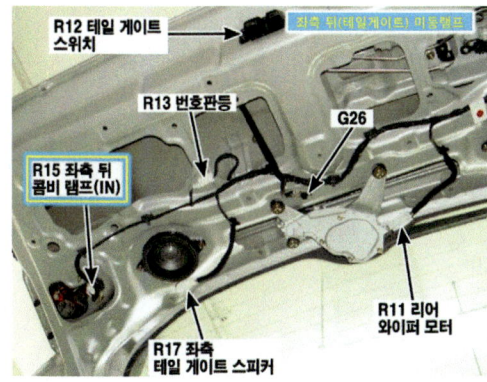

⑯ 좌측 앞 미등 램프_포지션 램프 위치

---

03 미등 회로 점검_2

① 엔진룸 정션박스 캡_퓨즈 및 퓨즈블링크, 릴레이 명칭

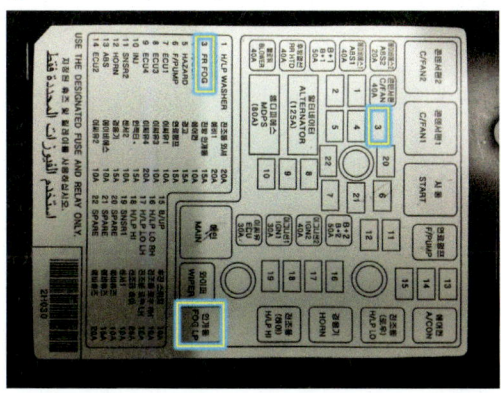

② 엔진룸 정션박스_미등 퓨즈 및 릴레이 위치

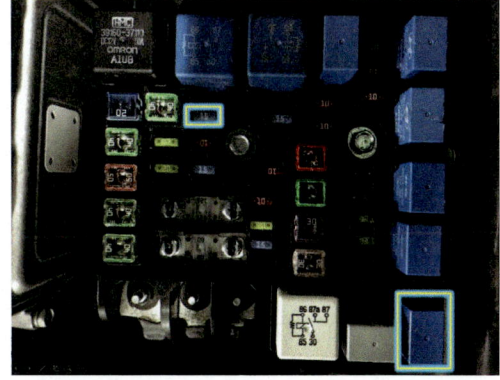

03 스위치

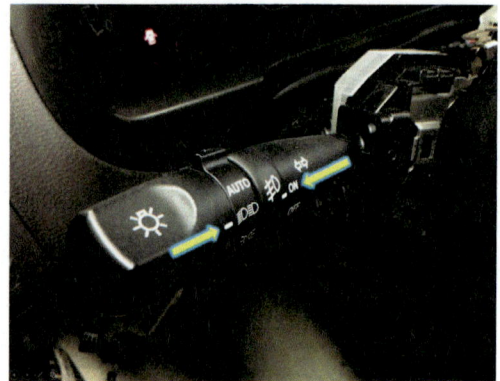

위 그림과 같이 "미등 및 안개등" 스위치를 "ON" 한다.

04 스위치 커넥터

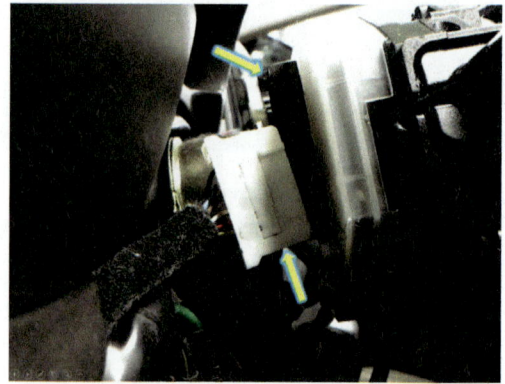

위 그림은 "미등 및 안개등" 스위치 커넥터를 "탈거"한 상태의 모습이다.

05 미등 퓨즈

위 그림과 같이 "미등 퓨즈"를 탈거하여 정상적인 상태인지 "육안검사"를 실시한다. [참고: 정상이다.]

06 퓨즈 점검_1

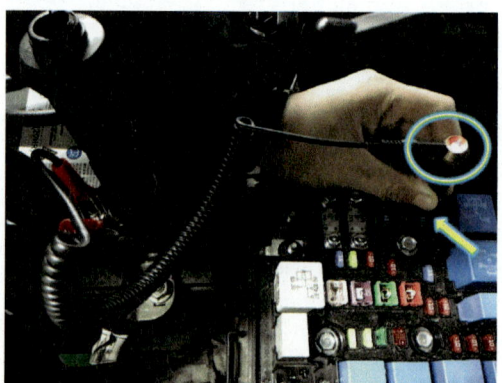

위 그림과 같이 램프 테스터를 이용하여 퓨즈의 "전원 쪽 입력 전원"을 점검한다. 램프 "적색 점등"한다. [참고: 램프 테스터 클램프를 "접지"한 다음 탐침봉으로 퓨즈 "전원 쪽"을 체크한다.]

07 퓨즈 점검_2

위 그림과 같이 램프 테스터를 이용하여 퓨즈의 "출력 쪽 입력 전원" 쪽을 점검한다. 램프 "적색 점등", "정상"이다. [참고: 램프 테스터 클램프를 "접지"한 다음 탐침봉으로 "퓨즈 출력 쪽"을 체크한다.]

08 퓨즈 점검_3

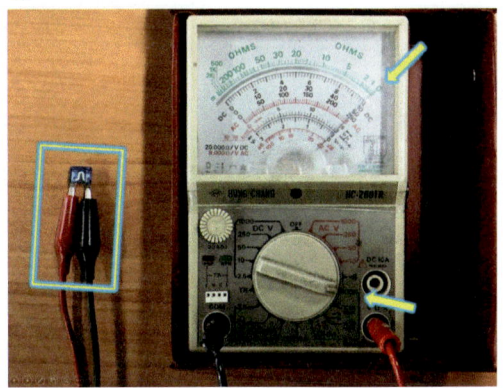

위 그림과 같이 아날로그 멀티 테스터기를 이용하여 퓨즈 "통전 시험"을 한다. 저항값이 나오면 "정상"이다. [참고: 선택 레버를 "저항 위치"로 설정하고 흑색 리드선은 "COM"에 끼우며, 적색 리드선은 "V, Ω, A 구"에 끼운 다음 리드선 클램프를 "퓨즈 양쪽 단자"에 연결한다.]

09 퓨즈 점검_4

위 그림과 같이 "미등 퓨즈"를 탈거하여 정상적인 상태인지 "육안검사"를 실시한다. [참고: 퓨즈 "단선"으로 불량이다.]

10 퓨즈 점검_5

위 그림과 같이 램프 테스터를 이용하여 퓨즈의 "전원 쪽 입력 전원"을 점검한다. 램프 "적색 점등"한다. [참고: 램프 테스터 클램프를 "접지"한 다음 탐침봉으로 "퓨즈 전원 쪽"을 체크한다.]

⑪ 퓨즈 점검_6

위 그림과 같이 램프 테스터를 이용하여 퓨즈의 "출력 쪽 입력 전원"을 점검한다. 램프 "미점등", "퓨즈 단선"이다. [참고: 램프 테스터 클램프를 "접지"한 다음 탐침봉으로 "퓨즈 출력 쪽"을 체크한다.]

⑫ 퓨즈 점검_7

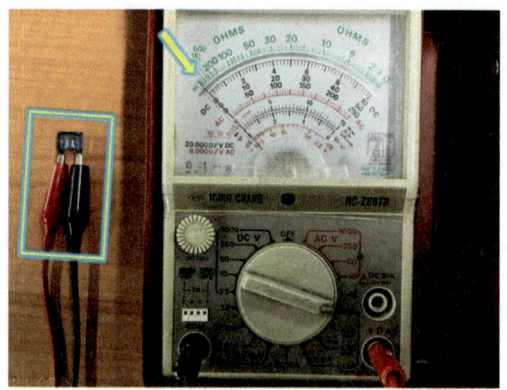

위 그림과 같이 아날로그 멀티 테스터기를 이용하여 퓨즈 "통전 시험"을 한다. "저항값이 무한대"이므로 "퓨즈 단선"이다. [참고: 불량이다.]

⑬ 퓨즈 점검_8

위 그림과 같이 "미등 퓨즈"를 탈거하여 정상적인 상태인지 "육안검사"를 실시한다. [참고: "퓨즈단자" 한쪽이 없으므로 불량이다.]

⑭ 퓨즈 점검_9

위 그림과 같이 "퓨즈단자"가 있는 곳을 "전원 쪽 방향으로 장착"하고 램프 테스터를 이용하여 퓨즈의 "전원 쪽 입력 전원"을 점검한다. 램프 "적색 점등"된다. [참고: 램프 테스터의 클램프는 접지 상태이다.]

⑮ 퓨즈 점검_10

위 그림과 같이 퓨즈의 출력 쪽 "입력 전원"을 점검한다. 램프 "적색 점등"된다. [참고: 퓨즈는 정상인 것으로 판단할 수 있다. 하지만 "단자가 하나 없는 상태"이므로 "불량"이다.]

⑯ 퓨즈 점검_11

위 그림과 같이 "퓨즈단자"가 있는 곳을 "출력 쪽 방향"으로 장착한다.

⑰ 퓨즈 점검_12

위 그림과 같이 퓨즈의 "전원 쪽 입력 전원"을 점검한다. 램프 "미점등" 상태, "퓨즈단자"가 없으므로 "불량"이다.

⑱ 퓨즈 점검_13

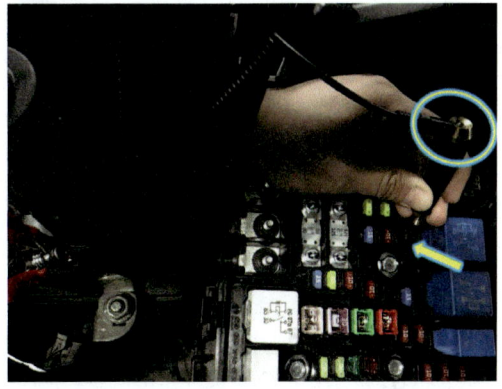

위 그림과 같이 퓨즈의 "출력 쪽 입력 전원"을 점검한다. 램프 "미점등" 상태, "퓨즈단자"가 없으므로 "불량"이다.

⑲ 안개등 릴레이 탈거

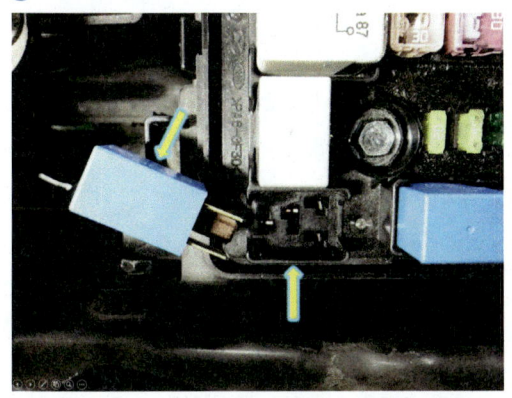

위 그림과 같이 "안개등 릴레이"를 탈거한다.

⑳ 4핀(단자) 릴레이

위 그림과 같이 안개등 릴레이는 "4핀(단자)"으로 구성되어 있다.

21 릴레이 핀과 단자 구성

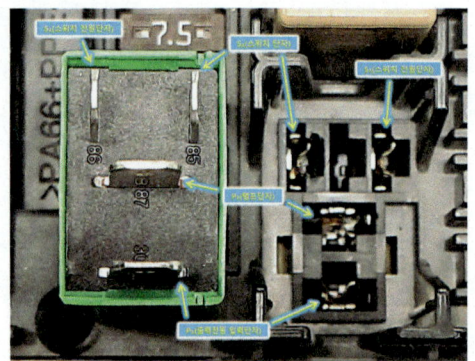

위 그림은 4핀(단자) 릴레이로 "S₁[스위치(솔레노이드) 전원 단자]", "S₂[스위치(솔레노이드) 단자]", "P₂(램프 단자)", "P₁ (출력 전원 입력단자)"이다.

22 통전 시험_1

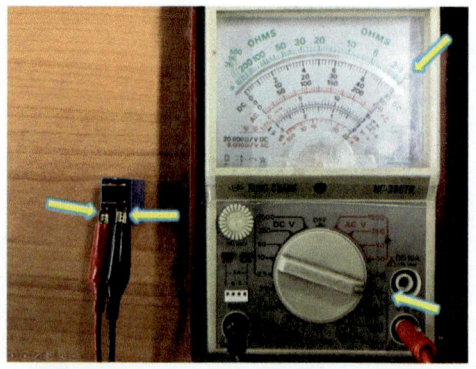

위 그림과 같이 "2개의 핀"에 대한 "통전 시험"을 한다. 저항값 나온다. [참고: "S₁", "S₂" 단자임을 확인할 수 있으며, "정상"이다.]

23 통전 시험_2

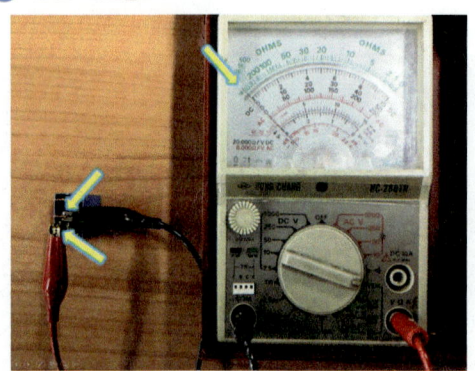

위 그림과 같이 "흑색 클램프"를 화살표가 가리키는 "단자로 이동"한 다음 "통전 시험"을 한다. "저항값 무한대"이므로 "정상"이다.

24 통전 시험_3

위 그림과 같이 "흑색 클램프"를 화살표가 가리키는 "단자로 이동"한 다음 "통전 시험"을 한다. "저항값 무한대"이므로 "정상"이다

25 통전 시험_4

위 그림과 같이 "적색과 흑색 클램프"를 화살표가 가리키는 "단자로 이동"한 다음 "2개의 핀"에 대한 "통전 시험"을 한다. "저항값 무한대"이므로 "P₁, P₂ 단자"임을 확인할 수 있으며, "정상"이다.

26 통전 시험_5

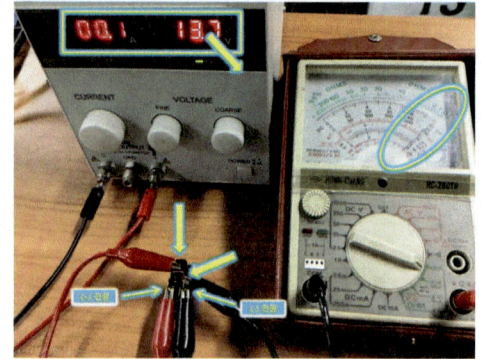

위 그림과 같이 파워 서플라이를 이용하여 "여자전류"를 S₁, S₂ 단자 공급하고 "P₁, P₂ 단자"에 대하여 "통전 시험"을 한다. 저항값 나오므로 "정상"이다. [참고: 소모 전류 0.1A이다.]

27 스위치 작동

위 그림과 같이 미등 스위치를 "ON"하고, 안개등 스위치는 "OFF" 한다.

28 미등 릴레이 탈거

위 그림과 같이 "미등 릴레이"를 탈거한다.

29 전원 점검_1

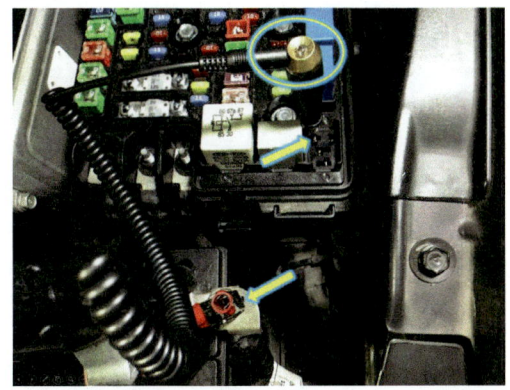

위 그림과 같이 램프 테스터 클램프를 "접지"한 상태에서 탐침봉으로 화살표가 가리키는 "상단 좌측 단자"를 점검한다. 램프 "미점등" 된다.

30 전원 점검_2

위 그림과 같이 램프 테스터 클램프를 "접지"한 상태에서 탐침봉으로 화살표가 가리키는 "상단 우측 단자" 점검 시 "적색 램프" 점등된다. [참고: S_1 또는 P_1 단자로 판단할 수 있다.]

31 전원 점검_3

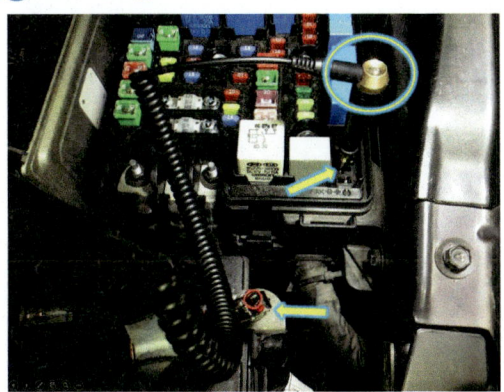

위 그림과 같이 램프 테스터 클램프를 "접지"한 상태에서 탐침봉으로 화살표가 가리키는 "하단 상부 단자"를 점검한다. 램프 "미점등" 된다.

32 전원 점검_4

위 그림과 같이 램프 테스터 클램프를 "접지"한 상태에서 탐침봉으로 화살표가 가리키는 "하단 하부단자" 점검 시 "적색 램프" 점등된다. [참고: S_1 또는 P_1 단자로 판단할 수 있다.]

③③ 전원 점검_5

위 그림과 같이 램프 테스터 클램프를 "배터리(+)"에 연결한 상태에서 탐침봉으로 화살표가 가리키는 "상단 좌측 단자"를 점검한다. 램프 "미점등" 된다.

③④ 전원 점검_6

위 그림과 같이 램프 테스터 클램프를 "배터리(+)"에 연결한 상태에서 탐침봉으로 화살표가 가리키는 "상단 우측 단자"를 점검한다. 램프 "미점등" 된다.

③⑤ 전원 점검_7

위 그림과 같이 램프 테스터 클램프를 "배터리(+)"에 연결한 상태에서 탐침봉으로 화살표가 가리키는 "하단 상부 단자" 점검 시 "푸른색 램프" 점등된다. [참고: P₄(램프) 단자이다.]

③⑥ 전원 점검_8

위 그림과 같이 램프 테스터 클램프를 "배터리(+)"에 연결한 상태에서 탐침봉으로 화살표가 가리키는 "하단 하부 단자" 점검 시 "미점등"된다. 따라서 "(+)전원"이 나오므로 "P₁(출력 전원 입력) 단자"임을 알 수 있다.

③⑦ 스위치 작동

위 그림과 같이 "미등 및 안개등" 스위치를 "ON" 한다.

③⑧ 전원 점검_9

위 그림과 같이 램프 테스터 클램프를 "배터리(+)"에 연결한 상태에서 탐침봉으로 화살표가 가리키는 "상단 좌측 단자"를 점검한다. "푸른색 램프" 점등된다. [S₂(스위치)] 단자"이다.

③⑨ 스위치 커넥터 탈거

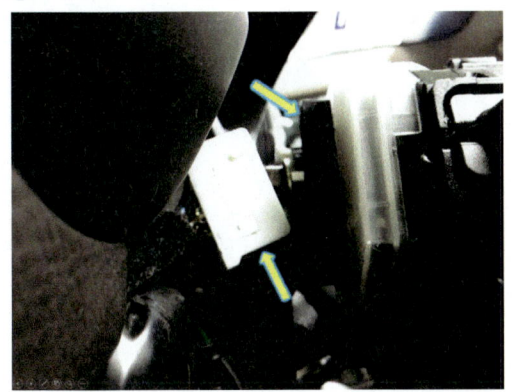

위 그림과 같이 "스위치 커넥터"를 탈거한다.

④⓪ 전원 점검_10

위 그림과 같이 램프 테스터 클램프를 "배터리(+)"에 연결한 상태에서 탐침봉으로 화살표가 가리키는 "상단 좌측 단자" 점검 시 "미점등"됨을 확인할 수 있다. 따라서 상단 우측 단자는 "S₁[스위치(솔레노이드) 전원] 단자"이다.

④① 우측 안개등 커넥터

위 그림은 "우측" 안개등 커넥터이다.

④② 좌측 안개등 커넥터

위 그림은 "좌측" 안개등 커넥터이다.

43 우측 안개등 커넥터 탈거

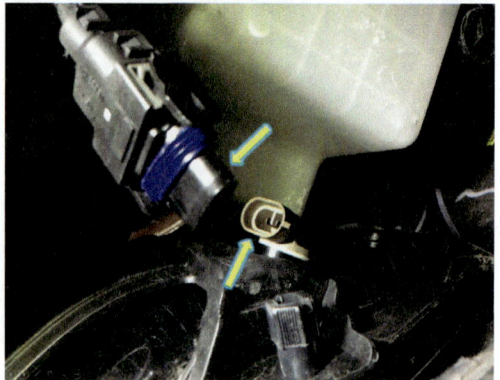

위 그림과 같이 "우측 안개등 커넥터"를 탈거한다.

44 좌측 안개등 커넥터 탈거

위 그림과 같이 "좌측 안개등 커넥터"를 탈거한다.

45 P₂(램프) 단자 전원 점검

위 그림과 같이 램프 테스터 클램프를 "배터리(+)"에 연결한 상태에서 탐침봉으로 화살표가 가리키는 "하단 상부 단자 [P₂(램프) 단자]" 점검 시 "미점등" 된다.

46 안개등 전구 탈거

위 그림은 점검 차량에서 "안개등 전구"를 탈거한 모습이다.

47 전구 점검_1

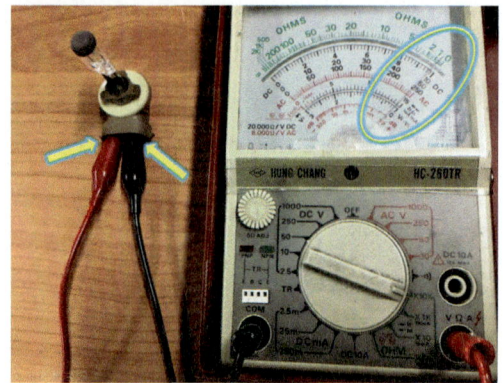

위 그림과 같이 아날로그 또는 디지털 멀티 테스터를 이용하여 램프(전구)에 대한 "통전 시험"을 한다. 저항값이 나오므로 "정상"이다.

48 전구 점검_2

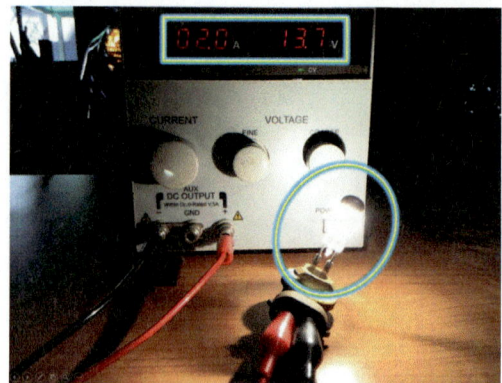

위 그림과 같이 파워 서플라이를 이용하여 "여자전류"를 램프에 공급하였을 때 램프(전구)가 "점등"된다. [참고: 소모 전류는 2.0A이다.]

49 미등 작동_앞

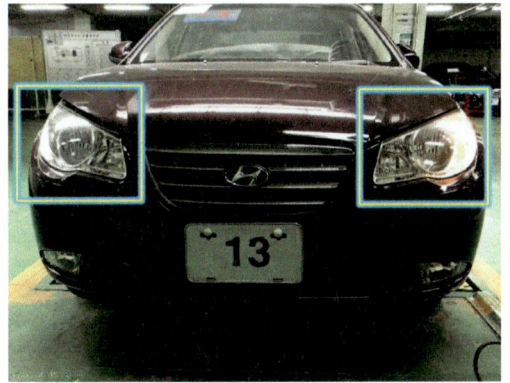

위 그림은 "미등" 스위치를 "ON"한 상태에서 앞 우측 램프가 "미점등"된 모습이다.

50 앞 우측 미등 커넥터

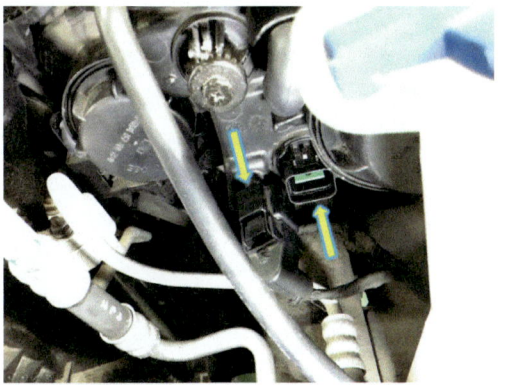

위 그림과 같이 "앞 우측" 미등 커넥터가 "탈거"된 상태를 확인할 수 있다.

51 미등 작동_뒤

위 그림은 "미등" 스위치를 "ON"한 상태에서 뒤 좌측 램프가 "미점등"된 모습이다.

52 뒤 좌측 미등 커넥터

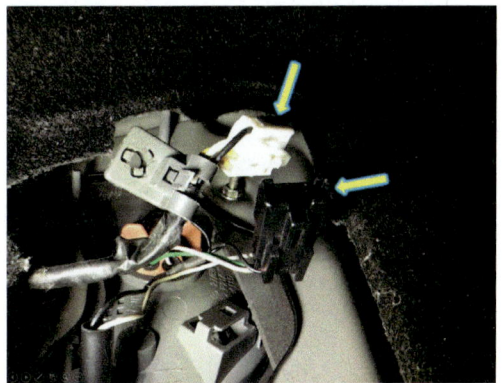

위 그림과 같이 "뒤 좌측" 미등 커넥터가 "탈거"된 상태를 확인할 수 있다.

53 뒤 좌측 미등 램프 소켓

위 그림은 "뒤 좌측" 미등 "램프 소켓"이 탈거된 상태의 모습이다.

54 뒤 좌측 미등 램프_전구

위 그림은 "뒤 좌측" 미등 "램프(전구)"가 탈거된 상태의 모습이다.

55 미등 및 브레이크 램프(전구) 모습

56 회로 고장 부분과 내용 및 상태 참고 자료

고장부분	내용 및 상태	정비 및 조치할 사항
ALT 150A 퓨즈블링크	단선	ALT 150A 퓨즈블링크 교환 후 재점검
미등(테일) 램프 릴레이	없음	미등(테일) 램프 릴레이 장착 후 재점검
미등(테일) 램프 릴레이	솔레노이드 코일 단선	미등 릴레이 교환 후 재점검
미등(테일) 램프 릴레이 포인트 접점	전원 인가 시 미 통전	미등 릴레이 교환 후 재점검
미등 10A LH 퓨즈	단선	미등 10A LH 퓨즈 교환 후 재점검
미등 10A RH 퓨즈	단선	미등 10A RH 퓨즈 교환 후 재점검
콤비네이션 스위치 커넥터	탈거	콤비네이션 스위치 커넥터 결합 후 재점검
미등(테일) LH(앞, 뒤, 콤비네이션) 램프	단선	미등(테일) LH(앞, 뒤, 콤비네이션) 램프 교환 후 재점검
미등(테일) RH(앞, 뒤, 콤비네이션) 램프 번호등 램프	단선	미등(테일) RH(앞, 뒤, 콤비네이션) 램프 및 번호등 램프 교환 후 재점검
전방 안개등(FR FOG) 릴레이	없음	전방 안개등(FR FOG) 릴레이 장착 후 재점검

04   와이퍼 회로 점검_A안 참고

정비기능장

D

3) 파형 측정

전기

주어진 자동차에서 시험위원 지시에 따라 기록표의 요구사항을 점검 및 측정하여 기록하시오.

01 도어 스위치 및 김광식 룸램프 작동 파형

01 실내등 회로(1)_BCM(테일게이트 스위치, 도어 스위치, 실내등)

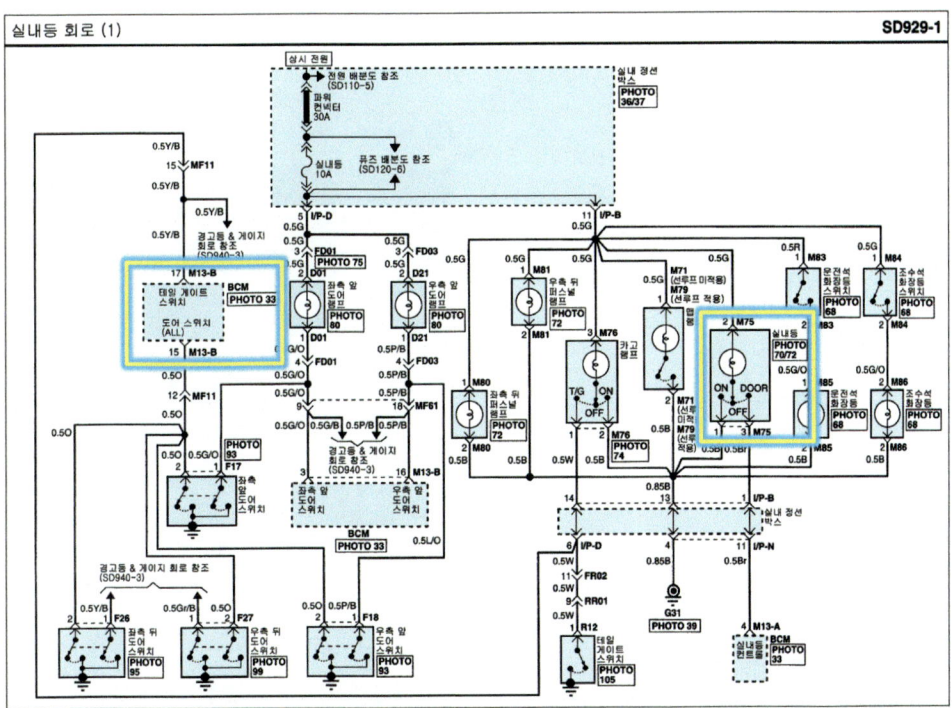

02 BCM 커넥터_M13-B(26P) 커넥터 위치

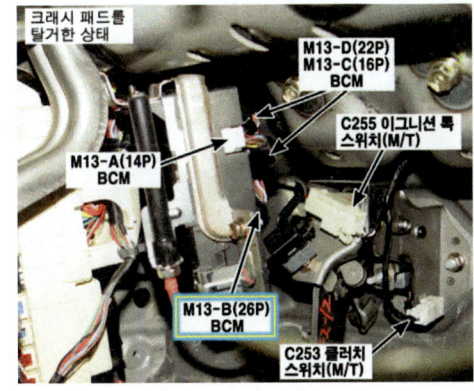

03 M13-B_15번 단자 도어 스위치(ALL)

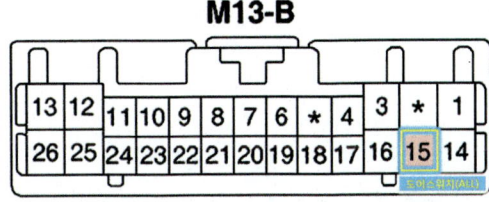

04 채널 1번 전원 프로브 연결

위 그림과 같이 "채널 1번" 전원 프로브를 "15번 단자[도어 스위치(ALL)]"에 연결한다.

05 실내등

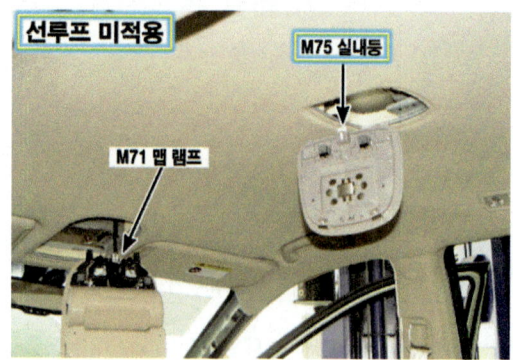

위 그림은 "M75 실내등 커넥터" 모습이다.

06 M75 커넥터

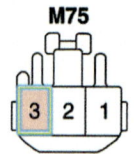

위 그림의 3번이 "DOOR 단자"이다.

07 실내등 커버

위 그림과 같이 "실내등 커버"를 일자 리무버를 이용하여 탈거한다.

08 실내등 케이스 탈거

위 그림과 같이 "실내등 케이스 고정 피스 2개"를 푼 다음 탈거한다.

09 실내등 커넥터

위 그림은 실내등 "커넥터 위치"를 나타낸다.

⑩ 소 전류계

위 그림과 같이 측정을 위하여 "소 전류계"를 준비한다.

⑪ 영점조정

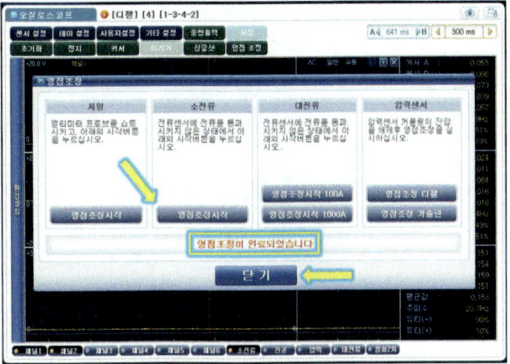

위 그림과 같이 "영점조정"을 실시하여 완료되면 "닫기"를 클릭한다.

⑫ 사용자 설정

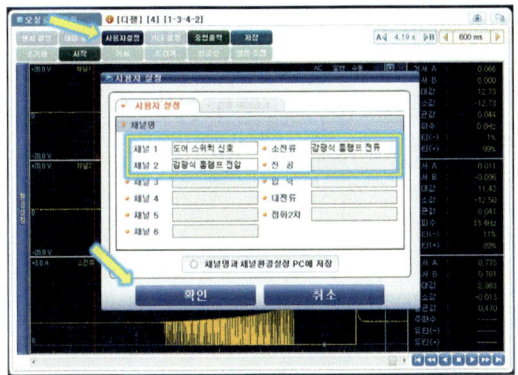

위 그림과 같이 사용자 설정에서 "채널 1번"에 도어 스위치 신호, "채널 2번"은 감광식 룸램프 전압, "소 전류"에 감광식 룸램프 전류를 기재한 다음 "확인"을 클릭한다.

⑬ 채널 2번 전원 프로브 및 소 전류계 연결

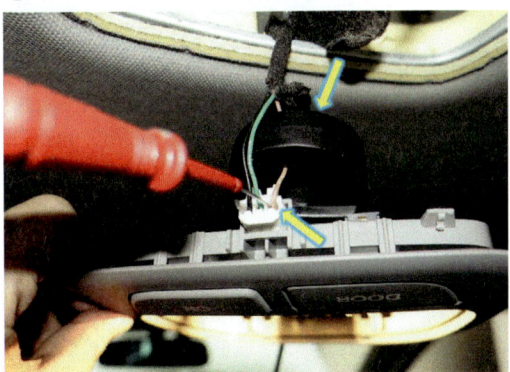

위 그림과 같이 "채널 2번" 전원 프로브를 "실내등 커넥터 3번 단자"에 연결하고 배선에 "소 전류계"를 설치한다.

⑭ 감 광식 룸램프 작동 시 파형_AC 전압으로 측정

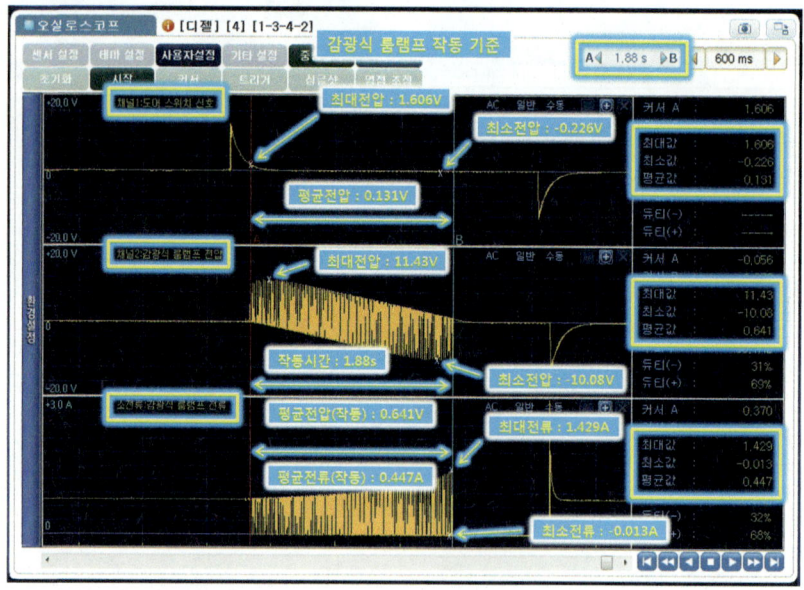

위 그림은 도어 스위치 "열림과 닫힘" 신호 시 감 광식 룸램프 작동 파형이며 "커서 A"를 도어 스위치 닫힘 신호 시작 지점에 위치하고 "커서 B"는 도어 스위치 열림 신호 시작 부분에 위치시킨 다음 "도어 스위치 신호"에 대한 최대 전압 12.73V, 최소전압 12.73V, 평균(작동)전압 0.412V, 스위치 작동 구간(시간) 2.85s와 "감 광식 룸 램프 전압"에 대한 최대 전압 11.43V, 최소전압 10.08V, 평균(작동)전압 0.471V이며 "감 광식 룸램프 소모 전류"에 대한 최대 전류 1.429A, 최소 전류 0.013A, 평균(작동) 전류 0.346A로 표기한 화면이다.

⑮ 감광식 룸램프 작동 기준 파형_AC 전압으로 측정

위 그림은 도어 스위치 "열림과 닫힘" 신호 시 감 광식 룸램프 작동 파형이며 "커서 A"를 룸램프 작동신호 시작 지점에 위치하고 "커서 B"는 룸램프 작동 완료 부분에 위치시킨 다음 "도어 스위치 신호"에 대한 최대 전압 1.606V, 최소전압 0.226V, 평균(작동)전압 0.131V와 "감 광식 룸램프"에 대한 최대 전압 11.43V, 최소전압 10.08V, 평균(작동)전압 0.641V, 작동 구간(시간) 1.88s이고 "감 광식 룸램프 소모 전류"에 대한 최대 전류 1.429A, 최소 전류 0.013A, 평균(작동) 전류 0.447A로 표기한 화면이다.

16 감 광식 룸램프 작동 시 출력 파형 출력물

[참고] 오실로스코프 화면에서 "환경설정"을 클릭한 다음 전압을 "AC"로 설정한 후 도어 스위치 "열림과 닫힘" 신호 시 감 광식 룸램프 작동 파형을 측정한 출력물이다.

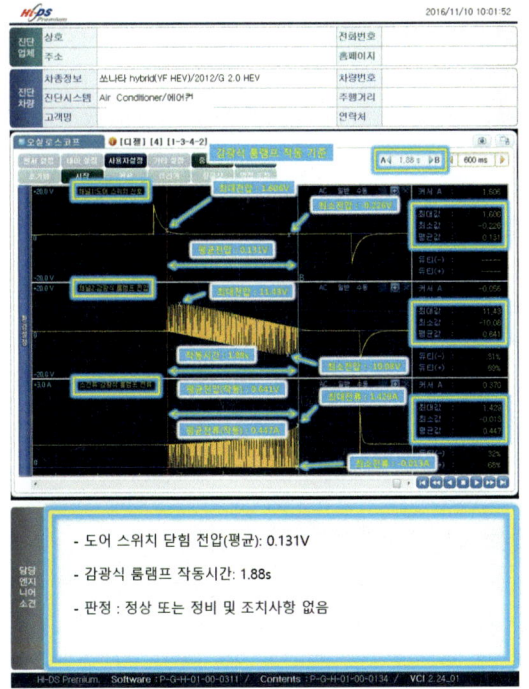

- 도어 스위치 닫힘 전압(평균): 0.131V

- 감광식 룸램프 작동시간: 1.88s

- 판정 : 정상 또는 정비 및 조치사항 없음

17 답안 작성_파형 출력 및 분석 내용 답안 작성하기

[참고] 도어 스위치 열림과 닫힘 신호 시 감 광식 룸램프 작동 파형에 의한 분석 내용으로 도어 스위치 닫힘 전압은 "평균전압"을 답안에 기재한다.

◆ 전기 3. 기록표

1) 파형　　　　자동차 번호 :

비 번호		감독확인	

항 목	파형 분석 및 판정			득 점
	분석항목	분석 내용	판정(□에 '✔' 표)	
도어 스위치, 감광식 룸램프 작동 파형	도어스위치 닫힘 전압: 0.131V	분석 내용은 출력물에 표시하시오.	☑ 양 호 □ 불 량	
	감광식 룸램프 작동시간: 1.88s			

*주의 사항 : 분석 항목 및 내용은 출력물에 표기하며 관련 사항은 감독위원의 지시에 따릅니다.

02 CAN 라인 저항_A안 참고

03 경음기 소음 측정_ A안 참고

자동차정비 기능장

E안

국가기술자격검정 실기시험문제

1. 기 관

1) 주어진 엔진에서 감독위원의 지시에 따라 MLA와 배기캠 샤프트를 탈거하고 (감독위원에게 확인) 다시 조립(부착)하여 시동 관련회로를 점검한 후 시동작업과 기록표의 요구사항을 점검 및 측정하고 기록표에 기록하시오.(단, 시동되지 않는 경우 "2)"과제는 작업할 수 없다)

2) 주어진 엔진에서 감독위원의 지시에 따라 기록표 요구사항을 점검 및 측정하여 기록하시오.

3) 주어진 자동차에서 크랭킹은 가능하나 시동되지 않고, 시동된 후에도 부조가 발생합니다. 고장원인을 찾아 수리 후 기록표에 기록하시오.

2. 섀 시

1) 주어진 자동차에서 감독위원의 지시에 따라 전륜(또는 후륜)의 한쪽 허브베어링을 탈거 교환하고 감독위원에게 확인 후, 다시 조립(부착)하여 조향장치 작동상태를 확인하고, 기록표의 요구사항을 점검 및 측정하여 기록하시오.

2) 전자제어 차체 자세 제어장치(VDC, ESP, ECS 등)가 설치된 자동차에서 감독위원의 지시에 따라 브레이크 캘리퍼를 탈거하고 감독위원에게 확인 후, 다시 조립(부착)하여 공기빼기 작업을 실시하고, 브레이크 작동상태를 점검한 후 기록표의 요구사항을 점검 및 측정하여 기록하시오.

3. 전 기

1) 감독위원의 지시에 따라 자동차에서 라디에이터 팬을 탈거하고 감독위원에게 확인 후, 다시 조립(부착)하여 작동상태를 확인하고, 기록표의 요구사항을 점검 및 측정하고 기록표에 기록하시오.

2) 주어진 자동차에서 정비지침서의 회로도를 이용하여 기록표에서 요구하는 회로를 점검하고, 이상 내용을 기록표에 기록한 후 정비하시오

3) 주어진 자동차에서 감독위원 지시에 따라 기록표의 요구사항을 점검 및 측정하여 기록하시오.

국가기술자격검정실기시험문제 E안

자 격 종 목	자동차정비 기능장	작 품 명	자동차 정비 작업

- 비 번호
- 시험시간 : 6시간 30분(기관 : 140분, 섀시 : 130분, 전기 : 120분)
  ※ 시험 안 및 요구사항 일부내용이 변경될 수 있음

정비기능장

E

1)_1 MLA와 배기캠 샤프트 탈 · 부착

엔 진

주어진 엔진에서 감독위원의 지시에 따라 MLA와 배기캠 샤프트 탈거하고 (감독위원에게 확인) 다시 조립(부착)하시오.

부품 분해 조립 시 주의사항

① 분해·조립 작업은 반드시 대상 부품의 정면에서 한다.
② 분해한 부품에서 볼트 및 너트를 빼내지 말고 되도록 끼워진 상태로 부품을 탈거한다.
③ 분해하기 위해 볼트 및 너트를 풀 때는 바깥쪽에서 중앙을 향하며, 조일 때는 중앙에서 바깥쪽을 향하도록 하고, 특히 실린더 헤드 볼트의 경우는 풀고, 조이는 순서에 주의하여야 변형을 방지할 수 있다.
④ 분해한 부품의 접촉면이 바닥에 직접 닿지 않도록 주의한다.
⑤ 부품은 분해한 순서로 정리 정돈한 후 분해의 역순으로 조립한다.
⑥ 조립이 복잡한 부품은 표기를 한 후 분해한다.
⑦ 볼트 및 너트는 반드시 토크 렌치를 이용하여 규정 토크로 조이되 하나의 부품에 갯수가 여러 개일 경우 2~3회 정도 나누어 조인다.
⑧ 개스킷 및 오링은 반드시 신품으로 교환한다.
⑨ 부품 대를 사용하며 조립을 위하여 아래 칸부터 채워서 위로 올라오도록 정리한다.

정비기능장

E
엔진

1)_1 MLA와 흡·배기캠 샤프트 탈·부착

주어진 엔진에서 감독위원의 지시에 따라 MLA와 흡·배기캠 샤프트 탈거하고 (감독위원에게 확인) 다시 조립(부착)하시오.

---

01 **MLA(Mechanical Lash Adjust)와 흡·배기캠 샤프트 탈·부착**

01 엔진 전면 부속 부품 명칭

위 그림은 가솔린 엔진 전면이며 타이밍벨 스티어링 펌프 벨트, 파워 스티어링 펌프 풀리, 팬 벨트, 발전기 풀리, 워터펌프 풀리, 크랭크축 풀리, 아이들 베어링, 에어컨 컴프레서 풀리, 타이밍벨트 하부 커버, 에어컨 벨트이다.

02 크랭크축 회전

위 그림과 같이 타이밍 마크를 맞추기 위하여 시계 방향으로 "크랭크축을 회전"시킨다.

03 타이밍 마크 정렬

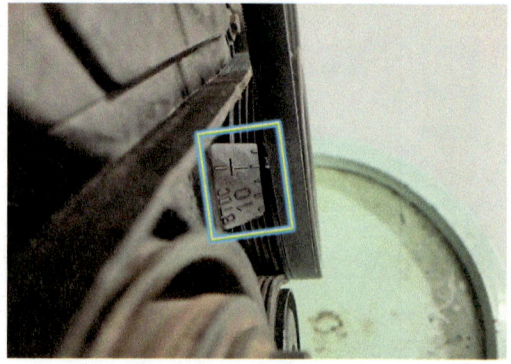

위 그림과 같이 타이밍벨트 하부(Low) 커버 하단에 있는 타이밍 고정 마크 상사점 "T"와 크랭크축 풀리에 표시된 타이밍 이동 마크 "I" 모양을 크랭크축 풀리 "고정 볼트(19mm)"를 시계 방향으로 돌려 "일치"시킨 모습이다.

04 크랭크축 고정 볼트 유림

위 그림과 같이 크랭크축 "풀리 고정 볼트(19mm)"를 반 시계 방향으로 돌려 "유림(약 1~2회전 푼다.)" 시킨다.

05 워터펌프 풀리 고정 볼트 유림

위 그림과 같이 "워터펌프 풀리" 고정 볼트(10mm) 4개를 반 시계 방향으로 돌려 "유림" 시킨다.

06 발전기 고정너트 유림

위 그림과 같이 "발전기 고정너트(12mm)"를 반시계 방향으로 돌려 유림한다.

07 팬벨트 고정 볼트 유림

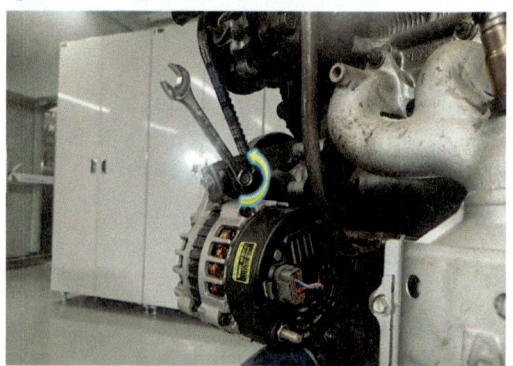

위 그림과 같이 "팬벨트 고정 볼트(12mm)"를 반시계 방향으로 돌려 유림한다.

08 팬벨트 유격 조정 볼트 유림

위 그림과 같이 팬벨트 "유격 조정 볼트(12㎜)"를 반 시계 방향으로 돌려 "장력"을 이완한다.

09 팬벨트 탈거

위 그림과 같이 팬벨트 유격 조정 볼트를 "위쪽"으로 올린 다음 "발전기"를 실린더 블록 쪽으로 밀어 "벨트"를 탈거한다.

10 에어컨 컴프레서 아이들 베어링 고정너트 유림

위 그림과 같이 에어컨 컴프레서 "아이들 베어링 고정너트 (14㎜)"를 반시계 방향으로 돌려 유림한다.

11 에어컨 컴프레서 벨트 유격 조정 볼트 유림

위 그림과 같이 "유격 조정 볼트(12㎜)"를 반시계 방향으로 돌려 "벨트 장력"을 이완한다.

12 에어컨 컴프레서 벨트 탈거

위 그림과 같이 에어컨 컴프레서 "벨트"를 탈거한다.

13 파워 스티어링 펌프 관통볼트

위 그림과 같이 파워 스티어링 "펌프 관통볼트(12㎜)"를 반시계 방향으로 돌려 유림한다.

14 파워 스티어링 펌프 유격 조정 볼트

위 그림과 같이 파워 스티어링 펌프 "유격 조정 볼트(12㎜)" 를 반 시계 방향으로 돌려 "벨트 장력"을 이완한다.

15 파워 스티어링 펌프 벨트 탈거

위 그림과 같이 "파워 스티어링 펌프"를 실린더 헤드 쪽으로 밀어 "벨트"를 탈거한다.

16 겉 벨트 탈거 후 모습

위 그림은 분할형 "겉 벨트 3개"를 탈거한 후 모습이다.

17 워터펌프 고정 볼트 탈거

위 그림과 같이 워터펌프 "풀리 고정 볼트(10㎜) 4개"를 반시계 방향으로 돌려 푼 다음 탈거한다.

18 분해 후 워터펌프 풀리 모습

위 그림은 워터펌프 풀리 탈거 후 모습으로 워터펌프 풀리 고정 볼트, 파워 스티어링 펌프용 워터펌프 풀리, 팬벨트용 워터펌프 풀리이다.

19 타이밍 마크

위 그림은 타이밍벨트 하부 커버에 있는 타이밍 고정 마크 "T"와 풀리의 타이밍 이동 마크 "I"이다.

20 크랭크축 풀리 탈거

위 그림과 같이 크랭크축 "풀리 고정 볼트(19mm)"를 반 시계 방향으로 돌려 푼 다음 "풀리"를 탈거한다.

21 크랭크축 풀리

위 그림은 크랭크축 "풀리 고정 볼트와 풀리"이다.

22 크랭크축 플레이트 탈거

위 그림과 같이 크랭크축 "플레이트"를 탈거한다.

23 타이밍벨트 상부(Upper) 커버 탈거

위 그림과 같이 타이밍벨트 "상부 커버 고정 볼트(10mm) 4개"를 반시계 방향으로 돌려 푼 다음 "커버"를 탈거한다.

24 타이밍벨트 하부(Low) 커버 탈거

위 그림과 같이 타이밍벨트 "하부 커버 고정 볼트(10mm) 5 개"를 반시계 방향으로 돌려 푼 다음 "커버"를 탈거한다.

E
안

㉕ 타이밍벨트 관련 부속 부품 명칭

위 그림은 타이밍벨트 관련 부품이며 캠축 스프로킷, 아이들 베어링, 타이밍벨트, 유격 조정 볼트, 크랭크축 스프로킷, 타이밍벨트 텐션 스프링, 고정 볼트, 타이밍벨트 텐션 베어링이다.

㉖ 캠축 스프로킷 타이밍 마크 확인

위 그림과 같이 캠축 스프로킷의 "타이밍 마크"가 맞는지 확인한다. [참고: "스프로킷의 구멍"과 배기 캠축 1번 저널의 중앙에 있는 "사선"이 일치되어야 한다.]

㉗ 크랭크축 스프로킷 타이밍 마크 확인

위 그림과 같이 크랭크축 스프로킷의 "타이밍 마크"가 맞는지 확인한다. [참고: 크랭크축 스프로킷의 "△"(홈) 마크와 프런트 하우징에 있는 "돌기"가 일치되어야 한다.]

28 텐션 베어링 고정 볼트 유림

위 그림과 같이 좌측의 타이밍벨트 "텐션 베어링 고정 볼트(12mm)"를 반시계 방향으로 돌려 유림한다.

29 텐션 베어링 유격 조정 볼트 유림

위 그림과 같이 우측에 있는 "유격 조정 볼트(12mm)"를 반시계 방향으로 돌려 유림한다.

30 타이밍벨트 장력 이완

위 그림과 같이 타이밍벨트 텐션 베어링 브래킷을 "반 시계 방향"으로 민 다음 유격 조정 볼트를 "시계 방향"으로 돌려 "고정"한다.

31 타이밍벨트 탈거

위 그림과 같이 "타이밍벨트"를 탈거한다.

32 타이밍벨트 텐션 베어링 브래킷 유격

위 그림은 타이밍벨트 텐션 베어링의 브래킷의 "위치(유격)"를 보여준다.

33 점화코일 관련 부품 명칭

위 그림과 같이 점화코일 "고압 분배 배선"을 스파크플러그에서 모두 탈거한다.

34 고압 분배 배선

위 그림과 같이 분리한 고압 분배 배선을 "우측"으로 놓는다.

35 에어 브리더 호스 및 PCV 호스 고정 밴드

위 그림과 같이 에어 브리더 호스 및 PCV 호스 "고정 밴드"를 호스 "중앙"으로 이동시킨다.

36 에어 브리더 호스 및 PCV 호스

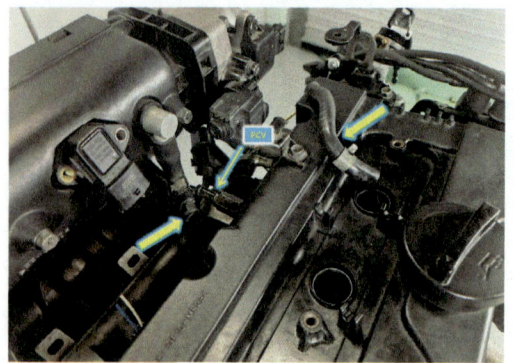

위 그림과 같이 "에어 브리더 호스 및 PCV 호스"를 탈거한다.

37 실린더 헤드커버 탈거

위 그림과 같이 실린더 "헤드커버 고정 볼트(10mm)"를 반시계 방향으로 돌려 푼 다음 "커버"를 탈거한다.

38 캠축 관련 부품 명칭

위 그림은 실린더 헤드 상부 모습이며 흡기캠 샤프트, 흡기캠 샤프트 저널 캡, 타이밍 체인, 캠 포지션 센서(CMP), 배기 캠 샤프트, 배기캠 샤프트 저널 캡이다.

39 1번 실린더 캠축 위상 확인

위 그림과 같이 "1번 실린더"의 흡 · 배기 캠 위상이 "압축행정 말기(폭발행정 초기)상태"가 되어있는지 확인한다.

㊵ 4번 실린더 캠축 위상 확인

위 그림과 같이 "4번 실린더" 흡·배기 캠 위상이 "밸브 오버랩 상태"로 되어있는지 확인한다.

㊶ 흡기 캠축 저널 캡 탈거

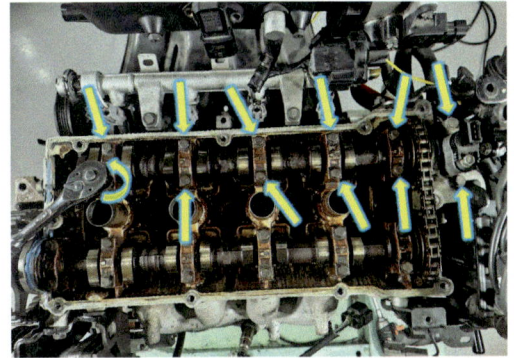

위 그림과 같이 흡기 캠축 "저널 캡 고정 볼트(10mm)"를 푼 다음 저널 캡을 모두 탈거한다.

㊷ 흡기 캠축 저널 캡

위 그림은 흡기 캠축 저널 캡으로 좌측부터 1번, 2번, 3번, 4번, 5번, 6번 저널 캡 또는 CMP 케이스[캠 포지션 센서(CMP)], CMP 고정 볼트이다.

㊸ 흡기 캠축 탈거

위 그림과 같이 타이밍 체인에서 "흡기 캠축 스프로킷"과 분리한 다음 탈거한다. [참고: 흡기 캠축까지만 탈거 시 "타이밍 체인 마크"가 틀어지지 않도록 주의한다.]

㊹ 흡기 MLA

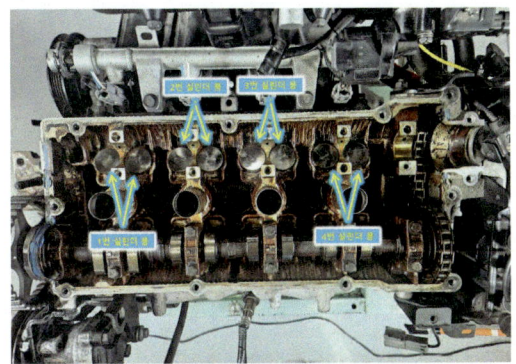

위 그림은 흡기 "MLA(Mechanical Lash Adjust)"의 모습으로 좌측부터 1번, 2번, 3번, 4번 실린더용이다.

㊺ 흡기 캠축 어셈블리

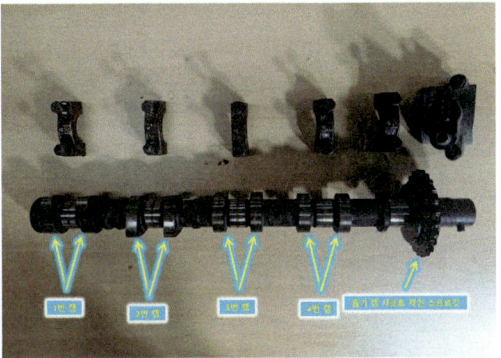

위 그림은 "흡기 캠축 어셈블리"이며 좌측부터 1번, 2번, 3번, 4번 캠, 흡기 캠축 체인 스프로킷이다. [참고: 흡기 캠샤프트와 MLA 탈·부착 작업 시 여기까지만 분해하면 된다.]

46 배기 캠축 저널 캡 탈거

위 그림과 같이 배기 캠축 "저널 캡 고정 볼트(10mm)"를 푼 다음 저널 캡을 모두 탈거한다.

47 배기 캠축 저널 캡

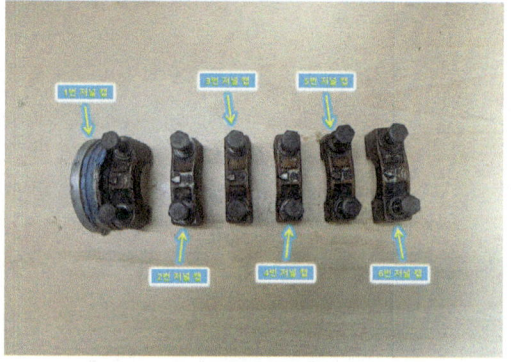

위 그림은 "배기 캠축 저널 캡"으로 좌측부터 1번, 2번, 3번, 4번, 5번, 6번 저널 캡이다.

48 배기 캠축 저널 캡 타이밍 마크

위 그림은 배기 캠축 "1번 저널 캡"으로 원안의 "적색 사선"이 캠축 스프로킷 "타이밍 마크"이다.

49 배기 캠축 탈거

위 그림과 같이 "배기 캠축과 타이밍 체인"을 탈거한다.

50 배기 캠축 어셈블리

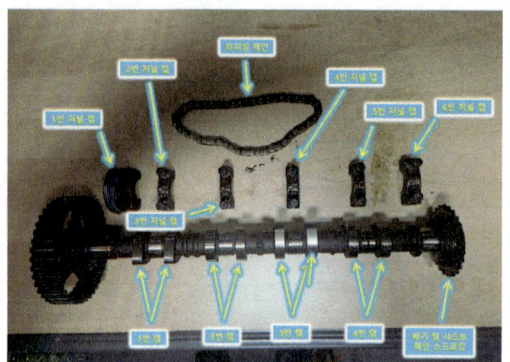

위 그림은 배기 캠축 어셈블리이며 좌측부터 1번, 2번, 3번 저널 캡, 타이밍 체인, 4번, 5번, 6번 저널 캡, 1번, 2번, 3번, 4번 캠, 배기 캠축 체인 스프로킷이다.

51 흡·배기 캠축 어셈블리

위 그림은 "흡·배기 캠축 어셈블리" 모습이다.

52 배기용 MLA

위 그림은 좌측부터 1번, 2번, 3번, 4번 실린더용 "MLA"이다.

53 배기용 MLA 탈거

위 그림은 "배기용 MLA"를 모두 탈거한 모습이다.

54 배기용 MLA 탈거 후 안쪽 모습

위 그림은 "배기용 MLA"를 모두 탈거한 후 "안쪽" 모습이다.

55 캠축 타이밍 체인

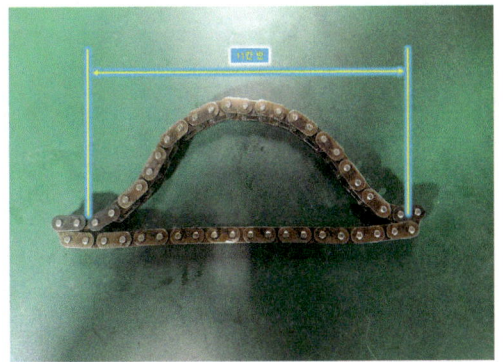

위 그림은 "타이밍 체인" 모습이다. [참고: 타이밍 마크는 체인 "사이드 플레이트 11칸 반"이며, "짙은 갈색"으로 표시되어 있다.]

56 타이밍 체인 스프로킷 타이밍 마크

위 그림은 "배기 및 흡기" 캠축의 타이밍 체인 스프로킷 "타이밍 마크" 모습이다.

57 타이밍 체인 장착 후 모습

위 그림과 같이 타이밍 체인을 배기 캠축 체인 스프로킷 "타이밍 마크"와 체인의 "짙은 갈색 2개"의 사이드 플레이트 "중앙" 맞추어 장착한 다음 흡기 캠축 체인 스프로킷 "타이밍 마크"는 "1개의 사이드 플레이트 중앙"에 맞추어 건다.

E
안

58 캠축 어셈블리 장착

위 그림과 같이 "흡, 배기 캠축 어셈블리"를 실린더 헤드에 장착한다. [참고: 캠축 위상이 1번 실린더는 "초기 점화", 4번 실린더를 "오버랩" 상태가 되도록 장착한다.]

59 배기 캠축 저널 캡 장착

위 그림과 같이 배기 캠축 "저널 캡"을 번호에 맞게 장착한다.

60 배기 캠축 저널 캡 고정 볼트 조립

위 그림과 같이 저널 캡 고정 볼트 2개를 "4번 저널 캡부터 좌 · 우측 저널 캡(3-5-2-6-1)" 순으로 "3번에 나누어" 각각 조인 후 마지막으로 규정 토크로 조인다.

61 흡기 캠축 저널 캡 장착

위 그림과 같이 흡기 캠축 "저널 캡"을 번호에 맞게 장착한다.

62 흡기 캠축 저널 캡 조립

그림과 같이 저널 캡 고정 볼트 2개를 "4번 저널 캡 부터 좌 · 우측 저널 캡(3-5-2-6-1)" 순으로 "3번에 나누어" 각각 조인 후 마지막으로 규정 토크로 조인다.

63 캠축 어셈블리 조립 완료

위 그림은 "캠축 어셈블리" 조립 후의 모습이다.

64 캠축 타이밍 마크 정렬

위 그림과 같이 캠축 스프로킷 "타이밍 마크"를 맞춘다.
[참고: 수정 필요시 캠축 "스프로킷 고정 볼트(17㎜)"를 약간
좌우로 돌려 맞춘다.]

65 1번 실린더 캠축 위상 재확인

위 그림과 같이 "1번 실린더 캠이 압축행정 말기(초기 점화)"
상태가 되어있는지 재확인한다.

66 4번 실린더 캠축 위상 재확인

위 그림과 같이 "4번 실린더 캠이 오버랩" 상태로 되어있는
지 재확인한다.

67 타이밍 체인 확인

위 그림과 같이 타이밍 체인 스프로킷 "타이밍 마크와 체인
의 마크"가 "일치"하는지 확인한다. [참고: "11칸 반"이다.]

68 실린더 헤드커버 장착

위 그림과 같이 실린더 "헤드커버"를 장착한다.

69 실린더 헤드커버 조립

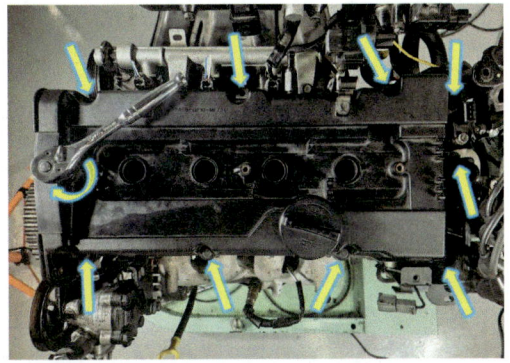

위 그림과 같이 실린더 "헤드커버 고정 볼트"를 규정 토크
로 조인다. [참고: "가운데부터 바깥쪽"으로 대각선 방향으로
조인다.]

70 PCV 호스와 에어 브리더 호스 조립

위 그림과 같이 "PCV 호스와 에어 브리더 호스"를 니블에 끼우고 "고정 밴드"를 기존 장착 위치에 설치한다.

71 고압 분배 배선 장착

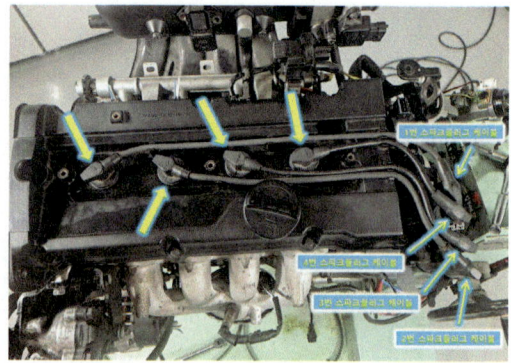

위 그림과 같이 "고압 분배 배선"을 각 실린더 점화 플러그에 장착한다. [주의: 아래쪽 점화코일부터 "2번, 3번", 위쪽 점화코일은 "4번, 1번" 용 고압 분배 배선이다.]

72 타이밍벨트 텐션 베어링 브래킷 유격 확인

위 그림과 같이 타이밍벨트 텐션 베어링 "브래킷의 유격"을 확인하여 조정한 다음 유격 조정 볼트를 "고정"한다.

73 캠축 스프로킷 타이밍 마크 재확인

위 그림과 같이 캠축 스프로킷 "타이밍 마크"가 맞는지 재확인한다.

74 크랭크축 스프로킷 타이밍 마크 확인

위 그림과 같이 크랭크축 스프로킷 "타이밍 마크"가 맞는지 확인한다.

75 타이밍벨트 장착

위 그림과 같이 타이밍벨트의 화살표 방향을 "우측"으로 향하게 한 다음 캠축 스프로킷부터 아이들 베어링 → 크랭크축 스프로킷 → 텐션 베어링 순으로 장착한다.

76 캠축 타이밍 마크 정렬 확인

위 그림과 같이 캠축 스프로킷 "타이밍 마크" 정렬 상태를 확인한다.

77 크랭크축 타이밍 마크 정렬 확인

위 그림과 같이 크랭크축 스프로킷 "타이밍 마크" 정렬 상태를 "재확인"한다.

78 타이밍벨트 텐션 베어링 유격 조정 볼트 유림

위 그림과 같이 타이밍벨트 텐션 베어링 "유격 조정 볼트"를 반시계 방향으로 돌려 "유림"한다.

79 타이밍벨트 장력 조절

위 그림은 타이밍벨트 텐션 베어링 "브래킷이 시계 방향으로 이동"하여 "벨트 장력 조절"이 완료된 모습이다.

80 타이밍벨트 텐션 베어링 고정

위 그림과 같이 타이밍벨트 텐션 베어링 "유격 조정 볼트"를 시계 방향으로 돌려 규정 토크로 조인다.

81 타이밍벨트 텐션 베어링 고정 볼트

위 그림과 같이 타이밍벨트 텐션 베어링 "고정 볼트"를 시계 방향으로 돌려 규정 토크로 조인다.

E
안

82 타이밍벨트 장력 확인

위 그림과 같이 타이밍벨트 "장력"을 확인한다.

83 캠축 타이밍 마크 정렬 재확인

위 그림과 같이 캠축 스프로킷 "타이밍 마크" 정렬 상태를 "재확인"한다.

84 크랭크축 타이밍 마크 정렬 재확인

위 그림과 같이 크랭크축 스프로킷 "타이밍 마크" 정렬 상태를 "재확인"한다. [참고: 크랭크축을 시계 방향으로 "2회전"한 다음 "재확인"한다.]

85 타이밍벨트 하부(Low) 커버 조립

위 그림과 같이 타이밍벨트 "하부 커버"를 장착한 다음 고정 볼트(10mm) 5개를 규정 토크로 조인다.

86 타이밍벨트 상부(Upper) 커버 조립

위 그림과 같이 타이밍벨트 "상부 커버"를 장착한 다음 고정 볼트(10mm) 4개를 규정 토크로 조인다.

87 크랭크축 플레이트 장착

위 그림과 같이 크랭크축 "플레이트"를 장착한다.

88 크랭크축 풀리 장착

위 그림과 같이 크랭크축 "풀리"를 장착한 다음 "고정 볼트"를 시계 방향으로 돌려 장착한다.

89 크랭크축 풀리 타이밍 이동 마크

위 그림과 같이 타이밍벨트 하부(Low) 커버 하단에 있는 타이밍 고정 마크 상사점 "T"와 크랭크축 풀리에 표시된 타이밍 이동 마크 "I" 모양이 "일치"된 것을 확인할 수 있다.

90 크랭크축 풀리 고정 볼트 조립

위 그림과 같이 크랭크축 풀리를 장착한 다음 "고정 볼트"를 시계 방향으로 돌려 조인다.

91 워터펌프 풀리 조립

위 그림과 같이 워터펌프에 "풀리"를 장착한 다음 "고정 볼트(10㎜) 4개"를 시계 방향으로 돌려 조인다.

92 분할형 겉 벨트 장착

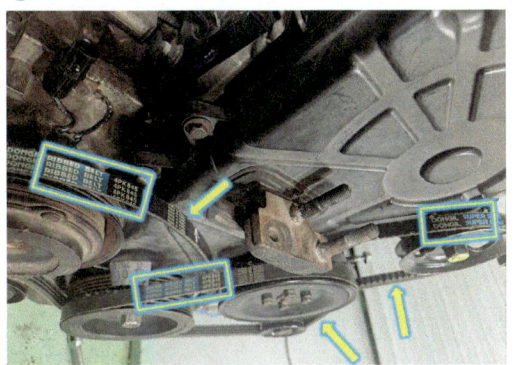

위 그림과 같이 "에어컨 컴프레서, 파워 스티어링 펌프, 팬 벨트"를 장착한다. [주의: 벨트의 "글자 및 숫자" 등의 위쪽이 "엔진 쪽"으로 향하도록 장착한다.]

93 에어컨 컴프레서 벨트 장력 조정

위 그림과 같이 에어컨 컴프레서 "유격 조정 볼트(12㎜)"를 시계 방향으로 돌려 "장력"을 규정 값 이내로 "조정"한다.

399

94 에어컨 컴프레서 아이들 베어링 고정너트

위 그림과 같이 에어컨 컴프레서 "아이들 베어링 고정너트 (14mm)"를 규정 토크로 조인다. [참고: 장력을 재확인한다.]

95 파워 스티어링 펌프 벨트 장력 조정

위 그림과 같이 연결대 등을 이용하여 "펌프 하우징"을 우측으로 당긴 다음 "유격 조정 볼트"를 규정 토크로 조인다.

96 파워 스티어링 펌프 관통볼트 고정너트

위 그림과 같이 파워 스티어링 펌프 "관통볼트 고정너트"를 규정 토크로 조인다. [참고: "장력"이 규정 값 이내인지 확인한다.]

97 팬벨트 장력 조정

위 그림과 같이 유격 조정 볼트를 시계 방향으로 돌려 "벨트 장력"을 규정 값 이내로 "조정"한다.

98 팬벨트 장력 조정 고정 볼트

위 그림과 같이 팬벨트 장력 조정 "고정 볼트"를 규정 토크로 조인다.

99 발전기 관통볼트 고정너트

위 그림과 같이 발전기 "관통볼트의 고정너트"를 규정 토크로 조인다.

100 분할형 겉 벨트 장력 확인

위 그림과 같이 분할형 "겉 벨트의 장력"을 최종적으로 확인한다.

101 크랭크축 풀리 고정 볼트 토크 조정

위 그림과 같이 크랭크축 "풀리 고정 볼트(19mm)"를 규정 토크로 조인다.

102 워터펌프 풀리 고정 볼트 토크 조정

위 그림과 같이 워터펌프 "풀리 고정 볼트(10mm)"를 규정 토크로 조인다.

103 조립 완료

위 그림은 조립이 완료된 엔진의 전면 모습이다.

정비기능장

E 엔진

1)_2 엔진 및 시동 관련 회로 점검 후 시동 작업

엔진 및 시동 관련 회로를 점검한 후 시동 작업과 기록표의 요구사항을 점검 및 측정하고 기록표에 기록하시오.[단, 시동되지 않는 경우 "2)"는 작업할 수 없음][A안 참고]

정비기능장

E 엔진

1)_3 캠 높이와 양정 및 오일 컨트롤 밸브(OCV) 저항 측정

기록표의 요구사항을 점검 및 측정하고 기록표에 기록하시오. (단, 시동되지 않는 경우 "2)"는 작업할 수 없음) [A안 참고]

E
안

정비기능장

E 엔진

2)_1 기록표 요구사항_가솔린 인젝터 전압 및 전류 파형

주어진 엔진에서 감독위원의 지시에 따라 기록표 요구사항을 점검 및 측정하여 기록하시오. [C안 참고]

정비기능장

E 엔진

2)_2 기록표 요구사항_공기유량센서 출력전압(파형)_급가속 시 및 스로틀 위치 센서(TPS)와 공기량 센서 파형 측정

주어진 엔진에서 감독위원의 지시에 따라 기록표 요구사항을 점검 및 측정하여 기록하시오. [A안 참고]

정비기능장

E 엔진

3)_1 시동결함_크랭킹은 가능하나 시동되지 않음

주어진 엔진에서 크랭킹은 가능하나 시동되지 않고, 시동된 후에도 부조가 발생합니다. 고장원인을 찾아 수리 후 기록표에 기록하시오. [A안 참고]

정비기능장

E 엔진

3)_2 부조 발생 원인

주어진 자동차에서 크랭킹은 가능하나 시동되지 않고 시동된 후에도 부조가 발생합니다. 고장 부위를 수리하고 기록표를 작성하시오. [A안 참고]

정비기능장

E 섀시

1) 허브 베어링 분해 · 조립 및 작동상태 확인

주어진 자동차에서 감독위원의 지시에 따라 전륜(또는 후륜)의 한쪽 허브 베어링을 탈거하고 감독위원에서 확인 후, 다시 조립(부착)하여 작동상태를 확인하고 기록표의 요구사항을 점검 및 측정하여 기록하시오. [B안 참고]

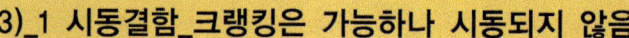

01 허브 베어링 분해·조립 및 작동상태 확인_B안 참고

정비기능장

E 새 시

1)_1 기록표 요구사항 점검 · 측정_사이드 슬립량 및 타이어 점검

기록표 요구사항을 점검 및 측정하여 기록하시오.

01 사이드 슬립량

01 테스터

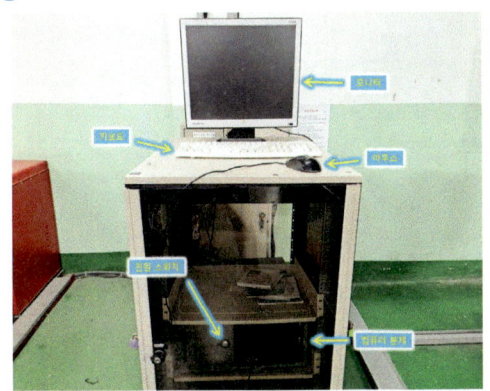

위 그림은 자동차 검사 시스템 테스터이며 모니터, 마우스, 컴퓨터 본체, 전원스위치, 키보드이다.

02 측정 준비

위 그림과 같이 측정 대상 자동차를 핸들 "직진상태"로 하고 사이드슬립 테스터 "측정 답판"으로 "진입"할 수 있도록 준비한다.

03 측정 답판 고정 레버

위 그림과 같이 "측정 답판" 고정 레버를 "OFF" 한다.

04 측정 준비

위 그림과 같이 화살표가 가리키는 "ABS_AUTO 아이콘"을 더블 클릭한다.

05 프로그램 검사 시작

위 그림과 같이 프로그램 화면에서 "검사 시작" 버튼을 클릭한다. [참고: "검정모드"는 임의적으로 수치를 입력하여 수업 시 활용할 수 있는 기능이다.]

06 차량 정보 입력란

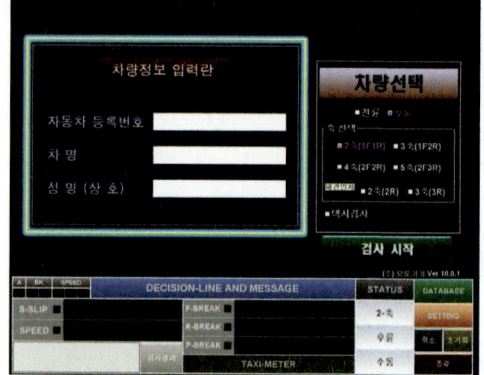

위 그림과 같이 "차량정보 입력란" 화면으로 전환된다.

07 차량 정보 입력

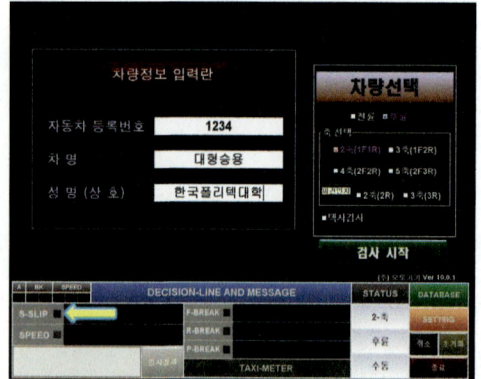

위 그림과 같이 "자동차 등록번호", "차명", "성명(상호)"을 입력한 다음 화살표가 가리키는 "S-SLIP"을 클릭한다.

08 측정 준비 화면

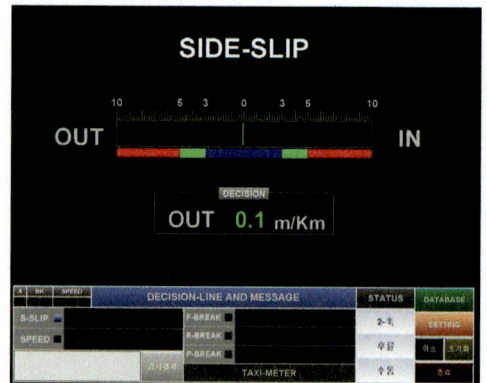

위 그림은 측정 준비가 완료된 "초기화면"이다.

09 측정

위 그림과 같이 핸들을 "직진상태"로 위치하고 핸들을 잡지 않은 상태에서 "5km/h 이하"의 속도로 "측정 답판"을 통과한다.

10 측정값

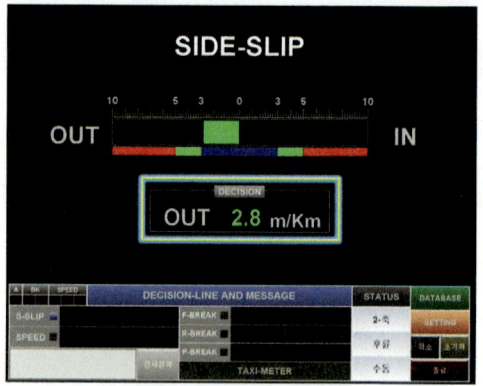

위 그림은 차량이 측정 답판의 끝 쪽에 있는 "광센서"를 통과한 다음 나타낸 측정값으로 "OUT 2.8m/km"이다.

⑪ 측정값에 따른 정비 및 조치 사항

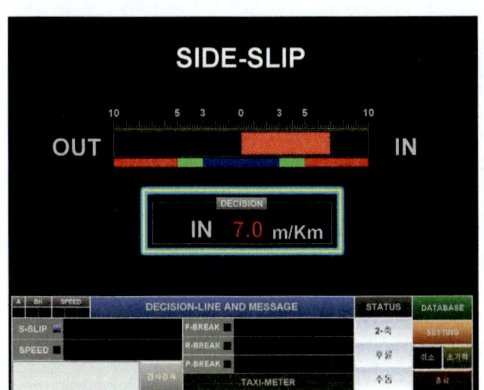

왼쪽 그림의 측정값은 "IN 7.0m/km"로 판정은 "불량"이다. 정비 및 조치 사항은 "측정값이 0.0m/km가 되도록 좌, 우측 타이로드를 각각 OUT 방향으로 3.5mm씩 조정한 다음 재측정"으로 기재한다.

⑫ 답안 작성_측정값 기준으로 답안 작성

◆ 섀시 1. 기록표

자동차 번호 :

항 목	측정(또는 점검)				규정(기준)값 (정비한계 값)	판정 및 정비(또는 조치) 사항		득 점
	비 번호					감독확인		
	측 정 값				규정(기준)값 (정비한계 값)	판정(□에 '✔' 표)	정비 및 조치 사항	
사이드 슬립량	OUT 2.8m/km				IN 5.0m/km~ OUT 5.0m/km 이내	☑ 양 호 □ 불 량	정비 및 조치 사항 없음 또는 정상	
타이어 점검	타이어 제작시기	타이어 최대 하중	트레드 깊이		트레드 깊이	□ 양 호 □ 불 량	✕	

※ 주의 사항: 사이드 슬립량 측정은 자동차검사기준 및 방법에 따릅니다.
　　　　　　타이어 점검에서 최대하중은 사이드월의 타이어 호칭을 기준으로 기록합니다.
　　　　　　감독위원이 제시한 타이어 하중지수표를 참고합니다.

02　타이어 점검

① 타이어 트레드 깊이 측정

위 그림과 같이 타이어의 "마모가 가장 많은 곳"을 트레드 깊이 게이지로 측정한다.

② 측정값 판독

위 그림은 디지털 타이어 트레드 깊이 게이지로 측정값은 "7.36mm"이다.

03 철자를 이용한 측정

위 그림은 30cm 철자를 이용하여 측정한 것이며 측정값은 "약 5mm"이다.

05 측정값 판독

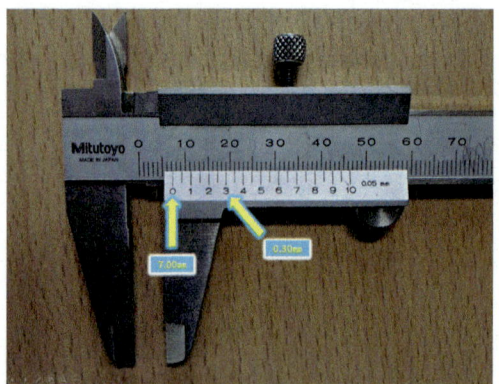

위 그림의 버니어 캘리퍼스 측정값은 "7.30mm"이다.

07 타이어 제작 시기_2

위 그림의 타이어 "제작 시기"는 "0223"이며 2023년 02주 (2023년 1월 둘째 주)를 표기한 것이다.

04 버니어 캘리퍼스에 의한 측정

위 그림은 버니어 캘리퍼스의 "깊이 바"를 이용하여 측정한 것이다.

06 타이어 제작 시기_1

위 그림의 원안은 타이어 "제작 시기"를 나타낸 것이며, "0323"은 2023년 03주(2023년 1월 셋째 주)를 표기한 것이다.

08 타이어 최대 하중

위 그림은 타이어 "최대 하중"을 나타낸 것이며, 최대 하중은 "750kg"이다.

09 규정 값 및 답안 작성_측정 및 판독 값 기준으로 답안 작성

◈ 섀시 1. 기록표

비 번호		감독확인	

자동차 번호 :

항 목	측정(또는 점검)			판정 및 정비(또는 조치) 사항		득 점
	측 정 값		규정(기준)값 (정비한계 값)	판정(□에 '✔' 표)	정비 및 조치 사항	
사이드 슬립량	IN 2.8m/km			IN 5.0m/km~ OUT 5.0m/km 이내	☑ 양 호 □ 불 량	정비 및 조치 사항 없음 또는 정상	
타이어 점검	타이어 제작시기 0223(2023년 2주 또는 2023년 1월 둘째 주)	타이어 최대 하중 750kg	트레드 깊이 7.36mm	트레드 깊이 1.6mm 이상	☑ 양 호 □ 불 량	✕	

※ 주의 사항: 사이드 슬립량 측정은 자동차검사기준 및 방법에 따릅니다.
　　　　　　 타이어 점검에서 최대하중은 사이드월의 타이어 호칭을 기준으로 기록합니다.
　　　　　　 감독위원이 제시한 타이어 하중지수표를 참고합니다.

정비기능장

E **섀 시**

2) 브레이크 캘리퍼 탈·부착 및 공기빼기, 작동상태 확인

전자제어 차체 자세 제어장치(VDC, ESP, ECS)가 설치된 자동차에서 감독위원의 지시에 따라 브레이크 캘리퍼를 탈거하고 감독위원에서 확인 후, 다시 조립(부착)하여 공기빼기 작업을 실시하고 브레이크 작동상태를 점검한 후 기록표의 요구사항을 점검 및 측정하여 기록하시오. [A안 참고]

01 브레이크 캘리퍼 탈·부착 및 공기빼기 작업 후 작동상태 확인

정비기능장

E **섀 시**

2)_1 기록표 요구사항 점검 · 측정_ABS 휠 스피드 센서 파형

기록표 요구사항을 점검 및 측정하여 기록하시오. [A안 참고]

01 ABS 휠 스피드 센서 파형 분석

정비기능장

E 섀 시

2)_2 기록표 요구사항 점검·측정_브레이크 디스크 런 아웃 및 휠 스피드 센서 에어갭 측정

기록표 요구사항을 점검 및 측정하여 기록하시오. [A안 참고]

01 브레이크 디스크 런 아웃 및 휠 스피드 센서 에어갭 측정_A안 참고

정비기능장

E 전 기

1) 라디에이터 팬 탈·부착 및 작동상태 확인, 점검 및 측정

감독위원의 지시에 따라 자동차에서 라디에이터 팬을 탈거하고 감독위원에서 확인 후, 다시 조립(부착)하여 작동상태를 확인하고, 기록표의 요구사항을 점검 및 측정하고 기록표에 기록하시오. [B안 참고]

01 라디에이터 팬 탈·부착_B안 참고

02 라디에이터 팬 모터(구동 시) 작동전압, 작동전류: B안 참고

정비기능장

E 전 기

2) 회로 점검 및 기록표 작성

주어진 자동차에서 정비 지침서의 회로도를 이용하여 기록표에서 요구하는 회로를 점검하고, 이상 내용을 기록표에 기록한 후 정비하시오. [A안 참고]

01 에어컨 및 공조 회로 점검_A안 참고

02 사이드미러 회로 점검_A안 참고

03 와이퍼 회로 점검_A안 참고

정비기능장

E

전 기

3) 파형 측정

주어진 자동차에서 시험위원 지시에 따라 기록표의 요구사항을 점검 및 측정하여 기록하시오.

01 CAN 통신 파형_A안 참고

02 외기온도 센서 저항 및 출력전압

01 외기온도 센서 위치

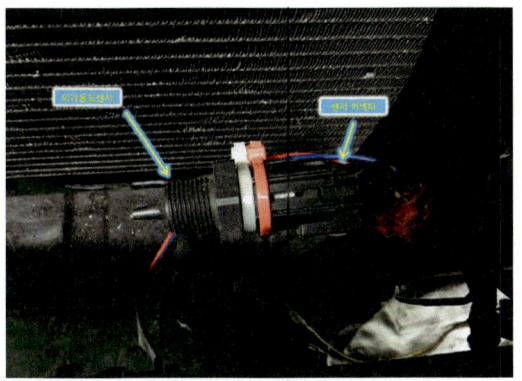

위 그림은 에어컨 콘덴서 전면에 위치한 "외기온도 센서" 위치이며 "센서와 커넥터"이다.

02 외기온도 센서 단자 배선

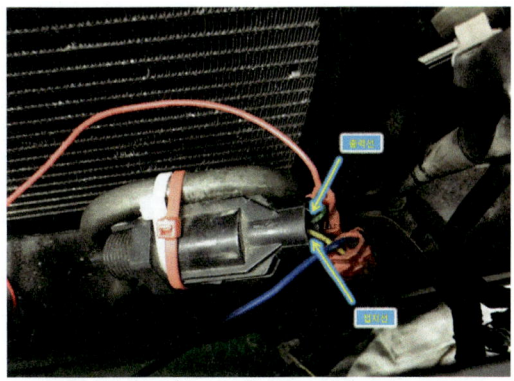

위 그림의 "녹색 배선"은 출력단자 배선이며, "황색"은 접지단자 배선이다.

03 멀티미터 선택

위 그림과 같이 "멀티미터" 기능을 클릭한다.

04 전압 측정 화면

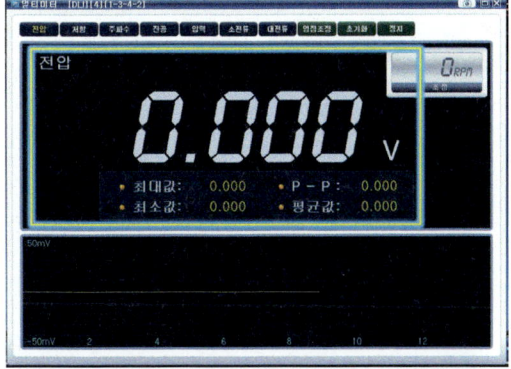

위 그림은 멀티미터의 "전압 측정" 화면으로 전환된 모습이다.

05 멀티미터 프로브 설치

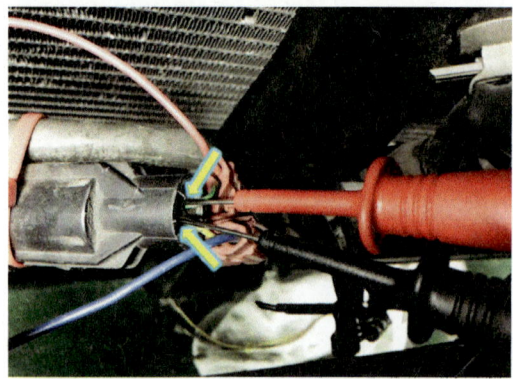

위 그림과 같이 멀티미터 "적색 프로브"는 센서 커넥터 전원 단자에 "흑색 프로브"는 접지단자에 연결한다.

06 Key ON

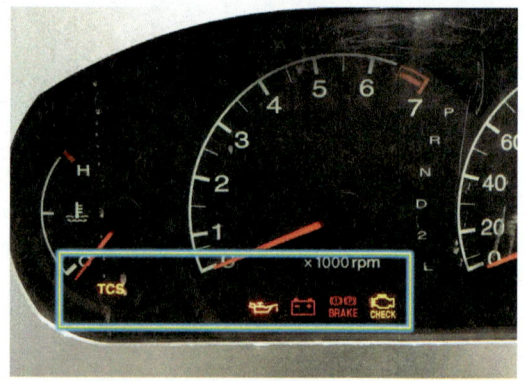

위 그림과 같이 Key를 "ON" 한다.

07 측정값 판독

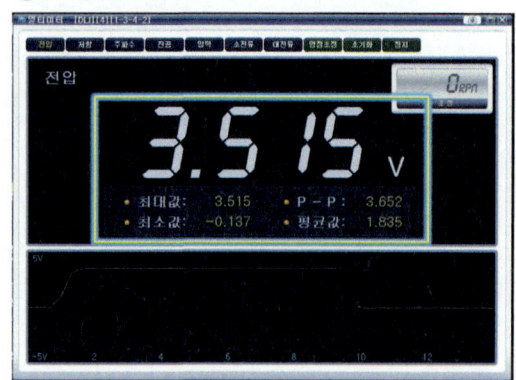

위 그림은 "외기온도 센서" 출력전압으로 "3.515V"이다.

08 Key OFF

위 그림과 같이 Key를 "OFF" 한다.

09 멀티미터 기능 저항 선택

위 그림과 같이 멀티미터 기능에서 "화면 상단 좌측"에 있는 "저항"을 클릭하여 "저항화면"으로 선택한다.

10 멀티미터 프로브 교차

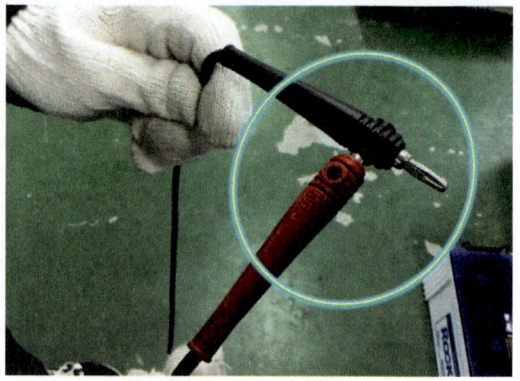

위 그림과 같이 멀티미터 전원 프로브와 접지 프로브를 "교차(쇼트)"시킨다.

⑪ 영점조정

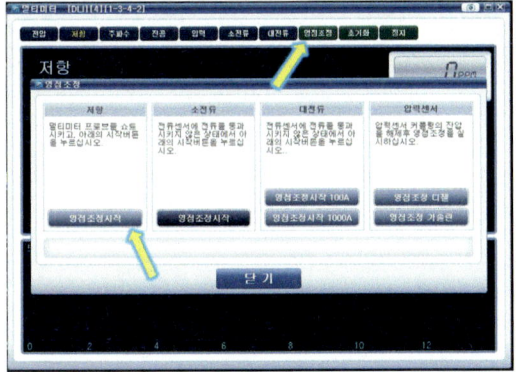

위 그림과 같이 상단 우측에 있는 "영점조정"을 클릭한 다음 화살표가 가리키는 저항 "영점조정시작" 버튼을 클릭한다.

⑫ 영점조정 완료

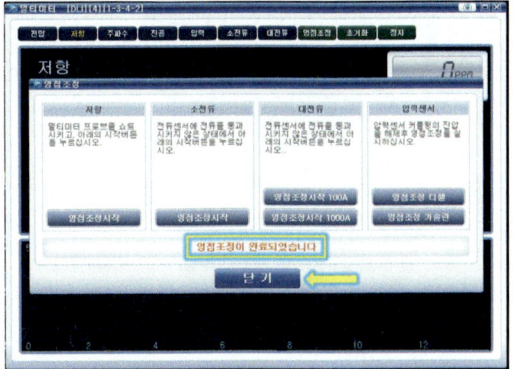

위 그림과 같이 영점조정이 완료되면 "닫기"를 클릭한다.

⑬ 멀티미터 프로브 설치

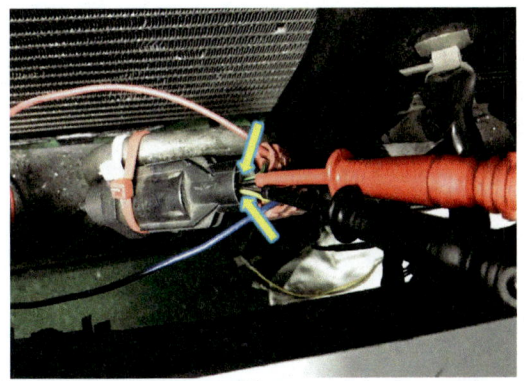

위 그림과 같이 멀티미터 프로브를 센서 커넥터의 "전원과 접지단자"에 연결한다. [참고: 센서 커넥터를 탈거하지 않고 측정한다.]

⑭ 측정값 판독

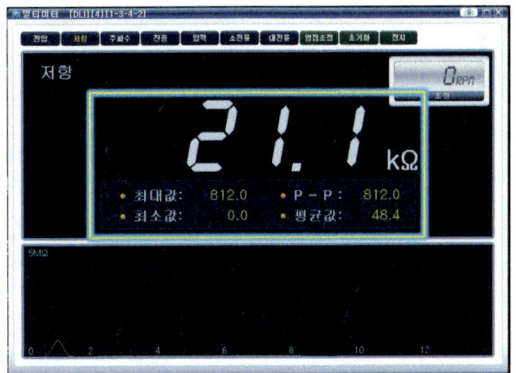

위 그림은 외기온도 센서 "회로 전체 저항값"으로 "21.1㏀" 이다.

⑮ 외기온도 센서 단품

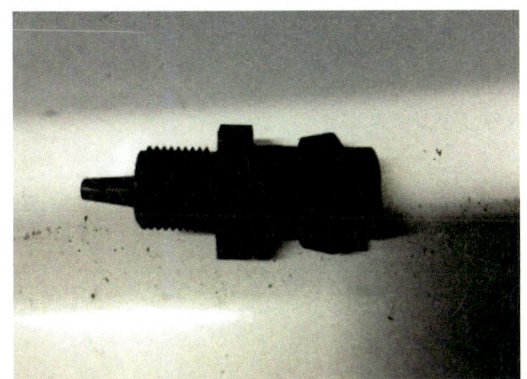

위 그림은 "외기온도 센서"를 탈거한 후 모습이다.

⑯ 멀티미터 프로브 설치

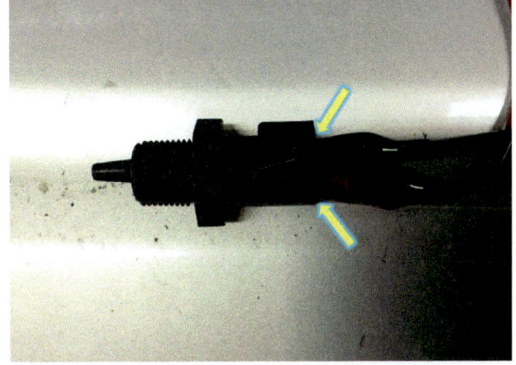

위 그림과 같이 멀티미터 프로브를 센서 "2개의 단자"에 연결한다. [참고: 전원과 접지단자 구별은 불필요하다.]

⑰ 측정값 판독

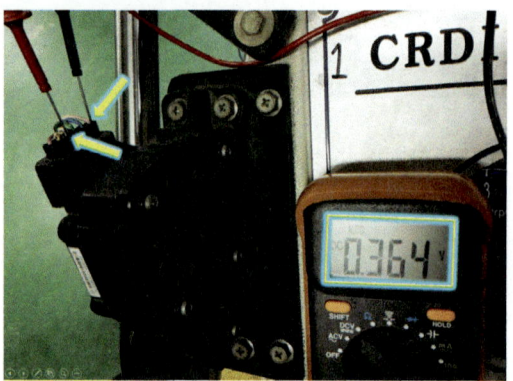

위 그림은 "외기온도 센서"의 저항값으로 "41.40㏀"이다.

⑱ 답안 작성_측정값 분석 내용 및 답안 작성하기

[참고] 상기 측정값은 Key "OFF" 상태에서 커넥터를 탈거하지 않고 측정한 "외기온도 센서 전체 회로 저항값"이다.

■ 점검 및 측정

항 목		측정(또는 점검)		판정 및 정비(또는 조치) 사항		득 점
		측정값	규정(기준)값 (정비한계 값)	판정(□에 '✔' 표)	정비 및 조치 사항	
외기온도 센서		저항: 21.1㏀	18.0~25.0㏀	☑ 양 호 □ 불 량	정상 또는 정비 및 조치 사항 없음	
		출력전압: 3.515V	3.000~4.000V			
에어컨 냉매 입력	저압			□ 양 호 □ 불 량		
	고압					

⑲ 답안 작성_측정값 분석 내용 및 답안 작성하기

[참고] 상기 측정값은 외기온도 센서를 탈거한 후 "단품" 상태에서 "측정"한 것이다.

■ 점검 및 측정

항 목		측정(또는 점검)		판정 및 정비(또는 조치) 사항		득 점
		측정값	규정(기준)값 (정비한계 값)	판정(□에 '✔' 표)	정비 및 조치 사항	
외기온도 센서		저항: 41.40㏀	35.00~45.00㏀	☑ 양 호 □ 불 량	정상 또는 정비 및 조치 사항 없음	
		출력전압: 3.515V	3.000~4.000V			
에어컨 냉매 입력	저압			□ 양 호 □ 불 량		
	고압					

03 에어컨 냉매 압력

01 고압 및 저압 포트

위 그림과 같이 "고압 포트(퀵아답터)와 저압 포트(퀵아답터)"를 테스터에서 탈거한다.

02 고압 및 저압 포트 라인 연결

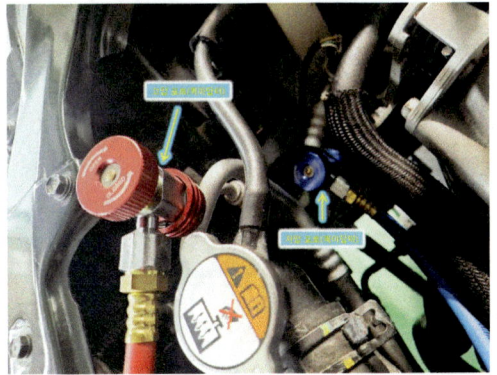

엔진 시동 "OFF" 상태에서 저압과 고압 라인에 "포트"를 연결한다.

03 저압 및 고압 포트 밸브 OPEN

위 그림과 같이 저압 및 고압 "포트 밸브"를 시계 방향으로 돌려 "OPEN" 한다.

04 에어컨 ON

위 그림과 같이 엔진 시동을 "ON"한 다음 AUTO 스위치를 "ON"하고 A/C 스위치를 "ON" 한다. [참고: 에어컨 컴프레서 "마그네틱 스위치가 ON" 된 상태에서 일정한 입력으로 유지될 때가 "측정값"이다.]

05 저압 및 고압 라인 압력 판독

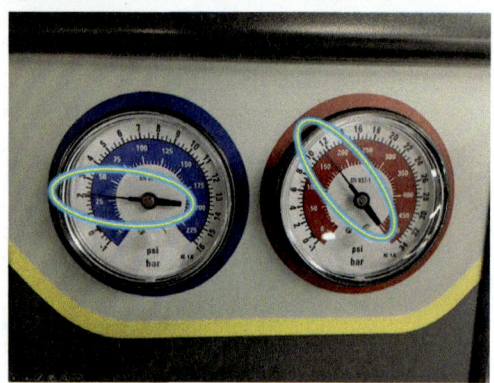

위 그림의 저압은 "2.1bar"이며, 고압은 "11.5bar"이다. [주의: 규정 값 단위를 확인한다.]

06 답안 작성_측정값 분석 내용 및 답안 작성하기

[참고] 상기 측정값은 외기온도 센서를 탈거한 후 "단품" 상태에서 "측정"한 것이다.

■ **점검 및 측정**

항 목		측정(또는 점검)		판정 및 정비(또는 조치) 사항		득 점
		측정값	규정(기준)값 (정비한계 값)	판정(□에 '✔' 표)	정비 및 조치 사항	
외기온도 센서		저항: 41.40㏀	35.00~45.00㏀	☑ 양 호 □ 불 량	정상 또는 정비 및 조치 사항 없음	
		출력전압: 3.515V	3.000~4.000V			
에어컨 냉매 압력	저압	압력: 2.1bar	압력: 1~4bar	☑ 양 호 □ 불 량	정상 또는 정비 및 조치 사항 없음	
	고압	압력: 11.5bar	압력: 11~14bar			

07 측정값에 따른 정비 및 조치 사항

[참고] 측정값이 규정 값을 벗어날 경우 판정은 "불량"에 "☑"표 하고, 저압과 고압이 낮을 시 정비 및 조치 사항은 "냉매 규정량으로 보충 후 재측정", 저압과 고압이 높을 시 정비 및 조치 사항은 "냉매 규정량으로 회수 후 재측정"으로 기재한다.

자동차정비 기능장

국가기술자격검정 실기시험문제

1. 기 관

1) 주어진 전자제어 엔진에서 감독위원의 지시에 따라 배기캠축을 탈거하여 오토래쉬(HLA)를 교환하고 감독위원에게 확인 후, 다시 조립(부착)하여 엔진 및 시동 관련회로를 점검한 후 시동작업과 기록표의 요구사항을 점검 및 측정하고 기록표에 기록하시오.
(단, 시동되지 않는 경우 "2)" 과제는 작업할 수 없다)

2) 주어진 엔진에서 감독위원의 지시에 따라 기록표 요구사항을 점검 및 측정하여 기록하시오.

3) 주어진 자동차에서 크랭킹은 가능하나 시동되지 않고, 시동된 후에도 부조가 발생합니다. 고장원인을 찾아 수리후 기록표에 기록하시오.

2. 섀 시

1) 주어진 자동차에서 감독위원의 지시에 따라 전륜 현가장치의 로어암을 탈거하고 감독위원에게 확인 후, 다시 조립(부착)하여 조향장치 작동상태를 점검한 후 기록표의 요구사항을 점검 및 측정하여 기록하시오.

2) 주어진 자동차에서 감독위원의 지시에 따라 유압식 동력 조향장치 오일펌프를 탈거하고 감독위원에게 확인 후, 다시 조립(부착)하여 공기빼기 작업을 실시하고, 조향장치 작동상태를 확인하고, 기록표의 요구사항을 점검 및 측정하여 기록하시오.

3. 전 기

1) 감독위원의 지시에 따라 자동차에서 와이퍼모터를 탈거하고 감독위원에게 확인 후, 다시 조립(부착)하여 작동상태를 확인하고, 기록표의 요구사항을 점검 및 측정하고 기록표에 기록하시오.

2) 주어진 자동차에서 정비지침서의 회로도를 이용하여 기록표에서 요구하는 회로를 점검하고, 이상내용을 기록표에 기록한 후 정비하시오

3) 주어진 자동차에서 감독위원 지시에 따라 기록표의 요구사항을 점검 및 측정하여 기록하시오.

국가기술자격검정실기시험문제 H안

자 격 종 목	자동차정비 기능장	작 품 명	자동차 정비 작업

- 비 번호
- 시험시간 : 6시간 30분(기관 : 140분, 섀시 : 130분, 전기 : 120분)
  ※ 시험 안 및 요구사항 일부내용이 변경될 수 있음

정비기능장

H 엔 진

1)_1 타이밍벨트 텐셔너와 배기가스 재순환장치(EGR) 탈·부착

주어진 전자제어 엔진에서 감독위원의 지시에 따라 타이밍벨트 텐셔너와 배기가스 재순환 장치(EGR) 탈거하고 감독위원에게 확인 후 다시 조립(부착)하시오.

부품 분해 조립 시 주의사항

① 분해·조립 작업은 반드시 대상 부품의 정면에서 한다.
② 분해한 부품에서 볼트 및 너트를 빼내지 말고 되도록 끼워진 상태로 부품을 탈거한다.
③ 분해하기 위해 볼트 및 너트를 풀 때는 바깥쪽에서 중앙을 향하며, 조일 때는 중앙에서 바깥쪽을 향하도록 하고, 특히 실린더 헤드 볼트의 경우는 풀고, 조이는 순서에 주의하여야 변형을 방지할 수 있다.
④ 분해한 부품의 접촉면이 바닥에 직접 닿지 않도록 주의한다.
⑤ 부품은 분해한 순서로 정리 정돈한 후 분해의 역순으로 조립한다.
⑥ 조립이 복잡한 부품은 표기를 한 후 분해한다.
⑦ 볼트 및 너트는 반드시 토크 렌치를 이용하여 규정 토크로 조이되 하나의 부품에 갯수가 여러 개일 경우 2~3회 정도 나누어 조인다.
⑧ 개스킷 및 오링은 반드시 신품으로 교환한다.
⑨ 부품 대를 사용하며 조립을 위하여 아래 칸부터 채워서 위로 올라오도록 정리한다.

정비기능장

H 엔진

1)_1 타이밍벨트 텐셔너와 배기가스 재순환장치(EGR) 탈·부착

주어진 전자제어 엔진에서 감독위원의 지시에 따라 타이밍벨트 텐셔너와 배기가스 재순환 장치(EGR) 탈거하고 감독위원에게 확인 후 다시 조립(부착)하시오.

---

01 타이밍벨트 텐셔너 탈·부착_1

01 엔진 전면 부품 명칭

위 그림은 가솔린엔진 전면이며 팬벨트, 발전기, 크랭크축 풀리이다.

02 크랭크축 및 워터펌프 풀리 고정 볼트 유림

위 그림과 같이 크랭크축 "풀리 고정 볼트(19㎜)"와 워터펌프 "풀리 고정 볼트(10㎜) 4개"를 "유림"한다.

03 발전기 커넥터

위 그림과 같이 "발전기 커넥터"를 탈거한다.

04 발전기 B 단자 탈거

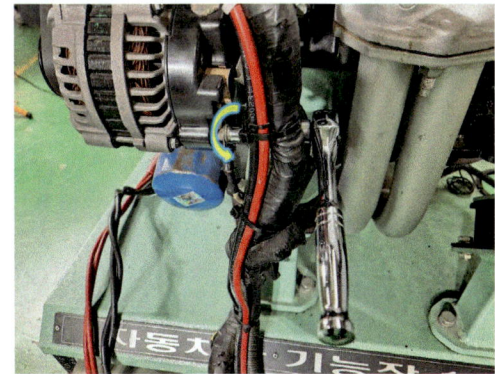

위 그림과 같이 "발전기 B 단자 고정너트(12㎜)"를 푼 다음 "B 단자"를 탈거한다.

05 팬벨트 탈거

위 그림과 같이 발전기 "관통볼트 고정너트"와 "고정 볼트"를 유림한 다음 "유격 조정 볼트(12mm)"를 풀어 "팬 벨트"를 탈거한다.

06 팬벨트 관련 부품

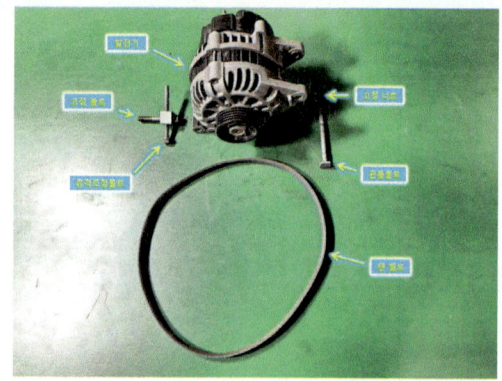

위 그림은 팬벨트 관련 부품으로 고정너트, 관통볼트, 팬벨트, 유격 조정 볼트, 고정 볼트, 발전기이다. [참고 자료다.]

07 타이밍 마크 정렬

위 그림과 같이 크랭크축 고정 볼트(19mm)를 "시계 방향"으로 돌려 타이밍 고정 마크 상사점 "T"와 타이밍 이동 마크 "I" 모양을 "일치" 시킨다.

08 워터펌프 풀리 탈거

위 그림과 같이 워터펌프 "풀리 고정 볼트(10mm) 4개"를 반시계 방향으로 돌려 푼 다음 "풀리"를 탈거한다.

09 크랭크축 풀리 탈거

위 그림과 같이 크랭크축 "풀리 고정 볼트(19mm)"를 반 시계 방향으로 돌려 푼 다음 "풀리"를 탈거한다.

10 크랭크축 플레이트 탈거

위 그림과 같이 크랭크축 "플레이트"를 탈거한다.

⑪ 접지선 탈거

위 그림과 같이 "접지선 고정너트(12㎜)"를 푼 다음 "접지선"을 탈거한다.

⑫ 타이밍벨트 상부(Upper) 커버 탈거

위 그림과 같이 타이밍벨트 "상부 커버 고정 볼트(10㎜) 4개"를 반시계 방향으로 돌려 푼 다음 "커버"를 탈거한다.

⑬ 타이밍벨트 하부(Low) 커버 탈거

위 그림과 같이 타이밍벨트 "하부 커버 고정 볼트(10㎜) 5개"를 반시계 방향으로 돌려 푼 다음 "커버"를 탈거한다.

⑭ 타이밍벨트 관련 부속 부품 명칭

위 그림은 타이밍벨트 관련 부품이며 캠축 스프로킷, 아이들 베어링, 타이밍벨트, 유격 조정 볼트, 크랭크축 스프로킷, 고정 볼트, 텐셔너 스프링, 텐셔너 베어링이다.

⑮ 타이밍 마크 확인

위 그림과 같이 캠축 스프로킷과 크랭크축 스프로킷 "타이밍 마크"가 맞는지 확인한다.

⑯ 캠축 스프로킷 타이밍 마크 확인

위 그림과 같이 "캠축 스프로킷"의 타이밍 마크가 맞는지 확인한다. [참고: 스프로킷의 "구멍"과 배기 캠축 1번 저널의 "중앙에 있는 사선"이 일치하는지 확인한다.]

⑰ 크랭크축 스프로킷 타이밍 마크 확인

위 그림과 같이 "크랭크축 스프로킷"의 타이밍 마크가 맞는지 확인한다. [참고: 스프로킷의 "△" (홈) 마크와 프런트 하우징에 있는 "돌기"가 일치하는지 확인한다.]

⑱ 텐셔너 베어링 고정 볼트와 유격 조정 볼트 유림

위 그림과 같이 좌측의 타이밍벨트 "텐셔너 베어링 고정 볼트(12mm)"와 "유격 조정 볼트(12mm)"를 반시계 방향으로 돌려 "유림"한다.

⑲ 타이밍벨트 장력 이완

위 그림과 같이 타이밍벨트 텐셔너 "베어링 브래킷"을 반시계 방향으로 당긴 후 "유격 조정 볼트"를 시계 방향으로 돌려 "고정"한다.

⑳ 타이밍벨트 탈거

위 그림과 같이 "타이밍벨트"를 탈거한다.

㉑ 타이밍벨트 텐셔너 탈거 후

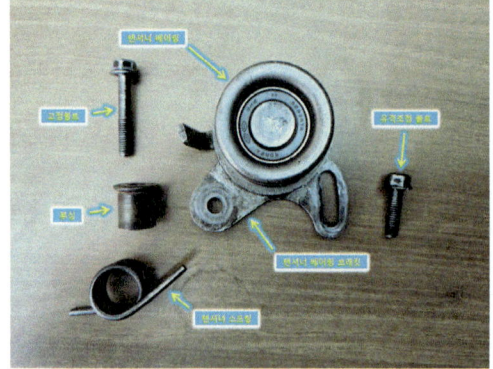

위 그림은 "타이밍벨트 텐셔너"를 탈거한 후 관련 부품으로 텐셔너 베어링, 유격 조정 볼트, 텐셔너 베어링 브래킷, 텐셔너 스프링, 부싱, 고정 볼트이다.

㉒ 타이밍벨트 텐셔너 베어링 설치

위 그림 같이 타이밍벨트 텐셔너 베어링 어셈블리를 "장착"한 다음 텐셔너 베어링 브래킷을 "반시계 방향"으로 돌린 후 유격 조정 볼트를 "고정"한다.

23 타이밍벨트 장착

위 그림과 같이 타이밍벨트의 "화살표 방향"을 우측으로 향하게 한 다음 캠축 스프로킷부터 아이들 베어링 → 크랭크축 스프로킷 → 텐셔너 베어링 순으로 장착한다.

24 타이밍벨트 텐셔너 베어링 유격 조정 볼트 유림

위 그림과 같이 타이밍벨트 텐셔너 베어링 "유격 조정 볼트"를 반시계 방향으로 돌려 "유림"한 다음 "벨트 장력 조절이 완료" 되면 "유격 조정 볼트와 고정 볼트"를 규정 토크로 조인다.

25 타이밍벨트 장력 확인

위 그림과 같이 "타이밍벨트 장력"이 규정 값 이내인지 확인한다.

26 타이밍 마크 정렬 재확인

위 그림과 같이 캠축 스프로킷과 크랭크축 스프로킷 "타이밍 마크"가 맞는지 재확인한다. [참고: 크랭크축을 시계 방향으로 "2회전" 한 다음 타이밍 마크가 맞는지 "재확인"한다.]

27 타이밍벨트 하부(Low) 커버 조립

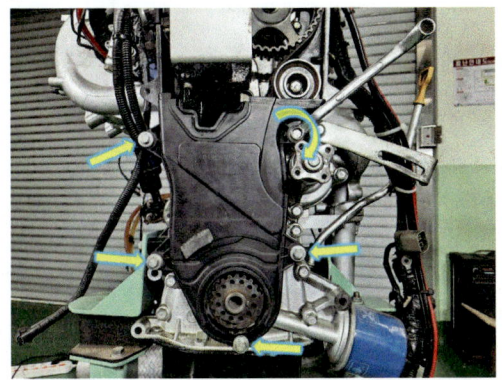

위 그림과 같이 타이밍벨트 "하부 커버"를 장착한 다음 "고정 볼트(10㎜) 5개"를 규정 토크로 조인다.

28 타이밍벨트 상부(Upper) 커버 조립

위 그림과 같이 타이밍벨트 "상부 커버"를 장착한 다음 "고정 볼트(10㎜) 4개"를 규정 토크로 조인다.

H
안

29 크랭크축 플레이트 장착

위 그림과 같이 크랭크축 "플레이트"를 장착한다.

30 크랭크축 풀리 장착

위 그림과 같이 크랭크축 "풀리를 장착"한 다음 "고정 볼트"를 시계 방향으로 돌려 장착한다.

31 타이밍 마크 정렬 확인

위 그림과 같이 타이밍 고정 마크 상사점 "T"와 타이밍 이동 마크 "I" 모양이 일치된 것을 확인할 수 있다.

32 워터펌프 풀리 조립

위 그림과 같이 워터펌프에 "풀리를 장착"한 다음 "고정 볼트(10㎜) 4개"를 시계 방향으로 돌려 조인다.

33 팬벨트 장착 및 장력 조정

위 그림과 같이 팬벨트 "유격 조정 볼트(12㎜)"를 조여 규정 값 이내로 "장력"을 조정한 다음 "관통볼트 고정너트와 고정 볼트"를 규정 토크로 조인다.

34 발전기 B 단자 조립

위 그림과 같이 발전기 "B 단자"를 장착한 다음 "고정너트"를 규정 토크로 조인 후 "발전기 커넥터"를 끼운다.

35 접지선 장착

위 그림과 같이 ·접지선·을 장착한 다음 ·고정너트·를 규정 토크로 조인다.

36 분할형 겉 벨트 장력 확인

위 그림과 같이 "팬벨트의 장력"을 최종적으로 확인한다.

37 고정 볼트 토크 조정

위 그림과 같이 크랭크축 풀리와 워터펌프 풀리 ·고정 볼트· 를 규정 토크로 조인다.

H
안

02   타이밍벨트 텐셔너 탈·부착_2

01 엔진 부속 부품 명칭

위 그림은 엔진 전면으로 크랭크축 풀리, 발전기, 팬벨트, 워터펌프 풀리, 타이밍벨트 상부 커버이다.

02 팬벨트 탈거

위 그림과 같이 워터펌프 "풀리 고정 볼트(10mm) 4개를 유림"한 다음 발전기 "관통볼트 고정너트와 고정 볼트"를 유림하고 유격 조정 볼트를 반시계 방향으로 돌려 팬벨트 "장력"을 이완한 후 "벨트"를 탈거한다.

03 타이밍벨트 상부 커버와 크랭크축 풀리 탈거

위 그림과 같이 타이밍벨트 "상부 커버 고정 볼트(10mm)"를 푼 후 "커버"를 탈거한 다음 크랭크축 "풀리 고정 볼트(12mm)"를 풀어 크랭크축 "풀리"를 탈거한다.

04 타이밍벨트 하부 커버 탈거

위 그림과 같이 타이밍벨트 "하부 커버 고정 볼트(10mm)"를 푼 다음 "커버"를 탈거한다.

05 타이밍벨트 및 관련 부품

위 그림은 타이밍벨트 관련 부품으로 위에서부터 타이밍벨트 A, 아이들 베어링, 밸런스 샤프트 스프로킷(오일펌프), 크랭크축 스프로킷, B 벨트 텐셔너 베어링, 오토프리 텐셔너, 밸런스 샤프트, 타이밍벨트 A 텐셔너 베어링이다.

06 캠축 스프로킷 타이밍 마크

위 그림의 좌측 원안은 "흡기 캠축 스프로킷" 타이밍 마크이고, 우측 원안은 "배기 캠축 스프로킷" 타이밍 마크이다.

07 크랭크축 및 밸런스 샤프트 타이밍 마크

위 그림의 가운데 원안은 "크랭크축 스프로킷" 타이밍 마크이고 좌측은 "밸런스 샤프트", 우측은 "밸런스 샤프트(오일펌프) 스프로킷" 타이밍 마크이다.

08 오토프리 텐셔너 탈거 후

위 그림과 같이 "화살표"가 가리키는 위치의 고정 볼트(12mm) 2개를 풀어 "오토프리 텐셔너"를 탈거한다. [참고: ⑦번 그림에서 확인할 수 있다.]

09 타이밍벨트 A 및 텐셔너 베어링 탈거

위 그림과 같이 "타이밍벨트 A"를 탈거한 후 텐셔너 베어링 "브래킷 고정 볼트(14mm)"를 푼 다음 탈거한다.

10 관련 부품과 크랭크축 스프로킷 탈거

위 그림은 "타이밍벨트 B" 관련 부품으로 크랭크각 센서, 플레이트이며, 크랭크축 "스프로킷 고정 볼트(22mm)"를 반시계 방향으로 돌려 푼 다음 "스프로킷"을 탈거한다.

11 크랭크각 센서와 플레이트, 텐셔너 베어링 탈거

위 그림과 같이 "크랭크각 센서 고정 볼트(10mm) 2개"를 푼 다음 "센서와 플레이트"를 탈거하고, 타이밍벨트 B "텐셔너 베어링 고정 볼트(12mm)"를 푼 후 "베어링"을 탈거한다.

12 B 벨트 탈거

위 그림과 같이 "타이밍벨트 B"를 탈거한다.

⑬ 타이밍벨트 및 관련 부품 탈거 후

위 그림은 타이밍벨트 A, B 및 관련 부품을 탈거한 후의 모습이다.

⑭ 오토프리 텐셔너 고정핀 장착

위 그림과 같이 오토프리 텐셔너 "텐션 바"을 바이스로 압축한 다음 "고정핀"을 끼운다.

⑮ 타이밍 B 벨트 조립

위 그림과 같이 밸런스 샤프트와 크랭크축 "타이밍 마크"를 맞춘 상태에서 "벨트 B를 장착"하고 텐셔너 베어링을 장착한 후 베어링을 시계 방향으로 돌려 "장력을 규정 값 이내로 조정"한 다음 "고정 볼트"를 규정 토크로 조인다. 벨트를 "상단 화살표" 방향으로 올려 보았을 때 프런트 "하우징에 닿지 않을" 정도면(해당 차량 정비지침서 참고) 정상이다. [참고: "타이밍벨트 B"의 회전 방향 확인 후 장착, 텐셔너 "베어링의 돌출부"는 벨트가 빠져나오는 것을 막아주는 역할을 하므로 장착 시 주의한다.]

⑯ 플레이트와 크랭크각 센서 조립

위 그림과 같이 크랭크축 "플레이트"와 "크랭크각 센서"를 같이 설치한 다음 센서 "고정 볼트"를 규정 토크로 조인다. [주의: "플레이트 방향"이 있으므로 주의하여 장착한다.]

⑰ 크랭크축 스프로킷 및 고정 볼트 장착

위 그림과 같이 크랭크축 "스프로킷"을 장착한 다음 "고정 볼트"를 규정 토크로 조인다.

⑲ 타이밍 A 벨트 회전 방향 확인

위 그림과 같이 타이밍벨트에는 "화살표"로 회전 방향이 표시 되어 있으므로 장착 시 "시계 방향"으로 향하게 장착한다. [참 고: 화살표가 없을 시 "글자의 윗부분"이 엔진 방향을 향하게 한다.]

㉑ 우측 밸런스 샤프트 타이밍 위치 확인

"우측" 밸런스 샤프트는 "2회전에 한번 마크가 일치"되므로 주의하여야 하며, 위 그림과 같이 실린더 블록 중앙의 "14 mm 확인용 볼트"를 탈거한 다음 중형 드라이버를 삽입하였 을 때 "약 100~150mm"가량 들어가면 정상이다.

⑱ A 벨트 텐셔너 베어링 및 오토프리 텐셔너 장착

위 그림과 같이 타이밍벨트 A "텐셔너 베어링과 오토프리 텐셔너"를 장착한 다음 "고정 볼트"를 규정 토크로 조인다.

⑳ 타이밍 A 벨트 장착

위 그림과 같이 "타이밍벨트 A"를 크랭크축 스프로킷부터 우 측 밸런스 샤프트 → 아이들 베어링 → 배기 캠축 스프로킷 → 흡기 캠축 스프로킷 → 오토프리 텐셔너 순으로 장착한다.

㉒ 캠축 타이밍 마크 확인

위 그림의 원 안 흡기, 배기 캠축 스프로킷의 "백색(1자) 홈" 과 실린더 헤드커버에 표기된 "돌기"와 "일치"하면 된다.

㉓ 크랭크축 및 기타 타이밍 마크 확인

위 그림과 같이 오토프리 "텐셔너 고정핀"을 탈거한 다음 크랭크축 "플레이트 홈"과 프런트 커버의 "돌기"와의 "일치", 우측 밸런스 샤프트(오일펌프) "스프로킷 홈"과 프런트 커버의 "돌기", 좌측 밸런스 샤프트 "스프로킷 홈"과 프런트 커버의 "홈"이 "일치"하면 된다.

㉔ 크랭크축 회전 후 타이밍 마크 확인

위 그림과 같이 타이밍벨트가 장착된 상태에서 크랭크축을 "6회전 시계 방향"으로 돌린 다음 흡·배기 캠축 스프로킷과 크랭크축 플레이트 "세 곳의 타이밍 마크"와 우측 밸런스 샤프트(오일펌프), 좌측 밸런스 샤프트 "타이밍 마크"가 "일치"되는지 확인한다.

㉕ 타이밍벨트 하부 커버 장착

위 그림과 같이 타이밍벨트 "하부 커버"를 설치한 다음 "고정 볼트(10㎜)"를 규정 토크로 조여 장착한다.

㉖ 크랭크축 풀리 및 고정 볼트 장착

위 그림과 같이 크랭크축 "풀리를 장착"한 다음 "고정 볼트 (12㎜) 4개"를 규정 토크로 조인다.

H 안

㉗ 타이밍벨트 상부 커버 및 팬벨트 장착

위 그림과 같이 타이밍벨트 "상부 커버"를 장착한 후 "워터펌프 풀리"를 장착한 다음 "팬벨트"를 장착하고 "벨트 장력"을 규정 값 이내로 조정한다.

---

03 타이밍벨트 탈·부착_3

① 엔진 부속 부품 명칭

위 그림은 디젤엔진 전면이며 타이밍벨트 상부 커버, 엔진 브래킷, 발전기, 타이밍벨트 하부 커버, 크랭크축 풀리, 오토프리 텐셔너 베어링, 겉 벨트이다.

② 겉 벨트 탈거

위 그림과 같이 오토프리 텐셔너 "베어링 고정 볼트(17㎜)"를 반시계 방향으로 돌린 다음 "겉 벨트"를 탈거한다.

03 크랭크축 고정 볼트 탈거

위 그림과 같이 크랭크축 "고정 볼트(22㎜)"를 푼 다음 "크랭크축 풀리 고정 볼트(12㎜) 4개"를 푼다.

04 크랭크축 풀리 탈거

위 그림과 같이 "크랭크축 풀리"를 탈거한다.

05 타이밍벨트 커버 탈거

위 그림과 같이 타이밍벨트 "상부 커버와 하부 커버" 고정 볼트(10㎜)를 푼 다음 탈거한다.

06 엔진 브래킷 탈거

위 그림과 같이 엔진 "브래킷 고정 볼트"를 푼 다음 탈거한다.

H
안

431

07 타이밍벨트 및 관련 부품

위 그림은 타이밍벨트 관련 부품이며 캠축 스프로킷, 아이들 베어링, 타이밍벨트, 오토프리 텐셔너, 워터펌프 스프로킷, 크랭크축 스프로킷이다.

08 크랭크축 스프로킷 타이밍 마크

위 그림 원안의 크랭크축 스프로킷 "백색 홈"과 프런트 커버 "돌기"가 "일치"하면 된다.|

09 캠축 스프로킷 타이밍 마크

위 그림 원안의 "백색 홈"과 실린더 헤드와 커버의 "경계선"이 "일치"하면 된다.

10 타이밍벨트 장력 유림

위 그림과 같이 타이밍벨트 오토프리 텐셔너 "육각 돌기"를 수공구를 이용하여 시계 방향으로 돌린 다음 "장력을 이완"시킨다.

⑪ 타이밍벨트 및 오토프리 텐셔너 탈거

위 그림과 같이 "타이밍벨트"를 탈거한 다음 오토프리 "텐셔너 고정 볼트(14㎜)"를 푼 후 탈거한다.

⑫ 캠축 스프로킷 타이밍 마크 확인

위 그림 원안의 "백색 홈"과 실린더 헤드 커버의 "경계선"이 일치하는지 "재확인"한다.

⑬ 크랭크축 스프로킷 타이밍 마크 확인

위 그림과 같이 "원안의" 크랭크축 스프로킷 "백색 홈"과 프런트 커버의 "돌기"가 일치되는지 드라이버를 이용하여 "재확인"한다.

⑭ 오토프리 텐셔너 장착

위 그림과 같이 "오토프리 텐셔너"를 장착한 다음 "고정 볼트"를 규정 토크로 조인다.

⑮ 오토프리 텐셔너 고정핀 장착

위 그림과 같이 원안의 "장력 조절 홈"에 고정핀을 삽입하여 "초기 설치 위치"로 세팅한다.

⑯ 타이밍벨트 회전 방향 확인

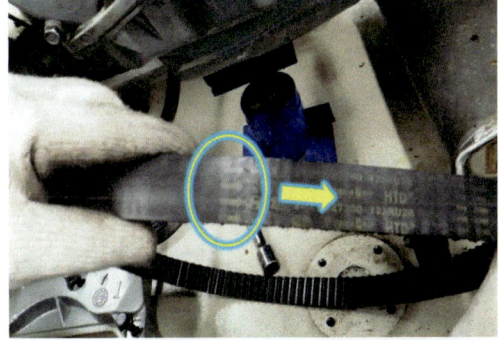

타이밍벨트에는 "화살표"로 회전 방향이 표시되어 있으므로 장착 시 "시계 방향"으로 향하게 장착한다. [참고: 화살표가 없을 시 "글자의 윗부분"이 엔진 방향을 향하게 장착한다.]

H
안

17 타이밍벨트 장착

위 그림과 같이 "크랭크축 스프로킷"부터 워터펌프 스프
로킷 → 아이들 베어링 → 캠축 스프로킷 → 오토프리 텐
셔너 순으로 "벨트"를 장착한다.

18 오토프리 텐셔너 고정핀 탈거 및 장력 조정

위 그림과 같이 오토프리 텐셔너 "고정핀을 탈거"하여 "장
력"을 조정한다. [참고: 크랭크축을 시계 방향으로 "2회전" 돌
려 캠축과 크랭크축 스프로킷 두 곳의 "타이밍 마크 일치" 상태
를 확인한다.]

19 엔진 브래킷 장착

위 그림과 같이 "엔진 브래킷"을 장착한 다음 "고정 볼트"
를 규정 토크로 조인다.

20 타이밍벨트 커버 장착

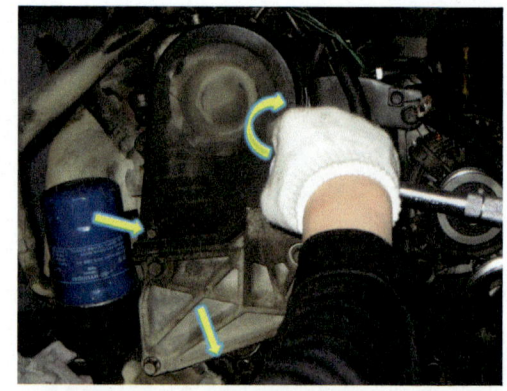

위 그림과 같이 "상부와 하부" 타이밍벨트 커버를 설치한
다음 "고정 볼트(10mm)"를 규정 토크로 조인다.

21 크랭크축 풀리 장착

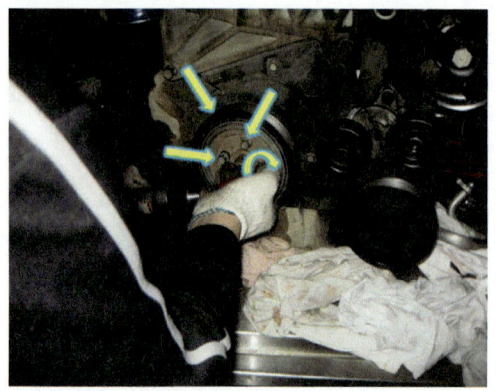

위 그림과 같이 "크랭크축 풀리"를 장착한 다음 "고정 볼
트(22mm)와 풀리 고정 볼트"를 규정 토크로 조인다.

22 겉 벨트 장착

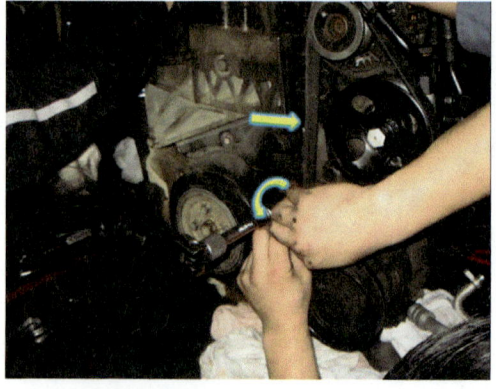

위 그림과 같이 "오토프리 텐셔너"를 반시계 방향으로 돌린
다음 "겉 벨트"를 장착한다.

23 겉 벨트 장력 확인

위 그림과 같이 화살표 방향으로 "겉 벨트"를 당기거나 눌러 "장력"이 규정 값 이내인지 점검한다.

04　타이밍 체인 탈·부착_4

01 엔진 부속 부품 명칭

위 그림은 가솔린 엔진 전면으로 실린더 헤드 커버, 파워 스티어링 펌프 풀리, 아이들 베어링, 발전기, 에어컨 컴프레서 풀리, 오토프리 텐셔너 베어링, 크랭크축 풀리, 겉 벨트, 워터펌프 풀리이다.

02 엔진 마운트 브래킷

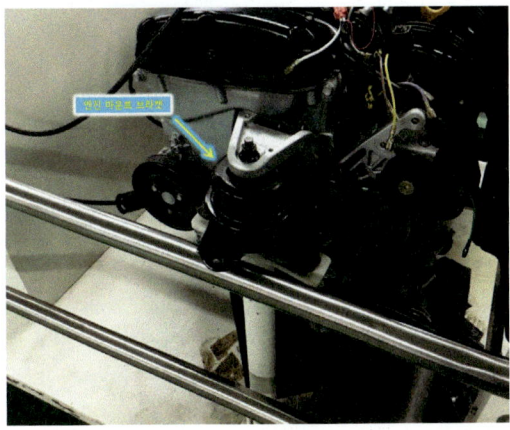

위 그림과 같이 엔진 마운트 "브래킷 고정 볼트(17㎜)"를 유림한다.

H
안

03 엔진 마운트 브래킷 및 실린더 헤드 커버 탈거

위 그림과 같이 "가래지 잭"을 엔진 오일 "팬 측면"에 설치하여 엔진이 밑으로 처지지 않도록 한 다음 "엔진 마운트 브래킷"을 탈거하고 실린더 "헤드커버"를 탈거한다.

04 겉 벨트 및 워터펌프 풀리 탈거

위 그림과 같이 오토프리 텐셔너 "베어링 고정 볼트(17㎜)"를 반시계 방향으로 돌린 다음 "겉 벨트"를 탈거한 후 워터펌프 "풀리 고정 볼트(10㎜)"를 풀고 탈거한다.

05 분해 후 부품

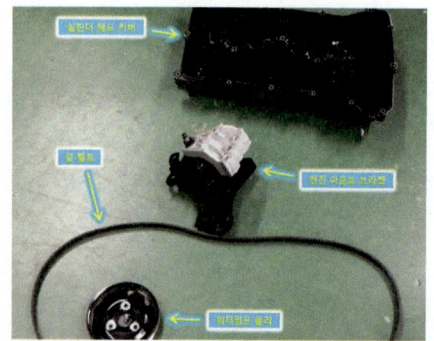

위 그림은 현재까지 분해한 부품 모습이며 실린더 헤드커버, 엔진 마운트 브래킷, 겉 벨트, 워터펌프 풀리이다.

06 아이들 베어링과 오토프리 텐셔너 탈거

위 그림과 같이 "엔진 브래킷과 아이들 베어링", "오토프리 텐셔너"를 탈거한다.

07 분해 후 부품

위 그림은 분해 부품이며 오토프리 텐셔너, 엔진 브래킷, 오토프리 텐셔너 베어링, 아이들 베어링이다.

08 크랭크축 풀리 및 타이밍 체인 커버 탈거

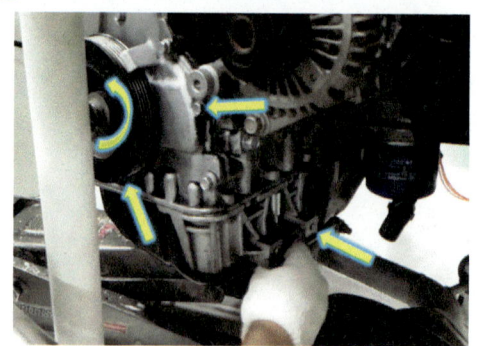

위 그림과 같이 "크랭크축 고정 볼트(22㎜)"를 푼 후 "풀리"를 탈거하고 "에어컨 컴프레서 브래킷과 타이밍 체인 커버" 고정 볼트를 푼 다음 탈거한다.

09 분해 후 부품

위 그림은 분해 부품이며 타이밍 체인 커버, 크랭크축 풀리,
에어컨 컴프레서 브래킷이다.

10 타이밍 체인 및 관련 부품

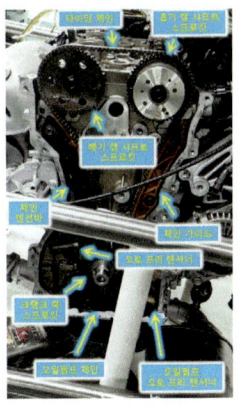

위 그림은 타이밍 체인 관련 부품이며 타이밍 체인, 흡기
캠축 스프로킷, 배기 캠축 스프로킷, 체인 가이드, 오토프
리 텐셔너, 크랭크축 스프로킷, 오일펌프 오토프리 텐셔너,
오일펌프 체인이다.

11 캠축 스프로킷 타이밍 마크

위 그림은 타이밍 마크이며 배기 캠축 및 흡기 캠축 스프로
킷 원안의 "홈"과 체인의 어두운색 사이드 "플레이트 중앙"
이 일치된 상태 모습이다.

12 크랭크샤프트 스프로킷 타이밍 마크

위 그림은 크랭크축 스프로킷 원안의 "홈"과 체인의 어두
운색 사이드 "플레이트 중앙"과 일치된 상태 모습이다.

13 분해 후 부품

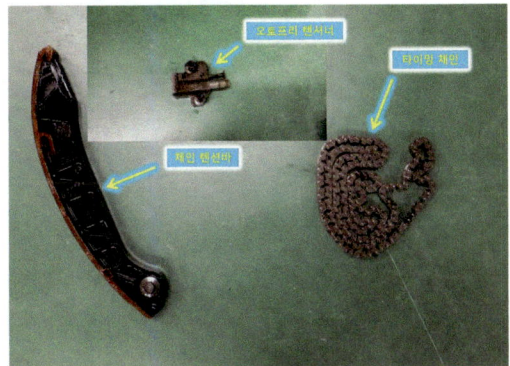

위 그림은 분해 후 부품이며 오토프리 텐셔너, 타이밍 체인,
체인 가이드이다.

14 체인 가이드 및 텐션 바 설치

위 그림과 같이 "우측 체인 가이드"를 설치한 다음 "좌측
체인 가이드 텐션 바"를 화살표 위치에 장착한다.

15 타이밍 체인 텐션 바 위치 조정

위 그림과 같이 "타이밍 체인"을 설치한 다음 "좌측 체인" 가이드 텐션 바를 "우측"으로 당긴다. [참고: 타이밍 마크 "일치 여부"를 확인한다.]

16 오토프리 텐셔너 장착

위 그림과 같이 오포프리 "텐셔너 고정 볼트(10mm)"를 규정 토크로 조여 장착한 다음 오포프리 텐셔너 "고정핀"을 탈거한다.

17 타이밍 체인 커버 장착

위 그림과 같이 "타이밍 체인 커버"를 설치한 다음 "고정 볼트"를 규정 토크로 조여 장착한다.

18 1번 캠 위상 초기 점화 상태 확인

위 그림과 같이 1번 배기 및 흡기 "캠 위상"을 확인하여 1번 실린더가 "압축행정(초기 점화) 말기" 상태인지 확인한다.

19 실린더 헤드커버 장착

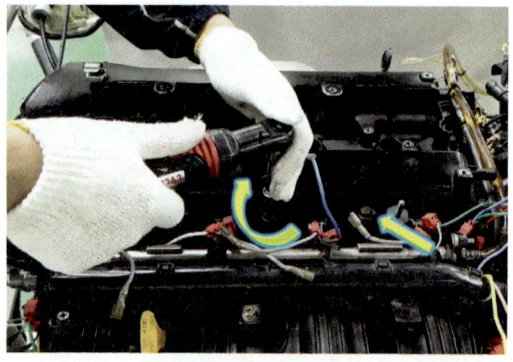

위 그림과 같이 실린더 "헤드커버"를 설치한 다음 "고정 볼트"를 규정 토크로 조여 장착한다. [참고: "가운데부터 바깥쪽"으로 "대각선 방향"으로 조인다.]

20 엔진 브래킷 및 오토프리 텐셔너 장착

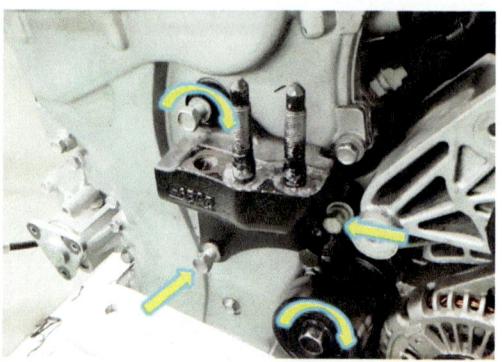

위 그림과 같이 "엔진 브래킷과 오토프리 텐셔너 고정 볼트"를 규정 토크로 조여 장착한다.

21 엔진 마운트 브래킷 및 겉 벨트 장착

위 그림과 같이 "엔진 마운트 브래킷", "워터펌프 풀리", "아이들 베어링", "크랭크축 풀리"를 장착한 다음 오토프리 "텐셔너 베어링 고정 볼트(17㎜)"를 반 시계 방향으로 돌린 후 "겉 벨트"를 장착하고 "장력"이 규정 값 이내인지 확인한다.

05 타이밍 체인 탈·부착_5

01 엔진 부속 부품 명칭

위 그림은 "V6엔진"의 전면으로 워터펌프 풀리, 오토프리 텐셔너 베어링, 아이들 베어링, 발전기, 에어컨 컴프레서 풀리, 크랭크축 풀리, 베어링 캡, 파워 스티어링 펌프 풀리, 겉 벨트이다.

02 단품 엔진 부속 부품 명칭

위 그림은 분해조립용 엔진으로 우 뱅크, 좌 뱅크, 아이들 베어링, 오토프리 텐셔너 베어링, 크랭크축 풀리, 타이밍 체인 커버, 워터펌프 풀리이다.

03 우 뱅크 실린더 헤드 커버 탈거

위 그림과 같이 "우 뱅크" 실린더 헤드커버 "고정 볼트(10 mm)"를 모두 푼 다음 탈거한다.

04 좌 뱅크 실린더 헤드 커버 탈거

위 그림과 같이 "좌 뱅크" 실린더 헤드커버 "고정 볼트(10mm)"를 모두 푼 다음 탈거한다.

05 오일 팬 탈거

위 그림과 같이 오일 "팬 고정 볼트(10mm)"를 모두 푼 다음 탈거한다.

06 워터펌프 풀리 탈거

위 그림과 같이 워터펌프 "풀리 고정 볼트(10mm) 4개"를 푼 다음 탈거한다.

07 아이들 베어링 탈거

위 그림과 같이 아이들 "베어링 고정 볼트(14mm)"를 푼 다음 탈거한다.

08 오토프리 텐셔너 탈거

위 그림과 같이 "오토프리 텐셔너 고정 볼트(12mm)"를 푼 다음 탈거한다.

09 크랭크축 풀리 탈거

위 그림과 같이 "크랭크축 풀리 고정 볼트(22mm)"를 푼 다음 탈거한다.

10 워터펌프 탈거

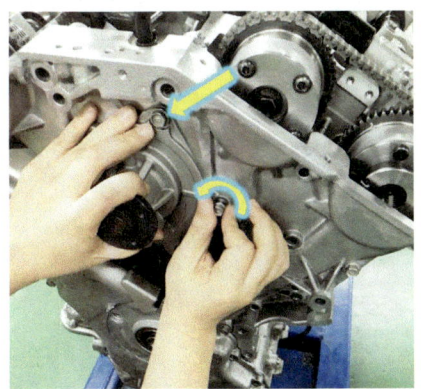

위 그림과 같이 "워터펌프 고정 볼트(12mm)"를 푼 다음 탈거한다.

11 타이밍 체인 커버 탈거

위 그림과 같이 "타이밍 체인 커버 고정 볼트(12mm 및 14mm)"를 푼 다음 탈거한다.

12 우 뱅크 체인 오토프리 텐셔너 탈거

위 그림과 같이 "우 뱅크" 체인 오토프리 텐셔너 "고정 볼트"를 푼 다음 탈거한다.

13 오일펌프 체인 가이드 탈거

위 그림과 같이 "오일펌프" 체인 가이드 "고정 볼트"를 푼 다음 탈거한다.

H
안

🔵14 우 뱅크 체인 가이드 텐션 바와 체인 탈거

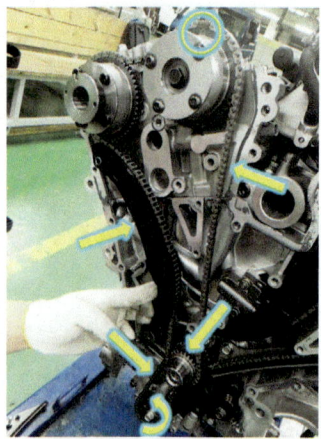

위 그림과 같이 캠축 스프로킷 "타이밍 마크"를 확인한 다음 우 뱅크 "체인 가이드 텐션 바와 체인", "크랭크축 스프로킷"을 탈거하고, 오일펌프 "스프로킷과 체인 가이드 텐션 바와 체인", 크랭크축 "스프로킷"을 탈거한다.

🔵15 좌 뱅크 타이밍 마크 및 오토프리 텐셔너 탈거

위 그림 상단 원안의 흡기 캠축 스프로킷 "홈"과 "짙은 황색"을 띠는 체인 사이드 "플레이트 중앙"과 "일치"하면 되며, 오토프리 텐셔너 "고정 볼트"를 푼 다음 탈거한다.

🔵16 좌 뱅크 배기 캠축 타이밍 마크

위 그림 상단 원안의 배기 캠축 스프로킷 "홈"과 "짙은 황색"을 띠는 체인 사이드 "플레이트 중앙"과 "일치"하면 된다.

🔵17 크랭크샤프트 타이밍 마크와 체인 탈거

위 그림과 같이 원안의 크랭크축 스프로킷 "홈"과 "짙은 황색"을 띠는 체인 사이드 "플레이트 중앙"과 "일치"하면 되며, "체인 가이드 텐션 바와 체인 가이드 고정 볼트"를 푼 다음 "체인"을 탈거한다.

18 타이밍 체인

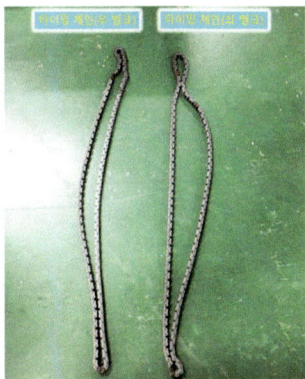

위 그림의 "좌측"은 우 뱅크, "우측"은 좌 뱅크 "타이밍 체인"이다.

19 타이밍 체인 탈거 후

위 그림은 우 뱅크 및 좌 뱅크 타이밍 체인 관련 부품을 탈거한 후 모습이며 "오일펌프 체인과 스프로킷(화살표가 가리키는 곳)"을 탈거한 다음 엔진 본체 모습이다.

20 좌 뱅크 체인 및 오일펌프 체인 장착

위 그림과 같이 "좌 뱅크 타이밍 마크"를 확인한 다음 "체인 가이드와 체인"을 설치하고 오일펌프 스프로킷과 크랭크축 스프로킷에 "체인"을 장착 후 "오일펌프 스프로킷 고정 볼트"를 규정 토크로 조인다.

21 오일펌프 체인 가이드 텐션 바 장착

위 그림과 같이 "오일펌프 체인 가이드 텐션 바"를 장착한 다음 "고정 볼트"를 규정 토크로 조인다.

H
안

22 타이밍 마크 확인 및 좌 뱅크 체인 장착

위 그림과 같이 "체인 가이드 텐션 바"를 설치한 다음 "흡기 캠축 스프로킷"을 좌우로 회전시키면서 "타이밍 마크"를 확인한다. 체인에 유격이 생기면 "오토프리 텐셔너"를 설치하고 "고정 볼트"를 규정 토크로 조인다. 다시 한번 "타이밍 마크와 체인 처짐 양"을 점검한다.

23 좌 뱅크 체인 가이드 장착

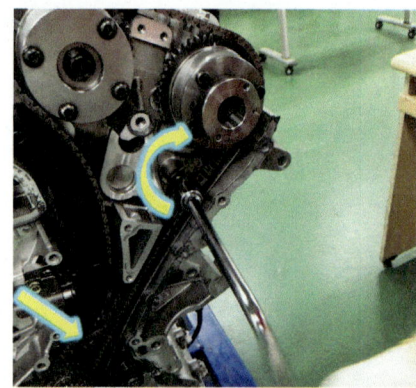

위 그림과 같이 "좌 뱅크 체인 가이드"를 설치한 다음 "고정 볼트"를 규정 토크로 조인다.

24 오일펌프 체인 가이드 및 우 뱅크 체인 설치

위 그림과 같이 "오일펌프 체인 가이드"를 설치한 다음 "고정 볼트"를 규정 토크로 조인 후 "크랭크축 스프로킷과 우 뱅크 체인"을 설치한다.

25 우 뱅크 체인 가이드 텐션 바 장착

위 그림과 같이 "배기 캠축 스프로킷"을 좌우로 회전시키면서 "우 뱅크 체인 가이드 텐션 바"를 설치한다.

26 체인 가이드 및 오토프리 텐셔너 장착

위 그림과 같이 오일펌프 "체인 가이드"를 설치한 후 "고정 볼트"를 규정 토크로 조인다. 또한 "오토프리 텐셔너"를 장착한 다음 "체인 장력"과 전체적인 타이밍 마크의 "정렬 상태"를 확인한다.

27 타이밍 체인 커버 조립

위 그림과 같이 "타이밍 체인 커버"를 설치한 다음 "고정 볼트"를 규정 토크로 조여 조립한다.

28 오일 팬 장착

위 그림과 같이 "오일 팬"을 설치한 다음 "고정 볼트"를 규정 토크로 조여 조립한다.

29 크랭크축 풀리 및 워터펌프 조립

위 그림과 같이 "크랭크축 풀리"를 장착한 다음 "고정 볼트"를 규정 토크로 조인 후 "워터펌프"를 조립한다.

H
안

③⓪ 타이밍 표시 확인

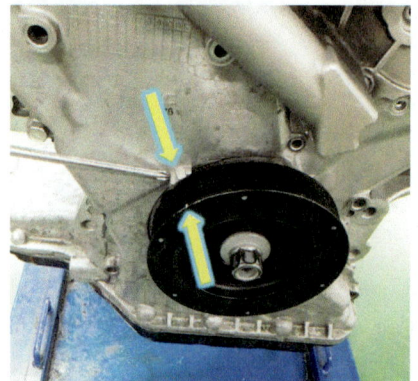

위 그림과 같이 크랭크축 풀리의 "타이밍 이동 마크"와 타이밍 체인 커버에 표시된 타이밍 고정 마크의 "I" 자가 " 일치 "하면 타이밍 마크는 정확히 맞는 것이다.

③① 타이밍 마크 확인

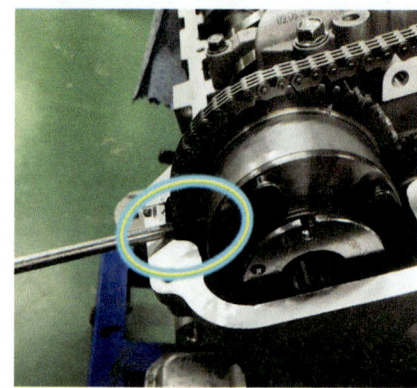

위 그림과 같이 좌, 우 뱅크 흡·배기 캠축 스프로킷과 타이밍 체인의 "타이밍 마크 4곳"이 정확히 맞는지 확인한다.

③② 실린더 헤드커버 및 기타 부품 장착

위 그림과 같이 좌, 우 뱅크 실린더 헤드커버 및 물 펌프 풀리, 아이들 베어링, 오토프리 텐셔너 "고정 볼트"를 규정 토크로 조여 장착한다. [참고: 실린더 헤드커버 고정 볼트는 "가운데부터 바깥쪽"으로 "대각선 방향"으로 조인다.]

06 배기가스 재순환 장치(EGR) 탈·부착

01 관련 부품 명칭

위 그림은 관련(주변) 부품으로 전자 EGR 솔레노이드 밸브, 커넥터, 고정 볼트, 점화코일이다.

02 커넥터 탈거

위 그림과 같이 "전자 EGR 솔레노이드 밸브 커넥터"를 탈거한다.

03 전자 EGR 솔레노이드 밸브 탈거

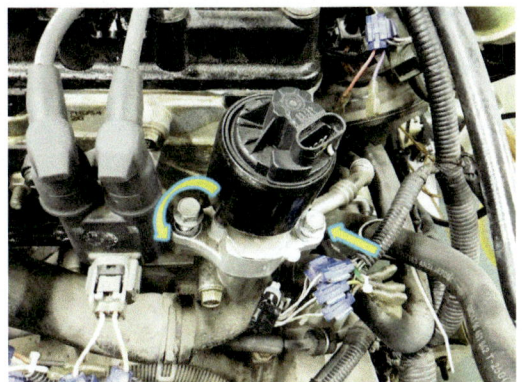

위 그림과 같이 전자 EGR 솔레노이드 밸브 "고정 볼트 (12mm)"를 푼 다음 밸브를 탈거한다.

04 전자 EGR 솔레노이드 밸브 탈거 후

위 그림은 전자 "EGR 솔레노이드 밸브" 탈거한 후 "개스킷" 모습이다.

05 전자 EGR 솔레노이드 밸브

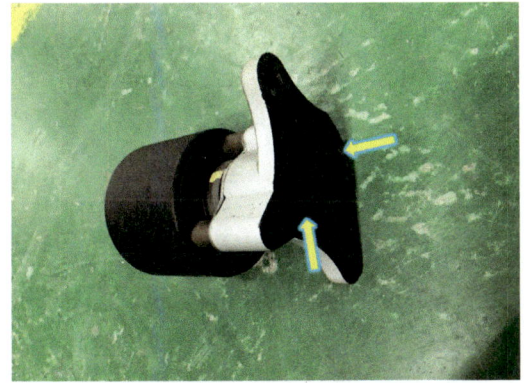

위 그림은 "전자 EGR 솔레노이드 밸브" 단품 모습이다.

06 전자 EGR 솔레노이드 밸브 장착

위 그림과 같이 "개스킷"을 장착하고 "전자 EGR 솔레노이드 밸브"를 설치한다.

H 안

07 고정 볼트

위 그림과 같이 "고정 볼트"를 규정 토크로 조인다.

08 커넥터 끼움

위 그림과 같이 전자 EGR 솔레노이드 밸브 "커넥터"를 끼운다.

정비기능장

1)_2 엔진 및 시동 관련 회로 점검 후 시동 작업

엔 진

엔진 및 시동 관련 회로를 점검한 후 시동 작업과 기록표의 요구사항을 점검 및 측정하고 기록표에 기록하시오. [단, 시동되지 않는 경우 "2)"는 작업할 수 없음]
[A안 참고]

정비기능장

H 엔진

1)_3 공기흐름 센서와 산소센서 출력전압 측정

기록표의 요구사항을 점검 및 측정하고 기록표에 기록하시오. (단, 시동되지 않는 경우 "2)"는 작업할 수 없음)

01 점검 및 측정[공기흐름 센서와 산소센서 출력전압]

01 엔진 시동 ON

위 그림과 같이 엔진 시동을 "ON" 하여 "정상 공회전 상태" 가 되도록 기다린다.

02 DLC(Data Link Connector)

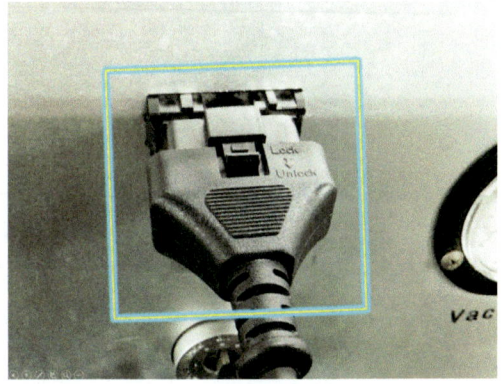

위 그림과 같이 "VCI" 자기진단 커넥터를 "DLC"에 장착한 다.

03 시스템 설정

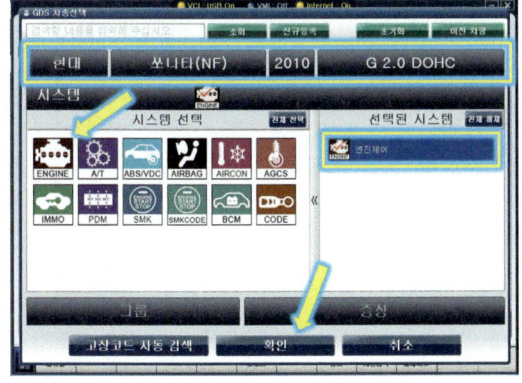

위 그림과 같이 "메이커 및 차종", "년식", "엔진 형식" 등을 선택한 후 시스템에서 "엔진제어"를 선택한 다음 "확인"을 클릭한다.

04 VCI ON

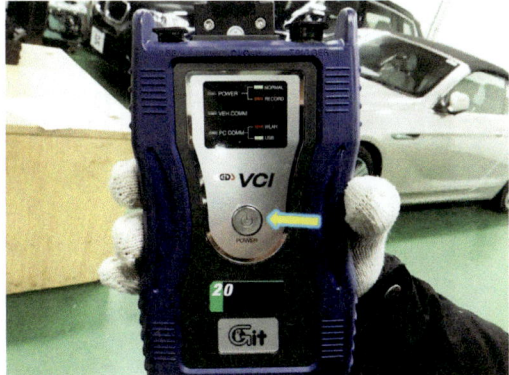

위 그림과 같이 "VCI 전원" 버튼을 눌러 "ON" 한다.

05 측정 선택 화면 설정

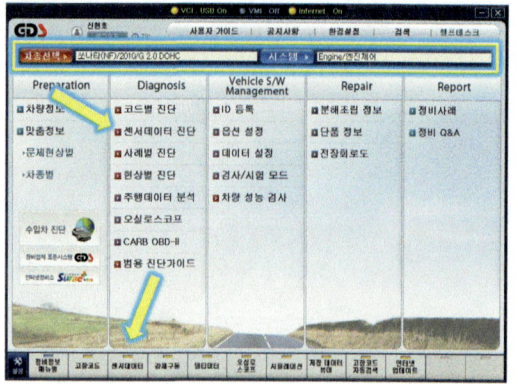

위 그림과 같이 측정 선택 화면에서 "센서 데이터"를 클릭한다. [참고: 화살표가 가르키는 2개 중 하나만 선택하면 된다.]

06 통신 진행 중

위 그림은 엔진 ECU와 통신 중인 상태 화면이다.

07 데이터 분석

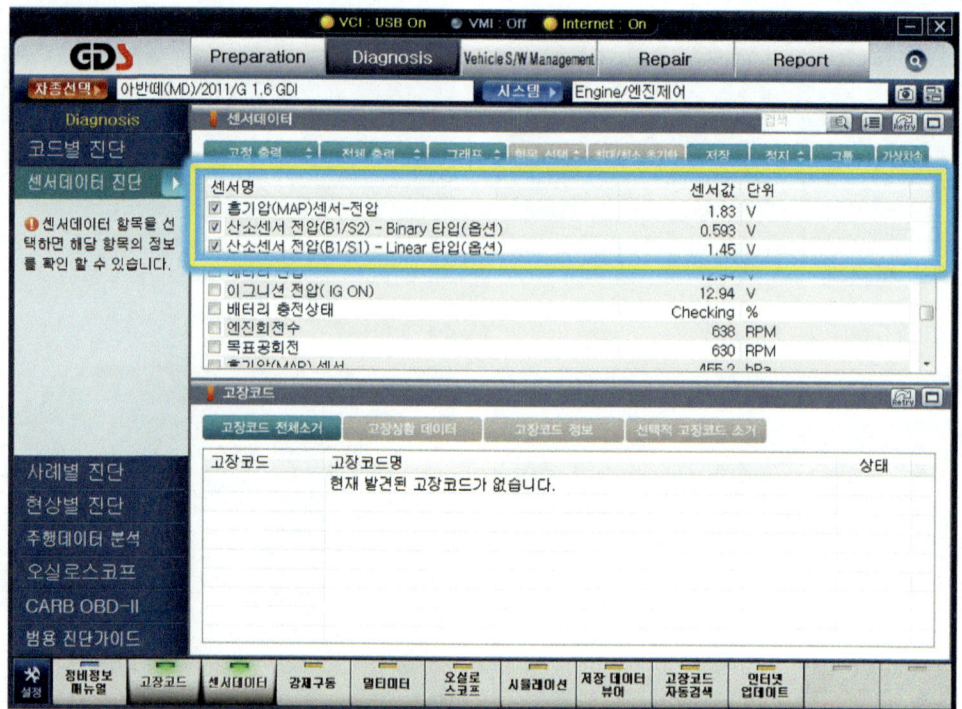

위 그림은 "정상적인 공회전 상태"에서 흡기 압(MAP)센서와 산소센서(B1/S2), 산소센서(B1/S1)를 "고정한" 화면이며 흡기 압(MAP)센서 전압은 1.83V, 산소센서(B1/S2) 전압 0.593V, 산소센서(B1/S1) 전압 1.45V로 나타내는 화면이다.

08 답안 작성_정상적인 공회전 상태에서 "B1" 출력전압 분석 및 답안 작성하기

◈ 기관 1. 기록표

| 비 번호 | | 감독확인 | |
자동차 번호 :

항 목	측정(또는 점검)		판정 및 정비(또는 조치) 사항		득 점
	측 정 값	규정값 (정비한계 값)	판정(□에 '✔' 표)	정비 및 조치할 사항	
공기흐름 센서 (MAP 또는 AFS) 출력전압	1.83V	1.40~2.00V	☑ 양 호 □ 불 량	정비 및 조치 사항 없음 또는 정상	
산소 센서 출력전압 (공회전 시) S1(전)	1.45V	0.50~1.80V	☑ 양 호 □ 불 량	정비 및 조치 사항 없음 또는 정상	
S2(후)	0.593V	0.010~0.700V			

※ 주의 사항: 산소센서 측정 위치(좌, 우 뱅크)는 감독위원의 지시에 따릅니다.

02 **점검 및 측정[산소센서 출력전압]**

01 부품 명칭

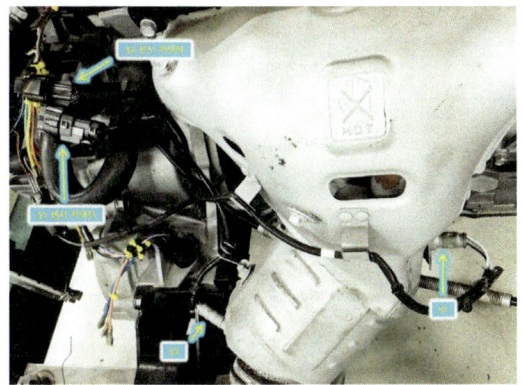

위 그림은 배기 다기관 주변이며 S2 센서 커넥터, S1 센서 커넥터이다.

03 측정값 판독

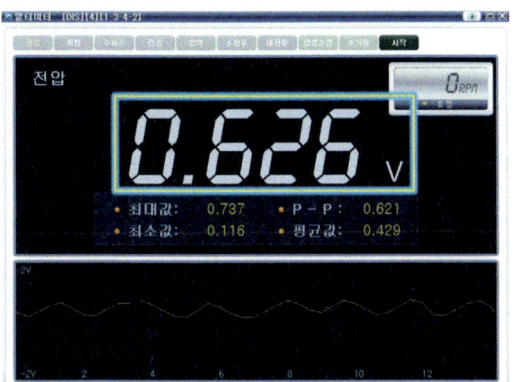

위 그림의 ·S1 센서· 출력값은 "0.625V"이다.

02 측정 프로브 설치

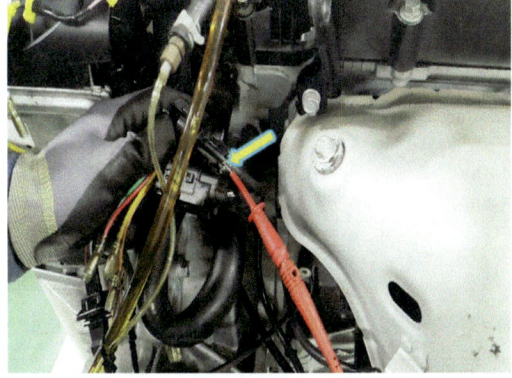

위 그림과 같이 ·멀티미터· 측정 프로브를 ·S1 센서 커넥터 출력단자·에 설치하고 접지 프로브는 차체에 ·접지·한다.

04 측정 프로브 설치

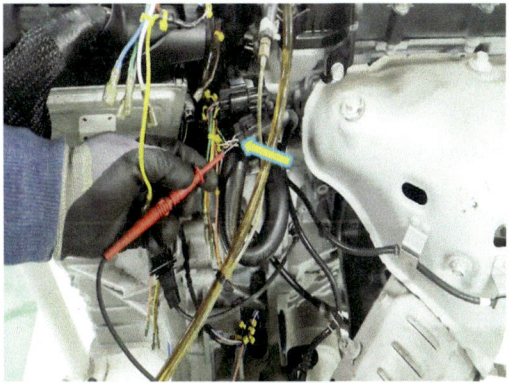

위 그림과 같이 ·멀티미터· 측정 프로브를 ·S2 센서 커넥터 출력단자·에 설치하고 접지 프로브는 차체에 ·접지·한다.

05 측정값 판독

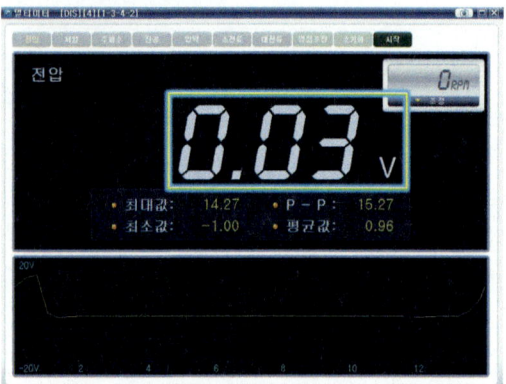

위 그림의 "S2 센서" 출력값은 "0.03V"이다.

06 답안 작성_정상적인 공회전 상태에서 출력전압 분석 및 답안 작성하기

◈ 기관 1. 기록표

자동차 번호 :

비 번호		감독확인	

항 목		측정(또는 점검)		판정 및 정비(또는 조치) 사항		득 점
		측 정 값	규정값 (정비한계 값)	판정(□에 '✔' 표)	정비 및 조치할 사항	
공기흐름 센서 (MAP 또는 AFS) 출력전압		1.83V	1.40~2.00V	☑ 양 호 □ 불 량	정비 및 조치 사항 없음 또는 정상	
산소 센서 출력전압 (공회전 시)	S1 (전)	0.625V	0.500~0.800V	☑ 양 호 □ 불 량	정비 및 조치 사항 없음 또는 정상	
	S2 (후)	0.03V	0.01~0.10V			

※ 주의 사항: 산소센서 측정 위치(좌, 우 뱅크)는 감독위원의 지시에 따릅니다.

정비기능장

H 엔 진

2)_1 기록표 요구사항_가변 밸브 타이밍 기구 파형

주어진 엔진에서 감독위원의 지시에 따라 기록표 요구사항을 점검 및 측정하여 기록하시오.

---

01 가변 밸브 타이밍 기구 파형 측정

---

01 가변 밸브 타이밍 기구

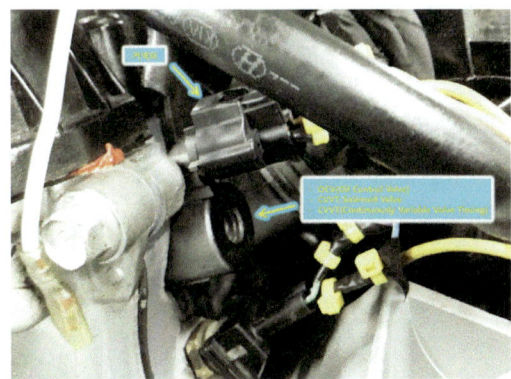

위 그림은 가변 밸브 타이밍 기구 중 OCV(Oil Control Valve)이다.

02 오실로스코프

위 그림과 같이 파형 측정을 위하여 "오실로스코프"를 클릭한다.

03 채널 1번 전원 프로브 설치

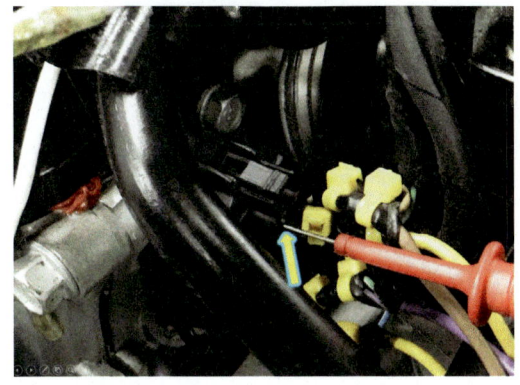

위 그림과 같이 "채널 1번" 전원 프로브를 "OCV 커넥터 출력단자"에 설치한다.

04 채널 1번 프로브 설치 모습

위 그림과 같이 "채널 1번" 전원 프로브는 "OCV 커넥터 출력단자"에 접지 프로브를 차체에 "접지"한 모습이다.

H
안

05 엔진 시동 Key Off 상태

위 그림과 같이 측정 조건을 엔진 시동 Key "Off 상태"로 한다.
[참고: 약 "1~4초" 동안 유지한다.]

06 엔진 시동 Key On

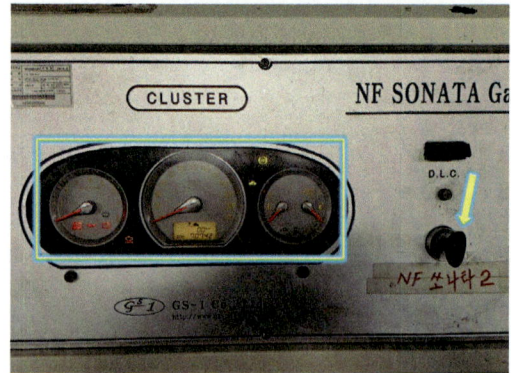

위 그림과 같이 엔진 시동 Key를 "ON" 한다.

07 가변 밸브 타이밍 기구 작동 시 파형_엔진 시동 Key Off 상태에서 ON으로 전환 시_"가장 이상적인 파형"

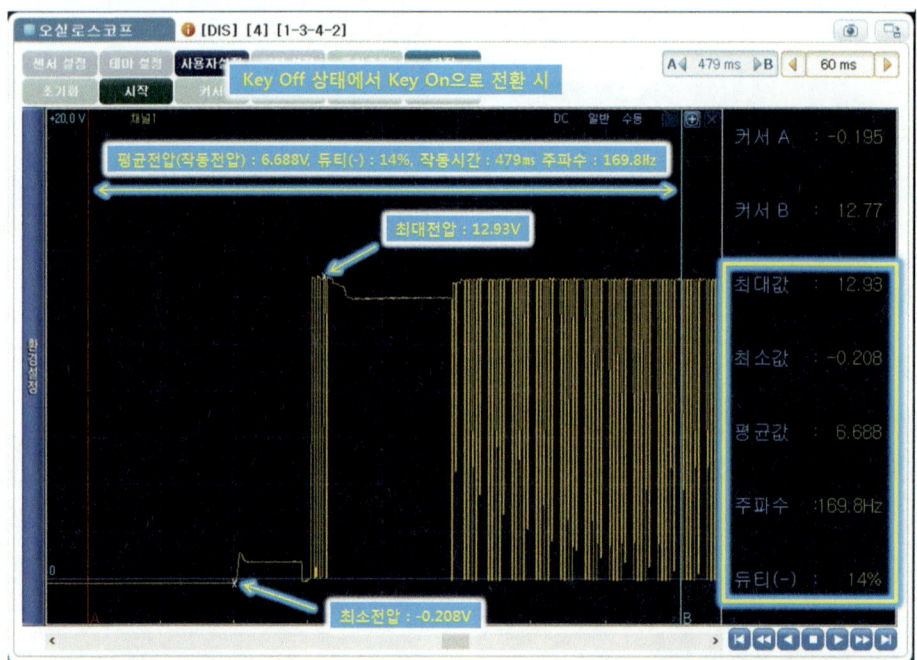

위 그림은 "엔진 시동 Key를 Off 상태에서 ON으로" 전환 시 가변 밸브 타이밍 기구 작동 파형으로 시간 축을 60ms로 설정한 다음 "커서 A"를 Key Off 구간 내 임의 지점에 위치하고 "커서 B"는 OCV 진·지각(저속/저부하 최진각) 상태 제어 임의 부분에 위치시킨 다음 최대 전압 12.93V, 최소전압 −0.208V, 평균(작동)전압 6.688V, 작동시간 479ms, 듀티(−) 14%를 표기한 화면이다.

08 가변 밸브 타이밍 기구 작동 시 파형_엔진 시동 Key Off 구간

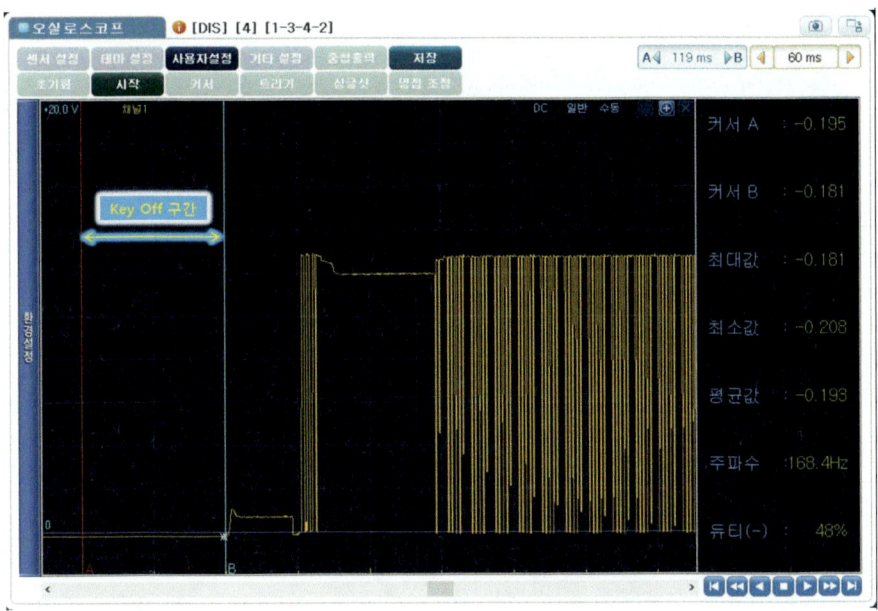

위 그림은 "엔진 시동 Key를 Off 상태에서 ON으로" 전환 시 가변 밸브 타이밍 기구 작동 파형으로 시간 축을 60ms로 설정한 다음 "커서 A"를 Key Off 구간 내 시작 임의 지점에 위치하고 "커서 B"는 Key Off 종료(초기 상태 제어 시작) 부분에 위치시킨 화면이다.

09 가변 밸브 타이밍 기구 작동 시 파형_Key On 상태에서 최초 OCV 전원 공급 구간_초기 상태 제어구간

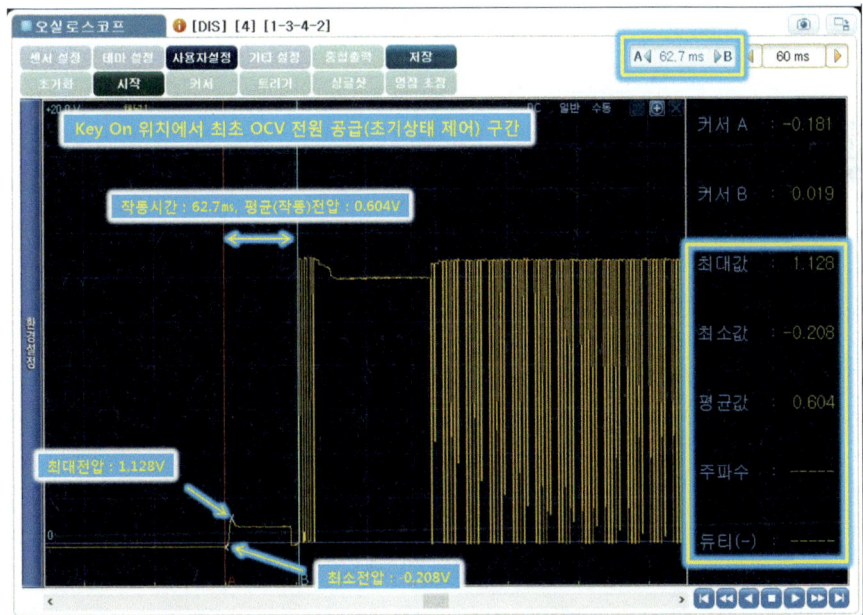

위 그림은 "엔진 시동 Key를 Off 상태에서 ON으로" 전환 시 가변 밸브 타이밍 기구 작동 파형으로 시간 축을 60ms로 설정한 후 "커서 A"를 최초 OCV 전원 공급 Key On 구간(초기 상태 제어) 시작 지점에 위치하고 "커서 B"는 전원 공급 종료(OCV 중립상태 제어 시작) 부분에 위치시킨 다음 최대 전압 1.128V, 최소전압 -0.203V, 평균(작동)전압 0.604V, 작동시간 62.7ms로 표기한 화면이다.

⑩ 가변 밸브 타이밍 기구 작동 시 파형_엔진 시동 Key On 상태에서 OCV 중립상태 제어구간

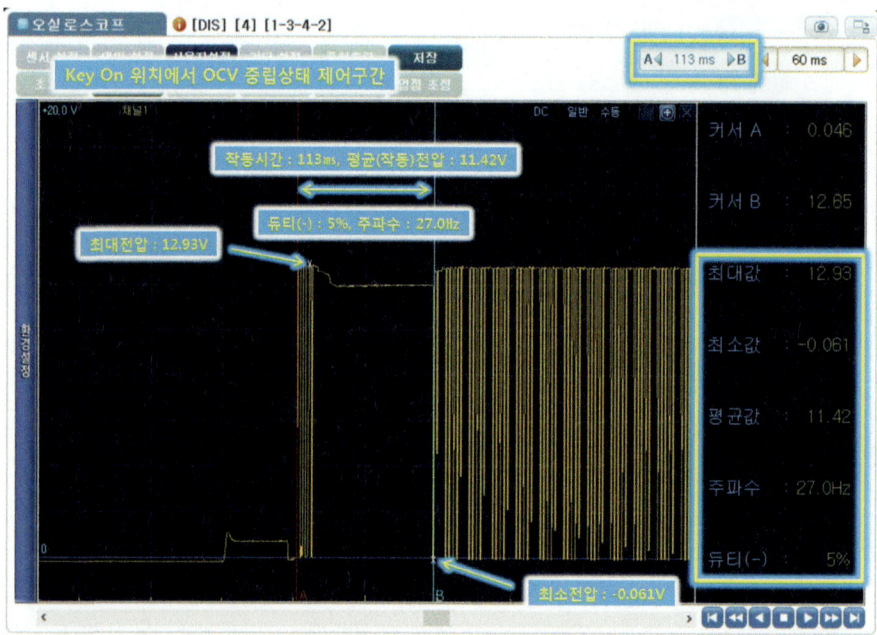

위 그림은 "엔진 시동 Key를 Off 상태에서 ON으로" 전환 시 가변 밸브 타이밍 기구 작동 파형으로 시간 축을 60ms로 설정한 후 "커서 A"를 OCV 중립상태 제어구간 시작 지점에 위치하고 "커서 B"는 OCV 중립상태 제어종료[OCV 진·지각(저속/저부하 최진각) 제어 시작] 부분에 위치시킨 다음 최대 전압 12.93V, 최소전압 -0.061V, 평균(작동)전압 11.42V, 작동시간 113ms, 듀티(-) 5%, 주파수 27.0Hz를 표기한 화면이다.

⑪ 가변 밸브 타이밍 기구 작동 시 출력 파형 출력물

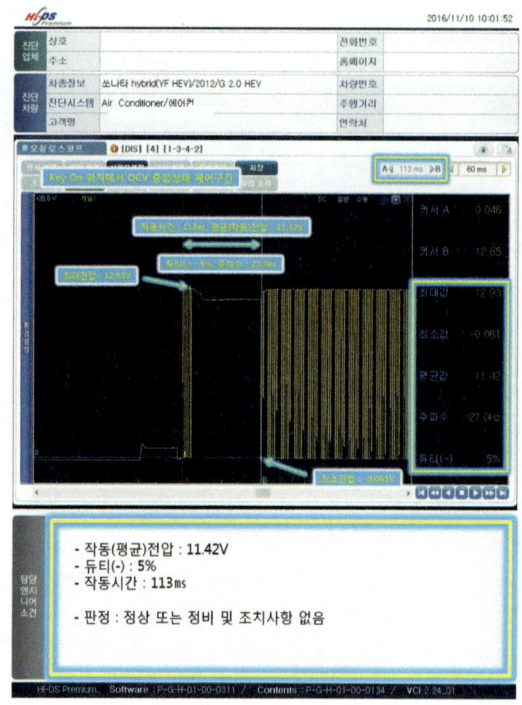

⑫ 답안 작성_파형 측정 및 분석 내용 답안 작성하기

[참고] 측정 조건(예): 엔진 시동 Key "Off 상태"에서 "On"으로 전환 시 "OCV 중립상태 제어구간 파형에 대하여 분석"하여 답안을 작성하시오.

◈ 기관 2. 기록표

1) 파형   자동차 번호 :

| 비 번호 | | 감독확인 | |

항 목	파형 분석 및 판정			득 점
	분석 항목	분석 내용	판정(□에 '✔' 표)	
가변 밸브 타이밍 기구	작동전압 : 11.42V	분석 내용을 출력물에 표시하시오.	☑ 양 호 □ 불 량	
	듀티: (-)5%			
	작동시간: 113ms			

※ 주의 사항 : 분석 항목 및 내용은 출력물에 표기하여 관련 사항은 감독위원의 지시에 따릅니다.

⑬ 가변 밸브 타이밍 기구 작동 시 파형_엔진 시동 Key On 상태에서 OCV 진·지각 상태 제어구간(저속/저부하 최진각)

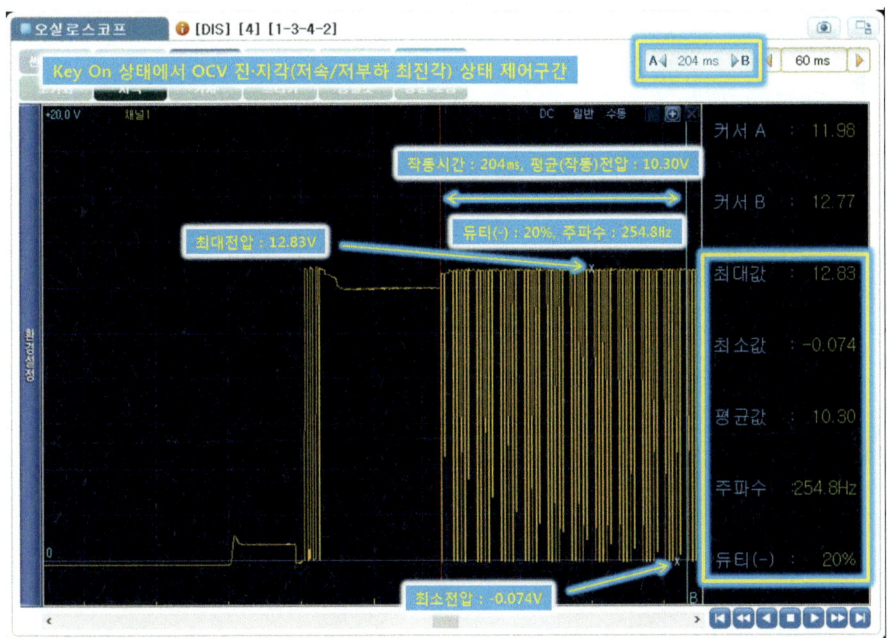

위 그림은 "엔진 시동 Key를 Off 상태에서 ON으로" 전환 시 가변 밸브 타이밍 기구 작동 파형으로 시간축을 60㎳로 설정한 후 "커서 A"를 OCV 진·지각(저속/저부하 최진각) 제어구간 시작 지점에 위치하고 "커서 B"는 OCV 진·지각 제어구간 임의 부분에 위치시킨 다음 최대 전압 12.83V, 최소전압 -0.074V, 평균(작동)전압 10.30V, 작동시간 204㎳, 듀티(-) 20%, 주파수 254.8㎐를 표기한 화면이다.

⑭ 가변 밸브 타이밍 기구 제어 시 출력 파형 출력물

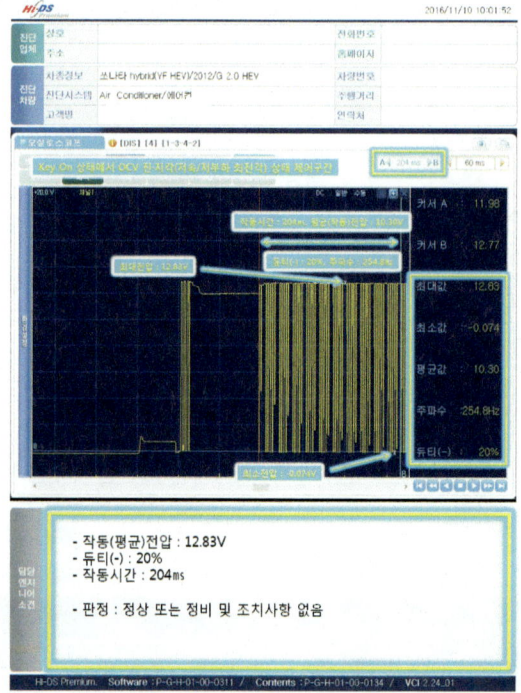

⑮ 답안 작성_파형 측정 및 분석 내용 답안 작성하기

[참고] 측정 조건(예): 엔진 시동 Key "Off 상태"에서 "On"으로 전환 시 "OCV 중립상태 제어구간 파형에 대하여 분석"하여 답안을 작성하시오.

◈ 기관 2. 기록표

비 번호		감독확인	

1) 파형   자동차 번호:

항 목	파형 분석 및 판정			득 점
	분석 항목	분석 내용	판정(□에 '✔' 표)	
가변 밸브 타이밍 기구	작동전압: 10.30V	분석 내용을 출력물에 표시하시오.	☑ 양 호 □ 불 량	
	듀티: (−)20%			
	작동시간: 204ms			

※ 주의 사항 : 분석 항목 및 내용은 출력물에 표기하여 관련 사항은 감독위원의 지시에 따릅니다.

A

엔진

2)_2 기록표 요구사항_연료 온도 센서 출력 전압, 연료 압력조절밸브 듀티 값, 액셀 포지션 센서 출력 전압 측정

주어진 엔진에서 감독위원의 지시에 따라 기록표 요구사항을 점검 및 측정하여 기록하시오.

---

01 연료 압력조절밸브 듀티 값과 연료 온도 센서(FTS) 출력 전압, 액셀 포지션 센서 (APS 1 또는 APS 2) 출력 전압_1

01 DLC 및 진단커넥터 설치

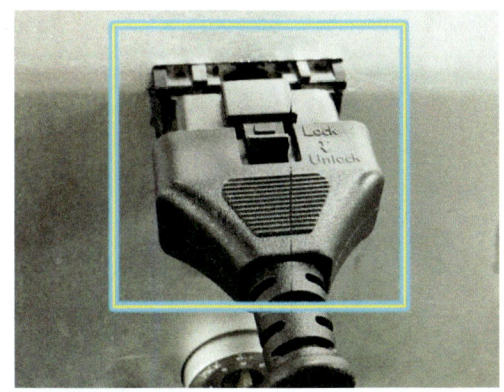

위 그림과 같이 "차량 DLC"에 스캐너 진단커넥터를 연결한 다음 엔진 시동 Key를 "ON" 한다.

02 기능 선택

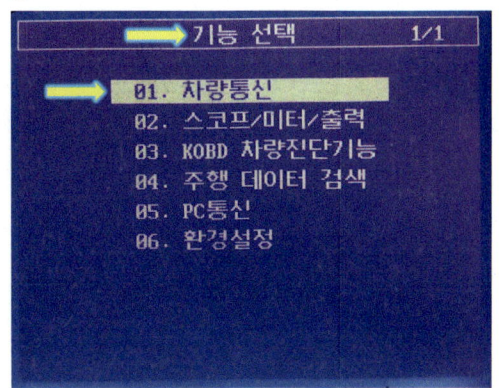

위 그림과 같이 스캐너 기능 선택 화면에서 "차량 통신"을 선택한 다음 "ENT"를 누른다.

03 제조회사 선택

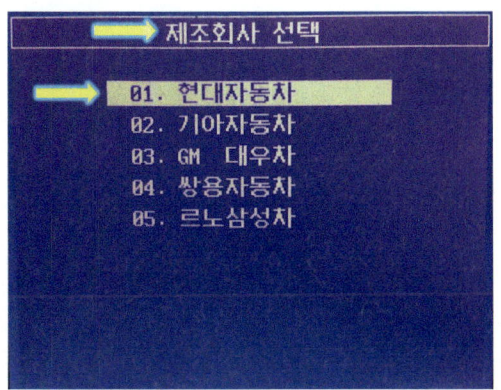

위 그림과 같이 "제조회사" 선택 화면에서 "현대자동차" 선택한 다음 "ENT"를 누른다.

04 차종 선택

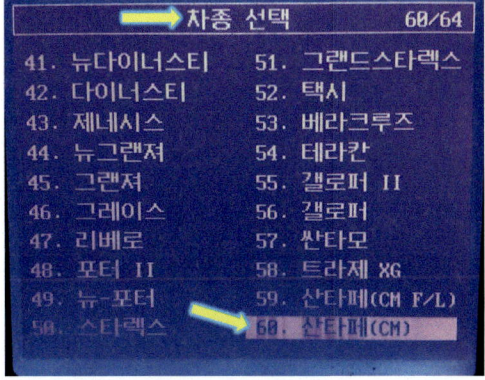

위 그림과 같이 "차종 선택" 화면에서 "산타페(CM)"를 선택한 다음 "ENT"를 누른다.

H
안

05 제어장치 선택

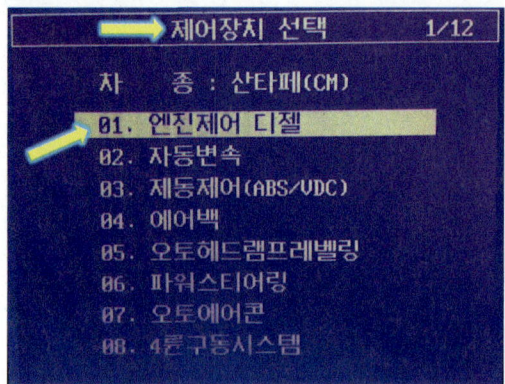

위 그림과 같이 "제어장치 선택" 화면에서 "엔진제어 디젤"을 선택한 다음 "ENT"를 누른다.

06 사양 선택

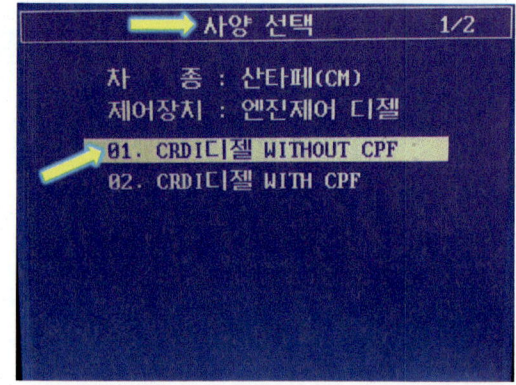

위 그림과 같이 "사양 선택" 화면에서 "CRDI디젤 WITHOUT CPF"를 선택한 다음 "ENT"를 누른다.

07 진단기능 선택

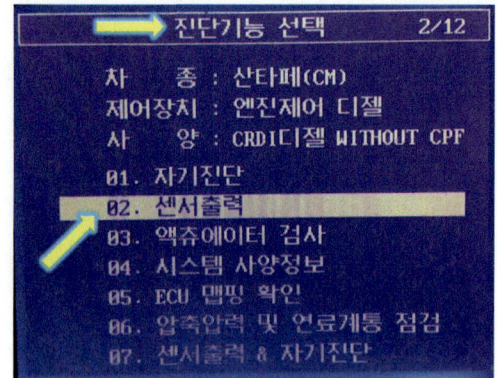

위 그림과 같이 "진단기능 선택" 화면에서 "센서 출력"을 선택한 다음 "ENT"를 누른다.

08 해당 데이터 고정 및 측정값 판독

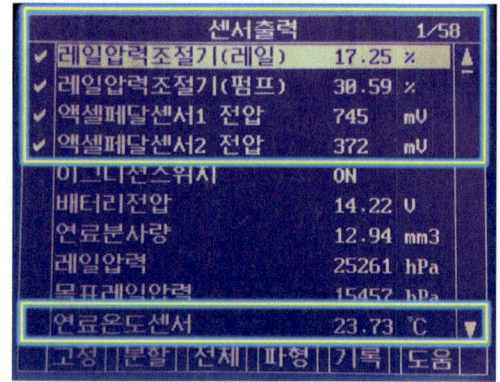

위 그림과 같이 "레일 압력조절기(레일)", "레일압력 조절기(펌프)", "액셀 페달 센서 1 전압", "액셀 페달 센서 2 전압"을 고정하고 하단에 있는 "연료 온도 센서" 출력값과 함께 판독한다.

09 답안 작성_레일 압력조절기(레일)와 액셀 페달 센서 1을 기준으로 답안 작성하기

[참고] 연료 온도 센서(FTS) "출력전압"은 진단기에서 지원되지 않으므로 "온도(℃)"로 기재하였으며, 만약, 출력전압으로 작성하라는 요구 시 Key "ON" 또는 엔진 공회전 상태에서 멀티미터를 이용하여 "센서에서 직접 측정"한 다음 기재한다.

■ 점검 및 측정

항 목	측정(또는 점검)		판정 및 정비(또는 조치) 사항		득 점
	측정값	규정값(정비한계값)	판정(□에 '✔'표)	정비 및 조치 사항	
연료 압력 조절 밸브 듀티 값	17.25%	10.00~25.00%	☑ 양 호 □ 불 량	정비 및 조치 사항 없음 또는 정상	
연료 온도 센서(FTS) 출력전압	23.73℃	22.00~25.00℃ (또는 23.73℃)	☑ 양 호 □ 불 량	정비 및 조치 사항 없음 또는 정상	
액셀 포지션 센서(APS1 또는 APS2) 출력전압	745mV	700~800mV	☑ 양 호 □ 불 량	정비 및 조치 사항 없음 또는 정상	

⑩ 답안 작성_레일 압력조절기(펌프)와 액셀 페달 센서 2를 기준으로 답안 작성하기

■ 점검 및 측정

항 목	측정(또는 점검)		판정 및 정비(또는 조치) 사항		득 점
	측정값	규정값(정비한계값)	판정(□에 '✔' 표)	정비 및 조치 사항	
연료 압력 조절 밸브 듀티 값	30.59%	20.00~45.00%	☑ 양 호 □ 불 량	정비 및 조치 사항 없음 또는 정상	
연료 온도 센서(FTS) 출력전압	23.73℃	22.00~25.00℃ (또는 23.73℃)	☑ 양 호 □ 불 량	정비 및 조치 사항 없음 또는 정상	
액셀 포지션 센서(APS1 또는 APS2) 출력전압	372mV	300~500mV	☑ 양 호 □ 불 량	정비 및 조치 사항 없음 또는 정상	

02 연료 압력조절밸브 듀티 값과 연료 온도 센서(FTS) 출력 전압, 액셀 포지션 센서 (APS 1 또는 APS 2) 출력 전압_2

① 센서 데이터 진단_초기 공전 시_Fast Idle

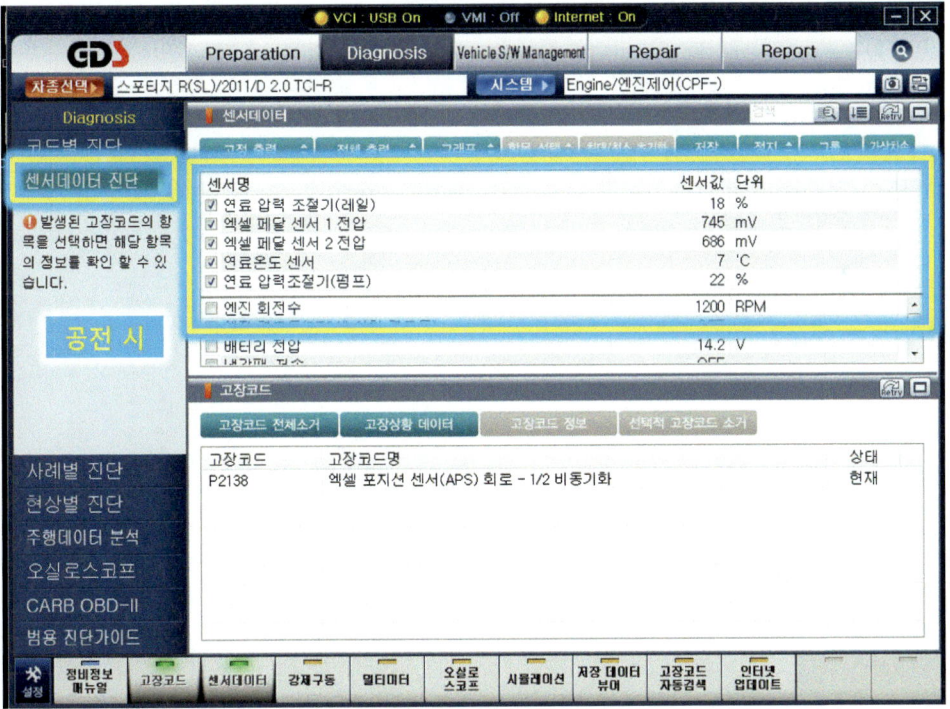

위 그림은 "초기시동에 의한 공전 시(Fast Idle) 1,200rpm" 상태에서 센서 데이터 진단 화면이며 "연료압력조절기 (레일)", "액셀 페달 센서 1 전압", "액셀 페달 센서 2 전압", "연료 온도 센서", "연료 압력조절기(펌프)"를 고정하고 출력값을 판독한다.

02 답안 작성_연료 압력조절기(레일)와 액셀 페달 센서 1을 기준으로 답안 작성하기

[참고] 연료 온도 센서(FTS) "출력전압"은 진단기에서 지원되지 않으므로 "온도(℃)"로 기재하였으며, 만약, 출력전압으로 작성하라는 요구 시 Key "ON" 또는 엔진 공회전 상태에서 멀티미터를 이용하여 "센서에서 직접 측정"한 다음 기재한다.

■ 점검 및 측정

항 목	측정(또는 점검)		판정 및 정비(또는 조치) 사항		득 점
	측정값	규정값(정비한계값)	판정(□에 '✔' 표)	정비 및 조치 사항	
연료 압력 조절 밸브 듀티 값	18%	10~25%	☑ 양 호 □ 불 량	정비 및 조치 사항 없음 또는 정상	
연료 온도 센서(FTS) 출력전압	7℃	0~25℃ (또는 7℃)	☑ 양 호 □ 불 량	정비 및 조치 사항 없음 또는 정상	
액셀 포지션 센서(APS1 또는 APS2) 출력전압	745mV	500~900mV	☑ 양 호 □ 불 량	정비 및 조치 사항 없음 또는 정상	

03 답안 작성_연료 압력조절기(펌프)와 액셀 페달 센서 2를 기준으로 답안 작성하기

■ 점검 및 측정

항 목	측정(또는 점검)		판정 및 정비(또는 조치) 사항		득 점
	측정값	규정값(정비한계값)	판정(□에 '✔' 표)	정비 및 조치 사항	
연료 압력 조절 밸브 듀티 값	22%	10~30%	☑ 양 호 □ 불 량	정비 및 조치 사항 없음 또는 정상	
연료 온도 센서(FTS) 출력전압	7℃	0~25℃ (또는 7℃)	☑ 양 호 □ 불 량	정비 및 조치 사항 없음 또는 정상	
액셀 포지션 센서(APS1 또는 APS2) 출력전압	686mV	500~750mV	☑ 양 호 □ 불 량	정비 및 조치 사항 없음 또는 정상	

04 센서 데이터 진단_엔진 정상적인 공전 시

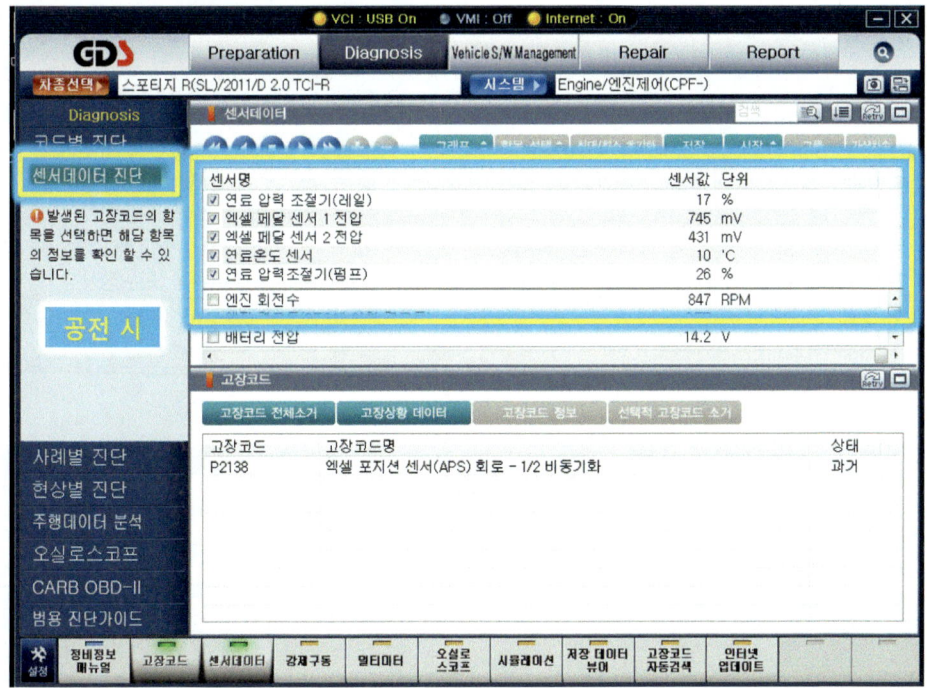

위 그림은 엔진 정상적인 "공전 847rpm" 상태에서 센서 데이터 진단 화면이며 "연료압력조절기(레일)", "액셀 페달 센서 1 전압", "액셀 페달 센서 2 전압", "연료 온도 센서", "연료 압력 조절기(펌프)"를 고정하고 출력값을 판독한다.

05 답안 작성_연료 압력조절기(레일)와 액셀 페달 센서 1을 기준으로 답안 작성하기

■ **점검 및 측정**

항 목	측정(또는 점검)		판정 및 정비(또는 조치) 사항		득 점
	측정값	규정값(정비한계값)	판정(□에 '✔' 표)	정비 및 조치 사항	
연료 압력 조절 밸브 듀티 값	17%	10~25%	☑ 양 호 □ 불 량	정비 및 조치 사항 없음 또는 정상	
연료 온도 센서(FTS) 출력전압	10℃	4~25℃ (또는 10℃)	☑ 양 호 □ 불 량	정비 및 조치 사항 없음 또는 정상	
액셀 포지션 센서(APS1 또는 APS2) 출력전압	745mV	700~800mV	☑ 양 호 □ 불 량	정비 및 조치 사항 없음 또는 정상	

06 답안 작성_연료 압력조절기(펌프)와 액셀 페달 센서 2를 기준으로 답안 작성하기

■ 점검 및 측정

항 목	측정(또는 점검)		판정 및 정비(또는 조치) 사항		득 점
	측정값	규정값(정비한계값)	판정(□에 '✔' 표)	정비 및 조치 사항	
연료 압력 조절 밸브 듀티 값	26%	20~50%	☑ 양 호 □ 불 량	정비 및 조치 사항 없음 또는 정상	
연료 온도 센서(FTS) 출력전압	10℃	4~25℃ (또는 10℃)	☑ 양 호 □ 불 량	정비 및 조치 사항 없음 또는 정상	
액셀 포지션 센서(APS1 또는 APS2) 출력전압	431mV	300~550mV	☑ 양 호 □ 불 량	정비 및 조치 사항 없음 또는 정상	

07 센서 데이터 진단_엔진 급가속 시

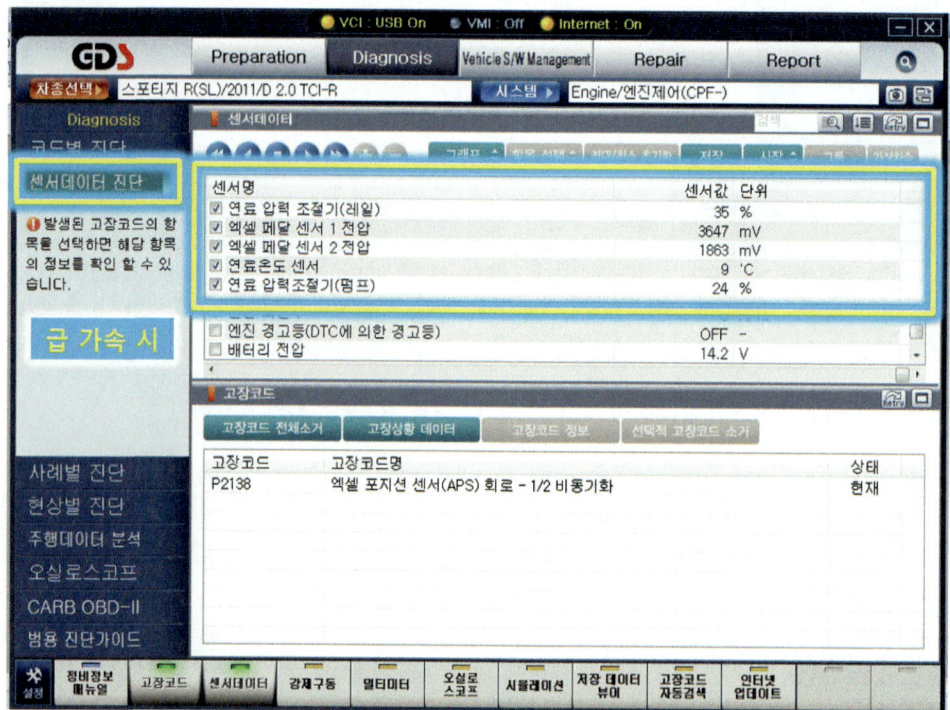

위 그림은 "엔진 급가속 시" 센서 데이터 진단 화면이며 연료압력조절기(레일), "연료압력조절기(레일)", "액셀 페달 센서 1 전압", "액셀 페달 센서 2 전압", "연료 온도 센서", "연료 압력 조절기(펌프)"를 고정하고 출력값을 판독한다.

⑧ 답안 작성_연료 압력조절기(레일)와 액셀 페달 센서 1을 기준으로 답안 작성하기

■ 점검 및 측정

항 목	측정(또는 점검)		판정 및 정비(또는 조치) 사항		득 점
	측정값	규정값(정비한계값)	판정(□에 '✔' 표)	정비 및 조치 사항	
연료 압력 조절 밸브 듀티 값	35%	30~40%	☑ 양 호 □ 불 량	정비 및 조치 사항 없음 또는 정상	
연료 온도 센서(FTS) 출력전압	9℃	4~25℃ (또는 9℃)	☑ 양 호 □ 불 량	정비 및 조치 사항 없음 또는 정상	
액셀 포지션 센서(APS1 또는 APS2) 출력전압	3647㎷	3500~3700㎷	☑ 양 호 □ 불 량	정비 및 조치 사항 없음 또는 정상	

⑨ 답안 작성_연료 압력조절기(펌프)와 액셀 페달 센서 2를 기준으로 답안 작성하기

■ 점검 및 측정

항 목	측정(또는 점검)		판정 및 정비(또는 조치) 사항		득 점
	측정값	규정값(정비한계값)	판정(□에 '✔' 표)	정비 및 조치 사항	
연료 압력 조절 밸브 듀티 값	24%	20~50%	☑ 양 호 □ 불 량	정비 및 조치 사항 없음 또는 정상	
연료 온도 센서(FTS) 출력전압	9℃	4~25℃ (또는 9℃)	☑ 양 호 □ 불 량	정비 및 조치 사항 없음 또는 정상	
액셀 포지션 센서(APS1 또는 APS2) 출력전압	1863㎷	1600~1900㎷	☑ 양 호 □ 불 량	정비 및 조치 사항 없음 또는 정상	

03 연료 온도 센서 출력 전압

① 디지털 멀티미터 설치 및 측정값 판독

위 그림과 같이 디지털 멀티미터의 선택 레버를 "DC V"에 위치한 다음 흑색 리드선은 "접지", 적색 리드선은 "센서 출력단자"에 연결한 후 Key "ON" 상태에서 "출력값"을 판독한다. 출력값은 "3.628V"이다.

② 접지단자 및 측정값 판독

위 그림과 같이 적색 리드선을 센서 "접지단자"에 연결한 다음 Key "ON" 상태에서 "출력값"을 판독한다. 출력값은 "0.005V"이다.

03 엔진 시동 ON

위 그림과 같이 엔진 시동을 "ON"한 다음 "정상적인 공회전 상태"가 될 때까지 기다린다.

04 출력단자 측정값 판독

위 그림과 같이 흑색 리드선은 "접지", 적색 리드선은 "센서 출력단자"에 연결한 다음 "출력값"을 판독한다. 측정값은 "3.567V"이다.

05 접지단자 측정값 판독

위 그림과 같이 적색 리드선을 센서 "접지단자"에 연결한 다음 "출력값"을 판독한다. 측정값은 "0.025V"이다.

06 답안 작성_공전 시 측정값으로 답안 작성하기

■ 점검 및 측정

항 목	측정(또는 점검)		판정 및 정비(또는 조치) 사항		득 점
	측정값	규정값(정비한계값)	판정(□에 '✔'표)	정비 및 조치 사항	
연료 압력 조절 밸브 듀티 값			□ 양 호 □ 불 량		
연료 온도 센서(FTS) 출력전압	3.567V	2.100~4.000V	☑ 양 호 □ 불 량	정비 및 조치 사항 없음 또는 정상	
액셀 포지션 센서(APS1 또는 APS2) 출력전압			□ 양 호 □ 불 량		

항 목	측정(또는 점검)		판정 및 정비(또는 조치) 사항		득 점
	측정값	규정값(정비한계값)	판정(□에 '✔' 표)	정비 및 조치 사항	
연료 압력 조절 밸브 듀티 값			□ 양 호 □ 불 량		
연료 온도 센서(FTS) 출력전압	3.567V	2.100~4.000V	☑ 양 호 □ 불 량	정비 및 조치 사항 없음 또는 정상	
액셀 포지션 센서(APS1 또는 APS2) 출력전압			□ 양 호 □ 불 량		

04 액셀 포지션 센서 출력 전압

01 디지털 멀티미터 설치 및 측정값 판독

위 그림과 같이 디지털 멀티미터의 선택 레버를 "DC V"에 위치한 다음 흑색 리드선은 "접지단자"에 적색 리드선은 액셀러레이터 포지션 "센서 1 출력단자"에 연결한 후 Key "ON" 상태에서 "출력값"을 판독한다. 측정값은 "0.736V" 이다.

02 APS 1 최대 작동 시 측정값 판독

위 그림과 같이 액셀러레이터 페달을 "끝까지 누른 다음" 출력값을 판독한다. 측정값은 "3.932V" 이다.

03 액셀러레이터 포지션 센서 2

위 그림과 같이 흑색 리드선은 "접지단자"에 적색 리드선은 액셀러레이터 포지션 "센서 2 출력단자"에 연결한 다음 Key "ON" 상태에서 "출력값"을 판독한다. 측정값은 "0.364V" 이다.

04 APS 2 최대 작동 시 측정값 판독

위 그림과 같이 액셀러레이터 페달을 "끝까지 누른 다음" 출력값을 판독한다. 측정값은 "1.940V" 이다.

H 안

05 답안 작성_Key ON 시(전폐) 액셀러레이터 포지션 센서 1을 기준으로 답안 작성하기

■ 점검 및 측정

항 목	측정(또는 점검)		판정 및 정비(또는 조치) 사항		득 점
	측정값	규정값(정비한계값)	판정(□에 '✔'표)	정비 및 조치 사항	
연료 압력 조절 밸브 듀티 값			□ 양 호 □ 불 량		
연료 온도 센서(FTS) 출력전압			□ 양 호 □ 불 량		
액셀 포지션 센서(APS1 또는 APS2) 출력전압	0.736V	0.700~0.800V	☑ 양 호 □ 불 량	정비 및 조치 사항 없음 또는 정상	

06 답안 작성_페달을 끝까지 누른 상태(전개)에서 액셀러레이터 포지션 센서 1을 기준으로 답안 작성하기

■ 점검 및 측정

항 목	측정(또는 점검)		판정 및 정비(또는 조치) 사항		득 점
	측정값	규정값(정비한계값)	판정(□에 '✔'표)	정비 및 조치 사항	
연료 압력 조절 밸브 듀티 값			□ 양 호 □ 불 량		
연료 온도 센서(FTS) 출력전압			□ 양 호 □ 불 량		
액셀 포지션 센서(APS1 또는 APS2) 출력전압	3.932V	3.200~4.000V	☑ 양 호 □ 불 량	정비 및 조치 사항 없음 또는 정상	

07 답안 작성_Key ON 시(전폐) 액셀러레이터 포지션 센서 2를 기준으로 답안 작성하기

■ 점검 및 측정

항 목	측정(또는 점검)		판정 및 정비(또는 조치) 사항		득 점
	측정값	규정값(정비한계값)	판정(□에 '✔'표)	정비 및 조치 사항	
연료 압력 조절 밸브 듀티 값			□ 양 호 □ 불 량		
연료 온도 센서(FTS) 출력전압			□ 양 호 □ 불 량		
액셀 포지션 센서(APS1 또는 APS2) 출력전압	0.364V	0.320~0.400V	☑ 양 호 □ 불 량	정비 및 조치 사항 없음 또는 정상	

08 답안 작성_페달을 끝까지 누른 상태(전개)에서 액셀러레이터 포지션 센서 2를 기준으로 답안 작성하기

■ 점검 및 측정

항 목	측정(또는 점검)		판정 및 정비(또는 조치) 사항		득 점
	측정값	규정값(정비한계값)	판정(□에 '✔' 표)	정비 및 조치 사항	
연료 압력 조절 밸브 듀티 값			□ 양 호 □ 불 량		
연료 온도 센서(FTS) 출력전압			□ 양 호 □ 불 량		
액셀 포지션 센서 (APS1 또는 APS2) 출력전압	1,940V	1,500~2,100V	☑ 양 호 □ 불 량	정비 및 조치 사항 없음 또는 정상	

정비기능장

3)_1 시동결함_크랭킹은 가능하나 시동되지 않음

엔 진

주어진 엔진에서 크랭킹은 가능하나 시동되지 않고, 시동된 후에도 부조가 발생합니다. 고장원인을 찾아 수리 후 기록표에 기록하시오. [A안 참고]

정비기능장

3)_2 부조 발생 원인

엔 진

주어진 자동차에서 크랭킹은 가능하나 시동되지 않고 시동된 후에도 부조가 발생합니다. 고장 부위를 수리하고 기록표를 작성하시오. [A안 참고]

정비기능장

1) 전륜 현가장치 로어암 분해 · 조립 및 작동상태 확인

섀 시

주어진 자동차에서 감독위원의 지시에 따라 전륜 현가장치의 로어암을 탈거하고 감독위원에서 확인 후, 다시 조립(부착)하여 조향장치 작동상태를 확인한 후 기록표의 요구사항을 점검 및 측정하여 기록하시오. [D안 참고]

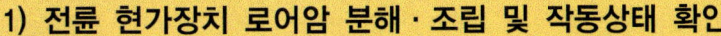

01 전륜 현가장치 로어암 탈·부착 및 조향장치 작동상태 확인_D안 참고

H 안

정비기능장

H 새 시

1)_1 기록표 요구사항 점검 · 측정_최소회전반경

기록표 요구사항을 점검 및 측정하여 기록하시오.

01 최소회전반경_B안 참고

02 조향핸들 유격_C안 참고

정비기능장

H 새 시

2) 인히비터 스위치 탈 · 부착 및 작동상태 확인

주어진 전자제어 자동변속기 자동차에서 감독위원의 지시에 따라 인히비터 스위치를 탈거하고 감독위원에서 확인 후, 다시 조립(부착)하여 작동상태를 확인하고, 기록표의 요구사항을 점검 및 측정하여 기록하시오. [B안 참고]

01 인히비터 스위치 탈 · 부착 및 작동상태 확인_B안 참고

정비기능장

H 새 시

2)_1 기록표 요구사항 점검 · 측정_자동변속기 입(출)력 센서 파형

기록표 요구사항을 점검 및 측정하여 기록하시오. [C안 참고]

01 자동변속기 입(출)력 센서 파형_C안 참고

2)_2 기록표 요구사항 점검 · 측정_변속기 클러치 작동 시 오일 압력, 변속기 솔레노이드 저항

새 시

기록표 요구사항을 점검 및 측정하여 기록하시오.
[B안 참고]

01 변속기 클러치 작동 시 오일 압력_B안 참고

02 변속기 솔레노이드 저항_B안 참고

1) 발전기 및 관련 벨트 탈 · 부착 및 작동상태 확인, 점검 및 측정

전 기

감독위원의 지시에 따라 자동차에서 발전기 및 관련 벨트를 탈거하고 감독위원에게 확인 후, 다시 조립(부착)하여 작동상태를 확인하고, 기록표의 요구사항을 점검 및 측정하고 기록표에 기록하시오.

H안

01 발전기 및 관련 벨트 탈·부착 및 작동상태

01 일체형 겉 벨트 관련 부품

위 그림은 일체형 겉 벨트 관련 부품이며 엔진 브래킷, 오토 프리 텐셔너 베어링, 발전기, 아이들 베어링, 크랭크축 풀리, 타이밍 체인 커버, 워터펌프 풀리, 겉 벨트, 실린더 헤드 커버이다.

02 배터리(−) 탈거

위 그림과 같이 배터리 (−)터미널을 "포스트"에서 탈거한다.

03 발전기 관련 부품

위 그림은 발전기이며 발전기 커넥터, B 단자 커버, 하부 고정 볼트, 상부 고정 볼트이다.

04 발전기 커넥터 탈거

위 그림과 같이 "발전기 커넥터"를 탈거한다.

05 발전기 B 단자 고정너트

위 그림과 같이 발전기 "B 단자 고정너트(12mm)"를 푼다.

06 발전기 B 단자 출력 배선

위 그림과 같이 발전기 B 단자에서 "출력 배선"을 분리한다.

07 일체형 겉 벨트 장력 이완

위 그림과 같이 일체형 겉 벨트의 오토프리 "텐셔너 고정 볼트(17mm)"를 반시계 방향으로 돌려 벨트의 "장력을 이완" 한 상태에서 "벨트"를 뺀다.

08 일체형 겉 벨트 탈거

위 그림과 같이 일체형 "겉 벨트"를 탈거한다.

09 발전기 고정 볼트 탈거

위 그림과 같이 "상부 및 하부" 고정 볼트(14㎜)를 탈거한다.

10 발전기 탈거

위 그림과 같이 발전기를 "화살표 방향"으로 탈거한다.

11 발전기 탈거 후

위 그림은 발전기를 탈거한 후 모습으로 "발전기 커넥터와 B 단자 출력 배선"이다.

12 분해한 부품

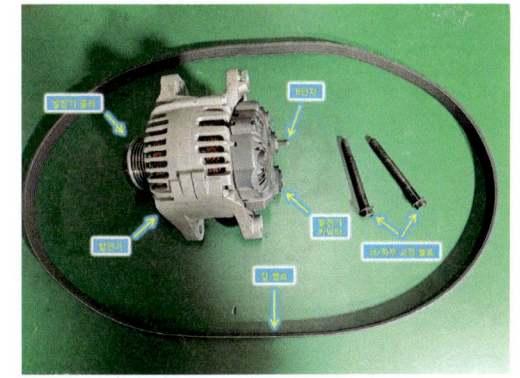

위 그림은 분해한 후 부품으로 왼쪽 위부터 발전기 풀리, B 단자, 발전기 커넥터, 상부 및 하부 고정 볼트, 일체형 겉 벨트, 발전기이다.

13 발전기 장착

위 그림과 같이 발전기를 "브래킷"에 장착하고 하부 및 상부 "고정 볼트"를 규정 토크로 조인다.

14 B 단자 출력 배선 조립

위 그림과 같이 "B 단자에 출력 배선"을 장착한 다음 "고정너트"를 규정 토크로 조인다.

H
안

⑮ B 단자 캡 장착

위 그림과 같이 B 단자 "캡"을 장착한다.

⑯ 발전기 커넥터 장착

위 그림과 같이 "발전기 커넥터"를 끼운다.

⑰ 일체형 겉 벨트 장착

위 그림과 같이 오토프리 "텐셔너 고정 볼트"를 반시계 방향으로 돌린 상태에서 "일체형 겉 벨트"를 장착한다.

⑱ 겉 벨트 장착 후

위 그림은 일체형 겉 벨트를 장착한 후 모습이며 각 풀리에 정확히 "벨트가 안착" 되었는지 확인한다.

⑲ 배터리(−) 터미널 조립

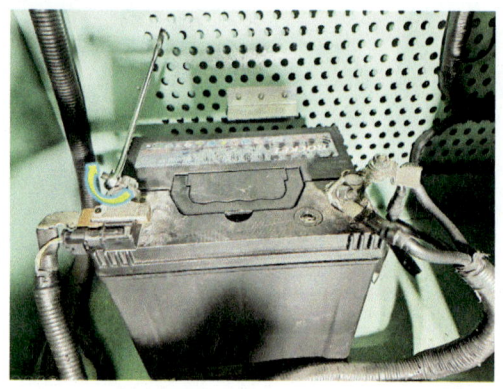

위 그림과 같이 "배터리(−) 터미널"을 (−)포스트에 끼운 다음 "고정너트(10㎜)"를 규정 토크로 조인다.

⑳ 오실로스코프 설정

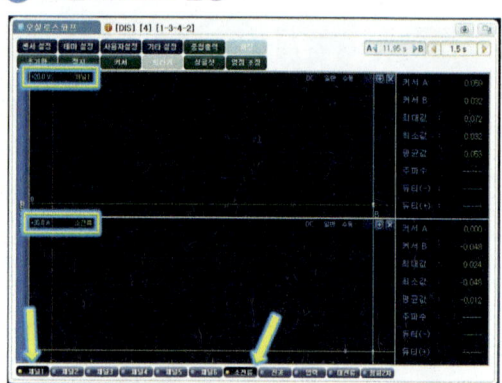

위 그림과 같이 오실로스코프 화면에서 "채널 1번"은 전압으로 "채널 2번"은 소 전류를 선택한다.

21 소 전류 영점조정

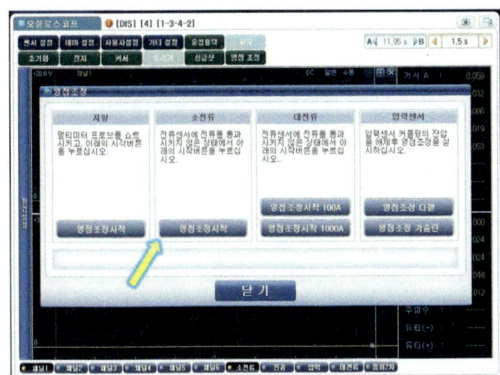

위 그림과 같이 영점조정 화면에서 "소 전류 영점조정시작"을 클릭하여 영점조정이 완료되면 "닫기"를 클릭한다.

22 소 전류계 설치

위 그림과 같이 소 전류계의 "화살표"가 배터리 (+)방향으로 향하게 하여 "B 단자 출력 배선"에 설치한다.

23 발전기 작동상태 확인

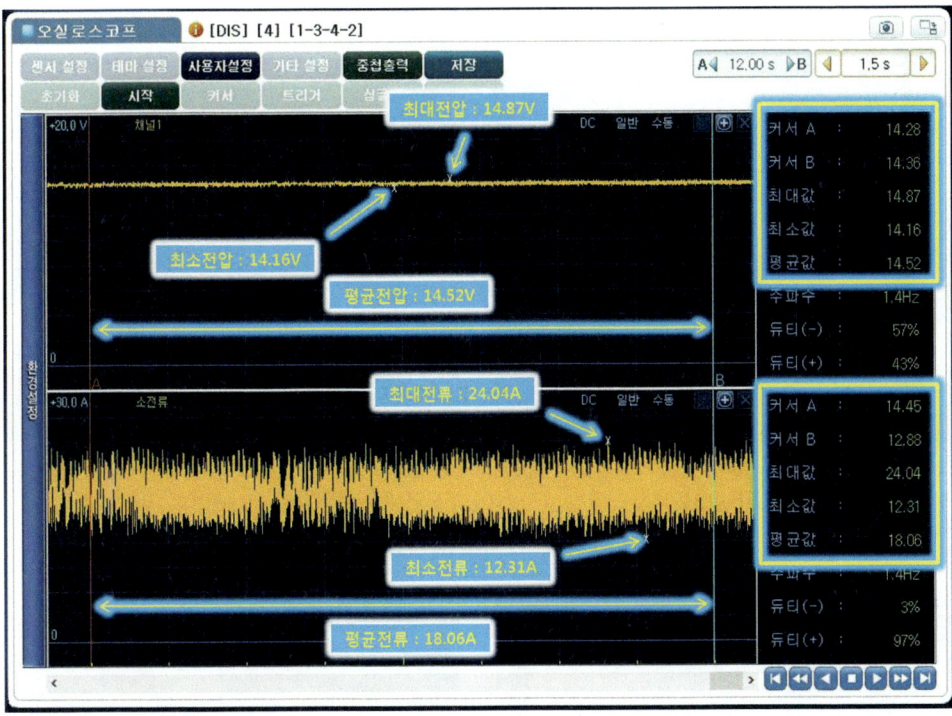

위 그림은 엔진 정상적인 공회전 상태의 충전 전압과 충전전류 파형이며 "커서 A"를 파형 시작 임의 지점에 위치하고 "커서 B"는 파형 종료 임의 부분에 위치시킨 다음 최대 전압 14.87V, 최소전압 14.16V, 평균전압 14.52V이고 최대 전류 24.04A, 최소 전류 12.31A, 평균 전류 18.06A를 표기한 화면이다.

02 암 전류 측정

01 사용자 설정

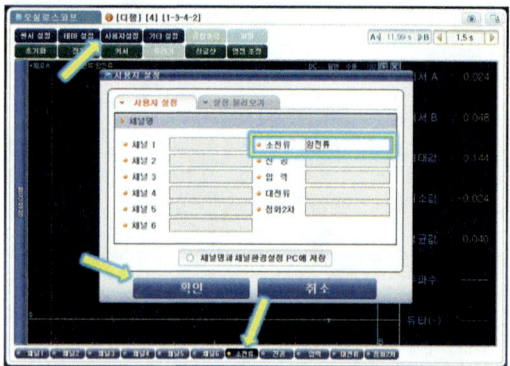

위 그림과 같이 채널을 "소전류"로 선택한 다음 사용자 설정에서 소 전류에 "암전류"를 기록한다.

02 후드 고정 레버 OFF

위 그림과 같이 후드 고정 레버를 "OFF(후드 스위치)" 상태로 한다.

03 실내등 점등

위 그림과 같이 감독위원 지시에 따른 "측정 조건"을 만족하기 위하여 "실내등을 점등"시킨다.

04 도어 록

위 그림과 같이 도어를 "닫은" 다음 리모컨을 이용하여 "도어 록" 한다.

05 영점조정

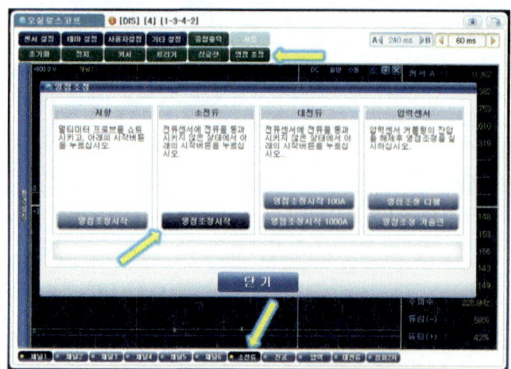

위 그림과 같이 영점조정 화면에서 "소 전류 영점조정시작"을 클릭하여 영점조정이 완료되면 "닫기"를 클릭한다.

06 소 전류계 설치

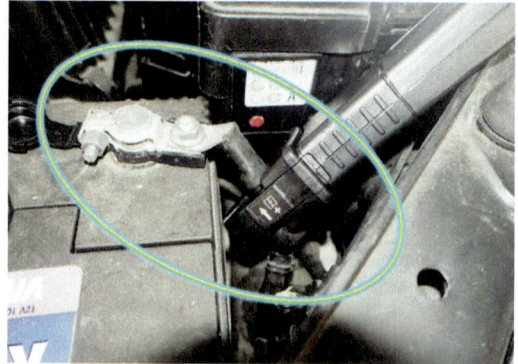

위 그림과 같이 배터리 (−)배선에 "소 전류계"를 설치한다.
[주의: 전류계 설치 시 화살표 방향 확인한다.]

07 암 전류 출력 파형

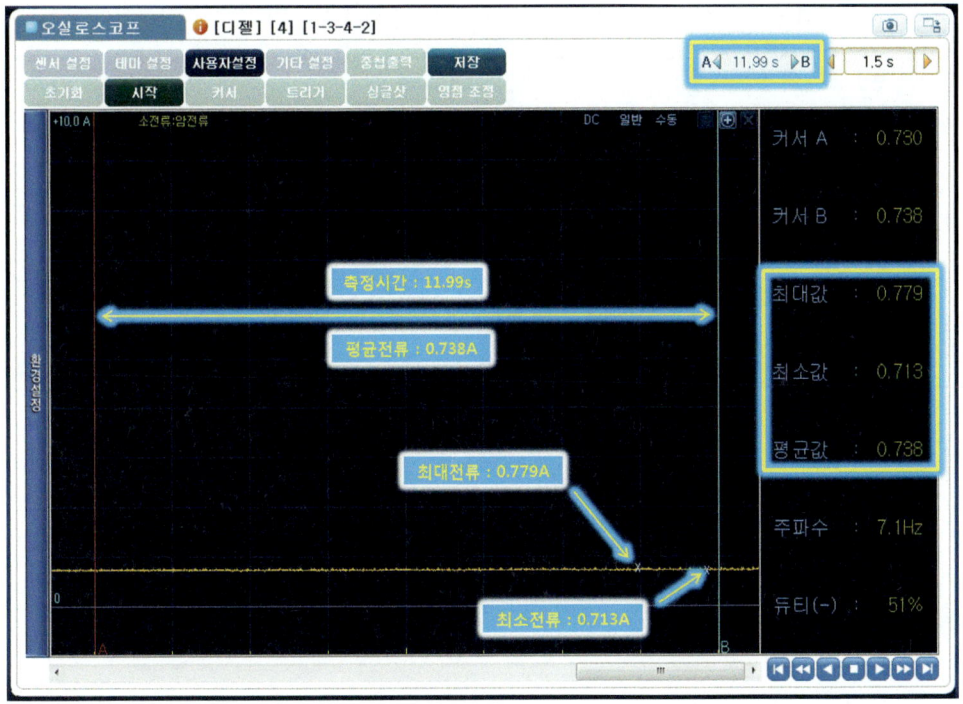

위 그림은 실내등 점등 상태의 암전류 출력 파형이며 "커서 A"를 파형 시작 임의 지점에 위치하고 "커서 B"는 파형 종료 임의 부분에 위치시킨 다음 측정 시간 11.99s, 평균 전류 0.738A, 최대 전류 0.779A, 최소 전류 0.713A로 표기한 화면이다.

08 출력 파형 출력물_파형 출력 및 분석내용표기

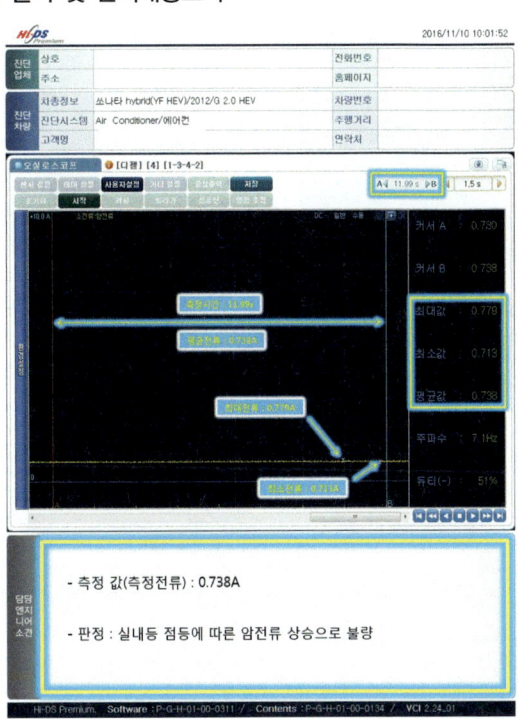

H
안

09 답안 작성_파형 측정 및 분석 내용 답안 작성하기

[참고] 측정 조건 제시(예): 주어진 상황에서 측정하시오. 측정 및 분석 내용 답안 작성하기

※ 방전으로 인한 크랭킹 불량(방전한계 용량) 은 배터리 용량의 30% 방전 시점으로 계산한다.

→ 계산 조건: 암 전류 측정값 0.738A, 배터리 용량 80AH 라면

방전한계용량이 배터리 용량의 30%이므로, $100AH \times 0.3 = 24AH$임.

따라서 크랭킹 불량현상 발생시점은 $\dfrac{24AH}{0.738A} = 32.52H$이다.

◈ 전기 1. 기록표

자동차 번호 :

항 목	측정(또는 점검)		판 정	정비 및 조치 사항	득 점
	측 정 값	규정값 (정비한계 값)			
암 전류	0.738A	50.000mA 이하	□ 양 호 ☑ 불 량	실내등 점등에 의한 암 전류 상승 따라서 실내등 소등 후 재측정	
발전기 출력 전류					

비 번호		감독확인	

※ 주의 사항: 발전기 출력 전류 측정 조건은 감독위원의 지시에 따릅니다.

03 발전기 출력 전류 측정

01 멀티미터 선택화면

02 대전류계 선택

위 그림과 같이 스코프 활용법 중 "멀티미터"를 클릭한 다음 멀티미터 측정 화면에서 "대전류" 클릭한다.

위 그림과 같이 대전류계에서 전류 선택 레버를 "100A"로 조정한다.

03 전류 레인지 선택

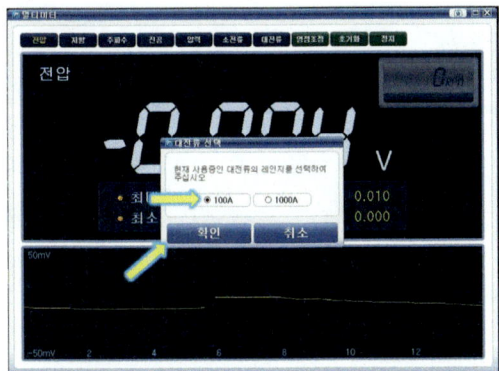

위 그림과 같이 전류 레인지를 "100A"로 클릭한 다음 "확인" 버튼을 클릭한다.

04 영점조정

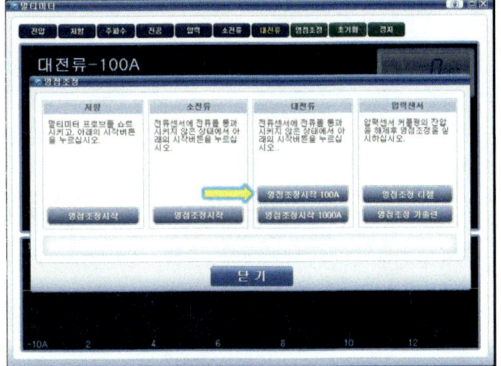

위 그림과 같이 "영점조정" 버튼을 클릭한 다음 "대전류 영점조정시작 100A"를 클릭한다.

05 영점조정 완료

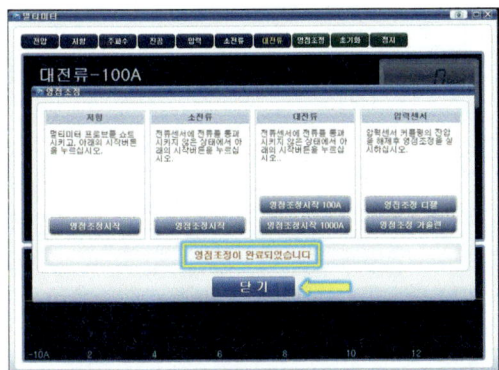

위 그림은 영점조정이 완료된 상태이며 "확인" 버튼을 클릭한다.

06 영점조정 완료 후

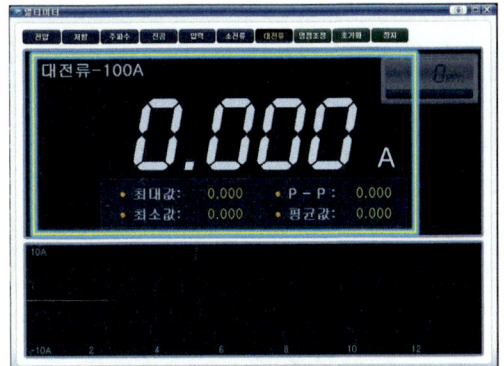

위 그림은 영점조정 후 측정 준비가 완료된 상태의 화면이다.

07 발전기 B 단자 출력 배선

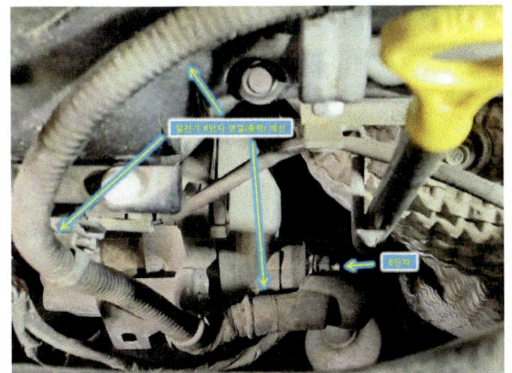

위 그림은 발전기 "B 단자와 출력 배선"이다.

08 대전류계 설치

위 그림과 같이 대전류계를 B 단자 "출력 배선"에 설치한다.

H
안

09 대전류계 설치 방향

위 그림과 같이 대전류계의 화살표가 "배터리 (+)방향"으로 향하고 있는지 확인한다.

10 안개등 및 전조등 스위치 ON

위 그림과 같이 안개등 및 전조등 스위치(상향)를 "ON" 한다.

11 클러스터

위 그림과 같이 클러스터에 전조등과 미등, 안개등이 "ON" 된 모습을 확인할 수 있다.

12 와이퍼 작동

위 그림과 같이 와이퍼 스위치를 "HI" 위치로 하여 "작동"시킨다.

13 열선과 에어컨 작동

위 그림과 같이 열선과 에어컨 스위치를 모두 "ON" 하여 "작동"시킨다.

14 엔진 rpm 유지

위 그림과 같이 엔진 시동 "ON" 상태에서 엔진 회전수를 "2,000~ 2,500rpm"으로 "유지"한다.

⑮ 측정값 판독

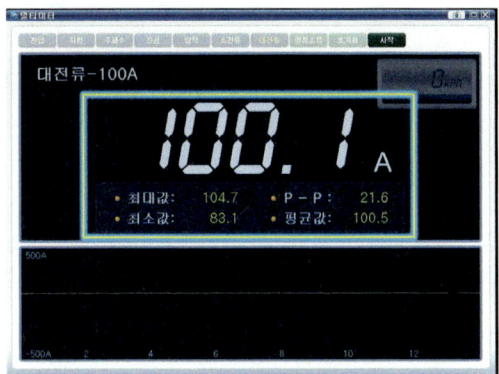

위 그림은 발전기의 "발전 전류"로 측정값은 "100.1A"이다.

⑯ 발전 용량

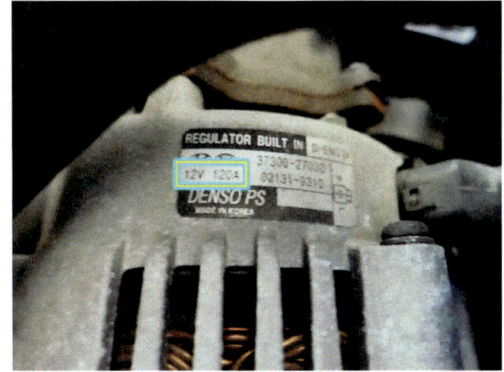

위 그림의 사각형 내에 있는 전류가 "발전 용량"이며 "120A"로 표기되어 있다.

⑰ 다른 차량의 발전 용량

위 그림은 다른 차량의 "발전 용량"으로, "150A"로 표기된 것을 확인할 수 있다.

⑱ 답안 작성_측정 및 분석 내용 답안 작성하기

[참고] 규정 값 산출: 규정 값은 신품 용량의 70% 이상이므로 120×0.7=84.0A 이상이다.

◆ 전기 1. 기록표

자동차 번호 :

항 목	측정(또는 점검)		판 정	정비 및 조치 사항	득 점
	측 정 값	규정값 (정비한계 값)			
암 전류	0.738A	50,000mA 이하	☐ 양 호 ☑ 불 량	실내등 점등에 의한 암 전류 상승 따라서 실내등 소등 후 재측정	
발전기 출력 전류	100.1A	84.0A 이상			

비 번호 / 감독확인

※ 주의 사항: 발전기 출력 전류 측정 조건은 감독위원의 지시에 따릅니다.

정비기능장

2) 회로 점검 및 기록표 작성

전 기

주어진 자동차에서 정비 지침서의 회로도를 이용하여 기록표에서 요구하는 회로를 점검하고, 이상 내용을 기록표에 기록한 후 정비하시오.

01   방향지시등 회로 점검_[B안 참고]

02   경음기 회로 점검

01 퓨즈 연결 회로_경음기 엔진룸 정션 & 릴레이 박스 퓨즈 용량

구분	표기		용량(A)	연결회로
퓨즈블링크	ALT		150A	퓨즈블링크(전방 열선, 후방열선, 블로워, 에어컨, 배터리#2, 에이비에스#1, #2, 파워 윈도우, 전조등 로우 좌, 전조등 로우 우, 전방 안개등)
	디젤		125A	퓨즈블링크 박스(PCT 히터#1, #2, #3, 연료 필터, 글로우 플러그)
	배터리 #1		50A	퓨즈(문자통 잠금장치, 정지등, 연료통 주입구 열림, 오토티엠, 전조등 와셔, 비상등, 파워 커넥터)
	배터리 #2		40A	퓨즈(파워 앰프, 열선 좌석, 전동 시트, 조정식 페달, 3열 에어컨, 후진 경고, 선루프, 경보기, 도난 방지 경음기 릴레이)
	이씨유 메인		40A	엔진 컨트롤 릴레이
	콘덴서 팬		30A	콘덴서 팬#1 릴레이
	이그니션 #1		40A	이그니션 스위치
	이그니션 #2		40A	이그니션 스위치, 퓨즈(시동)
	블로워		40A	퓨즈(블로워)
	파워 윈도우		40A	퓨즈(파워 윈도우 릴레이, 안전 파워 윈도우)
	라디에이터 팬		40A	라디에이터 팬 릴레이
	에이비에스#1		40A	다기능 체크 커넥터, ABS 컨트롤 모듈, VDC 컨트롤 모듈
	에이비에스#1		40A	다기능 체크 커넥터, ABS 컨트롤 모듈, VDC 컨트롤 모듈
퓨즈	1	전방 열선	15A	윈드 실드 열선 릴레이
	2	후방열선	30A	리어 디포거 릴레이
	3	–	–	–
	4	전조등 로우 우	15A	우측 전조등 로우 릴레이
	5	경음기	15A	경음기 릴레이
	6	전조등 로우 좌	15A	좌측 전조등 로우 릴레이
	7	전조등 하이 표시등	10A	계기판
	8	알터네이터 디젤	10A	제너레이터
	9	에어컨	10A	에어컨 릴레이
	10	오토티엠	20A	4WD ECM, ATM 컨트롤 릴레이
	11	–	–	–
	12	미등 우	10A	우측 포지션 램프, 글로브 박스 램프, 우측 뒤 콤비 램프(OUT), 조명등
	13	전방 안개등	10A	앞 안개등 릴레이
	14	센서 #3	15A	ECM

구분		표기	용량(A)	연결회로
퓨즈	15	미등 좌	10A	좌측 포지션 램프, 좌측 뒤 콤비 램프(OUT)
	16	연료펌프	15A	연료펌프 릴레이
	17	전방 와이퍼	25A	다기능 스위치, 레인 센서 릴레이, 프런트 와이퍼 릴레이, 프런트 와이퍼 모터
	18	티씨유	15A	TCM
	19	에이비에스	10A	ABS 컨트롤 모듈, G-YAW 센서, VDC 컨트롤 모듈, 4WD ECM, 연료 필터 히터 릴레이, 연료 필터 수분 경고 센서, 다기능 체크 커넥터
	20	냉각팬	10A	–
	21	후진등	10A	입력/출력 속도 센서, 인히비터 스위치, TCM, 후진등 스위치
	22	전조등	10A	퓨즈(전방 와이퍼)
	23	이씨유	10A	차속 센서, ECM, 에어 플로우 센서
	24	전조등 하이	20A	전조등 하이 릴레이
	25	센서#1	10A	연료펌프 릴레이, 정지등 스위치, 이모빌라이저, 에어컨 릴레이, 콘덴서 팬#1, #2 릴레이, 라디에이터 팬 릴레이
	26	센서#2	15A	EGR 액추에이터, 솔레노이드밸브, 스로틀 플랫 액추에이터, 캠 포지션 센서, PTC히터 릴레이#1
	27	점화코일	20A	ECM
	28	SPARE	10A	–
	29	SPARE	15A	–
	30	SPARE	20A	–
	31	SPARE	25A	–
	32	SPARE	30A	–

02 경음기 전원 배분도(1, 2)

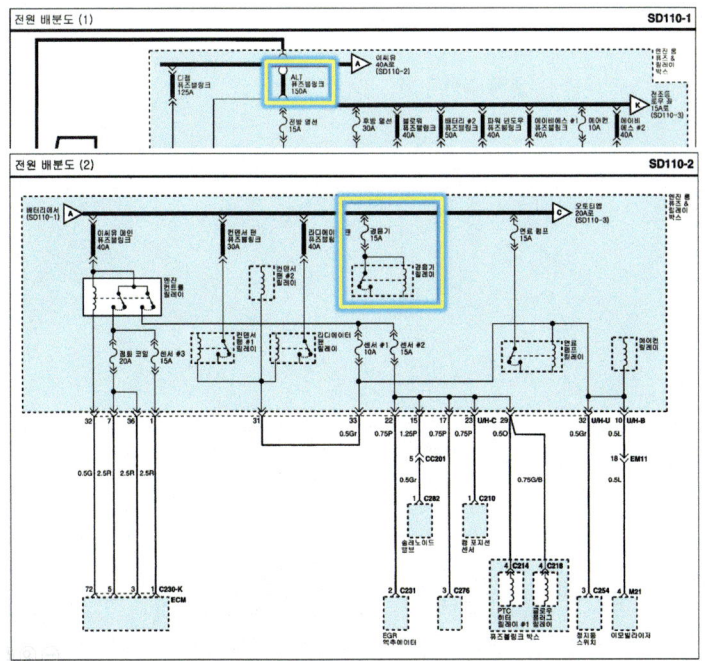

03 경음기 회로(1)_체크포인트

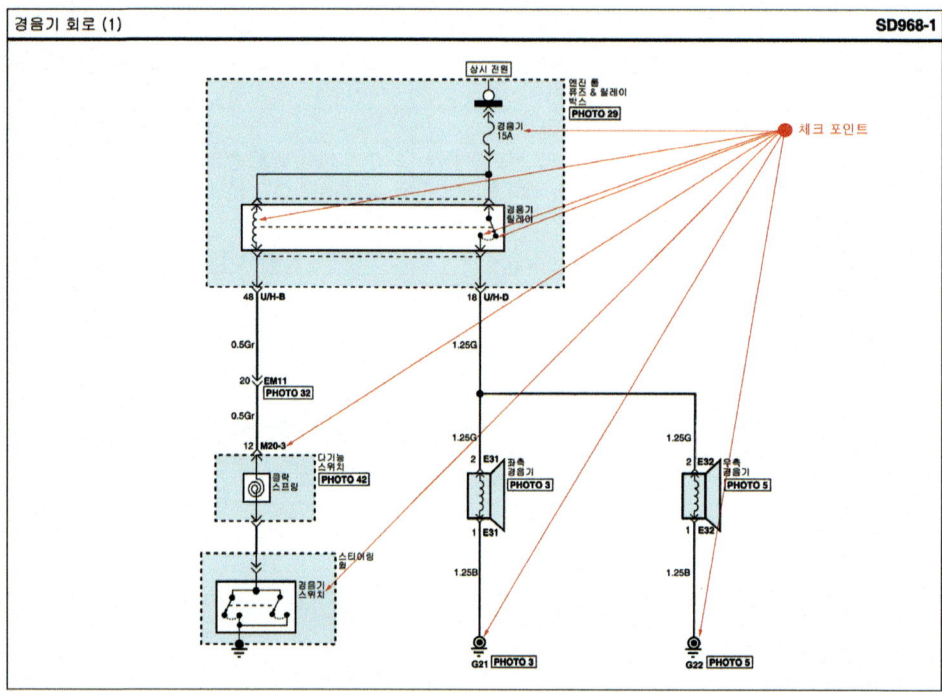

04 경음기(혼) 구성품 위치

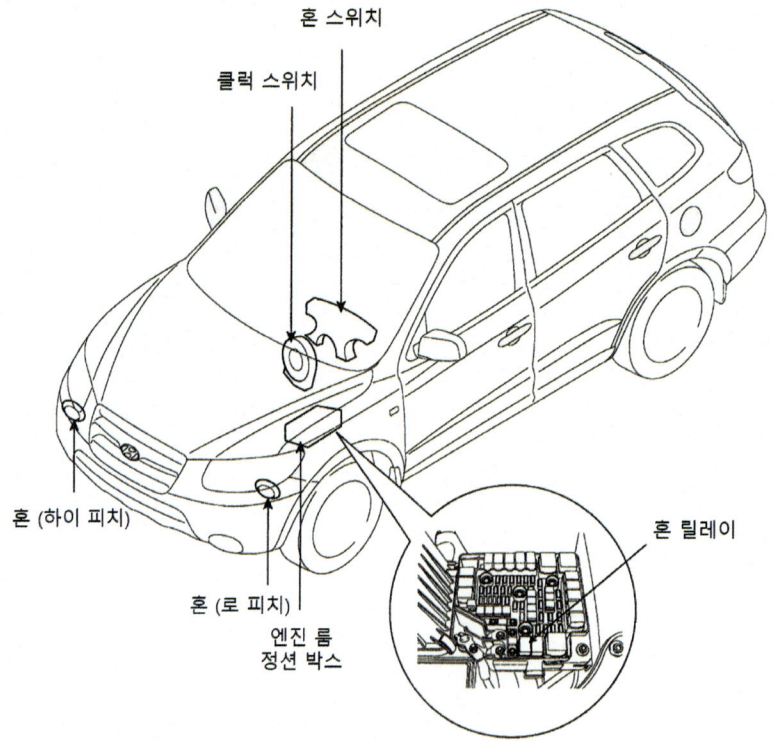

05 경음기 스위치_M20-3(12P) 다기능 스위치

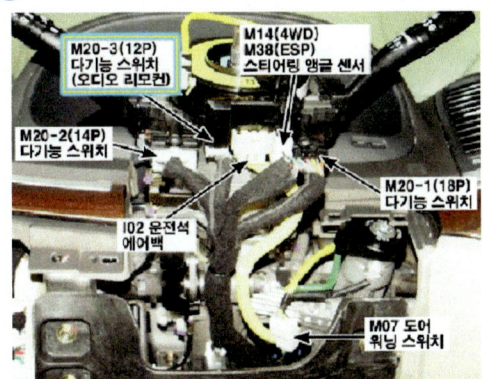

06 M20-3(12P) 다기능 스위치 커넥터

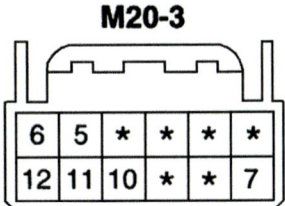

07 엔진룸 릴레이 박스 내 혼 릴레이

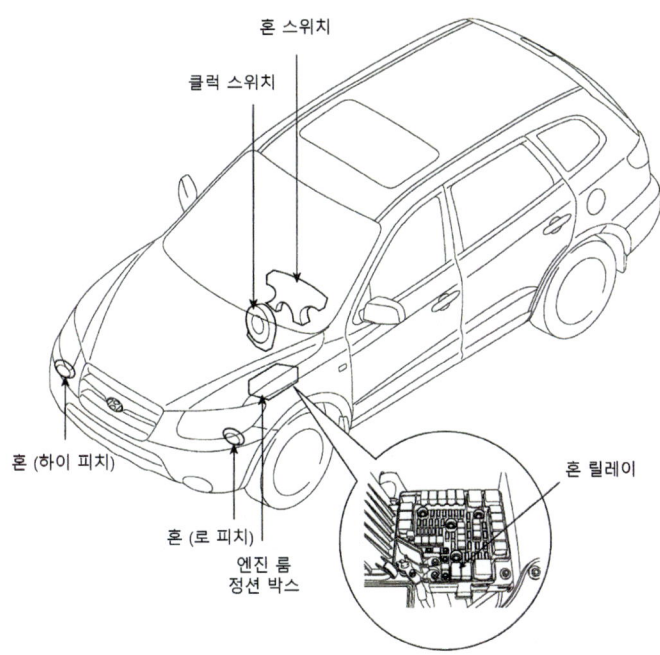

1. 자동변속기 릴레이
2. 냉각팬 릴레이
3. 프런트 안개등 릴레이
4. 에어컨 릴레이
5. 전조등(하이) 릴레이
6. 메인 릴레이
7. 시동 릴레이
8. 컨덴서 팬 2 릴레이
9. 컨덴서 팬 1 릴레이
10. 미등 릴레이
11. 전조등(로우 –좌측) 릴레이
12. 전조등(로우 –우측) 릴레이
13. 디포거 열선 릴레이
14. 윈드실드 열선 릴레이
15. 혼 릴레이
16. 와이퍼 릴레이
17. 레인센서 릴레이
18. 연료펌프 릴레이
19. 연료펌프 히터 릴레이
20. PTC 히터 릴레이 #2
21. 글로우 릴레이
22. PTC 히터 릴레이 #1
23. PTC 히터 릴레이 #3

H 안

08 엔진룸 퓨즈 & 릴레이 박스 내 경음기 릴레이

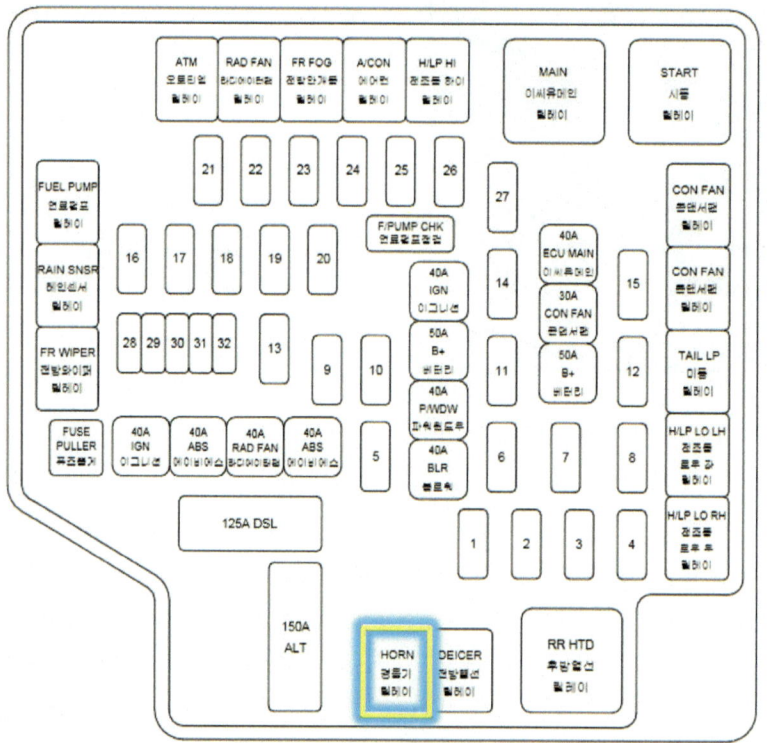

09 E32 우측 경음기 및 접지

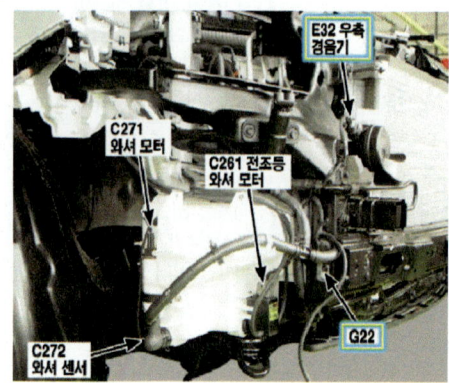

10 E32 우측 경음기 커넥터 단자

⑪ E31 좌측 경음기 및 접지

⑫ E31 좌측 경음기 커넥터 단자

E31

⑬ 혼 릴레이 점검 방법

혼 릴레이 점검

1. 엔진룸 릴레이 박스에서 혼 릴레이를 분리한다.

2. 미등 릴레이 단자 85번과 86번 사이에 전원을 인가했을 때 87번과 30번 단자 사이에 통전이 되는지 점검한다.

3. 미등 릴레이 단자 85번과 86번 사이에 전원을 해지했을 때 87번과 30번 단자 사이에 통전이 되는지 점검한다.

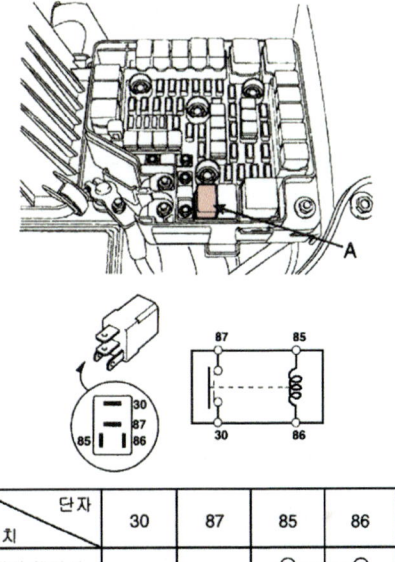

단자 위치	30	87	85	86
전원 해지시			○——————○	
전원 인가시	○————————○		⊖——————⊕	

⑭ 회로 고장 부분과 내용 및 상태 참고 자료

고장 부분	내용 및 상태	정비 및 조치할 사항
ALT 150A 퓨즈블링크	단선	ALT 150A 퓨즈블링크 교환 후 재점검
경음기(혼) 15A 퓨즈	단선	경음기(혼) 15A 퓨즈 교환 후 재점검
경음기(혼) 릴레이	탈거	경음기(혼) 릴레이 장착 후 재점검
경음기(혼) 릴레이 솔레노이드 코일	단선	경음기(혼) 릴레이 교환 후 재점검
경음기(혼) 릴레이 포인트 접점	전원 인가 시 미 통전	경음기(혼) 릴레이 교환 후 재점검
경음기(혼) 클락 스프링 커넥터	빠짐	경음기(혼) 클락 스프링 커넥터 결합 후 재점검
경음기(혼) 스위치 커넥터	탈거	경음기(혼) 스위치 커넥터 결합 후 재점검
경음기(혼) (LH, RH) 배선 커넥터	탈거	경음기(혼) (LH, RH) 배선 커넥터 결합 후 재점검
경음기(혼) (LH, RH) 배선	단선	경음기(혼) (LH, RH) 배선 결선 후 재점검
경음기(혼) LH, RH 접지선	탈거	경음기(혼) LH, RH 접지선 결선 후 재점검

H
안

⑮ 답안 작성_분석 내용 답안 작성하기

위에서 설명한 경음기 회로 점검 방법을 참조하여 고장 부분, 내용 및 상태, 정비 및 조치 사항을 기재한다.

◆ 전기 2. 기록표

자동차 번호 :

비 번호		감독확인	

항 목	측정(또는 점검)		정비 및 조치 사항	득 점
	고장 부분	내용 및 상태		
방향지시등 회로				
경음기 회로	좌측 경음기 커넥터	빠짐	커넥터 끼운 후 재점검	
뒷유리 열선 회로				

03 뒷유리 열선 회로 점검

① BCM 회로 및 연료 주입구 회로(1)_뒷유리 열선 회로 체크포인트

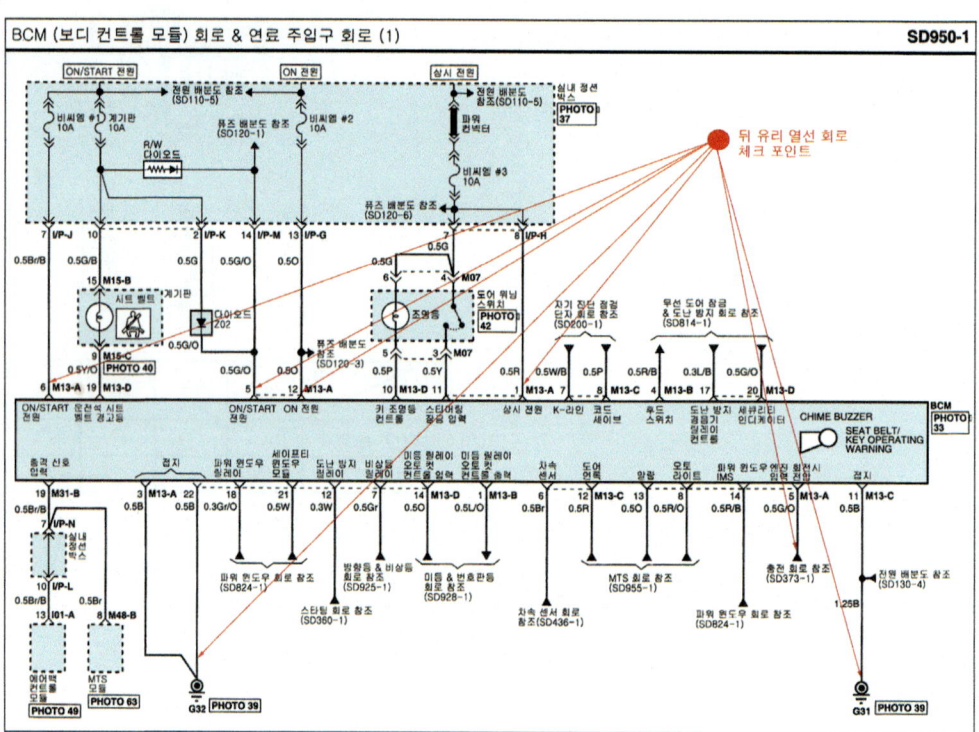

02 열선 릴레이 점검 방법

열선 릴레이 점검

1. 엔진룸 릴레이 박스에서 열선 릴레이를 분리한다.

2. 미등 릴레이 단자 85번과 86번 사이에 전원을 인가했을 때 87번과 30번 단자 사이에 통전이 되는지 점검한다.

3. 미등 릴레이 단자 85번과 86번 사이에 전원을 해지했을 때 87번과 30번 단자 사이에 통전이 되는지 점검한다.

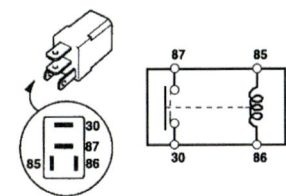

단자 위치	30	87	85	86
전원 해지시			○——	——○
전원 인가시	○——	——○	○(—)	(+)○

03 BCM 모듈

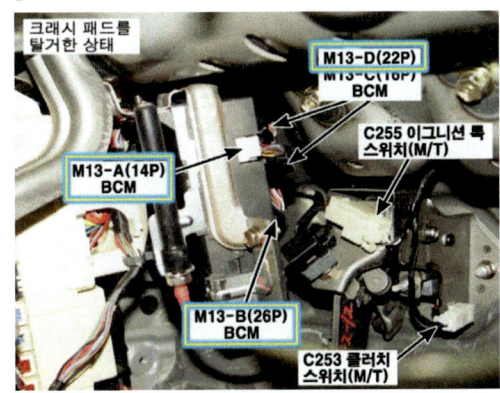

위 그림은 크래시 패드를 탈거한 상태의 M13-A(14P) BCM, M13-B(26P) BCM, M13-D(22P) BCM이다.

04 R05 리어 디포거(−)

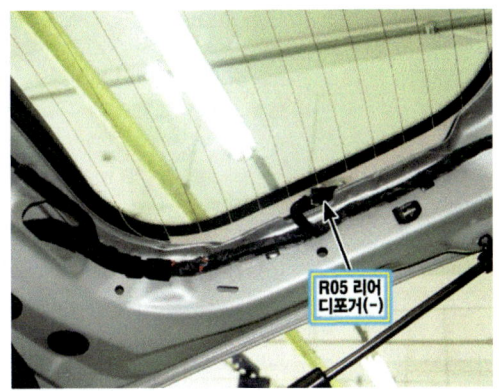

05 퓨즈 연결 회로_뒷유리 열선 스위치 실내 정선박스 퓨즈 용량

표기	용량(A)	연결회로
시동	10A	도난 방지 릴레이
파워 윈도우 좌측	30A	파워 윈도우 메인 스위치, 좌측 뒤 파워 윈도우 스위치
파워 윈도우 우측	30A	파워 윈도우 메인 스위치, 우측 앞/뒤 파워 윈도우 스위치
선루프	20A	선루프 모터
전동 시트	30A	IMS컨트롤 모듈
안전파워 윈도우	30A	세이프티 파워 윈도우 ECM
열선 미러	10A	리어 디포거 스위치, 좌/우측 파워 아웃사이드 미러 & 미러 폴딩 모터
에어백 #1	15A	에어백 컨트롤 모듈#1
실내등	10A	핸즈프리 모듈, 계기판, 좌측 앞 도어 램프, 카고 램프, 리어 퍼스널 램프 LH/고, 맵램프, 실내등, 운전석/조수석 화장 등 스위치
에어컨	10A	에어컨 컨트롤 모듈, 블로워 하이 릴레이, AQS센서, 실내온도 & 습도센서, 리어 에어컨 스위치, 선루프 모터, 리어 에어컨 릴레이, PTC히터 릴레이#2,#3, 실내 감광 미러, 전조 등 와셔 릴레이, 블로워 릴레이
열선 좌석	25A	운전석, 조수석 시트 히터 컨트롤 모듈
파워 앰프	30A	DELPHI 앰프, 오디오 앰프

표기	용량(A)	연결회로
파워 아웃렛 센터	15A	리어 파워 아웃렛 #2
파워 아웃렛	25A	프런트 파워 아웃렛, 리어 파워 아웃렛#1
시가라이터	15A	프런트 파워 아웃렛
문 자동 잠금장치	20A	도어 록/언록 릴레이, BCM, 좌측 앞/뒤 도어 록, 액추에이터, 우측 앞/뒤 도어 록 액추에이터, 테일 게이트 록 액추에이터
에어백 경고등	10A	계기판
오토티엠 잠금장치	10A	ATM키 록 모듈, VDC스위치, 운전석/조수석 시트히터 컨트롤 모듈
방향지시등	10A	비상등 스위치
조정식 페달	15A	어드저스트 페달 릴레이
비상등	15A	비상등 릴레이, 비상등 스위치
후방 와이퍼	15A	리어 간헐 와이퍼 모듈, 다기능 스위치
에어컨 스위치	10A	에어컨 컨트롤 모듈
계기판	10A	핸즈프리 모듈, MTS잭, 계기판, BCM, 제너레이터
비씨엠 #1	10A	BCM
연료통 주입구 열림	15A	연료 주입구 스위치
경보기	10A	도난 방지 경음기 릴레이, BCM, 도난 방지 경음기
3열 에어컨	15A	리어 에어컨 릴레이
후진 경고	10A	후진 경고 부저
아이엠에스	10A	IMS 컨트롤 모듈, 레인 센서
오디오 #2	10A	파워 윈도우 메인 스위치, DELPHI 오디오, 오디오, 파워 아웃사이드 미러 & 미러 폴딩 모터, BCM, MTS 모듈, ATM키 록 모듈, A/V헤드 모듈, 시계, 핸즈프리 모듈, 튜너 모듈
블로워	30A	블로워 릴레이, 에어컨 스위치 10A, 블로워 모터
정지등	15A	정지등 스위치
전조등 와셔	20A	전조등 와셔 릴레이
비씨엠 #3	10A	도어 워닝 스위치, IMS컨트롤 모듈, 파워 아웃사이드 미러 & 미러 폴딩 모터, 세큐리티 인디게이터, BCM, 파워 윈도우 메인 스위치, 우측 앞 파워 윈도우 스위치
디지털시계	15A	시계, 자기진단점검단자, 에어컨 컨트롤 모듈
오디오 #1	15A	DELPHI 오디오, 오디오, MRS 모듈, A/V헤드 모듈, 튜너 모듈, 내비게이션 모듈
오토티엠	10A	키 솔레노이드, 스포츠 모드 스위치
비씨엠#2	10A	레오스테트, BCM, EPS 모듈

06 리어 디포그 스위치_M51 뒷유리 열선 스위치

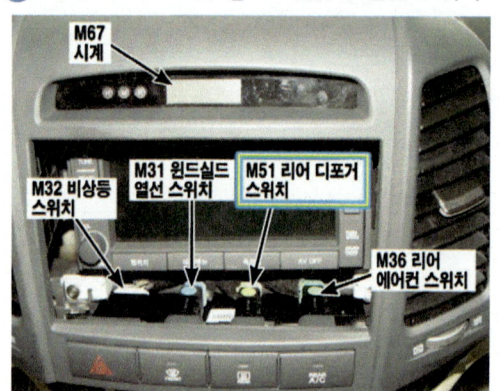

07 접지_계기판을 탈거한 상태 G31, G32

08 퓨즈 연결 회로_뒷유리 열선 엔진룸 정션박스 & 릴레이 박스 퓨즈 용량

구분	표기	용량(A)	연결회로
퓨즈블링크	ALT	150A	퓨즈블링크(전방 열선, 후방열선, 블로워, 에어컨, 배터리#2, 에이비에스#1, #2, 파워 윈도우, 전조등 로우 좌, 전조등 로우 우, 전방 안개등
	디젤	125A	퓨즈블링크 박스(PCT 히터#1, #2, #3, 연료 필터, 글로우 플러그)
	배터리 #1	50A	퓨즈(문자통 잠금장치, 정지등, 연료통 주입구 열림, 오토티엠, 전조등 와셔, 비상등, 파워 커넥터)
	배터리 #2	40A	퓨즈(파워 앰프, 열선 좌석, 전동 시트, 조정식 페달, 3열 에어컨, 후진 경고, 선루프, 경보기, 도난 방지 경음기 릴레이)
	이씨유 메인	40A	엔진 컨트롤 릴레이
	콘덴서 팬	30A	콘덴서 팬#1 릴레이
	이그니션 #1	40A	이그니션 스위치
	이그니션 #2	40A	이그니션 스위치, 퓨즈(시동)
	블로워	40A	퓨즈(블로워)
	파워 윈도우	40A	퓨즈(파워 윈도우 릴레이, 안전 파워 윈도우)
	라디에이터 팬	40A	라디에이터 팬 릴레이
	에이비에스#1	40A	다기능 체크 커넥터, ABS 컨트롤 모듈, VDC 컨트롤 모듈
	에이비에스#1	40A	다기능 체크 커넥터, ABS 컨트롤 모듈, VDC 컨트롤 모듈
퓨즈	1 전방 열선	15A	윈드 쉴드 열선 릴레이
	2 후방열선	30A	리어 디포거 릴레이
	3 –	–	–
	4 전조등 로우 우	15A	우측 전조등 로우 릴레이
	5 경음기	15A	경음기 릴레이
	6 전조등 로우 좌	15A	좌측 전조등 로우 릴레이
	7 전조등 하이 표시등	10A	계기판
	8 알터네이터 디젤	10A	제너레이터
	9 에어컨	10A	에어컨 릴레이
	10 오토티엠	20A	4WD ECM, ATM 컨트롤 릴레이
	11 –	–	–
	12 미등 우	10A	우측 포지션 램프, 글로브 박스 램프, 우측 뒤 콤비 램프(OUT), 조명등
	13 전방 안개등	10A	앞 안개등 릴레이
	14 센서 #3	15A	ECM
	15 미등 좌	10A	좌측 포지션 램프, 좌측 뒤 콤비 램프(OUT)
	16 연료펌프	15A	연료펌프 릴레이
	17 전방 와이퍼	25A	다기능 스위치, 레인 센서 릴레이, 프런트 와이퍼 릴레이, 프런트 와이퍼 모터
	18 티씨유	15A	TCM
	19 에이비에스	10A	ABS 컨트롤 모듈, G-YAW 센서, VDC 컨트롤 모듈, 4WD ECM, 연료 필터 히터 릴레이, 연료 필터 수분 경고 센서, 다기능 체크 커넥터
	20 냉각팬	10A	–
	21 후진등	10A	입력/출력 속도 센서, 인히비터 스위치, TCM, 후진등 스위치
	22 전조등	10A	퓨즈(전방 와이퍼)
	23 이씨유	10A	차속 센서, ECM, 에어 플로우 센서
	24 전조등 하이	20A	전조등 하이 릴레이
	25 센서#1	10A	연료펌프 릴레이, 정지등 스위치, 이모빌라이저, 에어컨 릴레이, 콘덴서 팬#1, #2 릴레이, 라디에이터 팬 릴레이
	26 센서#2	15A	EGR 액추에이터, 솔레노이드밸브, 스로틀 플랫 액추에이터, 캠 포지션 센서, PTC히터 릴레이#1

구분		표기	용량(A)	연결회로
퓨즈	27	점화코일	20A	ECM
	28	SPARE	10A	–
	29	SPARE	15A	–
	30	SPARE	20A	–
	31	SPARE	25A	–
	32	SPARE	30A	–

09 전원 배분도(1)_뒷유리 열선 전원 배분도

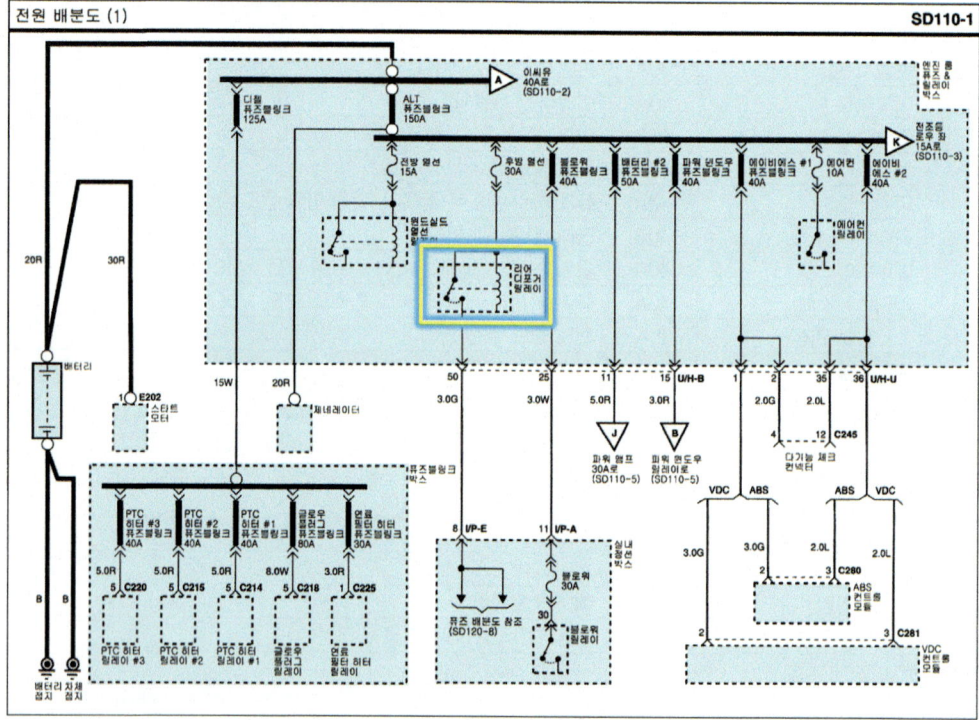

⑩ 앞, 뒷유리 & 아웃사이드 미러 디포그 회로(1)_뒷유리 열선 체크포인트

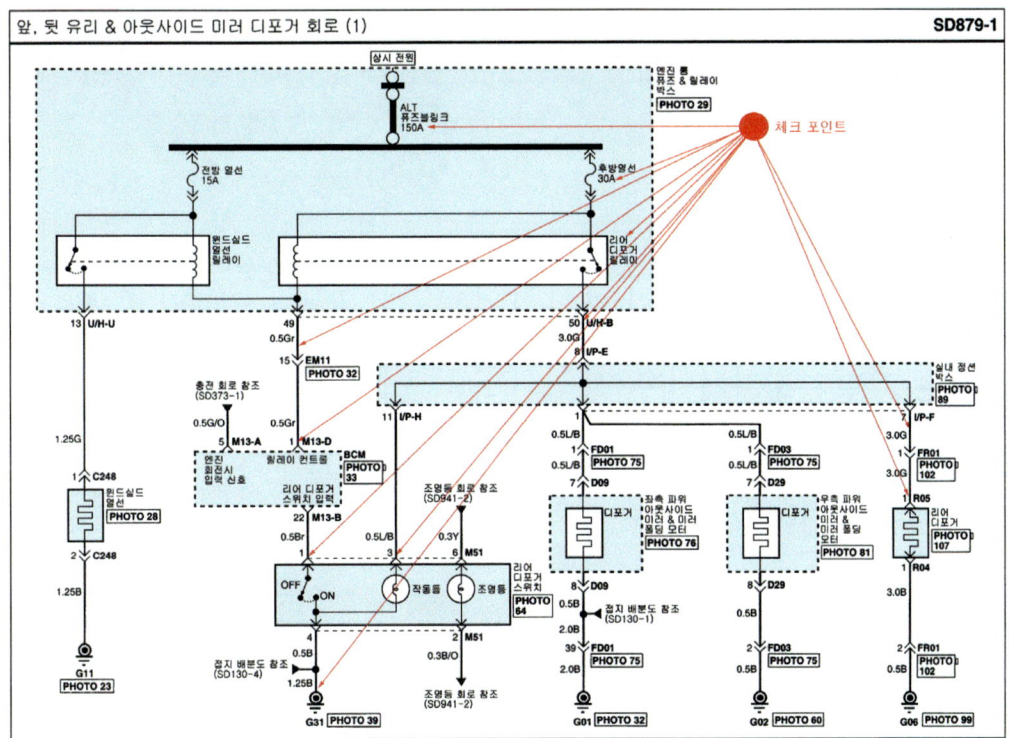

⑪ 뒷유리 열선 커넥터 접지

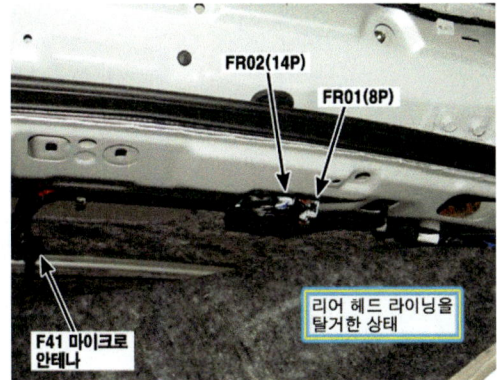

⑫ 퓨즈 배분도(8)_뒷유리 열선 퓨즈 배분도

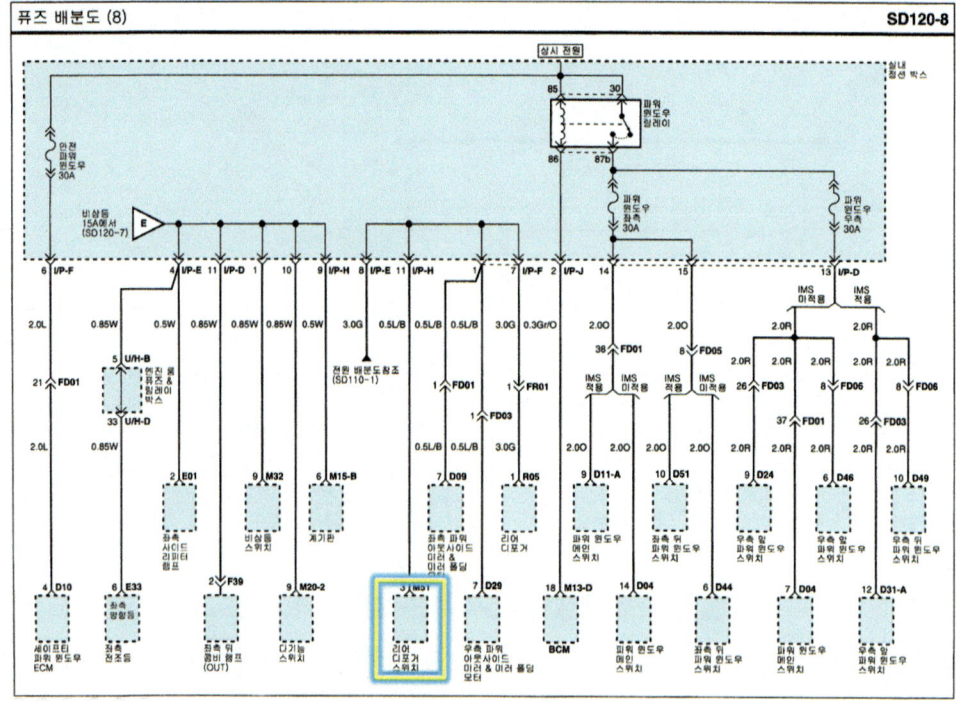

⑬ 엔진룸 릴레이 박스 내 뒷유리 열선 릴레이

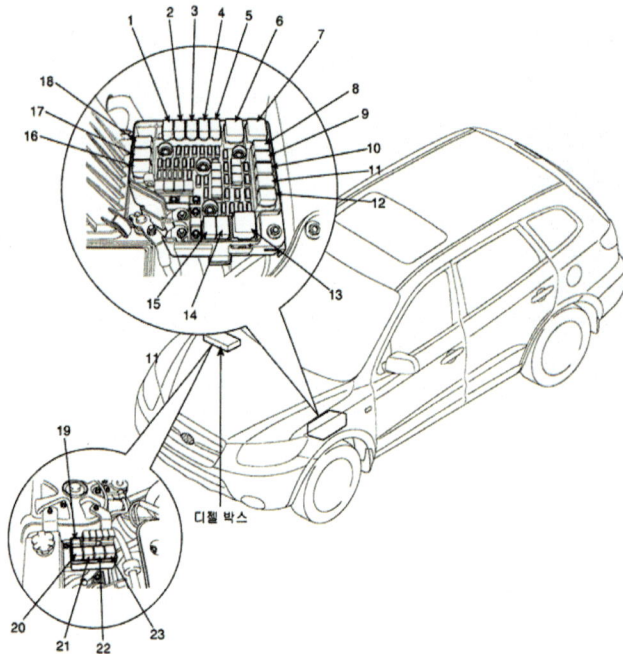

1. 자동변속기 릴레이
2. 냉각팬 릴레이
3. 프런트 안개등 릴레이
4. 에어컨 릴레이
5. 전조등(하이) 릴레이
6. 메인 릴레이
7. 시동 릴레이
8. 컨덴서 팬 2 릴레이
9. 컨덴서 팬 1 릴레이
10. 미등 릴레이
11. 전조등(로우 –좌측) 릴레이
12. 전조등(로우 –우측) 릴레이
13. 디포거 열선 릴레이
14. 윈드실드 열선 릴레이
15. 혼 릴레이
16. 와이퍼 릴레이
17. 레인센서 릴레이
18. 연료펌프 릴레이
19. 연료펌프 히터 릴레이
20. PTC 히터 릴레이 #2
21. 글로우 릴레이
22. PTC 히터 릴레이 #1
23. PTC 히터 릴레이 #3

⑭ 엔진룸 퓨즈 & 릴레이 박스 내 후방 열선 릴레이

⑮ 회로 고장 부분과 내용 및 상태 참고 자료

고장 부분	내용 및 상태	정비 및 조치할 사항
후방 열선 30A 퓨즈	단선	후방 열선 30A 퓨즈 교환 후 재점검
리어 디포거 릴레이	솔레노이드 코일 단선	리어 디포거 릴레이 장착 후 재점검
리어 디포거 릴레이 포인트 접점	전원 인가 시 미 통전	리어 디포거 릴레이 교환 후 재점검
뒷유리 열선 커넥터	탈거	뒷유리 열선 커넥터 결합 후 재점검
BCM 엔진 회전 입력신호 커넥터	탈거	BCM 엔진 회전 입력신호 커넥터 결합 후 재점검
디포거 스위치 커넥터	탈거	디포거 스위치 커넥터 결합 후 재점검

⑯ 답안 작성_분석 내용 답안 작성하기

[참고] 위에서 설명한 방향지시등 회로(B안) 및 경음기 회로, 뒷유리 열선 회로 점검 방법을 참고하여 고장 부분, 내용 및 상태, 정비 및 조치 사항을 기재한다.

◈ 전기 2. 기록표
　　자동차 번호 :

항 목	측정(또는 점검)		정비 및 조치 사항	득 점
	고장 부분	내용 및 상태		
방향지시등 회로				
경음기 회로	좌측 경음기 커넥터	빠짐	커넥터 끼운 후 재점검	
뒷유리 열선 회로	리어 디포거 스위치	커넥터 빠짐	커넥터 체결 후 재점검	

비 번호 / 감독확인

495

정비기능장

H

3) 파형 측정

전 기

주어진 자동차에서 시험위원 지시에 따라 기록표의 요구사항을 점검 및 측정하여 기록하시오.

01 CAN통신 파형 측정_A안 참고

02 전조등 광도, 진폭측정_B안 참고

자동차정비 기능장

I 안

국가기술자격검정 실기시험문제

1. 기 관

1) 주어진 전자제어 디젤 엔진에서 감독위원의 지시에 따라 크랭크축 리테이너와 고압연료펌프를 탈거하고 감독위원에게 확인 후, 다시 조립(부착)하여 엔진 및 시동 관련회로를 점검한 후 시동작업과 기록표의 요구사항을 점검 및 측정하고 기록표에 기록하시오.
(단, 시동되지 않는 경우 "2" 과제는 작업할 수 없다)

2) 주어진 엔진에서 감독위원의 지시에 따라 기록표 요구사항을 점검 및 측정하여 기록하시오.

3) 주어진 자동차에서 크랭킹은 가능하나 시동되지 않고, 시동된 후에도 부조가 발생합니다. 고장원인을 찾아 수리후 기록표에 기록하시오.

2. 섀 시

1) 주어진 자동차에서 감독위원의 지시에 따라 전륜 현가장치의 쇽업쇼버 코일 스프링을 탈거하고 감독위원에게 확인 후, 다시 조립(부착)하여 작동상태를 점검한 후 기록표의 요구사항을 점검 및 측정하여 기록하시오.

2) 주어진 전자제어 자동변속기 자동차에서 감독위원의 지시에 따라 인히비터 스위치를 탈거하고 감독위원에게 확인 후, 다시 조립(부착)하여 작동상태를 확인하고, 기록표의 요구사항을 점검 및 측정하여 기록하시오.

3. 전 기

1) 감독위원의 지시에 따라 자동차에서 에어컨 가스를 회수하고 에어컨 컴프레셔를 탈·부착 작업 후 가스를 충전시킨 다음, 작동상태를 확인하고, 기록표의 요구사항을 점검 및 측정하고 기록표에 기록하시오.

2) 주어진 자동차에서 정비지침서의 회로도를 이용하여 기록표에서 요구하는 회로를 점검하고, 이상내용을 기록표에 기록한 후 정비하시오

3) 주어진 자동차에서 감독위원 지시에 따라 기록표의 요구사항을 점검 및 측정하여 기록하시오..

국가기술자격검정실기시험문제 Ⅰ안

자 격 종 목	자동차정비 기능장	작 품 명	자동차 정비 작업

- 비 번호
- 시험시간 : 6시간 30분(기관 : 140분, 섀시 : 130분, 전기 : 120분)
  ※ 시험 안 및 요구사항 일부내용이 변경될 수 있음

정비기능장

1)_1 크랭크축 리테이너와 고압연료펌프 탈·부착

엔 진

주어진 전자제어 디젤 엔진에서 감독위원의 지시에 따라 크랭크축 리테이너와 고압연료펌프 탈거하고 감독위원에게 확인 후 다시 조립(부착)하시오.

부품 분해 조립 시 주의사항

① 분해·조립 작업은 반드시 대상 부품의 정면에서 한다.
② 분해한 부품에서 볼트 및 너트를 빼내지 말고 되도록 끼워진 상태로 부품을 탈거한다.
③ 분해하기 위해 볼트 및 너트를 풀 때는 바깥쪽에서 중앙을 향하며, 조일 때는 중앙에서 바깥쪽을 향하도록 하고, 특히 실린더 헤드 볼트의 경우는 풀고, 조이는 순서에 주의하여야 변형을 방지할 수 있다.
④ 분해한 부품의 접촉면이 바닥에 직접 닿지 않도록 주의한다.
⑤ 부품은 분해한 순서로 정리 정돈한 후 분해의 역순으로 조립한다.
⑥ 조립이 복잡한 부품은 표기를 한 후 분해한다.
⑦ 볼트 및 너트는 반드시 토크 렌치를 이용하여 규정 토크로 조이되 하나의 부품에 갯수가 여러 개일 경우 2~3회 정도 나누어 조인다.
⑧ 개스킷 및 오링은 반드시 신품으로 교환한다.
⑨ 부품 대를 사용하며 조립을 위하여 아래 칸부터 채워서 위로 올라오도록 정리한다.

정비기능장

1)_1 크랭크축 리테이너와 고압연료펌프 탈·부착

엔 진

주어진 전자제어 디젤엔진에서 감독위원의 지시에 따라 타이밍벨트의 아이들(공정)베어링과 고압펌프를 탈거하여 감독위원에게 확인 받은 후 다시 조립(부착)하시오.

01 크랭크축 프런트 리테이너 탈·부착

01 관련 부품 명칭

위 그림은 엔진 전면으로 타이밍 벨트 상부 커버, 라디에이터 캡, 브래킷, 크랭크축 풀리, 타이밍 벨트 하부 커버, 오일 필터이다.

02 크랭크축 풀리 탈거

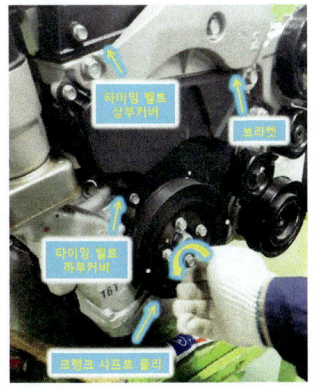

위 그림과 같이 크랭크축 "풀리 고정 볼트(12㎜) 4개"를 반시계 방향으로 돌려 푼 다음 "풀리"를 탈거한다.

03 타이밍 벨트 커버 탈거

위 그림과 같이 타이밍 벨트 "하부 및 상부 커버" 고정 볼트 (10㎜)를 푼 다음 "커버"를 탈거한다.

04 엔진 브래킷 탈거

위 그림과 같이 엔진 "브래킷 고정 볼트(14㎜) 3개"를 푼 다음 탈거한다.

I 안

05 타이밍 벨트 탈거

위 그림과 같이 오토프리 "텐셔너 고정 볼트(14㎜)"를 유림한 후 텐셔너를 반시계 방향으로 돌려 "타이밍 벨트"를 탈거한다.

06 타이밍 벨트 오토프리 텐셔너 탈거

위 그림과 같이 타이밍 벨트 오토프리 "텐셔너 고정 볼트(14㎜)"를 푼 다음 탈거한다.

07 크랭크축 스프로킷 탈거

위 그림과 같이 크랭크축 "스프로킷 고정 볼트(22㎜)"를 푼 다음 탈거한다.

08 크랭크축 반달키 탈거

위 그림과 같이 크랭크축에 삽입된 "반달키"를 탈거한다.
[참고: 크랭크축과 스프로킷 고정용이다.]

09 크랭크축 프런트 리테이너 탈거

위 그림과 같이 일자 형 수공구를 이용하여 "크랭크축 프런트 리테이너"를 빼낸다.

10 크랭크축 프런트 리테이너

위 그림은 "크랭크축 프런트 리테이너"를 탈거한 후 모습이다.

⑪ 크랭크축 프런트 리테이너 설치

위 그림과 같이 신품의 "크랭크축 프런트 리테이너"를 설치한다.

⑬ 반달키 장착

위 그림과 같이 크랭크축 "홈에 반달키"를 장착한다.

⑮ 타이밍 벨트 오토프리 텐셔너 및 벨트 장착

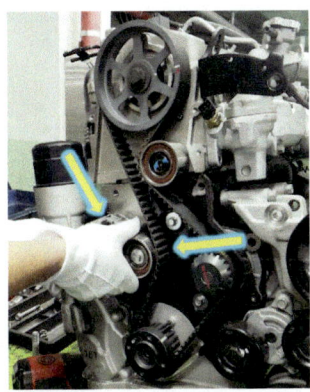

위 그림과 같이 "오토프리 텐셔너"를 조립한 다음 "타이밍 벨트"를 장착한다.

⑫ 프런트 리테이너 삽입

위 그림과 같이 프런트 리테이너 "상하좌우를 수평"이 되도록 "삽입"한다.

⑭ 크랭크축 스프로킷 장착

위 그림과 같이 크랭크축 "스프로킷을 삽입"한 다음 "고정 볼트"를 규정 토크로 조인다.

⑯ 캠축 스프로킷 타이밍 마크 확인

위 그림과 같이 실린더 헤드커버와 헤드 "경계선"과 캠축 스프로킷 "타이밍 마크"가 "일치"하는지 확인한다.

I
안

⑰ 크랭크축 타이밍 마크 확인

위 그림과 같이 크랭크축 스프로킷의 "타이밍 마크"가 맞는지 확인한다.

⑱ 엔진 프런트 브래킷 장착

위 그림과 같이 엔진 "프런트 브래킷"을 설치한 다음 "고정 볼트"를 규정 토크로 조인다.

⑲ 타이밍 벨트 상부 커버 조립

위 그림과 같이 타이밍 벨트 "상부 커버"를 설치한 다음 "고정 볼트"를 규정 토크로 조인다.

⑳ 타이밍 벨트 하부 커버 조립

위 그림과 같이 타이밍 벨트 "하부 커버"를 설치한 다음 "고정 볼트"를 규정 토크로 조인다.

㉑ 크랭크축 풀리

위 그림과 같이 "크랭크축 풀리"를 설치한 다음 "고정 볼트"를 규정 토크로 조인다.

02 크랭크축 프런트 리테이너 탈·부착

01 관련 부품 명칭

위 그림은 엔진의 뒷면으로 클러치 압력판, 링 기어이다.

02 클러치 압력판 탈거

위 그림과 같이 클러치 "압력판 고정 볼트(12㎜)"를 푼 다음 탈거한다.

03 클러치 디스크 탈거

위 그림과 같이 "클러치 디스크"를 탈거한다. [참고: 원 안의 "SIDE"는 조립 방향을 나타낸다.]

04 플라이휠 고정 볼트

위 그림과 같이 "플라이휠 고정 볼트(별 비트 소켓)"를 모두 푼다.

I
안

05 플라이휠 탈거

위 그림과 같이 "플라이휠"을 탈거한다.

06 크랭크축 리어 리테이너 탈거

위 그림과 같이 "일자 형 수공구"를 이용하여 "크랭크축 리어 리테이너"를 빼낸다.

07 크랭크축 리어 리테이너

위 그림은 "크랭크축 리어 리테이너"를 탈거한 후 모습이다.

08 크랭크축 리어 리테이너 삽입

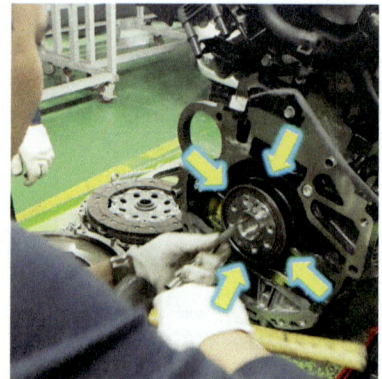

위 그림과 같이 신품 크랭크축 리어 리테이너 "상하좌우를 수평"이 되도록 삽입한다.

09 크랭크축 돌기

위 그림 원 안의 "돌기"는 플라이휠 "장착 기준 위치"를 표시한다.

10 플라이휠 홈

위 그림과 같이 플라이휠의 "홈"을 "크랭크축 돌기"에 맞추어 설치한다.

作업형 실기

⑪ 플라이휠 조립

위 그림과 같이 "플라이휠 고정 볼트"를 규정 토크로 조이
다.

⑫ 클러치 디스크 설치

위 그림과 같이 클러치 디스크의 "SIDE" 글자가 보이도록
설치한다.

⑬ 클러치 압력판 조립

위 그림과 같이 "클러치 압력판"을 플라이휠에 설치하고 특
수공구를 이용하여 "클러치 디스크 센터"를 맞춘 다음 "고
정 볼트"를 규정 토크로 조인다.

03 고압 펌프 탈·부착_B안 참고

정비기능장

엔진

1)_2 엔진 및 시동 관련 회로 점검 후 시동 작업

엔진 및 시동 관련 회로를 점검한 후 시동 작업과 기록표의 요구사항을 점검 및 측정하고 기록표에 기록하시오. [단, 시동되지 않는 경우 "2)"는 작업할 수 없음]
[A안 참고]

정비기능장

엔진

1)_3 점검 및 측정_연료펌프 작동전류 및 공급압력 측정

기록표의 요구사항을 점검 및 측정하고 기록표에 기록하시오. (단, 시동되지 않는 경우 "2)"는 작업할 수 없음) [B안 참고]

정비기능장

엔진

2)_1 기록표 요구사항_디젤 인젝터 전압 및 전류 파형

주어진 엔진에서 감독위원의 지시에 따라 기록표 요구사항을 점검 및 측정하여 기록하시오. [A안 참고]

정비기능장

엔진

2)_2 기록표 요구사항_연료 온도 센서 출력 전압, 연료 압력조절밸브 듀티 값, 액셀 포지션 센서 출력 전압 측정

주어진 엔진에서 감독위원의 지시에 따라 기록표 요구사항을 점검 및 측정하여 기록하시오. [H안 참고]

정비기능장

엔진

3)_1 시동결함_크랭킹은 가능하나 시동되지 않음

주어진 엔진에서 크랭킹은 가능하나 시동되지 않고, 시동된 후에도 부조가 발생합니다. 고장원인을 찾아 수리 후 기록표에 기록하시오. [A안 참고]

3)_2 부조 발생 원인

엔 진

주어진 자동차에서 크랭킹은 가능하나 시동되지 않고 시동된 후에도 부조가 발생합니다. 고장 부위를 수리하고 기록표를 작성하시오. [A안 참고]

1) 전륜 현가장치 쇽 업소버 코일 스프링 탈·부착

섀 시

주어진 자동차에서 감독위원의 지시에 따라 전륜 현가장치의 쇽업소버 코일 스프링을 탈거하고 시험위원에게 확인 후 다시 조립(부착)하여 작동상태를 확인하고 기록표 요구사항을 점검 및 측정하여 기록하시오.

01 전륜 현가장치 쇽 업소버 코일 스프링 탈·부착

01 휠 및 타이어 탈거

위 그림과 같이 보닛을 열고 "휠 고정너트(21㎜)"를 모두 푼 다음 "휠 및 타이어"를 탈거한다.

02 관련 부품 명칭

위 그림은 자동차 "좌측 앞쪽"이며 쇽 업소버, 캘리퍼, 브레이크 디스크이다.

03 추가 부품 명칭

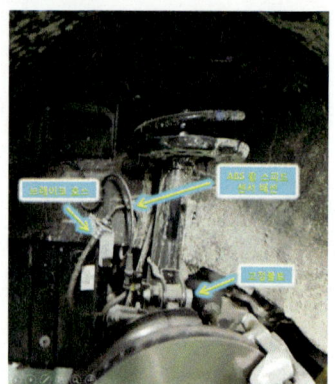

위 그림은 추가 부품으로 브레이크 호스, ABS 휠 스피드 센서 배선, 쇽 업소버 고정 볼트이다.

05 스테이빌라이저 링크 탈거

위 그림과 같이 스테이빌라이저 "링크 고정너트(17㎜)"를 푼 다음 "링크"를 탈거한다.

07 인슐레이터 고정너트

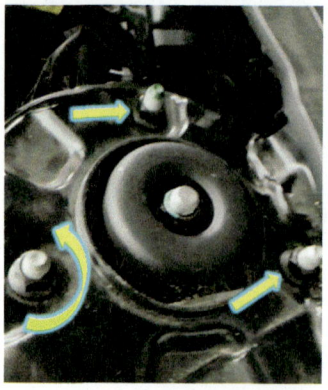

위 그림과 같이 "3개의 인슐레이터 고정너트(14㎜)"를 푼다.

04 휠 스피드 센서 배선 및 브레이크 호스 탈거

위 그림과 같이 "휠 스피드 센서 배선"과 브레이크 "호스 고정 볼트(12㎜)"를 탈거한다.

06 쇽 업소버 고정 볼트 탈거

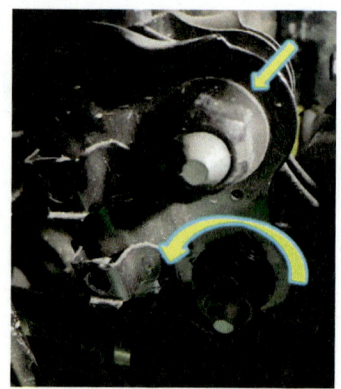

위 그림과 같이 "두 개의 고정너트(19㎜)"를 푼 다음 "볼트 (17㎜) 2개"를 탈거한다.

08 쇽 업소버 어셈블리 탈거

위 그림과 같이 "쇽 업소버 어셈블리"를 탈거한다. 부품 명칭으로 인슐레이터, 코일 스프링, 벨로즈 부트이다.

09 쇽 업소버 어셈블리 작기에 설치

위 그림과 같이 쇽 업소버 어셈블리를 "작기에 설치"하고 "하단 실린더 부"를 고정한 다음 "양쪽 레버"를 코일 스프링에 걸친 후 "핸들을 시계 방향"으로 돌려 코일 스프링을 "압축"시킨다. [주의: 인슐레이터와 코일 스프링이 이격된 상태를 확인한다.]

10 인슐레이터 고정너트

위 그림과 같이 "인슐레이터 고정너트(17㎜)"를 반시계 방향으로 돌려 푼다.

11 인슐레이터와 댐퍼 탈거

위 그림과 같이 "인슐레이터와 댐퍼"를 탈거한다.

12 코일 스프링 탈거

위 그림과 같이 핸들을 "반시계 방향"으로 돌려 코일 스프링을 확장한 다음 "스프링"을 탈거하고 "벨로즈 부트"를 빼낸다.

⑬ 쇽 업소버 어셈블리 분해 후

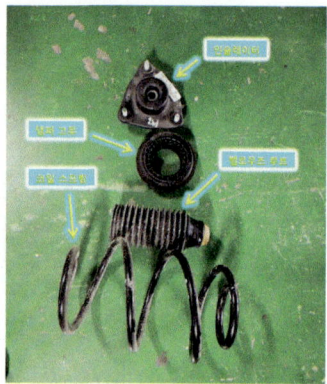

위 그림은 쇽 업소버 분해 후 모습으로 인슐레이터, 벨로즈 부트, 코일 스프링, 댐퍼이다.

⑮ 코일 스프링 장착 위치

위 그림과 같이 코일 스프링 "끝단 부"를 "시트 돌출부"에 위치시킨다.

⑰ 작기 레버 위치 조정 및 코일 스프링 압축

위 그림과 같이 "양쪽 레버"의 설치 위치를 쇽 업소버 샤프트 "중심과 일치"할 수 있도록 한 다음 핸들을 시계 방향으로 돌려 "코일 스프링"을 압축한다. [주약 코일 스프링 압축 시 "중심" 이 한쪽으로 쏠리면 다시 "양쪽 레버 위치"를 설정하여 작업한다.]

⑭ 쇽 업소버 및 코일 스프링 설치

위 그림과 같이 쇽 업소버를 "작기에 설치"하고 하단 실린더 부를 "고정"한 다음 "벨로즈 부트와 코일 스프링"을 설치한다.

⑯ 작기 레버 설치

위 그림과 같이 "양쪽 레버"를 코일 스프링 "두 번째 위치" 에 걸친다.

⑱ 쇽 업소버 어셈블리 조립

위 그림과 같이 "댐퍼와 인슐레이터"를 설치하고 고정너트를 "최대한 조인" 후 코일 스프링을 "확장"시킨 다음 "고정너트" 를 규정 토크로 조인다. "작기 레버"를 제거한 후 쇽 업소버 하단 "고정 레버"를 푼 후 "쇽 업소버 어셈블리"를 탈거한다.

⑲ 쇽 업소버 어셈블리 장착 위치

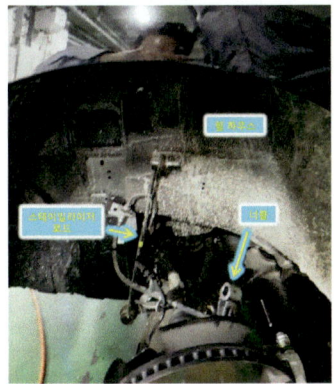

위 그림은 쇽 업소버 어셈블리를 탈거한 후 모습으로 좌측 앞 휠 하우스, 너클, 스테이빌라이저 로드이다.

⑳ 쇽 업소버 어셈블리 설치

위 그림과 같이 쇽 업소버 어셈블리를 "휠 하우스와 너클" 에 설치한다.

㉑ 인슐레이터 장착

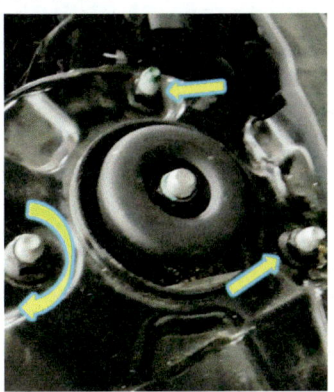

위 그림과 같이 인슐레이터 3개의 "고정너트"를 규정 토크 로 조인다.

㉒ 쇽 업소버 고정 볼트

위 그림과 같이 2개의 "고정 볼트"를 삽입한 다음 "고정너 트"를 규정 토크로 조인다.

㉓ 스테이빌라이저 링크 조립

위 그림과 같이 스테이빌라이저 "링크 고정너트"를 규정 토 크로 조인다.

㉔ 휠 스피드 센서 배선 및 브레이크 호스 장착

위 그림과 같이 "휠 스피드 센서 배선과 브레이크 호스" 고정 볼트를 규정 토크로 조인다.

Ⅰ
안

25 휠 및 타이어 장착

위 그림과 같이 "휠 및 타이어" 허브에 장착한 다음 "휠 너트"를 규정 토크로 조인다.

정비기능장

1)_1 기록표 요구사항 점검 · 측정_사이드 슬립 량 및 타이어 점검

섀 시

기록표 요구사항을 점검 및 측정하여 기록하시오.

---

01 사이드 스립 량_E안 참고

02 타이어 점검_E안 참고

정비기능장

2) 인히비터 스위치 탈 · 부착 및 작동상태 확인

섀 시

주어진 전자제어 자동변속기 자동차에서 감독위원의 지시에 따라 인히비터 스위치를 탈거하고 감독위원에서 확인 후, 다시 조립(부착)하여 작동상태를 확인하고, 기록표의 요구사항을 점검 및 측정하여 기록하시오. [B안 참고]

정비기능장

2)_1 기록표 요구사항 점검 · 측정 파형

섀 시

기록표 요구사항을 점검 및 측정하여 기록하시오.

---

01 레인지 변환 시(N→D) 유압 제어 솔레노이드 파형_B안 참고

정비기능장 | 섀 시

2)_2 기록표 요구사항 점검 · 측정_변속기 클러치 작동 시 오일 압력, 변속기 솔레노이드 저항

기록표 요구사항을 점검 및 측정하여 기록하시오.

01 변속기 클러치 작동 시 오일 압력_H안 참고

02 변속기 솔레노이드 저항_H안 참고

정비기능장 | 전 기

1) 에어컨 가스 회수 및 에어컨 컴프레서 탈 · 부착 및 가스 충전 후 작동상태 확인, 점검 및 측정

감독위원의 지시에 따라 자동차에서 에어컨 가스를 회수하고 에어컨 컴프레서를 탈 · 부착한 후 가스를 충전한 다음, 작동상태를 확인하고 기록표의 요구사항을 점검 및 측정하고 기록표에 기록하시오.

01 에어컨 가스 회수 및 충전

01 관련 부품 명칭

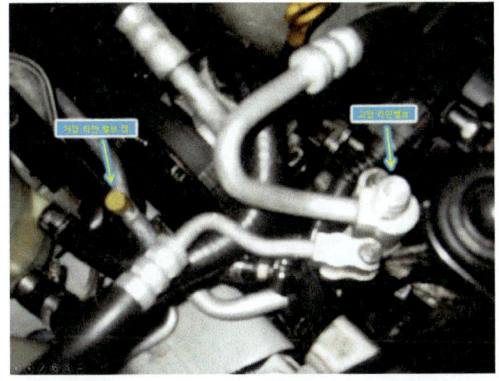

위 그림은 에어컨 라인이며 저압 라인 밸브 캡, 고압 라인 밸브이다.

02 고압 및 저압 라인 연결

위 그림과 같이 엔진 시동 "OFF" 상태에서 저압과 고압 라인 밸브에 "저압 및 고압 포트"를 연결한다.

03 고압 밸브

위 그림과 같이 고압 포트 밸브를 "시계 방향"으로 돌려 연다.

04 저압 밸브

위 그림과 같이 저압 포트 밸브를 "시계 방향"으로 돌려 연다.

05 회수 버튼 ON

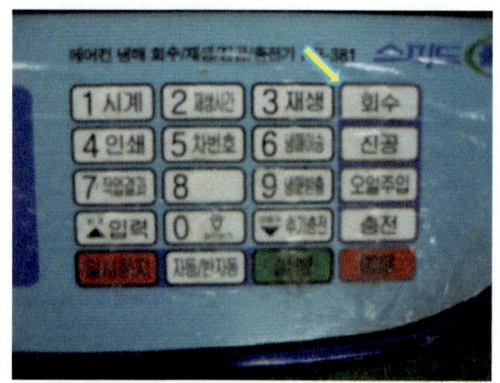

위 그림과 같이 화살표가 가리키는 "회수 버튼"을 누른 다음 "실행 버튼"을 누른다.

06 회수 과정

위 그림과 같이 저압과 고압게이지가 떨어지면서 "회수"가 진행 중이며, 액정에 회수 모두와 "냉매량"이 표기된다.

07 회수 완료

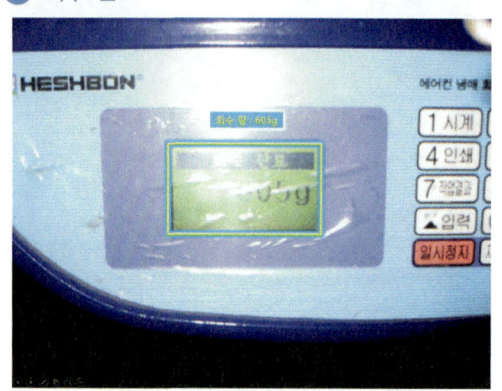

위 그림은 "회수"가 완료된 화면이며, 회수량은 "605g"이다. 다음 단계 진행을 위하여 "종료 버튼"을 누른다.

08 진공

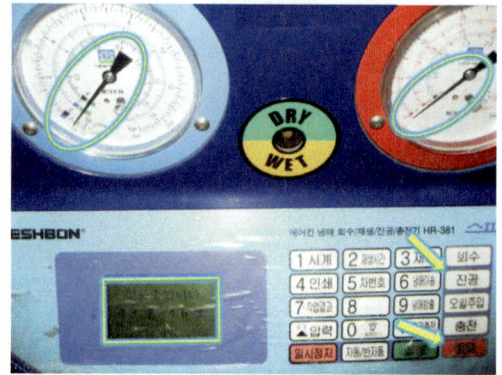

위 그림과 같이 "진공 버튼"을 누른 다음 "실행 버튼"을 누르면 "진공"이 시작되며, 진공이 완료되면 "종료 버튼"을 누른다. [참고 : "진공 시간"은 조건에 따라 임의로 설정할 수 있으나 최하 4분(테스터에 따라 차이가 있음)이며 시간 입력 시 "입력 버튼"을 누른 다음 "진공 시간"을 설정하면 된다.]

⑨ 진공 유의 사항 및 냉동 유

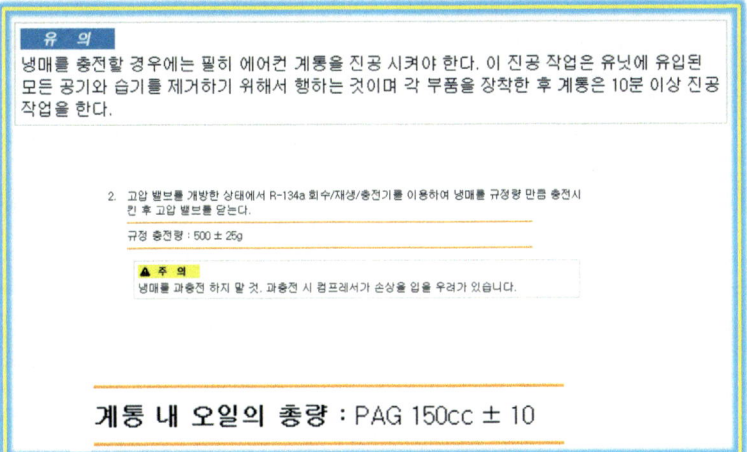

> **유 의**
>
> 냉매를 충전할 경우에는 필히 에어컨 계통을 진공 시켜야 한다. 이 진공 작업은 유닛에 유입된 모든 공기와 습기를 제거하기 위해서 행하는 것이며 각 부품을 장착한 후 계통은 10분 이상 진공 작업을 한다.

> 2. 고압 밸브를 개방한 상태에서 R-134a 회수/재생/충전기를 이용하여 냉매를 규정량 만큼 충전시 킨 후 고압 밸브를 닫는다.
>
> 규정 충전량 : 500 ± 25g
>
> ⚠ **주 의**
> 냉매를 과충전 하지 말 것. 과충전 시 컴프레서가 손상을 입을 우려가 있습니다.

계통 내 오일의 총량 : PAG 150cc ± 10

⑩ 냉동 유 보충

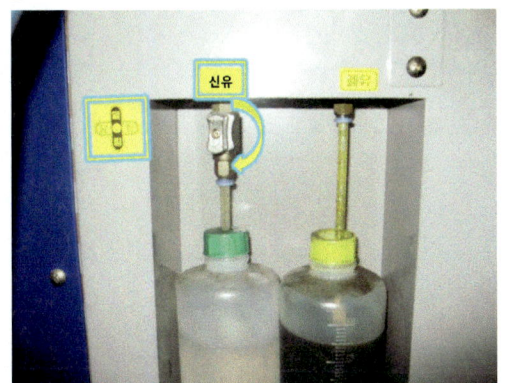

위 그림과 같이 회수된 "폐유량을 확인"한 다음 "신유 밸브"를 열어 회수량만큼 "보충"한 다음 "밸브"를 닫는다.

⑪ 에어컨 장치 항목 및 제원

항 목		제 원
		1.6 (LPI)
컴프레서	형식	VS16M (가변 용량)
	윤활유 타입 및 용량	PAG 150±10cc
	토출량	160cc/rev
컨덴서	방열량	13,400 -5% kcal/hr
에어컨 프레셔 트랜스듀서	압력 측정값	전압 = 0.00878835 · 압력(psig) + 0.37081095
팽창밸브	형식	블록 타입 (L-TXV)
냉매	형식	R-134a
	냉매량 (g)	500 ± 25

⑫ 냉매 충전

위 그림과 같이 "충전 버튼"을 누른 후 "입력 버튼"을 눌러 해당 차량의 "규정 충전량(550g)"을 입력한 다음 "실행 버튼"을 누른다.

⑬ 충전 모드

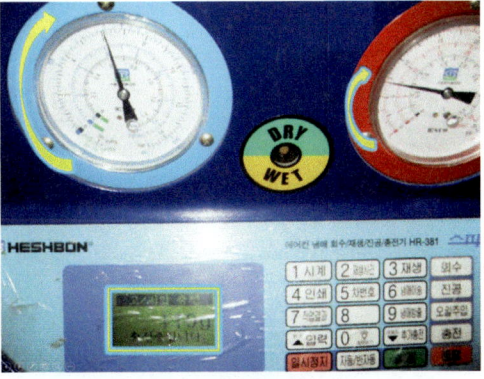

위 그림과 같이 "저압과 고압게이지"가 상승하면서 "충전"이 진행 중이며, 액정에 충전 모두와 "냉매량"이 표기된다.

⑭ 충전 완료

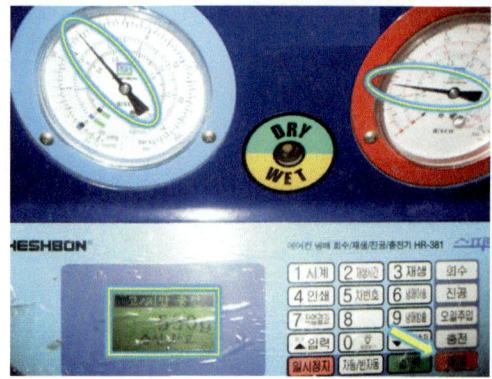

위 그림은 "충전"이 완료된 화면이며, "종료 버튼"을 누른다.

⑮ 에어컨 관련 스위치

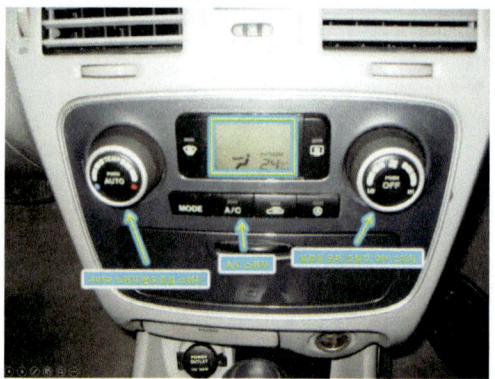

위 그림은 에어컨 작동 관련 노브 들이며 AUTO/온도조절 스위치, A/C 스위치, 블로워 모터 조절기, OFF 스위치이다.

⑯ 에어컨 ON

위 그림과 같이 엔진 시동 "ON" 후 "AUTO 스위치"를 "ON" 한 다음 A/C 스위치를 "ON" 한다.

⑰ 히터 및 이베퍼레이터 유닛

항목		제원
히터	형식	공기 혼합 온수식
	방열 성능	4,300 ± 5% kcal/hr
	모드 작동방식	액츄에이터
	온도 작동방식	액츄에이터
이베퍼레이터	온도 조절방식	이베퍼레이터 온도 센서
	에어컨 ON/OFF	ON : 1.7 ± 0.5 ℃, OFF: 0.2 ± 0.5℃
	팽창밸브 입구측 압력	15.7 Kgf/cm
	증발기 출구측 압력	2.0 Kgf/cm

위 그림은 히터 및 이베퍼레이터 제원이다.

⑱ 저압 및 고압 라인 압력 판독

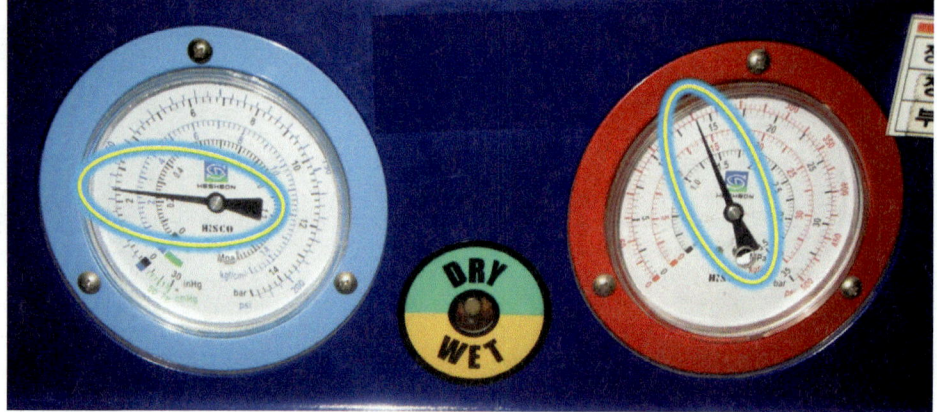

위 그림과 같이 저압 라인(2.4kg/c㎡)과 고압 라인(14.0kg/c㎡) 압력을 판독한다.

⑲ 저압 라인 온도

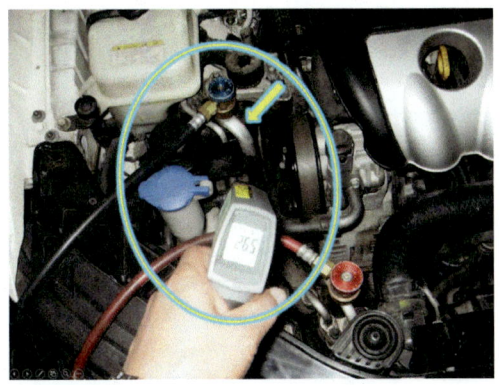

위 그림과 같이 에어컨 작동상태에서 "저압 파이프라"인 온
도를 측정한다. 측정 온도는 26.5℃이다.

⑳ 고압 라인 온도

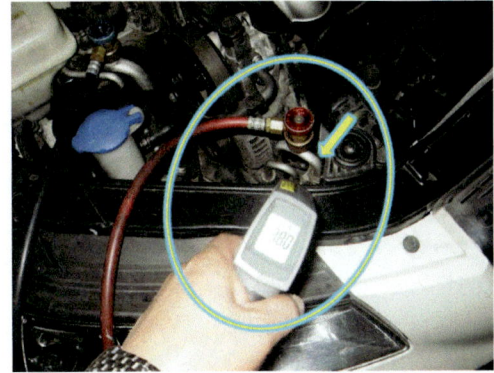

위 그림과 같이 에어컨 작동상태에서 "고압 파이프라인"
온도를 측정한다. 측정 온도는 38.0℃이다.

㉑ 답안 작성_측정값 분석 및 답안 작성하기

◈ 전기 1. 기록표

기관 번호 :

비 번호		감독확인	

항 목		측정(또는 점검)		판정 및 정비(또는 조치) 사항		득 점
		측 정 값	규정값(정비한계값)	판정(□에 '✔' 표)	정비 및 조치할 사항	
냉매 압력과 토출온도	저압	압력: 2.4kg/㎠	압력: 1.0~4.0kg/㎠	☑ 양 호 □ 불 량	정비 및 조치 사항 없음 또는 정상	
	고압	압력: 14.0kg/㎠	압력: 12.0~16.0kg/㎠			
	토출 온도	압축기 작동시: 압축기 비작동시:	압축기 작동시: 압축기 비작동시:	□ 양 호 □ 불 량		

※ 주의 사항: 고 저압 라인의 냉매 압력 게이지에 표시된 것을 기준으로 기록한다.
　　　　　　감독위원의 지시(측정소건 및 위치 등)에 따라 토출 온도를 측정한다.

02　에어컨 냉매 압력 측정_E안 참고

① 고압 포트 및 저압 포트 탈거

위 그림과 같이 테스터에서 "고압 포트(퀵아답터)와 저압
포트(퀵아답터)"를 탈거한다.

② 고압 및 저압 라인 연결

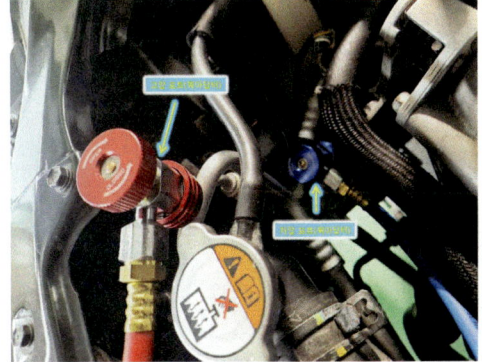

위 그림과 같이 엔진 시동 "OFF" 상태에서 저압과 고압
라인 밸브에 "저압 및 고압 포트"를 연결한다.

03 고압 및 저압 밸브

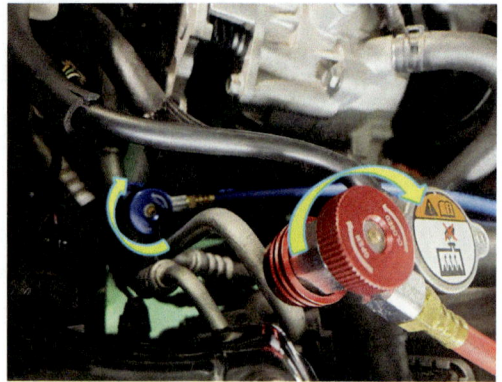

위 그림과 같이 "고압 포트와 저압 포트" 밸브를 "시계 방향"으로 돌려 연다.

04 에어컨 ON

위 그림과 같이 엔진 시동 "ON" 후 AUTO 스위치를 "ON" 한 다음 A/C 스위치를 "ON" 한다.

05 저압 및 고압 라인 압력 판독

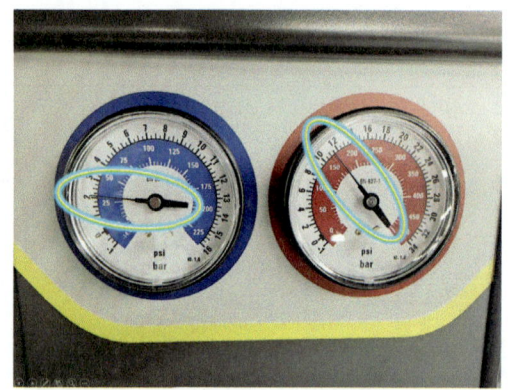

위 그림과 같이 저압 라인(2.1bar)과 고압 라인(11.5bar) 압력을 판독한다.

06 답안 작성_측정값 분석 및 답안 작성하기

◆ 전기 1. 기록표

기관 번호 :

비 번호		감독확인	

항 목		측정(또는 점검)		판정 및 정비(또는 조치) 사항		득 점
		측 정 값	규정값(정비한계값)	판정(□에 '✔' 표)	정비 및 조치할 사항	
냉매 압력과 토출 온도	저압	압력: 2.1bar	압력: 1.0~4.0bar	☑ 양 호 □ 불 량	정비 및 조치 사항 없음 또는 정상	
	고압	압력: 11.5bar	압력: 11.0~14.0bar			
	토출 온도	압축기 작동시: 압축기 비작동시:	압축기 작동시: 압축기 비작동시:	□ 양 호 □ 불 량		

※ 주의 사항: 고 저압 라인의 냉매 압력 게이지에 표시된 것을 기준으로 기록한다.
　　　　　　 시험위원의 지시(측정소건 및 위치 등)에 따라 토출 온도를 측정한다.

03 에어컨 컴프레서 탈·부착

01 벨트 유격 고정 볼트 유림

위 그림과 같이 에어컨 벨트 "유격 고정 볼트(12mm)"를 유림한다.

02 벨트 유격 조정 볼트 유림

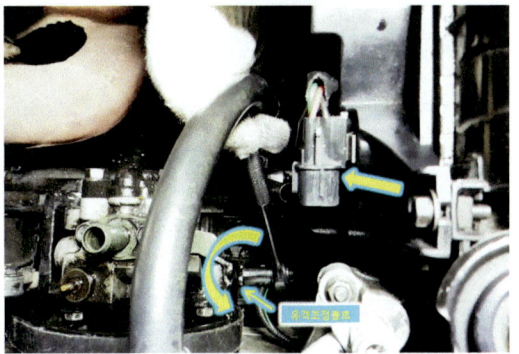

위 그림과 같이 라디에이터(콘덴서) "팬 모터 커넥터"를 탈거한 다음 벨트 "유격 조정 볼트(12mm)"를 유림한다.

03 에어컨 벨트 탈거

위 그림과 같이 "에어컨 벨트"를 탈거한다.

04 에어컨 고압 라인 파이프 탈거

위 그림과 같이 에어컨 고압 라인 "파이프 고정너트(10mm)"를 푼 다음 탈거한다.

05 라디에이터(콘덴서) 팬 탈거

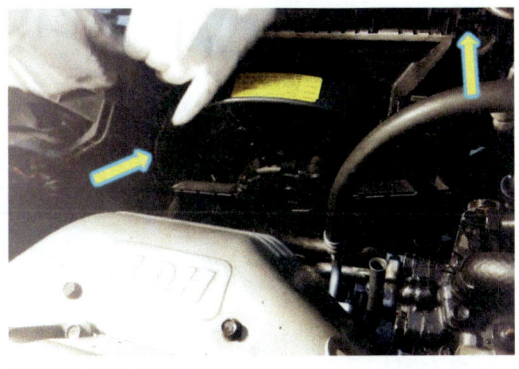

위 그림과 같이 라디에이터(콘덴서) "팬 고정 볼트(12mm)"를 푼 다음 "라디에이터(콘덴서) 팬"을 탈거한다.

06 마그네틱 커넥터 탈거

위 그림과 같이 에어컨 컴프레서 "마그네틱 클러치 커넥터"를 탈거한다.

07 에어컨 저압 라인 파이프 및 고정 볼트 탈거

위 그림과 같이 저압 라인 "파이프 고정너트(10mm)"를 푼 후 파이프를 탈거하고 "컴프레서 고정 볼트(12mm)"를 풀어 탈거한다.

08 탈거 후

위 그림은 에어컨 컴프레서 탈거 후 모습이며, "화살표"는 관통볼트를 가리킨다.

09 에어컨 컴프레서 브래킷

위 그림은 에어컨 컴프레서 탈거 후 "브래킷" 모습이다.

10 에어컨 컴프레서 장착

위 그림과 같이 "에어컨 컴프레서"를 설치한 다음 "고정 볼트"를 규정 토크로 조인다.

11 라디에이터(콘덴서) 팬 장착

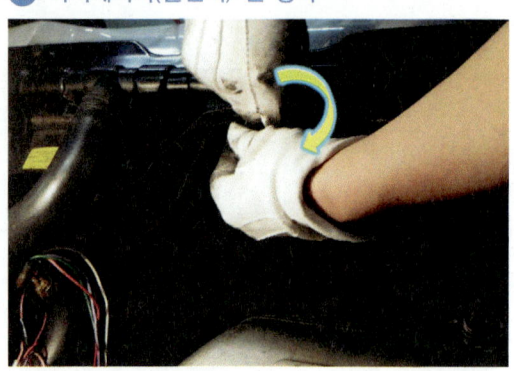

위 그림과 같이 "라디에이터(콘덴서) 팬"을 설치한 후 "고정 볼트"를 규정 토크로 조인 다음 "팬 모터 커넥터"를 끼운다.

12 마그네틱 클러치 커넥터

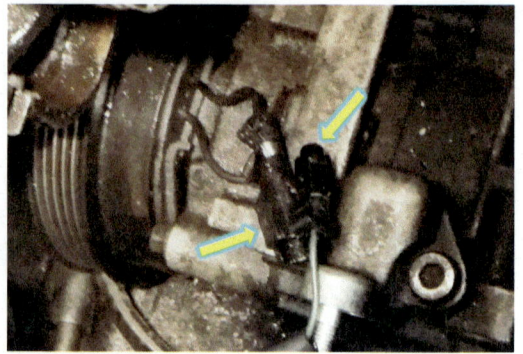

위 그림과 같이 에어컨 컴프레서 "마그네틱 클러치 커넥터"를 끼운다.

⑬ 에어컨 저압 라인 파이프 장착

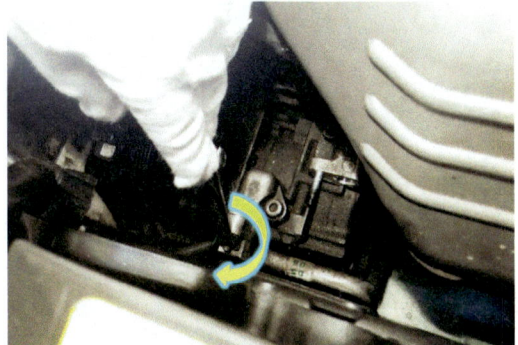

위 그림과 같이 "저압 라인 파이프" 설치한 다음 "고정너트"를 규정 토크로 조인다.

⑭ 에어컨 고압 라인 파이프 탈거

위 그림과 같이 "고압 라인 파이프"를 설치한 다음 "고정너트"를 규정 토크로 조인다.

⑮ 에어컨 벨트 장착

위 그림과 같이 "에어컨 벨트"를 에어컨 "컴프레서 풀리"에 장착한다.

⑯ 벨트 유격 조정

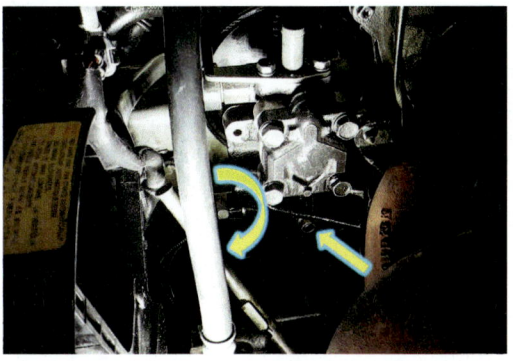

위 그림과 같이 "벨트 유격 조정 볼트" 돌려 "장력"을 규정값 이내로 조정한 다음 "유격 고정 볼트"를 규정 토크로 조인다.

---

04 토출 온도

① AUTO 스위치 및 A/C 스위치 ON

위 그림과 같이 엔진 시동 "ON" 후 AUTO 스위치를 눌러 "ON" 한 다음 A/C 스위치 "ON"하고 "온도"를 설정한다.

② 온도 판독

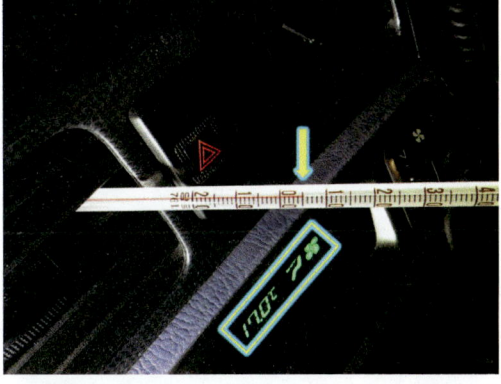

위 그림과 같이 에어컨 컴프레서 "마그네틱 클러치가 ON" 된 상태에서 토출"온도(5℃)"를 판독한다. [참고: "압축기 작동 시" 온도를 판독한다.]

ㅣ 안

03 에어컨 OFF

위 그림과 같이 "A/C 스위치"를 눌러 에어컨 컴프레서 "마그
네틱 클러치를 OFF" 한다. [참고: "압축기 비작동 시" 온도를
판독한다.]

04 온도 판독

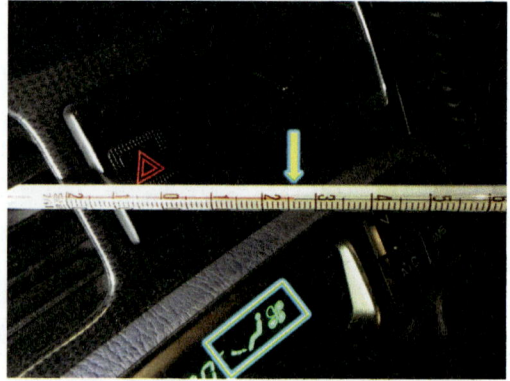

위 그림과 같이 토출 "온도(26℃)"를 판독한다.

05 답안 작성_측정값 분석 및 답안 작성하기

[참고] 정상적인 작동 과정에서 "실내 온도"를 무시하고 덕트 "토출 온도"를 측정할 경우 에어컨 "설정 온도가 17℃"라면, 압축기
작동 시점 덕트 "토출 온도는 17℃"이고 압축기 비작동 시점 덕트 "토출 온도는 17℃ 이하"이다. 그러나 측정 조건을 만족하기
에 어려움이 따르므로 "임의로 A/C 스위치를 ON, OFF" 하여 측정하므로 "압축기 작동" 과정 중 덕트 "토출 온도는 5℃"로
측정되며, "압축기 비작동" 과정 중 덕트 토출 온도를 측정하므로 "온도는 26℃"로 측정된다. 따라서 측정값과 규정 값은
측정 조건과 상황에 따라 변화될 수 있다.

◈ 전기 1. 기록표

기관 번호 :

비 번호		감독확인	

항 목		측정(또는 점검)		판정 및 정비(또는 조치) 사항		득 점
		측 정 값	규정값(정비한계값)	판정(□에 '✔'표)	정비 및 조치할 사항	
냉매 압력과 토출온도	저압	압력: 2.4kg/㎠	압력: 1.0~4.0kg/㎠	☑ 양 호 □ 불 량	정비 및 조치 사항 없음 또는 정상	
	고압	압력: 14.0kg/㎠	압력:12.0~16.0kg/㎠			
	토출 온도	압축기 작동시: 5℃ 압축기 비작동시: 26℃	압축기 작동시: 1~8℃ 압축기 비작동시: 17~28℃	☑ 양 호 □ 불 량		

※ 주의 사항: 고저압 라인의 냉매 압력 게이지에 표시된 것을 기준으로 기록한다.
　　　　　　감독위원의 지시(측정소건 및 위치 등)에 따라 토출 온도를 측정한다.

06 답안 작성_측정값 분석 및 답안 작성하기

◈ 전기 1. 기록표
기관 번호 :

비 번호		감독확인	

항 목		측정(또는 점검)		판정 및 정비(또는 조치) 사항		득 점
		측 정 값	규정값(정비한계값)	판정 (□에 '✔'표)	정비 및 조치할 사항	
냉매 압력과 토출온도	저압	압력: 2.1bar	압력: 1.0~4.0bar	☑ 양 호 □ 불 량	정비 및 조치 사항 없음 또는 정상	
	고압	압력: 11.5bar	압력: 11.0~14.0bar			
	토출 온도	압축기 작동시:5℃ 압축기 비작동시:26℃	압축기 작동시: 1~8℃ 압축기 비작동시: 17~28℃	☑ 양 호 □ 불 량		

※ 주의 사항: 고 저압 라인의 냉매 압력 게이지에 표시된 것을 기준으로 기록한다.
　　　　　　 시험위원의 지시(측정소건 및 위치 등)에 따라 토출 온도를 측정한다.

정비기능장

2) 회로 점검 및 기록표 작성

전 기

주어진 자동차에서 정비 지침서의 회로도를 이용하여 기록표에서 요구하는 회로를 점검하고, 이상이 있으면 이상 내용을 기록표에 기록한 후 정비하시오.

---

01 블로워 모터 회로 점검

01 전원 배분도(1)_에어컨 릴레이

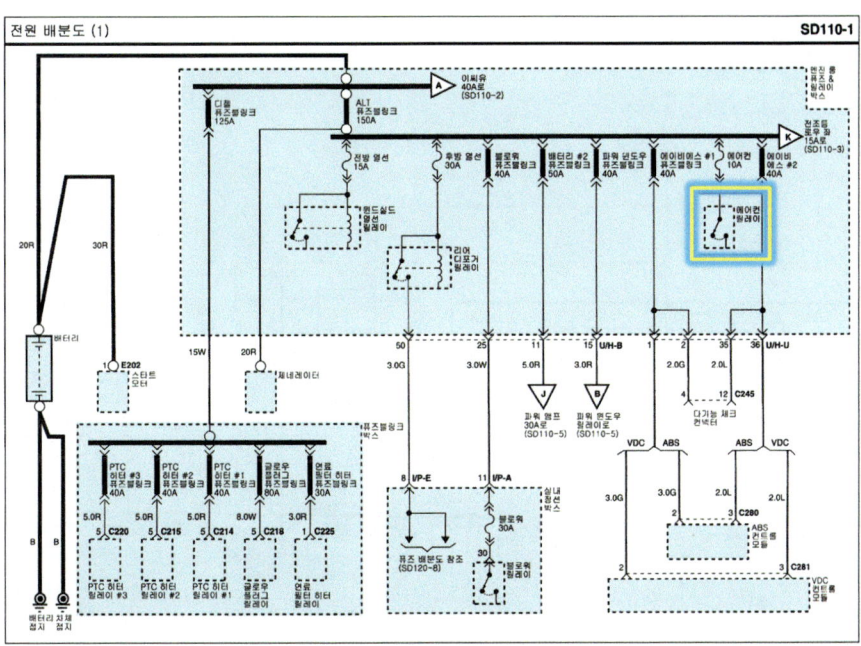

02 전원 배분도(2)_에어컨 릴레이, 퓨즈블링크 박스

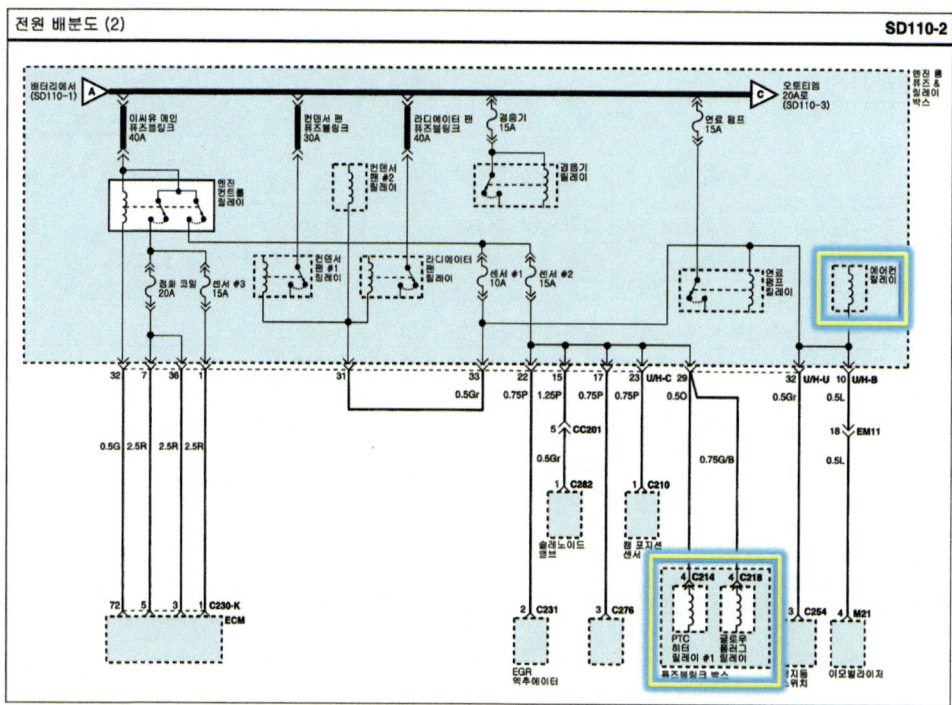

03 전원 배분도(4)_실내 정션박스, 블로워 30A, 블로워 릴레이, 에어컨 스위치, 블로워 모터, 에어컨 컨트롤 모듈

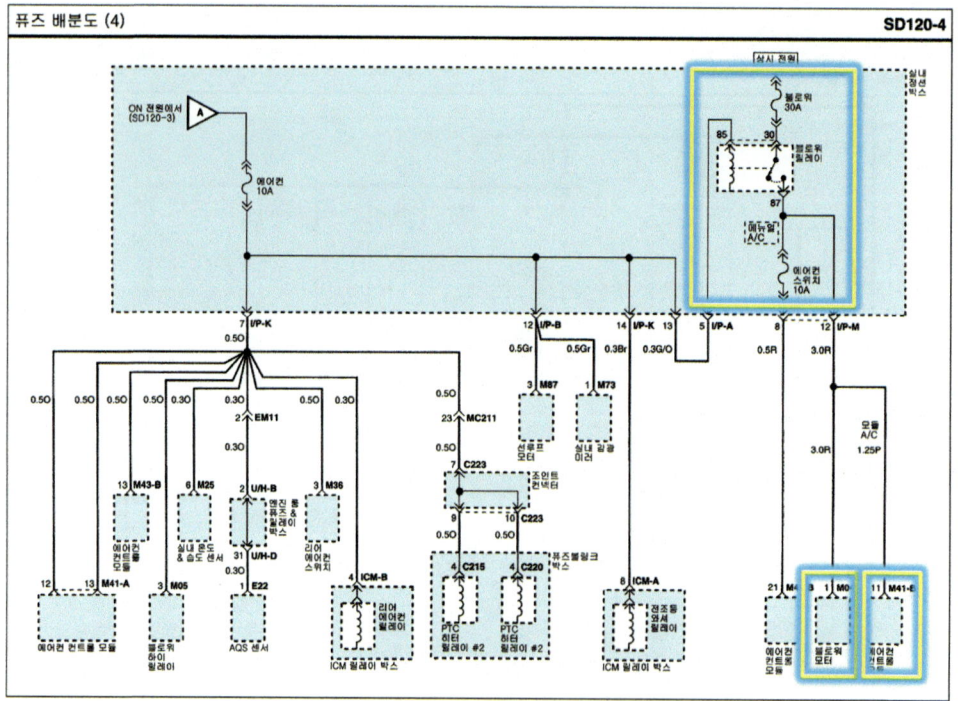

04 I/P-A(14P)

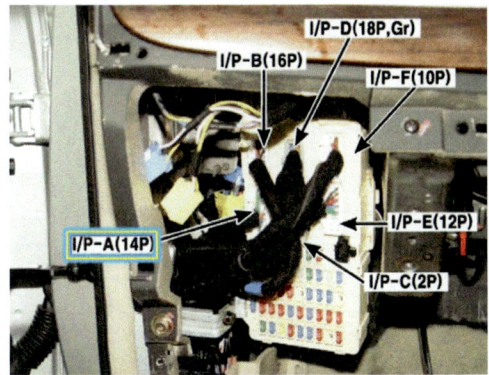

05 좌측 카울 크로스 멤버_I/P-K(14P), I/P-M(16P)

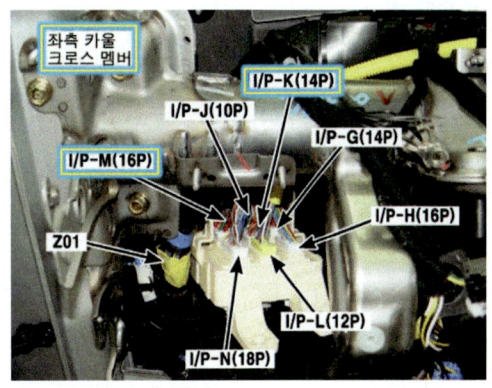

06 블로워 모터_EM11(24P, G)

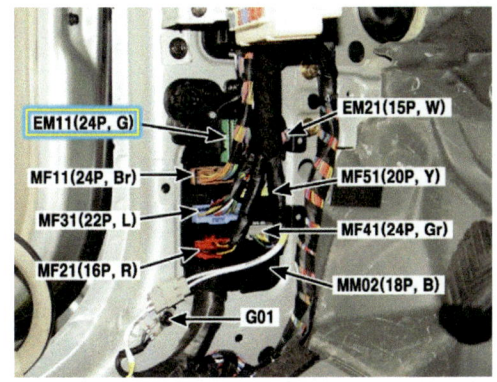

07 블로워 모터_I/P-A(14P), I/P-E(12P)

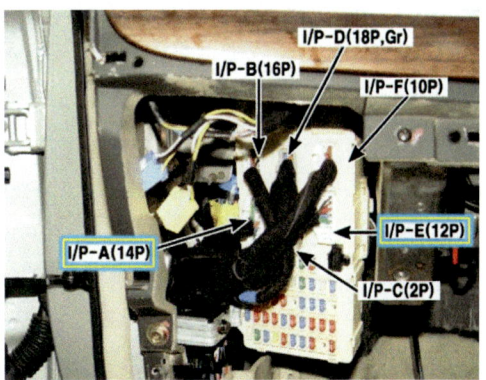

08 블로워 모터 PTC 컨트롤_MC211(24P, L)

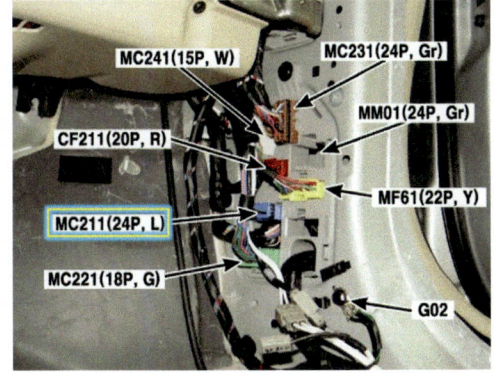

09 블로워 모터 접지_G36

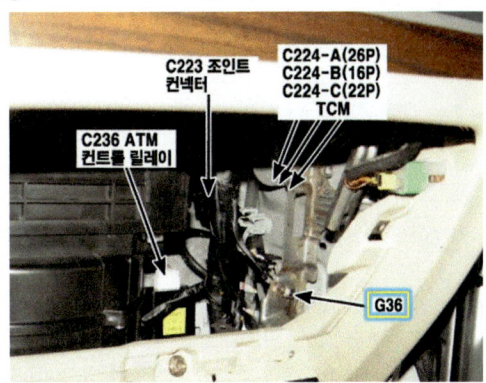

I 안

⑩ 퓨즈 연결 회로_에어컨 용량, 에어컨 스위치, 블로워 연결 회로

표기	용량(A)	연결회로
시동	10A	도난 방지 릴레이
파워 윈도우 좌측	30A	파워 윈도우 메인 스위치, 좌측 뒤 파워 윈도우 스위치
파워 윈도우 우측	30A	파워 윈도우 메인 스위치, 우측 앞/뒤 파워 윈도우 스위치
선루프	20A	선루프 모터
전동 시트	30A	IMS컨트롤 모듈
안전 파워 윈도우	30A	세이프티 파워 윈도우 ECM
열선 미러	10A	리어 디포거 스위치, 좌/우측 파워 아웃사이드 미러 & 미러 폴딩 모터
에어백 #1	15A	에어백 컨트롤 모듈#1
실내등	10A	핸즈프리 모듈, 계기판, 좌측 앞 도어 램프, 카고 램프, 리어 퍼스널 램프 LH/고, 맵램프, 실내등, 운전석/조수석 화장 등 스위치
에어컨	10A	에어컨 컨트롤 모듈, 블로워 하이 릴레이, ASQ 센서, 실내 온도 & 습도센서, 리어 에어컨 스위치, 선루프 모터, 리어 에어컨 릴레이, PTC 히터 릴레이#2,#3, 실내 감광 미러, 전조등 와셔 릴레이, 블로워 릴레이
열선 좌석	25A	운전석 · 조수석 시트 히터 컨트롤 모듈
파워 앰프	30A	DELPHI 앰프, 오디오 앰프
파워 아웃렛 센터	15A	리어 파워 아웃렛 #2
파워 아웃렛	25A	프런트 파워 아웃렛, 리어 파워 아웃렛#1
시가라이터	15A	프런트 파워 아웃렛
문자동 잠금장치	20A	도어 록/언록 릴레이, BCM, 좌측 앞/뒤 도어 록, 액추에이터, 우측 앞/뒤 도어 록 액추에이터, 테일 게이트 록 액추에이터
에어백 경고등	10A	계기판
오토티엠 잠금장치	10A	ATM 키 록 모듈, VDC 스위치, 운전석/조수석 시트 히터 컨트롤 모듈
방향지시등	10A	비상등 스위치
조정식 페달	15A	어드저스트 페달 릴레이
비상등	15A	비상등 릴레이, 비상등 스위치
후방 와이퍼	15A	리어 간헐 와이퍼 모듈, 다기능 스위치
에어컨 스위치	10A	에어컨 컨트롤 모듈
계기판	10A	핸즈프리 모듈, MTS 잭, 계기판, BCM, 제너레이터
비씨엠 #1	10A	BCM
연료통 주입구 열림	15A	연료 주입구 스위치
경보기	10A	도난 방지 경음기 릴레이, BCM, 도난방지 경음기
3열 에어컨	15A	리어 에어컨 릴레이
후진 경고	10A	후진 경고 부저
아이엠에스	10A	IMS 컨트롤 모듈, 레인 센서
오디오 #2	10A	파워 윈도우 메인 스위치, DELPHI 오디오, 오디오, 파워 아웃사이드 미러 & 미러 폴딩 모터, BCM, MTS모듈, ATM 키 록 모듈, A/V헤드 모듈, 시계, 핸즈프리 모듈, 튜너 모듈
블로워	30A	블로워 릴레이, 에어컨 스위치 10A, 블로워 모터
정지등	15A	정지등 스위치
전조등 와셔	20A	전조등 와셔 릴레이
비씨엠 #3	10A	도어 워닝 스위치, IMS컨트롤 모듈, 파워 아웃사이드 미러 & 미러 폴딩 모터, 세큐리티 인디게이터, BCM, 파워 윈도우 메인 스위치, 우측 앞 파워 윈도우 스위치
디지털시계	15A	시계, 자기진단점검단자, 에어컨 컨트롤 모듈
오디오 #1	15A	DELPHI 오디오, 오디오, MRS모듈, A/V헤드 모듈, 튜너 모듈, 네비게이션 모듈
오토티엠	10A	키 솔레노이드, 스포츠 모드 스위치
비씨엠#2	10A	레오스테트, BCM, EPS 모듈

⑪ 블로워 & 에어컨(오토) 회로(1)_체크포인트

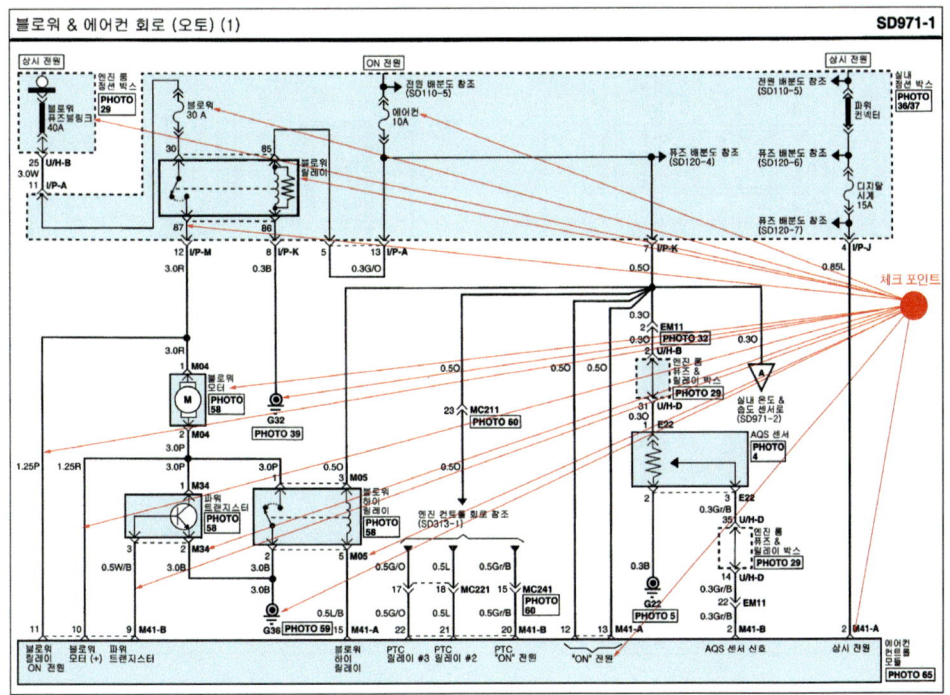

⑫ M34 파워 트랜지스터 및 커넥터

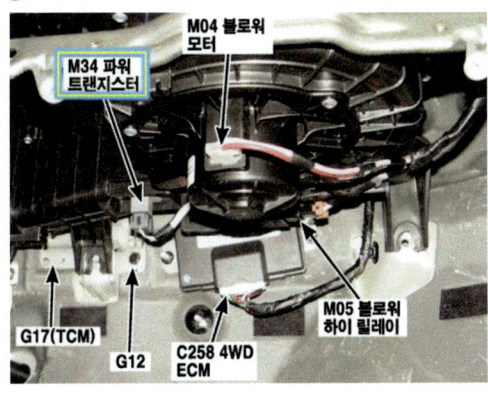

⑬ M41-A(오토 에어컨), M41-B(오토 에어컨)

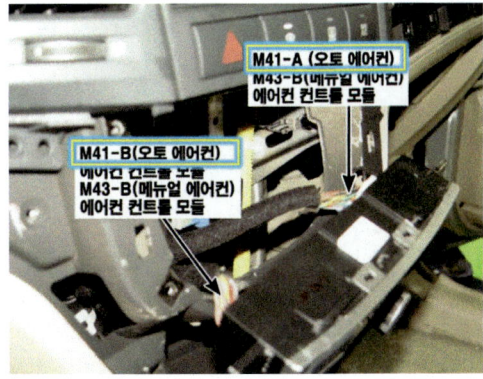

⑭ 실내 정션박스_블로워 30A, 에어컨 스위치 10A, 에어컨 10A

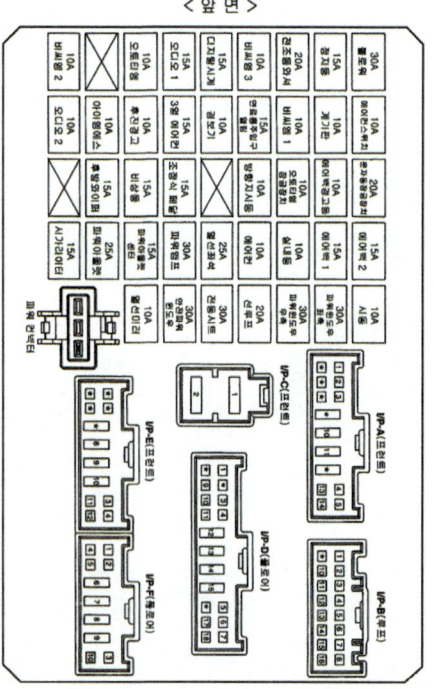

< 앞 면 >

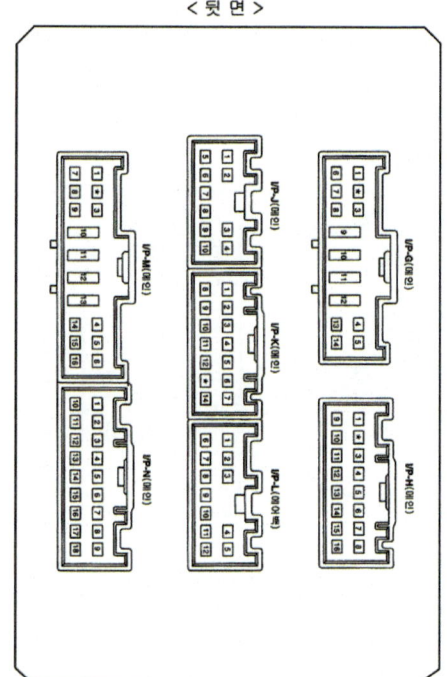

< 뒷 면 >

⑮ M40 블로워 모터 커넥터

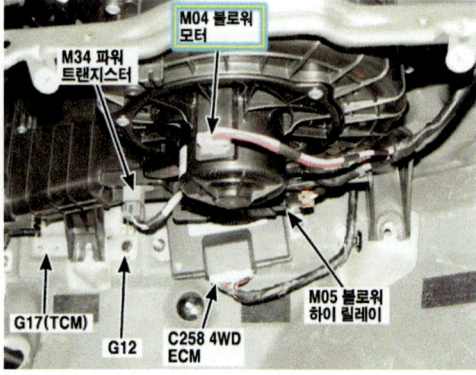

16 퓨즈 및 퓨즈블링크 연결 회로_이씨유 메인 및 블로워 퓨즈블링크, 에어컨, 센서 관련 퓨즈 연결 회로

구분	표기		용량(A)	연결회로
퓨즈 블링크	ALT		150A	퓨즈블링크(전방열선, 후방열선, 블로워, 에어컨, 배터리#2, 에이비에스#1, #2, 파워윈도우, 전조등 로우 좌, 전조등 로우 우, 전방 안개등
	디젤		125A	퓨즈블링크 박스(PCT 히터#1, #2, #3, 연료 필터, 글로우 플러그)
	배터리 #1		50A	퓨즈(문자통 잠금장치, 정지등, 연료통 주입구 열림, 오토티엠, 전조등 와셔, 비상등, 파워 커넥터)
	배터리 #2		40A	퓨즈(파워 앰프, 열선 좌석, 전동 시트, 조정식 페달, 3열 에어컨, 후진 경고, 선루프, 경보기, 도난방지 경음기 릴레이)
	이씨유 메인		40A	엔진 컨트롤 릴레이
	콘덴서 팬		30A	콘덴서 팬#1 릴레이
	이그니션 #1		40A	이그니션 스위치
	이그니션 #2		40A	이그니션 스위치, 퓨즈(시동)
	블로워		40A	퓨즈(블로워)
	파워 윈도우		40A	퓨즈(파워 윈도우 릴레이, 안전 파워 윈도우)
	라디에이터 팬		40A	라디에이터 팬 릴레이
	에이비에스#1		40A	다기능 체크 커넥터, ABS 컨트롤 모듈, VDC컨트롤 모듈
	에이비에스#1		40A	다기능 체크 커넥터, ABS 컨트롤 모듈, VDC컨트롤 모듈
퓨즈	1	전방열선	15A	윈드 실드 열선 릴레이
	2	후방열선	30A	리어 디포거 릴레이
	3	–	–	–
	4	전조등 로우 우	15A	우측 전조등 로우 릴레이
	5	경음기	15A	경음기 릴레이
	6	전조등 로우 좌	15A	좌측 전조등 로우 릴레이
	7	전조등 하이 표시등	10A	계기판
	8	알터네이터 디젤	10A	제너레이터
	9	에어컨	10A	에어컨 릴레이
	10	오토티엠	20A	4WD ECM, ATM 컨트롤 릴레이
	11	–	–	–
	12	미등 우	10A	우측 포지션 램프, 글로브 박스 램프, 우측 뒤 콤비램프(OUT), 조명등
	13	전방 안개등	10A	앞 안개등 릴레이
	14	센서 #3	15A	ECM
	15	미등 좌	10A	좌측 포지션 램프, 좌측 뒤 콤비램프(OUT)
	16	연료펌프	15A	연료펌프 릴레이
	17	전방 와이퍼	25A	다기능스위치, 레인센서 릴레이, 프런트 와이퍼 릴레이, 프런트 와이퍼 모터
	18	티씨유	15A	TCM
	19	에이비에스	10A	ABS컨트롤 모듈, G-YAW센서, VDC컨트롤 모듈, 4WD ECM, 연료 필터 히터 릴레이, 연료 필터 수분 경고 센서, 다기능 체크 커넥터
	20	냉각팬	10A	–
	21	후진등	10A	입력/출력 속도 센서, 인히비터 스위치, TCM, 후진등 스위치

구분	표기		용량(A)	연결회로
퓨즈	22	전조등	10A	퓨즈(전방 와이퍼)
	23	이씨유	10A	차속 센서, ECM, 에어 플로우 센서
	24	전조등 하이	20A	전조등 하이 릴레이
	25	센서#1	10A	연료펌프 릴레이, 정지등 스위치, 이모빌라이저, 에어컨 릴레이, 콘덴서 팬 #1, #2 릴레이, 라디에이터 팬 릴레이
	26	센서#2	15A	EGR액추에이터, 솔레노이드 밸브, 스로틀 플랫 액추에이터, 캠 포지션 센서, PTC히터 릴레이#1
	27	점화코일	20A	ECM
	28	SPARE	10A	–
	29	SPARE	15A	–
	30	SPARE	20A	–
	31	SPARE	25A	–
	32	SPARE	30A	–

⑰ 회로 고장 부분과 내용 및 상태 참고 자료

고장 부분	내용 및 상태	정비 및 조치 사항
ECU 메인 엔진 컨트롤 40A 퓨즈	단선	ECU 메인 엔진 컨트롤 40A 퓨즈 교환 후 재점검
블로워 휴즈블링크 40A	없음	블로워 퓨즈블링크 40A 장착 후 재점검
블로워 30A 퓨즈	단선	블로워 30A 퓨즈 교환 후 재점검
에어컨 10A 퓨즈	단선	에어컨 10A 퓨즈 교환 후 재점검
에어컨 스위치 10A 퓨즈	단선	에어컨 스위치 10A 퓨즈 교환 후 재점검
블로워 하이 릴레이 1	솔레노이드 코일 단선	블로워 하이 릴레이 장착 후 재점검
블로워 하이 릴레이 2 포인트 접점	전원 인가시 미 통전	블로워 하이 릴레이 교환 후 재점검
블로워 모터 커넥터	탈거	블로워 모터 커넥터 연결 후 재점검
파워 트랜지스터 커넥터	빠짐	파워 트랜지스터 커넥터 연결 후 재점검
에어컨 모듈 커넥터	빠짐	에어컨 모듈 커넥터 연결 후 재점검
포토센서 커넥터	탈거	포토센서 커넥터 연결 후 재점검
이베퍼레이터 센서 커넥터	탈거	이베퍼레이터 센서 커넥터 끼운 후 재점검

02 정지등 회로 점검

01 전원 배분도(2)_센서#1 10A, 정지등 스위치

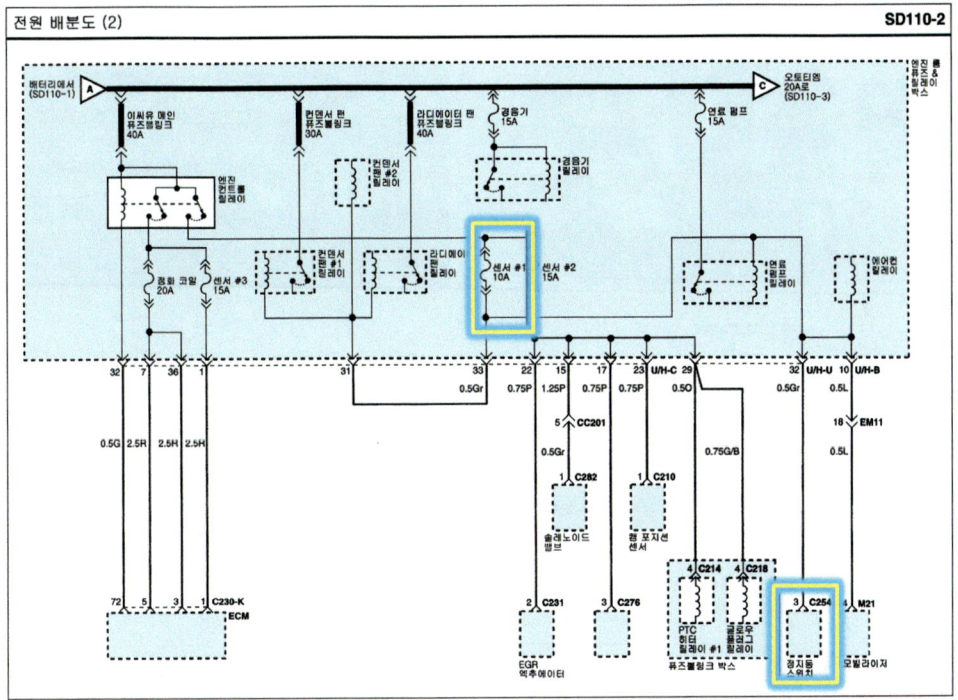

02 전원 배분도(5)_정지등 15A

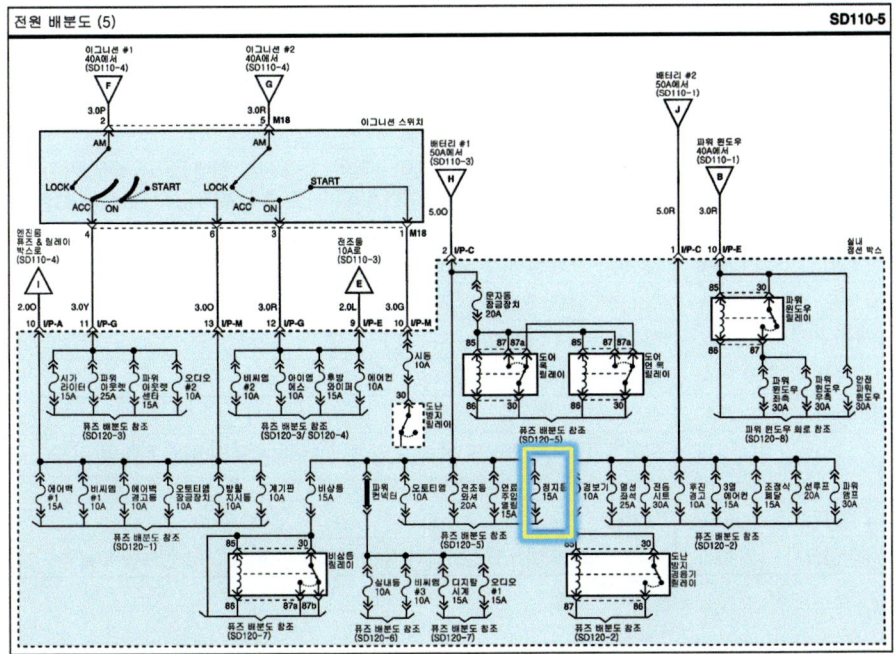

03 C254 정지등 스위치 및 커넥터 단자

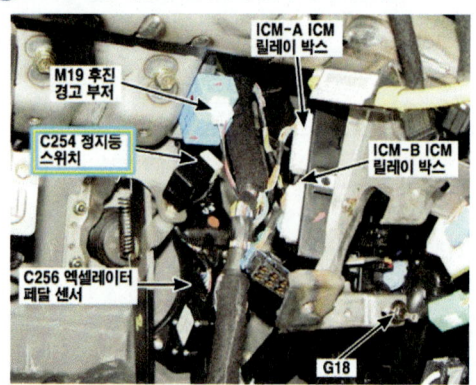

04 R02 스포일러 상부 정지등 커넥터

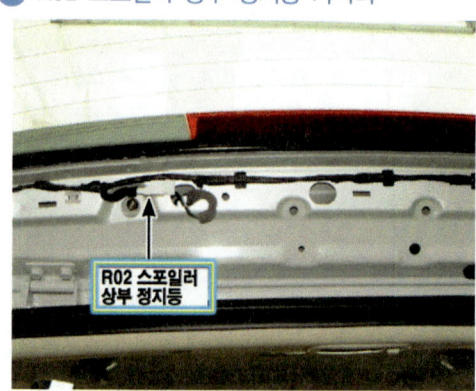

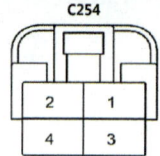

05 퓨즈 연결 회로_정지등 퓨즈 15A, 정지등 스위치

표기	용량(A)	연결회로
시동	10A	도난 방지 릴레이
파워 윈도우 좌측	30A	파워 윈도우 메인 스위치, 좌측 뒤 파워 윈도우 스위치
파워 윈도우 우측	30A	파워 윈도우 메인 스위치, 우측 앞/뒤 파워 윈도우 스위치
선루프	20A	선루프 모터
전동 시트	30A	IMS컨트롤 모듈
안전 파워 윈도우	30A	세이프티 파워 윈도우 ECM
열선 미러	10A	리어 디포거 스위치, 좌/우측 파워 아웃사이드 미러 & 미러 폴딩 모터
에어백 #1	15A	에어백 컨트롤 모듈#1
실내등	10A	핸즈프리 모듈, 계기판, 좌측 앞 도어 램프, 카고 램프, 리어 퍼스널 램프 LH/고, 맵램프, 실내등, 운전석/조수석 화장 등 스위치
에어컨	10A	에어컨 컨트롤 모듈, 블로워 하이 릴레이, ASQ 센서, 실내 온도 & 습도센서, 리어 에어컨 스위치, 선루프 모터, 리어 에어컨 릴레이, PTC히터 릴레이#2,#3, 실내 감광 미러, 전조등 와셔 릴레이, 블로워 릴레이
열선 좌석	25A	운전석ㆍ조수석 시트 히터 컨트롤 모듈
파워 앰프	30A	DELPHI 앰프, 오디오 앰프
파워 아웃렛 센터	15A	리어 파워 아웃렛 #2
파워 아웃렛	25A	프런트 파워 아웃렛, 리어 파워 아웃렛#1
시가라이터	15A	프런트 파워 아웃렛
문자동 잠금장치	20A	도어 록/언록 릴레이, BCM, 좌측 앞/뒤 도어 록, 액추에이터, 우측 앞/뒤 도어 록 액추에이터, 테일게이트 록 액추에이터
에어백 경고등	10A	계기판
오토티엠 잠금장치	10A	ATM 키 록 모듈, VDC 스위치, 운전석/조수석 시트 히터 컨트롤 모듈

표기	용량(A)	연결회로
방향지시등	10A	비상등 스위치
조정식 페달	15A	어드저스트 페달 릴레이
비상등	15A	비상등 릴레이, 비상등 스위치
후방 와이퍼	15A	리어 간헐 와이퍼 모듈, 다기능 스위치
에어컨 스위치	10A	에어컨 컨트롤 모듈
계기판	10A	핸즈프리 모듈, MTS 잭, 계기판, BCM, 제너레이터
비씨엠 #1	10A	BCM
연료통 주입구 열림	15A	연료 주입구 스위치
경보기	10A	도난 방지 경음기 릴레이, BCM, 도난방지 경음기
3열 에어컨	15A	리어 에어컨 릴레이
후진 경고	10A	후진 경고 부저
아이엠에스	10A	IMS 컨트롤 모듈, 레인 센서
오디오 #2	10A	파워 윈도우 메인 스위치, DELPHI 오디오, 오디오, 파워 아웃사이드 미러 & 미러 폴딩 모터, BCM, MTS모듈, ATM 키 록 모듈, A/V헤드 모듈, 시계, 핸즈프리 모듈, 튜너 모듈
블로워	30A	블로워 릴레이, 에어컨 스위치 10A, 블로워 모터
정지등	15A	정지등 스위치
전조등 외셔	20A	전조등 와셔 릴레이
비씨엠 #3	10A	도어 워닝 스위치, IMS컨트롤 모듈, 파워 아웃사이드 미러 & 미러 폴딩 모터, 세큐리티 인디게이터, BCM, 파워 윈도우 메인 스위치, 우측 앞 파워 윈도우 스위치
디지털시계	15A	시계, 자기진단점검단자, 에어컨 컨트롤 모듈
오디오 #1	15A	DELPHI 오디오, 오디오, MRS모듈, A/V헤드 모듈, 튜너 모듈, 네비게이션 모듈
오토티엠	10A	키 솔레노이드, 스포츠 모드 스위치
비씨엠#2	10A	레오스테트, BCM, EPS 모듈

06 퓨즈 연결 회로_센서#1 10A, 연결 회로

구분	표기	용량(A)	연결회로
퓨즈블링크	ALT	150A	퓨즈블링크(전방열선, 후방열선, 블로워, 에어컨, 배터리#2, 에이비에스#1, #2, 파워윈도우, 전조등 로우 좌, 전조등 로우 우, 전방 안개등
	디젤	125A	퓨즈블링크 박스(PCT 히터#1, #2, #3, 연료 필터, 글로우 플러그)
	배터리 #1	50A	퓨즈(문자통 잠금장치, 정지등, 연료통 주입구 열림, 오토티엠, 전조등 와셔, 비상등, 파워 커넥터)
	배터리 #2	40A	퓨즈(파워 앰프, 열선 좌석, 전동 시트, 조정식 페달, 3열 에어컨, 후진 경고, 선루프, 경보기, 도난방지 경음기 릴레이)
	이씨유 메인	40A	엔진 컨트롤 릴레이
	콘덴서 팬	30A	콘덴서 팬#1 릴레이
	이그니션 #1	40A	이그니션 스위치
	이그니션 #2	40A	이그니션 스위치, 퓨즈(시동)
	블로워	40A	퓨즈(블로워)
	파워 윈도우	40A	퓨즈(파워 윈도우 릴레이, 안전 파워 윈도우)
	라디에이터 팬	40A	라디에이터 팬 릴레이
	에이비에스#1	40A	다기능 체크 커넥터, ABS 컨트롤 모듈, VDC컨트롤 모듈
	에이비에스#1	40A	다기능 체크 커넥터, ABS 컨트롤 모듈, VDC컨트롤 모듈
	ALT	150A	퓨즈블링크(전방열선, 후방열선, 블로워, 에어컨, 배터리#2, 에이비에스#1, #2, 파워윈도우, 전조등 로우 좌, 전조등 로우 우, 전방 안개등
	디젤	125A	퓨즈블링크 박스(PCT 히터#1, #2, #3, 연료 필터, 글로우 플러그)
	배터리 #1	50A	퓨즈(문자통 잠금장치, 정지등, 연료통 주입구 열림, 오토티엠, 전조등 와셔, 비상등, 파워 커넥터)

구분	표기		용량(A)	연결회로
퓨즈블 링크	배터리 #2		40A	퓨즈(파워 앰프, 열선 좌석, 전동 시트, 조정식 페달, 3열 에어컨, 후진 경고, 선루프, 경보기, 도난방지 경음기 릴레이)
	이씨유 메인		40A	엔진 컨트롤 릴레이
	콘덴서 팬		30A	콘덴서 팬#1 릴레이
	이그니션 #1		40A	이그니션 스위치
	이그니션 #2		40A	이그니션 스위치, 퓨즈(시동)
	블로워		40A	퓨즈(블로워)
	파워 윈도우		40A	퓨즈(파워 윈도우 릴레이, 안전 파워 윈도우)
	라디에이터 팬		40A	라디에이터 팬 릴레이
	에이비에스#1		40A	다기능 체크 커넥터, ABS 컨트롤 모듈, VDC컨트롤 모듈
	에이비에스#1		40A	다기능 체크 커넥터, ABS 컨트롤 모듈, VDC컨트롤 모듈
퓨즈	1	전방열선	15A	윈드 실드 열선 릴레이
	2	후방열선	30A	리어 디포거 릴레이
	3	–	–	–
	4	전조등 로우 우	15A	우측 전조등 로우 릴레이
	5	경음기	15A	경음기 릴레이
	6	전조등 로우 좌	15A	좌측 전조등 로우 릴레이
	7	전조등 하이 표시등	10A	계기판
	8	알터네이터 디젤	10A	제너레이터
	9	에어컨	10A	에어컨 릴레이
	10	오토티엠	20A	4WD ECM, ATM 컨트롤 릴레이
	11	–	–	–
	12	미등 우	10A	우측 포지션 램프, 글로브 박스 램프, 우측 뒤 콤비램프(OUT), 조명등
	13	전방 안개등	10A	앞 안개등 릴레이
	14	센서 #3	15A	ECM
	15	미등 좌	10A	좌측 포지션 램프, 좌측 뒤 콤비램프(OUT)
	16	연료펌프	15A	연료펌프 릴레이
	17	전방 와이퍼	25A	다기능스위치, 레인센서 릴레이, 프런트 와이퍼 릴레이, 프런트 와이퍼 모터
	18	티씨유	15A	TCU
	19	에이비에스	10A	ABS컨트롤 모듈, G–YAW센서, VDC컨트롤 모듈, 4WD ECM, 연료 필 터 히터 릴레이, 연료 필터 수분 경고 센서, 다기능 체크 커넥터
	20	냉각팬	10A	–
	21	후진등	10A	입력/출력 속도 센서, 인히비터 스위치, TCM, 후진등 스위치
	22	전조등	10A	퓨즈(전방 와이퍼)
	23	이씨유	10A	차속 센서, ECM, 에어 플로우 센서
	24	전조등 하이	20A	전조등 하이 릴레이
	25	센서#1	10A	연료펌프 릴레이, 정지등 스위치, 이모빌라이저, 에어컨 릴레이, 콘덴 서 팬#1, #2 릴레이, 라디에이터 팬 릴레이
	26	센서#2	15A	EGR액추에이터, 솔레노이드 밸브, 스로틀 플랫 액추에이터, 캠 포지션 센서, PTC히터 릴레이#1
	27	점화코일	20A	ECM

구분	표기		용량(A)	연결회로
퓨즈	28	SPARE	10A	–
	29	SPARE	15A	–
	30	SPARE	20A	–
	31	SPARE	25A	–
	32	SPARE	30A	–

07 F40 우측 뒤 콤비네이션 램프(OUT) 커넥터

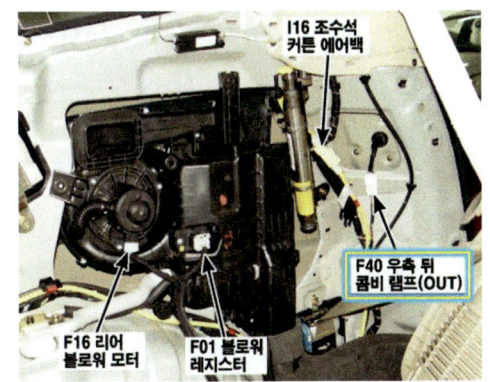

08 R16 우측 뒤 콤비네이션 램프(IN) 커넥터

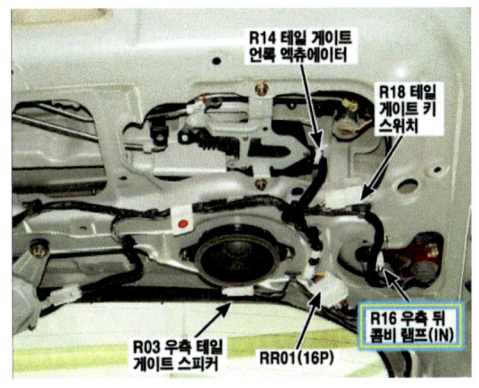

09 F39 좌측 뒤 콤비네이션 램프(OUT) 커넥터

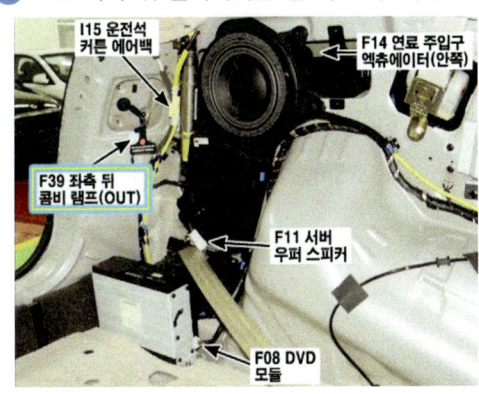

10 R15 좌측 뒤 콤비네이션 램프(IN) 커넥터

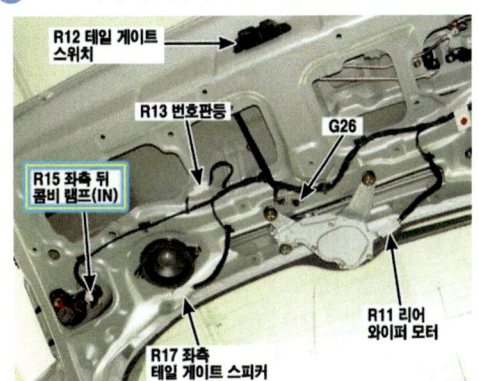

I
안

⑪ 정지등 회로(1)_체크포인트

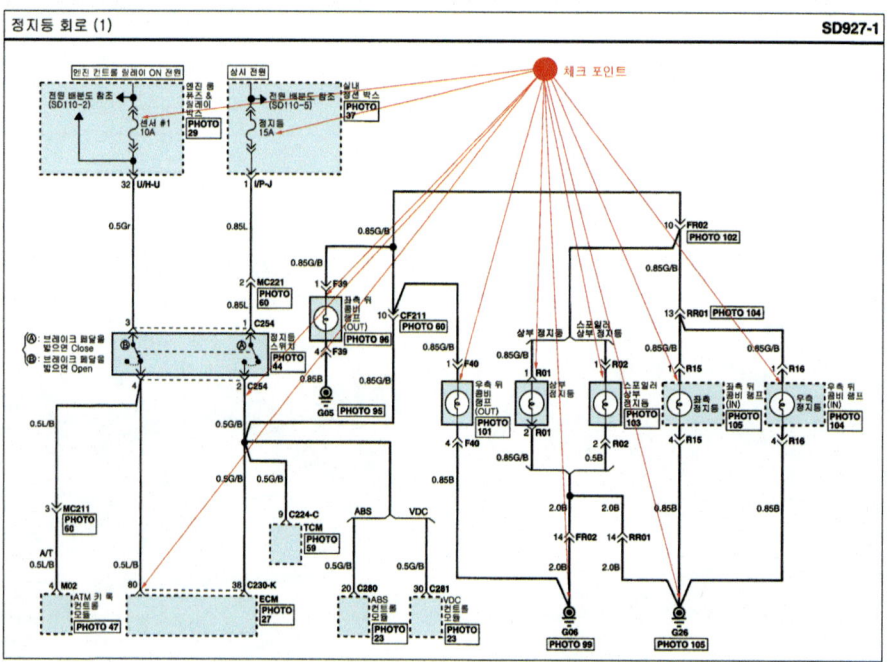

⑫ 회로 고장 부분과 내용 및 상태 참고 자료

고장 부분	내용 및 상태	정비 및 조치 사항
정지등 15A 퓨즈	단선	정지등 15A 퓨즈 교환 후 재점검
센서 1 10A 퓨즈	단선	센서 1 10A 퓨즈 교환 후 재점검
정지등 스위치	탈거	정지등 스위치 커넥터 장착 후 재점검
좌측 뒤 콤비네이션 램프 OUT 커넥터	단선	좌측 뒤 콤비네이션 OUT 커넥터 장착, 결선 후 재점검
우측 뒤 콤비네이션 램프 OUT 커넥터	단선	우측 뒤 콤비네이션 OUT 커넥터 장착, 결선 후 재점검
좌측 뒤 콤비네이션 램프 IN 커넥터	단선	좌측 뒤 콤비네이션 IN 커넥터 장착, 결선 후 재점검
우측 뒤 콤비네이션 램프 IN 커넥터	단선	우측 뒤 콤비네이션 IN 커넥터 장착, 결선 후 재점검
스포일러 상부 정지등 램프	단선	스포일러 상부 정지등 장착, 결선 후 재점검
상부 정지등 램프	단선	상부 정지등 장착, 결선 후 재점검

03 실내등 회로 점검

01 BCM 회로 & 연료 주입구 회로(2)_BCM(바디 컨트롤 모듈) & 연료 주입구 회로(2) 실내등 회로 참고

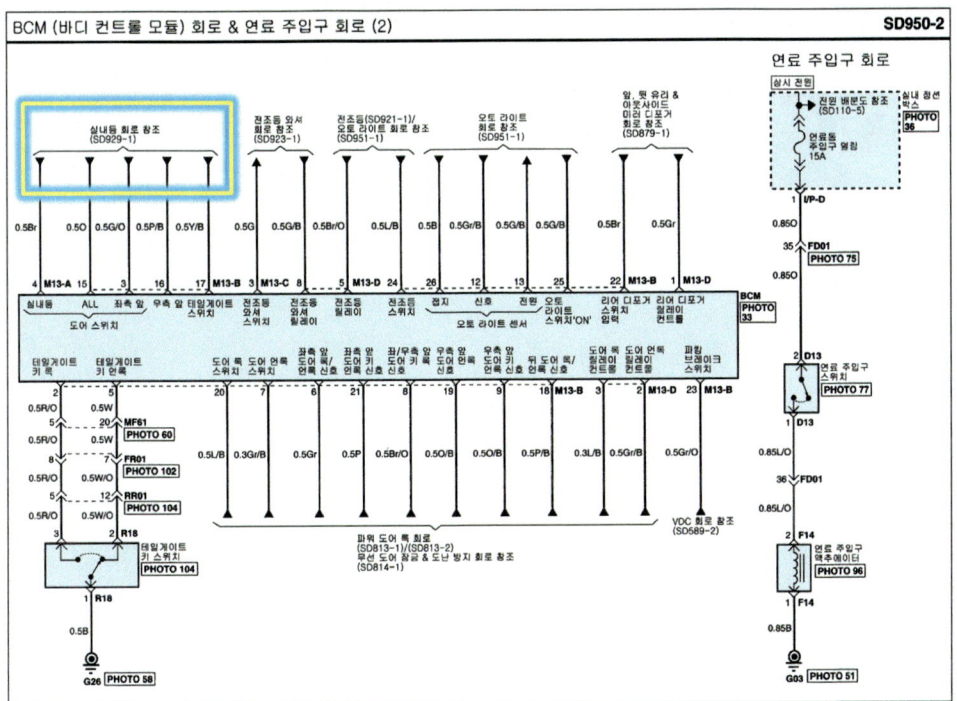

02 선루프 미적용_M71 맵 램프, M75 실내등

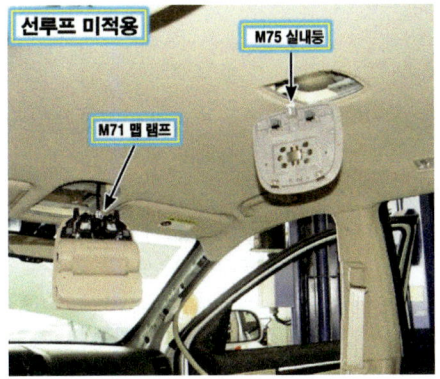

03 크래시 패드를 탈거한 상태 M13-B(26P) BCM

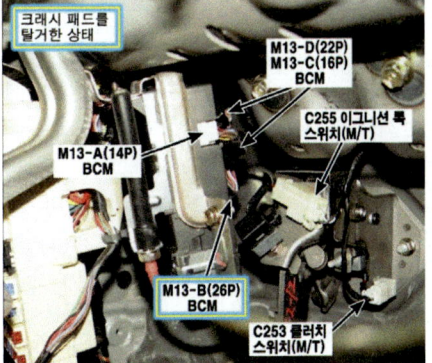

04 크래시 패드를 탈거한 상태 M13-A(14P) BCM

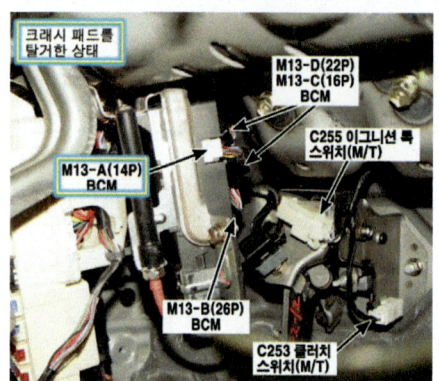

05 M80(LH), M81(RH) 리어 퍼스널 램프

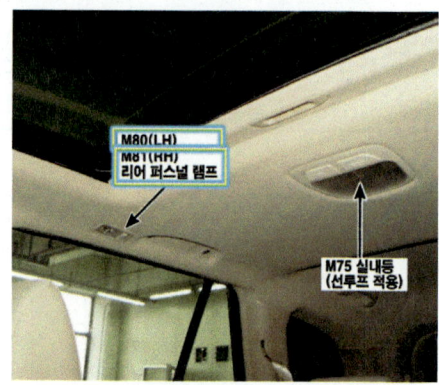

06 퓨즈 연결 회로_실내등 퓨즈 10A 연결 회로

표기	용량(A)	연결회로
시동	10A	도난 방지 릴레이
파워 윈도우 좌측	30A	파워 윈도우 메인 스위치, 좌측 뒤 파워 윈도우 스위치
파워 윈도우 우측	30A	파워 윈도우 메인 스위치, 우측 앞/뒤 파워 윈도우 스위치
선루프	20A	선루프 모터
전동 시트	30A	IMS컨트롤 모듈
안전 파워 윈도우	30A	세이프티 파워 윈도우 ECM
열선 미러	10A	리어 디포거 스위치, 좌/우측 파워 아웃사이드 미러 & 미러 폴딩 모터
에어백 #1	15A	에어백 컨트롤 모듈#1
실내등	10A	핸즈프리 모듈, 계기판, 좌측 앞 도어 램프, 카고 램프, 리어 퍼스널 램프 LH/고, 맵램프, 실내등, 운전석/조수석 화장 등 스위치
에어컨	10A	에어컨 컨트롤 모듈, 블로워 하이 릴레이, ASQ 센서, 실내 온도 & 습도센서, 리어 에어컨 스위치, 선루프 모터, 리어 에어컨 릴레이, PTC히터 릴레이#2,#3, 실내 감광 미러, 전조등 와셔 릴레이, 블로워 릴레이
열선 좌석	25A	운전석ㆍ조수석 시트 히터 컨트롤 모듈
파워 앰프	30A	DELPHI 앰프, 오디오 앰프
파워 아웃렛 센터	15A	리어 파워 아웃렛 #2
파워 아웃렛	25A	프런트 파워 아웃렛, 리어 파워 아웃렛#1
시가라이터	15A	프런트 파워 아웃렛
문자동 잠금장치	20A	도어 록/언록 릴레이, BCM, 좌측 앞/뒤 도어 록, 액추에이터, 우측 앞/뒤 도어 록 액추에이터, 테일게이트 록 액추에이터
에어백 경고등	10A	계기판
오토티엠 잠금장치	10A	ATM 키 록 모듈, VDC 스위치, 운전석/조수석 시트 히터 컨트롤 모듈
방향지시등	10A	비상등 스위치
조정식 페달	15A	어드저스트 페달 릴레이
비상등	15A	비상등 릴레이, 비상등 스위치
후방 와이퍼	15A	리어 간헐 와이퍼 모듈, 다기능 스위치
에어컨 스위치	10A	에어컨 컨트롤 모듈

표기	용량(A)	연결회로
계기판	10A	핸즈프리 모듈, MTS 잭, 계기판, BCM, 제너레이터
비씨엠 #1	10A	BCM
연료통 주입구 열림	15A	연료 주입구 스위치
경보기	10A	도난 방지 경음기 릴레이, BCM, 도난방지 경음기
3열 에어컨	15A	리어 에어컨 릴레이
후진 경고	10A	후진 경고 부저
아이엠에스	10A	IMS 컨트롤 모듈, 레인 센서
오디오 #2	10A	파워 윈도우 메인 스위치, DELPHI 오디오, 오디오, 파워 아웃사이드 미러 & 미러 폴딩 모터, BCM, MTS모듈, ATM 키 록 모듈, A/V헤드 모듈, 시계, 핸즈프리 모듈, 튜너 모듈
블로워	30A	블로워 릴레이, 에어컨 스위치 10A, 블로워 모터
정지등	15A	정지등 스위치
전조등 와셔	20A	전조등 와셔 릴레이
비씨엠 #3	10A	도어 워닝 스위치, IMS컨트롤 모듈, 파워 아웃사이드 미러 & 미러 폴딩 모터, 세큐리티 인디게이터, BCM, 파워 윈도우 메인 스위치, 우측 앞 파워 윈도우 스위치
디지털시계	15A	시계, 자기진단점검단자, 에어컨 컨트롤 모듈
오디오 #1	15A	DELPHI 오디오, 오디오, MRS모듈, A/V헤드 모듈, 튜너 모듈, 네비게이션 모듈
오토티엠	10A	키 솔레노이드, 스포츠 모드 스위치
비씨엠#2	10A	레오스테트, BCM, EPS 모듈

07 D01(좌측), D21(우측) 앞 도어 램프

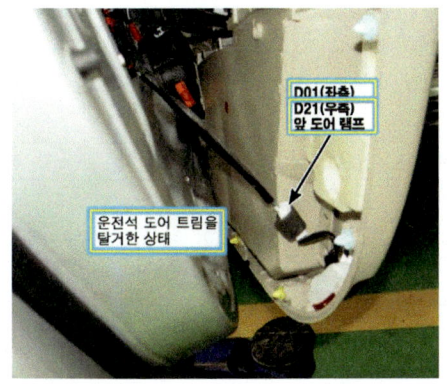

안

08 퓨즈 연결 회로_배터리#1 50A 퓨즈블링크 연결 회로

구분	표기	용량(A)	연결회로
퓨즈 블링크	ALT	150A	퓨즈블링크(전방열선, 후방열선, 블로워, 에어컨, 배터리#2, 에이비에스#1, #2, 파워윈도우, 전조등 로우 좌, 전조등 로우 우, 전방 안개등
	디젤	125A	퓨즈블링크 박스(PCT 히터#1, #2, #3, 연료 필터, 글로우 플러그)
	배터리 #1	50A	퓨즈(문자통 잠금장치, 정지등,연료통 주입구 열림, 오토티엠, 전조등 와셔, 비상등, 파워 커넥터)
	배터리 #2	40A	퓨즈(파워 앰프, 열선 좌석, 전동 시트, 조정식 페달, 3열 에어컨, 후진 경고, 선루프, 경보기, 도난방지 경음기 릴레이)
	이씨유 메인	40A	엔진 컨트롤 릴레이
	콘덴서 팬	30A	콘덴서 팬#1 릴레이
	이그니션 #1	40A	이그니션 스위치
	이그니션 #2	40A	이그니션 스위치, 퓨즈(시동)
	블로워	40A	퓨즈(블로워)
	파워 윈도우	40A	퓨즈(파워 윈도우 릴레이, 안전 파워 윈도우)
	라디에이터 팬	40A	라디에이터 팬 릴레이
	에이비에스#1	40A	다기능 체크 커넥터, ABS 컨트롤 모듈, VDC컨트롤 모듈
	에이비에스#1	40A	다기능 체크 커넥터, ABS 컨트롤 모듈, VDC컨트롤 모듈
퓨즈	1	전방열선	15A	윈드 실드 열선 릴레이
	2	후방열선	30A	리어 디포거 릴레이
	3	–	–	–
	4	전조등 로우 우	15A	우측 전조등 로우 릴레이
	5	경음기	15A	경음기 릴레이
	6	전조등 로우 좌	15A	좌측 전조등 로우 릴레이
	7	전조등 하이 표시등	10A	계기판
	8	알터네이터 디젤	10A	제너레이터
	9	에어컨	10A	에어컨 릴레이
	10	오토티엠	20A	4WD ECM, ATM 컨트롤 릴레이
	11	–	–	–
	12	미등 우	10A	우측 포지션 램프, 글로브 박스 램프, 우측 뒤 콤비램프(OUT), 조명등
	13	전방 안개등	10A	앞 안개등 릴레이
	14	센서 #3	15A	ECM
	15	미등 좌	10A	좌측 포지션 램프, 좌측 뒤 콤비램프(OUT)
	16	연료펌프	15A	연료펌프 릴레이
	17	전방 와이퍼	25A	다기능스위치, 레인센서 릴레이, 프런트 와이퍼 릴레이, 프런트 와이퍼 모터
	18	티씨유	15A	TCU
	19	에이비에스	10A	ABS컨트롤 모듈, G-YAW센서, VDC컨트롤 모듈, 4WD ECM, 연료 필터 히터 릴레이, 연료 필터 수분 경고 센서, 다기능 체크 커넥터
	20	냉각팬	10A	–

구분	표기		용량(A)	연결회로
퓨즈	21	후진등	10A	입력/출력 속도 센서, 인히비터 스위치, TCM, 후진등 스위치
	22	전조등	10A	퓨즈(전방 와이퍼)
	23	이씨유	10A	차속 센서, ECM, 에어 플로우 센서
	24	전조등 하이	20A	전조등 하이 릴레이
	25	센서#1	10A	연료펌프 릴레이, 정지등 스위치, 이모빌라이저, 에어컨 릴레이, 콘덴서 팬#1, #2 릴레이, 라디에이터 팬 릴레이
	26	센서#2	15A	EGR액추에이터, 솔레노이드 밸브, 스로틀 플랫 액추에이터, 캠 포지션 센서, PTC히터 릴레이#1
	27	점화코일	20A	ECM
	28	SPARE	10A	–
	29	SPARE	15A	–
	30	SPARE	20A	–
	31	SPARE	25A	–
	32	SPARE	30A	–

09 F27 우측 뒤 도어 스위치 커넥터

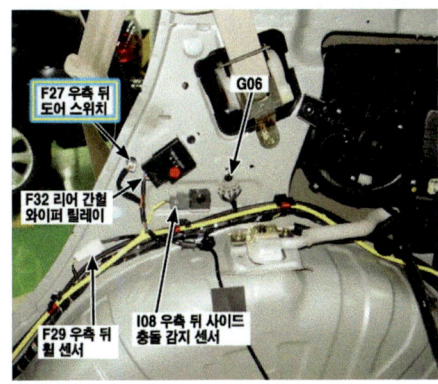

10 화장등 스위치 및 화장등

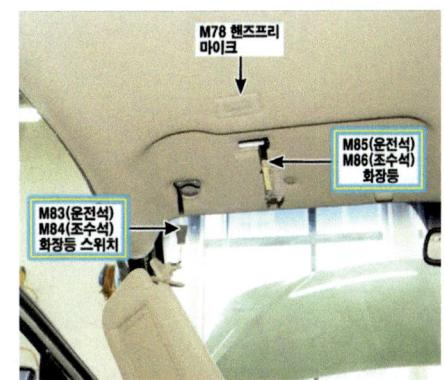

위 그림은 화장등 스위치이며 "M83(운전석), M84(조수석) 화장등 스위치", "M85(운전석), M86(조수석) 화장등"이다.

⑪ 전원 배분도(5)_파워 커넥터, 실내등 10A, 비씨엠#3 10A

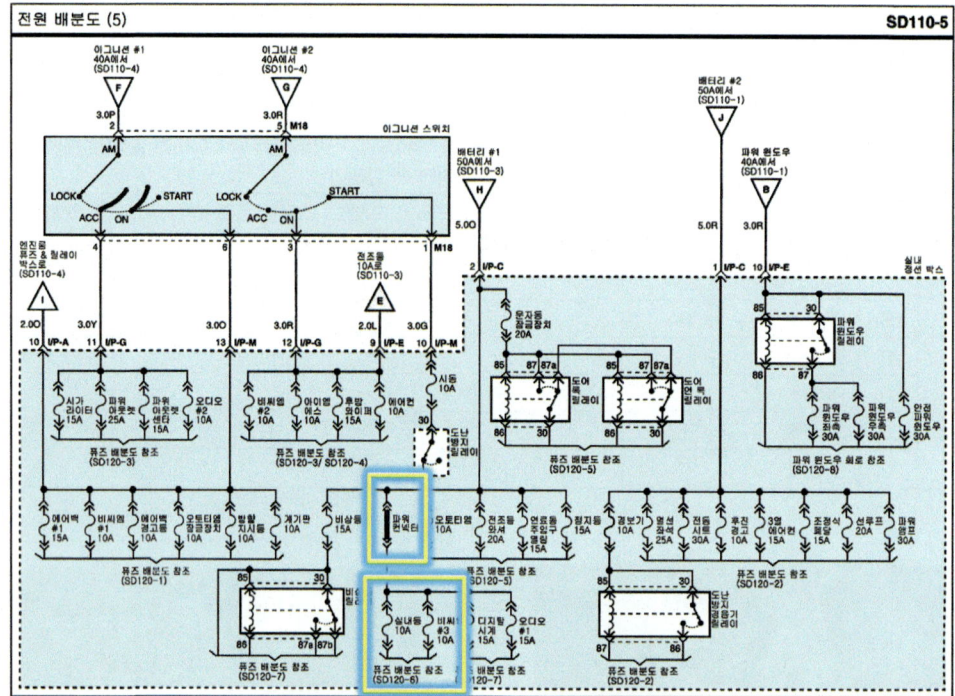

⑫ F26 좌측 도어 스위치 커넥터

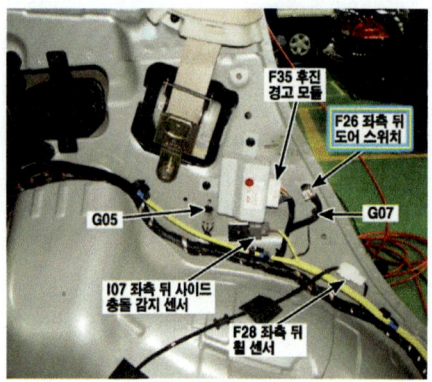

⑬ F18(조수석) 도어 스위치 커넥터

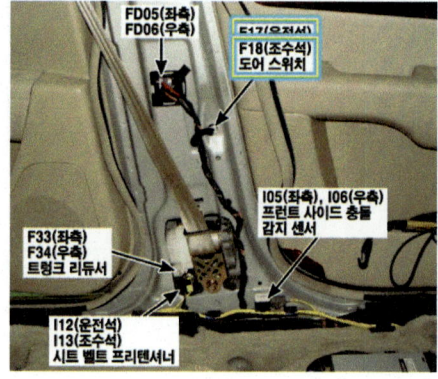

⑭ 실내등 회로(1)_체크포인트

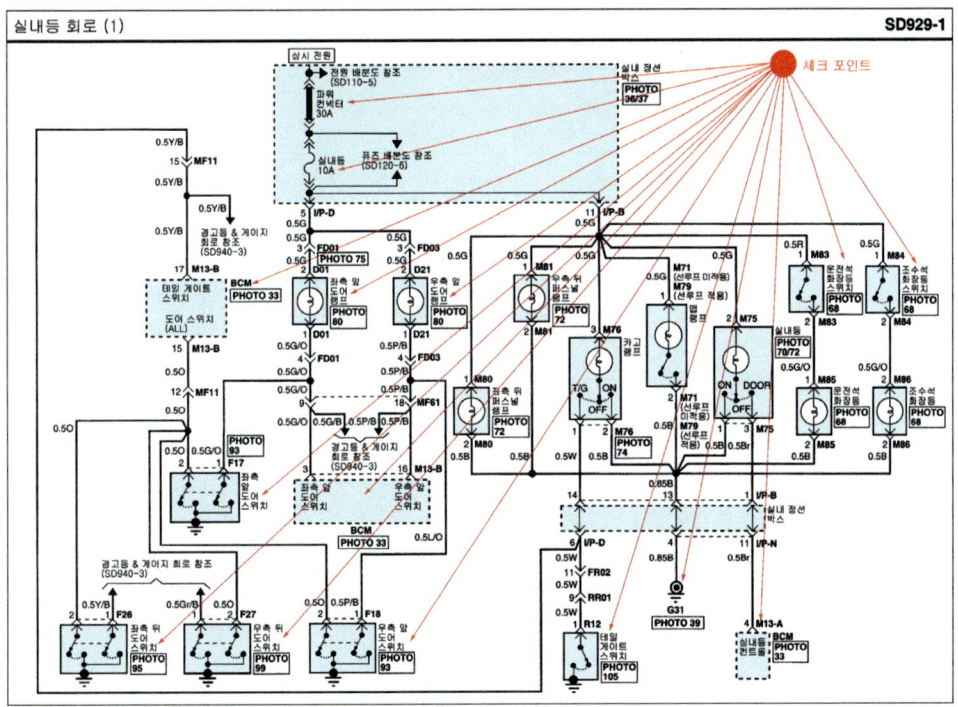

⑮ R12 테일 게이트 스위치

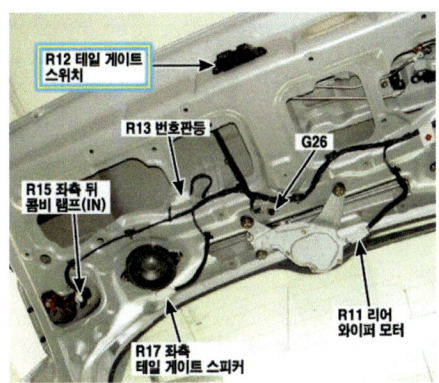

⑯ M76 카고 램프

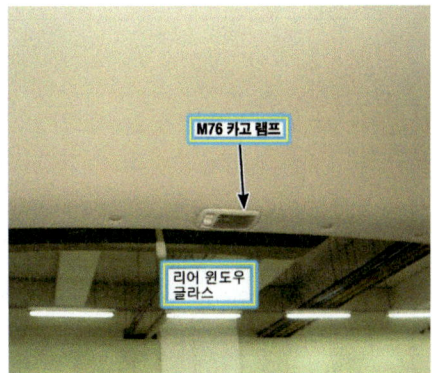

⑰ 퓨즈 배분도(6)_핸즈프리 모듈, 좌측 앞도어 램프, 좌측 뒤 퍼스널 램프, 맵 램프, 카고 램프, 조수석 화장등 스위치

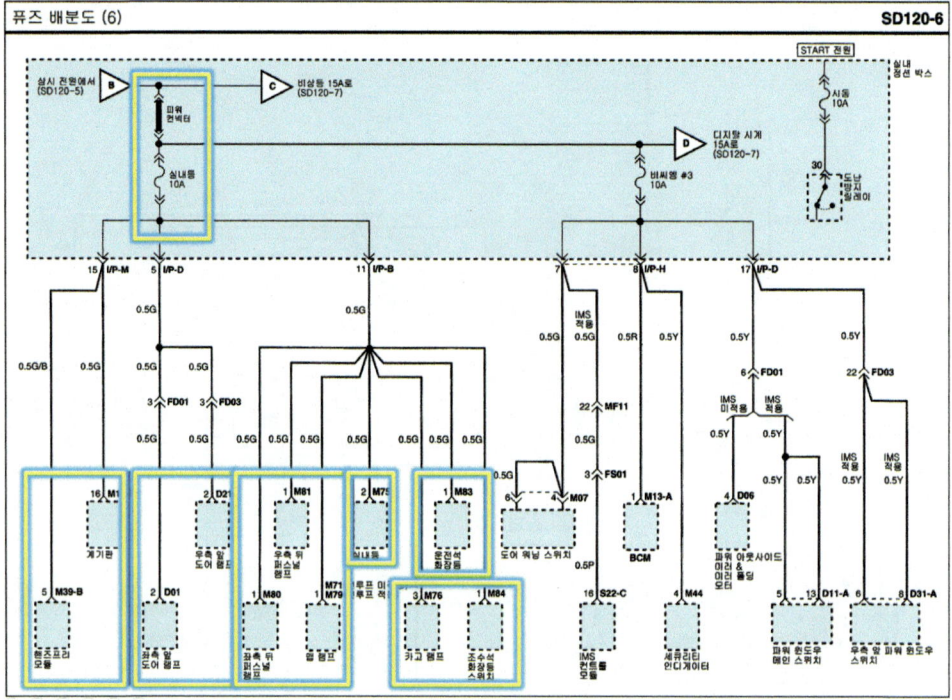

⑱ 회로 고장 부분과 내용 및 상태 참고 자료

고장 부분	내용 및 상태	정비 및 조치할 사항
파워 커넥터 30A 퓨즈	단선	파워 커넥터 30A 퓨즈 교환 후 재점검
실내등 10A 퓨즈	단선	실내등 10A 퓨즈 교환 후 재점검
좌측 앞도어 스위치 커넥터	탈거	좌측 앞도어 스위치 커넥터 연결 후 재점검
우측 앞도어 스위치 커넥터	탈거	우측 앞도어 스위치 커넥터 연결 후 재점검
좌측 뒤 도어 스위치 커넥터	탈거	좌측 뒤 도어 스위치 커넥터 연결 후 재점검
우측 뒤 도어 스위치 커넥터	빠짐	우측 뒤 도어 스위치 커넥터 연결 후 재점검
후드 스위치, 테일게이트 스위치 커넥터	빠짐	후드 스위치, 테일게이트 스위치 커넥터 연결 후 재점검
운전석, 조수석 화장등 스위치 커넥터	분리	운전석, 조수석 화장등 스위치 커넥터 연결 후 재점검
운전석, 조수석 화장등 램프 커넥터	분리	운전석, 조수석 화장등 램프 커넥터 연결 후 재점검
도어 램프 전, 후(좌, 우) 램프 커넥터	탈거	도어 램프 전, 후(좌, 우) 램프 커넥터 연결 후 재점검

19 답안 작성_분석 내용 답안 작성하기

[참고] 위에서 설명한 블로워 모터, 정지등, 실내등 회로 점검 방법을 참고하여 고장 부분, 내용 및 상태, 정비 및 조치 사항을 기재한다.

◆ 전기 2. 기록표

자동차 번호 :

| 항 목 | 점검(또는 측정) | | 정비 및 조치 사항 | 득 점 |
	고장 부분	내용 및 상태		
비 번호			감독확인	
블로워 모터	실내 정션박스 내 블로워 퓨즈 30A	단선	정격용량(30A) 퓨즈 장착(교환) 후 재점검	
정지등 회로	R02 스포일러 상부 정지등 커넥터	빠짐	커넥터 끼운 후 재점검	
실내등 회로	M81(RH) 리어 퍼스널 램프	커넥터 빠짐	커넥터 연결 후 재점검	

정비기능장

3) 파형 측정

전 기

주어진 자동차에서 시험위원 지시에 따라 기록표의 요구사항을 점검 및 측정하여 기록 하시오.

I
안

---

01   CAN 통신 파형_A안 참고

---

02   점검 및 측정[도어 S/W 작동 시 전압]

---

01 도어 S/W 탈거

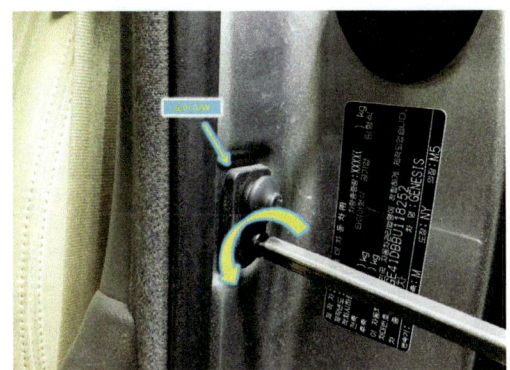

위 그림과 같이 측정 편리성을 위하여 "도어 S/W 고정 피스"를 푼 다음 탈거한다.

02 도어 S/W 탈거 후

위 그림은 "운전석 도어 S/W와 커넥터"이며 녹색은 "전원선", 노란 배선은 "접지선"이다.

03 스위치 ON 시_도어 닫힘 시

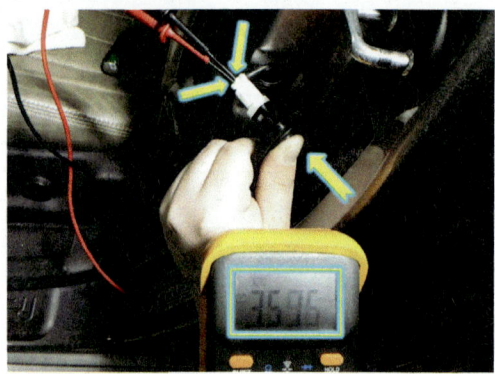

위 그림과 같이 디지털 멀티미터 선택 레버를 "DC V"에 위치하고 적색 리드선을 "전원 단자"에 흑색 리드선을 "접지단자"에 연결한 상태에서 스위치를 "ON" 한 다음 측정값은 "3.576V"이다.

05 스위치 ON 시_도어 닫힘 시

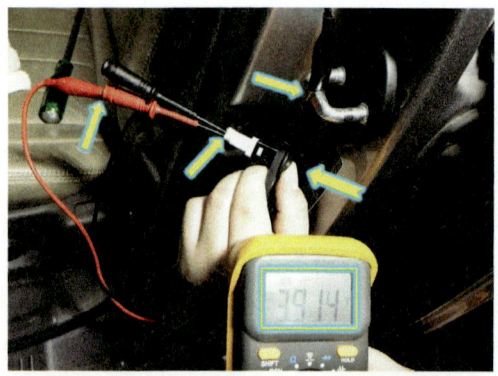

위 그림과 같이 적색 리드선을 "전원 단자"에 흑색 리드선을 차체에 "접지"한 상태에서 스위치를 "ON" 한 다음 측정값은 "3.914V"이다.

07 스위치 ON 시_도어 닫힘 시

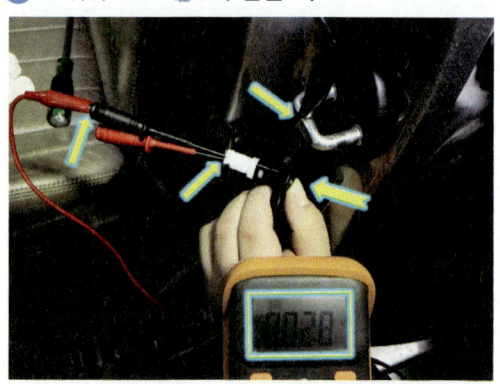

위 그림과 같이 적색 리드선을 "접지단자"에 흑색 리드선을 차체에 "접지"한 상태에서 스위치를 "ON" 한 다음 측정값은 "0.028V"이다.

04 스위치 OFF 시_도어 열림 시

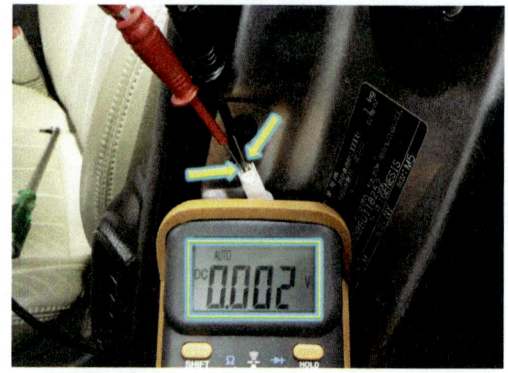

위 그림과 같이 스위치를 "OFF" 한 다음 측정값은 "0.002V"이다.

06 스위치 OFF 시_도어 열림 시

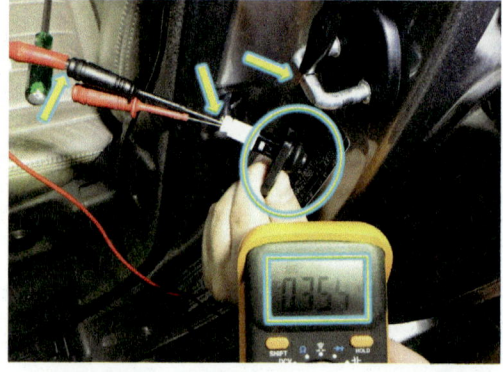

위 그림과 같이 스위치를 "OFF" 한 다음 측정값은 "0.354V"이다.

08 스위치 OFF 시_도어 열림 시

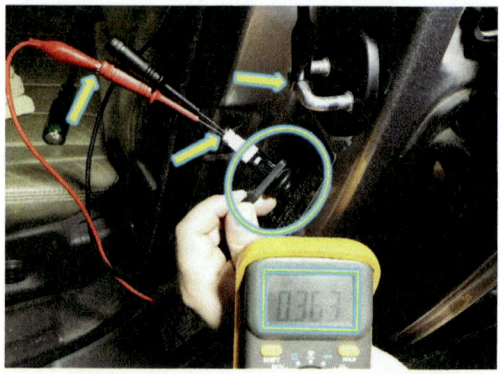

위 그림과 같이 스위치를 "OFF" 한 다음 측정값은 "0.363V"이다.

09 답안 작성_분석 내용 답안 작성하기

[참고] 도어 S/W 작동 시 전압측정 방법 중 "③~⑥"이 정상적인 측정 방법이다. 따라서 "③~④"번을 기준으로 답안을 작성한다.

■ 점검 및 측정

항 목	측정(또는 점검)	판정 및 정비(또는 조치) 사항		득 점
	측정값	판정(□에 '✔' 표)	정비 및 조치 사항	
도어 S/W 작동시 전압	열림 시: 0.002V	☑ 양 호 □ 불 량	정상 또는 정비 및 조치 사항 없음	
	닫힘 시: 3.576V			
도어 록 액추에이터 작동시	전압:	□ 양 호 □ 불 량		
	전류:			

03 **점검 및 측정[도어 록 액추에이터 작동 시 전압, 전류]_C안 참고**

안

자동차정비 기능장

J안

국가기술자격검정 실기시험문제

1. 기 관

1) 주어진 전자제어 디젤 엔진에서 감독위원의 지시에 따라 크랭크축 리테이너와 고압연료펌프를 탈거하고 감독위원에게 확인 후, 다시 조립(부착)하여 엔진 및 시동 관련회로를 점검한 후 시동작업과 기록표의 요구사항을 점검 및 측정하고 기록표에 기록하시오.
   (단, 시동되지 않는 경우 "2" 과제는 작업할 수 없다)
2) 주어진 엔진에서 감독위원의 지시에 따라 기록표 요구사항을 점검 및 측정하여 기록하시오.
3) 주어진 자동차에서 크랭킹은 가능하나 시동되지 않고, 시동된 후에도 부조가 발생합니다. 고장원인을 찾아 수리후 기록표에 기록하시오.

2. 섀 시

1) 주어진 자동차에서 감독위원의 지시에 따라 전륜 현가장치의 쇽업쇼버 코일 스프링을 탈거하고 감독위원에게 확인 후, 다시 조립(부착)하여 작동상태를 점검한 후 기록표의 요구사항을 점검 및 측정하여 기록하시오.
2) 주어진 전자제어 자동변속기 자동차에서 감독위원의 지시에 따라 인히비터 스위치를 탈거하고 감독위원에게 확인 후, 다시 조립(부착)하여 작동상태를 확인하고, 기록표의 요구사항을 점검 및 측정하여 기록하시오.

3. 전 기

1) 감독위원의 지시에 따라 자동차에서 에어컨 가스를 회수하고 에어컨 컴프레셔를 탈·부착 작업 후 가스를 충전시킨 다음, 작동상태를 확인하고, 기록표의 요구사항을 점검 및 측정하고 기록표에 기록하시오.
2) 주어진 자동차에서 정비지침서의 회로도를 이용하여 기록표에서 요구하는 회로를 점검하고, 이상 내용을 기록표에 기록한 후 정비하시오
3) 주어진 자동차에서 감독위원 지시에 따라 기록표의 요구사항을 점검 및 측정하여 기록하시오..

국가기술자격검정실기시험문제 J안

자 격 종 목	자동차정비 기능장	작 품 명	자동차 정비 작업

- 비 번호
- 시험시간 : 6시간 30분(기관 : 140분, 섀시 : 130분, 전기 : 120분)
  ※ 시험 안 및 요구사항 일부내용이 변경될 수 있음

정비기능장

J

엔 진

1)_1 타이밍벨트(체인)와 스로틀바티 탈·부착

주어진 전자제어 엔진에서 감독위원의 지시에 따라 타이밍벨트(체인)와 스로틀바디 탈거하고 감독위원에게 확인 후 다시 조립(부착)하시오.

부품 분해 조립 시 주의사항

① 분해·조립 작업은 반드시 대상 부품의 정면에서 한다.
② 분해한 부품에서 볼트 및 너트를 빼내지 말고 되도록 끼워진 상태로 부품을 탈거한다.
③ 분해하기 위해 볼트 및 너트를 풀 때는 바깥쪽에서 중앙을 향하며, 조일 때는 중앙에서 바깥쪽을 향하도록 하고, 특히 실린더 헤드 볼트의 경우는 풀고, 조이는 순서에 주의하여야 변형을 방지할 수 있다.
④ 분해한 부품의 접촉면이 바닥에 직접 닿지 않도록 주의한다.
⑤ 부품은 분해한 순서로 정리 정돈한 후 분해의 역순으로 조립한다.
⑥ 조립이 복잡한 부품은 표기를 한 후 분해한다.
⑦ 볼트 및 너트는 반드시 토크 렌치를 이용하여 규정 토크로 조이되 하나의 부품에 갯수가 여러 개일 경우 2~3회 정도 나누어 조인다.
⑧ 개스킷 및 오링은 반드시 신품으로 교환한다.
⑨ 부품 대를 사용하며 조립을 위하여 아래 칸부터 채워서 위로 올라오도록 정리한다.

정비기능장

J

엔 진

1)_1 타이밍벨트(체인)와 스로틀 바디 탈·부착

주어진 전자제어 기관에서 감독위원의 지시에 따라 타이밍벨트와 가변 밸브 타이밍 장치(CVVT 또는 VVT)를 탈거하여 감독위원에게 확인 받은 후 다시 부착하시오.

01 타이밍벨트(체인) 탈·부착_H안 참고

02 스로틀 바디 탈·부착

01 엔진 부속 부품 명칭

위 그림은 엔진 흡기계통이며 에어 클리너, 서지탱크, 스로틀 바디, TPS, 에어호스이다.

02 에어 브리더 호스 및 에어호스 탈거

위 그림과 같이 "에어 브리더 호스"를 분리하고 에어호스 고정 "밴드"를 탈거한 다음 "에어클리너 커버"를 탈거한다.

03 TPS(Throttle Position Sensor) 커넥터 탈거

위 그림과 같이 TPS(스로틀 포지션 센서) "커넥터 고정핀"을 누른 상태에서 "커넥터"를 탈거한다.

04 ISC(Idle Speed Control) 커넥터 탈거

위 그림과 같이 ISC(아이들 스피드 컨트롤) "커넥터 고정핀"을 누른 상태에서 "커넥터"를 탈거한다.

J
안

05 냉각 순환 호스 및 액셀러레이터 케이블 탈거

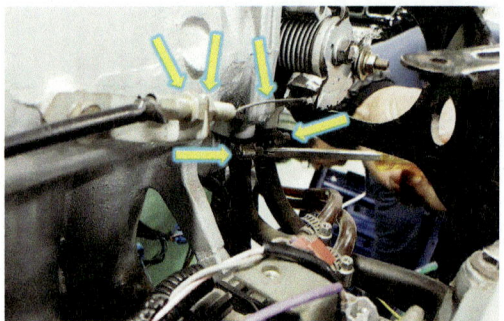

위 그림과 같이 냉각 순환 호스 "고정 밴드"를 분리하고 "2개의 호스"를 탈거한 다음 "액셀러레이터 케이블 유격 조정 너트(12㎜) 및 고정너트(12㎜)"를 유림한 후 액셀러레이터 레버에서 "케이블"을 탈거한다.

06 스로틀 바디 고정너트 및 볼트 탈거

위 그림과 같이 스로틀 바디 "고정너트(12㎜) 및 볼트(12㎜)"를 푼 다음 탈거한다. [참고: 공간이 협소하므로 "소 복스(3/8인치)" 공구를 사용한다.]

07 스로틀 바디 탈거

위 그림과 같이 "스로틀 바디와 개스킷"을 탈거한다.

08 분해 후 모습

위 그림은 스로틀 바디 단품이며 스로틀레버, 스로틀밸브, TPS, ISC이다.

09 개스킷 및 스로틀 바디 장착

위 그림과 같이 "개스킷"을 서지탱크에 설치한 다음 "스로틀 바디"를 정 위치에 장착한다.

10 스로틀 바디 조립

위 그림과 같이 "고정너트 및 볼트"를 규정 토크로 조여 "스로틀 바디"를 조립한다.

⑪ 냉각 순환 호스 조립

위 그림과 같이 "냉각 순환 호스 2개"를 끼운 다음 "고정 밴드"를 조인다.

⑫ TPS 커넥터 조립

위 그림과 같이 "TPS 커넥터"를 센서에 끼운다.

⑬ ISC 커넥터 조립

위 그림과 같이 "ISC 커넥터"를 끼운다.

⑭ 에어호스 및 액셀러레이터 케이블 조립

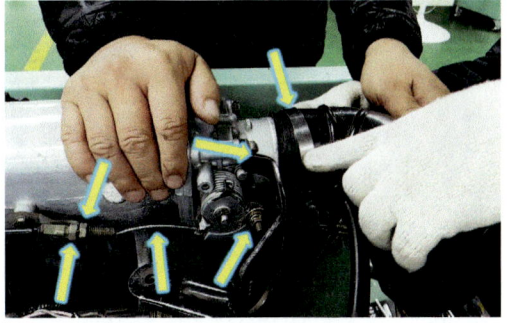

위 그림과 같이 "에어호스"를 스로틀 바디에 끼운 다음 "에어클리너 커버"를 장착하고 "고정 밴드"를 조인 후 "에어 브리더 호스"를 장착한다. 액셀러레이터 레버에 "케이블 추"를 장착한 다음 "유격 조정 너트 및 고정너트"를 규정 값 이내로 조인다. [참고: 규정 값에 맞도록 "케이블 유격"을 조정한다.]

J
안

정비기능장

J

엔 진

1)_2 엔진 및 시동 관련 회로 점검 후 시동 작업

엔진 및 시동 관련 회로를 점검한 후 시동 작업과 기록표의 요구사항을 점검 및 측정하고 기록표에 기록하시오. [단, 시동되지 않는 경우 "2)"는 작업할 수 없음]
[A안 참고]

정비기능장

J 엔 진

1)_3 점검 및 측정_흡기다기관 진공 측정

기록표의 요구사항을 점검 및 측정하고 기록표에 기록하시오. (단, 시동되지 않는 경우 "2)"는 작업할 수 없음)

---

01 점검 및 측정_1[흡기매니폴드 진공도]_진공 게이지 활용

01 엔진 시동 ON

위 그림과 같이 정상적인 엔진 "냉각수 온도 및 공회전 상태"가 유지되고 있는지 확인한다. [참고: Instrument Cluster "온도계 및 rpm 게이지"를 확인한다.]

02 측정값 판독

위 그림과 같이 진공 게이지 눈금을 판독한다. 측정값은 "42cmHg"이다.

03 답안 작성_분석 내용 답안 작성하기

[참고] 진공 게이지의 눈금을 판독한 수치를 측정값에 기재하고, 규정 값은 주어진 값 또는 매뉴얼을 참고하여 작성한다. (측정값 "단위가 cmHg"이므로 규정 값 "단위 mmHg"로 환산한다. 약 42cmHg 이므로 약 420mmHg이다.)

◈ 기관 1. 기록표
기관 번호 :

항 목	측정(또는 점검)		판정 및 정비(또는 조치) 사항		득 점
	비 번호		감독확인		
	측 정 값	규정값(정비한계값)	판정(□에 '✔' 표)	정비 및 조치할 사항	
흡기매니폴드 진공도	420mmHg	400~500mmHg	☑ 양 호 □ 불 량	정상 또는 정비 및 조치 사항 없음	

02 점검 및 측정_2[흡기매니폴드 진공도]_Hi-DS "차량성능검사" 기능 활용

01 Hi-DS 초기화면

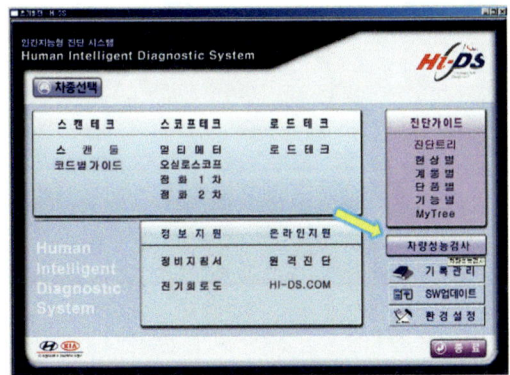

위 그림은 Hi-DS 초기화면이며, 화살표가 가리키는 "차량성능검사"를 클릭한다.

02 차량성능검사 선택

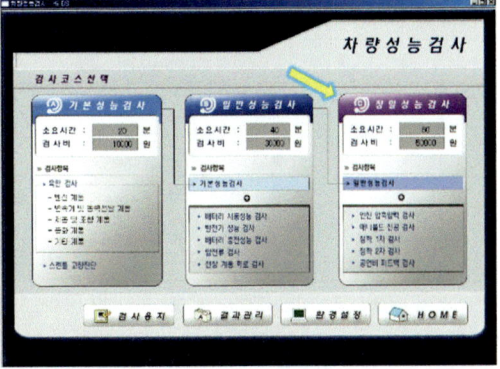

위 그림과 같이 차량성능검사 화면에서 "정밀성능검사"를 클릭한다.

03 성능검사 차종 선택

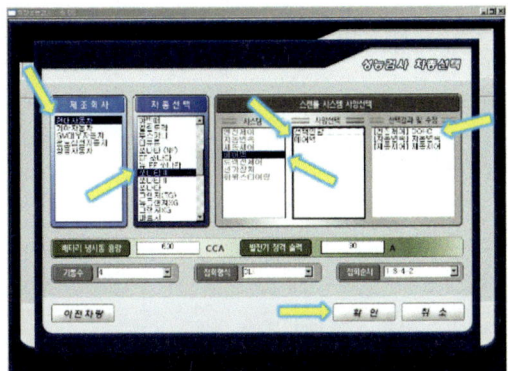

위 그림과 같이 측정 대상 차량의 "메이커", "차종 선택"을 한 다음 스캔툴 시스템 사양 선택에서 "시스템", "사양 선택", "선택 결과 및 수정"을 선택한 후 "확인" 버튼 클릭한다.

04 진공 프로브 설치

위 그림과 같이 흡기다기관 또는 서지탱크에 설치되어 있는 진공호스를 탈거하고 "진공 프로브"의 니블 한쪽은 "흡기다기관"에 다른 한쪽은 기존 "진공호스"에 설치한다.

J
안

05 엔진 시동 ON

위 그림과 같이 정상적인 엔진 "냉각수 온도 및 공회전 상태가 유지"되고 있는지 확인한다. [참고: Instrument Cluster "온도계 및 rpm 게이지"를 확인한다.]

06 측정값 판독

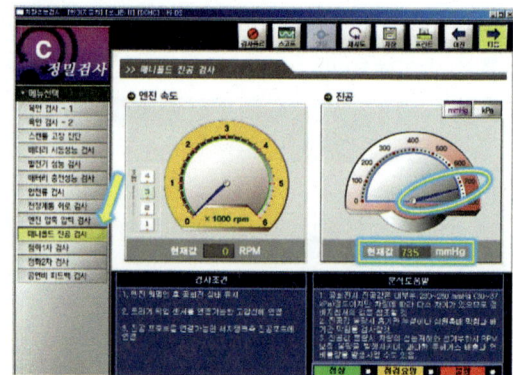

위 그림과 같이 "정밀검사" 화면에서 "매니폴드 진공 검사"를 클릭한 다음 측정값(735mmHg)을 판독한다. [참고: "트리거 픽업"을 설치하지 않아 "rpm"은 나타나지 않는 상태이다.]

07 답안 작성_분석 내용 답안 작성하기

[참고] 매니폴드 진공 검사 화면에서 나타내는 수치를 측정값에 기록한다. [측정 상태: PCSV(Purge Control Solenoid Valve, 증발가스제어밸브) 진공호스를 탈거한 상태이다.]

◆ 기관 1. 기록표

| 기관 번호 : | | | 비 번호 | | 감독확인 | |

항 목	측정(또는 점검)		판정 및 정비(또는 조치) 사항		득 점
	측 정 값	규정값(정비한계값)	판정(□에 '✔' 표)	정비 및 조치할 사항	
흡기매니폴드 진공도	735mmHg	250~350mmHg	□ 양 호 ☑ 불 량	PCSV 진공호스 장착 후 재측정	

03 점검 및 측정_3[흡기매니폴드 진공도]_Hi-DS "오실로스코프" 기능 활용

01 Hi-DS Premium 아이콘

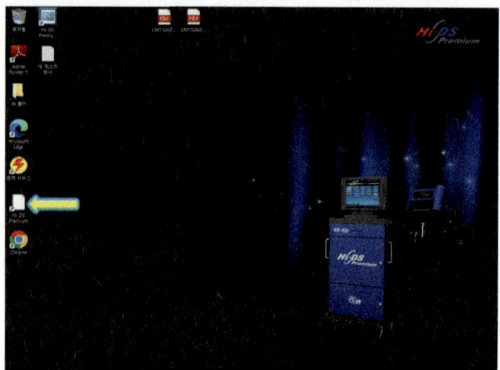

위 그림과 같이 모니터 바탕화면의 "Hi-DS Premium 아이콘"을 더블 클릭한다.

02 로딩화면

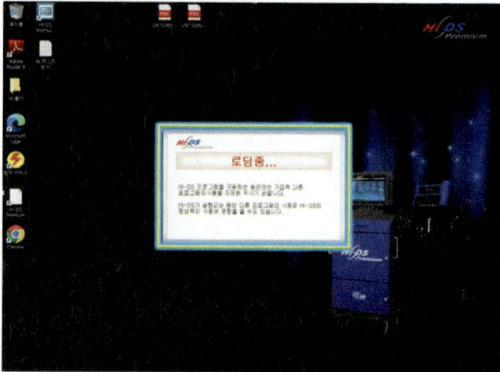

위 그림은 아이콘을 더블 클릭 후 로딩이 진행 중인 화면이다.

03 Hi-DS Premium 초기화면

위 그림은 Hi-DS Premium 초기화면이며 화살표가 가리키는 "차종 선택"을 클릭한다.

04 차종 및 엔진선택

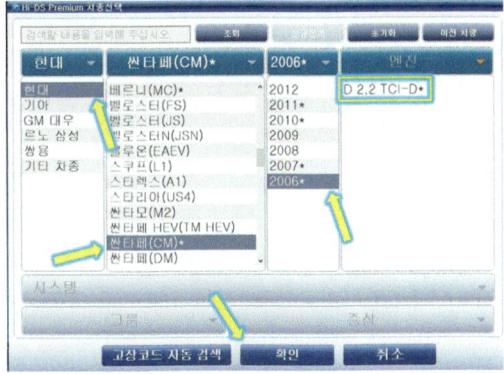

위 그림과 같이 측정 대상 차량의 "메이커", "차종", "연식", "엔진 형식"을 클릭한 다음 "확인" 버튼을 클릭한다.

05 시스템 및 엔진 시스템 설정

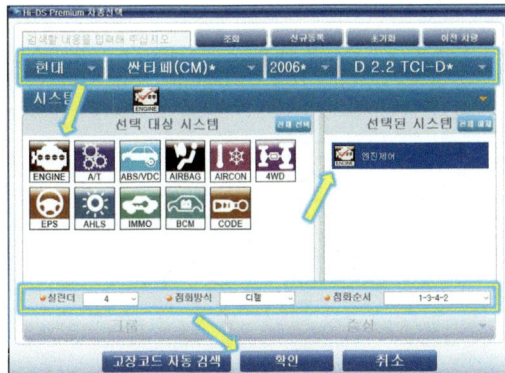

위 그림과 같이 측정에 필요한 시스템을 "선택 대상 시스템"에서 선택하면 되며, 위 그림에서는 "보디 전장 제어 시스템"을 설정한 화면이다. 또한 "실린더, 점화 방식, 점화 순서"를 선택할 수 있으나 앞 화면에서 엔진 형식을 선택하였기 때문에 기본적인 정보가 입력되어 있으므로 "확인" 버튼을 클릭한다.

06 측정 항목 선택화면

위 그림과 같이 화살표가 가리키는 "오실로스코프"를 클릭한다.

**J
안**

07 오실로스코프 초기화면

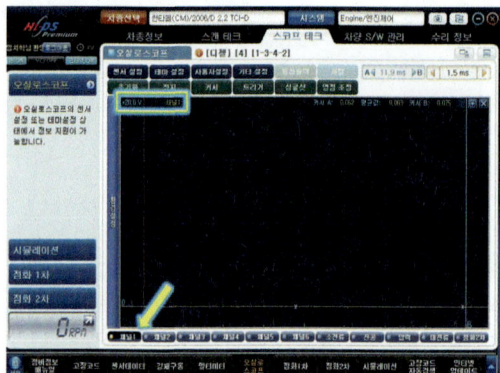

위 그림은 오실로스코프 초기화면으로 "채널 1"이 선택된 기본화면이다.

08 진공 측정 화면 선택

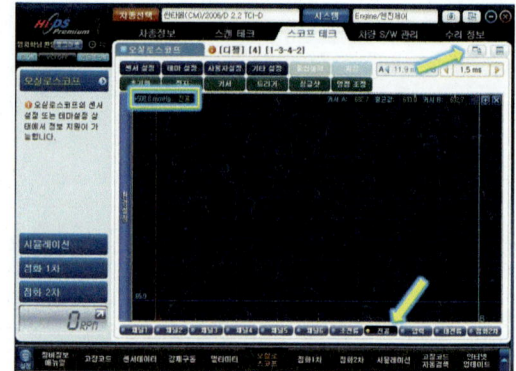

위 그림과 같이 화살표가 가리키는 "진공"을 클릭한 다음 오른쪽 위에 있는 "화면변환" 버튼을 클릭한다. [참고: "진공 채널"을 선택한 다음 "채널 1"은 삭제한 상태이다.]

09 진공 프로브 설치

위 그림과 같이 "전자제어 가변 흡기 제어 시스템"에 설치되어 있는 진공호스를 탈거하고 "진공 프로브"의 니블 한쪽은 "액추에이터"에 다른 한쪽은 "솔레노이드밸브"에 설치한다.

10 공전 시 출력 파형

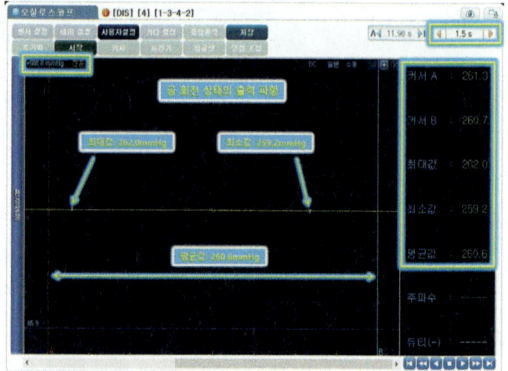

위 그림은 엔진 공회전 시 출력 파형으로 "최대값", "최소값", "평균값"을 표기한 화면이다.

⓫ 순간 엔진 급가속 시 출력 파형

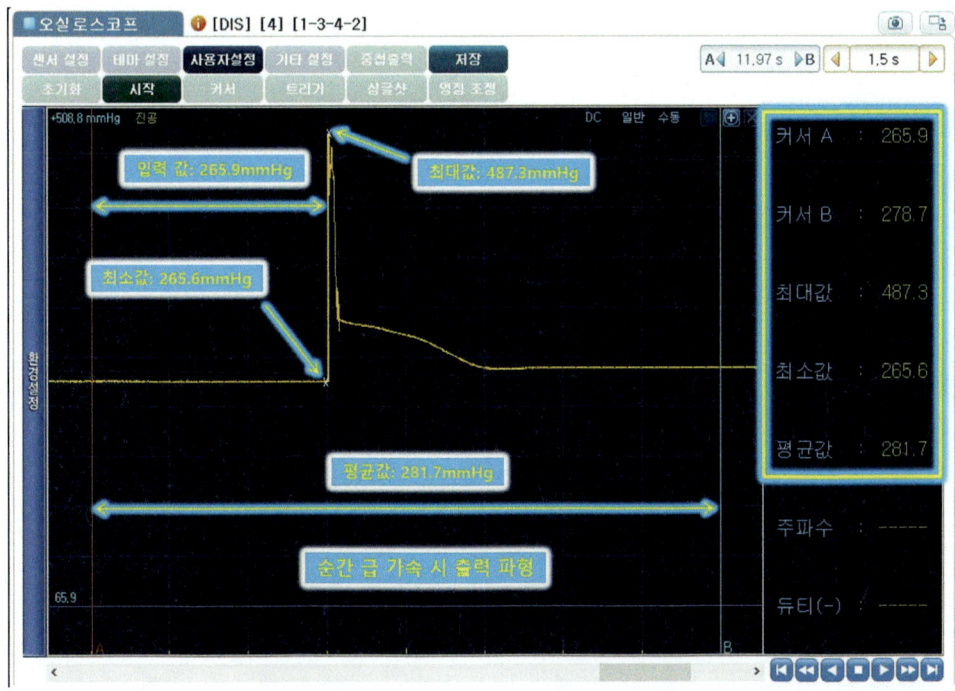

위 그림은 "시간 축을 1.5s"로 설정한 다음 "순간 엔진 급가속 시" 출력 파형이며 "커서 A"를 스로틀밸브 전폐(공전) 구간 내 임의 지점에 위치하고 "커서 B"는 스로틀밸브 전개(급가속) 후 전폐가 진행되는 임의 부분에 위치시킨 다음 입력값 265.9mmHg, 최대값 487.3mmHg, 최소값 265.6mmHg, 평균값 281.7mmHg를 표기한 화면이다.

⓬ 순간 엔진 급가속 시 출력 파형 출력물_파형 출력 및 분석내용표기

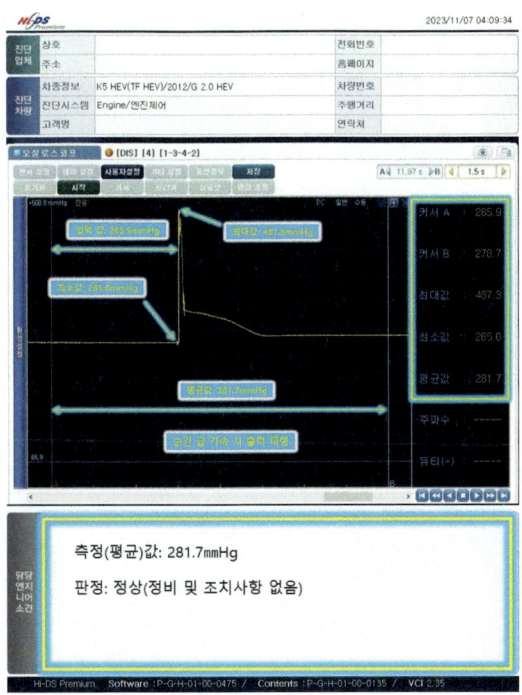

J
안

⑬ 답안 작성_순간 엔진 급가속 시 파형 출력 및 분석 내용 답안 작성하기

[참고] 엔진 공회전 상태에서부터 "순간 급가속 후 감속이 진행"되는 전체 화면에 대한 분석이므로 "측정값은 평균값"을 기재한다.

◆ 기관 1. 기록표

기관 번호 :

항 목	측정(또는 점검)		판정 및 정비(또는 조치) 사항		득 점
	측 정 값	규정값(정비한계값)	판정(□에 '✔' 표)	정비 및 조치할 사항	
흡기매니폴드 진공도	281.7mmHg	200.0~350.0mmHg	☑ 양 호 □ 불 량	정상 또는 정비 및 조치 사항 없음	

비 번호 / 감독확인

⑭ 순간 엔진 급가속 시 전체 출력 파형_공회전 구간 분석

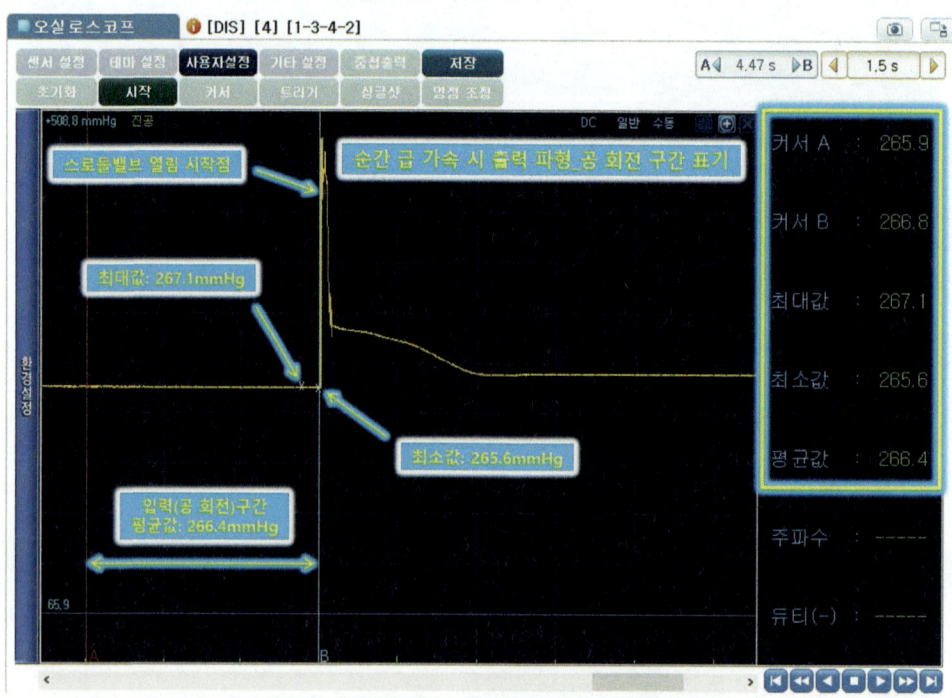

위 그림은 "시간 축을 1.5s"로 설정한 다음 "순간 엔진 급가속 시" 출력 파형이며 "커서 A"를 스로틀밸브 전폐(공전) 임의 지점에 위치하고 "커서 B"는 스로틀밸브 전개(급가속) 시작 부분에 위치시킨 다음 입력(평균)값 266.4mmHg, 최대값 267.1mmHg, 최소값 265.6mmHg를 표기한 화면이다.

⑮ 순간 엔진 급가속 시 출력 파형 출력물_파형 출력 및 공회전 구간 분석내용표기

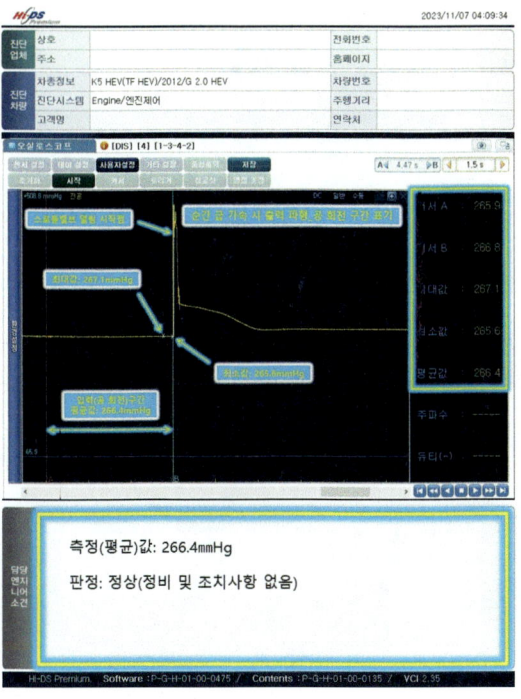

⑯ 답안 작성_순간 엔진 급가속 시 파형 출력 및 분석 내용 답안 작성하기

[참고] 엔진 공회전 상태에서부터 순간 급가속 후 감속이 진행되는 전체 화면 중 "스로틀밸브 전폐(공전) 임의 지점에서부터 스로틀밸브 전개(급가속) 시작 부분"에 대한 분석이므로 "측정값은 평균값"을 기재한다.

◈ 기관 1. 기록표
기관 번호 :

비 번호		감독확인	

항 목	측정(또는 점검)		판정 및 정비(또는 조치) 사항		득 점
	측 정 값	규정값(정비한계값)	판정(□에 '✔'표)	정비 및 조치할 사항	
흡기매니폴드 진공도	266.4mmHg	200.0~300.0mmHg	☑ 양 호 □ 불 량	정상 또는 정비 및 조치 사항 없음	

17 순간 엔진 급가속 시 전체 출력 파형_급가속 유지 구간

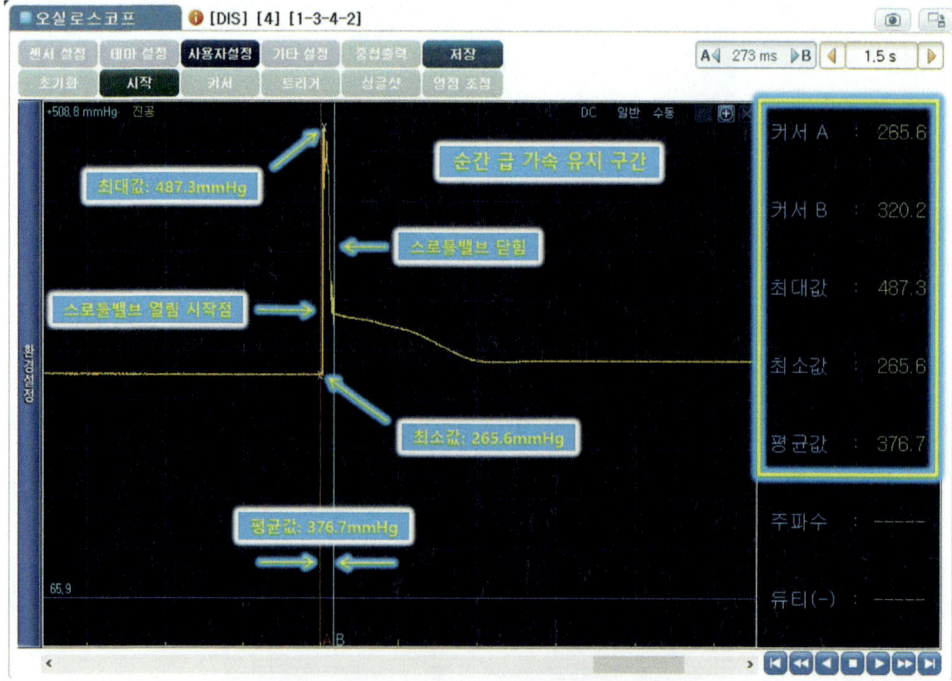

위 그림은 "시간 축을 1.5s"로 설정한 다음 "순간 엔진 급가속 시 출력 파형"이며 "커서 A"를 스로틀밸브 전개(급가속) 시작 지점에 위치하고 "커서 B"는 스로틀밸브 전폐(급가속) 종료 부분에 위치시킨 다음 최대값 487.3mmHg, 최소값 265.6mmHg, 평균값 376.7mmHg를 표기한 화면이다.

18 순간 엔진 급가속 시 전체 출력 파형 출력물_파형 출력 및 급가속 유지 구간 분석내용표기

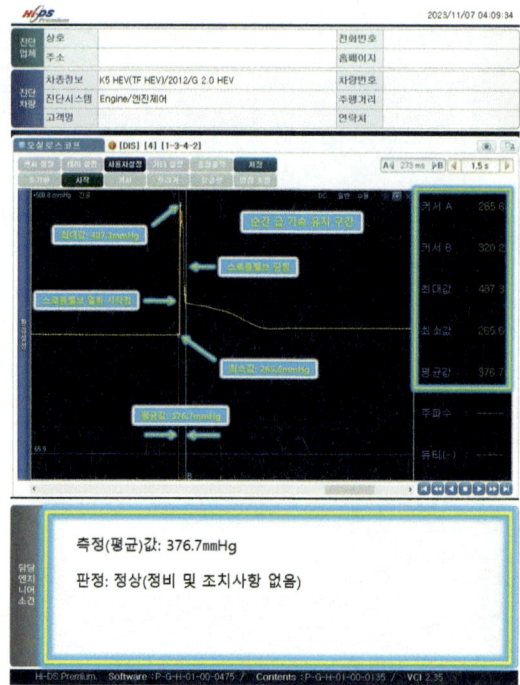

⑲ 답안 작성_순간 엔진 급가속 시 파형 출력 및 분석 내용 답안 작성하기

[참고] 엔진 공회전 상태에서부터 순간 급가속 후 감속이 진행되는 전체 화면 중 "스로틀밸브 전개(급가속) 시작 지점부터 스로틀밸브 전개(급가속) 종료 부분"에 대한 분석이므로 "측정값은 평균값"을 기재한다.

◈ 기관 1. 기록표

기관 번호 :			비 번호		감독확인	
항 목	측정(또는 점검)		판정 및 정비(또는 조치) 사항			득 점
	측 정 값	규정값(정비한계값)	판정(□에 '✔' 표)	정비 및 조치할 사항		
흡기매니폴드 진공도	376.7mmHg	340.0~400.0mmHg	☑ 양 호 □ 불 량	정상 또는 정비 및 조치 사항 없음		

⑳ 순간 엔진 급가속 시 전체 출력 파형_순간 급가속 후 감속 진행 구간

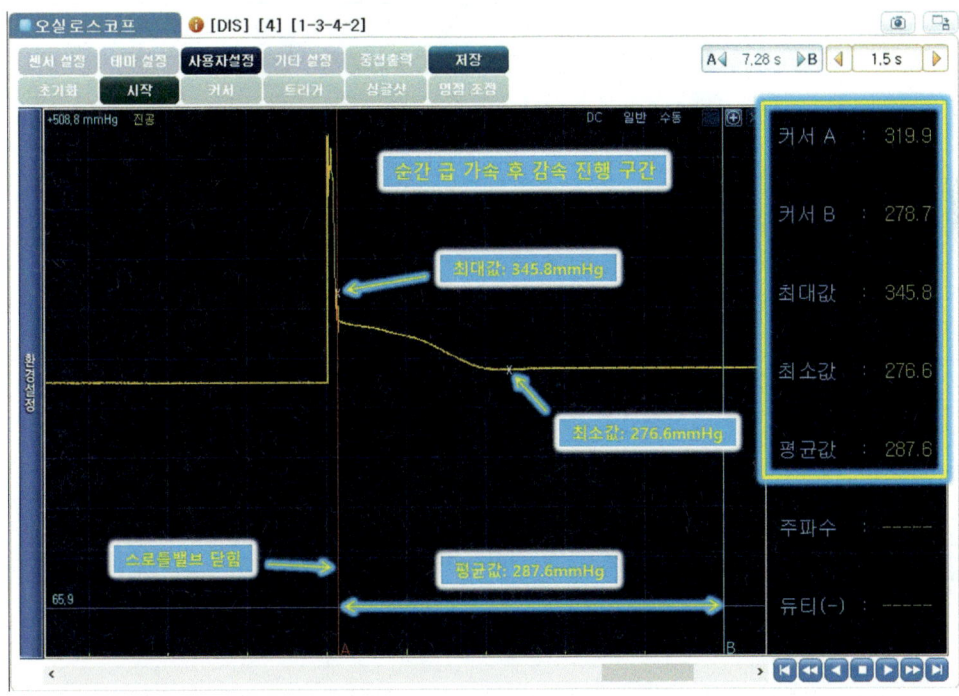

위 그림은 "시간 축을 1.5s"로 설정한 다음 "순간 엔진 급가속 시" 출력 파형이며 "커서 A"를 스로틀밸브 전개(급가속) 종료 지점에 위치하고 "커서 B"는 스로틀밸브 전폐(급가속) 후 감속이 진행되는 임의 부분에 위치시킨 다음 최대값 345.8mmHg, 최소값 276.6mmHg, 평균값 287.6mmHg를 표기한 화면이다.

㉑ 급가속 시 전체 출력 파형 출력물_파형 출력 및 급가속 후 감속 구간 분석내용표기

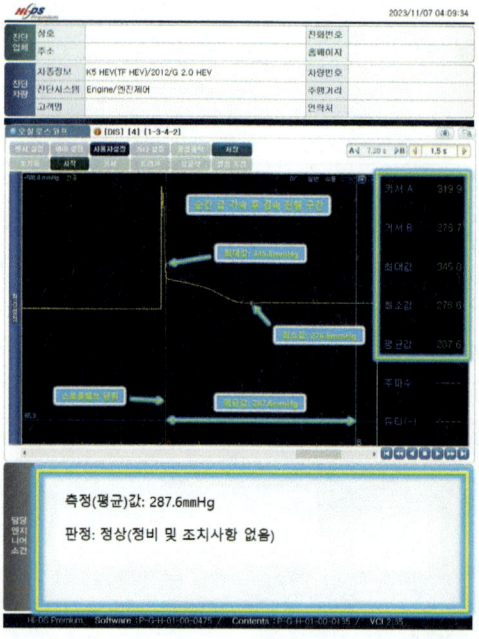

㉒ 답안 작성_순간 엔진 급가속 시 파형 출력 및 분석 내용 답안 작성하기

[참고] 엔진 공회전 상태에서부터 "순간 급가속 후 감속이 진행"되는 전체 화면 중 스로틀밸브 전개(급가속) 종료 지점부터 감속이
　　　 진행되는 임의 부분에 대한 분석이므로 "측정값은 평균값"을 기재한다.

◈ 기관 1. 기록표

　　 기관 번호 :

비 번호		감독확인	

항 목	측정(또는 점검)		판정 및 정비(또는 조치) 사항		득 점
	측 정 값	규정값(정비한계값)	판정(□에 '✔'표)	정비 및 조치할 사항	
흡기매니폴드 진공도	287.6mmHg	240.0~310.0mmHg	☑ 양 호 □ 불 량	정상 또는 정비 및 조치 사항 없음	

04 점검 및 측정_4[흡기매니폴드 진공도]_Hi-DS "멀티미터" 기능 활용

01 멀티미터 기능을 활용한 공회전 유지 상태 측정

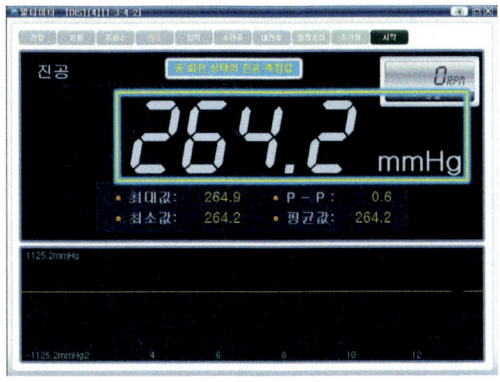

위 그림과 같이 멀티미터 기능에서 "진공"을 선택한 다음 엔진 정상적인 "공회전 유지 상태"에서 측정값을 판독한다. 측정값은 "264.2mmHg" 이다.

02 멀티미터 기능을 활용한 급가속 유지 상태 측정

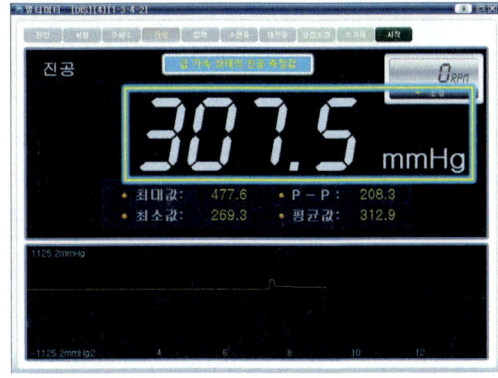

위 그림과 같이 멀티미터 기능에서 "진공"을 선택한 다음 엔진 "급가속 유지 상태"에서 측정값을 판독한다. 측정값은 "307.5mmHg" 이다.

03 답안 작성_엔진 "공회전 유지 상태" 분석 내용 답안 작성하기

◆ 기관 1. 기록표
  기관 번호 :

비 번호		감독확인	

| 항 목 | 측정(또는 점검) | | 판정 및 정비(또는 조치) 사항 | | 득 점 |
	측 정 값	규정값(정비한계값)	판정(□에 '✔' 표)	정비 및 조치할 사항	
흡기매니폴드 진공도	264.2mmHg	220.0~280.0mmHg	☑ 양 호 □ 불 량	정상 또는 정비 및 조치 사항 없음	

04 답안 작성_엔진 "급가속 유지" 상태 분석 내용 답안 작성하기

◆ 기관 1. 기록표
  기관 번호 :

비 번호		감독확인	

| 항 목 | 측정(또는 점검) | | 판정 및 정비(또는 조치) 사항 | | 득 점 |
	측 정 값	규정값(정비한계값)	판정(□에 '✔' 표)	정비 및 조치할 사항	
흡기매니폴드 진공도	307.5mmHg	290.0~320.0mmHg	☑ 양 호 □ 불 량	정상 또는 정비 및 조치 사항 없음	

정비기능장

J

엔 진

2)_1 기록표 요구사항_점화 파형

주어진 엔진에서 감독위원의 지시에 따라 기록표 요구사항을 점검 및 측정하여 기록하시오. [D안 참고]

정비기능장

J 엔진

2)_2 기록표 요구사항_배기가스 측정

주어진 엔진에서 감독위원의 지시에 따라 기록표 요구사항을 점검 및 측정하여 기록하시오. [B안 참고]

정비기능장

J 엔진

3)_1 시동결함_크랭킹은 가능하나 시동되지 않음

주어진 엔진에서 크랭킹은 가능하나 시동되지 않고, 시동된 후에도 부조가 발생합니다. 고장원인을 찾아 수리 후 기록표에 기록하시오. [A안 참고]

정비기능장

J 엔진

3)_2 부조 발생 원인

주어진 자동차에서 크랭킹은 가능하나 시동되지 않고 시동된 후에도 부조가 발생합니다. 고장 부위를 수리하고 기록표를 작성하시오. [A안 참고]

정비기능장

A 섀시

1) 브레이크 마스터 실린더 탈·부착 및 작동상태 확인

주어진 자동차에서 감독위원의 지시에 따라 브레이크 마스터 실린더를 탈거하고 감독위원에서 확인 후, 다시 조립(부착)하여 작동상태를 확인하고 기록표의 요구사항을 점검 및 측정하여 기록하시오. [A안 참고]

01 브레이크 마스터 실린더 탈·부착 및 에어 빼기 작업_A안 참고

정비기능장

J 섀시

1)_1 기록표 요구사항 점검·측정_제동력 시험

기록표 요구사항을 점검 및 측정하여 기록하시오. [A안 참고]

01 제동력 시험_A안 참고

J

2) 전자제어 유압식(전동식) 조향장치 파워(오일)펌프 탈·부착 및 공기빼기 작업 후 작동상태 확인

섀 시

주어진 전자제어 유압식 동력 조향장치(EPS) 및 전동식 동력 조향장치(MDPS) 자동차에서 감독위원의 지시에 따라 파워펌프를 교환(탈·부착)하여 공기빼기 작업을 실시하고, 조향장치 작동상태를 확인하고, 기록표의 요구사항을 점검 및 측정하여 기록하시오. [C안 참고]

01 조향장치 오일펌프 탈·부착 및 에어 빼기 작업 실시 후 작동상태 확인_C안 참고

J

2)_1 기록표 요구사항 점검·측정_MDPS 모터 전압, 전류 파형

섀 시

기록표 요구사항을 점검 및 측정하여 기록하시오.

01 MDPS 모터 전압, 전류 파형

01 차종 선택 후 오실로스코프 선택

위 그림과 같이 "차종 선택"을 한 다음 화살표가 가리키는 "오실로스코프"를 선택한다.

02 영점조정

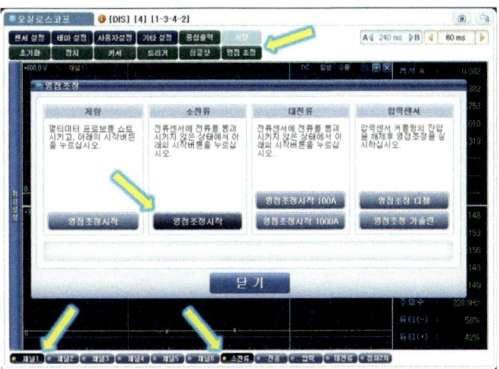

위 그림과 같이 하단에 있는 "채널 1"과 "소 전류"를 선택한 다음 "영점조정"을 클릭한다.

03 영점조정 완료

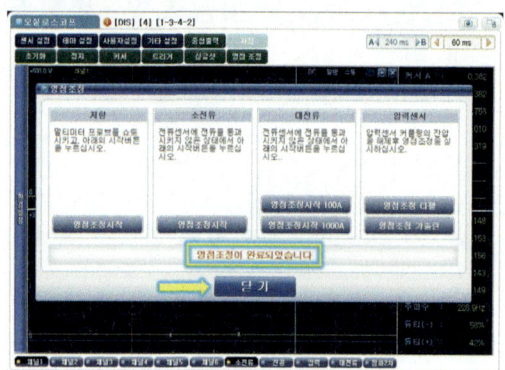

위 그림과 같이 "영점조정이 완료되었습니다."라는 문구가 나타나면 "닫기"를 클릭한다.

04 부품 명칭

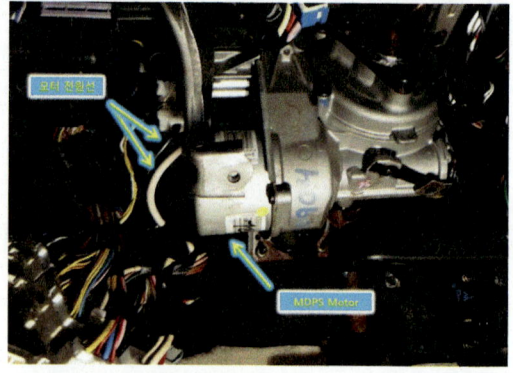

위 그림은 차량에 설치되어 있는 MDPS 정면 모습으로 모터 전원선, MDPS Motor이다.

05 채널 1번 전원 프로브와 소 전류계 설치

위 그림과 같이 "채널 1번" 전원 프로브와 "소 전류계"를 "모터 전원선"에 설치한다. 접지 프로브는 차체에 "접지"한다.

06 정지 시 전압 전류 파형

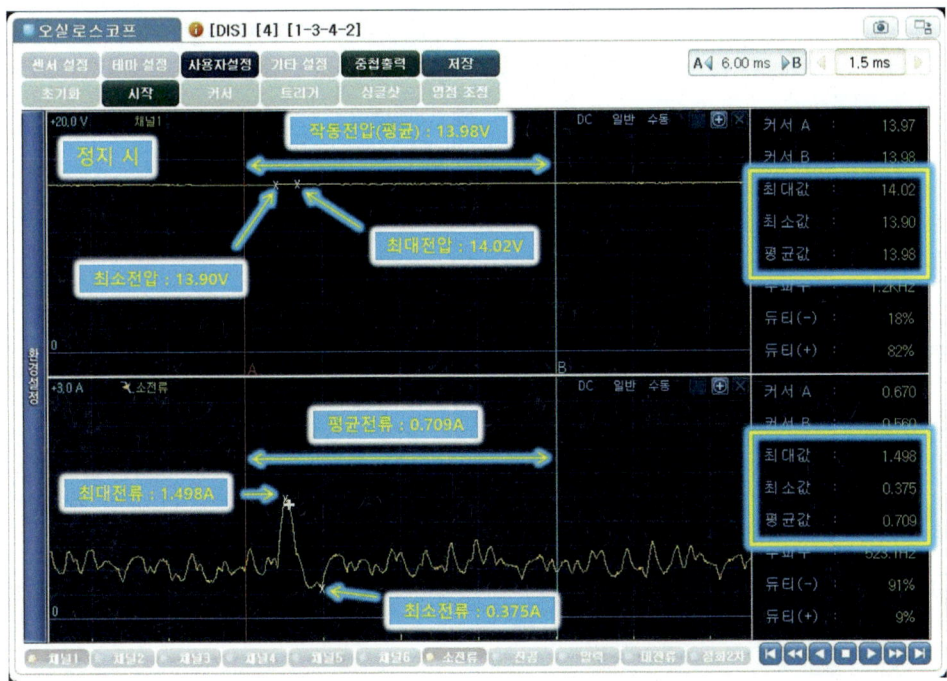

위 그림은 차량 정지 시 "Key ON" 또는 엔진 시동 "ON" 상태의 전체 출력 파형이며 "커서 A"를 파형이 시작되는 임의 지점에 위치하고 "커서 B"는 파형이 진행되는 임의 부분에 위치시킨 다음 최소전압 13.90V, 최대전압 14.02V, 평균(작동)전압 13.98V, 최대전류 1.498A, 최소전류 0.375A, 평균 전류 0.709A로 표기한 화면이다.

07 출력 파형 출력물_파형 출력 및 분석내용표기

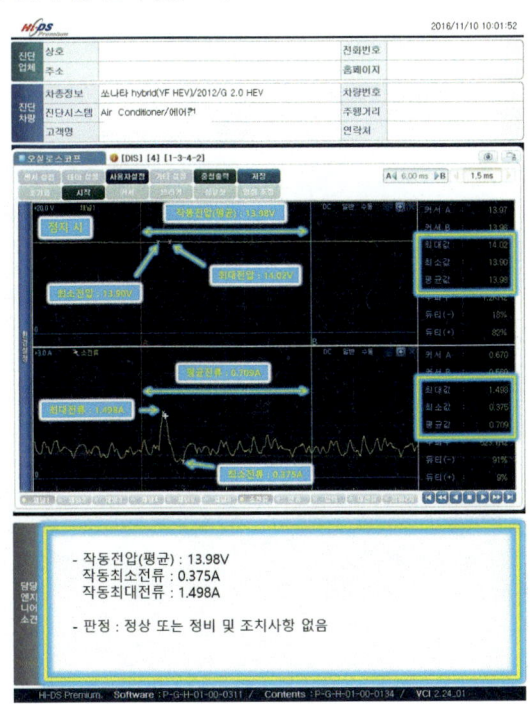

08 답안 작성_분석내용 표기 및 답안 작성하기

[참고] 차량 정지 시 "Key ON" 또는 엔진 시동 "ON" 상태의 전체 출력 파형에 대한 분석이므로 "작동전압은 평균전압"을 기재한다.

◆ 섀시 2. 기록표

1) 파형   자동차 번호 :

항 목	파형 분석 및 판정			득 점
	분석 항목	분석 내용	판정(□에 '✔' 표)	
MDPS 모터 전류 파형 (정지 시 측정)	작동전압: 13.98V	분석 내용은 출력물에 표시하시오.	☑ 양 호 □ 불 량	
	작동 최소전류: 0.375A			
	작동 최대전류: 1.498A			

비 번호 / 감독확인

정비기능장

J   섀 시

2)_2 기록표 요구사항 점검 · 측정_오일(파워)펌프 배출 압력 및 ESP 유량제어 솔레노이드밸브 저항

기록표 요구사항을 점검 및 측정하여 기록하시오.

---

01   오일(파워 스티어링 펌프)펌프 배출 압력_P/S 펌프 최고압력_C안 참고

02   EPS(Electric Power Steering) 유량제어 솔레노이드밸브 저항

01 관련 부품 명칭

위 그림은 EPS(Electric Power Steering) 동력실린더 어셈블리이며 부트, 커넥터, 유량제어 솔레노이드밸브이다.

02 측정기 선택 레버 위치

위 그림과 같이 디지털 멀티미터 선택 레버를 "저항" 위치로 선택한다.

③ 측정값 판독

위 그림과 같이 멀티미터 리드 봉을 솔레노이드밸브 "커넥
터 두 단자"에 연결한 다음 측정값을 판독한다. 측정값은
"6.2Ω"이다.

④ 답안 작성_측정 조건에 따라 분석 내용 및 답안 작성하기

■ **점검 및 측정**

항 목	측정(또는 점검)		판정 및 정비(또는 조치) 사항		득 점
	측정값	규정값(정비한계값)	판정(□에 '✔' 표)	정비 및 조치 사항	
오일 펌프 배출 압력			□ 양 호 □ 불 량	정상(정비 및 조치 사항 없음)	
유량제어 솔레노이드 저항	6.2Ω	5.0~8.0Ω	☑ 양 호 □ 불 량	정상(정비 및 조치 사항 없음)	

J
안

1) 시동모터 탈·부착 및 작동상태 확인, 점검 및 측정

감독위원의 지시에 따라 자동차에서 시동모터를 탈거하고 감독위원에서 확인 후, 다시 조립(부착)하여 작동상태를 확인하고, 기록표의 요구사항을 점검 및 측정하고 기록표에 기록하시오.

---

01 시동모터 탈·부착

---

01 배터리 접지

위 그림과 같이 배터리(−) 포스트에서 "터미널 고정 볼트(10㎜)"를 푼 다음 탈거한다.

02 흡기매니폴드 브래킷

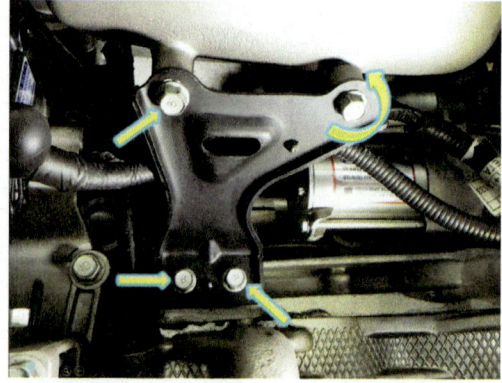

위 그림과 같이 흡기매니폴드 "브래킷 고정 볼트(12㎜) 4개"를 푼 다음 탈거한다.

03 부품 명칭

위 그림은 시동모터 측면이며 "ST 단자" 커넥터, "B 단자" 커버 부트이다.

04 ST 단자

위 그림과 같이 마그네틱 스위치에서 "ST 단자 커넥터"를 탈거한다.

05 B 단자

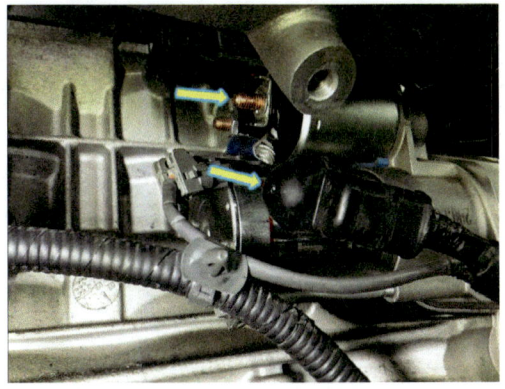

위 그림과 같이 마그네틱 스위치에 위치한 "B 단자 커버" 부트를 제거하고 "고정너트(12㎜)"를 푼다.

06 시동모터 고정 볼트

위 그림과 같이 "시동모터 고정 볼트(14㎜) 2개"를 푼다.

07 시동모터 탈거

위 그림과 같이 "시동모터"를 탈거한다.

08 시동모터 장착

위 그림과 같이 "시동모터"를 토크 컨버터 하우징에 장착하고 "고정 볼트"를 규정 토크로 조인다.

09 B 단자 장착

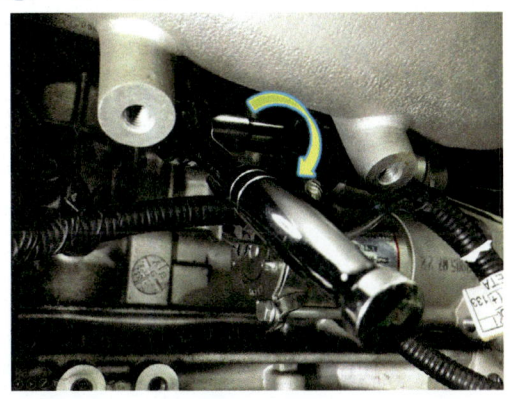

위 그림과 같이 "B 단자"를 설치하고 "고정너트"를 규정 토크로 조인다.

10 ST 단자 장착

위 그림과 같이 ST 단자 커넥터를 "ST 단자"에 장착한다.

J
안

⑪ 흡기매니폴드 브래킷 조립

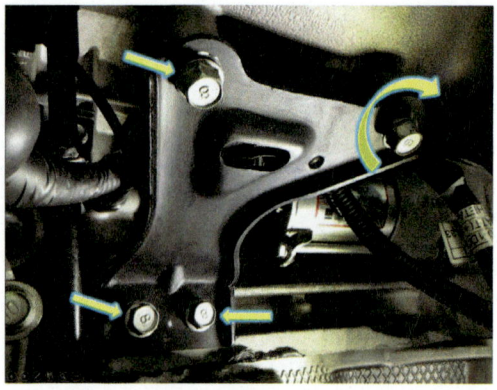

위 그림과 같이 "흡기매니폴드 브래킷"을 설치한 다음 "고정 볼트"를 규정 토크로 조인다.

⑫ 배터리 접지선 장착

위 그림과 같이 배터리(–) 포스트에 "터미널"을 장착한 다음 "고정 볼트"를 규정 토크로 조인다.

02 배터리 부하시험

① 부속 부품 명칭

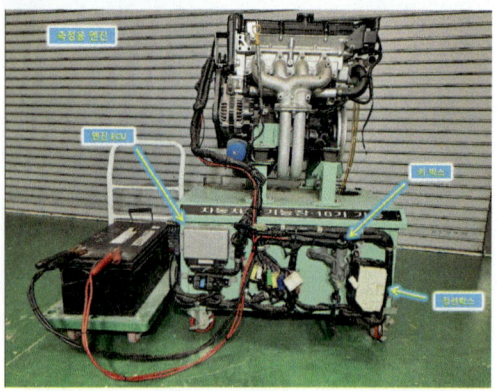

위 그림은 측정용 엔진이며 정션박스, 키 박스, 엔진 ECU이다.

② 측정 부위 명칭

위 그림은 측정용 엔진의 좌측면이며 시동모터 마그네틱 스위치, B 단자, M 단자, ST 단자이다.

03 점화코일 커넥터

위 그림과 같이 "엔진 크랭킹 시" 스파크 플러그에서 점화가 일어나지 않도록 "점화코일 커넥터"를 탈거한다.

04 CKP 커넥터

위 그림과 같이 "엔진 크랭킹 시" 스파크 플러그에서 점화가 일어나지 않도록 "CKP 커넥터"를 탈거하여도 된다.

05 이그니션 30A 및 ECU 20A 퓨즈블 링크

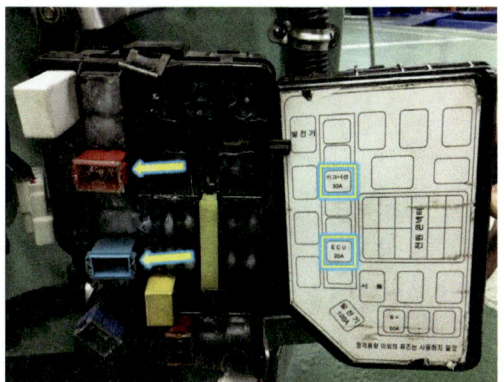

위 그림과 같이 "엔진 크랭킹 시" 점화 및 연료분사가 되지 않도록 "이그니션" 또는 "ECU 보조 퓨즈블링크"를 탈거하여 시동이 걸리지 않도록 한다.

06 클램프 형 전류계

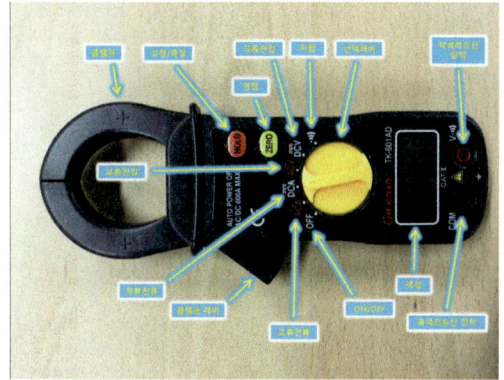

위 그림은 클램프 형 디지털 멀티미터이며 클램프, 고정/측정, 영점, 직류전압, 저항, 적색 리드선 장착구, 흑색 리드선 장착구, 액정, 선택 레버, ON/OFF, 교류전류, 클램프 레버, 직류전류, 교류전압이다.

07 선택 레버

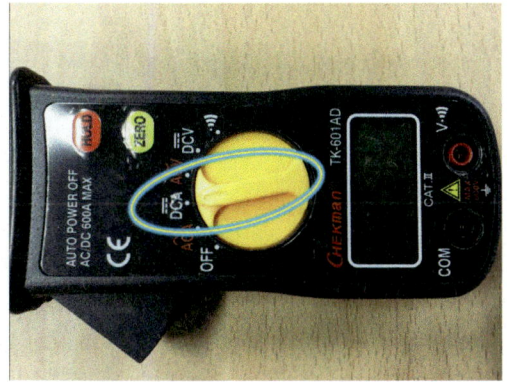

위 그림과 같이 전류계의 선택 레버를 "DC A"에 위치한다.

08 ZERO 버튼

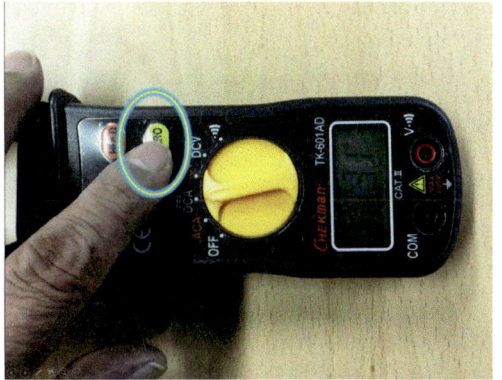

위 그림과 같이 "제로 버튼"을 눌러 DC A "0점" 조정을 실시한다.

J
안

09 "0점" 조정 완료

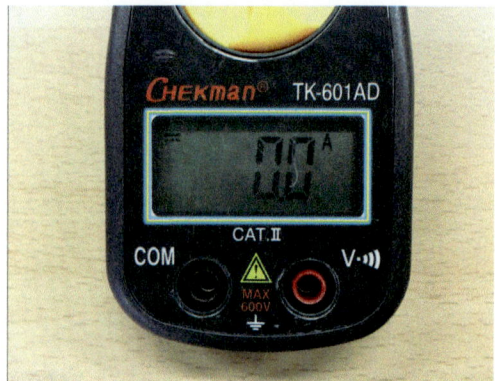

위 그림은 DC A "0점" 조정이 완료된 모습이다.

10 전류계 설치 방법_1

위 그림과 같이 "전류계"를 기동전동기 마그네틱 스위치 "B 단자"와 연결된 배터리 "(+)케이블"에 설치한다.

11 전류계 설치 방법_2

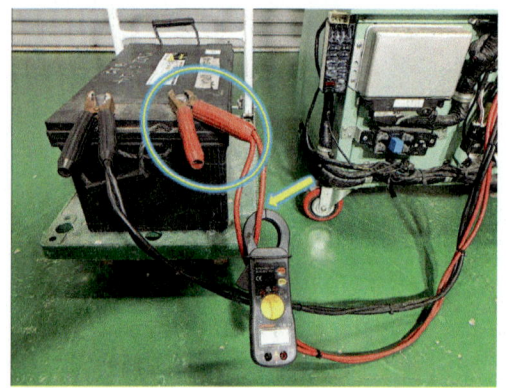

위 그림과 같이 "전류계"를 "배터리(+)"와 기동전동기 마그 네틱 스위치 "B 단자"와 연결된 "케이블"에 설치한다.

12 디지털 멀티미터

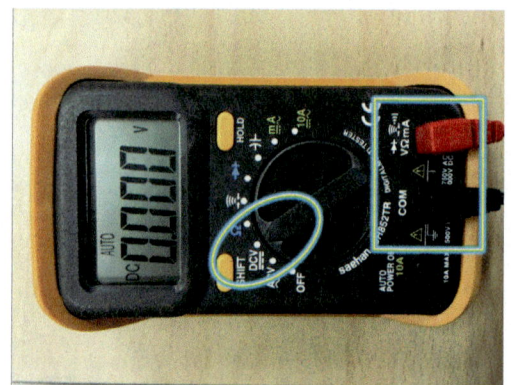

위 그림과 같이 디지털 멀티미터 선택 레버를 "DC V"에 위치하고 "COM"에 흑색 리드선을 "V, Ω, mA" 구에 적색 리드선을 장착한다.

13 디지털 멀티미터 설치

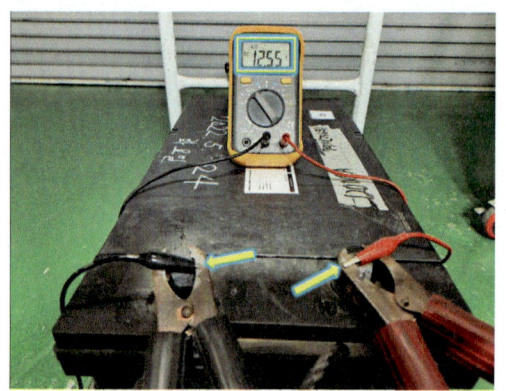

위 그림과 같이 흑색 리드선을 "배터리 (−)", 적색 리드선은 "배터리(+)"에 연결한다. [참고: 현재 배터리 전압 나타나며 전 압은 "12.25V"이다.]

14 전류계와 디지털 멀티미터 설치 완료

위 그림은 "전류계"와 "전압계"의 설치를 완료한 모습이 다.

⑮ 엔진 크랭킹

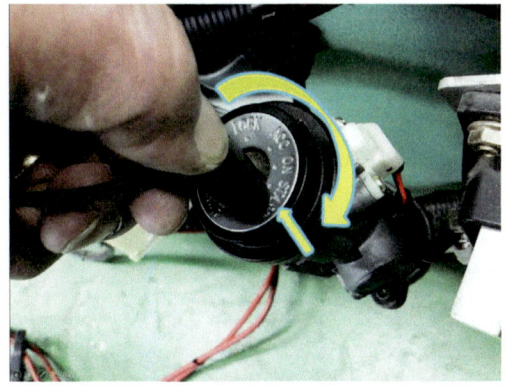

위 그림과 같이 엔진 시동 Key를 "스타팅(ST)" 방향으로 "5~15초" 동안 돌려 "크랭킹"을 실시한다.

⑯ 측정값 고정

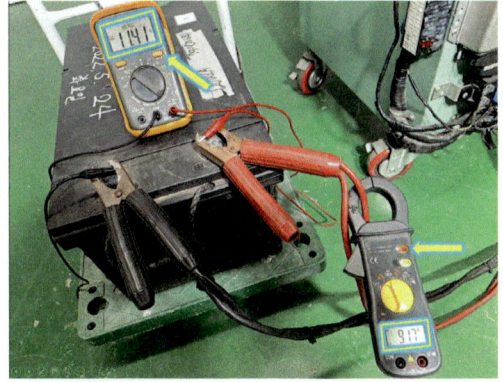

위 그림과 같이 "일정한 수치"가 지속될 때 멀티미터 "HOLD" 버튼을 눌러 "전압과 전류값"을 고정한다.

⑰ 전압값 판독

위 그림은 디지털 멀티미터의 "전압" 측정값이며 "11.41V" 이다.

⑱ 전류값 판독

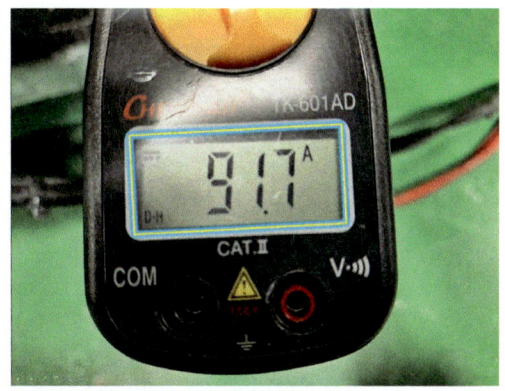

위 그림은 클램프 형디지털 멀티미터의 "전류" 측정값이 며 "91.7A"이다.

⑲ 답안 작성_측정값 분석 및 답안 작성하기

[참고] 배터리와 시동모터 간 전압강하 양은 배터리 "전압-크랭킹 시 전압"이므로 12.25-11.41=0.84V이다.

◈ 전기 1. 기록표
자동차 번호 :

항 목	측정(또는 점검)		판정 및 정비(또는 조치) 사항		득 점
	측정값		배터리 내부저항	정비 및 조치할 사항	
부하시험 배터리	크랭킹 시 방전 전류량 91.7A	배터리와 시동모터 간 전압강하 양 0.84V	☑ 양 호 ☐ 불 량	정상(정비 및 조치 사항 없음)	

비 번호 / 감독확인 (표 상단)

20 선간전압

위 그림과 같이 멀티미터 적색 리드선은 "배터리(+)" 터미널에 설치하고 흑색 리드선은 기동전동기 마그네틱 스위치 "B 단자"에 장착한다.

21 설치 시 측정값

위 그림은 같이 멀티미터 설치 시 "전압" 측정값은 "0.000V"이다.

22 엔진 크랭킹

위 그림과 같이 엔진 시동 Key를 "스타팅(ST)" 방향으로 "5~15초" 동안 돌려 "크랭킹"을 실시한다.

23 작동 시 측정값

위 그림과 같이 "일정한 수치"가 지속될 때 멀티미터 "HOLD" 버튼을 눌러 "전압값"을 고정한다.

24 전압값 판독

위 그림과 같이 엔진 크랭킹 시 "전압" 측정값은 "0.697V"이다.

25 답안 작성_측정값 분석 및 답안 작성하기

[참고] 크랭킹 시 방전 전류량은 "91.7A", 배터리와 시동모터 간 전압강하 양["배터리(+)"와 기동전동기 마그네틱 스위치 "B 단자" 사이]은 "0.697"V이다.

◈ 전기 1. 기록표

자동차 번호 :

비 번호		감독확인	

항 목	측정(또는 점검)		판정 및 정비(또는 조치) 사항		득 점
	측정값		배터리 내부저항	정비 및 조치할 사항	
부하시험 배터리	크랭킹 시 방전 전류량 91.7A	배터리와 시동모터 간 전압강하 양 0.697V	☑ 양 호 ☐ 불 량	정상(정비 및 조치 사항 없음)	

정비기능장

J 전 기

2) 회로 점검 및 기록표 작성

주어진 자동차에서 정비 지침서의 회로도를 이용하여 기록표에서 요구하는 회로를 점검하고, 이상 내용을 기록표에 기록한 후 정비하시오.

01 파워 윈도우 회로 점검

01 구성부품

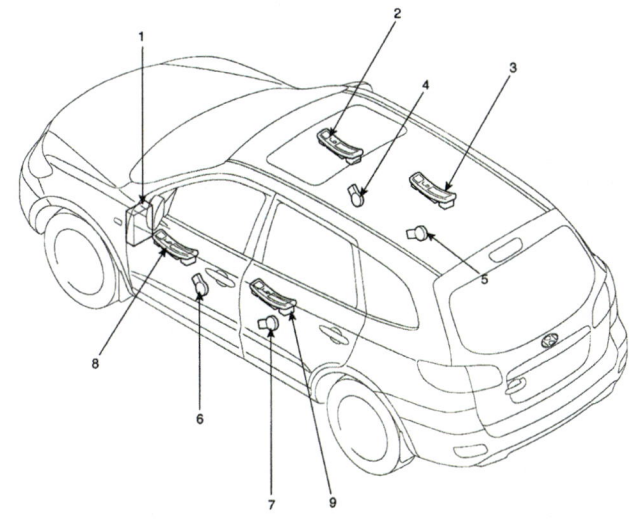

1. 실내 정션박스
2. 동승석 윈도우 스위치
3. 리어 윈도우 스위치
4. 프런트 윈도우 모터
5. 리어 윈도우 모터
6. 프런트 윈도우 모터
7. 리어 윈도우 모터
8. 운전석 파워 윈도우 메인스위치
9. 리어 윈도우 스위치

02 전원 배분도(1)_ALT 퓨즈블링크 150A, 파워 윈도우 퓨즈블링크 40A

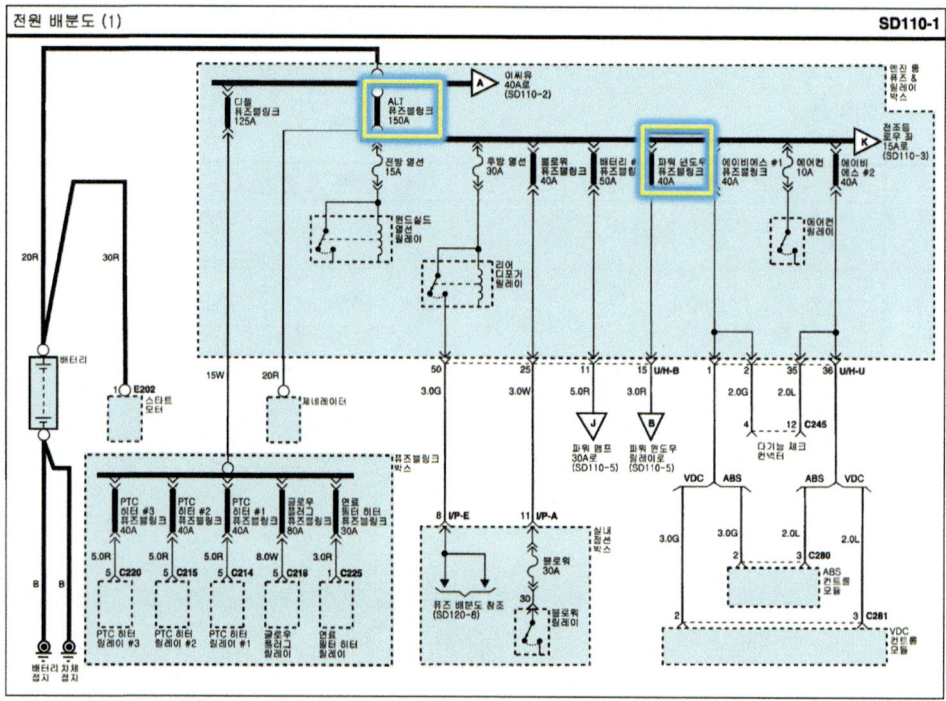

03 전원 배분도(5)_실내 정션박스, 파워 윈도우 릴레이

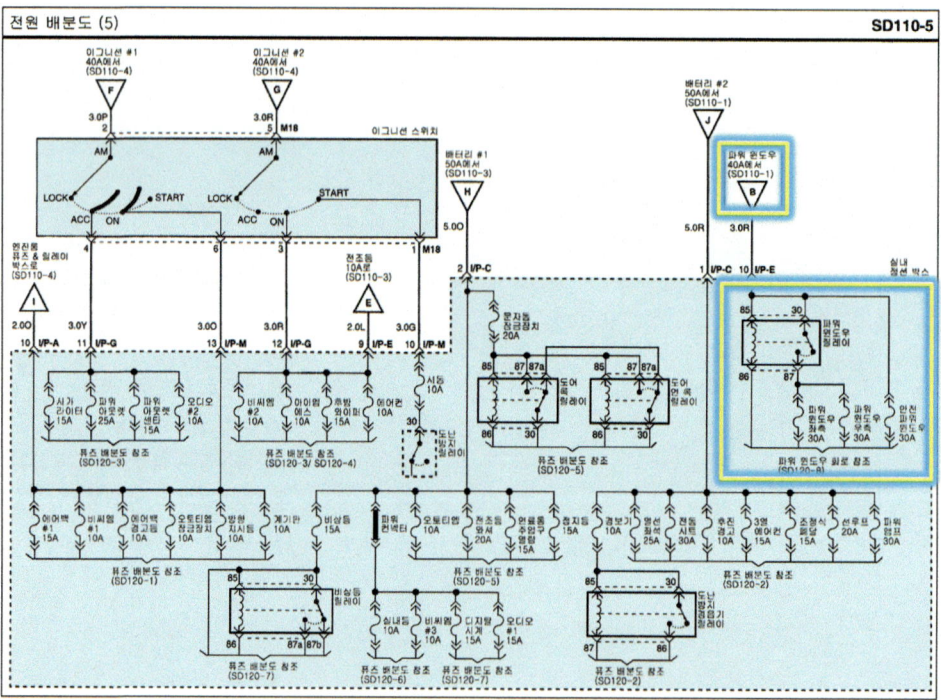

04 전원 배분도(8)_실내 정선박스, 파워 윈도우 릴레이, 퓨즈, 스위치

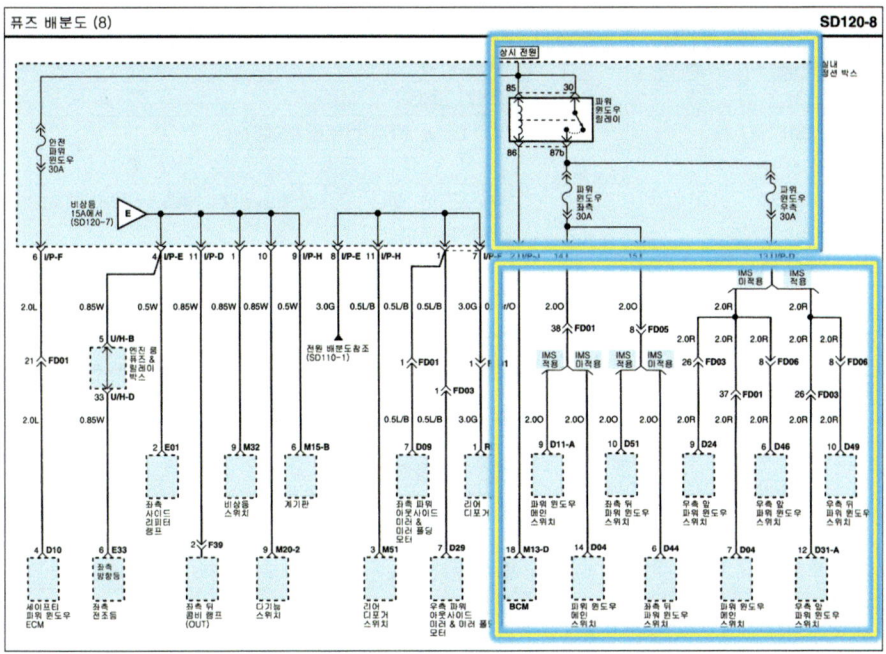

05 퓨즈 및 릴레이 1_퓨즈블링크, 퓨즈 연결 회로

구분		표기	용량(A)	연결 회로
퓨즈블링크		ALT	150A	퓨즈블링크(전방 열선, 후방열선, 블로워, 에어컨, 배터리#2, 에이비에스#1, #2, 파워윈도우, 전조등 로우 좌, 전조등 로우 우, 전방 안개등
		디젤	125A	퓨즈블링크 박스(PCT 히터#1, #2, #3, 연료 필터, 글로우 플러그)
		배터리 #1	50A	퓨즈(문자 통 잠금장치, 정지등, 연료통 주입구 열림, 오토티엠, 전조등 와셔, 비상등, 파워 커넥터)
		배터리 #2	40A	퓨즈(파워 앰프, 열선 좌석, 전동 시트, 조정식 페달, 3열 에어컨, 후진 경고, 선루프, 경보기, 도난 방지 경음기 릴레이)
		이씨유 메인	40A	엔진 컨트롤 릴레이
		콘덴서 팬	30A	콘덴서 팬#1 릴레이
		이그니션 #1	40A	이그니션 스위치
		이그니션 #2	40A	이그니션 스위치, 퓨즈(시동)
		블로워	40A	퓨즈(블로워)
		파워 윈도우	40A	퓨즈(파워 윈도우 릴레이, 안전 파워 윈도우)
		라디에이터 팬	40A	라디에이터 팬 릴레이
		에이비에스#1	40A	다기능 체크 커넥터, ABS 컨트롤 모듈, VDC 컨트롤 모듈
		에이비에스#1	40A	다기능 체크 커넥터, ABS 컨트롤 모듈, VDC 컨트롤 모듈
퓨즈	1	전방 열선	15A	윈드 실드 열선 릴레이
	2	후방열선	30A	리어 디포거 릴레이
	3	–	–	–
	4	전조등 로우 우	15A	우측 전조등 로우 릴레이
	5	경음기	15A	경음기 릴레이

구분		표기	용량(A)	연결 회로
퓨즈	6	전조등 로우 좌	15A	좌측 전조등 로우 릴레이
	7	전조등 하이 표시등	10A	계기판
	8	알터네이터 디젤	10A	제너레이터
	9	에어컨	10A	에어컨 릴레이
	10	오토티엠	20A	4WD ECM, ATM 컨트롤 릴레이
	11	–	–	–
	12	미등 우	10A	우측 포지션 램프, 글로브 박스 램프, 우측 뒤 콤비 램프(OUT), 조명등
	13	전방 안개등	10A	앞 안개등 릴레이
	14	센서 #3	15A	ECM
	15	미등 좌	10A	좌측 포지션 램프, 좌측 뒤 콤비 램프(OUT)
	16	연료펌프	15A	연료펌프 릴레이
	17	전방 와이퍼	25A	다기능 스위치, 레인 센서 릴레이, 프런트 와이퍼 릴레이, 프런트 와이퍼 모터
	18	티씨유	15A	TCM
	19	에이비에스	10A	ABS 컨트롤 모듈, G–YAW 센서, VDC 컨트롤 모듈, 4WD ECM, 연료 필터 히터 릴레이, 연료 필터 수분 경고 센서, 다기능 체크 커넥터
	20	냉각팬	10A	–
	21	후진등	10A	입력/출력 속도 센서, 인히비터 스위치, TCM, 후진등 스위치
	22	전조등	10A	퓨즈(전방 와이퍼)
	23	이씨유	10A	차속 센서, ECM, 에어 플로우 센서
	24	전조등 하이	20A	전조등 하이 릴레이
	25	센서#1	10A	연료펌프 릴레이, 정지등 스위치, 이모빌라이저, 에어컨 릴레이, 콘덴서 팬#1, #2 릴레이, 라디에이터 팬 릴레이
	26	센서#2	15A	EGR 액추에이터, 솔레노이드 밸브, 스로틀 플랫 액추에이터, 캠 포지션 센서, PTC 히터 릴레이#1
	27	점화코일	20A	ECM
	28	SPARE	10A	–
	29	SPARE	15A	–
	30	SPARE	20A	–
	31	SPARE	25A	–
	32	SPARE	30A	–

06 퓨즈 및 릴레이 2_퓨즈블링크, 퓨즈 연결 회로

표기	용량(A)	연결 회로
시동	10A	도난 방지 릴레이
파워 윈도우 좌측	30A	파워 윈도우 메인 스위치, 좌측 뒤 파워 윈도우 스위치
파워 윈도우 우측	30A	파워 윈도우 메인 스위치, 우측 앞/뒤 파워 윈도우 스위치
선루프	20A	선루프 모터
전동 시트	30A	IMS 컨트롤 모듈
안전 파워 윈도우	30A	세이프티 파워 윈도우 ECM
열선 미러	10A	리어 디포거 스위치, 좌/우측 파워 아웃사이드 미러 & 미러 폴딩 모터
에어백 #1	15A	에어백 컨트롤 모듈#1
실내등	10A	핸즈프리 모듈, 계기판, 좌측 앞 도어 램프, 카고 램프, 리어 퍼스널 램프 LH/고, 맵램프, 실내등, 운전석/조수석 화장 등 스위치

표기	용량(A)	연결 회로
에어컨	10A	에어컨 컨트롤 모듈, 블로워 하이 릴레이, AQS센서, 실내 온도 & 습도센서, 리어 에어컨 스위치, 선루프 모터, 리어 에어컨 릴레이, PTC 히터 릴레이#2,#3, 실내 감광 미러, 전조등 와셔 릴레이, 블로워 릴레이
열선 좌석	25A	운전석 · 조수석 시트 히터 컨트롤 모듈
파워 앰프	30A	DELPHI 앰프, 오디오 앰프
파워 아웃렛 센터	15A	리어 파워 아웃렛 #2
파워 아웃렛	25A	프런트 파워 아웃렛, 리어 파워 아웃렛#1
시가라이터	15A	프런트 파워 아웃렛
문자동 잠금장치	20A	도어 록/언록 릴레이, BCM, 좌측 앞/뒤 도어 록, 액추에이터, 우측 앞/뒤 도어 록 액추에이터, 테일게이트 록 액추에이터
에어백 경고등	10A	계기판
오토티엠 잠금장치	10A	ATM 키 록 모듈, VDC 스위치, 운전석/조수석 시트 히터 컨트롤 모듈
방향지시등	10A	비상등 스위치
조정식 페달	15A	어드저스트 페달 릴레이
비상등	15A	비상등 릴레이, 비상등 스위치
후방 와이퍼	15A	리어 간헐 와이퍼 모듈, 다기능 스위치
에어컨 스위치	10A	에어컨 컨트롤 모듈
계기판	10A	핸즈프리 모듈, MTS 잭, 계기판, BCM, 제너레이터
비씨엠 #1	10A	BCM
연료통 주입구 열림	15A	연료 주입구 스위치
경보기	10A	도난 방지 경음기 릴레이, BCM, 도난 방지 경음기
3열 에어컨	15A	리어 에어컨 릴레이
후진 경고	10A	후진 경고 부저
아이엠에스	10A	IMS 컨트롤 모듈, 레인 센서
오디오 #2	10A	파워 윈도우 메인 스위치, DELPHI 오디오, 오디오, 파워 아웃사이드 미러 & 미러 폴딩 모터, BCM, MTS 모듈, ATM 키 록 모듈, A/V 헤드 모듈, 시계, 핸즈프리 모듈, 튜너 모듈
블로워	30A	블로워 릴레이, 에어컨 스위치 10A, 블로워 모터
정지등	15A	정지등 스위치
전조등 와셔	20A	전조등 와셔 릴레이
비씨엠 #3	10A	도어 워닝 스위치, IMS 컨트롤 모듈, 파워 아웃사이드 미러 & 미러 폴딩 모터, 세큐리티 인디게이터, BCM, 파워 윈도우 메인 스위치, 우측 앞 파워 윈도우 스위치
디지털시계	15A	시계, 자기 진단 점검 단자, 에어컨 컨트롤 모듈
오디오 #1	15A	DELPHI 오디오, 오디오, MRS 모듈, A/V 헤드 모듈, 튜너 모듈, 내비게이션 모듈
오토티엠	10A	키 솔레노이드, 스포츠 모드 스위치
비씨엠#2	10A	레오스테트, BCM, EPS 모듈

J
안

07 파워 윈도우 회로(3)_체크포인트

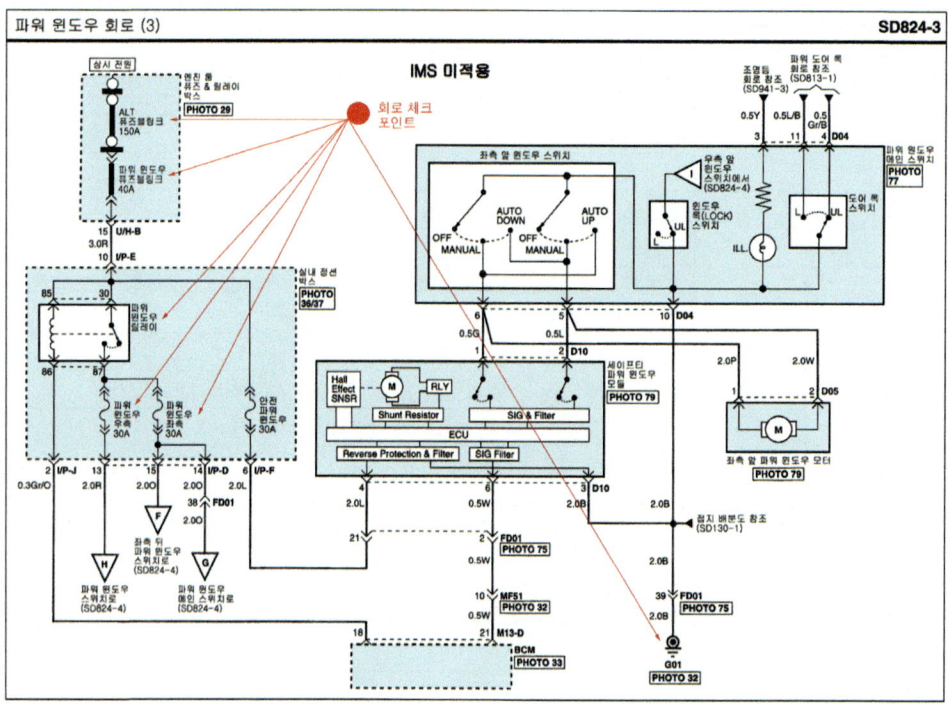

08 파워 윈도우 회로(4)_체크포인트

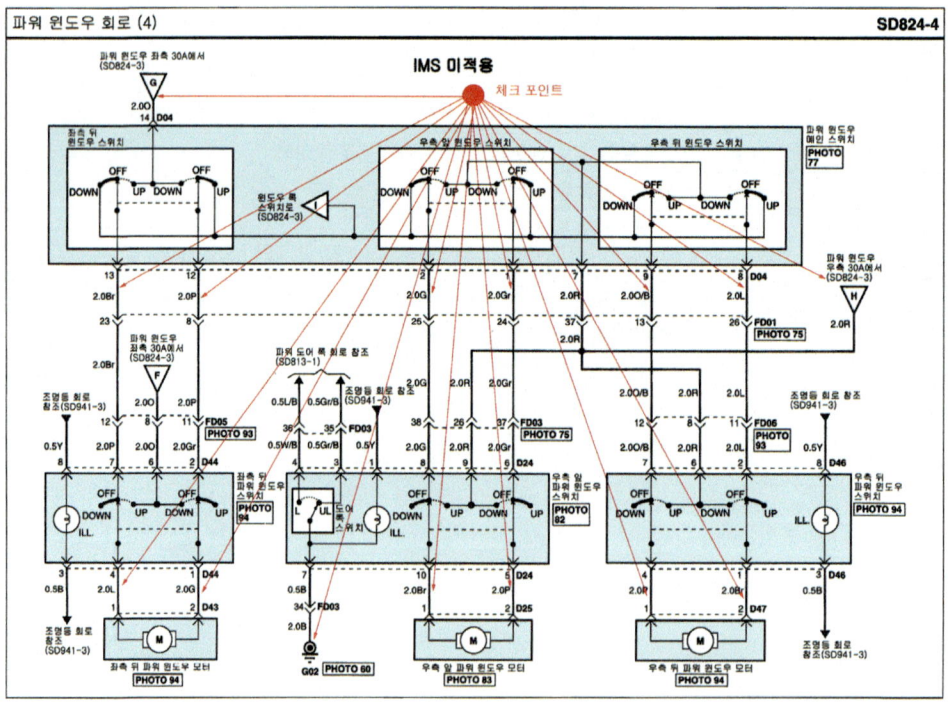

⑨ 우측 앞 파워 윈도우 스위치 및 모터

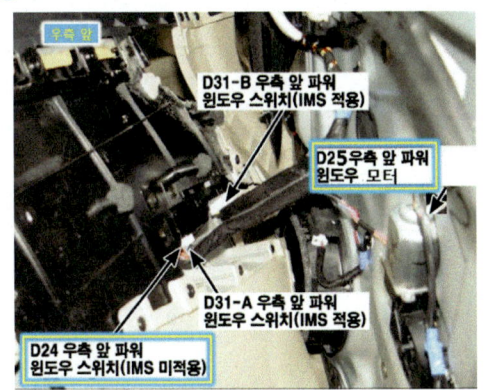

⑩ 우측 뒤 파워 윈도우 스위치 및 모터

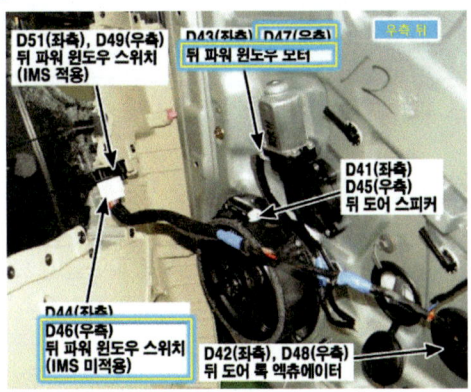

⑪ 좌측 앞 파워 윈도우 메인 스위치 및 모터

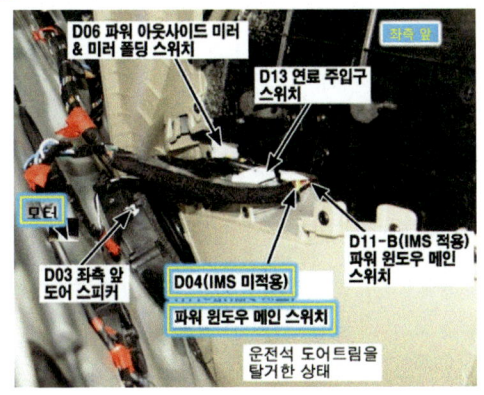

⑫ 좌측 뒤 파워 윈도우 스위치 및 모터

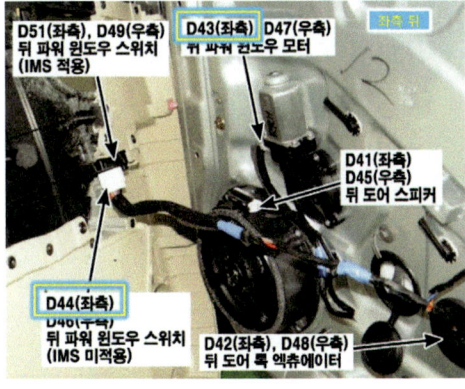

⑬ 파워 윈도우 메인 스위치 커넥터

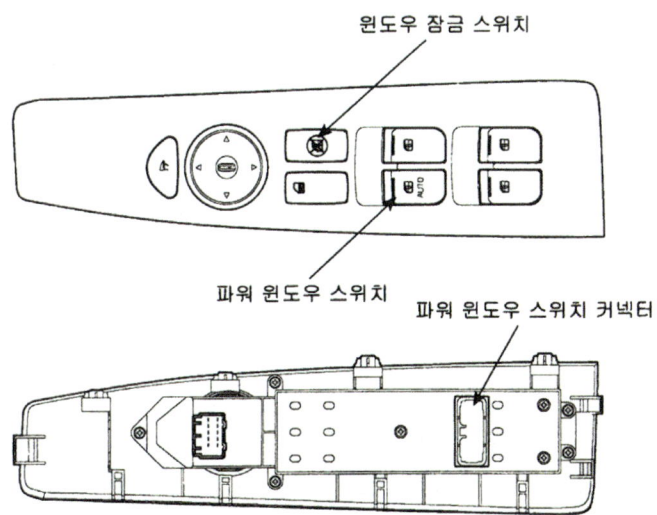

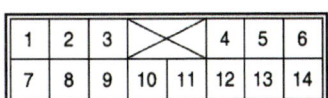

윈도우 잠금 스위치

파워 윈도우 스위치

파워 윈도우 스위치 커넥터

1	2	3			4	5	6
7	8	9	10	11	12	13	14

14 조수석 측 파워 윈도우 스위치 점검 및 조치 사항

[일반 사양]

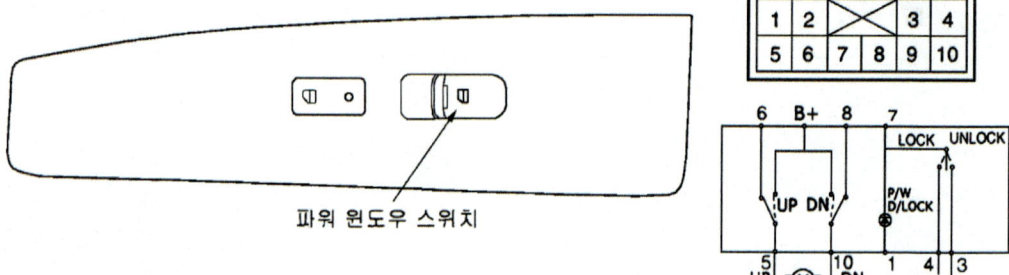

파워 윈도우 스위치

■ 동승석 파워 윈도우 스위치 점검

1. 배터리 (−)단자를 분리한다.
2. 프런트 도어 트림을 분리하고 파워 윈도우 스위치 모듈을 분리한다.

3. 스위치 단자 사이의 통전을 점검한다. 통전이 일치하지 않으면 스위치를 교환한다.

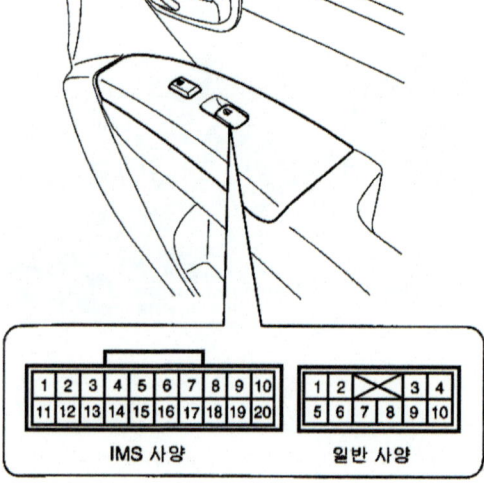

IMS 사양   일반 사양

( ) : 일반사양

단자 위치	18(3)	19(4)	접지
록		○—————	————○
언록	○—————		————○

15 프런트 파워 윈도우 모터 점검 방법 및 조치 사항

1. 프런트 도어 트림을 분리한다.
2. 와이어링 하니스에서 모터 커넥터를 분리한다.

3. 모터 단자에 배터리를 바로 연결하여 모터가 부드럽게 작동하는지 점검한다. 그런 다음 극성을 바꾸어 모터가 반대 방향으로 부드럽게 작동하는지를 점검한다. 작동이 비정상이라면 모터를 교환한다.

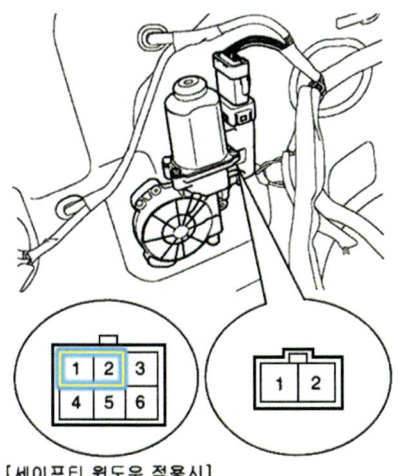

[세이프티 윈도우 적용시]

위치		단자	1	2
좌측	UP	시계방향	⊖	⊕
	DOWN	반시계방향	⊕	⊖
우측	DOWN	시계방향	⊕	⊖
	UP	반시계방향	⊖	⊕

위치		단자	1	2
운전석	UP	시계방향	⊖	⊕
	DOWN	반시계방향	⊕	⊖

16 리어 파워 윈도우 모터 점검 방법 및 조치 사항

1. 리어 도어 트림을 분리한다.
2. 와이어링 하니스에서 모터 커넥터를 분리한다.

3. 모터 단자에 배터리를 바로 연결하여 모터가 부드럽게 작동하는지 점검한다. 그런 다음 극성을 바꾸어 모터가 반대 방향으로 부드럽게 작동하는지를 점검한다. 작동이 비정상이라면 모터를 교환한다.

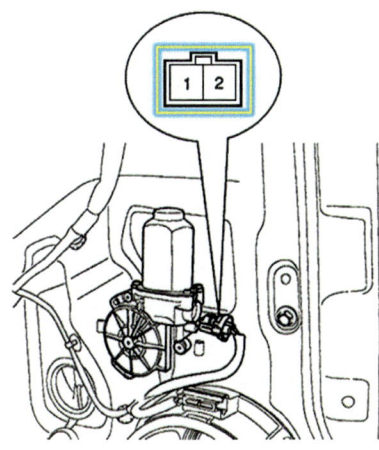

위치		단자	1	2
좌측	UP	시계방향	⊖	⊕
	DOWN	반시계방향	⊕	⊖
우측	DOWN	시계방향	⊕	⊖
	UP	반시계방향	⊖	⊕

J
안

17 회로 고장 부분과 내용 및 상태 참고 자료

고장 부분	내용 및 상태	정비 및 조치할 사항
파워 윈도우 퓨즈블링크 40A 퓨즈	단선	파워 윈도우 퓨즈블링크 40A 교환 후 재점검
파워 윈도우 우측 30A 퓨즈	단선	파워 윈도우 우측 30A 퓨즈 교환 후 재점검
파워 윈도우 좌측 30A 퓨즈	단선	파워 윈도우 좌측 30A 퓨즈 교환 후 재점검
안전 파워 윈도우 30A 퓨즈	단선	안전 파워 윈도우 30A 퓨즈 교환 후 재점검
메인 스위치 커넥터	탈거	메인 스위치 커넥터 결합 후 재점검
서브 스위치 커넥터(앞 우측, 뒤 좌측, 뒤 우측)	탈거	서브 스위치 커넥터(앞 우측, 뒤 좌측, 뒤 우측) 결합 후 재점검
모터 커넥터(앞 좌측, 앞 우측, 뒤 좌측, 뒤 우측)	탈거	모터 커넥터(앞 좌측, 앞 우측, 뒤 좌측, 뒤 우측) 결합 후 재점검

02 미등 회로 점검_D안 참고

03 와이퍼 회로 점검_A안 참고

18 답안 작성_분석 내용 답안 작성하기

[참고] 위에서 설명한 파워 윈도우, 미등(D안), 와이퍼 회로(A안) 점검 방법을 참고하여 고장 부분, 내용 및 상태, 정비 및 조치 사항을 기재한다.

◈ 전기 2. 기록표
자동차 번호 :

항 목	점검(또는 측정)		정비 및 조치 사항	득 점
	고장 부분	내용 및 상태		
비 번호		감독확인		
파워 윈도우 회로	엔진 룸 정션박스 내 파워 윈도우 퓨즈블링크 40A	단선	정격용량(40A) 퓨즈블링크 장착(교환) 후 재점검	
미등 회로				
와이퍼 회로				

정비기능장

J

3) 파형 측정

전 기

주어진 자동차에서 시험위원 지시에 따라 기록표의 요구사항을 점검 및 측정하여 기록하시오.

01 CAN 통신 파형_A안 참고

01 관련 부품 명칭

위 그림은 앞 범퍼 전면이며로 AQS(유해가스 감지 센서), 혼, 에어컨 콘덴서, 앞 범퍼이다.

02 AQS

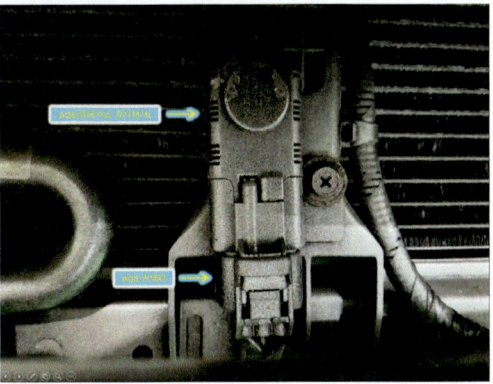

위 그림은 AQS(유해가스 감지 센서)와 커넥터 위치이다.

03 AQS 스위치 작동

위 그림과 같이 AQS 스위치 버튼 "ON" 또는 에어컨이나 히터를 "ON"한 다음 AQS 스위치 버튼을 "ON" 하여도 된다.

04 측정 프로브 연결

위 그림과 같이 AQS 커넥터 "입력(연두색)단자"에 디지털 멀티미터 적색 리드선을 연결하고 흑색 리드선은 "접지"한다.

05 입력단자 전압

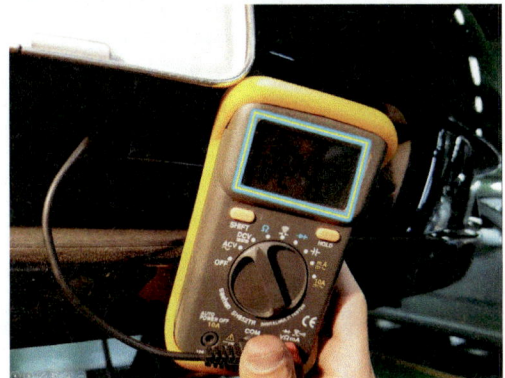

위 그림은 입력단자 전압으로 "12.242V"이다.

06 출력단자 전압

위 그림과 같이 "우측 끝 단자"에 측정 디지털 멀티미터 적색 리드선을 연결한 다음 출력값을 판독한다. [참고: 유해 가스 "미 감지" 시 출력전압으로 "1.227V"이다.]

07 유해가스 분사

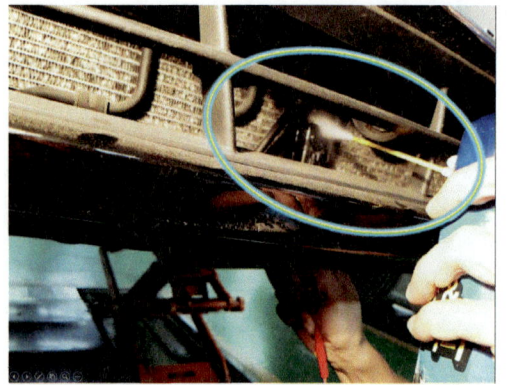

위 그림과 같이 "유해가스 감지 조건"을 위하여 "인젝션 클리너" 등을 센서에 분사한다.

08 감지 시 출력전압

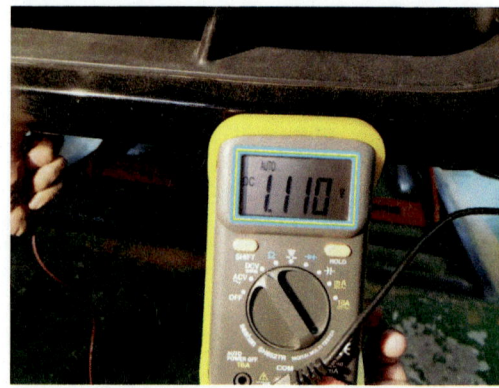

위 그림은 "유해가스 감지 시" 출력전압으로 "1.110V"이다.

09 답안 작성_측정값을 기준으로 답안 작성하기

■ 점검 및 측정

항 목	측정(또는 점검)		판정 및 정비(또는 조치) 사항		득 점
	측정값		판정(□에 '✔' 표)	정비 및 조치할 사항	
유해가스 감지 센서(AQS) 출력전압	감지: 1.110V		☑ 양 호	정비 및 조치 사항 없음(또는 정상)	
	미감지: 1.227V		□ 불 량		
핀 서모 센서 저항 및 출력전압	저항 :		□ 양 호		
	전압 :		□ 불 량		

03 점검 및 측정[유해가스 감지 센서(AQS) 출력 전압]_Hi-DS 오실로스코프 활용

01 오실로스코프 화면 설정

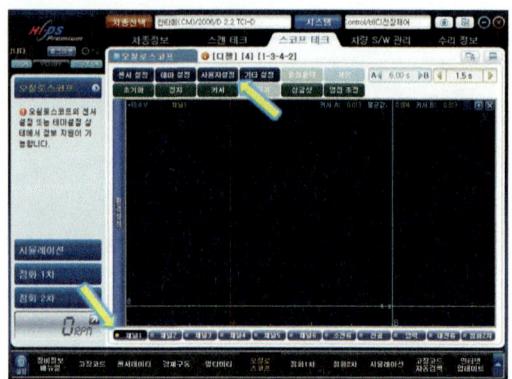

위 그림과 같이 "채널 1"을 선택한 다음 "사용자 설정"을 클릭한다.

02 사용자 설정 입력

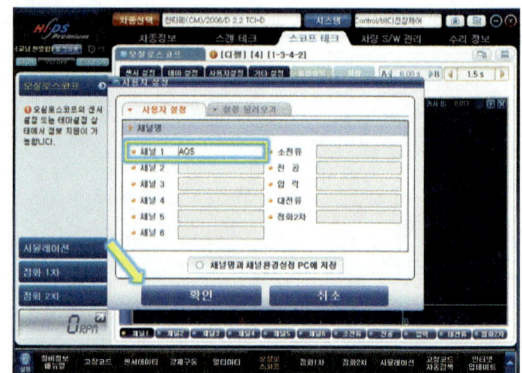

위 그림과 같이 "채널 1"에 센서 명을 입력한 다음 "확인" 버튼을 클릭한다. [참고: 의무 사항은 아니다.]

03 AQS 개요 및 검사방법

개 요

1. 외기온도 센서 옆에 장착되어 있으며, 대기 중에 함유되어 있는 유해가스를 감지하여 오염 지역에서는 내기 모드로, 청정 지역에서는 외기 모드로 자동 전환된다. "AQS"는 배기가스를 비롯하여 대기 중에 함유되어 있는 "유해 및 악취 가스"를 감지하여 이들 가스의 실내 유입을 차단함으로써 운전자와 동승자의 건강을 고려한 "AIR QUALITY SYSTEM"이다.

2. 검지 대상
   ① 디젤엔진 배기 가스: NO, NO_2 , SO_2
   ② 가솔린 및 LPG 엔진 배기가스: CxHy, CO

검 사

1. AQS 작동 시 2 – 3 단자 출력전압을 측정한다.

구 분	출력 신호(2-3)	내/외기 상태
보통 상태	4~5V	외기
GAS 감지 상태	0~1V	내기

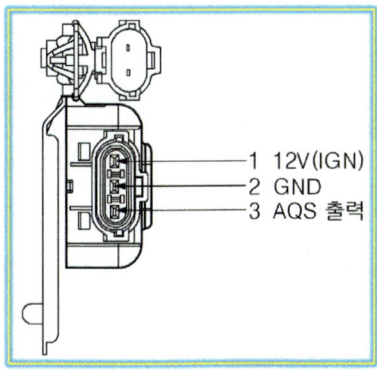

1 12V(IGN)
2 GND
3 AQS 출력

2. **AQS 진단 및 페일 세이프 기능**: "IG ON"시 AQS 선택 여부에 관계없이 "7초간" 신호선 "단선 여부"를 감지한다.

04 채널 준비

위 그림과 같이 "배터리 프로브"를 배터리 (+)터미널과 (−)터미널에 연결한 다음 채널 1번을 "접지 프로브"에 연결한다.

05 센서 위치

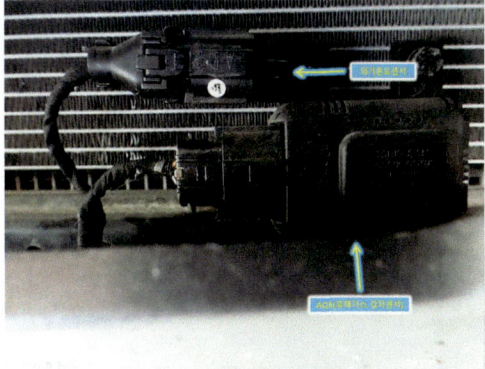

위 그림은 에어컨 콘덴서 정면이며 "외기온도 센서와 AQS"의 모습이다.

06 측정 프로브 설치

위 그림과 같이 측정 프로브를 센서 "출력단자(3번)"에 연결한다.

07 유해가스 분사

위 그림과 같이 유해가스 "감지 조건"을 위하여 "부탄가스"를 센서에 분사한다.

08 파형 측정

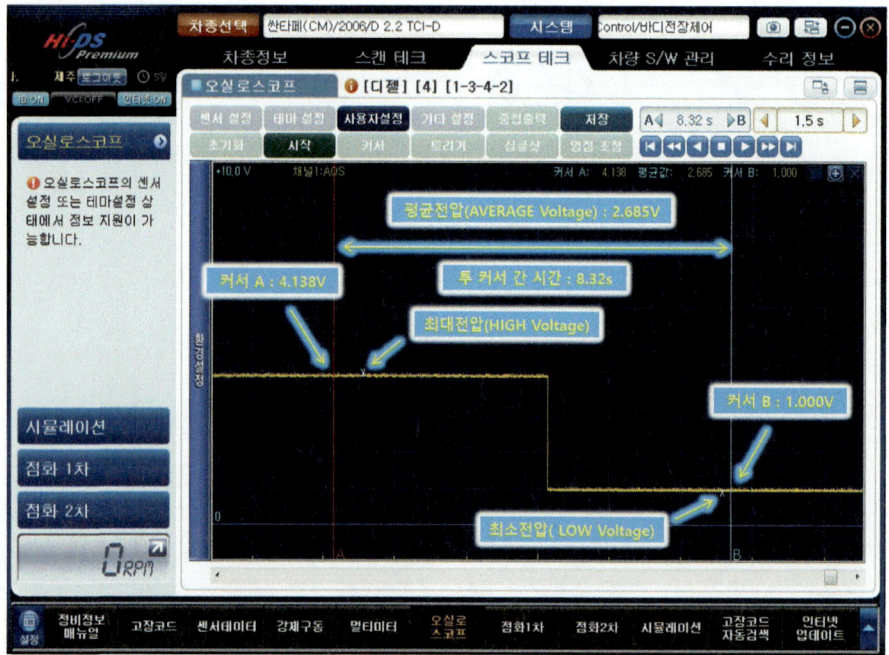

위 그림은 유해가스 "미감지와 감지" 전체 출력 파형이며 "커서 A"를 유해가스 미 감지 임의 지점에 위치하고 "커서 B"는 감지 임의 부분에 위치시킨 다음 "커서 A" 전압과 "커서 B 전압", 투 커서 간 시간차, 평균전압, 최대전압, 최소전압을 표기한 화면이다.

09 파형 분석

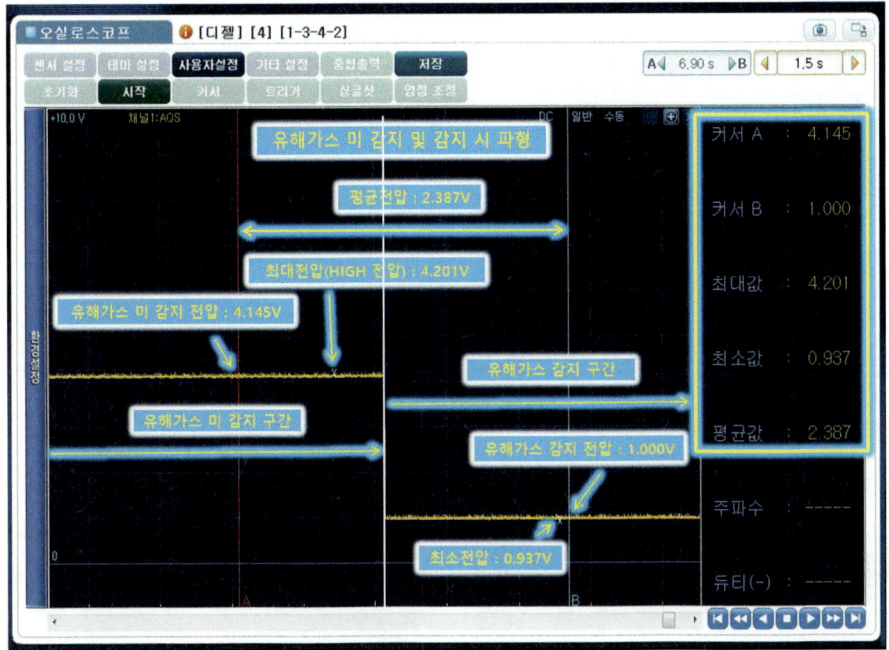

위 그림은 유해가스 "미감지와 감지" 전체 출력 파형이며 미 감지 구간과 감지 구간을 분할 설정하였고 "커서 A"를 유해가스 미 감지 임의 지점에 위치하고 "커서 B"는 감지 임의 부분에 위치시킨 다음 커서 A 전압 4.145V, 커서 B 전압 1.000V, 평균전압 2.387V, 최대전압 4.201V, 최소전압 0.937V를 표기한 화면이다.

10 출력 파형 출력물_파형 출력 및 분석내용표기

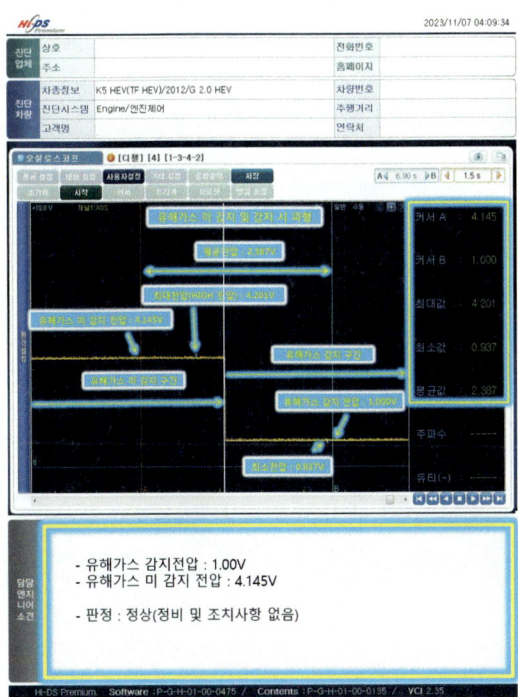

⑪ 답안 작성_측정값을 기준으로 답안 작성하기

■ 점검 및 측정

항 목	측정(또는 점검)		판정 및 정비(또는 조치) 사항		득 점
	측정값		판정(□에 '✔' 표)	정비 및 조치할 사항	
유해가스 감지 센서(AQS) 출력 전압	감지: 1,000V		☑ 양 호 □ 불 량	정비 및 조치 사항 없음(또는 정상)	
	미감지: 4,145V				
핀 서모 센서 저항 및 출력 전압	저항 :		□ 양 호 □ 불 량		
	전압 :				

04   점검 및 측정[핀 서모 센서 저항 및 출력 전압]_디지털 멀티미터 활용

01 콘솔박스 탈거

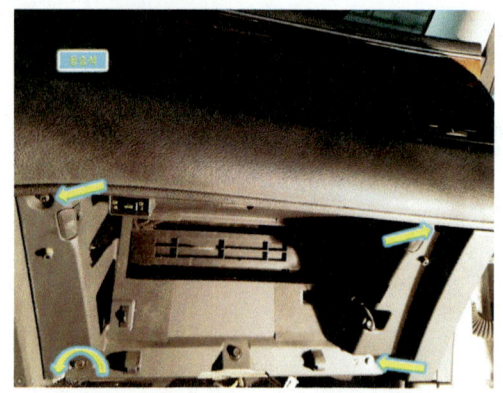

위 그림과 같이 동승석에 있는 "콘솔박스 어셈블리"를 탈거
한다. [참고: A안 실내 블로워 모터 탈·부착을 참고한다.]

02 측정기 프로브 설치

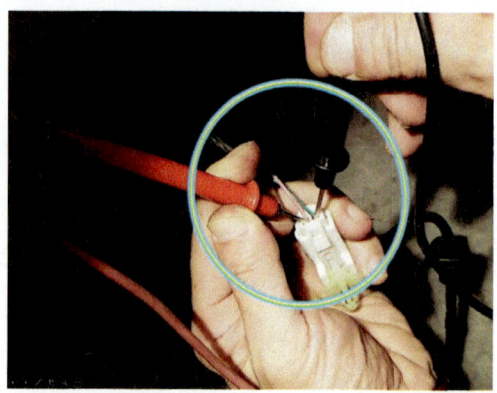

위 그림과 같이 "디지털 멀티미터" 적색 리드선과 흑색 리
드선을 "두 단자"에 설치한다.

03 에어컨 작동

위 그림과 같이 에어컨을 스위치를 "ON"하고 "내기"로 설
정한다.

04 측정값 판독

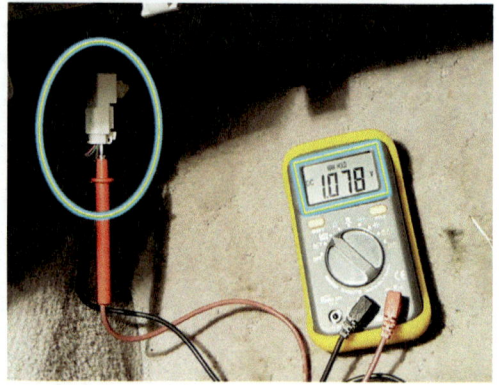

위 그림과 같이 에어컨 작동 시 측정값을 판독한다. 출력전압
은 "1.078V"이다. [참고: 온도가 내려갈수록 전압은 상승한다.]

05 핀 서모 센서 탈거

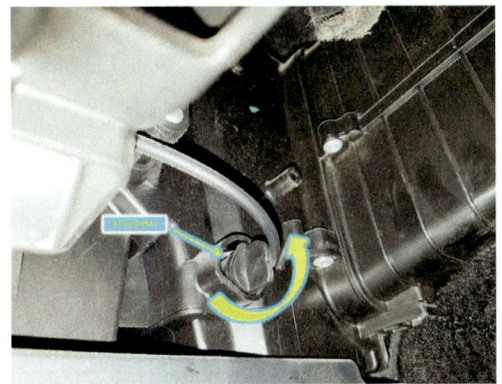

위 그림과 같이 핀 서모 센서를 "반시계 방향"으로 돌려 탈거한다.

06 핀 서모 센서 커넥터 탈거

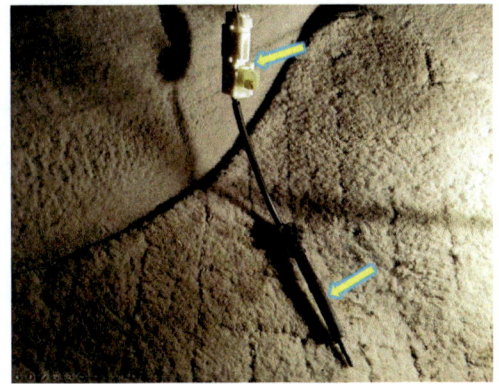

위 그림과 같이 핀 서모 센서 "커넥터"를 분리하여 "센서"를 탈거한다.

07 저항 측정

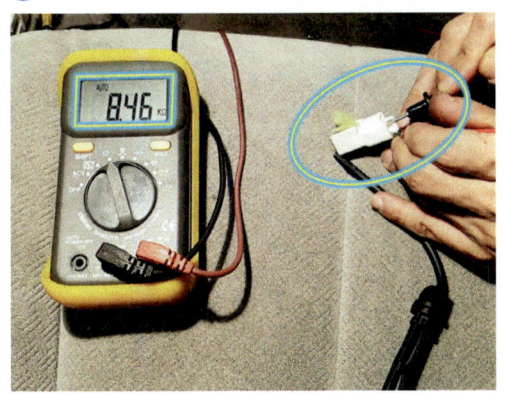

위 그림과 같이 디지털 멀티미터 리드선 프로브를 "센서 두 단자"에 설치한 다음 저항값을 판독한다. 측정값은 "8.46㏀"이다. [참고: 센서는 부특성 서미스터이므로 온도가 올라갈수록 저항은 낮아진다.]

08 답안 작성_측정값을 기준으로 답안 작성하기

■ 점검 및 측정

항 목	측정(또는 점검)	판정 및 정비(또는 조치) 사항		득 점
	측정값	판정(□에 '✔' 표)	정비 및 조치할 사항	
유해가스 감지 센서(AQS) 출력전압	감지:	□ 양 호 □ 불 량	정비 및 조치 사항 없음(또는 정상)	
	미감지:			
핀 서모 센서 저항 및 출력전압	저항: 8.46㏀	☑ 양 호 □ 불 량		
	전압: 1.078V			

05 점검 및 측정[핀 서모 센서 저항 및 출력 전압]_Hi-DS 멀티미터 기능 활용

01 멀티미터 선택

위 그림과 같이 "멀티미터" 기능을 선택한다.

02 전압 선택

위 그림과 같이 멀티미터 화면에서 "전압"을 선택한다.
[참고: 화면 전환 시 "전압측정" 화면으로 선택된다.]

03 센서 위치

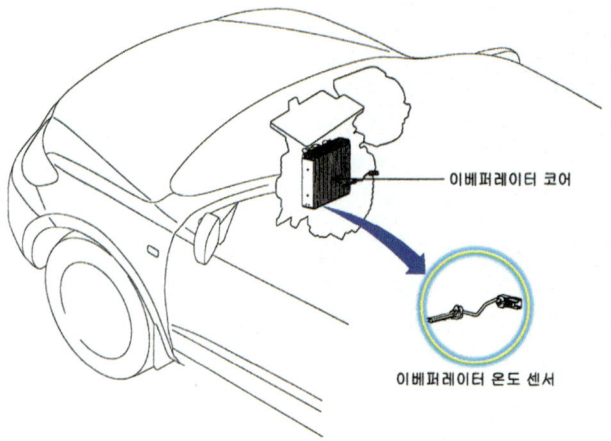

이베퍼레이터 코어

이베퍼레이터 온도 센서

04 검사방법과 규정 값

개 요

1. 엔진 시동을 건다.
2. 에어컨 스위치를 "ON"시킨다.
3. 멀티 테스터를 서미스터에 연결한 다음 "2번과 3번 단자"의 도통을 확인한다.
4. 멀티 테스터를 이베퍼레이터 온도 센서에 연결한 다음 "1번과 2번 단자"의 저항을 측정한다.

온도 [℃]	저항[kΩ]	전압[V]
-10	13.56	288±0.5
-5	10.37	2.55±0.5
0	8.000	2.22±0.5
5	6.222	1.91±0.5
10	4.877	1.64±0.5
15	3.851	1.39±0.5
20	3.063	1.17±0.5
25	2.453	0.98±0.5
30	1.978	0.83±0.5
35	1.605	0.69±0.5
40	1.310	0.58±0.5
45	1.075	0.49±0.5
50	0.888	0.41±0.5

05 핀 서모 센서

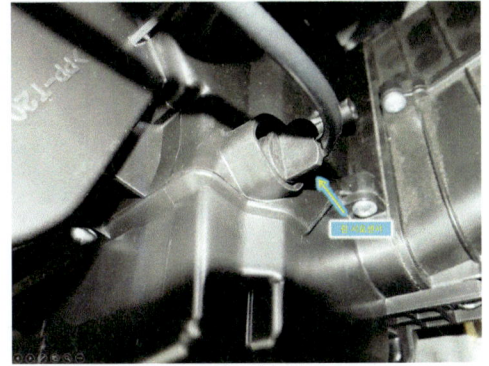

위 그림은 "핀 서모 센서" 위치이다.

06 핀 서모 센서 커넥터

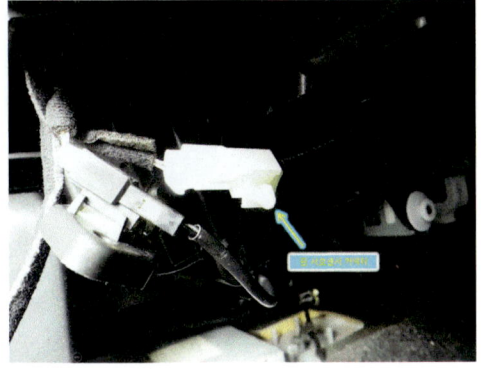

위 그림은 핀 서모 센서 "커넥터" 위치이다.

07 측정 탐침봉 설치

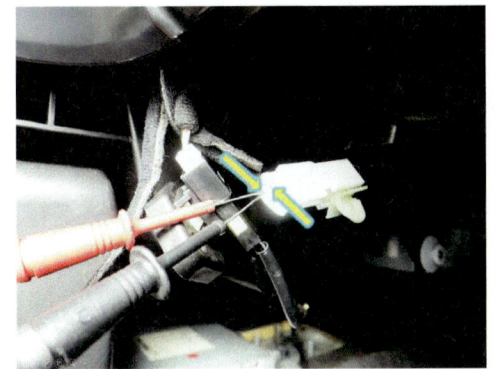

위 그림과 같이 "멀티미터 리드선 탐침봉"을 센서 "두 단자"에 설치한다.

08 에어컨 작동

위 그림과 같이 에어컨을 스위치를 "ON"하고 "내기"로 설정한다.

09 측정값 판독_초기

위 그림과 같이 에어컨 "초기 작동 시" 측정값을 판독한다. 출력전압은 "1.130V"이다.

10 측정값 판독_일정 시간 후

위 그림과 같이 에어컨 "일정 시간 작동 이후" 측정값을 판독한다. 출력전압은 "2.193V"이다.

⑪ 멀티미터 기능 저항으로 전환

위 그림과 같이 멀티미터 기능을 "저항"으로 전환한 다음 측정 프로브를 "접촉(쇼트)"시킨다.

⑫ 영점조정 실시

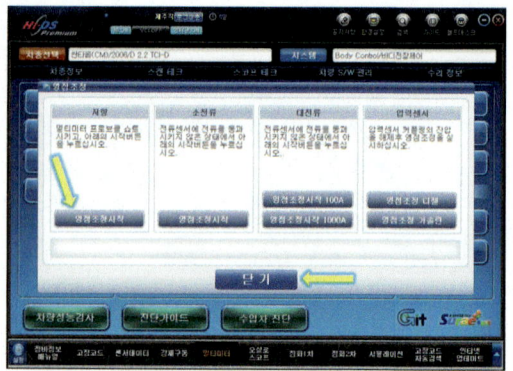

위 그림과 같이 "영점조정"을 클릭한 다음 "저항 영점조정 시작" 버튼을 클릭한 후 영점조정 완료되면 "닫기"를 클릭한다.

⑬ 영점조정 완료

위 그림은 영점조정을 완료한 다음 "측정 대기" 화면이다.

⑭ 테스터 연결 방법

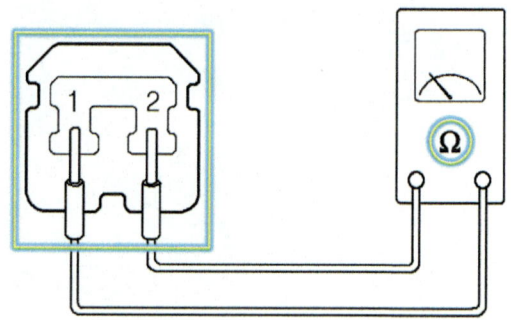

위 그림은 멀티미터 리드선을 "센서 단자"에 연결하는 방법이다.

⑮ 센서 및 커넥터

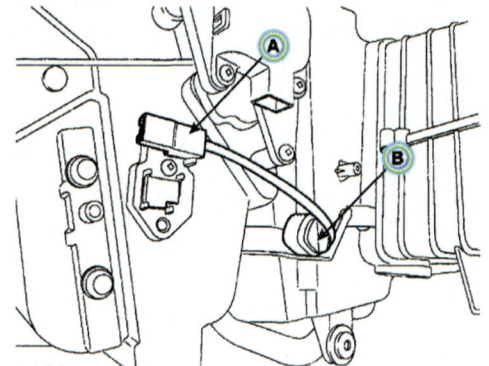

위 그림은 핀 서모 센서(Ⓑ) 및 커넥터(Ⓐ)의 위치이다.

⑯ 커넥터 단자

위 그림은 센서 커넥터를 탈거한 다음 "센서 측 커넥터"의 모습이다.

⑰ 멀티미터 프로브 탐침봉 설치

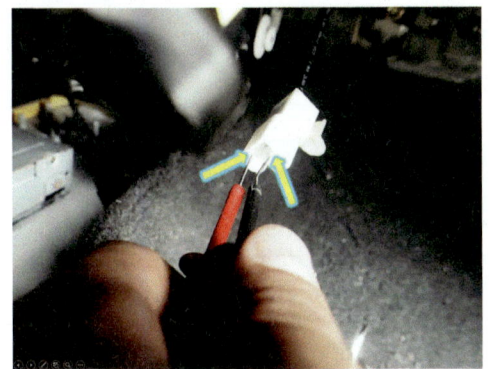

위 그림과 같이 멀티미터 프로브 탐침봉을 센서 "두 단자"에 설치한다.

⑱ 저항값 판독

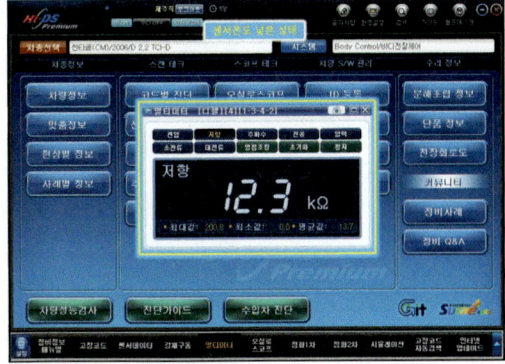

위 그림은 측정값으로 저항값은 "12.3kΩ"이다.

⑲ 출력 선택

위 그림과 같이 "화살표"가 가리키는 "출력" 버튼을 클릭한다.

⑳ 화면 출력

위 그림과 같이 화살표가 가리키는 화면캡처 및 인쇄 화면으로 전환되며 "선택 영역 인쇄"를 클릭하면 출력된다.

J
안

㉑ 출력 화면(전압)_출력 및 분석 내용

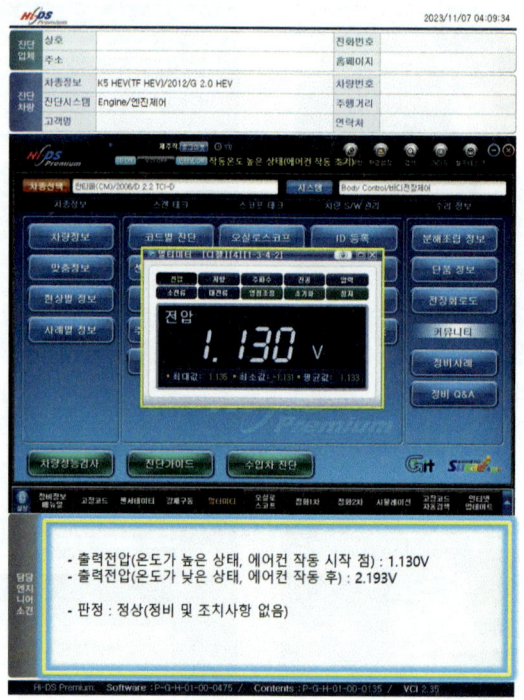

- 출력전압(온도가 높은 상태, 에어컨 작동 시작 점) : 1.130V
- 출력전압(온도가 낮은 상태, 에어컨 작동 후) : 2.193V

- 판정 : 정상(정비 및 조치사항 없음)

㉒ 답안 작성_측정값을 기준으로 답안 작성하기

[참고] 핀 서모 센서가 "낮은 온도를 감지"한 상태에서 측정값을 기준으로 답안을 작성할 경우이다.

■ 점검 및 측정

항 목	측정(또는 점검)	판정 및 정비(또는 조치) 사항		득 점
	측정값	판정(□에 '✔'표)	정비 및 조치할 사항	
유해가스 감지 센서(AQS) 출력전압	감지: 미감지:	□ 양 호 □ 불 량	정비 및 조치 사항 없음(또는 정상)	
핀 서모 센서 저항 및 출력전압	저항: 12.3kΩ 전압: 2.193V	☑ 양 호 □ 불 량		

23 출력 화면(저항)_출력 및 분석 내용

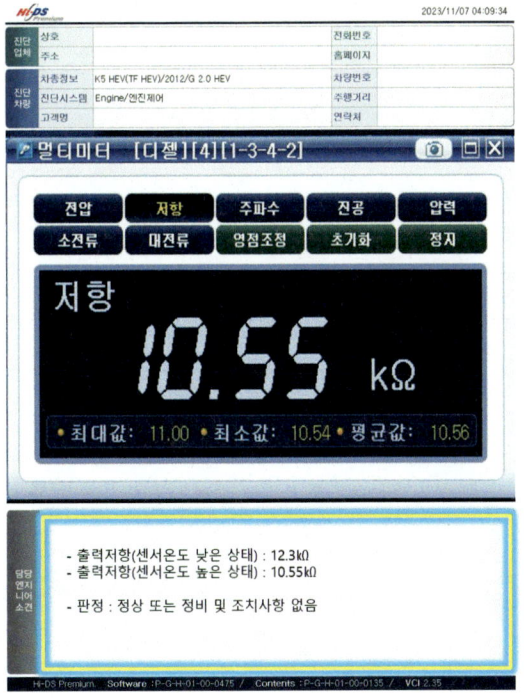

24 답안 작성_측정값을 기준으로 답안 작성하기

[참고] 핀 서모 센서가 "높은 온도를 감지"한 상태에서 측정값을 기준으로 답안을 작성할 경우이다.

■ 점검 및 측정

항 목	측정(또는 점검)	판정 및 정비(또는 조치) 사항		득 점
	측정값	판정(□에 '✔' 표)	정비 및 조치할 사항	
유해가스 감지 센서(AQS) 출력 전압	감지:	□ 양 호 □ 불 량	정비 및 조치 사항 없음(또는 정상)	
	미감지:			
핀 서모 센서 저항 및 출력 전압	저항: 10.55㎏Ω	☑ 양 호 □ 불 량		
	전압: 1.130V			

자동차정비 기능장

K안

국가기술자격검정 실기시험문제

1. 기 관

1) 주어진 전자제어 디젤 엔진에서 감독위원의 지시에 따라 크랭크축 리테이너와 고압연료펌프를 탈거하고 감독위원에게 확인 후, 다시 조립(부착)하여 엔진 및 시동 관련회로를 점검한 후 시동작업과 기록표의 요구사항을 점검 및 측정하고 기록표에 기록하시오.
   (단, 시동되지 않는 경우 "2" 과제는 작업할 수 없다)

2) 주어진 엔진에서 감독위원의 지시에 따라 기록표 요구사항을 점검 및 측정하여 기록하시오.

3) 주어진 자동차에서 크랭킹은 가능하나 시동되지 않고, 시동된 후에도 부조가 발생합니다. 고장원인을 찾아 수리후 기록표에 기록하시오.

2. 섀 시

1) 주어진 자동차에서 감독위원의 지시에 따라 전륜 현가장치의 속업쇼버 코일 스프링을 탈거하고 감독위원에게 확인 후, 다시 조립(부착)하여 작동상태를 점검한 후 기록표의 요구사항을 점검 및 측정하여 기록하시오.

2) 주어진 전자제어 자동변속기 자동차에서 감독위원의 지시에 따라 인히비터 스위치를 탈거하고 감독위원에게 확인 후, 다시 조립(부착)하여 작동상태를 확인하고, 기록표의 요구사항을 점검 및 측정하여 기록하시오.

3. 전 기

1) 감독위원의 지시에 따라 자동차에서 에어컨 가스를 회수하고 에어컨 컴프레셔를 탈·부착 작업 후 가스를 충전시킨 다음, 작동상태를 확인하고, 기록표의 요구사항을 점검 및 측정하고 기록표에 기록하시오.

2) 주어진 자동차에서 정비지침서의 회로도를 이용하여 기록표에서 요구하는 회로를 점검하고, 이상 내용을 기록표에 기록한 후 정비하시오.

3) 주어진 자동차에서 감독위원 지시에 따라 기록표의 요구사항을 점검 및 측정하여 기록하시오..

국가기술자격검정실기시험문제 K안

자 격 종 목	자동차정비 기능장	작 품 명	자동차 정비 작업

- 비 번호
- 시험시간 : 6시간 30분(기관 : 140분, 섀시 : 130분, 전기 : 120분)
  ※ 시험 안 및 요구사항 일부내용이 변경될 수 있음

정비기능장

K

엔 진

흡기캠축과 오일펌프 탈·부착

주어진 전자제어 엔진에서 감독위원의 지시에 따라 흡기캠축과 오일펌프를 탈거하고 감독위원에게 확인 후 다시 조립(부착)하시오.

부품 분해 조립 시 주의사항

① 분해·조립 작업은 반드시 대상 부품의 정면에서 한다.
② 분해한 부품에서 볼트 및 너트를 빼내지 말고 되도록 끼워진 상태로 부품을 탈거한다.
③ 분해하기 위해 볼트 및 너트를 풀 때는 바깥쪽에서 중앙을 향하며, 조일 때는 중앙에서 바깥쪽을 향하도록 하고, 특히 실린더 헤드 볼트의 경우는 풀고, 조이는 순서에 주의하여야 변형을 방지할 수 있다.
④ 분해한 부품의 접촉면이 바닥에 직접 닿지 않도록 주의한다.
⑤ 부품은 분해한 순서로 정리 정돈한 후 분해의 역순으로 조립한다.
⑥ 조립이 복잡한 부품은 표기를 한 후 분해한다.
⑦ 볼트 및 너트는 반드시 토크 렌치를 이용하여 규정 토크로 조이되 하나의 부품에 갯수가 여러 개일 경우 2~3회 정도 나누어 조인다.
⑧ 개스킷 및 오링은 반드시 신품으로 교환한다.
⑨ 부품 대를 사용하며 조립을 위하여 아래 칸부터 채워서 위로 올라오도록 정리한다.

정비기능장

K
엔 진

1)_1 흡기캠축과 오일펌프 탈·부착

주어진 전자제어 엔진에서 감독위원의 지시에 따라 흡기캠축과 오일펌프를 탈거하고
감독위원에게 확인 후 다시 조립(부착)하시오.

01 흡기캠축과 오일펌프 탈·부착

01 엔진 부속 부품 명칭

위 그림은 엔진 전면부이며 타이밍벨트 상부커버, 파워 스
티어링 펌프 벨트, 파워 스티어링 펌프 풀리, 팬벨트, 발전
기 풀리, 워터펌프 풀리, 크랭크축 풀리, 아이들 베어링, 에
어컨 콤프레서 풀리, 타이밍벨트 하부 커버이다.

02 팬벨트 및 파워 펌프 벨트 탈거

위 그림과 같이 타이밍벨트 하부커버 타이밍 "고정 마크"
와 크랭크축 풀리의 타이밍 "이동 마크"가 일치되었는지
확인한 다음 워터펌프 "풀리 고정 볼트(10㎜) 4개"를 유림
하고 유격 고정 볼트(12㎜)와 조정 볼트(12㎜)를 유림하여
"벨트 장력"을 이완한 후 "팬벨트"를 탈거하고, 파워 펌프
고정 볼트(14㎜) 및 유격 조정 볼트(12㎜)를 유림하여 파워
스티어링 "펌프 벨트"를 탈거한다.

03 에어컨 콤프레서 벨트 탈거

위 그림과 같이 에어컨 컴프레서 "아이들 베어링 고정너트
(14㎜)"를 유림한 후 "유격 조정 볼트(12㎜)"를 유림하여
"벨트 장력"을 이완한 다음 탈거한다.

04 워터펌프 및 크랭크축 풀리 탈거

위 그림과 같이 "워터펌프 풀리"를 탈거한 다음 크랭크축
"풀리 고정 볼트(19㎜)"를 푼 후 "풀리"를 탈거한다.

K
안

05 크랭크축 풀리 플레이트 및 타이밍벨트 상부 커버 탈거

위 그림과 같이 크랭크축 풀리 "플레이트"를 뺀 다음 타이밍벨트 "상부 커버 고정 볼트(10mm)"를 모두 풀고 탈거한다.

06 엔진 브래킷 가이드 및 타이밍벨트 하부 커버 탈거

위 그림과 같이 엔진 브래킷 "가이드 고정 볼트 및 너트(17mm)"를 푼 후 탈거하고 타이밍벨트 "하부 커버 고정 볼트(10mm)"를 푼 다음 탈거한다.

07 타이밍벨트 및 관련 부품

위 그림은 타이밍벨트 커버를 탈거한 후 모습이며 타이밍벨트, 워터펌프, 아이들 베어링, 크랭크축 스프로킷, 오토프리 텐셔너 베어링, 캠축 스프로킷이다.

08 타이밍벨트 탈거

위 그림과 같이 오토프리 텐셔너 "베어링 고정 볼트(14mm)"를 유림한 다음 베어링을 시계 방향으로 돌려 타이밍벨트 "장력"을 이완한 후 탈거한다.

09 타이밍벨트 탈거 후

위 그림은 타이밍벨트를 탈거한 후 모습이다.

10 고전압 분배 배선 탈거

위 그림과 같이 "고전압 분배 배선 4개"를 스파크 플러그에서 탈거한다.

⑪ PCV와 에어 브리더 호스 및 실린더 헤드커버 탈거

위 그림과 같이 "에어 브리더 호스"를 분리한 다음 PCV 호스 "고정 밴드"를 서지탱크 쪽으로 이동시킨 다음 "호스"를 분리하고 실린더 "헤드커버 고정 볼트(10㎜)"를 푼 후 커버를 탈거한다.

⑫ 캠축 위상 확인

위 그림과 같이 "1번 실린더"의 캠 위상이 "압축행정 말기 (폭발행정 초기)상태"이고 "4번 실린더" 캠 위상은 "오버 랩(배기행정 말기 및 흡기행정 초기)" 상태로 되어있는지 확인한다.

⑬ 타이밍 체인 마크 확인

위 그림과 같이 세 곳 "원 안"의 타이밍 체인과 캠축 스프로킷의 "타이밍 마크"가 맞는지 확인한다.

⑭ 흡기캠축 저널 캡 탈거

위 그림과 같이 흡기캠축 "저널 캡 고정 볼트(10㎜)"를 푼 다음 "저널 캡"을 모두 탈거한다.

⑮ 흡기캠축 탈거

위 그림과 같이 타이밍 체인에서 "흡기캠축"을 탈거한다.

⑯ 흡기캠축 탈거 후

위 그림은 흡기캠축을 탈거한 후 모습이며 타이밍 체인은 탈거하지 않으며, 배기 캠축 스프로킷의 타이밍 마크가 틀어지지 않도록 주의한다.

K
안

⑰ 흡기캠축 스프로킷 타이밍 마크

위 그림은 흡기캠축 스프로킷의 "타이밍 마크"이다.

⑱ 캠축 설치

위 그림과 같이 흡기캠축을 "설치"한 다음 타이밍 체인과 캠축 스프로킷의 "타이밍 마크"가 맞는지 확인한다. [참고: 타이밍 마크가 맞지 않을 시 "배기 캠축 저널 캡 고정 볼트"를 모두 유림한 다음 "체인"을 이동하여 "마크를 일치"시킨다.]

⑲ 흡기캠축 저널 캡 조립

위 그림과 같이 "흡기캠축 저널 캡"을 설치한 다음 "고정 볼트"를 규정 토크로 조인다. [참고: 고정 볼트는 3번 저널 캡 부터 2, 4, 1, 5번 순으로 "3회에 나누어" 조금씩 조인다.]

⑳ 실린더 헤드커버 조립

위 그림과 같이 "실린더 헤드커버"를 설치한 다음 "고정 볼트"를 규정 토크로 조인다. [참고: "가운데 볼트"부터 대각선 방향으로 "바깥쪽"으로 조인다.]

㉑ PCV 호스 및 에어 브리더 호스 조립

위 그림과 같이 PCV 호스를 "니블"에 끼우고 "고정 밴드"를 설치한 다음 "에어 브리더 호스"를 장착한다.

㉒ 고전압 분배 배선 장착

위 그림과 같이 "고전압 분배 배선"을 각 실린더 스파크 플러그에 장착한다.

23 발전기 및 아이들 베어링 탈거

위 그림과 같이 "발전기 및 타이밍벨트 아이들 베어링"과
에어컨 콤프레서 벨트 "아이들 베어링 브래킷"을 탈거한다.

24 크랭크축 스프로킷 탈거

위 그림과 같이 "크랭크축 스프로킷"을 탈거한다.

25 부품 명칭

위 그림은 엔진 전면 하단부이며 프런트 커버, 오일 팬이다.

26 오일 팬 탈거

위 그림과 같이 "오일 팬 고정 볼트(10㎜)"를 모두 푼 다음
"팬"을 탈거한다.

27 오일 스트레이너 탈거

위 그림과 같이 "오일 스트레이너 고정 볼트(12㎜) 2개"를
푼 다음 탈거한다.

28 프런트 커버 탈거

위 그림과 같이 "프런트 커버 고정 볼트(12㎜)"를 모두 푼
다음 탈거한다.

K
안

29 프런트 커버 탈거 후

위 그림은 프런트 커버 탈거 후 모습이며 실린더 블록, 반달 키이다.

30 프런트 커버

위 그림은 분해 후 프런트 커버이며 크랭크축 프런트 리테이너이다.

31 오일펌프 커버 탈거

위 그림과 같이 오일펌프 커버 "고정 피스"를 모두 푼 다음 탈거한다.

32 오일펌프 분해 후

위 그림은 오일펌프 커버 분해 후 모습이며 오일펌프 커버, 인너 레이스, 아우터 레이스, 고정 피스이다.

33 오일펌프 커버 장착

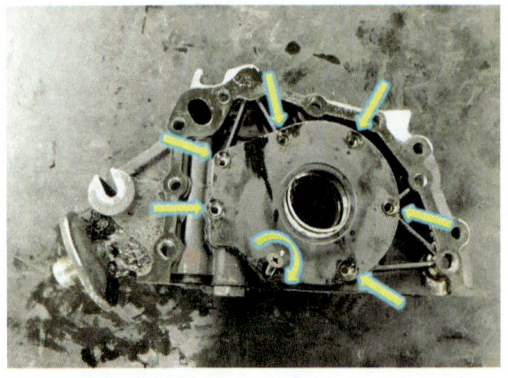

위 그림과 같이 "오일펌프 커버"를 설치한 다음 "고정 피스"를 규정 토크로 조인다.

34 프런트 커버 장착

위 그림과 같이 "프런트 커버"를 설치한 다음 "고정 볼트"를 규정 토크로 조인다.

35 오일 스트레이너 장착

위 그림과 같이 "오일 스트레이너"를 설치한 다음 "고정 볼트"를 규정 토크로 조인다.

37 아이들 베어링 및 크랭크축 스프로킷 장착

위 그림과 같이 "아이들 베어링"을 설치한 다음 "고정 볼트(14㎜)"를 규정 토크로 조인 후 "크랭크축 스프로킷"을 장착한다.

39 캠축 스프로킷 타이밍 마크

위 그림과 같이 캠축 스프로킷 "타이밍 마크"가 "일치"하는지 확인한다.

36 오일 팬 조립

위 그림과 같이 "오일 팬"을 설치한 다음 "고정 볼트"를 규정 토크로 조인다. [참고: "가운데 볼트"부터 대각선 방향으로 "바깥쪽"으로 조인다.]

38 크랭크축 스프로킷 타이밍 마크

위 그림과 같이 크랭크축 스프로킷 "타이밍 마크"가 "일치"하는지 확인한다.

40 타이밍벨트 장착

위 그림과 같이 "타이밍벨트"를 장착한 다음 "오토프리 텐셔너 베어링"을 반시계 방향으로 돌려 "장력"을 규정 값 이내로 조정한 후 "고정 볼트(14㎜)"를 규정 토크로 조인다. [주의: 타이밍 마크 "일치 여부" 재확인한다.]

K
안

611

41 타이밍벨트 커버 조립

위 그림과 같이 타이밍벨트 "상부와 하부 커버"를 설치한 다음 "고정 볼트"를 규정 토크로 조인다.

42 크랭크축 풀리 장착

위 그림과 같이 "크랭크축 풀리"를 장착한 다음 "고정 볼트"를 조인다. [주의: 타이밍벨트 하부커버 타이밍 "고정 마크"와 크랭크축 풀리 "이동 마크" 일치 여부를 "재확인"한다.]

43 발전기 및 워터펌프 풀리, 에어컨 아이들 베어링 조립

위 그림과 같이 "발전기와 워터펌프 풀리", "에어컨 콤프레서 아이들 베어링"을 조립한다.

44 겉 벨트 장착 및 파워 스티어링 펌프 벨트 장력 조정

위 그림과 같이 "에어컨 콤프레서 벨트와 파워 스티어링 펌프 벨트", "팬벨트"를 장착한 다음 파워 스티어링 펌프 "벨트 장력"을 규정 값 이내로 조정한다.

45 팬벨트 장력 조정

위 그림과 같이 "유격 조정 볼트"를 시계방향으로 돌려 "장력"을 규정 값 이내로 조정한 다음 "고정 볼트"를 규정 토크로 조인다.

46 관통볼트 고정너트

위 그림과 같이 발전기 "관통볼트 고정너트"를 규정 토크로 조인 다음 발전기 "커넥터와 B 단자 케이블"을 조립한다.

47 에어컨 콤프레서 벨트 장력 조정

위 그림과 같이 에어컨 콤프레서 벨트 "유격 조정 볼트"를 시계방향으로 돌려 "장력"을 규정 값 이내로 조정한다.

48 에어컨 콤프레서 벨트 장력 점검

위 그림과 같이 에어컨 콤프레서 "아이들 베어링 고정너트"를 규정 토크로 조인 다음 "장력"을 점검한 후 "워터펌프 풀리와 크랭크축 풀리" "고정 볼트"를 규정 토크로 조인다.

정비기능장

K

엔 진

1)_2 엔진 및 시동 관련 회로 점검 후 시동 작업

엔진 및 시동 관련 회로를 점검한 후 시동 작업과 기록표의 요구사항을 점검 및 측정하고 기록표에 기록하시오. [단, 시동되지 않는 경우 "2)"는 작업할 수 없음]
[A안 참고]

K 엔 진

1)_3 점검 및 측정_엔진오일압력 및 오일압력 S/W 전압

기록표의 요구사항을 점검 및 측정하고 기록표에 기록하시오. (단, 시동되지 않는 경우 "2)"는 작업할 수 없음)

01 점검 및 측정_엔진오일압력

01 테스터

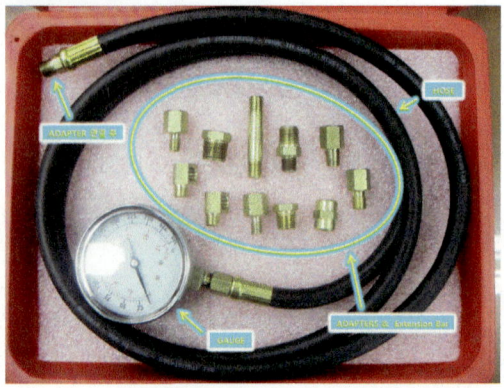

위 그림은 엔진오일압력 시험기이며 Adapter 연결부, Hose, Adapter & Extension Bar, Gauge이다.

02 관련 부품 명칭

위 그림은 엔진오일 필터 케이스 부위며 엔진오일압력 스위치와 커넥터이다.

03 테스터 설치

위 그림과 같이 "엔진오일압력 스위치"를 탈거한 다음 "오일 압력 시험기"를 설치한다.

04 엔진 시동 ON

위 그림과 같이 엔진 시동을 "ON" 한다. [참고: 엔진 냉간시다.]

05 엔진오일압력 측정

위 그림과 같이 "초기시동(Fast Idle) 시" "엔진오일압력"을 측정한다.

06 측정값 판독

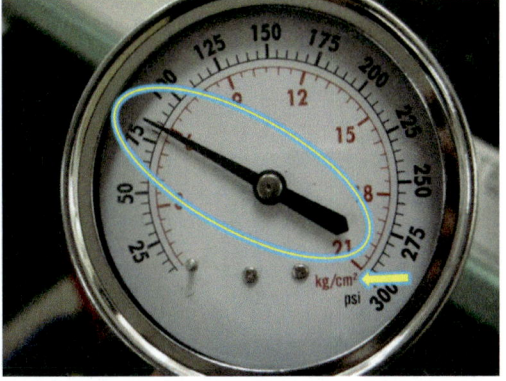

위 그림은 "초기시동 시" 엔진오일압력 측정값으로 약 "6 kg/㎠"이다.

07 엔진오일압력 측정_약 900rpm 상태

위 그림과 같이 엔진 회전수 "약 900rpm" 상태에서 "엔진오일압력"을 측정한다.

08 측정값 판독

위 그림은 엔진 회전수 "약 900rpm" 상태의 엔진오일압력 측정값으로 약 "1.5kg/㎠"이다.

09 엔진오일압력 측정_약 1,500rpm 상태

위 그림과 같이 엔진 회전수 "약 1,500rpm" 상태에서 "엔진오일압력"을 측정한다.

10 측정값 판독

위 그림은 엔진 회전수 "약 1,500rpm" 상태의 엔진오일압력 측정값으로 약 "3.25kg/㎠"이다.

K
안

11 엔진오일압력 측정_약 2,000rpm 상태

위 그림과 같이 엔진 회전수 "약 2,000rpm" 상태에서 "엔진오일압력"을 측정한다.

12 측정값 판독

위 그림은 엔진 회전수 "약 2,000rpm" 상태의 엔진오일압력 측정값으로 약 "5kg/㎠"이다.

13 답안 작성_측정값을 기준으로 답안 작성하기

[참고] 측정 조건 제시(예): 엔진 정상 공회전 상태(850±50rpm)에서 측정하시오.

◈ 기관 1. 기록표

기관 번호 :

비 번호		감독확인	

항 목	측정(또는 점검)		판정 및 정비(또는 조치) 사항		득 점
	측 정 값	규정값(정비한계값)	판정(□에 '✔' 표)	정비 및 조치 사항	
오일 압력	1.5kg/㎠	1.2~3.2kg/㎠	☑ 양 호 □ 불 량	정비 및 조치 사항 없음 또는 정상	
오일 압력 S/W 전압	시동 전 :		□ 양 호 □ 불 량		
	시동 후 :				

※ 감독위원의 지시에 따라 압력 스위치 측에서 측정하고 단위가 누락되거나 틀린 경우는 오답으로 채점합니다.

02 점검 및 측정[엔진오일압력 S/W 전압]

01 Key ON

위 그림과 같이 Key를 "ON" 한다.

02 측정

위 그림과 같이 디지털 멀티미터의 선택 레버를 "DC V"에 위치한 다음 적색 리드선을 "엔진오일압력 S/W 커넥터 단자"에 흑색 리드선은 "몸체"에 설치한다.

03 측정값 판독

위 그림의 측정값은 **"0.137V"**이다

04 엔진 시동 ON

위 그림과 같이 엔진 시동을 **"ON"**한다.

05 측정

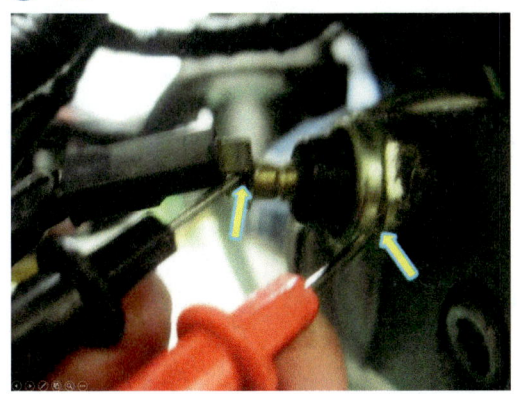

위 그림과 같이 디지털 멀티미터 적색 리드선을 "엔진오일압력 S/W 몸체"에 흑색 리드선은 "커넥터 단자"에 설치한다.

06 측정값 판독

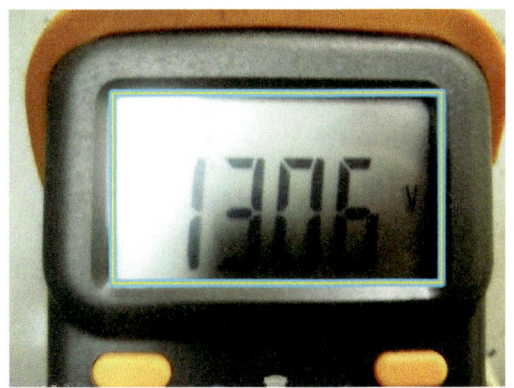

위 그림의 측정값은 **"13.06V"**이다.

07 답안 작성_측정값을 기준으로 답안 작성하기

◈ **기관 1. 기록표**
　　기관 번호 :

			비 번호		감독확인	
항 목	**측정(또는 점검)**		**판정 및 정비(또는 조치) 사항**			**득 점**
	측 정 값	**규정값(정비한계값)**	**판정(□에 '✔' 표)**	**정비 및 조치 사항**		
오일 압력	1.5kg/㎠	1.2~3.2kg/㎠	☑ 양 호 □ 불 량	정비 및 조치 사항 없음 또는 정상		
오일 압력 S/W 전압	시동 전: 0.137V	0.000~0.200V	☑ 양 호 □ 불 량	정비 및 조치 사항 없음 또는 정상		
	시동 후: 13.06V	12.80~14.50V				

※ 감독위원의 지시에 따라 압력 스위치 측에서 측정하고 단위가 누락되거나 틀린 경우는 오답으로 채점합니다.

정비기능장

2)_1 기록표 요구사항_디젤 인젝터 전압 및 전류 파형

엔 진

주어진 엔진에서 감독위원의 지시에 따라 기록표 요구사항을 점검 및 측정하여 기록하시오. [A안 참고]

정비기능장

2)_2 기록표 요구사항_연료압력 조절밸브 듀티값, 연료온도센서 출력전압, 액셀 포지션센서 출력전압

엔 진

주어진 엔진에서 감독위원의 지시에 따라 기록표 요구사항을 점검 및 측정하여 기록하시오. [H안 참고]

정비기능장

3)_1 시동결함_크랭킹은 가능하나 시동되지 않음

엔 진

주어진 엔진에서 크랭킹은 가능하나 시동되지 않고, 시동된 후에도 부조가 발생합니다. 고장원인을 찾아 수리 후 기록표에 기록하시오. [A안 참고]

정비기능장

3)_2 부조 발생 원인

엔 진

주어진 자동차에서 크랭킹은 가능하나 시동되지 않고 시동된 후에도 부조가 발생합니다. 고장 부위를 수리하고 기록표를 작성하시오. [A안 참고]

정비기능장

1) 허브 베어링 분해 · 조립 및 작동상태 확인

섀 시

주어진 자동차에서 감독위원의 지시에 따라 전륜(또는 후륜)의 한쪽 허브 베어링을 탈거하고 감독위원에서 확인 후, 다시 조립(부착)하여 작동상태를 확인하고 기록표의 요구사항을 점검 및 측정하여 기록하시오. [B안 참고]

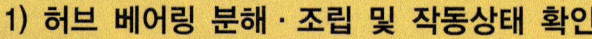

정비기능장

K
섀 시

1)_1 기록표 요구사항 점검 · 측정_사이드 슬립 및 타이어 점검

기록표 요구사항을 점검 및 측정하여 기록하시오. [E안 참고]

정비기능장

K
섀 시

2) 등속조인트 탈거 후 부트 교환 다음 조립 및 작동상태 점검

주어진 전자제어 자동변속기 자동차에서 감독위원의 지시에 따라 등속조인트를 탈거하여 부트를 교환 한다움 감독 위원에게 확인 후, 다시 조립(부착)하여 작동상태를 점검하고, 기록표의 요구사항을 점검 및 측정하여 기록하시오.

01 등속조인트 탈·부착 후 부트 교환 다음 조립 및 작동상태 점검

01 허브너트 분할 핀 탈거

위 그림과 같이 허브너트 "분할 핀"을 탈거한다.

02 허브너트 탈거

위 그림과 같이 "브레이크 디스크"를 고정한 다음 "허브너트(32㎜)"를 탈거한다.

K
안

03 컨트롤(로워) 암 볼 조인트 고정너트 탈거

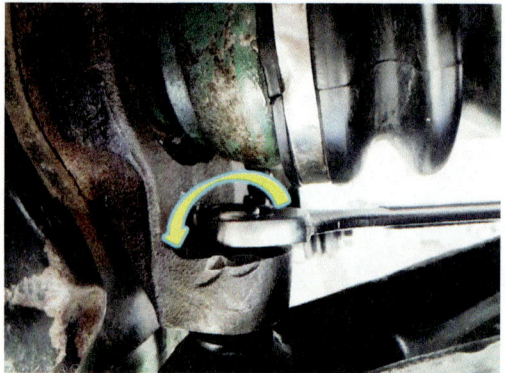

위 그림과 같이 컨트롤(로워) 암 "볼 조인트 고정너트(19 mm)"를 탈거한다.

04 컨트롤 암 볼 조인트 및 버필드 조인트 탈거

위 그림과 같이 볼 조인트 플러그를 이용하여 "컨트롤(로워) 암 볼 조인트"를 탈거한 다음 허브 쪽에 장착된 "버필드 조인트"를 탈거한다.

05 더블 오프셋 조인트 탈거

위 그림과 같이 대 드라이버를 이용하여 변속기 쪽에 장착된 "더블 오프셋 조인트"를 이격한 다음 탈거한다.

06 더블 오프셋 조인트 부트 분해

위 그림과 같이 "더블 오프셋 조인트" 부트의 "소 밴드와 대 밴드"를 탈거한 후 부트를 뺀 다음 "아웃터 레이스"를 탈거한다.

07 인너 레이스 스냅 링 탈거

위 그림과 같이 키 플라이어를 이용하여 "인너 레이스 스냅 링"을 탈거한다.

08 인너 레이스 탈거

위 그림과 같이 "인너 레이스"를 축에서 탈거한다.

09 DOJ 측 분해 후

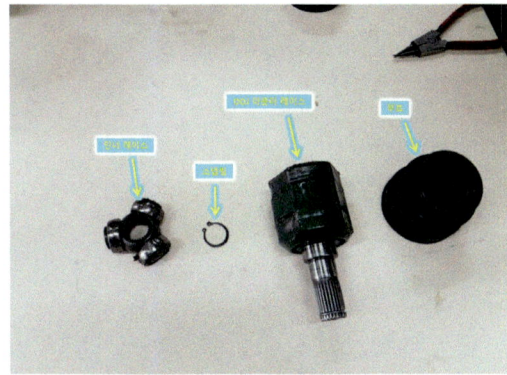

위 그림은 DOJ(Double Offset Joint) 측 분해 후 모습이며
인너 레이스, 스냅 링, 아우터 레이스, 부트이다.

10 BJ 측 밴드 탈거

위 그림과 같이 "BJ(Birfield Joint)" 부트의 "소 밴드와 대
밴드"를 탈거한다.

11 BJ 부트 분리

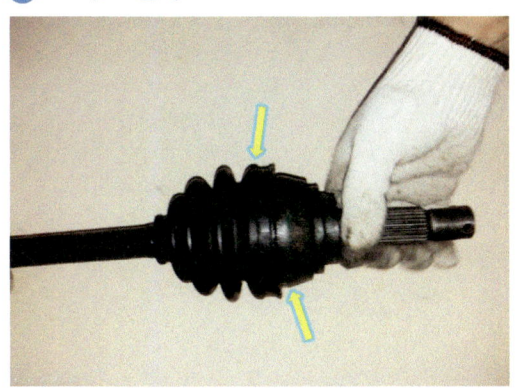

위 그림과 같이 BJ 부트를 "아우터 레이스"에서 분리한다.

12 BJ 부트 탈거

위 그림과 같이 BJ 아우터 레이스 에서 "부트"를 탈거한다.

정비기능장

2)_1 기록표 요구사항 점검 · 측정_ABS 휠 스피드센서 센서 파형

섀 시

기록표 요구사항을 점검 및 측정하여 기록하시오. [A안 참고]

K
섀 시

2)_2 기록표 요구사항 점검 · 측정_브레이크 디스크 런 아웃, 휠 스피드 센서 에어 갭

기록표 요구사항을 점검 및 측정하여 기록하시오.
[A안 참고]

K
전 기

1) 파워 윈도우 레귤레이터 탈 · 부착 및 작동상태 확인, 점검 및 측정

감독위원의 지시에 따라 자동차에서 파워 윈도우 레귤레이터를 탈거하고 감독위원에서 확인 후, 다시 조립(부착)하여 작동상태를 확인하고, 기록표의 요구사항을 점검 및 측정하고 기록표에 기록하시오.

---

01 파워 윈도우 레귤레이터 탈·부착 및 작동상태

01 관련 부품 명칭

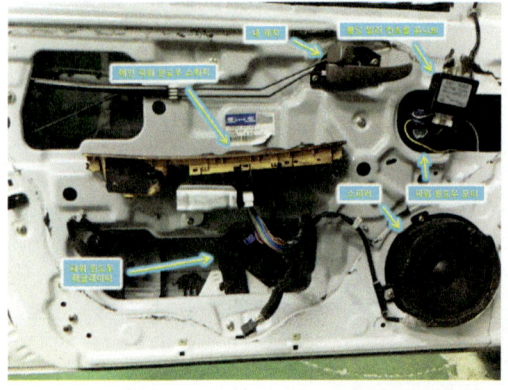

위 그림은 좌측 앞(운전석 앞) 도어 내부이며 메인 파워 윈도우 스위치, 폴딩 밀러 컨트롤 유니트, 내 캐치, 파워 윈도우 모터, 스피커, 파워 윈도우 레귤레이터이다.

02 파워 윈도우 하강

위 그림과 같이 "좌측 앞" 파워 윈도우 스위치를 눌러 "윈도우를 하강"시킨다.

03 파워 윈도우 가이드 위치 조정

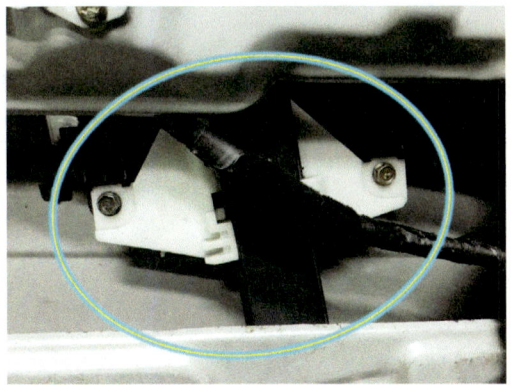

위 그림과 같이 파워 윈도우 "가이드 고정 볼트(10mm)"를 풀기 위하여 "가이드 위치"를 조정한다.

04 파워 윈도우 모터 커넥터 탈거

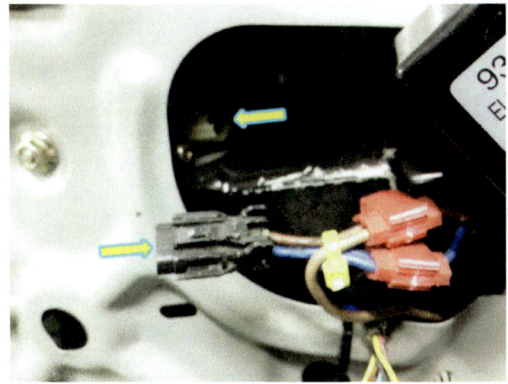

위 그림과 같이 "파워 윈도우 모터 커넥터"를 탈거한다.

05 글라스 고정

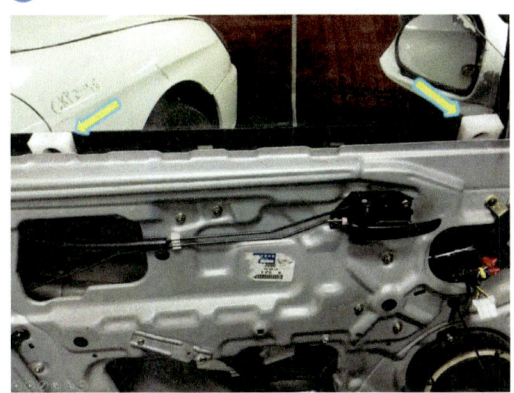

위 그림과 같이 글라스가 밑으로 떨어지지 않도록 "글라스 고정기"를 이용하여 고정한다.

06 파워 윈도우 메인 스위치 탈거

위 그림과 같이 파워 윈도우 "메인 스위치 커넥터"를 탈거한다.

07 파워 윈도우 가이드 고정 볼트

위 그림과 같이 파워 윈도우 "가이드 고정 볼트(10mm) 2개"를 푼다.

08 파워 윈도우 레귤레이터 상부 고정너트

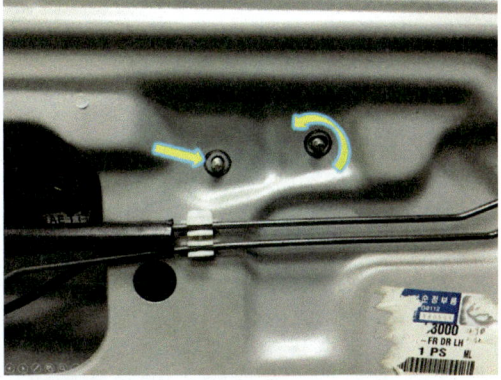

위 그림과 같이 파워 윈도우 레귤레이터 "상부 고정너트(10mm) 2개"를 푼다.

K
안

09 파워 윈도우 레귤레이터 하부 고정너트

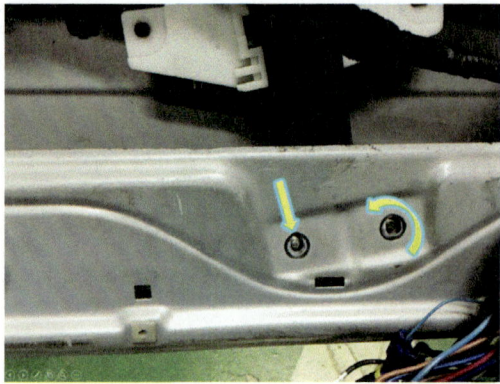

위 그림과 같이 파워 윈도우 레귤레이터 "하부 고정너트(10 mm) 2개"를 푼다.

10 파워 윈도우 모터 고정너트

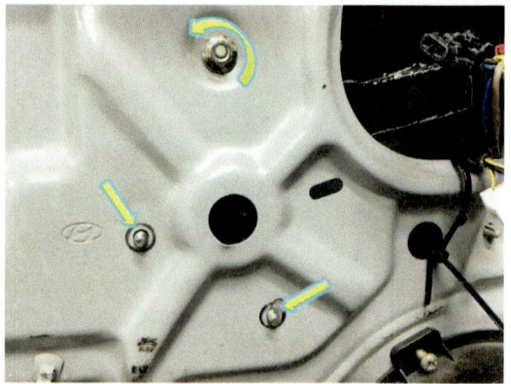

위 그림과 같이 파워 윈도우 "모터 고정너트(10mm) 3개"를 푼다.

11 파워 윈도우 레귤레이터 탈거 후

위 그림은 파워 윈도우 레귤레이터 탈거 후 모습이다.

12 파워 윈도우 레귤레이터 어셈블리

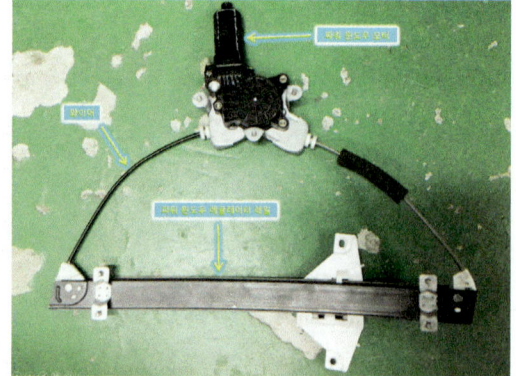

위 그림은 파워 윈도우 레귤레이터 어셈블리 탈거한 후 모습이며 파워 윈도우 모터, 와이어, 파워 윈도우 레귤레이터 레일이다.

13 파워 윈도우 모터 고정 피스 탈거

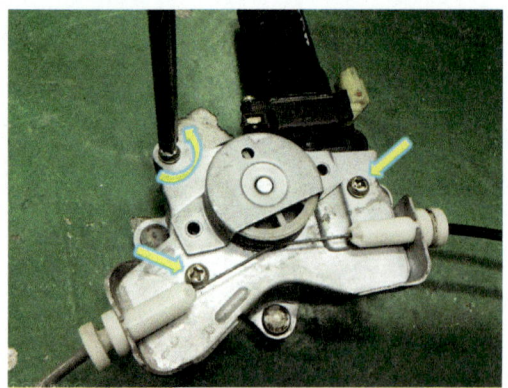

위 그림과 같이 파워 윈도우 "모터 고정 피스 3개"를 탈거한다.

14 파워 윈도우 모터 분해 후

위 그림은 파워 윈도우 모터를 분해한 후의 모습이다.

⑮ 파워 윈도우 모터 조립

위 그림과 같이 "파워 윈도우 모터"를 설치한 다음 "고정 피스"를 규정 토크로 조인다.

⑯ 파워 윈도우 레귤레이터 어셈블리 삽입

위 그림과 같이 "파워 윈도우 레귤레이터 어셈블리"를 도어 내부로 "삽입"한다.

⑰ 파워 윈도우 레귤레이터 어셈블리 장착

위 그림과 같이 파워 윈도우 레귤레이터와 모터를 "볼트 구멍에 맞도록" 설치한다.

⑱ 파워 윈도우 레귤레이터 어셈블리 조립

위 그림과 같이 파워 윈도우 레귤레이터와 모터 "고정너트"를 규정 토크로 조인다.

⑲ 글라스 내림

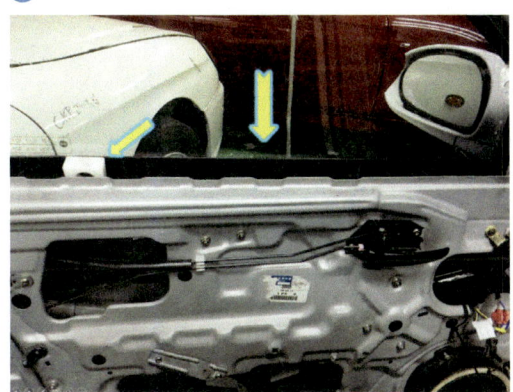

위 그림과 같이 "글라스 고정기"를 뺀 다음 "글라스를 밑으로" 내린다.

⑳ 파워 윈도우 가이드 위치 조정

위 그림과 같이 글라스를 "파워 윈도우 가이드 고정 위치"에 맞도록 조정한다.

K
안

21 글라스 조립

위 그림과 같이 파워 윈도우 "가이드 고정 볼트"를 규정 토크로 조인다.

22 파워 윈도우 모터 커넥터 체결

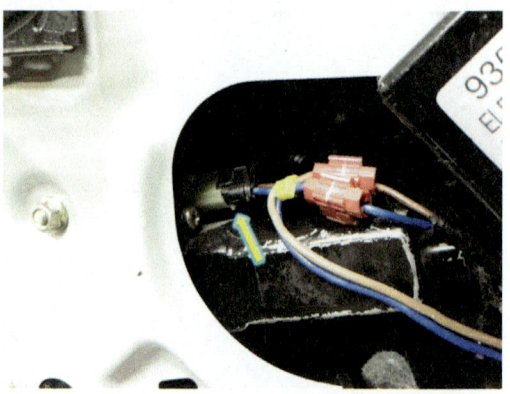

위 그림과 같이 파워 윈도우 "모터 커넥터"를 체결한다.

23 파워 윈도우 레귤레이터 작동시험

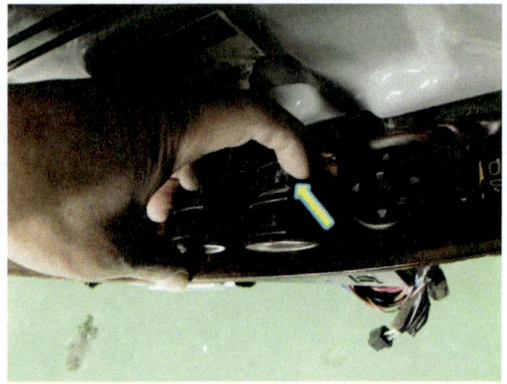

위 그림과 같이 파워 윈도우 "메인 스위치 커넥터"를 끼운 다음 "메인 스위치(좌측 앞)"를 올린다.

24 글라스 작동상태 확인

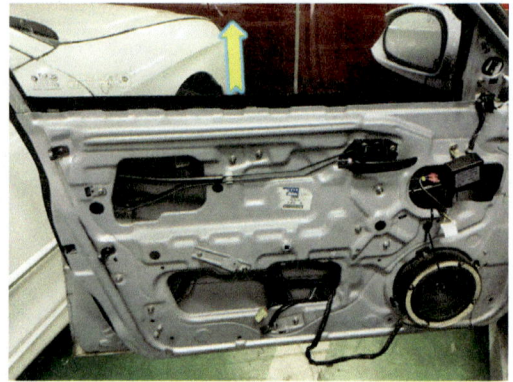

위 그림과 같이 글라스가 부하 없이 "정상적"으로 올라가 는지 "작동상태"를 확인한다.

02 파워 윈도우 전압과 전류 파형

01 세이프티 파워 윈도우 모듈

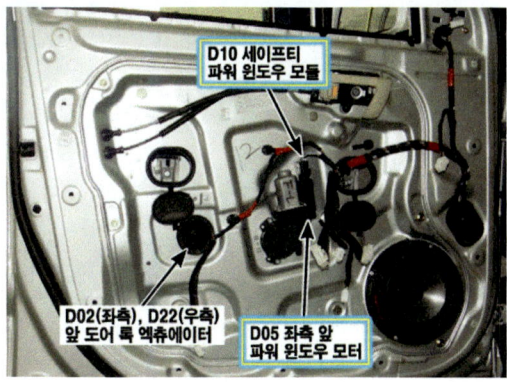

위 그림은 "D10" 세이프티 파워 윈도우 모듈이며 "D05" 좌측 앞 파워 윈도우 모터이다.

02 사용자 설정

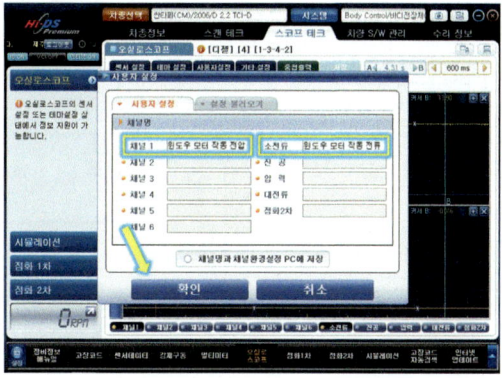

위 그림과 같이 "사용자 설정"에서 "채널 1번"은 윈도우 모터 작동전압, "소 전류"는 윈도우 모터 작동전류로 기재한 다음 "확인" 버튼을 클릭한다.

03 파워 윈도우 회로(1)_파워 윈도우 메인 스위치

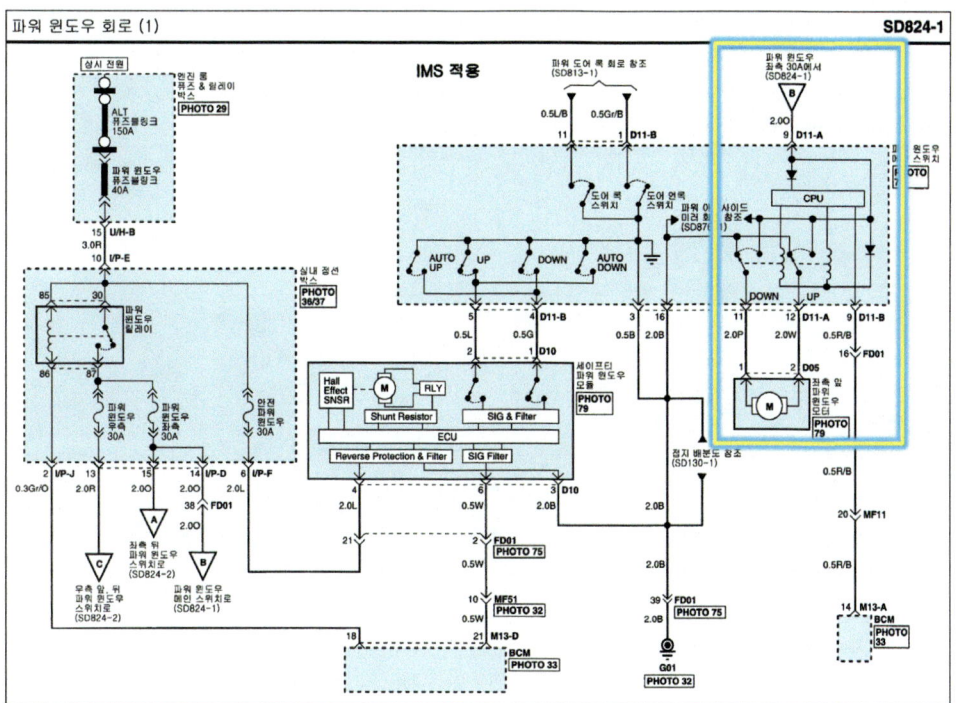

04 세이프티 파워 윈도우 모듈

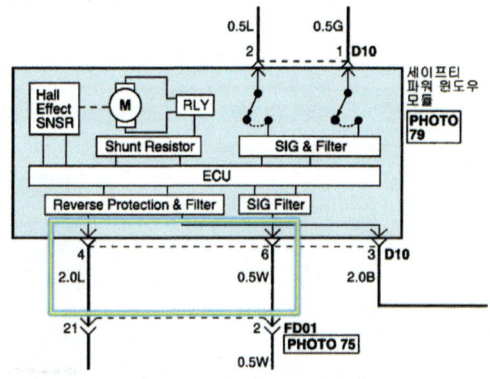

위 그림은 파워 윈도우 모터 "단자"를 표기한다.

05 채널 1번 전원 프로브 및 소 전류계 설치

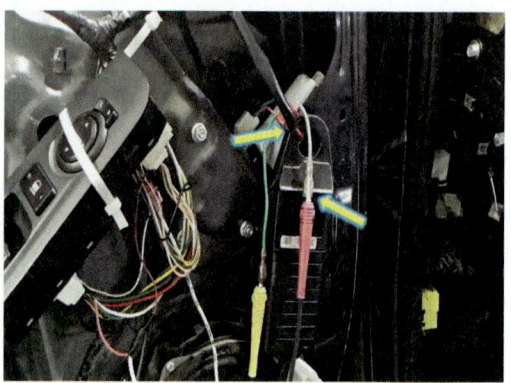

위 그림과 같이 파워 윈도우 "모터 커넥터 단자"에 "채널 1번" 전원 프로브를 연결하고 "소 전류계"를 설치한다.

06 측정 준비 출력 파형

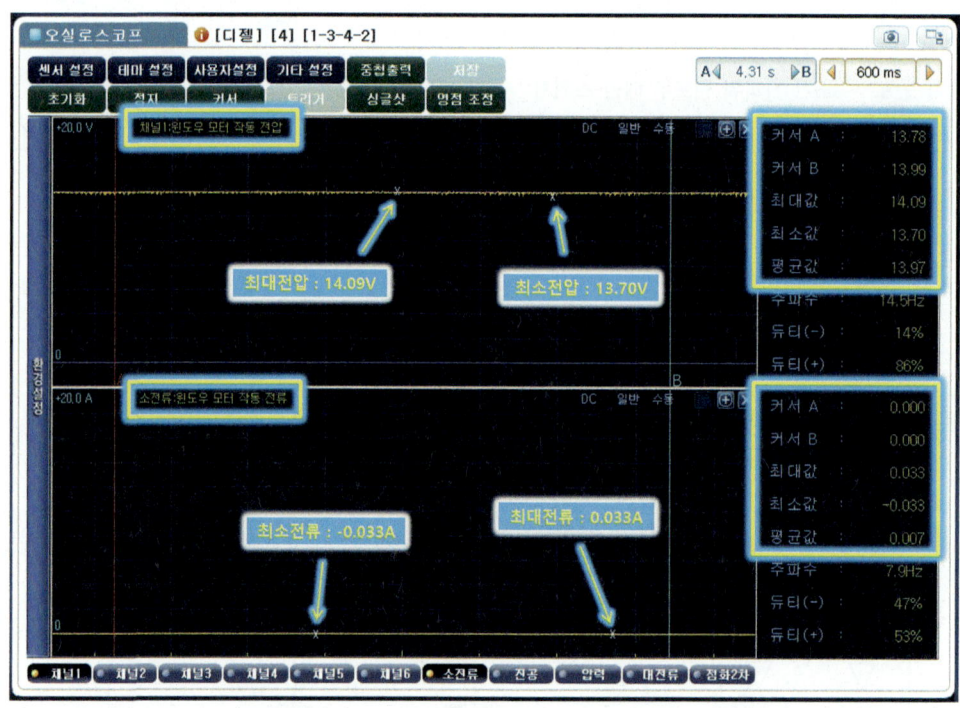

위 그림은 파워 윈도우 작동 시 전압과 전류 측정을 위한 준비 화면이며 "커서 A"와 "커서 B"를 모터 작동 시 임의 구간에 위치시킨 다음 최대 전압 14.09V, 최소전압 13.70V와 최대전류 0.033A, 최소전류 −0.033A로 표기한 화면이다.

07 파워 윈도우 상승 작동 시 출력 파형

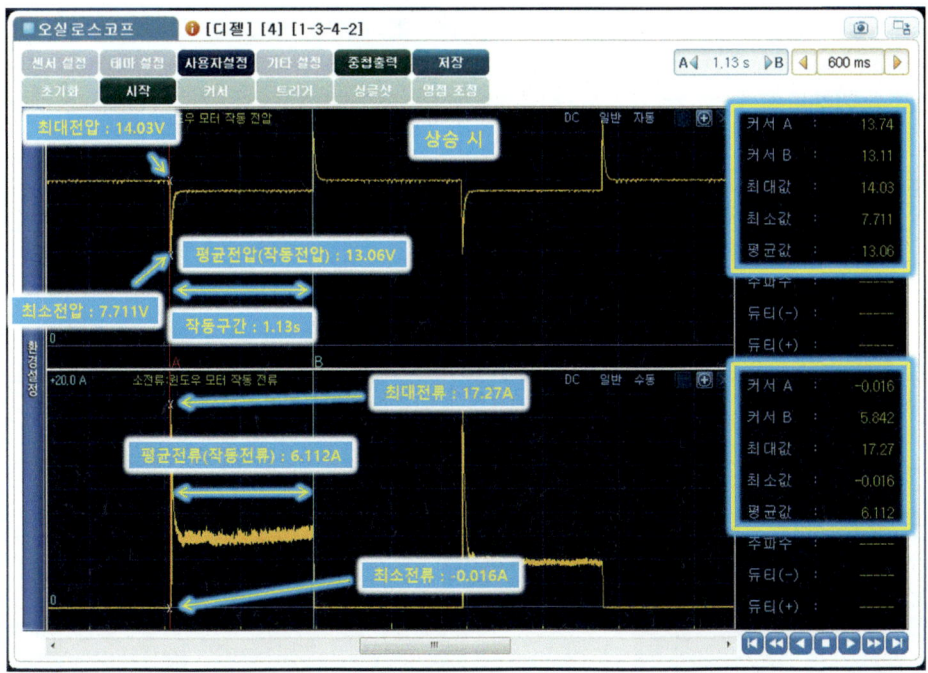

위 그림은 파워 윈도우 "상승 및 하강" 작동 시 전압과 전류 출력 파형이며 "커서 A"를 상승 시작 지점에 위치하고 "커서 B"는 모터 상승 끝부분에 위치시킨 다음 최대전압 14.03V, 최소전압 7.711V, 작동 구간(시간) 1.13s, 평균(작동)전압 13.06V와 최대전류 17.27A, 최소전류 −0.016A, 평균(작동)전류 6.112A로 표기한 화면이다.

08 상승 시 출력 파형 출력물_파워 윈도우 상승 시 파형 출력 및 분석 내용 표기

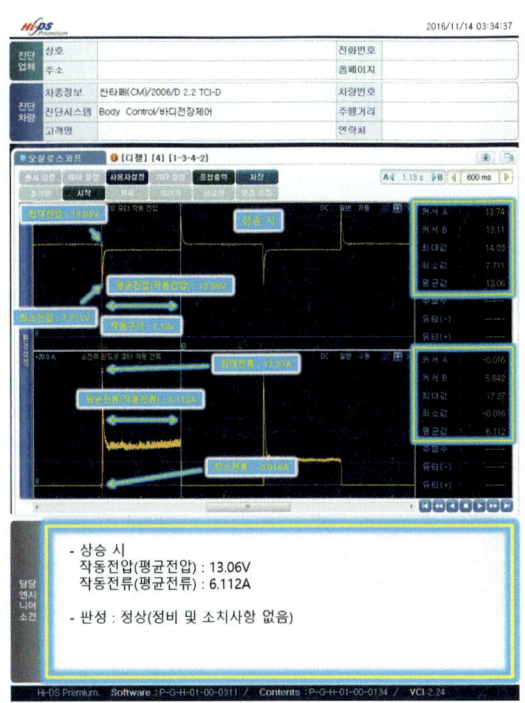

09 답안 작성_파워 윈도우 상승 작동 시 출력 파형에 의한 분석 내용 및 답안 작성하기

[참고] 파워 윈도우 "상승 작동 시" 전압과 전룻값이므로 "평균전압과 평균 전류"가 작동값이다.

◈ **전기 1. 기록표**

1) 파형   자동차 번호 :

비 번호		감독확인	

항 목	파형 분석 및 판정			득 점
	분석 항목	분석 내용	판정(□에 '✔' 표)	
파워 윈도우 전압과 전류 파형	작동전압(상승 시): 13.06V	분석 내용은 출력물에 표시하시오.	☑ 양 호 □ 불 량	
	작동전압(하강 시):			
	작동전류(상승 시) : 6.112A			
	작동전류(하강 시) :			

* 주의 사항: 분석 항목 및 내용은 출력물에 표기하며 관련 사항은 감독위원의 지시에 따릅니다.

10 파워 윈도우 하강 작동 시 출력 파형

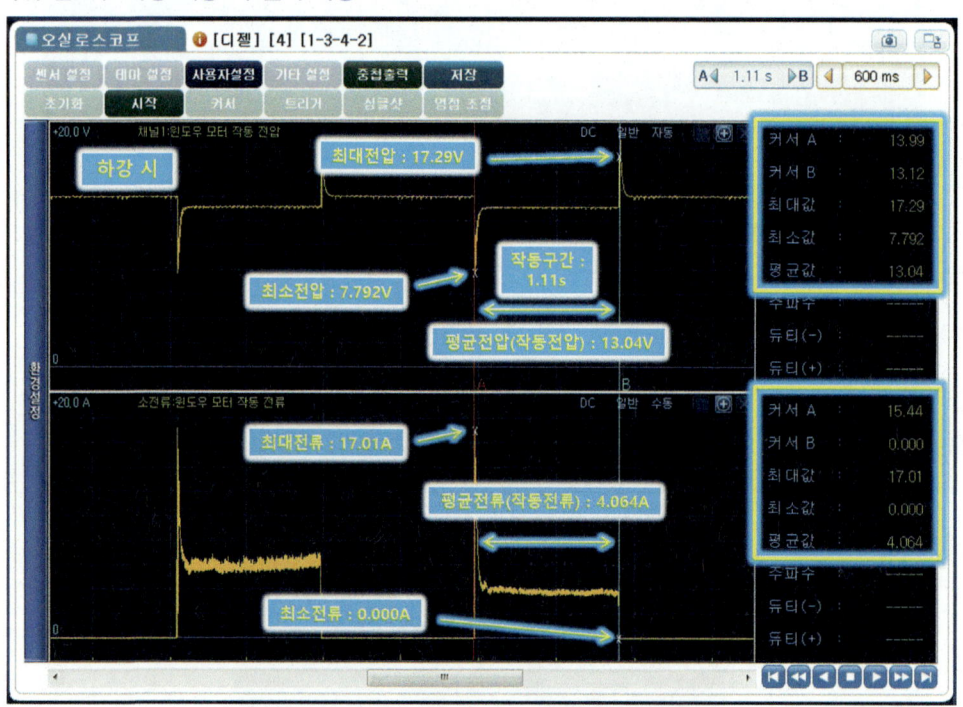

위 그림은 파워 윈도우 "상승 및 하강" 작동 시 전압과 전류 출력 파형이며 "커서 A"를 하강 시작 지점에 위치하고 "커서 B"는 모터 하강 끝부분에 위치시킨 다음 최대전압 17.29V, 최소전압 7.792V, 작동 구간(시간) 1.11s, 평균(작동)전압 13.04V와 최대전류 17.01A, 최소전류 0.000A, 평균(작동)전류 4.064A로 표기한 화면이다.

11 하강 시 출력 파형 출력물_파워 윈도우 하강 시 파형 출력 및 분석 내용 표기

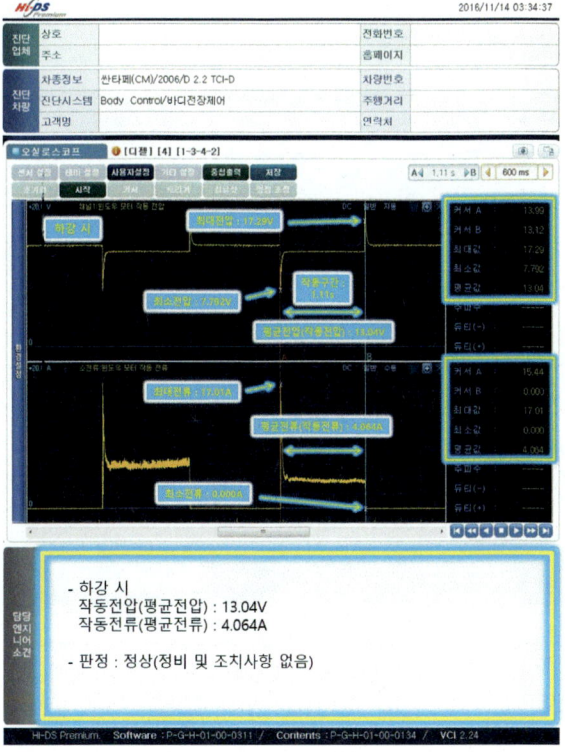

12 답안 작성_파워 윈도우 하강 작동 시 출력 파형에 의한 분석 내용 및 답안 작성하기

[참고] 파워 윈도우 "하강 작동 시" 전압과 전룻값이므로 "평균전압과 평균 전류"가 작동값이다.

◈ 전기 1. 기록표

		비 번호		감독확인	
1) 파형	자동차 번호 :				

항 목	파형 분석 및 판정			득 점
	분석 항목	분석 내용	판정(□에 '✔' 표)	
파워 윈도우 전압과 전류 파형	작동전압(상승 시): 13.06V	분석 내용은 출력물에 표시하시오.	☑ 양 호 □ 불 량	
	작동전압(하강 시): 13.04V			
	작동전류(상승 시): 6.112A			
	작동전류(하강 시): 4.064A			

* 주의 사항: 분석 항목 및 내용은 출력물에 표기하며 관련 사항은 감독위원의 지시에 따릅니다.

⑬ 파워 윈도우 상승 및 하강 작동 시 출력 파형

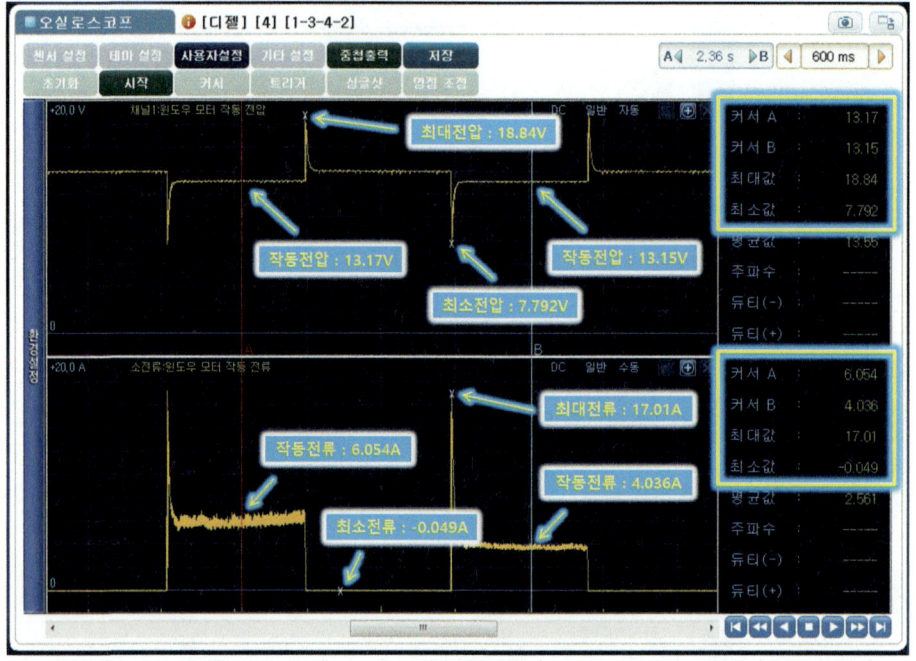

위 그림은 파워 윈도우 "상승 및 하강" 작동 시 전압과 전류 출력 파형이며 "커서 A"를 상승 시 작동 구간 중앙에 위치하고 "커서 B"는 하강 시 작동 구간 중앙에 위치시킨 다음 최대전압 18.84V, 최소전압 7.792V, 커서 A(상승 시 작동전압) 13.17V, 커서 B(하강 시 작동전압) 13.15V와 최대전류 17.01A, 최소전류 -0.049A, 커서 A(상승 시 작동전류) 6.054A, 커서 B(하강 시 작동전류) 4.036A로 표기한 화면이다.

⑭ 상승 및 하강 시 출력 파형 출력물_파워 윈도우 상승 및 하강 시 파형 출력 및 분석내용표기

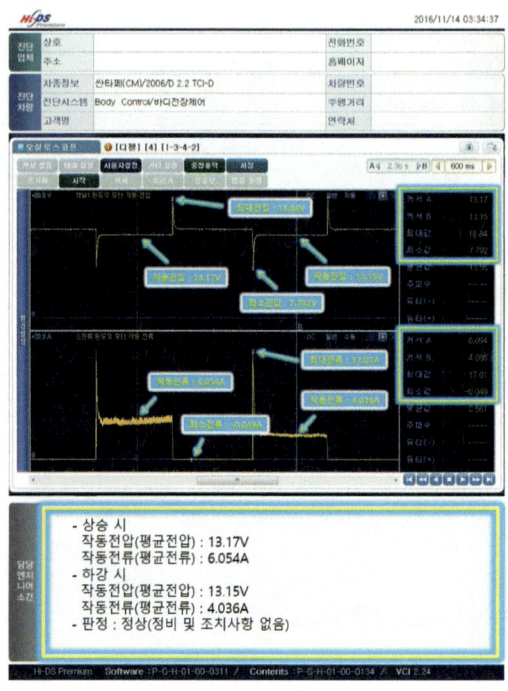

⑮ 답안 작성_파워 윈도우 상승 및 하강 작동 시 출력 파형에 의한 분석 내용 및 답안 작성하기

[참고] 파워 윈도우 상승 및 하강 "작동 시" 전압과 전룻값이므로 "커서 A"가 상승 시 작동전압과 전류이며, "커서 B"는 하강 시 작동전압과 전류이다.

◈ 전기 1. 기록표

1) 파형   자동차 번호 :

비 번호		감독확인	

항 목	파형 분석 및 판정			득 점
	분석 항목	분석 내용	판정(□에 '✔' 표)	
파워 윈도우 전압과 전류 파형	작동전압(상승 시): 13.17V	분석 내용은 출력물에 표시하시오.	☑ 양 호 □ 불 량	
	작동전압(하강 시): 13.15V			
	작동전류(상승 시): 6.054A			
	작동전류(하강 시): 4.036A			

* 주의 사항: 분석 항목 및 내용은 출력물에 표기하며 관련 사항은 시험위원의 지시에 따른다.

정비기능장

K

전 기

2) 회로 점검 및 기록표 작성

주어진 자동차에서 정비 지침서의 회로도를 이용하여 기록표에서 요구하는 회로를 점검하고, 이상 내용을 기록표에 기록한 후 정비하시오.

01   시트(안전)벨트 회로 점검

01 BCM 회로 & 연료 주입구 회로(1)_안전벨트 BCM 커넥터 및 체크포인트

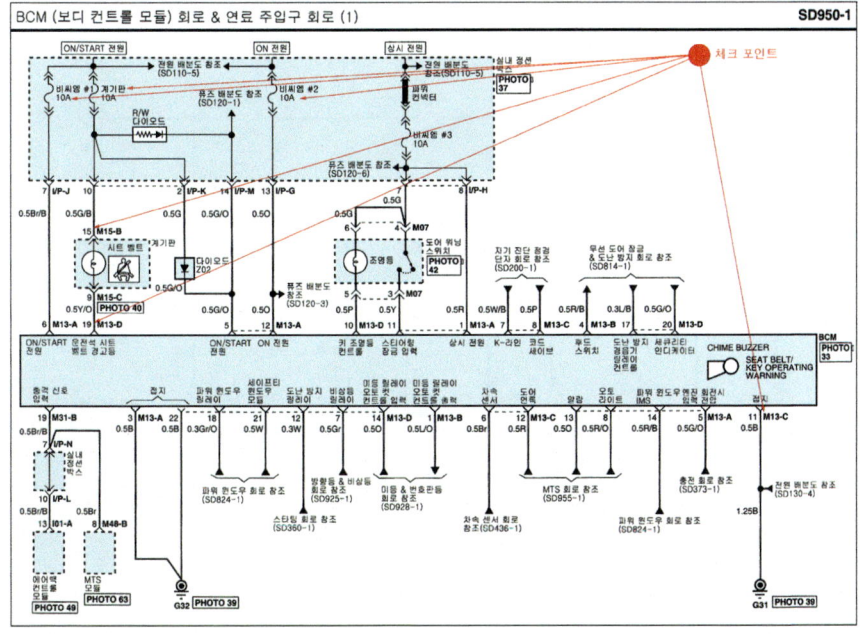

02 안전벨트 전원 배분도(5)

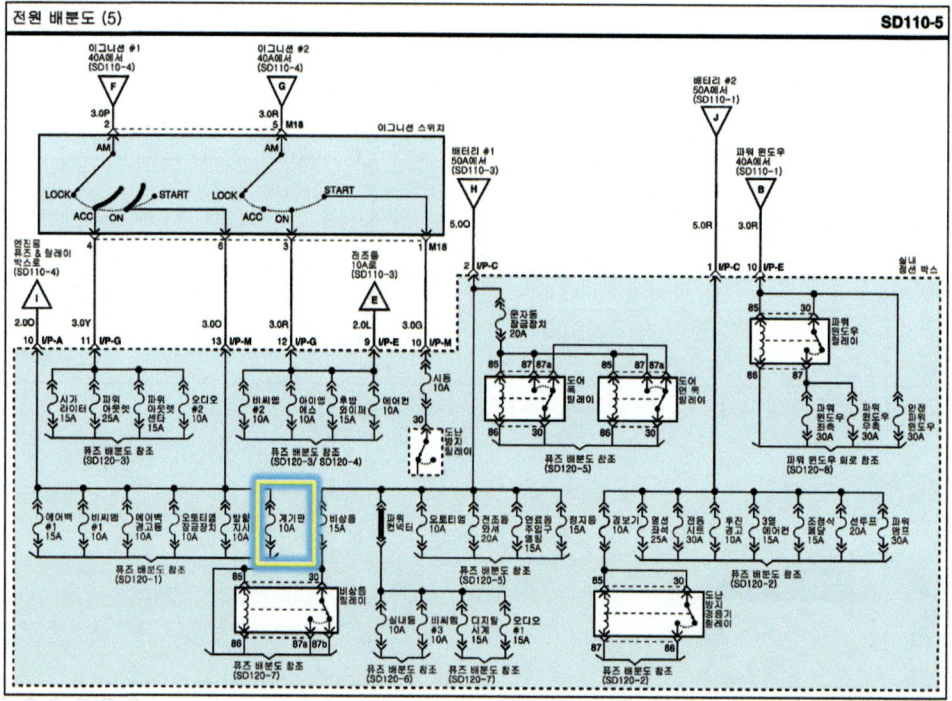

03 안전벨트 경고등 & 게이지 회로(1)_체크포인트

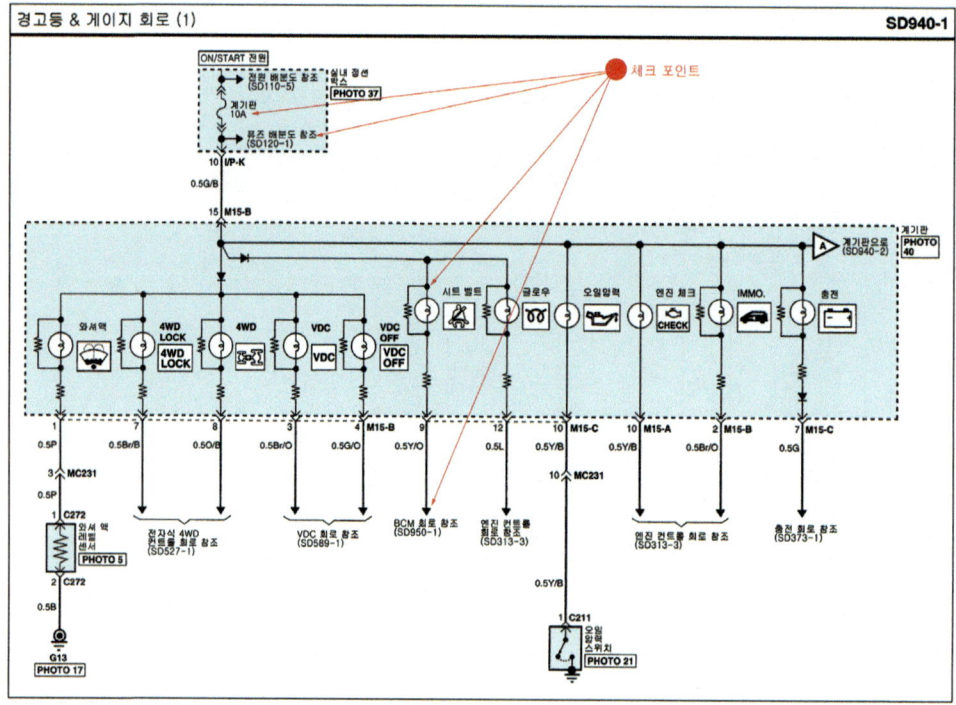

04 퓨즈 연결 회로_안전벨트 실내 정선박스 퓨즈 용량

표기	용량(A)	연결회로
시동	10A	도난 방지 릴레이
파워 윈도우 좌측	30A	파워 윈도우 메인 스위치, 좌측 뒤 파워 윈도우 스위치
파워 윈도우 우측	30A	파워 윈도우 메인 스위치, 우측 앞/뒤 파워 윈도우 스위치
선루프	20A	선루프 모터
전동 시트	30A	IMS컨트롤 모듈
안전파워 윈도우	30A	세이프티 파워 윈도우 ECM
열선 미러	10A	리어 디포거 스위치, 좌/우측 파워 아웃사이드 미러 & 미러 폴딩 모터
에어백 #1	15A	에어백 컨트롤 모듈#1
실내등	10A	핸즈프리 모듈, 계기판, 좌측 앞 도어 램프, 카고 램프, 리어 퍼스널 램프 LH/고, 맴램프, 실내등, 운전석/조수석 화장 등 스위치
에어컨	10A	에어컨 컨트롤 모듈, 블로워 하이 릴레이, AQS센서, 실내온도 & 습도센서, 리어 에어컨 스위치, 선루프 모터, 리어 에어컨 릴레이, PTC히터 릴레이#2,#3, 실내 감광미러, 전조등 와셔 릴레이, 블로워 릴레이
열선 좌석	25A	운전석 · 조수석 시트 히터 컨트롤 모듈
파워 앰프	30A	DELPHI 앰프, 오디오 앰프
파워 아웃렛 센터	15A	리어 파워 아웃렛 #2
파워 아웃렛	25A	프런트 파워 아웃렛, 리어 파워 아웃렛#1
시가라이터	15A	프런트 파워 아웃렛
문자동 잠금장치	20A	도어 록/언록 릴레이, BCM, 좌측 앞/뒤 도어 록, 액추에이터, 우측 앞/뒤 도어 록 액추에이터, 테일게이트 록 액추에이터
에어백 경고등	10A	계기판
오토티엠 잠금장치	10A	ATM키 록 모듈, VDC스위치, 운전석/조수석 시트히터 컨트롤 모듈
방향지시등	10A	비상등 스위치
조정식 페달	15A	어드저스트 페달 릴레이
비상등	15A	비상등 릴레이, 비상등 스위치
후방 와이퍼	15A	리어 간헐 와이퍼 모듈, 다기능 스위치
에어컨 스위치	10A	에어컨 컨트롤 모듈
계기판	10A	핸즈프리 모듈, MTS잭, 계기판, BCM, 제너레이터
비씨엠 #1	10A	BCM
연료통 주입구 열림	15A	연료 주입구 스위치
경보기	10A	도난 방지 경음기 릴레이, BCM, 도난방지 경음기
3열 에어컨	15A	리어 에어컨 릴레이
후진 경고	10A	후진 경고 부저
아이엠에스	10A	IMS 컨트롤 모듈, 레인 센서
오디오 #2	10A	파워 윈도우 메인 스위치, DELPHI 오디오, 오디오, 파워 아웃사이드 미러 & 미러 폴딩 모터, BCM, MTS모듈, ATM키 록 모듈, A/V헤드 모듈, 시계, 핸즈프리 모듈, 튜너 모듈
블로워	30A	블로워 릴레이, 에어컨 스위치 10A, 블로워 모터
정지등	15A	정지등 스위치
전조등 와셔	20A	전조등 와셔 릴레이
비씨엠 #3	10A	도어 워닝 스위치, IMS컨트롤 모듈, 파워 아웃사이드 미러 & 미러 폴딩 모터, 세큐리티 인디게이터, BCM, 파워 윈도우 메인 스위치, 우측 앞 파워 윈도우 스위치
디지털시계	15A	시계, 자기진단점검단자, 에어컨 컨트롤 모듈
오디오 #1	15A	DELPHI 오디오, 오디오, MRS모듈, A/V헤드 모듈, 튜너 모듈, 내비게이션 모듈
오토티엠	10A	키 솔레노이드, 스포츠 모드 스위치
비씨엠#2	10A	레오스테트, BCM, EPS 모듈

K
안

05 안전벨트 퓨즈 배분도(1)

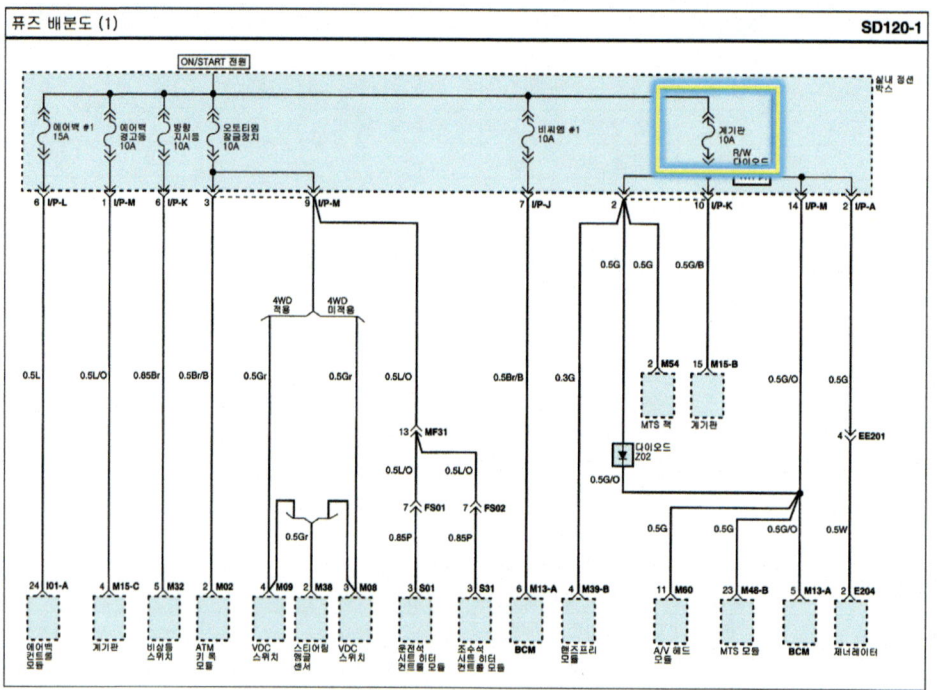

06 M13-D(22P) 안전벨트 BCM 커넥터

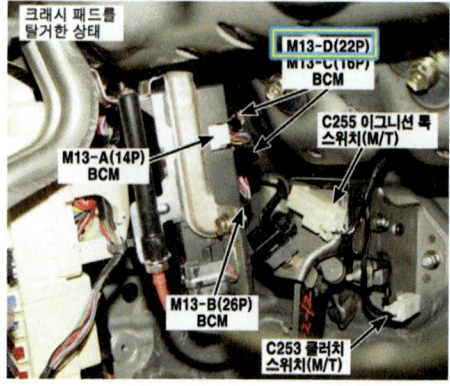

07 안전벨트 계기판

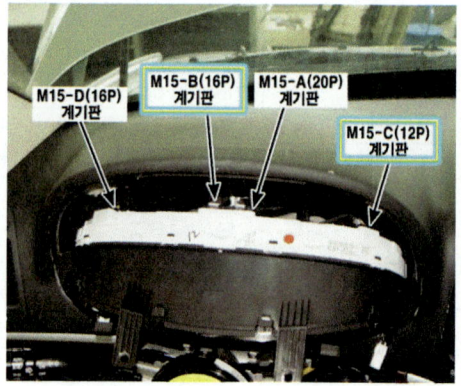

08 회로 고장 부분과 내용 및 상태 참고 자료

고장 부분	내용 및 상태	정비 및 조치할 사항
계기판 10A 퓨즈	단선	계기판 10A 퓨즈 교환 후 재점검
BCM 1번 10A 퓨즈	단선	BCM 1번 10A 퓨즈 교환 후 재점검
BCM 2번 10A 퓨즈	단선	BCM 2번 10A 퓨즈 교환 후 재점검
계기판 안전벨트 경고등 커넥터	탈거	계기판 안전벨트 경고등 커넥터 결합 후 재점검
BCM 입력 전원 커넥터	탈거	BCM 입력 전원 커넥터 결합 후 재점검
시트벨트 스위치(운전석, 조수석) 커넥터	탈거	시트벨트 스위치(운전석, 조수석) 커넥터 결합 후 재점검

02 방향지시등 회로 점검_B안 참고

03 윈도우 모터 회로 점검_J안 참고

09 답안 작성_분석 내용 답안 작성하기

[참고] 위에서 설명한 시트벨트, 방향지시등(B안), 윈도우 모터 회로(J안) 점검 방법을 참고하여 고장 부분, 내용 및 상태, 정비 및 조치 사항을 기재한다.

◈ 전기 2. 기록표

자동차 번호 :

비 번호		감독확인	

항 목	점검(또는 측정)		정비 및 조치 사항	득 점
	고장 부분	내용 및 상태		
시트벨트 회로	실내 정션박스 내 계기판 10A	단선	정격용량(10A) 퓨즈 장착(교환) 후 재점검	
방향지시등 회로				
윈도우 모터 회로				

정비기능장

K 전 기

3) 파형 측정

주어진 자동차에서 시험위원 지시에 따라 기록표의 요구사항을 점검 및 측정하여 기록하시오.

01 LIN통신 파형 측정_B안 참고

02 점검 및 측정[CAN 라인 저항]_A안 참고

K
안

01 테스터

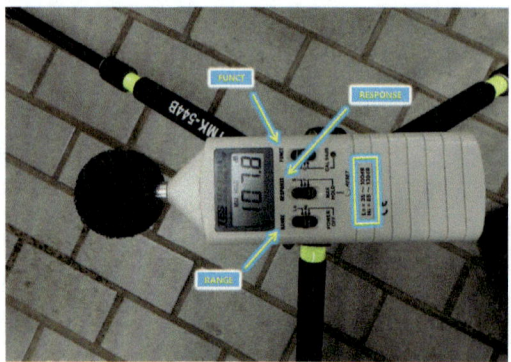

위 그림은 음량 테스터이며 FUNCT, RESPONSE, RANGE,
Lo = 35~100dB, Hi = 65~130dB이다.

02 테스터 설치

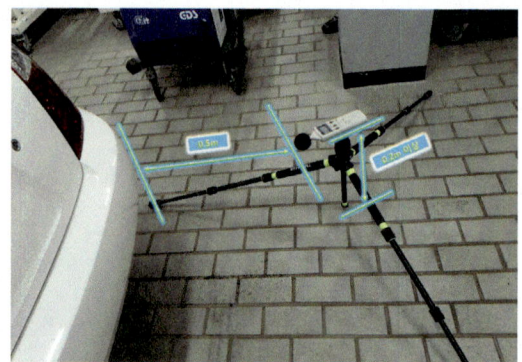

위 그림과 같이 테스터를 측정 거리 "0.5m", 측정 높이
"0.2m 이상"으로 설치한다.

03 설치 위치

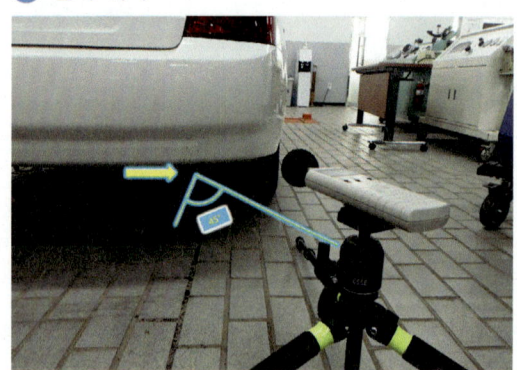

위 그림과 같이 "테스터 설치 위치"는 머플러에서 "45° "
로 한다.

04 측정 및 판독_1

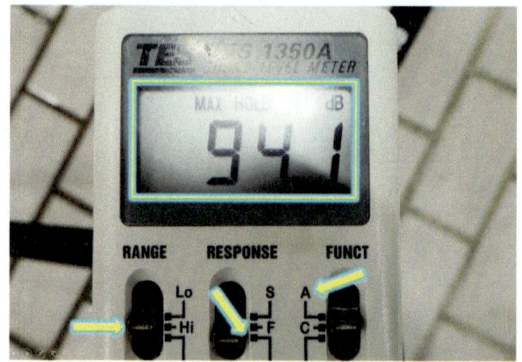

위 그림과 같이 RANGE "Hi", RESPONSE "MAX HOLD",
FUNCT "C"로 위치한 다음 엔진 시동을 "ON"한 상태에서
"정상적인 공회전 시" 측정하며, 측정값은 "이다.

05 답안 작성_측정값에 의한 분석 내용 및 답안 작성하기

[참고] 엔진 정상적인 공회전 시 측정하며, 규정 값은 소음·진동 관리법 시행규칙[별표 13] 자동차의 소음 허용 기준(제29조 및
제40조 관련)을 참고한다.

■ 점검 및 측정

항 목	점검(또는 측정)		판정 및 정비(또는 조치) 사항		득 점
	측정값	규정값(정비한계값)	판정(□에 '✔'표)	정비 및 조치 사항	
CAN 라인 저항 (High-Low 라인간)			□ 양 호 □ 불 량	정비 및 조치 사항 없음 또는 정상	
배기음(소음) 측정	94.1dB	100.0dB 이하	☑ 양 호 □ 불 량		

※ 주의 사항: 감독위원이 지정하는 CAN 라인의 저항 측정 및 배기 음(소음) 측정하시오.

06 측정 및 판독_2

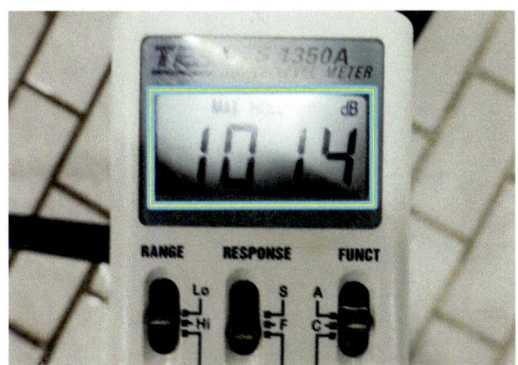

위 그림은 엔진 "급가속" 상태에서 측정한 것이며, 측정값"
이다.

07 답안 작성_측정값에 의한 분석 내용 및 답안 작성하기

[참고] 엔진 급가속 상태에서 측정하며, 규정 값은 소음ㆍ진동 관리법 시행규칙[별표 13] 자동차의 소음 허용 기준(제29조 및 제
40조 관련)을 참고한다.

■ 점검 및 측정

항 목	점검(또는 측정)		판정 및 정비(또는 조치) 사항		득 점
	측정값	규정값(정비한계값)	판정(□에 '✔' 표)	정비 및 조치할 사항	
CAN 라인 저항 (High–Low 라인간)			□ 양 호 □ 불 량	엔드 머플러 교환 후 재측정	
배기음(소음) 측정	101.4dB	100.0dB 이하	□ 양 호 ☑ 불 량		

※ 주의 사항: 감독위원이 지정하는 CAN 라인의 저항 측정 및 배기 음(소음) 측정하시오.

자동차정비 기능장

국가기술자격검정 실기시험문제

1. 기 관

1) 주어진 전자제어 디젤 엔진에서 감독위원의 지시에 따라 크랭크축 리테이너와 고압연료펌프를 탈거하고 감독위원에게 확인 후, 다시 조립(부착)하여 엔진 및 시동 관련회로를 점검한 후 시동작업과 기록표의 요구사항을 점검 및 측정하고 기록표에 기록하시오.
(단, 시동되지 않는 경우 "2" 과제는 작업할 수 없다)

2) 주어진 엔진에서 감독위원의 지시에 따라 기록표 요구사항을 점검 및 측정하여 기록하시오.

3) 주어진 자동차에서 크랭킹은 가능하나 시동되지 않고, 시동된 후에도 부조가 발생합니다. 고장원인을 찾아 수리후 기록표에 기록하시오.

2. 섀 시

1) 주어진 자동차에서 감독위원의 지시에 따라 전륜 현가장치의 쇽업쇼버 코일 스프링을 탈거하고 감독위원에게 확인 후, 다시 조립(부착)하여 작동상태를 점검한 후 기록표의 요구사항을 점검 및 측정하여 기록하시오.

2) 주어진 전자제어 자동변속기 자동차에서 감독위원의 지시에 따라 인히비터 스위치를 탈거하고 감독위원에게 확인 후, 다시 조립(부착)하여 작동상태를 확인하고, 기록표의 요구사항을 점검 및 측정하여 기록하시오.

3. 전 기

1) 감독위원의 지시에 따라 자동차에서 에어컨 가스를 회수하고 에어컨 컴프레셔를 탈·부착 작업 후 가스를 충전시킨 다음, 작동상태를 확인하고, 기록표의 요구사항을 점검 및 측정하고 기록표에 기록하시오.

2) 주어진 자동차에서 정비지침서의 회로도를 이용하여 기록표에서 요구하는 회로를 점검하고, 이상내용을 기록표에 기록한 후 정비하시오

3) 주어진 자동차에서 감독위원 지시에 따라 기록표의 요구사항을 점검 및 측정하여 기록하시오..

국가기술자격검정실기시험문제 Q안

자 격 종 목	자동차정비 기능장	작 품 명	자동차 정비 작업

- 비 번호
- 시험시간 : 6시간 30분(기관 : 140분, 섀시 : 130분, 전기 : 120분)
  ※ 시험 안 및 요구사항 일부내용이 변경될 수 있음

정비기능장

Q

엔 진

캠축 오일 리테이너와 인젝터 탈·부착

주어진 전자제어 기관에서 시험위원의 지시에 따라 캠축 오일 리테이너와 인젝터 모두를 탈거하고 시험위원에게 확인 후 다시 조립(부착)하시오.

부품 분해 조립 시 주의사항

① 분해·조립 작업은 반드시 대상 부품의 정면에서 한다.
② 분해한 부품에서 볼트 및 너트를 빼내지 말고 되도록 끼워진 상태로 부품을 탈거한다.
③ 분해하기 위해 볼트 및 너트를 풀 때는 바깥쪽에서 중앙을 향하며, 조일 때는 중앙에서 바깥쪽을 향하도록 하고, 특히 실린더 헤드 볼트의 경우는 풀고, 조이는 순서에 주의하여야 변형을 방지할 수 있다.
④ 분해한 부품의 접촉면이 바닥에 직접 닿지 않도록 주의한다.
⑤ 부품은 분해한 순서로 정리 정돈한 후 분해의 역순으로 조립한다.
⑥ 조립이 복잡한 부품은 표기를 한 후 분해한다.
⑦ 볼트 및 너트는 반드시 토크 렌치를 이용하여 규정 토크로 조이되 하나의 부품에 갯수가 여러 개일 경우 2~3회 정도 나누어 조인다.
⑧ 개스킷 및 오링은 반드시 신품으로 교환한다.
⑨ 부품 대를 사용하며 조립을 위하여 아래 칸부터 채워서 위로 올라오도록 정리한다.

정비기능장

Q

엔진

캠축 오일 리테이너와 인젝터 탈·부착

주어진 전자제어 기관에서 시험위원의 지시에 따라 캠축 오일 리테이너와 인젝터 모두를 탈거하고 시험위원에게 확인 후 다시 조립(부착)하시오.

---

01 캠축 오일 리테이너 탈·부착

01 팬벨트 및 타이밍벨트 커버 탈거

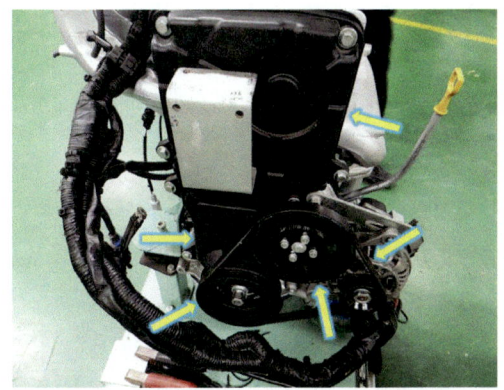

위 그림과 같이 "팬벨트"를 탈거하고 "워터펌프 풀리", "크랭크축 풀리", 타이밍벨트 "상부와 하부커버"를 탈거한다.

02 타이밍벨트 탈거

위 그림은 타이밍벨트 관련 부품이며 "H안 타이밍벨트 탈거"를 참고한다.

03 고전압 분배 배선 탈거

위 그림과 같이 4개의 "고전압 분배 배선"을 점화 플러그에서 탈거한다.

04 PCV 호스와 에어 브리더 호스 탈거

위 그림과 같이 "PCV 호스와 에어 브리더 호스"를 탈거한다.

Q
안

05 실린더 헤드커버 고정 볼트

위 그림과 같이 실린더 "헤드커버 고정 볼트(10mm)"를 모두 푼다.

06 실린더 헤드커버 탈거

위 그림과 같이 "실린더 헤드커버"를 탈거한다.

07 배기 캠축 스프로킷 고정 볼트

위 그림과 같이 배기 캠축 "스프로킷 고정 볼트(17mm)"를 푼다.

08 배기 캠축 저널베어링 캡 탈거

위 그림과 같이 배기 캠축 "저널베어링 캡 고정 볼트(10mm)"를 푼 다음 "캡"을 탈거한다. [참고: 오일 리테이너 분해를 위하여 "1번 저널베어링 캡"만 탈거하여도 된다.]

09 배기 캠축 오일 리테이너 탈거

위 그림과 같이 "배기 캠축 오일 리테이너"를 탈거한다.

10 배기 캠축 오일 리테이너

위 그림은 배기 캠축 오일 리테이너 탈거 후 모습이다.

⑪ 배기 캠축 오일 리테이너 장착

위 그림과 같이 신품의 "배기 캠축 오일 리테이너"를 장착한다.

⑫ 배기 캠축 저널베어링 캡 조립

위 그림과 같이 배기 캠축 "저널베어링 캡"을 모두 장착한 다음 "고정 볼트"를 규정 토크로 조인다. [참고: 고정 볼트는 3번 저널 캡 부터 2, 4, 1, 5번 순으로 "3회에 나누어" 조금씩 조인다.]

⑬ 배기 캠축 스프로킷 장착

위 그림과 같이 "배기 캠축 스프로킷"을 설치하고 "고정 볼트"를 규정 토크로 조인다.

⑭ 타이밍벨트 장착

위 그림은 타이밍벨트 조립 관련 자료이며 "H안 타이밍벨트 조립"을 참고한다.

⑮ 타이밍벨트 커버 및 팬벨트 조립

위 그림과 같이 "타이밍벨트 커버"를 조립한 다음 "팬벨트"를 장착한 후 "장력"이 규정 값 이내인지 점검한다.

⑯ 실린더 헤드커버 조립

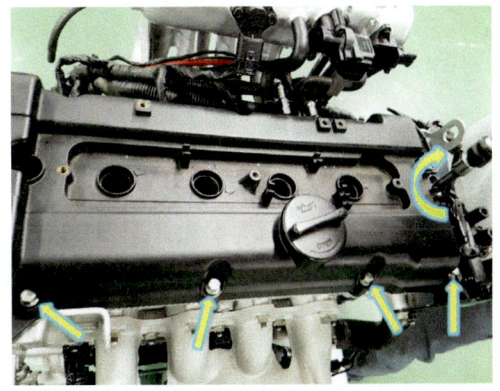

위 그림과 같이 "실린더 헤드커버"를 설치하고 고정 볼트를 규정 토크로 조인다. [참고: "가운데 볼트"부터 대각선 방향으로 "바깥쪽"으로 조인다.]

17 고전압 분배 배선 및 PCV 호스, 에어 브리더 호스 조립

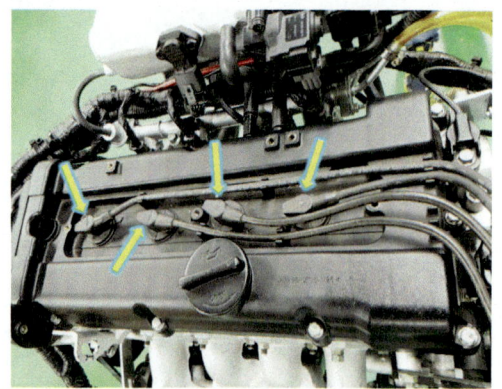

위 그림과 같이 "고전압 분배 배선과 PCV 호스", "에어 브리더 호스"를 조립한다.

02 인젝터 탈·부착

01 부속 부품 명칭

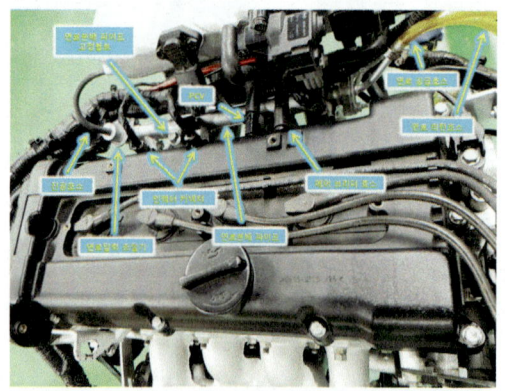

위 그림은 엔진 상부이며 연료분배 파이프 고정 볼트, PCV, 연료공급 호스, 연료 리턴호스, 에어 브리더 호스, 연료분배 파이프, 인젝터 커넥터, 연료압력조절기, 진공호스이다.

02 PCV 호스 및 에어 브리더 호스 탈거

위 그림과 같이 "PCV 호스와 에어 브리더 호스"를 탈거한다.

03 인젝터 커넥터와 진공호스 탈거

위 그림과 같이 4개의 "인젝터에서 커넥터"를 분리하고 연료압력조절기 "진공호스"를 탈거한다.

04 연료호스 탈거

위 그림과 같이 "연료공급 및 리턴호스"를 탈거한다.

05 연료분배 파이프 고정 볼트

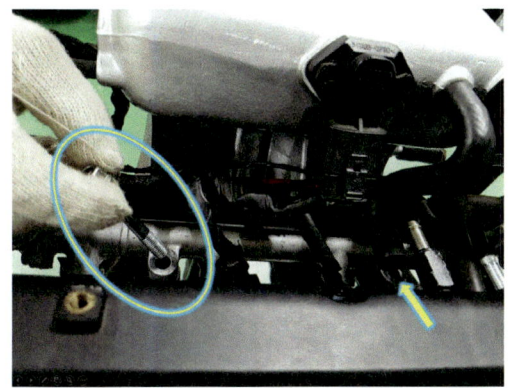

위 그림과 같이 연료분배 "파이프 고정 볼트(12mm) 2개"를 푼다.

06 연료분배 파이프 및 인젝터 탈거

위 그림과 같이 "연료분배 파이프와 인젝터 어셈블리"를 탈거한다.

07 연료분배 파이프 및 인젝터

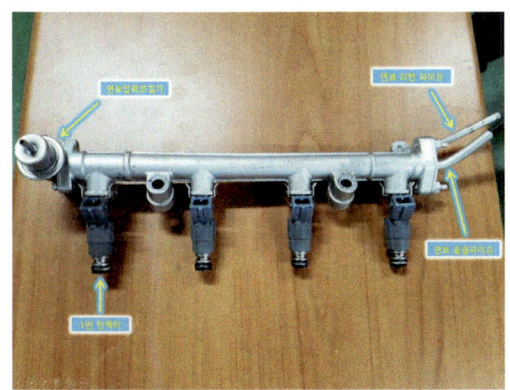

위 그림은 연료분배 파이프와 인젝터 어셈블리 분해 후 모습이다.

08 인젝터

위 그림과 같이 연료분배 파이프에서 "인젝터 고정핀"을 뺀 다음 탈거한다.

09 연료분배 파이프 및 인젝터 설치

위 그림과 같이 연료분배 파이프에 "인젝터"를 조립한 다음 "연료분배 파이프 어셈블리"를 설치한다.

10 연료분배 파이프 어셈블리 조립

위 그림과 같이 "인젝터 시일 링"이 파손되지 않도록 4개의 "인젝터를 회전"시키면서 정확한 위치에 안착시키고 연료분배 파이프 "고정 볼트"를 규정 토크로 조여 조립한다.

11 PCV 호스 및 에어 브리더 호스, 인젝터 커넥터 조립

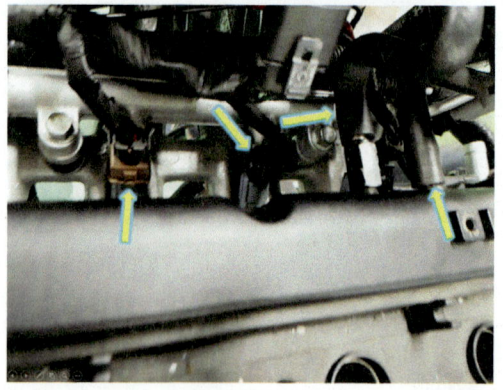

위 그림과 같이 "PCV 호스와 에어 브리더 호스", "인젝터 커넥터"를 조립한다.

12 연료압력조절기 진공호스 및 연료호스 조립

위 그림과 같이 "연료압력조절기 진공호스와 연료공급 및 리턴호스"를 조립한다.

정비기능장

Q 기록표 요구사항 점검 · 측정

엔 진

주어진 기관에서 시험위원의 지시에 따라 기록표 요구사항을 점검 및 측정하여 기록하시오.

01 노크 센서 파형 측정

01 관련 부품 명칭

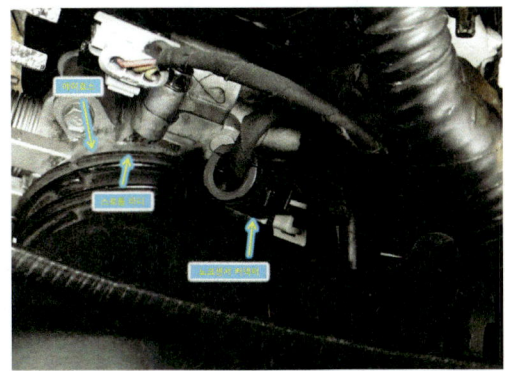

위 그림은 엔진룸 내 흡기계통이며 공기호스, 스로틀 바디, 노크 센서 커넥터이다.

02 채널 1번 전원 프로브 설치

위 그림과 같이 "채널 1번" 전원 프로브를 "노크 센서 출력 단자"에 설치한다.

03 접지 프로브 설치

위 그림과 같이 "채널 1번" 접지 프로브를 엔진 본체(차체)에 "접지"한다.

04 채널 1번 프로브 설치

위 그림은 "채널 1번" 전원과 접지 프로브를 설치한 모습이다.

Q
안

05 엔진 시동 ON

위 그림과 같이 엔진 시동을 "ON"하여 정상적인 공회전 상태가 되도록 한다.

06 공회전 시 노크 센서 출력 파형_시간 축 1.5㎳로 설정한 상태에서 측정한다.

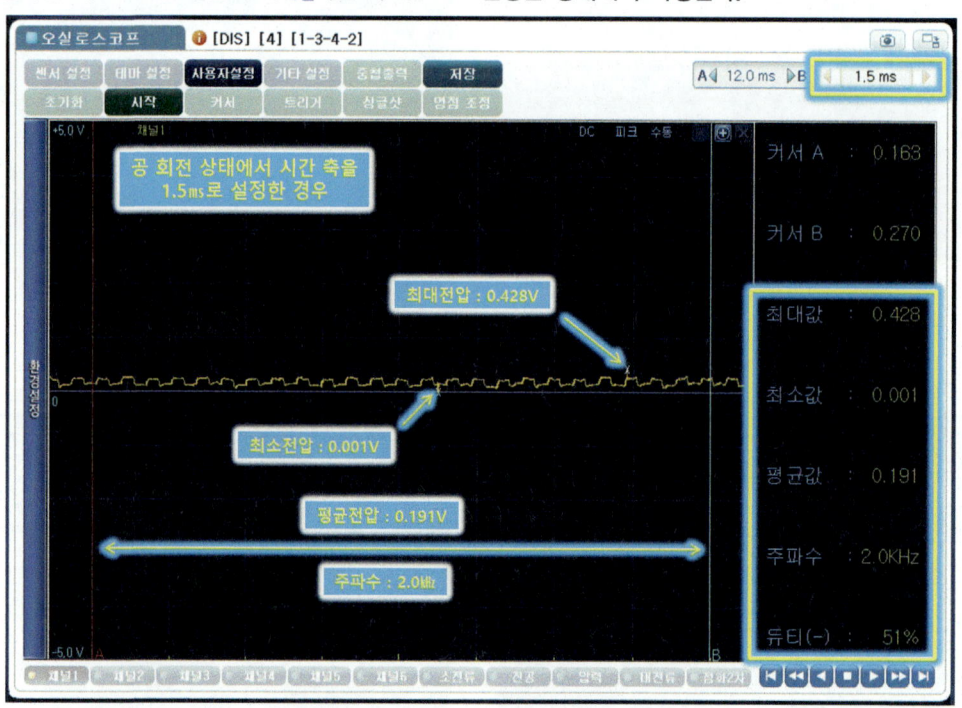

위 그림은 정상적인 공회전 상태의 노크센서 출력 파형이며 시간 축을 "1.5㎳"로 설정하고 "커서 A"를 파형이 시작되는 임의 지점에 위치하고 "커서 B"는 파형이 진행되는 임의 부분에 위치시킨 다음 주파수 2.0㎑, 최대전압 0.428V, 평균(출력)전압 0.191V, 최소전압 0.001V로 표기한 화면이다.

07 공회전 시 노크 센서 출력 파형_시간 축을 6㎳로 설정한 상태에서 측정한다.

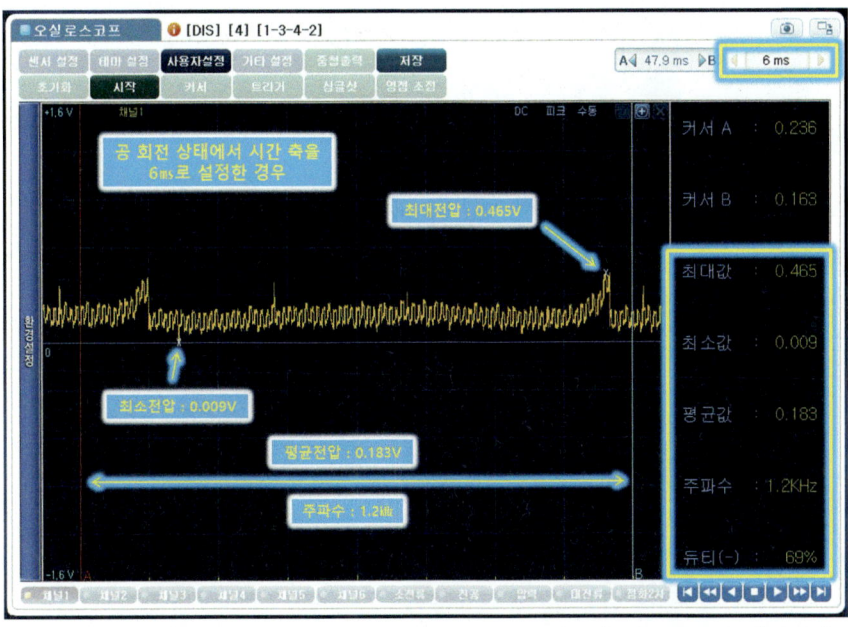

위 그림은 정상적인 공회전 상태의 노크센서 출력 파형이며 시간 축을 "6㎳"로 설정하고 "커서 A"를 파형이 시작되는 임의 지점에 위치하고 "커서 B"는 파형이 진행되는 임의 부분에 위치시킨 다음 주파수 1.2㎑, 최대전압 0.465V, 평균(출력)전압 0.183V, 최소전압 0.009V로 표기한 화면이다.

08 공회전 시 노크 센서 출력 파형_시간 축을 15㎳로 설정한 상태에서 측정한다.

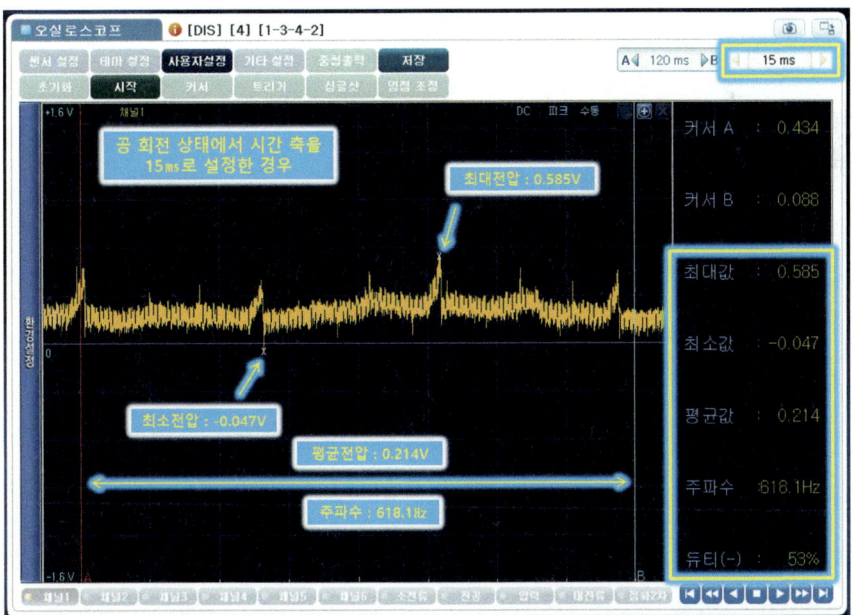

위 그림은 정상적인 공회전 상태의 노크센서 출력 파형이며 시간 축을 "15㎳"로 설정하고 "커서 A"를 파형이 시작되는 임의 지점에 위치하고 "커서 B"는 파형이 진행되는 임의 부분에 위치시킨 다음 주파수 618.1Hz, 최대전압 0.585V, 평균(출력)전압 0.214V, 최소전압 -0.047V로 표기한 화면이다.

09 출력 파형 출력물_파형 출력 및 분석내용표기

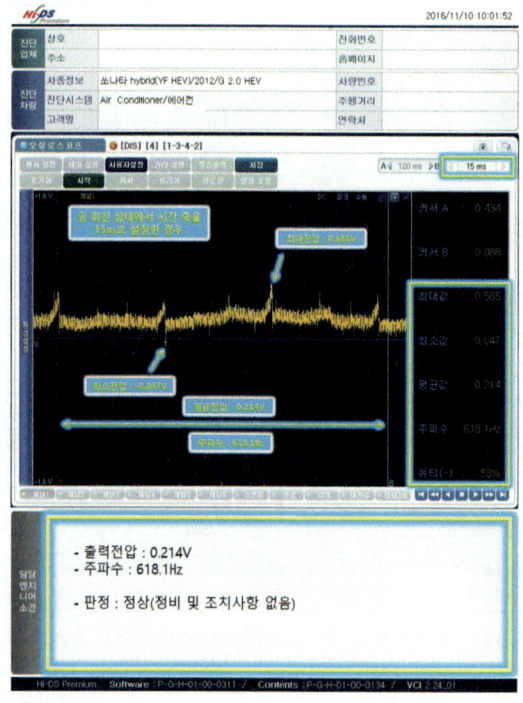

10 답안 작성_분석 내용 답안 작성하기

[참고] 정상적인 공회전 시 시간 축을 "15㎳"로 설정하고 파형을 측정한 결과물에 대한 분석이며, "출력전압"은 "평균전압"을 기재한다.

◈ **기관 2. 기록표**

비 번호		감독확인	

1) 파형   자동차 번호 :

항 목	파형 분석 및 판정			득 점
	분석 항목	분석 내용	판정(□에 '✔' 표)	
노크 센서	출력전압: 0.214V	분석 내용은 출력물에 표시하시오.	☑ 양 호 □ 불 량	
	주파수: 618.1㎐			

※ 주의 사항: 분석 항목 및 내용은 출력물에 표기하며 관련 사항은 감독위원의 지시에 따른다.

⑪ 3번 인젝터 커넥터 탈거

위 그림과 같이 "3번 인젝터 커넥터"를 탈거하여 "엔진 부조"에 따른 "진동"이 일어나도록 한 상태이다.

⑫ 공회전 시 노크 센서 출력 파형_시간 축을 15㎳로 설정한 다음 3번 인젝터 커넥터를 탈거한다.

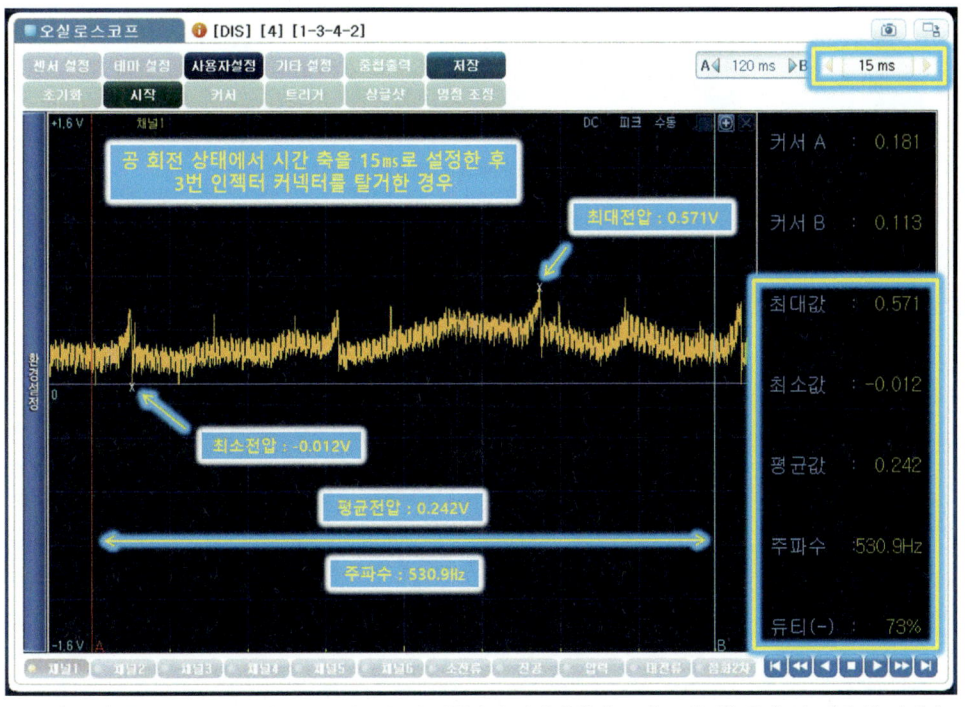

위 그림은 정상적인 공회전 상태의 노크센서 출력 파형이며 시간 축을 "15㎳"로 설정한 후 "3번 인젝터" 커넥터를 탈거하고 "커서 A"를 파형이 시작되는 임의 지점에 위치하고 "커서 B"는 파형이 진행되는 임의 부분에 위치시킨 다음 주파수 530.9Hz, 최대전압 0.571V, 평균(출력)전압 0.242V, 최소전압 -0.012V로 표기한 화면이다.

13 출력 파형 출력물_파형 출력 및 분석내용표기

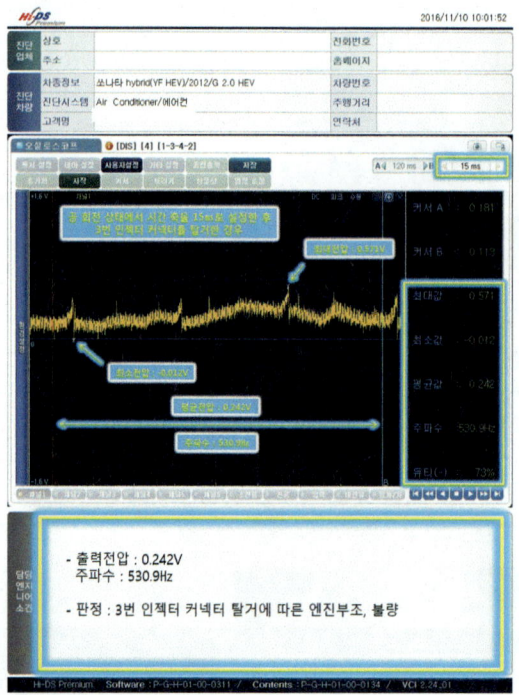

14 답안 작성_분석 내용 답안 작성하기

[참고] 엔진 공회전 시 시간 축을 15㎳로 설정한 후 "3번 인젝터 커넥터"를 탈거한 상태에서 측정한 결과물에 대한 분석이며, "출력
전압"은 "평균전압"을 기재한다.

◈ 기관 2. 기록표

1) 파형	자동차 번호 :		비 번호		감독확인	
항 목	파형 분석 및 판정					득 점
	분석 항목	분석 내용		판정(□에 '✔' 표)		
노크 센서	출력 전압: 0.242V	분석 내용은 출력물에 표시하시오.		□ 양 호 ☑ 불 량		
	주파수: 530.9Hz					

※ 주의 사항: 분석 항목 및 내용은 출력물에 표기하며 관련 사항은 감독위원의 지시에 따른다.

02 점검 및 측정[연료탱크 압력센서(FTPS) 출력 전압]

01 주변부품 명칭

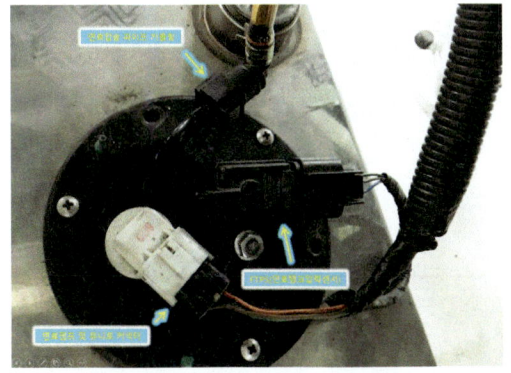

위 그림은 연료탱크 상부이며 연료 압송 파이프 커플링, FTPS(Fuel Tank Pressure Sensor, 연료탱크 압력센서), 연료펌프 및 유니트 커넥터이다.

02 측정 화면 설정

위 그림과 같이 "오실로스코프"를 선택한다.

03 채널 1번 전원 프로브 설치

위 그림과 같이 "채널 1번" 전원 프로브를 "센서 출력단자"에 설치한다.

04 채널 1번 접지 프로브 설치

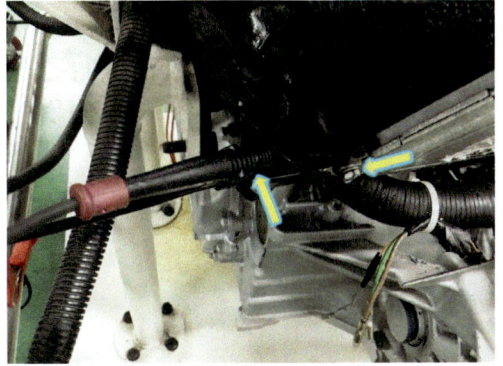

위 그림과 같이 "채널 1번" 접지 프로브를 차체에 "접지"한다.

05 채널 1번 프로브 설치 모습

왼쪽 그림은 "채널 1번" 전원 프로브와 접지 프로브를 설치한 모습이다.

Q
안

655

06 Key ON 및 공회전 상태 출력 파형

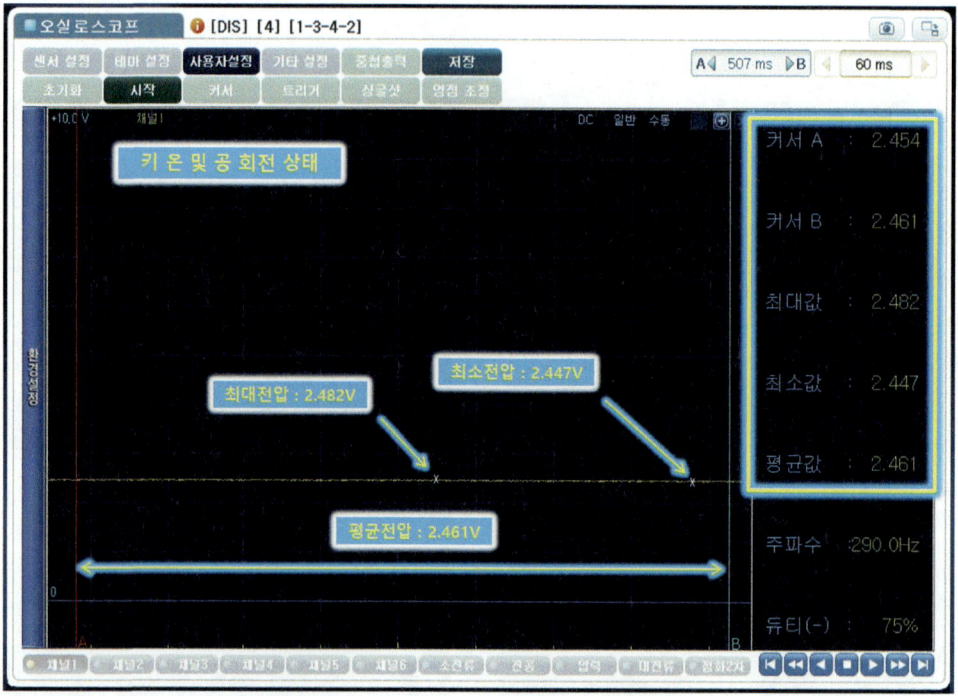

위 그림은 Key ON 및 정상적인 엔진 공회전 상태 출력 파형이며 "커서 A"를 파형이 시작되는 임의 지점에 위치하고 "커서 B"는 파형이 진행되는 임의 부분에 위치시킨 다음 최대전압 2,482V, 최소전압 2,447V, 평균전압 2,461V로 표기한 화면이다.

07 Key ON 및 공회전 상태 출력 파형 출력물_파형 출력 및 분석내용표기

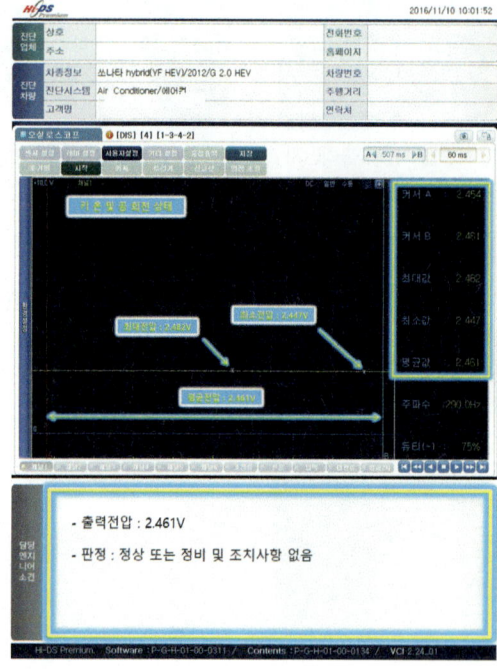

08 답안 작성_분석 내용 및 답안 작성하기

[참고] 측정 조건 제시(예): Key ON 및 정상적인 엔진 공회전 상태에서 측정하시오. "출력전압"은 "평균전압"을 기재한다.

◆ 기관 1. 기록표
   자동차 번호 :

| 항 목 | 측정(또는 점검) | | 판정 및 정비(또는 조치) 사항 | | 득 점 |
	측 정 값	규정값(정비한계값)	판정(□에 '✔' 표)	정비 및 조치할 사항	
연료탱크 압력센서 (FTPS) 출력전압	2.461V	2,000~2,800V	☑ 양 호 □ 불 량	정비 및 조치 사항 없음 또는 정상	
연료펌프 구동 전류			□ 양 호 □ 불 량		

(비 번호 / 감독확인 란)

비 번호		감독확인	

09 측정 화면 설정

위 그림과 같이 "멀티미터"를 선택한다.

10 전압 선택

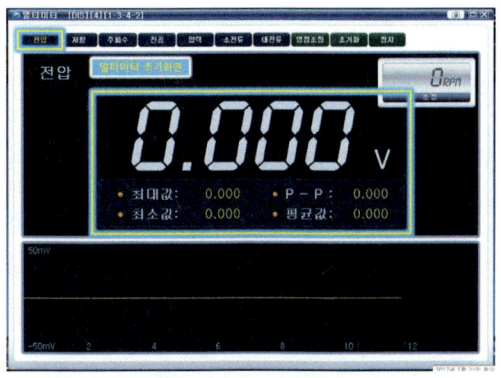

위 그림과 같이 "전압"을 선택한다.

11 멀티미터 프로브

위 그림은 멀티미터 "전원(적색) 및 접지(흑색)" 프로브 이다.

12 접지 프로브 설치

위 그림과 같이 "접지 프로브"를 차체에 "접지"한다.

Q
안

⑬ 전원 프로브 설치

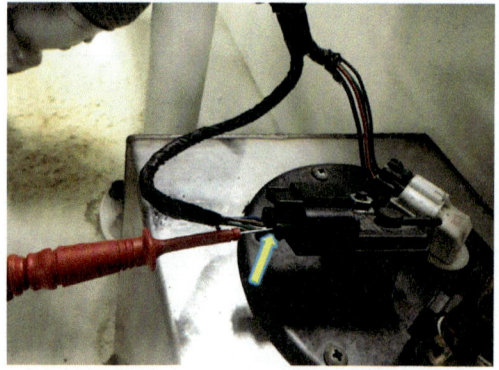

위 그림과 같이 "전원 프로브"를 센서 "출력단자"에 설치한다.

⑭ 멀티미터 프로브 설치 모습

위 그림은 멀티미터 "전원 프로브와 접지 프로브"를 설치한 모습이다.

⑮ 측정값 판독

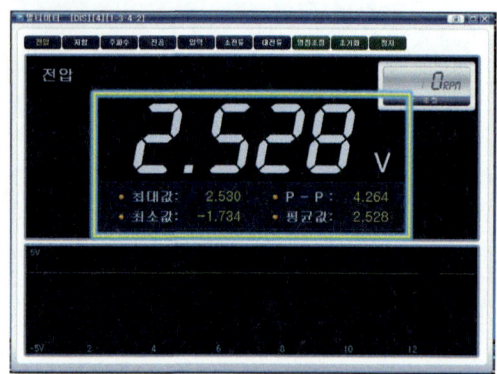

위 그림은 측정값으로 "2.528V"이다.

⑯ 답안 작성_분석 내용 및 답안 작성하기

[참고] 측정 조건 제시(예): Key ON 및 정상적인 엔진 공회전 상태에서 측정하시오.

◆ 기관 1. 기록표

자동차 번호 :

항 목	측정(또는 점검)		판정 및 정비(또는 조치) 사항		득 점
	측 정 값	규정값(정비한계값)	판정(□에 '✔' 표)	정비 및 조치할 사항	
연료탱크 압력센서 (FTPS) 출력전압	2.528V	2,000~2,800V	☑ 양 호 □ 불 량	정비 및 조치 사항 없음 또는 정상	
연료펌프 구동 전류			□ 양 호 □ 불 량		

비 번호 / 감독확인

658

03 점검 및 측정[MLA 밸브간극]

01 고전압 분배 배선 탈거

위 그림과 같이 "고전압 분배 배선"을 모두 탈거한다.

02 PCV 호스 탈거

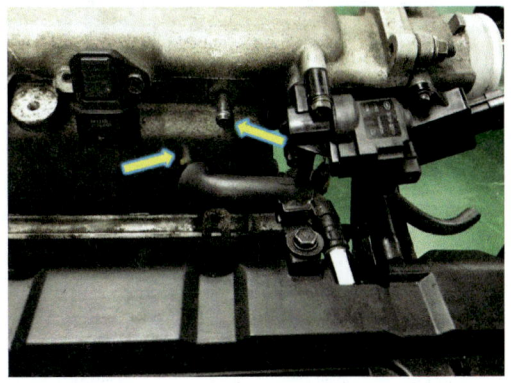

위 그림과 같이 PCV 호스를 "서지탱크 쪽"에서 분리한다.

03 타이밍벨트 상부 커버 고정 볼트

위 그림과 같이 타이밍벨트 "상부 커버 고정 볼트(10㎜) 2 개"를 푼다.

04 실린더 헤드커버 탈거

위 그림과 같이 실린더 "헤드커버 고정 볼트(10㎜)"를 푼 다음 "커버"를 탈거한다.

05 타이밍 마크 일치

위 그림과 같이 크랭크축을 "회전"시켜 타이밍 마크 "고정표시"와 타이밍 마크 "이동표시"가 "일치"되도록 맞춘다.

06 캠축 위상 확인

위 그림과 같이 "1번 캠축"의 위상이 "압축행정 말기(폭발 행정 초기)" 상태인지 확인한다.

Q 안

659

07 밸브간극 측정 대상

위 그림과 같이 선이 지나가는 캠의 "밸브간극"을 측정한다. [참고: 1번 흡·배기, 2번 흡기, 3번 배기 캠을 측정한다.]

08 밸브간극 측정_1

위 그림과 같이 필러 게이지를 이용하여 "1번 흡·배기 캠" 밸브간극을 측정한다.

09 밸브간극 측정_2

위 그림과 같이 필러 게이지를 이용하여 "2번 흡기 캠과 3번 배기 캠" 밸브간극을 측정한다.

10 크랭크축 1회전

위 그림과 같이 크랭크축을 "1회전" 시켜 타이밍 마크 "고정표시"와 타이밍 마크 "이동표시"가 "일치"되도록 맞춘다.

11 캠축 위상 확인

위 그림과 같이 "4번 캠축"의 위상이 "압축행정 말기(폭발행정 초기)" 상태인지 확인한다.

12 밸브간극 측정 대상

위 그림과 같이 선이 지나가는 캠의 "밸브간극"을 측정한다. [참고: 4번 흡·배기, 3번 흡기, 2번 배기 캠을 측정한다.]

⑬ 밸브간극 측정_1

위 그림과 같이 필러 게이지를 이용하여 "4번 흡 · 배기 캠" 밸브간극을 측정한다.

⑭ 밸브간극 측정_2

위 그림과 같이 필러 게이지를 이용하여 "3번 흡기 캠과 2번 배기 캠" 밸브간극을 측정한다.

⑮ MLA 밸브간극 규정 값

HYUNDAI Beta 2.0 DOHC Mechanical Lash Adjustment

흡기밸브 간극 : 0.200	흡기 밸브 한계값 : 0.17~0.23㎜
배기밸브 간극 : 0.280	배기 밸브 한계값 : 0.25~0.31㎜

Unit : (㎜)

구분 / 실린더 번호		1st		2nd		3rd		4th	
흡기	현재 밸브 측정 간극	0.220	0.210	0.230	0.220	0.210	0.210	0.210	0.210
	규정치와 차이	0.020	0.010	0.030	0.020	0.010	0.010	0.010	0.010
	현재 쉼 두께	2.400	2.370	2.370	2.340	2.370	2.340	2.370	2.330
	새로운 쉼 두께	2.420	2.380	2.400	2.360	2.380	2.350	2.380	2.340
배기	현재 밸브 측정 간극	0.320	0.320	0.320	0.280	0.340	0.340	0.280	0.250
	규정치와 차이	0.040	0.040	0.040	0.000	0.060	0.060	0.000	-0.030
	현재 쉼 두께	2.320	2.410	2.440	2.430	2.420	2.390	2.490	2.430
	새로운 쉼 두께	2.360	2.450	2.480	2.430	2.480	2.450	2.490	2.400

⑯ 답안 작성_흡기 캠 밸브간극 측정에 따른 분석 내용 및 답안 작성하기

◈ 기관 1. 기록표
자동차 번호 :

비 번호		감독확인	

항 목	측정(또는 점검)		판정 및 정비(또는 조치) 사항		득 점
	측 정 값	규정값(정비한계값)	판정(□에 '✔' 표)	정비 및 조치할 사항	
MLA 밸브간극	0.20㎜	0.17~0.23㎜	☑ 양 호 □ 불 량	정비 및 조치 사항 없음 또는 정상	
OCV 유량 조절 밸브 저항			□ 양 호 □ 불 량		

Q

섀시

쇽 업소버 액추에이터 탈·부착 및 작동상태 확인

주어진 전자제어 현가장치에서 쇽 업소버의 액추에이터를 탈착하여 시험위원의 지시에 따라 작동상태를 확인하고 기록표의 요구사항을 점검 및 측정하여 기록하시오.

---

01 쇽 업소버 액추에이터 탈·부착 및 작동상태 확인

01 휠 및 타이어 탈거

위 그림과 같이 "휠 및 타이어"를 탈거한다.

02 관련 부품 명칭

위 그림은 좌측 앞 휠 하우스 내 모습으로 Wheel G Sensor, 액추에이터 커넥터, 쇽 업소버 액추에이터, 고정 너트, 휠 스피드 센서 커넥터이다.

03 휠 스피드 센서 커넥터 및 배선 탈거

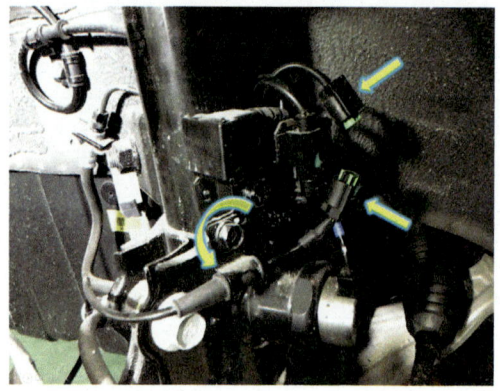

위 그림과 같이 "휠 스피드 센서 커넥터"를 탈거한 다음 "배선 Bracket 고정 볼트(12㎜)"를 푼 후 탈거한다.

04 액추에이터 커넥터 및 고정 볼트 탈거

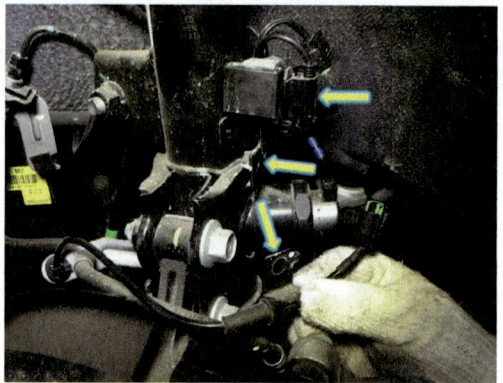

위 그림과 같이 "액추에이터 커넥터"를 탈거한 다음 "Wheel G Sensor 및 배선 Bracket 고정 볼트(12㎜)"를 풀어 탈거한다.

05 액추에이터 고정너트

위 그림과 같이 "액추에이터 고정너트"를 푼다.

06 액추에이터 탈거

위 그림과 같이 "액추에이터와 고정너트"를 탈거한다.

07 액추에이터 탈거 후

위 그림은 액추에이터 탈거 후 모습이며, "잔류 작동 유"가 약간 흐르고 있다.

08 액추에이터 탈거 후 부품

위 그림은 분해 후 부품으로 고정너트, 솔 업소버 액추에이터이다.

09 액추에이터 장착

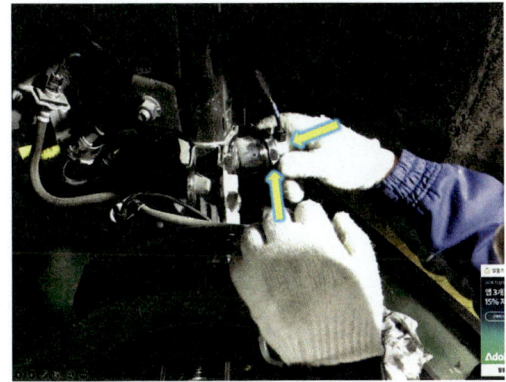

위 그림과 같이 "액추에이터"를 솔 업소버 실린더에 장착한다. [주의: 장착 시 "오링"이 손상되지 않도록 하고 "완전히 밀착"되도록 액추에이터를 누른 상태에서 조인다.]

10 고정너트 조립

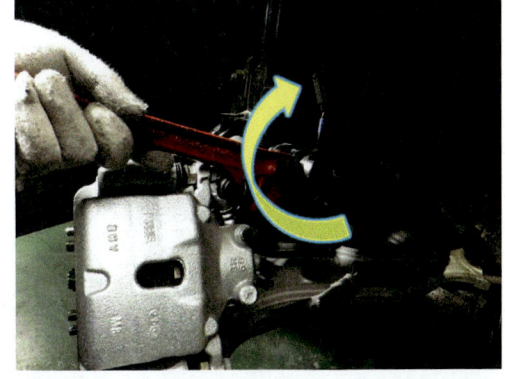

위 그림과 같이 "고정너트"를 규정 토크로 조인다.

11 액추에이터 커넥터 고정 볼트 조립

위 그림과 같이 "Wheel G Sensor 및 커넥터 Bracket 고정 볼트"를 규정 토크로 조인다.

12 액추에이터 커넥터 및 휠 스피드 센서 고정 볼트 조립

위 그림과 같이 "액추에이터 커넥터"를 장착하고 "휠 스피드 센서 Bracket 고정 볼트"를 규정 토크로 조인다.

13 휠 스피드 센서 커넥터

위 그림과 같이 "휠 스피드 센서 커넥터"를 장착한다.

14 휠 및 타이어 조립

위 그림과 같이 "휠 및 타이어"를 허브에 설치한 다음 "휠 너트"를 규정 토크로 조인 후 "휠 캡"을 조립한다.

15 작동상태 확인_경고등

위 그림과 같이 엔진 시동을 "ON"한 다음 클러스터의 "경고등" 점등 여부를 확인한다.

16 차량 지상 고 확인

차량 "주행 시험" 후 그림과 같이 "좌, 우측 지상 고"를 확인한다.

02 앞 차고 센서 파형

01 측정 화면 설정

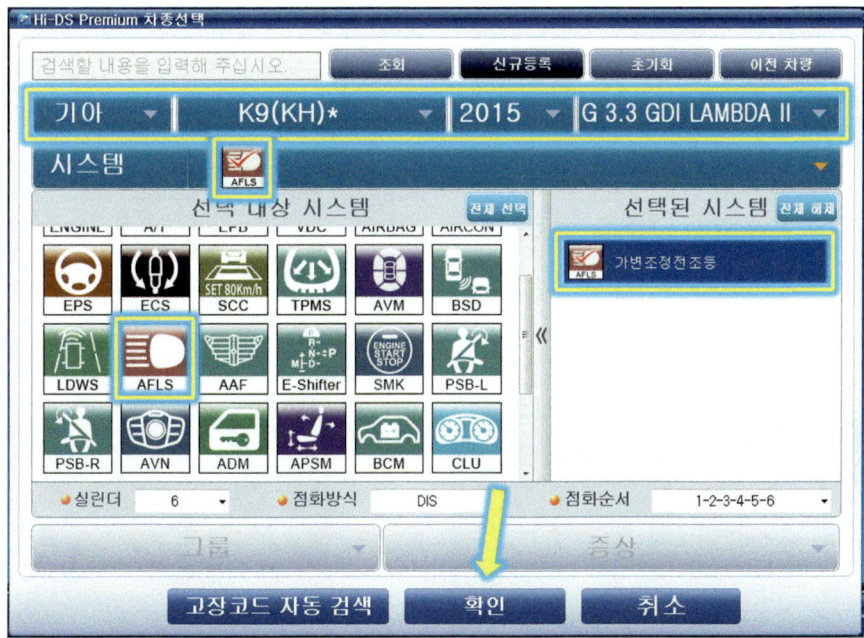

위 그림과 같이 "차종"을 선택한 다음 시스템 선택에서 "AFLS(가변 조정 전조등)"을 선택한 후 "확인" 버튼을 클릭한다.

02 가변형 전조등 시스템 회로_ECS 프런트 높낮이 센서 LH

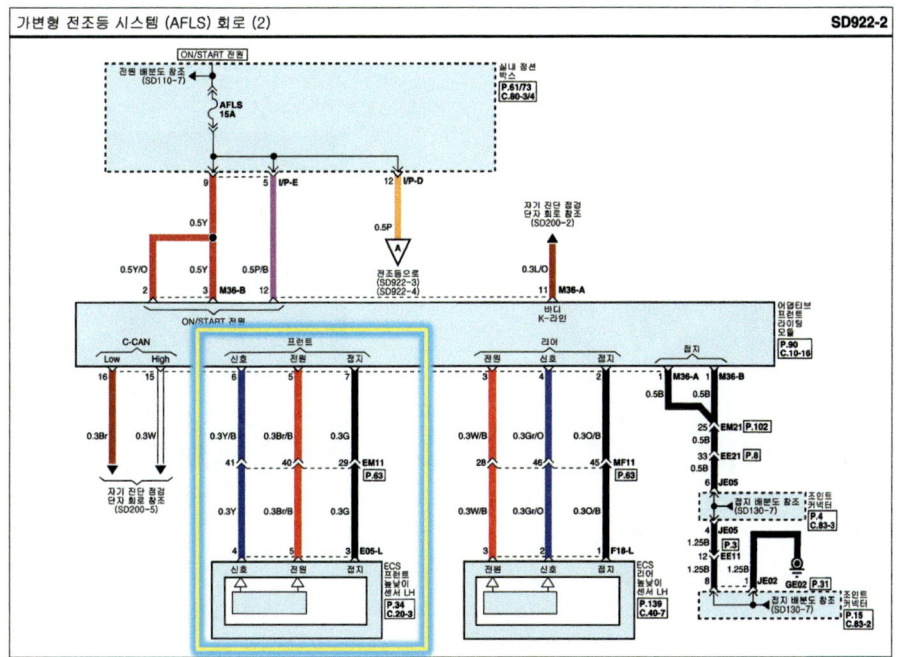

03 ECS 프런트 높낮이 센서 LH 커넥터 단자

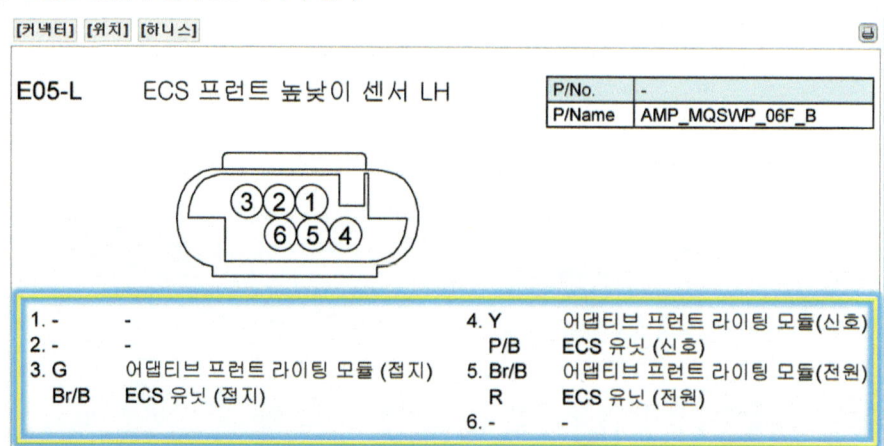

[커넥터] [위치] [하니스]

| E05-L | ECS 프런트 높낮이 센서 LH | P/No. | - |
| | | P/Name | AMP_MQSWP_06F_B |

1. -   -
2. -   -
3. G   어댑티브 프런트 라이팅 모듈 (접지)
   Br/B   ECS 유닛 (접지)

4. Y   어댑티브 프런트 라이팅 모듈(신호)
   P/B   ECS 유닛 (신호)
5. Br/B   어댑티브 프런트 라이팅 모듈(전원)
   R   ECS 유닛 (전원)
6. -   -

04 채널 프로브 접지

위 그림과 같이 "채널 1번" 접지 프로브를 차체에 "접지"한다.

05 관련 부품 명칭

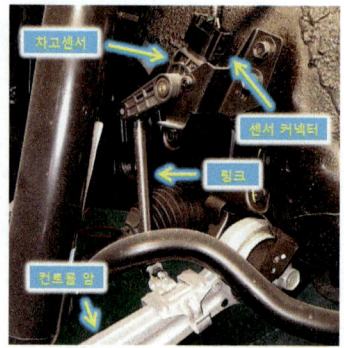

위 그림은 LH 모습이며 차고 센서, 센서 커넥터, 링크, 컨트롤 암이다.

06 전원 프로브 설치

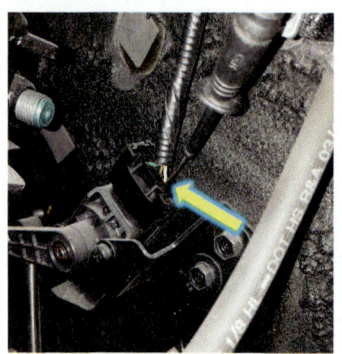

위 그림과 같이 "채널 1번" 전원 프로브를 차고 센서 커넥터 "4번 단자"에 연결한다.

07 엔진 시동 ON

위 그림과 같이 엔진 시동을 "ON" 한다.

08 리프트 상승

위 그림과 같이 "리프트를 상승"하여 차고 높이가 "최대"로
되게 한다.

09 파형 분석_차고 최고 높이 상태

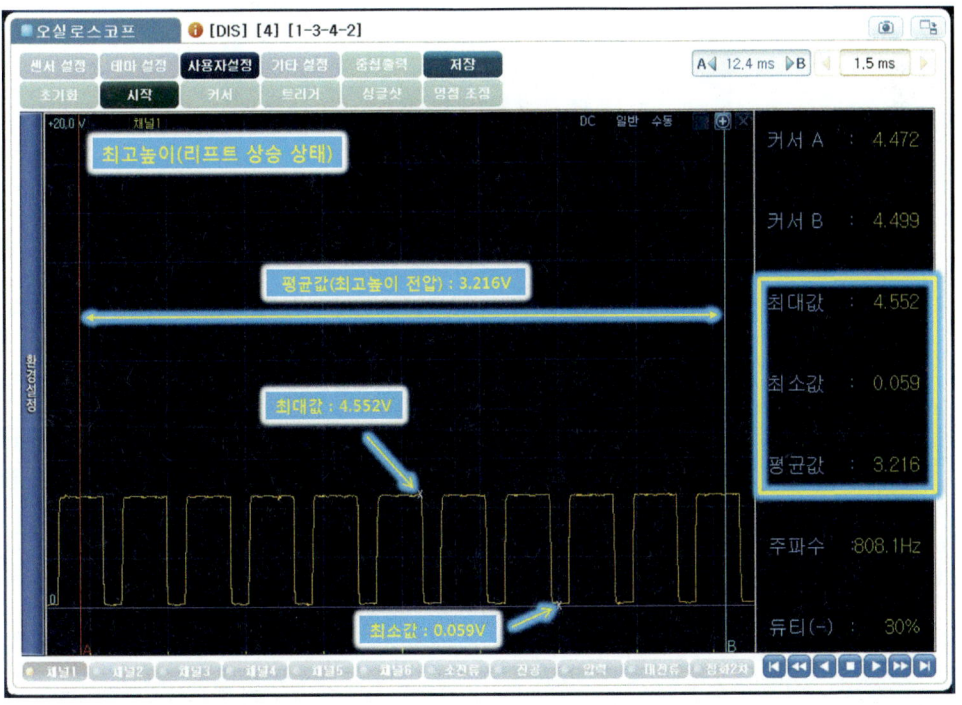

위 그림은 "차고 높이가 최대"로 되게 한 상태의 출력 파형이며 "커서 A"를 파형이 시작되는 임의 지점에 위치하고
"커서 B"는 작동이 진행되는 임의 부분에 위치시킨 다음 최대전압 4.552V, 평균(최고 높이)전압 3.216V, 최소전압
0.059V로 표기한 화면이다.

⑩ 출력 파형 출력물_파형 출력 및 분석내용표기

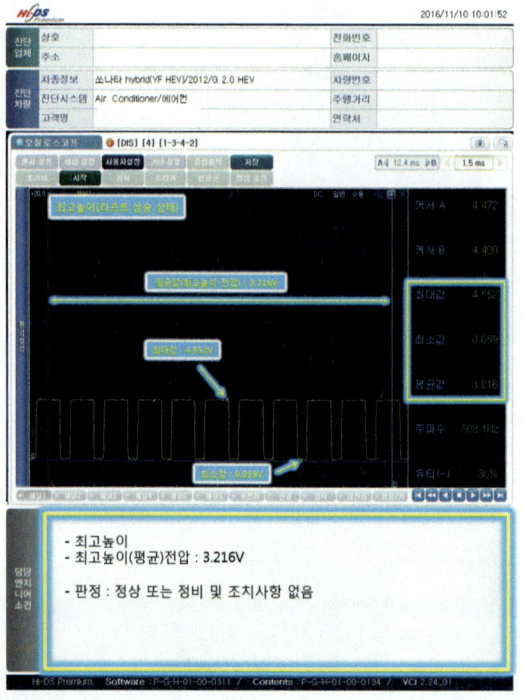

⑪ 답안 작성_분석 내용 표기 및 답안 작성하기

[참고] 리프트를 상승하여 차고 높이가 최대로 되도록 임의로 설정한 상태이며 "평균전압"을 "최고 높이 전압"에 기재한다.

◆ 섀시 2. 기록표

1) 파형   자동차 번호 :

비 번호		감독확인	

항 목	파형분석 및 판정			득 점
	분석 항목	분석 내용	판정(□에 '✔' 표)	
앞차고 센서	최고 높이 전압: 3.216V	분석 내용은 출력물에 표시하시오.	☑ 양 호	
	최저 높이 전압:		□ 불 량	

※ 주의 사항: 분석 항목 및 내용은 출력물에 표기하여 관련 사항은 감독위원의 지시에 따른다.
　　　　　　　최고 높이란 차의 높이가 최상단으로 위치할 때, 최저 높이란 차의 높이가 최하단으로 위치할 때를 말한다.

⑫ 파형 분석_차고 표준 높이

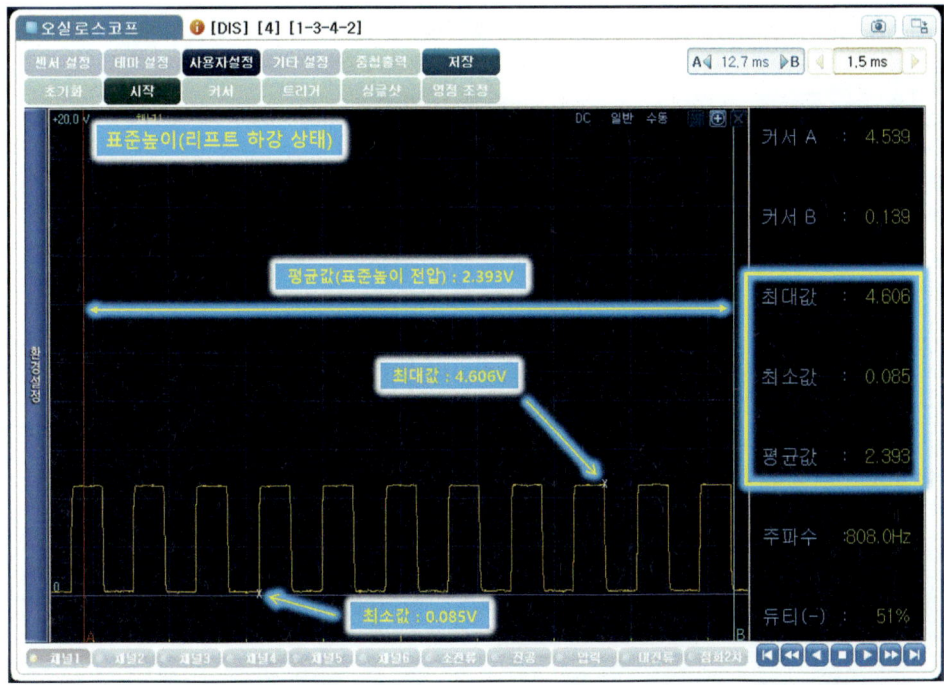

위 그림은 차량 리프트를 하강시켜 "높이가 표준"으로 되게 한 상태의 출력 파형으로 "커서 A"를 파형이 시작되는 임의 지점에 위치하고 "커서 B"는 작동이 진행되는 임의 부분에 위치시킨 다음 최대전압 4.606V, 평균(표준 높이) 전압 2.393V, 최소전압 0.085V로 표기한 화면이다.

⑬ 출력 파형 출력물_파형 출력 및 분석내용표기

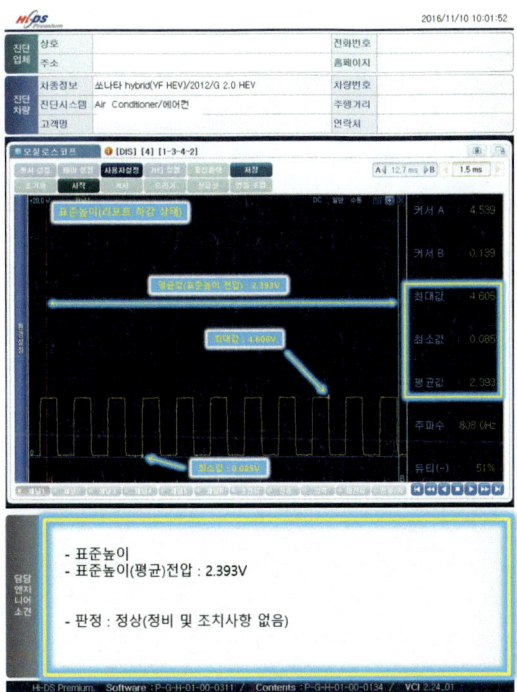

14 답안 작성_분석 내용 표기 및 답안 작성하기

[참고] 리프트를 하강하여 차고 높이가 표준이 되도록 임의로 설정한 상태이며 "평균전압"을 "최저 높이 전압"에 기재한다.

◈ 섀시 2. 기록표

1) 파형　　　　자동차 번호 :

비 번호		감독확인	

항 목	파형분석 및 판정			득 점
	분석 항목	분석 내용	판정(□에 '✔'표)	
앞차고 센서	최고 높이 전압: 3.216V	분석 내용은 출력물에 표시하시오.	☑ 양 호	
	최저 높이 전압: 2.393V		□ 불 량	

※ 주의 사항: 분석 항목 및 내용은 출력물에 표기하여 관련 사항은 감독위원의 지시에 따른다.
　　　　　　 최고 높이란 차의 높이가 최상단으로 위치할 때, 최저 높이란 차의 높이가 최하단으로 위치할 때를 말한다.

15 파형 분석_차고 최저 높이

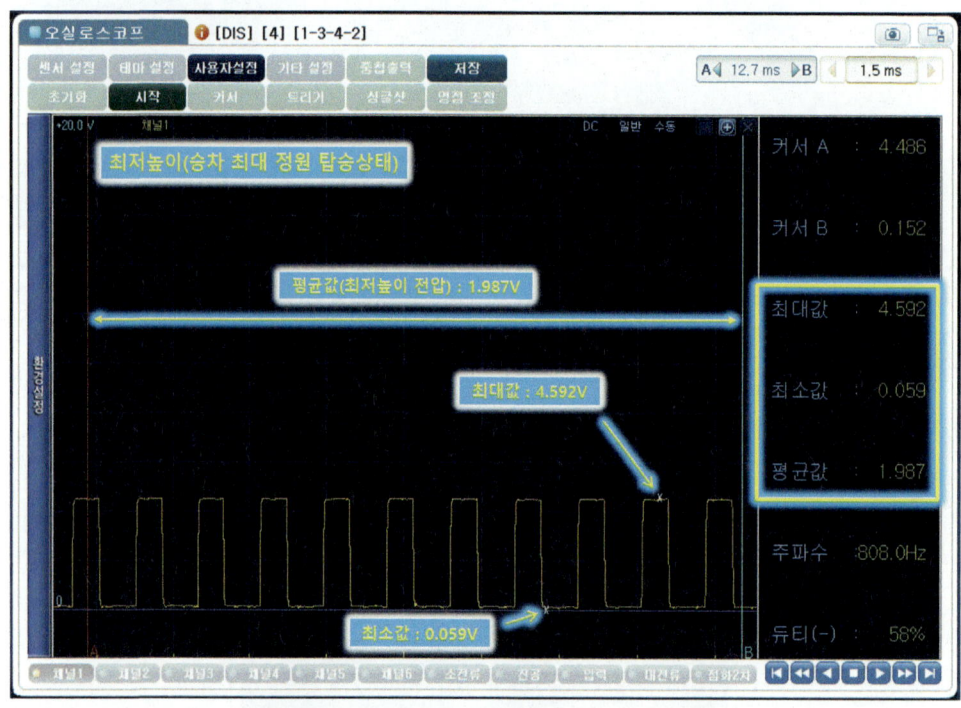

위 그림은 차량에 승차 최대 정원을 탑승시킨 후 차고 "높이가 최소"로 되게 한 상태의 출력 파형으로 "커서 A"를 파형이 시작되는 임의 지점에 위치하고 "커서 B"는 작동이 진행되는 임의 부분에 위치시킨 다음 최대전압 4.592V, 평균(최저 높이)전압 1.987V, 최소전압 0.059V로 표기한 화면이다.

16 출력 파형 출력물_파형 출력 및 분석내용표기

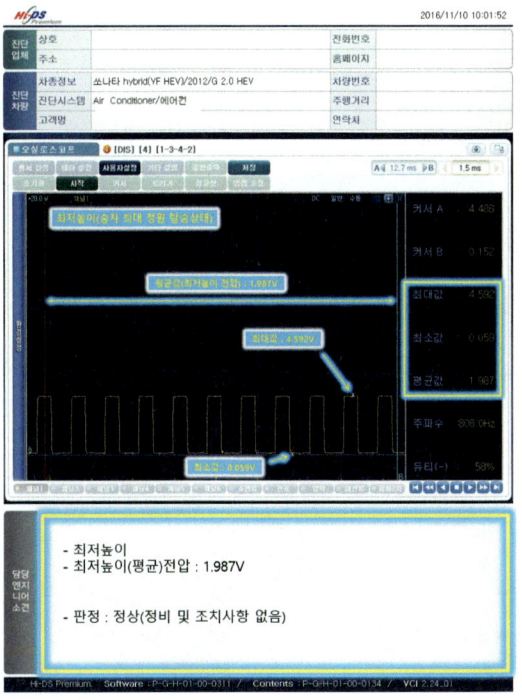

17 답안 작성_분석 내용 표기 및 답안 작성하기

[참고] 차량에 승차 최대 정원을 탑승시킨 후 차고 높이가 최소가 되도록 임의로 설정한 상태이며 "평균전압"을 "최저 높이 전압"에 기재한다.

◈ 섀시 2. 기록표

1) 파형　　　　자동차 번호 :

비 번호		감독확인	

항 목	파형분석 및 판정			득 점
	분석 항목	분석 내용	판정(□에 '✔' 표)	
앞차고 센서	최고 높이 전압: 3.216V 최저 높이 전압: 1.987V	분석 내용은 출력물에 표시하시오.	☑ 양 호 □ 불 량	

※ 주의 사항: 분석 항목 및 내용은 출력물에 표기하여 관련 사항은 감독위원의 지시에 따른다.
　　　　　　최고 높이란 차의 높이가 최상단으로 위치할 때, 최저 높이란 차의 높이가 최하단으로 위치할 때를 말한다.

Q
안

03 변속기 오일 온도센서 저항

01 관련 부품

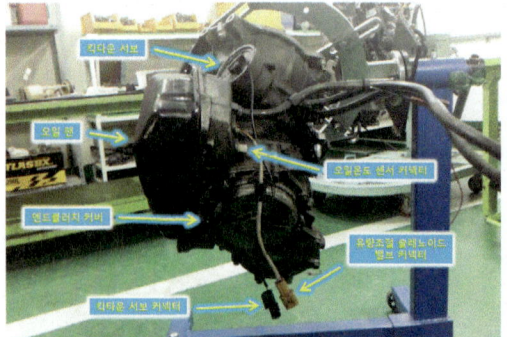

위 그림은 자동 변속기이며 킥 다운 서보, 오일 온도센서 커넥터, 유량조절 솔레노이드밸브 커넥터, 킥 다운 서보 커넥터, 엔드 클러치 커버, 오일 팬이다.

02 오일 팬 탈거

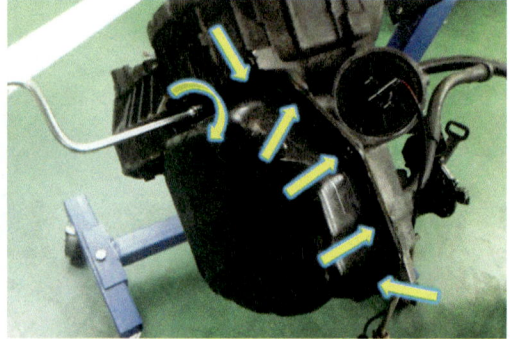

위 그림과 같이 "오일 팬 고정 볼트(10mm)"를 모두 푼 다음 "오일 팬"을 탈거한다.

03 오일필터 탈거

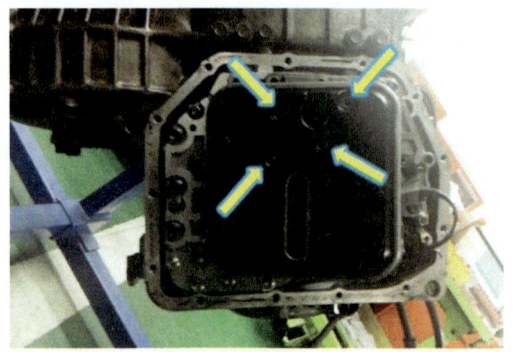

위 그림과 같이 "오일필터 고정 볼트(10mm) 4개"를 푼 다음 "오일필터"를 탈거한다.

04 커넥터 명칭

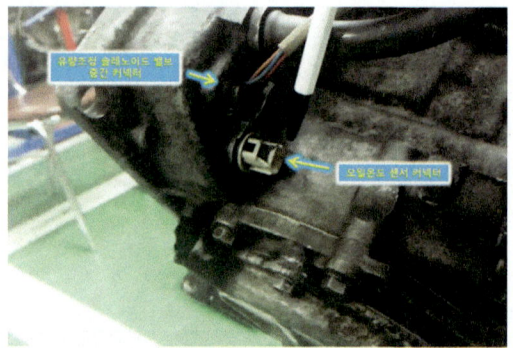

위 그림은 자동 변속기 측면으로 유량조정 솔레노이드밸브 중간 커넥터, 오일 온도센서 커넥터이다.

05 오일 온도센서 가이드 탈거

위 그림과 같이 "오일 온도센서 가이드 고정 볼트(10mm)"를 탈거한다.

06 오일 온도센서 커넥터 탈거

위 그림과 같이 오일 온도센서 커넥터 "양쪽 키"를 누른 다음 "바깥쪽"으로 밀어낸다.

07 오일 온도센서 탈거

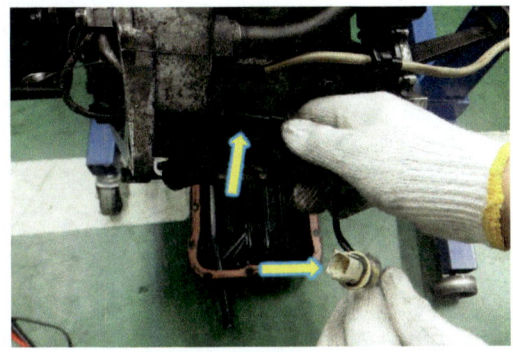

위 그림과 같이 "오일 온도센서"를 탈거한다.

08 측정 및 판독

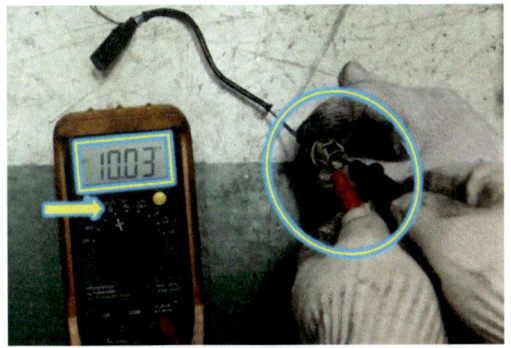

위 그림과 같이 디지털 멀티미터의 선택 레버를 "저항"에 위치한 다음 센서 저항을 측정한다. 측정값은 "10.03㏀"이다.

09 답안 작성_분석 내용 답안 작성하기

[참고] 저항값은 센서의 온도에 따라 수시로 변화되므로 규정 값은 제시된 값 또는 현재 측정값을 적용하여도 된다.

◆ 섀시 1. 기록표
  자동차 번호 :

| 비 번호 | | 감독확인 | |

항 목	측정(또는 점검)		판정 및 정비(또는 조치) 사항		득 점
	측정값	규정(기준)값 (정비한계 값)	판정(□에 '✔' 표)	정비 및 조치할 사항	
변속기 오일 온도 센서 저항	10.03㏀	9.00~12.00㏀	☑ 양 호 □ 불 량	정비 및 조치 사항 없음 또는 정상	
인히비터 스위치 점검	통전 단자	통전 단자			
	변속:( ) → ( )	변속:( ) → ( )			

04 인히비터 스위치 점검

01 P 레인지

위 그림과 같이 "매뉴얼 레버"를 엔드 커버 쪽으로 완전히 밀어서 "P 레인지"에 위치시킨다.

02 R 레인지

위 그림은 매뉴얼 레버를 "반시계 방향"으로 한 칸 당겨 "R 레인지"에 위치시킨 모습이다.

03 N 레인지

위 그림은 매뉴얼 레버를 반시계 방향으로 "한 칸" 더 당겨 "N 레인지"에 위치시킨 모습이다.

04 D 레인지

위 그림은 매뉴얼 레버를 반시계 방향으로 "한 칸" 더 당겨 "D 레인지"에 위치시킨 모습이다.

05 2 레인지

위 그림은 매뉴얼 레버를 반시계 방향으로 "한 칸" 더 당겨 "2 레인지"에 위치시킨 모습이다.

06 L 레인지

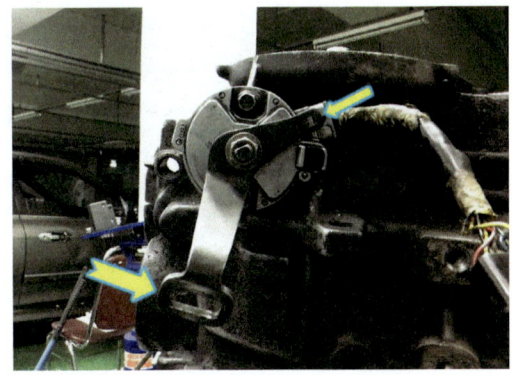

위 그림은 매뉴얼 레버를 반시계 방향으로 "한 칸" 더 당겨 "L 레인지"에 위치시킨 모습이다.

07 인히비터 스위치 회로도

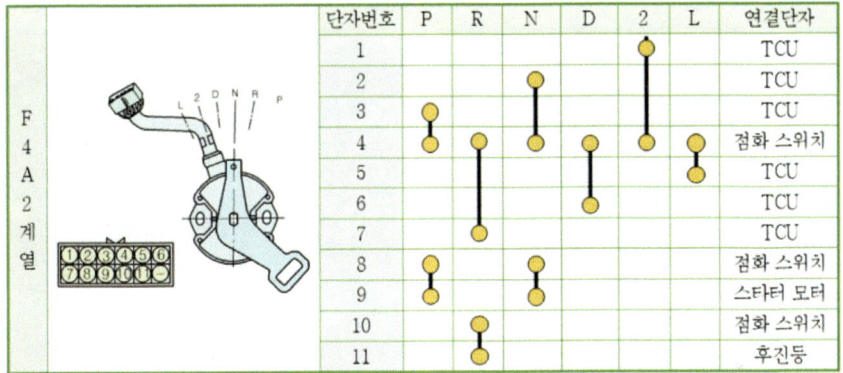

단자번호	P	R	N	D	2	L	연결단자
1					●		TCU
2			●				TCU
3	●						TCU
4	●	●	●	●	●	●	점화 스위치
5						●	TCU
6				●			TCU
7		●					TCU
8	●		●				점화 스위치
9	●		●				스타터 모터
10		●					점화 스위치
11		●					후진등

위 그림은 "인히비터 스위치"에 대한 각 레인지 별 "단자 번호"와 연결 회로이다.

08 커넥터 단자

위 그림은 "인히비터 스위치 커넥터"의 각 "단자 번호"를 표기한 것이다.

09 P 레인지 ③ – ④

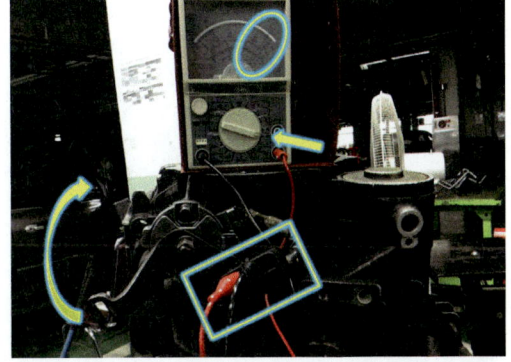

위 그림과 같이 매뉴얼 레버를 "P 레인지"에 위치한 상태에서 아날로그 멀티미터 선택 레버를 "저항"에 위치한 다음 "③ – ④번 단자"에 대한 통전 시험을 실시한다. 저항 값 나오면(통전) "정상"이다.

Q
안

⑩ P 레인지 ⑧ - ⑨

위 그림과 같이 매뉴얼 레버를 "P 레인지"에 위치한 상태에서 "⑧ - ⑨번 단자"에 대한 통전 시험을 실시한다. 저항값 나오면(통전) "정상"이다.

⑪ R 레인지 ④ - ⑦

위 그림과 같이 매뉴얼 레버를 "R 레인지"에 위치한 상태에서 "④ - ⑦번 단자"에 대한 통전 시험을 실시한다. 저항값 나오면(통전) "정상"이다.

⑫ R 레인지 ⑩ - ⑪

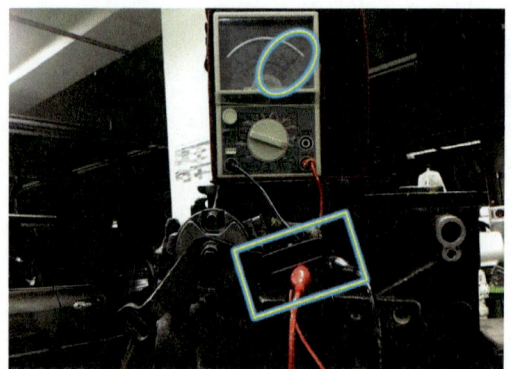

위 그림과 같이 매뉴얼 레버를 "R 레인지"에 위치한 상태에서 "⑩ - ⑪번 단자"에 대한 통전 시험을 실시한다. 저항값 나오면(통전) "정상"이다.

⑬ N 레인지 ② - ④

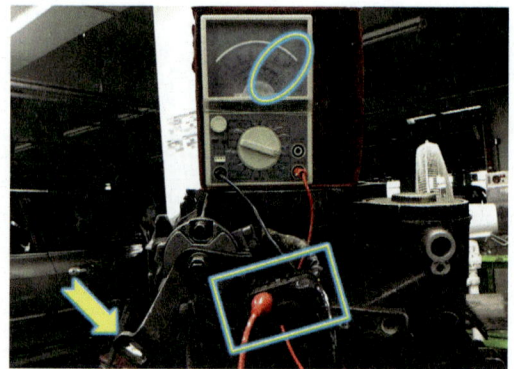

위 그림과 같이 매뉴얼 레버를 "N 레인지"에 위치한 상태에서 "② - ④번 단자"에 대한 통전 시험을 실시한다. 저항값 나오면(통전) "정상"이다.

⑭ N 레인지 ⑧ - ⑨

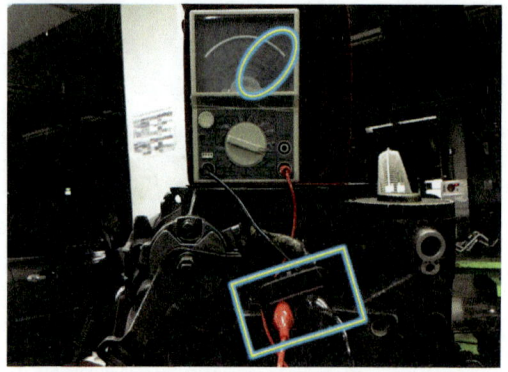

위 그림과 같이 매뉴얼 레버를 "N 레인지"에 위치한 상태에서 "⑧ - ⑨번 단자"에 대한 통전 시험을 실시한다. 저항값 나오면(통전) "정상"이다.

⑮ D 레인지 ④ - ⑥

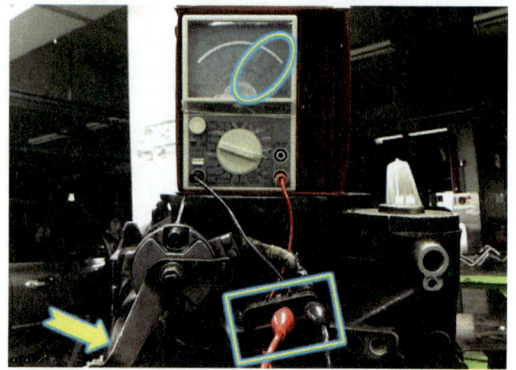

위 그림과 같이 매뉴얼 레버를 "D 레인지"에 위치한 상태에서 "④ - ⑥번 단자"에 대한 통전 시험을 실시한다. 저항값 나오면(통전) "정상"이다.

16 2 레인지 ① – ④

위 그림과 같이 매뉴얼 레버를 "2 레인지"에 위치한 상태에서 "① – ④번 단자"에 대한 통전 시험을 실시한다. 저항값 나오면(통전) "정상"이다.

17 L 레인지 ④ – ⑤

위 그림과 같이 매뉴얼 레버를 "L 레인지"에 위치한 상태에서 "④ – ⑤번 단자"에 대한 통전 시험을 실시한다. 저항값 나오면(통전) "정상"이다. 그러나 "무한대"가 나오므로 "불량(비 통전)"이다.

18 배선 단선

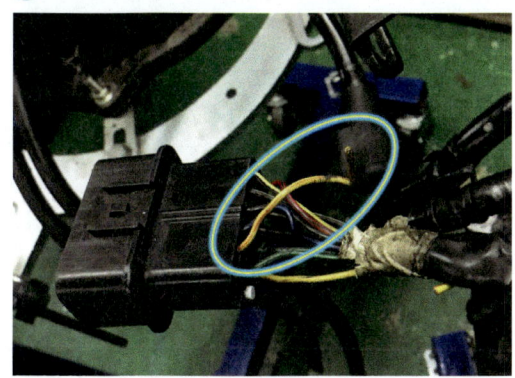

위 그림과 같이 점검한 결과 "⑤번 단자 배선이 단선"된 것을 확인할 수 있다.

19 답안 작성_분석 내용 답안 작성하기

[참고] 감독위원 지시 사항 (예): "L 레인지"에 대하여 점검한 다음 기록표를 작성하시오.

◆ 섀시 1. 기록표
  자동차 번호 :

비 번호		감독확인	

항 목	측정(또는 점검)		판정 및 정비(또는 조치) 사항		득 점
	측정값	규정(기준)값 (정비한계 값)	판정(□에 '✔' 표)	정비 및 조치할 사항	
변속기 오일 온도 센서 저항	10.03㏀	9.00~12.00㏀	□ 양 호 ☑ 불 량	⑤번 단자 배선 결선 후 재점검	
인히비터 스위치 점검 (L 레인지)	통전 단자	통전 단자			
	변속:(④) → (⑤)	변속:(④) → (⑤)			
	비 통전	통전			

MDPS 조향 기어박스 탈·부착 및 작동상태 확인

Q

새 시

주어진 전자제어 전동식 동력 조향장치(전기유압식 동력 조향장치(MDPS)) 자동차에서 시험위원의 지시에 따라 조향 기어박스를 교환(탈, 부착)하여 작동상태를 확인하고, 기록표의 요구사항을 점검 및 측정하여 기록하시오.

01 MDPS 조향 기어박스 탈·부착 및 작동상태 확인

01 관련 부품 명칭

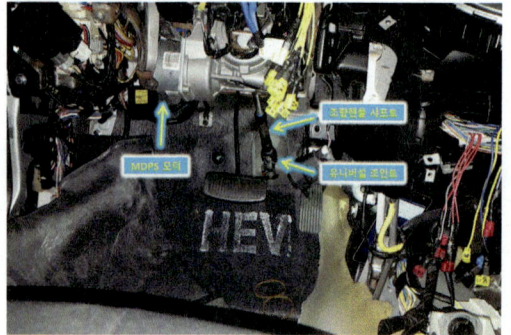

위 그림은 실내 운전석 하부 전방이며 유니버설 조인트, 조향 핸들 샤프트, MDPS 모터이다.

02 유니버설 조인트 고정 볼트

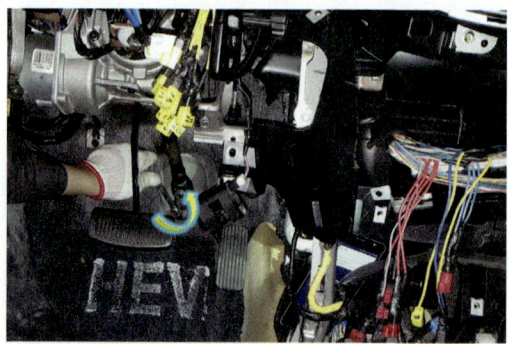

위 그림과 같이 조향 핸들 샤프트 "유니버설 조인트 고정 볼트(12mm)"를 푼다.

03 유니버설 조인트 분리

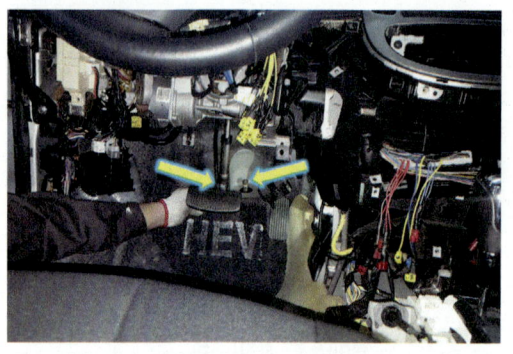

위 그림과 같이 조향 핸들 샤프트 "유니버설 조인트"를 분리한다.

04 스태빌라이저 링크 탈거

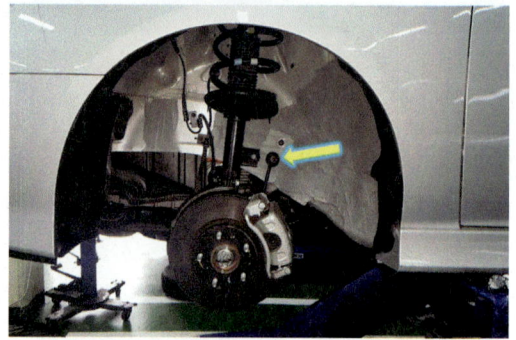

위 그림과 같이 "스태빌라이저(Stabilizer) 링크 고정너트(14mm)"를 푼 다음 탈거한다.

05 컨트롤 암 로어 볼 탈거

위 그림과 같이 "컨트롤 암 로어 볼 고정 볼트(14㎜) 2개"를 푼 다음 탈거한다.

06 타이로드 엔드 탈거

위 그림과 같이 "타이로드 엔드 볼 조인트 고정너트(19㎜)"를 푼 다음 볼 조인트 풀러를 사용하여 "타이로드 엔드"를 탈거한다.

07 언더커버 탈거

위 그림과 같이 "언더커버 고정 볼트(12㎜)"를 모두 푼 다음 "커버"를 탈거한다.

08 엔진 크로스 멤버 고정 볼트

위 그림과 같이 "엔진 크로스 멤버 고정 볼트(19㎜)"를 푼 다.

09 리어 마운트 미미 브래킷

위 그림과 같이 "리어 마운트 미미 브래킷 고정 볼트(17㎜) 4개"를 탈거한다.

10 프런트 마운트 미미 센터 고정 볼트

위 그림과 같이 "프런트 마운트 미미 센터 고정 볼트(14㎜)"를 푼 다음 탈거한다.

Q
안

11 엔진 크로스 멤버 어셈블리 탈거

위 그림과 같이 "엔진 크로스 멤버 어셈블리"를 탈거한다.

12 조향기어 박스 고정 볼트

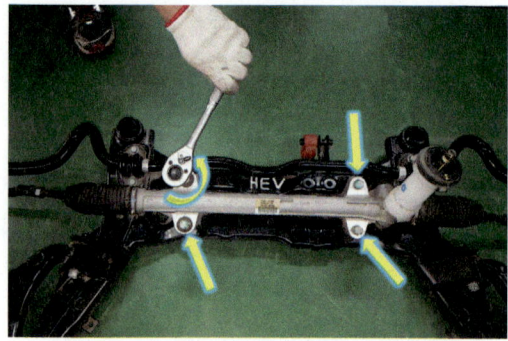

위 그림과 같이 "조향기어 박스 고정 볼트(17㎜)"를 푼다.

13 조향기어 박스

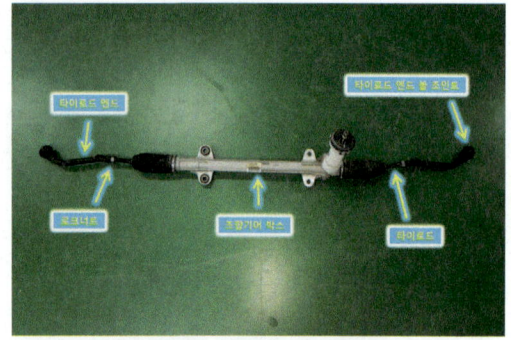

위 그림은 조향기어 박스 어셈블리 분해 후 모습이며 타이로드 엔드, 로크 너트, 조향기어 박스, 타이로드, 타이로드 엔드 볼 조인트이다.

14 크로스 멤버 주변부품 명칭

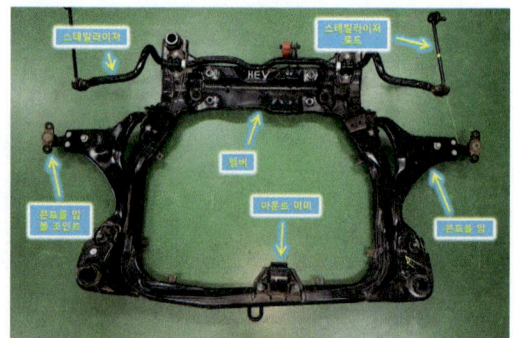

위 그림은 크로스 멤버이며, 스태빌라이저 링크(로드), 컨트롤 암, 마운트 미미, 멤버, 컨트롤 암 볼 조인트, 스태빌라이저이다.

Q

MDPS 컬럼 샤프트 탈·부착 및 작동상태 확인

섀 시

주어진 자동차에서 시험위원의 지시에 따라 전동식 동력 조향장치(MDPS) 칼럼 샤프트를 탈거하고 시험위원에게 확인 후 다시 조립(부착)하여 조향장치 작동상태를 점검한 후 기록표의 요구사항을 점검 및 측정하여 기록하시오.

---

01   MDPS 컬럼 샤프트 탈·부착 및 작동상태 확인

01 배터리(-) 터미널 탈거

위 그림과 같이 배터리(-) 포스트에서 "터미널"을 탈거한다.

02 혼 스위치 고정 볼트

위 그림과 같이 "혼 스위치 "2개의 양쪽 고정 볼트"를 푼다.

03 혼 스위치 탈거

위 그림과 같이 "혼 스위치(핸들 커버)"를 탈거한다.

04 혼 스위치 및 에어백 커넥터 탈거

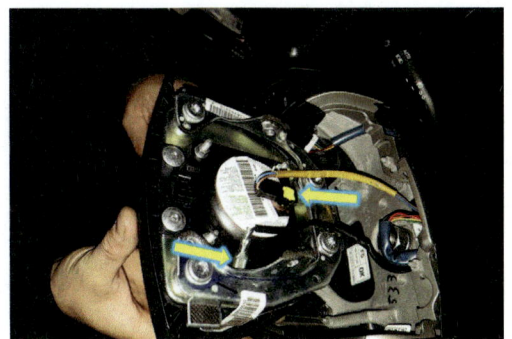

위 그림과 같이 "혼 스위치(핸들 커버) 및 운전석 에어백 커넥터"를 탈거한다.

Q 안

05 카 오디오 및 핸즈프리 커넥터 탈거

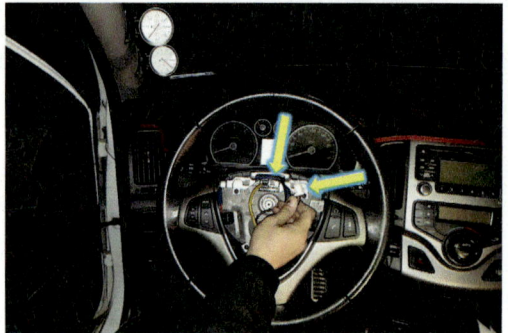

위 그림과 같이 카 "오디오 및 핸즈프리 커넥터"를 탈거한다.

06 핸들 고정너트

위 그림과 같이 "핸들 고정너트(22mm)"를 푼다.

07 핸들 탈거

위 그림과 같이 "핸들"을 탈거한다.

08 키 박스 카울 고정 피스

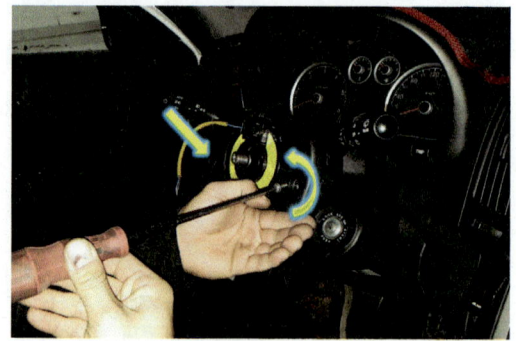

위 그림과 같이 키 박스 카울 어셈블리 "좌우 고정 피스 2개"를 푼다.

09 키 박스 카울 하부 고정 피스

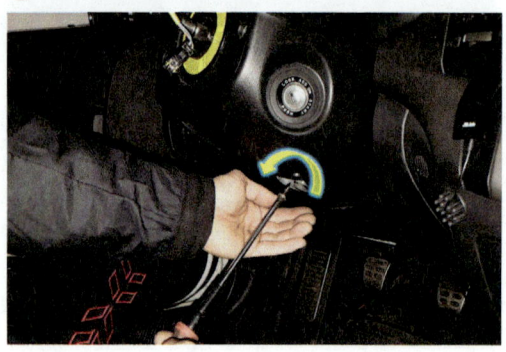

위 그림과 같이 키 박스 카울 어셈블리 "하부 고정 피스"를 푼다.

10 카울 탈거

위 그림과 같이 "키 박스 카울 어셈블리 상하"를 탈거한다.

⑪ 콘택트 코일 커넥터 탈거

위 그림과 같이 "콘택트 코일 커넥터"를 분리한다.

⑫ 콘택트 코일 탈거

위 그림과 같이 "콘택트 코일"을 탈거한다.

⑬ 다기능 스위치 및 키 박스 커넥터 탈거

위 그림과 같이 "다기능 스위치 및 키 박스 커넥터"를 탈거한다.

⑭ 사이드 크래시 패널 캡 탈거

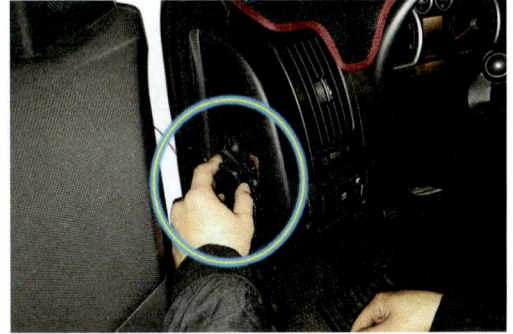

위 그림과 같이 "사이드 크래시 패널 캡"을 탈거한다.

⑮ 사이드 크래시 패널 탈거

위 그림과 같이 "사이드 크래시 패널"을 탈거한다.

⑯ 언더 크래시 패널 좌측 고정 피스

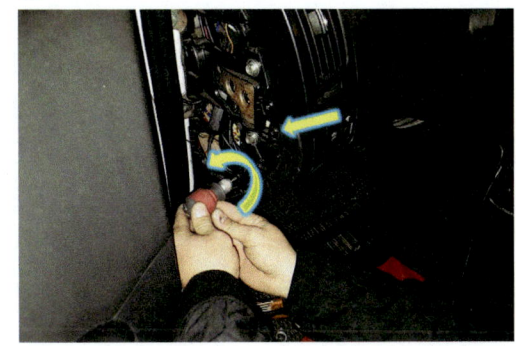

위 그림과 같이 언더 크래시 패널 "좌측 고정 피스"를 푼다.

17 언더 크래시 패널 하부 고정 피스

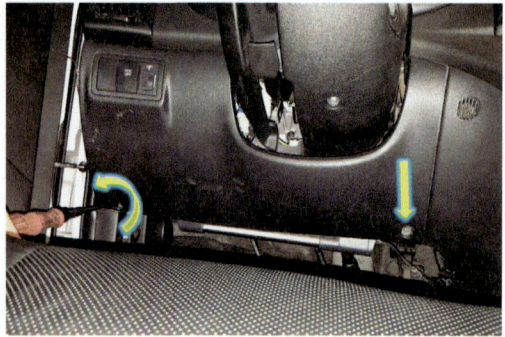

위 그림과 같이 언더 크래시 패널 "하부 고정 피스"를 푼다.

18 VDC OFF 스위치 및 계기판 조명등 커넥터 탈거

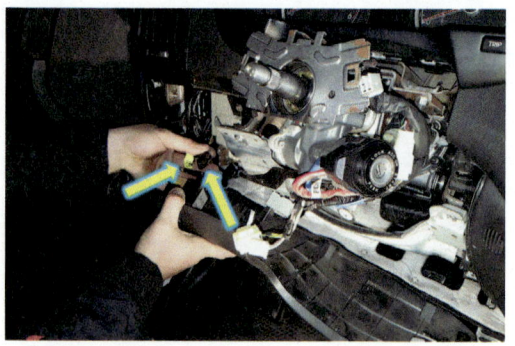

위 그림과 같이 "VDC OFF 스위치 및 계기판 조명등 스위치 커넥터"를 탈거한다.

19 DLC(Data Link Connector) 탈거

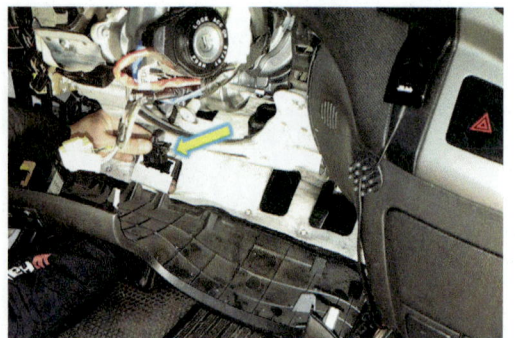

위 그림과 같이 "DLC"를 탈거한다.

20 핸들 브래킷 탈거

위 그림과 같이 "핸들 브래킷 고정 볼트(12㎜) 4개"를 푼 다음 탈거한다.

21 MDPS 커넥터 탈거

위 그림과 같이 "MDPS 커넥터"를 탈거한다.

22 키홀 조명 커넥터 탈거

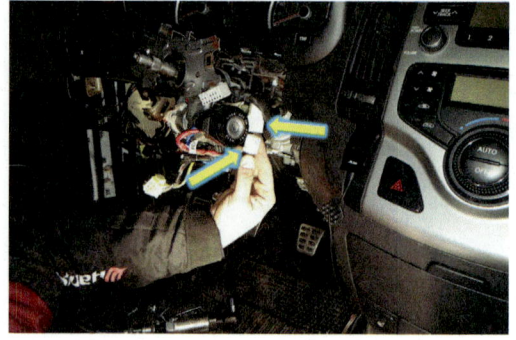

위 그림과 같이 "키홀 조명 커넥터"를 탈거한다.

23 유니버설 조인트 탈거

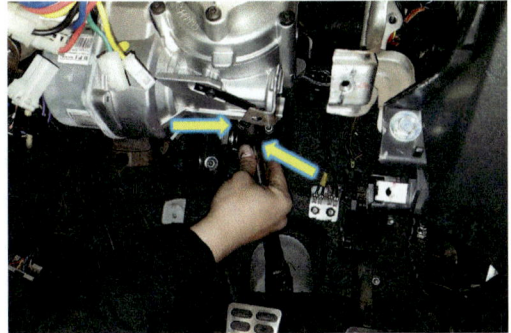

위 그림과 같이 "상부 유니버설 조인트 고정 볼트(12mm)"를 푼 다음 "조인트"를 탈거한다.

24 컬럼 샤프트 우측 고정 볼트

위 그림과 같이 컬럼 샤프트 "우측 상하 고정 볼트(12mm)"를 푼다.

25 컬럼 샤프트 좌측 고정 볼트

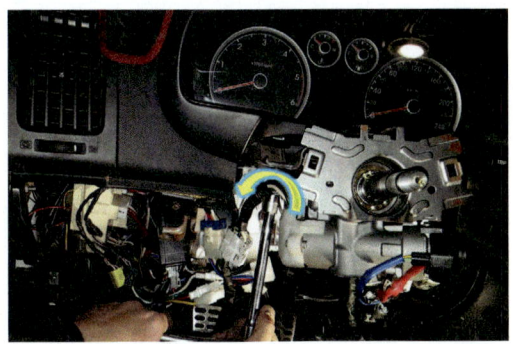

위 그림과 같이 컬럼 샤프트 "좌측 상하 고정 볼트(12mm)"를 푼다.

26 컬럼 샤프트 어셈블리 탈거

위 그림과 같이 "컬럼 샤프트 어셈블리"를 탈거한다.

27 컬럼 샤프트 어셈블리 탈거 후

위 그림은 "컬럼 샤프트 어셈블리" 탈거한 후 모습이다.

28 컬럼 샤프트 어셈블리

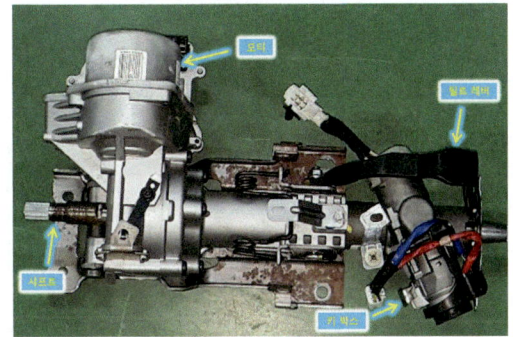

위 그림은 컬럼 샤프트 어셈블리이며 틸트 레버, 키 박스, 샤프트, MDPS 모터이다.

02 토크 센서 및 조향각 센서

01 자기진단 커넥터 연결

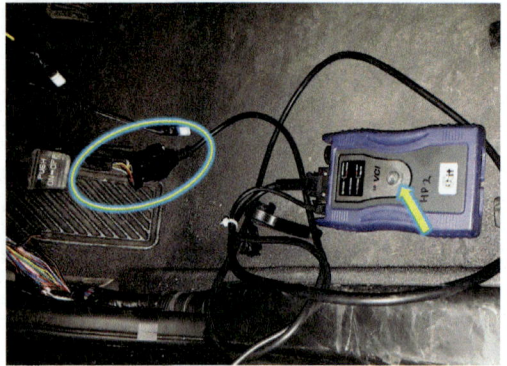

위 그림과 같이 자동차 "DLC"에 VCI 자기진단 "커넥터"를 연결한 다음 전원 버튼을 눌러 "ON" 한다.

02 시스템 선택

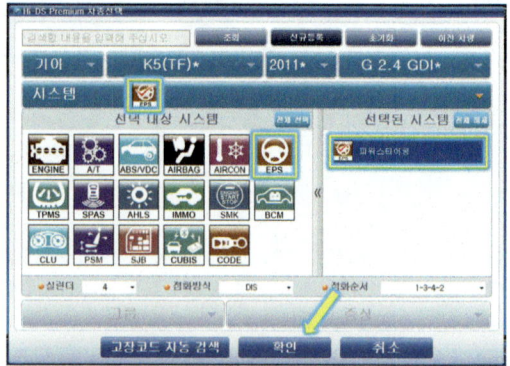

위 그림과 같이 "메이커", "차종", "연식", "엔진"을 선택한 다음 시스템 화면에서 "EPS(파워 스티어링)"를 클릭한 후 "확인" 버튼을 클릭한다.

03 센서 데이터 진단 클릭

위 그림과 같이 "센서 데이터 진단"을 클릭한다.

04 측정값_직진 시

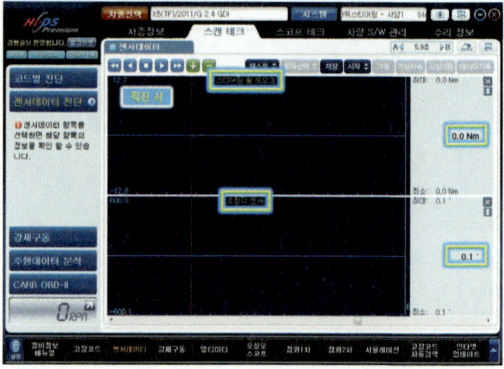

위 그림은 "직진 시" 스티어링 휠 토크 센서와 조향각 센서의 "출력값"이다. 스티어링 휠 토오크 출력값은 "0.0 Nm"이고, 조향각 센서 출력값은 "0.1°"이다.

05 측정값_우회전 시

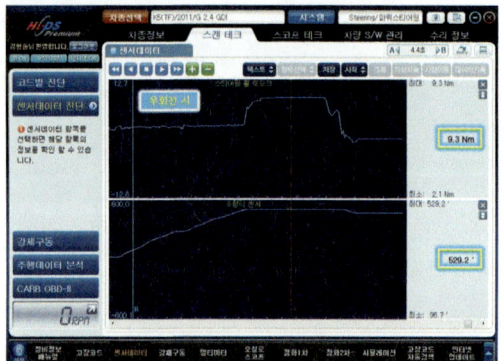

위 그림은 "우회전 시"이며 스티어링 휠 토크 센서 출력값은 "9.3 Nm"이고, 조향각 센서의 출력값은 "529.2°"이다.

06 측정값_좌회전 시

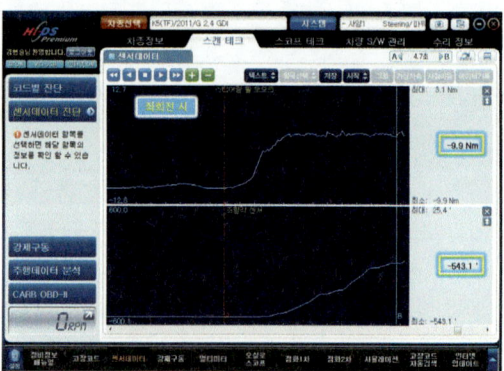

위 그림은 "좌회전 시"이며 스티어링 휠 토크 센서 출력값은 "-9.9 Nm"이며, 조향각 센서의 출력값은 "-543.1°"이다.

07 답안 작성_분석 내용 및 답안 작성하기

[참고] 측정 조건 제시(예): 우회전 시 측정하시오. "조향각 센서의 규정 값"은 개인별 측정 상황에 따라 변화가 있을 수 있으므로 충분한 범위 부여 또는 현재 측정값을 적용해도 된다.

■ 점검 및 측정

항 목	측정(또는 점검)		판정 및 정비(또는 조치) 사항		득 점
	측정값	규정(기준) 값 (정비한계값)	판정(□에 '✔' 표)	정비 및 조치할 사항	
토크 센서값	9.3 Nm	9.0~9.8 Nm	☑ 양 호 □ 불 량	정비 및 조치 사항 없음 또는 정상	
조향각 센서값	529.2°	520.0~540.0° (또는 529.2°)			

 * 주의 사항: 감독위원의 지시에 따라(핸들 조작 시) 측정한다.

08 답안 작성_분석 내용 및 답안 작성하기

[참고] 측정 조건 제시(예): 좌회전 시 측정하시오. "조향각 센서의 규정 값"은 개인별 측정 상황에 따라 변화가 있을 수 있으므로 충분한 범위 부여 또는 현재 측정값을 적용해도 된다.

■ 점검 및 측정

항 목	측정(또는 점검)		판정 및 정비(또는 조치) 사항		득 점
	측정값	규정(기준) 값 (정비한계값)	판정(□에 '✔' 표)	정비 및 조치할 사항	
토크 센서값	−9.9 Nm	−9.5~10.2 Nm	☑ 양 호 □ 불 량	정비 및 조치 사항 없음 또는 정상	
조향각 센서값	−543.1°	−520.0 ~ −550.0° (또는 −543.1°)			

*주의 사항: 감독위원의 지시에 따라(핸들 조작 시) 측정한다.

Q
안

ABS 모듈 탈·부착 및 브레이크 장치 작동상태 확인

Q 섀 시

주어진 자동차에서 시험위원의 지시에 따라 ABS 모듈을 탈거하고 (시험위원에게 확인) 다시 조립(부착)하여 브레이크 장치 작동상태를 점검한 후 기록표의 요구사항을 점검 및 측정하여 기록하시오.

01 ABS 모듈 탈·부착 및 브레이크 작동상태 확인

01 관련 부품 명칭

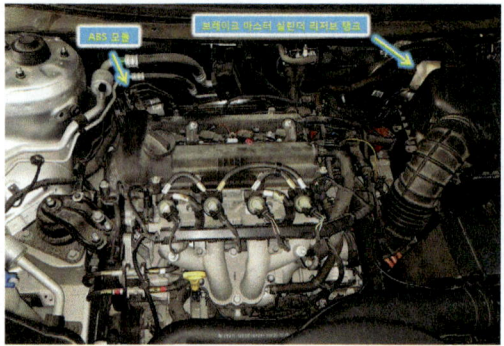

위 그림은 엔진룸이며 ABS 모듈(Anti-lock Brake System Module), 브레이크 마스터 실린더 리저브 탱크이다.

02 배터리(-) 탈거

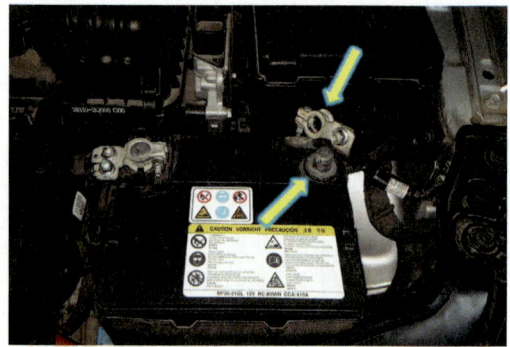

위 그림과 같이 배터리(-) 포스터에서 "터미널"을 탈거한다.

03 주변부품 명칭

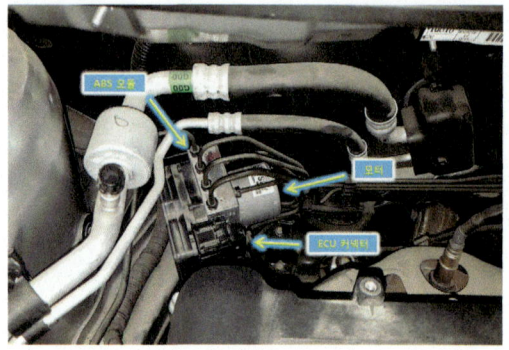

위 그림은 엔진룸 우측면이며 ABS 모듈, 모터, ECU(HCU; Hydraulic Control Unit) 커넥터이다.

04 ECU(HCU) 커넥터 탈거

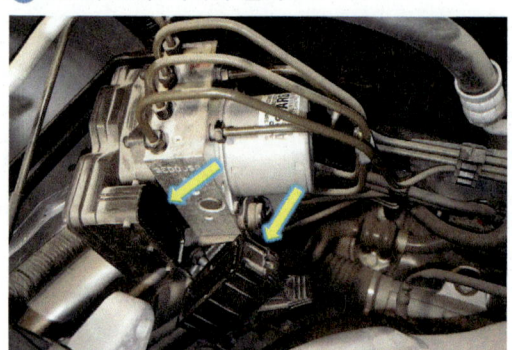

위 그림과 같이 "ECU(HCU) 커넥터"를 탈거한다.

05 상부 브레이크 파이프 탈거

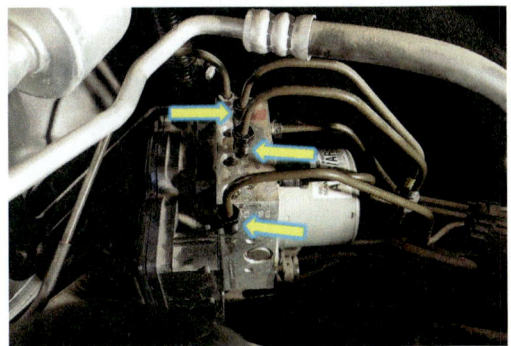

위 그림과 같이 "상부" 브레이크 파이프 "플레어 너트"를
반시계 방향으로 돌려 푼 다음 탈거한다.

06 전면 브레이크 파이프 탈거

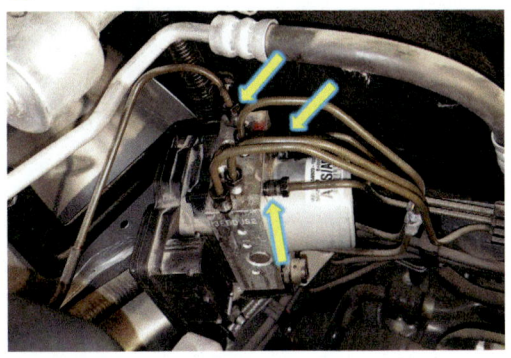

위 그림과 같이 "상부 및 전면" 브레이크 파이프 "플레어
너트"를 반시계 방향으로 돌려 푼 다음 탈거한다.

07 ABS 모듈 고정 볼트

위 그림과 같이 ABS 모듈 "상부 고정 볼트(10mm)"를 푼다.

08 하부 고정 볼트

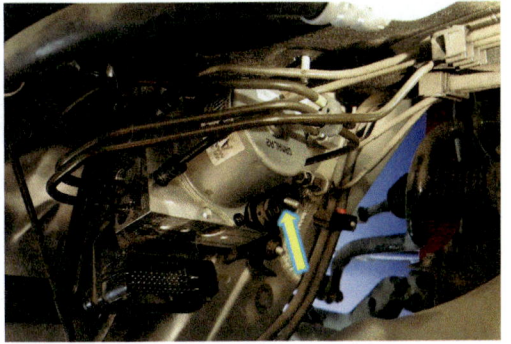

위 그림과 같이 "하부 고정 볼트(10mm)"를 푼다.

09 측면 고정 볼트

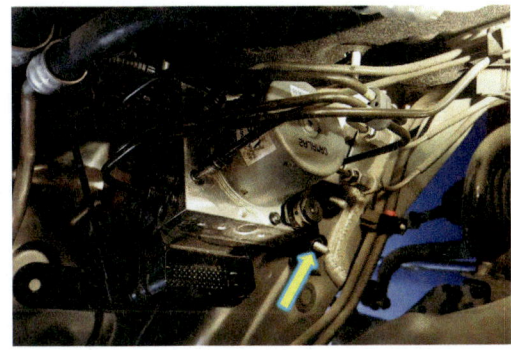

위 그림과 같이 "측면 고정 볼트(10mm)"를 푼다.

10 ABS 모듈 탈거

위 그림과 같이 "ABS 모듈"을 탈거한다.

Q
안

11 ABS 모듈 탈거 후

위 그림은 ABS 모듈을 탈거한 후 모습이다.

12 ABS 모듈

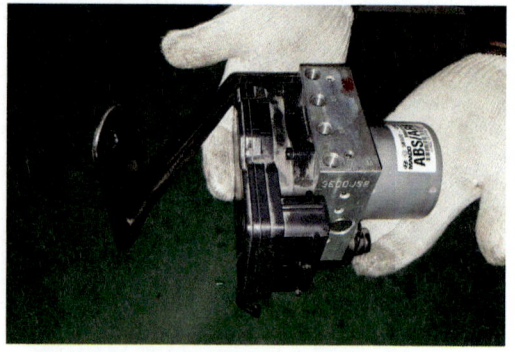

위 그림은 "ABS 모듈 단품"이다.

13 ABS 모듈 장착

위 그림과 같이 "ABS 모듈"을 장착한다.

14 ABS 모듈 고정 볼트

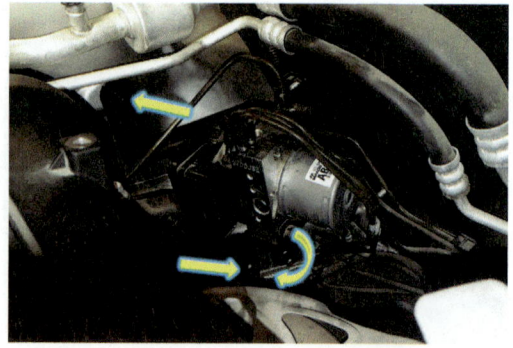

위 그림과 같이 "ABS 모듈 고정 볼트"를 규정 토크로 조인다.

15 브레이크 파이프 조립

위 그림과 같이 모든 "브레이크 파이프"를 조립한다.

16 ECU(HCU) 커넥터 장착

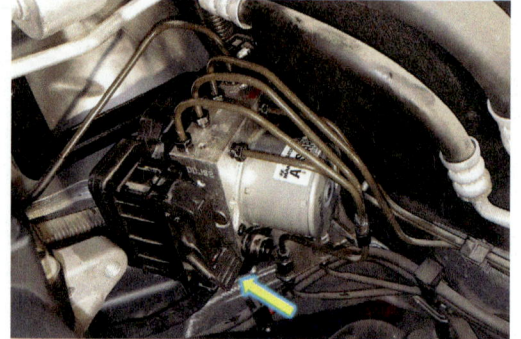

위 그림과 같이 "ECU(HCU) 커넥터"를 장착한다.

⑰ 브레이크 오일 보충

위 그림과 같이 브레이크 마스터 실린더 "리저브 탱크"에 브레이크 "오일을 보충"한다.

⑱ VCI 설치

위 그림과 같이 자동차 "DLC"에 자기진단 커넥터를 연결한 다음 "VCI" 전원 버튼을 눌러 "ON" 한다.

⑲ 앞쪽 에어 빼기 작업

위 그림과 같이 "양쪽 앞 캘리퍼"에 대하여 브레이크 "오일 교환기"를 이용하여 "에어 빼기 작업"을 실시한다.

⑳ 뒤쪽 에어 빼기 작업

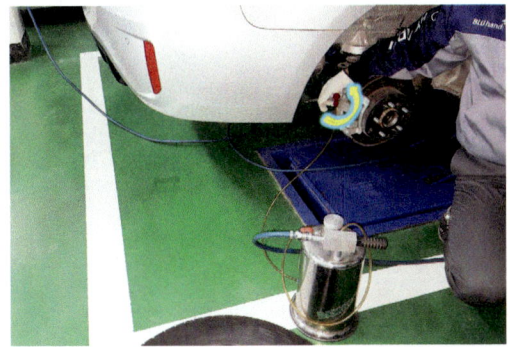

위 그림과 같이 "양쪽 뒤 캘리퍼"에 대하여 브레이크 "오일 교환기"를 이용하여 "에어 빼기 작업"을 실시한다.

㉑ 시스템 선택

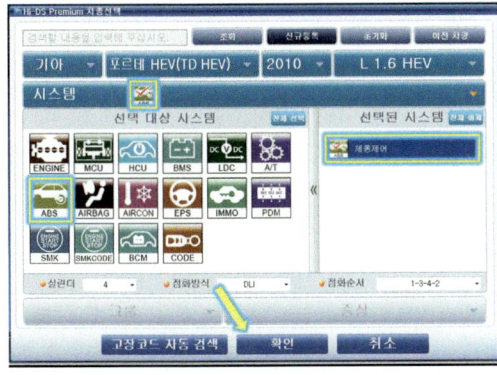

위 선택 대상 시스템에서 "ABS(제동제어)"를 클릭한 다음 "확인" 버튼을 클릭한다.

㉒ 검사/시험모드

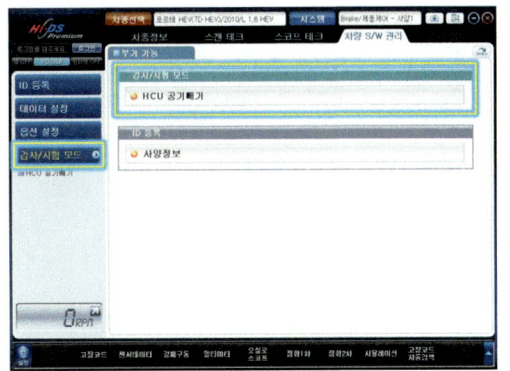

위 그림과 같이 "검사/시험모드"를 선택한 다음 "HCU 공기 빼기"를 클릭한다.

Q
안

23 HCU 공기 빼기

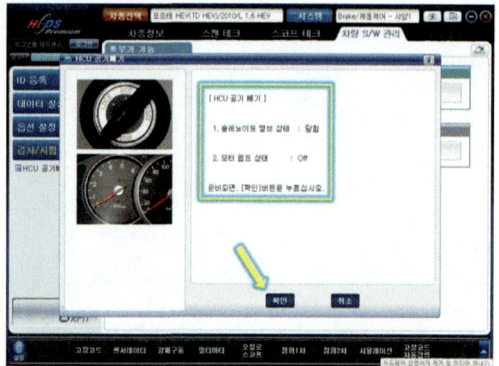

위 그림은 공기 빼기 작업 전 준비 상태 안내 화면이며 "1.
솔레노이드밸브 상태: 닫힘", "2. 모터 펌프 상태: OFF"로
표시하며 준비가 완료되면 "확인" 버튼을 클릭한다.

24 HCU 공기 빼기 안내 문구

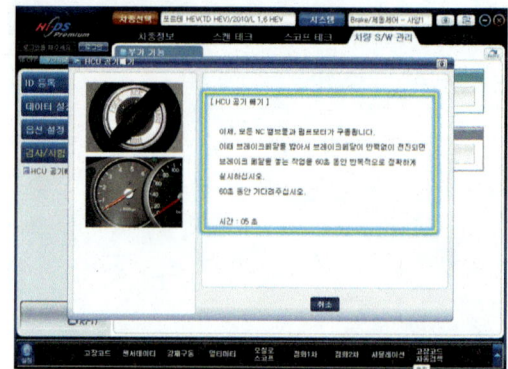

위 그림은 HCU 공기 빼기 "안내 문구"이다. "이제, 모든
NC 밸브와 펌프 모터가 구동됩니다. 이때 브레이크 페달을 밟
아서 브레이크 페달이 반력 없이 전진 되면 브레이크 페달을
놓는 작업을 60초 동안 반복적으로 정확하게 실시하십시오.
60초 동안 기다려 주십시오."

25 공기 빼기 작업 완료 화면

위 그림은 공기 빼기 작업 "완료" 화면이며 공기 빼기 작업
이 완료되면 위와 같이 "완료되었습니다. [확인] 버튼을 누르
십시오." 라는 "문구"가 생성된다. 이때 "확인" 버튼을 클릭
한다.

정비기능장

파형 측정

전 기

Q

주어진 자동차에서 시험위원 지시에 따라 기록표의 요구사항을 점검 및 측정하여 기록
하시오.

01 와이퍼 INT 모드 파형

01 와이퍼 & 와셔 회로(1)_BCM, 다기능 스위치

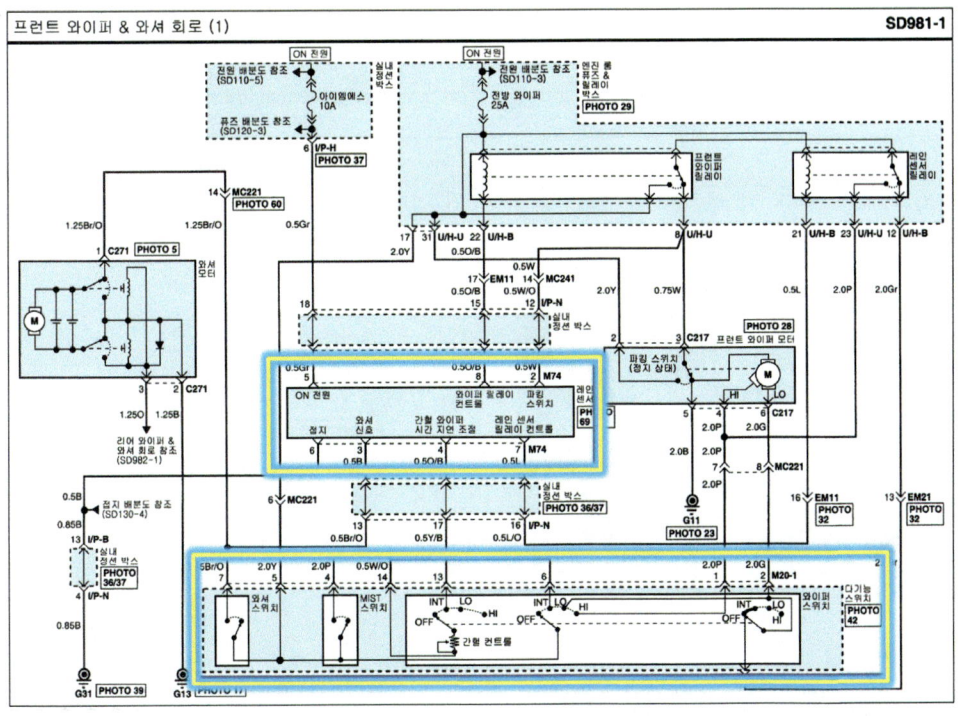

02 와이퍼 & 와셔 회로 세부_BCM 5번(와이퍼 릴레이 컨트롤), 13번 단자(INT 신호), 다기능 스위치 6번 단자(INT 신호)

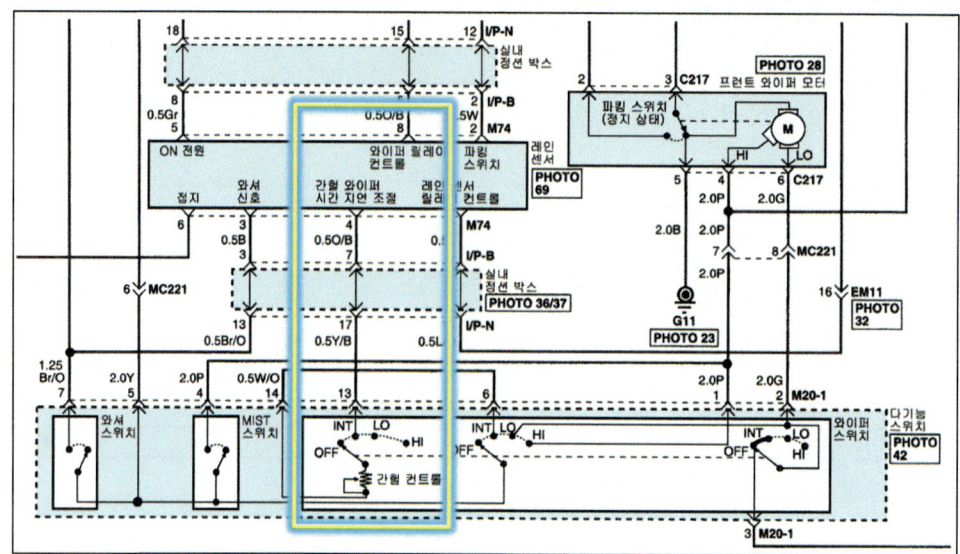

03 M20-1(18P) 커넥터 및 다기능 스위치

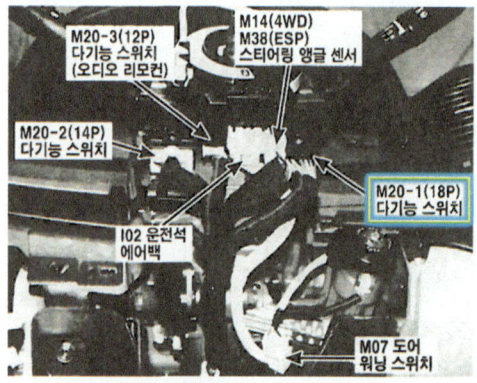

04 M20-1 커넥터_13번 단자 INT 신호

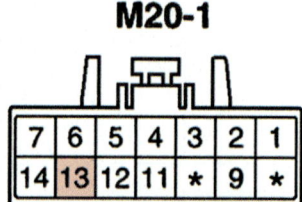

05 채널 1번 전원 프로브 연결

06 M74 레인 센서

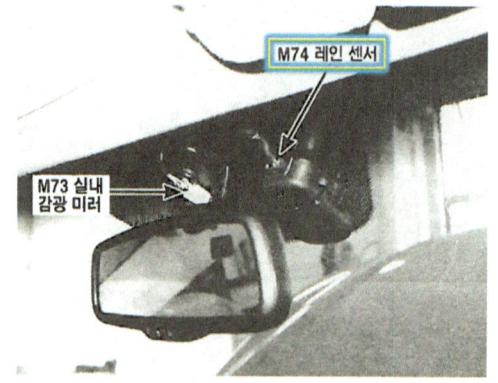

위 그림과 같이 커넥터 "13번 단자(INT 신호)"에 "채널 1번"
전원 프로브를 연결하고 "접지 프로브"는 차체에 "접지"한다.

07 M74 레인 센서 커넥터

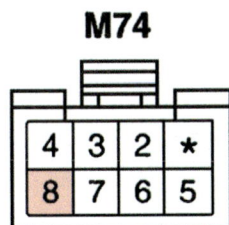

위 그림은 "M74 레인 센서" 커넥터이며 "8번 단자"가 와이퍼 릴레이 컨트롤이다.

08 채널 2번 전원 프로브 연결

위 그림과 같이 BCM 커넥터 "5번 단자(와이퍼 릴레이 컨트롤)"에 "채널 2번" 전원 프로브를 연결하고 "접지 프로브"는 차체에 "접지"한다.

09 파형분석_INT 모드 저속(SLOW) 위치

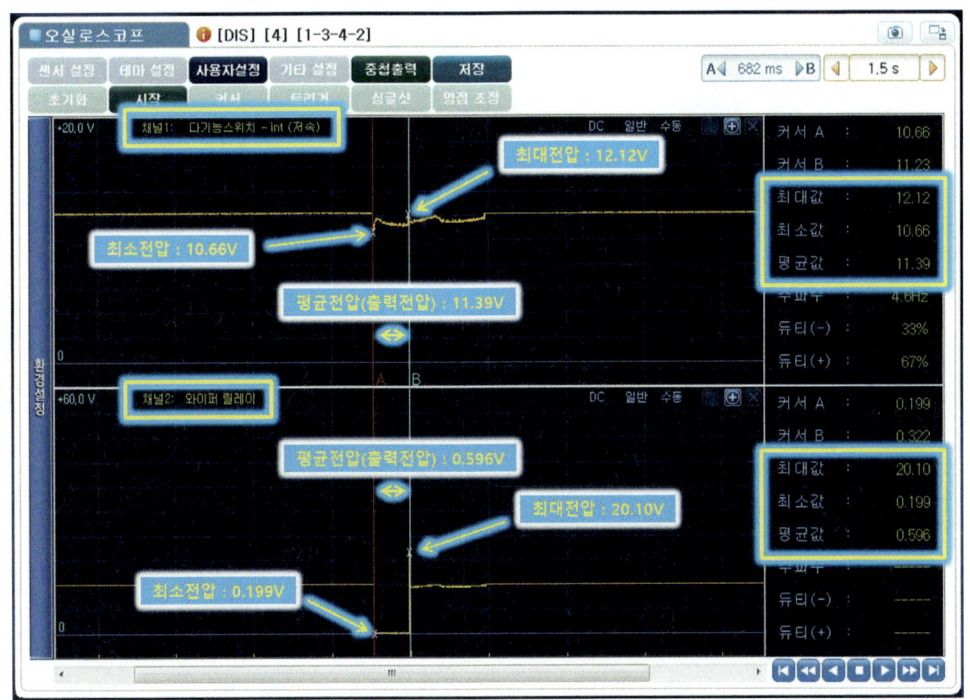

위 그림은 와이퍼 "INT 모드 저속(SLOW)" 위치에서 작동 시 출력 파형으로 "커서 A"를 와이퍼 릴레이 작동 시작 지점에 위치하고 "커서 B"는 작동 종료 부분에 위치시킨 다음 "와이퍼 릴레이 컨트롤"의 최소전압 0.199V, 출력(평균)전압 0.596V, 최대전압 20.10V, 투 커서 간 시간차(작동시간) 682㎳로 표기한 화면이다.

⑩ 출력 파형 출력물 1_와이퍼 INT 모드 저속(SLOW) 위치 작동 시 파형 출력 및 분석 내용 표기

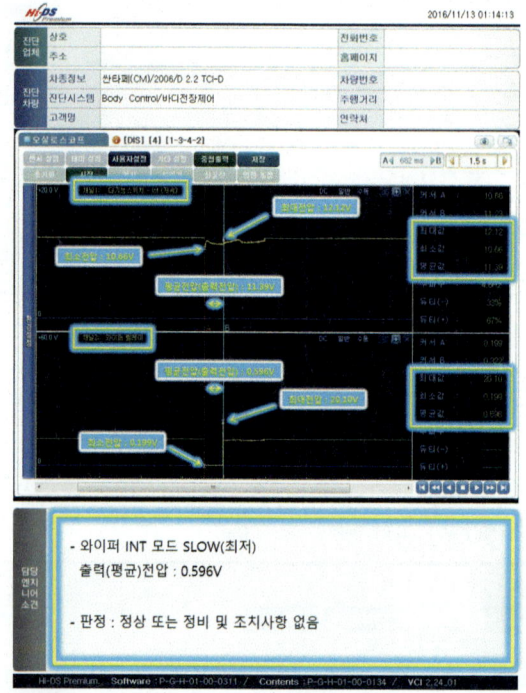

⑪ 답안 작성(저속)_와이퍼 INT 모드 저속(SLOW) 위치 작동 시 파형 출력을 기준으로 답안 작성하기

[참고] 와이퍼 INT 모드 작동 시 출력전압이므로 "평균전압"을 기재한다.

◆ 전기 3. 기록표

1) 파형	자동차 번호 :	비 번호		감독확인	

항 목	파형분석 및 판정			득 점
	분석 항목	분석 내용	판정(□에 '✔' 표)	
와이퍼 INT 모드	SLOW(최저) 출력전압: 0.596V	분석 내용은 출력물에 표시하시오.	☑ 양 호 □ 불 량	
	FAST(최고) 출력전압:			

⑫ 파형분석_INT 모드 고속(FAST) 위치

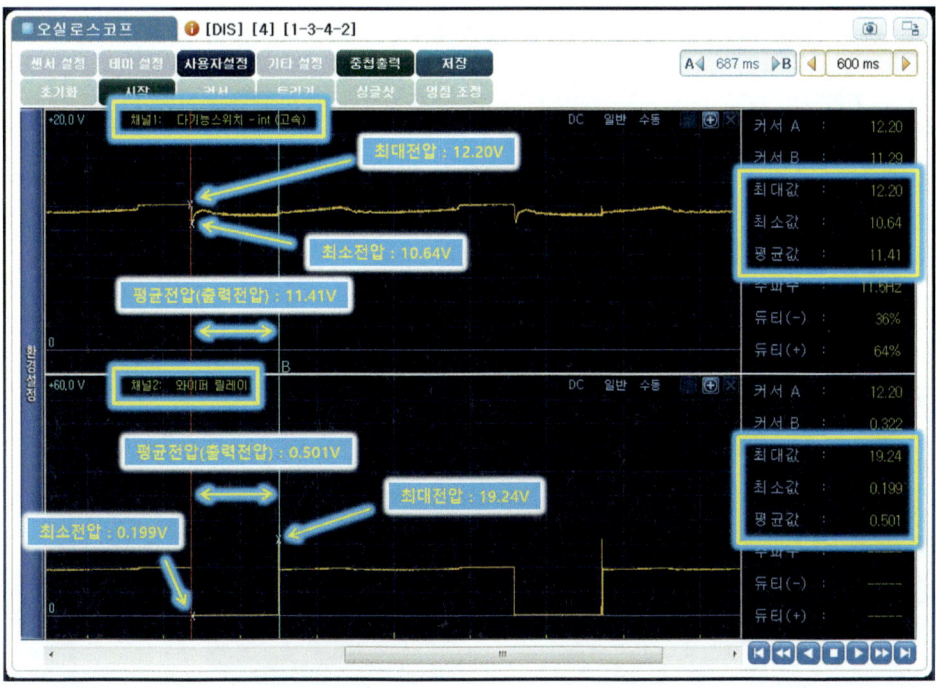

위 그림은 와이퍼 "INT 모드 고속(FAST)" 위치에서 작동 시 출력 파형이며 "커서 A"를 와이퍼 릴레이 작동 시작 지점에 위치하고 "커서 B"는 작동 종료 부분에 위치시킨 다음 "와이퍼 릴레이 컨트롤"의 최소전압 0.199V, 출력(평균)전압 0.501V, 최대전압 19.24V, 투 커서 간 시간차(작동시간) 687ms로 표기한 화면이다.

⑬ 출력 파형 출력물 2_와이퍼 INT 모드 고속(FAST) 위치 작동 시 파형 출력 및 분석 내용 표기

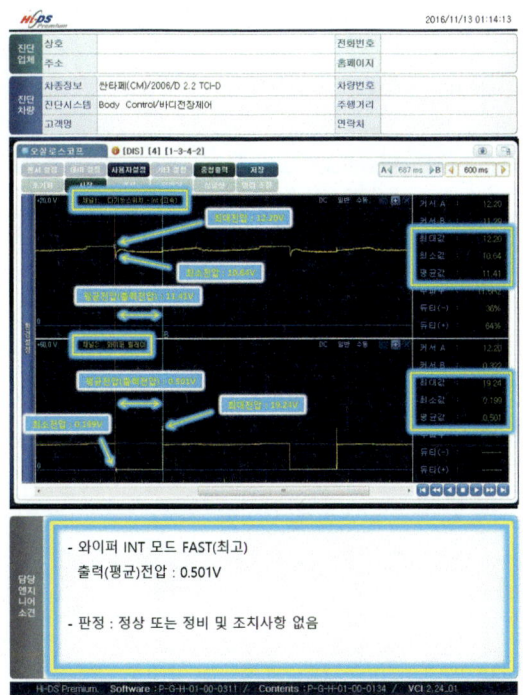

⑭ 답안 작성_와이퍼 INT 모드 고속(FAST) 위치 작동 시 파형 출력을 기준으로 답안 작성하기

[참고] 와이퍼 FAST 모드 작동 시 출력전압이므로 "평균전압"을 기재한다.

◈ 전기 3. 기록표

1) 파형   자동차 번호 :

항 목	파형분석 및 판정			비 번호		감독확인		득 점
	분석 항목	분석 내용	판정(□에 '✔' 표)					
와이퍼 INT 모드	SLOW(최저) 출력전압: 0.596V	분석 내용은 출력물에 표시하시오.	☑ 양 호 □ 불 량					
	FAST(최고) 출력전압: 0.501V							

⑮ 파형분석_INT 모드 고속(FAST) 위치 INTT 구간

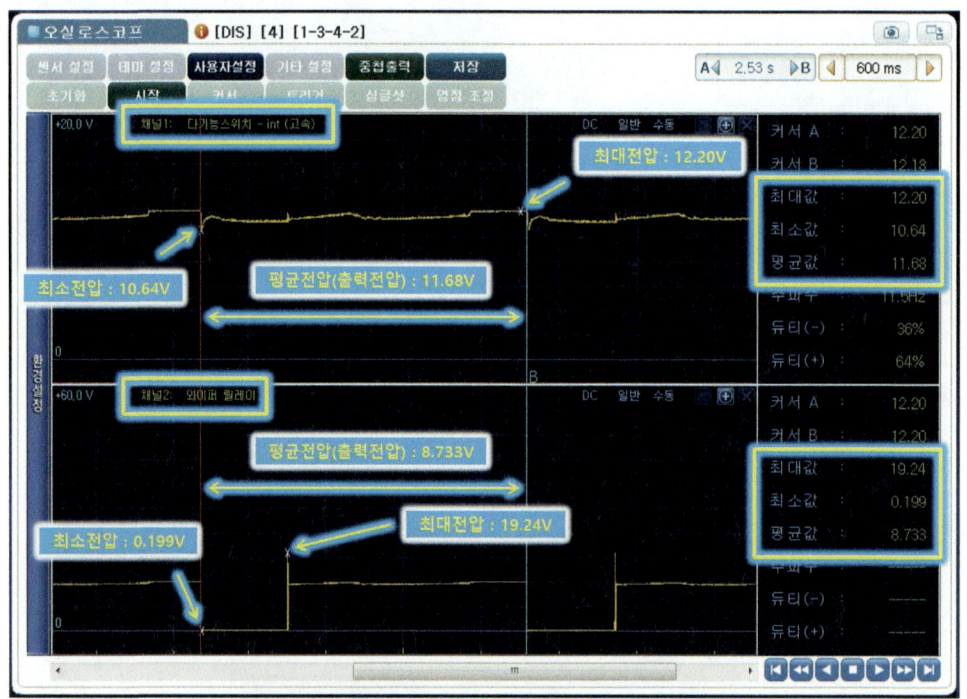

위 그림은 와이퍼 "INT 모드 고속(FAST)" 위치에서 작동 시 출력 파형이며 "커서 A"를 INT 신호 시작 지점에 위치하고 "커서 B"는 다음 INT 신호 시작 부분에 위치시킨 다음 "INT 신호 작동 구간"에 대한 최소전압 10.64V, 출력(평균)전압 11.68V, 최대전압 12.20V, 두 커서 간 시간차(작동시간) 2.53s이고 "와이퍼 릴레이 컨트롤" 최소전압 0.199V, 출력(평균)전압 8.733V, 최대 전압 19.24V로 표기한 화면이다.

정비기능장

Q

회로 점검 및 기록표 작성

전 기

주어진 자동차에서 정비 지침서의 회로도를 이용하여 기록표에서 요구하는 회로를 점 검하고, 이상이 있으면 이상 내용을 기록표에 기록한 후 정비하시오.

01 도난 방지 회로 점검

01 BCM 회로 및 연료 주입구 회로(1)_도난 방지 BCM 회로, 체크포인트

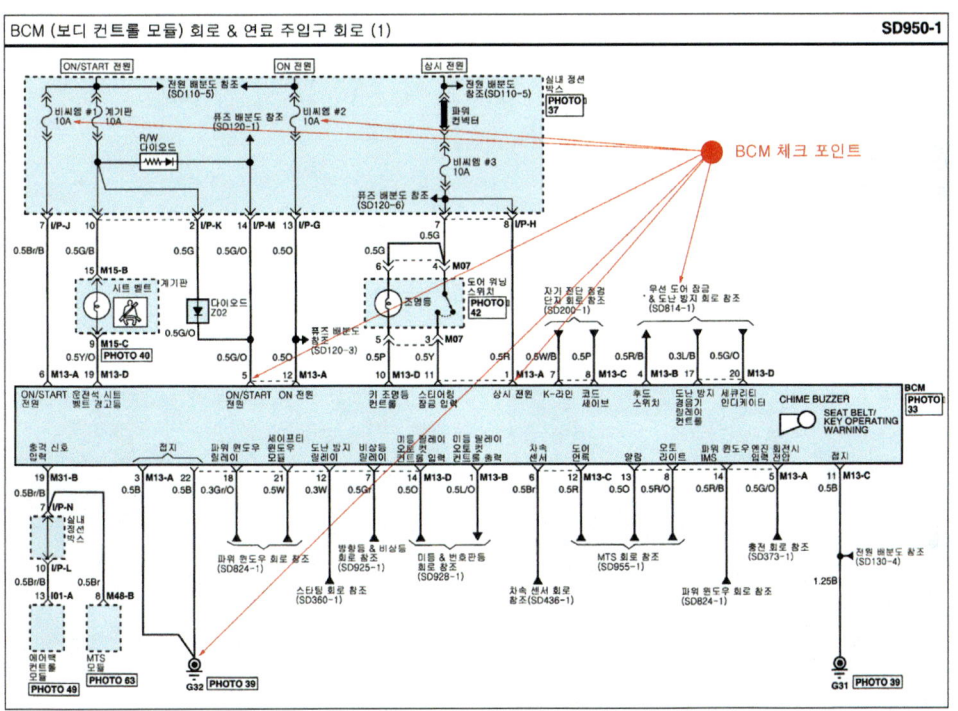

Q
안

02 도난 방지 BCM 회로 및 연료 주입구 회로(2)

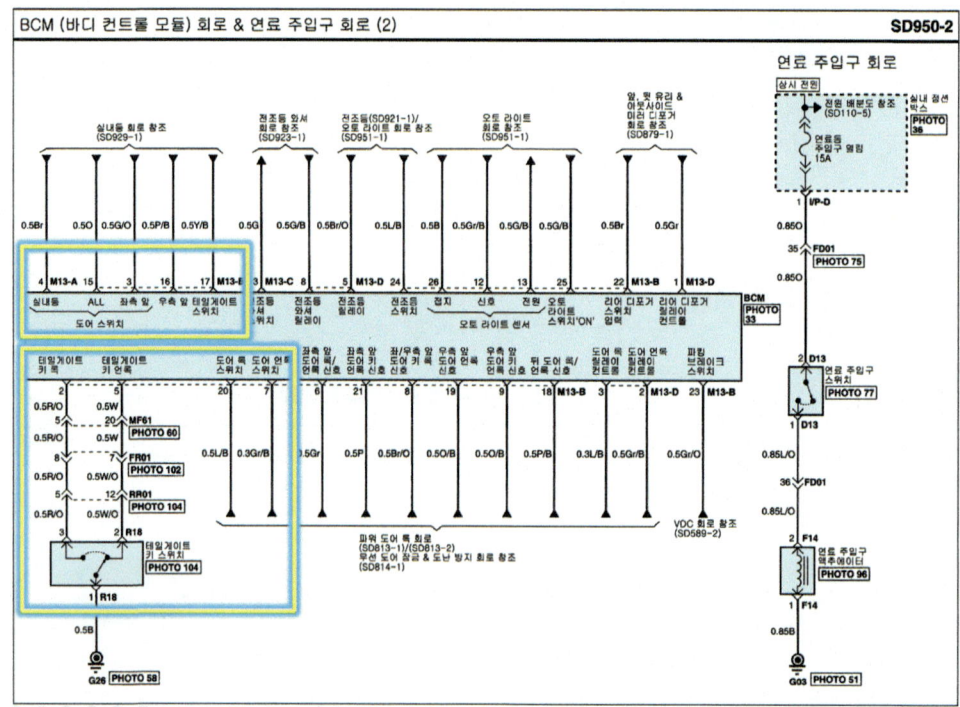

03 BCM 모듈

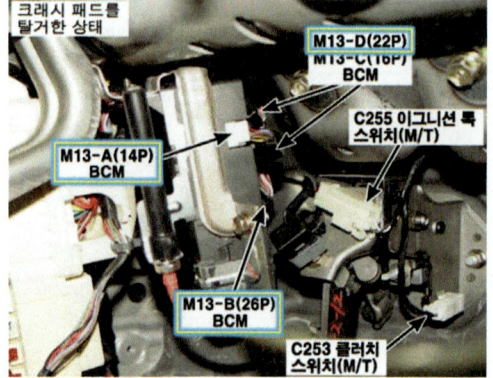

위 그림은 크래시 패드를 탈거한 상태의 M13-A(14P) BCM,
M13-B (26P) BCM, M13-D(22P) BCM이다.

04 E03 도난 방지 경음기

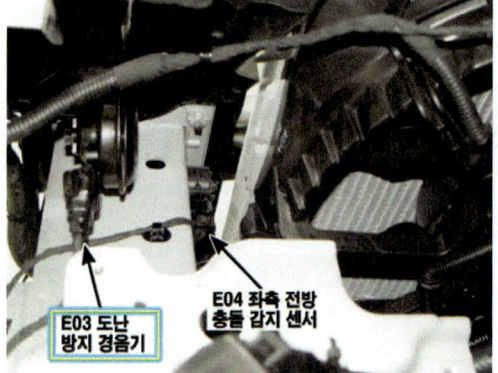

05 도난 방지 실내 릴레이

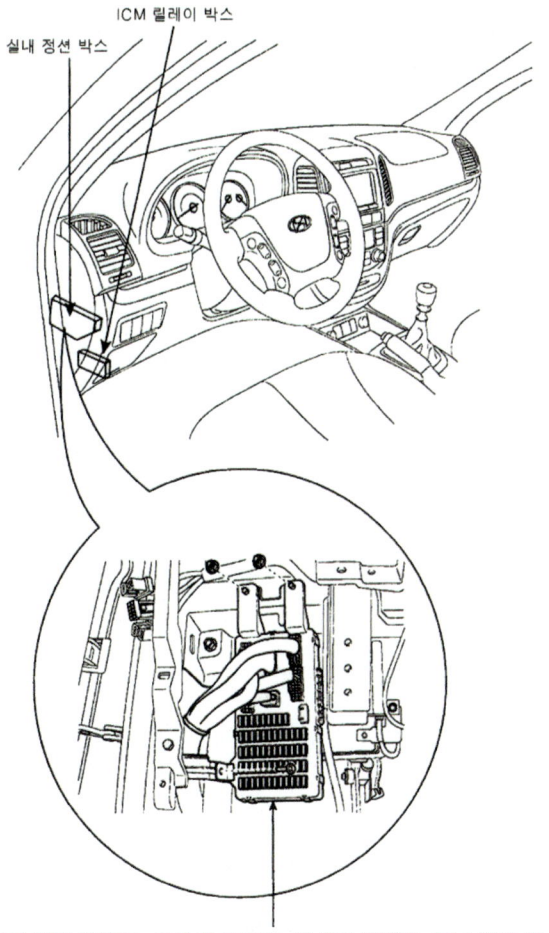

ICM 릴레이 박스

실내 정션 박스

도어 언록 릴레이, 도어 록 릴레이, 비상등 릴레이, 도난 경보 혼 릴레이
블로어 릴레이, 파워 윈도우 릴레이, 도난 경보 시동 릴레이(정션 박스 내장형)

06 도난 방지 스타팅 회로(1)

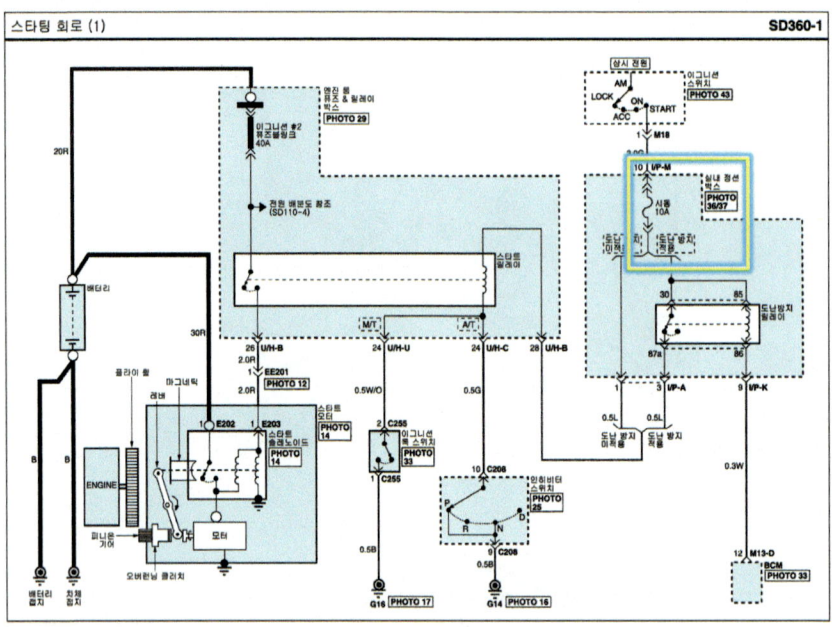

07 퓨즈 연결 회로 1_도난 방지 실내 정션박스 퓨즈 용량 및 연결 회로

표기	용량(A)	연결 회로
시동	10A	도난 방지 릴레이
파워 윈도우 좌측	30A	파워 윈도우 메인 스위치, 좌측 뒤 파워 윈도우 스위치
파워 윈도우 우측	30A	파워 윈도우 메인 스위치, 우측 앞/뒤 파워 윈도우 스위치
선루프	20A	선루프 모터
전동 시트	30A	IMS컨트롤 모듈
안전 파워 윈도우	30A	세이프티 파워 윈도우 ECM
열선 미러	10A	리어 디포거 스위치, 좌/우측 파워 아웃사이드 미러 & 미러 폴딩 모터
에어백 #1	15A	에어백 컨트롤 모듈#1
실내등	10A	핸즈프리 모듈, 계기판, 좌측 앞 도어 램프, 카고 램프, 리어 퍼스널 램프 LH/고, 맵 램프, 실내등, 운전석/조수석 화장 등 스위치
에어컨	10A	에어컨 컨트롤 모듈, 블로워 하이 릴레이, AQS센서, 실내 온도 & 습도센서, 리어 에어컨 스위치, 선루프 모터, 리어 에어컨 릴레이, PTC 히터 릴레이#2,#3, 실내 감광 미러, 전조등 와셔 릴레이, 블로워 릴레이
열선 좌석	25A	운전석 · 조수석 시트 히터 컨트롤 모듈
파워 앰프	30A	DELPHI 앰프, 오디오 앰프
파워 아웃렛 센터	15A	리어 파워 아웃렛 #2
파워 아웃렛	25A	프런트 파워 아웃렛, 리어 파워 아웃렛#1
시가라이터	15A	프런트 파워 아웃렛
문자동 잠금장치	20A	도어 록/언록 릴레이, BCM, 좌측 앞/뒤 도어 록, 액추에이터, 우측 앞/뒤 도어 록 액추에이터, 테일게이트 록 액추에이터
에어백 경고등	10A	계기판

표기	용량(A)	연결 회로
오토티엠 잠금장치	10A	ATM 키 록 모듈, VDC 스위치, 운전석/조수석 시트 히터 컨트롤 모듈
방향지시등	10A	비상등 스위치
조정식 페달	15A	어드저스트 페달 릴레이
비상등	15A	비상등 릴레이, 비상등 스위치
후방 와이퍼	15A	리어 간헐 와이퍼 모듈, 다기능 스위치
에어컨 스위치	10A	에어컨 컨트롤 모듈
계기판	10A	핸즈프리 모듈, MTS 잭, 계기판, BCM, 제너레이터
비씨엠 #1	10A	BCM
연료통 주입구 열림	15A	연료 주입구 스위치
경보기	10A	도난 방지 경음기 릴레이, BCM, 도난 방지 경음기
3열 에어컨	15A	리어 에어컨 릴레이
후진 경고	10A	후진 경고 부저
아이엠에스	10A	IMS 컨트롤 모듈, 레인 센서
오디오 #2	10A	파워 윈도우 메인 스위치, DELPHI 오디오, 오디오, 파워 아웃사이드 미러 & 미러 폴딩 모터, BCM, MTS 모듈, ATM 키 록 모듈, A/V 헤드 모듈, 시계, 핸즈프리 모듈, 튜너 모듈
블로워	30A	블로워 릴레이, 에어컨 스위치 10A, 블로워 모터
정지등	15A	정지등 스위치
전조등 와셔	20A	전조등 와셔 릴레이
비씨엠 #3	10A	도어 워닝 스위치, IMS컨트롤 모듈, 파워 아웃사이드 미러 & 미러 폴딩 모터, 세큐리티 인디게이터, BCM, 파워 윈도우 메인 스위치, 우측 앞 파워 윈도우 스위치
디지털시계	15A	시계, 자기진단 점검 단자, 에어컨 컨트롤 모듈
오디오 #1	15A	DELPHI 오디오, 오디오, MRS 모듈, A/V 헤드 모듈, 튜너 모듈, 내비게이션 모듈
오토티엠	10A	키 솔레노이드, 스포츠 모드 스위치
비씨엠 #2	10A	P.레오스테트, BCM, EPS 모듈

08 퓨즈 연결 회로 2_도난 방지 엔진룸 정션 & 릴레이 박스 퓨즈 용량 및 연결 회로

구분	표기	용량(A)	연결 회로
퓨즈블 링크	ALT	150A	퓨즈블링크(전방 열선, 후방열선, 블로워, 에어컨, 배터리#2, 에이비에스#1, #2, 파워윈도우, 전조등 로우 좌, 전조등 로우 우, 전방 안개등
	디젤	125A	퓨즈블링크 박스(PCT 히터#1, #2, #3, 연료 필터, 글로우 플러그)
	배터리 #1	50A	퓨즈(문자통 잠금장치, 정지등, 연료통 주입구 열림, 오토티엠, 전조등 와셔, 비상등, 파워 커넥터)
	배터리 #2	40A	퓨즈(파워 앰프, 열선 좌석, 전동 시트, 조정식 페달, 3열 에어컨, 후진 경고, 선루프, 경보기, 도난 방지 경음기 릴레이)
	이씨유 메인	40A	엔진 컨트롤 릴레이
	콘덴서 팬	30A	콘덴서 팬#1 릴레이
	이그니션 #1	40A	이그니션 스위치
	이그니션 #2	40A	이그니션 스위치, 퓨즈(시동)
	블로워	40A	퓨즈(블로워)
	파워 윈도우	40A	퓨즈(파워 윈도우 릴레이, 안전 파워 윈도우)
	라디에이터 팬	40A	라디에이터 팬 릴레이
	에이비에스#1	40A	다기능 체크 커넥터, ABS 컨트롤 모듈, VDC컨트롤 모듈
	에이비에스#1	40A	다기능 체크 커넥터, ABS 컨트롤 모듈, VDC컨트롤 모듈

구분		표기	용량(A)	연결 회로
퓨즈	1	전방 열선	15A	윈드 실드 열선 릴레이
	2	후방열선	30A	리어 디포거 릴레이
	3	–	–	–
	4	전조등 로우 우	15A	우측 전조등 로우 릴레이
	5	경음기	15A	경음기 릴레이
	6	전조등 로우 좌	15A	좌측 전조등 로우 릴레이
	7	전조등 하이 표시등	10A	계기판
	8	알터네이터 디젤	10A	제너레이터
	9	에어컨	10A	에어컨 릴레이
	10	오토티엠	20A	4WD ECM, ATM 컨트롤 릴레이
	11	–	–	–
	12	미등 우	10A	우측 포지션 램프, 글로브 박스 램프, 우측 뒤 콤비 램프(OUT), 조명등
	13	전방 안개등	10A	앞 안개등 릴레이
	14	센서 #3	15A	ECM
	15	미등 좌	10A	좌측 포지션 램프, 좌측 뒤 콤비 램프(OUT)
	16	연료펌프	15A	연료펌프 릴레이
	17	전방 와이퍼	25A	다기능 스위치, 레인 센서 릴레이, 프런트 와이퍼 릴레이, 프런트 와이퍼 모터
	18	티씨유	15A	TCM
	19	에이비에스	10A	ABS컨트롤 모듈, G-YAW 센서, VDC컨트롤 모듈, 4WD ECM, 연료 필터 히터 릴레이, 연료 필터 수분 경고 센서, 다기능 체크 커넥터
	20	냉각팬	10A	–
	21	후진등	10A	입력/출력 속도 센서, 인히비터 스위치, TCM, 후진등 스위치
	22	전조등	10A	퓨즈(전방 와이퍼)
	23	이씨유	10A	차속 센서, ECM, 에어 플로우 센서
	24	전조등 하이	20A	전조등 하이 릴레이
	25	센서#1	10A	연료펌프 릴레이, 정지등 스위치, 이모빌라이저, 에어컨 릴레이, 콘덴서 팬#1, #2 릴레이, 라디에이터 팬 릴레이
	26	센서#2	15A	EGR 액추에이터, 솔레노이드밸브, 스로틀 플랫 액추에이터, 캠 포지션 센서, PTC 히터 릴레이#1
	27	점화코일	20A	ECM
	28	SPARE	10A	–
	29	SPARE	15A	–
	30	SPARE	20A	–
	31	SPARE	25A	–
	32	SPARE	30A	–

09 도난 방지 전원 배분도(1, 5)

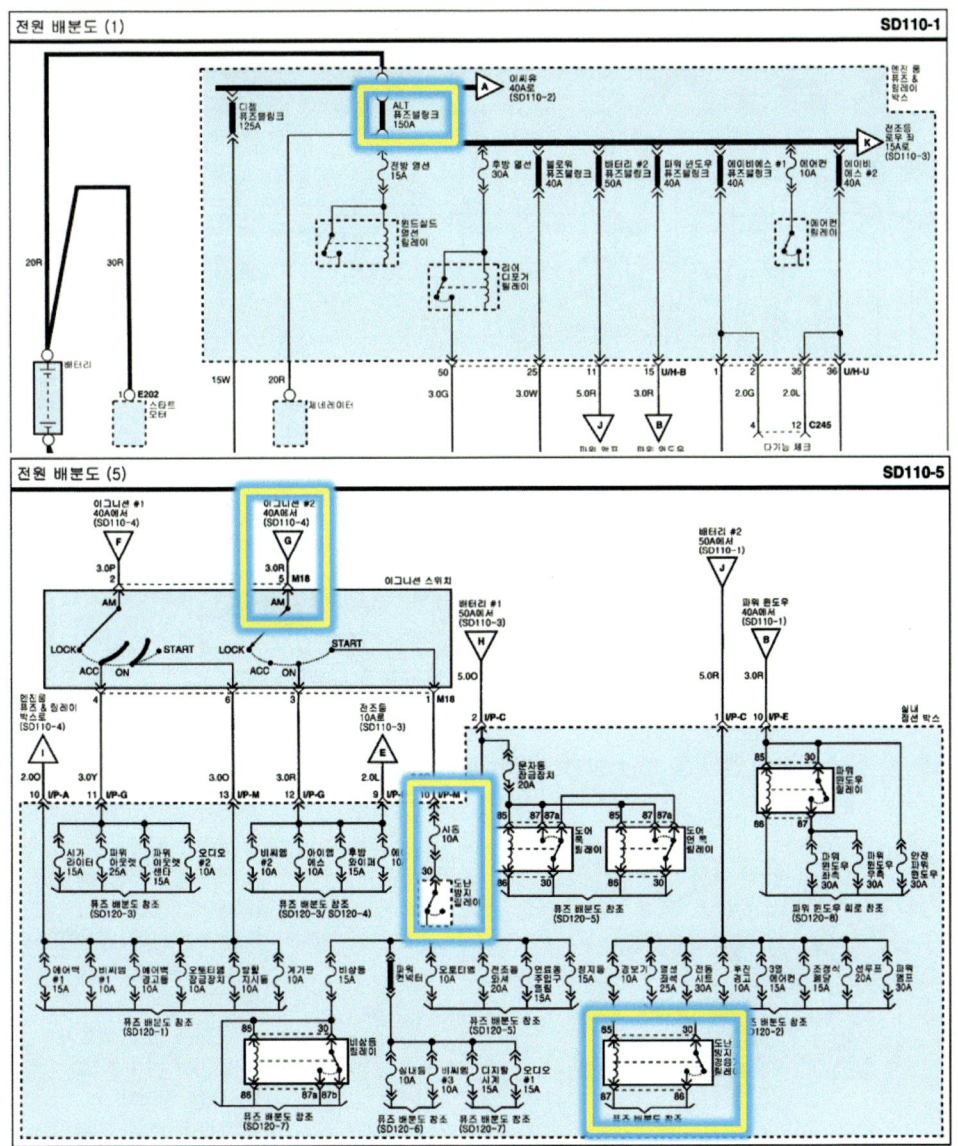

Q
안

⑩ 무선 도어 잠금 & 도난 방지 회로(1)_도난 방지 회로 체크포인트

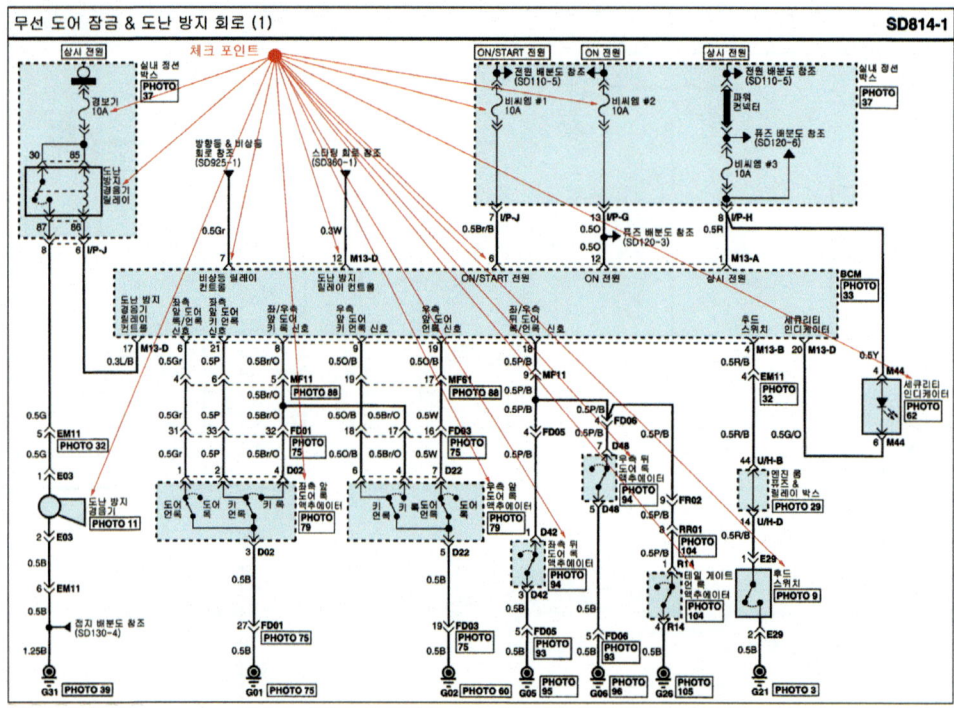

⑪ 엔진 룸 릴레이 박스_엔진 룸 도난 방지 스타트 릴레이

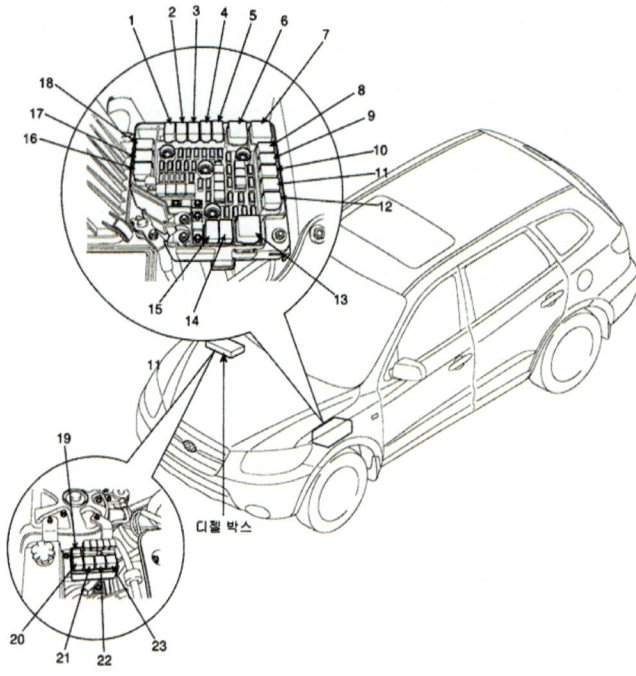

디젤 박스

1. 자동변속기 릴레이
2. 냉각팬 릴레이
3. 프런트 안개등 릴레이
4. 에어컨 릴레이
5. 전조등(하이) 릴레이
6. 메인 릴레이
7. 시동 릴레이
8. 콘덴서 팬 2 릴레이
9. 콘덴서 팬 1 릴레이
10. 미등 릴레이
11. 전조등(로우–좌측) 릴레이
12. 전조등(로우–우측) 릴레이
13. 디포거 열선 릴레이
14. 윈드 실드 열선 릴레이
15. 혼 릴레이
16. 와이퍼 릴레이
17. 레인 센서 릴레이
18. 연료펌프 릴레이
19. 연료펌프 히터 릴레이
20. PTC 히터 릴레이 #2
21. 글로우 릴레이
22. PTC 히터 릴레이 #1
23. PTC 히터 릴레이 #3

⑫ M44 세큐리티 인디게이터

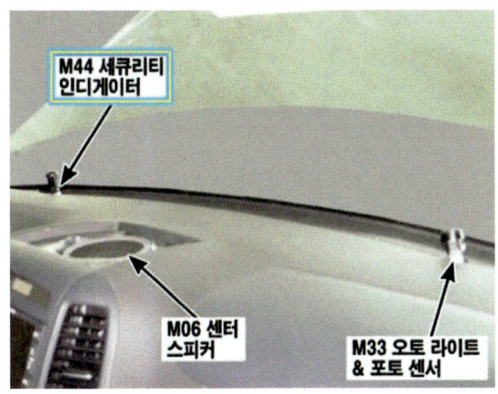

⑬ D02(좌측), D22(우측) 앞도어 록 액추에이터

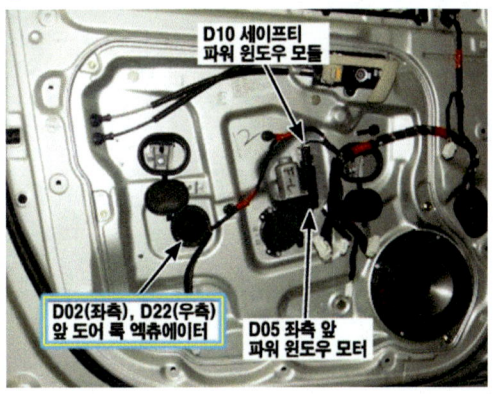

⑭ R14 테일게이트 언록 액추에이터

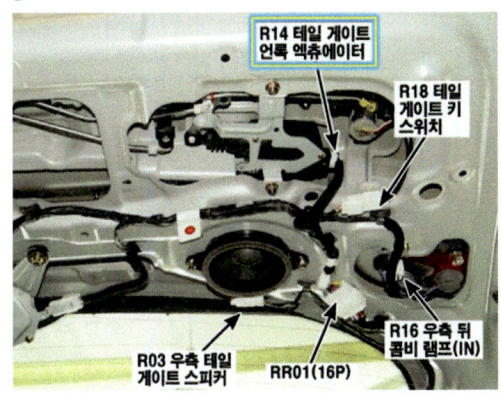

⑮ D42(좌측), D48(우측) 뒤 도어 록 액추에이터

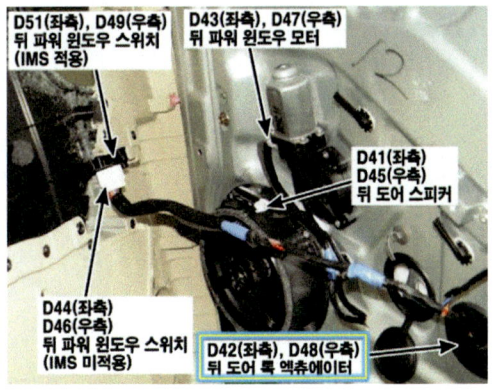

⑯ 회로 고장 부분과 내용 및 상태 참고 자료

고장 부분	내용 및 상태	정비 및 조치할 사항
IG 2번 40A 퓨즈	단선	IG 2번 퓨즈 교환 후 재점검
시동 10A 퓨즈	단선	시동 10A 퓨즈 교환 후 재점검
경보기 10A 퓨즈	단선	경보기 10A 퓨즈 교환 후 재점검
비상등 15A 퓨즈	단선	비상등 15A 퓨즈 교환 후 재점검
비상등 릴레이	탈거	비상등 릴레이 장착(삽입) 후 재점검
도난 방지 경음기 릴레이	탈거	도난 방지 경음기 릴레이 장착(삽입) 후 재점검
도난 방지 경음기 배선 커넥터	탈거	도난 방지 경음기 배선 커넥터 결합 후 재점검
좌측 앞(잠금장치 액추에이터, 도어 스위치) 커넥터	탈거	좌측 앞(도어 록 액추에이터, 도어 스위치) 결선, 결합 후 재점검
우측 앞(잠금장치 액추에이터, 도어 스위치) 커넥터	탈거	우측 앞(도어 록 액추에이터, 도어 스위치) 결선, 결합 후 재점검
좌측 뒤(도어 록 액추에이터, 도어 스위치) 커넥터	탈거	좌측 뒤(도어 록 액추에이터, 도어 스위치) 결선, 결합 후 재점검
우측 뒤(도어 록 액추에이터, 도어 스위치) 커넥터	탈거	우측 뒤(도어 록 액추에이터, 도어 스위치) 결선, 결합 후 재점검
후드 스위치, 테일게이트 언록 액추에이터 커넥터	탈거	후드 스위치, 테일게이트 언록 액추에이터 (결선, 결합 후 재점검)

Q
안

02 에어백 회로 점검

01 에어백 전원 배분도(4)

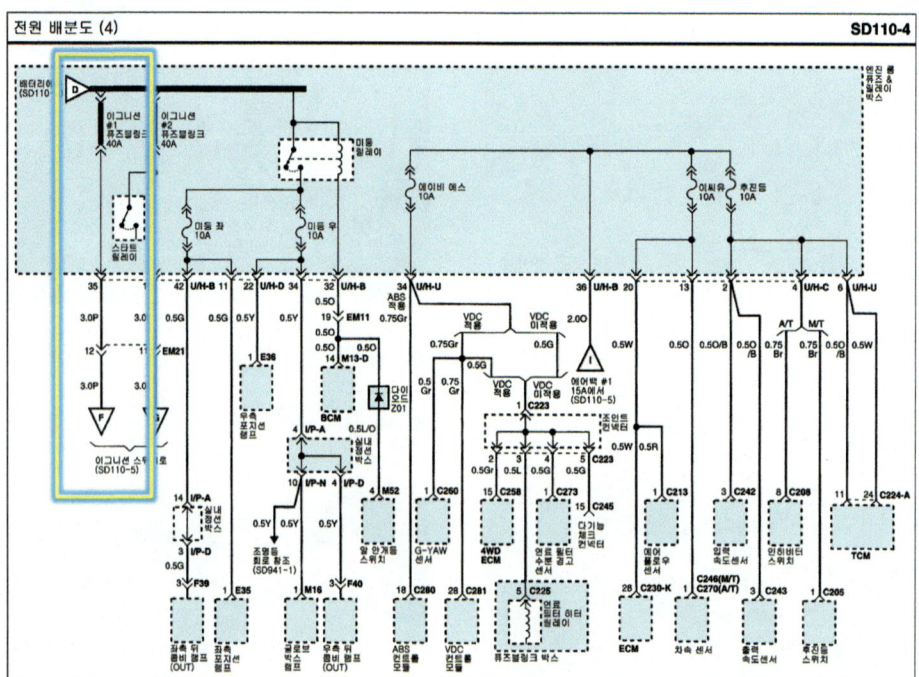

02 에어백 전원 배분도(5)

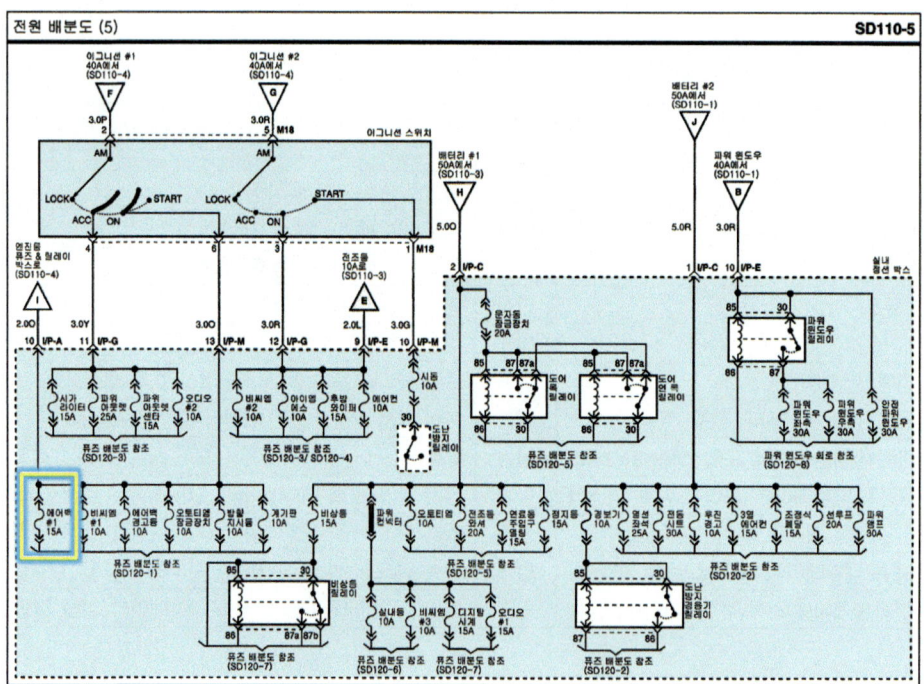

03 퓨즈 연결 회로_에어백 실내 정선박스 퓨즈 용량

표기	용량(A)	연결회로
시동	10A	도난 방지 릴레이
파워 윈도우 좌측	30A	파워 윈도우 메인 스위치, 좌측 뒤 파워 윈도우 스위치
파워 윈도우 우측	30A	파워 윈도우 메인 스위치, 우측 앞/뒤 파워 윈도우 스위치
선루프	20A	선루프 모터
전동 시트	30A	IMS컨트롤 모듈
안전파워 윈도우	30A	세이프티 파워 윈도우 ECM
열선 미러	10A	리어 디포거 스위치, 좌/우측 파워 아웃사이드 미러 & 미러 폴딩 모터
에어백 #1	15A	에어백 컨트롤 모듈#1
실내등	10A	핸즈프리 모듈, 계기판, 좌측 앞 도어 램프, 카고 램프, 리어 퍼스널 램프 LH/고, 맴램프, 실내등, 운전석/조수석 화장 등 스위치
에어컨	10A	에어컨 컨트롤 모듈, 블로워 하이 릴레이, AQS센서, 실내온도 & 습도센서, 리어 에어컨 스위치, 선루프 모터, 리어 에어컨 릴레이, PTC히터 릴레이#2,#3, 실내 감광미러, 전조등 와셔 릴레이, 블로워 릴레이
열선 좌석	25A	운전석 · 조수석 시트 히터 컨트롤 모듈
파워 앰프	30A	DELPHI 앰프, 오디오 앰프
파워 아웃렛 센터	15A	리어 파워 아웃렛 #2
파워 아웃렛	25A	프런트 파워 아웃렛, 리어 파워 아웃렛#1
시가라이터	15A	프런트 파워 아웃렛
문자동 잠금장치	20A	도어 록/언록 릴레이, BCM, 좌측 앞/뒤 도어 록, 액추에이터, 우측 앞/뒤 도어 록 액추에이터, 테일게이트 록 액추이에터
에어백 경고등	10A	계기판
오토티엠 잠금장치	10A	ATM키 록 모듈, VDC스위치, 운전석/조수석 시트히터 컨트롤 모듈
방향지시등	10A	비상등 스위치
조정식 페달	15A	어드저스트 페달 릴레이
비상등	15A	비상등 릴레이, 비상등 스위치
후방 와이퍼	15A	리어 간헐 와이퍼 모듈, 다기능 스위치
에어컨 스위치	10A	에어컨 컨트롤 모듈
계기판	10A	핸즈프리 모듈, MTS잭, 계기판, BCM, 제너레이터
비씨엠 #1	10A	BCM
연료통 주입구 열림	15A	연료 주입구 스위치
경보기	10A	도난 방지 경음기 릴레이, BCM, 도난방지 경음기
3열 에어컨	15A	리어 에어컨 릴레이
후진 경고	10A	후진 경고 부저
아이엠에스	10A	IMS 컨트롤 모듈, 레인 센서
오디오 #2	10A	파워 윈도우 메인 스위치, DELPHI 오디오, 오디오, 파워 아웃사이드 미러 & 미러 폴딩 모터, BCM, MTS모듈, ATM키 록 모듈, A/V헤드 모듈, 시계, 핸즈프리 모듈, 튜너 모듈
블로워	30A	블로워 릴레이, 에어컨 스위치 10A, 블로워 모터
정지등	15A	정지등 스위치
전조등 와셔	20A	전조등 와셔 릴레이
비씨엠 #3	10A	도어 워닝 스위치, IMS컨트롤 모듈, 파워 아웃사이드 미러 & 미러 폴딩 모터, 세큐리티 인디게이터, BCM, 파워 윈도우 메인 스위치, 우측 앞 파워 윈도우 스위치
디지털시계	15A	시계, 자기진단점검단자, 에어컨 컨트롤 모듈
오디오 #1	15A	DELPHI 오디오, 오디오, MRS모듈, A/V헤드 모듈, 튜너 모듈, 내비게이션 모듈
오토티엠	10A	키 솔레노이드, 스포츠 모드 스위치
비씨엠#2	10A	레오스테트, BCM, EPS 모듈

04 에어백 회로(1)_체크포인트

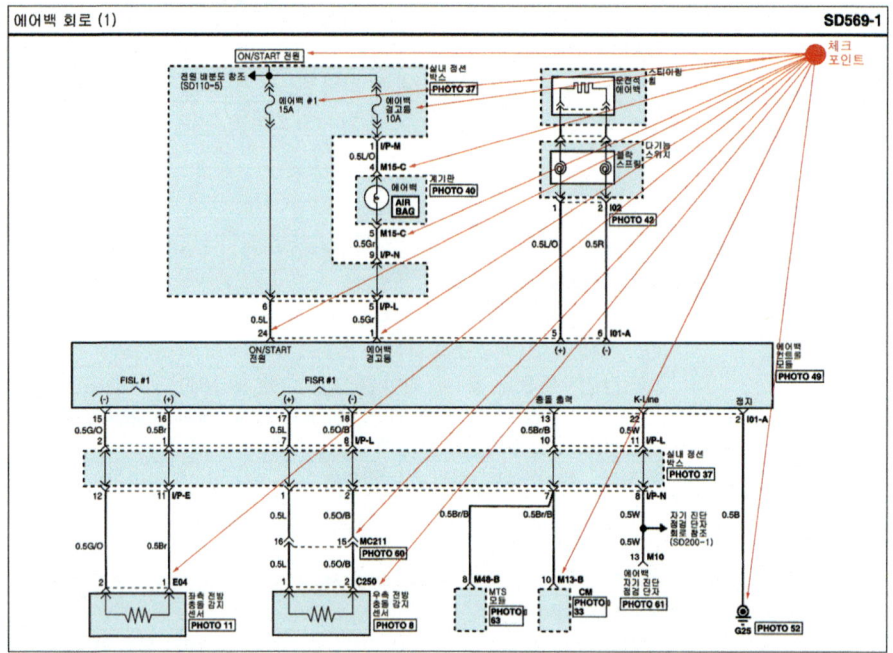

05 에어백 M15-C(12P) 계기판

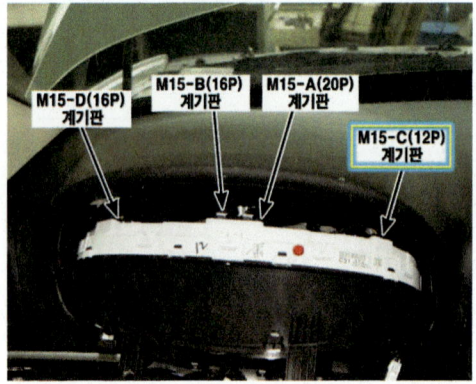

06 에어백 C250 우측 전방 충돌감지 센서

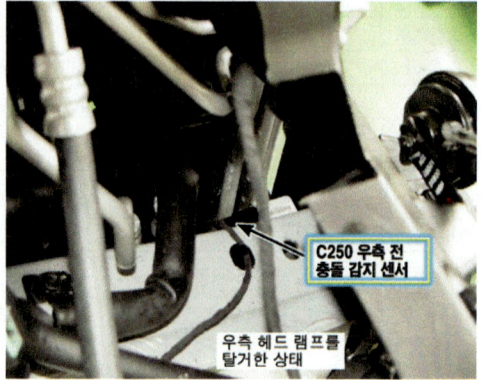

07 에어백 M10 자기진단 점검 단자

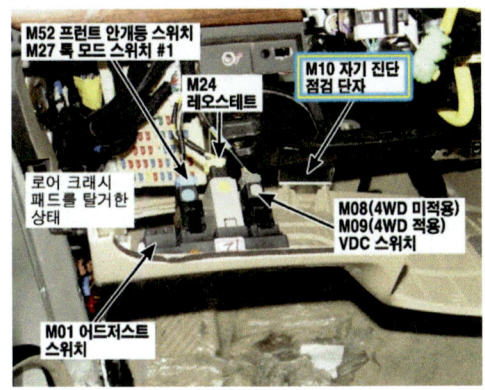

M52 프런트 안개등 스위치
M27 록 모드 스위치 #1

M10 자기 진단
점검 단자

M24
레오스테트

로어 크래시
패드를 탈거한
상태

M08(4WD 미적용)
M09(4WD 적용)
VDC 스위치

M01 어드저스트
스위치

08 에어백 E04 좌측 전방 충돌감지 센서

E04 좌측 전방
충돌 감지 센서

E03 도난
방지 경음기

09 에어백 컨트롤 모듈

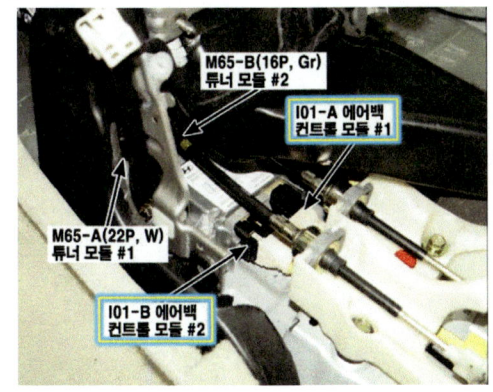

M65-B(16P, Gr)
튜너 모듈 #2

I01-A 에어백
컨트롤 모듈 #1

M65-A(22P, W)
튜너 모듈 #1

I01-B 에어백
컨트롤 모듈 #2

10 I02 운전석 에어백

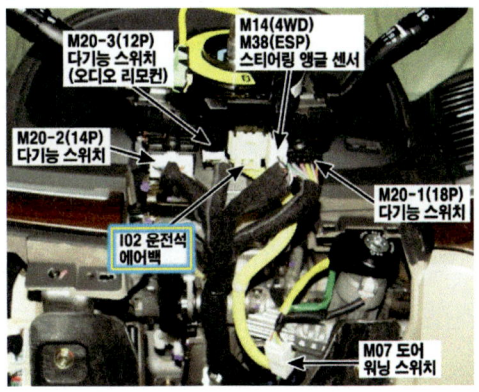

M20-3(12P)
다기능 스위치
(오디오 리모컨)

M14(4WD)
M38(ESP)
스티어링 앵글 센서

M20-2(14P)
다기능 스위치

M20-1(18P)
다기능 스위치

I02 운전석
에어백

M07 도어
워닝 스위치

위 그림은 앞좌석 중앙 콘솔박스이며 101-A 에어백 컨트롤
모듈 #1, 101-B 에어백 컨트롤 모듈 #2이다.

11 회로 고장 부분과 내용 및 상태 참고 자료

고장 부분	내용 및 상태	정비 및 조치할 사항
이그니션 1번 퓨즈블링크 40A	단선	이그니션 1번 퓨즈블링크 40A 교환 후 재점검
에어백 1번 15A 퓨즈	없음	에어백 1번 15A 퓨즈 장착 후 재점검
에어백 경고등 퓨즈	단선	에어백 경고등 퓨즈 교환 후 재점검
에어백 클록 스프링 커넥터	탈거	에어백 클록 스프링 커넥터 결합 후 재점검
좌측 전방 충돌감지 센서 커넥터	탈거	좌측 전방 충돌감지 센서 커넥터 결합 후 재점검
우측 전방 충돌감지 센서 커넥터	탈거	우측 전방 충돌감지 센서 커넥터 결합 후 재점검

Q
안

03 윈도우 모터 회로 점검_J안 참고

⑫ 답안 작성_분석 내용 답안 작성하기

[참고] 위에서 설명한 도난 방지 회로, 에어백 회로, 윈도우 모터 회로(J안) 점검 방법을 참고하여 고장 부분, 내용 및 상태, 정비 및 조치 사항을 기재한다.

◈ 전기 2. 기록표
자동차 번호 :

항 목	점검(또는 측정)		정비 및 조치 사항	득 점
	고장 부분	내용 및 상태		
도난 방지 회로	경보기 10A 퓨즈	단선	경보기 10A 퓨즈 교환 후 재점검	
에어백 회로	우측 전 충돌감지 센서	커넥터 빠짐	커넥터 끼운 후 재점검	
윈도우 모터 회로				

비 번호		감독확인	

정비기능장

Q 파형 측정
전 기

주어진 자동차에서 시험위원 지시에 따라 기록표의 요구사항을 점검 및 측정하여 기록하시오.

01 충전시스템[충전 전압 및 전류]

① 오실로스코프 설정

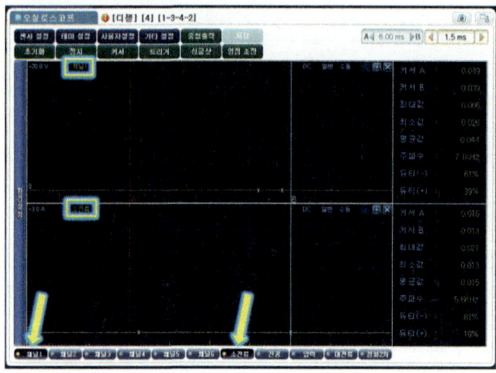

위 그림과 같이 "오실로스코프" 화면에서 "채널 1번"과 "소전류"를 선택한다.

② 사용자 설정

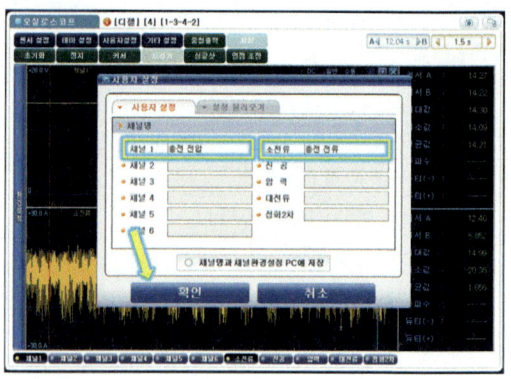

위 그림과 같이 "사용자 설정"에서 "채널 1번"은 충전 전압, "소 전류"는 충전전류로 기재한다.

03 소 전류계

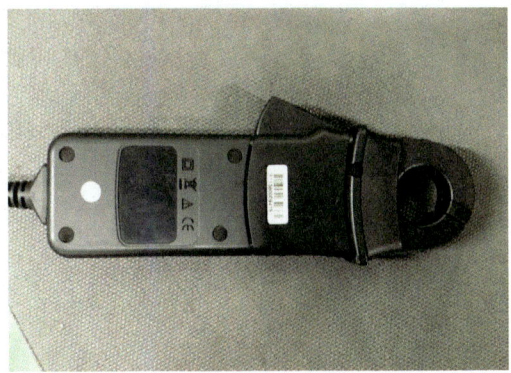

위 그림과 같이 "소 전류계"를 준비한다.

04 영점조정

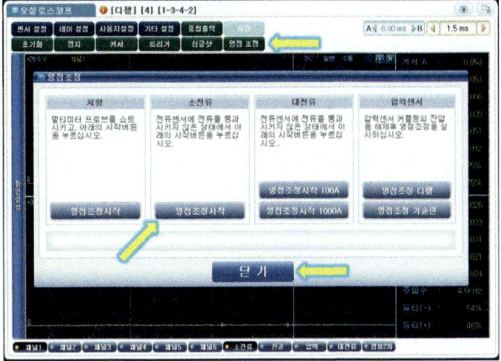

위 그림과 같이 "소 전류 영점조정"을 실시한다.

05 충전회로(1)_ALT 퓨즈블링크 150A, 배터리

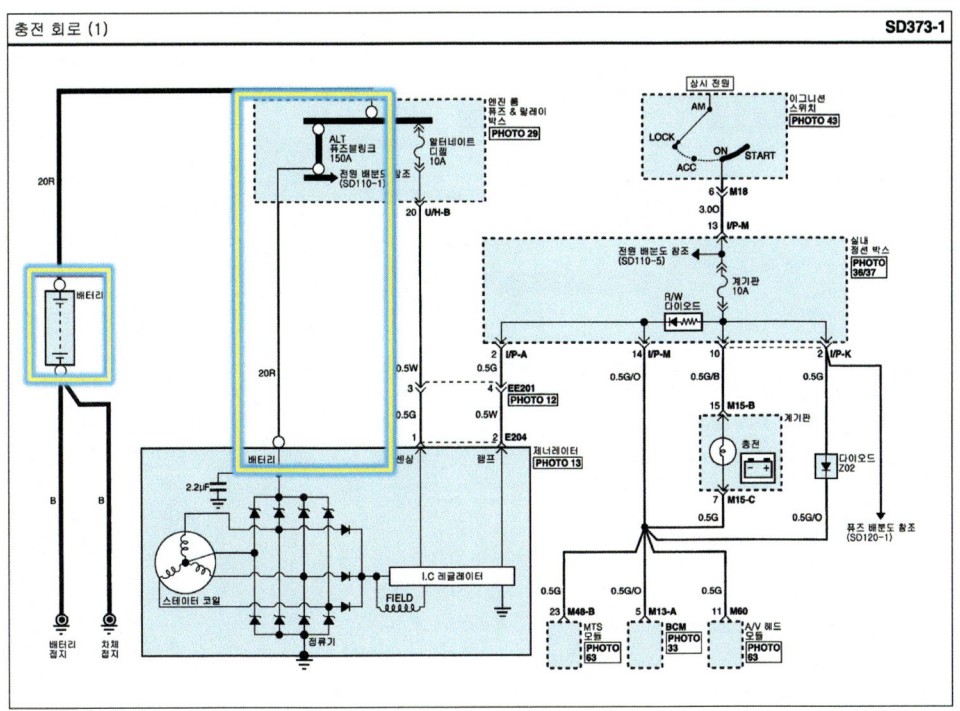

06 채널 1번 설치

위 그림과 같이 "채널 1번" 전원 및 접지 프로브를 "배터리 (+)와 (−)"에 설치한다.

07 소 전류계 설치

위 그림과 같이 소 전류계를 발전기 "B 단자 배선"에 설치한다. [주의: 전류계 화살표 방향은 배터리(+) 쪽으로 한다.]

08 무부하 시 출력 파형_정상적인 엔진 공회전 상태

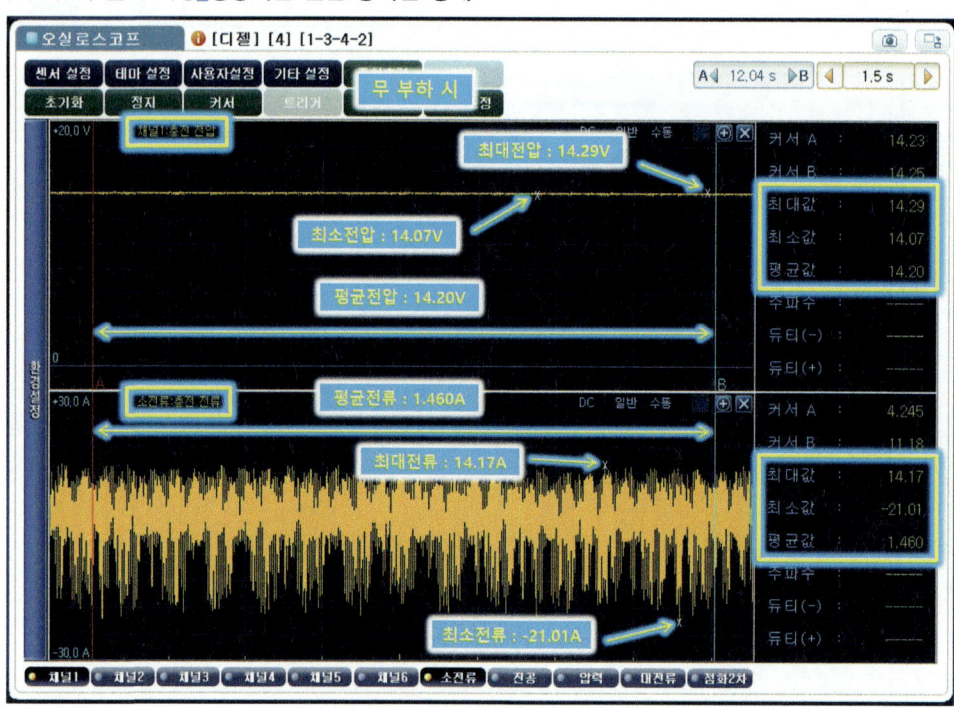

위 그림은 정상적인 엔진 공회전 상태의 "무부하 시" 충전 전압과 충전전류 파형이며 "커서 A"를 파형이 시작되는 임의 지점에 위치하고 "커서 B"는 파형이 진행되는 임의 부분에 위치시킨 다음 최대전압 14.29V, 최소전압 14.07V, 평균전압 14.20V와 최대 전류 14.17A, 최소 전류 −21.01A, 평균 전류 1.460A로 표기한 화면이다.

⑨ 무부하 시 출력 파형 출력물_파형 출력 및 분석내용표기

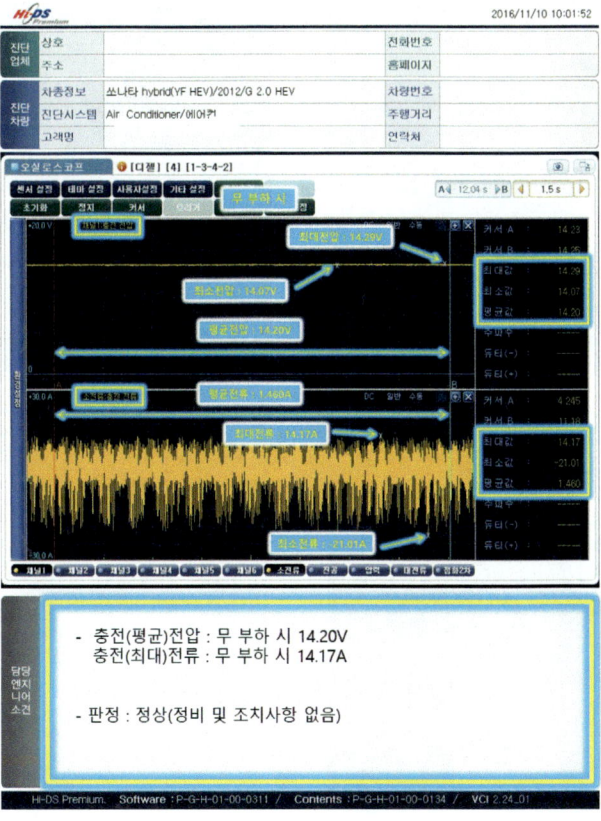

⑩ 답안 작성_분석 내용 및 답안 작성(엔진 공회전 무부하 시)하기

[참고] 충전 전압은 "평균전압"을 기재하고, 충전전류는 파형의 특성상 최대 전류를 기재한다. [단, "배터리 센서(배터리 전류 센서)"가 장착된 차량일 경우 "발전 전류"를 제어하므로 "평균 전류"를 기재하여도 된다.] 또한 충전전류의 경우 배터리 방전량이 많으면 전류 값이 높게 측정되므로 규정 값은 유동적으로 제시한다.

◆ 전기 3. 기록표

1) 파형   자동차 번호 :

비 번호		감독확인	

항 목		측정(또는 점검)		판정 및 정비(또는 조치) 사항		득 점
		측정값	규정 값 (정비한계값)	판정(□에 '✔'표)	정비 및 조치할 사항	
충전 시스템	충전 전압	무부하 시: 14.20V	13.00~14.50V	☑ 양 호 □ 불 량	정비 및 조치 사항 없음 또는 정상	
		부하 시:				
	충전 전류	무부하 시: 14.17A	0.00~35.00A			
		부하 시:				

⑪ 전조등 스위치 ON

위 그림과 같이 전조등 스위치를 "ON"하여 상향등을 켠다.

⑫ 열선 스위치 ON

위 그림과 같이 열선 스위치를 "ON"한다.

⑬ 에어컨 작동

위 그림과 같이 "에어컨"을 "작동"시킨다.

⑭ 부하 시 출력 파형_정상적인 엔진 공회전 상태

[참고] 부하 시 충전 전압과 충전전류 측정이므로 위 그림과 같이 부하는 주되 정상적인 공회전 상태에서 측정한다. ("발전전압과 발전 전류" 측정이 아니다.)

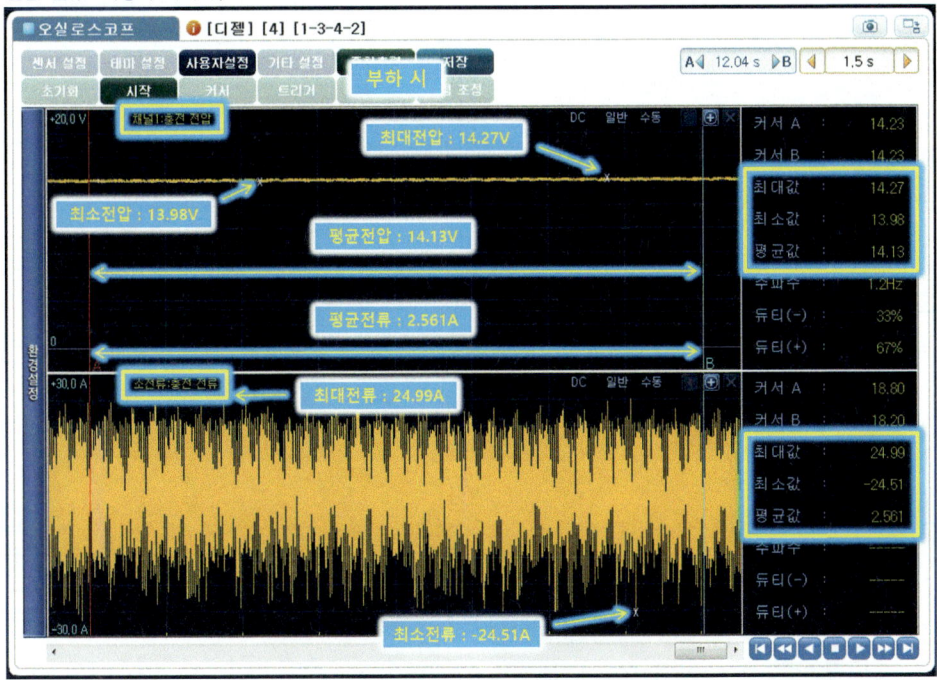

위 그림은 정상적인 엔진 공회전 상태의 "부하 시" 충전 전압과 충전전류 파형이며 "커서 A"를 파형이 시작되는 임의 지점에 위치하고 "커서 B"는 파형이 진행되는 임의 부분에 위치시킨 다음 최대전압 14.27V, 최소전압 13.98V, 평균전압 14.13V와 최대 전류 24.99A, 최소 전류 −24.51A, 평균 전류 2.561A로 표기한 화면이다.

⑮ 부하 시 출력 파형 출력물_파형 출력 및 분석내용표기

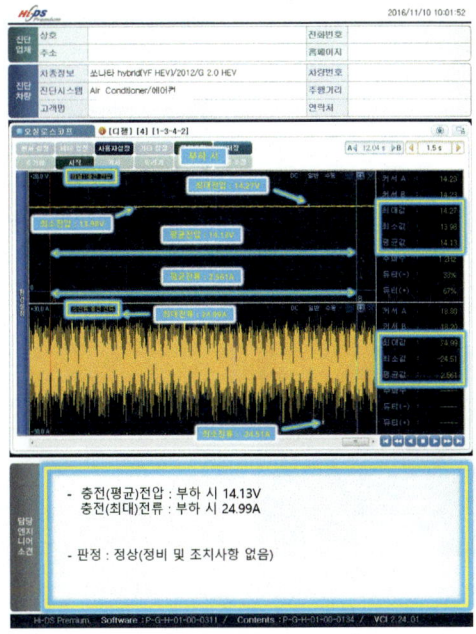

⑯ 답안 작성_분석 내용 및 답안 작성(엔진 공회전 부하 시)

[참고] 충전 전압은 "평균전압"을 기재하고, 충전전류는 파형의 특성상 최대 전류를 기재한다. [단, "배터리 센서(배터리 전류 센서)"가
장착된 차량일 경우 "발전 전류"를 제어하므로 "평균 전류"를 기재하여도 된다.]

◈ 전기 3. 기록표

1) 점검 및 측정　　　자동차 번호 :

| 비 번호 | | 감독확인 | | |

항 목		측정(또는 점검)		판정 및 정비(또는 조치) 사항		득 점
		측정값	규정 값 (정비한계값)	판정(□에 '✔' 표)	정비 및 조치할 사항	
충전 시스템	충전 전압	무부하 시: 14.20V	13.00~14.50V	☑ 양 호 □ 불 량	정비 및 조치 사항 없음 또는 정상	
		부하 시: 14.13V	13.00~14.50V			
	충전 전류	무부하 시: 14.17A	0.00~35.00A			
		부하 시: 24.99A	10.00~40.00A			

02　충전시스템[충전전류]

① 대 전류계 레인지 설정

위 그림과 같이 대 전류계 레인지를 "100A"로 선택한다.

② 영점조정

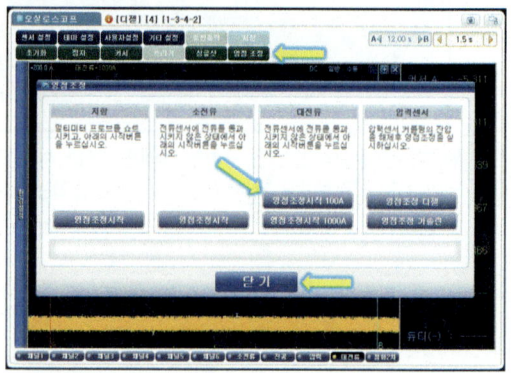

위 그림과 같이 "영점조정 시작 100A"를 클릭한 다음 영
점조정이 완료되면 "닫기"를 클릭한다.

③ 대 전류계 설치

왼쪽 그림과 같이 대 전류계를 발전기 "B 단자 배선"에 설치한
다. [주의: 전류계 화살표 방향은 "배터리(+) 쪽"으로 한다.]

04 무부하 시 출력 파형_정상적인 엔진 공회전 상태

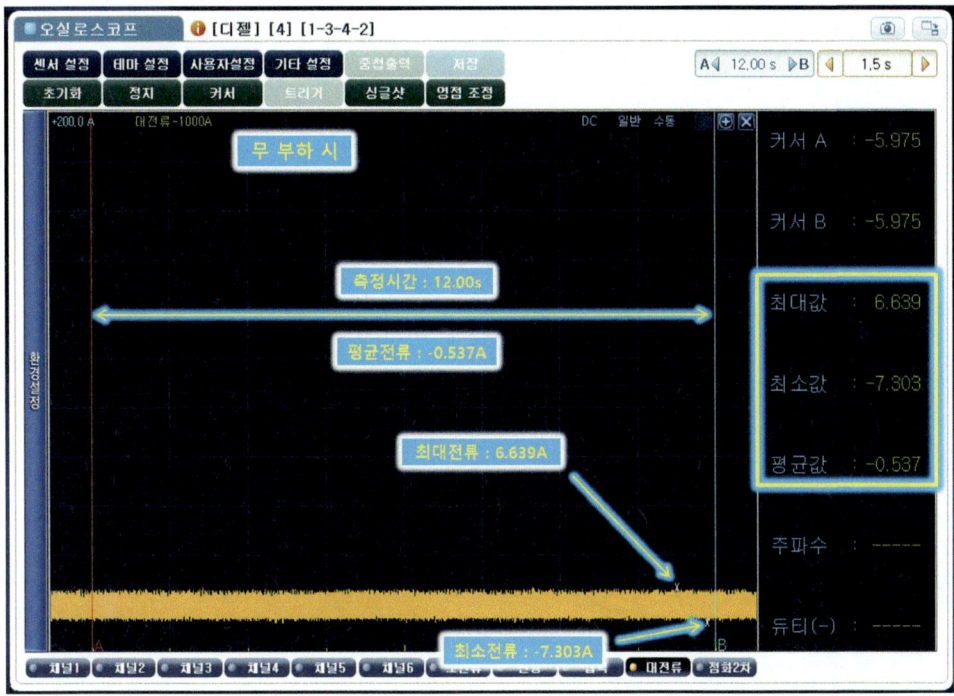

위 그림은 정상적인 엔진 공회전 상태의 "무부하 시" 충전 전압과 충전전류 파형이며 "커서 A"를 파형이 시작되는 임의 지점에 위치하고 "커서 B"는 파형이 진행되는 임의 부분에 위치시킨 다음 측정 시간 12.00s, 최대 전류 6.639A, 최소 전류 -7.303A, 평균 전류 -0.537A로 표기한 화면이다.

05 무부하 시 출력 파형 출력물_파형 출력 및 분석내용표기

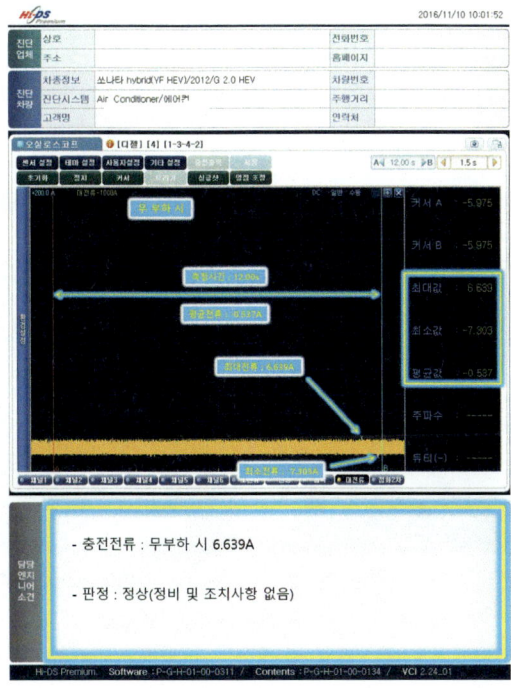

⑥ 답안 작성_분석 내용 및 답안 작성(무부하 시)하기

[참고] 충전전류는 파형의 특성상 최대 전류를 기재한다. [단, "배터리 센서(배터리 전류 센서)"가 장착된 차량일 경우 "발전 전류"를 제어하므로 "평균 전류"를 기재하여도 된다.] 또한 충전전류의 경우 배터리 방전량이 많으면 전류 값이 높게 측정되므로 규정 값은 유동적으로 제시한다.

◈ 전기 3. 기록표

1) 점검 및 측정　　　자동차 번호 :

비 번호		감독확인	

항 목		측정(또는 점검)		판정 및 정비(또는 조치) 사항		득 점
		측정값	규정 값 (정비한계값)	판정(□에 '✔' 표)	정비 및 조치할 사항	
충전 시스템	충전 전압	무부하 시:		☑ 양 호 □ 불 량	정비 및 조치 사항 없음 또는 정상	
		부하 시:				
	충전 전류	무부하 시: 6,639A	0,000~35,000A			
		부하 시:				

⑦ 대 전류계 레인지 설정

위 그림과 같이 대 전류계 레인지를 "1,000A"로 선택한다.

⑧ 영점조정

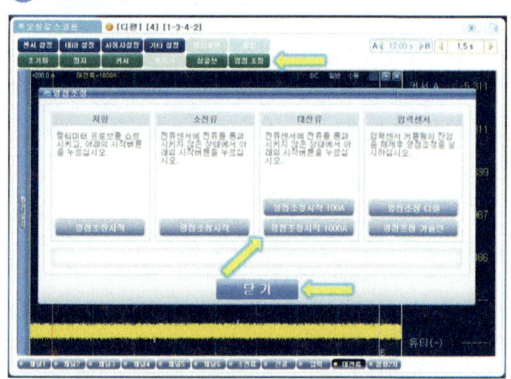

위 그림과 같이 "영점조정 시작 1,000A"를 클릭한 다음 영점조정이 완료되면 "닫기"를 클릭한다.

⑨ 대 전류계 설치

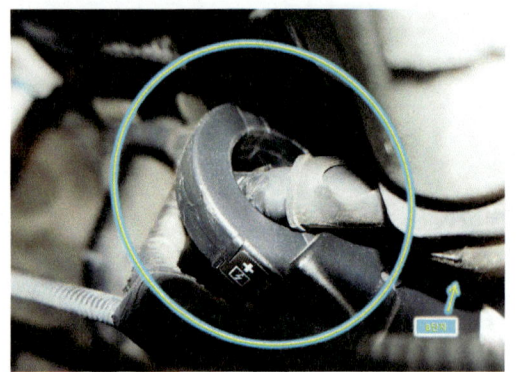

위 그림과 같이 대 전류계를 발전기 "B 단자 배선에 설치"한 다. [주의: 전류계 화살표 방향은 "배터리(+) 쪽"으로 한다.]

⑩ 전조등 스위치 ON

위 그림과 같이 전조등 스위치를 "ON"하여 "상향등"을 켠 다.

⑪ 열선 스위치 ON

위 그림과 같이 열선 스위치를 "ON"한다.

⑫ 에어컨 작동

위 그림과 같이 "에어컨"을 "작동"시킨다.

⑬ 엔진 RPM 상승

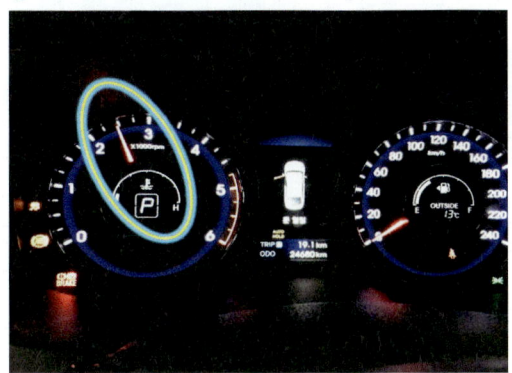

위 그림과 같이 엔진을 가속하여 "2,000~2,500rpm"으로 유지한다. [참고: 발전 전류 측정이다.]

Q
안

⑭ 부하 시 출력 파형_발전 전류 측정

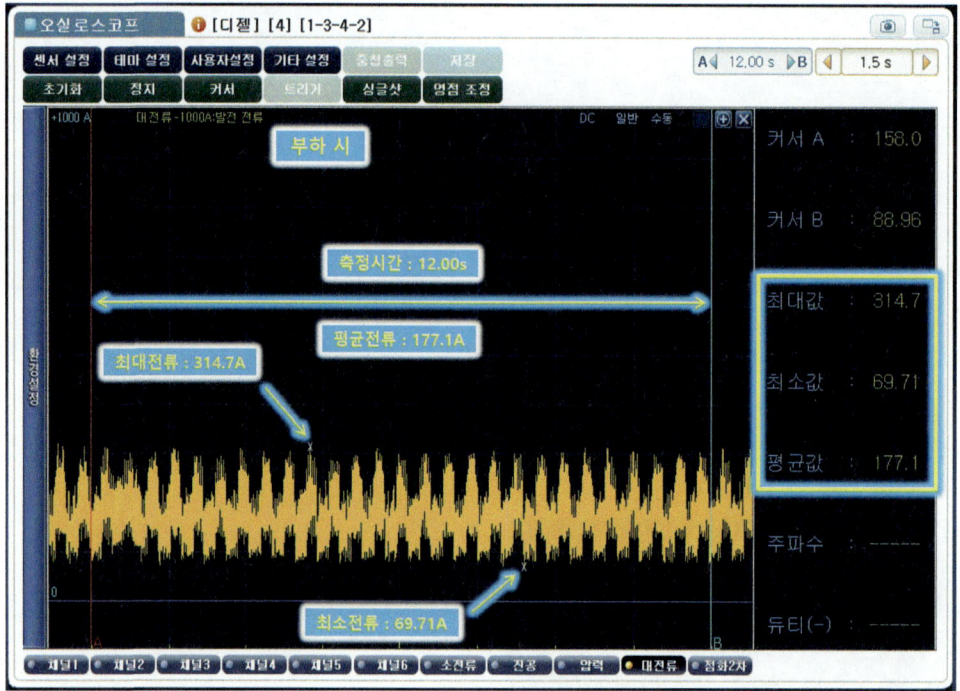

위 그림은 엔진 회전수를 "2,000∼2,500rpm"으로 유지한 상태의 "부하 시" 충전(발전)전류 파형이며 "커서 A"를 파형이 시작되는 임의 지점에 위치하고 "커서 B"는 파형이 진행되는 임의 부분에 위치시킨 다음 측정 시간 12.00s, 최대 전류 314.7A, 최소 전류 69.71A, 평균 전류 177.1A로 표기한 화면이다.

⑮ 발전기 신품 용량

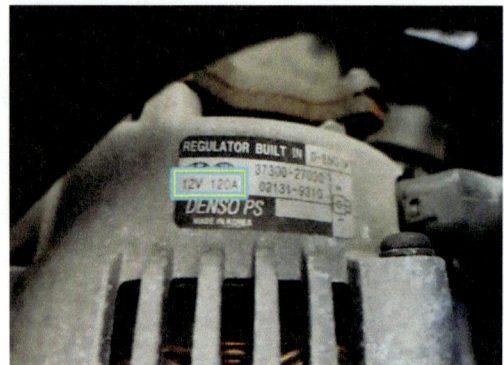

위 그림과 같이 발전기 신품 용량은 "120A"이다.

16 부하 시 출력 파형 출력물_파형 출력 및 분석내용표기

[참고] 이 문항에서 요구하는 "부하 시" 충전전류를 "발전(출력) 전류"로 해석하여 측정을 진행할 경우 시간 축을 최대한 "길게"하여 측정하여야 한다. 따라서 충전(발전)전류는 "평균 전류"를 기재한다.

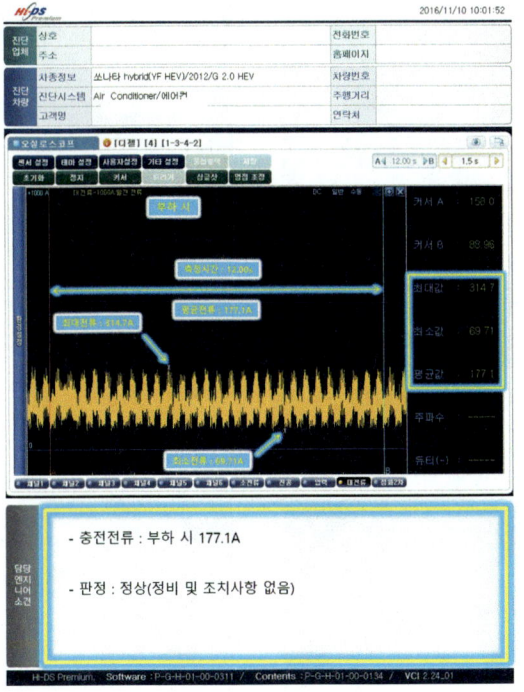

- 충전전류 : 부하 시 177.1A

- 판정 : 정상(정비 및 조치사항 없음)

17 답안 작성_부하 시 출력 파형에 의한 분석 내용 및 답안 작성하기

[참고] 부하 시 충전전류를 "발전 전류"로 해석하여 측정할 경우이며, 규정 값 산출 방법은 신품 용량의 70% 이상이므로 120×0.7=84.0A 이상이다.

◈ 전기 3. 기록표

비 번호		감독확인	

1) 점검 및 측정　　　　자동차 번호 :

항 목		측정(또는 점검)		판정 및 정비(또는 조치) 사항		득 점
		측정값	규정 값 (정비한계값)	판정(□에 '✔'표)	정비 및 조치할 사항	
충전 시스템	충전 전압	무부하 시:		☑ 양 호 □ 불 량	정비 및 조치 사항 없음 또는 정상	
		부하 시:				
	충전 전류	무부하 시: 6.639A	0.000~35.000A			
		부하 시: 177.1A	84.0A 이상			

03 에어컨 콘덴서 탈·부착 및 작동상태

01 관련 부품 명칭

위 그림은 엔진룸 전면이며 에어컨 파이프, 라디에이터, 라디에이터 고정 브래킷, 에어컨 콘덴서이다.

02 배터리(−) 탈거

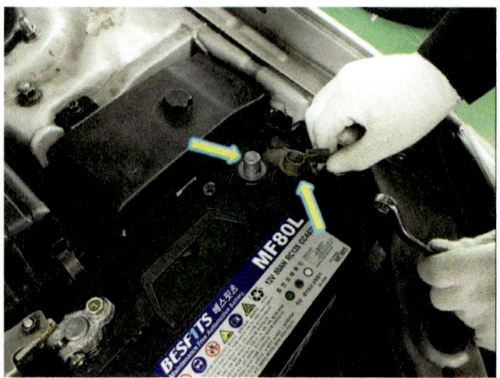

위 그림과 같이 배터리(−) 포스트에서 "터미널"을 탈거한다.

03 에어컨 테스터 라인 클램프 설치

위 그림과 같이 에어컨 테스터의 "고압과 저압 라인 클램프"를 설치한 다음 "밸브"를 연다.

04 냉매 회수

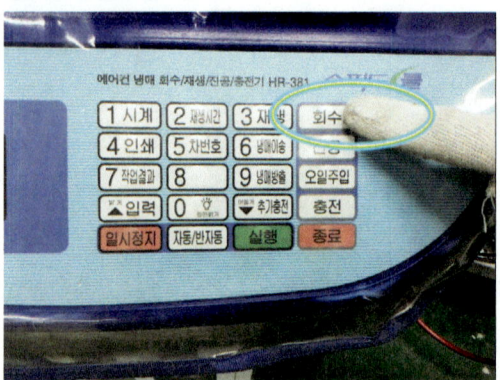

위 그림과 같이 테스터를 이용하여 "냉매를 회수"한 다음 에어컨 테스터 라인 클램프 밸브를 "닫은" 후 고압과 저압 클램프를 분리한다.

05 라디에이터 상부 호스 탈거

위 그림과 같이 라디에이터 "상부 호스 밴드"를 유림한 다음 "호스"를 탈거한다.

06 라디에이터 하부호스 탈거

위 그림과 같이 라디에이터 "하부 호스 밴드"를 유림한 다음 "호스"를 탈거한다.

07 라디에이터 팬 커넥터 탈거

위 그림과 같이 "라디에이터 팬 커넥터"를 탈거한다.

08 에어컨 콘덴서 팬 커넥터 탈거

위 그림과 같이 "에어컨 팬 커넥터"를 탈거한다.

09 에어컨 고압과 저압 라인 파이프 고정너트

위 그림과 같이 에어컨 고압과 저압 라인 "파이프 고정너트 (10mm)"를 푼다.

10 에어컨 고압과 저압 라인 파이프 탈거

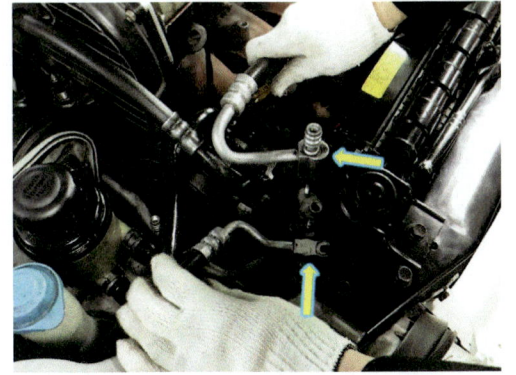

위 그림과 같이 에어컨 "고압과 저압 라인 파이프"를 탈거 한다.

11 A/T 오일쿨러 호스 탈거

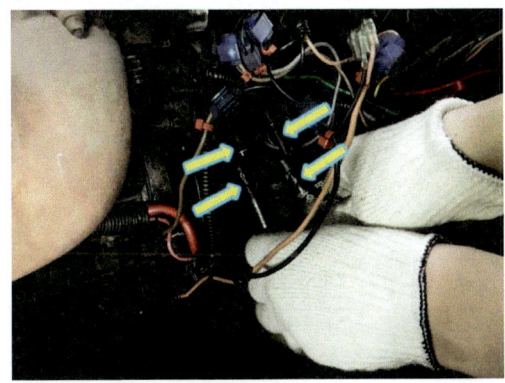

위 그림과 같이 A/T 오일쿨러 "흡입과 배출 호스 밴드"를 유림한 다음 "호스"를 탈거한다.

12 라디에이터 고정 브래킷 탈거

위 그림과 같이 라디에이터 "좌우 고정 브래킷 고정 볼트 (12mm)"를 탈거한 다음 "브래킷"을 탈거한다.

Q
안

⑬ 에어컨 콘덴서 가이드 탈거

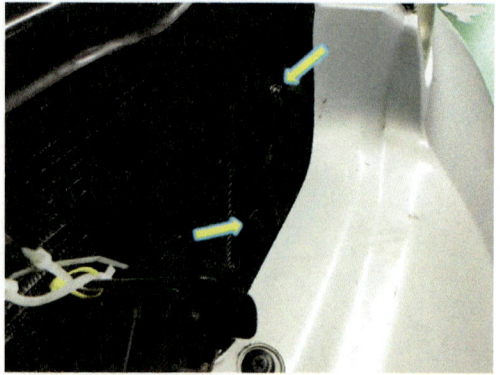

위 그림과 같이 에어컨 콘덴서 "가이드 고정 볼트(12㎜) 2개"를 푼 다음 "가이드"를 탈거한다.

⑭ 어큐뮬레이터 커넥터 탈거

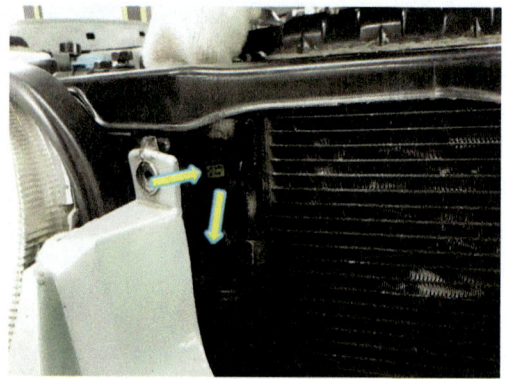

위 그림과 같이 에어컨 "어큐뮬레이터 커넥터"를 탈거한다.

⑮ 팬 고정 볼트

위 그림과 같이 라디에이터 및 에어컨 "콘덴서 팬 고정 볼트(12㎜)"를 푼다.

⑯ 라디에이터 및 에어컨 콘덴서 팬 탈거

위 그림과 같이 "라디에이터 및 에어컨 콘덴서 팬"을 탈거한다.

⑰ 에어컨 콘덴서 및 라디에이터 팬

위 그림은 에어컨 콘덴서 팬 및 라디에이터 팬 분해 후 모습이다.

⑱ 라디에이터 및 에어컨 콘덴서 탈거

위 그림과 같이 "라디에이터 및 에어컨 콘덴서"를 탈거한다.

19 에어컨 콘덴서 및 라디에이터

위 그림은 에어컨 콘덴서 및 라디에이터 분해 후 모습이다.

20 에어컨 콘덴서 고정 볼트

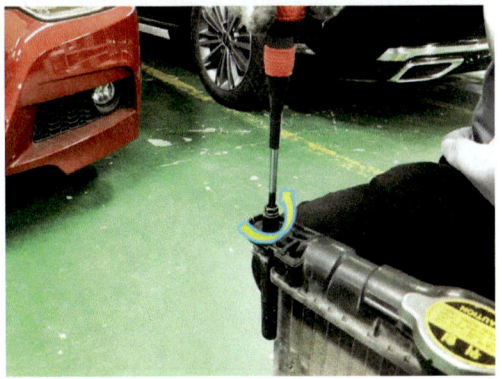

위 그림과 같이 에어컨 콘덴서 "좌측 고정 볼트(10mm)"를 푼다.

21 에어컨 콘덴서 우측 고정 볼트

위 그림과 같이 에어컨 콘덴서 "우측 고정 볼트(10mm)"를 푼다.

22 에어컨 콘덴서 우측하단 고정 볼트

위 그림과 같이 에어컨 콘덴서 "우측하단 고정 볼트(10 mm)"를 푼다.

23 라디에이터 및 에어컨 콘덴서 분리

위 그림과 같이 "라디에이터에서 에어컨 콘덴서"를 분리한다.

24 에어컨 콘덴서

위 그림은 에어컨 콘덴서 모습이다.

Q
안

25 에어컨 콘덴서 설치

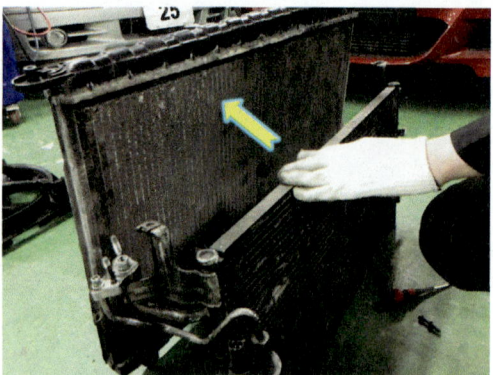

위 그림과 같이 라디에이터에 에어컨 콘덴서를 "설치"한다.

26 에어컨 콘덴서 우측하단 고정 볼트 조립

위 그림과 같이 에어컨 콘덴서 "우측하단 고정 볼트"를 규정 토크로 조인다.

27 에어컨 콘덴서 우측 고정 볼트 조립

위 그림과 같이 에어컨 콘덴서 "우측 고정 볼트"를 규정 토크로 조인다.

28 에어컨 콘덴서 좌측 고정 볼트 조립

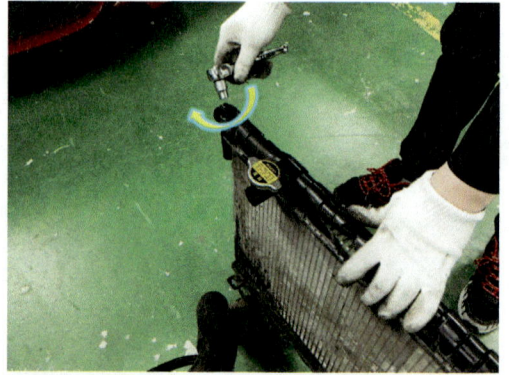

위 그림과 같이 에어컨 콘덴서 "좌측 고정 볼트"를 규정 토크로 조인다.

29 에어컨 콘덴서 조립 상태

위 그림은 에어컨 콘덴서 조립 후의 모습이다.

30 라디에이터 및 에어컨 콘덴서 장착

위 그림과 같이 "라디에이터 및 에어컨 콘덴서"를 장착한다.

③ 팬 고정 볼트 조립

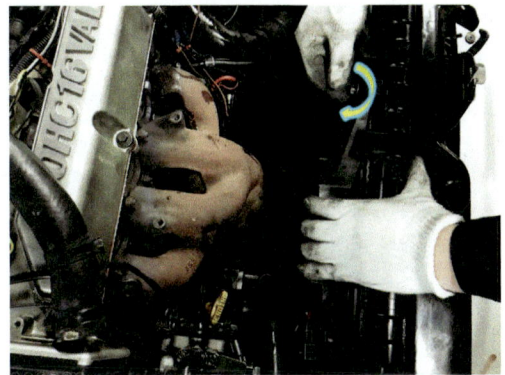

위 그림과 같이 "라디에이터 및 에어컨 콘덴서 팬"을 장착한 다음 "고정 볼트"를 규정 토크로 조인다.

③ 에어컨 콘덴서 가이드 조립

위 그림과 같이 에어컨 콘덴서 "가이드를 설치"한 다음 "고정 볼트"를 규정 토크로 조인다.

③ 라디에이터 우측 고정 브래킷 조립

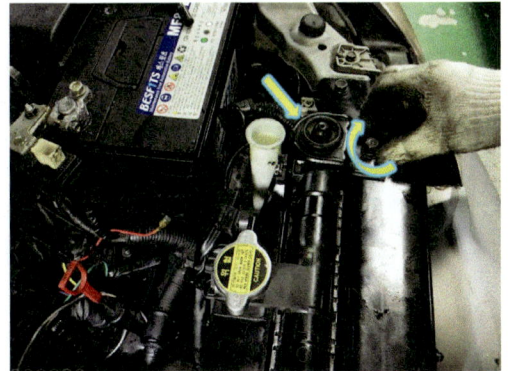

위 그림과 같이 라디에이터 "우측 고정 브래킷"을 장착한 다음 "고정 볼트"를 규정 토크로 조인다.

③ 라디에이터 좌측 고정 브래킷 조립

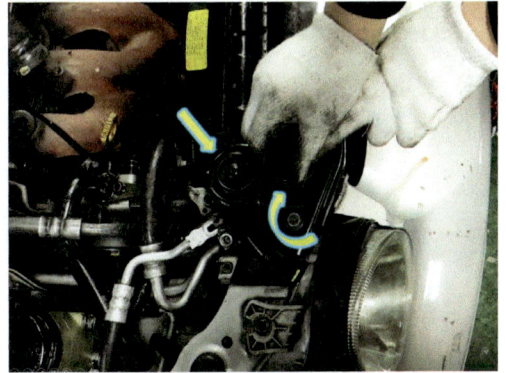

위 그림과 같이 라디에이터 "좌측 고정 브래킷"을 장착한 다음 "고정 볼트"를 규정 토크로 조인다.

③ 에어컨 콘덴서 팬 커넥터 장착

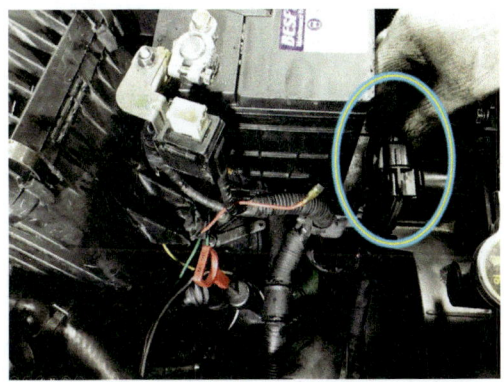

위 그림과 같이 "에어컨 콘덴서 팬 커넥터"를 끼운다.

③ 라디에이터 팬 커넥터 장착

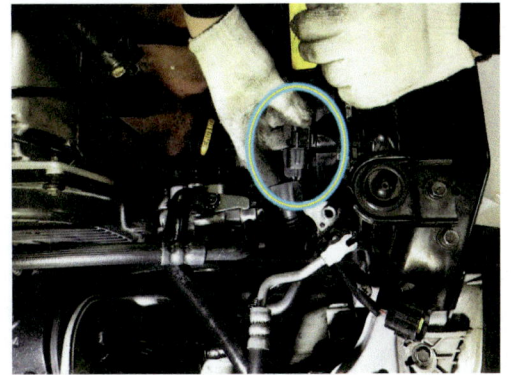

위 그림과 같이 "라디에이터 팬 커넥터"를 끼운다.

Q
안

37 어큐뮬레이터 커넥터 장착

위 그림과 같이 에어컨 "어큐뮬레이터 커넥터"를 끼운다.

38 A/T 오일쿨러 호스 조립

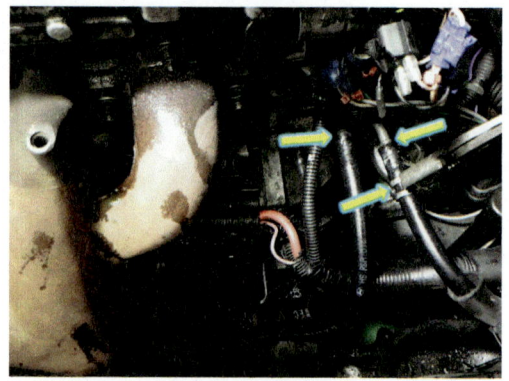

위 그림과 같이 A/T 오일쿨러 "흡입과 배출 호스"를 끼운 다음 "밴드"를 기존 위치에 장착한다.

39 라디에이터 하부호스 조립

위 그림과 같이 라디에이터 "하부호스"를 끼운 다음 "밴드" 를 기존 위치에 장착한다.

40 라디에이터 상부 호스 조립

위 그림과 같이 라디에이터 "상부 호스"를 끼운 다음 "밴드"를 기존 위치에 장착한다.

41 에어컨 고압과 저압 라인 파이프 조립

위 그림과 같이 "에어컨 고압과 저압 라인 파이프"를 설치 한 다음 "고정너트"를 규정 토크로 조립한다.

42 배터리(−) 터미널 조립

위 그림과 같이 배터리 "(−)터미널"을 포스트에 장착한 다 음 "고정너트"를 규정 토크로 조인다.

43 에어컨 테스터 라인 클램프 설치

위 그림과 같이 에어컨 테스터의 "고압과 저압 라인 클램프"를 설치한 다음 "클램프 밸브"를 연다.

44 냉매 충전

위 그림과 같이 테스터를 이용하여 "냉매를 충전"한 다음 에어컨 테스터 고압과 저압 라인 "클램프 밸브"를 닫은 후 분리한다.

45 냉각수 보충 및 작동상태 확인

위 그림과 같이 "냉각수를 보충"한 다음 엔진 시동을 "ON" 한 후 에어컨 "정상 작동상태"를 확인한다.

04 안전벨트 차임벨 타이머 파형

01 BCM 회로 & 연료 주입구 회로(1)_운전석 시트 벨트 경고등

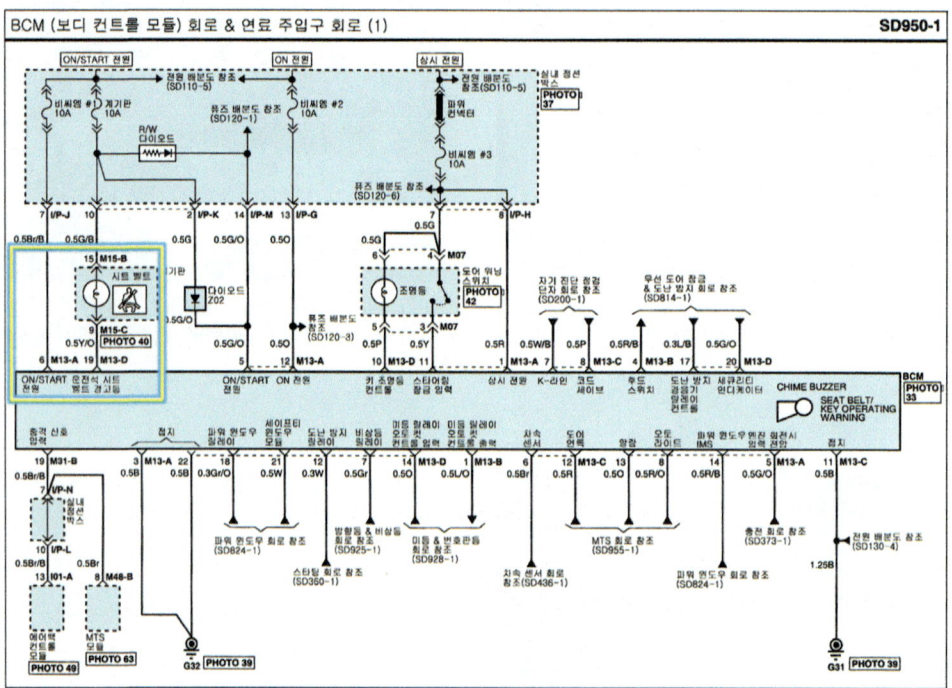

02 BCM 커넥터_M13-C(16P), M13-D(22P)

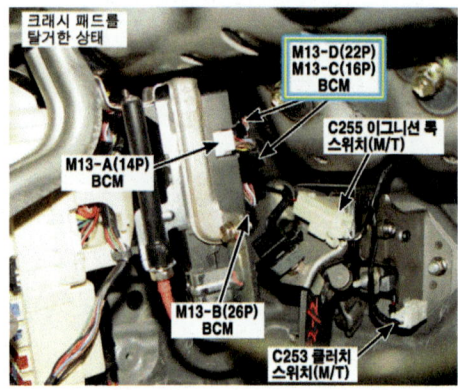

03 M13-D_"19번 단자" 운전석 시트벨트 경고등

M13-D

04 19번 단자 채널 1번 전원 프로브 연결

06 M13-A_"6번 단자" ON/START 전원

M13-A

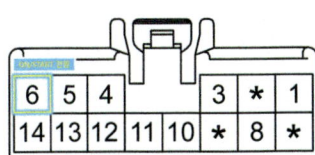

6	5	4		3	*	1
14	13	12	11	10	*	8	*

08 접지 프로브 연결

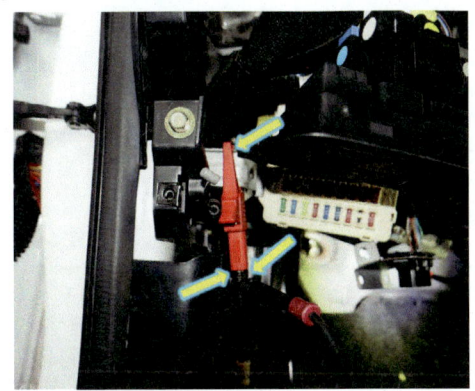

위 그림과 같이 "차체"에 접지 프로브 "2개"를 연결한다.

05 BCM 커넥터_M13-A(14P)

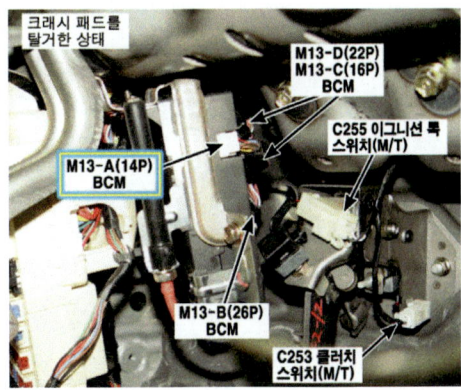

07 6번 단자 ON/START 채널 2번 전원 프로브 연결

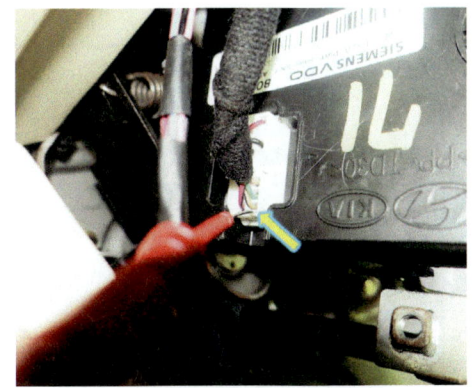

09 안전벨트 OFF 상태

위 그림과 같이 안전벨트를 "OFF" 상태로 한다.

Q
안

10 Key ON

위 그림과 같이 Key를 "ON" 한다.

11 타이머 작동 시 파형

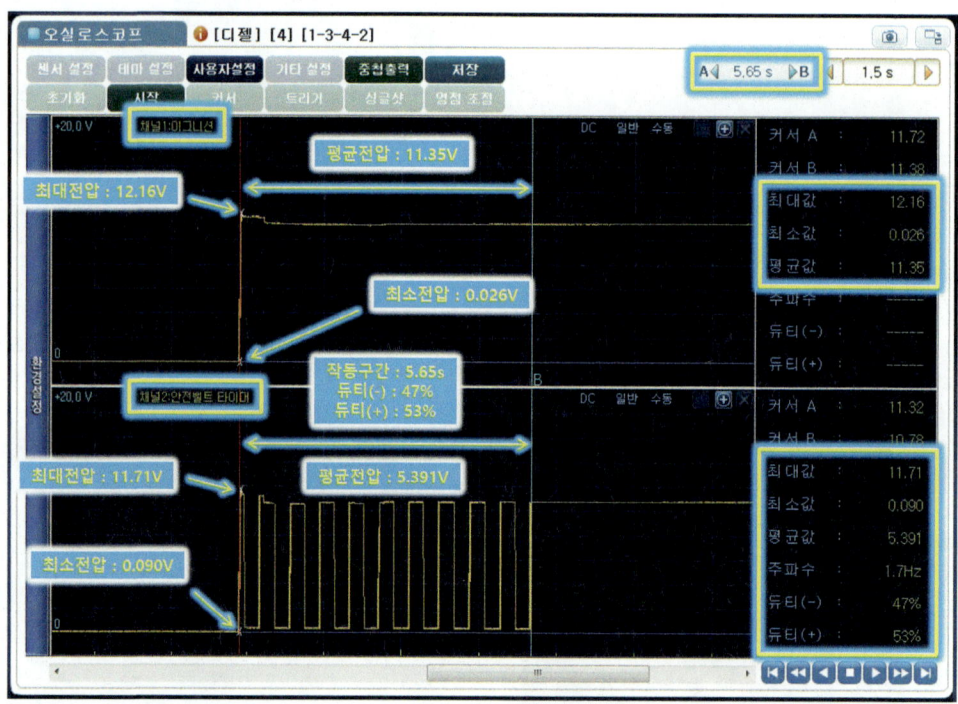

위 그림은 안전벨트 차임벨 타이머 작동 시 파형이며 "커서 A"를 차임벨 작동 시작 지점에 위치하고 "커서 B"는
차임벨 작동 종료 부분에 위치시킨 다음 "이그니션 전원"에 대한 최대전압 12.16V, 최소전압 0.026V, 평균전압
11.35V와 "안전벨트 차임벨 타이머"에 대한 최대전압 11.71V, 최소전압 0.090V, 평균(작동)전압 5.391V, 작동시간
5.65s, 듀티(-) 47%, 듀티(+) 53%로 표기한 화면이다.

⑫ 타이머 작동 시 출력 파형 출력물_안전벨트 차임벨 타이머 작동 시 파형 출력 및 분석내용표기

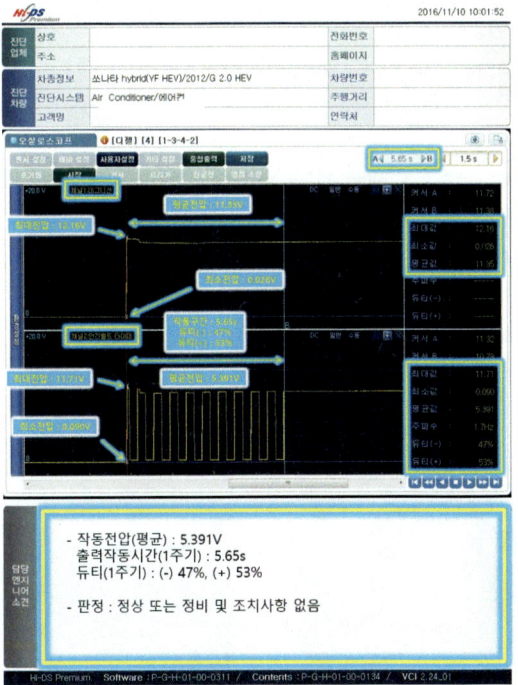

⑬ 답안 작성_안전벨트 차임벨 타이머 작동 시 파형에 의한 분석 내용 및 답안 작성하기

[참고] 안전벨트 차임벨 타이머 작동 시 "작동전압"이므로 "평균전압"을 기재한다.

◈ 전기 3. 기록표

비 번호		감독확인	

1) 파형   자동차 번호 :

항 목	파형 분석 및 판정			득 점
	분석 항목	분석 내용	판정(□에 '✔'표)	
안전벨트 차임벨 타이머 파형	작동전압: 5.391V	분석 내용은 출력물에 표시하시오.	☑ 양 호 □ 불 량	
	출력 작동시간(1주기): 5.65s			
	듀티(1주기): (−)47%, (+)53%			

※ 주의 사항: 분석 항목 및 내용은 출력물에 표기하며 관련 사항은 감독위원의 지시에 따른다.

정비기능장

Q

전 기

중앙 집중제어장치(BCM, ETACS, ISU) 탈·부착 및 리모컨 입력, 점검 및 측정

주어진 자동차에서 시험위원의 지시에 따라 중앙 집중제어장치(BCM, ETACS, ISU)를 탈거한 후 (시험위원에게 확인) 새로운 중앙 집중제어장치를 (조립) 부착하여 리모컨을 입력시킨 후 작동상태를 확인하고 기록표에 기록하시오.

01 중앙 집중제어장치(BCM, ETACS, ISU) 탈·부착

01 배터리(−) 탈거

위 그림과 같이 배터리(−) 포스트에서 "터미널"을 탈거한 다.

02 BCM 커넥터 탈거

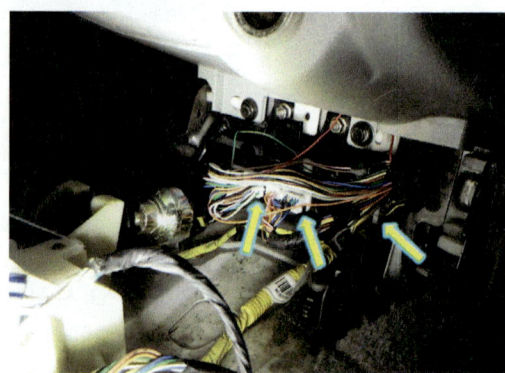

위 그림과 같이 "센터 콘솔박스와 관련 카울"을 탈거한 다음 "BCM(Body Control Module) 커넥터"를 탈거한다.

03 BCM 커넥터 탈거 후

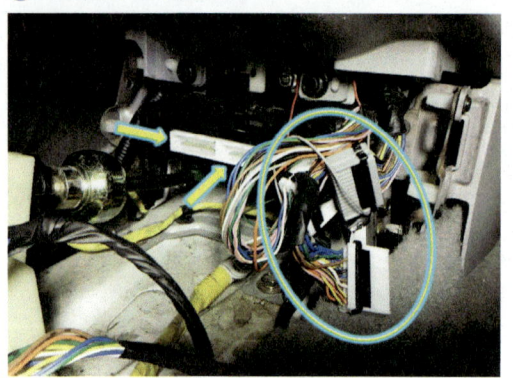

위 그림은 "BCM 커넥터 3개"를 탈거한 모습이다.

04 BCM 고정 볼트

위 그림과 같이 "BCM 고정 볼트(10mm) 2개"를 푼다.

05 BCM 탈거

위 그림과 같이 "BCM"을 탈거한다.

06 BCM 탈거 후

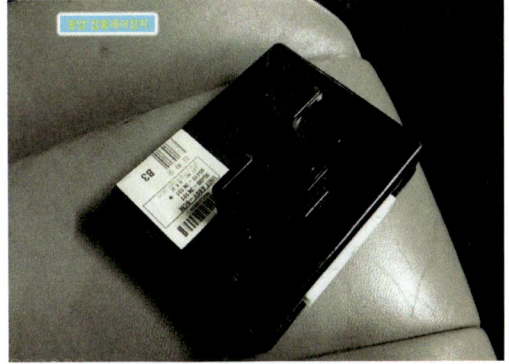

위 그림은 BCM을 탈거한 후 단품 모습이다.

07 BCM 장착

위 그림과 같이 "BCM"을 장착한다.

08 BCM 고정 볼트

위 그림과 같이 "BCM 고정 볼트"를 규정 토크로 조인다.

09 BCM 커넥터 조립

위 그림과 같이 "BCM 커넥터"를 끼운다.

10 배터리(−) 터미널 조립

위 그림과 같이 배터리(−) 터미널을 "포스트"에 장착하고 "고정너트"를 규정 토크로 조인다.

Q
안

02 리모컨 입력 후 작동상태 확인

01 자기진단 커넥터 연결

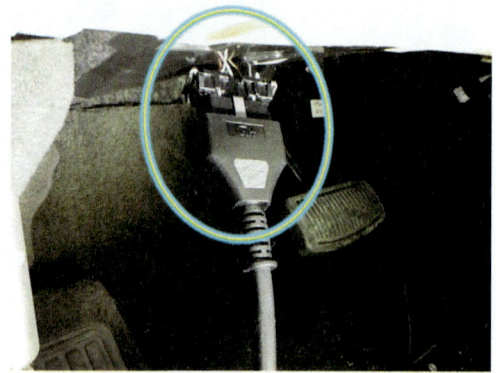

위 그림과 같이 자동차 "DLC"에 스캐너 "자기진단 커넥터"를 연결한다.

02 Key ON

위 그림과 같이 Key를 "ON" 한다.

03 기능 선택

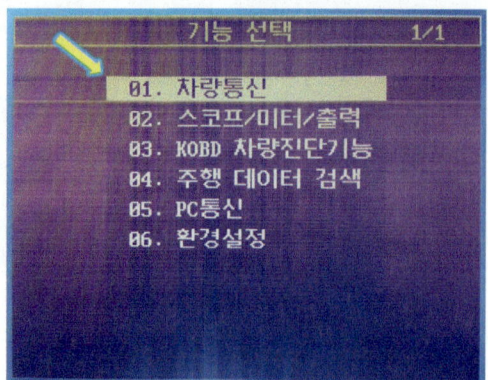

위 그림과 같이 "기능 선택"에서 "차량 통신"을 선택한 다음 "ENT"를 누른다.

04 제조회사 선택

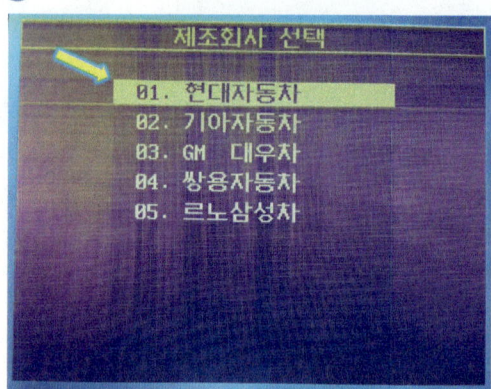

위 그림과 같이 "제조회사 선택"에서 "현대자동차"를 선택한 다음 "ENT"를 누른다.

05 차종 선택

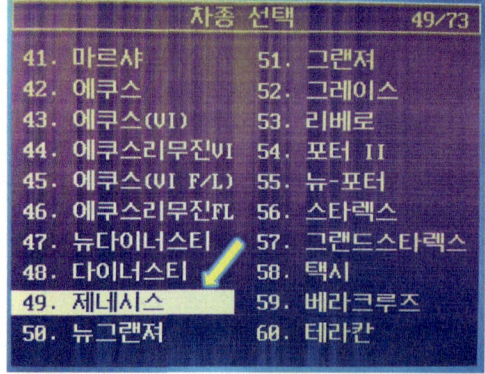

위 그림과 같이 "차종 선택" 화면에서 "제네시스"를 선택한 다음 "ENT"를 누른다.

06 제어장치 선택

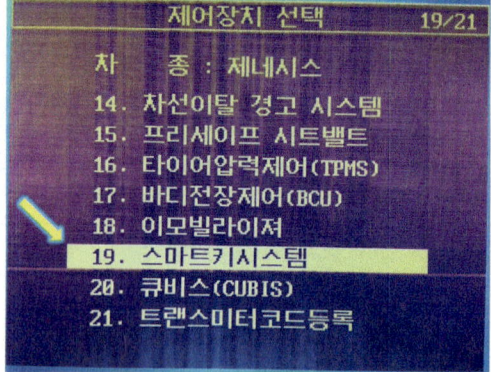

위 그림과 같이 "제어장치 선택"에서 "스마트키 시스템"을 선택한 다음 "ENT"를 누른다.

07 사양 선택

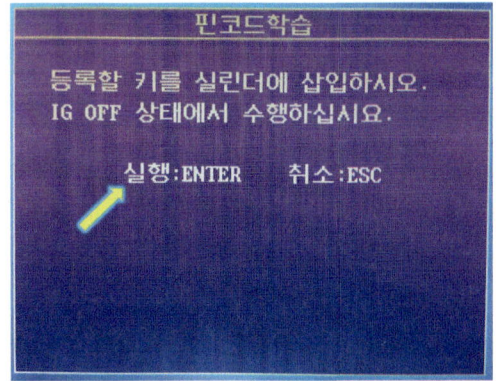

위 그림과 같이 "사양 선택" 화면에서 "스마트키 등록 (PIC)"을 선택한 다음 "ENT"를 누른다.

08 핀 코드 학습

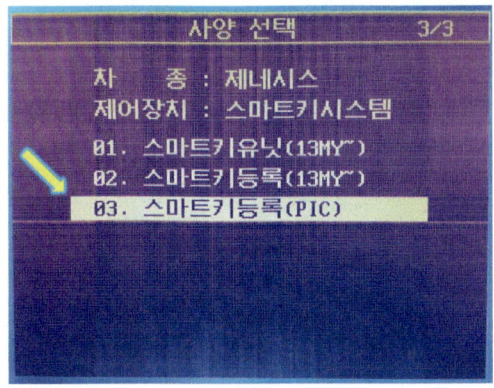

위 그림과 같이 "실행(실행: ENTER)"을 위하여 "ENT"를 누른다.

09 키 실린더

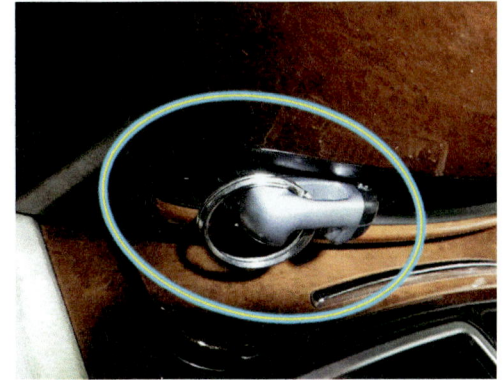

위 그림은 "키 실린더(키 폴더) 위치"를 나타낸다.

10 리모컨 삽입

위 그림과 같이 리모컨을 "키 실린더"에 삽입한다.

11 핀 코드 학습

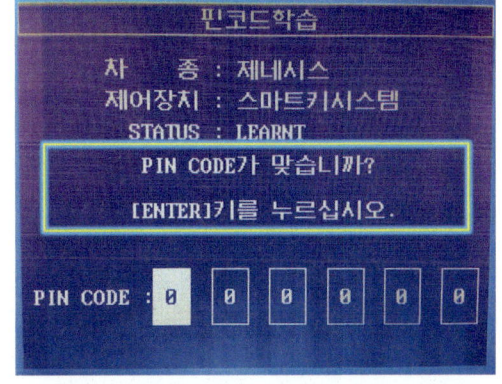

위 그림은 핀 코드 학습 화면이며 메이커에 문의하여 알려 주는 "핀 코드"를 입력한 다음 "ENT"를 누른다.

12 핀 코드 학습 진행

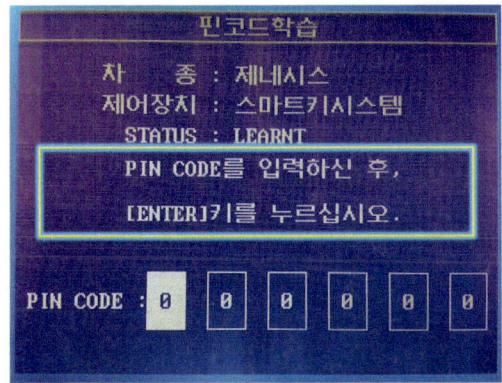

위 그림은 핀 코드를 입력하지 않은 상태에서 "ENT"를 누른 화면이며, "ENT"를 다시 누른다.

Q
안

13 핀 코드 학습 종료

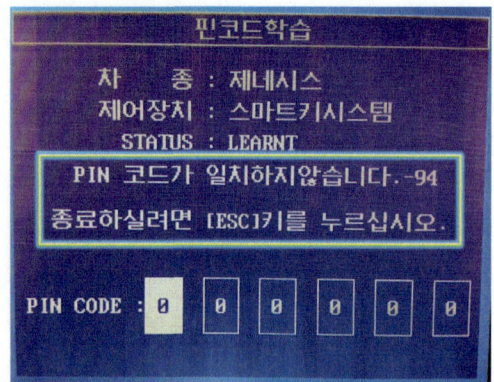

위 그림과 같이 "핀 코드"가 일치하지 않으므로 나타나는 문구이며, "정상적으로 핀 코드"가 입력되었을 시 "등록 완료"되었음을 알려주는 문구가 나온다. [참고: "ECS" 누른다.]

14 클러스터 화면

위 그림과 같이 "리모컨 등록"이 완료되므로 폴더에서 "스마트키를 폴더에서 빼주십시오"라는 문구가 나타난다.

15 리모컨 탈거 및 작동상태 확인

위 그림과 같이 "키 폴더"에서 "리모컨"을 뺀 다음 엔진 시동을 "ON"하여 "작동상태"를 확인한다.

저자약력 및 Q&A

정 우 규 [現] 한국폴리텍대학 서울정수캠퍼스 미래자동차과
김 광 수 [現] 한국폴리텍대학 인천캠퍼스 자동차공학과

자동차정비기능장 작업형실기

개정신판 1쇄 인쇄 | 2026년 2월   5일
개정신판 1쇄 발생 | 2026년 2월 12일

지 은 이 | 정우규, 김광수
발 행 인 | 김길현
발 행 처 | (주) 골든벨
등   록 | 제 1987—000018호
I S B N | 979-11-24114-28-5
가   격 | 39,000원

(우)04316 서울특별시 용산구 원효로 245(원효로 1가 53-1) 골든벨 빌딩 6F
●TEL : 도서 주문 및 발송 02-713-4135 / 회계 경리 02-713-4137
        기획디자인본부 02-713-7452 / 해외 오퍼 및 광고 02-713-7453
●FAX : 02-718-5510   ●홈페이지 : http : //www.gbbook.co.kr   ●E-mail : 7134135@naver.com